Zahlentheorie

Harald Scheid • Andreas Frommer

Zahlentheorie

4. Auflage

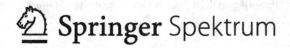 Springer Spektrum

Prof. Dr. Harald Scheid
Prof. Dr. Andreas Frommer

Fachbereich Mathematik und
Naturwissenschaften
Bergische Universität Wuppertal
Wuppertal, Deutschland

ISBN 978-3-642-36835-6

Die Deutsche Nationalbibliothek verzeichnet diese Publikation in der Deutschen Nationalbibliografie;
detaillierte bibliografische Daten sind im Internet über http://dnb.d-nb.de abrufbar.

Springer Spektrum
© Springer-Verlag Berlin Heidelberg 1994, 2003, 2006, Softcover 2013

Planung und Lektorat: Dr. Andreas Rüdinger, Barbara Lühker
Einbandentwurf: deblik, Berlin

Gedruckt auf säurefreiem und chlorfrei gebleichtem Papier

Springer Spektrum ist eine Marke von Springer DE. Springer DE ist Teil der Fachverlagsgruppe Springer
Science+Business Media.
www.springer-spektrum.de

Inhaltsverzeichnis

VIII Elemente der Additiven Zahlentheorie

IX Siebmethoden

Vorwort zur 4. Auflage

Diese Auflage der *Zahlentheorie* unterscheidet sich von den vorangehenden hauptsächlich durch die Aufnahme eines neuen Kapitels über zahlentheoretische Algorithmen in der Kryptographie (Kapitel IV), womit der wachsenden Bedeutung der Zahlentheorie für die Anwendungsbereiche der Mathematik Rechnung getragen wird.

Zahlentheoretische Rekorde — die größte bekannte mersennesche Primzahl, das größte bekannte Primzahlzwillingspaar, die Anzahl der bekannten Zyklen geselliger Zahlen usw. — wurden hier nicht systematisch auf den neuesten Stand gebracht, da sich dieser fast täglich ändert; Informationen hierzu liefert das Internet.

Das Buch richtet sich nicht an Studienanfänger, da Kenntnisse aus der Linearen Algebra und der Analysis vorausgesetzt werden, die man i. Allg. nicht auf der Schule erwirbt. Dazu gehört das Rechnen mit Matrizen und Determinanten, mit unendlichen Reihen sowie mit komplexen Zahlen. Ein Student im dritten Semester sollte aber keine Schwierigkeiten bei der Lektüre haben. Vielleicht bereitet es sogar eine besondere Freude, die Nützlichkeit der Methoden der Analysis und der Linearen Algebra hier zu erleben. Und vielleicht wird auch hier und da gerade aufgrund dieser Zusammenhänge verständlich, warum zahlentheoretische Probleme zu allen Zeiten eine große Faszination ausübten.

Wir danken Frau Dipl.-Math. Katrin Schäfer für das sorgfältige Korrekturlesen des neu hinzugekommenen Kapitels IV. Ferner danken wir Frau Barbara Lühker (Spektrum Akademischer Verlag) für die freundliche und hilfreiche redaktionelle Betreuung.

Wuppertal, im September 2006 H. S., A. F.

Einleitung

Die Zahlentheorie beschäftigt sich mit den Teilbarkeitseigenschaften der ganzen Zahlen, wobei ein besonderes Interesse den Primzahlen zukommt, also jenen natürlichen Zahlen größer als 1, die nur durch 1 und durch sich selbst teilbar sind. Diese Beschreibung der Zahlentheorie könnte vermuten lassen, dass es sich bei ihr um ein sehr elementares Gebiet der Mathematik handelt. Dies ist aber keineswegs der Fall, denn um den ganzen Zahlen ihre Geheimnisse entreißen zu können, haben sich einige bedeutsame Zweige der Mathematik entwickelt, welche sich schließlich fernab von den Problemen der Teilbarkeitslehre als interessant und nützlich erwiesen haben.

Viele große Mathematiker haben Beiträge zur Entwicklung der Zahlentheorie geleistet, und auch heute ist dieses Gebiet der Mathematik aufgrund seiner zahlreichen ungelösten Probleme für die mathematische Forschung von höchstem Interesse. Unter den Mathematikern, deren Namen mit der Zahlentheorie verbunden sind, wollen wir einige hier hervorheben.

Euklid von Alexandria lebte um 300 v. Chr. Am bekanntesten ist sein Werk mit dem Titel *Elemente*, in dem er das mathematische Wissen seiner Zeit darstellte, wobei er vor allem Wert auf strenge Beweisführungen legte. Teile dieses Werkes wurden noch im 18. Jahrhundert in Schulen als Unterrichtsbuch verwendet. Ein nach Euklid benannter Satz oder Algorithmus muss nicht immer von diesem gefunden worden sein, der wahre Entdecker ist meistens nicht mehr bekannt.

Diophant von Alexandria lebte vermutlich um 250 n. Chr. Er ist der Verfasser eines arithmetischen Werkes, bestehend aus 13 „Büchern". Bis vor kurzer Zeit waren nur sechs dieser Bücher bekannt, im Jahr 1973 wurden vier weitere Bücher in einer arabischen Übersetzung entdeckt. Ein wesentlicher Teil seines Werkes befasst sich mit dem Lösen von Gleichungen. Da hierbei nur rationale Lösungen gesucht sind, nennt man noch heute eine Gleichung, für welche man rationale oder gar nur ganzzahlige Lösungen sucht, eine *diophantische* Gleichung.

Im 4. Jahrhundert n. Chr. ging ein großer Teil der antiken Wissenschaft verloren; nicht nur heidnische Tempel und Kunstwerke wurden zerstört, es wurden auch Bücher verbrannt und Wissenschaftler verfolgt. Im April 415 erschlugen Fanatiker die Philosophin und Mathematikerin Hypatia von Alexandria, weil sie nicht zum christlichen Glauben übertreten wollte. Im Jahr 529 schloss Kaiser

Justinian die Athener Akademie und zerstörte damit ein bedeutendes wissenschaftliches Zentrum der antiken Welt. Viele Gelehrte siedelten sich im Iran an und begründeten damit eine neue Epoche wissenschaftlicher Blüte im arabisch-islamischen Raum. So war es möglich, dass uns ein Teil der antiken Wissenschaft erhalten blieb. Das Werk des Euklid wurde teilweise schon im 12. Jahrhundert aus dem Arabischen ins Lateinische übersetzt, die erste vollständige lateinische Ausgabe erschien aber erst 1533.

Leonardo von Pisa (Leonardo Pisano) gen. Fibonacci („Sohn des Bonaccio") lebte ungefähr von 1170 bis 1240. In der Zeit, in der sein Vater Notar in der Stadt Bugia im heutigen Algerien war, und auf seinen ausgedehnten Geschäftsreisen durch den Vorderen Orient lernte er die arabische Sprache und Rechenkunst kennen. Im Jahr 1202 verfasste er ein Buch mit dem Titel *Liber abbaci*, welches epochemachend für die Entwicklung der Mathematik im Abendland gewesen wäre, wenn das Interesse an Mathematik in dieser Zeit stärker ausgeprägt gewesen wäre. Er brachte mit diesem Buch das indisch-arabische Ziffernsystem und das Rechnen im Zehnersystem nach Europa. Der *Liber abbaci* enthält auch viele zahlentheoretische Themen, seine Bedeutung liegt aber hauptsächlich in der Darstellung arithmetischer Algorithmen. („Algorithmus" ist eine Verballhornung von Al Chwarizmi, dem Namen eines arabischen Gelehrten des 9. Jahrhunderts, dessen Schriften mit dazu beitrugen, das indisch-arabische Ziffernsystem zu verbreiten.) Im Jahr 1225 schrieb Fibonacci den *Liber quadratorum*, in welchem diophantische Gleichungen zweiten Grades behandelt werden, welcher sich also mit einem wichtigen Thema der Zahlentheorie beschäftigt. Dieses Buch widmete er dem den Wissenschaften aufgeschlossenen Kaiser Friedrich II, an dessen Hof er zeitweilig verkehrte. Es ist sicher richtig, Fibonacci als den größten abendländischen Mathematiker des Mittelalters anzusehen.

Pierre de Fermat (1601–1665) lebte als höherer Verwaltungsbeamter („königlicher Parlamentsrat") in Toulouse. Er gilt als Vater der neuzeitlichen Zahlentheorie, obwohl seine mathematische Arbeit größtenteils nur in Briefen an seine Zeitgenossen (vor allem an Pierre de Carcavi, René Descartes, Bernard Frénicle de Bessy, Marin Mersenne, Blaise Pascal) enthalten ist. Im Jahr 1621 hatte Claude Gaspard Bachet de Méziriac die *Arithmetica* des Diophant in Griechisch und Latein publiziert und mit Kommentaren versehen. Diese Diophant-Ausgabe regte Fermat zu interessanten zahlentheoretischen Studien an. Auf dem Rand des Buches notierte er, dass er die Unlösbarkeit der Gleichung $x^n + y^n = z^n$ für $n \geq 3$ in ganzen Zahlen beweisen könne, der Rand des Buches für diesen Beweis aber zu wenig Platz biete. (Fermats Sohn veröffentlichte 1670 die *Arithmetica* von Diophant mit den Anmerkungen seines Vaters.) Bei der Suche nach einem Beweis haben sich großartige mathematische Theorien entwickelt. Erst im Jahr 1995 konnte ein Beweis dieser „fermatschen Vermutung" erbracht werden. Dies kann vielleicht als die größte mathematische Leistung des 20. Jahrhunderts angesehen werden.

Leonhard Euler (1707–1783) stammte aus Basel, weshalb er auf der schweizerischen 10-Franken-Note abgebildet ist. Er verbrachte allerdings den größten Teil seines Lebens in St. Petersburg als Mitglied der dortigen Akademie, von 1741 bis 1766 war er Mitglied der Königlichen Akademie in Berlin. Eulers Werk gilt als beispiellos, nicht nur bezüglich seines Umfangs: Er verfasste mehr als 850 wissenschaftliche Arbeiten und schrieb etwa 20 Bücher; in den 26 Bänden mathematischer Abhandlungen, die die Petersburger Akademie von 1727 bis 1783 herausgab, stammte mehr als die Hälfte der Beiträge von Euler. Er beschäftigte sich auch mit naturwissenschaftlichen und philosophischen Fragen, der Schwerpunkt seiner Arbeit lag aber in der Mathematik. Hier hat er fast jedes Gebiet mit neuen Ideen und Theorien bereichert, u. A. natürlich auch die Zahlentheorie.

Joseph Louis Lagrange (1736–1813) gilt vielfach als der nach Euler bedeutendste Mathematiker des 18. Jahrhunderts. Er begann seine Laufbahn mit 18 Jahren als Professor für Geometrie an der Königlichen Artillerieschule in Turin und wurde 1766 Nachfolger Eulers in der Königlichen Akademie zu Berlin. Danach lehrte er ab 1793 an der gerade gegründeten École Polytechnique in Paris. Seine bekanntesten Werke beschäftigen sich mit der Analysis und ihren Anwendungen, sein Interesse galt aber auch der Zahlentheorie, wobei er vor allem durch die Arbeiten Eulers angeregt wurde.

Carl Friedrich Gauß (1777–1855) wird vielfach als der bedeutendste Mathematiker aller Zeiten angesehen, man sprach von ihm als dem *princeps mathematicorum*. Er war auf der bis 2001 gültigen 10-DM-Note abgebildet. Obwohl auch er fast alle Gebiete der Mathematik weiterentwickelte und auch wesentliche Beiträge zur Astronomie und Geodäsie lieferte, galt seine Liebe vor allem der Zahlentheorie, die er die „Königin der Mathematik" nannte. Im Jahr 1801 erschien seine Arbeit mit dem Titel *Disquisitiones arithmeticae*, welche ein Meilenstein in der Entwicklung der Zahlentheorie ist; geschrieben hat er diese „Magna Carta" der Zahlentheorie als Achtzehnjähriger. Gauß lehrte in Göttingen, dort war er ab 1807 Professor der Astronomie und Direktor der Sternwarte. Ehrenvolle Berufungsangebote an andere Universitäten hat er stets abgelehnt.

Adrien-Marie Legendre lebte von 1752 bis 1833, war also etwas älter als Gauß. Er arbeitete zunächst, wie viele große französische Mathematiker, als Lehrer an einer Militärschule; eine seiner ersten Arbeiten behandelte Probleme der Ballistik. Neben der Himmelsmechanik und der Theorie der elliptischen Funktionen wurde sein Hauptarbeitsgebiet aber die Zahlentheorie. Sein *Essai sur la Théorie des Nombres* aus dem Jahr 1798 war der Taufpate der „Zahlentheorie".

Gustav Peter Lejeune-Dirichlet (1805–1859) lernte während seines Studiums in Paris die bedeutendsten französischen Mathematiker dieser Zeit kennen. Nach Lehrtätigkeiten an der Kriegsschule und später der Universität in Berlin wurde er 1855 Nachfolger von Gauß an der Universität Göttingen. Dirichlet hat als erster systematisch Methoden der Analysis in die Zahlentheorie eingeführt.

Viele Themen der Zahlentheorie haben heute, besonders im Zusammenhang mit der Verwendung von Computern, ihren „praktischen Nutzen" erwiesen (vgl. z. B. Kapitel IV; vgl. auch [Schroeder 1986]). Man wird also heute folgender Einschätzung [Heaslet/Uspensky 1939] nicht mehr voll zustimmen: *The theory of numbers, unlike some other branches of mathematics, is a purely theoretical science without practical applications.* Andererseits kann man in der „Nutzlosigkeit" vielleicht gerade die „Schönheit" der Zahlentheorie sehen. Ernst Eduard Kummer (1810–1891), der wesentlichen Anteil an der Entwicklung der Algebraischen Zahlentheorie hat, soll gesagt haben, dass er seine diesbezüglichen Forschungsergebnisse gerade deshalb so schätze, weil sie sich nicht mit irgendwelchen praktischen Anwendungen beschmutzt hätten.

Man pflegt die Zahlentheorie nach verschiedenen Gesichtspunkten in Gebiete einzuteilen, wobei es sich allerdings nicht um eine strenge Einteilung handelt. Betrachtet man statt der üblichen ganzen Zahlen ganzalgebraische Zahlen, dann spricht man von der *Algebraischen Zahlentheorie*. Anfangsgründe dieses Gebiets werden in Kapitel II behandelt. Benutzt man Methoden der reellen oder komplexen Analysis, wie etwa beim Beweis des Primzahlsatzes (Kapitel VII), dann nennt man dies *Analytische Zahlentheorie*. Interessiert man sich vor allem für die Darstellung von Zahlen als Summe von Zahlen aus einer vorgegebenen Menge, dann treibt man *Additive Zahlentheorie* (Kapitel VIII, IX). Behandelt man schließlich Fragen der Teilbarkeitslehre ganzer Zahlen „nur" mit den auch in der Schule benutzten Methoden der Arithmetik, dann nennt man dies *Elementare Zahlentheorie*. Häufig wählt man die Bezeichnung „elementar" aber auch zur Abgrenzung gegen „analytisch", wenn letzteres insbesondere die Einbeziehung von Methoden der Funktionentheorie bedeutet. In diesem Sinne ist der in Kapitel VII dargestellte Beweis des Primzahlsatzes „elementar". Dass „elementar" in der Zahlentheorie jedenfalls nicht „einfach" bedeutet, zeigen schon die Kapitel I, III, IV, V, die alle zweifelsfrei der *Elementaren Zahlentheorie* zuzurechnen sind.

Eine Darstellung aller Ergebnisse der Zahlentheorie und ihrer Entwicklung bis etwa 1920 gibt das dreibändige Werk *History of the theory of numbers* von Leonard Eugene Dickson (1874–1954) [Dickson 1971]. Der Geschichte der Zahlentheorie „von Hamurapi bis Legendre" hat André Weil (1906–1998) ein Buch gewidmet [Weil 1983]. Die Entwicklung von Fermat bis Minkowski (vgl. V.11) wird in [Scharlau/Opolka 1980] dargestellt. Zahlreiche Lehrbücher zur Zahlentheorie informieren über die historische Entwicklung, z. B. [Ore 1948], [Grosswald 1966], [Burton 1976], [Bundschuh 1988]. Auch im vorliegenden Buch werden historische Daten und auch (verbürgte und spekulative) historische Zusammenhänge eingeflochten, wenn auch nur sehr sporadisch.

I Teilbarkeit ganzer Zahlen

I.1 Die Teiler einer ganzen Zahl

Im Folgenden soll $\mathbb{N}$ die Menge der natürlichen Zahlen bedeuten, also

$$\mathbb{N} = \{1, 2, 3, \ldots \ldots\}.$$

Die Menge der natürlichen Zahlen einschließlich der Zahl 0 bezeichnen wir mit $\mathbb{N}_0$; es ist also $\mathbb{N}_0 = \mathbb{N} \cup \{0\}$. Wenn für $a, d \in \mathbb{N}$ die Divisionsaufgabe $a : d$ „aufgeht", wenn also ein $c \in \mathbb{N}$ mit $a : d = c$ bzw. $a = cd$ existiert, dann heißt a *teilbar durch* d. Man schreibt dafür $d \mid a$ („d teilt a") und nennt d einen *Teiler* von a und a ein *Vielfaches* von d. Ist d kein Teiler von a, so schreibt man $d \nmid a$ („d teilt nicht a"). Mit T_a wollen wir die Menge aller Teiler von a bezeichnen und nennen diese Menge die *Teilermenge* von a.

Ist $d \mid a$, so ist $\frac{a}{d}$ eine natürliche Zahl, welche ebenfalls ein Teiler von a ist. Für $d \mid a$ nennt man das Zahlenpaar $\left(d, \frac{a}{d}\right)$ ein *Paar komplementärer Teiler* von a. Um die Teilermenge T_a zu bestimmen, gibt man zweckmäßigerweise zu jedem Teiler d sofort den komplementären Teiler $\frac{a}{d}$ an und schreibt die Teiler in Tabellenform auf:

30		48		81	
1	30	1	48	1	81
2	15	2	24	3	27
3	10	3	16	9	9
5	6	4	12		
		6	8		

Ist $d \leq \frac{a}{d}$, so ist $d^2 \leq a$, also $d \leq \sqrt{a}$; in der linken Spalte der Teilertabelle von a schreibt man also nur die Teiler von a auf, die nicht größer als $\sqrt{a}$ sind. Ist a keine Quadratzahl, so enthält jedes Paar komplementärer Teiler zwei verschiedene Teiler von a, es gibt also in diesem Fall eine gerade Anzahl von Teilern. Ist dagegen a eine Quadratzahl, so gibt es ein Paar komplementärer Teiler mit gleichen Teilern, so dass in diesem Fall die Anzahl der Teiler ungerade ist.

Für die Teilbarkeit in $\mathbb{N}$ gelten u.a. folgende Regeln, welche man ohne große Mühe aus der Definition der Teilbarkeit herleitet:

(1) $1|a$ und $a|a$ für alle $a \in \mathbb{N}$;

(2)   aus $a|b$ und $b|a$ folgt $a = b$;

(3)   aus $a|b$ und $b|c$ folgt $a|c$;

(4)   aus $a|b$ folgt $a|rb$ für alle $r \in \mathbb{N}$;

(5)   aus $a|b$ und $a|c$ folgt $a|b + c$;

(6)   aus $a|b$ und $a|b + c$ folgt $a|c$.

Die Zahl 1 besitzt nur einen Teiler, es ist $T_1 = \{1\}$. Wenn eine Zahl genau zwei Teiler besitzt, dann nennt man sie eine *Primzahl*. Eine Primzahl p besitzt also nur die Teiler 1 und p. Eine Primzahl p lässt sich nicht als Produkt zweier natürlicher Zahlen schreiben, welche beide größer als 1 und kleiner als p sind. Besitzt eine Zahl mehr als zwei Teiler, so heißt sie *zusammengesetzt*. Ist $d|a$ mit $1 < d < a$, so ist $a = d \cdot \dfrac{a}{d}$, die Zahl a lässt sich also als Produkt zweier Zahlen schreiben, welche von 1 und von a verschieden sind.

Man kann den Begriff der Teilbarkeit auf die Menge

$$\mathbb{Z} = \{\ldots, -3, -2, -1, 0, 1, 2, 3, \ldots\}$$

der ganzen Zahlen ausdehnen: Für $a, d \in \mathbb{Z}$ gilt $d|a$ genau dann, wenn ein $c \in \mathbb{Z}$ mit $a = c \cdot d$ existiert. Dann ist beispielsweise $-3|15$, denn $15 = (-3) \cdot (-5)$. Die Teiler von 6 sind dann $-6, -3, -2, -1, 1, 2, 3, 6$. Regel (2) muss man in $\mathbb{Z}$ ersetzen durch die folgende:

(2′)   Aus $a|b$ und $b|a$ folgt $a = b$ oder $a = -b$.

Es gilt dann auch für alle $a, b, c \in \mathbb{Z}$: Aus $a|b$ und $a|c$ folgt $a|b - c$. In Verallgemeinerung dieser Regel und der Regel (5) gilt in $\mathbb{Z}$:

(5′)   Aus $a|b$ und $a|c$ folgt $a|ub + vc$ für alle $u, v \in \mathbb{Z}$.

Noch allgemeiner gilt, dass ein Teiler von n ganzen Zahlen auch jede *Vielfachensumme* dieser Zahlen teilt:

(5″)   Aus $a|b_1$ und $a|b_2$ und $\ldots$ und $a|b_n$ folgt
$\quad\quad a|u_1 b_1 + u_2 b_2 + \cdots + u_n b_n$ für alle $u_1, u_2, \ldots, u_n \in \mathbb{Z}$.

Wegen $d \cdot 0 = 0$ für alle $d \in \mathbb{Z}$ gilt $d|0$ für alle $d \in \mathbb{Z}$. Weil auch $0 \cdot 0 = 0$ ist, gilt insbesondere $0|0$, obwohl man natürlich 0 nicht durch 0 dividieren darf. Andererseits ist 0 die einzige ganze Zahl, die durch 0 teilbar ist.

Den Begriff der Teilermenge wollen wir im Folgenden nur für natürliche Zahlen verwenden, also für die Menge der positiven Teiler einer positiven Zahl. Ebenfalls in vielen weiteren Zusammenhängen ist es keine Beschränkung der Allgemeinheit, sich mit der Betrachtung natürlicher Zahlen zu begnügen.

In Kapitel II werden wir die Begriffe der Teilbarkeitslehre auf noch allgemeinere Rechenbereiche als den der ganzen Zahlen ausdehnen, was aber weitgehend nur zu dem Zweck geschieht, Aussagen über natürliche Zahlen zu gewinnen.

I.2 Primzahlen

Die Folge der Primzahlen beginnt mit 2, 3, 5, 7, 11, 13, 17, 19, 23, 29 ... .
Schon Euklid gibt in den *Elementen* einen Beweis dafür an, dass die Folge der
Primzahlen nicht abbricht.

Satz 1: Es gibt unendlich viele Primzahlen.

Beweis (Euklid): Wir nehmen an, es gäbe nur die endlich vielen Primzahlen
$p_1, p_2, \ldots, p_r$. Die natürliche Zahl

$$n := p_1 \cdot p_2 \cdot \cdots \cdot p_r + 1$$

ist durch keine der Primzahlen $p_1, p_2, \ldots, p_r$ teilbar, weil sonst nach Regel (6) aus
I.1 auch 1 durch diese Primzahl teilbar wäre. Da aber jede Zahl, die größer als 1
ist, durch eine Primzahl teilbar sein muss, existiert noch mindestens eine weitere
Primzahl. Damit ist die Annahme, es gäbe nur die genannten r Primzahlen,
widerlegt. □

Auch folgendermaßen kann man den Beweis von Satz 1 führen: Bezeichnet man
mit $n!$ („n Fakultät") das Produkt aller natürlichen Zahlen von 1 bis n, dann
ist jeder Primteiler von $n! + 1$ größer als n. Zu jeder natürlichen Zahl n gibt es
also eine Primzahl, die größer als n ist.

Beim Beweis von Satz 1 haben wir die Tatsache benutzt, dass jede natürliche
Zahl > 1 einen Primteiler besitzt, d.h. durch eine Primzahl teilbar ist. Dies gilt
in der Tat. Denn ist $a > 1$ und p der kleinste von 1 verschiedene Teiler von a,
dann ist p eine Primzahl; ein Teiler q von p muss nämlich auch ein Teiler von a
sein, im Fall $q < p$ kann also nur $q = 1$ sein.

Satz 2: Ist a eine zusammengesetzte Zahl, dann existiert ein Primteiler p von
a mit $p \leq \sqrt{a}$.

Beweis: Ist a zusammengesetzt, dann ist der kleinste von 1 verschiedene Teiler
von a eine Primzahl p, wie wir schon oben festgestellt haben, und es gilt $p \leq \frac{a}{p}$,
also $p^2 \leq a$. □

Möchte man also prüfen, ob eine natürliche Zahl a Primzahl ist oder nicht,
so muss man nur feststellen, ob sie durch eine Primzahl $\leq \sqrt{a}$ teilbar ist oder
nicht. Beispielsweise ist 257 eine Primzahl, denn

$$2 \nmid 257, \quad 3 \nmid 257, \quad 5 \nmid 257, \quad 7 \nmid 257, \quad 11 \nmid 257, \quad 13 \nmid 257$$

und die nächste Primzahl 17 ist größer als $\sqrt{257}$ ($17^2 = 289 > 257$).

Eratosthenes von Cyrene (276–196 v.Chr.), der im Jahr 235 v.Chr. Vorsteher
der Bibliothek in Alexandria wurde, hat ein Verfahren beschrieben, mit welchem
man alle Primzahlen unterhalb einer Schranke N bestimmen kann. Dies nennt
man das *Sieb des Eratosthenes*:

1) Man schreibe alle natürlichen Zahlen von 2 bis N auf.

2) Man markiere die Zahl 2 und streiche dann jede zweite Zahl.

3) Ist n die erste nicht-gestrichene und nicht-markierte Zahl, so markiere man n und streiche dann jede n-te Zahl aus $\{n+1, n+2, \ldots, N\}$.

4) Man führe Schritt 3) für alle n mit $n \le \sqrt{N}$ aus; ist $n > \sqrt{N}$, so stoppe man den Prozess.

5) Alle markierten bzw. nicht-gestrichenen Zahlen sind Primzahlen, und zwar sind dies alle Primzahlen $\le N$.

Beispiel ($N = 100$):

$$
\begin{array}{ccccccccccccccc}
\underline{2} & \underline{3} & \not 4 & \underline{5} & \not 6 & \underline{7} & \not 8 & \not 9 & \not{10} & 11 & \not{12} & 13 & \not{14} & \not{15} \\
\not{16} & 17 & \not{18} & 19 & \not{20} & \not{21} & \not{22} & 23 & \not{24} & \not{25} & \not{26} & \not{27} & \not{28} & 29 \\
\not{30} & 31 & \not{32} & \not{33} & \not{34} & \not{35} & \not{36} & 37 & \not{38} & \not{39} & 40 & 41 & \not{42} & 43 \\
\not{44} & \not{45} & \not{46} & 47 & \not{48} & \not{49} & \not{50} & \not{51} & \not{52} & 53 & \not{54} & \not{55} & 56 & \not{57} \\
\not{58} & 59 & \not{60} & 61 & \not{62} & \not{63} & \not{64} & \not{65} & \not{66} & 67 & \not{68} & 69 & \not{70} & 71 \\
\not{72} & 73 & \not{74} & \not{75} & \not{76} & \not{77} & \not{78} & 79 & \not{80} & \not{81} & \not{82} & 83 & \not{84} & \not{85} \\
\not{86} & \not{87} & \not{88} & 89 & \not{90} & \not{91} & \not{92} & \not{93} & \not{94} & \not{95} & \not{96} & 97 & \not{98} & \not{99} \\
\not{100}
\end{array}
$$

Unterhalb von 100 findet man 25 Primzahlen, nämlich

$$2, 3, 5, 7, 11, 13, 17, 19, 23, 29, 31, 37, 41,$$
$$43, 47, 53, 59, 61, 67, 71, 73, 79, 83, 89, 97.$$

Man kann beim Sieb des Eratosthenes natürlich die Arbeit verringern, indem man die geraden Zahlen von vornherein ausschließt.

Die Primzahlen außer 2 und 5 enden (im 10er-System) alle auf 1, 3, 7 oder 9, sie sind von der Form $10k + a$ mit $k \in \mathbb{N}_0$ und $a \in \{1, 3, 7, 9\}$. Allgemein gilt für $m \in \mathbb{N}$: Die Zahl $mk + a$ mit $k \in \mathbb{N}_0$ und $1 \le a \le m - 1$ ist *keine* Primzahl, wenn a und m einen gemeinsamen Teiler $d > 1$ besitzen, außer im Fall, dass a eine Primzahl und $k = 0$ ist. Denn aus $d|a$ und $d|m$ folgt $d|mk + a$. Beispielsweise sind alle Primzahlen außer 2, 3, 5 von der Form

$$30k + a \text{ mit } k \in \mathbb{N}_0 \text{ und } a \in \{1, 7, 11, 13, 17, 19, 23, 29\}.$$

Daher könnte man die Primzahlen ab 7 in folgender Form übersichtlich aufschreiben:

7	11	13	17	19	23	29
31	37	41	43	47		53	59
61	67	71	73		79	83	89
	97	101	103	107	109	113	
	127	131		137	139		149
151	157		163	167		173	179
181		191	193	197	199	

$$\vdots \quad \vdots \quad \vdots \quad \vdots \quad \vdots \quad \vdots \quad \vdots \quad \vdots$$

Aus dem Primzahlsatz von Dirichlet, den wir in Kapitel VII beweisen werden, folgt, dass in jeder der acht Spalten unendlich viele Primzahlen auftreten.

Mit dem Sieb des Eratosthenes kann man mit Hilfe eines Computers sehr umfangreiche Primzahltabellen berechnen; aber auch schon vor der Erfindung der elektronischen Rechner publizierte Derrick Norman Lehmer (1867–1938) im Jahr 1914 eine Tabelle aller Primzahlen von 2 bis 10 006 721. In 20jähriger Arbeit hatte bereits Jacob Philip Kulik (1773–1863) eine Faktor- und Primzahltafel erstellt, welche zehnmal so weit reichte, aber nicht sehr zuverlässig war. Sein *Magnus canon divisorum pro omnibus numeris per 2,3 et 5 non divisibilis, et numerorum primorum interjacentium ad millies centum millia accuratius ad 100330201 usque* existiert nur als Manuskript, das seit 1867 in der Akademie der Wissenschaften zu Wien deponiert ist. Von den 8 Bänden mit insgesamt 4212 Seiten ist allerdings ein Band (nämlich Band 2) verlorengegangen.

Mit $\pi(N)$ bezeichnet man die Anzahl der Primzahlen $\leq N$. Es ist

$$
\begin{aligned}
\pi(10) &= 4 & \pi(1000000) &= 78\,498 \\
\pi(100) &= 25 & \pi(10000000) &= 664\,579 \\
\pi(1000) &= 168 & \pi(100000000) &= 5\,761\,455 \\
\pi(10000) &= 1\,229 & \pi(1000000000) &= 50\,847\,534 \\
\pi(100000) &= 9\,592 & \pi(10000000000) &= 455\,052\,512
\end{aligned}
$$

Die Anzahl $\pi(N)$ kann man, wenn auch mit erheblichem Rechenaufwand, anhand des Siebes von Eratosthenes berechnen, wenn man alle Primzahlen $\leq \sqrt{N}$ und damit $\pi(\sqrt{N})$ kennt:

Satz 3: Es sei P das Produkt der Primzahlen $\leq \sqrt{N}$ und $\omega(n)$ die Anzahl der verschiedenen Primteiler von n ($n \in \mathbb{N}$). Mit $[x]$ wird die größte ganze Zahl $\leq x$ bezeichnet. Dann gilt

$$
\pi(N) = \pi(\sqrt{N}) - 1 + \sum_{d|P} (-1)^{\omega(d)} \left[\frac{N}{d}\right].
$$

Dabei ist die Summe über alle Teiler d von P zu erstrecken.

Beweis: Es seien $p_1, p_2, \ldots, p_r$ die Primzahlen $\leq \sqrt{N}$. Ferner sei

$$
\begin{aligned}
A_i &= \{n \in \mathbb{N} \mid 2 \leq n \leq N \text{ und } p_i | n\} & (i = 1, 2, \ldots, r), \\
A &= \{n \in \mathbb{N} \mid 2 \leq n \leq N \text{ und } (p_1 | n \text{ oder } p_2 | n \text{ oder } \ldots \text{ oder } p_r | n)\},
\end{aligned}
$$

also $A = A_1 \cup A_2 \cup \cdots \cup A_r$. Die Menge A besteht aus allen Primzahlen $\leq \sqrt{N}$ und allen im Sieb des Eratosthenes gestrichenen Zahlen. Folglich gilt für die Anzahl $|A|$ der Elemente von A die Gleichung $N - 1 - |A| + \pi(\sqrt{N}) = \pi(N)$, also

$$
\pi(N) = \pi(\sqrt{N}) + N - 1 - |A|.
$$

Nun gilt nach einer bekannten Zählformel für endliche Mengen

$$|A| = |A_1 \cup A_2 \cup \cdots \cup A_r|$$

$$= \sum_{1 \le i \le r} |A_i| - \sum_{1 \le i_1 < i_2 \le r} |A_{i_1} \cap A_{i_2}|$$

$$+ \sum_{1 \le i_1 < i_2 < i_3 \le r} |A_{i_1} \cap A_{i_2} \cap A_{i_3}|$$

$$- + \cdots + (-1)^{r-1} |A_1 \cap A_2 \cap \cdots \cap A_r|.$$

Wegen

$$|A_{i_1} \cap A_{i_2} \cap \cdots \cap A_{i_s}| = \left[\frac{N}{p_{i_1} p_{i_2} \cdots p_{i_s}}\right] \text{ und } N = \left[\frac{N}{1}\right]$$

folgt die angegebene Formel. $\square$

Beispiel:
$$\pi(100) = \pi(10) - 1 + \left[\frac{100}{1}\right] - \left[\frac{100}{2}\right] - \left[\frac{100}{3}\right] - \left[\frac{100}{5}\right] - \left[\frac{100}{7}\right]$$

$$+ \left[\frac{100}{6}\right] + \left[\frac{100}{10}\right] + \left[\frac{100}{14}\right] + \left[\frac{100}{15}\right] + \left[\frac{100}{21}\right] + \left[\frac{100}{35}\right]$$

$$- \left[\frac{100}{30}\right] - \left[\frac{100}{42}\right] - \left[\frac{100}{70}\right] - \left[\frac{100}{105}\right] + \left[\frac{100}{210}\right]$$

$$= 4 - 1 + 100 - 50 - 33 - 20 - 14$$

$$+ 16 + 10 + 7 + 6 + 4 + 2$$

$$- 3 - 2 - 1 - 0 + 0 = 25.$$

Aktuelle Rekorde zur Berechnung von $\pi(x)$ findet man im Internet; beispielsweise ist die Anzahl der höchstens 25-stelligen Primzahlen

$$\pi(10^{25}) = 201\,467\,286\,689\,315\,906\,290.$$

Die größten bekannten Primzahlen liegen weit jenseits dieses Bereichs; beispielsweise ist die 20 013-stellige Zahl $109\,433\,307 \cdot 2^{66\,452} - 1$ eine Primzahl.

Anhand einer heuristischen Betrachtung kann man aus Satz 3 eine Abschätzung für $\pi(N)$ gewinnen, welche wir aber erst in I.4 streng beweisen werden: Lassen wir in der Formel in Satz 3 die eckigen Klammern weg und vernachlässigen wir $\pi(\sqrt{N}) - 1$ gegenüber $\pi(N)$, so ergibt sich

$$\frac{\pi(N)}{N} \approx \sum_{d|P} \frac{(-1)^{\omega(d)}}{d} = 1 - \sum_{1 \le i \le r} \frac{1}{p_i} + \sum_{1 \le i < j \le r} \frac{1}{p_i p_j} - + \cdots + (-1)^r \frac{1}{p_1 p_2 \cdots p_r}$$

$$= \left(1 - \frac{1}{p_1}\right)\left(1 - \frac{1}{p_2}\right) \cdot \ldots \cdot \left(1 - \frac{1}{p_r}\right) = \prod_{i=1}^{r}\left(1 - \frac{1}{p_i}\right).$$

Nun ist

$$\left(\prod_{i=1}^{r}\left(1 - \frac{1}{p_i}\right)\right)^{-1} = \prod_{i=1}^{r}\left(\sum_{j=0}^{\infty}\left(\frac{1}{p_i}\right)^j\right) = \sum^{*} \frac{1}{n},$$

wobei $\sum^* \frac{1}{n}$ die Summe aller $\frac{1}{n}$ ist, für welche n nur die Primteiler $p_1, p_2, \ldots, p_r$ enthält. Bei dieser Behauptung haben wir von der Eindeutigkeit der Primfaktorzerlegung natürlicher Zahlen Gebrauch gemacht, welche wir im folgenden Abschnitt beweisen werden. Wegen der aus der Analysis bekannten Näherung $\sum_{n \leq x} \frac{1}{n} \approx \int_1^x \frac{dt}{t} = \log x$, wobei $\log$ der natürliche Logarithmus ist, ergibt sich

$$\sum^* \frac{1}{n} \geq \sum_{n \leq p_r} \frac{1}{n} \approx \sum_{n \leq \sqrt{N}} \frac{1}{n} \approx \log \sqrt{N} = \frac{1}{2} \log N.$$

Eine etwas genauere Untersuchung zeigt, dass sich $\sum^* \frac{1}{n}$ auch nach oben bis auf einen konstanten Faktor durch $\log N$ abschätzen lässt. Also gibt es (vermutlich) positive Konstanten a und A, so dass

$$a \cdot \frac{N}{\log N} < \pi(N) < A \cdot \frac{N}{\log N}.$$

In Kapitel VII werden wir sogar beweisen, dass

$$\lim_{N \to \infty} \frac{\pi(N)}{\frac{N}{\log N}} = 1$$

gilt; dies ist der berühmte *Primzahlsatz*.

Der kleinste Abstand, den zwei Primzahlen > 2 haben können, ist 2; denn von zwei aufeinanderfolgenden Zahlen ist eine stets gerade. Zwei Primzahlen mit dem Minimalabstand 2 bilden einen *Primzahlzwilling*. Die ersten Primzahlzwillinge sind

$$(3,5), \ (5,7), \ (11,13), \ (17,19), \ (29,31), \ (41,43), \ (59,61),$$
$$(71,73), \ (101,103), \ (107,109), \ (137,139), \ (149,151), \ \ldots.$$

Eine Tabelle der Primzahlzwillinge unterhalb der Schranke N kann man sich mit Hilfe einer leichten Modifikation des Siebes von Eratosthenes beschaffen: Man streiche im Sieb des Eratosthenes für jede Primzahl $p \leq \sqrt{N}$ nicht nur jede p-te Zahl, sondern auch die jeweils übernächste Zahl (welche bei Divison durch p den Rest 2 lässt). Ist dann u nicht gestrichen, dann ist $(u-2, u)$ ein Primzahlzwilling, weil dann auch $u - 2$ nicht gestrichen worden ist.

Von drei aufeinanderfolgen ungeraden Zahlen ist stets eine durch 3 teilbar, so dass es sich außer bei (3, 5, 7) nie um drei Primzahlen handeln kann. Unter vier aufeinanderfolgenden ungeraden Zahlen können aber drei Primzahlen sein; in diesem Fall spricht man von einem *Primzahldrilling*. Die ersten Primzahldrillinge sind

$$(5,7,11), (7,11,13), (11,13,17), (13,17,19), (17,19,23), (37,41,43),$$
$$(41,43,47), (67,71,73), (97,101,103), (101,103,107), (103,107,109), \ldots.$$

Bilden von fünf aufeinanderfolgenden ungeraden Zahlen die beiden ersten und die beiden letzten jeweils einen Primzahlzwilling, so spricht man von einem *Primzahlvierling*. Die ersten Primzahlvierlinge sind

$$(5, 7, 11, 13), (11, 13, 17, 19), (101, 103, 107, 109), (191, 193, 197, 199), \ldots .$$

Es ist eine bis heute unbewiesene Vermutung, dass es unendlich viele Primzahlzwillinge und auch unendlich viele Primzahldrillinge und -vierlinge gibt. Mit diesem *Primzahlzwillingsproblem* werden wir uns in VII.6 und IX.4 beschäftigen.

Primzahlzwillinge, -drillinge und -vierlinge untersucht man bei der Frage nach dem *kleinsten* Abstand, den Primzahlen voneinander haben können. Die Frage nach dem *größten* Abstand, den aufeinanderfolgende Primzahlen voneinander haben können, ist nicht sinnvoll, denn dieser kann beliebig groß werden. Es gilt nämlich für beliebiges $n \in \mathbb{N}$: Die $n - 1$ Zahlen von $n! + 2$ bis $n! + n$ sind alle zusammengesetzt, denn für $2 \leq i \leq n$ ist $n! + i$ durch i teilbar.

Andererseits kann man zeigen, dass der Abstand aufeinanderfolgender Primzahlen nicht allzu stark wachsen kann, dass etwa für $n > 1$ zwischen n und $2n$ stets mindestens eine Primzahl liegt (vgl. I.4). Viel spricht dafür, dass auch zwischen zwei aufeinanderfolgenden Quadratzahlen n^2 und $(n + 1)^2$ stets eine Primzahl liegt, dies konnte aber bis heute nicht bewiesen werden.

Viele interessante Fragestellungen über Primzahlen und die Faktorisierung von Zahlen, mit der wir uns im nächsten Abschnitt beschäftigen werden, findet man in [Guy 1981], [Riesel 1987] und [Ribenboim 1988].

I.3 Primfaktorzerlegung

Zerlegt man eine natürliche Zahl in ein Produkt von möglichst kleinen von 1 verschiedenen Faktoren, so hat man sie schließlich als Produkt von Primzahlen dargestellt:

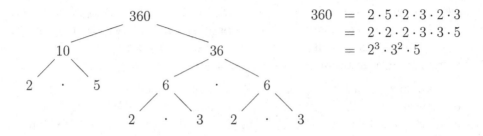

$$360 = 2 \cdot 5 \cdot 2 \cdot 3 \cdot 2 \cdot 3$$
$$= 2 \cdot 2 \cdot 2 \cdot 3 \cdot 3 \cdot 5$$
$$= 2^3 \cdot 3^2 \cdot 5$$

Der folgende Satz 4 (Satz von der eindeutigen Primfaktorzerlegung) ist ein grundlegender Satz der Teilbarkeitslehre und heißt deshalb auch *Fundamentalsatz der elementaren Zahlentheorie*.

Satz 4: Jede natürliche Zahl $n > 1$ lässt sich als Produkt von Primzahlen darstellen. Abgesehen von der Reihenfolge der Faktoren ist diese Darstellung eindeutig, n besitzt also *genau eine* Primfaktorzerlegung.

Beweis: a) Zunächst beweisen wir die *Existenz* der Primfaktorzerlegung. Dazu benutzen wir das Prinzip der vollständigen Induktion: Die Zahl 2 besitzt eine Primfaktorzerlegung, denn jede Primzahl besitzt eine solche (mit *einem* Faktor). Wir nehmen nun an, jedes $k \in \mathbb{N}$ mit $2 \leq k \leq n$ besitze eine Primfaktorzerlegung; daraus wollen wir schließen, dass dies auch für die Zahl $n + 1$ gilt. Dies ist der Fall, wenn $n + 1$ eine Primzahl ist; andernfalls ist $n + 1 = p \cdot R$, wobei p eine Primzahl ist und $2 \leq R \leq n$ gilt. Die Zahl R besitzt aufgrund der Induktionsannahme eine Primfaktorzerlegung, etwa $R = p_1 \cdot p_2 \cdot \ldots \cdot p_r$; also ist $n + 1 = p \cdot p_1 \cdot p_2 \cdot \ldots \cdot p_r$. Daher besitzt $n + 1$ eine Primfaktorzerlegung.

b) Jetzt beweisen wir die *Eindeutigkeit* der Primfaktorzerlegung, wobei wiederum das Prinzip der vollständigen Induktion benutzt wird. Die Primfaktorzerlegung von 2 ist (wie die Primfaktorzerlegung jeder Primzahl) eindeutig (Primfaktorzerlegung mit nur *einem* Faktor). Wir nehmen an, die Primfaktorzerlegung für jedes $k \in \mathbb{N}$ mit $2 \leq k \leq n$ sei eindeutig. Ist nun $n + 1$ eine Primzahl, so ist auch die Primfaktorzerlegung von $n + 1$ eindeutig. Ist $n + 1 = p \cdot R$, wobei p eine Primzahl ist und $2 \leq R \leq n$ gilt, dann besitzt R eine eindeutige Primfaktorzerlegung $R = p_1 \cdot p_2 \cdot \ldots \cdot p_r$. Besitzt $n + 1$ eine von $n + 1 = p \cdot p_1 \cdot p_2 \cdot \ldots \cdot p_r$ verschiedene Primfaktorzerlegung, dann kann diese also nicht den Primfaktor p enthalten. Wir nehmen an, es wäre $n + 1 = q \cdot q_1 \cdot q_2 \cdot \ldots \cdot q_s$, wobei die Primzahlen $q, q_1, q_2, \ldots, q_s$ alle von p verschieden sind. Wir setzen $q_1 \cdot q_2 \cdot \ldots \cdot q_s = S$, also $n + 1 = q \cdot S$. Wegen $p \neq q$ können wir $q > p$ annehmen. Die Zahl

$$k = n + 1 - p \cdot S = q \cdot S - p \cdot S = (q - p) \cdot S$$

ist kleiner als $n + 1$, ihre Primfaktorzerlegung ist also eindeutig. Es gilt aber auch $k = p \cdot R - p \cdot S = p \cdot (R - S)$, in der Primfaktorzerlegung von k kommt also der Primfaktor p vor. Da er nicht in S vorkommt, muss $p | q - p$ gelten, wegen $p | p$ also $p | q$. Dies ist wegen $1 < p < q$ aber nicht möglich. Die Annahme, $n + 1$ besitze zwei verschiedene Primfaktorzerlegungen, führt also zu einem Widerspruch. $\square$

Aus Satz 4 ergibt sich unmittelbar:

Satz 5: Ist p eine Primzahl und gilt $p \mid a \cdot b$, so gilt $p | a$ oder $p | b$.

Aus Satz 5 kann man umgekehrt Satz 4 herleiten. Einen Beweis von Satz 5, der nicht auf Satz 4 beruht, erhält man mit dem Begriff des größten gemeinsamen Teilers und dessen Eigenschaften (vgl. I.6, Satz 12).

Außer den Primzahlen 2 und 3 sind alle Primzahlen

   von der Form $3n + 1$ oder $3n - 1$,

   von der Form $4n + 1$ oder $4n - 1$,

   von der Form $6n + 1$ oder $6n - 1$,

wie wir schon in I.2 allgemeiner bemerkt haben. Von jeder der beiden genannten Sorten gibt es jeweils unendlich viele. Wir wollen hier als Anwendung von Satz 4 zeigen, dass unendlich viele Primzahlen der Form $kn - 1$ für $k \in \{3, 4, 6\}$ existieren. Dabei gehen wir ähnlich wie beim Beweis von Satz 1 vor: Es sei k eine fest gewählte Zahl aus $\{3, 4, 6\}$ und es seien $p_1, p_2, \ldots, p_r$ Primzahlen der Form $kn - 1$. Dann kann die Zahl

$$N = k \cdot p_1 p_2 \ldots p_r - 1$$

nicht nur aus Primfaktoren der Form $kn + 1$ bestehen, weil ein Produkt aus solchen Faktoren ebenfalls von der Form $kn + 1$ ist. Daher besitzt N einen Primfaktor der Form $kn - 1$. Da dieser von $p_1, p_2, \ldots, p_r$ verschieden ist, gibt es außer diesen stets noch eine weitere Primzahl der Form $kn - 1$.

In der Primfaktorzerlegung einer natürlichen Zahl ordnet man meistens die Primfaktoren der Größe nach und fasst gleiche Faktoren zu Potenzen zusammen. Dabei ist es für manche Zwecke sinnvoll, auch die nicht als Faktor vorkommenden Primzahlen in die Darstellung aufzunehmen, und zwar mit dem Exponent 0 (man beachte $x^0 = 1$ für $x \neq 0$). Man schreibt also beispielsweise

$$
\begin{aligned}
11781 &= 3^2 \cdot 7 \cdot 11 \cdot 17 &&= 2^0 \cdot 3^2 \cdot 5^0 \cdot 7^1 \cdot 11^1 \cdot 13^0 \cdot 17^1 \cdot 19^0 \cdot 23^0 \cdot \ldots \\
46200 &= 2^3 \cdot 3 \cdot 5^2 \cdot 7 \cdot 11 &&= 2^3 \cdot 3^1 \cdot 5^2 \cdot 7^1 \cdot 11^1 \cdot 13^0 \cdot 17^0 \cdot 19^0 \cdot 23^0 \cdot \ldots
\end{aligned}
$$

Jede natürliche Zahl ist dann eindeutig durch die Folge der Exponenten in ihrer Primfaktorzerlegung gekennzeichnet. Z.B. gehört

$$
\begin{aligned}
\text{zu} \quad 11781 \quad &\text{die Exponentenfolge} \quad 0, 2, 0, 1, 1, 0, 1, 0, 0, \ldots \\
\text{zu} \quad 46200 \quad &\text{die Exponentenfolge} \quad 3, 1, 2, 1, 1, 0, 0, 0, 0, \ldots
\end{aligned}
$$

Wir denken uns nun die Primzahlen durchnummeriert, also

$$p_1 = 2, \ p_2 = 3, \ p_3 = 5, \ p_4 = 7, \ p_5 = 11, \ \ldots \ .$$

Mit α_i bezeichnen wir den Exponent der Primzahl p_i in der Primfaktorzerlegung von a, d.h.

$$\text{zu } a \text{ gehört die Exponentenfolge } \alpha_1, \alpha_2, \alpha_3, \alpha_4, \alpha_5, \ldots \ .$$

Dann schreiben wir mit Hilfe des Produktzeichens Π

$$a = \prod_{i=1}^{\infty} p_i^{\alpha_i}$$

und nennen diese Darstellung die *kanonische Primfaktorzerlegung* oder genauer die *kanonische Form der Primfaktorzerlegung* von a. Man beachte, dass es sich dabei stets um ein *endliches* Produkt handelt, da nur endlich viele der Exponenten α_i von 0 verschieden sind.

Die kanonische Primfaktorzerlegung der Zahl 1 ist $\prod\limits_{i=1}^{\infty} p_i^0$.

Die Zahl $d = \prod\limits_{i=1}^{\infty} p_i^{\delta_i}$ ist genau dann ein Teiler von $a = \prod\limits_{i=1}^{\infty} p_i^{\alpha_i}$, wenn $\delta_i \le \alpha_i$ für alle $i \in \mathbb{N}$ gilt. Dies gibt uns die Möglichkeit, die *Anzahl* $\tau(a)$ *aller Teiler von* a zu bestimmen, wenn die kanonische Primfaktorzerlegung von a bekannt ist. Für die Anzahl $\tau(a)$ aller Teiler von $a = \prod\limits_{i=1}^{\infty} p_i^{\alpha_i}$ gilt nämlich

$$\tau(a) = \prod_{i=1}^{\infty} (\alpha_i + 1).$$

Denn soll $\delta_i \le \alpha_i$ für alle $i \in \mathbb{N}$ gelten, dann gibt es

$$\begin{aligned}
&\alpha_1 + 1 \quad \text{Möglichkeiten für} \quad \delta_1, \\
&\alpha_2 + 1 \quad \text{Möglichkeiten für} \quad \delta_2, \\
&\alpha_3 + 1 \quad \text{Möglichkeiten für} \quad \delta_3 \quad \text{usw.,}
\end{aligned}$$

insgesamt also $(\alpha_1 + 1)(\alpha_2 + 1)(\alpha_3 + 1) \cdot \ldots$ Möglichkeiten, eine Exponentenfolge $\delta_1, \delta_2, \delta_3, \ldots$ so zu konstruieren, dass die zugehörige Zahl d ein Teiler von a ist.

Beispiel: Die Anzahl der Teiler von $46200 = 2^3 \cdot 3^1 \cdot 5^2 \cdot 7^1 \cdot 11^1$ ist

$$\tau(2^3 \cdot 3^1 \cdot 5^2 \cdot 7^1 \cdot 11^1) = 4 \cdot 2 \cdot 3 \cdot 2 \cdot 2 = 96.$$

Mit Hilfe der Primfaktorzerlegung von a kann man die Teiler von a in einem *Teilerdiagramm* anordnen, das die Teilbarkeitsbeziehungen in der Teilermenge T_a wiedergibt. Genau dann führt ein aufsteigender Weg im Teilerdiagramm von d_1 nach d_2, wenn d_1 ein Teiler von d_2 ist. Dabei ist genau dann d_1 durch eine Strecke mit d_2 verbunden, wenn $d_2 : d_1$ eine Primzahl ist. Enthält a sehr viele verschiedene Primteiler, dann wird dieses Teilerdiagramm aber sehr unübersichtlich. Nachstehend sind die Teilerdiagramme der Zahlen 8, 12, 60 und 210 angegeben.

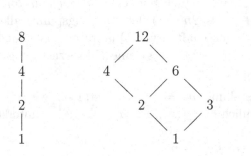 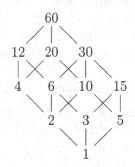

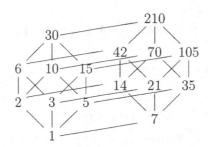

Diese Teilerdiagramme baut man zweckmäßigerweise mit Hilfe der Teiler auf, welche Primzahlpotenzen sind. Diese Teiler, welche das „Gerüst" des Teilerdiagramms bilden, nennt man *Primärteiler*. Die Menge aller Primärteiler von a bezeichnen wir mit P_a, wobei stets $1 \in P_a$ gelten soll. Die Nützlichkeit des Begriffs der Primärteilermenge wird in I.7 deutlich werden. Die Gerüste obiger Teilerdiagramme sehen folgendermaßen aus:

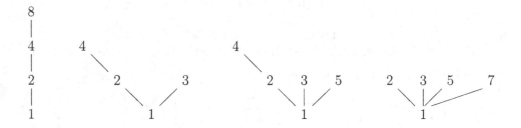

Bei großen Zahlen, bei denen man nicht auf Anhieb (z.B. anhand der Zifferndarstellung, vgl. III.2) einen Faktor erkennt, ist es in der Regel sehr mühsam, eine Faktorzerlegung zu finden. Manchmal kann dabei eine Formel hilfreich sein, die schon im alten Babylon zur Multiplikation verwendet wurde:

$$a \cdot b = \left(\frac{a+b}{2}\right)^2 - \left(\frac{a-b}{2}\right)^2$$

Zur Multiplikation ungerader Zahlen benötigt man also nur eine Tabelle der Quadratzahlen, und eine solche beschafft man sich im Handumdrehen mit Hilfe der Rekursion $(k+1)^2 = k^2 + (2k+1)$. (In Fibonaccis *Liber quadratorum* ist die Darstellung $n^2 = 1 + 3 + 5 + \cdots + (2n-1)$ der Ausgangspunkt aller Untersuchungen der arithmetischen Eigenschaften von Quadraten.) Ist umgekehrt $n = r^2 - s^2$ mit $n, r, s \in \mathbb{N}$, so ist $(r-s)(r+s)$ eine Faktorzerlegung von n (und zwar eine nicht-triviale, wenn $s < r - 1$).

Bei der Suche nach einer Darstellung $n = r^2 - s^2$ starten wir mit dem kleinstmöglichen Wert von r, nämlich $r_0 = [\sqrt{n}]$. Für $i = 0, 1, 2, \ldots$ untersuchen wir dann, ob

$$(r_0 + i)^2 - n$$

eine Quadratzahl ist. Ist dies für $i = i_0$ erstmals der Fall, so erhalten wir mit $r^2 = (r_0 + i_0)^2$ und $s^2 = r^2 - n$ eine Darstellung $n = r^2 - s^2$ und damit eine Faktorzerlegung von n. Genau dann ist die ungerade Zahl n eine Primzahl, wenn $n + s^2$ für $s = 0, 1, 2, \ldots, \dfrac{n-3}{2}$ kein Quadrat ist; dann besitzt nämlich n nur die triviale Zerlegung

$$n = \left(\frac{n+1}{2}\right)^2 - \left(\frac{n-1}{2}\right)^2 = n \cdot 1.$$

Bei diesem von Fermat angegebenen Verfahren ergeben sich zwei eventuell schwierige Aufgaben, nämlich

(1) die Bestimmung von $[\sqrt{n}]$,

(2) die Feststellung, ob $(r_0 + i)^2 - n$ Quadratzahl ist.

Zu (1): Zur Berechnung der Quadratwurzel wurde früher in der Schule ein Verfahren gelehrt, welches auf der binomischen Formel $(a + b)^2 = a^2 + 2ab + b^2$ beruht. Es genügt, dieses Verfahren an einem Beispiel zu zeigen:

$$
\begin{array}{ll}
\sqrt{53\,36\,30\,91} \quad = \quad 7\,3\,0\,5, \ldots & \\
\underline{-49} & \leftarrow \mathbf{7}^2 \\
\quad 4\,36 & \\
\underline{-4\,29} & \leftarrow 2 \cdot 70 \cdot \mathbf{3} + 3^2 \\
\qquad 7\,30 & \\
\underline{-0\,00} & \leftarrow 2 \cdot 730 \cdot \mathbf{0} + 0^2 \\
\qquad 7\,30\,91 & \\
\underline{-7\,30\,25} & \leftarrow 2 \cdot 7300 \cdot \mathbf{5} + 5^2 \\
\qquad\quad 66 &
\end{array}
$$

Es ergibt sich $[\sqrt{53363091}] = 7305$.

Schneller erhält man das natürlich mit dem Taschenrechner.

Zu (2): Für eine im Zehnersystem geschriebene Quadratzahl gilt:

a) Die letzte Ziffer ist 0, 1, 4, 5, 6 oder 9; Zahlen, die auf 2, 3, 7 oder 8 enden, können also keine Quadratzahlen sein.

b) Für die beiden letzten Ziffern einer Quadratzahl kommen nur

00				
01	21	41	61	81
04	24	44	64	84
09	29	49	69	89
16	36	56	76	96
25				

in Frage; denn für $a_0, a_1 \in \{0, 1, 2, 3, 4, 5, 6, 7, 8, 9\}$ hat $(10a_1 + a_0)^2$ bei Division durch 100 denselben Rest wie $20a_0a_1 + a_0^2$, und dies ergibt für $a_0^2 = 0, 1, 4, 9, 6, 5$ (vgl. a)) die angegebenen 100er-Reste.

Beispiel 1: $n = 2881;$ $[\sqrt{n}] = 53;$ $53^2 = 2809 < n;$

$$54^2 = 2809 + 107 = 2916, \text{ denn } 2 \cdot 53 + 1 = 107;$$
$$54^2 - n = 35 \text{ ist keine Quadratzahl;}$$
$$55^2 = 2916 + 109 = 3025, \text{ denn } 107 + 2 = 109;$$
$$55^2 - n = 144 = 12^2;$$
$$n = 55^2 - 12^2 = (55 - 12)(55 + 12) = 43 \cdot 67.$$

Beispiel 2: $n = 135\,337;$ $[\sqrt{135\,337}] = 367;$ $367^2 = 134\,689 < n;$

$$368^2 = 134\,689 + 735 = 135\,424; \quad 368^2 - n = 87;$$
$$87 \xrightarrow{+737} 824 \xrightarrow{+739} 1563 \xrightarrow{+741} 2304 = 48^2.$$

Die Zwischenergebnisse 824 und 1563 sind keine Quadrate. Es ist

$$n = (368 + 3)^2 - 48^2 = 323 \cdot 419.$$

Beispiel 3 (Fermat): $n = 2\,027\,651\,281;$

$$[\sqrt{n}] = 45\,029; \quad 45\,029^2 = 2\,027\,610\,841; \quad 45\,030^2 - n = 49\,619;$$

$$49\,619 \xrightarrow{+90061} 139\,680 \xrightarrow{+90063} 229\,743 \xrightarrow{+90065} 319\,808$$
$$\xrightarrow{+90067} 409\,875 \xrightarrow{+90069} 499\,944 \xrightarrow{+90071} 590\,015$$
$$\xrightarrow{+90073} 680\,088 \xrightarrow{+90075} 770\,163 \xrightarrow{+90077} 860\,240$$
$$\xrightarrow{+90079} 950\,319 \xrightarrow{+90081} 1\,040\,400 = 1020^2.$$

Dabei sind die Zwischenergebnisse 139\,680, 229\,743, ... keine Quadrate, was man außer bei 499\,944 an den Endziffern erkennt. Es ergibt sich

$$n = (45\,030 + 11)^2 - 1020^2 = 44\,021 \cdot 46\,061.$$

(44\,021 und 46\,061 sind Primzahlen, vgl. II.3.)

Mersenne forderte Fermat in einem Brief auf, die Zahl 100\,895\,598\,169 in Faktoren zu zerlegen. Das war für Fermat kein großes Problem, er fand die Faktoren 112\,303 und 898\,423.

Bemerkung: Die Faktorzerlegung natürlicher Zahlen spielt in Fibonaccis *Liber abbaci* eine große Rolle, da er bei der Division durch große Zahlen diese zuerst in einfache (möglichst wenigstellige) Faktoren zerlegt. Das folgende Beispiel steht (in etwas anderer Form) im *Liber abbaci* (vgl. [Lüneburg 1992]):

$$67898 : 1760 = 67898 : (2 \cdot 8 \cdot 10 \cdot 11) = (((67898 : 2) : 8) : 10) : 11$$

$$= (((33949 + \frac{0}{2}) : 8) : 10) : 11$$

$$= ((4243 + \frac{0}{2 \cdot 8} + \frac{5}{8}) : 10) : 11$$

$$= (424 + \frac{0}{2 \cdot 8 \cdot 10} + \frac{5}{8 \cdot 10} + \frac{3}{10}) : 11$$

$$= 38 + \frac{0}{2 \cdot 8 \cdot 10 \cdot 11} + \frac{5}{8 \cdot 10 \cdot 11} + \frac{3}{10 \cdot 11} + \frac{6}{11}$$

Es ist also $67898 : 1760 = 38 + (((0 : 2 + 5) : 8 + 3) : 10 + 6) : 11$.

Fibonacci schreibt dies in der Form $\dfrac{0\ 5\ 3\ 6}{2\ 8\ 10\ 11} 38$. Es ist

$$\frac{0\ 5\ 3\ 6}{2\ 8\ 10\ 11} = \frac{((6 \cdot 10 + 3) \cdot 8 + 5) \cdot 2 + 0}{2 \cdot 8 \cdot 10 \cdot 11} = \frac{1018}{1760}.$$

Zu Divisionsaufgaben dieser Art führt Fibonacci auch Restproben aus, am vorliegenden Beispiel die 13er-Restprobe (vgl. III.2).

I.4 Eine Formel von Legendre und die Sätze von Tschebyscheff

Für viele Zwecke der Teilbarkeitslehre benötigt man die Primfaktorzerlegung von $n! = 1 \cdot 2 \cdot 3 \cdot \ldots \cdot n$ („n Fakultät"). Um den Exponent $e_p(n!)$ zu berechnen, welchen die Primzahl $p \leq n$ in der kanonischen Primfaktorzerlegung von $n!$ besitzt, benutzen wir die schon im Beweis von Satz 3 eingeführte *Gauß-Klammer* bzw. *Ganzteilfunktion* $x \longmapsto [x]$, welche jeder reellen Zahl x die größte ganze Zahl $\leq x$ zuordnet. Ferner benötigen wir die Darstellung natürlicher Zahlen im b-adischen Ziffernsystem, wobei die Basis b eine natürliche Zahl > 1 ist. Die in folgendem Satz angegebene Formel stammt von Legendre.

Satz 6: Es sei $n \in \mathbb{N}$ und p eine Primzahl. Ferner sei

$$n = a_0 + a_1 p + a_2 p^2 + \cdots + a_r p^r \quad \left(\text{mit } r = \left[\frac{\log n}{\log p}\right]\right)$$

die p-adische Zifferndarstellung von n und $s_p(n) := a_0 + a_1 + a_2 + \cdots + a_r$ die p-adische Quersumme von n. Dann gilt für den Exponent $e_p(n!)$ des Primfaktors p in der kanonischen Primfaktorzerlegung von $n!$

$$e_p(n!) = \frac{n - s_p(n)}{p - 1}.$$

Beweis: Von den n Faktoren in $n!$ enthalten $\left[\dfrac{n}{p}\right]$ den Faktor p; von diesen enthalten $\left[\dfrac{n}{p^2}\right]$ den Faktor p mindestens zweimal; von diesen wiederum enthalten $\left[\dfrac{n}{p^3}\right]$ den Faktor p mindestens dreimal, usw. Also ist

$$(*) \qquad\qquad e_p(n!) = \sum_{i=1}^{\infty} \left[\frac{n}{p^i}\right].$$

Für $i > r$ ist $\left[\dfrac{n}{p^i}\right] = 0$, für $0 < i \leq r$ ist

$$\left[\frac{n}{p^i}\right] = a_i + a_{i+1} p + \cdots + a_{r-1} p^{r-i-1} + a_r p^{r-i}.$$

Es folgt

$$
\begin{aligned}
e_p(n!) = a_1 &+ a_2 p + a_3 p^2 + \cdots + a_r p^{r-1} \\
&+ a_2 + a_3 p + \cdots + a_r p^{r-2} \\
&\qquad\quad + a_3 + \cdots + a_r p^{r-3} \\
&\qquad\qquad\quad\;\; \cdots\cdots\cdots \\
&\qquad\qquad\qquad\qquad\quad + a_r
\end{aligned}
$$

$$
= a_1 \cdot \frac{p-1}{p-1} + a_2 \cdot \frac{p^2-1}{p-1} + a_3 \cdot \frac{p^3-1}{p-1} + \cdots + a_r \cdot \frac{p^r-1}{p-1}
$$

$$
= \frac{(a_0 + a_1 p + a_2 p^2 + \cdots + a_r p^r) - (a_0 + a_1 + a_2 + \cdots + a_r)}{p-1}. \qquad \square
$$

Bemerkung: Zur Berechnung von $e_p(n!)$ wird häufig sofort das oben angegebene Zwischenergebnis (∗) benutzt. Die Formel von Legendre kann man auch ohne dieses Resultat herleiten, etwa folgendermaßen:

$$
e_p(n!) = \sum_{i=1}^{n} e_p(i) = \sum_{i=1}^{n} \frac{s_p(i-1) - s_p(i) + 1}{p-1} = \frac{n - s_p(n)}{p-1}.
$$

Dabei ist $e_p(i)$ der Exponent von p in i. Für diese Funktion gilt nämlich

$$
e_p(ab) = e_p(a) + e_p(b) \quad \text{und} \quad e_p(a) = \frac{s_p(a-1) - s_p(a) + 1}{p-1}.
$$

Korollar: Die Reihe $\sum_{p} \dfrac{\log p}{p}$ ist divergent.

(Dabei soll die Summation über alle Primzahlen p erfolgen.)

Beweis: Aus Satz 6 folgt $e_p(n!) < \dfrac{n}{p-1}$, also

$$
n! < \prod_{p \leq n} p^{\frac{n}{p-1}},
$$

wobei das Produkt über alle in $n!$ auftretenden Primzahlen p zu erstrecken ist. Es folgt

$$
\sqrt[n]{n!} < \prod_{p \leq n} p^{\frac{1}{p-1}}
$$

und hieraus

$$
\log \sqrt[n]{n!} < \sum_{p \leq n} \frac{\log p}{p-1} \leq 2 \sum_{p \leq n} \frac{\log p}{p}.
$$

Aus $\lim\limits_{n \to \infty} \sqrt[n]{n!} = \infty$ folgt nun die Behauptung. $\square$

Das Korollar belegt erneut die Unendlichkeit der Menge der Primzahlen. Es gibt „so viele" Primzahlen, dass die Reihe $\sum_{p} \dfrac{\log p}{p}$ divergiert. Es gibt also in einem gewissen Sinn „mehr" Primzahlen als Quadratzahlen, denn die Reihe $\sum\limits_{i=1}^{\infty} \dfrac{\log i^2}{i^2}$

konvergiert. Man kann auch leicht zeigen, dass sogar die Reihe $\sum\limits_{p} \dfrac{1}{p}$ divergiert

(vgl. Aufgabe 30).

Als weitere Anwendung von Satz 6 untersuchen wir in folgendem Beispiel eine (nicht unmittelbar einsichtige) Teilbarkeitsbeziehung zwischen Fakultäten bzw. Binomialkoeffizienten.

Beispiel: Wir wollen zeigen: Für alle $a, b \in \mathbb{N}$ ist $a! b! (a + b)!$ ein Teiler von $(2a)!(2b)!$. Gleichbedeutend mit dieser Behauptung ist die folgende: Für alle $a, b \in \mathbb{N}$ ist $\binom{a + b}{a}$ ein Teiler von $\binom{2a}{a}\binom{2b}{b}$. Nach Satz 6 ist die behauptete Beziehung äquivalent mit

$$\frac{a - s_p(a) + b - s_p(b) + a + b - s_p(a + b)}{p - 1} \leq \frac{2a - s_p(2a) + 2b - s_p(2b)}{p - 1},$$

also

$$s_p(a) + s_p(b) + s_p(a + b) \geq s_p(2a) + s_p(2b)$$

für alle Primzahlen p. Treten bei der Ausführung der Additionen $a+a$, $b+b$ bzw. $a + b$ im p–adischen Ziffernsystem $n(a)$, $n(b)$ bzw. $n(a, b)$ Ziffernübertragungen auf, dann gilt

$$\begin{aligned}
s_p(2a) &= 2s_p(a) &- (p - 1)n(a), \\
s_p(2b) &= 2s_p(b) &- (p - 1)n(b), \\
s_p(a + b) &= s_p(a) + s_p(b) &- (p - 1)n(a, b).
\end{aligned}$$

Daher ist die letzte Ungleichung äquivalent mit

$$n(a, b) \leq n(a) + n(b).$$

Diese Ungleichung ist aber leicht zu bestätigen: Eine Ziffernübertragung kann bei der Addition $a + b$ nur auftreten, wenn sie bei der Addition $a + a$ oder bei der Addition $b + b$ auftritt, da andernfalls die entsprechenden Ziffern bei a und bei b beide kleiner als $\frac{p}{2}$ sind.

Die wichtigste Anwendung von Satz 6 ist der Beweis des folgenden Satzes, welcher besagt, dass die Anzahl $\pi(x)$ der Primzahlen $\leq x$ von der Größenordnung $\frac{x}{\log x}$ ist (vgl. auch Kapitel VII):

Satz 7: Für $x \geq 2$ gilt mit $a = \frac{1}{4} \log 2$ und $A = 6 \log 2$

$$a \cdot \frac{x}{\log x} < \pi(x) < A \cdot \frac{x}{\log x}.$$

Beweis: Für $n \geq 1$ gilt

$$n^{\pi(2n) - \pi(n)} < \prod_{n < p \leq 2n} p \leq \binom{2n}{n} < 2^{2n},$$

wobei man zur Begründung der letzten Ungleichung beachte, dass $\binom{2n}{n}$ kleiner als $(1+1)^{2n}$ ist. Für $n = 2^{k-1}$ ergibt sich daraus

$$(k-1)\left(\pi(2^k) - \pi(2^{k-1})\right) < 2^k,$$

also

$$k \cdot \pi(2^k) < (k-1) \cdot \pi(2^{k-1}) + \pi(2^k) + 2^k.$$

Nun ist $\pi(2^k) \leq 2^{k-1}$, denn von den Zahlen von 1 bis 2^k ist die Hälfte gerade, und 1 ist keine Primzahl. Also ist

$$k \cdot \pi(2^k) < (k-1)\pi(2^{k-1}) + 3 \cdot 2^{k-1}$$

bzw.

$$\pi(2^k) < \frac{k-1}{k} \cdot \pi(2^{k-1}) + 3 \cdot \frac{2^{k-1}}{k}.$$

Mit Hilfe dieser Ungleichung beweist man induktiv, dass

$$\pi(2^k) < 3 \cdot \frac{2^k}{k}$$

für alle $k \geq 1$. Für $k = 1$ ist diese Ungleichung richtig $(\pi(2) < 6)$, der Schluss von $k-1$ auf k sieht folgendermaßen aus:

$$\pi(2^k) < \frac{k-1}{k} \cdot 3 \cdot \frac{2^{k-1}}{k-1} + 3 \cdot \frac{2^{k-1}}{k} = 3 \cdot \frac{2^k}{k}.$$

Für $2^k \leq x < 2^{k+1}$ folgt nun

$$\pi(x) \leq \pi(2^{k+1}) < 3 \cdot \frac{2^{k+1}}{k+1} = 6 \log 2 \cdot \frac{2^k}{\log 2^{k+1}} < A \cdot \frac{x}{\log x}.$$

Damit ist die Abschätzung von $\pi(x)$ nach oben bewiesen. Nun zur Abschätzung nach unten: Aus der Formel von Legendre (Satz 6) folgt

$$e_p\left(\binom{2n}{n}\right) = \frac{2s_p(n) - s_p(2n)}{p-1}$$

für $n \geq 1$. Ist $p^r \leq 2n < p^{r+1}$ und $2n = a_0 + a_1 p + \cdots + a_r p^r$ die p-adische Zifferndarstellung von $2n$, dann treten bei der Addition „$n + n = 2n$" höchstens r Ziffernübertragungen auf, es ist also

$$2s_p(n) - s_p(2n) \leq r(p-1),$$

also $e_p\left(\binom{2n}{n}\right) \leq r$. Daher gilt

$$p^{e_p} \leq p^r \leq 2n,$$

wenn wir einfach e_p statt $e_p\left(\binom{2n}{n}\right)$ schreiben. Daraus folgt

$$\binom{2n}{n} = \prod_p p^{e_p} \le (2n)^{\pi(2n)}.$$

Andererseits ist

$$\binom{2n}{n} = \frac{2n}{n} \cdot \frac{2n-1}{n-1} \cdot \frac{2n-2}{n-2} \cdot \cdots \cdot \frac{n+1}{1} \ge 2^n,$$

es gilt also

$$2^n \le (2n)^{\pi(2n)}.$$

Für $n = 2^{k-1}$ ergibt sich daraus $2^{k \cdot \pi(2^k)} \ge 2^{2^{k-1}}$, also

$$\pi(2^k) \ge \frac{2^{k-1}}{k} = \frac{2^k}{2k}.$$

Für $2^k \le x < 2^{k+1}$ folgt daraus schließlich

$$\pi(x) \ge \pi(2^k) \ge \frac{2^k}{2k} = \frac{\log 2}{4} \cdot \frac{2^{k+1}}{\log 2^k} > a \cdot \frac{x}{\log x}. \quad \square$$

Pafnutij Lwowitsch Tschebyscheff (1821–1894), einer der bedeutendsten russischen Mathematiker des 19. Jahrhunderts, bewies eine schärfere Version von Satz 7; er zeigte nämlich, dass die Konstanten a und A so gewählt werden können, dass $a + A = 2$ gilt, wobei man in Kauf nimmt, dass die Ungleichungen erst ab einer gewissen Stelle x_0 gelten. Man nennt Satz 7 bzw. die genannte schärfere Version daher auch *Satz von Tschebyscheff*. Ebenfalls von Tschebyscheff wurde bewiesen: Wenn

$$\lim_{x \to \infty} \frac{\frac{\pi(x)}{x}}{\log x}$$

existiert, dann ist dieser Grenzwert 1 (vgl. VII.7 Aufgabe 9).

Im Beweis des folgenden Satzes benötigen wir eine Abschätzung des Produktes aller Primzahlen unterhalb einer Schranke x, und zwar

$$(*) \qquad \prod_{p \le x} p < 4^x \qquad \text{für alle } x \ge 2.$$

Es genügt offensichtlich der Nachweis dieser Beziehung für den Fall, dass x eine ungerade natürliche Zahl $n \ge 5$ ist. Mit $k = \begin{cases} \frac{n-1}{2}, & \text{falls } \frac{n-1}{2} \text{ ungerade} \\ \frac{n+1}{2}, & \text{falls } \frac{n-1}{2} \text{ gerade} \end{cases}$ gilt

$$\prod_{k < p \le n} p \le \binom{n}{k},$$

denn eine Primzahl p mit $k < p \leq n$ teilt $n!$, nicht aber $k!$ oder $(n-k)!$; man beachte dabei, dass $n - k$ gerade und $\leq k + 1$ ist. Ferner gilt

$$2^n = (1+1)^n > 2\binom{n}{k},$$

also $\binom{n}{k} < 2^{n-1}$. Nun gehen wir induktiv vor: Gilt $\prod_{p \leq k} p < 4^k$, dann ist

$$\prod_{p \leq n} p = \prod_{p \leq k} p \cdot \prod_{k < p \leq n} p < 4^k \cdot 2^{n-1} = 2^{2k+n-1} \leq 2^{2n} = 4^n.$$

Joseph Louis François Bertrand (1822–1900) stellte anhand einer Primzahltafel bis 6 000 000 fest, dass sich zwischen n und $2n$ stets eine Primzahl befand. Seine Vermutung, dass dies allgemein gelte, nannte man das *bertrandsche Postulat*. Dieses wurde von Tschebyscheff bewiesen. Der folgende Beweis basiert auf der Formel von Legendre und obiger Ungleichung $(*)$.

Satz 8: Für jedes $n > 1$ existiert eine Primzahl p mit $n < p < 2n$.

Beweis: Es sei e_p der Exponent von p in der Primfaktorzerlegung des Binomialkoeffizienten $\binom{2n}{n}$. Existiert keine Primzahl p mit $n < p < 2n$, dann ist

$$\binom{2n}{n} = \prod_{p \leq n} p^{e_p}.$$

Man beachte, dass gemäß der Annahme, das bertrandsche Postulat sei falsch, das Produkt nur für $p \leq n$ zu bilden ist.

Für $\frac{2}{3}n < p \leq n$ ist $e_p = 0$, denn dann ist $s_p(2n) = 2s_p(n)$: Es ist $n = 1 \cdot p + a_0$ mit $0 \leq a_0 < \frac{p}{2}$ und $s_p(n) = 1 + a_0$; ferner ist $2n = 2 \cdot p + 2a_0$ mit $2a_0 < p$, also $s_p(2n) = 2 + 2a_0$.

Für $\sqrt{2n} < p \leq \frac{2}{3}n$ ist $e_p \leq 1$. Denn dann ist $n = a_1 p + a_0$ mit $1 \leq a_1 < \frac{p}{2}$ und $0 \leq a_0 < p$; ferner ist $2n = 2a_1 p + 2a_0 < p^2$, bei der Addition „$n + n = 2n$" gibt es also höchstens eine Ziffernübertragung, woraus $2s_p(n) - s_p(2n) \leq p - 1$ folgt.

Verwenden wir nun für $p \leq \sqrt{2n}$ die im Beweis von Satz 7 gewonnene Abschätzung $p^{e_p} \leq 2n$, dann ergibt sich

$$\binom{2n}{n} \leq \prod_{p \leq \sqrt{2n}} 2n \cdot \prod_{p \leq \frac{2}{3}n} p.$$

Die Anzahl der Faktoren im ersten Produkt ist $\pi(\sqrt{2n})$, also höchstens $\frac{1}{2}\sqrt{2n}$, da die geraden Zahlen (außer 2) und 1 keine Primzahlen sind. Es sei nun $n \geq 128$, also $\sqrt{2n} \geq 16$. Dann entfallen noch die Zahlen 9 und 15, so dass sich

$\pi(\sqrt{2n}) \leq \left[\frac{1}{2}\sqrt{2n}\right] - 2 < \frac{1}{2}\sqrt{2n} - 1$ ergibt. Das zweite Produkt können wir mit (∗) nach oben abschätzen. Also ist

$$\binom{2n}{n} < (2n)^{\frac{1}{2}\sqrt{2n}-1} \cdot 4^{\frac{2}{3}n}.$$

Andererseits ist $2^{2n} = (1+1)^{2n} < 2n \cdot \binom{2n}{n}$, also $\binom{2n}{n} > \frac{2^{2n}}{2n}$. Aus

$$\frac{2^{2n}}{2n} < (2n)^{\frac{1}{2}\sqrt{2n}-1} \cdot 4^{\frac{2}{3}n}$$

folgt $2^{\frac{2}{3}n} < (2n)^{\frac{1}{2}\sqrt{2n}}$, daraus $\frac{2}{3}n \log 2 < \frac{1}{2}\sqrt{2n} \log 2n$ und schließlich

$$\sqrt{8n} \log 2 - 3 \log 2n < 0.$$

Für die Funktion $f : x \longmapsto \sqrt{8x} \log 2 - 3 \log 2x$ gilt aber $f(128) = 8 \log 2 > 0$ und $f'(x) = \frac{1}{x}(\sqrt{2x} \log 2 - 3) > 0$ für $x \geq 128$, so dass f für $x \geq 128$ keine negativen Werte annehmen kann. Damit ist für $n \geq 128$ die Annahme, es gäbe keine Primzahl zwischen n und $2n$, zu einem Widerspruch geführt. Für $n < 128$ beweist man die Aussage des Satzes anhand einer Primzahltafel.   □

Bemerkung: Man kann sogar (mit Hilfe des Primzahlsatzes, vgl. Kapitel VII) beweisen, dass für jedes $\varepsilon > 0$ eine Zahl $N(\varepsilon)$ derart existiert, dass zwischen n und $(1+\varepsilon)n$ eine Primzahl liegt, falls $n \geq N(\varepsilon)$ ist (VII.7 Aufgabe 2).

I.5 Irrationalitätsbeweise

Eine interessante Anwendung des Satzes von der eindeutigen Primfaktorzerlegung ergibt sich beim Beweis der Irrationalität gewisser reeller Zahlen.

Beispiel 1: Ist die natürliche Zahl n nicht k-te Potenz einer natürlichen Zahl, dann ist $\sqrt[k]{n}$ irrational.

Beweis: Gibt es Zahlen $a, b \in \mathbb{N}$ mit $\sqrt[k]{n} = \frac{a}{b}$, also $n \cdot b^k = a^k$, dann gilt für die Exponenten α_i, β_i, ν_i in der kanonischen Primfaktorzerlegung von a, b, n

$$\nu_i + k\beta_i = k\alpha_i \qquad (i = 1, 2, 3, \ldots).$$

Es folgt $k | \nu_i$ $(i = 1, 2, 3 \ldots)$, also ist n eine k-te Potenz.   □

Beispiel 2: Ist u eine reelle Lösung der Polynomgleichung

$$x^k + c_1 x^{k-1} + c_2 x^{k-2} + \cdots + c_{k-1}x + c_k = 0$$

mit ganzzahligen Koeffizienten $c_1, c_2, \ldots, c_k$, dann ist u entweder eine ganze oder eine irrationale Zahl. (Für $c_1 = c_2 = \ldots = c_{k-1} = 0$ und $c_k = -n$ ergibt sich die Aussage in Beispiel 1.)

Beweis: Wir nehmen an, u sei rational, also $u = \frac{a}{b}$ mit $a, b \in \mathbb{Z}$ und $b \neq 0$. Einsetzen in obige Gleichung und Multiplikation mit b^k liefert

$$a^k + c_1 a^{k-1} b + c_2 a^{k-2} b^2 + \cdots + c_{k-1} a b^{k-1} + c_k b^k = 0.$$

Da b die k letzten Summanden der Summe teilt, muss b auch a^k teilen. Jeder Primteiler von b ist daher auch Primteiler von a. Setzt man obigen Bruch als voll gekürzt voraus, so muss also $b = \pm 1$ gelten, die Zahl u ist daher ganz. $\square$

Dieses Beispiel zeigt, dass es nützlich ist, den Begriff der Teilbarkeit nicht auf die natürlichen Zahlen zu beschränken, sondern diesen Begriff von vornherein in der Menge $\mathbb{Z}$ der ganzen Zahlen zu definieren.

Als einfache Anwendung der Aussage in Beispiel 2 ergibt sich, dass die Zahl $u = \sqrt{2} + \sqrt{3}$ irrational ist: Wegen $3,1 < u < 3,3$ ist diese Zahl nicht ganz. Ferner gilt $u^2 = 5 + 2\sqrt{6}$, also $(u^2 - 5)^2 = 24$ und damit $u^4 - 10u^2 + 1 = 0$. Das kann man natürlich auch schneller einsehen: $\sqrt{2} + \sqrt{3}$ ist irrational, weil $\sqrt{6}$ irrational ist.

Beispiel 3: Für $m, n \in \mathbb{N}$ mit $m, n \geq 2$ ist der Logarithmus $\log_n m$ genau dann rational, wenn natürliche Zahlen a, b mit $n^a = m^b$. Denn $\log_n m = \frac{a}{b}$ ist gleichbedeutend mit $n^{\frac{a}{b}} = m$, also $n^a = m^b$.

Beispiel 4: Die Werte der trigonometrischen Funktionen sind i.Allg. irrational. Es gilt aber: In einem Dreieck mit ganzzahligen Seitenverhältnissen sind die cos-Werte der Innenwinkel rational; hat ferner einer der Innenwinkel einen rationalen sin-Wert, dann gilt dies auch für die übrigen Innenwinkel. Das folgt aus dem Kosinussatz bzw. dem Sinussatz der ebenen Trigonometrie.

Beispiel 5: Die Irrationalität von Quadratwurzeln lässt sich auch ohne die Primfaktorzerlegung beweisen: Ist $\sqrt{k}$ nicht ganz und $[\sqrt{k}]$ der Ganzteil von $\sqrt{k}$, dann gilt $0 < \sqrt{k} - [\sqrt{k}] < 1$. Wäre $\sqrt{k}$ rational und m die kleinste natürliche Zahl mit $m\sqrt{k} \in \mathbb{N}$, dann wäre auch

$$mk - m[\sqrt{k}]\sqrt{k} \in \mathbb{N}, \quad \text{also} \quad (m\sqrt{k} - m[\sqrt{k}])\sqrt{k} \in \mathbb{N}.$$

Wegen $0 < m\sqrt{k} - m[\sqrt{k}] < m$ widerspricht dies der Minimalität von m.

Beispiel 6: Die Irrationalität der eulerschen Zahl

$$e = \sum_{i=0}^{\infty} \frac{1}{i!}$$

beweist man mit einem ähnlichen Gedankengang wie in Beispiel 5: Für jedes $m \in \mathbb{N}$ gilt

$$m!e = \sum_{i=0}^{m} \frac{m!}{i!} + r_m \quad \text{mit} \quad r_m = \sum_{i=m+1}^{\infty} \frac{m!}{i!}.$$

Wegen

$$0 < r_m < \frac{1}{m+1} \sum_{j=0}^{\infty} \left(\frac{1}{m+2} \right)^j = \frac{m+2}{(m+1)^2} < 1$$

kann $m!e$ für kein $m \in \mathbb{N}$ ganz sein.

I.6 Der größte gemeinsame Teiler

Zunächst beschäftigen wir uns mit dem größten gemeinsamen Teiler von *natürlichen* Zahlen, am Ende des Abschnitts dehnen wir diesen Begriff auf *ganze* Zahlen aus.

Für $a_1, a_2, \ldots, a_n \in \mathbb{N}$ nennt man die größte Zahl in der Menge

$$T_{a_1} \cap T_{a_2} \cap \cdots \cap T_{a_n}$$

den *größten gemeinsamen Teiler* von $a_1, a_2, \ldots, a_n$ und bezeichnet diesen mit $\mathrm{ggT}(a_1, a_2, \ldots, a_n)$. Zunächst betrachten wir den größten gemeinsamen Teiler von *zwei* natürlichen Zahlen a und b, wobei es keine Beschränkung der Allgemeinheit ist, wenn wir $a > b$ voraussetzen.

Unter der *Division* von a durch b *mit Rest* verstehen wir die Darstellung

$$a = vb + r \quad \text{mit} \quad v \in \mathbb{N} \quad \text{und} \quad 0 \le r < b.$$

Die Zahlen $v = \left[\frac{a}{b} \right]$ und $r = a - vb$ sind dabei durch a und b eindeutig bestimmt.

Nun gilt genau dann $d|a$ und $d|b$, wenn $d|b$ und $d|r$ gilt. Also ist

$$T_a \cap T_b = T_r \cap T_b \quad \text{und daher} \quad \mathrm{ggT}(a, b) = \mathrm{ggT}(r, b).$$

Ist $r = 0$, dann ist $T_a \cap T_b = T_b$ und $\mathrm{ggT}(a, b) = b$. Ist $r \ne 0$, so wiederholen wir obige Umformung mit vertauschten Rollen:

$$b = wr + s \quad \text{mit} \quad w \in \mathbb{N} \quad \text{und} \quad 0 \le s < r$$

liefert $T_r \cap T_b = T_r \cap T_s$ und $\mathrm{ggT}(r, b) = \mathrm{ggT}(r, s)$, insgesamt also

$$\mathrm{ggT}(a, b) = \mathrm{ggT}(r, b) = \mathrm{ggT}(r, s).$$

So können wir fortfahren, bis schließlich der Rest 0 entsteht und der ggT sich als der letzte von 0 verschiedene Rest erweist.

Dieses Verfahren ist von Euklid angegeben worden und daher nach ihm benannt. Bei Euklid werden allerdings nur „einfache" Subtraktionen ausgeführt, es werden keine *Vielfachen* der kleineren Zahl subtrahiert. Die im Folgenden angegebene Form des euklidischen Algorithmus tritt auch in Fibonaccis *Liber abbaci* auf.

Für $a, b \in \mathbb{N}$ bezeichnet man die folgende Kette von Divisionen mit Rest als *euklidischen Algorithmus*:

$$
\begin{aligned}
a &= v_0 \cdot b & &+ r_1 & &\text{mit} & &0 < r_1 < b \\
b &= v_1 \cdot r_1 & &+ r_2 & &\text{mit} & &0 < r_2 < r_1 \\
r_1 &= v_2 \cdot r_2 & &+ r_3 & &\text{mit} & &0 < r_3 < r_2 \\
&\ \ \vdots \\
r_{n-3} &= v_{n-2} \cdot r_{n-2} & &+ r_{n-1} & &\text{mit} & &0 < r_{n-1} < r_{n-2} \\
r_{n-2} &= v_{n-1} \cdot r_{n-1} & &+ r_n & &\text{mit} & &0 < r_n < r_{n-1} \\
r_{n-1} &= v_n \cdot r_n
\end{aligned}
$$

Dabei ist n dadurch bestimmt, dass r_n der letzte von 0 verschiedene Rest in dieser Divisionskette ist. Ein solches n existiert, denn die Folge der Reste nimmt streng monoton ab:

$$
b > r_1 > r_2 > r_3 > \cdots > r_{n-1} > r_n.
$$

Satz 9: Der letzte von 0 verschiedene Rest r_n im euklidischen Algorithmus für $a, b \in \mathbb{N}$ ist der größte gemeinsame Teiler von a und b.

Beweis: Mit den Bezeichnungen im euklidischen Algorithmus gilt

$$
T_a \cap T_b = T_b \cap T_{r_1} = T_{r_1} \cap T_{r_2} = \cdots = T_{r_{n-1}} \cap T_{r_n} = T_{r_n},
$$

also auch

$$
\text{ggT}(a, b) = \text{ggT}(b, r_1) = \text{ggT}(r_1, r_2) = \cdots = \text{ggT}(r_{n-1}, r_n) = r_n. \quad \square
$$

Beispiel 1: Es soll $\text{ggT}(4081, 2585)$ berechnet werden:

$$
\begin{aligned}
4081 &= 1 \cdot 2585 + 1496 \\
2585 &= 1 \cdot 1496 + 1089 \\
1496 &= 1 \cdot 1089 + 407 \\
1089 &= 2 \cdot 407 + 275 \\
407 &= 1 \cdot 275 + 132 \\
275 &= 2 \cdot 132 + 11 \\
132 &= 12 \cdot 11
\end{aligned}
$$

Es ergibt sich also $\text{ggT}(4081, 2585) = 11$.

Den euklidischen Algorithmus bezeichnet man auch manchmal als *Wechselwegnahme*, da abwechselnd ein Vielfaches der einen Zahl von der anderen Zahl weggenommen wird. Mit Hilfe der Wechselwegnahme untersuchte man in der Antike die Frage, wann zwei Größen *kommensurabel* oder *inkommensurabel* sind, d.h., ob sie in einem rationalen Verhältnis zueinander stehen oder nicht.

Die mit dem euklidischen Algorithmus bewiesene Aussage

$$T_a \cap T_b = T_{\mathrm{ggT}(a,b)}$$

kann man auch folgendermaßen ausdrücken: „Genau dann ist $d|a$ und $d|b$, wenn $d|\mathrm{ggT}(a,b)$.“ Daher findet man oft folgende *Definition* des größten gemeinsamen Teilers: Die Zahl d ist der größte gemeinsame Teiler von a und b, wenn gilt:

(1) $d|a$ und $d|b$;

(2)   aus $t|a$ und $t|b$ folgt $t|d$.

Diese Definition hat gegenüber unserer ursprünglichen Definition den Vorteil, dass auch $\mathrm{ggT}(0,0)$ definiert ist: Da 0 die einzige durch alle Zahlen aus $\mathbb{N}_0$ teilbare Zahl ist, gilt $\mathrm{ggT}(0,0) = 0$.

Die Bildung des ggT zweier Zahlen ist eine *assoziative* Verknüpfung, d.h. es gilt $\mathrm{ggT}(\mathrm{ggT}(a,b),c) = \mathrm{ggT}(a,\mathrm{ggT}(b,c))$. Denn

$$T_{\mathrm{ggT}(\mathrm{ggT}(a,b),c)} = T_{\mathrm{ggT}(a,b)} \cap T_c = (T_a \cap T_b) \cap T_c$$

$$= T_a \cap (T_b \cap T_c) = T_a \cap T_{\mathrm{ggT}(b,c)} = T_{\mathrm{ggT}(a,\mathrm{ggT}(b,c))}.$$

Daher ist $\mathrm{ggT}(a,b,c) = \mathrm{ggT}(\mathrm{ggT}(a,b),c)$ $(= \mathrm{ggT}(a,\mathrm{ggT}(b,c)))$ und

$$T_a \cap T_b \cap T_c = T_{\mathrm{ggT}(a,b,c)}.$$

Daraus ergibt sich: Genau dann ist $d = \mathrm{ggT}(a,b,c)$, wenn

(1) $d|a$ und $d|b$ und $d|c$;

(2)   aus $t|a$ und $t|b$ und $t|c$ folgt $t|d$.

Satz 10: Für $a_1, a_2, \ldots, a_n \in \mathbb{N}$ ist

$$T_{a_1} \cap T_{a_2} \cap \cdots \cap T_{a_n} = T_{\mathrm{ggT}(a_1, a_2, \ldots, a_n)}.$$

Dieser Satz ergibt sich mit vollständiger Induktion sofort aus den vorangehenden Überlegungen. Wir haben den Satz nur für *natürliche* Zahlen formuliert. Ist eine der Zahlen a_i gleich 0, so lässt man sie im ggT einfach fort, denn $\mathrm{ggT}(a,0) = a$ für $a \in \mathbb{N}$.

Aus Satz 10 folgt: Genau dann ist $d = \mathrm{ggT}(a_1, a_2, \ldots, a_n)$, wenn gilt:

(1) $d|a_1$ und $d|a_2$ und $\ldots$ und $d|a_n$;

(2)   aus $t|a_1$ und $t|a_2$ und $\ldots$ und $t|a_n$ folgt $t|d$.

Aus dem euklidischen Algorithmus für $a, b \in \mathbb{N}$ folgt, dass

$$\mathrm{ggT}(a,b) = u \cdot a + v \cdot b \quad \mathrm{mit} \quad u, v \in \mathbb{Z}.$$

Denn mit den bei der Darstellung des euklidischen Algorithmus verwendeten Bezeichnungen gilt

$$
\begin{aligned}
r_n &= r_{n-2} - v_{n-1} r_{n-1} \\
&= r_{n-2} - v_{n-1}(r_{n-3} - v_{n-2} r_{n-2}) \\
&= r_{n-4} - v_{n-3} r_{n-3} - v_{n-1}(r_{n-3} - v_{n-2}(r_{n-4} - v_{n-3} r_{n-3}))
\end{aligned}
$$

usw., so dass man schließlich die angegebene Darstellung erhält.

Beispiel 2: Wir haben oben den euklidischen Algorithmus zur Berechnung von $\mathrm{ggT}(4081, 2585)$ angewendet. Daraus ergibt sich

$$
\begin{aligned}
11 &= 275 - 2 \cdot 132 \\
&= 275 - 2(407 - 1 \cdot 275) = 3 \cdot 275 - 2 \cdot 407 \\
&= 3(1089 - 2 \cdot 407) - 2 \cdot 407 = 3 \cdot 1089 - 8 \cdot 407 \\
&= 3 \cdot 1089 - 8(1496 - 1 \cdot 1089) = 11 \cdot 1089 - 8 \cdot 1496 \\
&= 11(2585 - 1 \cdot 1496) - 8 \cdot 1496 = 11 \cdot 2585 - 19 \cdot 1496 \\
&= 11 \cdot 2585 - 19(4081 - 1 \cdot 2585) = 30 \cdot 2585 - 19 \cdot 4081.
\end{aligned}
$$

Man erhält also

$$
\mathrm{ggT}(4081, 2585) = (-19) \cdot 4081 + 30 \cdot 2585.
$$

Die Darstellung $\mathrm{ggT}(a, b) = ua + vb$ $(u, v \in \mathbb{Z})$ heißt *Vielfachensummendarstellung* von $\mathrm{ggT}(a, b)$. Diese Darstellung ist nicht eindeutig, denn man kann u durch $u + kb$ ersetzen, wenn man gleichzeitig v durch $v - ka$ ersetzt. Auch den ggT von mehr als zwei Zahlen kann man als Vielfachensumme dieser Zahlen schreiben. Ist etwa

$$
\mathrm{ggT}(a, b) = ua + vb \quad \text{und} \quad \mathrm{ggT}(\mathrm{ggT}(a, b), c) = x \cdot \mathrm{ggT}(a, b) + yc,
$$

dann ist

$$
\begin{aligned}
\mathrm{ggT}(a, b, c) = \mathrm{ggT}(\mathrm{ggT}(a, b), c) &= x(ua + vb) + yc \\
&= (xu)a + (xv)b + yc.
\end{aligned}
$$

Mit Hilfe vollständiger Induktion kann man allgemein beweisen, dass der ggT von n Zahlen als Vielfachensumme dieser n Zahlen dargestellt werden kann:

Satz 11: Es seien $a_1, a_2, \ldots, a_n$ natürliche Zahlen. Dann existieren ganze Zahlen $v_1, v_2, \ldots, v_n$ so dass

$$
\mathrm{ggT}(a_1, a_2, \ldots, a_n) = v_1 a_1 + v_2 a_2 + \ldots + v_n a_n.
$$

Als unmittelbare Folgerung aus diesem Satz ergibt sich:

Korollar: Es seien $a_1, a_2, \ldots, a_n$ natürliche Zahlen und d ihr größter gemeinsamer Teiler. Dann gilt

$$
\{v_1 a_1 + v_2 a_2 + \cdots + v_n a_n \mid v_1, v_2, \ldots, v_n \in \mathbb{Z}\} = \{vd \mid v \in \mathbb{Z}\},
$$

die Menge aller Vielfachensummen von $a_1, a_2, \ldots, a_n$ besteht also aus allen Vielfachen von $\mathrm{ggT}(a_1, a_2, \ldots, a_n)$.

Man beachte, dass bei den betrachteten Vielfachen bzw. Vielfachensummen die Multiplikatoren aus $\mathbb{Z}$ stammen, also ganze Zahlen sind.

Ist $\mathrm{ggT}(a_1, a_2, \ldots, a_n) = 1$, dann nennt man die Zahlen $a_1, a_2, \ldots, a_n$ *teilerfremd*. Sind je zwei dieser Zahlen teilerfremd, dann nennt man $a_1, a_2, \ldots, a_n$ *paarweise teilerfremd*. In diesem Fall sind sie natürlich auch teilerfremd.

Satz 12: Sind die natürlichen Zahlen $a_1, a_2, \ldots, a_n$ alle zu der ganzen Zahl m teilerfremd, dann ist auch ihr Produkt zu m teilerfremd.

Beweis: Gilt $\mathrm{ggT}(a_1, m) = \mathrm{ggT}(a_2, m) = \ldots = \mathrm{ggT}(a_n, m) = 1$, dann gibt es ganze Zahlen $u_1, u_2, \ldots, u_n$ und $v_1, v_2, \ldots, v_n$ mit

$$
\begin{aligned}
1 &= u_1 a_1 + v_1 m \\
1 &= u_2 a_2 + v_2 m \\
&\cdots\cdots\cdots\cdots\cdots \\
1 &= u_n a_n + v_n m.
\end{aligned}
$$

Multipliziert man diese Gleichungen miteinander, so folgt

$$1 = (u_1 u_2 \ldots u_n)(a_1 a_2 \ldots a_n) + vm \quad \text{mit} \quad v \in \mathbb{Z}.$$

Ein gemeinsamer Teiler von $a_1 a_2 \ldots a_n$ und m kann also nur 1 sein. $\quad\square$

Den größten gemeinsamen Teiler gegebener Zahlen kann man auch mit Hilfe ihrer Primfaktorzerlegung berechnen. Bei großen Zahlen ist aber die Benutzung des euklidischen Algorithmus meistens vorzuziehen, da die Primfaktorzerlegung großer Zahlen in der Regel sehr mühsam zu bestimmen ist.

Satz 13: Es seien

$$a = \prod_{i=1}^{\infty} p_i^{\alpha_i} \quad \text{und} \quad b = \prod_{i=1}^{\infty} p_i^{\beta_i}$$

zwei natürliche Zahlen in ihrer kanonischen Primfaktorzerlegung. Dann gilt

$$\mathrm{ggT}(a, b) = \prod_{i=1}^{\infty} p_i^{\min(\alpha_i, \beta_i)},$$

wobei $\min(\alpha_i, \beta_i)$ das Minimum der Zahlen α_i und β_i bedeutet.

Beweis: Für die Zahl

$$d = \prod_{i=1}^{\infty} p_i^{\min(\alpha_i, \beta_i)}$$

gilt $d|a$ und $d|b$, denn es ist $\min(\alpha_i, \beta_i) \le \alpha_i$ und $\min(\alpha_i, \beta_i) \le \beta_i$ für $i = 1, 2, 3, \ldots$. Ist $t = \prod_{i=1}^{\infty} p_i^{\tau_i}$ und gilt $t|a$ und $t|b$, dann ist $\tau_i \le \alpha_i$ und $\tau_i \le \beta_i$ für $i = 1, 2, 3, \ldots$, also $\tau_i \le \min(\alpha_i, \beta_i)$ für $i = 1, 2, 3, \ldots$ und damit $t|d$. Also ist $d = \mathrm{ggT}(a, b)$. $\quad\square$

Die entsprechende Aussage gilt natürlich auch für den ggT von mehr als zwei Zahlen.

Beispiel 3:

$$
\begin{array}{rcllll}
3300 & = & 2^2 & \cdot\ 3 & \cdot\ 5^2 & & \cdot\ 11 \\
315000 & = & 2^3 & \cdot\ 3^2 & \cdot\ 5^4 & \cdot\ 7 \\
3402000 & = & 2^4 & \cdot\ 3^5 & \cdot\ 5^3 & \cdot\ 7 \\
\hline
\mathrm{ggT} & = & 2^2 & \cdot\ 3 & \cdot\ 5^2 & & = 300
\end{array}
$$

Mit Hilfe des größten gemeinsamen Teilers kann man nun sehr leicht Satz 5 aus I.3 beweisen, wie dort angekündigt wurde: Es sei $p|ab$ und $p \nmid a$. Dann ist $\mathrm{ggT}(p,a) = 1$, es existieren also ganze Zahlen u, v mit $1 = up + va$. Dann gilt auch $b = upb + vab$. Aus $p|upb$ und $p|vab$ folgt $p|b$.

Nun seien $a_1, a_2, \ldots, a_n$ *ganze* Zahlen. Eine ganze Zahl d heißt ein *größter gemeinsamer Teiler* von $a_1, a_2, \ldots, a_n$, wenn gilt:

(1) $d|a_1$ und $d|a_2$ und ... und $d|a_n$;

(2) aus $t|a_1$ und $t|a_2$ und ... und $t|a_n$ folgt $t|d$.

Entsprechend haben wir im Anschluss an Satz 10 den ggT von n natürlichen Zahlen charakterisiert. Ist $d' = \mathrm{ggT}(|a_1|, |a_2|, \ldots, |a_n|)$, dann gilt für einen größten gemeinsamen Teiler d von $a_1, a_2, \ldots, a_n$

$$d|d' \quad \text{und} \quad d'|d, \quad \text{also} \quad d = d' \quad \text{oder} \quad d = -d'.$$

Für ganze Zahlen gibt es also zwei größte gemeinsame Teiler. Um Eindeutigkeit herzustellen, verwenden wir das Symbol ggT künftig nur für den *positiven* größten gemeinsamen Teiler, es ist also

$$\mathrm{ggT}(a_1, a_2, \ldots, a_n) = \mathrm{ggT}(|a_1|, |a_2|, \ldots |a_n|) > 0,$$

falls nicht alle Zahlen $a_1, a_2, \ldots, a_n$ Null sind.

Bei der Berechnung des ggT mit Hilfe der „Wechselwegnahme" kann man nun auch negative Zahlen zulassen, wie folgendes Beispiel zeigt:

$$
\begin{aligned}
\mathrm{ggT}(345, 111, 678) & = \mathrm{ggT}(345, 111, -12) = \mathrm{ggT}(12, 111, 12) \\
& = \mathrm{ggT}(12, 111, 0) = \mathrm{ggT}(12, -9) = \mathrm{ggT}(12, 9) \\
& = \mathrm{ggT}(3, 9) = \mathrm{ggT}(3, 0) = 3.
\end{aligned}
$$

I.7 Das kleinste gemeinsame Vielfache

Die Menge aller positiven Vielfachen einer natürlichen Zahl bezeichnen wir mit V_a. Für n natürliche Zahlen $a_1, a_2, \ldots, a_n$ ist

$$V_{a_1} \cap V_{a_2} \cap \cdots \cap V_{a_n}$$

die *Menge aller gemeinsamen Vielfachen* von $a_1, a_2, \ldots, a_n$. Diese Menge ist nicht leer, da sie z.B. das Produkt der Zahlen $a_1, a_2, \ldots, a_n$ enthält. Die kleinste Zahl in dieser Menge nennt man das *kleinste gemeinsame Vielfache* von $a_1, a_2, \ldots, a_n$ und bezeichnet dieses mit $\mathrm{kgV}(a_1, a_2, \ldots, a_n)$. Zunächst beschäftigen wir uns mit dem kgV von nur zwei natürlichen Zahlen a, b.

Satz 14: Für $a, b \in \mathbb{N}$ gilt $\mathrm{kgV}(a, b) = \dfrac{a \cdot b}{\mathrm{ggT}(a, b)}$.

Beweis: Man setze $c := \dfrac{a \cdot b}{\mathrm{ggT}(a, b)}$. Wegen $\dfrac{a}{\mathrm{ggT}(a,b)}, \dfrac{b}{\mathrm{ggT}(a,b)} \in \mathbb{N}$ gilt $a|c$ und $b|c$. Für ein beliebiges $d \in V_a \cap V_b$ gilt $c|d$, denn die Zahl

$$\frac{d}{c} = \frac{d \cdot \mathrm{ggT}(a,b)}{a \cdot b} = \frac{d \cdot (ua + vb)}{a \cdot b} = u \cdot \frac{d}{b} + v \cdot \frac{d}{a} \quad (u, v \in \mathbb{Z})$$

ist ganz. Folglich ist $c \leq d$ und damit c das *kleinste* gemeinsame Vielfache von a und b. $\square$

Im Beweis dieses Satzes haben wir gesehen, dass jedes gemeinsame Vielfache von a und b ein Vielfaches von $\mathrm{kgV}(a, b)$ ist. Da auch das Umgekehrte gilt, ist

$$V_a \cap V_b = V_{\mathrm{kgV}(a, b)}.$$

Genau dann gilt also $a|w$ und $b|w$, wenn $\mathrm{kgV}(a, b)|w$. Daher findet man oft folgende *Definition* des kleinsten gemeinsamen Vielfachen zweier Zahlen: Die Zahl v ist das kleinste gemeinsame Vielfache von a und b, wenn gilt:

(1) $a|v$ und $b|v$;

(2)   aus $a|w$ und $b|w$ folgt $v|w$.

Die Vielfachen von $\mathrm{ggT}(a, b)$, welche Teiler von $\mathrm{kgV}(a, b)$ sind, kann man in einem Teilerdiagramm darstellen. Dieses hat die gleiche Gestalt wie das Teilerdiagramm der Zahl $\dfrac{\mathrm{kgV}(a, b)}{\mathrm{ggT}(a, b)}$:

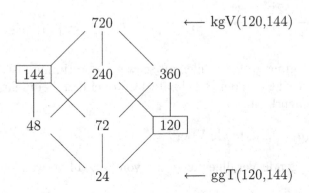

Die Bildung des kgV zweier Zahlen ist eine *assoziative* Verknüpfung, d.h. es gilt $\text{kgV}(\text{kgV}(a,b),c) = \text{kgV}(a,\text{kgV}(b,c))$. Denn

$$V_{\text{kgV}(\text{kgV}(a,b),c)} = V_{\text{kgV}(a,b)} \cap V_c = (V_a \cap V_b) \cap V_c$$

$$= V_a \cap (V_b \cap V_c) = V_a \cap V_{\text{kgV}(b,c)} = V_{\text{kgV}(a,\text{kgV}(b,c))}.$$

Mit vollständiger Induktion beweist man:

Satz 15: Für $a_1, a_2, \ldots, a_n \in \mathbb{N}$ ist

$$V_{a_1} \cap V_{a_2} \cap \cdots \cap V_{a_n} = V_{\text{kgV}(a_1, a_2, \ldots, a_n)}.$$

Also ist genau dann $v = \text{kgV}(a_1, a_2, \ldots, a_n)$, wenn gilt:

(1) $a_1|v$ und $a_2|v$ und $\ldots$ und $a_n|v$;

(2)   aus $a_1|w$ und $a_2|w$ und $\ldots$ und $a_n|w$ folgt $v|w$.

Das kleinste gemeinsame Vielfache gegebener Zahlen kann man mit Hilfe ihrer Primfaktorzerlegung berechnen. Analog zu Satz 13 ergibt sich:

Satz 16: Es seien

$$a = \prod_{i=1}^{\infty} p_i^{\alpha_i} \quad \text{und} \quad b = \prod_{i=1}^{\infty} p_i^{\beta_i}$$

zwei natürliche Zahlen in ihrer kanonischen Primfaktorzerlegung. Dann gilt

$$\text{kgV}(a,b) = \prod_{i=1}^{\infty} p_i^{\max(\alpha_i, \beta_i)},$$

wobei $\max(\alpha_i, \beta_i)$ das Maximum der Zahlen α_i und β_i bedeutet.

Die entsprechende Aussage gilt natürlich auch für das kgV von mehr als zwei Zahlen.

Beispiel:

$$
\begin{array}{rcllllllll}
3300 & = & 2^2 & \cdot & 3 & \cdot & 5^2 & & & \cdot & 11 \\
315000 & = & 2^3 & \cdot & 3^2 & \cdot & 5^4 & \cdot & 7 & & \\
3402000 & = & 2^4 & \cdot & 3^5 & \cdot & 5^3 & \cdot & 7 & & \\
\hline
\text{kgV} & = & 2^4 & \cdot & 3^5 & \cdot & 5^4 & \cdot & 7 & \cdot & 11 & = 187\,110\,000
\end{array}
$$

Da die Primfaktorzerlegung großer Zahlen oft schwer zu bestimmen ist, benutzt man zur Berechnung des kgV in der Regel Satz 14, wobei man bei mehr als zwei Zahlen rekursiv vorgehen kann:

$$\text{kgV}(a_1, \ldots, a_n) = \text{kgV}(\text{kgV}(a_1, \ldots, a_{n-1}), a_n).$$

Man kann auch die folgende Verallgemeinerung von Satz 14 verwenden:

Satz 17: Es seien $a_1, a_2, \ldots, a_n$ natürliche Zahlen, ferner sei A das Produkt dieser Zahlen und $A_i = \dfrac{A}{a_i}$ $(i = 1, 2, \ldots, n)$. Dann gilt

$$\mathrm{kgV}(a_1, a_2, \ldots, a_n) = \frac{A}{\mathrm{ggT}(A_1, A_2, \ldots, A_n)}.$$

Beweis: Es sei $v = \dfrac{A}{\mathrm{ggT}(A_1, A_2, \ldots, A_n)}$, also

$$v = a_i \cdot \frac{A_i}{\mathrm{ggT}(A_1, A_2, \ldots, A_n)} \quad \text{für } i = 1, 2, \ldots, n.$$

Dann ist offensichtlich $a_i | v$ für $i = 1, 2, \ldots, n$. Ist auch w ein gemeinsames Vielfaches von $a_1, a_2, \ldots, a_n$, dann ist $v | w$, denn

$$\frac{w}{v} = \frac{w \cdot \mathrm{ggT}(A_1, A_2, \ldots, A_n)}{A} = \sum_{i=1}^{n} \frac{w \cdot (u_i A_i)}{A} = \sum_{i=1}^{n} u_i \cdot \frac{w}{a_i}$$

ist eine ganze Zahl. □

In I.3 haben wir die *Primärteilermenge* P_a einer natürlichen Zahl a eingeführt: P_a ist die Menge aller Teiler von a, welche Potenzen einer Primzahl sind; als 0-te Potenz einer Primzahl soll auch 1 zu P_a gehören. Für $a, b \in \mathbb{N}$ gilt offensichtlich

$$P_a \cap P_b = P_{\mathrm{ggT}(a,b)} \quad \text{und} \quad P_a \cup P_b = P_{\mathrm{kgV}\,(a,b)}.$$

Man rechnet also mit Primärteilermengen bezüglich den Schneidens und Vereinigens von Mengen wie mit natürlichen Zahlen bezüglich der Verknüpfungen „ggT" und „kgV". Auf diese Weise erhält man problemlos zahlreiche Regeln für das Rechnen mit ggT und kgV, z.B.

$$\mathrm{ggT}(a, \mathrm{kgV}(b, c)) = \mathrm{kgV}(\mathrm{ggT}(a, b), \mathrm{ggT}(a, c)),$$

$$\mathrm{kgV}(a, \mathrm{ggT}(b, c)) = \mathrm{ggT}(\mathrm{kgV}(a, b), \mathrm{kgV}(a, c)),$$

denn die entsprechenden Regeln gelten für das Rechnen mit Mengen:

$$P_a \cap (P_b \cup P_c) = (P_a \cap P_b) \cup (P_a \cap P_c),$$

$$P_a \cup (P_b \cap P_c) = (P_a \cup P_b) \cap (P_a \cup P_c).$$

Bisher haben wir nur das kgV von natürlichen Zahlen gebildet. Sinnvollerweise setzt man $\mathrm{kgV}(a_1, a_2, \ldots, a_n) = 0$, wenn eine der Zahlen $a_1, a_2, \ldots, a_n$ die Null ist. Denn vereinbarungsgemäß besitzt die Zahl 0 außer 0 kein weiteres Vielfaches. Ein kleinstes gemeinsames Vielfaches von *ganzen* Zahlen $a_1, a_2, \ldots, a_n$ definiert man durch die in Satz 15 angegebene Eigenschaft. Ist $v = \mathrm{kgV}(|a_1|, |a_2|, \ldots, |a_n|) > 0$, dann sind genau die Zahlen v und $-v$ kleinste gemeinsame Vielfache von $a_1, a_2, \ldots, a_n$. Um Eindeutigkeit herzustellen, verwenden wir das Symbol kgV künftig nur für das *positive* kleinste gemeinsame Vielfache ganzer Zahlen.

I.8 Kettenbrüche

Der euklidische Algorithmus (vgl. I.6) kann auch folgendermaßen mit Hilfe von
Brüchen geschrieben werden:

$$\frac{a}{b} = v_0 + \frac{r_1}{b} \qquad \text{mit } v_0 \in \mathbb{N}_0 \quad \text{und} \quad 0 < r_1 < b$$

$$\frac{b}{r_1} = v_1 + \frac{r_2}{r_1} \qquad \text{mit } v_1 \in \mathbb{N} \quad \text{und} \quad 0 < r_2 < r_1$$

$$\frac{r_1}{r_2} = v_2 + \frac{r_3}{r_2} \qquad \text{mit } v_2 \in \mathbb{N} \quad \text{und} \quad 0 < r_3 < r_2$$

$$\cdots\cdots\cdots$$

$$\frac{r_{n-3}}{r_{n-2}} = v_{n-2} + \frac{r_{n-1}}{r_{n-2}} \qquad \text{mit } v_{n-2} \in \mathbb{N} \quad \text{und} \quad 0 < r_{n-1} < r_{n-2}$$

$$\frac{r_{n-2}}{r_{n-1}} = v_{n-1} + \frac{r_n}{r_{n-1}} \qquad \text{mit } v_{n-1} \in \mathbb{N} \quad \text{und} \quad 0 < r_n < r_{n-1}$$

$$\frac{r_{n-1}}{r_n} = v_n \qquad \text{mit } v_n \in \mathbb{N}.$$

Wegen $r_n < r_{n-1}$ ist dabei $v_n > 1$. Setzt man diese Bruchterme ineinander ein,
so ergibt sich:

$$\frac{a}{b} = v_0 + \cfrac{1}{v_1 + \cfrac{1}{v_2 + \cfrac{1}{\ddots + \cfrac{1}{v_{n-2} + \cfrac{1}{v_{n-1} + \cfrac{1}{v_n}}}}}}$$

Dies nennt man die *Kettenbruchdarstellung* von $\frac{a}{b}$ und schreibt

$$\frac{a}{b} = [v_0, v_1, v_2, ..., v_n].$$

Beispiel 1: $\quad \dfrac{64}{29} = 2 + \dfrac{6}{29} = 2 + \cfrac{1}{4 + \cfrac{5}{6}} = 2 + \cfrac{1}{4 + \cfrac{1}{1 + \cfrac{1}{5}}} = [2, 4, 1, 5]$

Wegen $v + 1 = v + \frac{1}{1}$ ist die Kettenbruchdarstellung einer Bruchzahl nicht
eindeutig, wenn man als letzte Zahl 1 zulässt:

$$[v_0, v_1, \ldots, v_{n-1}, v_n + 1] = [v_0, v_1, \ldots, v_{n-1}, v_n, 1].$$

Um Eindeutigkeit zu erreichen, schließt man in der Regel 1 als letzte Zahl
in einem Kettenbruch aus. (Man beachte, dass im euklidischen Algorithmus

in obigen Bezeichnungen nie $v_n = 1$ ist, da in diesem Fall der Algorithmus schon einen Schritt früher abgebrochen wäre.) Es macht nun keine Mühe, den *Identitätssatz für Kettenbrüche* zu beweisen: Ist

$$[v_0, v_1, \ldots, v_k] = [w_0, w_1, \ldots, w_l] \text{ mit } v_k \neq 1 \text{ und } w_l \neq 1,$$

so ist $k = l$ und $v_i = w_i$ für $i = 0, 1, \ldots, k$.

Für $0 \leq k \leq n$ nennt man $[v_0, v_1, \ldots, v_k]$ den k-ten *Näherungsbruch* von $[v_0, v_1, \ldots, v_n]$. Wie „gut" diese Näherung ist, untersuchen wir weiter unten.

Die Theorie der Kettenbrüche entwickelte sich aus dem Bedürfnis, Brüche mit großem Zähler und Nenner durch einfachere Brüche zu approximieren. Christian Huygens (1629–1695) benutzte sie bei der Aufgabe, ein Zahnradmodell des Sonnensystems zu bauen. Dabei sollte gelten:

$$\frac{\text{Zahnanzahl von Zahnrad 1}}{\text{Zahnanzahl von Zahnrad 2}} = \frac{\text{Umlaufzeit von Planet 1}}{\text{Umlaufzeit von Planet 2}}.$$

Sind die Umlaufzeiten der Planeten recht genau gemessen, dann kann rechts ein Bruch mit sehr großem Zähler und Nenner stehen, so dass sehr große Zahnanzahlen benötigt würden. Man wird sich also mit einer Näherung begnügen. Soll etwa $\frac{1355}{946}$ durch einen Bruch angenähert werden, bei dem Zähler und Nenner aus technischen Gründen kleiner als 100 sein müssen, so betrachtet man die Näherungsbrüche von

$$\frac{1355}{946} = [1, 2, 3, 5, 8, 3].$$

Der vierte Näherungsbruch $[1, 2, 3, 5] = \frac{53}{37}$ erfüllt die genannte Bedingung. Es gilt $\left| \frac{1355}{946} - \frac{53}{37} \right| < 10^{-4}$. Für die Approximation mit Hilfe eines Dezimalbruchs hätten wir bei gleicher „Güte" also den Nenner 10 000 benötigt, während wir so mit dem Nenner 37 auskommen. Für die Bewegung des Saturn musste Huygens das Verhältnis $77\,708\,431 : 2\,640\,858$ betrachten. Es ist

$$\frac{77\,708\,431}{2\,640\,858} = [29, 2, 2, 1, 5, 1, 4, 1, 1, 2, 1, 6, 1, 10, 2, 2, 3].$$

Huygens wählte den Näherungsbruch $\frac{206}{7} = [29, 2, 2, 1] = [29, 2, 3]$; der relative Fehler ist dabei etwa $0,01\%$.

Auch zur Festlegung der Schaltjahre kann man Kettenbruchnäherungen verwenden. Die Umlaufzeit der Erde um die Sonne ist recht genau

$$365\text{d } 5\text{h } 48\text{m } 45{,}8\,\text{s} = \left(365 + \frac{104\,629}{432\,000} \right) \text{d}.$$

Es gilt $\quad \dfrac{104\,629}{432\,000} = [0, 4, 7, 1, 3, 6, 2, 1, 170].$

Wählt man den nullten Näherungsbruch $[0] = 0$, so führt man keine Schalt-
jahre ein; dies war im alten Ägypten der Fall, es wurde dafür aber in großen
Abständen das Jahr gleich um mehrere Tage verlängert. Wählt man den ersten
Näherungsbruch $[0, 4] = \frac{1}{4}$, so führt man alle vier Jahre ein Schaltjahr mit 366
Tagen ein, wie es der von Caesar im Jahr 46 v. Chr. eingeführte *julianische
Kalender* tat. Dieser Näherungsbruch ist etwas zu groß, so dass die Jahreszeit
bereits im 16. Jahrhundert dem Kalender um 10 Tage vorauseilte. Der von Papst
Gregor XIII im Jahr 1582 eingeführte und noch heute gültige *gregorianische
Kalender* berücksichtigt den fünften Näherungsbruch $[0, 4, 7, 1, 3, 6] = \frac{194}{801}$: In
800 Jahren müssen 6 Schaltjahre ausfallen, und zwar wurde dies für die Jahre
festgesetzt, deren Jahreszahl durch 100, nicht aber durch 400 teilbar ist.

Bei der Einteilung des Jahres in Monate muss man die Zeit $M = 29,53059\,\mathrm{d}$
für eine Mondperiode (von Neumond zu Neumond) mit der Länge eines Jahres
(einer „Sonnenperiode") $S = 365,24220\,\mathrm{d}$ vergleichen. Die ersten Näherungs-
brüche für $\frac{M}{S}$ sind $\frac{1}{12}, \frac{2}{25}, \frac{3}{37}, \frac{8}{99}, \frac{11}{136}, \frac{19}{235}, \frac{334}{4131}, \ldots$. Im alten Ägypten begnügte
man sich mit dem ersten Näherungsbruch: Man teilte das Jahr in 12 Monate
zu je 30 Tagen ein und fügte dann noch 5 Feiertage hinzu. Meton von Athen
schlug um 430 v. Chr. vor, 19 Jahre zu insgesamt 235 Monaten zu einer Zeit-
periode zusammenzufassen, und zwar 12 Jahre zu 12 Monaten und 7 Jahre zu
13 Monaten. Diese Regelung entspricht dem 6. Näherungsbruch; sie wird noch
heute bei der jüdischen Zeitrechnung verwendet.

Interessanter als die Approximation rationaler Zahlen ist die Approximation
irrationaler Zahlen durch Kettenbrüche. Hierbei handelt es sich natürlich um
nicht-abbrechende Kettenbrüche, denn ein abbrechender Kettenbruch stellt stets
eine rationale Zahl dar.

Es sei α eine positive irrationale Zahl. Wir setzen $a_0 := [\alpha]$, wobei $[\ ]$ die Ganzteilfunktion bedeutet. (Es besteht sicher keine Gefahr der Verwechselung, wenn
wir eckige Klammern auch zur Bezeichnung von Kettenbrüchen verwenden.)
Dann ist

$$\alpha = a_0 + \cfrac{1}{\cfrac{1}{\alpha - a_0}}.$$

Wegen $0 < \alpha - a_0 < 1$ ist $\alpha_1 := \frac{1}{\alpha - a_0} > 1$. Wir bilden $a_1 := [\alpha_1]$ und erhalten

$$\alpha = a_0 + \cfrac{1}{a_1 + \cfrac{1}{\cfrac{1}{\alpha_1 - a_1}}}.$$

So fortfahrend ergibt sich die nicht-abbrechende Kettenbruchentwicklung
$\alpha = [a_0, a_1, a_2, \ldots]$.

Beispielsweise gilt für die Kreiszahl: $\pi = [3, 7, 15, 1, \ldots]$.

Das ergibt der Reihe nach die Näherungsbrüche $3, \dfrac{22}{7}, \dfrac{333}{106}, \dfrac{355}{113}$ mit

$$3 < \frac{333}{106} < \pi < \frac{355}{113} < \frac{22}{7}.$$

Die Näherungsbrüche $\dfrac{22}{7}$ ($\approx 3,1428571$) und $\dfrac{355}{113}$ ($\approx 3,1415929$) waren im dritten Jahrhundert n. Chr. dem Chinesen Tsu-Chung-Chih bekannt und wurden unter Benutzung dem Kreis ein- und umbeschriebener Polygone ermittelt. Der Näherungsbruch $\dfrac{333}{106}$ ist bereits von Ptolemäus (etwa 85–165 n. Chr.) benutzt worden. Allerdings hatte schon Archimedes von Syrakus (287–212 v. Chr.) bessere Näherungen erzielt.

In folgenden Beispielen ergeben sich *periodische* Kettenbruchentwicklungen. Wir werden in I.9 sehen, dass ein Kettenbruch genau dann periodisch ist, wenn er Lösung einer quadratischen Gleichung über $\mathbb{Z}$ ist.

Beispiel 2: Es soll die Kettenbruchentwicklung von $\sqrt{2}$ bestimmt werden.

$$\sqrt{2} = 1 + (\sqrt{2} - 1) = 1 + \frac{1}{\sqrt{2} + 1} = 1 + \frac{1}{2 + (\sqrt{2} - 1)}$$

$$= 1 + \frac{1}{2 + \dfrac{1}{\sqrt{2} + 1}} = 1 + \frac{1}{2 + \dfrac{1}{2 + (\sqrt{2} - 1)}}$$

$$= 1 + \frac{1}{2 + \dfrac{1}{2 + \dfrac{1}{\sqrt{2} + 1}}} \quad \text{usw.}$$

Es ergibt sich also $\sqrt{2} = [1, 2, 2, 2, \ldots]$. Dafür schreibt man unter Verwendung eines Periodenstrichs abkürzend $\sqrt{2} = [1, \overline{2}]$.

Beispiel 3: Die Zahl $\alpha = \dfrac{1}{2}(\sqrt{5} - 1)$ genügt der Gleichung $x^2 + x - 1 = 0$, also $x = \dfrac{1}{1 + x}$. Daher gilt

$$\alpha = \cfrac{1}{1 + \cfrac{1}{1 + \cfrac{1}{1 + \cdots}}},$$

also

$$\frac{1}{2}(\sqrt{5} - 1) = [0, 1, 1, 1, \ldots] = [0, \overline{1}].$$

Daraus ergibt sich auch

$$\frac{1}{2}(\sqrt{5} + 1) = [1, 1, 1, 1, \ldots] = [1, \overline{1}].$$

Diesen beiden irrationalen Zahlen mit den „einfachsten" nichtabbrechenden Kettenbruchentwicklungen begegnet man häufig in der Mathematik; wir werden sie in I.11 wiederfinden.

Um Fragen der Approximation rationaler oder irrationaler Zahlen durch Kettenbrüche allgemeiner untersuchen zu können, beschäftigen wir uns nun mit der Folge der Näherungsbrüche eines Kettenbruchs. Dazu sei

$$[x_0, x_1, x_2, x_3, \ldots, x_N]$$

ein Kettenbruch mit $N+1$ *Variablen* $x_0, x_1, x_2, \ldots, x_N$ und $[x_0, x_1, x_2, \ldots, x_k]$ der k-te Näherungsbruch ($k \leq N$). Man beachte also, dass im Folgenden mit Variablen z.B. für reelle Zahlen gerechnet wird, dass man sich also etwa in $[x, y, z]$ für x, y, z reelle Zahlen eingesetzt denken darf.

Satz 18: Definiert man

$$P_0 := x_0, \quad P_1 := x_1 x_0 + 1, \quad P_k := x_k P_{k-1} + P_{k-2},$$
$$Q_0 := 1, \quad Q_1 := x_1, \quad\quad Q_k := x_k Q_{k-1} + Q_{k-2},$$

($k = 2, 3, \ldots$) bzw. in Matrixschreibweise

$$\begin{pmatrix} P_0 \\ Q_0 \end{pmatrix} := \begin{pmatrix} x_0 \\ 1 \end{pmatrix}, \quad \begin{pmatrix} P_1 \\ Q_1 \end{pmatrix} := \begin{pmatrix} x_0 & 1 \\ 1 & 0 \end{pmatrix} \begin{pmatrix} x_1 \\ 1 \end{pmatrix}$$

und

$$\begin{pmatrix} P_k \\ Q_k \end{pmatrix} := \begin{pmatrix} P_{k-1} & P_{k-2} \\ Q_{k-1} & Q_{k-2} \end{pmatrix} \begin{pmatrix} x_k \\ 1 \end{pmatrix}$$

($k = 2, 3, \ldots$), dann gilt

$$[x_0, x_1, x_2, \ldots, x_k] = \frac{P_k}{Q_k} \quad (k = 0, 1, 2, \ldots, N).$$

Beweis: Wir führen den Beweis mit vollständiger Induktion. Der Induktionsanfang ist einfach einzusehen:

$$[x_0] = \frac{x_0}{1}; \quad [x_0, x_1] = x_0 + \frac{1}{x_1} = \frac{x_1 x_0 + 1}{x_1}.$$

Die behaupteten Beziehungen seien für $k = n < N$ bewiesen; dann gilt

$$[x_0, x_1, x_2, \ldots, x_n, x_{n+1}] = \left[x_0, x_1, x_2, \ldots, x_n + \frac{1}{x_{n+1}} \right]$$

$$= \frac{\left(x_n + \dfrac{1}{x_{n+1}} \right) P_{n-1} + P_{n-2}}{\left(x_n + \dfrac{1}{x_{n+1}} \right) Q_{n-1} + Q_{n-2}} = \frac{x_{n+1}(x_n P_{n-1} + P_{n-2}) + P_{n-1}}{x_{n+1}(x_n Q_{n-1} + Q_{n-2}) + Q_{n-1}}$$

$$= \frac{x_{n+1} P_n + P_{n-1}}{x_{n+1} Q_n + Q_{n-1}} = \frac{P_{n+1}}{Q_{n+1}}. \quad \square$$

Die Berechnung der Folge der Näherungszähler und -nenner führt man zweckmäßigerweise in folgendem Schema durch:

x_k	x_0	x_1	x_2	x_3	$\cdots$
P_k	x_0	$x_1 P_0 + 1$	$x_2 P_1 + P_0$	$x_3 P_2 + P_1$	$\cdots$
Q_k	1	x_1	$x_2 Q_1 + Q_0$	$x_3 Q_2 + Q_1$	$\cdots$

Beispiel 4: Berechnung der Näherungsbrüche von $[1,1,1,3,5,3,1,1,10]$:

1	1	1	3	5	3	1	1	10
1	2	3	11	58	185	243	428	4523
1	1	2	7	37	118	155	273	2885

Insbesondere ergibt sich $[1,1,1,3,5,3,1,1,10] = \dfrac{4523}{2885}$.

Die Definition der Folgen $P_0, P_1, P_2, \ldots$ und $Q_0, Q_1, Q_2, \ldots$ in Satz 18 kann man auch folgendermaßen mit Hilfe von Matrizen schreiben:

$$\begin{pmatrix} P_1 & P_0 \\ Q_1 & Q_0 \end{pmatrix} := \begin{pmatrix} x_0 & 1 \\ 1 & 0 \end{pmatrix} \begin{pmatrix} x_1 & 1 \\ 1 & 0 \end{pmatrix},$$

$$\begin{pmatrix} P_k & P_{k-1} \\ Q_k & Q_{k-1} \end{pmatrix} := \begin{pmatrix} P_{k-1} & P_{k-2} \\ Q_{k-1} & Q_{k-2} \end{pmatrix} \begin{pmatrix} x_k & 1 \\ 1 & 0 \end{pmatrix} \quad (k \geq 2)$$

Daraus folgt

$$\begin{pmatrix} P_k & P_{k-1} \\ Q_k & Q_{k-1} \end{pmatrix} = \begin{pmatrix} x_0 & 1 \\ 1 & 0 \end{pmatrix} \begin{pmatrix} x_1 & 1 \\ 1 & 0 \end{pmatrix} \cdots\cdots \begin{pmatrix} x_{k-1} & 1 \\ 1 & 0 \end{pmatrix} \begin{pmatrix} x_k & 1 \\ 1 & 0 \end{pmatrix}.$$

Satz 19: In den Bezeichnungen von Satz 18 gilt

(1) $$\frac{P_k}{Q_k} - \frac{P_{k-1}}{Q_{k-1}} = \frac{(-1)^{k+1}}{Q_k Q_{k-1}} \quad \text{für } k = 1, 2, 3, \ldots ;$$

(2) $$\frac{P_k}{Q_k} - \frac{P_{k-2}}{Q_{k-2}} = \frac{(-1)^k x_k}{Q_{k-2} Q_k} \quad \text{für } k = 2, 3, 4, \ldots .$$

Beweis: Aus Satz 18 folgt für $k \geq 1$

$$P_k Q_{k-1} - P_{k-1} Q_k = \det \begin{pmatrix} P_k & P_{k-1} \\ Q_k & Q_{k-1} \end{pmatrix} = \prod_{i=0}^{k} \det \begin{pmatrix} x_i & 1 \\ 1 & 0 \end{pmatrix} = (-1)^{k+1},$$

woraus sich (1) ergibt. Für $k \geq 2$ ist

$$\begin{pmatrix} P_k & P_{k-2} \\ Q_k & Q_{k-2} \end{pmatrix} = \begin{pmatrix} P_{k-1} & P_{k-2} \\ Q_{k-1} & Q_{k-2} \end{pmatrix} \begin{pmatrix} x_k & 0 \\ 1 & 1 \end{pmatrix},$$

also

$$P_k Q_{k-2} - P_{k-2} Q_k = \det \begin{pmatrix} P_{k-1} & P_{k-2} \\ Q_{k-1} & Q_{k-2} \end{pmatrix} \cdot \det \begin{pmatrix} x_k & 0 \\ 1 & 1 \end{pmatrix} = (-1)^k x_k,$$

woraus sich (2) ergibt. □

Setzt man in Satz 18 für die Variablen $x_0, x_1, \ldots, x_N$ natürliche Zahlen ein, dann ergeben sich auch für die Näherungszähler P_k und Näherungsnenner Q_k natürliche Zahlen ($k = 0, 1, 2, \ldots, N$). Man beachte, dass man den Fall, dass außer x_0 ein weiteres x_i den Wert 0 hat, ausschließen kann, wie folgendes Beispiel zeigt:

$$2 + \cfrac{1}{0 + \cfrac{1}{3 + \cfrac{1}{4}}} = 2 + 3 + \frac{1}{4} = 5 + \frac{1}{4}$$

Satz 20: Für $0 \le k \le N$ sei $\beta_k = \dfrac{P_k}{Q_k}$ der k-te Näherungsbruch des Kettenbruchs $\alpha = [a_0, a_1, a_2, \ldots, a_N]$ mit $a_0 \in \mathbb{N}_0, a_1, \ldots, a_N \in \mathbb{N}$. Dann gilt

$$\beta_0 < \beta_2 < \beta_4 < \cdots < \beta_N = \alpha < \beta_{N-1} < \cdots < \beta_5 < \beta_3 < \beta_1 \text{ für } 2 \mid N$$

$$\beta_0 < \beta_2 < \beta_4 < \cdots < \beta_{N-1} < \alpha = \beta_N < \cdots < \beta_5 < \beta_3 < \beta_1 \text{ für } 2 \nmid N.$$

Beweis: Für $2 \le k \le N$ hat $\beta_k - \beta_{k-2}$ das Vorzeichen $(-1)^k$, denn a_k ist positiv. Dies folgt aus Satz 19. Ebenfalls folgt, dass $\beta_k - \beta_{k-1}$ für $1 \le k \le N$ das Vorzeichen $(-1)^{k+1}$ hat, dass also $\beta_{2m+1} > \beta_{2m}$ für $0 \le m \le \left[\dfrac{N-1}{2}\right]$ gilt. □

Satz 21: Es sei $\alpha = [a_0, a_1, a_2, \ldots, a_N]$ mit $a_0 \in \mathbb{N}_0$ und $a_1, a_2, \ldots, a_N \in \mathbb{N}$, ferner seien P_k, Q_k die gemäß Satz 18 bestimmten Zähler und Nenner der Näherungsbrüche β_k von α ($0 \le k \le N$). Dann gilt

(1) $Q_k > Q_{k-1}$ für $2 \le k \le N$;

(2) $Q_1 \ge 1$, $Q_2 \ge 2$, $Q_3 \ge 3$ und $Q_k > k$ für $4 \le k \le N$;

(3) $\mathrm{ggT}(P_k, Q_k) = 1$, der Bruch $\dfrac{P_k}{Q_k}$ ist also reduziert (voll gekürzt).

Beweis: Für $2 \le k \le N$ gilt $Q_k = a_k Q_{k-1} + Q_{k-2} \ge Q_{k-1} + 1$, also $Q_k > Q_{k-1}$ und $Q_k \ge k$. Für $k \ge 4$ ist $Q_k \ge Q_{k-1} + Q_{k-2} > Q_{k-1} + 1 \ge k$ und daher $Q_k > k$. Behauptung (3) ergibt sich aus

$$|P_k Q_{k-1} - P_{k-1} Q_k| = 1 \quad (k = 1, 2, \ldots, N)$$

(vgl. Satz 19), denn diese Gleichung besagt, dass nur 1 als gemeinsamer Teiler von P_k und Q_k in Frage kommt. □

Satz 22: Es sei $\alpha = [a_0, a_1, a_2, \ldots, a_N]$ mit $a_0 \in \mathbb{N}_0$, $a_1, a_2, \ldots, a_N \in \mathbb{N}$ und $a_N \neq 1$; ferner sei $\beta_k = \dfrac{P_k}{Q_k}$ der k-te Näherungsbruch von α ($0 \leq k \leq N$). Dann gilt für $0 \leq k \leq N - 1$

$$|\alpha - \beta_k| \leq \frac{1}{Q_k Q_{k+1}} < \frac{1}{Q_k^2}.$$

Von je zwei aufeinanderfolgenden Näherungsbrüchen genügt sogar mindestens einer der Ungleichung

$$|\alpha - \beta_k| < \frac{1}{2Q_k^2}.$$

Beweis: Wegen $|\alpha - \beta_k| \leq |\beta_{k+1} - \beta_k|$ folgt die erste Behauptung aus den Sätzen 19 und 20. Die zweite Behauptung ergibt sich daraus, dass von zwei aufeinanderfolgenden Näherungsbrüchen einer kleiner und einer größer als α ist. $\square$

In den Sätzen 18 bis 22 handelte es sich stets um *abbrechende* Kettenbrüche; nun wollen wir auch *nicht-abbrechende* Kettenbrüche betrachten. Ist eine Folge $a_0, a_1, a_2, \ldots$ natürlicher Zahlen gegeben (wobei auch $a_0 = 0$ zugelassen ist), dann ist durch

$$\beta_k = [a_0, a_1, a_2, \ldots, a_k] = \frac{P_k}{Q_k}$$

eine Folge $\beta_0, \beta_1, \beta_2, \ldots$ von positiven rationalen Zahlen gegeben, die wegen

$$|\beta_n - \beta_k| < \frac{1}{Q_k^2} \leq \frac{1}{k^2} \quad \text{für } n \geq k$$

eine Cauchy-Folge ist, also konvergiert. Ist $\alpha := \lim\limits_{k \to \infty} \beta_k$, so folgt aus Satz 22 auch

$$|\alpha - \beta_k| \leq \frac{1}{Q_k Q_{k+1}} < \frac{1}{Q_k^2}.$$

Die Zahl α ist irrational, da eine rationale Zahl eine abbrechende Kettenbruchentwicklung besitzt. Die Approximation von α durch β_k ist in folgendem Sinne bestmöglich: Jede Bruchzahl, die zwischen α und β_k liegt, hat einen größeren Nenner als β_k. Genauer gilt sogar folgender Satz, auf dessen Beweis wir hier aber verzichten wollen: Ist $k > 1$ und $q \leq Q_k$, ferner $\dfrac{p}{q} \neq \beta_k$, dann ist

$$|P_k - Q_k \alpha| < |p - q\alpha|.$$

(Vgl. hierzu z.B. [Hardy/Wright 1960], [Stark 1970], [Bundschuh 1988]).

Beispiel 5: Für den periodischen Kettenbruch

$$\alpha = \frac{1}{2}(\sqrt{5} - 1) = [0, 1, 1, 1, \ldots]$$

gilt $P_0 = 0$, $P_1 = 1$, $P_k = P_{k-1} + P_{k-2}$ ($k = 2, 3, 4, \ldots$) und $Q_k = P_{k+1}$ ($k = 0, 1, 2, \ldots$), also beginnt die Folge der Näherungsbrüche mit

$$\frac{0}{1}, \frac{1}{1}, \frac{1}{2}, \frac{2}{3}, \frac{3}{5}, \frac{5}{8}, \frac{8}{13}, \frac{13}{21}, \dots .$$

(Die Folge der Zähler bzw. der Nenner ist die Folge der Fibonacci-Zahlen, auf welche wir in I.11 näher eingehen werden.). Es ist

$$\alpha = \cfrac{1}{1 + \cfrac{1}{\ddots + \cfrac{1}{1 + \cfrac{1}{1 + \alpha}}}} = [0, 1, 1, 1, \dots, 1 + \alpha],$$

also gilt für $k = 1, 2, 3, \dots$

$$|\alpha - \beta_k| \le \frac{1}{Q_k Q_{k+1}} = \frac{1}{Q_k((1+\alpha)Q_k + Q_{k-1})} = \frac{1}{Q_k^2}\left(1 + \alpha + \frac{Q_{k-1}}{Q_k}\right)^{-1}.$$

Wegen $\lim\limits_{k \to \infty} \dfrac{Q_{k-1}}{Q_k} = \lim\limits_{k \to \infty} \dfrac{P_k}{Q_k} = \alpha$ ist

$$\lim_{k \to \infty}\left(1 + \alpha + \frac{Q_{k-1}}{Q_k}\right)^{-1} = \frac{1}{1 + 2\alpha} = \frac{1}{\sqrt{5}}.$$

Allgemeiner kann man beweisen, dass *jede* irrationale Zahl α unendlich viele Näherungsbrüche $\frac{p}{q}$ mit

$$\left|\alpha - \frac{p}{q}\right| < \frac{1}{\sqrt{5}\,q^2}$$

besitzt, und dass man in dieser Aussage $\sqrt{5}$ nicht durch eine größere Zahl ersetzen darf (vgl. I.10, Satz 28).

Man nennt eine reelle Zahl α *approximierbar durch rationale Zahlen von der Ordnung n*, wenn eine nur von α abhängige Konstante K existiert, so dass es unendlich viele Bruchzahlen $\frac{p}{q}$ gibt mit

$$\left|\alpha - \frac{p}{q}\right| < \frac{K}{q^n}.$$

Eine rationale Zahl ist approximierbar von der Ordnung 1 und keiner höheren Ordnung, wie man leicht erkennt. Die Zahl $\alpha = \frac{1}{2}(\sqrt{5} - 1)$ ist approximierbar von der Ordnung 2, wie wir oben gesehen haben. Wir wollen nun zeigen, dass eine reelle algebraische Zahl vom Grad n, also eine reelle Lösung einer Polynomgleichung vom Grad n mit ganzzahligen Koeffizienten, nicht von höherer als n-ter Ordnung approximiert werden kann. Eine Zahl, die von beliebig hoher Ordnung approximierbar ist, ist dann notwendigerweise *transzendent*, d.h. nicht-algebraisch. Mit diesem Zusammenhang kann man Transzendenzbeweise führen. Darauf hat Joseph Liouville (1809–1882) aufmerksam gemacht.

Satz 23: Eine reelle algebraische Zahl vom Grad n ist nicht von höherer als n-ter Ordnung durch rationale Zahlen approximierbar.

Beweis: Die reelle irrationale Zahl α sei Lösung von

$$f(x) = a_n x^n + a_{n-1} x^{n-1} + \cdots + a_2 x^2 + a_1 x + a_0 = 0$$

mit $a_0, a_1, a_2, \ldots, a_{n-1}, a_n \in \mathbb{Z}$. Es sei $\frac{p}{q}$ eine rationale Zahl, welche näher bei α als jede andere Nullstelle von f liegt. Nach dem Mittelwertsatz der Differenzialrechnung ist

$$f\left(\frac{p}{q}\right) = f\left(\frac{p}{q}\right) - f(\alpha) = \left(\frac{p}{q} - \alpha\right) \cdot f'(\xi),$$

wobei ξ zwischen α und $\frac{p}{q}$ liegt. Es gilt nun

$$\left|f\left(\frac{p}{q}\right)\right| = \frac{|a_n p^n + a_{n-1} p^{n-1} q + \cdots + a_1 p q^{n-1} + a_0 q^n|}{q^n} \geq \frac{1}{q^n},$$

weil $\frac{p}{q}$ keine Nullstelle von f ist. Gilt $|f'(x)| < \frac{1}{K}$ für $|\alpha - x| < 1$, dann gilt also für $|\alpha - \frac{p}{q}| < 1$

$$\left|\alpha - \frac{p}{q}\right| > K \cdot \left|f\left(\frac{p}{q}\right)\right| \geq \frac{K}{q^n}. \quad \square$$

Beispiel 6: Als Anwendung von Satz 23 soll die Transzendenz der Zahl

$$\alpha = \frac{1}{10^{1!}} + \frac{1}{10^{2!}} + \frac{1}{10^{3!}} + \cdots = 0,11000100\ldots$$

bewiesen werden. Es sei

$$\alpha_n = \frac{p}{10^{n!}} = \frac{p}{q}$$

die Summe der ersten n Glieder dieser Reihe. Dann ist

$$0 < \alpha - \frac{p}{q} = \frac{1}{10^{(n+1)!}} + \frac{1}{10^{(n+2)!}} + \cdots < 2 \cdot \frac{1}{10^{(n+1)!}}.$$

Ist nun $N \in \mathbb{N}$ und $n > N$, dann ist $10^{(n+1)!} = (10^{n!})^{n+1} = q^{n+1} > q^{N+1}$ und damit

$$\left|\alpha - \frac{p}{q}\right| < \frac{2}{q^{N+1}}.$$

Also ist α nicht algebraisch vom Grad $\leq N+1$. Da N beliebig war, ist daher α eine transzendente Zahl.

Bemerkung: Die Theorie der transzendenten Zahlen ist eines des faszinierendsten Gebiete der Zahlentheorie. Wir werden dieses Gebiet hier nicht behandeln und verweisen auf [Bundschuh 1988] und die dort angegebene Literatur. Das Standardwerk zur Lehre von den Kettenbrüchen ist [Perron 1913].

I.9 Periodische Kettenbrüche

Die Lösungen einer quadratischen Gleichung mit rationalen Koeffizienten lassen sich stets in der Form $r \pm s\sqrt{d}$ mit $r, s \in \mathbb{Q}$ und $d \in \mathbb{Z}$ schreiben, wobei man d als quadratfrei voraussetzen kann. Ist dabei d positiv, dann sind dies *reelle* Zahlen. Man nennt die Zahlen

$$\alpha = r + s\sqrt{d} \quad \text{und} \quad \alpha' = r - s\sqrt{d}$$

konjugiert. Für zwei Zahlen α, β dieser Form gilt, wie man leicht nachrechnet,

$$(\alpha \pm \beta)' = \alpha' \pm \beta', \quad (\alpha\beta)' = \alpha'\beta', \quad \left(\frac{\alpha}{\beta}\right)' = \frac{\alpha'}{\beta'}.$$

Wir kehren nun zu der Frage zurück, welche reellen Zahlen eine *periodische* Kettenbruchentwicklung besitzen. Vollständige Auskunft gibt der folgende Satz, der auf Euler und Lagrange zurückgeht.

Satz 24: Die Kettenbruchentwicklung einer irrationalen Zahl α ist genau dann periodisch, wenn α eine algebraische Zahl vom Grad 2 ist, wenn also α eine Lösung einer quadratischen Gleichung $ax^2 + bx + c = 0$ mit $a, b, c \in \mathbb{Z}$ ist.

Beweis: a) Zunächst betrachten wir einen *reinperiodischen* Kettenbruch

$$\alpha = [\overline{a_0, a_1, \ldots, a_n}].$$

Dann ist $\alpha = [a_0, a_1, \ldots, a_n, \alpha]$, also nach Satz 18

$$\alpha = \frac{\alpha \cdot P_n + P_{n-1}}{\alpha \cdot Q_n + Q_{n-1}},$$

wobei $P_n, P_{n-1}, Q_n, Q_{n-1}$ ganze Zahlen sind. Dies lässt sich zu einer quadratischen Gleichung mit ganzen Koeffizienten für α umformen. Ist γ ein *gemischtperiodischer* Kettenbruch, also

$$\gamma = [a_0, a_1, \ldots, a_n, \overline{b_1, b_2, \ldots, b_m}],$$

dann gilt mit $\beta = [\overline{b_1, b_2, \ldots, b_m}]$:

$$\gamma = \frac{\beta \cdot P_n + P_{n-1}}{\beta \cdot Q_n + Q_{n-1}}.$$

Nach obiger Überlegung ist β von der Form $p + q\sqrt{d}$ ($p, q \in \mathbb{Q}$, $d \in \mathbb{N}$), also ist auch γ von dieser Form („Nenner rational machen"!).

b) Sei nun α reell-algebraisch vom Grad 2, also $\alpha = \dfrac{a + \sqrt{b}}{c}$ mit ganzen Zahlen a, b, c, wobei $c \neq 0$, $b > 0$ und b keine Quadratzahl ist. Erweitern mit c liefert

$$\alpha = \frac{ac \pm \sqrt{bc^2}}{c^2} = \frac{k + \sqrt{d}}{m}$$

mit $d, k, m \in \mathbb{Z}$, $m \neq 0$, $d > 0$, d nicht Quadratzahl und $m | d - k^2$. Wir konstruieren nun die Kettenbruchentwicklung $[a_0, a_1, a_2, \ldots]$ von α: Für $i = 0, 1, 2, \ldots$ sei

$$\alpha_i = \frac{k_i + \sqrt{d}}{m_i} \quad \text{und} \quad a_i = [\alpha_i]$$

mit $\alpha_0 = \alpha$, $k_0 = k$, $m_0 = m$ und

$$k_{i+1} = a_i m_i - k_i, \quad m_{i+1} = \frac{d - k_{i+1}^2}{m_i}.$$

Man beachte dabei, dass

$$m_{i+1} = \frac{d - (a_i m_i - k_i)^2}{m_i} = \frac{d - k_i^2}{m_i} + 2 a_i k_i - a_i^2 m_i,$$

dass wegen $m_0 | d - k_0^2$ die Zahlen $m_1, m_2, m_3, \ldots$ alle ganz sind und dass wegen $m_i m_{i+1} = d - k_{i+1}^2$ die Beziehung $m_i | d - k_i^2$ für alle $i \in \mathbb{N}$ gilt. Weil d keine Quadratzahl ist, sind die Zahlen m_i alle von 0 verschieden. Nun gilt

$$\alpha_{i+1} = \frac{k_{i+1} + \sqrt{d}}{m_{i+1}} = \frac{m_i(k_{i+1} + \sqrt{d})}{d - k_{i+1}^2} = \frac{m_i}{\sqrt{d} - k_{i+1}}$$

$$= \frac{m_i}{\sqrt{d} + k_i - a_i m_i} = \frac{1}{\alpha_i - a_i},$$

also

$$\alpha_i = a_i + \frac{1}{\alpha_{i+1}}$$

für $i = 0, 1, 2, \ldots$. Daher ist

$$\alpha = a_0 + \cfrac{1}{a_1 + \cfrac{1}{a_2 + \cfrac{1}{a_3 + \cdots}}} = [a_0, a_1, a_2, \ldots]$$

die Kettenbruchentwicklung von α. Nun müssen wir zeigen, dass diese periodisch ist. Dazu zeigen wir, dass für k_i und m_i in obiger Konstruktion nur endlich viele Werte in Frage kommen. Sind P_n und Q_n ($n \in \mathbb{N}$) die Näherungszähler und –nenner von α, dann ist für $n \geq 2$

$$\alpha = \frac{\alpha_n P_{n-1} + P_{n-2}}{\alpha_n Q_{n-1} + Q_{n-2}}.$$

Dann gilt aber auch für die zu α und α_n konjugierten Zahlen $\alpha' = \dfrac{k - \sqrt{d}}{m}$ und $\alpha_n' = \dfrac{k_n - \sqrt{d}}{m_n}$

$$\alpha' = \frac{\alpha_n' P_{n-1} + P_{n-2}}{\alpha_n' Q_{n-1} + Q_{n-2}},$$

denn allgemein ist die Konjugierte eines Quotienten der Quotient der Konjugierten. Es folgt

$$\alpha'_n = -\frac{Q_{n-2}}{Q_{n-1}} \cdot \left(\frac{\alpha' - \dfrac{P_{n-2}}{Q_{n-2}}}{\alpha' - \dfrac{P_{n-1}}{Q_{n-1}}} \right).$$

Wegen $\lim\limits_{n \to \infty} \dfrac{P_n}{Q_n} = \alpha$ und $\alpha \neq \alpha'$ strebt der Ausdruck in der Klammer für $n \to \infty$ gegen 1. Also existiert ein $N \in \mathbb{N}$ so, dass $\alpha'_n < 0$ für $n > N$. Daher ist $\alpha_n - \alpha'_n = \dfrac{2\sqrt{d}}{m_n} > 0$ und somit $m_n > 0$ für $n > N$. Es folgt dann aus $m_n m_{n+1} = d - k_{n+1}^2$ für $n > N$

$$0 < m_n < d \quad \text{und} \quad k_{n+1}^2 < d.$$

Also können die Zahlen $k_0, k_1, k_2, \ldots$ und $m_0, m_1, m_2, \ldots$ nur endlich viele verschiedene Werte annehmen. Es existieren also $i, j \in \mathbb{N}$ mit $i < j$ und $\alpha_i = \alpha_j$; somit ist

$$\alpha = [a_0, a_1, \ldots a_{i-1}, \overline{a_i, \ldots, a_{j-1}}]. \quad \square$$

Beispiel 1: Für $a \in \mathbb{N}$ gilt $\alpha = \sqrt{a^2 + 1} = [a, \overline{2a}]$. Denn

$$\alpha - a = \frac{1}{\dfrac{1}{\alpha - a}} = \frac{1}{\alpha + a} = \frac{1}{2a + (\alpha - a)}.$$

Beispielsweise ist $\quad \sqrt{2} = [1, \overline{2}], \quad \sqrt{5} = [2, \overline{4}], \quad \sqrt{10} = [3, \overline{6}]$.

Beispiel 2: Für $a, b, c \in \mathbb{N}$ ist

$$\alpha = [a, \overline{b, c}] = a + x = a + \frac{1}{b + \dfrac{1}{c + x}},$$

woraus

$$\alpha = [a, \overline{b, c}] = a - \frac{c}{2} + \sqrt{\left(\frac{c}{2}\right)^2 + \frac{c}{b}}$$

folgt. Setzt man $c = 2a$, so ergibt sich daraus

$$\sqrt{a^2 + 2 \cdot \frac{a}{b}} = [a, \overline{b, 2a}].$$

Für $b = 2a$ ergibt sich der in Beispiel 1 behandelte Fall. Für $b = 1$, $b = 2$ und $b = a$ erhält man der Reihe nach

$$\sqrt{a^2 + 2a} = [a, \overline{1, 2a}], \quad \sqrt{a^2 + a} = [a, \overline{2, 2a}], \quad \sqrt{a^2 + 2} = [a, \overline{a, 2a}].$$

Daraus gewinnt man beispielsweise

$$\sqrt{3} = [1, \overline{1, 2}], \quad \sqrt{6} = [2, \overline{2, 4}], \quad \sqrt{8} = [2, \overline{1, 4}], \quad \sqrt{11} = [3, \overline{3, 6}].$$

Die Kettenbruchentwicklungen von Quadratwurzeln aus positiven rationalen (nicht notwendig ganzen) Zahlen haben eine besonders symmetrische Bauweise. Wir zeigen zunächst, dass für $d \in \mathbb{Q}$ mit $d > 1$ sowie $g = [\sqrt{d}]$ und $\sqrt{d} \neq g$ die Zahl $\varrho = \dfrac{1}{\sqrt{d} - g}$ eine *rein*periodische Kettenbruchentwicklung besitzt. Gemeinsam mit ϱ betrachten wir die zu ϱ konjugierte Zahl

$$\varrho' = \left(\frac{1}{\sqrt{d} - g}\right)' = \frac{1}{-\sqrt{d} - g} = -\left(\frac{\sqrt{d} - g}{d - g^2}\right).$$

Die Kettenbruchentwicklung $[r_0, r_1, r_2, \ldots]$ von ϱ ist definiert durch

$$\varrho_0 = \varrho, \ r_i = [\varrho_i], \ \varrho_{i+1} = \frac{1}{\varrho_i - r_i} \ (i = 0, 1, 2, \ldots).$$

Für die zu $\varrho_0, \varrho_1, \varrho_2, \ldots$ konjugierten Zahlen $\varrho_0', \varrho_1', \varrho_2', \ldots$ gilt dann

$$\varrho_{i+1}' = \frac{1}{\varrho_i' - r_i} \ \text{ bzw. } \ \frac{1}{\varrho_{i+1}'} = \varrho_i' - r_i.$$

Es gilt $-1 < \varrho_0' < 0$, und aus $-1 < \varrho_i' < 0$ folgt $\dfrac{1}{\varrho_{i+1}'} < -1$, also $-1 < \varrho_{i+1}' < 0$ und somit per Induktion $-1 < \varrho_i' < 0$ für $i = 0, 1, 2, \ldots$. Aus $\varrho_i' = r_i + \dfrac{1}{\varrho_{i+1}'}$ ergibt sich daher

$$0 < -\frac{1}{\varrho_{i+1}'} - r_i < 1, \text{ also } r_i = \left[-\frac{1}{\varrho_{i+1}'}\right].$$

Da die Kettenbruchentwicklung von ϱ periodisch ist, existieren Indizes $j < k$ mit $\varrho_j = \varrho_k$ (also $r_j = r_k$), also auch $\varrho_j' = \varrho_k'$ und somit

$$r_{j-1} = \left[-\frac{1}{\varrho_j'}\right] = \left[-\frac{1}{\varrho_k'}\right] = r_{k-1},$$

woraus

$$\varrho_{j-1} = r_{j-1} + \frac{1}{\varrho_j} = r_{k-1} + \frac{1}{\varrho_k} = \varrho_{k-1}$$

folgt. Soll nun j minimal sein, so kommt nur $j = 1$ in Frage. Dies bedeutet, dass die Kettenbruchentwicklung von ϱ *rein*periodisch ist, d.h.

$$\varrho = [\overline{r_0, r_1, \ldots, r_n}].$$

Mit derselben Argumentation ergibt sich, dass auch die Kettenbruchentwicklung von $-\dfrac{1}{\varrho'}$ reinperiodisch ist. Es gilt

$$-\frac{1}{\varrho'} = [\overline{r_n, \ldots, r_1, r_0}],$$

wie man folgendermaßen einsieht: Ist

$$\varrho = [\overline{r_0, r_1, \ldots, r_n}] \quad \text{und} \quad \sigma = [\overline{r_n, \ldots, r_1, r_0}],$$

dann gilt

$$\varrho = \frac{\varrho P_n + P_{n-1}}{\varrho Q_n + Q_{n-1}} \quad \text{und} \quad \sigma = \frac{\sigma P_n + Q_n}{\sigma P_{n-1} + Q_{n-1}},$$

denn ist

$$\begin{pmatrix} r_0 & 1 \\ 1 & 0 \end{pmatrix} \begin{pmatrix} r_1 & 1 \\ 1 & 0 \end{pmatrix} \cdots \begin{pmatrix} r_n & 1 \\ 1 & 0 \end{pmatrix} = \begin{pmatrix} P_n & P_{n-1} \\ Q_n & Q_{n-1} \end{pmatrix},$$

dann ist

$$\begin{pmatrix} r_n & 1 \\ 1 & 0 \end{pmatrix} \cdots \begin{pmatrix} r_1 & 1 \\ 1 & 0 \end{pmatrix} \begin{pmatrix} r_0 & 1 \\ 1 & 0 \end{pmatrix} = \begin{pmatrix} P_n & P_{n-1} \\ Q_n & Q_{n-1} \end{pmatrix}^T = \begin{pmatrix} P_n & Q_n \\ P_{n-1} & Q_{n-1} \end{pmatrix}.$$

Man erhält für ϱ und σ die Gleichungen

$$Q_n \varrho^2 + (Q_{n-1} - P_n)\varrho - P_{n-1} = 0 \quad \text{und} \quad P_{n-1}\sigma^2 + (Q_{n-1} - P_n)\sigma - Q_n = 0,$$

also genügen ϱ und $-\dfrac{1}{\sigma}$ beide der quadratischen Gleichung

$$Q_n x^2 + (Q_{n-1} - P_n)x - P_{n-1} = 0.$$

Folglich sind ϱ und $-\dfrac{1}{\sigma}$ konjugiert, es ist also $\varrho' = -\dfrac{1}{\sigma}$ bzw. $\sigma = -\dfrac{1}{\varrho'}$.

Nach diesen Vorbereitungen können wir zeigen, dass die Kettenbruchentwicklungen von Quadratwurzeln eine sehr spezielle Form haben:

Satz 25: Ist die rationale Zahl $d > 1$ keine Quadratzahl, dann ist

$$\sqrt{d} = [g, \overline{r_0, r_1, \ldots, r_{n-1}, 2g}] = [g, \overline{r_{n-1}, \ldots, r_1, r_0, 2g}].$$

Umgekehrt stellt jeder derart symmetrische Kettenbruch die Quadratwurzel einer rationalen Zahl dar.

Beweis: 1) Wir haben gesehen, dass mit $g = [\sqrt{d}]$

$$\varrho = \frac{1}{\sqrt{d} - g} = [\overline{r_0, r_1, \ldots, r_n}], \quad \text{also} \quad \sqrt{d} = g + \frac{1}{\varrho} = [g, \overline{r_0, r_1, \ldots, r_n}]$$

gilt. Ferner ist $-\dfrac{1}{\varrho'} = g + \sqrt{d} = [\overline{r_n, \ldots, r_1, r_0}]$, wegen $[g + \sqrt{d}] = 2g$ folgt daraus $r_n = 2g$; weiterhin folgt

$$\sqrt{d} = [\overline{2g, r_{n-1}, \ldots, r_1, r_0}] - g = [g, \overline{r_{n-1}, \ldots, r_1, r_0, 2g}].$$

2) Als quadratische Irrationalität hat α die Gestalt $\alpha = u + v\sqrt{d}$ mit $u, v \in \mathbb{Q}$. Ist $\alpha = [g, \overline{r_0, r_1, \ldots, r_{n-1}, 2g}]$, so ist

$$\varrho = \frac{1}{\alpha - g} = [\overline{r_0, \ldots, r_{n-1}, 2g}] \quad \text{und} \quad -\frac{1}{\varrho'} = -\alpha' + g = [\overline{2g, r_{n-1}, \ldots, r_0}],$$

also $-\alpha' = [g, \overline{r_{n-1}, \ldots, r_0, 2g}] = \alpha$. Es folgt $u = 0$ und $\alpha = v\sqrt{d} = \sqrt{v^2 d}$. $\square$

Beispiel 3: Für $\alpha = \sqrt{\frac{3}{2}}$ gilt

$$\alpha - 1 = \frac{1}{2(\alpha + 1)} = \frac{1}{2(2 + (\alpha - 1))} = \frac{1}{4 + 2(\alpha - 1)}$$

$$= \frac{1}{4 + \dfrac{1}{\alpha + 1}} = \frac{1}{4 + \dfrac{1}{2 + (\alpha - 1)}},$$

also $\alpha = [1, \overline{4, 2}]$. Allgemeiner ist $\sqrt{1 + \frac{2}{a}} = [1, \overline{a, 2}]$ für $a = 3, 4, 5, \ldots$. Dieser Zusammenhng dient zur Approximation von Wurzeln durch Bruchzahlen.

Beispiel 4: Wir wollen die Kettenbruchentwicklung von $\sqrt{23}$ bestimmen.

$$\sqrt{23} = 4 + (\sqrt{23} - 4) = 4 + \frac{7}{\sqrt{23} + 4}$$

$$\frac{\sqrt{23} + 4}{7} = 1 + \frac{\sqrt{23} - 3}{7} = 1 + \frac{2}{\sqrt{23} + 3}$$

$$\frac{\sqrt{23} + 3}{2} = 3 + \frac{\sqrt{23} - 3}{2} = 3 + \frac{7}{\sqrt{23} + 3}$$

$$\frac{\sqrt{23} + 3}{7} = 1 + \frac{\sqrt{23} - 4}{7} = 1 + \frac{1}{\sqrt{23} + 4}$$

$$\sqrt{23} + 4 = \qquad\qquad 8 + \frac{7}{\sqrt{23} + 4}$$

Es ergibt sich $\sqrt{23} = [4, \overline{1, 3, 1, 8}]$.

Bemerkung: Ist $\sqrt{d} = [a_0, \overline{a_1, \ldots, a_{n-1}, a_n}]$ die Kettenbruchentwicklung von $\sqrt{d}$ für eine natürliche Zahl d, und ist $n > 1$, dann beobachtet man an obigen Beispielen für den Näherungsbruch $\frac{P_{n-1}}{Q_{n-1}} = [a_0, a_1, \ldots, a_{n-1}]$ die Beziehung

$$P_{n-1}^2 - d \cdot Q_{n-1}^2 = 1.$$

Für $\sqrt{23} = [4, \overline{1, 3, 1, 8}]$ ist beispielsweise

$$\frac{P_3}{Q_3} = 4 + \frac{1}{1 + \dfrac{1}{3 + 1}} = \frac{24}{5}$$

und es gilt $24^2 - 23 \cdot 5^2 = 1$. Diese Beobachtung werden wir in II.5 benutzen, um ganzzahlige Lösungen der Gleichung $x^2 - dy^2 = 1$ zu finden.

I.10 Farey-Folgen

Zur Approximation von irrationalen Zahlen durch Brüche mit nicht allzu großen Nennern dienen auch die *Farey-Folgen*, mit denen wir uns jetzt kurz befassen wollen. Sie sind nach dem Geologen John Farey (1766–1826) benannt, der sie im Jahr 1816 erwähnte. Auch Augustin Louis Cauchy (1789–1857) beschäftigte sich mit diesen Folgen.

Die n-te Farey-Folge $\mathcal{F}_n$ besteht aus allen aufsteigend geordneten Bruchzahlen von $\frac{0}{1}$ bis $\frac{1}{1}$, deren Nenner nicht größer als n ist. Beispielsweise ist

$$\mathcal{F}_5 = \left(\frac{0}{1}, \frac{1}{5}, \frac{1}{4}, \frac{1}{3}, \frac{2}{5}, \frac{1}{2}, \frac{3}{5}, \frac{2}{3}, \frac{3}{4}, \frac{4}{5}, \frac{1}{1} \right).$$

Dabei werden die Bruchzahlen stets als voll gekürzte Brüche angegeben.

Satz 26: a) Für zwei aufeinanderfolgende Brüche $\frac{a}{b}, \frac{a'}{b'}$ in einer Farey-Folge ist

$$|a'b - ab'| = 1.$$

b) Sind $\frac{a}{b}$ und $\frac{a'}{b'}$ zwei aufeinanderfolgende Brüche in einer Farey-Folge, dann ist $\frac{a+a'}{b+b'}$ der eindeutig bestimmte Bruch zwischen $\frac{a}{b}$ und $\frac{a'}{b'}$ mit dem kleinsten Nenner.

Beweis: a) Es seien $\frac{a}{b}$ und $\frac{a'}{b'}$ aufeinanderfolgende Brüche in der Farey-Folge $\mathcal{F}_n$, und es sei $\frac{a}{b} < \frac{a'}{b'}$. Wegen $\mathrm{ggT}(a, b) = 1$ ist die Gleichung $bx - ay = 1$ ganzzahlig lösbar; mit jeder Lösung (x_0, y_0) ist auch $(x_0 + ta, y_0 + tb)$ für jedes $t \in \mathbb{Z}$ eine Lösung, so dass also eine Lösung (x, y) mit $0 \leq n - b < y \leq n$ existiert. Dann ist $\frac{x}{y}$ ein Bruch aus $\mathcal{F}_n$. Es gilt

$$\frac{x}{y} = \frac{bx}{by} = \frac{ay + 1}{by} = \frac{a}{b} + \frac{1}{by} > \frac{a}{b}.$$

Wir wollen zeigen, dass $\frac{x}{y} = \frac{a'}{b'}$ gilt. Wäre $\frac{x}{y} > \frac{a'}{b'}$, so wäre

$$\frac{1}{by} = \frac{x}{y} - \frac{a}{b} = \left(\frac{x}{y} - \frac{a'}{b'} \right) + \left(\frac{a'}{b'} - \frac{a}{b} \right) = \frac{b'x - a'y}{b'y} + \frac{ba' - ab'}{bb'}$$

$$\geq \frac{1}{b'y} + \frac{1}{b'b} = \frac{b+y}{b'by} > \frac{n}{b'by} \geq \frac{1}{by}.$$

Also ist $\frac{x}{y} = \frac{a'}{b'}$ und daher $ba' - ab' = 1$.

b) Es sei $\frac{a}{b} < \frac{a'}{b'}$, und diese Brüche seien Nachbarbrüche in einer Farey-Folge.

Dann ist $\frac{a}{b} < \frac{a + a'}{b + b'} < \frac{a'}{b'}$. Es sei nun auch $\frac{x}{y}$ ein Bruch zwischen $\frac{a}{b}$ und $\frac{a'}{b'}$, also

$\frac{a}{b} < \frac{x}{y} < \frac{a'}{b'}$. Dann ist

$$\frac{a'}{b'} - \frac{a}{b} = \left(\frac{a'}{b'} - \frac{x}{y}\right) + \left(\frac{x}{y} - \frac{a}{b}\right) = \frac{a'y - b'x}{b'y} + \frac{bx - ay}{by} \geq \frac{1}{b'y} + \frac{1}{by} = \frac{b + b'}{bb'y},$$

also nach a)

$$\frac{b + b'}{bb'y} \leq \frac{a'b - ab'}{bb'} = \frac{1}{bb'}, \quad \text{und somit} \quad y \geq b + b'.$$

Ist $y = b + b'$, gilt also hier und damit auch in obiger Ungleichung das Gleichheitszeichen, dann folgt $a'y - b'x = 1$ und $bx - ay = 1$. Lösung dieses linearen Gleichungssystems ist $x = a + a'$, $y = b + b'$. Der Bruch $\frac{a + a'}{b + b'}$ ist voll gekürzt. Es gilt nämlich

$$(a + a')b - (b + b')a = a'b - b'a = 1,$$

da $\frac{a}{b}$ und $\frac{a'}{b'}$ Nachbarbrüche in einer Farey-Folge sind.   □

Man nennt den in Satz 26 b) bestimmten Bruch $\frac{a + a'}{b + b'}$ die *Mediante* von $\frac{a}{b}$ und $\frac{a'}{b'}$. Aus Satz 26 a) folgt, dass in jeder Farey-Folge jeder Bruch außer dem ersten und letzten die Mediante seiner Nachbarbrüche ist: Aus $a'b - ab' = a''b' - a'b''$ folgt $(a + a'')b' = (b + b'')a'$, also $\frac{a + a''}{b + b''} = \frac{a'}{b'}$.

Der folgende Satz heißt *Approximationssatz von Dirichlet*.

Satz 27: Ist α eine reelle Zahl und n eine natürliche Zahl, dann existiert ein reduzierter Bruch $\frac{p}{q}$ mit $0 < q \leq n$, so dass $\left|\alpha - \frac{p}{q}\right| \leq \frac{1}{q(n+1)}$.

Beweis: Wir können uns auf $0 < \alpha < 1$ beschränken. Die Zahl α liege zwischen den aufeinanderfolgenden Brüchen $\frac{a}{b}$ und $\frac{a'}{b'}$ der Farey-Folge $\mathcal{F}_n$. Dann gilt $\frac{a}{b} \leq \alpha \leq \frac{a + a'}{b + b'}$ oder $\frac{a + a'}{b + b'} \leq \alpha \leq \frac{a'}{b'}$. Aus Satz 26 folgt

$$\frac{a + a'}{b + b'} - \frac{a}{b} = \frac{1}{b(b + b')} \quad \text{und} \quad \frac{a'}{b'} - \frac{a + a'}{b + b'} = \frac{1}{b'(b + b')},$$

woraus sich wegen $0 < b, b' \leq n$ und $b + b' \geq n + 1$ die Behauptung ergibt.   □

Beispiel: Die Zahl $\alpha = \sqrt{2} - 1 = 0,4142\ldots$ liegt zwischen $\frac{2}{5}$ und $\frac{1}{2}$. Die Mediante dieser Brüche ist $\frac{3}{7}$. Die Zahl α liegt zwischen $\frac{2}{5}$ und $\frac{3}{7}$. Daher liegt $\sqrt{2}$ zwischen $\frac{7}{5}$ und $\frac{10}{7}$. Wegen $\frac{10}{7} - \frac{7}{5} = \frac{1}{35}$ gilt

$$\left| \sqrt{2} - \frac{7}{5} \right| \leq \frac{1}{35} \quad \text{und} \quad \left| \sqrt{2} - \frac{10}{7} \right| \leq \frac{1}{35}.$$

Der folgende Satz stammt von Adolf Hurwitz (1859–1919).

Satz 28: Für jede irrationale Zahl α existieren unendlich viele reduzierte Brüche $\frac{p}{q}$ mit

$$\left| \alpha - \frac{p}{q} \right| < \frac{1}{\sqrt{5} \cdot q^2}.$$

Beweis: Wir konstruieren induktiv eine Folge von reduzierten Brüchen $\frac{p_i}{q_i}$ ($i = 1, 2, 3, \ldots$) mit $q_1 < q_2 < q_3 < \cdots$, für welche die genannte Ungleichung gilt. Für $\alpha - [\alpha] < 0,4$ sei $p_1 = [\alpha]$ und $q_1 = 1$; wegen $0,4 < \frac{1}{\sqrt{5}}$ gilt dann die Ungleichung. Für $0,4 < \alpha - [\alpha] < 0,6$ sei $p_1 = 2[\alpha] + 1$ und $q_1 = 2$; wegen $0,1 < \frac{1}{\sqrt{5} \cdot 4}$ gilt hier die Ungleichung. Für $\alpha - [\alpha] > 0,6$ sei $p_1 = [\alpha] + 1$ und $q_1 = 1$; hier gilt die Ungleichung wieder wegen $0,4 < \frac{1}{\sqrt{5}}$.

Nun sei $k \geq 1$, und für $1 \leq i \leq k$ seien bereits reduzierte Brüche $\frac{p_i}{q_i}$ mit

$$q_1 < q_2 < \cdots < q_k \quad \text{und} \quad \left| \alpha - \frac{p_i}{q_i} \right| < \frac{1}{\sqrt{5} \cdot q_i^2}$$

gefunden. Es sei $\varepsilon > 0$ so gewählt, dass in der ε-Umgebung von α kein Bruch aus $\mathcal{F}_{q_k}$ liegt. Ferner sei n die kleinste natürliche Zahl, für welche sowohl zwischen $\alpha - \varepsilon$ und α als auch zwischen α und $\alpha + \varepsilon$ ein Bruch aus $\mathcal{F}_n$ liegt:

$$\alpha - \varepsilon < \frac{a}{b} < \alpha < \frac{c}{d} < \alpha + \varepsilon \quad \text{und} \quad \frac{a}{b}, \frac{c}{d} \in \mathcal{F}_n.$$

Dabei sei $\frac{a}{b}$ größtmöglich und $\frac{c}{d}$ kleinstmöglich gewählt, so dass dies Nachbarbrüche in $\mathcal{F}_n$ sind, dass also $bc - ad = 1$ gilt. Man beachte, dass b und d beide größer als q_k sind. Für mindestens einen der drei Brüche $\frac{a}{b}, \frac{a+c}{b+d}, \frac{c}{d}$ gilt nun

$$|\alpha - \frac{p_{k+1}}{q_{k+1}}| < \frac{1}{\sqrt{5} \cdot q_{k+1}^2} \quad \text{und} \quad q_k < q_{k+1},$$

wenn man ihn für $\frac{p_{k+1}}{q_{k+1}}$ einsetzt. Ist nämlich

$$\alpha - \frac{a}{b} \geq \frac{1}{\sqrt{5} \cdot b^2}, \quad \frac{c}{d} - \alpha \geq \frac{1}{\sqrt{5} \cdot d^2} \quad \text{und} \quad |\alpha - \frac{a+c}{b+d}| \geq \frac{1}{\sqrt{5} \cdot (b+d)^2},$$

so folgt aus der ersten und zweiten Ungleichung

$$\frac{c}{d} - \frac{a}{b} = \frac{bc - ad}{bd} = \frac{1}{bd} \geq \frac{1}{\sqrt{5}} \cdot \left(\frac{1}{b^2} + \frac{1}{d^2} \right),$$

und aus der ersten und dritten Ungleichung im Fall $\alpha < \frac{a+c}{b+d}$ bzw. aus der zweiten und dritten Ungleichung im Fall $\alpha > \frac{a+c}{b+d}$

$$\frac{a+c}{b+d} - \frac{a}{b} = \frac{bc-ad}{b(b+d)} = \frac{1}{b(b+d)} \geq \frac{1}{\sqrt{5}} \cdot \left(\frac{1}{b^2} + \frac{1}{(b+d)^2} \right)$$

bzw.

$$\frac{c}{d} - \frac{a+c}{b+d} = \frac{bc-ad}{d(b+d)} = \frac{1}{d(b+d)} \geq \frac{1}{\sqrt{5}} \cdot \left(\frac{1}{d^2} + \frac{1}{(b+d)^2} \right).$$

Nun gibt es aber keine natürlichen Zahlen x, y mit

$$\frac{1}{xy} \geq \frac{1}{\sqrt{5}} \cdot \left(\frac{1}{x^2} + \frac{1}{y^2} \right) \quad \text{und} \quad \frac{1}{x(x+y)} \geq \frac{1}{\sqrt{5}} \cdot \left(\frac{1}{x^2} + \frac{1}{(x+y)^2} \right);$$

denn aus diesen Ungleichungen folgt

$$x^2 + y^2 - xy\sqrt{5} \leq 0 \quad \text{und} \quad (2 - \sqrt{5})(x^2 + xy) + y^2 \leq 0$$

und hieraus durch Addition und Verdopplung $((\sqrt{5} - 1)x - 2y)^2 \leq 0$, also

$$(\sqrt{5} - 1)x - 2y = 0,$$

was wegen der Irrationalität von $\sqrt{5}$ nicht möglich ist. $\quad\square$

Die Konstante $\sqrt{5}$ in Satz 28 ist nicht zu verbessern, wie man anhand der Zahl $\alpha = \frac{1 + \sqrt{5}}{2}$ zeigen kann: Aus $\left| \alpha - \frac{p}{q} \right| < \frac{\delta}{q^2}$ folgt

$$p - \frac{q}{2} = \frac{q}{2}\sqrt{5} + \frac{\gamma}{q} \quad \text{mit} \quad |\gamma| < \delta.$$

Quadrieren dieser Gleichung führt auf

$$p^2 - pq - q^2 = \gamma\sqrt{5} + \frac{\gamma^2}{q^2}.$$

Da die quadratische Gleichung $x^2 - x - 1 = 0$ keine rationalen Lösungen besitzt, ist $p^2 - pq - q^2 \neq 0$ und daher $|p^2 - pq - q^2| \geq 1$. Also ist

$$\delta\sqrt{5} + \frac{\delta^2}{q^2} > \left| \gamma\sqrt{5} + \frac{\gamma^2}{q^2} \right| \geq 1$$

und damit

$$q^2 < \frac{\delta^2}{1 - \delta\sqrt{5}}.$$

Für jedes δ mit $0 < \delta < \frac{1}{\sqrt{5}}$ gibt es nur endlich viele $q \in \mathbb{N}$, die dieser Ungleichung genügen, also auch nur endlich viele Brüche $\frac{p}{q}$, für welche gilt:

$$\left| \frac{1 + \sqrt{5}}{2} - \frac{p}{q} \right| < \frac{\delta}{q^2}$$

Der nun folgende Satz heißt *Approximationssatz von Kronecker* (nach Leopold Kronecker, 1823–1891).

Satz 29: Es seien ξ, η, δ reelle Zahlen, wobei ξ irrational ist und $0 < \delta < 1$ gilt. Ferner sei $n \in \mathbb{N}$. Dann existieren $a, b \in \mathbb{N}$ mit $b > n$ und

$$\left|\xi - \frac{a+\eta}{b}\right| < \frac{\frac{1}{2} + \frac{1}{\sqrt{5}} + \delta}{b^2}.$$

Beweis: Nach Satz 28 existieren $p, q \in \mathbb{N}$ mit $\mathrm{ggT}(p, q) = 1$ und $q > \frac{2n}{\delta}$, so dass

$$\left|\xi - \frac{p}{q}\right| < \frac{1}{\sqrt{5} \cdot q^2}$$

gilt. Man setze $h := \left[q\eta + \frac{1}{2}\right]$ und bestimme $x, y \in \mathbb{Z}$ mit $px - qy = h$. Da man dabei x um Vielfache von q abändern kann (und y dann um die entsprechenden Vielfachen von p), kann man $\frac{\delta q}{2} - q < x \leq \frac{\delta q}{2}$ verlangen. Dann ist

$$q \cdot |(q+x)\xi - (p+y) - \eta| = |(q+x)(q\xi - p) + px - qy - q\eta|$$

$$= |(q+x)(q\xi - p) + h - q\eta| \leq (q+x)|q\xi - p| + |h - q\eta|.$$

Mit $a := p + y$ und $b := q + x$ folgt wegen $|h - q\eta| \leq \frac{1}{2}$

$$q \cdot |b\xi - a - \eta| \leq b \cdot |q\xi - p| + \frac{1}{2} < b \cdot \frac{1}{\sqrt{5} \cdot q} + \frac{1}{2}.$$

Nun ist $\frac{b}{q} = 1 + \frac{x}{q} \leq 1 + \frac{\delta}{2}$, also

$$|b\xi - a - \eta| < \frac{1}{b} \cdot \left(1 + \frac{\delta}{2}\right)^2 \cdot \frac{1}{\sqrt{5}} + \frac{1}{2b} \cdot \left(1 + \frac{\delta}{2}\right)$$

$$= \frac{1}{b} \cdot \left(\frac{1}{2} + \frac{1}{\sqrt{5}} + \delta\left(\frac{1}{\sqrt{5}} + \frac{\delta}{4\sqrt{5}} + \frac{1}{4}\right)\right)$$

$$< \frac{1}{b} \cdot \left(\frac{1}{2} + \frac{1}{\sqrt{5}} + \delta\right). \qquad \Box$$

Folgerung: Ist ξ irrational, dann ist die Menge $M = \{k\xi - [k\xi] \mid k \in \mathbb{N}\}$ dicht im Intervall $\{x \in \mathbb{R} \mid 0 < x < 1\}$.

Beweis: Es sei $0 < \eta < 1$ und $\varepsilon > 0$ mit $\varepsilon \leq \min(\eta, 1 - \eta)$. Mit $n > \frac{2}{\varepsilon}$ folgt aus Satz 29, dass $a, b \in \mathbb{N}$ existieren mit $b > n$ und

$$|b\xi - a - \eta| < \frac{2}{b} < \frac{2}{n} < \varepsilon.$$

Dann ist $0 < \eta - \varepsilon < b\xi - a < \eta + \varepsilon < 1$, also ist $a = [b\xi]$. Es gilt daher

$$|b\xi - [b\xi] - \eta| < \varepsilon,$$

in jeder ε-Umgebung von η liegt also eine Zahl aus M. $\qquad \Box$

I.11 Die Folge der Fibonacci-Zahlen

Der euklidische Algorithmus zur Berechnung des ggT zweier natürlicher Zahlen führt schnell zum Ergebnis, wenn man in jedem Schritt ein recht großes Vielfaches des jeweiligen Divisors abspalten kann. Extrem ungünstig ist dagegen der Fall, dass in jedem Schritt nur das 1-fache des jeweiligen Divisors abzuspalten ist, wo also die Zahlen v_i ($0 \leq i \leq n-1$) in der Darstellung in I.6 alle 1 sind. Für die Reste gilt dann

$$r_i = r_{i+1} + r_{i+2} \quad (i = 1, \ldots, n-2).$$

Dieser ungünstige Fall tritt beim euklidischen Algorithmus beispielsweise für $a = 21$, $b = 13$ ein:

$$
\begin{aligned}
21 &= 1 \cdot 13 + 8 \\
13 &= 1 \cdot 8 + 5 \\
8 &= 1 \cdot 5 + 3 \\
5 &= 1 \cdot 3 + 2 \\
3 &= 1 \cdot 2 + 1 \\
2 &= 2 \cdot 1
\end{aligned}
$$

Die zugehörige Kettenbruchentwicklung ist

$$\frac{21}{13} = [1,1,1,1,1,2] \quad \text{bzw.} \quad \frac{21}{13} = [1,1,1,1,1,1,1],$$

wobei in der zweiten Darstellung ausnahmsweise die Zahl 1 als letzter Nenner erlaubt sei. Hier ist der Anfang einer Folge natürlicher Zahlen aufgetreten, mit welcher wir uns nun näher beschäftigen wollen.

Die Folge $\{F_n\}$ mit $F_1 = F_2 = 1$ und $F_{n+2} = F_{n+1} + F_n$ für $n \in \mathbb{N}$ heißt *Fibonacci-Folge*. Sie beginnt mit

$$1, 1, 2, 3, 5, 8, 13, 21, 34, 55, 89, 144, 233, 377, \ldots.$$

Sie geht auf eine Aufgabe zurück, die Fibonacci im *Liber abbaci* unter der Überschrift *Quot paria coniculorum in uno anno ex uno pario germinentur* gestellt hat; sie lautet sinngemäß: Wie viele Kaninchenpaare stammen am Ende eines Jahres von einem Kaninchenpaar ab, wenn jedes Paar jeden Monat ein neues Paar gebiert, welches selbst vom zweiten Monat an Nachkommen hat? (Einschließlich des ersten Paares gibt es nach einem Jahr genau 377 Kaninchenpaare.)

Die Definition der Fibonacci-Zahlen kann man auch mit Hilfe von Matrizen ausdrücken, wodurch sich diese Zahlen als die Zähler und Nenner der Näherungsbrüche des Kettenbruchs $[1, \overline{1}]$ zu erkennen geben (vgl. I.8):

$$\begin{pmatrix} F_{n+2} & F_{n+1} \\ F_{n+1} & F_n \end{pmatrix} = \begin{pmatrix} 1 & 1 \\ 1 & 0 \end{pmatrix} \begin{pmatrix} F_{n+1} & F_n \\ F_n & F_{n-1} \end{pmatrix};$$

setzt man noch $F_0 = 0$, dann ist also für alle $n \in \mathbb{N}_0$

$$\begin{pmatrix} F_{n+2} & F_{n+1} \\ F_{n+1} & F_n \end{pmatrix} = \begin{pmatrix} 1 & 1 \\ 1 & 0 \end{pmatrix}^{n+1}.$$

Der folgende Satz ist der Schlüssel zur Untersuchung der Eigenschaften der Fibonacci-Zahlen.

Satz 30: Für alle $m, n \in \mathbb{N}$ mit $m > 1$ gilt

$$F_{m+n} = F_{m-1}F_n + F_mF_{n+1}.$$

Beweis:
$$\begin{pmatrix} F_{m+n+2} & F_{m+n+1} \\ F_{m+n+1} & F_{m+n} \end{pmatrix} = \begin{pmatrix} 1 & 1 \\ 1 & 0 \end{pmatrix}^{m+n+1}$$

$$= \begin{pmatrix} 1 & 1 \\ 1 & 0 \end{pmatrix}^m \begin{pmatrix} 1 & 1 \\ 1 & 0 \end{pmatrix}^{n+1}$$

$$= \begin{pmatrix} F_{m+1} & F_m \\ F_m & F_{m-1} \end{pmatrix} \begin{pmatrix} F_{n+2} & F_{n+1} \\ F_{n+1} & F_n \end{pmatrix}. \quad \square$$

Satz 31: Für alle $m, n \in \mathbb{N}$ gilt:

a) F_{mn} ist durch F_m teilbar.

b) $\mathrm{ggT}(F_n, F_{n+1}) = 1$.

c) Ist $\mathrm{ggT}(m, n) = d$, dann ist $\mathrm{ggT}(F_m, F_n) = F_d$.

Beweis: a) Die Behauptung ist für $n = 1$ offensichtlich richtig. Wir schließen induktiv, wobei n die Induktionsvariable sei: Nach Satz 30 gilt

$$F_{m(n+1)} = F_{mn+m} = F_{mn-1}F_m + F_{mn}F_{m+1},$$

wegen $F_m \mid F_{mn}$ (Induktionsvoraussetzung) ergibt sich also $F_m \mid F_{m(n+1)}$.

b) Es gilt $\mathrm{ggT}(F_1, F_2) = 1$. Aus $\mathrm{ggT}(F_n, F_{n+1}) = 1$ folgt

$$\mathrm{ggT}(F_{n+1}, F_{n+2}) = \mathrm{ggT}(F_{n+1}, F_{n+1} + F_n) = \mathrm{ggT}(F_{n+1}, F_n) = 1.$$

c) Ist $n < m$ und $m = vn + r$ mit $0 \leq r < n$ (Divison mit Rest), dann ist nach Satz 30

$$F_m = F_{vn+r} = F_{vn-1}F_r + F_{vn}F_{r+1}.$$

Wegen $F_n \mid F_{vn}$ gilt $\mathrm{ggT}(F_m, F_n) = \mathrm{ggT}(F_{vn-1}F_r, F_n)$. Nach b) gilt ferner $\mathrm{ggT}(F_{vn-1}, F_{vn}) = 1$, daher auch $\mathrm{ggT}(F_{vn-1}, F_n) = 1$ und somit

$$\mathrm{ggT}(F_m, F_n) = \mathrm{ggT}(F_r, F_n).$$

Führt man den euklidischen Algorithmus zur Berechnung von $\mathrm{ggT}(m, n) = d$ durch, dann ergibt sich also

$$\mathrm{ggT}(F_m, F_n) = \mathrm{ggT}(F_d, 0) = F_d. \quad \square$$

Aus Satz 31 erhält man sofort folgende Aussagen:

(1) Es sei $m > 2$. Genau dann gilt $F_m \mid F_k$, wenn $m \mid k$ gilt.

(2) Sind m und n teilerfremd, dann gilt $F_m F_n \mid F_{mn}$.

Satz 32: Für alle $n \in \mathbb{N}$ gilt:

a) $\displaystyle\sum_{i=1}^{n} F_i = F_{n+2} - 1$

b) $\displaystyle\sum_{i=1}^{n} F_i^2 = F_n F_{n+1}$

c) $F_n F_{n+2} - F_{n+1}^2 = (-1)^{n+1}$

d) $F_n^2 + F_{n+1}^2 = F_{2n+1}$

e) $F_{n+2}^2 - F_n^2 = F_{2n+2}$

Beweis: a) Vollständige Induktion unter Beachtung von $F_{n+2} + F_{n+1} = F_{n+3}$.

b) Vollständige Induktion unter Beachtung von $F_n F_{n+1} + F_{n+1}^2 = F_{n+1} F_{n+2}$.

c) Es gilt

$$F_n F_{n+2} - F_{n+1}^2 = \det \begin{pmatrix} F_{n+2} & F_{n+1} \\ F_{n+1} & F_n \end{pmatrix} = \det \begin{pmatrix} 1 & 1 \\ 1 & 0 \end{pmatrix}^{n+1} = (-1)^{n+1}.$$

d) Aus c) folgt für $n > 1$ mit Hilfe von Satz 30

$$\begin{aligned} F_n^2 + F_{n+1}^2 &= F_{n-1} F_{n+1} + (-1)^n + F_n F_{n+2} + (-1)^{n+1} \\ &= F_{n-1} F_{n+1} + F_n F_{n+2} = F_{n+(n+1)} = F_{2n+1}. \end{aligned}$$

Für $n = 1$ ist die Behauptung offensichtlich auch richtig.

e) Diese Behauptung ergibt sich in gleicher Weise wie d). $\quad\square$

Die Aussage in Satz 32 b) wird für $n = 6$ durch Fig. 1 veranschaulicht.

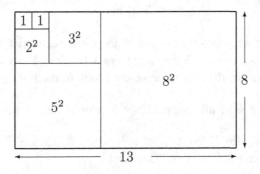

Fig.1

Für $n = 2k - 1$ liefert Satz 32 c) die Formel

$$F_{2k}^2 = F_{2k-1} F_{2k+1} - 1.$$

Auf dieser Formel beruht der bekannte geometrische Trugschluss, man könne ein Quadrat der Kantenlänge 8 (allgemein F_{2k}) in ein flächeninhaltsgleiches Rechteck mit den Kantenlängen 5 und 13 (allgemein F_{2k-1} und F_{2k+1}) verwandeln (Fig. 2). Vgl. hierzu auch Aufgabe 56.

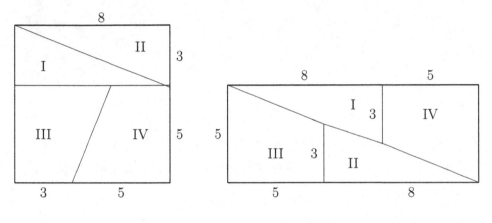

Fig.2

Wir haben die Betrachtung der Fibonacci-Zahlen zu Anfang dieses Abschnitts mit der Feststellung begonnen, dass der euklidische Algorithmus offenbar besonders lange dauert, wenn er auf benachbarte Fibonacci-Zahlen angewandt wird. Nun wollen wir untersuchen, wie die Anzahl der Schritte im euklidischen Algorithmus für $a, b \in \mathbb{N}$ abzuschätzen ist. Der folgende Satz geht auf Gabriel Lamé (1795–1870) zurück (vgl. auch [Heaslet/Uspensky 1939], [Lüneburg 1987]).

Satz 33: Für $a, b \in \mathbb{N}$ mit $a > b$ sei $w(a, b)$ die Anzahl der benötigten Divisionen mit Rest im euklidischen Algorithmus, ferner habe b im Zehnersystem $s(b)$ Stellen. Dann gilt

$$w(a, b) \leq 5 \cdot s(b).$$

Beweis: Zunächst zeigen wir, dass für jedes $k \in \mathbb{N}$ mindestens vier und höchstens fünf k-stellige Fibonacci-Zahlen existieren. Dies ist für $k = 1$ richtig, wenn man die einzige doppelt auftretende Fibonacci-Zahl 1 nur einfach zählt:

$$1, 2, 3, 5, 8 \text{ sind alle einstelligen Fibonacci-Zahlen.}$$

Es sei nun $k \geq 2$ und die Behauptung gelte für k. Es sei F_n die kleinste Fibonacci-Zahl mit mehr als k Stellen. Dann ist

$$\begin{aligned}
F_n &= F_{n-1} + F_{n-2} < 1 \cdot 10^k + 1 \cdot 10^k = 2 \cdot 10^k, \\
F_{n+1} &= F_n + F_{n-1} < 2 \cdot 10^k + 1 \cdot 10^k = 3 \cdot 10^k, \\
F_{n+2} &= F_{n+1} + F_n < 3 \cdot 10^k + 2 \cdot 10^k = 5 \cdot 10^k, \\
F_{n+3} &= F_{n+2} + F_{n+1} < 5 \cdot 10^k + 3 \cdot 10^k = 8 \cdot 10^k.
\end{aligned}$$

Folglich sind F_n, F_{n+1}, F_{n+2}, F_{n+3} $(k+1)$-stellig, es gibt also mindestens vier $(k+1)$-stellige Fibonacci-Zahlen. Andererseits gilt wegen

$$10^k \leq F_n = F_{n-1} + F_{n-2} < 2F_{n-1}$$

die Beziehung $F_{n-1} > \frac{1}{2} \cdot 10^k$. Es folgt

$$\begin{aligned}
F_{n+1} &= F_n + F_{n-1} > 10^k + \frac{1}{2} \cdot 10^k = \frac{3}{2} \cdot 10^k, \\
F_{n+2} &= F_{n+1} + F_n > \frac{3}{2} \cdot 10^k + 10^k = \frac{5}{2} \cdot 10^k, \\
F_{n+3} &= F_{n+2} + F_{n+1} > \frac{5}{2} \cdot 10^k + \frac{3}{2} \cdot 10^k = \frac{8}{2} \cdot 10^k, \\
F_{n+4} &= F_{n+3} + F_{n+2} > \frac{8}{2} \cdot 10^k + \frac{5}{2} \cdot 10^k = \frac{13}{2} \cdot 10^k, \\
F_{n+5} &= F_{n+4} + F_{n+3} > \frac{13}{2} \cdot 10^k + \frac{8}{2} \cdot 10^k = \frac{21}{2} \cdot 10^k.
\end{aligned}$$

Also ist $F_{n+5} > 10^{k+1}$, so dass F_{n+5} mindestens $(k+2)$-stellig ist. Damit ist gezeigt, dass es höchstens fünf $(k+1)$-stellige Fibonacci-Zahlen gibt.

Ist nun F_n k-stellig, dann ist $n \leq 5k+1$, wie wir jetzt zeigen wollen: Die Aussage ist wahr für $k = 1$, denn $F_6 = 8$ und $F_7 = 13$. Wir nehmen an, die Aussage sei für $k \geq 1$ wahr. Ist F_n nun $(k+1)$-stellig, so ist F_{n-5} höchstens k-stellig, also gilt $n - 5 \leq 5k + 1$. Daraus folgt dann $n \leq 5k + 6 = 5(k+1) + 1$.

Es sei nun $F_n \leq b < F_{n+1}$. Wir zeigen mit Hilfe vollständiger Induktion über b, dass dann $w(a,b) \leq n$ gilt. Für $b = 1$ ist das richtig. Für $b > 1$ sei r der Rest von a bei Division durch b. Dann ist

$$w(a,b) = w(b,r) + 1.$$

Ist $r < F_n$, dann ist nach Induktionsannahme $w(b,r) \leq n - 1$, es ergibt sich in diesem Fall also $w(a,b) \leq n$. Ist $F_n \leq r < b < F_{n+1}$, dann betrachten wir den Rest s, den b bei Division durch r lässt: Es gilt $s < F_{n-1}$, denn wäre $s \geq F_{n-1}$, dann ergäbe sich ein Widerspruch:

$$F_{n+1} > b = qr + s \geq r + s \geq F_n + F_{n-1} = F_{n+1}.$$

Folglich ist nach Induktionsannahme $w(r,s) \leq n - 2$ und damit

$$w(a,b) = w(r,s) + 2 \leq n.$$

Gilt also $F_n \leq b < F_{n+1}$ und ist F_n k-stellig, dann gilt

$$w(a, b) \leq n \leq 5k \leq 5 \cdot s(b).$$

Damit ist der Beweis von Satz 33 abgeschlossen.   □

Eine besonders einfache Gestalt hat die Kettenbruchentwicklung von Quotienten aufeinanderfolgender Fibonacci-Zahlen:

$$\frac{F_{n+1}}{F_n} = [1, 1, 1, \ldots, 1, 2] = [1, 1, 1, \ldots, 1, 1, 1],$$

wobei in der letzten Darstellung genau n Einsen auftreten. Also ist

$$\lim_{n \to \infty} \frac{F_{n+1}}{F_n} = [1, \overline{1}] = \frac{1 + \sqrt{5}}{2}.$$

Den Grenzwert α erhält man wegen

$$\alpha = \lim_{n \to \infty} \frac{F_{n+1}}{F_n} = \lim_{n \to \infty} \frac{F_n + F_{n-1}}{F_n} = 1 + \lim_{n \to \infty} \frac{F_{n-1}}{F_n} = 1 + \frac{1}{\alpha}$$

aus der quadratischen Gleichung $\alpha^2 - \alpha - 1 = 0$.

Die Folge der Fibonacci-Zahlen ist rekursiv definiert, d.h. zur Berechnung von F_n benötigt man die Werte der vorangehenden Folgenglieder. In folgendem Satz wird eine *explizite* Darstellung der Fibonacci-Zahlen angegeben; diese Darstellung heißt *binetsche Formel* (nach Jacques Philippe Binet, 1786–1856), obwohl sie schon von Abraham de Moivre (1667–1754) entdeckt und von Nikolaus Bernoulli (1687–1759) bewiesen worden sein soll.

Satz 34: Für alle $n \in \mathbb{N}$ gilt

$$F_n = \frac{1}{\sqrt{5}} \left(\left(\frac{1 + \sqrt{5}}{2} \right)^n - \left(\frac{1 - \sqrt{5}}{2} \right)^n \right).$$

Beweis: Es sei $a_n = F_{n+1}$ für $n \in \mathbb{N}_0$. Wir betrachten die Funktion f, dargestellt durch die Potenzreihe

$$f(x) = \sum_{n=0}^{\infty} a_n x^n.$$

Wegen $\lim_{n \to \infty} \frac{a_{n+1}}{a_n} = \frac{1 + \sqrt{5}}{2}$ konvergiert diese Reihe für $|x| < \frac{2}{1 + \sqrt{5}}$. Es gilt nun

$$
\begin{aligned}
f(x) &= 1 + x + \sum_{n=0}^{\infty} a_{n+2} x^{n+2} \\
&= 1 + x + \sum_{n=0}^{\infty} (a_{n+1} + a_n) x^{n+2}
\end{aligned}
$$

$$= 1 + x + x \sum_{n=1}^{\infty} a_n x^n + x^2 \sum_{n=0}^{\infty} a_n x^n$$

$$= 1 + x \cdot \left(1 + \sum_{n=1}^{\infty} a_n x^n\right) + x^2 \sum_{n=0}^{\infty} a_n x^n$$

$$= 1 + x f(x) + x^2 f(x).$$

Daraus ergibt sich

$$f(x) = \frac{1}{1 - x - x^2}.$$

Nun ist

$$1 - x - x^2 = (1 - \alpha_1 x)(1 - \alpha_2 x)$$

mit

$$\alpha_1 = \frac{1 + \sqrt{5}}{2}, \quad \alpha_2 = \frac{1 - \sqrt{5}}{2},$$

woraus man

$$f(x) = \frac{1}{\sqrt{5}} \cdot \left(\frac{\alpha_1}{1 - \alpha_1 x} - \frac{\alpha_2}{1 - \alpha_2 x}\right)$$

erhält. Nun lässt sich $f(x)$ mit Hilfe der Summenformel für die geometrische Reihe wieder als Potenzreihe schreiben:

$$f(x) = \sum_{n=0}^{\infty} \frac{1}{\sqrt{5}} \left(\alpha_1^{n+1} - \alpha_2^{n+1}\right) x^n.$$

Der Identitätssatz für Potenzreihen liefert dann die Behauptung:

$$F_{n+1} = a_n = \frac{1}{\sqrt{5}} \left(\alpha_1^{n+1} - \alpha_2^{n+1}\right) \quad (n \in \mathbb{N}_0) \quad \square$$

Man hätte den Beweis von Satz 34 natürlich auch mit Hilfe vollständiger Induktion führen können. Man hätte Satz 34 auch mit Hilfe des Rekursionssatzes beweisen können: Weil die Zahlen in Satz 34 derselben Rekursionsvorschrift wie die Fibonacci-Zahlen genügen, muss es sich bei ihnen um diese Fibonacci-Zahlen handeln.

Die Bezeichnung „Fibonacci-Zahlen" für die Zahlen der Folge $\{F_n\}$ geht auf Édouard Lucas (1842–1891) zurück. Er betrachtete im Zusammenhang mit Primzahltests Folgen $\{a_n\}$ mit

$$a_{n+2} = a_{n+1} + a_n \quad \text{für} \quad n \geq 1$$

und gewissen Anfangswerten a_1, a_2. Solche Folgen wollen wir *Lucas-Folgen* nennen. Die Lucas-Folge mit $a_1 = a_2 = 1$ ist die Fibonacci-Folge. Jede Lucas-Folge lässt sich durch die Fibonacci-Folge ausdrücken, denn es gilt

$$\begin{pmatrix} a_{n+2} & a_{n+1} \\ a_{n+1} & a_n \end{pmatrix} = \begin{pmatrix} 1 & 1 \\ 1 & 0 \end{pmatrix}^n \begin{pmatrix} a_2 & a_1 \\ a_1 & a_2 - a_1 \end{pmatrix}$$

$$= \begin{pmatrix} F_{n+1} & F_n \\ F_n & F_{n-1} \end{pmatrix} \begin{pmatrix} a_2 & a_1 \\ a_1 & a_2 - a_1 \end{pmatrix},$$

also $a_{n+1} = a_1 F_{n-1} + a_2 F_n$.

Eine geometrische Folge $x, x^2, x^3, \ldots$ mit $x \neq 0$ ist genau dann eine Lucas-Folge, wenn $x^2 = x + 1$, wenn also

$$x = \alpha_1 = \frac{1 + \sqrt{5}}{2} \quad \text{oder} \quad x = \alpha_2 = \frac{1 - \sqrt{5}}{2}.$$

Es gilt dann

$$\alpha_1^{n+1} = \alpha_1 F_{n-1} + \alpha_1^2 F_n \quad \text{und} \quad \alpha_2^{n+1} = \alpha_2 F_{n-1} + \alpha_2^2 F_n$$

bzw.

$$\alpha_1 F_n + F_{n-1} = \alpha_1^n \quad \text{und} \quad \alpha_2 F_n + F_{n-1} = \alpha_2^n.$$

Daraus erhält man

$$F_n = \frac{\alpha_1^n - \alpha_2^n}{\alpha_1 - \alpha_2},$$

wegen $\alpha - \alpha_2 = \sqrt{5}$ also wieder die Formel von Binet.

Wegen $|\alpha_2| < 1$ ist α_2^n für große Werte von n gegenüber α_1^n zu vernachlässigen, so dass

$$F_n \approx \frac{1}{\sqrt{5}} \cdot \alpha_1^n \quad \text{und} \quad \frac{F_{n+1}}{F_n} \approx \alpha_1$$

gilt, wie wir oben schon gesehen haben.

Die Zahl α_1, die auch in I.9 eine Rolle gespielt hat, ist eine der aufregendsten Zahlen der Mathematik. Sie ist bekannt als das Verhältnis des *goldenen Schnitts*: Teilt der Punkt X die Strecke AB so, dass $\overline{AB} : \overline{AX} = \overline{AX} : \overline{XB}$ gilt, dann ist für $\overline{AB} = 1$ und $\overline{AX} = x$

$$x^2 = 1 \cdot (1 - x) \quad \text{bzw.} \quad x^2 + x - 1 = 0.$$

Diese quadratische Gleichung hat die positive Lösung $-\alpha_2 = \dfrac{-1 + \sqrt{5}}{2}$, es ist also

$$\overline{AB} : \overline{AX} = \overline{AX} : \overline{XB} = \frac{1}{-\alpha_2} = \alpha_1 = \frac{1 + \sqrt{5}}{2} \approx 1{,}618.$$

Über die Bedeutung des goldenen Schnitts für Kunst und Wissenschaft informiert das Buch [Beutelspacher/Petri 1988].

I.12 Aufgaben

1. Beweise mit vollständiger Induktion, dass für alle $n \in \mathbb{N}$ gilt:

a) $3 \mid n^3 + 2n$ b) $7 \mid 2^{3n} - 1$ c) $8 \mid 3^{2n} + 7$

d) $9 \mid 10^n + 3 \cdot 4^{n+2} + 5$ e) $24 \mid 5^{2n} - 1$ f) $6 \mid n^3 + 11n$

g) $5 \mid n^5 + 4n$ h) $23 \mid 852^n - 1$ i) $9 \mid 4^n + 15n - 1$

2. Beweise, dass für alle $n \in \mathbb{N}$ gilt:

a) $3 \mid 2^n + (-1)^{n+1}$ b) $27 \mid 2^{5n+1} + 5^{n+2}$

c) $42 \mid (n+1)^7 - n - 1$ d) $61 \mid 891^n - 403^n$

3. Es sei n eine ungerade natürliche Zahl, in d) sei n eine Primzahl.

Beweise: a) $n \mid \sum_{i=1}^{n} i$ b) $n^2 \mid \sum_{i=1}^{n} i^3$ c) $n^2 \mid \sum_{i=1}^{n} i^n$ d) $n^3 \nmid \sum_{i=1}^{n} i^n$

(Hinweis zu c) und d)): Betrachte die Summe über $i^n + (n-i)^n$.)

4. Beweise: a) $6 \mid n(n+1)(2n+1)$ für alle $n \in \mathbb{N}$.

b) $360 \mid n^2(n^2 - 1)(n^2 - 4)$ für alle $n \in \mathbb{N}$.

c) Für jede ungerade Zahl n gilt $24 \mid n(n^2 - 1)$.

d) $24 \mid mn(m+n)(m-n)$ für alle ungeraden $m, n \in \mathbb{Z}$.

5. a) Zeige, dass $3^{n+2} \mid 10^{3^n} - 1$ für alle $n \in \mathbb{N}$.

b) Für welche Zahlen n gilt $5 \mid n^4 - 1$?

c) Zeige, dass $n^4 + 4$ für alle $n \in \mathbb{N}$ mit $n > 1$ zusammengesetzt ist.

6. Bestimme eine Ziffer z so, dass $zzzzz^{2n+1} + 59^{2n+1}$ für jedes $n \in \mathbb{N}$ durch 671 teilbar ist.

7. a) Zeige, dass genau dann $7 \mid 10a + b$ gilt, wenn $7 \mid a - 2b$ gilt.

b) Zeige, dass genau dann $13 \mid 10a + b$ gilt, wenn $13 \mid a + 4b$ gilt.

8. Zeige: Aus $9 \mid a^2 + b^2 + c^2$ folgt, dass 9 eine der Zahlen $a^2 - b^2$, $b^2 - c^2$ oder $c^2 - a^2$ teilt.

9. Beweise folgende Behauptungen:

a) Ist p eine Primzahl > 2, dann gilt $24 \mid p^3 - p$.

b) Ist p eine Primzahl > 5, dann gilt $5 \mid p^4 - 1$.

c) Ist p eine Primzahl > 5, dann gilt $240 \mid p^4 - 1$.

d) Ist p eine Primzahl > 5, dann gilt $1920 \mid p^4 - 10p^2 + 9$.

10. a) Zeige, dass jede 6-stellige Zahl der Form $abcabc$ (also z.B. 371371) durch 7, durch 11 und durch 13 teilbar ist.

b) Zeige: Jede 8-stellige Zahl der Form $abcdabcd$ ist durch 73 und 137 teilbar.

11. Zeige: Das Quadrat einer ungeraden Zahl lässt bei Division durch 8 den Rest 1, und ihre vierte Potenz lässt bei Division durch 16 den Rest 1.

12. a) Zeige, dass $111\ldots 111$ (k Ziffern 1 mit $k \geq 2$) keine Quadratzahl ist.

b) Zeige, dass $g^4 + g^3 + g^2 + g + 1$ nur für $g = 3$ eine Quadratzahl ist.

13. a) Bestimme alle natürlichen Zahlen n, für welche $n - 9$ eine Primzahl ist und $n^2 - 1$ durch 10 teilbar ist.

b) Bestimme alle Primzahlen p, für welche $4p + 1$ eine Quadratzahl ist.

c) Bestimme alle Primzahlen p, für welche $2p + 1$ eine Kubikzahl ist.

14. Zeige, dass die Summe zweier Kubikzahlen i.Allg. keine Primzahl ist.

15. Es sei $n! = 1 \cdot 2 \cdot 3 \cdot \ldots \cdot n$ für $n \in \mathbb{N}$.

a) Zeige, dass $a!b! \mid (a + b)!$ für alle $a, b \in \mathbb{N}$.

b) Zeige: Das Produkt von n aufeinanderfolgenden Zahlen ist durch $n!$ teilbar.

16. a) Bestimme alle $n, k \in \mathbb{N}$ mit $(n - 1)! = n^k - 1$.

b) Zeige, dass $n!$ für $n > 1$ nicht k-te Potenz einer natürlichen Zahl ist ($k > 1$).

17. Zeige, dass eine natürliche Zahl $n > 1$ genau dann als Summe von (zwei oder mehr) aufeinanderfolgenden ganzen Zahlen geschrieben werden kann, wenn sie keine Zweierpotenz ist.

18. Zeige, dass $2^n + 1$ ($n \in \mathbb{N}$) nicht fünfte Potenz einer natürlichen Zahl ist.

19. Beweise:

a) Die Summe zweier ungerader Quadratzahlen kann keine Quadratzahl sein.

b) Das Produkt von vier aufeinanderfolgen natürlichen Zahlen ist stets um 1 kleiner als eine Quadratzahl.

c) Ist u ungerades ein Quadrat, dann ist die Teilersumme von u ungerade.

d) Die Summe von fünf aufeinanderfolgenden Quadraten ist kein Quadrat.

20. a) Zeige, dass eine natürliche Zahl mit 10 *verschiedenen* Primfaktoren und insgesamt 20 Primfaktoren mindestens 6144 Teiler besitzt.

b) Bestimme alle Vielfachen von 12 mit genau zwei verschiedenen Primteilern und genau 14 Teilern.

c) Die natürliche Zahl a besitze genau zwei verschiedene Primteiler und es sei $\tau(a^2) = 81$. Berechne $\tau(a^3)$.

d) Bestimme alle $a \in \mathbb{N}$ mit $2 \cdot \tau(a) = a$.

21. a) Zeige: Ist $\tau(n)$ die Anzahl der Teiler von n ($n \in \mathbb{N}$), dann ist $\sqrt{n^{\tau(n)}}$ das Produkt der Teiler von n.

b) Bestimme alle natürlichen Zahlen n, die durch das Produkt ihrer echten Teiler teilbar sind. (Ist $d \mid n$ und $d < n$, dann heißt d *echter* Teiler von n.)

22. a) Es sei $P = p_1 p_2 \ldots p_n$ das Produkt der ersten n Primzahlen. Beweise: Ist $P = d \cdot d'$ mit $1 < d' - d < (p_n + 2)^2$, dann ist $d' - d$ eine Primzahl, die größer als p_n ist.

b) Es seien $p_1, p_2, \ldots, p_n$ verschiedene Primzahlen. Zeige, dass die Anzahl der natürlichen Zahlen $\leq N$, die sich als Produkt von Potenzen dieser Primzahlen schreiben lassen, höchstens gleich

$$\prod_{i=1}^{n}\left(1+\frac{\log N}{\log p_i}\right)$$

ist. Leite daraus her, dass es unendlich viele Primzahlen gibt.

23. a) Zeige, dass für alle $k \in \mathbb{N}$ mit $k \geq 3$ gilt:

$$\prod_{p\leq 2k+1} p \leq \binom{2k+1}{k}\cdot\prod_{p\leq k}p.$$

b) Leite aus a) die Beziehung $\prod\limits_{p\leq n} p < 4^n$ her.

24. a) Führe das Siebverfahren des Eratosthenes mit $N = 100$ für die ungeraden Zahlen durch und führe dann dasselbe Verfahren „rückwärts" durch, d.h., markiere $N-3$ und streiche rückwärts jede dritte Zahl usw. Lies dann aus dem Sieb alle Darstellungen von 100 als Summe von zwei Primzahlen ab.

b) Stelle die geraden Zahlen von 6 bis 30 als Summe von zwei Primzahlen dar; gib jeweils alle Möglichkeiten an.

Bemerkung: Die *goldbachsche Vermutung* (nach Christian Goldbach, 1690–1764) besagt, dass jede gerade Zahl ≥ 6 als Summe von zwei ungeraden Primzahlen darzustellen ist; die Vermutung ist bis heute weder bewiesen noch widerlegt. Die goldbachsche Vermutung weist viele Ähnlichkeiten mit der Primzahlzwillingsvermutung auf; vgl. I.2, VII.5, VIII.4 und IX.4.

25. a) Zeige, dass sich jede ungerade Zahl $n \geq 3$ als Differenz von zwei aufeinanderfolgenden Quadratzahlen darstellen lässt.

b) Bestimme alle Darstellungen der Zahlen 15, 19, 27 als Differenz von zwei (nicht notwendigerweise aufeinanderfolgenden) Quadratzahlen.

c) Zeige: Jede Kubikzahl ist Differenz zweier Quadratzahlen.

d) Zeige, dass eine ungerade Zahl $n \geq 3$ genau dann Primzahl ist, wenn sie *nur eine* Darstellung als Differenz von zwei Quadratzahlen besitzt.

e) Es sei $n \in \mathbb{N}$. Wie viele Paare (a,b) mit $a, b \in \mathbb{N}_0$ und $n = a^2 - b^2$ gibt es? (Unterscheide die Fälle, dass n ungerade bzw. gerade ist.)

f) Zeige, dass die Anzahl der Paare $(x,y) \in \mathbb{N}^2$ mit $x^2 - a^2 = y(y+1)$ gleich $\frac{1}{2}\cdot\tau(4a^2-1)-1$ ist, wobei $\tau(n)$ die Anzahl der Teiler von n bedeutet.

26. Es sei $ab = cd$ ($a, b, c, d \in \mathbb{N}$). Zeige, dass $a^k + b^k + c^k + d^k$ für kein $k \in \mathbb{N}$ eine Primzahl ist.

27. Zeige, dass alle Zahlen der Folge

$$a_1 = 10001,\ a_2 = 100010001,\ a_3 = 1000100010001, \ldots,$$

allgemein $a_n = 1 + 10^4 + 10^8 + \ldots + 10^{4n}$, zusammengesetzt sind.

28. a) Zerlege $8\,633$ und $1\,126\,481$ mit der Methode von Fermat in Faktoren.

b) Zeige, dass $4^{2n+1} + (2n+1)^4$ $(n \in \mathbb{N})$ keine Primzahl ist.

29. Zeige, dass für $n > 1$ die Summe $\sum_{k=1}^{n} \frac{1}{k}$ keine ganze Zahl ist.

30. Beweise die Divergenz der Reihe $\sum_{p} \frac{1}{p}$ (Summation über alle Primzahlen p)

anhand folgender Überlegung: Wäre die Reihe konvergent, so gäbe es ein $k \in \mathbb{N}$

mit $\sum_{i=k+1}^{\infty} \frac{1}{p_i} < \frac{1}{2}$. Setze $P := p_1 p_2 \ldots p_k$ und zeige, dass für alle $r \geq 1$ gilt:

$$\sum_{n=1}^{r} \frac{1}{nP-1} \leq \sum_{j=1}^{\infty} \left(\sum_{i=k+1}^{\infty} \frac{1}{p_i} \right)^j.$$

Leite daraus einen Widerspruch her.

31. a) Auf wie viele Nullen enden die Zahlen $a = 1991!$ und $b = \binom{2000}{18}$?

b) Zeige, dass $7 \nmid \binom{82}{12}$ und $7^6 \mid \binom{82}{36}$.

32. Beweise mit Hilfe der Formel von Legendre (I.4):

a) Gilt $rs = n$ für $r, s \in \mathbb{N}$, dann gilt $(r!)^s \mid n!$.

b) Für kein $n \in \mathbb{N}$ enthält $n!$ den Primfaktor 3 genau 7 mal.

c) Es gibt genau 5 natürliche Zahlen n, für welche $n!$ den Primfaktor 5 genau 31 mal enthält.

d) Für alle $k, n \in \mathbb{N}$ gilt $(n!)^k \mid (kn)!$.

e) Für jedes $n \in \mathbb{N}$ gilt $(n!)^{n+1} \mid (n^2)!$.

f) Für eine natürliche Zahl n und eine Primzahl p enthalten die Zahlen

$$((n-1)!)^p n^{p-1} \quad \text{und} \quad (pn-1)!$$

genau dann gleich oft den Primfaktor p, wenn n eine Potenz von p ist.

g) Für eine natürliche Zahl n und eine Primzahl p gilt genau dann $p \nmid \binom{n}{k}$ für

alle k mit $0 \leq k \leq n$, wenn $n = ap^s + p^s - 1$ mit $0 \leq a < p$ und $s \geq 0$.

33. a) Zeige, dass der Binomialkoeffzient $\binom{2k}{k}$ mindestens $\left\lceil \frac{k \log 2}{\log 2k} \right\rceil$ verschiedene Primfaktoren enthält.

b) Beweise mit Hilfe der Aussage aus a), dass $\liminf\limits_{x \to \infty} \dfrac{\pi(x)}{\frac{x}{\log x}} \geq \dfrac{\log 2}{2}$.

34. Zeige, dass eine Summe von reduzierten echten Brüchen mit paarweise teilerfremden Nennern keine ganze Zahl ist.

35. Beweise:

a) $\mathrm{ggT}(ac, bc) = c \cdot \mathrm{ggT}(a, b)$ für $c \in \mathbb{N}_0$, $a, b \in \mathbb{Z}$.

b) Ist $d = \mathrm{ggT}(a, b)$, dann sind $\frac{a}{d}$ und $\frac{b}{d}$ teilerfremd.

c) Aus $a|c$ und $b|c$ und $\mathrm{ggT}(a,b) = 1$ folgt $ab|c$.

36. Im Folgenden seien $a, b, c, \ldots$ Variable für Zahlen aus $\mathbb{N}$. Zeige:

a) Aus $\mathrm{ggT}(a,b,c) = 1$ und $\mathrm{ggT}(a,b) = d$, $\mathrm{ggT}(a,c) = f$ folgt $\mathrm{ggT}(a,bc) = df$.

b) Ist $ab = cd$ und $\mathrm{ggT}(a,c) = 1$, dann ist $\mathrm{kgV}(b,d) = ab \ (= cd)$.

37. Es sei $m, n \in \mathbb{N}$ und $\mathrm{ggT}(m,n) = 1$. Beweise:

a) $\{uv \mid u \in T_m, \ v \in T_n\} = T_{mn}$.

b) $\mathrm{ggT}(a,m) \cdot \mathrm{ggT}(a,n) = \mathrm{ggT}(a,mn)$ für alle $a \in \mathbb{N}$.

38. a) Ist $a|n$ und $b|n$ $(a,b,n \in \mathbb{N})$, dann gilt $\mathrm{ggT}(a,b) \cdot \mathrm{kgV}(\frac{n}{a}, \frac{n}{b}) = n$.

b) Für alle $a, b, c \in \mathbb{N}$ gilt

$$\mathrm{ggT}(\mathrm{kgV}(a,b), \mathrm{kgV}(a,c), \mathrm{kgV}(b,c))$$
$$= \mathrm{kgV}(\mathrm{ggT}(a,b), \mathrm{ggT}(a,c), \mathrm{ggT}(b,c)).$$

c) Für alle $a, b, c, d \in \mathbb{N}$ gilt $\mathrm{kgV}(ac, ad, bc, bd) = \mathrm{kgV}(a,b) \cdot \mathrm{kgV}(c,d)$.

39. Beweise: a) Ist $\mathrm{ggT}(a,b) = 1$, dann gilt $\mathrm{ggT}(a+b, a-b) \in \{1,2\}$ und $\mathrm{ggT}(a+b, a^2 - ab + b^2) \in \{1,3\}$.

b) Ist $\mathrm{ggT}(a,b) = 1$ und ist $a^2 - b^2$ ein Quadrat, dann sind $a+b$ und $a-b$ beides Quadrate oder beides das Doppelte von Quadraten.

c) Ist m ungerade, dann gilt $\mathrm{ggT}(2^m - 1, 2^n + 1) = 1$ für alle $n \in \mathbb{N}$.

d) Es gilt $\mathrm{ggT}(n! + 1, (n+1)! + 1) = 1$ für alle $n \in \mathbb{N}$.

40. Beweise: Gilt $a^k = b^m$ und $\mathrm{ggT}(k,m) = 1$ $(a,b,k,m \in \mathbb{N})$, dann existiert ein $n \in \mathbb{N}$ mit $a = n^m$ und $b = n^k$.

41. a) Zeige, dass für $a, b \in \mathbb{N}$ mit $\mathrm{ggT}(a,b) = 1$ jedes $n \in \mathbb{N}$ mit $n > ab$ in der Form $n = ax + by$ mit $x, y \in \mathbb{N}$ dargestellt werden kann.

b) Zeige, dass für $a_1, a_2, \ldots, a_k \in \mathbb{N}$ mit $\mathrm{ggT}(a_1, a_2, \ldots, a_k) = 1$ jede hinreichend große natürliche Zahl n in der Form $n = \sum_{i=1}^{k} x_i a_i$ mit $x_1, x_2, \ldots, x_n \in \mathbb{N}$ dargestellt werden kann.

42. Es seien m, n und a natürliche Zahlen; dabei sei $a > 1$.

a) Zeige: $\mathrm{ggT}(a^m - 1, a^n - 1) = a^{\mathrm{ggT}(m,n)} - 1$.

b) Zeige: Für $m \neq n$ ist $\mathrm{ggT}(a^{2^m} + 1, a^{2^n} + 1) = 1$ oder 2, je nachdem, ob a gerade oder ungerade ist.

c) Beweise mit b), dass es unendlich viele Primzahlen gibt.

43. Zeige, dass $m + n \leq \mathrm{ggT}(m,n) + \mathrm{kgV}(m,n)$ für alle $m, n \in \mathbb{N}$. Für welche m, n gilt das Gleichheitszeichen?

44. Bestimme alle $m, n \in \mathbb{N}$, für welche $m + n \mid mn$ gilt.

45. Für $a, b \in \mathbb{N}$ heißt a *genauer Teiler* von b, wenn $a|b$ und a zum Komplementärteiler $\dfrac{b}{a}$ teilerfremd ist. Man schreibt dann $a \| b$.

a) Bestimme alle genauen Teiler von 180.

b) Beweise die folgenden Regeln:

  (1) $a\|a$ für alle $a \in \mathbb{N}$

  (2)   aus $a\|b$ und $b\|a$ folgt $a = b$

  (3)   aus $a\|b$ und $b\|c$ folgt $a\|c$

c) Beweise: Gilt $a^2 x - by = a$ und $\mathrm{ggT}(a, y) = 1$, so ist $a\|b$.

d) Es sei $*(a, b)$ der größte Teiler von a, der genauer Teiler von b ist. Zeige, dass i. Allg. $*(a, b) \neq *(b, a)$.

46. Beweise, dass folgende Zahlen irrational sind:

a) $\sqrt[3]{2 + \sqrt[4]{7}}$ b) $\sqrt{3} + \sqrt[3]{2}$ c) $1 + \sqrt{2 + \sqrt[3]{7}}$

47. Verwandle $1 + \dfrac{1}{2 + \dfrac{3}{5 + \dfrac{2}{7 + \dfrac{5}{8}}}}$ in einen gewöhnlichen Kettenbruch.

48. Bestimme Brüche $\dfrac{p}{q}$ und $\dfrac{r}{s}$ mit möglichst kleinen Nennern, so dass gilt:

$$\frac{p}{q} < \alpha < \frac{r}{s} \quad \text{und} \quad \left| \frac{r}{s} - \frac{q}{q} \right| < 10^{-3}.$$

a) $\alpha = \dfrac{1735}{341}$ b) $\alpha = \dfrac{57313}{112771}$ c) $\alpha = 3 + \sqrt{2}$ d) $\alpha = 2 + 3\sqrt{11}$

49. Gib für folgende Quadratwurzeln die Kettenbruchentwicklungen an:

$$\sqrt{12}, \ \sqrt{15}, \ \sqrt{17}, \ \sqrt{18}, \ \sqrt{20}, \ \sqrt{24}.$$

50. Für $a, b \in \mathbb{N}$ ist $\sqrt{a^2 + b} = a + \dfrac{b}{a + \sqrt{a^2 + b}}$, also

$$\sqrt{a^2 + b} = a + \cfrac{b}{2a + \cfrac{b}{2a + \cfrac{b}{2a + \frac{b}{\ddots}}}}$$

Dies ist ein *verallgemeinerter* Kettenbruch; für $b = 1$ ergibt sich ein *gewöhnlicher* Kettenbruch. Gib für $\sqrt{7}$, $\sqrt{13}$, $\sqrt{14}$, $\sqrt{19}$ verallgemeinerte Kettenbrüche an.

51. Bestimme die Kettenbruchentwicklung von $\sqrt{31}$.

52. Es seien $\dfrac{a}{b}$, $\dfrac{c}{d}$ gekürzte Brüche zwischen 0 und 1, ferner $r = \dfrac{1}{2b^2}$, $s = \dfrac{1}{2d^2}$.

Mit K_r bzw. K_s bezeichnen wir den Kreis um $\left(\dfrac{a}{b}; r\right)$ mit dem Radius r bzw. um $\left(\dfrac{c}{d}; s\right)$ mit dem Radius s. Zeige, dass sich K_r und K_s genau dann berühren, wenn $\dfrac{a}{b}$ und $\dfrac{c}{d}$ benachbarte Brüche einer Farey-Folge $\mathcal{F}_n$ mit geeignetem n

sind. Zeige, dass andernfalls die Kreise keinen gemeinsamen Punkt haben (vgl. [Rieger 1976]). Folgende Figur veranschaulicht den Sachverhalt für $n = 5$. Die Kreise über $\frac{1}{2}$ und $\frac{1}{3}$ berühren sich, denn diese Brüche sind Nachbarn in $\mathcal{F}_4$.

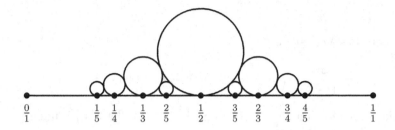

53. Beweise: Keine Fibonacci-Zahl lässt bei Division durch 8 den Rest 4.

54. Beweise, dass für jedes $n \in \mathbb{N}$ unter den ersten n^2 Fibonacci-Zahlen mindestens eine existiert, die durch n teilbar ist.

55. Beweise folgenden Zusammenhang zwischen den Fibonacci-Zahlen und den Binomialkoeffizienten:

$$F_{n+1} = \sum_{i=0}^{n} \binom{n-i}{i} \quad \text{mit} \quad \binom{u}{v} = 0 \text{ für } u < v$$

56. Zerschneidet man wie in folgender Figur ein Quadrat mit der Kantenlänge F_{2k} in zwei Dreiecke und zwei Vierecke und versucht, daraus ein Rechteck zusammenzusetzen, dann „fehlt" in diesem Rechteck ein (sehr schmales) Parallelogramm vom Flächeninhalt 1. Zeige, dass dieses Parallelogramm die Höhe $\dfrac{1}{\sqrt{F_{2k}^2 + F_{2k-2}^2}}$ besitzt. (Vgl. die folgende Figur.)

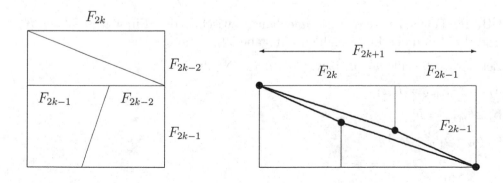

57. Beim *goldenen Schnitt* wird eine Strecke AB so durch einen Punkt T geteilt, dass $\overline{AB} : \overline{AT} = \overline{AT} : \overline{BT}$ gilt. Mit $\overline{AB} = 1$ und $\overline{AT} = x$ gilt also $\dfrac{1}{x} = \dfrac{x}{1-x}$.

$$
\begin{array}{ccc}
A & T & B \\
\vdash\!\!\!\!-\!\!\!-\!\!\!-\!\!\!-\!\!\!-\!\!\!-\!\!\!-\!\!\!-\!\!\!-\!\!\!+\!\!\!-\!\!\!-\!\!\!-\!\!\!-\!\!\!\dashv \\
x & & 1-x
\end{array}
$$

Approximiere das Verhältnis

$$
\alpha = \frac{x}{1-x} \quad \left(= \frac{1}{x} = \text{große Strecke : kleine Strecke} \right)
$$

durch Brüche, deren Nenner der Reihe nach nicht größer als 10, nicht größer als 50 bzw. nicht größer als 100 ist.

58. Die Folge $\{a_n\}$ reeller Zahlen sei definiert durch

$$
a_{n+1} = \sqrt{1 + a_n} \quad \text{für } n \in \mathbb{N}_0
$$

und einen beliebigen Startwert $a_0 > -1$, ferner sei $\alpha = \dfrac{1 + \sqrt{5}}{2}$ die Verhältniszahl des goldenen Schnitts. Zeige, dass $\lim\limits_{n \to \infty} a_n = \alpha$. Unterscheide dabei die Fälle $a_0 < \alpha$, $a_0 = \alpha$, $a_0 > \alpha$.

59. Die Folge der Lucas-Zahlen L_n ist definiert durch

$$
\begin{pmatrix} L_{n+2} & L_{n+1} \\ L_{n+1} & L_n \end{pmatrix} = \begin{pmatrix} 1 & 1 \\ 1 & 0 \end{pmatrix}^n \begin{pmatrix} 3 & 1 \\ 1 & 2 \end{pmatrix} \quad (n \in \mathbb{N}).
$$

a) Bestimme L_n für $1 \leq n \leq 10$.

b) Zeige, dass $L_n L_{n+2} - L_{n+1}^2 = (-1)^n \cdot 5$ für alle $n \in \mathbb{N}$.

c) Zeige, dass zwei aufeinanderfolgende Lucas-Zahlen teilerfremd sind.

d) Zeige, dass

$$
L_n = \left(\frac{1 + \sqrt{5}}{2} \right)^n + \left(\frac{1 - \sqrt{5}}{2} \right)^n .
$$

60. Im Folgenden sind Zusammenhänge zwischen den Fibonacci-Zahlen F_n (vgl. I.11) und den Lucas-Zahlen (Aufgabe 59) zu untersuchen.

Zeige, dass für alle $n \in \mathbb{N}$ bzw. alle $m, n \in \mathbb{N}$ gilt:

a) $F_n + F_{n+2} = L_{n+1}$.

b) $2F_{m+n} = F_m L_n + F_n L_m$.

c) $L_n^2 - 5F_n^2 = (-1)^n \cdot 4$.

I.13 Lösungen der Aufgaben

1. Zum Nachweis von $d|a_n$ zeigt man $d|a_1$ und $d|a_{n+1} - a_n$.

2. a) Für $a_n = 2^n + (-1)^{n+1}$ gilt $3|a_1$, $3|a_2$ und $a_{n+1} - a_n = 2a_{n-1}$.

b) Es ist $a_n = 2^{5n+1} + 5^{n+2} = 2 \cdot (27 + 5)^n + 25 \cdot 5^n$ und $27|2 \cdot 5^n + 25 \cdot 5^n$.

c) $a_n = (n + 1)^7 - (n + 1)$; $a_1 = 126 = 42 \cdot 3$;
$a_n - a_{n-1} = 7 \cdot ((n^6 + n) + 3 \cdot (n^5 + n^2) + 5 \cdot (n^4 + n^3))$;
$n^6 + n$, $n^5 + n^2$, $n^4 + n^3$ sind durch 2 teilbar; ferner ist 3 ein Teiler von
$(n^6 + n) - (n^4 + n^3) = n(n^2 - 1)(n^3 - 1) = (n - 1)n(n + 1)(n^3 - 1)$.

d) $891^n - 403^n = (14 \cdot 61 + 37)^n - (6 \cdot 61 + 37)^n$

3. a) Die Summe hat den Wert $n \cdot \dfrac{n + 1}{2}$, und $\dfrac{n + 1}{2}$ ist ganz.

b) Es gilt $2 \sum\limits_{i=0}^{n} i^3 = \sum\limits_{i=0}^{n} (i^3 + (n - i)^3) = n^2 \sum\limits_{i=0}^{n} (n - 3i) + 3n \sum\limits_{i=0}^{n} i^2$;

ferner ist $2 \sum\limits_{i=0}^{n} i^2 = \sum\limits_{i=0}^{n} (i^2 + (n - i)^2) = n \sum\limits_{i=0}^{n} (n - 2i)$;

es gilt also stets $n^2 | 4 \sum\limits_{i=0}^{n} i^3$, woraus für $2 \nmid n$ die Behauptung folgt.

c) Für $j \leq n - 2$ ist jeder Summand in

$$2 \sum_{i=0}^{n} i^n = \sum_{i=0}^{n} (i^n + (n - i)^n) = \sum_{i=0}^{n} \sum_{j=0}^{n-1} (-1)^j \binom{n}{j} n^{n-j} i^j$$

durch n^2 teilbar, aber auch jeder Summand mit $j = n - 1$, denn dieser ist $n^2 i^{n-1}$.

d) Ist n eine Primzahl, dann ist $\binom{n}{j}$ für $1 \leq j \leq n - 1$ durch n teilbar, also ist $\binom{n}{j} n^{n-j} i^j$ für $0 \leq j \leq n - 2$ durch n^3, für $j = n - 1$ aber nur durch n^2 teilbar.

4. a) Für $a_n = n(n + 1)(2n + 1)$ gilt $6|a_1$ und $a_{n+1} - a_n = 6n(n + 1)$.

b) Es ist $a_n = n^2(n^2 - 1)(n^2 - 4) = (n - 2)(n - 1)n^2(n + 1)(n + 2)$. Von fünf aufeinanderfolgenden Zahlen ist eine durch 4 und mindestens eine weitere durch 2 teilbar, also $2^3|a_n$. Ist $3|n$, dann ist $3^2|a_n$; ist $3 \nmid n$, dann sind zwei der Zahlen $n - 2$, $n - 1$, $n + 1$, $n + 2$ durch 3 teilbar, also ist ebenfalls $3^2|a_n$. Von fünf aufeinanderfolgenden Zahlen ist genau eine durch 5 teilbar, also gilt $5|a_n$.

c) $n(n^2 - 1) = (n - 1)n(n + 1)$; von drei aufeinanderfolgenden Zahlen ist mindestens eine durch 3 teilbar; da n ungerade ist, sind $n - 1$ und $n + 1$ gerade, und von zwei aufeinanderfolgenden geraden Zahlen ist mindestens eine durch 4 teilbar. Also ist $3|n(n^2 - 1)$ und $8|n(n^2 - 1)$.

d) Das Quadrat einer ungeraden Zahl lässt bei Division durch 8 den Rest 1, also ist $(m + n)(m - n) = m^2 - n^2$ durch 8 teilbar. Ist weder m noch n durch 3 teilbar, dann lassen m^2 und n^2 bei Division durch 3 den Rest 1, also ist $m^2 - n^2$ durch 3 teilbar.

5. a) Vollständige Induktion mit $10^{3^{n+1}} - 1 = (10^{3^n} - 1)(1 + 10^{3^n} + 10^{2 \cdot 3^n})$

b) Für alle n mit $5 \nmid n$, denn $1^4, 2^4, 3^4, 4^4$ haben bei Division durch 5 den Rest 1.

c) $n^4 + 4 = (n^2 + 2)^2 - (2n)^2 = (n^2 + 2 + 2n)(n^2 + 2 - 2n)$ mit $n^2 + 2 - 2n = (n-1)^2 + 1 > 1$ für $n > 1$.

6. Wegen $671 = 11 \cdot 61$ untersuchen wir die Teilbarkeit durch 11 und 61.
Dabei beachten wir, dass aus $d|a - b$ auch $d|a^k - b^k$ folgt.
Es ist $zzzzz = z \cdot 11111 = z \cdot (11 \cdot 1010 + 1)$, also $11 \mid (zzzzz^{2n+1} - z^{2n+1})$;
ferner ist $59 = 11 \cdot 5 + 4$, also $11 \mid (59^{2n+1} - 4^{2n+1})$; daher gilt

$$11 \mid (zzzzz^{2n+1} + 59^{2n+1}) \iff 11 \mid (z^{2n+1} + 4^{2n+1}) \iff 11 \mid ((z-11)^{2n+1} + 4^{2n+1}).$$

Die letzte Bedingung ist z.B. für $z = 7$ erfüllt.
Es ist $zzzzz = z \cdot 11111 = z \cdot (61 \cdot 182 + 9)$, also $61 \mid (zzzzz^{2n+1} - (9z)^{2n+1})$.
Wegen $59 = 61 - 2$ ist $61 \mid (59^{2n+1} - (-2)^{2n+1})$; also ist

$$61 \mid (zzzzz^{2n+1} + 59^{2n+1}) \iff 61 \mid ((9z)^{2n+1} + (-2)^{2n+1}).$$

Mit $z = 7$ ist die letzte Bedingung erfüllt, denn $9 \cdot 7 = 63 = 61 + 2$ und $61 \mid (63^{2n+1} - 2^{2n+1})$. Es ergibt sich also $z = 7$.

7. a) $(10a + b) + 4(a - 2b) = 7(2a - b)$ b) $(10a + b) + 3(a + 4b) = 13 \cdot (a + b)$

8. Eine Quadratzahl lässt bei Division durch 9 den Rest 0,1,4 oder 7. Abgesehen von der Reihenfolge müssen die Reste von a^2, b^2, c^2 wegen $9 \mid a^2 + b^2 + c^2$ also 0,0,0 oder 1,4,4 oder 1,1,7 oder 4,7,7 sein.

9. a) Beachte $p^3 - p = (p - 1)p(p + 1)$ und $p = 4k + 1$ oder $p = 4k - 1$.

b) $1^4, 2^4, 3^4, 4^4$ sind von der Form $5n + 1$.

c) $p^4 - 1 = (p^2 - 1)(p^2 + 1)$; $24|p^2 - 1$ nach a); $2|p^2 + 1$; $5|p^4 - 1$ nach b).

d) $p^4 - 10p^2 + 9 = (p^2 - 1)(p^2 - 9)$; $1920 = 2^7 \cdot 3 \cdot 5$;
$2^3 \cdot 3 \mid p^2 - 1$ und $2^3 \mid p^2 - 9$; $2^4 \nmid p^2 - 1 \Rightarrow 2^4 \mid p^2 - 9$
$5|p^2 - 1$ oder $5|p^2 - 4 \Rightarrow 5|p^2 - 1$ oder $5|p^2 - 9$

10. a) $abcabc = abc \cdot 1001$ und $1001 = 7 \cdot 11 \cdot 13$.

b) $abcdabcd = abcd \cdot 10001$ und $10001 = 73 \cdot 137$.

11. $(2n + 1)^2 = 4n(n + 1) + 1$ und $2|n(n + 1)$;
$(2n + 1)^4 = (8k + 1)^2 = 16k(4k + 1) + 1$ (mit $k = \frac{n(n+1)}{2}$).

12. a) Wäre $111\ldots111 = \dfrac{10^k - 1}{9}$ eine Quadratzahl, so wäre auch $10^k - 1$ eine solche, also von der Form $4n + 1$. Es wäre $10^k = 4n + 2$, was aber wegen $4|10^k$ nicht möglich ist. (Man kann den Beweis auch durch Betrachtung der Ziffern führen: Keine auf 11 endende Zahl kann ein Quadrat sein.)

b) Aus $(a_2 g^2 + a_1 g + a_0)^2 = g^4 + g^3 + g^2 + g + 1$ folgt $a_2 = 1$, $a_1 = 0$, mit $a_0 = x$ also $(g^2 + x)^2 = g^4 + g^3 + g^2 + g + 1$. Also ist $2x = x^2 = g + 1$ und somit $x = 2$, also $g = 3$. (Es ist $3^4 + 3^3 + 3^2 + 3 + 1 = 121 = 11^2$.)

13. a) Ist $n - 9 = p$ (Primzahl) und $10|((9 + p)^2 - 1)$, so ist 10 ein Teiler von $80 + 18p + p^2$ und damit $10|(p^2 - 2p)$ bzw. $10|(p - 1)^2 - 1$. Aus $2|(p - 1)^2 - 1$ folgt $p = 2$ und damit $n = 11$.

b) Aus $4p + 1 = (2n + 1)^2 = 8 \cdot \dfrac{n(n + 1)}{2} + 1$ folgt $2|p$, also $p = 2$.

c) Aus $2p + 1 = (2n + 1)^3 = 2 \cdot n \cdot (4n^2 + 6n + 3) + 1$ folgt $n = 1$, also $p = 13$.

14. $a^3 + b^3 = (a + b)(a^2 - ab + b^2)$ ist nur dann eine Primzahl, wenn $a^2 - ab + b^2 = 1$, also wenn $(a - b)^2 = 1 - ab$. Wegen $(a - b)^2 \geq 0$ muss dann $ab = 1$ und damit $a = b = 1$ sein.

15. a) Kennt man die kombinatorische Bedeutung der Binomialkoeffizienten, dann ist nichts zu beweisen. Andernfalls benutze man die Formel von Legendre (I.4); die Behauptung ergibt sich dann aus $s_p(a + b) \leq s_p(a) + s_p(b)$ (Ziffernübertragung beim Addieren!).

b) $(k + 1) \cdot (k + 2) \cdot \ldots \cdot (k + n) = \dfrac{(k + n)!}{k!}$ ist nach a) durch $n!$ teilbar.

16. a) Außer $n = 2$, $k = 1$ gibt es keine Lösung mit geradem n. Für ungerades $n > 5$ gilt $n - 1|(n - 2)!$, es muss also $(n - 1)^2|n^k - 1$ gelten; dies ist wegen $n^k - 1 = ((n - 1) + 1)^k - 1$ genau dann der Fall, wenn $n - 1|k$. Wegen $n^{n-1} - 1 > (n - 1)!$ ist dies aber nicht möglich. Also muss $n \leq 5$ sein. Es ergeben sich die Lösungen $(n, k) = (2, 1), (3, 1), (5, 2)$.

b) Es gibt eine Primzahl p mit $\dfrac{n}{2} < p \leq n$ (falls $n \geq 4$; vgl. I.4 Satz 8), also $p|n!$ und $p^2 \nmid n!$.

17. 1) Es sei $n > 1$ keine Zweierpotenz und d ein ungerader Teiler > 1 von n. Dann ist $n - \dfrac{d(d + 1)}{2} = kd$ mit $k \in \mathbb{Z}$, also $n = kd + (1 + 2 + \ldots + d) = (k + 1) + (k + 2) + \ldots + (k + d)$. Ist $k < 0$, dann heben sich dabei die negativen Summanden gegen die entsprechenden ersten positiven Summanden auf; wegen $n > 1$ bleiben dabei aber positive Summanden übrig. Es bleiben mindestens *zwei* positive Summanden übrig, denn aus $n = k + d$ folgt $k + d - \dfrac{d(d + 1)}{2} = kd$ und daraus $2k + d = 0$, was wegen $2 \nmid d$ nicht möglich ist.

2) Ist $kd + \dfrac{d(d + 1)}{2} = 2^r$, dann ist d gerade, denn bei ungeradem d folgt $d|2^r$. Ist d durch 2^s, aber nicht durch 2^{s+1} teilbar, dann ist kd durch 2^s teilbar, $\dfrac{d(d + 1)}{2}$ aber nicht, im Widerspruch zu $2^s|2^r$.

18. Aus $2^n + 1 = u^5$ mit ungeradem u folgt $2^n = (u - 1)(u^4 + u^3 + u^2 + u + 1)$. Beide Faktoren müssen Potenzen von 2 sein, was aber für den zweiten Faktor nicht möglich ist, da er eine Summe von fünf ungeraden Zahlen ist.

19. a) Jede ungerade Quadratzahl hat die Form $4n + 1$, die Summe zweier solcher Quadrate hat also die Form $4n + 2$; eine gerade Quadratzahl hat aber die Form $4n$.

b) $n(n + 1)(n + 2)(n + 3) + 1 = (n^2 + 3n + 1)^2$.

c) Ist u eine Quadratzahl, dann ist die Teileranzahl $\tau(u)$ ungerade (vgl. I.3). Die Teiler von u sind ungerade, und die Summe von ungerade vielen ungeraden Zahlen ist ungerade.

d) Gerade Quadratzahlen sind von der Form $4n$, ungerade von der Form $4n+1$. Eine Summe von fünf aufeinanderfolgenden Quadratzahlen lässt bei Division durch 4 also den Rest 2 oder den Rest 3 und ist daher keine Quadratzahl.

20. a) Die Exponenten in der kanonischen Primfaktorzerlegung der Zahl seien $\alpha_1, \alpha_2, \ldots, \alpha_{10}$ mit $\alpha_1 + \alpha_2 + \ldots + \alpha_{10} = 20$. Der kleinste Wert, den das Produkt $(\alpha_1 + 1)(\alpha_2 + 1) \ldots (\alpha_{10} + 1)$ dann annehmen kann, ist $2^9 \cdot 12 = 6144$.

b) Man bestimme $2^\alpha 3^\beta$ mit $\alpha \geq 2$, $\beta \geq 1$ und $(\alpha + 1)(\beta + 1) = 14$, also $\alpha = 6$, $\beta = 1$; einziges Vielfaches ist also $2^6 \cdot 3 = 192$.

c) Es ist $a = p^\alpha q^\beta$ mit $\alpha, \beta \geq 1$ und $(2\alpha+1)(2\beta+1) = 81$. Dann ist $\alpha = 1$, $\beta = 13$ oder $\alpha = 4$, $\beta = 4$ oder $\alpha = 13$, $\beta = 1$. Also ist $\tau(a^3) = 4 \cdot 40 = 160$ bzw. $\tau(a^3) = 13 \cdot 13 = 169$.

d) Aus $\tau(a) \leq 2\sqrt{a}$ folgt $a \leq 4\sqrt{a}$, also $a \leq 16$. Man findet $a = 8$ und $a = 12$.

21. a) Im Produkt aller Teiler von n fasse man jeden Teiler mit seinem Komplementärteiler zusammen und beachte, ob n Quadratzahl ist oder nicht.

b) Aus $n^{\tau(n)-2} | n^2$ (vgl. a)) folgt $\tau(n) \in \{2, 3, 4\}$. Daher ist n von der Form p, p^2, p^3 (p Primzahl) oder pq (p, q Primzahlen).

22. a) Es ist $p_j \nmid (d' - d)$, weil genau eine der beiden Zahlen d', d durch p_j teilbar ist ($j = 1, 2, \ldots, n$). Also ist $d' - d > p_n$. Ist $d' - d$ zusammengesetzt, dann muss also $d' - d \geq (p_n + 2) \cdot (p_n + 2)$ gelten, was der Voraussetzung widerspricht.

b) Aus $\prod_{i=1}^{n} p_i^{\alpha_i} \leq N$ folgt $\sum_{i=1}^{n} \alpha_i \log p_i \leq \log N$ und daraus $\alpha_i \leq \dfrac{\log N}{\log p_i}$ für $i = 1, 2, \ldots, n$. Die gesuchte Anzahl ist also höchstens gleich dem Produkt der Zahlen $1 + \dfrac{\log N}{\log p_i}$ ($i = 1, 2, \ldots, n$). Gäbe es nur die Primzahlen $p_1, p_2, \ldots, p_n$, dann müsste *jede* Zahl als Potenzprodukt dieser Primzahlen darzustellen sein, es müsste also für alle $N \in \mathbb{N}$ gelten:

$$N \leq \prod_{i=1}^{n} \left(1 + \frac{\log N}{\log p_i}\right).$$

Dies widerspricht aber der Tatsache, dass $\lim\limits_{N \to \infty} \dfrac{(\log N)^r}{N} = 0$ für jedes $r \in \mathbb{R}$.

23. a) Der Binomialkoeffizient $\dbinom{2k+1}{k}$ ist größer als das Produkt aller Primzahlen p mit $k + 1 < p \leq 2k + 1$.

b) Man kann n als ungerade annehmen. Für $n = 2k+1$ ist also $\prod\limits_{p \leq n} p \leq \dbinom{n}{k} \prod\limits_{p \leq k} p$. Wegen $\dbinom{n}{k} < 2^n$ und $\prod\limits_{p \leq k} p < 4^k$ (Induktionsannahme) folgt

$$\prod_{p \leq n} p < 2^n \cdot 4^k = 2^{2k+1} \cdot 2^{2k} < 4^{2k+1} = 4^n.$$

24. a) $100 = 3 + 97 = 11 + 89 = 17 + 83 = 29 + 71 = 41 + 59 = 47 + 53$

25. a) $2n + 1 = (n + 1)^2 - n^2$

b) $15 = 64 - 49 = 16 - 1$; $19 = 100 - 81$; $27 = 196 - 169 = 36 - 9$

c) $n^3 = \left(\dfrac{n^2 + n}{2}\right)^2 - \left(\dfrac{n^2 - n}{2}\right)^2$

d) Ist n ungerade Primzahl und $n = x^2 - y^2 = (x - y)(x + y)$, dann ist notwendigerweise $x - y = 1$, es gibt also nur die Darstellung von n als Differenz zweier aufeinanderfolgender Quadrate.

Ist n zusammengesetzt, etwa $n = uv$ mit $1 < u, v < n$, dann existiert die weitere Darstellung $n = uv = \left(\dfrac{u + v}{2}\right)^2 - \left(\dfrac{u - v}{2}\right)^2$; beachte dabei, dass u, v ungerade, also $u + v$ und $u - v$ gerade sind.

e) Ist n ungerade, dann kann man gemäß d) für jeden Teiler u von n eine Darstellung konstruieren, wobei aber jede Darstellung zweimal auftritt; man erhält so $\frac{1}{2}\tau(n)$ Darstellungen (bzw. $\frac{1}{2}(\tau(n) + 1)$ Darstellungen, falls n ein Quadrat ist und auch die Darstellung $n = x^2 - 0^2$ mitgezählt wird). Man erhält auf diese Art *alle* Darstellungen, denn aus $n = x^2 - y^2$ folgt, dass $x - y|n$. Ist n gerade und $4 \nmid n$, dann existiert keine Darstellung von n als Differenz von Quadraten, denn sowohl die Differenz von geraden Quadraten wie die Differenz von ungeraden Quadraten ist durch 4 teilbar. Ist $n = 2^r m$ mit $r \geq 2$ und m ungerade, dann gibt es $\frac{1}{2}(r - 1)\tau(m)$ bzw. $\frac{1}{2}(r - 1)(\tau(m) + 1)$ Darstellungen. Man beachte nämlich, dass für $1 \leq t \leq r - 1$ und $uv = m$ gilt:

$$2^r m = \left(\frac{2^t u + 2^{r-t} v}{2}\right)^2 - \left(\frac{2^t u - 2^{r-t} v}{2}\right)^2 .$$

f) $x^2 - a^2 = y(y + 1) \iff (2x)^2 - (2y + 1)^2 = 4a^2 - 1$; beachte, dass $4a^2 - 1$ nur in der Form „gerades Quadrat – ungerades Quadrat" geschrieben werden kann. Die Lösung $x = a$, $y = 0$ entfällt, da $0 \notin \mathbb{N}$, also folgt die Behauptung aus e).

26. Es sei $\dfrac{x}{y}$ die voll gekürzte Bruchdarstellung von $\dfrac{a}{c} = \dfrac{d}{b}$. Mit $a = ux$, $c = uy$ und $d = vx$, $b = vy$ ergibt sich $a^k + b^k + c^k + d^k = (u^k + v^k)(x^k + y^k)$.

27. Es gilt $a_{n+2} = 10^8 a_n + 10^4 + 1 = 10^8 a_n + a_1$, also sind $a_3, a_5, a_7, \ldots$ durch $a_1 = 73 \cdot 137$ teilbar. Ferner gilt

$$a_{2n} = \frac{10^{4(2n+1)} - 1}{10^4 - 1} = \frac{100^{2n+1} - 1}{99} \cdot \frac{100^{2n+1} + 1}{101} .$$

28. a) $8633 = 93^2 - 4^2 = 89 \cdot 97$; $1126481 = 1065^2 - 88^2 = 977 \cdot 1153$.

b) $4^{2n+1} + (2n + 1)^4 = (2^{2n+1} + (2n + 1)^2)^2 - (2^{n+1}(2n + 1))^2$

29. Wäre $\sum_{k=1}^{n} \dfrac{1}{k} = g \in \mathbb{N}$, also $\sum_{k=1}^{n} \dfrac{n!}{k} = gn!$, dann wäre wegen $i\left|\dfrac{n!}{k}\right.$ für alle i mit

$1 \le i \le n$ und $i \ne k$ auch $k \big| \frac{n!}{k}$ für alle k mit $1 \le k \le n$. Dies gilt aber nicht, wenn k die größte Primzahl $\le n$ ist, welche ja nach Satz 8 größer als $\frac{n}{2}$ ist.

30. Wegen $p_i \nmid (nP - 1)$ für $i = 1, 2, \ldots, k$ enthält $\sum_{j=1}^{\infty} \left(\sum_{i=k+1}^{\infty} \frac{1}{p_i} \right)^j$ jede der Zahlen $\frac{1}{nP - 1}$ als Summand. Ferner ist

$$\sum_{n=1}^{r} \frac{1}{nP - 1} > \frac{1}{P} \sum_{n=1}^{r} \frac{1}{n}.$$

31. a) $s_5(a) = 11$, $e_5(a) = \frac{1991 - 11}{5 - 1} = 495$; $e_5(b) = 3$.

b) $s_7(12) + s_7(70) - s_7(82) = 6 + 4 - 10 = 0$;

$s_7(36) + s_7(46) - s_7(82) = 6 + 10 - 10 = 6 > 0$.

32. a) Es gilt $(r!)^s | (rs)!$, denn wegen $s \cdot s_p(r) \ge s_p(rs)$ für jede Primzahl p ist

$$s \cdot \frac{r - s_p(r)}{p - 1} \le \frac{rs - s_p(rs)}{p - 1}.$$

b) $e_3(n!)$ wächst monoton mit n; es gilt $e_3(17!) = 6$ und $e_3(18!) = 8$.

c) $e_5(n!) = 31 \iff n - s_5(n) = 124 \iff n \in \{125, 126, 127, 128, 129\}$.

d) Ws gilt $k \cdot s_p(n) \ge s_p(kn)$ wegen Zifferübertragungen.

e) Es ist die Beziehung $(n + 1) \cdot \frac{n - s_p(n)}{p - 1} \le \frac{n^2 - s_p(n^2)}{p - 1}$ nachzuweisen, wobei man auf den Nenner verzichten kann: $n \ge s_p(n) \ge 1 \Rightarrow (n - s_p(n))(s_p(n) - 1) \ge 0 \Rightarrow n^2 - (s_p(n))^2 \ge (n + 1)(n - s_p(n))$, wobei im letzten Schritt $(s_p(n))^2 \ge s_p(n^2)$ ausgenutzt wird.

f) Nach der Formel von Legendre ist

$$e_p((pn - 1)!) - p e_p((n - 1)!) - (p - 1) e_p(n) = s_p(n) - 1.$$

Genau dann ergibt sich 0, wenn n eine Potenz von p ist.

g) Genau dann ist $p \nmid \binom{n}{k}$, wenn $s_p(k) + s_p(n - k) = s_p(n)$. Ist nun $n = n_s p^s + \ldots + n_1 p + n_0$ $(0 \le n_i < p)$ und $k = k_s p^s + \ldots + k_1 p + k_0$ $(0 \le k_i < p)$, so ist genau dann $s_p(k) + s_p(n - k) = s_p(n)$, wenn $k_i \le n_i$ für $i = 0, 1, 2, \ldots, s$, wenn also k von n ohne Zifferübertragung subtrahiert werden kann. Dies gilt genau dann für alle k mit $0 \le k \le n$, wenn $n_i = p - 1$ für $i = 0, 1, \ldots, s - 1$ ist, wenn also $n = n_s p^s + p^s - 1$.

33. a) Für $p^t \le 2k < p^{t+1}$ ist $p^{e_p} \le 2k$ (vgl. I.4). Ist ω_k die Anzahl der verschiedenen Primfaktoren in $\binom{2k}{k}$, dann ist also

$$(2k)^{\omega_k} \ge \binom{2k}{k} > 2^k = (2k)^{\frac{k \log 2}{\log 2k}}, \quad \text{also} \quad \omega_k \ge \frac{k \log 2}{\log 2k}.$$

b) Für $2k \leq x < 2(k+1)$ gilt $\pi(x) \geq \pi(2k) \geq \omega_k \geq \frac{\log 2}{2} \cdot \frac{2k}{\log 2k}$.

34. Mit $B = \prod\limits_{i=1}^{n} b_i$ ist $\sum\limits_{i=1}^{n} \frac{a_i}{b_i} = \frac{1}{B} \cdot \sum\limits_{i=1}^{n} a_i \cdot \frac{B}{b_i}$.

Wegen $b_k \nmid \sum\limits_{i=1}^{n} a_i \cdot \frac{B}{b_i}$ $(k = 1, 2, \ldots, n)$ gilt $B \nmid \sum\limits_{i=1}^{n} a_i \cdot \frac{B}{b_i}$.

35. a) Ist $d = \mathrm{ggT}(a, b)$, dann ist $cd|ac$, $cd|bc$, und aus $t|ac$ und $t|bc$ folgt $t|cd$, denn aus $d = ax + by$ folgt $cd = acx + bcy$.

b) Aus $d = ax + by$ folgt $1 = \frac{a}{d}x + \frac{b}{d}y$.

c) Es sei $c = au = bv$ und $1 = ax + by$; dann ist $u = cx + buy$, also $b|u$ und somit $ab|c$.

36. a) Es gilt $\mathrm{ggT}(d, f) = 1$, wegen 35 c) also $df|a$. Wegen $df|bc$ ist df ein gemeinsamer Teiler von a und bc. Jeder gemeinsame Teiler von a und bc ist auch ein Teiler von df, denn aus $ax + by = d$ und $au + cv = f$ folgt $a^2xu + acxv + abyu + bcyv = df$.

b) Es gilt $a|d$ und $c|b$ (vgl. 35 c)), also ist $b = kc$, $d = ka$ mit $k \in \mathbb{N}$ und somit $\mathrm{ggT}(b, d) = k$, woraus $\mathrm{kgV}(b, d) = \frac{bd}{k} = ab$ folgt.

37. a) 1) Die Implikation $u|m$ und $v|n \Rightarrow uv|mn$ gilt auch ohne die Bedingung $\mathrm{ggT}(m, n) = 1$. 2) Es sei $d|mn$ und $u = \mathrm{ggT}(d, m)$, $v = \mathrm{ggT}(d, n)$; dann ist $uv|d$, denn $\mathrm{ggT}(u, v) = 1$. Aus $dx + my = u$ und $dx' + ny' = v$ folgt $d^2xx' + dnxy' + dmyx' + mnyy' = uv$ und damit $d|uv$. Also ist $d = uv$.

b) Es ist auch $\mathrm{ggT}(\mathrm{ggT}(a, m), \mathrm{ggT}(a, n)) = 1$, also gilt

$$\mathrm{ggT}(a, m \cdot n) = \mathrm{ggT}(a, \mathrm{kgV}(m, n))$$
$$= \mathrm{kgV}(\mathrm{ggT}(a, m), \mathrm{ggT}(a, n)) = \mathrm{ggT}(a, m) \cdot \mathrm{ggT}(a, n).$$

38. a) Sind α_i, β_i, ν_i $(i = 1, 2, \ldots)$ die Exponenten in der kanonischen Primfaktorzerlegung von a, b, n, dann folgt die Behauptung aus

$$\min(\alpha_i, \beta_i) + \max(\nu_i - \alpha_i, \nu_i - \beta_i) = \nu_i \quad (i = 1, 2, \ldots).$$

b) Sind $\alpha_i, \beta_i, \gamma_i$ $(i = 1, 2, \ldots)$ die Exponenten in der kanonischen Primfaktorzerlegung von a, b, c, dann folgt die Behauptung aus

$$\min(\max(\alpha_i, \beta_i), \max(\alpha_i, \gamma_i), \max(\beta_i, \gamma_i))$$
$$= \max(\min(\alpha_i, \beta_i), \min(\alpha_i, \gamma_i), \min(\beta_i, \gamma_i));$$

diese Gleichung bestätigt man sofort, wenn man $\alpha_i \leq \beta_i \leq \gamma_i$ annimmt, was keine Beschränkung der Allgemeinheit bedeutet.

c) $\mathrm{kgV}(ac, ad, bc, bd) = \mathrm{kgV}(a \cdot \mathrm{kgV}(c, d), b \cdot \mathrm{kgV}(c, d)) = \mathrm{kgV}(c, d) \cdot \mathrm{kgV}(a, b)$, denn allgemein gilt $\mathrm{kgV}(ka, kb) = k \cdot \mathrm{kgV}(a, b)$.

39. a) Aus $d|a + b$ und $d|a - b$ folgt $d|2a$ und $d|2b$, wegen $\mathrm{ggT}(a, b) = 1$ also $d|2$. Aus $d|a + b$ und $d|a^2 - ab + b^2$ folgt wegen $a^2 - ab + b^2 = (a + b)^2 - 3ab$ die

Beziehung $d|3ab$. Da d zu a und zu b teilerfremd sein muss (anderenfalls wäre $\mathrm{ggT}(a, b) \neq 1$ wegen $d|a + b$), gilt $d|3$.

b) Wegen $\mathrm{ggT}(a+b, a-b) \in \{1,2\}$ (vgl. a)) und $a^2 - b^2 = (a+b)(a-b)$ bleiben nur die genannten Möglichkeiten.

c) Es sei $d = \mathrm{ggT}(2^m - 1, 2^n + 1)$ und $2^m - 1 = ad$, $2^n + 1 = bd$, also $2^m = ad + 1$ und $2^n = bd - 1$. Dann folgt $2^{mn} = (ad + 1)^n = rd + 1$ und $2^{mn} = (bd - 1)^m = sd - 1$. Aus $rd + 1 = sd - 1$ folgt $d|2$; da d ungerade sein muss, ergibt sich schließlich $d = 1$.

d) Wegen $(n+1)(n! + 1) = (n+1)! + (n+1)$ folgt aus $d|(n! + 1)$ und $d|((n+1)! + 1$, dass auch $d|n$ und damit $d|1$ gilt.

40. Es sei $kx + my = 1$ ($x, y \in \mathbb{Z}$). Aus $a^k = b^m$ folgt $a = a^{kx+my} = a^{kx} a^{my} = b^{mx} a^{my} = (b^x a^y)^m$. Die Zahl a ist also die m-te Potenz der rationalen Zahl $b^x a^y$; weil a aber ganz ist, muss auch $b^x a^y$ ganz sein, etwa $b^x a^y = n$ ($n \in \mathbb{N}$). Dann ist $a = n^m$ und daher $b^m = n^{mk}$, also $b = n^k$.

41. a) Es existieren $u, v \in \mathbb{N}$ mit $1 = au - bv$. Wegen $anu - bnv = n > ab$ ist $\dfrac{nu}{b} - \dfrac{nv}{a} > 1$. Es gibt also ein $t \in \mathbb{N}$ mit $\dfrac{nv}{a} < t < \dfrac{nu}{b}$. Für $x = nu - bt$ und $y = at - nv$ gilt dann $x, y > 0$ und $ax + by = a(nu - bt) + b(at - nv) = n$.

b) Induktion: Es sei $\mathrm{ggT}(a_1, \ldots, a_k) = 1$, $\mathrm{ggT}(a_1, \ldots, a_{k-1}) = d$, also $\mathrm{ggT}(d, a_k) = 1$ und $\mathrm{ggT}\left(\dfrac{a_1}{d}, \ldots, \dfrac{a_{k-1}}{d}\right) = 1$. Für jedes $n \geq n_0$ existieren $x, y \in \mathbb{N}$ mit $xd + ya_k = n$ (vgl. a)). Für jedes $n \geq n_1$ existieren $u_1, \ldots, u_{k-1} \in \mathbb{N}$ mit $u_1 \cdot \dfrac{a_1}{d} + \ldots + u_{k-1} \cdot \dfrac{a_{k-1}}{d} = n$ (Induktionsvoraussetzung). Für $n \geq dn_1 + ya_k$ ist $x = \dfrac{n - ya_k}{d} \geq n_1$, also existieren $v_1, \ldots, v_{k-1} \in \mathbb{N}$ mit $v_1 \cdot \dfrac{a_1}{d} + \ldots + v_{k-1} \cdot \dfrac{a_{k-1}}{d} = x$ bzw. $v_1 a_1 + \ldots + v_{k-1} a_{k-1} + ya_k = n$.

42. a) Es sei $d = \mathrm{ggT}(a^m - 1, a^n - 1)$ und $\delta = \mathrm{ggT}(m, n)$. Es gilt $(a^\delta - 1)|(a^m - 1)$ und $(a^\delta - 1)|(a^n - 1)$, also $(a^\delta - 1)|d$. Es sei $\delta = mu - nv$ mit $u, v \in \mathbb{N}$. Dann ist $d|(a^{mu} - 1)$ und $d|(a^{nv} - 1)$, also $d|(a^{mu} - a^{nv})$, wegen $a^{mu} - a^{nv} = a^{nv}(a^\delta - 1)$ und $\mathrm{ggT}(d, a) = 1$ also $d|(a^\delta - 1)$. Insgesamt ergibt sich $d = a^\delta - 1$.

b) Für $m < n$ ist $(a^{2^m})^2 - 1$ und damit auch $a^{2^m} + 1$ ein Teiler von $a^{2^n} - 1$. Also ist $\mathrm{ggT}(a^{2^m} + 1, a^{2^n} + 1) = \mathrm{ggT}(a^{2^m} + 1, (a^{2^n} - 1) + 2) = \mathrm{ggT}(a^{2^m} + 1, 2)$.

c) Jede der Zahlen der Form $a^{2^n} + 1$ enthält einen Primfaktor, den keine andere dieser Zahlen enthält.

43. Mit $d = \mathrm{ggT}(m, n)$ ist zu zeigen: $m + n \leq d + \dfrac{mn}{d}$ bzw. $d^2 - (m+n)d + mn \geq 0$ bzw. $(d - m)(d - n) \geq 0$. Dies ist wegen $d \leq m$ und $d \leq n$ stets erfüllt. Es gilt das Gleichheitszeichen, wenn $d = m$ oder $d = n$.

44. Mit $d = \mathrm{ggT}(m, n)$ und $u = \dfrac{m}{d}$, $v = \dfrac{n}{d}$ ist $\mathrm{ggT}(u, v) = 1$. Genau dann gilt $duv = k(u + v)$ ($k \in \mathbb{N}$), wenn $u|k$ und $v|k$, also $uv|k$ und $d = k'(u + v)$

mit $k' = \dfrac{k}{uv}$. Wählt man also u, v mit $\mathrm{ggT}(u, v) = 1$ und ferner $k' \in \mathbb{N}$ und setzt $d = k'(u + v)$ sowie $m = du$ und $n = dv$, dann gilt $(m + n) \mid mn$. Das kleinste Beispiel ergibt sich für $k' = 1$, $u = 1$, $v = 1$: $d = 2$, $m = 2$, $n = 2$.

45. a) 1, 4, 5, 9, 20, 36, 45, 180

b) (1) $a \mid a$ und $\mathrm{ggT}(a, 1) = 1$ für alle $a \in \mathbb{N}$.

(2) Schon aus $a \mid b$ und $b \mid a$ folgt $a = b$

(3) Ist $b = aa'$ mit $\mathrm{ggT}(a, a') = 1$ und $c = bb'$ mit $\mathrm{ggT}(b, b') = 1$, dann ist $c = aa'b'$ und $\mathrm{ggT}(a, a'b') = \mathrm{ggT}(a, b') \leq \mathrm{ggT}(b, b') = 1$.

c) $a^2 x - by = a$ und $\mathrm{ggT}(a, y) = 1 \Rightarrow a \mid b$; $ax - \dfrac{b}{a} y = 1 \Rightarrow \mathrm{ggT}\left(a, \dfrac{b}{a}\right) = 1$.

d) $*(8, 12) = 4$; $*(12, 8) = 1$.

46. a) Für die Zahl u gilt $(u^3 - 2)^4 - 7 = 0$ und $1 < u < 2$.

b) Für die Zahl u gilt $(u^3 + 9u - 2)^2 - 27(u^2 + 1)^2 = 0$ und $2 < u < 3$.

c) Für die Zahl u gilt $((u - 1)^2 - 2)^3 - 7 = 0$ und $2 < u < 3$.

47. $\ldots = \dfrac{382}{275} = [1,2,1,1,3,15]$

48. a) $\alpha = [5, 11, 2, 1, 2, 1, 2]$; $\dfrac{463}{91} < \alpha < \dfrac{173}{34}$

b) $\alpha = [0, 1, 1, 29, 1, 8, 1, 1, 1, 20, 1, 2]$; $\dfrac{31}{61} < \alpha < \dfrac{30}{59}$

c) $\alpha = [4, \overline{2}]$; $\dfrac{12}{29} < \alpha - 4 < \dfrac{29}{70}$

d) $\alpha = [11, \overline{1, 18}]$; $\dfrac{360}{379} < \alpha - 11 < \dfrac{19}{20}$

49. $\sqrt{12} = [3, \overline{2, 6}]$; $\sqrt{15} = [3, \overline{1, 6}]$; $\sqrt{17} = [4, \overline{2}]$;

$\sqrt{18} = [4, \overline{4, 8}]$; $\sqrt{20} = [4, \overline{2, 8}]$; $\sqrt{24} = [4, \overline{1, 8}]$

50. $\sqrt{7}$: $a = 2$, $b = 3$; $\sqrt{13}$: $a = 3$, $b = 4$;

$\sqrt{14}$: $a = 3$, $b = 5$; $\sqrt{19}$: $a = 4$, $b = 3$

51. $\sqrt{31} = [5, \overline{1, 1, 3, 5, 3, 1, 1, 10}]$

52. Es sei δ der Abstand der Mittelpunkte und σ sie Summe der Radien zweier Kreise. Dann ist

$$\delta^2 - \sigma^2 = \left(\frac{a}{b} - \frac{c}{d}\right)^2 + \left(\frac{1}{2b^2} - \frac{1}{2d^2}\right)^2 - \left(\frac{1}{2b^2} + \frac{1}{2d^2}\right)^2 = \frac{(ad - bc)^2 - 1}{b^2 d^2} \geq 0.$$

1) Sind $\dfrac{a}{b}$ und $\dfrac{c}{d}$ Nachbarn in einer Farey-Folge, dann ist $|ad - bc| = 1$, es ist also $\delta = \sigma$. Ist $\delta = \sigma$, also $|ad - bc| = 1$, dann sind $\dfrac{a}{b}$ und $\dfrac{c}{d}$ Nachbarn in der Farey-Folge $\mathcal{F}_n$ mit $n = b + d - 1$.

53. Die Reste der Fibonacci-Zahlen bei Division durch 8 bilden eine periodische Folge mit der Periodenlänge 12:

k	1	2	3	4	5	6	7	8	9	10	11	12	13	14
Rest von F_k bei Division durch 8	1	1	2	3	5	0	5	5	2	7	1	0	1	1

54. Es sei f_k der Rest von F_k bei Division durch n, also $0 \leq f_k < n$. Unter den $n^2 + 1$ Paaren (f_1, f_2), (f_2, f_3), (f_3, f_4), $\ldots$, (f_m, f_{m+1}) mit $m = n^2 + 1$ gibt es zwei gleiche, da nur n^2 verschiedene solche Restepaare existieren. Es sei $(f_k, f_{k+1}) = (f_l, f_{l+1})$ mit $k < l$ und kleinstmöglichem k. Wäre $k > 1$, dann wäre auch $(f_{k-1}, f_k) = (f_{l-1}, f_l)$. Wegen der Minimalität von k muss also $k = 1$ sein. Es existiert also ein t mit $1 < t \leq n^2 + 1$ mit $f_t = f_{t+1} = 1$. Also ist $F_{t+1} - F_t = F_{t-1}$ durch n teilbar.

55. Für die Zahlen $A_{n+1} := \sum_{i=0}^{n} \binom{n-i}{i}$ gilt $A_1 = 1$, $A_2 = 1$ und

$$A_{n+3} = \sum_{i=0}^{n+2} \binom{n+2-i}{i} = \sum_{i=0}^{n+2} \left(\binom{n+1-i}{i} + \binom{n+1-i}{i-1} \right), \text{ also}$$

$$A_{n+3} = \sum_{i=0}^{n+1} \binom{n+1-i}{i} + \sum_{j=0}^{n} \binom{n-j}{j} = A_{n+2} + A_{n+1}.$$

Da die Zahlen A_n der gleichen Rekursionsvorschrift wie die Fibonacci-Zahlen F_n genügen, ist $A_n = F_n$ für alle $n \in \mathbb{N}$.

56. Der Flächeninhalt ist 1, denn $F_{2k}^2 - F_{2k-1}F_{2k+1} = -1$ (vgl. Satz 32 c)).

Die Länge der größeren Seite beträgt $\sqrt{F_{2k}^2 + F_{2k-2}^2}$.

57. Es ist $\alpha = [1, \overline{1}]$. Die Zähler und Nenner der Näherungsbrüche sind die Fibonacci-Zahlen: $\frac{8}{5} < \frac{55}{34} < \frac{144}{89} < \alpha < \frac{89}{55} < \frac{34}{21} < \frac{13}{8}$.

58. Für $a_0 < \alpha$ ist $\{a_n\}$ monoton wachsend und nach oben beschränkt (z.B. durch 2), für $a_0 = \alpha$ ist $\{a_n\}$ konstant, für $a_0 > \alpha$ ist $\{a_n\}$ monoton fallend und nach unten beschränkt (z.B. durch 0). Die Folge ist also konvergent. Ihr Grenzwert α ergibt sich aus $\alpha > 0$ und $\alpha = \sqrt{1 + \alpha}$.

59. a) 1, 3, 4, 7, 11, 18, 29, 47, 76, 123

b) $\det\left(\begin{pmatrix} 1 & 1 \\ 1 & 0 \end{pmatrix}^n \begin{pmatrix} 3 & 1 \\ 1 & 2 \end{pmatrix} \right) = (-1)^n \cdot 5$.

c) $\mathrm{ggT}(L_{n+1}, L_n) = \mathrm{ggT}(L_n + L_{n-1}, L_n) = \mathrm{ggT}(L_n, L_{n-1}) = \ldots = \mathrm{ggT}(3,1) = 1$.

d) Für $f(x) = \sum_{n=0}^{\infty} L_{n+1} x^n$ gilt $f(x) = \dfrac{1 + 2x}{1 - x - x^2} = \dfrac{\alpha_1}{1 - \alpha_1 x} + \dfrac{\alpha_2}{1 - \alpha_2 x}$ mit $\alpha_1 = \dfrac{1 + \sqrt{5}}{2}$ und $\alpha_2 = \dfrac{1 - \sqrt{5}}{2}$ (vgl. Beweis von Satz 34).

Es folgt $f(x) = \sum_{i=0}^{\infty} (\alpha_1^{n+1} + \alpha_2^{n+1}) x^n$, also $L_{n+1} = \alpha_1^{n+1} + \alpha_2^{n+1}$.

60. a) Induktion über n.   b) Induktion über n.

c) Mit α_1, α_2 wie in Aufgabe 67 gilt $F_n = \frac{1}{\sqrt{5}}(\alpha_1^n - \alpha_2^n)$ und $L_n = (\alpha_1^n + \alpha_2^n)$, also $L_n^2 - 5F_n^2 = (\alpha_1^n + \alpha_2^n)^2 - (\alpha_1^n - \alpha_2^n)^2 = 4 \cdot \alpha_1^n \cdot \alpha_2^n = 4 \cdot (-1)^n$.

II Integritätsbereiche

II.1 Teilbarkeit in Integritätsbereichen

Die Teilbarkeitslehre in der Menge $\mathbb{Z}$ der ganzen Zahlen beruht auf den algebraischen Eigenschaften von $\mathbb{Z}$ bezüglich der Addition und der Multiplikation. Es liegt nun nahe, eine Teilbarkeitslehre auch in anderen algebraischen Strukturen zu untersuchen, in denen zwei Verknüpfungen, der Addition und der Multiplikation in $\mathbb{Z}$ entsprechend, definiert sind. Diese Verknüpfungen werden wir auch im allgemeinen Fall wieder mit $+$ und $\cdot$ bezeichnen und *Addition* bzw. *Multiplikation* nennen.

Eine nichtleere Menge I, in welcher Verknüpfungen $+$ und $\cdot$ definiert sind, heißt ein *Integritätsbereich*, wenn folgende Regeln gelten:

(1) $(a + b) + c = a + (b + c)$ für alle $a, b, c \in I$
(Assoziativgesetz der Addition).

(2) $a + b = b + a$ für alle $a, b \in I$
(Kommutativgesetz der Addition).

(3) Es gibt ein Element $0 \in I$ mit $a + 0 = a$ für alle $a \in I$
(Existenz des Nullelements).

(4) Für jedes $a \in I$ existiert ein Element $-a \in I$ mit $a + (-a) = 0$
(Existenz des inversen Element bezüglich der Addition).

(5) $(a \cdot b) \cdot c = a \cdot (b \cdot c)$ für alle $a, b, c \in I$
(Assoziativgesetz der Multiplikation).

(6) $a \cdot b = b \cdot a$ für alle $a, b \in I$
(Kommutativgesetz der Multiplikation).

(7) Es gibt ein Element $1 \in I$ mit $a \cdot 1 = a$ für alle $a \in I$
(Existenz des Einselements).

(8) $a \cdot (b + c) = (a \cdot b) + (a \cdot c)$ für alle $a, b, c \in I$
(Distributivgesetz).

(9) Aus $a \cdot b = 0$ folgt stets $a = 0$ oder $b = 0$
(Nullteilerfreiheit).

Die Regeln (1) bis (4) besagen, dass I bezüglich der Addition eine (kommutative) *Gruppe* ist; das neutrale Element ist 0, das zu a inverse Element wird mit $-a$ bezeichnet. Statt $a + (-b)$ schreibt man auch kürzer $a - b$. Man kann leicht zeigen, dass es neben 0 kein zweites neutrales Element geben kann, und dass das zu einem Element a gehörige inverse Element $-a$ eindeutig bestimmt ist.

Bezüglich der Multiplikation liegt nur eine (kommutative) *Halbgruppe* mit dem neutralen Element 1 vor, da wir nicht die Invertierbarkeit verlangt haben.

Verzichtet man auf die Regeln (6), (7) und (9), dann liegt ein *Ring* vor, wenn man noch zusätzlich das „rechtsseitige" Distributivgesetz

$$(a + b) \cdot c = (a \cdot c) + (b \cdot c) \text{ für alle } a, b, c \in I$$

fordert. Ein Integritätsbereich ist also ein kommutativer nullteilerfreier Ring mit Einselement.

Aus der Nullteilerfreiheit (9) ergibt sich die *Kürzungsregel*:

$$\text{Aus } a \cdot b = a \cdot c \text{ und } a \neq 0 \text{ folgt } b = c.$$

Ein bezüglich der Multiplikation invertierbares Element von I nennt man eine *Einheit* des Integritätsbereichs. Zwei Elemente $a, b \in I$, die sich nur um eine Einheit als Faktor unterscheiden, nennt man *assoziiert*; man schreibt dann $a \simeq b$. Dies bedeutet also, dass eine Einheit e existiert mit $a = e \cdot b$.

Nun kommen wir zur entscheidenden Definition: Für $a, b \in I$ nennt man a einen *Teiler* von b und man schreibt $a|b$, wenn ein $c \in I$ existiert mit $b = a \cdot c$. Wie für die Teilbarkeit in $\mathbb{Z}$ gelten für die Teilbarkeit in einem beliebigen Integritätsbereich z.B. folgende Regeln:

(a) $1|a$ und $a|a$ für alle $a \in I$;

(b) aus $a|b$ und $b|a$ folgt $a \simeq b$;

(c) aus $a|b$ und $b|c$ folgt $a|c$;

(d) aus $a|b$ und $a|c$ folgt $a|u \cdot b + v \cdot c$ für alle $u, v \in I$.

Ferner gilt $a|0$ für alle $a \in I$, insbesondere $0|0$; aus $0|a$ folgt aber stets $a = 0$. Die Einheiten sind die Teiler von 1. Ist jedes von 0 verschiedene Element von I bezüglich der Multiplikation invertierbar, liegt also ein *Körper* vor, dann ist jedes Element von I durch jedes andere (von 0 verschiedene) Elemente von I teilbar. In diesem Fall kann man also keine interessante „Teilbarkeitslehre" erwarten.

Wir betrachten nun drei Beispiele für Integritätsbereiche.

Beispiel 1: $(\mathbb{Z}, +, \cdot)$ ist der Integritätsbereich der ganzen Zahlen, den wir in Kapitel I untersucht haben. Die Einheiten sind die Zahlen 1 und -1.

Beispiel 2: Es sei $\mathbb{Q}[x]$ die Menge aller Polynome über dem Körper $\mathbb{Q}$ der rationalen Zahlen, also die Menge aller Polynome mit rationalen Koeffizienten. Genauer spricht man von Polynomen in *einer* Variablen x. Ist x^n die höchste auftretende Potenz von x in einem Polynom $p(x)$, dann nennt man n den *Grad* von $p(x)$. Polynome kann man bekanntlich addieren und multiplizieren: Ist

$$p(x) = \sum_{i=0}^{m} a_i x^i \quad \text{und} \quad q(x) = \sum_{i=0}^{n} b_i x^i,$$

dann ist

$$p(x) + q(x) = \sum_{i=0}^{k} (a_i + b_i) x^i,$$

wobei k das Maximum von m und n ist und

$$a_{m+1} = \cdots = a_n = 0 \quad \text{bzw.} \quad b_{n+1} = \cdots = b_m = 0$$

gesetzt wird, falls $m < n$ bzw. falls $n < m$ ist. Ferner ist

$$p(x) \cdot q(x) = \sum_{i=0}^{m+n} c_i x^i \text{ mit } c_i = \sum_{j=0}^{i} a_j b_{i-j}.$$

Wir wollen zeigen, dass $(\mathbb{Q}[x], +, \cdot)$ ein Integritätsbereich ist. Dazu ist die Gültigkeit der Regeln (1) bis (9) zu überprüfen. Die Regeln (1) bis (4) sind sofort einsichtig; das Nullelement ist das *Nullpolynom*, also das Polynom, dessen sämtliche Koeffizienten 0 sind. Zur Überprüfung von (5) überzeugt man sich davon, dass

$$\sum_{i=0}^{k} \left(\sum_{j=0}^{i} a_j b_{i-j} \right) c_{k-i} = \sum_{r+s+t=k} a_r b_s c_t = \sum_{i=0}^{k} a_i \left(\sum_{j=0}^{k-i} b_j c_{k-i-j} \right).$$

Regel (6) ist leicht zu bestätigen; (7) gilt ebenfalls, wobei das Polynom 1 $(= 1 + 0x + 0x^2 + \cdots)$ das Einselement ist. Das Distributivgesetz ist einfach nachzuprüfen, etwas schwieriger ist nur der Nachweis der Nullteilerfreiheit (9): Es sei $p(x) \neq 0$ und $p(x) \cdot q(x) = 0$. Es sei x^r die kleinste in $p(x)$ auftretende Potenz mit von 0 verschiedenem Koeffizient a_r. Ist $q(x) \neq 0$ und x^s die kleinste in $q(x)$ auftretende Potenz mit von 0 verschiedenem Koeffizient b_s, dann enthält $p(x) \cdot q(x)$ die Potenz x^{r+s} mit dem Koeffizient $a_r b_s$, ist also nicht das Nullpolynom. Es folgt daher

$$q(x) = 0, \text{ falls } p(x) \neq 0 \text{ und } p(x) \cdot q(x) = 0.$$

Die Einheiten des Integritätsbereichs $\mathbb{Q}[x]$ sind die von 0 verschiedenen Polynome vom Grad 0, also die von 0 verschiedenen rationalen Zahlen.

Beispiel 3: Es sei G die Menge der Matrizen $\begin{pmatrix} a & -b \\ b & a \end{pmatrix}$ mit $a, b \in \mathbb{Z}$.

Werden diese Matrizen wie üblich addiert und multipliziert, dann ergibt sich ein Integritätsbereich. Zunächst überzeugt man sich davon, dass die Summe und das Produkt zweier Matrizen aus G wieder zu G gehören. Die Gültigkeit der Regeln (1), (2), (3), (4), (5), (7) und (8) folgen aus den entsprechenden Regeln für das Rechnen mit Matrizen. Regel (6) erkennt man sofort, wenn man das Produkt zweier Matrizen aus G allgemein hinschreibt:

$$A \cdot B = \begin{pmatrix} a & -b \\ b & a \end{pmatrix} \cdot \begin{pmatrix} c & -d \\ d & c \end{pmatrix} = \begin{pmatrix} ac - bd & -(ad + bc) \\ ad + bc & ac - bd \end{pmatrix} = B \cdot A.$$

Es gilt auch Regel (9), denn aus

$$ac - bd = 0 \text{ und } ad + bc = 0 \text{ sowie } a \neq 0 \text{ oder } b \neq 0$$

folgt nach kurzer Rechnung $c = d = 0$. Die Einheiten von G, also die Teiler von $\begin{pmatrix} 1 & 0 \\ 0 & 1 \end{pmatrix}$, sind die Matrizen

$$\begin{pmatrix} a & -b \\ b & a \end{pmatrix} \quad \text{mit} \quad a^2 + b^2 = 1.$$

Denn nur in diesem Fall hat das lineare Gleichungssystem

$$\begin{cases} ax - by &= 1 \\ bx + ay &= 0 \end{cases}$$

eine ganzzahlige Lösung. Die Einheiten sind also

$$\begin{pmatrix} 1 & 0 \\ 0 & 1 \end{pmatrix}, \begin{pmatrix} -1 & 0 \\ 0 & -1 \end{pmatrix}, \begin{pmatrix} 0 & -1 \\ 1 & 0 \end{pmatrix}, \begin{pmatrix} 0 & 1 \\ -1 & 0 \end{pmatrix}.$$

In Abschnitt II.3 werden wir uns mit diesem Integritätsbereich G näher befassen.

Die Menge der Einheiten eines Integritätsbereichs bezeichen wir mit E. Bezüglich der Multiplikation bildet E eine (kommutative) Gruppe, denn das Produkt zweier Einheiten und das Inverse einer Einheit sind stets wieder Einheiten.

Wir nennen ein Element $p \in I$ *irreduzibel*, wenn es keine Einheit ist und keine nichttriviale Zerlegung in Faktoren besitzt, wenn also aus $p = a \cdot b$ mit $a, b \in I$ stets $a \in E$ oder $b \in E$ folgt. Besitzt dagegen ein Element aus I eine nichttriviale Zerlegung, dann heißt es *reduzibel*.

Die irreduziblen Elemente von $\mathbb{Z}$ sind die Primzahlen 2, 3, 5, ... und ihre „Gegenzahlen" $-2, -3, -5, \ldots$.

Die Irreduzibilität eines Polynoms (Beispiel 2) ist i. Allg. sehr schwer festzustellen. Irreduzibel sind offensichtlich die linearen Polynome $x + a_0$. Das quadratische Polynom $x^2 + a_1 x + a_0$ ist genau dann reduzibel, wenn die quadratische Gleichung $x^2 + a_1 x + a_0 = 0$ rationale Lösungen hat, wenn also $a_1^2 - 4a_0$ Quadrat einer rationalen Zahl ist. Beispielsweise sind die Polynome $x^2 + 1$, $x^2 - 2$, $x^2 + x + 1$ alle irreduzibel. Man beachte, dass jedes Polynom assoziiert zu einem solchen mit dem führenden Koeffizient 1 ist, also zu einem Polynom der Form $x^n + a_{n-1} x^{n-1} + \cdots + a_0$; bei Irreduzibilitätsuntersuchungen in $\mathbb{Q}[x]$ kann man sich also auf solche Polynome beschränken.

Ein Element $\begin{pmatrix} a & -b \\ b & a \end{pmatrix}$ aus G (Beispiel 3) ist sicher dann irreduzibel, wenn $a^2 + b^2$ eine Primzahl ist. Denn aus der Matrizengleichung

$$\begin{pmatrix} a & -b \\ b & a \end{pmatrix} = \begin{pmatrix} r & -s \\ s & r \end{pmatrix} \cdot \begin{pmatrix} u & -v \\ v & u \end{pmatrix}$$

ergibt sich durch Bildung der Determinanten

$$a^2 + b^2 = (r^2 + s^2)(u^2 + v^2).$$

Ist also $a^2 + b^2$ eine Primzahl, so muss einer der Faktoren $r^2 + s^2$ oder $u^2 + v^2$ den Wert 1 haben, die zugehörige Matrix also eine Einheit sein. Es gilt aber nicht die Umkehrung: Ist $\begin{pmatrix} a & -b \\ b & a \end{pmatrix}$ irreduzibel, dann muss $a^2 + b^2$ keine Primzahl sein. Beispielsweise erhält man für $a = 3$, $b = 0$ die zusammengesetzte Zahl $3^2 + 0^2 = 9$, aber $\begin{pmatrix} 3 & 0 \\ 0 & 3 \end{pmatrix}$ ist irreduzibel. Gäbe es nämlich eine nichttriviale Zerlegung, so gäbe es auch eine nichttriviale Darstellung von 9 als Produkt zweier Summen aus zwei Quadraten, also $9 = (r^2 + s^2)(u^2 + v^2)$. Dann müsste $r^2 + s^2 = u^2 + v^2 = 3$ gelten, die Zahl 3 ist aber offensichtlich nicht als Summe von zwei Quadratzahlen darzustellen.

Der wichtigste Begriff in Kapitel I für den weiteren Aufbau der Teilbarkeitslehre in $\mathbb{Z}$ war der Begriff der *Division mit Rest*. Diese dient nicht nur zur konkreten Feststellung einer Teilbarkeitsbeziehung („Rest 0"), sondern auch als Grundlage zur Berechnung des größten gemeinsamen Teilers zweier Zahlen (euklidischer Algorithmus). Nun soll der Begriff der Division mit Rest auf Integritätsbereiche verallgemeinert werden, wobei natürlich offen ist, ob ein gegebener Integritätsbereich den dabei geforderten Bedingungen genügt.

Ein Integritätsbereich I heißt *Integritätsbereich mit Division mit Rest* oder kürzer *euklidischer Integritätsbereich* oder noch kürzer *euklidischer Ring*, wenn eine Abbildung γ von $I \setminus \{0\}$ in $\mathbb{N}_0$ existiert, welche folgende Eigenschaft hat: Zu $a, b \in I$ mit $b \neq 0$ existieren $q, r \in I$ mit $r = 0$ oder $\gamma(r) < \gamma(b)$, so dass

$$a = q \cdot b + r.$$

Dabei nennt man γ eine *Gradfunktion* auf I. Die Elemente q und r müssen nicht eindeutig durch a und b bestimmt sein.

Bemerkung: Häufig fordert man für die Gradfunktion noch die Bedingung
$$\gamma(x) \leq \gamma(x \cdot y) \quad \text{für alle} \quad x, y \neq 0.$$
Diese garantiert insbesondere, dass $\gamma(x) < \gamma(x \cdot y)$, falls y keine Einheit ist, und dass genau dann $\gamma(a) = \gamma(1)$ gilt, wenn a eine Einheit ist. Man kann zeigen, dass zu jeder Gradfunktion auf I, für welche diese Bedingung *nicht* erfüllt ist, eine Gradfunktion γ^* auf I zu konstruieren ist, für welche diese Bedingung erfüllt ist; man setze nämlich $\gamma^*(a) = \min \{\gamma(a \cdot e) \mid e \in E\}$.

Auf $\mathbb{Z}$ (Beispiel 1) wird z.B. durch $\gamma(a) = |a|$ eine Gradfunktion definiert, welche der in $\mathbb{Z}$ gebräuchlichen Division mit Rest zugrunde liegt. Aber auch $\gamma(a) = |a|^k$ mit beliebigem $k \in \mathbb{N}$ ist eine Gradfunktion auf $\mathbb{Z}$.

Auf $\mathbb{Q}[x]$ (Beispiel 2) wird durch den Grad der Polynome eine Gradfunktion definiert. Die Division mit Rest (also obige Darstellung $a = qb + r$) erhält man mit dem bekannten Verfahren der *Polynomdivision*.

Auf G (Beispiel 3) ist durch

$$\gamma\left(\begin{pmatrix} a & -b \\ b & a \end{pmatrix}\right) = a^2 + b^2,$$

also durch die Determinante der jeweiligen Matrix, eine Gradfunktion definiert; diese nennt man *Norm* und bezeichnet sie mit N. Dass damit tatsächlich eine Division mit Rest vorliegt, erkennt man folgendermaßen: Für

$$\begin{pmatrix} a & -b \\ b & a \end{pmatrix}, \begin{pmatrix} c & -d \\ d & c \end{pmatrix} \in G \text{ mit } c^2 + d^2 \neq 0$$

berechne man

$$\begin{pmatrix} a & -b \\ b & a \end{pmatrix} \cdot \begin{pmatrix} c & -d \\ d & c \end{pmatrix}^{-1} = \begin{pmatrix} x & -y \\ y & x \end{pmatrix} \quad \text{mit } x, y \in \mathbb{Q}.$$

Nun wähle man Zahlen $s, t \in \mathbb{Z}$ mit $|s - x| \leq \frac{1}{2}$ und $|t - y| \leq \frac{1}{2}$. Dann ist

$$\begin{pmatrix} a & -b \\ b & a \end{pmatrix} = \begin{pmatrix} s & -t \\ t & s \end{pmatrix} \cdot \begin{pmatrix} c & -d \\ d & c \end{pmatrix} + \begin{pmatrix} x - s & -(y - t) \\ y - t & x - s \end{pmatrix} \cdot \begin{pmatrix} c & -d \\ d & c \end{pmatrix}.$$

Die Matrix $\begin{pmatrix} x - s & -(y - t) \\ y - t & x - s \end{pmatrix} \cdot \begin{pmatrix} c & -d \\ d & c \end{pmatrix}$ gehört zu G, auch wenn dies für den ersten Faktor nicht zutrifft; ihre Norm ist

$$\left((x - s)^2 + (y - t)^2\right) \cdot (c^2 + d^2) \leq \frac{1}{2}(c^2 + d^2) < c^2 + d^2.$$

In Abschnitt II.3 werden wir uns weiter mit dem euklidischen Ring G beschäftigen; in Abschnitt II.4 werden wir ähnliche Beispiele untersuchen, u.a. auch solche, in denen keine Division mit Rest existiert. Zunächst behandeln wir aber noch allgemein euklidische Ringe.

II.2 Euklidische Ringe

Im Folgenden verzichten wir in Ringen meistens auf den Malpunkt, schreiben also ab statt $a \cdot b$.

Satz 1: Es sei I ein euklidischer Ring mit der Gradfunktion γ, ferner seien $a_1, a_2, \ldots, a_n \in I$. Wir setzen

$$A = \{x_1 a_1 + x_2 a_2 + \cdots + x_n a_n \mid x_1, x_2, \ldots x_n \in I\}.$$

Dann existiert ein $d \in I$ mit

$$A = \{xd \mid x \in I\}.$$

Die Menge aller Vielfachensummen von $a_1, a_2, \ldots, a_n \in I$ besteht also aus allen Vielfachen eines einzigen Elements $d \in I$.

Beweis: Unter den Zahlen $\gamma(a)$ für $a \in A$ mit $a \neq 0$ gibt es eine kleinste. Es sei d ein Element aus A mit minimalem γ-Wert. Für $u \in A$ existieren $q, r \in I$ mit $u = qd + r$ und $r = 0$ oder $\gamma(r) < \gamma(d)$. Nun ist aber r als Differenz der beiden Elemente u und qd aus A ebenfalls ein Element von A, so dass wegen der Minimalität von $\gamma(d)$ nur der Fall $r = 0$ möglich ist. Daher ist $u = qd$, also $u \in \{xd \mid x \in I\}$. $\quad\square$

Im Beweis von Satz 1 haben wir nur die folgende Eigenschaft von A benutzt: Jede Vielfachensumme von Elementen aus A gehört wieder zu A. Gleichwertig damit ist die Forderung: Für $a, b \in A$ gilt $a + b \in A$ und $xa \in A$ für alle $x \in I$. Eine Teilmenge A eines kommutativen Ringes mit dieser Eigenschaft nennt man ein *Ideal* von I. Besteht A aus allen Vielfachen eines Elements, so heißt A ein *Hauptideal* von I. Ist I ein Integritätsbereich und ist jedes Ideal von I ein Hauptideal, dann heißt I *Hauptidealring*. Nun kann man Satz 1 folgendermaßen fomulieren:

Satz 1': Ein euklidischer Ring ist ein Hauptidealring.

Satz 1 erinnert an die Vielfachensummendarstellung des größten gemeinsamen Teilers von n Zahlen. Daher wollen wir als nächstes den Begriff des ggT auf Integritätsbereiche übertragen: Es seien $a_1, a_2, \ldots, a_n$ Elemente eines Integritätsbereichs I. Ist d ein Teiler von a_1, von $a_2, \ldots$, von a_n (also ein *gemeinsamer* Teiler von $a_1, a_2, \ldots, a_n$), und ist jeder andere gemeinsame Teiler von $a_1, a_2, \ldots, a_n$ ein Teiler von d, dann heißt d *ein größter gemeinsamer Teiler* von $a_1, a_2, \ldots, a_n$. Je zwei größte gemeinsame Teiler von $a_1, a_2, \ldots, a_n$ sind assoziiert, denn aus $d|d'$ und $d'|d$ folgt $d \simeq d'$. Wir benutzen das Symbol GGT nun für die *Menge* der größten gemeinsamen Teiler, schreiben also für einen größten gemeinsamen Teiler d von $a_1, a_2, \ldots, a_n$

$$d \in \mathrm{GGT}(a_1, a_2, \ldots, a_n).$$

Satz 2: In einem Hauptidealring gilt genau dann

(1) $d \in \mathrm{GGT}(a_1, a_2, \ldots, a_n)$,

wenn

(2) $\{x_1 a_1 + x_2 a_2 + \cdots + x_n a_n \mid x_1, x_2, \ldots x_n \in I\} = \{xd \mid x \in I\}$.

Beweis: 1) Es sei zunächst die Gültigkeit von (2) angenommen. Dann ist insbesondere $a_i \in \{xd \mid x \in I\}$, also $d|a_i$ für $i = 1, 2, \ldots, n$. Ist ferner $c|a_i$ für $i = 1, 2, \ldots, n$, dann teilt c jedes xd mit $x \in I$, also auch d. Daher ist $d \in \mathrm{GGT}(a_1, a_2, \ldots, a_n)$.

2) Nun sei die Gültigkeit von (1) angenommen. Aufgrund von Satz 1 gilt (2) mit einem Element d' anstelle von d. Dann gilt $d|d'$ und nach 1) auch $d'|d$, also $d \simeq d'$ und damit $\{xd' \mid x \in I\} = \{xd \mid x \in I\}$. □

Als Folgerung aus Satz 2 ergibt sich: In einem Hauptidealring lässt sich ein ggT von $a_1, a_2, \ldots, a_n$ stets als Vielfachensumme dieser Elemente darstellen.

Man nennt die Elemente $a_1, a_2, \ldots, a_n$ aus I *teilerfremd*, wenn jeder größte gemeinsame Teiler eine Einheit ist, wenn also

$$1 \in \mathrm{GGT}(a_1, a_2, \ldots, a_n) \quad \text{bzw.} \quad \mathrm{GGT}(a_1, a_2, \ldots, a_n) = E$$

gilt, wobei E die Einheitengruppe bedeutet. In diesem Fall folgt aus Satz 2:

$$\{x_1 a_1 + x_2 a_2 + \ldots + x_n a_n \mid x_1, x_2, \ldots x_n \in I\} = \{x \cdot 1 \mid x \in I\} = I.$$

Offensichtlich gilt in einem Hauptidealring: Genau dann sind $a_1, a_2, \ldots, a_n$ teilerfremd, wenn 1 als Vielfachensumme dieser Elemente darstellbar ist, wenn es also Elemente $r_1, r_2, \ldots, r_n \in I$ gibt mit

$$1 = r_1 a_1 + r_2 a_2 + \cdots + r_n a_n.$$

Daraus ergibt sich wie im Sonderfall des Integritätsbereichs $\mathbb{Z}$ für teilerfremde Elemente $a, b \in I$:

Aus $a|bc$ folgt $a|c$;

aus $a|c$ und $b|c$ folgt $ab|c$.

Zum Beweis betrachte man die Darstellung $1 = ua + vb$ $(u, v \in I)$ bzw. $c = uac + vbc$.

Satz 3: Es sei I ein Hauptidealring, ferner $a, b \in I$ und p ein irreduzibles Element von I. Dann gilt:

a) $p|a$ oder p und a sind teilerfremd.

b) Aus $p|ab$ folgt $p|a$ oder $p|b$.

c) Je zwei irreduzible Elemente sind assoziiert oder teilerfremd.

Beweis: a) Sind a, p nicht teilerfremd, dann existiert ein $d \in I$, das keine Einheit ist und sowohl a als auch p teilt. Da p irreduzibel ist, muss $d \simeq p$ gelten, mit $d|a$ also auch $p|a$.

b) Gilt $p \nmid a$, dann sind p und a teilerfremd (vgl. a)), es gilt also $1 = x_1 p + x_2 a$ mit $x_1, x_2 \in I$. Es folgt $b = b x_1 p + b x_2 a$, wegen $p | ab$ also $p | b$.

c) Diese Behauptung folgt ebenfalls sofort aus a). $\quad \square$

Ein Element p mit der Eigenschaft b) aus Satz 3, das keine Einheit ist, heißt ein *Primelement* von I. In einem Hauptidealring ist also jedes irreduzible Element ein Primelement. Umgekehrt ist in jedem Integritätsbereich ein Primelement offensichtlich auch irreduzibel, so dass in einem Hauptidealring die Begriffe „Primelement" und „irreduzibles Element" zusammenfallen.

Nun können wir die Verallgemeinerung des Fundamentalsatzes der elementaren Zahlentheorie (Satz 4 in I.3) auf Hauptidealringe (und damit auf euklidische Ringe) beweisen, wobei die irreduziblen Elemente (bzw. Primelemente) die Rolle der Primzahlen übernehmen.

Satz 4: In einem Hauptidealring lässt sich jedes Element, das nicht 0 und keine Einheit ist, als Produkt von endlich vielen irreduziblen Elementen darstellen. Diese Darstellung ist eindeutig bis auf die Reihenfolge der Faktoren und bis auf Multiplikation der Faktoren mit Einheiten.

Beweis: 1) Zuerst beweisen wir die *Existenz* der Faktorzerlegung. Wir nehmen an, es gäbe ein $a_0 \in I$, welches nicht 0 und keine Einheit ist und nicht als Produkt von endlich vielen irreduziblen Elementen aus I darstellbar ist. Dann ist insbesondere a_0 nicht irreduzibel, sonst wäre a_0 ein solches Produkt (mit *einem* Faktor). Es ist also $a_0 = a_1 b_1$ mit Nichteinheiten a_1, b_1. Mindestens einer dieser Faktoren ist dann nicht als endliches Produkt von irreduziblen Elementen darstellbar; wir nehmen dies für a_1 an. Dann ist $a_1 = a_2 b_2$, wobei ebenfalls einer der Faktoren – dies sei a_2 – nicht als endliches Produkt von irreduziblen Faktoren zu schreiben ist. So fortfahrend erhalten wir eine Folge $a_0, a_1, a_2, \ldots$ von Elementen aus I, wobei a_{i+1} ein *echter* Teiler von a_i ist $(i = 0, 1, 2, \ldots)$. Die Menge aller endlichen Vielfachensummen der a_i, also der Summen $\sum\limits_{i=0}^{\infty} x_i a_i$ mit nur endlich vielen von 0 verschiedenen Koeffizienten x_i, ist ein Ideal von I. Nach Voraussetzung ist dies ein Hauptideal, besteht also aus allen Vielfachen eines Elementes $b \in I$. Dann existieren ein $m \in \mathbb{N}_0$ und Elemente $r_0, r_1, \ldots, r_m \in I$ mit $b = r_0 a_0 + r_1 a_1 + \cdots + r_m a_m$. Wegen $a_m | a_i$ für $0 \le i \le m$ gilt also $a_m | b$. Wegen $a_{m+1} \in \{xb \mid x \in I\}$ gilt andererseits $b | a_{m+1}$. Es folgt $a_m | a_{m+1}$, wegen $a_{m+1} | a_m$ also $a_{m+1} \simeq a_m$. Dies widerspricht der Tatsache, dass a_{m+1} ein *echter* Teiler von a_m sein soll. Die Annahme, a_0 sei nicht als endliches Produkt von irreduziblen Elementen aus I darstellbar, führt also zu einem Widerspruch.

2) Nun beweisen wir unter Verwendung von Satz 3 die *Eindeutigkeit* der Faktorzerlegung. Angenommen, es sei a nicht 0, keine Einheit und besitze die Zerlegungen

$$a = p_1 p_2 p_3 \ldots p_r = q_1 q_2 q_3 \ldots q_s.$$

Dann ist $p_1 | q_1 q_2 \ldots q_s$, also $p_1 | q_i$ für ein i mit $1 \le i \le s$. Bei geeigneter Nummerierung ist $p_1|q_1$, also $p_1 \simeq q_1$ bzw. $q_1 = ep_1$ mit einer Einheit e. Setzt man dies in obige Darstellung von a ein und kürzt den Faktor p_1, dann ergibt sich

$$p_2 p_3 \ldots p_r = (eq_2)q_3 \ldots q_s.$$

Es ist keine Beschränkung der Allgemeinheit, $r \leq s$ anzunehmen. Obige Überlegung führen wir nun noch $(r-1)$-mal durch und erhalten

$$p_i \simeq q_i \ (i = 1, 2, \ldots, r) \text{ und } 1 = f q_{r+1} \ldots q_s$$

mit einer Einheit f. Wäre $s > r$, so ergäbe sich der Widerspruch $q_s|1$, also ist $s = r$, womit alles bewiesen ist. $\quad\square$

Nun kann man analog zur kanonischen Primfaktorzerlegung in $\mathbb{N}$ (bzw. in $\mathbb{Z}$, wenn man noch ein Vorzeichen zulässt) die kanonische Faktorzerlegung in einem Hauptidealring definieren. Dazu muss man aber zunächst aus jeder Klasse assoziierter irreduzibler Elemente einen Vertreter auswählen. Die Menge dieser Vertreter bezeichnen wir mit P. Dann hat jedes Element $a \neq 0$ von I, das keine Einheit ist, eine eindeutige Darstellung der Form

$$a = e \prod_{p \in P} p^{\alpha(p)}$$

mit einer Einheit e und Exponenten $\alpha(p) \in \mathbb{N}_0$, von denen nur endlich viele von 0 verschieden sind. Man erkennt nun sofort, wie man einen ggT zweier Elemente erhält, wenn diese in kanonischer Faktorzerlegung gegeben sind: Ist

$$a = e \prod_{p \in P} p^{\alpha(p)} \quad \text{bzw.} \quad b = f \prod_{p \in P} p^{\beta(p)}$$

die kanonische Faktorzerlegung von a bzw. b, dann ist

$$d = \prod_{p \in P} p^{\min\{\alpha(p), \beta(p)\}}$$

ein *größter gemeinsamer Teiler* von a und b. Entsprechendes gilt natürlich auch für einen größten gemeinsamen Teiler von mehr als zwei Elementen. Auch ein *kleinstes gemeinsames Vielfaches* von Elementen aus einem Hauptidealring I, welches analog zum kgV ganzer Zahlen definiert wird, lässt sich wie in $\mathbb{Z}$ mit Hilfe der kanonischen Faktorzerlegung angeben.

In der Regel ist es sehr schwer, die kanonische Faktorzerlegung eines Elementes aus I zu finden, so dass obige Bestimmung eines ggT nur theoretische Bedeutung hat. In euklidischen Ringen steht zur ggT-Berechnung der euklidische Algorithmus zur Verfügung (und daher rührt der Name für diese Integritätsbereiche). Der euklidische Algorithmus funktioniert wie in $\mathbb{Z}$, so dass es genügt, hierfür ein Beispiel vorzurechnen. Man beachte dabei, dass bei der Division mit Rest $a = qb + r$ mit $\gamma(r) < \gamma(b)$ die Elemente q und r durch a und b nicht eindeutig bestimmt sind (wie es bei der Division mit Rest in $\mathbb{N}$ der Fall ist).

Beispiel: In Beispiel 3 in II.1 soll die Menge aller größten gemeinsamen Teiler von

$$A = \begin{pmatrix} 45 & 20 \\ -20 & 45 \end{pmatrix} \quad \text{und} \quad B = \begin{pmatrix} -27 & 4 \\ -4 & -27 \end{pmatrix}$$

bestimmt werden. Es gilt

$$\begin{pmatrix} 45 & 20 \\ -20 & 45 \end{pmatrix} = \begin{pmatrix} -1 & -1 \\ 1 & -1 \end{pmatrix} \begin{pmatrix} -27 & 4 \\ -4 & -27 \end{pmatrix} + \begin{pmatrix} 14 & -3 \\ 3 & 14 \end{pmatrix}$$

$$\begin{pmatrix} -27 & 4 \\ -4 & -27 \end{pmatrix} = \begin{pmatrix} -2 & 0 \\ 0 & -2 \end{pmatrix} \begin{pmatrix} 14 & -3 \\ 3 & 14 \end{pmatrix} + \begin{pmatrix} 1 & -2 \\ 2 & 1 \end{pmatrix}$$

$$\begin{pmatrix} 14 & -3 \\ 3 & 14 \end{pmatrix} = \begin{pmatrix} 4 & 5 \\ -5 & 4 \end{pmatrix} \begin{pmatrix} 1 & -2 \\ 2 & 1 \end{pmatrix}$$

mit

$$\gamma \left(\begin{pmatrix} -27 & 4 \\ -4 & -27 \end{pmatrix} \right) = 745 > \gamma \left(\begin{pmatrix} 14 & -3 \\ 3 & 14 \end{pmatrix} \right) = 205 > \gamma \left(\begin{pmatrix} 1 & -2 \\ 2 & 1 \end{pmatrix} \right) = 5.$$

Der erste Schritt in dieser Rechnung hätte auch

$$\begin{pmatrix} 45 & 20 \\ -20 & 45 \end{pmatrix} = \begin{pmatrix} -2 & -1 \\ 1 & -2 \end{pmatrix} \begin{pmatrix} -27 & 4 \\ -4 & -27 \end{pmatrix} + \begin{pmatrix} -13 & 1 \\ -1 & -13 \end{pmatrix}$$

lauten können. Ein ggT von A und B ist $\begin{pmatrix} 1 & -2 \\ 2 & 1 \end{pmatrix}$. Multipliziert man dieses Element mit allen Einheiten von G, dann ergibt sich

$$\text{GGT}(A, B) = \left\{ \begin{pmatrix} 1 & -2 \\ 2 & 1 \end{pmatrix}, \begin{pmatrix} -1 & 2 \\ -2 & -1 \end{pmatrix}, \begin{pmatrix} -2 & -1 \\ 1 & -2 \end{pmatrix}, \begin{pmatrix} 2 & 1 \\ -1 & 2 \end{pmatrix} \right\}.$$

Einen Integritätsbereich, in dem eine eindeutige Faktorzerlegung in irreduzible Elemente existiert, nennt man einen *ZPE-Ring*. (Die **Z**erlegung in **P**rimfaktoren ist **e**indeutig.). Wir haben folgende Implikationskette bewiesen:

$$I \text{ euklidischer Ring} \;\Rightarrow\; I \text{ Hauptidealring} \;\Rightarrow\; I \text{ ZPE-Ring}$$

Man kann zeigen, dass von keiner dieser Implikationen die Umkehrung gilt. Beispielsweise ist der Integritätsbereich $\mathbb{Z}[x]$ der Polynome mit *ganzzahligen* Koeffizienten ein ZPE-Ring; diese erstmals von Gauss bewiesene Tatsache lernt man in der Algebra. Es liegt aber kein euklidischer Ring vor; es gibt z.B. keine Polynome $v(x), r(x) \in \mathbb{Z}[x]$ mit $v(x) \neq 0$ und $x = v(x) \cdot 2 + r(x)$, wobei $\gamma(r(x)) < \gamma(x) = 1$.

In Abschnitt II.4 werden wir Beispiele für Integritätsbereiche kennenlernen, die keine ZPE-Ringe, also erst recht keine euklidischen Ringe sind.

II.3 Die ganzen gaußschen Zahlen

In II.1 und II.2 haben wir den euklidischen Ring G behandelt, dessen Elemente Matrizen der Form $\begin{pmatrix} a & -b \\ b & a \end{pmatrix}$ mit $a, b \in \mathbb{Z}$ sind. Hätte man $a, b \in \mathbb{R}$ zugelassen, so hätte sich der *Körper* $\mathbb{C}$ *der komplexen Zahlen* ergeben. Dessen Elemente schreibt man üblicherweise in der Form $a + bi$. Übersetzt man die Rechenregeln für Matrizen in diese neue Schreibweise, so ergeben sich die üblichen Gesetze für das Rechnen in $\mathbb{C}$. Insbesondere rechnet man mit der „imaginären Einheit" i nach den üblichen Regeln der Arithmetik, wobei aber $i^2 = -1$ zu setzen ist. Wir wollen die Elemente aus G künftig ebenfalls in der Form $a + bi$ schreiben. Da Gauß den Körper der komplexen Zahlen erstmals einwandfrei definiert hat, nennt man ihm zu Ehren die Elemente aus G *ganze gaußsche Zahlen.* Für $b = 0$ ergeben sich die reellen Zahlen als spezielle komplexe Zahlen bzw. die ganzen Zahlen als spezielle ganze gaußsche Zahlen. Statt „irreduzibles Element von G" sagen wir nun auch kürzer „gaußsche Primzahl"; denn in einem Hauptidealring fallen die Begriffe „irreduzibles Element" und „Primelement" zusammen (vgl. II.2). Wir erinnern an die Definition der *Norm* N einer ganzen gaußschen Zahl, welche als Gradfunktion im euklidischen Ring G diente:

$$\text{Für } \alpha = a + bi \quad \text{ist} \quad N(\alpha) = a^2 + b^2.$$

Die komplexen Zahlen $\alpha = a + bi$ und $\overline{\alpha} = a - bi$ heißen *konjugiert.* Sie sind die Lösungen der quadratischen Gleichung $x^2 - (\alpha + \overline{\alpha})x + \alpha\overline{\alpha} = 0$ bzw. $x^2 - 2ax + a^2 + b^2 = 0$. Es gilt $N(\alpha) = \alpha \cdot \overline{\alpha}$. Daraus folgt, dass jede ganze gaußsche Zahl ihre Norm teilt.

Aus der Tatsache, dass die Determinante des Produktes zweier Matrizen gleich dem Produkt der Determinanten der beiden Matrizen ist, haben wir in II.1 die Beziehung

$$N(\alpha \cdot \beta) = N(\alpha) \cdot N(\beta) \quad \text{für } \alpha, \beta \in G$$

hergeleitet. Dies ergibt sich natürlich auch sofort aus den bekannten Regeln für das Rechnen mit komplexen Zahlen: $\alpha\beta \cdot \overline{\alpha\beta} = \alpha\overline{\alpha} \cdot \beta\overline{\beta}$. Die Einheiten von G, also die Elemente ε mit $N(\varepsilon) = 1$, sind $1, -1, i, -i$.

Aus $\alpha|\beta$ folgt $N(\alpha)|N(\beta)$, die Umkehrung hiervon gilt aber nicht: Ob $x + yi$ im Fall $(x^2 + y^2)|(a^2 + b^2)$ tatsächlich ein Teiler der ganzen gaußschen Zahl $a + bi$ ist, prüft man durch Berechnung des Quotienten

$$\frac{a + bi}{x + yi} = \frac{(a + bi)(x - yi)}{(x + yi)(x - yi)} = \frac{ax + by}{x^2 + y^2} + \frac{bx - ay}{x^2 + y^2}i;$$

also ist $x + yi$ genau dann ein Teiler von $a + bi$, wenn $x^2 + y^2$ ein Teiler von $\text{ggT}(ax + by, bx - ay)$ ist.

Beispiel 1: Die ganze gaußsche Zahl $4+7i$ hat die Norm 65; die positiven Teiler von 65 und die ganzen gaußschen Zahlen mit dieser Norm sind im Folgenden aufgelistet:

$$
\begin{array}{rcl rrrr}
1 & = & 0^2 + 1^2: & 1 & -1 & i & -i \\
5 & = & 1^2 + 2^2: & 1+2i & -1-2i & -2+i & 2-i \\
 & & & 2+i & -2-i & -1+2i & 1-2i \\
13 & = & 2^2 + 3^2: & 2+3i & -2-3i & -3+2i & 3-2i \\
 & & & 3+2i & -3-2i & -2+3i & 2-3i \\
65 & = & 1^2 + 8^2: & 1+8i & -1-8i & -8+i & 8-i \\
 & & & 8+i & -8-i & -1+8i & 1-8i \\
 & = & 4^2 + 7^2: & 4+7i & -4-7i & -7+4i & 7-4i \\
 & & & 7+4i & -7-4i & -4+7i & 4-7i
\end{array}
$$

In jeder Zeile stehen vier zueinander assoziierte Zahlen, also Zahlen, die sich nur um eine Einheit als Faktor unterscheiden. In der ersten Zeile stehen die Einheiten. Es gilt

$$
\begin{aligned}
(1+2i) & \nmid (4+7i), \quad \text{denn} \quad 5 \nmid \ \mathrm{ggT}(18,-1); \\
(2+i) & \mid (4+7i), \quad \text{denn} \quad 5 \mid \ \mathrm{ggT}(15,10).
\end{aligned}
$$

Ferner gilt $(2+3i) \nmid (4+7i)$, $(3+2i)|(4+7i)$, $(1+8i) \nmid (4+7i)$, $(8+i) \nmid (4+7i)$ und $(7+4i) \nmid (4+7i)$. Die Teiler von $4+7i$ sind also die Zahlen

$$1, \ 2+i, \ 3+2i \ \text{und} \ 4+7i$$

und die jeweils dazu assoziierten Zahlen. Es ist $(2+i)(3+2i) = 4+7i$.

Ist $N(\pi)$ eine Primzahl aus $\mathbb{N}$, dann ist π eine gaußsche Primzahl, weil aus einer nichttrivialen Zerlegung von π eine solche von $N(\pi)$ folgen würde. Dass die Umkehrung dieser Aussage nicht gilt, haben wir bereits in II.1 am Beispiel der ganzen gaußschen Zahl 3 $(= 3 + 0i)$ gesehen. Statt „Primzahl aus $\mathbb{N}$" werden wir künftig einfach „Primzahl" sagen, oft spricht man hier auch von „rationalen Primzahlen". Wir wollen nun die Menge der gaußschen Primzahlen näher beschreiben.

Satz 5: a) Jede gaußsche Primzahl teilt eine Primzahl.

b) Die Norm einer gaußschen Primzahl ist entweder eine Primzahl oder das Quadrat einer Primzahl.

c) Ist die Primzahl p als Summe von zwei Quadraten ganzer Zahlen darstellbar, dann ist p das Produkt zweier konjugierter gaußscher Primzahlen. Ist p nicht als Summe von zwei Quadraten ganzer Zahlen zu schreiben, dann ist p eine gaußsche Primzahl.

Beweis: a) Jede ganze gaußsche Zahl teilt ihre Norm. Ist π eine gaußsche Primzahl und $N(\pi) = p_1 p_2 \ldots p_r$, wobei $p_1, p_2, \ldots, p_r$ Primzahlen sind, dann gilt also $\pi | p_i$ für eine dieser Primzahlen p_i.

b) Es sei π eine gaußsche Primzahl und p eine Primzahl mit $\pi|p$, also $p = \pi \cdot \gamma$ mit $\gamma \in G$. Dann gilt $p^2 = N(p) = N(\pi) \cdot N(\gamma)$. Also ist entweder $N(\pi) = N(\gamma) = p$ oder $N(\pi) = p^2$ und $N(\gamma) = 1$.

c) Ist $p = a^2 + b^2$ $(a, b \in \mathbb{N})$, so ist $p = (a+bi)(a-bi)$, wobei die Faktoren gaußsche Primzahlen sind, da sie die Norm p haben. Ist $p = \alpha\beta$ $(\alpha, \beta \in G)$, wobei α, β keine Einheiten sind, dann ist $p^2 = N(p) = N(\alpha)N(\beta)$, also $N(\alpha) = N(\beta) = p$; die Primzahl p ist dann also als Summe von zwei Quadraten darstellbar.   □

Ob eine Primzahl p eine gaußsche Primzahl ist oder nicht, hängt also davon ab, ob p als Summe von zwei Quadraten darzustellen ist.

Beispiel 2: Die Primzahlen p der Form $4n + 3$ sind gaußsche Primzahlen, denn sie sind nicht als Summe von Quadraten darstellbar: Ist p eine ungerade Primzahl und $p = a^2 + b^2$ mit $a, b \in \mathbb{N}$, dann ist von den Zahlen a, b eine gerade und eine ungerade; also lässt $a^2 + b^2$ bei Division durch 4 den Rest 1. Die Primzahlen $3, 7, 11, 19, 23, 31, \ldots$ sind also auch gaußsche Primzahlen. Ferner gilt

$$
\begin{aligned}
2 &= 1^2 + 1^2 &&\text{und} & 2 &= (1+i)(1-i); \\
5 &= 1^2 + 2^2 &&\text{und} & 5 &= (1+2i)(1-2i); \\
13 &= 2^2 + 3^2 &&\text{und} & 13 &= (2+3i)(2-3i); \\
17 &= 1^2 + 4^2 &&\text{und} & 17 &= (1+4i)(1-4i); \\
29 &= 2^2 + 5^2 &&\text{und} & 29 &= (2+5i)(2-5i)
\end{aligned}
$$

usw. Die Faktoren sind dabei gaußsche Primzahlen, denn ihre Norm ist die jeweils dargestellte Primzahl. Gaußsche Primzahlen sind also

die Zahl $1 + i$;

die Primzahlen der Form $4n + 3$;

die Zahlen $a \pm bi$, wenn $a^2 + b^2$ eine Primzahl ist

und die jeweils dazu assoziierten Zahlen. (Beachte, dass $1+i$ und $1-i$ assoziiert sind.) Die gaußschen Primzahlen mit der Norm < 100 sind neben 3 und 7

$1 + i, 1 \pm 2i, 2 \pm 3i, 1 \pm 4i, 2 \pm 5i, 1 \pm 6i, 4 \pm 5i, 2 \pm 7i, 5 \pm 6i, 3 \pm 8i, 5 \pm 8i, 4 \pm 9i$

und die jeweils dazu assoziierten Zahlen.

Satz 5 c) wirft die Frage auf, welche ungeraden Primzahlen als Summe von zwei Quadraten ganzer Zahlen darstellbar sind. In V.5 werden wir beweisen, dass dies genau für die Primzahlen der Form $4n + 1$ der Fall ist. Wenn wir dieses Ergebnis voraussetzen, können wir hier nun folgenden Satz beweisen:

Satz 6: Eine natürliche Zahl ist genau dann als Summe von zwei Quadratzahlen darstellbar, wenn in ihrer kanonischen Primfaktorzerlegung die Primzahlen der Form $4n + 3$ jeweils nur mit geradem Exponent vorkommen.

Beweis: Eine natürliche Zahl N ist genau dann als Summe zweier Quadrate darstellbar (wobei ein Summand auch 0^2 sein darf), wenn sie Norm einer ganzen gaußschen Zahl α ist. Nun ist α eindeutig in ein Produkt von gaußschen

Primzahlen zerlegbar, weil G ein ZPE-Ring ist. Es seien $\sigma_1, \sigma_2, \ldots \sigma_s$ die verschiedenen unter den gaußschen Primzahlen in dieser Zerlegung, deren Norm eine Primzahl ist, ferner $\varrho_1, \varrho_2, \ldots, \varrho_t$ die verschiedenen gaußschen Primzahlen in dieser Zerlegung, deren Norm das Quadrat einer Primzahl ist. Dann ist $N(\sigma_j) = p_j$ gleich 2 oder eine Primzahl der Form $4n + 1$ ($j = 1, 2, \ldots, s$), während $N(\varrho_k) = q_k^2$ mit einer Primzahl q_k der Form $4n + 3$ ist ($k = 1, 2, \ldots, t$). Die Primfaktorzerlegung von α ist dann

(1) $\qquad \alpha = \sigma_1^{a_1} \sigma_2^{a_2} \ldots \sigma_s^{a_s} \cdot \varrho_1^{b_1} \varrho_2^{b_2} \ldots \varrho_t^{b_t}$

mit $a_1, a_2, \ldots, a_s, b_1, b_2, \ldots, b_t \in \mathbb{N}$. Daraus folgt

(2) $\qquad N = N(\alpha) = p_1^{a_1} p_2^{a_2} \ldots p_s^{a_s} \cdot q_1^{2b_1} q_2^{2b_2} \ldots q_t^{2b_t}$.

Die Primzahlen q_k ($k = 1, 2, \ldots, t$) kommen also in der Primfaktorzerlegung von N jeweils in gerader Anzahl vor. Sei umgekehrt N von der Gestalt (2), wobei die Primzahlen p_j gleich 2 oder von der Form $4n + 1$ sind ($j = 1, 2, \ldots, s$) und die Primzahlen q_k von der Form $4n + 3$ sind ($k = 1, 2, \ldots, t$). Ist $p_j = u_j^2 + v_j^2$, so setze man $\sigma_j = u_j + v_j i$ ($j = 1, 2, \ldots, s$). Ferner setze man $\varrho_k = q_k$ ($k = 1, 2, \ldots, t$). Bildet man damit die Zahl α wie in (1), dann ist $N = N(\alpha)$. Also ist N als Summe von zwei Quadraten darstellbar. $\square$

Bemerkung: Die Frage der Darstellbarkeit einer Primzahl als Summe von zwei Quadraten wurde von Fermat behandelt; man spricht daher vom *fermatschen Zwei-Quadrate-Satz*. Dies ist einer der interessantesten Sätze der Zahlentheorie und wird uns noch öfter beschäftigen. Die schönsten Beweise dieses Satzes findet man in [Flath 1989].

Die Darstellung einer Primzahl p der Form $4n + 1$ als Summe von zwei Quadraten ist eindeutig, wie aus dem folgenden Satz hervorgeht.

Satz 7: Es sei k eine natürliche Zahl > 1, die bei Division durch 4 den Rest 1 lässt. Genau dann ist k eine Primzahl, wenn genau ein Paar (a, b) mit $a, b \in \mathbb{N}_0$, $a > b$ und $k = a^2 + b^2$ existiert, und wenn dabei $\mathrm{ggT}(a, b) = 1$ ist.

Beweis: Wir setzen wieder das erst in V.5 zu beweisende Ergebnis voraus, dass eine Primzahl der Form $4n + 1$ überhaupt als Summe von zwei Quadraten zu schreiben ist.

1) Es sei $k = p$ eine Primzahl, und es seien $p = a^2 + b^2 = c^2 + d^2$ Darstellungen von p als Summe von zwei Quadraten. Dann ist

$$p = (a + bi)(a - bi) = (c + di)(c - di),$$

wobei nach Satz 5 c) die Zahlen $a \pm bi$ und $c \pm di$ gaußsche Primzahlen sind. Dann ist aufgrund der Eindeutigkeit der Primfaktorzerlegung $a + bi$ assoziiert zu $c + di$ oder zu $c - di$, woraus $\{a, b\} = \{c, d\}$ folgt.

2) Es sei $k = a^2 + b^2$ mit $a > b \geq 0$ die einzige Darstellung von k als Summe zweier Quadrate, und es sei $\mathrm{ggT}(a, b) = 1$. Ist $k = e^2 f$ und $f = g^2 + h^2$ (vgl. Satz 6), also $k = (eg)^2 + (eh)^2$, so ist aufgrund der Eindeutigkeit der Darstellung

$e | \mathrm{ggT}(a, b)$ und somit $e = 1$. Die Zahl k ist also *quadratfrei*, d.h. sie ist durch kein Quadrat außer 1 teilbar. Ist $k = r \cdot s$ nun eine nichttriviale Faktorzerlegung von k, dann sind aufgrund von Satz 6 auch r und s als Summe von zwei Quadraten zu schreiben:

$$\begin{aligned} r &= u^2 + v^2 &= (u + vi)(u - vi), \\ s &= x^2 + y^2 &= (x + yi)(x - yi) \end{aligned}$$

mit $u, v, x, y \in \mathbb{N}$. Es folgt

$$k = N(u+vi)N(x+yi) = N((ux - vy) + (vx + uy)i) = (ux - vy)^2 + (vx + uy)^2,$$

$$k = N(u+vi)N(x-yi) = N((ux + vy) + (vx - uy)i) = (ux + vy)^2 + (vx - uy)^2.$$

Aus der Eindeutigkeit der Darstellung folgt

$$(ux - vy)^2 = (ux + vy)^2 \quad \text{oder} \quad (ux - vy)^2 = (vx - uy)^2.$$

Im ersten Fall folgt $uvxy = 0$, was aber nicht sein kann, weil k quadratfrei ist und $r, s \neq 1$ gilt. Im zweiten Fall folgt

$$u^2 x^2 + v^2 y^2 = v^2 x^2 + u^2 y^2, \text{ also } (u^2 - v^2)(x^2 - y^2) = 0.$$

Ist $u = v$, so ist $u = v = 1$ und somit $r = 2$, weil k quadratfrei ist; entsprechend folgt $s = 2$ aus $x = y$. Wegen $2 \nmid k$ ergibt sich aus der Annahme, k sei zusammengesetzt, ein Widerspruch. $\square$

Bemerkungen: Die in obigem Beweis vorgekommene Formel

$$(u^2 + v^2)(x^2 + y^2) = (ux - vy)^2 + (uy + vx)^2,$$

nach der man ein Produkt aus zwei Summen zweier Quadrate wieder als Summe von zwei Quadraten schreiben kann, wird oft *Formel von* Fibonacci genannt, da sie im *Liber quadratorum* vorkommt. Vermutlich war sie schon Diophant bekannt, da dieser in Buch II,9 seiner *Arithmetica* schreibt: „Es liegt in der Natur der Zahl 65, dass sie auf zwei Arten als Summe von zwei Quadraten geschrieben werden kann, nämlich als $16 + 49$ und als $64 + 1$; das liegt daran, dass sie das Produkt der Zahlen 13 und 5 ist, welche beide Summen von Quadraten sind." Dies kann man folgendermaßen interpretieren:

$$\begin{aligned} 65 = 13 \cdot 5 &= (3^2 + 2^2)(2^2 + 1^2) = (6 - 2)^2 + (3 + 4)^2 = 4^2 + 7^2 \\ &= (2^2 + 3^2)(2^2 + 1^2) = (4 - 3)^2 + (2 + 6)^2 = 1^2 + 8^2. \end{aligned}$$

In Abschnitt V.5 werden wir einen weiteren Beweis für Satz 7 darstellen.

Man beachte, dass es in Satz 7 nicht genügt, „genau eine Darstellung als Summe von teilerfremden Quadraten" zu fordern. Diese Eigenschaft hat beispielsweise auch die Zahl 125: Die einzigen Darstellungen als Summe von Quadraten sind $125 = 5^2 + 10^2 = 2^2 + 11^2$; es gibt also genau eine Darstellung als Summe von teilerfremden Quadraten, aber daneben noch eine weitere Darstellung als Summe von Quadraten.

Beispiel 3: Als Anwendung von Satz 7 wollen wir zeigen, dass 44021 eine Primzahl ist (vgl. das Beispiel von Fermat zur Faktorzerlegung in I.3; bzgl. 46061 vgl. Aufgabe 9). Diese Zahl lässt bei Division durch 4 den Rest 1, so dass Satz 7 anwendbar ist.

Wegen $[\sqrt{44021}] = 209$ ist in der Darstellung $44021 = a^2 + b^2$ nur $0 < a, b < 210$ zu untersuchen. Die Summe der 100er-Reste von a^2 und b^2 muss 21 oder 121 ergeben. Anhand der Tabelle in I.3 erkennt man, dass dies (abgesehen von der Reihenfolge), nur möglich ist, wenn gilt

(1) a^2 hat den 100er-Rest 00 und b^2 den 100er-Rest 21

oder

(2) a^2 hat den 100er-Rest 25 und b^2 den 100er-Rest 96.

Im Fall (1) endet a auf 0 und b auf 1 oder 9.

Endet b auf $x1$, dann hat b^2 denselben 100er-Rest wie $20x + 1$, so dass b auf 11 oder 61 enden muss. Für b kommen also nur die Zahlen 11, 61, 111, 161 in Frage. Für $44021 - b^2$ ergeben sich dann die Werte 43900, 40300, 31700, 18100. Da keine der Zahlen 439, 403, 317, 181 Quadratzahl ist, ergibt sich keine Darstellung von 44021 als Summe von zwei Quadraten.

Endet b auf $x9$, dann hat b^2 denselben 100er-Rest wie $80x + 81$, so dass b auf 39 oder 89 enden muss. Für b kommen also nur die Zahlen 39, 89, 139, 189 in Frage. Für $44021 - b^2$ ergeben sich dann die Werte 42500, 36100, 24700, 8300. Von diesen ist nur $36100 = 190^2$ ein Quadrat, womit sich folgende Darstellung ergibt:

$$44021 = 190^2 + 89^2$$

Im Fall (2) endet a auf 5 und b auf 4 oder 6.

Endet b auf $x4$, dann hat b^2 denselben 100er-Rest wie $80x + 16$, so dass b auf 14 oder 64 enden muss. Für b kommen also nur die Zahlen 14, 64, 114, 164 in Frage. Für $44021 - b^2$ ergeben sich dann die Werte 43825, 39925, 31025, 17125. Division durch 25 ergibt die Zahlen 1753, 1597, 1241, 685; dies sind keine Quadrate. Es ergibt sich also keine Darstellung von 44021 als Summe von zwei Quadraten.

Endet b auf $x6$, dann hat b^2 denselben 100er-Rest wie $20x + 36$, so dass b auf 36 oder 86 enden muss. Für b kommen also nur die Zahlen 36, 86, 136, 186 in Frage. Für $44021 - b^2$ ergeben sich dann die Werte 42725, 36625, 25525, 9425. Division durch 25 ergibt die Zahlen 1709, 1465, 1021, 377; dies sind keine Quadrate. Es ergibt sich also keine Darstellung von 44021 als Summe von zwei Quadraten.

Es gibt also (abgesehen von der Reihenfolge der Summanden) nur eine Darstellung von 44021 als Summe von zwei Quadraten, und diese sind teilerfremd.

Die Zahl 44021 ist also eine Primzahl.

II.4 Ganzalgebraische Zahlen zweiten Grades

Eine Nullstelle eines Polynoms mit ganzzahligen Koeffizienten nennt man eine *algebraische Zahl*. Eine solche heißt *ganzalgebraisch*, wenn sie Nullstelle eines Polynoms mit dem führenden Koeffizienten 1 ist, wenn sie also einer Gleichung der Form

$$x^n + a_{n-1}x^{n-1} + \ldots + a_2x^2 + a_1x + a_0 = 0$$

mit $n \in \mathbb{N}$ und $a_0, a_1, a_2, \ldots, a_{n-1} \in \mathbb{Z}$ genügt. Man kann zeigen, dass die algebraischen Zahlen einen Teilkörper des Körpers $\mathbb{C}$ der komplexen Zahlen und dass die ganzalgebraischen Zahlen darin einen Integritätsbereich bilden. Dieser sehr umfassende Integritätsbereich ist für die Teilbarkeitslehre uninteressant, von Interesse sind nur gewisse Teilbereiche wie z. B. der in II.3 betrachtete Integritätsbereich der ganzen gaußschen Zahlen. Dies sind Zahlen, welche einer quadratischen Gleichung mit ganzzahligen Koeffizienten genügen. Beispielsweise genügt die ganze gaußsche Zahl $a + bi$ der Gleichung $x^2 - 2ax + a^2 + b^2 = 0$.

Wir beschränken uns auch weiterhin auf ganzalgebraische Zahlen vom Grad 2, also auf solche, die Lösung einer quadratischen Gleichung sind. Eine solche Zahl hat die Form

$$a + b\sqrt{d} \quad \text{mit } a, b \in \mathbb{Q} \text{ und } d \in \mathbb{Z} \setminus \{1\},$$

wobei man den Radikand d als *quadratfrei* voraussetzen kann. Letzteres bedeutet, dass er nicht durch eine von 1 verschiedene ganze Quadratzahl teilbar sein soll; man könnte andernfalls $\sqrt{c^2 e}$ durch $c\sqrt{e}$ ersetzen.

Die Zahl $a + b\sqrt{d}$ genügt der quadratischen Gleichung $x^2 - 2ax + a^2 - b^2 d = 0$; sie ist also ganzalgebraisch, wenn $2a \in \mathbb{Z}$ und $a^2 - b^2 d \in \mathbb{Z}$ gilt. Dann muss auch $4(a^2 - b^2 d) = (2a)^2 - (2b)^2 d$ ganz sein; weil das quadratfreie d keinen eventuell vorhandenen Nenner von $(2b)^2$ wegkürzen kann, muss also auch $2b$ ganz sein. Mit $u = 2a$ und $v = 2b$ ist also $u^2 - v^2 d$ eine ganze Zahl, die überdies durch 4 teilbar ist. Ist d von der Form $4n + 2$ oder $4n + 3$, dann müssen u und v beide gerade sein, obige Zahlen a und b müssen also ganz sein. Hat d die Form $4n + 1$, dann müssen die Zahlen u und v beide gerade oder beide ungerade sein. Man erhält also

für $d = 4n + 2$ oder $d = 4n + 3$ $(n \in \mathbb{Z})$ die ganzalgebraischen Zahlen
$$a + b\sqrt{d} \quad \text{mit} \quad a, b \in \mathbb{Z},$$

für $d = 4n + 1$ $(n \in \mathbb{Z})$ die ganzalgebraischen Zahlen
$$\frac{a}{2} + \frac{b}{2}\sqrt{d} \quad \text{mit} \quad a, b \in \mathbb{Z} \text{ und } 2 | a - b.$$

Im letztgenannten Fall kann man wegen $\dfrac{a}{2} + \dfrac{b}{2}\sqrt{d} = \dfrac{a - b}{2} + b \cdot \dfrac{1 + \sqrt{d}}{2}$ die ganzalgebraischen Zahlen auch in der Form $r + s \cdot \omega$ mit $\omega = \dfrac{1 + \sqrt{d}}{2}$ und $r, s \in \mathbb{Z}$ schreiben.

Für ein festes quadratfreies $d \in \mathbb{Z} \setminus \{1\}$ bilden die Zahlen $a + b\sqrt{d}$ $(a, b \in \mathbb{Z})$ bzw. $r + s\omega$ $(r, s \in \mathbb{Z})$ einen Integritätsbereich G_d, denn die Summe und das Produkt zweier solcher Zahlen sind wieder von der gleichen Form und die neutralen Elemente 0 und 1 sind von dieser Form. (Die übrigen Forderungen an einen Integritätsbereich ergeben sich aus den entsprechenden Regeln für das Rechnen mit komplexen Zahlen.) Für $d = -1$ ist $\sqrt{d} = i$, es liegt der Integritätsbereich $G = G_{-1}$ der ganzen gaußschen Zahlen vor. Dieser ist ein euklidischer Ring, was leider nicht für jedes d der Fall ist. Die Zahlen

$$\alpha = a + b\sqrt{d} \quad \text{und} \quad \alpha' = a - b\sqrt{d}$$

bzw.

$$\alpha = r + s \cdot \omega \quad \text{und} \quad \alpha' = r + s \cdot \omega' \text{ mit } \omega' = \frac{1 - \sqrt{d}}{2}$$

heißen *konjugiert*. Sie sind die Lösungen der quadratischen Gleichung

$$(x - \alpha)(x - \alpha') = x^2 - 2ax + (a^2 - b^2 d) = 0$$

bzw.

$$(x - \alpha)(x - \alpha') = x^2 - (2r + s)x + (r^2 + rs + s^2 \cdot \frac{1 - d}{4}) = 0.$$

Die Zahl

$$N(\alpha) = \alpha\alpha' = \begin{cases} a^2 - b^2 d & \text{für } \alpha = a + b\sqrt{d} \\ r^2 + rs + s^2 \cdot \dfrac{1 - d}{4} & \text{für } \alpha = r + s\omega \end{cases}$$

nennen wir wieder die *Norm* von α. Nur für $\alpha = 0$ hat die Norm den Wert 0. Für alle $\alpha, \beta \in G_d$ gilt, wie man leicht nachrechnen kann, $(\alpha\beta)' = \alpha'\beta'$, also $(\alpha\beta)(\alpha\beta)' = (\alpha\alpha')(\beta\beta')$ und somit

$$N(\alpha \cdot \beta) = N(\alpha) \cdot N(\beta).$$

(Man beachte, dass für $d = -1$ die Bezeichnung $\overline{\alpha}$ statt α' verwendet wurde.)

Die Einheiten ε im Integritätsbereich G_d sind durch $|N(\varepsilon)| = 1$ gekennzeichnet. Aus $\varepsilon | 1$ folgt nämlich $N(\varepsilon) | 1$, und aus $\varepsilon\varepsilon' = \pm 1$ folgt $\varepsilon | 1$.

Satz 8: Der Integritätsbereich G_d ist für

$$d \in \{-11, -7, -3, -2, -1, 2, 3, 5\}$$

ein euklidischer Ring.

Beweis: Als Gradfunktion wählen wir den Betrag der Norm. Für $\alpha, \beta \in G_d$ bilden wir den Quotient $\frac{\alpha}{\beta} = x + y\sqrt{d}$ mit $x, y \in \mathbb{Q}$.

1. Fall: $d = 4n + 2$ oder $d = 4n + 3$, also $d \in \{-2, -1, 2, 3\}$

Wählt man $u, v \in \mathbb{Z}$ mit $|x - u| \leq \frac{1}{2}$ und $|y - v| \leq \frac{1}{2}$, so ergibt sich $\alpha = \gamma\beta + \delta$ mit $\gamma = u + v\sqrt{d} \in G_d$ und

$$\delta = \left(\frac{\alpha}{\beta} - \gamma\right)\beta = ((x - u) + (y - v)\sqrt{d}) \cdot \beta \in G_d.$$

Wegen $|N((x-u)+(y-v)\sqrt{d}))| \le \frac{1}{4} \cdot |1-d| < 1$ für $d \in \{-2,-1,2,3\}$ ist $|N(\delta)| < |N(\beta)|$.

2. Fall: $d = 4n+1$, also $d \in \{-11,-7,-3,5\}$

Wählt man $u,v \in \mathbb{Z}$ mit $\left|y - \frac{v}{2}\right| \le \frac{1}{4}$ und $\left|x - \frac{v}{2} - u\right| \le \frac{1}{2}$, so ergibt sich

$\alpha = \gamma\beta + \delta$ mit $\gamma = u + v \cdot \dfrac{1+\sqrt{d}}{2} \in G_d$ und

$$\delta = \left(\frac{\alpha}{\beta} - \gamma\right)\beta = \left(x - u + y\sqrt{d} - v \cdot \frac{1+\sqrt{d}}{2}\right) \cdot \beta \in G_d.$$

Wegen $\left|N\left(\left(x - u - \frac{v}{2}\right) + \left(y - \frac{v}{2}\right)\sqrt{d}\right)\right| \le \frac{1}{4} + \frac{|d|}{16} \le \frac{15}{16} < 1$ für $d \in \{-11,-7,-3,5\}$ ist $|N(\delta)| < |N(\beta)|$. $\square$

Satz 8 lässt natürlich offen, ob nicht noch für weitere Werte von d ein euklidischer Algorithmus existiert. Das unten folgende Beispiel für $d = -5$ zeigt aber, das dies jedenfalls nicht für *jedes* d der Fall ist, denn dort liegt kein ZPE-Ring und damit erst recht kein euklidischer Ring vor. Man kann beweisen, dass außer für die in Satz 8 genannten Werte nur noch für $d = 6, 7, 11, 13, 17, 19, 21, 29, 33, 37, 41, 57, 73$ mit Hilfe der Norm eine Division mit Rest definiert werden kann (vgl. z.B. [Hasse 1950], [Borewicz/Safarevic 1966]).

Ist $d < 0$, dann besitzt G_d nur endlich viele Einheiten:

G_{-1} besitzt genau vier Einheiten, nämlich $\pm 1, \pm i$.

G_{-2} besitzt genau zwei Einheiten, nämlich ± 1.

G_{-3} besitzt genau sechs Einheiten (vgl. Beispiel 1).

Für $d \le -5$ existieren die beiden Einheiten ± 1.

Ist $d > 0$, dann besitzt G_d unendlich viele Einheiten. Mit der Bestimmung dieser Einheiten werden wir uns im folgenden Abschnitt befassen (vgl. Beispiel 2).

Beispiel 1: $G_{-3} = \{r + s\omega \mid r,s \in \mathbb{Z}\}$ mit $\omega = \dfrac{1+\sqrt{-3}}{2}$.

Es gilt $N(r + s\omega) = r^2 + rs + s^2$. Für $r + s\omega \ne 0$ ist $N(r + s\omega) > 0$, denn $r^2 + rs + s^2 = \left(r + \frac{s}{2}\right)^2 + \frac{3}{4}s^2$. Es gibt genau sechs Einheiten, nämlich $\pm 1, \pm\omega$, $\pm\omega^2$, wobei $\omega^2 = -1 + \omega$. Denn $\left(r + \frac{s}{2}\right)^2 + \frac{3}{4}s^2 = 1$ gilt nur für $s = 0$, $r = \pm 1$ oder $s = \pm 1$, $r = 0$ oder $s = \pm 1$, $r = \mp 1$.

Die Zahl $\alpha = 1 + 2\omega$ ist eine Primzahl in G_{-3}, denn $N(\alpha) = 7$ ist eine rationale Primzahl. Die Zahl $\beta = 2 + 5\omega$ hat die Norm 39; sie ist durch $1 + \omega$ teilbar, denn die Gleichung

$$\begin{aligned}(1+\omega)(x+y\omega) &= x + x\omega + y\omega + y(-1+\omega)\\ &= (x-y) + (x+2y)\omega = 2 + 5\omega\end{aligned}$$

bzw. das Gleichungssystem $\left\{\begin{array}{rcl} x - y & = & 2 \\ x + 2y & = & 5 \end{array}\right\}$ hat die Lösung $x = 3$, $y = 1$.

Den euklidischen Ring G_{-3} werden wir in V.6 benutzen, um die Unlösbarkeit der Gleichung $x^3 + y^3 = z^3$ in natürlichen Zahlen zu beweisen.

Beispiel 2: $G_7 = \{a + b\sqrt{7} \mid a, b \in \mathbb{Z}\}$.

Es gilt $N(a + b\sqrt{7}) = a^2 - 7b^2$, wegen der Irrationalität von $\sqrt{7}$ also $N(\alpha) = 0$ nur für $\alpha = 0$. Die Gleichung $x^2 - 7y^2 = 1$ hat die triviale Lösung $x = \pm 1$, $y = 0$; sie hat auch die Lösung $x = \pm 8$, $y = \pm 3$. Mit $\varepsilon = 8 + 3\sqrt{7}$ ist wegen $N(\varepsilon^n) = N(\varepsilon)^n$ für $n \in \mathbb{Z}$ auch $\pm(8 + 3\sqrt{7})^n$ für $n \in \mathbb{Z}$ eine Einheit; da diese paarweise verschieden sind, gibt es unendlich viele Einheiten. Die Gleichung $x^2 - 7y^2 = -1$ bzw. $x^2 + 1 = 7y^2$ ist nicht lösbar, denn $x^2 + 1$ lässt bei Division durch 4 die Reste 1 oder 2, während $7y^2$ den Rest 0 oder 3 lässt.

Die Zahl $\alpha = 3 + \sqrt{7}$ ist eine Primzahl in G_7, denn $N(\alpha) = 2$. Die Zahl $\beta = 5 + \sqrt{7}$ ist keine Primzahl in G_7, denn $\alpha \mid \beta$: Aus

$$(3 + \sqrt{7})(x + y\sqrt{7}) = (3x + 7y) + (x + 3y)\sqrt{7} = 5 + \sqrt{7}$$

folgt $x = 4$, $y = -1$, also ist $\beta = \alpha \cdot (4 - \sqrt{7})$, und wegen $N(\alpha) = 2$ und $N(4 - \sqrt{7}) = 9$ ist keiner der Faktoren eine Einheit.

Beispiel 3: $G_{-5} = \{a + b\sqrt{-5} \mid a, b \in \mathbb{Z}\}$.

G_{-5} ist kein ZPE-Ring. Zum Nachweis dieser Behauptung genügt die Angabe eines Beispiels für eine Zahl mit nicht-eindeutiger Zerlegung in irreduzible Faktoren. Ein solches Beispiel ist

$$6 = 2 \cdot 3 = (1 + \sqrt{-5}) \cdot (1 - \sqrt{-5}).$$

Es gilt $N(2) = 4$, $N(3) = 9$, $N(1 \pm \sqrt{-5}) = 6$. Die Faktoren sind also nicht assoziiert. Sie sind sämtlich irreduzibel in G_{-5}, denn für einen nichttrivialen Teiler $x + y\sqrt{-5}$ einer dieser Zahlen müsste $x^2 + 5y^2 = 2$ bzw. $x^2 + 5y^2 = 3$ gelten; diese Gleichungen sind aber offensichtlich nicht ganzzahlig lösbar.

Da G_{-5} kein ZPE-Ring ist, ist es natürlich auch kein Hauptidealring. Die Begriffe „irreduzibles Element" und „Primelement" fallen hier nicht zusammen, wie folgendes Beispiel belegt: $1 + \sqrt{-5}$ ist irreduzibel, wie wir soeben gesehen haben, es ist aber kein Primelement; denn $1 + \sqrt{-5}$ teilt 6, teilt aber weder 2 noch 3. In G_{-5} existiert auch nicht zu je zwei Elementen ein größter gemeinsamer Teiler (Aufgabe 14). Auf die Tatsache, dass in G_{-5} keine eindeutige Zerlegung in irreduzible Elemente möglich ist, hat erstmals Richard Dedekind (1831–1916) aufmerksam gemacht.

Ein gewisses Analogon zur Zerlegung von Zahlen in Faktoren ist die Zerlegung von Idealen in Faktoren, was in einem Hauptidealring (vgl. II.2) auf dasselbe hinausläuft. Mit der Betrachtung von Idealen ganzalgebraischer Zahlen beginnt der Zweig der Zahlentheorie, den man Algebraische Zahlentheorie nennt. Eine sehr ausführliche Darstellung der Theorie der algebraischen Zahlen vom Grad 2 gibt z.B. [Bachmann 1907].

II.5 Die pellsche Gleichung

Es sei d eine quadratfreie natürliche Zahl > 1. Wir wollen die Einheiten des Integritätsbereichs G_d bestimmen.

1.Fall: $d = 4n + 2$ oder $d = 4n + 3$.

Die Zahlen aus G_d haben die Form $x + y\sqrt{d}$ mit $x, y \in \mathbb{Z}$. Genau dann ist $x + y\sqrt{d}$ eine Einheit in G_d, wenn

$$|x^2 - dy^2| = 1$$

gilt. Wir müssen also nach ganzzahligen Lösungen der Gleichungen

$$x^2 - dy^2 = 1 \quad \text{und} \quad x^2 - dy^2 = -1$$

suchen. Wir werden sehen, dass die Gleichung $x^2 - dy^2 = 1$ stets unendlich viele ganzzahlige Lösungen hat. Die Gleichung $x^2 - dy^2 = -1$ ist aber nicht stets ganzzahlig lösbar. Beispielsweise ist $x^2 - 3y^2 = -1$ nicht lösbar: Für eine Lösung (x, y) wäre $3 \nmid x$, also $x = 3k \pm 1$ und somit x^2 von der Form $3n + 1$; in der Gleichung $x^2 + 1 = 3y^2$ stünde links eine Zahl der Form $3n + 2$, rechts aber eine durch 3 teilbare Zahl. Auch für jedes andere d der Form $4n + 3$ ist $x^2 - dy^2 = -1$ nicht lösbar; denn $x^2 - dy^2$ hat dann denselben 4er-Rest wie $x^2 + y^2$, also entweder 0,1 oder 2, während -1 den 4er-Rest 3 hat $(-1 = (-1) \cdot 4 + 3)$. Vgl. hierzu auch Aufgabe 17.

2.Fall: $d = 4n + 1$.

Die Zahlen aus G_d haben die Form $x + y\omega$ mit $\omega = \dfrac{1 + \sqrt{d}}{2}$ und $x, y \in \mathbb{Z}$. Genau dann ist $x + y\omega$ eine Einheit in G_d, wenn

$$\left| x^2 + xy - \frac{d-1}{4}y^2 \right| = 1, \quad \text{also} \quad |(2x + y)^2 - dy^2| = 4.$$

Wir müssen also nach ganzzahligen Lösungen der Gleichungen

$$u^2 - dv^2 = 4 \quad \text{und} \quad u^2 - dv^2 = -4$$

suchen, wobei $u - v$ gerade sein muss. Lösungen mit geraden Zahlen u, v entsprechen Lösungen $\dfrac{u}{2}, \dfrac{v}{2}$ von $x^2 - dy^2 = \pm 1$. Lösungen mit ungeraden Zahlen u, v können nur existieren, wenn d von der Form $8n + 5$ ist; denn das Quadrat einer ungeraden Zahl ist von der Form $8n + 1$, bei Division durch 8 lässt also in diesem Fall $u^2 - dv^2$ denselben Rest wie $1 - d$, welcher gleich 4 sein muss. Aber auch für $d = 8n + 5$ existieren nicht stets ungerade Lösungen von $u^2 - dv^2 = 4$, beispielsweise für $d = 37$ (was allerdings nicht leicht einzusehen ist). Vgl. hierzu auch die Aufgaben 18 und 19. Eine vollständige Bestimmung der Einheiten von G_d für $d > 0$ findet man z.B. in [Aigner 1975], [Gundlach 1972], [Hasse 1950], [Lüneburg 1978].

Wir wollen uns nun mit der Gleichung

$$x^2 - dy^2 = 1$$

beschäftigen, wobei die natürliche Zahl d keine Quadratzahl sein soll. Diese Gleichung heißt *pellsche Gleichung*. John Pell (1610–1685) hat als Gelehrter und auch als Diplomat im Dienste Cromwells viel geleistet, die Behandlung dieser Gleichung geht aber nicht auf ihn zurück, wie Euler irrtümlich behauptete. Schon Brahmagupta (598– nach 665) empfahl die Gleichung $x^2 - 92y^2 = 1$ denjenigen, die sich als Mathematiker profilieren wollten; sie hat die „kleinste" Lösung $x = 1151$, $y = 120$. (Brahmaguptas „Geheimnis" wird in Aufgabe 22 gelüftet.) Nachdem Bernard Frénicle de Bessy (1605–1670) die kleinsten Lösungen der pellschen Gleichung für $d \leq 150$ gefunden hatte, forderte Fermat den englischen Mathematiker John Wallis (1616–1703) auf, die kleinsten Lösungen für $d = 151$ und $d = 313$ zu finden. Bei der umfassenden Behandlung der pellschen Gleichung hat Lagrange, der in vielfacher Hinsicht als „Nachfolger" Fermats angesehen werden kann (vgl. auch V.9), die Theorie der Kettenbrüche wesentlich weiterentwickelt.

Wir betrachten zunächst die pellsche Gleichung für $d = 3$. Um Lösungen von

$$x^2 - 3y^2 = 1$$

zu finden könnte man folgendermaßen argumentieren: Für eine Lösung (x, y) mit großen Werten x, y gilt

$$\frac{x}{y} = \sqrt{3 + y^{-2}} \approx \sqrt{3}.$$

Also versuche man, $\sqrt{3}$ durch einen Bruch zu approximieren. Dafür eignet sich die Kettenbruchapproximation von $\sqrt{3}$: Es ist $\sqrt{3} = [1, \overline{1, 2}]$ (vgl. I.9); die ersten Näherungsbrüche sind

$$[1] = \frac{1}{1}; \; [1, 1] = \frac{2}{1}; \; [1, 1, 2] = \frac{5}{3}; \; [1, 1, 2, 1] = \frac{7}{4}; \; [1, 1, 2, 1, 2] = \frac{19}{11}.$$

$$
\begin{array}{llll}
\text{Für} & (x, y) = (1, 1) & \text{gilt} & x^2 - 3y^2 = -2; \\
\text{für} & (x, y) = (2, 1) & \text{gilt} & x^2 - 3y^2 = 1; \\
\text{für} & (x, y) = (5, 3) & \text{gilt} & x^2 - 3y^2 = -2; \\
\text{für} & (x, y) = (7, 4) & \text{gilt} & x^2 - 3y^2 = 1; \\
\text{für} & (x, y) = (19, 11) & \text{gilt} & x^2 - 3y^2 = -2.
\end{array}
$$

Die Paare (2,1) und (7,4) sind also Lösungen der pellschen Gleichung, die Zahlen $2 + \sqrt{3}$ und $7 + 4\sqrt{3}$ sind daher Einheiten von G_3. Jede Potenz einer Einheit ist wieder eine Einheit, denn mit $|N(\varepsilon)| = 1$ ist auch $|N(\varepsilon^n)| = |N(\varepsilon)^n| = 1$. Man erhält also aus $2 + \sqrt{3}$ weiter die Einheiten

$$(2 + \sqrt{3})^2 = 7 + 4\sqrt{3}, \; (2 + \sqrt{3})^3 = 26 + 15\sqrt{3}, \; \ldots$$

Die so gewonnenen Einheiten ergeben sich auch, wenn man obige Kettenbruch-näherung weiterführt. Wegen $(2 + \sqrt{3})^{-1} = 2 - \sqrt{3}$ sind dann auch $2 - \sqrt{3}$, $7 - 4\sqrt{3}$, $26 - 15\sqrt{3}$, ... Einheiten. Wir werden sehen, dass es außer den Einheiten $\pm(2 + \sqrt{3})^n$ ($n \in \mathbb{Z}$) keine weiteren Einheiten in G_3 gibt. Denn $x^2 - 3y^2 = 1$ hat nur die diesen Einheiten entsprechenden Lösungen, und die Gleichung $x^2 - 3y^2 = -1$ ist nicht lösbar, wie wir oben schon gesehen haben.

Satz 9: Die pellsche Gleichung $x^2 - dy^2 = 1$ hat unendlich viele Lösungen. Es gibt eine Lösung (ξ, η) mit $\xi, \eta > 0$ derart, dass

$$\{(x_n, y_n) \mid x_n + y_n\sqrt{d} = \pm(\xi + \eta\sqrt{d})^n, \ n \in \mathbb{Z}\}$$

die Menge aller Lösungen ist.

Beweis: Zunächst beweisen wir die Existenz einer Lösung. Ist $\dfrac{P_k}{Q_k}$ der k-te Nähe-rungsbruch in der Kettenbruchentwicklung von $\sqrt{d}$, dann ist $|P_k - Q_k\sqrt{d}| < \dfrac{1}{Q_k}$ (vgl. I.8). Es gibt daher eine wachsende Folge $k_1, k_2, k_3, \ldots$ sowie zwei Folgen $x_1, x_2, x_3, \ldots$ und $y_1, y_2, y_3, \ldots$ natürlicher Zahlen mit $y_n \le k_n$ und

$$\frac{1}{k_1} > |x_1 - y_1\sqrt{d}| > \frac{1}{k_2} > |x_2 - y_2\sqrt{d}| > \frac{1}{k_3} > \ldots .$$

Dabei gilt für alle $n \in \mathbb{N}$

$$|x_n^2 - dy_n^2| = |x_n - y_n\sqrt{d}| \cdot |x_n + y_n\sqrt{d}| < \frac{1}{k_n}\left(\frac{1}{k_n} + 2k_n\sqrt{d}\right) \le 1 + 2\sqrt{d}.$$

Weil also die Folge der ganzen Zahlen $x_n^2 - dy_n^2$ beschränkt ist, existiert eine natürliche Zahl r, welche unendlich viele verschiedene Darstellungen der Form $|x^2 - dy^2|$ mit $x, y \in \mathbb{N}$ besitzt. Die zwei Terme $x_i^2 - dy_i^2$ und $x_j^2 - dy_j^2$ heißen äquivalent, wenn x_i und x_j bzw. y_i und y_j den gleichen Rest bei Division durch r lassen, und wenn beide den Wert $+r$ oder beide den Wert $-r$ haben. Dadurch wird eine Äquivalenzrelation in der Menge dieser Terme definiert. Da für x_i und y_j jeweils r Reste möglich sind und der Wert des Terms positiv oder negativ sein kann, gibt es $2r^2$ Äquivalenzklassen. Mindestens eine davon muss also unendlich viele und daher mindestens zwei der obigen Terme enthalten. Es sei also etwa

$$x_1^2 - dy_1^2 = x_2^2 - dy_2^2 = r \ (\text{oder} = -r) \quad \text{mit} \quad r|x_1 - x_2 \text{ und } r|y_1 - y_2.$$

Dabei können wir $0 < x_1 < x_2$ und somit $0 < y_1 < y_2$ annehmen. Wir betrachten nun die Zahl

$$(x_1 + y_1\sqrt{d})(x_2 - y_2\sqrt{d}) = (x_1x_2 - dy_1y_2) - (x_1y_2 - x_2y_1)\sqrt{d}.$$

Die Zahl $x_1x_2 - dy_1y_2$ lässt bei Division durch r denselben Rest wie die Zahl $x_1^2 - dy_1^2$, ist also durch r teilbar. Ferner ist $x_1y_2 - x_2y_1$ durch r teilbar, denn x_1y_2 und x_2y_1 lassen bei Division durch r denselben Rest. Also sind die Zahlen

$$u = \frac{x_1x_2 - dy_1y_2}{r} \quad \text{und} \quad v = \frac{x_1y_2 - x_2y_1}{r}$$

ganz. Nun ist (u, v) eine Lösung der pellschen Gleichung, denn

$$
\begin{aligned}
u^2 - dv^2 &= (u + v\sqrt{d})(u - v\sqrt{d}) \\
&= \frac{1}{r}(x_1 + y_1\sqrt{d})(x_2 - y_2\sqrt{d}) \cdot \frac{1}{r}(x_1 + y_1\sqrt{d})(x_2 - y_2\sqrt{d}) \\
&= \frac{1}{r} \cdot \frac{1}{r} \cdot (x_1^2 - dy_1^2)(x_2^2 - dy_2^2) = \frac{(\pm r)^2}{r^2} = 1.
\end{aligned}
$$

Die Lösung (u, v) ist nicht trivial, denn aus $u = 1$ und $v = 0$ folgt $x_1 = x_2$ und $y_1 = y_2$. Damit ist geklärt, dass die pellsche Gleichung nichttriviale Lösungen besitzt. Unter allen Lösungen (x, y) mit $x, y > 0$ sei (ξ, η) diejenige, für welche $x + y\sqrt{d}$ den kleinsten Wert hat. (Man beachte, dass mit wachsendem x-Wert zugleich auch der y-Wert wächst.) Wäre nun (x_0, y_0) eine Lösung mit $x_0, y_0 > 0$ und $x_0 + y_0\sqrt{d}$ keine Potenz von $\xi + \eta\sqrt{d}$, dann gäbe es ein $n \in \mathbb{N}$ mit

$$
(\xi + \eta\sqrt{d})^n < x_0 + y_0\sqrt{d} < (\xi + \eta\sqrt{d})^{n+1}.
$$

Dann wäre

$$
1 = (\xi + \eta\sqrt{d})^n(\xi - \eta\sqrt{d})^n < (x_0 + y_0\sqrt{d})(\xi - \eta\sqrt{d})^n < \xi + \eta\sqrt{d}.
$$

Da $(x_0 + y_0\sqrt{d})(\xi - \eta\sqrt{d})^n$ als Produkt von Einheiten aus G_d mit der Norm 1 ebenfalls eine Einheit ist, ergibt sich ein Widerspruch zur Minimalität von $\xi + \eta\sqrt{d}$. $\square$

Man nennt die in Satz 9 konstruierte Lösung (ξ, η) eine *Grundlösung* der pellschen Gleichung $x^2 - dy^2 = 1$. Diese ist eindeutig bestimmt, wenn man $\xi, \eta > 0$ verlangt. Man beachte, dass wegen $(\xi + \eta\sqrt{d})^{-1} = \xi - \eta\sqrt{d}$ die Lösungen auch in der Form $\pm(\xi - \eta\sqrt{d})^n$ $(n \in \mathbb{Z})$ gewonnen werden können.

Satz 9 beinhaltet die Existenz einer Grundlösung, es bleibt aber offen, wie man eine Grundlösung findet.

Prinzipiell lässt sich eine Grundlösung natürlich durch Probieren finden: Für $y = 1, 2, 3, \ldots$ prüfe man, ob $1 + dy^2$ ein Quadrat ist; ist dies erstmals für $y = \eta$ mit $1 + d\eta^2 = \xi^2$ der Fall, dann ist (ξ, η) die Grundlösung mit $\xi, \eta > 0$. Für große Werte von d kann dieses Probierverfahren aber sehr mühsam sein. Beispielsweise ergibt sich für $d = 31$ die Grundlösung $(1520, 273)$. Der Punkt (ξ, η) ist der ganzzahlige Punkt mit positiven Koordinaten auf der Hyperbel mit der Gleichung $x^2 - dy^2 = 1$, dessen Entfernung vom Nullpunkt am kleinsten ist.

Ein allgemeines Verfahren zur Bestimmung der Grundlösung beruht auf der Periodizität der Kettenbruchentwicklung von $\sqrt{d}$:

Satz 10: Sind P_i, Q_i die Näherungszähler und –nenner der Kettenbruchentwicklung von $\sqrt{d}$, hat diese die Periodenlänge p und ist $m = 1$, falls p gerade, $m = 2$, falls p ungerade ist, dann ist (P_{mp-1}, Q_{mp-1}) eine Grundlösung von $x^2 - dy^2 = 1$.

Beweis: Es sei $\sqrt{d} = [g, \overline{a_1, \ldots, a_p}]$ mit $g = [\sqrt{d}]$ und $\frac{P_h}{Q_h} = [g, a_1, \ldots, a_h]$ mit $a_i = a_{i-p}$ für $i > p$. Ist h ein Vielfaches von p, dann gilt

$$\sqrt{d} = \left[g, a_1, \ldots, a_h, \frac{1}{\sqrt{d}-g}\right] = \frac{P_h \cdot \frac{1}{\sqrt{d}-g} + P_{h-1}}{Q_h \cdot \frac{1}{\sqrt{d}-g} + Q_{h-1}} = \frac{P_h + P_{h-1}(\sqrt{d}-g)}{Q_h + Q_{h-1}(\sqrt{d}-g)}.$$

Daraus folgt $(Q_{h-1}d - P_h + P_{h-1}g) + (Q_h - Q_{h-1}g - P_{h-1})\sqrt{d} = 0$, also

$$\begin{cases} Q_{h-1}d & = & P_h - P_{h-1}g \\ P_{h-1} & = & Q_h - Q_{h-1}g \end{cases}.$$

Multipliziert man die erste Gleichung mit Q_{h-1}, die zweite mit P_{h-1} und bildet die Differenz dieser Gleichungen, dann ergibt sich

$$P_{h-1}^2 - dQ_{h-1}^2 = -(P_h Q_{h-1} - P_{h-1} Q_h) = (-1)^h.$$

Also ist (P_{h-1}, Q_{h-1}) eine Lösung von $x^2 - dy^2 = (-1)^h$. Ist also p gerade, dann ist (P_{p-1}, Q_{p-1}) eine Lösung von $x^2 - dy^2 = 1$, bei ungeradem p ist (P_{2p-1}, Q_{2p-1}) eine Lösung von $x^2 - dy^2 = 1$.

Nun zeigen wir, dass für *jede* Lösung (ξ, η) von $x^2 - dy^2 = 1$ mit $\xi, \eta > 0$ der Bruch $\frac{\xi}{\eta}$ als ein Näherungsbruch in der Kettenbruchentwicklung von $\sqrt{d}$ vorkommt: es gilt

$$\frac{\xi}{\eta} - \sqrt{d} = \frac{1}{\eta(\xi + \eta\sqrt{d})} < \frac{1}{2\eta^2}.$$

Die Approximationseigenschaft $\left|\sqrt{d} - \frac{\xi}{\eta}\right| < \frac{1}{2\eta^2}$ haben aber nur die Näherungsbrüche der Kettenbruchentwicklung von $\sqrt{d}$ (Aufgabe 20). Wir sind also sicher, dass die Grundlösung durch einen Näherungsbruch geliefert wird.

Nun müssen wir nur noch zeigen, dass (P_n, Q_n) keine Lösung von $x^2 - dy^2 = 1$ sein kann, wenn $n+1$ kein Vielfaches von p ist. Beim Beweis von Satz 24 in I.9 haben wir die Kettenbruchentwicklung $[a_0, a_1, a_2 \ldots]$ von

$$\alpha = \frac{k + \sqrt{d}}{m} \quad (d > 0, \ d \text{ kein Quadrat}, \ m | d - k^2)$$

folgendermaßen konstruiert: Es sei $\alpha_0 = \alpha$, $k_0 = k$, $m_0 = m$ und

$$a_i = [\alpha_i], \ k_{i+1} = a_i m_i - k_i \text{ und } m_{i+1} = \frac{d - k_{i+1}^2}{m_i}$$

für $i = 0, 1, 2, \ldots$. Es ist dann für $n \geq 2$

$$\alpha = \frac{\alpha_n P_{n-1} + P_{n-2}}{\alpha_n Q_{n-1} + Q_{n-2}} = \frac{(k_n + \sqrt{d})P_{n-1} + m_n P_{n-2}}{(k_n + \sqrt{d})Q_{n-1} + m_n Q_{n-2}}.$$

Mit $k_0 = 0$ und $m_0 = 1$ ist $\alpha = \sqrt{d}$; in diesem Fall ergibt sich

$$dQ_{n-1} + \sqrt{d}(k_n Q_{n-1} + m_n Q_{n-2}) = k_n P_{n-1} + m_n P_{n-2} + \sqrt{d} P_{n-1}.$$

Daraus folgt das Gleichungssystem

$$\begin{cases} dQ_{n-1} &= k_n P_{n-1} + m_n P_{n-2} \\ P_{n-1} &= k_n Q_{n-1} + m_n Q_{n-2} \end{cases}.$$

Multipliziert man die erste Gleichung mit Q_{n-1}, die zweite mit P_{n-1} und bildet die Differenz, dann ergibt sich $P_{n-1}^2 - dQ_{n-1}^2 = (-1)^n m_n$. Folglich kann (P_{n-1}, Q_{n-1}) nur dann eine Lösung von $x^2 - dy^2 = \pm 1$ sein, wenn $m_n = 1$ ist, was aber nur für $p|n$ gilt. $\square$

Die Aussage von Satz 10 wurde von Lagrange gefunden, aber erst von Legendre vollständig bewiesen.

Beispiel: Es ist $\sqrt{23} = [4, \overline{1, 3, 1, 8}]$ (vgl. I.9). Wegen

$$\begin{pmatrix} P_3 & P_2 \\ Q_3 & Q_2 \end{pmatrix} = \begin{pmatrix} 4 & 1 \\ 1 & 0 \end{pmatrix} \begin{pmatrix} 1 & 1 \\ 1 & 0 \end{pmatrix} \begin{pmatrix} 3 & 1 \\ 1 & 0 \end{pmatrix} \begin{pmatrix} 1 & 1 \\ 1 & 0 \end{pmatrix} = \begin{pmatrix} 24 & 19 \\ 5 & 4 \end{pmatrix}$$

ist (24,5) die Grundlösung von $x^2 - 23y^2 = 1$.

Ein spezielles Resultat enthält der folgende Satz.

Satz 11: Ist $d = t^2 + 1$ mit $t \in \mathbb{N}$, dann hat die pellsche Gleichung $x^2 - dy^2 = 1$ die Grundlösung $(2t^2 + 1, 2t)$.

Beweis: Wir suchen ein möglichst kleines y, für welches $1 + (t^2 + 1)y^2$ ein Quadrat ist. Wäre y ungerade, so hätte $1 + (t^2 + 1)y^2$ bei Division durch 4 den Rest 2 oder 3, was aber bei einer Quadratzahl nicht sein darf. Also ist y gerade, etwa $y = 2u$. Für $u = t$ ergibt sich eine Lösung:

$$1 + (t^2 + 1) \cdot 4t^2 = 4t^4 + 4t^2 + 1 = (2t^2 + 1)^2.$$

Für $1 \leq u \leq t$ ist

$$1 + (t^2 + 1) \cdot 4u^2 = 4u^2 t^2 + 4u^2 + 1 = \left(2ut + \frac{u}{t}\right)^2 + 1 - \left(\frac{u}{t}\right)^2,$$

also

$$t^2 (1 + (t^2 + 1) \cdot 4u^2) = (2ut^2 + u)^2 + t^2 - u^2.$$

Dies ist wegen

$$(2ut^2 + u)^2 \leq (2ut^2 + u)^2 + t^2 - u^2 < (2ut^2 + u + 1)^2$$

nur dann eine Quadratzahl, wenn $u^2 = t^2$ ist. $\square$

Bemerkung: Für $d = t^2 - 1$ mit $t \geq 2$ erkennt man sofort, dass $(t, 1)$ eine Grundlösung ist. Daraus und aus Satz 11 ergibt sich folgende Tabelle:

d	2	3	5	10	15	17	26
Grundlösung	(3, 2)	(2, 1)	(9, 4)	(19, 6)	(4, 1)	(33, 8)	(51, 10)

Ist $(r + s\sqrt{d})(t + u\sqrt{v}) = v + w\sqrt{d}$, dann ist $\begin{pmatrix} r & ds \\ s & r \end{pmatrix} \begin{pmatrix} t & du \\ u & t \end{pmatrix} = \begin{pmatrix} v & dw \\ w & v \end{pmatrix}$, wie man leicht nachrechnen kann. Deshalb erhält man die Lösungen von $x^2 - dy^2 = 1$ aus der Grundlösung (ξ, η) auch in der Form

$$\begin{pmatrix} x_n & dy_n \\ y_n & x_n \end{pmatrix} = \pm \begin{pmatrix} \xi & d\eta \\ \eta & \xi \end{pmatrix}^n \quad (n \in \mathbb{Z}).$$

Ist (x_0, y_0) eine Lösung von $x^2 - dy^2 = k$ mit $k \in \mathbb{Z}$, dann erhält man weitere Lösungen von $x^2 - dy^2 = k$ in der Form $\begin{pmatrix} r & ds \\ s & r \end{pmatrix} \begin{pmatrix} x_0 & dy_0 \\ y_0 & x_0 \end{pmatrix}$, wobei (r, s) die Menge der Lösungen von $x^2 - dy^2 = 1$ durchläuft. Denn die Determinante des angegebenen Matrizenprodukts ist k (Aufgabe 24).

II.6 Aufgaben

1. Zeige, dass

$$I = \left\{ \begin{pmatrix} a & -5b \\ b & a \end{pmatrix} \mid a, b \in \mathbb{Z} \right\}$$

ein Integritätsbereich bezüglich der Matrizenaddition und -multiplikation ist. Zeige, dass die Elemente

$$\begin{pmatrix} 2 & 0 \\ 0 & 2 \end{pmatrix}, \begin{pmatrix} 3 & 0 \\ 0 & 3 \end{pmatrix}, \begin{pmatrix} 1 & -5 \\ 1 & 1 \end{pmatrix}, \begin{pmatrix} 1 & 5 \\ -1 & 1 \end{pmatrix}$$

irreduzibel sind. Zeige schließlich, dass I kein euklidischer Ring ist.

2. Die Menge H der natürlichen Zahlen der Form $4n + 1$ ist bezüglich der Multiplikation abgeschlossen, d.h., das Produkt zweier Zahlen aus H gehört stets wieder zu H. Zeige, dass die Primfaktorzerlegung in H nicht eindeutig ist. (Man kann die Eindeutigkeit der Primfaktorzerlegung auch kaum erwarten, denn im Beweis dieser Eindeutigkeit in $\mathbb{N}$ spielte die Addition eine Rolle.)

3. Beweise, dass in $\mathbb{Q}[x]$ folgende Teilbarkeitsbeziehungen gelten:

a) $(x - 1)|(x^n - 1)$ für alle $n \in \mathbb{N}$.

b) Ist $m|n$, dann ist $(x^m - 1)|(x^n - 1)$ $(m, n \in \mathbb{N})$.

c) $(x + 1)|(x^{2n-1} + 1)$ für alle $n \in \mathbb{N}$.

d) Ist u ungerade $(u \in \mathbb{N})$, dann ist $(x^n + 1)|(x^{nu} + 1)$ für alle $n \in N$.

4. Bestimme einen größten gemeinsamen Teiler der Polynome

a) $2x^4 - x^3 + x + 1$ und $4x^2 + x - 1$

b) $x^5 + x^4 + x^3 + x^2 + x + 1$ und $x^4 + x^3 + 2x^2 + x + 1$

c) $2x^3 + x^2 + 2x + 1$, $x^4 - x^2 - 2$ und $x^5 + x^4 + 2x^3 + 2x^2 + x + 1$

5. Bestimme alle $\alpha, \beta, \gamma \in G$ (Ring der ganzen gaußschen Zahlen) mit
$$\alpha + \beta + \gamma = \alpha \cdot \beta \cdot \gamma = 1.$$

6. Beweise: Gilt $N(\alpha) = (r^2 + s^2)^2$ für $\alpha \in G$ mit $r, s \in \mathbb{Z}$, dann ist α keine gaußsche Primzahl.

7. Bestimme die Primfaktorzerlegung für die folgenden Zahlen aus G:

a) $2 + 4i$ b) $3 - 5i$ c) $22 + 7i$ d) $19 + 17i$

e) $10 + 100i$ f) $-7 + i$ g) 15 h) $7 + 24i$

8. Bestimme in G die Menge $\mathrm{GGT}(\alpha, \beta)$ und ferner Zahlen γ, δ mit
$$\alpha\gamma + \beta\delta \in \mathrm{GGT}(\alpha, \beta).$$

a) $\alpha = 7 + 17i, \quad \beta = 15 - 36i$ b) $\alpha = 18 - 4i, \quad \beta = 3 + 15i$

9. Man zeige: a) 46061 ist eine Primzahl.   b) $3\,240\,001$ ist keine Primzahl.

c) $(2n^2)^2 + 1$ ist für kein $n \in \mathbb{N}$ eine Primzahl.

10. a) Untersuche, ob der Teilring $\{a + 2bi \mid a, b \in \mathbb{Z}\}$ von G ein euklidischer Ring ist. Bestimme $\mathrm{GGT}(4, 4i)$.

b) Untersuche, ob der Teilring $\{a + b\sqrt{-3} \mid a, b \in \mathbb{Z}\}$ von G_{-3} ein euklidischer Ring ist. Bestimme $\mathrm{GGT}(6, \ 3 + 3\sqrt{-3})$.

11. Zeige anhand geeigneter Beispiele, dass für $d = -6$, $d = -10$, $d = -13$ und für $d = 10$ der Ring G_d kein ZPE-Ring ist.

12. Zeige in G_{-5}: $a + b\sqrt{-5}$ teilt $c + d\sqrt{-5}$ genau dann, wenn $a^2 + 5b^2$ in $\mathbb{Z}$ ein Teiler von $\mathrm{ggT}(ac + 5bd, \ ad - bc)$ ist.

13. a) Bestimme alle irreduziblen Elemente $\pi \in G_{-5}$ mit $N(\pi) \le 20$.

b) Bestimme alle wesentlich verschiedenen Zerlegungen von 21 in irreduzible Elemente in G_{-5}.

14. Zeige, dass die Zahlen 9 und $6 + 3\sqrt{-5}$ in G_{-5} keinen größten gemeinsamen Teiler besitzen.

15. Bestimme ohne Benutzung der Kettenbruchentwicklung von $\sqrt{d}$ die Grundlösung der pellschen Gleichung $x^2 - dy^2 = 1$ für

a) $d = 6, 7, 11$;

b) $d = 35, 37, 63, 65, 82, 101, 122, 143, 145$.

16. a) Zeige, dass die pellsche Gleichung $x^2 - dy^2 = 1$ für $d = \dfrac{t^2 - 1}{4}$ (t ungerade) die Grundlösung $(t, 2)$ besitzt.

b) Bestimme die Grundlösungen der pellschen Gleichung für $d = 6$, $d = 30$.

17. a) Zeige, dass $x^2 - dy^2 = -1$ keine Lösung hat, wenn $d = 8m + a$ mit $a \in \{3, 6, 7\}$.

b) Ist $d = 8m + b$ mit $b \in \{1, 2, 5\}$, dann kann $x^2 - dy^2 = -1$ lösbar oder unlösbar sein. Untersuche die Fälle $d = 2, 5, 17, 21, 33, 42$.

18. Ist $d = 8m + 5$, dann kann $x^2 - dy^2 = -4$ in ungeraden Zahlen lösbar oder nicht lösbar sein. Gib hierfür Beispiele an.

19. Ist $d = 8m + 5$ und (ξ, η) eine Lösung mit ungeraden Zahlen der Gleichung $x^2 - dy^2 = a$ mit $a \in \{-4, 4\}$, dann ist auch $(\xi x_0 - d\eta y_0, \eta x_0 - \xi y_0)$ eine Lösung mit ungeraden Zahlen, wenn (x_0, y_0) eine Lösung von $x^2 - dy^2 = 1$ ist, und bis auf das Vorzeichen gewinnt man jede Lösung in dieser Form. Zeige dies.

20. Beweise: Ist $\alpha > 0$ eine irrationale Zahl und $\frac{a}{b}$ $(a, b \in \mathbb{N})$ eine rationale Zahl mit

$$\left| \alpha - \frac{a}{b} \right| < \frac{1}{2b^2},$$

dann ist $\frac{a}{b}$ ein Näherungsbruch in der Kettenbruchentwicklung von α.

21. Bestimme mit Hilfe der Kettenbruchentwicklung von $\sqrt{d}$ die Grundlösung (x_0, y_0) mit $x_0, y_0 > 0$ von $x^2 - dy^2 = 1$ für $d = 13$ und $d = 19$.

22. a) Bestimme die Grundlösung von $x^2 - 23y^2 = 1$ und mit Hilfe dieser die Grundlösung der Gleichung $x^2 - 92y^2 = 1$ von Brahmagupta.

b) Zeige, dass $(t^2 - 1, t)$ und $(2(t^2 - 1)^2 - 1, 2t(t^2 - 1))$ Lösungen von $x^2 - (t^2 - 2)y^2 = 1$ sind. Zeige damit, dass $x^2 - 4(t^2 - 2)y^2 = 1$ die Lösung $(t^2 - 1, \frac{t}{2})$ hat, wenn t gerade ist, und die Lösung $(2(t^2 - 1)^2 - 1, t(t^2 - 1))$, wenn t ungerade ist. Für $t = 5$ ergibt sich die obige Gleichung von Brahmagupta. Vermutlich hat er anhand solcher Termumformungen obige Gleichung einschließlich ihrer Lösung konstruiert.

c) Bestimme eine Lösung der Gleichung $x^2 - 188y^2 = 1$ mit der Methode von Brahmagupta.

23. Man betrachte die pellsche Gleichung $x^2 - dy^2 = 1$, wobei die natürliche Zahl d kein Quadrat ist.

a) Man zeige, dass eine Lösung $x_0 + y_0\sqrt{d}$ mit $x_0, y_0 \in \mathbb{N}$ und $x_0 > \frac{1}{2}y_0^2 - 1$ eine Grundlösung ist.

b) Für $u, v \in \mathbb{N}$ sei $d = u(uv^2 + 2)$. Man zeige, dass $1 + uv^2 + v\sqrt{d}$ eine Grundlösung ist. Man bestimme durch geeignete Wahl von u, v die Grundlösungen für $d = 3, 6, 11, 15, 35, 42, 87$.

24. Für die Lösungen (x_n, y_n) der pellschen Gleichung $x^2 - dy^2 = 1$ gilt

$$\begin{pmatrix} x_n & dy_n \\ y_n & x_n \end{pmatrix} = \pm \begin{pmatrix} u & dv \\ v & u \end{pmatrix}^n \quad (n \in \mathbb{Z}),$$

wobei (u, v) eine Grundlösung ist. Hat die Gleichung $x^2 - dy^2 = A$ mit $A \in \mathbb{Z}$ die spezielle Lösung (x_0^*, y_0^*) und ist

$$\begin{pmatrix} x_n^* & dy_n^* \\ y_n^* & x_n^* \end{pmatrix} = \begin{pmatrix} x_0^* & dy_0^* \\ y_0^* & x_0^* \end{pmatrix} \begin{pmatrix} u & dv \\ v & u \end{pmatrix}^n \quad (n \in \mathbb{Z})$$

mit obiger Grundlösung (u, v) von $x^2 - dy^2 = 1$, dann sind die Paare (x_n^*, y_n^*) Lösungen von $x^2 - dy^2 = A$. Man begründe diesen Zusammenhang. Man berechne einige Lösungen von $x^2 - 3y^2 = 22$.

25. Begründe folgenden Zusammenhang:

Ist $c = 3r^2 + s^2$ ($r, s \in \mathbb{N}$), dann existieren $a, b \in \mathbb{N}$ mit $c^2 = 3a^2 + b^2$. Ist umgekehrt $c^2 = 3a^2 + b^2$ mit $a, b \in \mathbb{N}$, dann existieren Zahlen $r, s \in \mathbb{N}$ mit $c = 3r^2 + s^2$.

II.7 Lösungen der Aufgaben

1. Abgeschlossenheit bezüglich der Multiplikation:

$$\begin{pmatrix} a & -5b \\ b & a \end{pmatrix} \begin{pmatrix} c & -5d \\ d & c \end{pmatrix} = \begin{pmatrix} ac - 5bd & -5(ad + bc) \\ ad + bc & ac - 5bd \end{pmatrix}$$

Nullteilerfreiheit: $\det \begin{pmatrix} a & -5b \\ b & a \end{pmatrix} = a^2 + 5b^2 \neq 0$ für $(a, b) \neq (0, 0)$. Zum Nachweis, dass die angegebenen Elemente irreduzibel sind, zeige man, dass die zugehörigen Determinanten nur auf triviale Weise als Produkt solcher Determinanten zu schreiben sind: Die Determinanten der betrachteten Elemente sind 9, 4 bzw. 6, es gibt aber keine Elemente in I mit der Determinante 2 oder 3. Der Ring I ist kein ZPE-Ring (also erst recht kein euklidischer Ring), wie folgendes Beispiel zeigt:

$$\begin{pmatrix} 2 & 0 \\ 0 & 2 \end{pmatrix} \begin{pmatrix} 3 & 0 \\ 0 & 3 \end{pmatrix} = \begin{pmatrix} 6 & 0 \\ 0 & 6 \end{pmatrix} = \begin{pmatrix} 1 & -5 \\ 1 & 1 \end{pmatrix} \begin{pmatrix} 1 & -5 \\ -1 & 1 \end{pmatrix}.$$

2. Die Zahlen 9, 21 und 49 sind nicht zerlegbar in H (denn 3 und 7 gehören nicht zu H). Es gilt $441 = 21 \cdot 21 = 9 \cdot 49$.

3. a) $(1 + x + x^2 + \cdots + x^{n-1}) \cdot (1 - x) = 1 - x^n$
b) $(y - 1) | (y^d - 1)$ mit $y = x^m$ und $d = \dfrac{n}{m}$ nach a)
c) $(1 - x + x^2 - + \cdots + x^{2n}) \cdot (1 + x) = 1 - (-x)^{2n+1} = 1 + x^{2n+1}$
d) $(y + 1) | (y^u + 1)$ mit $y = x^n$ nach c)

4. a) 1   b) $x^2 + x + 1$ c) $x^2 + 1$

5. Aus $\alpha \cdot \beta \cdot \gamma = 1$ folgt $\alpha, \beta, \gamma \in \{1, -1, i, -i\}$. Eine Lösung ist $(1, i, -i)$. Jede andere Lösung entsteht durch Vertauschung dieser Werte, es gibt also insgesamt 6 verschiedene Lösungen (α, β, γ).

6. Ist $N(\alpha) = p$ (p Primzahl), dann ist $N(\alpha)$ keine Quadratzahl; ist $N(\alpha) = p^2$ (p Primzahl), dann ist p von der Form $4n + 3$, also nicht als Summe von zwei Quadraten zu schreiben.

7. a) $2 + 4i = 2 \cdot (1 + 2i) = (1 + i)(1 - i)(1 + 2i) = -i(1 + i)^2(1 + 2i)$
b) $N(3 - 5i) = 34 = 2 \cdot 17$; $3 - 5i = -(1 + i)(1 + 4i)$

c) $N(22 + 7i) = 533 = 13 \cdot 41;\quad 22 + 7i = (2 + 3i)(5 - 4i)$

d) $N(19 + 17i) = 650 = 2 \cdot 5^2 \cdot 13;\quad 19 + 17i = (1 + i)(1 - 2i)^2(-2 + 3i)$

e) $10 + 100i = 10 \cdot (1 + 10i);$

$10 = 2 \cdot 5 = (1 + i)(1 - i)(2 + i)(2 - i) = -i(1 + i)^2(2 + i)(2 - i);$

$N(1 + 10i) = 101;\quad 1 + 10i$ ist eine gaußsche Primzahl;

$10 + 100i = -i(1 + i)^2(2 + i)(2 - i)(1 + 10i)$

f) $N(-7 + i) = 50 = 2 \cdot 5^2;\quad -7 + i = (1 + i)(1 + 2i)^2$

g) $15 = 3 \cdot 5 = 3(1 + 2i)(1 - 2i)$

h) $N(7 + 24i) = 5^4;\quad 7 + 24i = -(1 + 2i)^4$

8. a) $N(\alpha) = 338,\ N(\beta) = 1521;\ \dfrac{\beta}{\alpha} = -\dfrac{3}{2} - \dfrac{3}{2}i;$

$$
\begin{aligned}
15 - 36i &= (-1 - i)(7 + 17i) + (5 - 12i)\\
7 + 17i &= (-1 + i)(5 - 12i)
\end{aligned}
$$

$$\mathrm{GGT}(\alpha, \beta) = \{5 - 12i,\ -5 + 12i,\ 12 + 5i,\ -12 - 5i\}$$

$$\alpha \cdot (1 + i) + \beta \cdot 1 = 5 - 12i \in \mathrm{GGT}(\alpha, \beta)$$

b) $N(\alpha) = 340,\ N(\beta) = 234;\ \dfrac{\alpha}{\beta} = -\dfrac{6}{234} - \dfrac{282}{234}i;$

$$
\begin{aligned}
18 - 4i &= (-i)(3 + 15i) + (3 - i)\\
3 + 15i &= (-1 + 5i)(3 - i) + (1 - i)\\
3 - i &= (2 + i)(1 - i)
\end{aligned}
$$

$$\mathrm{GGT}(\alpha, \beta) = \{1 - i,\ -1 + i,\ 1 + i,\ -1 - i\}$$

$$1 - i = (1 - 5i)(18 - 4i) + (6 + i)(3 + 15i)$$

9. a) Es wird gezeigt, dass 46061 nur *eine* Darstellung als Summe zweier Quadrate besitzt. Ist $46061 = a^2 + b^2$, so gilt $0 < a, b < 215$ wegen $[\sqrt{46061}\,] = 214$. Der 100er-Rest von $a^2 + b^2$ ist 61, wenn a^2 den 100er-Rest 00 und b^2 den 100er-Rest 61 oder a^2 den 100er-Rest 25 und b^2 den 100er-Rest 36 hat. Im ersten Fall findet man für b die Möglichkeiten 31, 81, 131, 181 und 19, 69, 119, 169. Für $46061 - b^2$ ergeben sich dann die Werte 45100, 39500, 28900, 13300 und 45700, 41300, 31900, 17500. Von diesen Zahlen ist nur $28900 = 170^2$ eine Quadratzahl. Im zweiten Fall findet man für b die Möglichkeiten 44, 94, 144, 194 und 6, 56, 106, 156. Für $46061 - b^2$ ergeben sich die Werte 44125, 37225, 25325, 8425 und 46025, 42925, 34825, 21725, nach Division durch 25 also 1765, 1489, 1013, 337 und 1841, 1717, 1393, 869. Dies sind keine Quadrate. Die einzige Darstellung ist also $46061 = 170^2 + 131^2$.

b) $3\,240\,001 = 1800^2 + 1^2 = 1799^2 + 60^2$ \qquad c) $(2n^2)^2 + 1 = (2n^2 - 1)^2 + (2n)^2$

10. a) Es liegt ein Integritätsbereich I vor, der aber kein ZPE-Ring und daher nicht euklidisch ist. Dies erkennt man etwa an folgendem Beispiel: Es gilt $4 = 2 \cdot 2 = 2i \cdot (-2i)$, und die Zahlen 2 und $2i$ sind unzerlegbar in I, weil die Zahlen $1 \pm i$ nicht zu I gehören. Beachte, dass $i \notin I$; die Einheiten von I sind 1 und -1. Es ist $\mathrm{GGT}(4, 4i) = \emptyset$, die Zahlen 4 und $4i$ besitzen also keinen größten gemeinsamen Teiler: Die Teiler von 4 sind $\pm 1, \pm 2, \pm 2i, \pm 4$; die Teiler von $4i$

sind $\pm 1, \pm 2, \pm 2i, \pm 4i$; die gemeinsamen Teiler sind also $\pm 1, \pm 2$ und $\pm 2i$. Es gilt aber weder $2|2i$ noch $2i|2$, so dass ± 2 und $\pm 2i$ nicht zu GGT$(4, 4i)$ gehören. Ferner gilt weder $2|1$ noch $2i|1$, so dass auch ± 1 nicht zu GGT$(4, 4i)$ gehören.

b) Die Menge $I = \{a + b\sqrt{-3} \mid a, b \in \mathbb{Z}\}$ ist ein Integritätsbereich mit den Einheiten ± 1, aber kein ZPE-Ring und daher auch nicht euklidisch. Es gilt nämlich z.B. $(1 + \sqrt{-3}) \cdot (1 - \sqrt{-3}) = 2 \cdot 2$, wobei die Faktoren Primzahlen sind. (Es gilt $(x + y\sqrt{-3})|2$ genau dann, wenn $(x^2 + 3y^2)|\text{ggT}(2x, 2y)$, also wenn $x^2 = 1$.) Die Teiler von 6 sind $\pm 1, \pm 2, \pm 3, \pm 6, \pm \sqrt{-3}, \pm 2\sqrt{-3}$; die Teiler von $3 + 3\sqrt{-3}$ sind $\pm 1, \pm 3, \pm \sqrt{-3}, \pm (1 + \sqrt{-3}), \pm (3 + 3\sqrt{-3})$; die gemeinsamen Teiler sind also $\pm 1, \pm 3, \pm \sqrt{-3}$. Es ist ggT$(6, 3 + 3\sqrt{-3}) = \{3, -3\}$, denn $\pm 1|\pm 3$ und $\pm \sqrt{-3}| \pm 3$.

11. $d = -6:$ $10 = 2 \cdot 5 = (2 + \sqrt{-6}) \cdot (2 - \sqrt{-6})$

Die Faktoren sind irreduzibel: Die Normen der Faktoren sind 4, 10 und 25; wären die Faktoren zerlegbar, so gäbe es Zahlen der Normen 2 oder 5, die Gleichungen $x^2 + 6y^2 = 2$ und $x^2 + 6y^2 = 5$ sind aber nicht lösbar. Wegen der unterschiedlichen Normen sind die Faktoren des einen Produktes nicht zu denen des anderen Produktes assoziiert (vgl. II.1).

$d = -10:$ $14 = 2 \cdot 7 = (2 + \sqrt{-10}) \cdot (2 - \sqrt{-10})$

Normen der Faktoren: 4, 14, 49; die Gleichungen $x^2 + 10y^2 = 2$ und $x^2 + 10y^2 = 7$ sind nicht lösbar.

$d = -13:$ $14 = 2 \cdot 7 = (1 + \sqrt{-13}) \cdot (1 - \sqrt{-13})$

Normen der Faktoren: 4, 14, 49; die Gleichungen $x^2 + 13y^2 = 2$ und $x^2 + 13y^2 = 7$ sind nicht lösbar.

$d = 10:$ $6 = 2 \cdot 3 = (4 + \sqrt{10}) \cdot (4 - \sqrt{10})$

Normen der Faktoren: 4, 6, 9; die Gleichungen $x^2 - 10y^2 = \pm 2$ und $x^2 - 10y^2 = \pm 3$ sind nicht lösbar, weil eine Quadratzahl im Zehnersystem nicht auf 2 oder 3 und nicht auf 7 oder 8 enden kann.

12. $(a + b\sqrt{-5})(x + y\sqrt{-5}) = (ax - 5by) + (bx + ay)\sqrt{-5} = c + d\sqrt{-5}$ bzw.

$$\begin{cases} ax & - & 5by & = & c \\ bx & + & ay & = & d \end{cases} \text{ hat die Lösung } \begin{cases} x & = & \dfrac{1}{D}(ac + 5bd) \\ y & = & \dfrac{1}{D}(ad - bc) \end{cases}$$

mit $D = a^2 + 5b^2$. Genau dann gilt $x, y \in \mathbb{Z}$, wenn D ein Teiler von $ac + 5bd$ und von $ad - bc$ ist.

13. a) Mögliche Werte von $N(\pi)$ mit $1 < N(\pi) \leq 20$ sind 4,5,6,9,14,16 und 20. Für $N(\pi) \in \{4, 5, 6, 9, 14\}$ ist π irreduzibel, da die nichttrivialen Faktoren der Norm nicht als Norm auftreten. Dies sind die Zahlen $\pm 2, \pm \sqrt{-5}, \pm (1 \pm \sqrt{-5}), \pm 3, \pm (2 \pm \sqrt{-5}), \pm (3 \pm \sqrt{-5})$. $N(\pi) = 16$ gilt nur für die reduziblen Zahlen ± 4.

$N(\pi) = 20$ gilt nur für $\pi = \pm 2\sqrt{-5}$, und diese Zahlen sind reduzibel.

b) $21 = 3 \cdot 7 = (1 - 2\sqrt{-5})(1 + 2\sqrt{-5}) = (4 + \sqrt{5})(4 - \sqrt{5})$;
Zahlen mit den Normen 9, 21 und 49 sind irreduzibel.

14. Die Zahlen $\alpha = 9 = 3 \cdot 3$ und $\beta = 6 + 3\sqrt{-5} = 3 \cdot \eta$ haben beide die Norm 81. Für einen größten gemeinsamen Teiler δ von α und β gilt $3|\delta$ (weil $3|\alpha$ und $3|\beta$) und $\eta|\delta$ (weil $\eta|\alpha$ und $\eta|\beta$). Es gilt $9|N(\delta)$ und $N(\delta)|81$; weil $x^2 + 5y^2$ für $x, y \in \mathbb{Z}$ bei Division durch 4 nicht den Rest 3 lassen kann, kommt $N(\delta) = 27$ nicht in Frage, also ist $N(\delta) = 9$ oder $N(\delta) = 81$. Ist $N(\delta) = 9$, so ist $\delta = \pm 3$ (wegen $3|\delta$) und $\delta = \pm \eta$ (wegen $\eta|\delta$), also $\eta = \pm 3$, was aber offensichtlich falsch ist. Ist $N(\delta) = 81$, so ist $\delta = \pm \alpha$ (wegen $\delta|\alpha$) und $\delta = \pm \beta$ (wegen $\delta|\beta$), was aber auch falsch ist.

15. a) $d = 6 : (5, 2); \quad d = 7 : (8, 3); \quad d = 11 : (10, 3)$.
b) $d = 35 : (6, 1); \quad d = 37 : (73, 12); \quad d = 63 : (8, 1)$;
$\quad d = 65 : (129, 16); \quad d = 82 : (163, 18); \quad d = 101 : (201, 20)$;
$\quad d = 122 : (243, 22); \quad d = 143 : (12, 1); \quad d = 145 : (289, 24)$.

16. a) Es gilt $t^2 - \dfrac{t^2 - 1}{4} \cdot 2^2 = 1$. Aus $x^2 - \dfrac{t^2 - 1}{4} = 1$ bzw. $4x^2 = t^2 + 3$ folgt mit $t = 2n + 1$ die Beziehung $x^2 = n^2 + n + 1$. Da aber $n^2 + n + 1$ zwischen n^2 und $(n + 1)^2$ liegt und daher selbst kein Quadrat sein kann, hat $x^2 - \dfrac{t^2 - 1}{4} = 1$ keine Lösung.

b) $d = 6 : (5, 2); \quad d = 30 : (11, 2)$.

17. a) Im Fall $a \in \{3, 7\}$ hat d die Form $4n + 3$; für diesen Fall ist die Unlösbarkeit schon im Text dargelegt. Ist $d = 8m + 6$ und $x^2 - dy^2 = -1$, so muss x ungerade, also $dy^2 = x^2 + 1$ von der Form $8n + 2$ sein. Aus $(8m + 6)y^2 = 8n + 2$ bzw. $(4m + 3)y^2 = 4n + 1$ folgt, dass $3y^2$ von der Form $4n + 1$ sein muss, was aber nicht möglich ist.

b) $x^2 - 2y^2 = -1$ ist lösbar, z.B. mit $(1, 1)$;
$\quad x^2 - 5y^2 = -1$ ist lösbar, z.B. mit $(2, 1)$;
$\quad x^2 - 17y^2 = -1$ ist lösbar, z.B. mit $(4, 1)$;
$\quad x^2 - dy^2 = -1$ ist für $3|d$ nicht lösbar, denn $x^2 + 1$ lässt bei Division
$\quad$ durch 3 den Rest 1 (falls $3|x$) oder 2 (falls $3 \nmid x$).

18. Ist $3|d$, dann ist $x^2 - dy^2 = -4$ nicht lösbar, denn $x^2 + 4$ ist für kein x durch 3 teilbar. Also ist die Gleichung unlösbar für $d = 21, 45, 69, 93, \ldots$. Sie ist lösbar für $d = 5$ (z.B. $(1,1)$), $d = 13$ (z.B. $(3,1)$), $d = 29$ (z.B. $(5,1)$).

19. Von den Zahlen x_0, y_0 ist genau eine gerade, so dass $\xi x_0 - d\eta y_0$ und $\eta x_0 - \xi y_0$ beide ungerade sind. Es ist $(\xi x_0 - d\eta y_0)^2 - d(\eta x_0 - \xi y_0)^2 = \xi^2(x_0^2 - dy_0^2) - d\eta(x_0^2 - dy_0^2) = \xi^2 - d\eta^2 = a$. Ist (ξ_1, η_1) eine weitere Lösung, dann hat das lineare Gleichungssystem

$$\begin{aligned} \xi x &- d\eta y &= \xi_1 \\ \eta x &- \xi y &= \eta_1 \end{aligned}$$

die Lösung $x_0 = \frac{1}{a}(\xi\xi_1 - d\eta\eta_1)$, $y_0 = \frac{1}{a}(\xi\eta_1 - \eta\xi_1)$ mit $a = \xi^2 - d\eta^2$. Es ergibt sich $x_0^2 - dy_0^2 = 1$.

20. Es sei $\mathrm{ggT}(a, b) = 1$ und $\frac{a}{b}$ keiner der Näherungsbrüche $\frac{P_n}{Q_n}$.

Die Zahl m sei durch $Q_m \leq b < Q_{m+1}$ bestimmt. Wir zeigen zunächst, dass

(1) $|\alpha b - a| \geq |\alpha Q_m - P_m|$

gilt. Dazu führen wir die gegenteilige Annahme

(2) $|\alpha b - a| < |\alpha Q_m - P_m|$

zu einem Widerspruch: Das lineare Gleichungssystem

$$Q_m x + Q_{m+1} y = b \quad \text{und} \quad P_m x + P_{m+1} y = a$$

hat wegen $|Q_m P_{m+1} - P_m Q_{m+1}| = 1$ eine ganzzahlige Lösung x_0, y_0. Es ist $x_0 \neq 0$, da andernfalls $y_0 > 0$ und $b = Q_{m+1} y_0 \geq Q_{m+1}$ wäre. Es ist auch $y_0 \neq 0$, da andernfalls $x_0 \neq 0$ und

$$|\alpha b - a| = |\alpha Q_m x_0 - P_m x_0| = |x_0||\alpha Q_m - P_m| \geq |\alpha Q_m - P_m|,$$

im Widerspruch zu (2). Die Zahlen x_0, y_0 besitzen verschiedene Vorzeichen. Ist nämlich $y_0 < 0$, dann ist $Q_m x_0 = b - Q_{m+1} y_0 > 0$, also $x_0 > 0$; ist $y_0 > 0$, dann ist $Q_m x_0 < 0$ wegen $b < Q_{m+1} \leq Q_{m+1} y_0$, also $x_0 < 0$. Weil $\alpha Q_m - P_m$ und $\alpha Q_{m+1} - P_{m+1}$ von verschiedenem Vorzeichen sind, haben $x_0(\alpha Q_m - P_m)$ und $y_0(\alpha Q_{m+1} - P_{m+1})$ dasselbe Vorzeichen. Also gilt

$$\begin{aligned}
|\alpha b - a| &= |x_0(\alpha Q_m - P_m) + y_0(\alpha Q_{m+1} - P_{m+1})| \\
&= |x_0(\alpha Q_m - P_m)| + |y_0(\alpha Q_{m+1} - P_{m+1})| \\
&> |x_0(\alpha Q_m - P_m)| = |x_0||\alpha Q_m - P_m| > |\alpha Q_m - P_m|,
\end{aligned}$$

was aber (2) widerspricht. Es gilt also (1) und somit

$$|\alpha Q_m - P_m| \leq |\alpha b - a| < \frac{1}{2b} \quad \text{bzw.} \quad \left|\alpha - \frac{P_m}{Q_m}\right| < \frac{1}{2bQ_m}.$$

Wegen $\frac{a}{b} \neq \frac{P_m}{Q_m}$ gilt

$$\frac{1}{bQ_m} \leq \frac{|bP_m - aQ_m|}{bQ_m} = \left|\frac{P_m}{Q_m} - \frac{a}{b}\right| \leq \left|\alpha - \frac{P_m}{Q_m}\right| + \left|\alpha - \frac{a}{b}\right| < \frac{1}{2bQ_m} + \frac{1}{2b^2},$$

und daraus ergibt sich der Widerspruch $b < Q_m$.

21. $\sqrt{13} = [3, \overline{1, 1, 1, 1, 6}]$; Grundlösung (649,180), denn

$$\begin{pmatrix} P_9 & P_8 \\ Q_9 & Q_8 \end{pmatrix} = \begin{pmatrix} 3 & 1 \\ 1 & 0 \end{pmatrix} \begin{pmatrix} 1 & 1 \\ 1 & 0 \end{pmatrix}^4 \begin{pmatrix} 6 & 1 \\ 1 & 0 \end{pmatrix} \begin{pmatrix} 1 & 1 \\ 1 & 0 \end{pmatrix}^4 = \begin{pmatrix} 649 & 393 \\ 180 & 109 \end{pmatrix}$$

$\sqrt{19} = [4, \overline{2, 1, 3, 1, 2, 8}]$; Grundlösung (170,39), denn

$$\begin{pmatrix} P_5 & P_4 \\ Q_5 & Q_4 \end{pmatrix} = \begin{pmatrix} 170 & 61 \\ 39 & 14 \end{pmatrix}.$$

22. a) Wegen $92 = 2^2 \cdot 23$ betrachte man $x^2 - 23y^2 = 1$. Diese Gleichung hat die Grundlösung $(24, 5)$; wegen $(24 + 5\sqrt{23})^2 = 1151 + 240\sqrt{23}$ ist $1151^2 - 23 \cdot 240^2 = 1$, also $1151^2 - 92 \cdot 120^2 = 1$.

b) $(t^2 - 1)^2 - (t^2 - 2)t^2 = (t^2 - 1)^2 - 4 \cdot (t^2 - 2)\left(\dfrac{t}{2}\right)^2 = 1$;

$$(2(t^2 - 1)^2 - 1)^2 - (t^2 - 2)(2t(t^2 - 1))^2$$
$$= (2(t^2 - 1)^2 - 1)^2 - 4 \cdot (t^2 - 2)(t(t^2 - 1))^2 = 1.$$

Mit $t = 5$ ergibt die letzte Gleichung $1151^2 - 92 \cdot 120^2 = 1$.

c) Mit $t = 7$ erhält man wie oben $4607^2 - 188 \cdot 336^2 = 1$.

23. a) Für $y_0 = 1$ ist die Behauptung offensichtlich wahr. Es sei $y_0 > 1$ und $x_1 + y_1\sqrt{d}$ die Grundlösung mit $x_1, y_1 > 0$. Ist $1 \leq y_1 < y_0$, dann folgt aus

$$d = \frac{x_1^2 - 1}{y_1^2} = \frac{x_0^2 - 1}{y_0^2}$$

die Beziehung

$$x_1^2 y_0^2 - y_1^2 x_0^2 = y_0^2 - y_1^2 = t > 0.$$

Dann ist $x_1 y_0 + y_1 x_0 = t_1$, $x_1 y_0 - y_1 x_0 = t_2$ mit $t_1, t_2 \in \mathbb{N}$ und $t_1 t_2 = t$. Also ist

$$x_0 = \frac{t_1 - t_2}{2y_1} \leq \frac{t - 1}{2y_1} = \frac{y_0^2 - y_1^2 - 1}{2y_1} \leq \frac{1}{2}y_0^2 - 1.$$

Dies widerspricht der Voraussetzung, also ist $y_0 = y_1$.

b) Es gilt $(1 + uv^2)^2 - (u(uv^2 + 2))v^2 = 1$ und $1 + uv^2 > \frac{1}{2}v^2 - 1$.

d	3	6	11	15	35	42	87
u	1	1	1	3	5	3	3
v	1	2	3	1	1	2	3
	$2 + \sqrt{3}$	$5 + 2\sqrt{6}$	$10 + 3\sqrt{11}$	$4 + \sqrt{15}$	$6 + \sqrt{35}$	$13 + 2\sqrt{42}$	$28 + 3\sqrt{87}$

24. Man bilde die Determinante der Matrizenprodukte. Lösungen von $x^2 - 3y^2 = 22$ sind z.B. $(5, 1)$, $(7, 3)$, $(13, 7)$, $(23, 13)$, $(85, 49)$.

25. Analog zur Formel von Fibonacci gilt $(3r^2 + s^2)(3t^2 + u^2) = 3(ru + st)^2 + (3rt - su)^2$; also ist das Produkt von Zahlen der Form $3a^2 + b^2$ von der gleichen Form. Ferner gilt $3(2mn)^2 + (3m^2 - n^2) = (3m^2 + n^2)$ $(m, n \in \mathbb{N})$ und jedes Lösungstripel von $3x^2 + y^2 = z^2$ hat die Form $(2mn, 3m^2 - n^2, 3m^2 + n^2)$. (Zum Beweis: Schneide die Ellipse mit der Gleichung $3\xi^2 + \eta^2 = 1$ mit der Geraden mit der Gleichung $\eta = \lambda\xi - 1$ mit rationalem λ und bestimme so die Punkte mit rationalen Koeffizienten auf der Ellipse.)

III Restklassen

III.1 Kongruenzen und Restklassen

Es sei m eine natürliche Zahl. Wenn zwei ganze Zahlen a und b bei Division durch m denselben Rest lassen, wenn also

$$a = um + r \quad \text{und} \quad b = vm + r \quad \text{mit} \quad u, v, r \in \mathbb{Z} \quad \text{und} \quad 0 \leq r < m,$$

dann nennt man a und b *kongruent modulo* m und schreibt

$$a \equiv b \bmod m.$$

Es gilt offensichtlich

$$a \equiv b \bmod m \quad \Longleftrightarrow \quad m | a - b.$$

Statt „n ist von der Form $a + km$ ($k \in \mathbb{Z}$)" sagen wir jetzt kurz „$n \equiv a \bmod m$". Begriff und Schreibweise der Kongruenz wurden von Gauß eingeführt. Wir werden im Folgenden sehen, dass uns damit ein äußerst nützliches Instrument für Teilbarkeitsüberlegungen zur Verfügung steht.

Die Kongruenz modulo m ist eine Äquivalenzrelation in $\mathbb{Z}$, es gilt nämlich

$a \equiv a \bmod m$ für alle $a \in \mathbb{Z}$;

aus $a \equiv b \bmod m$ folgt $b \equiv a \bmod m$;

aus $a \equiv b \bmod m$ und $b \equiv c \bmod m$ folgt $a \equiv c \bmod m$.

Die Kongruenz modulo m induziert also eine Klasseneinteilung von $\mathbb{Z}$ in Äquivalenzklassen, welche man *Restklassen modulo* m nennt. Die Restklasse „a modulo m" oder kurz „$a \bmod m$" besteht aus allen ganzen Zahlen, die bei Division durch m den gleichen Rest wie a lassen, also aus allen zu a modulo m kongruenten Zahlen. Statt „$a \bmod m$" schreiben wir auch kürzer $[a]_m$ bzw. noch kürzer $[a]$, wenn aus dem Zusammenhang klar hervorgeht, bezüglich welchen Moduls die Restklasse zu bilden ist. Es ist also

$$[a]_m = \{x \in \mathbb{Z} \mid x \equiv a \bmod m\}$$

und

$$[a]_m = [b]_m \quad \Longleftrightarrow \quad a \equiv b \bmod m.$$

Man sollte sich nicht darüber aufregen, dass eckige Klammern nunmehr in einer dritten Bedeutung auftreten; sie dienen uns ja schon zur Bezeichnung der Ganzteilfunktion (Gauß-Klammer) und der Kettenbrüche. Es ist sicher jeweils aus dem Zusammenhang eindeutig ersichtlich, welche Bedeutung die eckigen Klammern haben.

Man beschreibt eine Restklasse durch Angabe eines *Vertreters*, also durch Angabe einer Zahl aus der betreffenden Restklasse. Zum Modul m gibt es genau m verschiedene Restklassen, welche man in der Regel durch ihre kleinsten nicht-negativen Vertreter beschreibt:

$$[0], [1], [2], \ldots, [m-1].$$

Die Menge aller Restklassen modulo m wollen wir mit R_m bezeichnen. In R_m sollen nun eine *Addition* „$+$" und eine *Multiplikation* „$\cdot$" eingeführt werden, so dass $(R_m, +, \cdot)$ eine algebraische Struktur ist: Es sei

$$[a] + [b] = [a+b] \quad \text{und} \quad [a] \cdot [b] = [a \cdot b].$$

Man führt also die entsprechenden Operationen mit den Vertretern der Restklassen aus. Bevor wir diese Restklassenoperationen als Verknüpfungen in R_m anerkennen können, müssen wir uns davon überzeugen, dass sie unabhängig von den gewählten Vertretern stets zum gleichen Ergebnis führen: Es sei

$$[a'] = [a] \quad \text{und} \quad [b'] = [b],$$

also

$$a' \equiv a \bmod m \quad \text{und} \quad b' \equiv b \bmod m.$$

Dann gilt $m|a' - a$ und $m|b' - b$. Daher ist m ein Teiler von

$$(a' - a) + (b' - b) = (a' + b') - (a + b)$$

und von

$$(a' - a) \cdot b' + (b' - b) \cdot a = (a' \cdot b') - (a \cdot b).$$

Somit ist

$$a' + b' \equiv a + b \bmod m \quad \text{und} \quad a' \cdot b' \equiv a \cdot b \bmod m$$

und daher

$$[a' + b'] = [a + b] \quad \text{und} \quad [a' \cdot b'] = [a \cdot b]$$

bzw.

$$[a'] + [b'] = [a] + [b] \quad \text{und} \quad [a'] \cdot [b'] = [a] \cdot [b].$$

Man kann nun leicht nachrechnen, dass die Restklassenverknüpfungen beide assoziativ und kommutativ sind, dass neutrale Elemente ($[0]$ bzw. $[1]$) existieren und dass das Distributivgesetz gilt. Ferner ist jedes Element bezüglich der Addition invertierbar, das „Gegenelement" von $[a]$ ist $-[a] := [-a] = [m - a]$. Damit ergibt sich folgender Satz:

Satz 1: Die Restklassen modulo m bilden bezüglich der Restklassenaddition und der Restklassenmultiplikation einen kommutativen Ring mit Einselement.

Man nennt $(R_m, +, \cdot)$ den *Restklassenring modulo m*. Dem Rechnen in diesem Ring entspricht das Rechnen mit Kongruenzen modulo m: Der Aussage

„Aus $[a] = [b]$ und $[c] = [d]$ folgt $[a] + [c] = [b] + [d]$."

entspricht die Aussage

„Aus $a \equiv b \bmod m$ und $c \equiv d \bmod m$ folgt $a + c \equiv b + d \bmod m$.

(Analoges gilt für die Multiplikation.)

Als eine erste Anwendung des Rechnens mit Kongruenzen wollen wir zeigen, dass die Fermat-Zahl $F_5 = 2^{32} + 1 = 4\,294\,967\,297$ durch 641 teilbar ist (vgl. III.9 und V.4): Es gilt $641 = 5 \cdot 2^7 + 1$, also

$$5 \cdot 2^7 \equiv -1 \bmod 641.$$

Potenzieren mit dem Exponent 4 liefert

$$5^4 \cdot 2^{28} \equiv 1 \bmod 641.$$

Nun ist $641 = 5^4 + 2^4$, also

$$5^4 \equiv -2^4 \bmod 641.$$

Setzt man dies in die vorangehende Kongruenz ein, so ergibt sich $-2^{32} \equiv 1 \bmod 641$ und daraus schließlich

$$2^{32} + 1 \equiv 0 \bmod 641.$$

Bevor wir uns in III.3 weiter mit den algebraischen Eigenschaften des Restklassenrings $\bmod\, m$ beschäftigen, wollen wir eine elementare Anwendung des Rechnens mit Kongruenzen bzw. Restklassen behandeln.

III.2 Teilbarkeitskriterien

An der dekadischen Zifferndarstellung einer natürlichen Zahl kann man leicht ablesen, ob sie durch 2 oder durch 5 teilbar ist, denn dies hängt nur von der letzten Ziffer ab. Entsprechend leicht ist die Teilbarkeit durch $4 = 2^2$ und durch $25 = 5^2$ zu erkennen, da diese nur von der aus den beiden letzten Ziffern gebildeten höchstens zweistelligen Zahl abhängt. Allgemein gilt nämlich: Eine natürliche Zahl ist genau dann durch 2^n oder durch 5^n teilbar, wenn ihr Rest bei

Division durch 10^n durch 2^n bzw. durch 5^n teilbar ist. Wir wollen nun Kriterien für die Teilbarkeit einer im Zehnersystem dargestellten Zahl durch 3, 7, 11, 13 und weitere Primzahlen entwickeln. Dazu definieren wir zuerst den Begriff der Quersumme: Es sei

$$\begin{aligned} n &= (a_k a_{k-1} \ldots a_2 a_1 a_0)_{10} \\ &= a_k 10^k + a_{k-1} 10^{k-1} + \ldots + a_2 10^2 + a_1 10 + a_0 \end{aligned}$$

eine im Zehnersystem dargestellte natürliche Zahl. Dann heißt

$$Q_1(n) = a_0 + a_1 + a_2 + \ldots + a_k$$

Quersumme erster Stufe von n,

$$Q_1'(n) = a_0 - a_1 + a_2 - + \ldots + (-1)^k a_k$$

alternierende Quersumme erster Stufe von n,

$$Q_2(n) = (a_1 a_0)_{10} + (a_3 a_2)_{10} + (a_5 a_4)_{10} + \ldots$$

Quersumme zweiter Stufe von n,

$$Q_2'(n) = (a_1 a_0)_{10} - (a_3 a_2)_{10} + (a_5 a_4)_{10} - + \ldots$$

alternierende Quersumme zweiter Stufe von n,

$$Q_3(n) = (a_2 a_1 a_0)_{10} + (a_5 a_4 a_3)_{10} + (a_8 a_7 a_6)_{10} + \ldots$$

Quersumme dritter Stufe von n,

$$Q_3'(n) = (a_2 a_1 a_0)_{10} - (a_5 a_4 a_3)_{10} + (a_8 a_7 a_6)_{10} - + \ldots$$

alternierende Quersumme dritter Stufe von n.

Dabei denke man sich die Zehnerdarstellung von n im Bedarfsfall nach links durch eine Null oder zwei Nullen ergänzt. Man beachte, dass die alternierenden Quersummen auch negative Werte annehmen können. Allgemein ist

$$Q_s(n) = \sum_{i=0}^{\infty} (a_{is+s-1} \ldots a_{is+1} a_{is})_{10}$$

die *Quersumme s-ter Stufe* von n und

$$Q_s'(n) = \sum_{i=0}^{\infty} (-1)^i (a_{is+s-1} \ldots a_{is+1} a_{is})_{10}$$

die *alternierende Quersumme s-ter Stufe* von n. Dabei sind die Summen nur *formal* unendlich, da n nur endlich viele von 0 verschiedene Ziffern besitzt.

Satz 2: Für $n \in \mathbb{N}$ und $s \in \mathbb{N}$ gilt

$$n \equiv Q_s(n) \bmod (10^s - 1) \quad \text{und} \quad n \equiv Q'_s(n) \bmod (10^s + 1).$$

Beweis: Es gilt

$$n = \sum_{j=0}^{\infty} a_j 10^j = \sum_{i=0}^{\infty} (a_{is+s-1} \dots a_{is+1} a_{is})_{10} \cdot 10^{is}.$$

Aus $10^s \equiv 1 \bmod (10^s - 1)$ folgt durch Potenzieren $10^{is} \equiv 1 \bmod (10^s - 1)$ für $i = 0, 1, 2, \dots$ und daraus $n \equiv Q_s(n) \bmod (10^s - 1)$. Ebenso folgt aus $10^s \equiv -1 \bmod (10^s + 1)$ durch Potenzieren $10^{is} \equiv (-1)^i \bmod (10^s + 1)$ für $i = 0, 1, 2, \dots$ und daraus $n \equiv Q'_s(n) \bmod (10^s + 1)$. $\square$

Für $s = 1, 2, 3$ erhält man aus Satz 2 der Reihe nach die folgenden Aussagen:

$$
\begin{array}{ll}
n \equiv Q_1(n) \bmod 9 & \qquad n \equiv Q'_1(n) \bmod 11 \\
n \equiv Q_2(n) \bmod 99 & \qquad n \equiv Q'_2(n) \bmod 101 \\
n \equiv Q_3(n) \bmod 999 & \qquad n \equiv Q'_3(n) \bmod 1001
\end{array}
$$

Daraus ergeben sich die folgenden *Teilbarkeitskriterien* :

$$
\begin{array}{llll}
9|n & \Longleftrightarrow & 9|Q_1(n) \qquad & 11|n \quad \Longleftrightarrow \quad 11|Q'_1(n) \\
99|n & \Longleftrightarrow & 99|Q_2(n) \qquad & 101|n \quad \Longleftrightarrow \quad 101|Q'_2(n) \\
999|n & \Longleftrightarrow & 999|Q_3(n) \qquad & 1001|n \quad \Longleftrightarrow \quad 1001|Q'_3(n)
\end{array}
$$

Da man sich in der Regel nur für Kriterien für die Teilbarkeit durch eine Primzahl interessiert, zerlegen wir die Moduln 9, 99 usw. in Primfaktoren und erhalten daraus Kriterien für die Teilbarkeit durch Primzahlen. Die Moduln 11 und 101 sind Primzahlen; ferner gilt $9 = 3^2$, $99 = 3^2 \cdot 11$, $999 = 3^3 \cdot 37$ und $1001 = 7 \cdot 11 \cdot 13$. Es ergeben sich die folgenden Kriterien:

$$
\begin{array}{lll}
3|n & \Longleftrightarrow & 3|Q_1(n) \qquad (\Longleftrightarrow 3|Q_2(n) \Longleftrightarrow 3|Q_3(n)) \\
7|n & \Longleftrightarrow & 7|Q'_3(n) \\
11|n & \Longleftrightarrow & 11|Q'_1(n) \qquad (\Longleftrightarrow 11|Q_2(n) \Longleftrightarrow 11|Q'_3(n)) \\
13|n & \Longleftrightarrow & 13|Q'_3(n) \\
37|n & \Longleftrightarrow & 37|Q_3(n) \\
101|n & \Longleftrightarrow & 101|Q'_2(n)
\end{array}
$$

Die in Klammern hinzugefügten Kriterien sind sicher uninteressant, da man die entsprechende Teilbarkeit schon einfacher feststellen kann. Ferner sind die Kriterien für die Teilbarkeit durch die schon relativ großen Primzahlen 37 und 101 sicher auch nicht von übermäßigem Interesse. Eher könnte man fragen, wie man ein Quersummenkriterium für die auf 13 folgenden Primzahlen 17, 19, ... *konstruieren* könnte. Dazu müsste man ein $s \in \mathbb{N}$ finden, so dass $10^s - 1$ oder $10^s + 1$ durch diese Primzahlen teilbar ist. Man muss z.B. die Frage untersuchen, ob ein $s \in \mathbb{N}$ mit $10^s \equiv 1 \bmod 17$ existiert. Im nächsten Abschnitt werden wir sehen, dass ein solches s existiert und dass dieses ein Teiler von 16 ist.

Rechnungen im Ring der ganzen Zahlen kann man mit Hilfe von *Restproben* überprüfen: Man wählt einen Modul m und prüft, ob der zu berechnende Ausdruck und das gewonnene Ergebnis derselben Restklasse mod m angehören (*m-Restprobe*). Ist dies nicht der Fall, dann ist das Ergebnis falsch; ist dies aber der Fall, dann kann das Ergebnis trotzdem falsch sein, es unterscheidet sich aber von dem richtigen Ergebnis nur um ein Vielfaches von m. Häufig wählt man $m = 9$, $m = 10$ und $m = 11$, weil für diese Moduln die Reste sehr einfach zu berechnen sind.

Beispiel 1: Es soll die Rechnung

$$217^2 \cdot 691 + 35^3 \cdot 1214 = 84\,627\,359$$

überprüft werden. Den Ausdruck $217^2 \cdot 691 + 35^3 \cdot 1214$ kürzen wir mit A ab.

$$\begin{aligned}
\text{9er-Restprobe:} \quad & A \equiv 1^2 \cdot (-2) + (-1)^3 \cdot (-1) \equiv 8 \bmod 9 \\
& 84\,627\,359 \equiv 44 \equiv 8 \bmod 9; \\
\text{10er-Restprobe:} \quad & A \equiv (-3)^2 \cdot 1 + 5^3 \cdot 4 \equiv 9 \bmod 10 \\
& 84\,627\,359 \equiv 9 \bmod 10; \\
\text{11er-Restprobe:} \quad & A \equiv (-3)^2 \cdot (-2) + 2^3 \cdot 4 \equiv 3 \bmod 11 \\
& 84\,627\,359 \equiv -8 \bmod 11 \equiv 3 \bmod 11; \\
\text{13er-Restprobe:} \quad & A \equiv (-4)^2 \cdot 2 + (-4)^3 \cdot 5 \equiv 11 \bmod 13 \\
& 84\,627\,359 \equiv 11 \bmod 13.
\end{aligned}$$

Keine der Restproben ergibt einen Fehler, das richtige Ergebnis unterscheidet sich von dem angegebenen also nur um ein Vielfaches von kgV(9,10,11,13) = 12 870. (Das richtige Ergebnis ist 84 588 749.)

Beispiel 2: In I.3 haben wir die Divisionsaufgabe 67 898:1760 mit Hilfe der Faktorzerlegung $1760 = 2 \cdot 8 \cdot 10 \cdot 11$ des Divisors gelöst, wie es Fibonacci im *Liber abbaci* gezeigt hat. Es ergab sich

$$38 + \frac{0 \quad 5 \quad 3 \quad 6}{2 \quad 8 \quad 10 \quad 11}$$

mit

$$\frac{0 \quad 5 \quad 3 \quad 6}{2 \quad 8 \quad 10 \quad 11} = (((0:2+5):8+3):10+6):11.$$

Dies bedeutet

$$67\,898 = (((38 \cdot 11 + 6) \cdot 10 + 3) \cdot 8 + 5) \cdot 2 + 0.$$

Fibonacci führt nun die 13er-Restprobe durch, indem er (in heutiger Schreibweise) feststellt, dass $67\,898 \equiv 12 \bmod 13$ und

$$\begin{aligned}
& (((38 \cdot 11 + 6) \cdot 10 + 3) \cdot 8 + 5) \cdot 2 + 0 \\
\equiv\ & (((12 \cdot 11 + 6) \cdot 10 + 3) \cdot 8 + 5) \cdot 2 + 0 \\
\equiv\ & ((8 \cdot 10 + 3) \cdot 8 + 5) \cdot 2 + 0 \\
\equiv\ & (5 \cdot 8 + 5) \cdot 2 + 0 \\
\equiv\ & 6 \cdot 2 + 0 \ \equiv 12 \bmod 13.
\end{aligned}$$

III.3 Der Satz von Fermat

Der Restklassenring $\bmod\, m$ ist i. Allg. kein Integritätsbereich. Ist m eine zusammengesetzte Zahl und ist etwa $m = ab$ mit $1 < a, b < m$, dann ist $[a] \neq [0]$ und $[b] \neq [0]$, aber $[a] \cdot [b] = [m] = [0]$. Die Restklassen $[a]$ und $[b]$ sind also Nullteiler in $(R_m, +, \cdot)$. Ist aber der Modul eine Primzahl p, dann kann dies nicht passieren, denn aus $ab \equiv 0 \bmod p$ folgt $a \equiv 0 \bmod p$ oder $b \equiv 0 \bmod p$. In der Algebra lernt man, dass ein endlicher Integritätsbereich bereits ein Körper ist. Der Beweis hierfür verläuft ähnlich wie der Beweis des folgenden Spezialfalls:

Satz 3: Ist p eine Primzahl, dann ist der Restklassenring $\bmod\, p$ ein Körper.

Beweis: Es ist lediglich zu zeigen, dass zu jeder von $[0]$ verschiedenen Restklasse $[a] \in R_p$ eine Restklasse $[a'] \in R_p$ mit $[a] \cdot [a'] = [1]$ existiert. Wegen $\mathrm{ggT}(a, p) = 1$ gibt es ganze Zahlen u, v mit $au + pv = 1$. Setzt man $[a'] = [u]$, dann gilt $aa' \equiv au \equiv au + pv \equiv 1 \bmod p$, also $[a] \cdot [a'] = [1]$. $\square$

Den Körper R_p bezeichnet man in der Algebra mit $\mathrm{GF}(p)$ und nennt ihn *Galois-Feld p* (nach Évariste Galois, 1811–1832).

Im Beweis von Satz 3 haben wir lediglich die Tatsache benutzt, dass a zum Modul p teilerfremd ist. Also ist auch im allgemeinen Fall $[a]$ in R_m bezüglich der Multiplikation invertierbar, wenn $\mathrm{ggT}(a, m) = 1$ ist. Ist andererseits $\mathrm{ggT}(a, m) = d > 1$, dann ist $ax \not\equiv 1 \bmod m$ für alle $x \in \mathbb{Z}$, denn aus $m | ax - 1$ folgt $d | ax - 1$, und dies gilt wegen $d | a$ nur für $d = 1$. Eine Restklasse $a \bmod m$ mit $\mathrm{ggT}(a, m) = 1$ nennt man eine *prime* Restklasse $\bmod\, m$. (Man beachte, dass $\mathrm{ggT}(x, m) = \mathrm{ggT}(a, m)$ für alle $x \in [a]$.) Die Menge der primen Restklassen $\bmod\, m$ bezeichnen wir mit R_m^*. Aus obigen Überlegungen folgt:

Satz 4: Die Menge der primen Restklassen $\bmod\, m$ bildet eine kommutative Gruppe bezüglich der Restklassenmultiplikation.

Diese Gruppe nennt man kurz die *prime Restklassengruppe modulo m*. Im Fall $m = p$ (Primzahl) ist R_p^* die multiplikative Gruppe des Körpers R_p.

Ist $\mathrm{ggT}(a, m) = 1$, dann ist also die Kongruenz

$$ax \equiv 1 \bmod m$$

eindeutig lösbar; ihre Lösung ist die zu $[a]$ inverse Restklasse $[a']$, d.h., genau für alle $x \in [a']$ gilt $ax \equiv 1 \bmod m$. Man schreibt die Lösung der obigen Kongruenz auch in der Form

$$x \equiv \frac{1}{a} \bmod m.$$

Man beachte aber, dass man dabei nicht mit Brüchen rechnet, sondern nur eine kurze Schreibweise für die Lösung einer Kongruenz hat. Vgl. Aufgabe 19.

Die Anzahl der primen Restklassen mod m bezeichnet man mit $\varphi(m)$. Die Funktion φ heißt *Euler-Funktion* oder *eulersche Funktion*. Man kann $\varphi(m)$ auch als die Anzahl der zu m teilerfremden Zahlen x mit $1 \leq x \leq m$ verstehen.

Es gilt $\varphi(1) = 1$ und $\varphi(p) = p - 1$, falls p eine Primzahl ist. Auch für eine Primzahlpotenz p^α kann man den Wert von φ sehr einfach bestimmen: Von den p^α Zahlen $1, 2, 3, \ldots, p^\alpha$ ist genau jede p-te durch p teilbar; die Anzahl der zu p teilerfremden unter diesen Zahlen ist also

$$\varphi(p^\alpha) = p^\alpha - p^{\alpha-1} = p^\alpha \left(1 - \frac{1}{p}\right).$$

Wir wollen nun allgemein untersuchen, wie man $\varphi(n)$ berechnen kann, wenn man die Primfaktorzerlegung von n kennt. Es seien $p_1, p_2, \ldots, p_k$ die *verschiedenen* Primfaktoren von n, ferner M_i für $i = 1, 2, \ldots, k$ die Menge der durch p_i teilbaren Zahlen aus der Menge $M = \{1, 2, \ldots, n\}$. Um die zu m teilerfremden Zahlen aus M zu erhalten, muss man die Vereinigungsmenge $M_1 \cup M_2 \cup \ldots \cup M_k$ aus M entfernen, also die Menge

$$M^* = M \setminus (M_1 \cup M_2 \cup \ldots \cup M_k)$$

bilden. Die Anzahl der Elemente in dieser Menge ist

$$
\begin{aligned}
|M^*| &= |M| - |M_1 \cup M_2 \cup \ldots \cup M_k| \\
&= |M| - \sum_{1 \leq j \leq k} |M_j| \\
&\quad + \sum_{1 \leq i < j \leq k} |M_i \cap M_j| \\
&\quad - \sum_{1 \leq h < i < j \leq k} |M_h \cap M_i \cap M_j| \\
&\quad + - \ldots \\
&\quad + (-1)^k |M_1 \cap M_2 \cap \ldots \cap M_k|.
\end{aligned}
$$

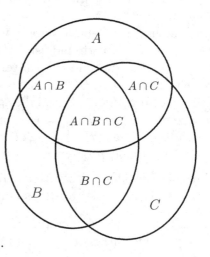

$$|A \cup B \cup C|$$
$$= |A| + |B| + |C|$$
$$-|A \cap B|$$
$$-|A \cap C|$$
$$-|B \cap C|$$
$$+|A \cap B \cap C|$$

(vgl. Fig. 1). Wegen

$$|M| = n, \quad |M_j| = \frac{n}{p_j},$$

$$|M_i \cap M_j| = \frac{n}{p_i p_j},$$

$$|M_h \cap M_i \cap M_j| = \frac{n}{p_h p_i p_j}, \ldots,$$

$$|M_1 \cap M_2 \cap \ldots \cap M_k| = \frac{n}{p_1 p_2 \cdots p_k}$$

Fig. 1

ergibt sich

$$|M^*| = n - \sum_{1 \le j \le k} \frac{n}{p_j} + \sum_{1 \le i < j \le k} \frac{n}{p_i p_j} - \sum_{1 \le h < i < j \le k} \frac{n}{p_h p_i p_j} + - \dots$$

$$+ (-1)^k \cdot \frac{n}{p_1 p_2 \cdots p_k}$$

$$= n \cdot \left(1 - \frac{1}{p_1}\right) \cdot \left(1 - \frac{1}{p_2}\right) \cdot \left(1 - \frac{1}{p_3}\right) \cdot \dots \cdot \left(1 - \frac{1}{p_k}\right)$$

Damit haben wir Teil a) des folgenden Satzes bewiesen.

Satz 5: a) Die eulersche Funktion hat für $n \in \mathbb{N}$ den Wert

$$\varphi(n) = n \cdot \prod_{p|n} \left(1 - \frac{1}{p}\right),$$

wobei sich das Produkt über alle Primteiler von n erstreckt.

b) Gilt $\mathrm{ggT}(m, n) = 1$, dann ist

$$\varphi(mn) = \varphi(m)\varphi(n).$$

c) Für $n \in \mathbb{N}$ gilt

$$\sum_{d|n} \varphi(d) = n,$$

wobei sich die Summe über alle Teiler d von n erstreckt.

Beweis von b): Diese Beziehung folgt sofort aus a), weil m und n keine gemeinsamen Primfaktoren haben.

Beweis von c): Für $t|n$ sei A_t die Menge aller $x \in \{1, 2, \dots, n\}$ mit

$$\mathrm{ggT}(x, n) = t, \text{ also } \mathrm{ggT}\left(\frac{x}{t}, \frac{n}{t}\right) = 1.$$

Dann ist

$$\sum_{t|n} |A_t| = n \text{ und } |A_t| = \varphi\left(\frac{n}{t}\right), \text{ also } \sum_{t|n} \varphi\left(\frac{n}{t}\right) = n.$$

Dies ist die behauptete Formel, denn mit t durchläuft auch der Komplementärteiler $\frac{n}{t}$ alle Teiler von n. □

Bemerkung: Aus Teil b) von Satz 5 folgt: Ist

$$n = \prod_{i=1}^{\infty} p_i^{\alpha_i}$$

die kanonische Primfaktorzerlegung von n, dann ist

$$\varphi(n) = \prod_{i=1}^{\infty} \varphi\left(p_i^{\alpha_i}\right).$$

Setzt man hier die Werte von $\varphi(p_i^{\alpha_i})$ ein, so ergibt sich wieder die Formel in Teil a) von Satz 5. Teil b) von Satz 5 kann man auch ohne Rückgriff auf a) herleiten; vgl. hierzu Aufgabe 16.

Beispiel 1: Die verschiedenen Primteiler von 360 sind 2, 3, 5. Also ist

$$\varphi(360) = 360 \cdot \frac{1}{2} \cdot \frac{2}{3} \cdot \frac{4}{5} = 96.$$

Es gibt daher genau 96 prime Restklassen mod 360. Man kann auch Teil b) von Satz 5 benutzen: Es ist $360 = 2^3 \cdot 3^2 \cdot 5$, also

$$\varphi(360) = \varphi(2^3) \cdot \varphi(3^2) \cdot \varphi(5) = 4 \cdot 6 \cdot 4 = 96.$$

Außer für $m = 1$ und $m = 2$ ist $\varphi(m)$ stets gerade. Dies erkennt man an der Formel in Teil a) von Satz 5 oder folgendermaßen: Mit x ist auch $m - x$ zu m teilerfremd, da $\mathrm{ggT}(x, m) = \mathrm{ggT}(m - x, m)$. Die zu m teilerfremden Zahlen zwischen 1 und m treten also paarweise auf, wobei der Fall $\mathrm{ggT}(x, m) = 1$ und $x = m - x$ (also $2x = m$) für $m \geq 3$ nicht vorkommt.

Die prime Restklassengruppe $(R_m^*, \cdot)$ ist eine endliche Gruppe der Ordnung $\varphi(m)$, d.h. eine Gruppe mit genau $\varphi(m)$ Elementen. In der Algebra beweist man, dass für jedes Element a einer Gruppe der Ordnung n die n-te Potenz a^n das neutrale Element der Gruppe ergibt. Der folgende Satz ist ein Spezialfall dieses Satzes.

Satz 6 (Satz von Euler-Fermat): Ist $[a]$ eine prime Restklasse mod m, dann gilt

$$[a]^{\varphi(m)} = [1].$$

Ist also a zu m teilerfremd, dann gilt

$$a^{\varphi(m)} \equiv 1 \bmod m.$$

Beweis: Die $\varphi(m)$ Restklassen $[a] \cdot [i]$ mit $[i] \in R_m^*$ sind prim und paarweise verschieden, stellen also wieder alle Restklassen aus R_m^* dar. Denn aus $\mathrm{ggT}(a, m) = \mathrm{ggT}(i, m) = 1$ folgt $\mathrm{ggT}(ai, m) = 1$, und aus $[a] \cdot [i] = [a] \cdot [j]$ folgt durch Multiplikation mit der zu $[a]$ inversen Restklasse $[i] = [j]$. Sind $[b_1], [b_2], \ldots, [b_{\varphi(m)}]$ die primen Restklassen mod m, dann gilt also

$$[a] \cdot [b_1] \cdot [a] \cdot [b_2] \cdot \ldots \cdot [a] \cdot [b_{\varphi(m)}] = [b_1] \cdot [b_2] \cdot \ldots \cdot [b_{\varphi(m)}].$$

Kürzt man aus diesem Produkt die Restklassen $[b_1], [b_2], \ldots, [b_{\varphi(m)}]$, dann ergibt sich $[a]^{\varphi(m)} = [1]$. $\quad\square$

Satz 6 geht für $m = p$ (also $\varphi(m) = p - 1$) auf Fermat zurück; die allgemeine Form stammt von Euler. Für den Satz von Fermat ($m = p = $ Primzahl) gab Euler auch einen kurzen Beweis durch vollständige Induktion:

Für $a = 1$ ist $a^p \equiv a \bmod p$. Gilt $a^p \equiv a \bmod p$ für ein $a > 1$, dann gilt auch $(a + 1)^p \equiv a^p + 1 \equiv a + 1 \bmod p$. Dabei wird der binomische Lehrsatz benutzt, ferner die Tatsache, dass der Binomialkoeffizient $\binom{p}{k}$ für $1 \leq k \leq p - 1$ durch p teilbar ist.

Satz 6 ist einer der wichtigsten Sätze der Zahlentheorie, wie man im Laufe der folgenden Kapitel merken wird.

Nicht für jeden Modul m ist $\varphi(m)$ die kleinste Zahl, für welche $a^{\varphi(m)} \equiv 1 \bmod m$ für alle zu m teilerfremden a gilt. Ist nämlich $m = uv$ mit $u, v \geq 3$ und $\mathrm{ggT}(u, v) = 1$, dann ist

$$a^{\mathrm{kgV}(\varphi(u), \varphi(v))} \equiv 1 \bmod u \quad \text{und} \quad a^{\mathrm{kgV}(\varphi(u), \varphi(v))} \equiv 1 \bmod v,$$

also

$$a^{\mathrm{kgV}(\varphi(u), \varphi(v))} \equiv 1 \bmod m$$

und

$$\mathrm{kgV}(\varphi(u), \varphi(v)) = \frac{\varphi(u)\varphi(v)}{\mathrm{ggT}(\varphi(u), \varphi(v))} \leq \frac{\varphi(m)}{2},$$

da $\varphi(u)$, $\varphi(v)$ gerade sind.

Ist $[a]$ eine prime Restklasse mod m, dann nennt man die kleinste natürliche Zahl k mit $[a]^k = [1]$ die *Ordnung* von $[a]$ und schreibt

$$k = \mathrm{ord}_m[a].$$

Wie in jeder endlichen Gruppe gilt, dass die Ordnung eines Gruppenelementes die Ordnung der Gruppe teilt:

Satz 7: Für alle $[a] \in R_m^*$ gilt $\mathrm{ord}_m[a] \mid \varphi(m)$.

Beweis: Es sei $k = \mathrm{ord}_m[a]$ und $\varphi(m) = vk + r$ mit $v \in \mathbb{N}$ und $0 \leq r < k$. Dann ist

$$[1] = [a]^{\varphi(m)} = [a]^{vk+r} = ([a]^k)^v \cdot [a]^r = [1] \cdot [a]^r = [a]^r.$$

Da aber k die *kleinste natürliche* Zahl mit $[a]^k = [1]$ ist, folgt $r = 0$. Also gilt $k \mid \varphi(m)$. $\square$

Beispiel 2: Wir betrachten den Modul $m = 5$. Es gilt (wie für jeden Modul) $\mathrm{ord}_5[1] = 1$. Ferner ist $\mathrm{ord}_5[2] = \mathrm{ord}_5[3] = 4$ und $\mathrm{ord}_5[4] = 2$.

Beispiel 3: Zum Modul 12 gibt es $\varphi(12) = 4$ prime Restklassen, nämlich $[1], [5], [7], [11]$. Die Ordnungen sind der Reihe nach 1, 2, 2, 2. Insbesondere gibt es also keine Restklasse der Ordnung $\varphi(12)$.

Beispiel 4: Es soll $\mathrm{ord}_{31}[7]$ bestimmt werden. Es kommen nur die Teiler von $\varphi(31) = 30$ in Frage. Wir bilden also die Potenzen von 7^d für $d \mid 30$ und reduzieren diese jeweils mod 31 auf die betragskleinsten Reste:

$$
\begin{aligned}
7^2 &\equiv 18 \equiv -13 \bmod 31 \\
7^3 &\equiv 7^2 \cdot 7 \equiv (-13) \cdot 7 \equiv 2 \bmod 31 \\
7^5 &\equiv 7^3 \cdot 7^2 \equiv 2 \cdot (-13) \equiv 5 \bmod 31 \\
7^6 &\equiv 7^3 \cdot 7^3 \equiv 2 \cdot 2 \equiv 4 \bmod 31 \\
7^{10} &\equiv 7^5 \cdot 7^5 \equiv 5 \cdot 5 \equiv -6 \bmod 31 \\
7^{15} &\equiv 7^{10} \cdot 7^5 \equiv (-6) \cdot 5 \equiv 1 \bmod 31
\end{aligned}
$$

Es ergibt sich $\mathrm{ord}_{31}[7] = 15$.

Beispiel 5: Am Ende von III.2 fragten wir nach einer (möglichst kleinen) natürlichen Zahl s mit $17|10^s - 1$. Es ist $s = \mathrm{ord}_{17}[10]$. Diese Zahl soll nun berechnet werden, wobei beachtet werden muss, dass nur Teiler von $\varphi(17) = 16$ in Frage kommen:

$$
\begin{aligned}
10 &\equiv -7 \bmod 17 \\
10^2 &\equiv (-7)^2 \equiv -2 \bmod 17 \\
10^4 &\equiv (-2)^2 \equiv 4 \bmod 17 \\
10^8 &\equiv 4^2 \equiv -1 \bmod 17
\end{aligned}
$$

Es ergibt sich $s = 16$. Eine Quersummenprobe für die Teilbarkeit durch 17 ist also mit der Quersumme 16-ter Stufe möglich, was sicher ein sehr unhandliches Kriterium ist. Wegen $10^8 \equiv -1 \bmod 17$ ist $17|10^8 + 1$, so dass man ein Teilbarkeitskriterium für 17 mit Hilfe der alternierenden Quersumme 8-ter Stufe aufstellen könnte.

Bemerkung: Um den Rest von a^n modulo m zu berechnen, geht man zweckmäßigerweise folgendermaßen vor: Man stelle n im Zweiersystem dar, schreibe n also als Summe von verschiedenen Zweierpotenzen. Dann bestimme man durch wiederholtes Quadrieren und Reduzieren die Reste r_k der Potenzen a^{2^k}, so weit sie in der Darstellung von n vorkommen, und bestimme dann den Rest des Produktes derjenigen r_k, für welche 2^k in der Darstellung von n vorkommt. Dies soll am Beispiel $7^{39} \bmod 41$ untersucht werden. Es ist $39 = 1+2+4+32$.

7	$\equiv$	$7 \bmod 41$	7	1
7^2	$\equiv$	$8 \bmod 41$	8	2
7^4	$\equiv$	$-18 \bmod 41$	-18	4
7^8	$\equiv$	$-4 \bmod 41$		
7^{16}	$\equiv$	$16 \bmod 41$		
7^{32}	$\equiv$	$10 \bmod 41$	10	32
			Produkt P	Summe 39

$$7 \cdot 8 \equiv 15 \bmod 41; \quad 15 \cdot (-18) \equiv 17 \bmod 41; \quad 17 \cdot 10 \equiv 6 \bmod 41.$$

Es folgt $P \equiv 6 \bmod 41$, also $7^{39} \equiv 6 \bmod 41$. (In diesem speziellen Beispiel kann man natürlich schneller zum Ziel gelangen: Wegen $7^{40} \equiv 1 \bmod 41$ bestimme man ein x mit $7x \equiv 1 \bmod 41$; man findet $x \equiv 6 \bmod 41$.)

Für $m > 2$ gilt stets $\mathrm{ord}_m[m - 1] = 2$, denn $[m-1]^2 = [-1]^2 = [1]$. Daraus folgt $2|\varphi(m)$ für $m > 2$, wie wir schon oben gesehen haben.

Ist p eine Primzahl > 2 und $p \nmid a$, dann ist $a^{\frac{p-1}{2}}$ eine Lösung der Kongruenz $x^2 \equiv 1 \bmod p$; diese hat aber nur die Lösungen $1 \bmod p$ und $-1 \bmod p$, denn aus $p|(x-1)(x+1)$ folgt $p|(x-1)$ oder $p|(x+1)$. Folglich gilt

$$a^{\frac{p-1}{2}} \equiv 1 \bmod p \quad \text{oder} \quad a^{\frac{p-1}{2}} \equiv -1 \bmod p.$$

In obigen Beispielen haben wir gesehen, dass für manche Moduln m eine prime Restklasse $[a]$ mit $\text{ord}_m[a] = \varphi(m)$ existiert, während dies für andere Moduln (z.B. $m = 12$) nicht der Fall ist. Im nächsten Abschnitt gehen wir der Frage nach, für welche Moduln es eine prime Restklasse mit der maximalen Ordnung $\varphi(m)$ gibt.

Satz 8: Es sei $[a]$ eine prime Restklasse $\bmod m$ mit $\text{ord}_m[a] = k$. Ferner sei h eine natürliche Zahl. Dann gilt:

a) $[a]^h = [1] \iff k|h$

b) $[a]^i = [a]^j \iff i \equiv j \bmod k$

c) Die Restklassen $[a], [a]^2, \ldots, [a]^k$ sind paarweise verschieden.

d) $\text{ord}_m([a]^h) = \dfrac{k}{\text{ggT}(h,k)}$

e) $\text{ord}_m([a]^h) = k \iff \text{ggT}(h,k) = 1$

Beweis: a) Der Beweis verläuft analog zum Beweis von Satz 7 mit h an Stelle von $\varphi(m)$.

b) Für $i > j$ ist genau dann $[a]^{i-j} = [1]$, wenn $k|i - j$ (vgl. a)).

c) Diese Behauptung ergibt sich sofort aus b).

d) Es sei $d = \text{ggT}(h,k)$, $h = dh_1$, $k = dk_1$, also $\text{ggT}(h_1, k_1) = 1$. Dann ist

$$([a]^h)^{k_1} = ([a]^k)^{h_1} = [1]^{h_1} = [1],$$

also ist $\text{ord}_m([a]^h) \mid k_1$ (vgl. a)). Für $r = \text{ord}_m([a]^h)$ folgt andererseits aus

$$[a]^{hr} = ([a]^h)^r = [1]$$

die Beziehung $k|hr$, also $k_1|h_1 r$. Wegen $\text{ggT}(h_1, k_1) = 1$ ergibt sich $k_1|r$, also $k_1 \mid \text{ord}_m([a]^h)$, insgesamt also $\text{ord}_m([a]^h) = k_1$.

e) Diese Behauptung folgt sofort aus d). $\square$

Anwendung: Als eine Anwendung des Satzes von Fermat wollen wir zeigen, dass zu jeder Primzahl p eine Fibonacci-Zahl existiert, die durch p teilbar ist. Für $p = 2$ oder $p = 5$ ist dies offensichtlich. Für $p \neq 2$ und $p \neq 5$ zeigen wir dies mit Hilfe der Formel von Binet (I.11 Satz 34), und zwar zeigen wir: Genau eine der Fibonacci-Zahlen F_{p-1} oder F_{p+1} ist durch p teilbar ($p \neq 2, 5$): Aus der binetschen Formel folgt für $n \in \mathbb{N}$

$$\sqrt{5} \cdot 2^n \cdot F_n = (1 + \sqrt{5})^n - (1 - \sqrt{5})^n = 2 \cdot \sum_{i=0}^{\left[\frac{n-1}{2}\right]} \binom{n}{2i+1} (\sqrt{5})^{2i+1},$$

also

$$2^{n-1} \cdot F_n = \sum_{i=0}^{\left[\frac{n-1}{2}\right]} \binom{n}{2i+1} \cdot 5^i.$$

Ist p eine von 2 und 5 verschiedene Primzahl, dann ergibt sich für $n = p$ wegen

$$p \mid \binom{p}{2i+1} \text{ für } 0 \leq i < \frac{p-1}{2},$$

dass

$$2^{p-1} \cdot F_p \equiv 5^{\frac{p-1}{2}} \bmod p.$$

Wegen

$$2^{p-1} \equiv 1 \bmod p \quad \text{und} \quad 5^{\frac{p-1}{2}} \equiv \pm 1 \bmod p$$

folgt $F_p \equiv \pm 1 \bmod p$ und damit $F_p^2 \equiv 1 \bmod p$. Nun ist $F_p^2 = F_{p-1} \cdot F_{p+1} + 1$ (vgl. I.11 Satz 31 und 32c)), also ist $F_{p-1} \cdot F_{p+1} \equiv 0 \bmod p$. Wegen

$$\mathrm{ggT}(F_{p-1}, F_{p+1}) = F_{\mathrm{ggT}(p-1,p+1)} = F_2 = 1$$

ist genau eine der Zahlen F_{p-1}, F_{p+1} durch p teilbar. (Genauer lässt sich zeigen, dass $p \mid F_{p-1}$ für $p \equiv \pm 1 \bmod 5$ und $p \mid F_{p+1}$ für $p \equiv \pm 2 \bmod 5$ gilt.)

III.4 Primitive Restklassen

Eine Restklasse $[a]$ aus R_m^* heißt *primitiv*, wenn sie die maximal mögliche Ordnung $\varphi(m)$ hat. In diesem Fall besteht R_m^* aus allen Potenzen von $[a]$:

$$R_m^* = \{[a], [a]^2, [a]^3, \ldots, [a]^{\varphi(m)}\}$$

mit $[a]^{\varphi(m)} = [1]$. Eine veraltete Bezeichnung für eine ganze Zahl x mit der Eigenschaft $\mathrm{ord}_m[x] = \varphi(m)$ ist *primitive Kongruenzwurzel* $\bmod\, m$. Eine primitive Restklasse $\bmod\, m$ besteht also aus primitiven Kongruenzwurzeln $\bmod\, m$.

Zunächst wollen wir die Existenz primitiver Restklassen für den Fall beweisen, dass der Modul eine Primzahl ist. Dazu beweisen wir zuerst einen Hilfssatz über die Nullstellen von Polynomen in einem Körper K. Man beachte, dass dabei K auch ein endlicher Körper sein darf, denn wir wollen diesen Hilfssatz auf den Körper der primen Restklassen modulo p (p Primzahl) anwenden.

Hilfssatz: Ist K ein Körper und $f(x)$ ein vom Nullpolynom verschiedenes Polynom mit Koeffizienten aus K vom Grad n, dann besitzt $f(x)$ höchstens n Nullstellen in K.

Beweis: Ist $f(x)$ vom Grad 0, also $f(x) = a_0$ ($a_0 \in K, a_0 \neq 0$), dann besitzt $f(x)$ keine Nullstellen. Ist der Grad von $f(x)$ größer als 0 und besitzt $f(x)$ die Nullstelle $k \in K$, dann betrachte man die Division mit Rest für $f(x)$ und $x - k$:

$$f(x) = g(x)(x - k) + r(x),$$

wobei $g(x), r(x)$ Polynome über K sind und $r(x)$ einen kleineren Grad als der Divisor $x - k$ hat. Also ist $r(x) = r_0 \in K$. Nun gilt

$$0 = f(k) = g(k)(k - k) + r_0,$$

also $r_0 = 0$ und somit

$$f(x) = g(x)(x - k).$$

Der Grad von $g(x)$ ist um 1 kleiner als der Grad von $f(x)$, wir können also den Beweis mit Hilfe vollständiger Induktion führen: Hat $g(x)$ höchstens $n - 1$ Nullstellen, dann hat $f(x)$ höchstens n Nullstellen, da mit eventueller Ausnahme von k jede Nullstelle von $f(x)$ auch eine solche von $g(x)$ ist.   □

Satz 9: Es sei p eine Primzahl und d ein Teiler von $\varphi(p) = p - 1$. Dann gibt es genau $\varphi(d)$ prime Restklassen mod p mit der Ordnung d.

Beweis: Für $d|p - 1$ sei $\psi(d)$ die Anzahl der primen Restklassen mod p mit der Ordnung d. Da jede Restklasse eine Ordnung besitzt, ist

$$\sum_{d|p-1} \psi(d) = p - 1.$$

Ist $\psi(d) > 0$, existiert also eine prime Restklasse $[a]$ mit der Ordnung d, dann sind die Restklassen $[a]^i$ für $i = 1, 2, \ldots, d$ paarweise voneinander verschieden (Satz 8c)) und Nullstellen von $x^d - [1]$:

$$([a]^i)^d = ([a]^d)^i = [1]^i = [1].$$

Da dieses Polynom nach dem Hilfssatz höchstens d Nullstellen besitzt, sind die Restklassen $[a]^i$ $(i = 1, 2, \ldots, d)$ genau *alle* Nullstellen. Nach Satz 8e) hat $[a]^i$ genau dann die Ordnung d, wenn $\mathrm{ggT}(i, d) = 1$. Im Fall $\psi(d) > 0$ ergibt sich also $\psi(d) = \varphi(d)$. Nun zeigen wir, dass der Fall $\psi(d) = 0$ nicht eintreten kann: Es gilt allgemein für $n \in \mathbb{N}$

$$\sum_{d|n} \varphi(d) = n$$

(vgl. Satz 5c)) und somit

$$\sum_{d|p-1} \psi(d) = p - 1 = \sum_{d|p-1} \varphi(d),$$

wegen $\psi(d) \leq \varphi(d)$ also $\psi(d) = \varphi(d)$ für alle Teiler d von $p - 1$.   □

Aus Satz 9 folgt, dass primitive Restklassen mod p existieren, wenn p eine Primzahl ist, und zwar gibt es $\varphi(p - 1)$ solche Restklassen. Nun wollen wir untersuchen, für welche zusammengesetzten Moduln primitive Restklassen existieren.

Wir beginnen unsere Untersuchung mit Moduln der Form $m = 2^k$. Ist $k = 1$, dann ist $[1]$ primitiv; für $k = 2$ ist $[3]$ primitiv, denn es gilt $\mathrm{ord}_4[3] = 2 = \varphi(4)$. Für $k = 3$ gibt es keine primitive Restklasse mod m, denn es ist $\varphi(8) = 4$ und für jede prime Restklasse $[a]$ mod 8 gilt $[a]^2 = [1]$. Für $k > 3$ existiert ebenfalls keine primitive Restklasse mod m, wie man mit vollständiger Induktion zeigen kann. Genauer wollen wir zeigen: Ist $k \geq 3$ und $[a]$ eine prime Restklasse mod 2^k, dann gilt

$$(*) \qquad\qquad a^{2^{k-2}} \equiv 1 \bmod 2^k.$$

Wegen $2^{k-2} < 2^{k-1} = \varphi(2^k)$ ist dann obige Behauptung bewiesen. Für $k = 3$ ist $(*)$ offensichtlich erfüllt. Gilt $(*)$, dann ist

$$a^{2^{k-2}} = 1 + b \cdot 2^k \quad \text{mit} \quad b \in \mathbb{Z}.$$

Durch Quadrieren folgt

$$a^{2^{k-1}} = 1 + 2 \cdot b \cdot 2^k + (b \cdot 2^k)^2 = 1 + (b + b^2 2^{k-1}) \cdot 2^{k+1},$$

also

$$a^{2^{k-1}} \equiv 1 \bmod 2^{k+1}.$$

Damit ist die Gültigkeit von $(*)$ für $k \geq 3$ induktiv bewiesen.

Nun beschäftigen wir uns mit Moduln der Form $m = uv$ mit $\mathrm{ggT}(u, v) = 1$ und $u, v > 2$. Da $\varphi(u)$ und $\varphi(v)$ beide gerade sind, ist $\mathrm{ggT}(\varphi(u), \varphi(v)) = d \geq 2$ und daher

$$h = \mathrm{kgV}(\varphi(u), \varphi(v)) = \frac{\varphi(u)\varphi(v)}{d} = \frac{\varphi(uv)}{d} \leq \frac{\varphi(uv)}{2}.$$

Ist nun $[a]$ eine prime Restklasse modulo uv, dann ist auch $\mathrm{ggT}(a, u) = 1$ und $\mathrm{ggT}(a, v) = 1$, also

$$a^h \equiv a^{\frac{\varphi(u)\varphi(v)}{d}} \equiv \left(a^{\varphi(u)}\right)^{\frac{\varphi(v)}{d}} \equiv 1^{\frac{\varphi(v)}{d}} \equiv 1 \bmod u.$$

Analog ergibt sich $a^h \equiv 1 \bmod v$. Aus $u|a^h - 1$ und $v|a^h - 1$ folgt $uv|a^h - 1$, denn u, v sind teilerfremd. Also gilt $a^h \equiv 1 \bmod uv$. Wegen $h < \varphi(uv)$ ist daher $[a]$ keine primitive Restklasse mod uv.

In den bisher noch nicht ausgeschlossenen Fällen existiert eine primitive Restklasse. Es gilt also:

Satz 10: Genau dann existiert eine primitive Restklasse modulo m, wenn $m = 2$, $m = 4$, $m = p^k$ oder $m = 2p^k$ ist, wobei p eine ungerade Primzahl und k eine natürliche Zahl ist.

Beweis: Es ist bereits oben geklärt, dass außer in den genannten Fällen für keinen Modul eine primitive Restklasse existiert. Auch die Fälle $m = 2$ und $m = 4$ sind schon klar. Existiert mod p^k eine primitive Restklasse mit dem Vertreter r, der wegen $r \equiv r + p^k \bmod p^k$ als ungerade vorausgesetzt werden kann, dann ist r auch ein Vertreter einer primitiven Restklasse mod $2p^k$: Es gilt

$$p^k|r^n - 1 \iff 2p^k|r^n - 1;$$

wäre also $2p^k|r^n - 1$ mit $n < \varphi(2p^k) = \varphi(p^k)$, so wäre $[r]$ keine primitive Restklasse mod p^k. (Die Beziehung $\varphi(2p^k) = \varphi(p^k)$ ergibt sich sofort aus der Berechnungsformel für φ (vgl. Satz 5).) Es bleibt also nur noch der Fall $m = p^k$ zu untersuchen.

Es sei $[s]_p$ eine primitive Restklasse mod p. Dann lässt sich der Vertreter s so wählen, dass

$$s^{p-1} \not\equiv 1 \bmod p^2$$

gilt. Ist nämlich $s^{p-1} \equiv 1 \bmod p^2$, so wähle man $s' = s + p$; dann ergibt sich unter Verwendung des binomischen Lehrsatzes

$$(s')^{p-1} \equiv (s+p)^{p-1} \equiv s^{p-1} + (p-1)s^{p-2}p \equiv 1 - ps^{p-2} \bmod p^2,$$

wegen $p \nmid s^{p-2}$ also $(s')^{p-1} \not\equiv 1 \bmod p^2$.

Ist nun $s^{p-1} \not\equiv 1 \bmod p^2$, dann ist $[s]_{p^2}$ eine primitive Restklasse mod p^2. Denn als Ordnung mod p^2 kommen nur die Teiler von $\varphi(p^2)$ in Frage, also nur die Teiler von $p-1$, die Primzahl p und $\varphi(p^2)$ selbst; die Teiler von $p-1$ entfallen offensichtlich, die Primzahl p wegen $s^p \equiv s \not\equiv 1 \bmod p$ ebenfalls.

Ist $k \geq 2$, dann gilt allgemeiner

$$s^{p^{k-2}(p-1)} \not\equiv 1 \bmod p^k.$$

Dies beweist man induktiv: Für $k = 2$ ist dies schon bewiesen. Wir schließen nun von k auf $k+1$. Zunächst gilt nach dem Satz von Euler-Fermat

$$s^{p^{k-2}(p-1)} \equiv s^{\varphi(p^{k-1})} \equiv 1 \bmod p^{k-1},$$

also

$$s^{p^{k-2}(p-1)} = 1 + bp^{k-1} \quad \text{mit} \quad b \in \mathbb{Z}.$$

Aufgrund der Induktionsannahme ist dabei $p \nmid b$. Potenzieren dieser Gleichung mit dem Exponent p liefert

$$s^{p^{k-1}(p-1)} \equiv (1 + bp^{k-1})^p \equiv 1 + bp^k \bmod p^{k+1}.$$

Wegen $p \nmid b$ gilt also

$$s^{p^{k-1}(p-1)} \not\equiv 1 \bmod p^{k+1},$$

womit der Induktionsbeweis abgeschlossen ist.

Nun zeigen wir, dass für $k \geq 2$ die Restklasse $[s]_{p^k}$ primitiv ist. Die Ordnung n dieser Restklasse mod p^k muss ein Teiler von $\varphi(p^k) = p^{k-1}(p-1)$ sein. Andererseits muss n durch $p-1$ teilbar sein, denn aus $s^n \equiv 1 \bmod p^k$ folgt auch $s^n \equiv 1 \bmod p$. Daher ist $n = p^t(p-1)$ mit $0 \leq t \leq k-1$. Wäre aber $t < k-1$, so wäre

$$s^{p^{k-2}(p-1)} \equiv 1 \bmod p^k,$$

was unseren obigen Erkenntnissen widerspricht. Also ist $t = k-1$ und somit $n = \varphi(p^k)$. $\square$

Im Beweis von Satz 10 haben wir auch gesehen, wie man eine primitive Restklasse mod p^k (und damit auch mod $2p^k$) findet, wenn man eine solche mod p

kennt: Ist r Vertreter einer primitiven Restklasse $\bmod p$ mit $r^{p-1} \not\equiv 1 \bmod p^2$, wobei man eventuell statt r den Vertreter $r+p$ wählen muss, dann ist r Vertreter einer primitiven Restklasse $\bmod p^k$ und einer solchen $\bmod 2p^k$.

Wenn man *eine* primitive Restklasse $\bmod m$ kennt (wobei für m natürlich nur die in Satz 10 genannten Moduln in Frage kommen), dann kann man alle anderen primitiven Restklassen bestimmen:

Satz 11: Ist $[r]$ eine primitive Restklasse $\bmod m$, dann ist

$$\{[r]^i \mid 1 \leq i \leq \varphi(m), \ \operatorname{ggT}(i, \varphi(m)) = 1\}$$

die Menge *aller* primitiven Restklassen $\bmod m$.

Beweis: Alle primen Restklassen haben die Form $[r]^i$ mit $1 \leq i \leq \varphi(m)$. Nach Satz 8e) ist $[r]^i$ genau dann primitiv, wenn $\operatorname{ggT}(i, \varphi(m)) = 1$. $\quad\Box$

Existiert eine primitive Restklasse $\bmod m$, dann ist $(R_m^*, \cdot)$ eine *zyklische* Gruppe, d.h. die Elemente dieser Gruppe lassen sich als Potenzen eines einzigen Elements darstellen. Als ein solches *erzeugendes Element* kommen im Fall einer endlichen zyklischen Gruppe der Ordnung n genau $\varphi(n)$ Elemente in Frage. Satz 11 ist also ein Spezialfall eines allgemeineren Satzes über endliche zyklische Gruppen.

Es ergibt sich nun die Frage, wie man eine primitive Restklasse $\bmod p$ (p Primzahl) findet; die Bestimmung *aller* primitiven Restklassen, auch bezüglich der Moduln p^k und $2p^k$, ist nach Obigem dann kein Problem mehr. Leider gibt es kein elegantes Verfahren zur Bestimmung einer primitiven Restklasse, man ist auf Probieren angewiesen. Auf Gauß geht folgende Methode zur Bestimmung einer primitiven Restklasse $\bmod p$ zurück:

(1) Wähle a mit $1 < a < p$ und berechne die Potenzen von $a \bmod p$:

$$a, a^2, \ldots, a^t \quad \text{und} \quad a^t \equiv 1 \bmod p \quad \text{mit} \quad t = \operatorname{ord}_p[a].$$

Ist $t = p - 1$, dann ist $[a]$ primitiv; andernfalls fahre folgendermaßen fort:

(2) Wähle b mit $1 < b < p$ und $b \not\equiv a^i \bmod p$ für $i = 1, 2, \ldots, t$ und berechne die Potenzen von $b \bmod p$:

$$b, b^2, \ldots, b^u \quad \text{und} \quad b^u \equiv 1 \bmod p \quad \text{mit} \quad u = \operatorname{ord}_p[b].$$

Dabei ist u kein Teiler von t, denn sonst wäre $b^t \equiv 1 \bmod p$, also $b \bmod p$ eine Lösung von $x^t \equiv 1 \bmod p$ und damit $b \equiv a^i \bmod p$ für ein geeignetes i. Ist nun $u = p - 1$, dann ist $[b]$ primitiv. Ist $u < p - 1$, dann setze man

$$v = \operatorname{kgV}(t, u) = mn \quad \text{mit} \quad m \mid t, \ n \mid u \text{ und } \operatorname{ggT}(m, n) = 1.$$

Beachte, dass $v > t$ wegen $u \nmid t$. Die Restklasse $[c]$ mit

$$c \equiv a^{\frac{t}{m}} \cdot b^{\frac{u}{n}} \bmod p$$

hat die Ordnung v. Ist $v = p - 1$, dann ist $[c]$ primitiv. Ist $v < p - 1$, dann wiederhole man Schritt (2).

Dieses Verfahren beginnt man sinnvollerweise mit $a = 2$.

Beispiel: Es soll eine primitive Restklasse $\bmod 73$ bestimmt werden. Man wähle $a = 2$. Die Reste von $a^i \bmod 73$ für $i = 1, 2, 3, \ldots$ sind

$$2, 4, 8, 16, 32, 64, 55, 37, 1,$$

also ist $t = 9$. Man wähle $b = 3$. Die Reste von $b^i \bmod 73$ für $i = 1, 2, 3, \ldots$ sind

$$3, 9, 27, 8, 24, 72, 70, 64, 46, 65, 49, 1,$$

also ist $u = 12$. Es sei $v = \mathrm{kgV}(9{,}12) = 36 = 9 \cdot 4$ und $c \equiv 2^1 \cdot 3^3 \bmod 73$, also $c = 54$ (oder $c = -19$). Die Reste von $c^i \bmod 73$ für $i = 1,2,3,\ldots$ sind

$$
\begin{array}{cccccccccccc}
54, & 69, & 3, & 16, & 61, & 9, & 48, & 37, & 27, & 71, & 38, & 8, \\
67, & 41, & 24, & 55, & 50, & 72, & 19, & 4, & 70, & 57, & 12, & 64, \\
25, & 36, & 46, & 2, & 35, & 65, & 6, & 32, & 49, & 18, & 23, & 1.
\end{array}
$$

Die kleinste hier nicht vorkommende Zahl zwischen 1 und 72 ist 5. Da $\mathrm{ord}_{73}[5]$ kein Teiler von $\mathrm{ord}_{73}[54] = 36$ ist, kann $\mathrm{ord}_{73}[5]$ nur die Werte 8, 24 oder 72 haben. Es ist

$$5^8 \equiv 2 \bmod 73 \quad \text{und} \quad 5^{24} \equiv 8 \bmod 73,$$

also $\mathrm{ord}_{73}[5] = 72$ und somit $[5]$ primitiv. Hätten wir uns für 7 statt 5 entschieden, dann wären wir noch nicht so schnell am Ziel gewesen, denn $\mathrm{ord}_{73}[7] = 24$. Man setzt dann $v = \mathrm{kgV}(36{,}24) = 72 = 9 \cdot 8$ und

$$d \equiv 54^4 \cdot 7^3 \equiv 16 \cdot 51 \equiv 13 \bmod 73;$$

man erhält in diesem Fall die primitive Restklasse $[13]$.

Der folgenden Liste kann man für die ungeraden Primzahlen p unterhalb 200 die kleinste Zahl r entnehmen, für welche $[r]_p$ primitiv ist; $[r]_p$ ist also die „kleinste" primitive Restklasse $\bmod p$.

r	Modul p
2	$3, 5, 11, 13, 19, 29, 37, 53, 59, 61, 67, 83, 101, 107, 131, 139, 149,$
	$163, 173, 179, 181, 197$
3	$7, 17, 31, 43, 79, 89, 113, 127, 137, 199$
5	$23, 47, 73, 97, 103, 157, 167, 193$
6	$41, 109, 151$
7	71
19	191

Eine entsprechende Tabelle für alle Primzahlen bis 3613 findet man in [Schwarz 1987]. Die Liste zeigt, dass man „meistens" schon mit $r = 2$ Glück hat, dass die „kleinste" primitive Restklasse aber auch oft schon sehr „groß" ist, wie dies etwa für $p = 191$ mit $r = 19$ der Fall ist. Die Liste legt die Vermutung nahe, dass $[2]_p$ für unendlich viele Primzahlen p primitiv ist, dies konnte aber bisher nicht bewiesen werden. Gauß vermutete, dass $[10]_p$ für unendliche viele Primzahlen p primitiv ist. Beispielsweise ist $[10]_p$ primitiv für

$$p = 7, 17, 19, 23, 29, 47, 59, 61, 97, 109, 113, 131, 149, 167, 179, 181, 193.$$

Warum sich Gauß gerade für den Wert 10 interessierte, wird im nächsten Abschnitt klar werden. Natürlich ist auch die Vermutung von Gauß bisher unbewiesen. Eine noch weitergehende Vermutung von Emil Artin (1898–1962) besagt, dass für *jede* ganze Zahl a, die keine Quadratzahl und von -1 verschieden ist, unendlich viele Primzahlen p derart existieren, dass $[a]_p$ primitiv ist.

III.5 Dezimalbrüche

Die *Dezimalbruchentwicklung* einer positiven reellen Zahl α, also die Darstellung

$$\alpha = a_0 + \sum_{i=1}^{\infty} a_i 10^{-i} = a_0, a_1 a_2 a_3 \ldots$$

mit $a_0 \in \mathbb{N}_0$ und $a_i \in \{0, 1, 2, 3, 4, 5, 6, 7, 8, 9\}$, ist mit Hilfe der Gauß-Klammer $[\,]$ folgendermaßen definiert:

$$\begin{aligned}
\alpha_0 &= \alpha, & a_0 &= [\alpha], \\
\alpha_1 &= \alpha_0 - a_0, & a_1 &= [10\alpha_1], \\
\alpha_{i+1} &= 10\alpha_i - a_i, & a_{i+1} &= [10\alpha_{i+1}] \quad (i = 1, 2, 3, \ldots).
\end{aligned}$$

Die Dezimalbruchentwicklung von α heißt *abbrechend*, wenn ein $i_0 \in \mathbb{N}$ existiert mit $a_i = 0$ für $i \geq i_0$; andernfalls heißt die Dezimalbruchentwicklung *nicht-abbrechend*. Die Zahl a_0 und die *Ziffern* $a_1, a_2, a_3, \ldots$ sind eindeutig durch α bestimmt, wie obiger Algorithmus zeigt. (Dieser Algorithmus liefert inbesondere keine Entwicklung, bei welcher ab einer gewissen Stelle nur die Ziffer 9 erscheint.) Wiederholt sich ab einer gewissen Stelle immer wieder die gleiche Ziffernfolge, dann heißt die Dezimalbruchentwicklung *periodisch*. Wiederholt sich die Ziffernfolge $a_{s+1} a_{s+2} \ldots a_{s+t}$, so schreiben wir

$$\alpha = a_0, a_1 a_2 \ldots a_s \overline{a_{s+1} a_{s+2} \ldots a_{s+t}}$$

(lies „a_0 Komma $a_1 a_2 \ldots a_s$ Periode $a_{s+1} a_{s+2} \ldots a_{s+t}$"). Dabei wollen wir vereinbaren, dass s und t möglichst klein sein sollen. Dann nennt man die Ziffernfolge $a_1 a_2 \ldots a_s$ die *Vorperiode* und die Ziffernfolge $a_{s+1} a_{s+2} \ldots a_{s+t}$ die *Periode* der Dezimalbruchentwicklung von α. Im Fall $s = 0$ entfällt die Vorperiode.

Satz 12: Eine positive reelle Zahl ist genau dann rational, wenn ihre Dezimalbruchentwicklung abbrechend oder periodisch ist.

Beweis: 1) Die Dezimalbruchentwicklung der positiven reellen Zahl α sei abbrechend oder periodisch. Ist sie abbrechend, etwa $\alpha = a_0, a_1 a_2 \ldots a_s$, dann ist

$$\alpha = a_0 + a_1 10^{-1} + a_2 10^{-2} + \ldots + a_s 10^{-s}$$

offensichtlich eine rationale Zahl. Nun sei die Dezimalbruchentwicklung von α periodisch, etwa

$$\alpha = a_0, a_1 a_2 \ldots a_s \overline{a_{s+1} a_{s+2} \ldots a_{s+t}}.$$

Dann ist

$$\alpha = a_0, a_1 a_2 \ldots a_s + 10^{-s} \cdot 0, \overline{a_{s+1} a_{s+2} \ldots a_{s+t}}.$$

Daher müssen wir lediglich zeigen, dass $0, \overline{a_{s+1} a_{s+2} \ldots a_{s+t}}$ rational ist. Mit n bezeichnen wir die (höchstens t-stellige) natürliche Zahl $a_{s+1} a_{s+2} \ldots a_{s+t}$. Dann ist

$$10^t \cdot 0, \overline{a_{s+1} a_{s+2} \ldots a_{s+t}} = n + 0, \overline{a_{s+1} a_{s+2} \ldots a_{s+t}},$$

also

$$0, \overline{a_{s+1} a_{s+2} \ldots a_{s+t}} = \frac{n}{10^t - 1},$$

und dies ist eine rationale Zahl.

2) Sei $\alpha = \frac{a}{b} \in \mathbb{Q}$ mit $a, b \in \mathbb{N}$ und $\operatorname{ggT}(a,b) = 1$. Enthält b genau u-mal den Primfaktor 2 und v-mal den Primfaktor 5, dann erweitere man den Bruch mit $c = 2^{v-u}$, falls $v > u$ bzw. mit $c = 5^{u-v}$, falls $u > v$. Ist s das Maximum von u und v, dann ergibt sich

$$\alpha = 10^{-s} \cdot \frac{ac}{d} \quad \text{mit} \quad d = 10^{-s} bc \text{ und } \operatorname{ggT}(10, d) = 1.$$

Ist $d = 1$, dann hat α eine abbrechende Dezimalbruchentwicklung. Es sei nun $d > 1$ und $t = \operatorname{ord}_d[10]$. Dann ist t die kleinste natürliche Zahl mit $10^t \equiv 1 \bmod d$, also $10^t - 1 = e \cdot d$ mit $e \in \mathbb{N}$. Erweitern wir nun den Bruch mit e, dann ergibt sich

$$\alpha = 10^{-s} \cdot \frac{ace}{10^t - 1}.$$

Es sei
$$a_0 = [\alpha],$$
$$a_1 a_2 \ldots a_s = [10^s(\alpha - a_0)],$$
$$a_{s+1} a_{s+2} \ldots a_{s+t} = 10^s(10^t - 1) \cdot (\alpha - a_0, a_1 a_2 \ldots a_s).$$

Dabei haben wir die Darstellung der Zahlen im Zehnersystem benutzt. Dann ist

$$
\begin{aligned}
\alpha &= a_0, a_1 a_2 \ldots a_s + \frac{a_{s+1} a_{s+2} \ldots a_{s+t}}{10^s(10^t - 1)} \\
&= a_0, a_1 a_2 \ldots a_s + 10^{-s} \cdot a_{s+1} a_{s+2} \ldots a_{s+t} \cdot \left(10^{-t} + 10^{-2t} + \ldots\right) \\
&= a_0, a_1 a_2 \ldots a_s \overline{a_{s+1} a_{s+2} \ldots a_{s+t}}.
\end{aligned}
$$

Die rationale Zahl α hat also eine periodische Dezimalbruchentwicklung mit einer Vorperiode der Länge s und einer Periode der Länge t. $\square$

Dem Beweis von Satz 12 entnimmt man, dass bei der Dezimalbruchentwicklung der rationalen Zahl $\frac{a}{b}$ mit $a, b \in \mathbb{N}$ und $\mathrm{ggT}(a, b) = 1$ die Länge s der Vorperiode der größere der Exponenten von 2 und 5 in der Primfaktorzerlegung von b ist. Ferner ist die Länge t der Periode die Ordnung von 10 modulo d, wobei d aus b durch Herausstreichen aller Faktoren 2 und 5 entsteht. Es gilt also:

Satz 13: Es sei $a, b \in \mathbb{N}$, $\mathrm{ggT}(a, b) = 1$ und $b = 2^u 5^v d$ mit $\mathrm{ggT}(10, d) = 1$, ferner $s = \max(u, v)$ und $t = \mathrm{ord}_d[10]$. Dann hat die Dezimalbruchentwicklung von $\frac{a}{b}$ eine Vorperiode der Länge s und eine Periode der Länge t.

Ist $s = 0$, besitzt die Dezimalbruchentwicklung also keine Vorperiode, dann nennt man sie *reinperiodisch*.

Beispiel 1: Wir wollen die Dezimalbruchentwicklung von $\frac{27}{52}$ bestimmen und dabei die Überlegungen im Beweis von Satz 12 nachvollziehen: Es ist

$$\frac{27}{52} = \frac{27}{4 \cdot 13} = \frac{25 \cdot 27}{100 \cdot 13} = \frac{1}{100} \cdot \frac{675}{13} = \frac{1}{100} \cdot \left(51 + \frac{12}{13}\right).$$

Nun berechnen wir die Ordnung von 10 modulo 13, welche ein Teiler von $\varphi(13) = 12$ sein muss:

$$10^2 \equiv -4 \bmod 13$$
$$10^3 \equiv -40 \equiv -1 \bmod 13$$
$$10^6 \equiv (-1)^2 \equiv 1 \bmod 13$$

Die Periodenlänge ist also 6. Es gilt $10^6 - 1 = 999999 = 13 \cdot 76923$. Wegen $12 \cdot 76923 = 923076$ ergibt sich

$$\frac{27}{52} = \frac{1}{100} \cdot \left(51 + \frac{923076}{999999}\right) = 0,51\overline{923076}.$$

Die reinperiodischen Dezimalbruchentwicklungen von $\frac{a}{7}$ für $a = 1, 2, 3, 4, 5, 6$ zeigen eine merkwürdige Verwandtschaft. Die Perioden gehen durch eine zyklische Vertauschung auseinander hervor:

$$\frac{1}{7} = 0, \overline{142857}; \quad \frac{3}{7} = 0, \overline{428571}; \quad \frac{2}{7} = 0, \overline{285714};$$

$$\frac{6}{7} = 0, \overline{857142}; \quad \frac{4}{7} = 0, \overline{571428}; \quad \frac{5}{7} = 0, \overline{714285}$$

Dieses Phänomen wollen wir jetzt allgemein untersuchen. Für einen Nenner $m > 1$ mit $\mathrm{ggT}(10, m) = 1$ betrachten wir die $\varphi(m)$ reduzierten Brüche

$$\frac{a}{m} \quad \text{mit} \quad 1 \le a < m \quad \text{und} \quad \mathrm{ggT}(a, m) = 1.$$

Es sei $t = \mathrm{ord}_m[10]$; die Dezimalbruchentwicklungen dieser Brüche haben also alle die Periodenlänge t. Ist

$$10^t - 1 = m \cdot k,$$

dann ist $a \cdot k$ die natürliche Zahl, deren Ziffernfolge die Ziffernfolge der Periode ist. Ist $k = a_1 a_2 \ldots a_t$ die Darstellung von k im Zehnersystem, dann ist

$$\frac{1}{m} = 0,\overline{a_1 a_2 \ldots a_t}.$$

Daraus folgt

$$0,\overline{a_2 a_3 \ldots a_t a_1} = 10 \cdot \frac{1}{m} - a_1 = \frac{10 - a_1 m}{m}.$$

Dabei gilt $0 < 10 - a_1 m < m$ und $\mathrm{ggT}(10 - a_1 m, m) = \mathrm{ggT}(10, m) = 1$. Folglich ist auch die durch zyklische Vertauschung entstandene Dezimalzahl einer der betrachteten Brüche $\frac{a}{m}$: Ist $10 \equiv a' \bmod m$, dann ist $0,\overline{a_2 a_3 \ldots a_t a_1} = \frac{a'}{m}$. Allgemein gilt

$$
\begin{aligned}
0,\overline{a_{i+1} a_{i+2} \ldots a_t a_1 \ldots a_i} &= 10^i \cdot \frac{1}{m} - (a_1 a_2 \ldots a_i) \\
&= \frac{10^i - (a_1 a_2 \ldots a_i) \cdot m}{m}.
\end{aligned}
$$

Ist $10^i \equiv a^{(i)} \bmod m$ mit $1 \leq i < m$, dann ist also

$$0,\overline{a_{i+1} a_{i+2} \ldots a_t a_1 \ldots a_i} = \frac{a^{(i)}}{m}.$$

Durch zyklische Vertauschung der Ziffern in der Periode der Entwicklung von $\frac{1}{m}$ ergeben sich also t der betrachteten Brüche $\frac{a}{m}$. Ist $t = \varphi(m)$, ist $[10]_m$ also primitiv, dann ergeben sich so *alle* diese Brüche, wie es bei $m = 7$ der Fall war (s.o.). Andernfalls ergeben sich $\frac{\varphi(m)}{t}$ Klassen von Brüchen, deren Entwicklung jeweils durch zyklische Vertauschung der Ziffern in der Periode auseinander hervorgehen. Denn statt obige Betrachtung mit der Entwicklung von $\frac{1}{m}$ zu beginnen, hätte man sie mit jedem anderen der Brüche $\frac{a}{m}$ anfangen können.

Damit ist auch das Interesse erklärt, das Gauß an der Frage gehabt haben könnte, ob unendlich viele Primzahlen p mit $\mathrm{ord}_p[10] = p - 1$ existieren: Genau für diese Primzahlen p hat die Entwicklung von $\frac{1}{p}$ die größtmögliche Periodenlänge $p - 1$, und für genau diese Primzahlen p gehen die Perioden der Entwicklungen von $\frac{a}{p}$ ($a = 1, 2, \ldots, p - 1$) durch zyklische Vertauschung der Ziffern auseinander hervor.

Beispiel 2: Die Ordnung von 10 modulo 13 ist 6. Wir wollen für $a = 1, 2, \ldots, 12$ die Entwicklungen von $\frac{a}{13}$ bestimmen. Diese bilden zwei Klassen:

$$10^0 \equiv 1 \Rightarrow \frac{1}{13} = 0,\overline{076923} \qquad 10^0 \cdot 2 \equiv 2 \Rightarrow \frac{2}{13} = 0,\overline{153846}$$
$$10^1 \equiv 10 \Rightarrow \frac{10}{13} = 0,\overline{769230} \qquad 10^1 \cdot 2 \equiv 7 \Rightarrow \frac{7}{13} = 0,\overline{538461}$$
$$10^2 \equiv 9 \Rightarrow \frac{9}{13} = 0,\overline{692307} \qquad 10^2 \cdot 2 \equiv 5 \Rightarrow \frac{5}{13} = 0,\overline{384615}$$
$$10^3 \equiv 12 \Rightarrow \frac{12}{13} = 0,\overline{923076} \qquad 10^3 \cdot 2 \equiv 11 \Rightarrow \frac{11}{13} = 0,\overline{846153}$$
$$10^4 \equiv 3 \Rightarrow \frac{3}{13} = 0,\overline{230769} \qquad 10^4 \cdot 2 \equiv 6 \Rightarrow \frac{6}{13} = 0,\overline{461538}$$
$$10^5 \equiv 4 \Rightarrow \frac{4}{13} = 0,\overline{307692} \qquad 10^5 \cdot 2 \equiv 8 \Rightarrow \frac{8}{13} = 0,\overline{615384}$$

Beispiel 3: Die Ordnung von 10 modulo 63 ist 6; denn es gilt

$$63 \mid 10^k - 1 \quad \Longleftrightarrow \quad 7 \mid 10^k - 1 \quad \text{und} \quad 9 \mid 10^k - 1$$

und $\mathrm{ord}_7[10] = 6$, $\mathrm{ord}_9[10] = 1$. Die $\varphi(63) = 36$ Brüche $\frac{a}{63}$ mit $1 \le a < 63$ und $\mathrm{ggT}(a, 63) = 1$ bilden $\frac{36}{6} = 6$ Klassen mit je 6 Elementen, so dass in jeder Klasse die Perioden der Dezimalbruchentwicklung durch zyklische Vertauschung der Ziffern auseinander hervorgehen. Im folgenden sind diese Klassen durch die Zähler a der zugehörigen Brüche angegeben:

10^0	1	2	4	8	16	32
10^1	10	20	40	17	34	5
10^2	37	11	22	44	25	50
10^3	55	47	31	62	61	59
10^4	46	29	58	53	43	23
10^5	19	38	13	26	52	41

Mit Hilfe der Entwicklungen

$$\frac{1}{63} = 0,\overline{015873}; \quad \frac{2}{63} = 0,\overline{031746}; \quad \frac{4}{63} = 0,\overline{063492};$$

$$\frac{8}{63} = 0,\overline{126984}; \quad \frac{16}{63} = 0,\overline{253968}; \quad \frac{32}{63} = 0,\overline{507936}$$

kann man mit obiger Tabelle alle weiteren Entwicklungen bestimmen. Beispielsweise entsteht die Entwicklung von $\frac{25}{63}$ aus der von $\frac{16}{63}$ durch zyklische Vertauschung der Ziffern in der Periode um zwei Stellen: $\frac{25}{63} = 0,\overline{396825}$.

Statt der Basis 10 hätte man auch eine andere Basis $g > 1$ zur Darstellung von Bruchzahlen verwenden können, z.B. 12, 20 oder 60. Mathematisch interessant ist aber nur die Basis 2. Eine maximale Periodenlänge erhält man hier für $\frac{a}{p}$ (p Primzahl), wenn $[2]_p$ eine primitive Restklasse ist. Ob dies für unendlich viele Primzahlen zutrifft, ist z. Zt. noch nicht bekannt.

III.6 Ewiger Kalender

Ein *Ewiger Kalender* ist eine Formel, nach der man aus dem Datum bezüglich des gregorianischen Kalenders (vgl. I.8) den Wochentag bestimmen kann. Zunächst einigen wir uns darauf, das Jahr am 1. März beginnen zu lassen, so dass ein Schalttag *am Ende* des Jahres, also Ende Februar angehängt wird. (Dies entspricht den Monatsnamen September = 7. Monat, Oktober = 8. Monat usw.) Dann haben der 1., 3., 5., 6., 8., 10., 11. Monat je 31 Tage, der 2., 4., 7., 9. Monat je 30 Tage, und der 12. Monat hat 28 oder 29 Tage.

Die gregorianische Kalenderreform fand 1582 statt. Es wurde festgesetzt, dass das Jahr 1600 ein Schaltjahr ist. Dann sollte jedes vierte Jahr ein Schaltjahr sein, in jedem 100. Jahr sollte aber der Schalttag ausfallen (also in den Jahren 1700, 1800, 1900), in jedem 400. Jahr sollte er aber nicht ausfallen (so dass das Jahr 2000 ein Schaltjahr war).

Wir erteilen nun den Wochentagen So, Mo, Di, Mi, Do, Fr, Sa Nummern 0, 1, 2, 3, 4, 5, 6 und nehmen an, der 1. März 1600 habe die Nummer a_0. Wegen $365 \equiv 1 \bmod 7$ gilt für die Nummer a_t des 1. März des Jahres $1600 + t$

$$a_t \equiv a_0 + t + \left[\frac{t}{4}\right] - \left[\frac{t}{100}\right] + \left[\frac{t}{400}\right] \bmod 7.$$

Der 1. März 2001 war ein Donnerstag, wie man einem aktuellen Kalender entnehmen kann. Aus $4 \equiv a_0 + 401 + 100 - 4 + 1 \bmod 7$ folgt $a_0 \equiv 3 \bmod 7$, der 1. März 1600 war also ein Mittwoch. Schreiben wir die Jahreszahl in der Form $100c + d$ mit $0 \le d < 100$, dann ist $t = 100(c - 16) + d$ und

$$a_t \equiv \quad 3 + 100(c - 16) + d + 25(c - 16) + \left[\frac{d}{4}\right] - (c - 16) + \left[\frac{c - 16}{4}\right]$$

$$\equiv \quad -1985 + 124c + d + \left[\frac{d}{4}\right] + \left[\frac{c}{4}\right]$$

$$\equiv \quad 3 + 5c + d + \left[\frac{d}{4}\right] + \left[\frac{c}{4}\right] \bmod 7.$$

Dabei haben wir zu beachten, dass

$$\left[\frac{100(c - 16) + d}{400}\right] = \left[\frac{c - 16}{4}\right]$$

gilt, denn $\frac{d}{400} < \frac{1}{4}$. Wir führen jetzt statt a_t die Bezeichnung $(1. \text{März})_t$ ein und schreiben entsprechend z.B. $(6. \text{Mai})_{1939}$ $(= (6.3.)_{1939})$ für die Nummer des Wochentags, auf den der 6. Mai 1939 gefallen ist. Dabei muss man nur beachten, dass Januar und Februar — anders als heute üblich — als 11. und 12. Monat zum Vorjahr zählen. Um nun für jedes beliebige Datum den Wochentag zu bestimmen, müssen wir die unterschiedliche Länge der Monate berücksichtigen.

Es ist

$$
\begin{array}{lll}
(1.\text{April})_t & & \equiv (1.\text{März})_t + 3 \bmod 7 \\
(1.\text{Mai})_t & \equiv (1.\text{April})_t + 2 & \equiv (1.\text{März})_t + 5 \bmod 7 \\
(1.\text{Juni})_t & \equiv (1.\text{Mai})_t + 3 & \equiv (1.\text{März})_t + 1 \bmod 7 \\
(1.\text{Juli})_t & \equiv (1.\text{Juni})_t + 2 & \equiv (1.\text{März})_t + 3 \bmod 7 \\
(1.\text{August})_t & \equiv (1.\text{Juli})_t + 3 & \equiv (1.\text{März})_t + 6 \bmod 7 \\
(1.\text{September})_t & \equiv (1.\text{August})_t + 3 & \equiv (1.\text{März})_t + 2 \bmod 7 \\
(1.\text{Oktober})_t & \equiv (1.\text{September})_t + 2 & \equiv (1.\text{März})_t + 4 \bmod 7 \\
(1.\text{November})_t & \equiv (1.\text{Oktober})_t + 3 & \equiv (1.\text{März})_t + 0 \bmod 7 \\
(1.\text{Dezember})_t & \equiv (1.\text{November})_t + 2 & \equiv (1.\text{März})_t + 2 \bmod 7 \\
(1.\text{Januar})_t & \equiv (1.\text{Dezember})_t + 3 & \equiv (1.\text{März})_t + 5 \bmod 7 \\
(1.\text{Februar})_t & \equiv (1.\text{Januar})_t + 3 & \equiv (1.\text{März})_t + 1 \bmod 7
\end{array}
$$

Wir können nun das Datum des $n.\,m.$ im Jahre $100c + d$ bestimmen, wobei n von 1 bis 28, 29, 30 oder 31 läuft und m die Nummern der Monate sind (also $m = 1$ für März,..., $m = 12$ für Februar):

$$
(n.\,m.)_{100c+d} \equiv n + r_m + 5c + d + \left[\frac{d}{4}\right] + \left[\frac{c}{4}\right] \bmod 7,
$$

wobei die Zahlen r_m um 2 größer als die oben gefundenen Zahlen für $(1.\,m.)_t$ sind, um den Summand 3 zu berücksichtigen. Man kann diese Zahlen folgender Tabelle entnehmen:

m	1	2	3	4	5	6	7	8	9	10	11	12
r_m	2	5	0	3	5	1	4	6	2	4	0	3

Merkwürdigerweise gilt $r_m \equiv \left[\dfrac{13m - 1}{5}\right] \bmod 7$ (vgl. Aufgabe 48); damit ergibt sich schließlich die Formel

$$
(n.m.)_{100c+d} \equiv n + 5c + d + \left[\frac{13m - 1}{5}\right] + \left[\frac{d}{4}\right] + \left[\frac{c}{4}\right] \bmod 7.
$$

Beispiel 1: Die Schlacht bei Waterloo fand am 18. 6. 1815 statt. Die Nummer des Wochentags ist

$$
(18.\,4.)_{1815} \equiv 18 + 90 + 15 + 10 + 3 + 4 \equiv 0 \bmod 7.
$$

Die Schlacht fand also an einem Sonntag statt!

Beispiel 2: Der 9. Januar im Jahr 2435 wird auf einen Dienstag fallen, denn

$$
(9.\,11.)_{2434} \equiv 9 + 120 + 34 + 28 + 8 + 6 \equiv 2 \bmod 7.
$$

III.7 Magische Quadrate

Ein quadratisches Zahlenschema aus den Zahlen $1, 2, \ldots, n^2$ heißt ein *Zauberquadrat* oder ein *magisches Quadrat der Ordnung* n, wenn die Zahlen in jeder Zeile, in jeder Spalte und in jeder der beiden Diagonalen die gleiche Summe ergeben. Beispielsweise handelt es sich im Folgenden um magische Quadrate der Ordnung 3, 4 bzw. 5:

4	9	2
3	5	7
8	1	6

16	3	2	13
5	10	11	8
9	6	7	12
4	15	14	1

5	6	23	24	7
22	12	17	10	4
18	11	13	15	8
1	16	9	14	25
19	20	3	2	21

Das angegebene magische Quadrat der Ordnung 3 kannte man schon in China um 2200 v.Chr.; der Sage nach entdeckte Kaiser Yu dieses auf dem Rücken einer göttlichen Schildkröte. Die Römer nannten dieses magische Quadrat *Saturnsiegel*. Das angegebene magische Quadrat der Ordnung 4 findet sich auf dem Kupferstich „Melencolia I" von Albrecht Dürer; es zeigt in der untersten Zeile die Jahreszahl 1514 der Entstehung dieses Werks. Das angegebene magische Quadrat der Ordnung 5 stammt von Michael Stifel (1487–1567).

Für $n = 1$ gibt es nur das triviale $\boxed{1}$, für $n = 2$ gibt es überhaupt kein magisches Quadrat. Aus einem magischen Quadrat entsteht wieder ein solches, wenn man eine Deckabbildung des Quadrats auf es anwendet. Einschließlich der Identität gibt es 8 solche Deckabbildungen (Diedergruppe D_4). Magische Quadrate, die durch eine Deckabbildung des Quadrats auseinander hervorgehen, nennt man *äquivalent*.

Die Zeilen- und Spaltensummen sowie die beiden Diagonalensummen in einem magischen Quadrat der Ordnung n betragen offensichtlich

$$S = \frac{1 + 2 + 3 + \ldots + n^2}{n} = \frac{n(n^2 + 1)}{2}.$$

Für $n = 3$, 4, 5 ergibt sich der Reihe nach als „magische Summe" 15, 34, 65.

Wir wollen uns nun mit der Frage beschäftigen, wie man magische Quadrate findet. Wir untersuchen zunächst magische Quadrate der Ordnung 3. In Fig. 1 müssen die Gleichungen $d+e+f = b+e+h = a+e+i = c+e+g = 15$ gelten. Wegen $a+b+c+d+e+f+g+h+i = 45$ folgt durch Addition $3e = 15$, also $e = 5$. Bis auf Äquivalenz

a	b	c
d	e	f
g	h	i

Fig. 1

ist $a = 1$ oder $b = 1$. Der Fall $a = 1$ führt zu Widersprüchen, also ist $b = 1$ und damit $h = 9$. Die Zahl 8 darf nicht in der gleichen Zeile oder Spalte wie 9 stehen, also kann zunächst bis auf Äquivalenz $a = 8$ oder $d = 8$ sein. Der Fall $d = 8$ führt wieder zu Widersprüchen, also muss $a = 8$ sein. Daraus folgt nun der Reihe nach $i = 2$, $g = 4$, $d = 3$, $f = 7$, $c = 6$. Es ergibt sich also bis auf Äquivalenz nur ein einziges Quadrat der Ordnung 3.

Es wäre nun mühsam, auf die gleiche elementare Weise magische Quadrate höherer Ordnung zu konstruieren. Bevor wir tragfähigere Verfahren zur Konstruktion magischer Quadrate untersuchen, wollen wir den Begriff des magischen Quadrats dahingehend verallgemeinern, dass wir nur für die Zeilen und Spalten gleiche Summen fordern, also nicht für die Diagonalen. Solche Zahlenquadrate nennen wir *pseudo-magisch*.

Ein elegantes Verfahren zu Konstruktion von pseudo-magischen Quadraten *ungerader* Ordnung n findet man bei Claude Gaspard Bachet de Méziriac (1581–1638) in *Problemes plaisans*

et delectables, qui se font par les nombres (Lyon 1624): Man denke sich die Zahlen von 1 bis n^2 in einem Karoraster in Gruppen zu je n Zahlen wie in Fig.2 angeordnet.

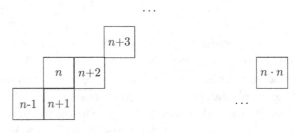

Fig.2

Man wähle dann in einem $n \times n$-Feld einen Platz für die 1, füge dort das Zahlenschema aus Fig.1 an und reduziere dann die „Platzkoordinaten" der Zahlen modulo n so, dass die Zahlen in das gewählte $n \times n$-Feld fallen. Hat man für 1 den Platz (a, b) $(1 \le a, b \le n)$ gewählt, dann gilt für den Platz (x_i, y_i) der Zahl i

$$1 \le x_i, y_i \le n \quad \text{und} \quad \begin{cases} x_i \equiv a - 1 + i - \left[\dfrac{i-1}{n}\right] \bmod n, \\ y_i \equiv b - 1 + i - 2\left[\dfrac{i-1}{n}\right] \bmod n. \end{cases}$$

Dabei sei x_i die „Zeilenkoordinate" (Nummer der Spalte) und y_i die „Spaltenkordinate" (Nummer der Zeile).

Für $n = 3$ ergeben sich auf diese Art (bis auf Äquivalenz) drei pseudomagische Quadrate, darunter das uns schon bekannte magische Quadrat (Fig.3).

Zum Beweis, dass die Methode von Bachet tatsächlich ein pseudomagisches Quadrat liefert, muss man zeigen, dass für $r = 1, 2, \ldots, n$ die Summe aller

Zahlen $k \in \{1, 2, \ldots, n^2\}$ mit $k - \left[\dfrac{k-1}{n}\right] \equiv r \bmod n$ bzw. $k - 2\left[\dfrac{k-1}{n}\right] \equiv r \bmod n$

stets den gleichen Wert hat, nämlich $\frac{1}{2}n(n^2 + 1)$. Dabei benötigt man nur bei den Summen der zweiten Art die Voraussetzung, dass n ungerade ist. Auf den Nachweis dieser Tatsache wollen wir hier verzichten, da die Methode von Bachet durch die weiter unten diskutierte Methode von Lehmer verallgemeinert wird. Man erhält mit der Methode von Bachet $\dfrac{(n+1)(n+3)}{8}$ nichtäquivalente pseudo-magische Quadrate. Dies sind nicht alle; beispielsweise erhält man nicht das magische Quadrat der Ordnung 5 von Michael Stifel, das eingangs angegeben worden ist.

Wir stellen nun ein allgemeineres Verfahren zur Konstruktion von pseudo-magischen und magischen Quadraten vor, das auf D. N. Lehmer zurückgeht [Lehmer 1929].

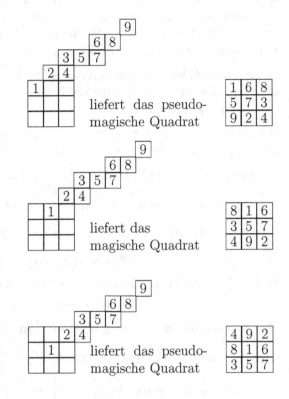

liefert das pseudo-magische Quadrat

liefert das magische Quadrat

liefert das pseudo-magische Quadrat

Fig.3

Dabei ist es bequem, statt der Zahlen von 1 bis n^2 die Zahlen von 0 bis $n^2 - 1$ in einem magischen Quadrat der Ordnung n anzuordnen. Addition der Zahl 1 liefert dann wieder ein magisches Quadrat im ursprünglichen Sinn. Wir wollen auch die Platzkoordinaten statt von 1 bis n von 0 bis $n - 1$ laufen lassen, wobei es gleichgültig ist, von welcher Ecke aus die Koordinaten zählen. Die bei der Methode von Bachet benutzten Kongruenzen lauten dann

$$x_i \equiv a + i - \left[\dfrac{i}{n}\right] \bmod n \quad \text{und} \quad y_i \equiv b + i - 2\left[\dfrac{i}{n}\right] \bmod n$$

$(0 \leq i \leq n^2 - 1;\ 0 \leq x_i, y_i \leq n - 1)$. Lehmers Verfahren besteht nun darin, insgesamt sechs Koeffizienten a, b, c, d, e, f einzuführen und die Kongruenzen

$$x_i \equiv a + ci + e\left[\dfrac{i}{n}\right] \bmod n \quad \text{und} \quad y_i \equiv b + di + f\left[\dfrac{i}{n}\right] \bmod n$$

zu betrachten. Die Methode von Bachet ergibt sich für

$$\begin{pmatrix} a & c & e \\ b & d & f \end{pmatrix} = \begin{pmatrix} a & 1 & -1 \\ b & 1 & -2 \end{pmatrix}.$$

Nun kann man nicht erwarten, dass für jede Wahl der Parameter c, d, e, f ein magisches oder auch nur ein pseudo-magisches Quadrat entsteht. Es kann sogar vorkommen, dass einige Plätze im Quadrat unbesetzt bleiben und andere dafür mehrfach besetzt sind. In folgendem Satz garantiert Bedingung (1), dass jeder Platz im Quadrat besetzt ist, Bedingung (2), dass jede Spalte die gleiche Summe hat, Bedingung (3), dass jede Zeile die gleiche Summe hat.

Satz 14: Die Methode von Lehmer liefert ein pseudo-magisches Quadrat, wenn die folgenden Bedingungen für die Koeffizienten c, d, e, f erfüllt sind:

(1) $\mathrm{ggT}(cf - de, n) = 1$

(2) $\mathrm{ggT}(c, n) = \mathrm{ggT}(e, n) = 1$

(3) $\mathrm{ggT}(d, n) = \mathrm{ggT}(f, n) = 1$

Beweis: Es sei (1) erfüllt. Dann ist i durch Vorgabe von x_i, y_i eindeutig bestimmt: Aus

$$ci + e\left[\frac{i}{n}\right] \equiv x_i - a \bmod n \quad \text{und} \quad di + f\left[\frac{i}{n}\right] \equiv y_i - b \bmod n$$

folgt durch Addition des f-fachen der ersten zum $(-e)$-fachen der zweiten Kongruenz

$$(cf - de)i \equiv f(x_i - a) - e(y_i - b) \bmod n.$$

Wegen (1) existiert dann genau eine Restklasse $k \bmod n$ mit

$$i \equiv k \cdot (f(x_i - a) - e(y_i - b)) \bmod n,$$

also ist i modulo n eindeutig bestimmt. In gleicher Weise ergibt sich, dass $\left[\frac{i}{n}\right]$ mod n eindeutig bestimmt ist. Wegen $0 \leq \left[\frac{i}{n}\right] < n$ für $0 \leq i \leq n^2 - 1$ ist daher $\left[\frac{i}{n}\right]$ eindeutig bestimmt. Aus $\left[\frac{i + rn}{n}\right] = r + \left[\frac{i}{n}\right]$ $(r \in \mathbb{Z})$ ergibt sich, dass dann auch i eindeutig bestimmt ist. In dem Quadrat ist also kein Platz mehrfach und damit jeder Platz genau einmal besetzt.

Es sei nun (2) erfüllt. Wir wollen zeigen, dass dann die Summe der Zahlen in der k-ten Spalte $(0 \leq k \leq n-1)$ den Wert $\frac{1}{2}n(n^2 - 1)$ hat. Wir schreiben dazu $i = vn + u$ mit $0 \leq u, v \leq n - 1$, wobei u und v eindeutig durch i bestimmt sind (Division mit Rest). Durchlaufen u und v unabhängig voneinander den Bereich von 0 bis $n - 1$, dann durchläuft i den Bereich von 0 bis $n^2 - 1$. Aus der Kongruenz $a + ci + e\left[\frac{i}{n}\right] \equiv k \bmod n$ wird dann $cu + ev \equiv k - a \bmod n$. Wegen (2) ist zu jedem Wert von v der Wert von u eindeutig bestimmt und umgekehrt. Zu verschiedenen Werten von v gehören auch verschiedene Werte von u, da andernfalls zu einem Wert von u kein solcher für v zu finden wäre. Durchläuft also u die Werte von 0 bis $n - 1$, dann durchläuft v ebenfalls diese Werte, nur in einer anderen Reihenfolge. Sind also $i_t = v_t n + u_t$ $(0 \leq t \leq n - 1)$ die Zahlen in der k-ten Spalte, dann ist ihre Summe

$$\sum_{t=0}^{n-1} i_t = n \cdot \sum_{t=0}^{n-1} v_t + \sum_{t=0}^{n-1} u_t = n \cdot \frac{(n-1)n}{2} + \frac{(n-1)n}{2} = \frac{n(n^2 - 1)}{2}.$$

In völlig gleicher Weise folgert man aus (3), dass die Summen der Zahlen in den Zeilen stets den Wert $\frac{n(n^2-1)}{2}$ haben. $\square$

Für die Methode von Bachet sind die Bedingungen (1) und (2) stets erfüllt, Bedingung (3) wegen $f = -2$ aber nur für ungerade n.

Nun wollen wir nach der Konstruktion von *magischen* Quadraten fragen, also auch die Summen in den beiden Diagonalen betrachten. In der einen Diagonalen stehen die Zahlen i mit $x_i + y_i = n - 1$, also

$$1 + a + ci + e\left[\frac{i}{n}\right] \equiv -(b + di + f\left[\frac{i}{n}\right]) \mod n \qquad \text{bzw.}$$

$$(*) \qquad (1 + a + b) + (c + d)i + (e + f)\left[\frac{i}{n}\right] \equiv 0 \mod n.$$

Nach den Überlegungen im Beweis von Satz 14 ergibt die Summe dieser Zahlen $\frac{n(n^2-1)}{2}$, wenn $\text{ggT}(c+d, n) = \text{ggT}(e+f, n) = 1$ gilt. In der anderen Diagonalen stehen die Zahlen i mit $x_i = y_i$, also

$$a + ci + e\left[\frac{i}{n}\right] \equiv b + di + f\left[\frac{i}{n}\right] \mod n \qquad \text{bzw.}$$

$$(*) \qquad (a - b) + (c - d)i + (e - f)\left[\frac{i}{n}\right] \equiv 0 \mod n.$$

(Da es offen ist, von welcher Ecke aus die Koordinaten zählen, ist es auch offen, welches die „eine" und welches die „andere" Diagonale ist; zur besseren Orientierung kann man wie in Fig.4 von der „positiven" und der „negativen" Diagonalen sprechen.) Die Summe dieser Zahlen ergibt $\frac{n(n^2-1)}{2}$, wenn die Bedingungen

$$\text{ggT}(c - d, n) = \text{ggT}(e - f, n) = 1$$

gelten. Sind diese erfüllt, dann haben aber auch die Summen in allen Nebendiagonalen den Wert $\frac{n(n^2-1)}{2}$, wobei

positive   negative
Nebendiagonalen

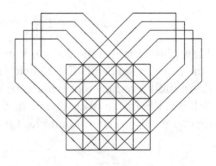

Fig.4

die Nebendiagonalen durch Fig.4 erklärt sind. Man muss dann nämlich in obigen Kongruenzen $(*)$ auf der rechten Seite nur 0 durch einen anderen Wert zwischen 0 und $n - 1$ ersetzen.

Ein magisches Quadrat, bei dem *alle* Diagonalen (also alle Haupt- und Nebendiagonalen) die gleiche Summe ergeben, heißt *diabolisch*. Das bis auf Äquivalenz

einzige magische Quadrat der Ordnung 3 ist nicht diabolisch, in den Nebendiagonalen ergeben sich nämlich die Summen 6, 12, 18, 24.

Damit ist folgender Satz bewiesen:

Satz 15: Die Methode von Lehmer liefert ein diabolisches (und damit auch
magisches) Quadrat, wenn neben den Bedingungen (1) bis (3) aus Satz 14 noch
folgenden Bedingungen erfüllt sind:

(4) $\mathrm{ggT}(c+d, n) = \mathrm{ggT}(e+f, n) = 1$

(5) $\mathrm{ggT}(c-d, n) = \mathrm{ggT}(e-f, n) = 1$

Um mit der Methode von Lehmer ein diabolisches Quadrat der Ordnung n zu
konstruieren, muss man zu n teilerfremde Zahlen c, d, e, f bestimmen, für welche
auch die Zahlen $cf - de$, $c+d$, $c-d$, $e+f$, $e-f$ zu n teilerfremd sind. Dabei
kann man sich auf $c, d, e, f \in \{1, 2, \dots, n-1\}$ beschränken.

Für $n = 3$ stehen für c, d, e, f nur die Zahlen 1 und 2 zu Verfügung. Es muss
$c \neq d$ und $e \neq f$ sein; dann ist aber $e+f = 3$, also nicht zu 3 teilerfremd. Es lässt
sich also mit der Methode von Lehmer kein diabolisches Quadrat der Ordnung
3 finden. (Ein solches existiert auch nicht, wie wir schon längst wissen.)

Für $n = 4$ stehen für c, d, e, f nur die Zahlen 1, 2, 3 zur Verfügung. Damit kann
man die Bedingungen (1) bis (5) nicht erfüllen. Also lässt sich kein diabolisches
Quadrat der Ordnung 4 mit der Methode von Lehmer konstruieren. Trotzdem
existiert ein solches (Fig.5).

Das zu Anfang dieses Abschnitts angegebene Dürer-Quadrat ist zwar magisch,
nicht aber diabolisch.

Für $n = 5$ gibt es verschiedene Möglichkeiten, etwa $c = 1$, $d = 2$, $e = 2$, $f = 1$.
Die zugehörigen Kongruenzen sind für $(a, b) = (0, 0)$

$$x_i \equiv i + 2 \left[\frac{i}{5}\right] \bmod 5, \quad y_i \equiv 2i + \left[\frac{i}{5}\right] \bmod 5.$$

Man platziert also die Zahlen von 0 bis 24 (bzw. von 1 bis 25) folgendermaßen
von (0,0) ausgehend: Ein Schritt nach rechts, zwei Schritte nach oben gehen,
dann mod 5 reduzieren; trifft man auf einen schon besetzten Platz, dann zusätzlich zwei Schritte nach rechts und einen Schritt nach oben gehen. Fig. 6 zeigt
das so entstandene diabolische Quadrat.

1	15	4	14
12	6	9	7
13	3	16	2
8	10	5	11

12	10	3	21	19
23	16	14	7	5
9	2	25	18	11
20	13	6	4	22
1	24	17	15	8

Fig. 5

Fig. 6

III.8 Primzahlkriterien und Pseudoprimzahlen

Um zu zeigen, dass eine natürliche Zahl n eine Primzahl ist, kann man zeigen, dass sie durch keine Primzahl $\leq \sqrt{n}$ teilbar ist. Dies ist ein sehr mühsames Verfahren und für sehr große Zahlen n auch mit einer Großrechenanlage kaum durchführbar.

In I.3 haben wir gesehen, dass eine ungerade Zahl $2k + 1$ genau dann eine Primzahl ist, wenn sie außer $(k+1)^2 - k^2$ keine weitere Darstellung als Differenz zweier Quadrate besitzt. In II.3 (Satz 7) haben wir festgestellt, dass eine Zahl der Restklasse 1 mod 4 genau dann eine Primzahl ist, wenn sie genau eine Darstellung $a^2 + b^2$ mit $a > b \geq 1$ besitzt und wenn dabei ggT$(a, b) = 1$ gilt. Für sehr große Zahlen sind dies natürlich auch keine praktikablen Kriterien.

Wir wollen uns jetzt mit weiteren Primzahlkriterien beschäftigen, wobei aber die praktische Durchführung eines Primzahltests zunächst keine Rolle spielt.

Satz 16: Genau dann ist p eine Primzahl, wenn $(p - 1)! \equiv -1 \bmod p$.

Beweis: Es sei $p|(p - 1)! + 1$. Ist $1 \leq d < p$ und $d|p$, dann folgt $d|(p - 1)!$ und damit auch $d|1$, also $d = 1$. Daher ist p eine Primzahl. Ist nun p eine Primzahl > 2, so existiert eine primitive Restklasse $[a]$ modulo p. Dann gilt

$$(p - 1)! \equiv a \cdot a^2 \cdot \ldots \cdot a^{p-1} \equiv (a^p)^{\frac{p-1}{2}} \equiv a^{\frac{p-1}{2}} \bmod p.$$

Für $x = a^{\frac{p-1}{2}}$ ist $x^2 \equiv 1 \bmod p$, also $p|(x - 1)(x + 1)$. Da $[a]$ primitiv ist, gilt $x \not\equiv 1 \bmod p$, es muss also $x \equiv -1 \bmod p$ gelten. $\square$

Die Aussage, dass für eine Primzahl p die Kongruenz $(p - 1)! \equiv -1 \bmod p$ gilt, heißt *Satz von Wilson*. (Edward Waring (1734–1798) erwähnte diesen Satz erstmals, schrieb ihn aber dem Jurist Sir John Wilson (1741–1793) zu. Ein erster Beweis stammt von Lagrange.) Den Satz von Wilson kann man auch mit Mitteln der Algebra beweisen: Aufgrund des Satzes von Fermat hat das Polynom $[x]^{p-1} - [1]$ in R_p^* die Nullstellen $[1], [2], [3], \ldots, [p - 1]$, es ist also

$$[x]^{p-1} - [1] = ([x] - [1]) \cdot ([x] - [2]) \cdot ([x] - [3]) \cdot \ldots \cdot ([x] - [p - 1]).$$

Für $[x] = [0]$ folgt $[1] \cdot [2] \cdot [3] \cdot \ldots \cdot [p - 1] = [-1]^{p-1} = [1]$.

Satz 16 ist als Primzahlkriterium nur für große Zahlen natürlich wenig geeignet.

Auf Gottfried Wilhelm Leibniz (1646–1716) geht folgende Formulierung von Satz 16 zurück: Genau dann ist p eine Primzahl, wenn $(p - 2)! \equiv 1 \bmod p$.

Aus dem Satz von Fermat ergibt sich ein *notwendiges* Kriterium für die Primzahleigenschaft: Ist p eine Primzahl, dann ist $a^{p-1} \equiv 1 \bmod p$ für jede ganze Zahl a mit $p \nmid a$. Insbesondere gilt $p|2^{p-1} - 1$ für jede ungerade Primzahl p bzw. $p|2^p - 2$ für jede Primzahl p. Man sagt, chinesische Gelehrte hätten vor etwa 2500 Jahren vermutet, dass auch die Umkehrung gilt, dass nämlich aus $n|2^n - 2$

folgt, dass n eine Primzahl ist. Auch Leibniz äußerte um 1680 diese Vermutung. Sie ist aber falsch. Das kleinste Gegenbeispiel ist $n = 341 = 11 \cdot 31$: Aus

$$2^{10} \equiv 1 \bmod 11 \quad \text{und} \quad 2^{10} \equiv 1 \bmod 31$$

(beachte $2^{10} = 1024 = 3 \cdot 11 \cdot 31 + 1$) folgt

$$2^{341} \equiv 2 \cdot 2^{340} \equiv 2 \bmod 11 \quad \text{und} \quad 2^{341} \equiv 2 \cdot 2^{340} \equiv 2 \bmod 31,$$

also $2^{341} \equiv 2 \bmod 341$. Die weiteren Gegenbeispiele unterhalb von 2000 sind

$$\begin{array}{lll}
561 \; = \; 3 \cdot 11 \cdot 17, & 645 \; = \; 3 \cdot 5 \cdot 43, & 1105 \; = \; 5 \cdot 13 \cdot 17, \\
1387 \; = \; 19 \cdot 73, & 1729 \; = \; 7 \cdot 13 \cdot 19, & 1905 \; = \; 3 \cdot 5 \cdot 127.
\end{array}$$

Eine zusammengesetzte natürliche Zahl n mit $n | 2^n - 2$ nennt man eine *Pseudoprimzahl* oder auch eine *chinesische Primzahl*.

Satz 17: Ist n eine ungerade Pseudoprimzahl, dann ist auch $2^n - 1$ eine ungerade Pseudoprimzahl.

Beweis: Es sei n eine ungerade Pseudoprimzahl, also $2^{n-1} - 1 = kn$ mit $k \in$ IN. Dann ist $2^{2^n - 2} = 2^{2kn}$ und somit $2^{2^n - 2} - 1 = (2^n)^{2k} - 1$. Daraus folgt $2^n - 1 | 2^{2^n - 2} - 1$, also auch $2^n - 1 | 2^{2^n - 1} - 2$. Ist nun $d | n$ mit $1 < d < n$, dann ist auch $2^d - 1 | 2^n - 1$ und $1 < 2^d - 1 < 2^n - 1$. Also ist auch $2^n - 1$ eine Pseudoprimzahl. $\quad\square$

Da die Pseudoprimzahl 341 ungerade ist, folgt aus Satz 17 die Existenz von unendlich vielen ungeraden Pseudoprimzahlen. Die kleinste *gerade* Pseudoprimzahl ist $161038 = 2 \cdot 73 \cdot 1103$. Es ist bewiesen worden, dass auch unendlich viele gerade Pseudoprimzahlen existieren. (Vgl. hierzu z.B. [Sierpinski 1988].) Alle Fermat-Zahlen und alle Mersenne-Zahlen (vgl. III.9) sind Primzahlen oder Pseudoprimzahlen (Aufgabe 49).

Eine zusammengesetzte Zahl n, für welche $n | a^n - a$ für *alle* a mit $\mathrm{ggT}(a, n) = 1$ gilt, heißt *absolute Pseudoprimzahl* oder *Carmichael-Zahl* (nach Robert D. Carmichael, der im Jahr 1909 eine Arbeit über diese Zahlen schrieb). Die kleinste solche Zahl ist $561 = 3 \cdot 11 \cdot 17$.

Satz 18: Genau dann ist n eine Carmichael-Zahl, wenn $n = q_1 q_2 \ldots q_k$ mit $k \geq 3$, wobei $q_1, q_2, \ldots, q_k$ verschiedene ungerade Primzahlen mit $q_i - 1 | n - 1$ $(i = 1, 2, \ldots, k)$ sind.

Beweis: 1) Es sei n von der angegebenen Form und a zu n teilerfremd. Aus $a^{q_i - 1} \equiv 1 \bmod q_i$ folgt dann $a^{n-1} \equiv 1 \bmod q_i$ $(i = 1, 2, \ldots, k)$ und damit $a^{n-1} \equiv 1 \bmod n$.

2) Es sei n zusammengesetzt und $a^{n-1} \equiv 1 \bmod n$ für jedes zu n teilerfremde a.

a) n ist ungerade; wäre nämlich n gerade, so wäre $2 | n$ wegen $(-1)^{n-1} \equiv 1 \bmod n$.

b) n ist quadratfrei: Es sei p ein Primteiler von n und $p^\alpha | n$. Dann ist $a^{n-1} \equiv 1 \bmod p^\alpha$ und damit, da mod p^α primitive Restklassen existieren, $\varphi(p^\alpha) | n - 1$.

Aus $p|n$ und $p^{\alpha-1}(p-1)|n-1$ folgt $\alpha = 1$. Damit gilt auch $p-1|n-1$.

c) n besitzt mindestens drei Primfaktoren: Ist $n = pq$ mit Primzahlen p, q, so gilt $p-1|n-1$ und $q-1|n-1$, weil modulo p und modulo q primitive Restklassen existieren. Wegen $n-1 = pq-1 = p(q-1)+p-1$ folgt $p-1|q-1$ und $q-1|p-1$, also $p = q$. Nach b) muss aber $p \neq q$ sein. $\square$

Es gibt unendlich viele Carmichael-Zahlen. Dies konnte im Jahr 1992 bewiesen werden [Granville 1992].

Unterhalb von 10^{15} hat man 105 212 Carmichael-Zahlen gefunden. Vermutlich gibt es sogar unendlich viele Carmichael-Zahlen mit genau drei Primfaktoren (Beispiele in Tab. 1). Man hat sogar Grund zu der Annahme, dass für jede Primzahl p unendlich viele Carmichael-Zahlen $q_1 q_2 q_3$ mit

$$q_1 \equiv q_2 \equiv q_3 \equiv 1 \bmod p-1$$

existieren. Für $p = 11$ findet man (mit einem elektronischen Rechner) sehr schnell die Beispiele in Tab. 2.

$3 \cdot 11 \cdot 17$	$7 \cdot 13 \cdot 19$	$13 \cdot 37 \cdot 61$
	$7 \cdot 13 \cdot 31$	$13 \cdot 37 \cdot 97$
$5 \cdot 13 \cdot 17$	$7 \cdot 19 \cdot 67$	$13 \cdot 37 \cdot 241$
$5 \cdot 17 \cdot 29$	$7 \cdot 23 \cdot 41$	$13 \cdot 61 \cdot 397$
$5 \cdot 29 \cdot 73$	$7 \cdot 31 \cdot 73$	$13 \cdot 97 \cdot 421$
	$7 \cdot 73 \cdot 103$	

Tab. 1

$31 \cdot 61 \cdot 211$	$41 \cdot 61 \cdot 101$	$61 \cdot 271 \cdot 571$
$31 \cdot 61 \cdot 271$	$41 \cdot 101 \cdot 461$	$61 \cdot 661 \cdot 2521$
$31 \cdot 61 \cdot 631$	$41 \cdot 241 \cdot 521$	$71 \cdot 271 \cdot 521$
$31 \cdot 151 \cdot 1171$	$41 \cdot 241 \cdot 761$	$71 \cdot 421 \cdot 491$
$31 \cdot 181 \cdot 331$	$61 \cdot 181 \cdot 1381$	$71 \cdot 631 \cdot 701$
$31 \cdot 271 \cdot 601$	$61 \cdot 241 \cdot 421$	

Tab. 2

Die Umkehrung des Satzes von Fermat gilt also nicht, man kann aus $a^{n-1} \equiv 1 \bmod n$ für alle a mit $\mathrm{ggT}(a, n) = 1$ nicht schließen, dass n eine Primzahl ist. Gilt aber außerdem

$$a^k \not\equiv 1 \bmod n \text{ für alle } k \text{ mit } 1 \leq k \leq n-2$$

für ein zu n teilerfremdes a, dann ist n eine Primzahl. Es gilt dann nämlich $\mathrm{ord}_n[a] = n-1$, die Zahlen $a, a^2, a^3, \ldots, a^{n-1}$ sind also paarweise inkongruent mod n und teilerfremd zu n; daher ist $\varphi(n) = n-1$, so dass jede der Zahlen $1, 2, \ldots, n-1$ zu n teilerfremd sein muss, n also eine Primzahl ist. Im Jahr 1891 wies Lucas darauf hin, dass man dabei die Bedingung $a^k \not\equiv 1 \bmod n$ nur für $k|n-1$ fordern muss. Eine weitere Abschwächung der Bedingungen geht auf Derrick Henry Lehmer (1905–1991) zurück (vgl. [Brillhart/Lehmer/Selfridge 1975]):

Satz 19: Es sei $n > 1$. Wenn für jeden Primteiler p von $n-1$ eine ganze Zahl $a = a(p)$ existiert mit

$$a^{n-1} \equiv 1 \bmod n \quad \text{und} \quad a^{\frac{n-1}{p}} \not\equiv 1 \bmod n,$$

dann ist n eine Primzahl.

Beweis: Wir zeigen, dass $\varphi(n) = n - 1$ ist. Wegen $\varphi(n) \leq n - 1$ genügt dazu der Nachweis, dass $n - 1 \mid \varphi(n)$. Es sei p eine Primzahl und es gelte

$$p^r \mid n - 1 \quad \text{und} \quad p^r \nmid \varphi(n)$$

für ein $r \in \mathbb{N}$. Mit $a = a(p)$ und $e = \operatorname{ord}_n[a]$ gilt $e \mid n - 1$ und $e \nmid \dfrac{n - 1}{p}$, also $p^r \mid e$. Aus $e \mid \varphi(n)$ folgt dann $p^r \mid \varphi(n)$.   □

Der Primzahltest in Satz 19 ist nicht allzu effektiv, weil man die Primfaktorzerlegung der u.U. sehr großen Zahl $n - 1$ kennen muss. Wir werden aber sehen, dass er in gewissen interessanten Spezialfällen schon recht hilfreich sein kann.

Beispiel: Wir wollen zeigen, dass die Zahl $n = 2^{16} + 1 = 65537$ eine Primzahl ist. Dazu genügt es, ein a mit

$$a^{2^{16}} \equiv 1 \bmod (2^{16} + 1) \quad \text{und} \quad a^{2^{15}} \not\equiv 1 \bmod (2^{16} + 1)$$

zu finden. Die folgende Tabelle zeigt, dass man $a = 3$ wählen kann. Gleichzeitig zeigt sich, dass die Restklasse $[3] \bmod 2^{16} + 1$ primitiv ist.

i	0	1	2	3	4	5	6	7
$3^{2^i} \bmod (2^{16} + 1)$	3	9	81	6561	−11088	−3668	19139	15028

8	9	10	11	12	13	14	15	16
282	13987	8224	−8	64	4096	−256	−1(!)	1(!)

Bemerkung: Primzahltests sind oft von stochastischer Natur, d.h. sie belegen nur mit einer gewissen (sehr kleinen) Fehlerwahrscheinlichkeit, dass eine vorgelegte Zahl eine Primzahl ist. Eines dieser Verfahren ist der Rabin-Test [Rabin 1980]: Ist p eine (ungerade) Primzahl und

$$\varphi(p) = p - 1 = 2^t u \quad (u \text{ ungerade}),$$

dann gilt zunächst $a^{p-1} \equiv 1 \bmod p$ für jedes $a \in \{2, 3, \ldots, p - 1\}$. Es folgt

$$(a^{\frac{p-1}{2}})^2 \equiv 1 \bmod p,$$

also

$$a^{\frac{p-1}{2}} \equiv 1 \bmod p \quad \text{oder} \quad a^{\frac{p-1}{2}} \equiv -1 \bmod p.$$

Ist $t > 1$, so folgt im ersten Fall

$$a^{\frac{p-1}{4}} \equiv 1 \bmod p \quad \text{oder} \quad a^{\frac{p-1}{4}} \equiv -1 \bmod p.$$

So fortfahrend findet man, dass

$$a^u \equiv 1 \bmod p \quad \text{oder} \quad a^{2^s u} \equiv -1 \bmod p$$

für ein s mit $0 \leq s < t$ gilt. Nun nennt man eine Zahl n eine *starke Pseudoprimzahl zur Basis* a, wenn mit $n = 1 + 2^t u$ (u ungerade) $a^u \equiv 1 \bmod n$ oder $a^{2^s u} \equiv -1 \bmod n$ für ein s mit $0 \leq s < t$ gilt. Wählt man nun k Zahlen a aus $\{2, 3, \ldots, n - 1\}$ beliebig aus und erweist sich dabei n stets als starke Pseudoprimzahl zur Basis a, dann ist n „sehr wahrscheinlich" eine Primzahl; die Wahrscheinlichkeit, dass p *keine* Primzahl ist, ist nämlich kleiner als $\left(\frac{1}{4}\right)^k$. Rabin hat dieses Verfahren mit $k = 100$ auf $n = 2^{400} - 593$ angewendet und gefunden, dass n mit einer Fehlerwahrscheinlichkeit $< \left(\frac{1}{4}\right)^{100} < 10^{-60}$ eine Primzahl ist. Es konnte mit „exakten" Tests gezeigt werden, dass dies tatsächlich eine Primzahl ist.

Primzahltests werden ausführlich in [Kranakis 1986], [Ribenboim 1988], [Riesel 1987], [Wolfart 1981] diskutiert.

III.9 Mersennesche und fermatsche Primzahlen (1)

Es wäre schön, wenn man an der Zifferndarstellung einer Zahl ablesen könnte, ob sie eine Primzahl ist oder nicht. Sicher würde man es vor allem mit der Zifferndarstellung im Zweiersystem versuchen und hier besonders regelmäßig gebaute Zahlen ins Auge fassen. Naheliegend sind Zahlen von einer der Formen $111\ldots111 = 2^k - 1$ oder $100\ldots001 = 2^k + 1$. Natürlich kann man hier nicht für jedes $k \in \mathbb{N}$ eine Primzahl erwarten.

Satz 20: 1) Ist $2^k - 1$ eine Primzahl, dann ist k eine Primzahl.

2) Ist $2^k + 1$ eine Primzahl, dann ist k eine Zweierpotenz.

Beweis: 1) Ist $k = uv$ mit $1 < u, v < k$, so ist $2^k - 1 = (2^u)^v - 1$. Wegen $x - 1 | x^v - 1$ für jedes $x \in \mathbb{Z}$ gilt also $2^u - 1 | 2^k - 1$.

2) Ist $k = 2^r u$ mit ungeraden $u > 1$, dann ist $2^k + 1 = (2^{2^r})^u + 1$. Wegen $x + 1 | x^u + 1$ für jedes $x \in \mathbb{Z}$ gilt also $2^{2^r} + 1 | 2^k + 1$. $\square$

Die Zahlen $M_p = 2^p - 1$ (p Primzahl) heißen *Mersenne-Zahlen* oder *mersennesche Zahlen* (nach Marin Mersenne (1588–1648)). Warum die Frage, für welche p die Zahl M_p eine Primzahl ist, von Interesse ist, werden wir in Kapitel VI erfahren. Bis heute kennt man 42 mersennesche Primzahlen, die neuesten Rekorde findet man im Internet. Die ersten 20 mersenneschen Primzahlen ergeben sich für $p = 2, 3, 5, 7, 13, 17, 19, 31, 61, 89, 107, 127, 521, 607, 1\,279, 2\,203, 2\,281,$ $3\,217, 4\,253, 4\,423$. Die mersenneschen Primzahlen M_2, M_3, M_5, M_7 kannte man schon im Altertum. Man sieht leicht, dass M_{11} keine Primzahl ist: $M_{11} = 23 \cdot 89$. Mersenne behauptete, dass man für $p = 13, 17, 19, 31, 67, 127, 257$ Primzahlen erhielte, irrte sich aber mit $p = 67$ und $p = 257$; von den Primzahlen unterhalb von 257 fehlten andererseits in seiner Aufzählung $p = 61, 89$ und 107. Dass

M_{31} tatsächlich eine Primzahl ist, würde erstmals von Euler (1738) bewiesen. Er formulierte 1750 folgenden Satz, dessen einwandfreier Beweis aber erst 1775 von Lagrange geliefert wurde:

Satz 21: Ist p eine Primzahl mit $p \equiv 3 \bmod 4$, dann ist $2p + 1$ genau dann ein Teiler von M_p, wenn $2p + 1$ eine Primzahl ist. Ist dabei $p > 3$, dann ist M_p zusammengesetzt.

Diesen Satz können wir hier noch nicht beweisen, wenn wir nicht einen Vorgriff auf ein späteres Thema (V.3) wagen. Wir benötigen nämlich die Tatsache, dass für eine Primzahl q mit $q \equiv 7 \bmod 8$ die quadratische Kongruenz $x^2 \equiv 2 \bmod q$ lösbar ist. Beispielsweise ist

$$3^2 \equiv 2 \bmod 7, \quad 5^2 \equiv 2 \bmod 23, \quad 7^2 \equiv 2 \bmod 47, \quad 12^2 \equiv 2 \bmod 71.$$

Beweis von Satz 21: 1) Es sei $q = 2p + 1$ eine Primzahl; wegen $p \equiv 3 \bmod 4$ ist dann $q \equiv 7 \bmod 8$. Es sei nun x eine Zahl mit $x^2 \equiv 2 \bmod q$; dann gilt

$$2^p \equiv x^{2p} \equiv x^{q-1} \equiv 1 \bmod q, \quad \text{also} \quad q | M_p.$$

2) Es sei $n = 2p + 1$ ein Teiler von M_p. Wegen $2^p \equiv 1 \bmod n$ und $2 \nmid p$ gilt $(-2)^p \not\equiv 1 \bmod n$. Ferner ist

$$(\pm 2)^{2p} - 1 = (2^p + 1)(2^p - 1) = (2^p + 1)M_p,$$

wegen $n | M_p$ also $(\pm 2)^{n-1} \equiv 1 \bmod n$. Mit $p = 2$ und $a(p) = -2$ folgt daher aus III.8 Satz 19, dass n eine Primzahl ist. □

Aus Satz 21 folgt z.B.:

M_{11} ist zusammengesetzt, denn die Primzahl $2 \cdot 11 + 1 = 23$ teilt M_{11};

M_{23} ist zusammengesetzt, denn die Primzahl $2 \cdot 23 + 1 = 47$ teilt M_{23};

M_{83} ist zusammengesetzt, denn die Primzahl $2 \cdot 83 + 1 = 167$ teilt M_{83}.

Ebenso folgt

$$263 | M_{131}; \quad 359 | M_{179}; \quad 383 | M_{191}; \quad 479 | M_{239}; \quad 503 | M_{251}.$$

Im Jahr 1876 bewies Lucas, dass M_{67} zusammengesetzt ist, aber erst 1903 konnte Frank Nelson Cole (1861–1929) eine Faktorzerlegung angeben:

$$M_{67} = 2^{67} - 1 = 193\,707\,721 \cdot 761\,838\,257\,287.$$

Lucas entdeckte im Jahr 1876 auch die mersennesche Primzahl M_{127}. Dies ist die größte ohne Hilfe eines Computers gefundene mersennesche Primzahl. M_{137} ist das Produkt zweier großer Primzahlen:

$$M_{137} = 2^{137} - 1 = 32\,032\,215\,596\,496\,435\,569 \cdot 5\,439\,042\,183\,600\,204\,290\,159.$$

Die Zahl M_{251} enthält fünf Primfaktoren; der kleinste ist 503 (Aufgabe 31).

Die Zahlen $F_n = 2^{2^n} + 1$ $(n \in \mathbb{N}_0)$ heißen *Fermat-Zahlen* oder *fermatsche Zahlen*, weil Fermat 1640 in einem Brief an Frénicle de Bessy die Vermutung aussprach, dass jede der Zahlen F_n eine Primzahl sei. Für $n \leq 4$ ist dies in der Tat richtig, wie auch Fermat wusste:

$$F_0 = 3, \ F_1 = 5, \ F_2 = 17, \ F_3 = 257, \ F_4 = 65537$$

sind Primzahlen. F_5 ist aber keine Primzahl, wie Euler 1732 bewiesen hat: Es gilt $641|F_5$; das haben wir schon in III.1 als Anwendung des Rechnens mit Kongruenzen gezeigt. Man sieht dies auch sehr einfach folgendermaßen ein: Aus $641 = 5^4 + 2^4 = 5 \cdot 2^7 + 1$ folgt, dass 641 ein Teiler von

$$\begin{aligned} 2^{32} + 1 &= (5^4 \cdot 2^{28} + 2^{32}) - (5^4 \cdot 2^{28} - 1) \\ &= 2^{28}(5^4 + 2^4) - (5 \cdot 2^7 + 1)(5 \cdot 2^7 - 1)(5^2 2^{14} + 1) \end{aligned}$$

ist. Wie man den Teiler 641 findet, ergibt sich aus dem Satz von Fermat: Für eine Primzahl p mit $p|2^{32} + 1$ gilt

$$2^{32} \equiv -1 \bmod p, \quad \text{also} \quad 2^{64} \equiv 1 \bmod p.$$

Wegen $\mathrm{ord}_p[2] \mid 64$ gilt $\mathrm{ord}_p[2] = 2^k$ mit $k \leq 6$. Wäre $k < 6$, so wäre schon $2^{32} \equiv 1 \bmod p$, also ist $\mathrm{ord}_p[2] = 64$. Es folgt $64|p - 1$ bzw. $p \equiv 1 \bmod 64$. Die Primzahl p ist also unter den Zahlen

$$65, 129, 193, 257, 321, 385, 449, 513, 577, 641, \ldots$$

zu suchen. Nur die *Primzahlen* $193, 257, 449, 577, 641, \ldots$ in dieser Folge sind von Interesse. Die ersten vier dieser Primzahlen sind keine Teiler von $2^{32} + 1$, aber 641 erweist sich als Teiler. In V.4 werden wir sehen, dass wir uns auch gleich auf Primzahlen p mit $p \equiv 1 \bmod 128$ beschränken können, wenn wir einen Teiler von F_5 suchen. Dort werden wir auch einen Primzahltest für Fermat-Zahlen angeben können.

Fermats Vermutung ist also widerlegt. Es hat sich sogar bisher noch keine weitere fermatsche Primzahl gefunden, so dass man heute vermutet, dass es keine weitere mehr gibt. Man hat allerdings erst für einige hundert Fermat-Zahlen bewiesen, dass sie zusammengesetzt sind, beispielsweise ist die Zahl F_{23471} keine Primzahl, ihr kleinster Primteiler ist $10 \cdot 2^{23472} + 1$. Man kennt auch erst von sehr wenigen Fermat-Zahlen eine vollständige Faktorisierung. Auch hierzu kann man aktuelle Informationen aus dem Internet beziehen.

Jede Fermat-Zahl ist zu allen vorangehenden teilerfremd; denn

$$\begin{aligned} F_0 \cdot F_1 \cdot F_2 \cdot \ldots \cdot F_{n-1} &= \frac{2^{2^1} - 1}{2^{2^0} - 1} \cdot \frac{2^{2^2} - 1}{2^{2^1} - 1} \cdot \frac{2^{2^3} - 1}{2^{2^2} - 1} \cdot \ldots \cdot \frac{2^{2^n} - 1}{2^{2^{n-1}} - 1} \\ &= 2^{2^n} - 1 \\ &= F_n - 2. \end{aligned}$$

Daraus kann man wieder auf die Existenz von unendlich vielen Primzahlen schließen, denn jede fermatsche Zahl enthält Primfaktoren, die in den vorangehenden fermatschen Zahlen noch nicht vorgekommen sind.

Gauß hat bewiesen, dass ein regelmäßiges n-Eck genau dann mit Zirkel und Lineal konstruiert werden kann, wenn n die Form $n = 2^r \cdot p_1 \cdot p_2 \cdot \ldots \cdot p_k$ hat, wobei $p_1, p_2, \ldots, p_k$ verschiedene fermatsche Primzahlen sind. (Den Beweis dieser Behauptung findet man heute in jedem Lehrbuch der Algebra.) Beispielsweise ist ein regelmäßiges 1028-Eck mit Zirkel und Lineal zu konstruieren, denn $1028 = 4 \cdot 257$, und 257 ist eine fermatsche Primzahl. Die Konstruktion des regelmäßigen 65537-Ecks wurde 1879 von J. Hermes aus Königsberg an der Universität Göttingen hinterlegt, wo sie noch heute ruht.

Mit mersenneschen und fermatschen Zahlen werden wir uns in V.4 nochmals beschäftigen; dort werden uns bessere Hilfsmittel zur Verfügung stehen.

Ein Grund für das aktuelle Interesse an großen Primzahlen bzw. der Faktorisierung großer Zahlen wird in Kapitel IV dargelegt werden. Dabei konzentriert man sich vor allem auf Zahlen der Form $b^n \pm 1$ (vgl. [Brillhart et al. 1983]) und auf solche der Form $k \cdot 2^n \pm 1$ oder $k \cdot 10^n \pm 1$. Beispielsweise ist einer der größten z. Zt. bekannten Primzahlzwillinge $107\,570\,463 \cdot 10^{2250} \pm 1$.

III.10 Aufgaben

1. Zeige: Unter n ganzen Zahlen, von denen keine durch n teilbar ist, gibt es stets zwei oder mehr, deren Summe durch n teilbar ist.

2. Zeige, dass die reellen Lösungen von $ax^2 + bx + c = 0$ irrational sind, falls a, b, c ungerade ganze Zahlen sind.

3. Aus den Ziffern 1, 2, 3, 4, 5, 6, 7 kann man $7! = 5040$ verschiedene siebenstellige Zahlen mit lauter verschiedenen Ziffern bilden. Zeige, dass keine dieser Zahlen eine andere dieser Zahlen teilt. (Beachte, dass alle diese Zahlen den gleichen Neunerrest haben.)

4. Zeige, dass $n^2 + 3n + 5$ für kein $n \in \mathbb{Z}$ durch 121 teilbar ist.
(Bestimme zunächst $a, b \in \mathbb{Z}$ mit $(n - a) \cdot (n - b) \equiv n^2 + 3n + 5 \bmod 11$.)

5. Bestimme den Siebenerrest von $\sum\limits_{i=1}^{10} 10^{10^i}$.

6. Beweise: a) Ist n zu 10 teilerfremd, dann existiert ein $k \leq n$, so dass die k-stellige Zahl $111\ldots111$ (alle Ziffern 1) durch n teilbar ist.
b) Jede natürliche Zahl ist Teiler einer Zahl der Form $999\ldots999000\ldots000$.
c) Zeige, dass zu jeder natürlichen Zahl n ein Vielfaches der Form

$$11\ldots100\ldots0 = \left(\sum_{i=0}^{a} 10^i \right) \cdot 10^b \quad \text{mit} \quad a, b \in \mathbb{N}_0$$

existiert, wobei $b = 0$, falls n zu 10 teilerfremd ist.

7. Es gibt nur eine vierstellige Quadratzahl, bei welcher die beiden ersten Ziffern gleich und die beiden letzten Ziffern gleich sind. Man suche diese Zahl. (Hinweis: Die Teilbarkeit durch 11 spielt bei dieser Aufgabe eine Rolle.)

8. Zeige, dass die Folge der Einerziffern der Folge $\{n^n\}$ periodisch ist; gib eine volle Periode an.

9. Zeige, dass genau dann $n^{4k+1} \equiv n \bmod m$ für alle $k, n \in \mathbb{N}$ gilt, wenn m ein Teiler von 30 ist.

10. Zeige: a) Ist $a^2 + b^2$ $(a, b \in \mathbb{N})$ eine Quadratzahl, dann gilt $12|ab$.

b) Ist $a^2 + b^2 = c^2$ $(a, b, c \in \mathbb{N})$, dann gilt $60|abc$.

11. a) Zeige, dass 4147 ein Teiler von $12^{512} - 1$ ist.

b) Zeige, dass $2730|(n^{13} - n)$ für alle $n \in \mathbb{N}$ gilt.

c) Zeige, dass $6^{30} - 6^{18} - 6^{12} + 1$ durch 247 teilbar ist.

d) Zeige, dass $2^{2n+1} \equiv 9n^2 - 3n + 2 \bmod 54$ für alle $n \in \mathbb{N}$.

12. Bestimme den 1000er-Rest von 7^{9999}, 11^{9999} und 13^{9999}.

13. Zeige: Ist $10 \le n < 1000$ und $Q(n)$ die Quersumme (erster Stufe) von n, dann ist die Quersumme von $n - Q(n)$ stets 9 oder 18.

14. Zeige, dass $m^p - n^p$ $(m, n \in \mathbb{N}$, p Primzahl) zu p teilerfremd oder durch p^2 teilbar ist.

15. Es seien e, f, n natürliche Zahlen mit $1 < e, f \le n$ und $ef > n$; ferner sei $a \in \mathbb{Z}$ mit $\mathrm{ggT}(a, n) = 1$. Zeige, dass dann natürliche Zahlen x, y mit $x < e$, $y < f$ existieren, für welche $ay \equiv x \bmod n$ oder $ay \equiv -x \bmod n$ gilt. Diese Aussage heißt im Fall $e = f$ *Satz von Thue* (Axel Thue, 1863–1922). Hinweis: Betrachte die Zahlen $av + u$ mit $u = 0, 1, \ldots, e - 1$ und $v = 0, 1, \ldots, f - 1$.

16. Beweise, dass $\varphi(mn) = \varphi(m)\varphi(n)$ für $\mathrm{ggT}(m, n) = 1$. Bestimme dazu die Anzahl der zu mn teilerfremden Zahlen in folgender Matrix:

1	2	$\ldots$	r	$\ldots$	m
$m + 1$	$m + 2$	$\ldots$	$m + r$	$\ldots$	$2m$
$2m + 1$	$2m + 2$	$\ldots$	$2m + r$	$\ldots$	$3m$
$\vdots$	$\vdots$		$\vdots$		$\vdots$
$(n-1)m + 1$	$(n-1)m + 2$	$\ldots$	$(n-1)m + r$	$\ldots$	nm

Leite dann die in Satz 5 angegebene Formel für die eulersche Funktion her.

17. Bestimme für $n \in \mathbb{N}$ die Anzahl der zu n teilerfremden Zahlen in der Menge $\{i(i + 1) \mid 1 \le i \le n\}$.

18. Bestimme alle primitiven Restklassen mod 7, mod 23 und mod 41.

19. Für $\mathrm{ggT}(b, m) = 1$ sei $bb' \equiv 1 \bmod m$. Wir schreiben $\frac{a}{b}$ statt ab', also

$\frac{a}{b} \equiv ab' \bmod m$. Bestätige die üblichen Bruchrechenregeln.

20. Bestimme für $p \in \{3, 5, 7, 11, 13, 17\}$ jeweils eine Carmichael-Zahl der Form $q_1 q_2 q_3$ mit Primzahlen q_1, q_2, q_3, welche zur Restklasse 1 mod $(p - 1)$ gehören.

21. Zeige, dass die folgenden im Zweiersystem geschriebenen $(3k + 1)$-stelligen Zahlen $1\,001$, $1\,001\,001$, $1\,001\,001\,001$, $1\,001\,001\,001\,001$, ... zusammengesetzt sind, falls $k \neq 2$.

22. a) Zeige: Ist $n > 1$ und $F_n = 2^{2^n} + 1$ eine Primzahl, dann ist die Restklasse $[2]$ nicht primitiv modulo F_n.

b) Zeige: Ist p ein ungerader Primteiler von $a^{2^n} + 1$, dann ist $p \equiv 1 \bmod 2^{n+1}$.

c) Folgere aus b): Ist F_n die n-te Fermat-Zahl und p ein Primteiler von F_n, dann ist $p \equiv 1 \bmod 2^{n+1}$.

23. Beweise, dass $\varphi(ab) \cdot \varphi(\mathrm{ggT}(a, b)) = \varphi(a)\varphi(b) \cdot \mathrm{ggT}(a, b)$ für alle $a, b \in \mathrm{I\!N}$.

24. Zeige, dass aus $d|n$ auch $\varphi(d)|\varphi(n)$ folgt.

25. Beweise, dass für $n \geq 2$ die Summe aller $d \in \mathrm{I\!N}$ mit $d \leq n$, die zu n teilerfremd sind, den Wert $\frac{n}{2} \cdot \varphi(n)$ hat.

26. a) Zeige: Aus $\varphi(n) \equiv 2 \bmod 4$ und $n \neq 4$ folgt $n = p^\alpha$ oder $n = 2p^\alpha$, wobei p eine Primzahl mit $p \equiv 3 \bmod 4$ ist.

b) Zeige, dass kein n mit $\varphi(n) = 14$ existiert.

27. a) Es sei p eine Primzahl ≥ 7. Zeige: Ist $\mathrm{ord}_p[a] = 3$, dann ist $\mathrm{ord}_p[a + 1] = 6$. (Hinweis: Zeige zunächst, dass $(a + 1)^2 \equiv a \bmod p$.)

b) Es sei p eine Primzahl und $k = \mathrm{ord}_p[a]$. Zeige, dass $\mathrm{ord}_{p^2}[a] = k$ oder $\mathrm{ord}_{p^2}[a] = kp$.

28. Beweise folgende Aussagen:

a) Die ungeraden Primteiler von $n^2 + 1$ sind von der Form $4k + 1$.

b) Die ungeraden Primteiler von $n^4 + 1$ sind von der Form $8k + 1$.

c) Die Primteiler $\neq 3$ von $n^2 + n + 1$ sind von der Form $6k + 1$.

29. Beweise mit Hilfe der Aussagen in Aufgabe 28, dass unendlich viele Primzahlen von jeder der Formen $4k + 1$, $6k + 1$ und $8k + 1$ existieren.

30. Sind p, q ungerade Primzahlen und gilt $p|(1 + a + a^2 + \ldots + a^{q-1})$, dann gilt $a \equiv 1 \bmod p$ und $p = q$ oder $a \not\equiv 1 \bmod p$ und $p \equiv 1 \bmod 2q$. Zeige dies und beweise dann, dass alle Primteiler von $2^q - 1$ von der Form $2kq + 1$ sind. Bestimme dann den kleinsten Primteiler der mersenneschen Zahlen M_{11}, M_{23}, M_{29}.

31. Die mersennesche Zahl $M_{251} = 2^{251} - 1$ ist zusammengesetzt. Für einen Primteiler p muss $p \equiv 1 \bmod 502$ gelten (Aufgabe 30). Die kleinste Primzahl dieser Art ist $p = 503$. Zeige, dass in der Tat 503 ein Teiler von M_{251} ist.

32. a) Zeige, dass $2^{13} - 1$ eine Primzahl ist.

b) Zerlege $3^{11} - 1$ in Primfaktoren.

c) Zerlege $5^6 + 5^3 + 1$ in Primfaktoren.

33. a) Zeige, dass $4 \cdot 14^k + 1$ für kein $k \in \mathbb{N}$ eine Primzahl ist.

b) Zeige, dass $521 \cdot 12^k + 1$ für kein $k \in \mathbb{N}$ eine Primzahl ist.

34. Es sei p eine Primzahl > 2 und ferner $[r]$ eine primitive Restklasse mod p.

a) Beweise: Ist $p \equiv 1 \bmod 4$, dann ist auch $[-r]$ primitiv.

b) Beweise: Ist $p \equiv 3 \bmod 4$, dann ist $\mathrm{ord}_p[-r] = \dfrac{p-1}{2}$.

35. Es sei p eine Primzahl und $[r]$ eine primitive Restklasse mod p. Zeige, dass

$$(p-1)! \equiv r^{1+2+\ldots+(p-1)} \equiv -1 \bmod p.$$

36. Es sei p eine ungerade Primzahl. Für $a \not\equiv 0 \bmod p$ sei $\dfrac{1}{a} \bmod p$ die Lösung von $ax \equiv 1 \bmod p$. Zeige, dass

$$1 + \frac{1}{2} + \frac{1}{3} + \ldots + \frac{1}{p-1} \equiv 0 \bmod p.$$

37. Es sei $\mathrm{ord}_m[a] = r$ und $\mathrm{ord}_n[a] = s$. Zeige, dass dann $\mathrm{ord}_{mn}[a] = \mathrm{kgV}(r,s)$.

38. Es sei p eine Primzahl und $a \equiv b \bmod p$. Zeige, dass für alle $n \in \mathbb{N}$ gilt:

$$a^{p^n} \equiv b^{p^n} \bmod p^{n+1}.$$

39. Berechne $\mathrm{ggT}(z^n - z \mid z \in \mathbb{Z})$ für $n \geq 2$.

(Beachte, dass man den ggT auch von *unendlich vielen* Zahlen bilden kann.)

40. a) Bestimme die Periodenlänge der Dezimalbruchentwicklung von $\dfrac{1}{323}$.

b) Bestimme alle Primzahlen p, für welche die Dezimalbruchentwicklung von $\dfrac{1}{p}$ die Periodenlänge 8 hat.

41. Bestimme alle Brüche α, für deren Dezimalbruchentwicklung gilt:

$$\alpha = 0, \overline{a_n a_{n-1} \ldots a_1 a_0} \quad \text{und} \quad a_0 \cdot \alpha = 0, \overline{a_0 a_n a_{n-1} \ldots a_1}.$$

42. Zeige: Die Lehmer-Methode für $n = 5$ und $\begin{pmatrix} a & c & e \\ b & d & f \end{pmatrix} = \begin{pmatrix} 3 & 1 & 3 \\ 4 & 2 & 4 \end{pmatrix}$ liefert ein diabolisches Quadrat. Gib dieses an (vgl. III.7).

43. a) Zeige, dass Satz 14 in III.7 (Lehmer-Methode) nicht die Existenz eines pseudomagischen Quadrats der Ordnung 6 garantiert.

b) Zeige, dass die Sätze 14 und 15 in III.7 (Lehmer-Methode) nicht die Existenz eines diabolischen Quadrats von gerader Ordnung garantieren.

c) Zeige, dass sich mit der Lehmer-Methode für $n = 9$ zwar pseudomagische Quadrate konstruieren lassen, aber kein diabolisches Quadrat.

d) Konstruiere ein diabolisches Quadrat, welches die Ordnung 7 hat.

e) Gib für $n = 11$ mehrere Beispiele für Lehmer-Methoden $\begin{pmatrix} 0 & c & e \\ 0 & d & f \end{pmatrix}$ an, welche zu einem diabolischen Quadrat führen.

44. Zeige: $(1! 2! 3! \cdot \ldots \cdot (p-1)!)^2 \equiv (-1)^{\frac{p+1}{2}} \bmod p$ für jede Primzahl $p > 2$.

45. Zeige, dass $(n, n+2)$ mit ungeradem $n > 1$ genau dann ein Primzahlzwilling ist, wenn $4((n-1)! + 1) + n \equiv 0 \bmod n(n+2)$.

46. Es sei $\varrho(n) \equiv (n-1)! \bmod \frac{n(n-1)}{2}$ und $0 \le \varrho(n) < \frac{n(n-1)}{2}$ für $n \ge 3$. Beweise, dass $\{\varrho(n) + 1 \mid \varrho(n) > 0, \; n \ge 3\}$ die Menge aller ungeraden Primzahlen ist.

47. Es sei $n = a_k p^k + \ldots + a_2 p^2 + a_1 p + a_0$ die p-adische Zifferndarstellung von $n \in \mathbb{N}$ und $r_p(n) = a_0! a_1! a_2! \cdot \ldots \cdot a_k!$, ferner sei e_p der Exponent von p in der Primfaktorzerlegung von $n!$. Zeige, dass $\frac{n!}{p^{e_p}} \equiv \pm r_p(n) \bmod p$.

48. Die Formel $r_m \equiv \left[\frac{13m - 1}{5}\right] \bmod 7$ in III.6 (Kalenderrechnung) ist nicht vom Himmel gefallen, sie hat vielmehr etwas mit Kettenbruchapproximation zu tun. Erkläre diesen Zusammenhang.

49. Beweise, dass alle Fermat-Zahlen und alle Mersenne-Zahlen Primzahlen oder Pseudoprimzahlen sind.

III.11 Lösungen der Aufgaben

1. Es seien $a_1, a_2, \ldots, a_n$ ganze Zahlen und $s_k = \sum\limits_{i=1}^{k} a_i$ $(k = 1, 2, \ldots, n)$. Unter den n Zahlen $s_1, s_2, \ldots, s_n$ gibt es zwei zueinander $\bmod n$ kongruente, etwa $s_k \equiv s_j \bmod n$ mit $k < j$. Dann ist $s_j - s_k = a_{k+1} + \ldots + a_j \equiv 0 \bmod n$.

2. Wäre $x = \frac{u}{v}$ eine Lösung mit $u, v \in \mathbb{Z}$ und $\mathrm{ggT}(u, v) = 1$, so wäre $au^2 + buv + cv^2 = 0$. Wegen $\mathrm{ggT}(u, v) = 1$ können u und v nicht beide gerade sein; aus $au^2 + buv + cv^2 \equiv u^2 + uv + v^2 \equiv 0 \bmod 2$ folgt ein Widerspruch.

3. Wäre $a \mid b$ für zwei Zahlen der beschriebenen Art, dann müsste $\frac{b}{a} < 10$ sein. Aus $b \equiv a \bmod 9$ und $\mathrm{ggT}(a, 9) = 1$ (wegen $a \equiv 1 \bmod 9$) folgt $\frac{b}{a} \equiv 1 \bmod 9$, also insgesamt $\frac{b}{a} = 1$ und damit $a = b$.

4. Es ist $n^2 + 3n + 5 \equiv (n-4)^2 \bmod 11$. Also ist genau dann 11 ein Teiler von $n^2 + 3n + 5$, wenn $n \equiv 4 \bmod 11$. Setzt man $n = 4 + 11k$, so ist $n^2 + 3n + 5 \equiv 33 + 121k + 121k^2 \equiv 33 \not\equiv 0 \bmod 121$.

5. Es gilt $10^{(10^i)} \equiv 3^{(4^i)} \equiv (-4)^{(4^i)} \equiv 4^{(4^i)} \bmod 7$. Für $a_i = 10^{(10^i)}$ gilt also $a_1 \equiv 4^4 \equiv 4 \bmod 7$ und daher $a_i \equiv 4 \bmod 7$ für $i = 1, 2, \ldots, 10$. Es folgt $\sum\limits_{i=1}^{10} a_i \equiv 40 \equiv 5 \bmod 7$.

6. a) Es sei $N_k = 111\ldots 111 = \frac{1}{9}(10^k - 1)$, also $10^k - 1 = 9 \cdot N_k$. Ist $k = \operatorname{ord}_n[10]$, dann ist $n|(10^k - 1)$. Ist n zu 9 teilerfremd, dann folgt $n|N_k$. Ist $n = 3m$ und $3 \nmid m$, ferner $r = \operatorname{ord}_m[10]$, dann ist $m|N_r$ und daher $n|(1 + 10^r + 10^{2r}) \cdot N_r$, also $n|N_{3r}$. Ist $n = 9m$ und $r = \operatorname{ord}_m[10]$, dann ist $m|N_r$ und daher $n|(1 + 10^r + \ldots + 10^{8r}) \cdot N_r$, also $n|N_{9r}$.

b) $999\ldots 999000\ldots 000 = 10^r \cdot (10^s - 1)$. Ist $n = 2^\alpha 5^\beta m$ mit $\operatorname{ggT}(m,10) = 1$, so setze man $r = \max(\alpha, \beta)$ und $s = \operatorname{ord}_m[10]$.

c) Es sei $n = 2^\alpha 5^\beta m$, $\operatorname{ggT}(m,10) = 1$. Setze $b = \max(\alpha, \beta)$, $a + 1 = \operatorname{ord}_m[10]$.

7. Die gesuchte Zahl hat die Form $aabb = a \cdot 10^3 + a \cdot 10^2 + b \cdot 10 + b$. Die alternierende Quersumme (erster Stufe) ist 0, die gesuchte Zahl ist also durch 11 teilbar; in der Tat ist $aabb = 11 \cdot (a0b)$. Die Zahl $a0b = 100a + b$ ist genau dann durch 11 teilbar, wenn ihre alternierende Quersumme $a + b$ durch 11 teilbar ist, also $= 11$ ist. Folglich ist $aabb = 11 \cdot (100a + b) = 11 \cdot (99a + 11) = 11^2 \cdot (9a + 1)$. Die Zahl $9a + 1$ mit $2 \leq a \leq 9$ ist nur für $a = 7$ eine Quadratzahl. Es ergibt sich also die Zahl $11^2 \cdot 8^2 = 7744$.

8. Es gilt $(n + 20)^{n+20} \equiv n^n \bmod 10$ für alle $n \in \mathbb{N}$. Man beachte dabei, dass $(n + 20)^{n+20} \equiv n^n \cdot n^{20} \bmod 10$ und $2^{20} \equiv 4^{20} \equiv 6^{20} \equiv 8^{20} \equiv 6 \bmod 10$. Die Periode hat die Länge 20 und lautet: 1 4 7 6 5 6 3 6 9 0 1 6 3 6 5 6 7 4 9 0.

9. Der kleinste nichttriviale Fall $n = 2$, $k = 1$ führt auf $m|30$. Andererseits gilt $30|n(n^k - 1)(n^k + 1)(n^{2k} + 1)$ für alle $n, k \in \mathbb{N}$; denn gilt $2 \nmid n$, dann gilt $2|n^k + 1$; gilt $3 \nmid n$, dann $3|n^k - 1$ oder $3|n^k + 1$; gilt $5 \nmid n$, dann $n \equiv \pm 1, \pm 2 \bmod 5$, also $n^2 \equiv \pm 1 \bmod 5$ und somit $n^{2k} \equiv \pm 1 \bmod 5$, so dass $5|n^{2k} - 1$ oder $5|n^{2k} + 1$.

10. a) Für jede Quadratzahl x^2 gilt $x^2 \equiv 0 \bmod 3$ oder $x^2 \equiv 1 \bmod 3$ und $x^2 \equiv 0 \bmod 4$ oder $x^2 \equiv 1 \bmod 8$. Ist $a^2 + b^2 = c^2$, so kann nicht $a^2 \equiv b^2 \equiv 1 \bmod 3$ gelten, also ist eine der Zahlen a, b durch 3 teilbar. Es kann auch nicht $a^2 \equiv b^2 \equiv 1 \bmod 8$ gelten, vielmehr muss eine der Zahlen a, b gerade sein. Sind sie beide gerade, dann ist ab durch 4 teilbar. Ist nur a gerade, dann ist $1 \equiv (a + b)^2 \equiv c^2 + 2ab \equiv 1 + 2ab \bmod 8$ und daher $4|ab$.

b) Aus a) folgt bereits $12|abc$. Gilt weder $5|a$ noch $5|b$, dann ist $a^2 \equiv \pm 1 \bmod 5$ und $b^2 \equiv \pm 1 \bmod 5$, wegen $c^2 \not\equiv \pm 2 \bmod 5$ also $a^2 + b^2 \equiv 0 \bmod 5$ und daher $c^2 \equiv 0 \bmod 5$. Also gilt in jedem Fall $5|abc$.

11. a) Es ist $4147 = 11 \cdot 13 \cdot 29$ und $12^{512} - 1 \equiv 0 \bmod 11$, $12^{512} - 1 \equiv 0 \bmod 13$ und $12^{512} - 1 \equiv 12^8 - 1 \equiv 144^4 - 1 \equiv (-1)^4 - 1 \equiv 0 \bmod 29$.

b) Es ist $2730 = 2 \cdot 3 \cdot 5 \cdot 7 \cdot 13$, und 1,2,4,6,12 sind Teiler von $\varphi(13) = 12$.

c) Es ist $247 = 13 \cdot 19$ und $6^{30} - 6^{18} - 6^{12} + 1 \equiv 6^6 - 6^6 - 1 + 1 \equiv 0 \bmod 13$ bzw. $\equiv 6^{12} - 1 - 6^{12} + 1 \equiv 0 \bmod 19$.

d) Beweis durch vollständige Induktion:

$$2^3 \equiv 9 - 3 + 2 \equiv 8 \bmod 54; \quad 2^{2n+3} \equiv 4 \cdot (9n^2 - 3n + 2) \bmod 54;$$

$$9(n + 1)^2 - 3(n + 1) + 2 \equiv (9n^2 - 3n + 2) + (18n + 6) \bmod 54;$$

$$27n^2 - 9n + 6 \equiv 18n + 6 \iff 27n^2 - 27n \equiv 0 \iff 27n(n - 1) \equiv 0 \bmod 54.$$

12. $7^{9999} \equiv 7^{-1} \bmod 1000$; $7x \equiv 1 \bmod 1000 \Rightarrow x \equiv 11 \cdot 13 \equiv 143 \bmod 1000$.

$11^{9999} \equiv 11^{-1} \bmod 1000$; $11x \equiv 1 \bmod 1000 \Rightarrow x \equiv 7 \cdot 13 \equiv 91 \bmod 1000$.

$13^{9999} \equiv 13^{-1} \bmod 1000$; $13x \equiv 1 \bmod 1000 \Rightarrow x \equiv 7 \cdot 11 \equiv 77 \bmod 1000$.

(Verwende die „Märchenzahl" $1001 = 7 \cdot 11 \cdot 13$.)

13. Es gilt $n - Q(n) \equiv 0 \bmod 9$ und $n - Q(n) > 0$ wegen $n \geq 10$, also $n - Q(n) \in \{9, 18, 27, \ldots\}$. Wegen $n < 1000$ ist $Q(n - Q(n)) < Q(999) = 27$, wegen $9 | Q(n - Q(n))$ ist $Q(n - Q(n)) = 9$ oder $Q(n - Q(n)) = 18$.

14. Ist $p | m$ und $p | n$, so ist $p^p | (m^p - n^p)$. Ist $p | m$ und $p \nmid n$, so ist $p \nmid (m^p - n^p)$. Ist $p \nmid m$ und $p \nmid n$, so ist $m^p - n^p \equiv m - n \bmod p$; ist dann $p | m - n$, dann ist $m^p - n^p \equiv (m - n)(m^{p-1} + m^{p-2}n + \ldots + n^{p-1}) \equiv (m - n)pm^{p-1} \equiv 0 \bmod p^2$.

15. Unter den $ef > n$ Termen $av + u$ gibt es zwei, welche $\equiv \bmod n$ sind, etwa $av_1 + u_1 \equiv av_2 + u_2 \bmod n$ mit $(u_1, v_1) \neq (u_2, v_2)$. Wegen $\mathrm{ggT}(a, n) = 1$ ist dabei $u_1 \neq u_2$ und $v_1 \neq v_2$. Mit $x = |u_1 - u_2|$ und $y = |v_1 - v_2|$ folgt die Behauptung.

16. Genau $\varphi(m)$ der Spalten bestehen aus lauter zu m teilerfremden Zahlen; jede Spalte ist ein vollständiges Vertretersystem der n Restklassen $\bmod n$, denn aus $im + r \equiv jm + r \bmod n$ folgt wegen $\mathrm{ggT}(m, n) = 1$ auch $i \equiv j \bmod n$. In jeder Spalte stehen also genau $\varphi(n)$ zu n teilerfremde Zahlen. Insgesamt enthält die Matrix also $\varphi(m)\varphi(n)$ zu m und zu n teilerfremde Zahlen. Wegen $\mathrm{ggT}(m, n) = 1$ ist dies gleich der Anzahl $\varphi(mn)$ der zu mn teilerfremden Zahlen.

17. Die gesuchte Anzahl ist $n \prod\limits_{p | n} \left(1 - \dfrac{2}{p}\right)$.

18. 7: [3], [5];   23: [5], [7], [10], [11], [14], [15], [17], [19], [20], [21];
41: [6], [7], [11], [12], [13], [15], [17], [19], [22], [24], [26], [28], [29], [30], [34] [35]

19. Es gelten die üblichen Regeln der Bruchrechnung.

20. $p = 3: \ 7 \cdot 13 \cdot 19$ $p = 5: \ 5 \cdot 13 \cdot 17$ $p = 7: \ 7 \cdot 13 \cdot 19$
$p = 11: \ 41 \cdot 61 \cdot 101$ $p = 13: \ 13 \cdot 37 \cdot 61$ $p = 17: \ 113 \cdot 337 \cdot 449$
(Es gibt vermutlich jeweils unendlich viele Beispiele.)

21. Man betrachte die ganze Zahl

$$\frac{(2^3)^{k+1} - 1}{2^3 - 1} = \frac{(2^{k+1})^3 - 1}{2^3 - 1} = \frac{(2^{k+1} - 1)((2^{k+1})^2 + 2^{k+1} + 1)}{2^3 - 1};$$

sie ist durch $\dfrac{2^{k+1} - 1}{7}$ oder durch $\dfrac{(2^{k+1})^2 + 2^{k+1} + 1}{7}$ teilbar, denn 7 muss einen der Faktoren im Zähler teilen. Für $k = 2$ ist aber $\dfrac{2^{k+1} - 1}{7} = 1$.

22. a) Aus $2^{(2^n)} \equiv -1 \bmod F_n$ folgt $2^{(2^{n+1})} \equiv 1 \bmod F_n$, und für $n > 1$ ist $n + 1 < 2^n$, also $2^{n+1} < 2^{(2^n)} = \varphi(F_n)$.

b) Wegen $a^{(2^n)} \equiv -1 \bmod p$ ist $\mathrm{ord}_p[a] = 2^{n+1}$, also $2^{n+1} | (p - 1)$.

c) Verwende b) mit $a = 2$.

23. Die Behauptung folgt aus

$$\prod_{p|ab}\left(1-\frac{1}{p}\right)\cdot\prod_{\substack{p|a\\p|b}}\left(1-\frac{1}{p}\right)=\prod_{p|a}\left(1-\frac{1}{p}\right)\cdot\prod_{p|b}\left(1-\frac{1}{p}\right).$$

24. Es seien δ_i und ν_i die Exponenten von p_i in der kanonischen Primfaktorzerlegungen von d bzw. n. Aus $d|n$ folgt $p_i^{\delta_i-1}(p_i-1)\mid p_i^{\nu_i-1}(p_i-1)$, falls $\delta_i\geq 1$ $(i=1,2,\ldots)$, also $\varphi(d)|\varphi(n)$.

25. Die Summe über alle d mit $d\leq n$ und $\mathrm{ggT}(d,n)=1$ erhält man auch, wenn man über die Zahlen $\frac{1}{2}(d+(n-d))$ summiert, was $\frac{n}{2}\varphi(n)$ ergibt.

26. a) Ist $p\equiv 1\bmod 4$, dann ist $\varphi(p^\alpha)\equiv 0\bmod 4$ für $\alpha\geq 1$; aus $\varphi(n)\equiv 2\bmod 4$ folgt also, dass n nicht durch eine Primzahl $p\equiv 1\bmod 4$ teilbar ist. Ist $p\equiv q\equiv 3\bmod 4$ für zwei verschiedene Primzahlen p,q, dann ist $\varphi(p^\alpha q^\beta)\equiv(-1)^{\alpha+\beta-2}(p-1)(q-1)\equiv 0\bmod 4$; also kann n nicht durch zwei verschiedene ungerade Primzahlen teilbar sein. Ferner ist $\varphi(2^\alpha)\equiv 2^{\alpha-1}\equiv 0\bmod 4$ für $\alpha\geq 3$, so dass n nicht durch 8 teilbar sein kann. Auch darf n nicht durch 4 teilbar sein, denn für $p\equiv 3\bmod 4$ ist $\varphi(4p^\alpha)=2p^{\alpha-1}(p-1)$ durch 4 teilbar. Es bleiben also nur die Fälle $n=p^\alpha$ und $n=2p^\alpha$ mit $p\equiv 3\bmod 4$ übrig.

b) Ist $\varphi(n)=14$, dann muss n wegen $14\equiv 2\bmod 4$ nach a) die Form p^α oder $2p^\alpha$ mit einer Primzahl $p\equiv 3\bmod 4$ haben. Wegen $\varphi(p^\alpha)=\varphi(2p^\alpha)$ ist nur die erste Form zu untersuchen. Für keine Primzahl p ist aber $\varphi(p)=p-1=14$ oder $\varphi(p^\alpha)=p^{\alpha-1}(p-1)=14$.

27. a) Es ist $(a+1)^2\equiv a^2+2a+1\equiv a+(a^2+a+1)\equiv a\bmod p$, denn $(a^2+a+1)\cdot(a-1)\equiv a^3-1\equiv 0\bmod p$ und $a-1\not\equiv 0\bmod p$. Es folgt $(a+1)^6\equiv 1\bmod p$, also $\mathrm{ord}_p[a+1]|6$; die Werte 1,2,3 kommen aber für $\mathrm{ord}_p[a+1]$ nicht in Frage. (Beachte $(a+1)^3\equiv 3(a^2+a+1)-1\equiv -1\bmod p$.)

b) Aus $m=\mathrm{ord}_{p^2}[a]$ folgt $k|m$, etwa $m=kn$ $(n\in\mathrm{IN})$. Wegen $(a^k-1)^p\equiv a^{kp}-1\equiv 0\bmod p$ folgt $kn|kp$, also $n|p$.

28. a) Aus $n^2\equiv -1\bmod p$ folgt $4|\varphi(p)$, also $4|(p-1)$.

b) Aus $n^4\equiv -1\bmod p$ folgt $8|\varphi(p)$, also $8|(p-1)$.

c) Aus $n^2+n+1\equiv 0\bmod p$ folgt wegen $(n^2+n+1)\cdot(n-1)=n^3-1$ die Beziehung $n^3\equiv 1\bmod p$, also $n\equiv 1\bmod 3$ (und damit $3|n^2+n+1$) oder $3|\varphi(p)$. Wegen $2|\varphi(p)$ (für alle $p\geq 3$) folgt $6|\varphi(p)$, also $6|p-1$.

29. a) Sind $p_1,p_2,\ldots,p_r$ von der Form $4k+1$, dann enthält die Zahl $(2p_1p_2\ldots p_r)^2+1$ eine weitere Primzahl dieser Form als Teiler.

b) Sind $p_1,p_2,\ldots,p_r$ von der Form $8k+1$, dann enthält die Zahl $(2p_1p_2\ldots p_r)^4+1$ eine weitere Primzahl dieser Form als Teiler.

c) Sind $p_1,p_2,\ldots,p_r$ von der Form $6k+1$, dann enthält die Zahl $(6p_1p_2\ldots p_r)^2+(6p_1p_2\ldots p_r)+1$ eine weitere Primzahl dieser Form als Teiler.

30. Ist $a\equiv 1\bmod p$, dann ist $1+a+\ldots+a^{q-1}\equiv q\equiv 0\bmod p$, also $p=q$. Ist $a\not\equiv 1\bmod p$, dann folgt aus $a^q-1\equiv(a-1)\cdot(1+a+\ldots+a^{q-1})\equiv 0\bmod p$

die Beziehung $a^q \equiv 1 \bmod p$. Weil q eine Primzahl ist, gilt $\mathrm{ord}_p[a] = q$ und damit $q|p-1$. Wegen $2|p-1$ und $2\nmid q$ folgt $2q|p-1$ bzw. $p \equiv 1 \bmod 2q$. Aus $2 \not\equiv 1 \bmod p$ folgt, dass jeder Primteiler p von $2^q - 1$ von der Form $2qk+1$ ist. Ein Primteiler von $2^{11} - 1$ ist von der Form $22k + 1$; in der Tat gilt $23|2^{11} - 1$. Ein Primteiler von $2^{23} - 1$ ist von der Form $46k + 1$; in der Tat gilt $47|2^{23} - 1$. Ein Primteiler von $2^{29} - 1$ ist von der Form $58k + 1$; für $k = 4$ ergibt sich ein Teiler: 233 ist Primzahl und $233|2^{29} - 1$.

31. Es muss $2^{251} \equiv 1 \bmod 503$ gezeigt werden. Zum Modul 503 gilt der Reihe nach: $2^9 \equiv 9$; $2^{18} \equiv 81$; $2^{36} \equiv 22$; $2^{72} \equiv -19$; $2^{144} \equiv -142$; $2^{216} \equiv (-19)(-142) \equiv 183$; $2^{252} \equiv 22 \cdot 183 \equiv 2$, woraus schließlich die Behauptung folgt. (Es ist $M_{251} = 503 \cdot 54\,217 \cdot$ (21-stellig) $\cdot$ (23-stellig) $\cdot$ (26-stellig).)

32. a) Aus $2^{13} - 1 \equiv 0 \bmod p$ (p Primzahl) folgt $p - 1 \equiv 0 \bmod 13$, mögliche Primteiler sind also von der Form $26k+1$ ($k = 1, 2, 3, \ldots$). Wegen $[\sqrt{2^{13} - 1}] = 90$ muss man nur zeigen, dass keine der Primzahlen 53 und 79 ein Teiler von $2^{13} - 1$ ist. Es ergibt sich $2^{13} \equiv 30 \not\equiv 1 \bmod 53$ und $2^{13} \equiv -24 \not\equiv 1 \bmod 79$.

b) Ist p ein ungerader Primfaktor von $3^{11} - 1$, dann ist $p \equiv 1 \bmod 22$. Wegen $\left[\sqrt{\frac{1}{2}(3^{11} - 1)}\right] = 297$ kommen als ungerade Primteiler nur 23, 67, 89, 199 in Frage, falls $\frac{1}{2}(3^{11} - 1) = 88573$ keine Primzahl ist. Es ergibt sich $3^{11} \equiv 1 \bmod 23$ und $3^{11} - 1 = 2 \cdot 23 \cdot 3851$. Die Zahl 3851 ist eine Primzahl, denn $23 \nmid 3851$ und $67 > \sqrt{3851}$.

c) $5^9 - 1 = (5^3 - 1)(5^6 + 5^3 + 1)$ und $5^3 - 1 = 2^2 \cdot 31$. Ist p ein ungerader Primteiler von $5^9 - 1$, dann ist $3|p - 1$, also $p \equiv 1 \bmod 6$. Ist $5^3 \equiv 1 \bmod p$, dann ist $5^6 + 5^3 + 1 \equiv 3 \not\equiv 0 \bmod p$. Man muss daher nur $p \equiv 1 \bmod 18$ untersuchen, also $p \in \{19, 37, 73, 91, 109\}$; man beachte $[\sqrt{5^6 + 5^3 + 1}] = 125$. Es ist $5^9 \equiv 1 \bmod 19$, also 19 ein Teiler von $5^9 - 1$ und damit von $5^6 + 5^3 + 1$. Es ergibt sich $5^6 + 5^3 + 1 = 19 \cdot 829$, und 829 ist eine Primzahl

33. a) Es gilt $4 \cdot 14^k + 1 \equiv 0 \bmod 3$, falls k ungerade ist, und $4 \cdot 14^k + 1 \equiv 0 \bmod 5$, falls k gerade ist.

b) $521 \cdot 12^k + 1 \equiv 0 \bmod 13$, falls k ungerade, $521 \cdot 12^k + 1 \equiv 0 \bmod 5$, falls $k \equiv 2 \bmod 4$. Im Fall $k \equiv 0 \bmod 4$ untersuche man $a_n = 521 \cdot (12^4)^n + 1$ ($n = 1, 2, 3, \ldots$). Es gilt $a_{n+1} \equiv a_n \bmod (12^4 - 1)$. Man suche einen gemeinsamen Teiler von $a_1 = 521 \cdot 12^4 + 1$ und $12^4 - 1$; wegen $a_1 = 521 \cdot (12^4 - 1) + 522$ muss dies ein Teiler von $522 = 2 \cdot 9 \cdot 29$ sein. Da 2 und 3 keine Teiler von $12^4 - 1$ sind, versuche man es mit 29. In der Tat ist $12^4 \equiv 144^2 \equiv (-1)^2 \equiv 1 \bmod 29$.

34. Aus $r^{\frac{p-1}{2}} \equiv -1 \bmod p$ folgt $(-r)^{\frac{p-1}{2}} \equiv (-1)^{\frac{p+1}{2}} \bmod p$; dies ist

a) $\equiv -1 \bmod p$, falls $p \equiv 1 \bmod 4$ b) $\equiv 1 \bmod p$, falls $p \equiv 3 \bmod 4$

Beachte in b), dass $\frac{p-1}{2}$ ungerade ist und $\mathrm{ord}_p[-r]$ daher kein echter Teiler von $\frac{p-1}{2}$ sein kann.

35. $\{[r], [r]^2, [r]^3, \ldots, [r]^{p-1}\}$ ist die Menge aller primen Restklassen mod p.
Also ist ihr Produkt $[(p-1)!] = [r]^{1+2+\cdots+(p-1)} = \left([r]^{\frac{p-1}{2}}\right)^p = [-1]^p = [-1]$.

36. Ist $i \not\equiv j \bmod p$, dann ist $\frac{1}{i} \not\equiv \frac{1}{j} \bmod p$, also ist

$$1 + \frac{1}{2} + \frac{1}{3} + \ldots + \frac{1}{p-1} \equiv 1 + 2 + 3 + \ldots + (p-1) \equiv p \cdot \frac{p-1}{2} \equiv 0 \bmod p.$$

37. Aus $a^r \equiv 1 \bmod m$ und $a^s \equiv 1 \bmod n$ folgt $a^{\mathrm{kgV}(r,s)} \equiv 1 \bmod mn$. Ist $a^k \equiv 1 \bmod mn$, dann ist auch $a^k \equiv 1 \bmod m$ und $a^k \equiv 1 \bmod n$, also $r|k$ und $s|k$ und damit $\mathrm{kgV}(r,s)|k$.

38. Ist $a^{p^n} = b^{p^n} + kp^{n+1}$, dann ist $a^{p^{n+1}} \equiv \left(b^{p^n} + kp^{n+1}\right)^p \equiv \left(b^{p^n}\right)^p \equiv b^{p^{n+1}}$
mod p^{n+2}, denn $p^{n+2} \mid \binom{p}{i}\left(b^{p^n}\right)^i \left(kp^{n+1}\right)^{p-i}$ für $i \le p-1$.

39. Es sei $M_n = \mathrm{ggT}(z^n - z \mid z \in \mathbb{Z})$. Wegen $n \ge 2$ gilt $p^2 \nmid p^n - p$ für jede Primzahl p, folglich ist M_n quadratfrei. Ist p eine Primzahl mit $p - 1 | n - 1$, dann gilt $z^n \equiv z \bmod p$ für alle $z \in \mathbb{Z}$, also $p | M_n$. Ist $p | M_n$, also $z^n \equiv z \bmod p$ für alle $z \in \mathbb{Z}$, dann gilt auch $g^n \equiv g \bmod p$ bzw. $g^{n-1} \equiv 1 \bmod p$ für jede Primitivwurzel $g \bmod p$, also $p - 1 | n - 1$. Folglich ist M_n das Produkt aller Primzahlen p mit $p - 1 | n - 1$.

40. a) $323 = 17 \cdot 19$; $\mathrm{ord}_{17}[10] = 16$, $\mathrm{ord}_{19}[10] = 18$, $\mathrm{ord}_{323}[10] = \mathrm{kgV}(16,18)$.
b) $\mathrm{ord}_p[10] = 8 \iff 10^4 \equiv -1 \bmod p \iff p|10001$.
Wegen $10001 = 73 \cdot 137$ ergibt sich $p = 73$ und $p = 137$.

41. Es ist $a_0\alpha = \frac{1}{10}(a_0 + \alpha)$, also $\alpha = \frac{a_0}{10a_0 - 1}$.
Es handelt sich also um die Dezimalbruchentwicklungen von $\frac{1}{9}, \frac{2}{19}, \frac{3}{29}, \ldots, \frac{9}{89}$.

42. (1) bis (5) sind erfüllt. Man erhält das nebenstehende diabolische Quadrat, wenn man die Platzkoordinaten von links unten aus zählt.

4	7	15	18	21
20	23	1	9	12
6	14	17	25	3
22	5	8	11	19
13	16	24	2	10

43. a) Mit $c, d, e, f \in \{1, 5\}$ gilt stets $2|cf - de$, also $\mathrm{ggT}(cf - de, 6) \ne 1$.

b) Weil c, d, e, f ungerade sein müssen, sind $c \pm d$, $e \pm f$ gerade, also nicht teilerfremd zu n.

c) Für $c, d, e, f \in \{1, 2, 4, 5, 7, 8\}$ lässt sich (1) mit $c = 1$, $d = 2$, $e = 1$, $f = 4$ realisieren. (4), (5) sind nicht erfüllbar, denn für zwei zu 3 teilerfremde Zahlen ist ihre Summe oder ihre Differenz durch 3 teilbar.

d) Für $n = 7$ kann man $\begin{pmatrix} 0 & 2 & 3 \\ 0 & 1 & 1 \end{pmatrix}$ wählen und erhält nebenstehendes Quadrat.

19	25	31	37	43	7	13
30	36	49	6	12	18	24
48	5	11	17	23	29	42
10	16	22	35	41	47	4
28	34	40	46	3	9	15
39	45	2	8	21	27	33
1	14	20	26	32	38	44

e) Man wähle $c, d, e, f \in \{1, 2, 3, 4, 5, 6, 7, 8, 9, 10\}$, wobei $c \pm d$, $e \pm f$, und $cf - de$ nicht durch 11 teilbar sind, also z.B. die Werte $c = e = 1$, $d = 2$ und $f = 3$, 4, 5, 6, 7, 8, 9, 10 oder $c = e = 1$, $d = 3$ und $f = 2$, 4, 5, 6, 7, 8, 9, 10 usw.

44. Zum Modul p gilt nach dem Satz von Wilson

$$((p-1)!)^{p-1} \equiv (1!2!3! \ldots (p-1)!)((p-2)!(p-3)! \ldots 1!)(-1)^{\frac{(p-1)(p-2)}{2}},$$

also $(1!2!3! \ldots (p-1)!)^2 \equiv (-1)^{\frac{p-1}{2}}((p-1)!)^p \equiv -(-1)^{\frac{p-1}{2}} \equiv (-1)^{\frac{p+1}{2}}$.

45. 1) Ist $4((n-1)! + 1) + n \equiv 0 \bmod n(n+2)$ und n ungerade, dann ist $(n-1)! + 1 \equiv 0 \bmod n$, nach dem Satz von Wilson ist also n eine Primzahl. Ferner gilt $4(n-1)! + 2 \equiv 0 \bmod n+2$. Multiplikation mit $n(n+1)$ ergibt $4((n+1)! + 1) + 2n^2 + 2n - 4 \equiv 4((n+1)! + 1) \equiv 0 \bmod n+2$. Also ist nach dem Satz von Wilson auch $n+2$ eine Primzahl.

2) Sind n und $n+2$ Primzahlen, dann ist $n \neq 2$ und $(n-1)! + 1 \equiv 0 \bmod n$ sowie $(n+1)! + 1 \equiv 0 \bmod n+2$. Wegen $n(n+1) \equiv 2 \bmod n+2$ ist $2(n-1)! + 1 \equiv 0 \bmod n+2$, woraus $4((n-1)!+1)+n \equiv 2(2(n-1)!+1)+(n+2) \equiv 0 \bmod n+2$ folgt. Wegen $(n-1)! + 1 \equiv 0 \bmod n$ gilt auch $4((n-1)! + 1) + n \equiv 0 \bmod n$, so dass sich $4((n-1)! + 1) + n \equiv 0 \bmod n(n+2)$ ergibt.

46. Ist n nicht prim, so ist $\varrho(n) = 0$ (Satz von Wilson). Ist $n = p$ Primzahl ≥ 3, so folgt aus $(p-1)! + 1 \equiv 0 \bmod p$ und $(p-1)! - \varrho(p) \equiv 0 \bmod p$, dass $\varrho(p) \equiv -1 \bmod p$. Ferner gilt $(p-1)! \equiv 0 \bmod \frac{p-1}{2}$, also $\varrho(p) \equiv 0 \bmod \frac{p-1}{2}$. Wenn das Kongruenzensystem $x \equiv -1 \bmod p$ und $x \equiv 0 \bmod \frac{p-1}{2}$ lösbar ist, dann ist es eindeutig mod $\frac{p(p-1)}{2}$ lösbar; denn aus $p \mid x_1 - x_2$ und $\frac{p-1}{2} \mid x_1 - x_2$ folgt $p \cdot \frac{p-1}{2} \mid x_1 - x_2$ wegen $\mathrm{ggT}\left(p, \frac{p-1}{2}\right) = 1$. Nun ist aber $p - 1 \bmod \frac{p(p-1)}{2}$ eine Lösung, also gilt $\varrho(p) = p - 1$ bzw. $p = \varrho(p) + 1$.

47. 1) Es sei $p \nmid n + 1$. Dann ist $r_p(n+1) = (a_0 + 1)r_p(n) \equiv (n+1)r_p(n) \bmod p$ und $\dfrac{(n+1)!}{p^{e_p((n+1)!)}} \equiv (n+1)\dfrac{n!}{p^{e_p(n!)}} \equiv (n+1)r_p(n) \bmod p$ (vollständige Induktion).

2) Es sei $p \mid n + 1$ und $n = a_k p^k + \ldots + a_t p^t$ mit $k \geq t \geq 0$ und $a_t \neq 0$. Dann ist $r_p(n+1) = \dfrac{a_t}{((p-1)!)^t} r_p(n) \equiv (-1)^t a_t r_p(n) \bmod p$ und $\dfrac{(n+1)!}{p^{e_p((n+1)!)}} \equiv \dfrac{n+1}{p^t} \cdot \dfrac{n!}{p^{e_p(n!)}} \equiv a_t r_p(n) \bmod p$ (vollständige Induktion).

48. $(1.\,\mathrm{Februar})_t \equiv (1.\,\mathrm{März})_t + 2 + 365 \equiv (1.\,\mathrm{März})_t + 48 \cdot 7 + 31 \bmod 7$

$\dfrac{31}{12} = [2,1,1,2,2] \approx [2,1,1,2] = \dfrac{13}{5}; \quad r_m \equiv \left[\dfrac{13}{5}m + \dfrac{a}{5}\right] \equiv \left[\dfrac{13m+a}{5}\right] \bmod 7$

$r_1 = 2 \Rightarrow -3 \leq a \leq 1; \ldots; r_5 = 5 \Rightarrow a = -1$.

49. a) Für $F_k = 2^{2^k} + 1$ gilt $2^{2^k} \equiv -1 \bmod F_k$, wegen $2^k \mid F_k - 1$ und $2 \mid \dfrac{F_k - 1}{2^k}$ also auch $2^{F_k - 1} \equiv 1 \bmod F_k$. \quad b) Wegen $2^p \equiv 2 \bmod p$ ist $k := \dfrac{2^p - 2}{p} \in \mathbb{N}$; also folgt aus $2^p \equiv 1 \bmod M_p$ sofort $2^{2^p - 2} \equiv 1 \bmod M_p$.

IV Zahlentheoretische Algorithmen in der Kryptographie

IV.1 Algorithmen und Komplexität

Haben herausragende Mathematiker wie Gauß, Kummer oder Hardy zu ihrer Zeit die Zahlentheorie als „Königin der Mathematik" auch deshalb besonders geschätzt, weil sie sich der Mathematik „an sich" und nicht etwa Anwendungen auf die physische Welt widme, so hat sich diese Einschätzung in den letzten dreißig Jahren grundlegend geändert. Die moderne Kryptographie ist ohne die Zahlentheorie undenkbar. Ihrem Einsatz auf Rechnern entsprechend werden die Methoden der Zahlentheorie in Algorithmen verwendet, und wir beginnen damit, Grundlegendes zu Algorithmen und ihrer Bewertung zu diskutieren.

Noch bis Anfang des 20. Jahrhunderts wurde „Algorithmus" fast ausschließlich als Synonym für den euklidischen Algorithmus gebraucht. Als zentraler Begriff der Informatik bezeichnet „Algorithmus" heute eine endliche Folge von eindeutigen Anweisungen, mittels derer in endlich vielen Schritten aus einer spezifizierten Eingabe eine spezifizierte Ausgabe gewonnen wird.

Ein Algorithmus ist noch kein Rechner-Programm; er lässt sich von einem Programmierer in der Regel aber leicht in einer vorgegebenen Programmiersprache implementieren. Wir werden unsere zahlentheoretischen Algorithmen nicht zu sehr formalisiert darstellen, sollten aber trotzdem einige wichtige Aspekte, vor allem mit Blick auf die zu verwendenden Kontrollstrukturen, diskutieren. Dazu nehmen wir den euklidischen Algorithmus, den wir bereits aus I.6 kennen.

Algorithmus 1 (Euklidischer Algorithmus):
Signatur: $g = \text{Euklid}(a, b)$
Eingabe: $a, b \in \mathbb{Z}$, $b \neq 0$
Ausgabe: $g = \text{ggT}(a, b)$, der größte gemeinsame Teiler von a und b
   solange $a \neq 0$
      $b = qa + r$ {Division mit Rest}
      $b \leftarrow a,\ a \leftarrow r$
   $g \leftarrow b$

Neben Ein- und Ausgabe geben wir in Beschreibungen von Algorithmen häufig auch die *Signatur* an, also seine Bezeichnung zusammen mit der Liste der Eingabe-Argumente und der Ausgabe. Das Schlüsselwort *solange* leitet die Kontrollstruktur „Solange-Schleife" ein. Der darunter eingerückt dargestellte Rumpf der Schleife wird solange wiederholt bis das Wiederholungskriterium $a \neq 0$ nicht mehr erfüllt ist. Andere Kontrollstrukturen in Algorithmen sind Zählschleifen (*für* $i = 1, \ldots, n$), Wiederhole-Schleifen oder Verzweigungen (*falls ... sonst*), die sich in ähnlicher Weise von selbst verstehen. Der Linkspfeil $\leftarrow$ ist der Zuweisungsoperator, durch welchen die links stehende Variable den rechts stehenden Wert zugewiesen bekommt. Geschweifte Klammern schließen Kommentare ein, mit denen zusätzliche Erläuterungen gegeben werden. Im obigen Fall wird damit klar gemacht, dass q und r gemäß den Regeln der Division mit Rest aus I.6 zu bestimmen sind. Tatsächlich werden wir die Division mit Rest in diesem Kapitel noch so häufig benötigen, dass es günstig ist, wenn wir q und r jeweils direkt als Ergebnis einer Operation notieren, und zwar als

$$q = b \div a, \quad r = b \bmod a.$$

Das Symbol mod wird jetzt also als Bezeichner für einen arithmetischen Operator verwendet. Wir benutzen es gleichzeitig auch weiterhin zur Bezeichnung der Kongruenzrelation. Ist $r = b \bmod a$, so gilt $r \equiv b \bmod a$. Die Umkehrung ist aber nur richtig, wenn $r \in \{0, 1, \ldots, a - 1\}$.

Manche Algorithmen sind besonders einfach darzustellen, wenn sie rekursiv formuliert werden, d.h. wenn der Aufruf des Algorithmus (mit anderen Eingaben) als Schritt im Algorithmus selbst vorkommt. Der euklidische Algorithmus kann so besonders elegant formuliert werden.

Algorithmus 2 (Euklidischer Algorithmus, rekursiv):
Signatur: $g = \text{EuklidRekursiv}(a, b)$
Eingabe: $a, b \in \mathbb{Z}$, $b \neq 0$
Ausgabe: $g = \text{ggT}(a, b)$, der größte gemeinsame Teiler von a und b

 falls $a \neq 0$ *dann*   {Rekursion}
  $g \leftarrow \text{EuklidRekursiv}(b \bmod a, a)$
 sonst   {Abbruch der Rekursion wegen $a = 0$}
  $g \leftarrow b$

Zur Beurteilung der Qualität eines als korrekt vorausgesetzten Algorithmus dient die *Aufwandsanalyse*, mit der Laufzeit und Speicherbedarf untersucht werden. Dabei interessieren wir uns jeweils nur für *Größenordnungen*, denn die genaue Laufzeit einer Implementierung wird im Detail von dem jeweiligen Rechner, der verwendeten Programmiersprache, dem Geschick des Programmierers etc. abhängen. Mit Größenordnungen beschränken wir uns auf die Information, wie der Aufwand abhängig von der Größe k der Eingabe anwächst. Bei zahlentheoretischen Algorithmen misst man die Größe einer Zahl n mit dem *logarithmischen Maß* $\log_2 n$, was dem Aufwand zur Speicherung von n, dargestellt im Zweiersystem, entspricht. Wir beschäftigen uns nun genauer mit dem Rechenaufwand $T(k)$ eines Algorithmus; für den Speicheraufwand gilt Analoges. Weil es in der Regel mehrere verschiedene Eingaben mit der Größe k gibt, bezeichne $T(k)$ den maximalen Aufwand bei dieser Größe (genauer: das Supremum der Aufwände für Größe k). Man spricht vom *worst case* Aufwand. Ist $g(k) : \mathbb{R}^+ \to \mathbb{R}_0^+$ eine Funktion, so besitzt $T(k)$ *höchstens die Größenordnung* $g(k)$, falls $T(k) \leq c \cdot g(k)$ für alle $k \geq k_0$ mit einer Konstanten $c > 0$. Mit Hilfe der *Groß-O-Notation* schreiben wir dies als $T = \mathcal{O}(g)$. Gilt zusätzlich noch $T(k) \geq c' \cdot g(k)$ für alle $k \geq k_1$ mit $c' > 0$, so besitzt T die (genaue) Größenordnung g. Man nennt g dann die *Komplexität* des Algorithmus. Wichtig sind polynomiale Größenordnungen, also $g(k) = k^m$ mit einem festen Grad $m > 0$, exponentielle Größenordnungen $g(k) = e^{\alpha k}$ mit $\alpha > 0$ oder auch logarithmische Größenordnungen der Form $g(k) = (\log k)^m$, $g(k) = \log \log k$ usw. Für Größenordnungen gibt es einfache Rechenregeln. Zum Beispiel folgt aus $T = \mathcal{O}(g_1)$ und $g_1 = \mathcal{O}(g_2)$ sofort $T = \mathcal{O}(g_2)$ und aus $T_1 = \mathcal{O}(g_1), T_2 = \mathcal{O}(g_2)$ folgt für $T = T_1 + T_2$ sowohl $T = \mathcal{O}(g_1 + g_2)$ wie auch $T = \mathcal{O}(g_3)$ mit $g_3(k) = \max\{g_1(k), g_2(k)\}$, vgl. auch Aufgabe 3. Besitzt ein Algorithmus lineare $(g(k) = k)$ bzw. quadratische $(g(k) = k^2)$ Komplexität so verdoppelt bzw. vervierfacht sich die Laufzeit im Wesentlichen, wenn die Größe der Eingabe verdoppelt wird. Bei exponentieller Komplexität $(g(k) = e^{\alpha k})$ würde sie sich dagegen bei jedem Verdoppeln quadrieren. Bei $\mathcal{O}$-Größenordnungen spielt im Übrigen die Basis eines Logarithmus keinerlei Rolle, denn es ist ja $\log_a n = \log_a 2 \cdot \log n$ mit der Konstanten $\log_a 2$. Wegen der Verwendung binärer Zahlsysteme auf Rechnern ist der Logarithmus zur Basis eigentlich der „natürliche", so dass wir – nur für dieses Kapitel – ab sofort $\log = \log_2$ abkürzen.

Neben der worst-case Komplexität interessiert auch die *mittlere Komplexität*. Man geht davon aus, dass alle möglichen Eingaben der Größe k einer bekannten Verteilung unterliegen und nimmt für $T(k)$ den Erwartungswert bezüglich dieser Verteilung.

Algorithmen lösen eine spezifizierte Problemstellung. Die *Komplexität des Problems* ist dann die Komplexität des bestmöglichen Algorithmus zu seiner Lösung. Für viele wichtige Probleme ist die Komplexität nicht bekannt. Die nächstbeste Information über die Schwierigkeit einer Problemstellung ist dann die Komplexität des besten derzeit bekannten Algorithmus. Zum Beispiel ist die Komplexität des Faktorisierungproblems „bestimme einen Faktor der zusammengesetzten Zahl $n \in \mathbb{N}$" unbekannt. Alle heute bekannten Algorithmen besitzen jedoch eine mehr als polynomiale Komplexität. Für das Problem „entscheide, ob die Zahl $p \in \mathbb{N}$ eine Primzahl ist" wurde erst im Jahre 2003 durch Angabe eines Algorithmus in [Agrawal, Kayal, Saxena 2003] polynomiale Komplexität nachgewiesen. In der Komplexitätstheorie bezeichnet man Probleme mit höchstens polynomialer Komplexität als *behandelbar*, alle anderen als *nicht behandelbar*. Wir wollen den Begriff *derzeit nicht behandelbar* verwenden, wenn für ein Problem bis heute kein Algorithmus mit polynomialer Komplexität gefunden werden konnte. Die Begriffe sind mit Vorsicht zu interpretieren: Für (derzeit) nicht behandelbar Probleme mag es für kleinere Eingabegrößen k oder für spezielle Eingaben doch möglich sein, mit akzeptablem Aufwand eine Lösung zu berechnen. Andererseits kann bei einem behandelbaren Problem der Grad m in der Aufwandsschranke $T(k) \leq c \cdot k^m$ so groß sein, dass man bei realistischen Werten für k einen viel zu großen Aufwand hat. Im Algorithmus von Agrawal, Kayal und Saxena ist zum Beispiel $m = 12$ und c sehr groß. Das bedeutet, dass bei Verdoppelung der Eingabegröße der Aufwand um das Viertausendfache steigt, also etwa von einer Sekunde auf sechs Stunden, und bei nochmaliger Verdopplung auf mehr als ein halbes Jahr. Der Algorithmus hat deshalb (noch) keine praktische Bedeutung. Die Konstante c wurde übrigens in nachfolgenden Arbeiten um mehr als den Faktor eine Million verbessert, ist aber immer noch immens.

In Anwendungen der Zahlentheorie in der Kryptographie basiert die Sicherheit eines „Geheimnisses" darauf, dass ein Unbefugter ein (derzeit) nicht behandelbares Problem der Zahlentheorie lösen müsste, um in seinen Besitz zu kommen. Es ist dann enorm wichtig zu wissen, welche Mindestgröße man für zu wählende Parameter verwenden muss, um dem Angreifer die praktische Berechnung des Geheimnisses unmöglich zu machen. Ebenso wichtig ist es, sogenannte *schwache* Parameter zu identifizieren, für die auch bei eigentlich ausreichender Größe auf Grund spezieller Eigenschaften mit speziellen Algorithmen das Geheimnis wesentlich schneller berechnet werden kann.

Bei der RSA-Chiffre aus IV.6 beruht die Sicherheit des Geheimnisses darauf, dass die Faktorisierung von $n = pq$, p, q prim, derzeit nicht behandelbar ist. Als Mindestgröße sieht man heute $p, q \geq 2^{256}$ an, wenn nicht sogar $p, q \geq 2^{512}$. Besitzt $p - 1$ oder $q - 1$ nur kleine Primfaktoren, so kann ein Faktor von n mit einem speziellen Algorithmus auch bei sehr großen Zahlen noch relativ leicht gefunden werden. Solche Zahlen p und q muss man bei der RSA-Chiffre also vermeiden.

Wir wollen zum Abschluss die eingeführten Begriffe auf uns bereits bekannte Algorithmen anwenden. Wir analysieren zuerst die Laufzeit des euklidischen Algorithmus, der in der Restklassenarithmetik und vielen zahlentheoretischen Algorithmen fundamentale Bedeutung hat. In I.9 haben wir bereits gezeigt, dass bei Eingabe a, b mit $a \geq b$ die Zahl $w(a)$ der Divisionen mit Rest beschränkt ist durch

$$w(a) \leq 5(\log_{10} a + 1),$$

und dass mit den Fibonacci-Zahlen als Eingabe diese Größenordnung an Divisionen mit Rest auch erreicht wird. Zu jeder Division mit Rest kommen in Algorithmus 1 noch drei weitere elementare Schritte hinzu, nämlich zwei Zuweisungen und eine Auswertung des Wiederholungskriteriums. Betrachtet man auch die Division mit Rest als elementaren Schritt, ergibt sich mit dem logarithmischen Maß $k = \log a$ für die Größe der Eingabe ein Aufwand von

$$T(k) \leq 20 \cdot (\log_{10} a + 1) \leq c_1 \cdot k + c_2 = \mathcal{O}(k).$$

Der euklidische Algorithmus besitzt also genau lineare Komplexität. Vorsicht: Sind die Eingaben so groß, dass die arithmetischen Operationen nicht mehr als elementar gelten können, müssen wir unsere Analyse revidieren, vgl. IV.2.

Die Division mit Rest ist auf Rechnern in der Regel um einen spürbaren Faktor aufwendiger als Addition, Subtraktion oder auch Multiplikation, insbesondere bei Verwendung von Langzahlarithmetik. Deshalb ist die Variante des *binären* euklidischen Algorithmus interessant, bei der man die Divisionen praktisch vollständig umgeht. Es seien hierzu a und b beide ungerade Zahlen. Sind sie es nicht, und ist nicht eine von beiden 0, so dividiert man in einem vorbereitenden Schritt beide Zahlen möglichst oft durch 2 und erhält $a = 2^k a', b = 2^m b'$ mit a', b' ungerade und $\mathrm{ggT}(a, b) = 2^{\min(k,m)} \mathrm{ggT}(a', b')$.

Algorithmus 3 (binärer euklidischer Algorithmus):
Signatur: $g = \mathrm{BinEuklid}(a, b)$
Eingabe: $a, b \in \mathbb{N}$, $n \neq 0$, a, b sind ungerade
Ausgabe: $g = \mathrm{ggT}(a, b)$, der größte gemeinsame Teiler von a und b

> *falls $a \neq b$ dann* {Rekursion}
> > $t \leftarrow |b - a|$
> > *solange t gerade* {dividiere maximale Zweierpotenz ab, mindestens 2^1}
> > > $t \leftarrow \frac{t}{2}$
> > $g \leftarrow \mathrm{BinEuklid}(\min(a, b), t)$ {$\min(a, b)$ und t sind ungerade}
> *sonst* {Rekursion beendet, es ist $a = b$}
> > $g \leftarrow b$

Der Algorithmus verwendet statt den im üblichen euklidischen Algorithmus vorkommenden Divsionen mit Rest Divisionen durch 2. Werden Zahlen auf einem Rechner wie üblich binär dargestellt, ist die Division durch die maximale enthaltene Zweierpotenz einfach ein Verschieben der Zahldarstellung um so viele Positionen nach rechts bis die erste Binärziffer eine 1 wird. Diese Operation lässt sich wesentlich schneller ausführen als eine Division mit Rest, insbesondere wenn Langzahlarithmetik benötigt wird, vgl. IV.2.

Beispiel: Bei der Eingabe $(a, b) = (4081, 2585)$ berechnet der Algorithmus der Reihe nach die Spalten der folgenden Tabelle

a	4081	2585	187	187	187	33	33	11
b	2585	187	1199	253	33	77	11	11
$|a - b|$	1496	2398	1012	66	154	44	22	
durch 2	748	1199	506	33	77	22	11	
durch 2	374		253		11			
durch 2	187							

also $\mathrm{ggT}(4081, 2585) = 11$. Im Vergleich zum gewöhnlichen euklidischen Algorithmus (I.6 Beispiel 1) brauchen wir nur einen Schritt mehr.

Der binäre Algorithmus ist korrekt, weil die gemeinsamen Teiler von a und b dieselben sind wie die von a und $|b - a|$ oder b und $|b - a|$. Es ist also $\mathrm{ggT}(a, b) = \mathrm{ggT}(a, |b - a|) = \mathrm{ggT}(b, |b - a|) = \mathrm{ggT}(\min(a, b), |b - a|)$. Weil $\min(a, b)$ ungerade ist, kann man außerdem $|b - a|$ so oft wie möglich durch 2 dividieren, ohne den größten gemeinsamen Teiler zu ändern. Aus diesem Grunde ist es korrekt, den größten gemeinsamen Teiler wie im Algorithmus rekursiv zu berechnen. In jedem Stadium des Algorithmus ist $a > 0$ und $b > 0$. Ist $a = b \neq 0$, so ist $\mathrm{ggT}(a, b)$ natürlich a oder b, wie beim Abbruch der Rekursion richtig zugewiesen wird. Zur Aufwandsanalyse betrachten wir jetzt den Fall, dass die Rekursion dreimal hintereinander aufgerufen wird und indizieren die Werte von a und b für die drei Aufrufe der Reihe nach mit a_1, b_1 bis a_3, b_3. Dann gilt $a_2 = \min(a_1, b_1) < \max(a_1, b_1)$, $b_2 \leq \dfrac{|b_1 - a_1|}{2} < \dfrac{\max(a_1, b_1)}{2}$ und $a_3 = \min(a_2, b_2) \leq b_2 < \dfrac{\max(a_1, b_1)}{2}$ und $b_3 \leq \dfrac{|b_2 - a_2|}{2} < \dfrac{\max(a_2, b_2)}{2} \leq \dfrac{\max(a_1, b_1)}{2}$.
Nach jeweils zwei rekursiven Aufrufen hat sich also das Maximum der Eingabewerte mehr als halbiert. Bei Eingabe a, b wird die Rekursion damit spätestens nach $2 \log \max(a, b)$ Aufrufen deshalb beendet, weil beide Eingabewerte gleich sind und den Wert 1 haben. Weil in jedem Schritt $\mathcal{O}(1)$ Operationen auszuführen sind, haben wir eine Laufzeit der Größenordnung $\mathcal{O}(\log \max(a, b))$, genauso wie bei der Standard-Version, Algorithmus 1. In [Knuth 1998] wird eine sehr detaillierte Analyse, auch für die mittlere Komplexität bei angenommener Gleichverteilung der Eingabewerte durchgeführt. Sie untermauert die experimentelle Beobachtung, dass die binäre Variante auf fast allen Rechnern schneller als die Standardversion ist, auch wenn beide Varianten dieselbe, nämlich lineare, Komplexität besitzen.

Das Sieb des Eratosthenes aus I.2 durchläuft alle Zahlen von 2 bis N mehrfach in immer größeren Schritten. Bei jedem Duchlauf werden die Vielfachen einer Primzahl p gestrichen. Jeder Durchlauf hat damit den Aufwand $\mathcal{O}(\frac{N}{p})$; der Gesamtaufwand ist $\sum\limits_{p \leq \sqrt{N}} \mathcal{O}(\frac{N}{p})$. Weil die Reihe $\sum\limits_{p} \frac{1}{p}$ divergiert (vgl. Aufgabe I.32), ist die Größenordnung des Aufwandes also sogar mehr als $\mathcal{O}(N) = \mathcal{O}(e^{\log N})$. Das Sieb des Eratosthenes hat also mindestens exponentielle Komplexität.

IV.2 Langzahl- und Restklassenarithmetik

Zahlentheoretische Algorithmen werden für Anwendungen in der Regel erst dann interessant, wenn man sehr große ganze Zahlen (etwa $> 2^{512} \approx 10^{150}$) verwendet. Dann ist aber schon die Realisierung der arithmetischen Operationen Addition, Subtraktion, Multiplikation und Division mit Rest auf einem Rechner nicht selbstverständlich. Die in einer Programmiersprache darstellbaren ganzen

Zahlen sind auf einen Bereich $n_{min}, \ldots, n_{max}$ beschränkt, weil man zur Darstellung nur einen Speicherbereich fester Größe verwendet. Typisch ist etwa, dass die 2^{32} ganzen Zahlen von $n_{min} = -2^{31}$ bis $n_{max} = +2^{31} - 1$ darstellbar sind. In der Programmiersprache stehen die arithmetischen Operationen dann zunächst nur für diesen Zahlenbereich zur Verfügung mit der zusätzlichen Einschränkung, dass kein Überlauf eintritt, d.h. dass auch das Ergebnis wieder darstellbar ist.

Im Folgenden betrachten wir immer nur natürliche Zahlen; die Übertragung auf negative ganze Zahlen durch Berücksichtigung des Vorzeichens sollte selbstverständlich sein. Natürliche Zahlen $a > n_{max}$ können wir auf dem Rechner darstellen durch ihre Zifferndarstellung zu einer Basis p

$$a = \sum_{i=0}^{k-1} a_i p^i,$$

was wir im Folgenden als *Langzahldarstellung* bezeichnen wollen. Wir verwalten dann die Ziffern a_i in einer geeigneten Datenstruktur, etwa einem Feld, wenn bekannt ist, dass die Anzahl k der Ziffern eine Grenze nicht übersteigt, andernfalls in einer dynamischen linearen Struktur, etwa einer Liste. Entscheidend ist die Wahl der Basis p. Wie wir gleich sehen werden, sollte nämlich die Bedingung $p^2 - 1 \leq n_{max}$ erfüllt sein. Bei $n_{max} = 2^{31} - 1$ bietet sich $p = 2^{15} = 32768$ an, denn Zweierpotenzen für p haben zusätzliche Vorteile: Divsionen und Multiplikationen mit Zweierpotenzen wie sie z.B. im binären euklidischen Algorithmus vorkommen werden so zu einfachen Verschiebeoperationen in der Binärdarstellung. Es ist auch nützlich, sich in den folgenden Ausführungen immer mal wieder $p = 10$ oder $p = 2$ vorzustellen, wo die Langzahldarstellung zur vertrauten Dezimaldarstellung bzw. zur Darstellung im Zweiersystem wird.

Wir beginnen mit der Addition von zwei Langzahlen, die wir eventuell durch Ergänzung von Ziffern 0 auf dieselbe Länge k gebracht haben. Algorithmus 1 formuliert die Addition algorithmisch so, wie man sie in der Grundschule beim „schriftlichen Rechnen" lernt.

Algorithmus 1 (Schulbuch-Algorithmus für Langzahl-Addition):
Signatur: $c = \mathrm{LzAdd}(a, b)$

Eingabe: Ziffern $a_0, \ldots, a_{k-1}$ und $b_0, \ldots, b_{k-1}$ von $a = \sum_{i=0}^{k-1} a_i p^i$, $b = \sum_{i=0}^{k-1} b_i p^i$

Ausgabe: Ziffern $c_0, \ldots, c_k$ der Summe $c = a + b = \sum_{i=0}^{k} c_i p^i$

$\quad u \leftarrow 0$ {Übertrag}
$\quad \textit{für } i = 0, \ldots, k - 1$
$\quad\quad t \leftarrow a_i + b_i + u$
$\quad\quad c_i \leftarrow t \bmod p$
$\quad\quad u \leftarrow t \div p$
$\quad c_k \leftarrow u$ {neue Ziffer, ist 0 oder 1}

Ganz entsprechend funktioniert die Subtraktion $a - b$, für die wir der Einfachheit halber $a \geq b$ voraussetzen.

Algorithmus 2 (Schulbuch-Algorithmus für Langzahl-Subtraktion):
Signatur: $c = \mathrm{LzSub}(a, b)$

Eingabe: Ziffern $a_0, \ldots, a_{k-1}$ und $b_0, \ldots, b_{k-1}$ von $a = \sum\limits_{i=0}^{k-1} a_i p^i, b = \sum\limits_{i=0}^{k-1} b_i p^i$ mit $a \geq b$

Ausgabe: Ziffern $c_0, \ldots, c_{k-1}$ der Differenz $c = a - b = \sum\limits_{i=0}^{k-1} c_i p^i$

$\quad u \leftarrow 0$ $\qquad\qquad\qquad\qquad\qquad$ {Übertrag, ist 0 oder -1}
$\quad$*für* $i = 0, \ldots, k-1$
$\qquad t \leftarrow a_i - b_i + u$
$\qquad c_i \leftarrow t \bmod p$ $\qquad\qquad\qquad\qquad$ {ist $t + p$, falls $t < 0$}
$\qquad u \leftarrow t \div p$ $\qquad$ {u ist -1 falls $t < 0$; der letzte Übertrag u ist 0}

Die Kommentare weisen darauf hin, dass die Division mit Rest bei negativem Dividenden einen negativen Quotienten und einen nichtnegativen Rest ergibt. In beiden Algorithmen tritt kein Überlauf ein falls $p^2 - 1 \leq n_{\max}$. Wir begründen dies für die Addition: Wegen $0 \leq a_i, b_i \leq p - 1$ ist stets $0 \leq a_i + b_i \leq 2p - 2$. Per Induktion über i ergibt sich so simultan $u \in \{0, 1\}$ und $0 \leq t \leq 2p - 1$ für alle Überträge u und alle Zwischenresultate t in der Zählschleife über i. Wegen $p \geq 2$ gilt $2p - 1 \leq p^2 - 1 \leq n_{\max}$. Für die Subtraktion gilt eine analoge Überlegung. Zur Analyse des Aufwands genügt die Beobachtung, dass in beiden Algorithmen neben der Initialisierung von u und eventuell dem Setzen von c_k der ganze Aufwand in der Zählschleife über i aufgebracht wird, wo in jedem Durchlauf eine konstante Zahl von elementaren Schritten durchgeführt wird. Der Aufwand ist also $\mathcal{O}(1) + \mathcal{O}(k) = \mathcal{O}(k)$. Man beachte, dass k zwar zunächst die Anzahl der Stellen bezüglich der Basis p darstellt und deshalb $\log_p a$ entspricht. Damit ist aber die Stellenzahl k nichts anderes als ein anders skaliertes logarithmisches Maß für die Eingabe. Die Langzahl-Addition und -Subtraktion besitzen also lineare Komplexität bezüglich des üblichen logarithmischen Maßes.

Auch die Multiplikation von Langzahlen kann man mit einer „Schulbuchmethode" durchführen, indem man den einen Faktor der Reihe nach mit den Ziffern des anderen multipliziert und diese Zwischenergebnisse um jeweils eine Stelle versetzt aufaddiert. Der folgende Algorithmus 3 realisiert dies; allerdings so, dass jedes Zwischenergebnis sofort auf die Summe der bisherigen Zwischenergebnisse addiert wird und die Ziffern des einen Faktors „von hinten nach vorne" durchlaufen werden. Dies spart Speicher, den man andernfalls für die k Zwischenergebnisse zusätzlich bräuchte. Wir illustrieren das an dem einfachen Beispiel $254 \cdot 233$.

$$
\begin{array}{r|l}
254 \cdot 233 & \\
\hline
932 & = 4 \cdot 233 \\
12582 & = 54 \cdot 233 \\
59182 & = 254 \cdot 233 \\
\end{array}
$$

Algorithmus 3 (Langzahl-Multiplikation, Schulbuch-Algorithmus):

Signatur: $c = \mathrm{LzMult}(a, b)$

Eingabe: Ziffern $a_0, \ldots, a_{\ell-1}$ und $b_0, \ldots, b_{k-1}$ von $a = \sum\limits_{i=0}^{\ell-1} a_i p^i$, $b = \sum\limits_{i=0}^{k-1} b_i p^i$

Ausgabe: Ziffern $c_0, \ldots, c_{k+\ell-1}$ des Produktes $c = ab = \sum\limits_{i=0}^{k+\ell-1} c_i p^i$

> *für* $i = 0, \ldots, \ell - 1$
>> $c_i \leftarrow 0$ {sonst würden gleich nicht initialisierte Werte mit aufsummiert}
>
> *für* $i = 0, \ldots, \ell - 1$ {Multiplikation mit Ziffer a_i;
>> dabei Verschiebung um i Stellen und Summation}
>> $u \leftarrow 0$ {Übertrag}
>> *für* $j = 0, \ldots, k - 1$
>>> $t \leftarrow c_{i+j} + a_i b_j + u$
>>> $c_{i+j} \leftarrow t \bmod p$
>>> $u \leftarrow t \div p$
>>
>> $c_{i+k} \leftarrow u$

Wieder ist Überlauf ausgeschlossen, sobald er für die jeweils berechneten Zwischenwerte t für alle i und j ausgeschlossen ist. Wegen $0 \leq a_i, b_j \leq p - 1$ gilt stets $0 \leq a_i b_i \leq (p-1)^2$. Für jedes i ergibt sich so per Induktion über j simultan $0 \leq u \leq p - 1$, $0 \leq c_{i+j} \leq p - 1$ und $0 \leq t \leq (p-1) + (p-1)^2 + (p-1) = p^2 - 1$ für alle Überträge u und alle Zwischenresultate t in der Zählschleife über j. Weil wir $p^2 - 1 \leq n_{\max}$ voraussetzen, ist damit $t \leq n_{max}$. Für den Aufwand einer „$\ell \times k$-Multiplikation" ergibt sich durch Abzählen der Operationen innerhalb und außerhalb der zum Teil geschachtelten Zählschleifen die Größenordnung $\mathcal{O}(\ell) + \mathcal{O}(k\ell) = \mathcal{O}(k\ell)$.

Für eine $1 \times k$-Multiplikation haben wir also lineare Komplexität $\mathcal{O}(k)$, so wie bei Addition und Multiplikation. Für eine $k \times k$-Multiplikation ist der Aufwand dagegen quadratisch. Wir werden in IV.3 sehen, dass man in diesem Fall mit raffinierteren Algorithmen die Größenordnung für den Aufwand der Langzahl-Multiplikation substanziell verringern kann.

Für die Langzahl-Division mit Rest kann man sich ebenfalls an der „schriftlichen" Vorgehensweise orientieren, die wir mit dem Beispiel

$$
\begin{array}{r|l}
7364 : 128 = & 57 \text{ Rest } 68 \\
\hline
-640 & 640 = 5 \cdot 128 \\
964 & \\
-896 & 896 = 7 \cdot 128 \\
68 & \text{Rest}
\end{array}
$$

nochmals in Erinnerung rufen. Zur Berechnung von $q = a \div b$ und $r = a \bmod b$ mit $k + \ell$-stelligem $a = \sum\limits_{i=0}^{k+\ell-1} a_i p^i$ und k-stelligem $b = \sum\limits_{i=0}^{k-1} b_i p^i$ bestimmt man die Ziffern in $q = \sum\limits_{i=0}^{\ell} q_i p^i$ also in absteigender Reihenfolge wie folgt:

Algorithmus 4 (Schulbuch-Algorithmus für Langzahl-Division):

Signatur: $c = \mathrm{LzDiv}(a, b)$

Eingabe: Ziffern $a_0, \ldots, a_{k+\ell-1}$ und $b_0, \ldots, b_{k-1}$ von $a = \sum\limits_{i=0}^{k+\ell-1} a_i p^i, b = \sum\limits_{i=0}^{k-1} b_i p^i$
mit $b_{k-1} \neq 0$.

Ausgabe: Ziffern $q_0, \ldots, q_\ell$ des Quotienten $q = a \div b$ und Ziffern $r_0, \ldots, r_{k-1}$ des
Restes bei der Division mit Rest $a = qb + r$ ($q_\ell = 0$ ist möglich, dann ist aber
$q_{\ell-1} > 0$).

$\quad$ *für* $i = 0, 1 \ldots, k-1$

$\qquad t_i = a_{\ell+i}$ $\qquad\qquad\qquad$ {$t_i, i = 0, \ldots, k-1$ sind Ziffern einer Langzahl t}

$\quad$ *für* $i = \ell, \ldots, 0$

$\qquad t \leftarrow t \cdot p + a_i$ $\qquad\qquad\qquad\qquad\qquad$ {nächste Ziffer von a „holen"}

$\qquad q_i = t \div b$ $\qquad\qquad\qquad\qquad\qquad$ {wie das geht kommt noch!}

$\qquad t \leftarrow (t - q_i b)$ $\qquad\qquad$ {$1 \times k$-Multiplikation, Langzahl-Subtraktion}

$\quad r \leftarrow t$

Diesmal sind die einzelnen Schritte des Algorithmus weniger detailliert angegeben. Mit t kommt im Algorithmus eine weitere Langzahl vor, die in keiner Phase des Algorithmus mehr als $k+1$ Stellen besitzt. Zu Beginn besitzt t nämlich genau k Stellen. Die Zuweisung $t \leftarrow tp + a_i$ erhöht die Stellenzahl um eins, die Zuweisung $t \leftarrow t - q_i b$ erzeugt eine führende Ziffer 0 und erniedrigt deshalb die Stellenzahl wieder um 1. Die Zuweisung $t \leftarrow tp + a_i$ ist eine einfache Verschiebung der Ziffern um eins nach links. Rechts wird mit a_i aufgefüllt.

Unklar ist vor allem noch, wie die Berechnung von $q_i = t \div b$ vonstatten gehen soll. Ist $p = 2$, also bei Darstellung im Zweiersystem, ist dies einfach: Für $t \geq b$ ist $q_i = 1$, sonst $q_i = 0$. Im Dezimalsystem zeigt unsere Erfahrung beim schriftlichen Rechnen, dass man meist auf Anhieb die richtige Ziffer q_i findet, dass sie aber manchmal auch um eins zu groß oder zu klein ist. In einem Algorithmus brauchen wir eindeutige Anweisungen zur Berechnung von q_i, die auch für große p wie $2^{15} = 32768$ effizient sind. Wir führen jetzt aus, dass man q_i „im Wesentlichen" durch Division der beiden führenden Ziffern von t durch die erste Ziffer von b erhält. Unser Kandidat für die Ziffer q_i ist also

$$\hat{q}_i = \min\left((t_k p + t_{k-1}) \div b_{k-1}, p - 1\right),$$

denn es gilt folgendes Resultat:

Hilfssatz: Es ist $q_i \leq \hat{q}_i$ und, im Fall $b_{k-1} \geq p \div 2$, außerdem $q_i \geq \hat{q}_i - 2$.

Beweis: Im Folgenden wird die für $x, y \in \mathbb{N}$ gültige Abschätzung $\dfrac{x}{y} \geq x \div y \geq \dfrac{x - (y-1)}{y}$ sehr nützlich sein.

Es gilt stets $q_i \leq p - 1$. Im Fall $\hat{q}_i < p - 1$, $\hat{q}_i = (t_k p + t_{k-1}) \div b_{k-1}$ haben wir $\hat{q}_i b_{k-1} \geq (t_k p + t_{k-1} - b_{k-1} + 1)$ und damit

$$
\begin{aligned}
t - \hat{q}_i b \leq t - \hat{q}_i b_{k-1} p^{k-1} &\leq t - (t_k p + t_{k-1} - b_{k-1} + 1) p^{k-1} \\
&= t_{k-2} p^{k-2} + \ldots + t_0 - p^{k-1} + b_{k-1} p^{k-1} \\
&< b_{k-1} p^{k-1}.
\end{aligned}
$$

Also ist $t - \hat{q}_i b < b$ und damit $q_i \leq \hat{q}_i$. Dies beweist die erste Aussage. Angenommen, es ist $\hat{q}_i > q_i + 2$. Dann folgt

$$\hat{q}_i \leq \frac{t_k p + t_{k-1}}{b_{k-1}} = \frac{t_k p^k + t_{k-1} p^{k-1}}{b_{k-1} p^{k-1}} \leq \frac{t}{b_{k-1} p^{k-1}} \leq \frac{t}{b - p^{k-1}},$$

wobei im letzten Bruch der Nenner 0 ausgeschlossen ist, da im Fall $b = p^{k-1}$ sich $\hat{q}_i = q_i = t_{k-1}$ ergeben würde. Mit $q_i > (t/b) - 1$ folgt daraus

$$2 < \hat{q}_i - q_i < \frac{t}{b - p^{k-1}} - \frac{t}{b} + 1 = \frac{t}{b}\left(\frac{p^{k-1}}{b - p^{k-1}}\right) + 1,$$

also

$$\frac{t}{b} > 2\left(\frac{b - p^{k-1}}{p^{k-1}}\right) \geq 2(b_{k-1} - 1).$$

Hiermit erhalten wir schließlich

$$p - 4 \geq \hat{q}_i - 3 \geq q_i = t \div b \geq 2(b_{k-1} - 1),$$

also $b_{k-1} \leq p/2 - 1$ und damit sogar $b_{k-1} < p \div 2$. Ist also $b_{k-1} \geq p \div 2$, so gilt $\hat{q}_i \leq q_i + 2$. $\square$

Die Bedingung $b_{k-1} \geq p \div 2$ kann durch einfache Skalierung von a und b erfüllt werden. Ist nämlich $d = p \div (b_{k-1}+1)$, so besitzt das Produkt $z = d \cdot b$ ebensoviele Stellen wie b, denn aus $p^{k-1} \leq b < (b_{k-1}+1)p^{k-1}$ folgt $p^{k-1} \leq d \cdot b \leq \frac{p}{b_{k-1}+1} \cdot d < p^k$. Und die vorderste Ziffer z_{k-1} von z erfüllt

$$z_{k-1} \geq b_{k-1} d \geq b_{k-1} \cdot \left(\frac{p - b_{k-1}}{b_{k-1}+1}\right) = \frac{p}{2} + \frac{(b_{k-1} - 1)(p - 2b_{k-1}) - 2b_{k-1}}{2(b_{k-1}+1)}.$$

Im Fall $b_{k-1} < p \div 2$ erhalten wir daraus weiter

$$z_{k-1} > \frac{p}{2} - \frac{2b_{k-1}}{2(b_{k-1}+1)} > \frac{p}{2} - \frac{1}{2} = \frac{p-1}{2}$$

und damit $z_{k-1} \geq p \div 2$.

Die Details für die Durchführung von $q_i \leftarrow t \div b$ im Fall $b_{k-1} \geq p \div 2$ lauten also:

$$
\begin{aligned}
&x \leftarrow t_k p + t_{k-1} && \{t \text{ hat die Ziffern } t_0, \ldots, t_k\} \\
&q_i \leftarrow \min(\; x \div b_{k-1}\;,\; p - 1\;) && \{q_i = \hat{q}_i \text{ aus Hilfssatz}\} \\
&solange\; t - q_i \cdot b \geq b && \{\text{das passiert höchstens zwei Mal}\} \\
&\quad q_i \leftarrow q_i - 1 &&
\end{aligned}
$$

Hierin tritt kein Überlauf auf, wenn $p^2 - 1 \leq n_{\max}$, denn dann ist auch $x \leq n_{\max}$. Im Fall $b_{k-1} < p \div 2$ berechnet man in einem Vorbereitungsschritt zu Algorithmus 4 $d = p \div (b_{k-1} + 1)$ und skaliert $a \leftarrow a \cdot d$, $b \leftarrow b \cdot d$. In einem

Nachbereitungsschritt muss man dann noch $r \leftarrow r \div d$ korrigieren. Eine solche $k \times 1$-Division ist mit Aufwand $\mathcal{O}(k)$ möglich, vgl. Aufgabe 4.

Der Aufwand für die Schulbuch-Division wird durch die Zählschleife über i dominiert, in welcher neben elementaren Divisionen, Additionen und Subtraktionen maximal je drei $1 \times k$-Langzahl-Multiplikationen und -Subtraktionen vorkommen. Zusammen mit den eventuell notwendigen Vor- und Nachbereitungen hat der Aufwand also die Größenordnung $\mathcal{O}(k) + \ell \cdot \mathcal{O}(k) = \mathcal{O}((\ell+1)k)$. Sie ist damit vergleichbar mit der $\ell \times k$-Langzahl-Multiplikation, aber die Laufzeiten werden in der Regel für die Division um einen spürbaren, von k und ℓ unabhängigen Faktor größer sein.

Die meisten Algorithmen der Zahlentheorie arbeiten mit Restklassen mit sehr großen Moduln n. Um eine Arithmetik für Restklassen zu realisieren, wählt man sich eine eindeutige Darstellung durch die Auswahl eines geeigneten Vertreters. Wir nehmen für $[a]$ als eindeutigen Vertreter die Zahl a mit $0 \leq a \leq n-1$. Die Vertreter a implementiert man als Langzahlen, so dass die bisher beschriebene Langzahlarithmetik angewendet werden kann. Zusätzlich brauchen wir jetzt noch die *Reduktionsoperation*, die dem Ergebnis einer Langzahloperation wieder den eindeutigen Vertreter zwischen 0 und $n-1$ zuordnet. Für die Addition ist das sehr einfach. Man testet, ob das Ergebnis größer als $n-1$ geworden ist. In diesem Fall subtrahiert man n. Bei der Subtraktion muss man entsprechend n addieren, wenn das Ergebnis negativ geworden war. Das Ergebnis einer Multiplikation wird per Division mit Rest durch p auf eben diesen Rest reduziert. Dies ist in der Regel eine aufwendige $2k \times k$-Division, wenn k die Ziffernanzahl von n bezeichnet. Man kann sie aber durch eine geeignete Multiplikation ersetzen. Dies ist deswegen von Vorteil, weil es für die Multiplikation schnellere Algorithmen gibt, vgl. IV.3. Sei $n = \sum_{i=1}^{k-1} n_i p^i < p^k$ mit $n_{k-1} > 0$. Dann berechnet man einmal mit dem Schulbuch-Algorithmus den ganzzahligen Quotienten $q = p^{2k+1} \div n$. Es ist $q \leq p^{k+2}$. Ist nun b ein per Langzahl-Multiplikation erhaltenes Zwischenresultat, so ist $b < p^{2k}$ und es gilt, wie wir gleich nachweisen werden,

$$b \div n = (bq) \div p^{2k+1}.$$

Die zweite Division ist aber trivial, denn man muss dafür einfach nur die hinteren $2k+1$ Ziffern von aq streichen. Die angegebene Beziehung ist richtig, weil wir aus

$$b \cdot \frac{p^{2k+1} - n + 1}{n} \leq b \cdot q \leq b \cdot \frac{p^{2k+1}}{n}$$

die Ungleichungen

$$\frac{b}{n} \geq \frac{bq}{p^{2k+1}} \quad \text{und} \quad \frac{b}{n} \leq \frac{bq}{p^{2k+1} - n + 1} = \frac{bq}{p^{2k+1}} + \frac{bq}{p^{3k+2}} \cdot \frac{n-1}{p^k - \frac{n-1}{p^{k+1}}}$$

erhalten. Im letzten Term ist aber $\dfrac{bq}{p^{3k+2}} < 1$ und $\dfrac{n-1}{p^k - \frac{n-1}{p^{k+1}}} < \dfrac{n-1}{p^k - 1} \leq 1.$

Weil man q nur einmal berechnen muss, kann man so alle Reduktionen von $2k$-stelligen Zwischenergebnissen modulo n durch eine $(2k+1) \times 2k$-Multiplikation und anschließendem Streichen von Ziffern ersetzen. Wenn man so schneller ist als $2k \times k$-Division, ist dieses Verfahren besser. Mit den schnellen Multiplikationen aus IV.3 wird dies für größere n stets der Fall sein.

Als letzte elementare Operation in der Restklassenarithmetik fehlt jetzt noch die Berechnung der Inversen, d.h. die Lösung der Kongruenz $a \cdot x \equiv 1 \bmod n$ bei gegebenem a mit $\mathrm{ggT}(a,n) = 1$, vgl. I.6. Wir werden hierfür auch $x = a^{-1} \bmod n$ notieren, wobei die üblichen Rechenregeln für ganze Potenzen gelten, vgl. Aufgabe 11. Zur Bestimmung von $a^{-1} \bmod n$ ergänzen wir den euklidischen Algorithmus zur Berechnung von $\mathrm{ggT}(a,b)$ so, dass er die Vielfachensummendarstellung $\mathrm{ggT}(a,b) = u \cdot a + v \cdot b$ mit liefert. Mit $b = n$ ist dann $a^{-1} \bmod n = u$. Zur Beschreibung dieser Erweiterung beziehen wir uns auf Algorithmus 1 und „merken" uns zur Vereinfachung die Eingabegrößen a und b als A und B. Zu jedem Zeitpunkt im euklidischen Algorithmus gibt es nun für die Variablen a und b Darstellungen der Gestalt $a = u_a \cdot A + v_a \cdot B$, $b = u_b \cdot A + v_b \cdot B$ mit ganzzahligen Koeffizienten u_a, v_a, u_b, v_b. Diese Darstellung existiert nämlich zu Beginn mit $u_a = 1$, $v_a = 0$, $u_b = 0$, $v_b = 1$. Für das berechnete $r = b - qa$ ergibt sich die Darstellung $r = (u_b - qu_a) \cdot A + (v_b - qv_a) \cdot B$, so dass wir die Koeffizienten während der Schleifendurchläufe einfach aufdatieren können.

Algorithmus 5 (erweiterter euklidischer Algorithmus):
Signatur: $(g, u, v) = \mathrm{ErwEuklid}(a, b)$
Eingabe: $a, b \in \mathbb{Z}$, $b \neq 0$
Ausgabe: $g = \mathrm{ggT}(a,b)$, der größte gemeinsame Teiler von a und b, sowie ganze
    Zahlen u, v mit $g = u \cdot a + v \cdot b$.
  $u_a = 1$, $v_a = 0$, $u_b = 0$, $v_b = 1$
  solange $a \neq 0$
    $b = qa + r$ {Division mit Rest}
    $u_r \leftarrow u_b - qu_a$, $v_r \leftarrow v_b - qv_a$
    $b \leftarrow a$, $a \leftarrow r$
    $u_b \leftarrow u_a$, $v_b \leftarrow v_a$, $u_a \leftarrow u_r$, $v_a \leftarrow v_r$
  $g \leftarrow b$, $u \leftarrow u_b$, $v \leftarrow v_b$

Pro Lauf durch die Solange-Schleife haben wir eine Langzahl-Division und zwei Langzahl-Multiplikationen. Wir müssen im Falle von Langzahlen unsere Aufwandsanalyse aus IV.1 für den euklidischen Algorithmus verfeinern: Ist $k = \log(\max(a,b))$ das logarithmische Maß, so brauchen wir $\mathcal{O}(k)$ Läufe durch die Solange-Schleife, wovon jeder bei Verwendung der Schulbuch-Algorithmen wegen der Multiplikationen und Divisionen den Aufwand $\mathcal{O}(k^2)$ besitzt. Also ist die Größenordnung des Gesamtaufwandes $\mathcal{O}(k^3)$. Hierbei haben wir vorausgesetzt, dass die Koeffizienten $u_a, v_a, \ldots$ alle die Größenordnung $\mathcal{O}(k)$ besitzen, was in Aufgabe 7 nachgewiesen wird. Der binäre euklidische Algorithmus (IV.1 Algorithmus 3) wird in Langzahlarithmetik jetzt wesentlich günstiger: Ist p eine Potenz von 2, so ist eine Division durch die maximal vorkommende Zweierpotenz

„nur" eine Verschiebung der Bits durch die ganze Langzahldarstellung, also vom Aufwand $\mathcal{O}(k)$. Ansonsten kommen nur Additionen, Subtraktionen, Vergleiche und Betragsbildungen vor, was alles jeweils einen Aufwand von höchtens $\mathcal{O}(k)$ bedeutet. In IV.1 hatten wir bereits gezeigt, dass auch beim binären euklidischen Algorithmus die Zahl der Schleifendurchläufe $\mathcal{O}(k)$ ist. Damit ergibt sich die Komplexität $\mathcal{O}(k^2)$. Die binäre Variante reduziert die Komplexität also von kubisch auf quadratisch. Wie man auch im binären euklidischen Algorithmus die Vielfachensummendarstellung bestimmen kann, klärt Aufgabe 10.

Bei Algorithmen mit Restklassenarithmetik werden wir als Einheit für den Aufwand die „Multiplikation in R_n" verwenden. Addition und Subtraktion in R_n besitzen einen geringeren Aufwand als die Multiplikation, und in der Regel kommen in unseren Algorithmen nie mehr als konstant viele andere Operationen auf eine Restklassenmultiplikation. Je nach Realisierung hat die Multiplikation in R_n kubische, quadratische oder noch geringere Komplexität, vgl. IV.3.

Am Ende von III.9 haben wir den Rabin-Test beschrieben, mit dem geprüft wird, ob eine Zahl n (mit hoher Wahrscheinlichkeit) eine Primzahl ist. Dazu wurde $n - 1 = 2^t u$, u ungerade faktorisiert. Nennen wir eine Zahl a mit $2 \leq a \leq n - 1$ einen *Zeugen* gegen die Primalität von a, falls $a^u \not\equiv 1 \bmod n$ oder $a^{2^s u} \not\equiv -1 \bmod p$ für ein s mit $1 \leq s \leq t$, so beruht der Test darauf, für k verschiedene Zahlen a nachzuweisen, dass sie *keine* Zeugen gegen die Primalität von a sind. Wir formulieren den Rabin-Test als Algorithmus.

Algorithmus 6 (Rabin-Test):

Signatur: Mitteilung = RabinTest(n, k)
Eingabe: Natürliche Zahlen $n \geq 2$ und k.
Ausgabe: Mitteilung „Zeuge gefunden", wenn n mit Sicherheit nicht prim ist;
    Mitteilung „Zahl wahrscheinlich prim", wenn n mit der Wahrscheinlichkeit
    $1 - (\frac{1}{4})^k$ prim ist.

bestimme $p - 1 = 2^t u$, u ungerade	{wiederholte Division durch 2}
wähle k verschiedene Zahlen a_i	{Kandidaten für Zeugen}
$i \leftarrow 1$	
solange kein Zeuge gefunden und $i \leq k$	{$a_1, \ldots a_{i-1}$ sind keine Zeugen}
$\quad b \leftarrow a_i^u \bmod n$	
$\quad$ *falls* $b \neq 1$ *dann*	{sonst ist a_i Zeuge}
$\qquad s \leftarrow 0$	
$\qquad$ *wiederhole*	
$\qquad\quad s \leftarrow s + 1$, $b \leftarrow b^2 \bmod n$	{$b = a^{2^s u} \bmod n$}
$\qquad$ *bis* $b \equiv -1 \bmod n$ oder $s = t$	
$\qquad$ *falls* $b \not\equiv -1$ *dann*	{a_i ist Zeuge}
$\qquad\quad$ melde „Zeuge gefunden"	
$\quad i \leftarrow i + 1$	{nächster Kandidat}
falls kein Zeuge gefunden *dann*	
$\quad$ melde „Zahl wahrscheinlich prim"	

In IV.5 werden wir zeigen, dass die Berechnung von $a_i^u \bmod n$ mit $\mathcal{O}(\log u)$ Multiplikationen in R_n möglich ist. Der größte Aufwand entsteht, wenn der Test erfolgreich ist. In der Solange-Schleife, die dann k-mal durchlaufen wird, ist je eine Potenz $a_i^u \bmod n$ zu berechnen, in der darunter geschachtelten Wiederhole-Schleife, die t-mal durchlaufen wird, je eine Multiplikation in R_n. Dabei ist $\log n = \log u + t$. Als Gesamtaufwand ergibt sich deshalb $\mathcal{O}(k \log u + kt) = \mathcal{O}(k \log n)$ Multiplikationen in R_n.

Für viele kryptographische Anwendungen muss man Primzahlen einer vorgegebenen Größe erzeugen, z.B. mit vorgegebener Stellenzahl im Dualsystem. Der folgende, in der Praxis verwendete Algorithmus schafft dies mit hoher Wahrscheinlichkeit. Er ist unser erstes Beispiel für einen *probabilistischen* Algorithmus, also einer, in welchem zufällig auszuwählende Parameter vorkommen.

Algorithmus 7 (Erzeugung einer Primzahl mit n Binärstellen):
Signatur: $p = \text{Primzahl}(n, k)$
Eingabe: natürliche Zahl n, „Sicherheitsmodul" $k \in \mathbb{N}$
Ausgabe: Natürliche Zahl p mit $2^n \leq p < 2^{n+1}$, die mit Wahrscheinlichkeit $1 - (\frac{1}{4})^k$ eine Primzahl ist
$p_n = 1, p_0 = 1$ {erste, letzte Binärziffer einer ungeraden Zahl im Intervall}
wiederhole
    für $i = 1 : n - 1$ {die anderen Binärziffern würfeln}
        wähle p_i zufällig als 0 oder 1
    $p \leftarrow \sum_{i=0}^{n} p_i 2^i$ {Kandidat p erzeugt}
    Mitteilung $\leftarrow$ RabinTest(p, k)
bis Mitteilung = „Zahl wahrscheinlich prim"

Eine Laufzeitanalyse für diesen Algorithmus ist wegen der stochastischen Komponente komplizierter. Wir gehen davon aus, dass die Entscheidungen für 0 oder 1 jeweils gleich wahrscheinlich und voneinander unabhängig sind. Dann sind die erzeugten Pimzahlkandidaten des Algorithmus ungerade Zahlen, die gleichverteilt im Intervall $[2^n, 2^{n+1} - 1]$ sind. Wir nehmen an, dass die Zahlen, für die der Rabin-Test erfolgreich ist, genau die Primzahlen sind, was bei genügend großem k in sehr guter Näherung erfüllt ist. Die Wahrscheinlichkeit für einen „Treffer" ist dann $w = \dfrac{\pi(2^{n+1} - 1) - \pi(2^n - 1)}{2^{n-1}}$. Die Wahrscheinlichkeit dafür, dass der Algorithmus auch nach der ℓ-ten Wiederholung immer noch erfolglos ist, ist $(1 - w)^\ell$. Um konkrete Zahlen zu bekommen, verwenden wir die Vorhersage des Primzahlsatzes (vgl. VII) $\pi(x) \approx \dfrac{x}{\ln x}$ mit dem Logarithmus $\ln x$ zur Basis e. Weil es uns nur darum geht, ein Gespür für Größenordnungen zu bekommen, werten wir der Einfachheit halber für $x = 2^n$ und $x = 2^{n+1}$ aus und es ergibt sich $w \approx \log e \cdot \left(\dfrac{2^{n+1}}{n+1} - \dfrac{2^n}{n} \right) / 2^{n-1} = \log e \cdot \dfrac{2(n-1)}{n(n+1)} \approx \dfrac{2 \log e}{n} \geq \dfrac{2}{n}$. Bei dem für kryptographische Anwendungen typischen Wert $n = 512$ haben wir so $w \approx \dfrac{2}{512}$. Auflösen von $(1 - w)^k = 10^{-6}$ nach k ergibt die Erwartung, dass die Wahrscheinlichkeit für einen Misserfolg weniger als 1 zu 1 Million ist, wenn wir

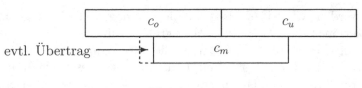

Fig. 1

bis zu 3530 Wiederholungen zulassen.

Es gibt viele über das Internet frei verfügbare Programm-Bibliotheken, die Langzahlarithmetiken implementieren. Wir verweisen exemplarisch auf die C-Bibliothek GMP („GNU Multiprecision Package"), deren Dokumentation auch viele Referenzen zum derzeitigen Stand der Entwicklung enthält.

IV.3 Schnelle Multiplikation

Der Schulbuch-Algorithmus für die Multiplikation von Langzahlen hat quadratische Komplexität, im Gegensatz zur linearen Komplexität von Addition und Subtraktion. Tatsächlich kann man die Multiplikation dadurch schneller machen, dass man systematisch Multiplikationen zugunsten von Additionen einspart.

Wir beschreiben zunächst eine Methode, die den Aufwand von $\mathcal{O}(n^2)$ auf $\mathcal{O}(n^{\log 3})$ reduziert. Seien dazu a und b in der p-adischen Darstellung k-stellig mit $k = 2\ell$ und

$$a = a_u + p^\ell a_o, \ b = b_u + p^\ell b_o$$

mit der „unteren" Hälfte $a_u = \sum_{i=0}^{\ell-1} a_i p^i$ und der „oberen" $a_o = \sum_{i=0}^{\ell-1} a_{\ell+i} p^i$, analog für b. Das Produkt $c = ab$ besitzt die Darstellung

$$c = c_o p^{2\ell} + c_m p^\ell + c_u \text{ mit } c_o = a_o b_o, \ c_m = (a_o b_u + a_u b_o), \ c_u = a_u b_u.$$

Nach [Karatsuba, Ofman 1963] kann man hierin c_m geschickter als

$$c_m = a_o b_o - (a_o - a_u)(b_o - b_u) + a_u b_u$$

berechnen, so dass statt vier nur noch drei Produkte mit ℓ-stelligen Zahlen vorkommen. Man beachte, dass wegen $-p^\ell < a_o - a_u, \ b_o - b_u < p^\ell$ alle drei Produkte $a_o b_o$, $(a_o - a_u)(b_o - b_u)$ und $a_u b_u$ nur ℓ-stellige Faktoren besitzen. Damit besitzen c_o und c_u höchstens $k = 2\ell$ Stellen und c_m wegen eines möglichen Übertrags höchstens $k + 1$. Die Ziffern von c erhält man wie bei der Schulbuch-Addition, wobei man die Summanden c_m und c_u um ℓ bzw. 2ℓ Stellen gegen c_o versetzt, vgl. Fig. 1.

Beispiel: $p = 10$, $a = 2413$, $b = 6734$. Es ergibt sich das Schema

$$
\begin{array}{rcrcr}
c_o = a_o b_o & = & 24 \cdot 67 & = & 1608 \\
c_u = a_u b_u & = & 13 \cdot 34 & = & 442 \\
-(a_o - a_u)(b_o - b_u) & = & -11 \cdot 33 & = & -363 \\
\hline
c_m & & & = & 1687
\end{array}
\qquad
\begin{array}{rr}
c_o : & 1608 \\
c_m : & 1687 \\
c_u : & 442 \\
\hline
a \cdot b = & 16249142
\end{array}
$$

Berechnet man die Produkte wiederum rekursiv auf dieselbe Art, ergibt sich der Algorithmus von Karatsuba. Die Eingaben a und b sollten dabei eine Zweierpotenz von Ziffern haben, was man durch Auffüllen mit zusätzlichen Nullen stets erreichen kann. Bei der Berechnung von $(a_o - a_u)(b_o - b_u)$ fangen wir das Vorzeichen ab, damit die Eingaben stets nichtnegative Zahlen bleiben.

Algorithmus 1 (Karatsuba-Multiplikation):
Signatur: $c = \mathrm{KaraMult}(a, b)$
Eingabe: Ziffern $a_0, \ldots, a_{k-1}$ und $b_0, \ldots, b_{k-1}$ mit $k = 2^m$ von $a = \sum\limits_{i=0}^{k-1} a_i p^i$,
$b = \sum\limits_{i=0}^{k-1} b_i p^i$
Ausgabe: Ziffern $c_0, \ldots, c_{2k-1}$ des Produktes $c = ab$

> *falls $k = 1$ dann* {Ende der Rekursion}
> > $c = ab$ {gewöhnliche Multiplikation}
>
> *sonst* {Rekursion}
> > $c_o = \mathrm{KaraMult}(a_o, b_o)$
> > $\hat{c} = \mathrm{KaraMult}(|a_o - a_u|, |b_o - b_u|)$
> > $v \leftarrow$ Vorzeichen von $(a_o - a_u)(b_o - b_u)$
> > $c_u = \mathrm{KaraMult}(a_u, b_u)$
> > bestimme die Ziffern von $c = c_o p^k + (c_o + c_u - v\hat{c})p^{k/2} + c_u$
> > > {Schulbuch-Addition mit versetzten Ziffern}

Die Zahl c hat $2k$ Stellen. Der Aufwand für die Schulbuch-Addition in der letzten Zeile ist deshalb $\mathcal{O}(k)$, ebenso wie der für die Berechnung der Differenzen $|a_o - a_u|$ und $|b_o - b_u|$ und von $c_m = c_o + c_u - v\hat{c}$. Die Rekursionen des Algorithmus ergeben so die Rekursion $T(k) \leq 3T\left(\frac{k}{2}\right) + c \cdot k$ für den Aufwand $T(k)$. Durch sukzessives Einsetzen erhält man hieraus

$$
T(k) \leq 3 \cdot \left(3T\left(\frac{k}{4}\right) + c \cdot \frac{k}{2}\right) + c \cdot k \leq \ldots \leq 3^{\log k} T(1) + ck \cdot \sum_{i=0}^{\log k - 1} \left(\frac{3}{2}\right)^i,
$$

also

$$
T(k) \leq 3^{\log k} T(1) + ck \frac{\left(\frac{3}{2}\right)^{\log k} - 1}{\frac{3}{2} - 1} \leq 3^{\log k}\left(T(1) + 2c\frac{k}{2^{\log k}}\right) = 3^{\log k}\left(T(1) + 2c\right).
$$

Wir haben gezeigt:

Satz 1: Die Karatsuba-Multiplikation besitzt den Aufwand $\mathcal{O}(k^{\log 3})$ (mit $\log 3 = 1{,}5849\ldots$).

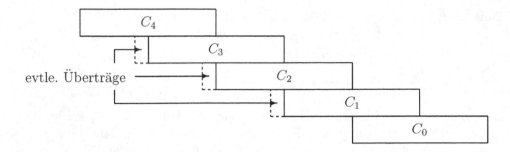

Fig. 2

Während sich bei der Schulbuch-Multiplikation der Aufwand bei Verdoppelung von k um den Faktor 4 erhöht, vergrößert er sich beim Karatsuba-Algorithmus nur noch um den Faktor 3. Dieser Gewinn macht sich schon bei relativ kurzen Langzahlen auch in praktischen Implementierungen bemerkbar.

Die Idee des Karatsuba-Algorithmus kann man verallgemeinern, indem man eine Aufteilung in $r \geq 2$ (Karatsuba: $r = 2$) Teile vornimmt. Es sei also $k = rm$ und

$$a = \sum_{i=0}^{r-1} A_i b^i \text{ mit } b = p^m, \ A_i = \sum_{j=0}^{m-1} a_{im+j} p^j, i = 0, \dots, r,$$

und entsprechend für b. Wir bilden daraus die Polynome

$$q_a(x) = \sum_{i=0}^{r-1} A_i x^i, \ q_b(x) = \sum_{i=0}^{r-1} B_i x^i.$$

Dann ist $a = q_a(p^m)$, $b = q_b(p^m)$ und $c = ab = q_c(p^m)$ mit $q_c(x) = q_a(x) \cdot q_b(x)$, eine Polynom vom Grad $\leq 2r - 2$, $q_c(x) = \sum\limits_{i=0}^{2r-2} C_i x^i$. Grundsätzlich sind die Koeffizienten C_i durch

$$C_i = \sum_{\ell+j=i} A_\ell B_j \tag{1}$$

gegeben. Die größte Zahl von Summanden, nämlich r Stück ergibt sich hier für $i = r - 1$ und $i = r$. Deshalb gibt es maximal Überträge auf $s = \lceil \log_p(r(p - 1)) \rceil$ weitere Stellen, wobei $\lceil \ \rceil$ die Rundung zur nächst größeren ganzen Zahl bedeutet. Die C_i besitzen also höchstens $2m + s$ Stellen. Die Ziffern von $c = ab$ ergeben sich aus den C_i wieder durch eine Schulbuch-Addition mit entsprechend versetzten Operanden. Dies ist in Fig. 2 für den Fall $r = 3$ dargestellt.

Die auf Toom und Cook (vgl. [Knuth 1998]) zurückgehende Idee ist nun, die C_i nicht nach (1) zu berechnen, sondern q_c an $2r - 1$ paarweise verschiedenen Punkten x_j als $q_a(x_j) \cdot q_b(x_j)$ auszuwerten, und aus dieser Information die Koeffizienten C_i zu bestimmen. Diese ergeben sich also als Lösung des linearen Gleichungssystems

$$C_0 + C_1 x_0 + \dots C_{2r-2} x_0^{2r-2} = q_a(x_0) \cdot q_b(x_0),$$

$$C_0 + C_1 x_1 + \ldots C_{2r-2} x_1^{2r-2} = q_a(x_1) \cdot q_b(x_1),$$
$$\ldots$$
$$C_0 + C_1 x_{2r-2} + \ldots C_{2r-2} x_{2r-2}^{2r-2} = q_a(x_{2r-2}) \cdot q_b(x_{2r-2}),$$

wobei man die Punkte x_j so wählt, dass die Lösung möglichst einfach so zu bestimmen ist, dass keine Zwischenresultate mit gebrochenen Zahlen auftreten. Insbesondere ist auch $x_j = \infty$ zugelassen in dem Sinne, dass dann die Gleichung für die Höchstkoeffizienten resultiert, $C_{2r-2} = A_{r-1} B_{r-1}$.

Beispiel 1: a) $r = 2$ und $x_0 = 0, x_1 = -1, x_2 = \infty$. Man erhält die Gleichungen $C_0 = A_0 B_0, C_0 - C_1 + C_2 = (A_0 - A_1)(B_0 - B_1), C_2 = A_1 B_1$, was bis auf die Bezeichnungen genau dem Karatsuba-Ansatz entspricht.

b) $r = 3$ und $x_0 = 0, x_1 = \frac{1}{2}, x_2 = 1, x_3 = 2, x_4 = \infty$. Es ergibt sich das lineare Gleichungssystem (die zweite Zeile haben wir mit 16 multipliziert)

$$\underbrace{\begin{pmatrix} 1 & 0 & 0 & 0 & 0 \\ 16 & 8 & 4 & 2 & 1 \\ 1 & 1 & 1 & 1 & 1 \\ 1 & 2 & 4 & 8 & 16 \\ 0 & 0 & 0 & 0 & 1 \end{pmatrix}}_{=: M} \begin{pmatrix} C_0 \\ C_1 \\ C_2 \\ C_3 \\ C_4 \end{pmatrix} = \underbrace{\begin{pmatrix} A_0 B_0 \\ (4A_0 + 2A_1 + A_2)(4B_0 + 2B_1 + B_2) \\ (A_0 + A_1 + A_2)(B_0 + B_1 + B_2) \\ (A_0 + 2A_1 + 4A_2)(B_0 + 2B_1 + 4B_2) \\ A_2 B_2 \end{pmatrix}}_{:= Z}.$$

Unter Verwendung der Inversen von M erhält man

$$\begin{pmatrix} C_0 \\ C_1 \\ C_2 \\ C_3 \\ C_4 \end{pmatrix} = \frac{1}{6} \cdot \underbrace{\begin{pmatrix} 6 & 0 & 0 & 0 & 0 \\ -21 & 2 & -12 & 1 & -6 \\ 21 & -3 & 30 & -3 & 21 \\ -6 & 1 & -12 & 2 & -21 \\ 0 & 0 & 0 & 0 & 6 \end{pmatrix}}_{= M^{-1}} \cdot Z.$$

Auch wenn in b) der Faktor $\frac{1}{6}$ auftritt, sind alle Koeffizienten C_i natürlich ganzzahlig. Die Komponenten der rechten Seite sind Langzahlen der Größenordnung $\mathcal{O}(k)$. Bei der Berechnung der C_i sind eine von k unabhängige Zahl von Additionen solcher Langzahlen, Multiplikationen mit darstellbaren Zahlen (≤ 48) und Divisionen durch 6 durchzuführen. Der Gesamtaufwand hierfür ist $\mathcal{O}(k)$, da er für jede einzelne Operation von dieser Größenordnung ist. Bestimmt man die 5 Produkte, die in der rechten Seite auftreten, rekursiv wieder mit demselben Ansatz, so ergibt sich für den Aufwand die Beziehung $T(k) \leq 5T\left(\frac{k}{3}\right) + c \cdot k$, aus der man dann ähnlich wie bei der Analyse des Karatsuba-Algorithmus $T(k) = \mathcal{O}(k^{\log_3 5})$ herleitet. Es ist $\log_3 5 = 1,4649\ldots < \log_2 3 = 1,5849\ldots$. Wir erhalten also eine Verbesserung gegenüber dem Karatsuba-Verfahren. Allgemein erhält man für beliebiges $r \geq 2$ einen Aufwand der Größenordnung $\mathcal{O}(n^{\log_r(2r-1)})$ worin der Exponent für $r \to \infty$ gegen 1 geht. Allerdings wird dieser Aufwand um den Preis eines immer größeren zu lösenden linearen Gleichungssystems mit typischerweise immer größeren ganzzahligen Koeffizienten erkauft, was sich in einer großen Konstanten c in den Aufwandsrekursionen $T(k) \leq (2r - 1)T(\frac{k}{r}) + c \cdot k$ niederschlägt. In der Praxis werden Verfahren mit $r > 3$ deshalb selten verwendet.

Schönhage und Strassen haben in [Schönhage, Strassen 1971] einen auf der diskreten schnellen Fouriertransformation basierenden anderen Ansatz vorgestllt, bei welchem sich der Aufwand für die Multiplikation sogar auf $\mathcal{O}(k(\log k)(\log \log k))$ verringert, das ist weniger als jede Potenz $\mathcal{O}(k^\alpha)$ mit $\alpha > 1$. Bisher ist keine Methode mit einer geringeren Komplexität gefunden worden. Die GMP-Bibliothek verwendet zur Langzahl-Multiplikation je nach der Länge der Faktoren zuerst die Schulbuch-Multiplikation, dann den Karatsuba-Algorithmus, dann den Algorithmus von Toom-Cook mit den Parametern aus Beispiel 1 b) und und schließlich, für riesige Zahlen, das Verfahren von Schönhage-Strassen.

IV.4 Kommunikation, Kodierung, Kryptographie

Dieser Abschnitt dient vor allem der Präzisierung der Begriffe aus der Überschrift. Außerdem geben wir erste einfache Beispiele für den Einsatz von Methoden der Zahlentheorie an.

Kommunikation ist der Austausch von Nachrichten zwischen einem Sender und einem Empfänger. Sie wird realisiert unter Benutzung eines Übertragungskanals, über den die Nachricht in kodierter Form vom Sender zum Empfänger transportiert wird. Ein klassischer Briefwechsel ist beispielsweise eine Kommunikation, bei der die Nachricht in der Form von Schrift kodiert ist; den Übertragungskanal stellt die Post mit ihrer Logistik. Im Allgemeinen sind Sender und Empfänger nicht notwendig Personen, sie können etwa auch Institutionen oder Geräte sein. Im Zeitalter des Internets hat die elektronische Kommunikation herausragende Bedeutung gewonnen. Sender und Empfänger sind in der Regel Rechner, Nachrichten werden digital kodiert, und die Übertragungskanäle sind elektrische oder optische Leitungen oder auch Funkverbindungen.

Als *Kodierung* bezeichnet man die Darstellung von Nachrichten in einem standardisierten Format. Nur wenn Sender und Empfänger sich auf eine gemeinsame Kodierung geeinigt haben, ist gewährleistet, dass der Empfänger der Nachricht diese auch so versteht wie sie vom Sender gemeint ist. Üblich ist es, eine Nachricht als eine endliche Folge von Zeichen aus einer vorgegebenem Menge, dem Alphabet, zu kodieren. Der gesamte Text dieses Buches ist eine Nachricht der Autoren an die Leser, die auf diese Weise kodiert ist. Das verwendete Alphabet

xy	x0	x1	x2	x3	x4	x5	x6	x7	x8	x9	xA	xB	xC	xD	xE	xF
0y	NUL	SOH	STX	ETX	EOT	ENQ	ACK	BEL	BS	HT	LF	VT	FF	CR	SO	SI
1y	DLE	DC1	DC2	DC3	DC4	NAK	SYN	ETB	CAN	EM	SUB	ESC	FS	GS	RS	US
2y	SP	!	"	#	$	%	&	'	(	)	*	+	,	-	.	/
3y	0	1	2	3	4	5	6	7	8	9	:	;	<	=	>	?
4y	@	A	B	C	D	E	F	G	H	I	J	K	L	M	N	O
5y	P	Q	R	S	T	U	V	W	X	Y	Z	[	\	]	^	_
6y	`	a	b	c	d	e	f	g	h	i	j	k	l	m	n	o
7y	p	q	r	s	t	u	v	w	x	y	z	{	|	}	~	DEL
8y	PAD	HOP	BPH	NBH	IND	NEL	SSA	ESA	HTS	HTJ	VTS	PLD	PLU	RI	SS2	SS3
9y	DCS	PU1	PU2	STS	CCH	MW	SPA	EPA	SOS	SGCI	SCI	CSI	ST	OSC	PM	APC
Ay	NBSP	¡	¢	£	€	¥	Š	§	š	©	ª	«	¬	SHY	®	¯
By	°	±	²	³	Ž	µ	¶	·	ž	¹	º	»	Œ	œ	Ÿ	¿
Cy	À	Á	Â	Ã	Ä	Å	Æ	Ç	È	É	Ê	Ë	Ì	Í	Î	Ï
Dy	Ð	Ñ	Ò	Ó	Ô	Õ	Ö	×	Ø	Ù	Ú	Û	Ü	Ý	Þ	ß
Ey	à	á	â	ã	ä	å	æ	ç	è	é	ê	ë	ì	í	î	ï
Fy	ð	ñ	ò	ó	ô	õ	ö	÷	ø	ù	ú	û	ü	ý	þ	ÿ

Fig. 1

besteht dabei nicht nur aus den lateinischen Buchstaben, sondern auch aus den diversen Satzzeichen, griechischen Buchstaben, mathematischen Symbolen und weiteren Sonderzeichen. Elektronische Kommunikationskanäle arbeiten digital. Von ihnen transportierte Nachrichten sind schlussendlich immer als Bitfolgen kodiert, also als Folge von Zeichen aus dem Alphabet $\{0, 1\}$. Intern werden auf jedem Rechner alle Zeichen ebenfalls als Bitfolgen dargestellt. Zur Kodierung der gebräuchlichsten Zeichen genügt es dabei, eine Länge von 8 Bits = 1 Byte vorzusehen. Damit können dann $2^8 = 256$ verschiedene Zeichen kodiert werden. Die aus vierzehn Zeichen bestehende Nachricht „Kopf oder Zahl" wird so als Bitfolge der Länge $8 \cdot 14 = 112$ kodiert, die wegen ihrer Länge doch schon mühsam zu notieren ist. Man verwendet deshalb lieber die hexadezimale Darstellung der Bitfolge, bei der man jeweils 4 Bits durch die Ziffer 0,1,...,9,A,B,C,D,E,F des Hexadezimalsystems abkürzt, die dem Wert der 4 Bits als Zahl im Dualsystem entspricht.

Für eine Bitfolge der Länge 8 benötigt man bei hexadezimaler Darstellung nur noch zwei Zeichen. Genau so ist Fig. 1 zu lesen, wo die Kodierung des Standards ISO-8859-15 dargestellt ist. Dies ist ein moderner, heute sehr gebräuchlicher Standard für lateinische Buchstaben. Er enthält viele Varianten mit verschiedenen Akzenten, einige wichtige Symbole, einschließlich des neu erfundenen €-Symbols, und auch sogenannte nicht-druckbare Zeichen, die durch Buchstabenfolgen wie ESC oder DEL angegeben sind. Aus Kompatibiltätsgründen entsprechen die 128 Zeichen von 00_{16} bis $7F_{16}$ dem früher vorherrschenden (7-Bit) ASCII-Standard. Das Zeichen 20_{16} ist das Leerzeichen, notiert als SP (engl.: space). Die Zeichenfolge „fünf €" wird in ISO-8859-15 kodiert als

$66FC6E6620A4_{16}$ d.h. als Bitfolge

01100110 11111100 01101110 01100110 00100000 10100100.

Beispiel: Ein Internet-Browser stellt Internet-Seiten dar. Dazu empfängt er binär kodierte Nachrichten von dem Server, auf dem die gerade angewählte Webseite vorliegt. Eine korrekt aufgebaute Internetseite enthält Information über die verwendete Kodierung, so dass der Browser weiß, als welche Zeichen er die empfangenen Bitfolgen darstellen soll. Ist diese Information nicht vorhanden, geht der Browser von einer Standard-Kodierung aus und stellt dann eventuell einige oder alle Zeichen der Seite nicht richtig dar.

Mit dem Begriff *Kryptographie* verband man lange ausschließlich die Wissenschaft vom Chiffrieren (Verschlüsseln) von Nachrichten. Das Ziel der Chiffrierung ist, es Unbefugten – wir werden sie in Zukunft „Angreifer" nennen – unmöglich zu machen, die Nachricht zu verstehen, auch wenn es ihnen gelingt, die chiffrierte Nachricht abzufangen. Offensichtlich ist ein solcher Vertraulichkeitsschutz in vielen Bereichen wichtig: Übertragung von Kontoinformationen bei Einkäufen im Internet, Übermittlung von Informationen in der Diplomatie oder beim Militär, für Wirtschaftsspionage anfällige Email-Kommunikation in Unternehmen, in Rechnern gespeicherte Patienteninformationen in einem Krankenhaus oder auch auf einem Rechner hinterlegte Passwörter.

Heute werden mit den Methoden der Kryptographie auch Aufgaben mit andersartigen Sicherheitsaspekten bewältigt, die vor allem bei der elektronischen Kommunikation anfallen. Hierzu gehören der Identitätsnachweis von Absendern elektronischer Nachrichten (*Authentizierung*), der Nachweis der Nicht-Manipulation übertragener Nachrichten (*Integrität*) oder die beweisbare Zuordnung elektronischer Dokumente zu einem Absender (*digitale Signaturen*).

Wir konzentrieren uns primär auf das Chiffrieren. Methoden der Zahlentheorie haben hier in den letzten 30 Jahren zu enormen Fortschritten geführt und wir werden in diesem Kapitel einige davon genauer besprechen. Dabei ist es wichtig festzustellen, dass wir jede Nachricht immer als eine natürliche Zahl auffassen können. Denn die Nachricht kann binär kodiert werden (sie wird dies auch bei jeder elektronischen Kommunikation), und die zugehörige Bitfolge entspricht einer natürlichen Zahl, indem man die Bitfolge als Darstellung der Zahl im Dualsystem interpretiert. Die zu behandelnden Verfahren können Nachrichten chiffrieren, deren Länge eine bestimmte Schranke nicht überschreitet. Ein typischer Wert dafür ist 1000 Bits, was bei einer Kodierung mit 8 Bits pro Zeichen einer Nachrichtenlänge von rund 128 Zeichen entspricht, also vergleichbar mit der Länge einer Handy-SMS ist. Ist eine Nachricht länger, kann man die Chiffrierung auf einzelne, genügend kleine Blöcke der Nachricht anwenden. Wir sprechen von *einfacher Blockung*. Tatsächlich muss man in der Praxis bei Block-Chiffrierungen zusätzliche Maßnahmen treffen, damit Angreifer aus der wiederholten Chiffrierung der Blöcke nicht zusätzliche Informationen für ein

Brechen der Chiffrierung gewinnen können. Wir gehen darauf hier nicht weiter ein, vgl. [Buchmann 2003].

Unsere Ausgangssituation ist die folgende: Zwei Kommunikationspartner – in der Kryptographie heißen sie immer Alice und Bob – wollen bei ihrer Kommunikation einen Sicherheitsaspekt realisieren wie etwa die Geheimhaltung der Nachricht. Dazu arbeiten sie ein *kryptographisches Protokoll* ab. Damit bezeichnen wir ein aus einzelnen Schritten bestehendes formalisiertes algorithmisches Vorgehen, an dem beide beteiligt sind und auf das sie sich im Vorfeld geeignet haben. Bei Chiffrierungen verwenden Alice und Bob *Schlüssel*. Diese enthalten die Information, die man benötigt, um aus dem Klartext die chiffrierte Nachricht zu berechnen und umgekehrt aus der chiffrierten Nachricht wieder den Klartext zu gewinnen. Das Protokoll legt nun z.B. fest, wie Alice und Bob sich überhaupt auf die Schlüssel einigen und welche Berechnungen und Kommunikationen zu welchem Zeitpunkt durchgeführt werden. Man geht in der Kryptographie übrigens immer davon aus, dass die prinzipielle Methode der Chiffrierung dem Angreifer bekannt ist. Die Sicherheit beruht also darauf, dass dem Angreifer kein Zugang zu dem für das Dechiffrieren notwendigen Schlüssel ermöglicht wird und er diesen auch nicht aus den chiffrierten Nachrichten konstruieren kann. Genausowenig darf es möglich sein, dass der Angreifer Nachrichten ohne Kenntnis des Schlüssels dechiffrieren kann. Wenn es z.B. prinzipiell nur sehr wenige Schlüssel gibt, kann der Angreifer einfach alle der Reihe nach solange ausprobieren, bis ein „sinnvoller" Text auftaucht, der dann wohl dem Klartext entsprechen dürfte. Eine gute Methode zur Chiffrierung muss auch den Erfolg solcher Angriffe ausschließen.

Zur Illustration beschreiben wir zwei Protokolle zur Chiffrierung, die auf einfacher Rechnung im Restklassenring R_p basieren. Sie sind von historischem Interesse, aber praktisch nicht relevant, da sie sehr leicht gebrochen werden können. Das erste Protokoll, die *affine Chiffre*, verschlüsselt die Nachricht m einfach als $c = a \cdot m + b \bmod p$.

Protokoll 1 (affine Chiffre):

Vorgang: Alice sendet Nachricht $m \in \mathbb{N}_0$ chiffriert als $c \in \mathbb{N}_0$ an Bob; Bob rekonstruiert m aus c.

Vorbereitung: Alice und Bob verständigen sich auf einen Schlüssel (a, b, p) mit $a, b, p \in \mathbb{N}$, $\mathrm{ggT}(a, p) = 1$ und $m < p$. Der Schlüssel (a, b, p) wird geheim gehalten.

a) Alice berechnet $c = a \cdot m + b \bmod p$ und sendet c an Bob.

b) Bob berechnet $a' = a^{-1} \bmod p$ und $m = a'(c - b)$.

Beispiel 1: Wir verwenden eine „Beispielkodierung": Kodiert werden die 26 Großbuchstaben des Alphabets, und zwar einfach als deren Nummer im Alphabet bei Zählung ab 0. Es wird also A als 0, B als 1 usw., Z als 25 kodiert.

Die Beispielkodierung hat keine praktische Bedeutung. Ihr Vorteil ist die Einfachheit, so dass man konkrete Beispiele leicht nachvollziehen kann. Damit verschiedene Buchstaben verschieden chiffriert werden, brauchen wir $p \geq 26$; wir wählen $p = 26$. Die Kombination $a = 1, b = 3$ wurde schon von Julius Cäsar verwendet. Man erhält die chiffrierten Buchstaben einfach durch Verschiebung im Alphabet um drei Zeichen nach rechts. Mit einfacher Blockung wird ZAHL als CDKO chiffriert. Nimmt man $a = 11$ und $b = 7$, so wird K (entspricht 10) chiffriert als N (entspricht $13 = 11 \cdot 10 + 7 \bmod 26$), und bei einfacher Blockung die Nachricht KOPF dann als NFQK.

Bei gegebenem p ist die Anzahl der möglichen verschiedenen Schlüssel (a, b) gleich $\varphi(p) \cdot p$. Für kleine Werte von p kann ein Angreifer mit der Strategie des *erschöpfenden Durchsuchens* diese einfach alle ausprobieren. Ein weiterer Angriff auf die affine Chiffre wird in Aufgabe 15 besprochen.

Eine Verallgemeinerung der affinen Chiffre ist die *affin-lineare Blockchiffre*. Die Nachricht m ist jetzt kodiert als n-Vektor $m = (m_1, \ldots, m_n) \in R_p^n$. Der Schlüssel besteht aus einer $n \times n$-Matrix $A = (a_{ij}) \in R_p^{n \times n}$ und einem n-Vektor $b \in R_p^n$. Mit Matrizen und Vektoren über R_p rechnet man dabei formal genauso wie in Zahlenbereichen, alle Resultate sind aber natürlich mod p zu verstehen. Insbesondere existiert zur Matrix A eine Inverse, wenn deren Determinante d in R_p invertierbar ist, wenn also $\text{ggT}(d, p) = 1$. Man kann diese Inverse z.B. über die Adjungierte von A ausrechnen.

Protokoll 2 (affin-lineare Blockchiffre):

Vorgang: Alice sendet Nachricht $m \in R_p^n$ chiffriert als $c \in R_p^n$ an Bob; Bob rekonstruiert m aus c.

Vorbereitung: Alice und Bob verständigen sich auf einen Schlüssel (A, b, p) mit $p \in \mathbb{N}$, $A \in R_p^{n \times n}$, $b \in R_p^n$. Die Inverse von A muss existieren. Der Schlüssel (A, b, p) wird geheim gehalten.

a) Alice berechnet $c = A \cdot m + b$ über R_p und sendet c an Bob.
b) Bob berechnet die Inverse A' von A und $m = A' \cdot (c - b)$ über R_p.

Beispiel 2: Wir nehmen für jede einzelne Komponente die Beispielkodierung von Beispiel 1 und $p = 31$. Als Schlüssel wählen wir

$$A = \begin{pmatrix} 30 & 13 & 0 & 20 \\ 18 & 15 & 0 & 27 \\ 4 & 2 & 30 & 15 \\ 19 & 14 & 0 & 11 \end{pmatrix}, \quad b = \begin{pmatrix} 1 \\ 2 \\ 3 \\ 4 \end{pmatrix}$$

Alice chiffriert eine Nachricht m als $c = Am + b \bmod 31$ und sendet $c =$

$(25, 0, 7, 11)$ (entspricht ZAHL) an Bob. Die Inverse A' von A über R_{31} ist

$$A' = \begin{pmatrix} 12 & 8 & 0 & 29 \\ 15 & 5 & 0 & 14 \\ 19 & 7 & 30 & 6 \\ 25 & 8 & 0 & 28 \end{pmatrix},$$

denn AA' mod 31 ergibt die Identität. Zum Dechiffrieren berechnet Bob also $m = A'(c - b) \bmod 31 = (475, 448, 604, 780) \bmod 31 = (10, 14, 15, 5)$. Alices Klartext m entspricht demnach KOPF.

Das Hauptproblem der affin-linearen Chiffren ist ihre Anfälligkeit gegen *Angriffe mit bekanntem Klartext*. Jede affine Abbildung ist nämlich eindeutig festgelegt durch die Bilder von $n+1$ Punkten in allgemeiner Lage. Kennt ein Angreifer zu solchen $n+1$ Klartextvektoren x^i die chiffrierten Vektoren y^i, so resultieren die Beziehungen $y^i = Ax^i + b, i = 1, \ldots, n+1$ in ein reguläres lineares Gleichungssystem mit $n(n+1)$ Gleichungen für die $n(n+1)$ Unbekannten a_{ij} und b_i, aus denen man dann den Schlüssel (A, b) leicht berechnen kann.

IV.5 Diskreter Logarithmus, Diffie-Hellman-Protokoll und ElGamal-Chiffre

Die jetzt zu besprechenden kryptographischen Verfahren beruhen darauf, dass die Berechnung einer Potenz $b = a^e \bmod p$ mit relativ geringem Aufwand möglich ist, während die Umkehraufgabe der Berechnung des *diskreten Logarithmus* derzeit nicht behandelbar ist.

Seien $a, e, p \in \mathbb{N}$. Wir erinnern zunächst an die Methode des sukzessiven Quadrierens zur Berechnung von $b = a^e \bmod p$ wie sie in III.3 empfohlen wurde.

Algorithmus 1 (Potenzieren durch sukzessives Quadrieren):
Eingabe: natürliche Zahlen a, e, p
Ausgabe: $b = a^e \bmod p$

  bestimme die Ziffern $e_i \in \{0, 1\}$ in der Binärdarstellung $e = \sum_{i=0}^{r-1} e_i 2^i$

                                                                  {Normierung $e_{r-1} = 1$}

  $b \leftarrow 1, z \leftarrow a$
  für $i = 0, \ldots, r - 1$
    falls $e_i = 1$ *dann*

      $b \leftarrow z \cdot b \bmod p$ $\{b = a^{\tilde{e}} \bmod p, \tilde{e} = \sum_{k=0}^{i} e_k 2^k\}$

    falls $i < r - 1$ *dann*
      $z \leftarrow z^2 \bmod p$ $\{z = a^{2^{i+1}} \bmod p\}$

Wir können davon ausgehen, dass die Binärziffern e_i von e direkt vorliegen, da e auf dem Computer ohnehin im Binärformat kodiert ist. In der Schleife über i

werden ein Vergleich und maximal zwei Multiplikationen in R_p ausgeführt. Die Vergleiche können als elementare Operationen gegenüber den in der Regel auf Langzahlarithmetik beruhenden Multiplikationen vernachlässigt werden. Damit ergibt sich für sukzessives Quadrieren ein Gesamtaufwand von $\mathcal{O}(r) = \mathcal{O}(\log e)$ Multiplikationen in R_p. Der Speicheraufwand ist $\mathcal{O}(1)$. Eine in kryptographischen Anwendungen typische Größenordnung ist $p \approx 2^{1000}$. Wegen des Satzes von Euler-Fermat kann man sich auf $e \le \varphi(p) \le p-1$ einschränken. Dann ist also $\log e \le 1000$, und die Berechnung von $a^e \bmod p$ durch sukzessives Quadrieren erfordert maximal $2 \cdot 1000 = 2000$ Multiplikationen in R_p.

Seien nun umgekehrt natürliche Zahlen a, b und p so gegeben, dass ein Exponent $e \in \mathbb{N}_0$ existiert mit $b \equiv a^e \bmod p$. Der Exponent ist nur modulo $\operatorname{ord}_p[a]$ eindeutig bestimmt. Den kleinsten nicht-negativen Exponenten e nennen wir den diskreten Logarithmus von b zur Basis a in R_p und notieren „$e = \log_a b$ in R_p". Die Bestimmung von e bezeichnet man als das *Problem der Berechnung des diskreten Logarithmus*. Dieses Problem ist derzeit nicht behandelbar. Es ist allerdings auch *nicht bewiesen*, dass es kein Verfahren mit polynomialer Laufzeit zu seiner Berechnung geben kann. Die am Ende dieses Abschnittes vorzustellenden Methoden besitzen einen Aufwand der Größenordnung $\mathcal{O}(\sqrt{p})$ Multiplikationen in R_p, vorausgesetzt, p ist nicht in einem noch zu präzisierenden Sinne ungünstig so gewählt, dass der Aufwand mit einem speziellen Verfahren wesentlich geringer ist. Für $p \approx 2^{1000}$ ist $\sqrt{p} \approx 2^{500} \approx 10^{150}$. Die schnellsten heutigen (2006) Rechner besitzen eine Hardwarezykluszeit von $10^{-10}s$. Selbst wenn in jedem Zyklus eine vollständige Multiplikation in R_p durchgeführt werden könnte, würden 10^{150} Multiplikationen immer noch $10^{140}s$ dauern, eine Zeit der gegenüber sogar das Alter des Universums (15 Mrd Jahre $\approx 5 \cdot 10^{17}s$) vernachlässigbar ist.

Gewöhnlich wird man a so wählen, dass $[a]$ primitiv ist in R_p. Andernfalls könnte $\operatorname{ord}_p[a]$ sehr viel kleiner als $p-1$ sein, so dass entsprechend weniger Werte für den diskreten Logarithmus in Frage kommen und er deshalb schneller berechnet werden könnte, vgl. Aufgaben 2 und 26.

Eine erste Anwendung in der Kryptographie, deren Sicherheit darauf beruht, dass das Problem des diskreten Logarithmus derzeit nicht behandelbar ist, gibt das folgende Protokoll, das von Stephen Pohlig und Martin Hellman im Jahre 1978 vorgeschlagen wurde.

Protokoll 1 (Pohlig-Hellman-Chiffre):

Vorgang: Alice sendet Nachricht $m \in \mathbb{N}$ chiffriert als $c \in \mathbb{N}$ an Bob; Bob rekonstruiert m aus c.

Vorbereitung: Alice und Bob verständigen sich auf einen Schlüssel (p, s), in welchem $p > m$ prim ist und $s \in \mathbb{N}, s < p-1$ mit $\operatorname{ggT}(s, p-1) = 1$. Der Schlüssel (p, s) wird geheim gehalten.

   a) Alice berechnet $c = m^s \bmod p$ und sendet c an Bob.

   b) Bob berechnet $d \in \mathbb{N}$ mit $sd \equiv 1 \bmod p-1$ und rekonstruiert den Klartext als $m = c^d \bmod p$.

Bobs Berechnung von $c^d = m^{sd} \bmod p$ liefert tatsächlich die Nachricht m zurück, denn wegen des Satzes von Euler-Fermat ist $m^{sd} \equiv m^{sd \bmod (p-1)} \bmod p$ und d wurde von Bob so bestimmt, dass $sd \bmod (p-1) = 1$. Die Voraussetzung $m < p$ ist wesentlich, denn Bob rekonstruiert nicht m, sondern „nur" $m \bmod p$. Die Schwachstelle dieses Protokoll ist, dass die Vorbereitungsphase im Geheimen stattfinden muss. Wir werden später sehen, dass man das umgehen kann.

Beispiel: Wie in allen Beispielen müssen wir mit völlig unrealistisch kleinen Zahlen arbeiten, damit die Rechnungen nachvollziehbar bleiben. Wir nehmen $p = 37$ und $s = 25 = 11001_2$. Die von Alice zu versendende Nachricht sei $m = 12$. Sukzessives Quadrieren zur Berechnung von $12^{25} \bmod 37$ nach Algorithmus 1 ergibt die folgenden Werte für b und z:

b	1	$1 \cdot 12 \equiv 12$	12	12	$12 \cdot 34 \equiv 1$	$1 \cdot 9 \equiv 9$	$\bmod 37$
z	12	$12^2 \equiv 33$	$33^2 \equiv 16$	$16^2 \equiv 34$	$34^2 \equiv 9$		$\bmod 37$

Also sendet Alice $c = 9$ an Bob. Mit dem erweiterten euklidischen Algorithmus findet Bob $d = 13$. Er berechnet $9^{13} \bmod 37$ durch sukzessives Quadrieren, was wir jetzt nicht mehr im Detail aufschreiben, und erhält $m = 12$ zurück.

Wird das Pohlig-Hellman-Protokoll mit einem Schlüssel (s, p) nur einmal durchgeführt, so bliebe einem Angreifer nur die Strategie des erschöpfenden Durchsuchens, also alle möglichen p und s systematisch durchzuprobieren, um dann mit den jeweiligen Werten wie Bob aus c einen möglichen Klartext m zu rekonstruieren. Durch Wahl einer ausreichend großen Primzahl p, z.B. $p \approx 2^{1000}$ wird ein solcher Angriff mit an Sicherheit grenzender Wahrscheinlichkeit erfolglos sein, weil es schlicht zu viele potenzielle Wahlen für s und p gibt. Im Falle, dass derselbe Schlüssel mehrfach (oder sogar sehr oft) zur Chiffrierung von Nachrichten verwendet wird, hat das Pohlig-Hellman-Protokoll die besondere Eigenschaft, auch gegen Angriffe mit bekanntem Klartext gefeit zu sein. Selbst wenn nämlich der Angreifer zu einer chiffrierten Nachricht c auch den Klartext m und die Primzahl p kennt, entspricht die Bestimmung der Komponente s des Schlüssels immer noch der praktisch unmöglichen Berechnung des diskreten Logarithmus $s = \log_m c$ in R_p.

Das Potenzieren in R_p kann auch dazu verwendet werden, zwischen Alice und Bob eine gerechte zufällige Entscheidungsfindung im Sinne vom „Werfen einer Münze" herbeizuführen. Der Clou an dem folgenden Protokoll ist die Tatsache, dass Alice und Bob keinen neutralen Schiedsrichter brauchen, um trotz prinzipiellen gegenseitigen Misstrauens eine für beide Seiten als fair akzeptierte Entscheidung zu finden. Man spricht auch vom „Münzwurf in den Brunnen" auf Grund der Analogie zu einem Losverfahren, bei dem Bob eine Münze in einen von Alice zunächst nicht einsehbaren Brunnen wirft, dessen Grund Bob wiederum nicht zugänglich ist. Alice rät „Kopf" oder „Zahl" und schaut erst dann zusammen mit Bob in den Brunnen, um gemeinsam festzustellen, welche Seite der Münze nun oben liegt.

Protokoll 2 (Münzwurf in den Brunnen):

Vorgang: Entscheidung für „Kopf" (Bob gewinnt) oder „Zahl" (Alice gewinnt), die sowohl von Alice wie auch von Bob als fair akzeptiert wird.

Vorbereitung: Alice und Bob wählen gemeinsam eine genügend große Primzahl p.

a) Alice wählt zwei Vertreter a und b für zwei verschiedene primitive Restklassen $[a]$ und $[b]$ modulo p und sendet a und b an Bob.

b) Bob wählt zufällig eine zu $p-1$ teilerfremde Zahl x und entscheidet sich, für c die Zahl a oder b zu nehmen. Er berechnet $y = c^x \bmod p$ und sendet y an Alice.

c) Alice entscheidet sich, für die Zahl d entweder a oder b zu nehmen und sendet d an Bob.

d) Bob prüft, ob $c = d$. Falls ja, teilt er Alice als Ergebnis „Kopf" mit, andernfalls „Zahl". Außerdem sendet Bob x an Alice.

e) Zur Kontrolle berechnet Alice, ob x und $p-1$ tatsächlich teilerfremd sind und ob $y \equiv d^x \bmod p$.

Dieses Protokoll wird von Alice und Bob als fair angesehen, weil wegen der Nicht-Behandelbarkeit des Problems des diskreten Logarithmus jeder weiß, dass es dem anderen nicht möglich ist, den Ausgang des Tests „ist $c = d$" zu seinen Gunsten zu beeinflussen: Für Alice ist dies in Schritt c) selbst dann unmöglich, wenn sie aus a, b und y die diskreten Logarithmen $\log_a y$ und $\log_b y$ in R_p berechnen könnte, denn sie kennt x nicht. Bob könnte in Schritt d) zu seinen Gunsten manipulieren, wenn er zu y und d im Fall $c \neq d$ einen neuen Exponenten x' mit $y \equiv d^{x'} \bmod p$ bestimmen könnte um Alice dann x' anstelle von x unterzujubeln. Dazu müsste nun aber Bob den diskreten Algorithmus $\log_d y$ in R_p berechnen, so dass auch diese Manipulation praktisch ausgeschlossen ist.

Bob kann allerdings auch noch dadurch manipulieren, dass er in b) für x eine Zahl wählt mit $\mathrm{ggT}(x, p-1) > 1$. Er würde damit seine Chancen erhöhen, denn dann kann es vorkommen, dass für zwei verschiedene primitive Restklassen $[a]$ und $[b]$ in R_p sowohl $y = a^x \bmod p$ wie auch $y = b^x \bmod p$ gilt. Ein ganz einfaches Beispiel hierfür ist $p = 5, x = 2, a = 2, b = 3$ mit $2^2 \equiv 3^2 \equiv 4 \bmod 5$. Im Fall $\mathrm{ggT}(x, p-1) = 1$ ist dies ausgeschlossen, denn aus $a^x \equiv b^x \bmod p$ folgt dann $(ab^{-1})^x \equiv 1 \bmod p$, also $x|(p-1)$ also $x = 1$ und damit $ab^{-1} \equiv 1 \bmod p$, d.h. $a \equiv b \bmod p$. Um diese zusätzliche Manipulationsmöglichkeit auszuschalten prüft Alice in Schritt e) noch nach, ob $p-1$ und x tatsächlich teilerfremd sind.

Wir kommen nun zu einem weiteren Protokoll, dessen Sicherheit darauf beruht, dass das Problem der Berechnung des diskreten Logarithmus derzeit nicht behandelbar ist. Es wurde im Jahre 1976 von Whitfield Diffie zusammen mit Hellman publiziert [Diffie, Hellman 1976] und stellt einen historischen Durchbruch in der Kryptographie dar. Erstmalig gelingt es mit diesem Protokoll nämlich, eine nur Alice und Bob bekannte geheime Information zu erzeugen, obwohl dabei *die gesamte Kommunikation öffentlich ist*. Diese Information taugt insbesondere als Schlüssel s für das Pohlig-Hellman-Protokoll. Damit ist die vorher beschriebene Schwachstelle dieses Protokolls behoben. Die Primzahl p aus dem Pohlig-Hellman-Protokoll kann gefahrlos öffentlich gemacht werden, wenn nur s geheim bleibt.

Protokoll 3 (Diffie-Hellman-Schlüsselaustausch):

Vorgang: Alice und Bob erzeugen einen Schlüssel s, der nur den beiden bekannt ist. Die gesamte Kommunikation ist dabei öffentlich.

Vorbereitung: Alice und Bob wählen gemeinsam eine genügend große Primzahl p und eine primitive Restklasse $[a]$ zum Modul p. Beide Zahlen, p und a, dürfen öffentlich bekannt sein.

a) Alice wählt eine Zahl $x \in \mathbb{N}, x < p - 1$, berechnet $X = a^x \bmod p$ und sendet X an Bob.

b) Bob wählt eine Zahl $y \in \mathbb{N}, y < p - 1$, berechnet $Y = a^y \bmod p$ und sendet Y an Alice.

c) Alice berechnet $s = Y^x \bmod p$.

d) Bob berechnet $s = X^y \bmod p$.

Hier ist $s \equiv a^{xy} \equiv Y^x \equiv X^y \bmod p$, so dass Alice und Bob tatsächlich denselben Schlüssel s berechnen. Wie die Zahlen x und y ist auch der Schlüssel s nur Alice und Bob bekannt, obwohl die gesamte Kommunikation öffentlich ist.

Beispiel: $p = 101$ und $a = 3$. Alice wählt $x = 4$ und sendet $81 = 3^4 \bmod 101$ an Bob. Dieser wählt $y = 6$ und sendet $22 = 3^6 \bmod 101$ an Alice. Der gemeinsame Schlüssel ist $s = 37$, der von Alice als $22^4 \bmod 101$, von Bob als $81^6 \bmod 101$ berechnet wird. Hier ist $\mathrm{ggT}(37, 100) = 1$, so dass der Schlüssel s für die Pohlig-Hellman-Chiffre taugt. Dies muss nicht immer so sein. Nimmt Alice z.B. $x = 5$, so ist $s = 6$ mit $\mathrm{ggT}(6, 100) = 2$.

Ein Angreifer muss versuchen, ohne Kenntnis von x und y aus den öffentlich zugänglichen Zahlen a, p, $X = a^x \bmod p$ und $Y = a^y \bmod p$ den Schlüssel $s = a^{xy} \bmod p$ zu bestimmen, eine Aufgabe, die man als *Diffie-Hellman-Problem* bezeichnet. Ein naheliegender Ansatz zu dessen Lösung besteht darin, x und y als diskrete Logarithmen $x = \log_a X, y = \log_a Y$ in R_p zu bestimmen, was jedoch derzeit nicht behandelbar ist. Bis heute sind keine Methoden zur Lösung des Diffie-Hellman-Problems bekannt, die effizienter wären als die besten Methoden zur Berechnung des diskreten Logarithmus. Man geht deshalb davon aus, dass die Lösung des Diffie-Hellman-Problems algorithmisch mindestens so schwierig wie die Berechnung des diskreten Logarithmus ist.

Nach Taher ElGamal [ElGamal 1985] kann man das Diffie-Hellman-Protokoll durch eine leichte Modifikation auch direkt zur Chiffrierung verwenden. Wieder liegt der große Vorteil darin, dass keine geheimen Vorbereitungen erforderlich sind.

Protokoll 4 (ElGamal-Chiffre):

Vorgang: Alice sendet Nachricht $m \in \mathbb{N}$ chiffriert als $c \in \mathbb{N}$ an Bob; Bob rekonstruiert m aus c. Die gesamte Kommunikation ist dabei öffentlich.

Vorbereitung: Alice teilt Bob mit, dass sie ihm eine Nachricht senden will.

a) Bob wählt eine Primzahl p und eine primitive Restklasse $[a]$ in R_p. Außerdem wählt er eine natürliche Zahl x mit $1 < x < p - 1$ und berechnet $X = a^x \bmod p$. Er sendet a, p und X an Alice.

b) Alice wählt eine natürliche Zahl y mit $1 < y < p - 1$, berechnet $Y = a^y \bmod p$ und $c = m \cdot X^y \bmod p$. Sie sendet Y und c an Bob.

c) Bob berechnet $m = c \cdot Y^{p-1-x} \bmod p$.

Wegen $c \equiv m \cdot a^{xy} \equiv m \cdot Y^x \bmod p$ berechnet Bob mit $c \cdot Y^{p-1-x} \bmod p$ die Zahl $m \cdot Y^{p-1} \bmod p$, welche nach dem Satz von Euler-Fermat gerade m modulo p ist. Wie bei den anderen Protokollen dieser Art sollte also auch hier $m < p$ gelten. Dies kann dadurch sichergestellt werden, dass Alice bei der Vorbereitung Bob eine obere Schranke für m mitteilt und/oder dass das Protokoll zu einer Block-Chiffre erweitert wird.

Beispiel: Wie vorhin nehmen wir $p = 101$ und $a = 3$. Bob wählt $x = 5$ und sendet $X = 3^5 \bmod 101 = 41$ an Alice. Alice wählt $y = 6$. Sie möchte die Nachricht $m = 10$ versenden und berechnet $Y = 3^6 \bmod 101 = 22$, $c = 10 \cdot 41^6 \bmod 101 = 60$. Sie sendet also $Y = 22$ und $c = 60$ an Bob. Dieser berechnet $m = 60 \cdot 22^{95} \bmod 101 = 60 \cdot 17 \bmod 101 = 10$.

Die ElGamal-Chiffre ist unser erstes Beispiel für ein *asymmetrisches* Verschlüsselungsverfahren. Als Schlüssel zum Verschlüsseln verwendet Alice das Tripel (a, p, y). Dieser Schlüssel ist verschieden vom Tripel (a, p, x), das Bob als Schlüssel zum Entschlüsseln dient. Während a und p öffentlich sind (und von Bob an Alice gesendet werden müssen), bleibt die Zahl x Bobs Geheimnis ebenso wie y Alices Geheimnis bleibt. Weil die Schlüssel zum Verschlüsseln und Entschlüsseln verschieden sind, brauchen die geheimen Zahlen x und y in keiner Phase des Protokolls kommuniziert werden. Ein Angreifer kennt a, p, X, Y und c, aus denen er den geheimen Teil x von Bobs Schlüssel berechnen müsste. Er könnte auch versuchen, den geheimen Teil y von Alices Schlüssel zu bestimmen, um dann $m = c \cdot X^y \bmod p$ zu rekonstruieren. In beiden Fällen muss der Angreifer also das Diffie-Hellman-Problem lösen, wobei sich die zusätzlich vorhandene Information $c \equiv m \cdot X^y \equiv m \cdot Y^x$ bei unbekanntem m als nicht weiter hilfreich erweist. Die Sicherheit der ElGamal-Chiffre beruht also darauf, dass das Diffie-Hellman-Problem derzeit nicht behandelbar ist.

Die ElGamal-Chiffre kann auch als *Chiffre mit öffentlichem Schlüssel* charakterisiert werden. Bob kann nämlich den Schlüssel (a, p, X) dauerhaft öffentlich zur Verfügung stellen. Jede Alice, die Bob eine Nachricht senden möchte, besorgt sich diesen Schlüssel und kommuniziert dann mit Bob über die ElGamal-Chiffre. Weshalb die Alicen allerdings ihren geheimen Schlüssel y jedesmal per Zufallsentscheidung neu wählen sollten, erfährt man in Aufgabe 24.

Wir kommen nun zu einer Diskussion von Algorithmen, mit denen diskrete Logarithmen berechnet werden können. Ihre Komplexität ist mehr als polynomial. Wir werden auch sehen, dass es möglich ist, diskrete Logarithmen in R_p dann effizient zu berechnen, wenn $p - 1$ nur kleine Primfaktoren besitzt. Dies ist die früher erwähnte „ungünstige Wahl" für p, die man vermeiden sollte.

Eine naive Methode zur Berechnung des diskreten Logarithmus $e = \log_a b$ in R_p besteht darin, einfach sukzessive alle Potenzen $a^i \bmod p$ zu berechen und mit b zu vergleichen. Die Berechnung von $a^{i+1} \bmod p$ aus $a^i \bmod p$ erfordert eine Multiplikation in R_p. Falls e existiert, sind im schlechtesten Fall alle $\mathrm{ord}_p[a]$ Potenzen zu berechnen, im Mittel sind es $\mathrm{ord}_p[a]/2$. Damit ist der Aufwand für diesen naiven Ansatz $\mathcal{O}(\mathrm{ord}_p[a])$ Multiplikationen in R_p (und ebensoviele Tests auf Gleichheit). Ist p Primzahl und $[a]$ eine primitive Restklasse modulo p, so nimmt $\mathrm{ord}_p[a]$ den maximalen Wert $p - 1$ an. Für unser inzwischen vertrautes Zahlenbeispiel $p \approx 2^{1000}$ ergibt sich also ein außerhalb jeder Praktikabilität liegender Aufwand von rund $2^{1000} \approx 10^{300}$ Multiplikationen in R_p.

Durch eine geschicktere Organisation der Berechnungen kann dieser naive Ansatz immerhin vom Aufwand $\mathcal{O}(\mathrm{ord}_p[a])$ auf $\mathcal{O}(\sqrt{\mathrm{ord}_p[a]})$ reduziert werden. Dazu bestimmt man zunächst die natürliche Zahl q mit $(q - 1)^2 < p \leq q^2$. Die Idee des nun folgenden Algorithmus von Daniel Shanks, vgl. [Knuth 1998], ist, e nicht direkt, sondern die Ziffern m und k in der Darstellung $e = kq + m$ mit $0 \leq k, m < q$ zu bestimmen.

Algorithmus 2 (Riesenschritte-Babyschritte-Algorithmus):
Eingabe: Primzahl p, natürliche Zahlen a, b mit $a, b < p$ so dass der diskrete
　　Logarithmus $e = \log_a b$ in R_p existiert.
Ausgabe: Ziffern m und k in $e = kq + m$.
　　berechne $q \in \mathbb{N}$ mit $(q - 1)^2 < p \leq q^2$
　　$c \leftarrow a^q \bmod p, r_0 \leftarrow 1$
　　für $i = 1, \ldots, q - 1$
　　　　$r_i \leftarrow c \cdot r_{i-1} \bmod p$　　　　　　　　$\{$Riesenschritt, $r_i = a^{iq} \bmod p\}$
　　$d \leftarrow a^{p-2} \bmod p$　　　　　　　　　　　　$\{d \equiv a^{-1} \bmod p\}$
　　$m \leftarrow 0, b' \leftarrow b$
　　wiederhole
　　　　falls $k \in \{0, \ldots, q - 1\}$ *existiert mit* $b' = r_k$ *dann*
　　　　　　setze Stopsignal
　　　　sonst
　　　　　　$b' \leftarrow b' \cdot d \bmod p, m \leftarrow m + 1$　　　$\{$Babyschritt, $b' = b \cdot a^{-m} \bmod p\}$
　　bis Stopsignal gesetzt

Die Wiederhole-Schleife wird abgebrochen, wenn $b \cdot a^{-m} \equiv a^{kq} \bmod p$ für ein $m \in \mathbb{N}_0$ und ein $k \in \{0, \ldots, q - 1\}$ gilt, d.h. wenn $b \equiv a^{kq+m} \bmod p$ ist. Weil wir die Existenz des diskreten Logarithmus voraussetzen, bricht die Wiederhole-Schleife für die Babyschritte spätestens im q-ten Durchlauf (dann ist $m = q - 1$) ab und die berechneten k und m sind die gesuchten Zahlen. Hat sich der Aufwand gegenüber dem naiven Verfahren reduziert? Weil man alle Zahlen r_i speichern muss, erhöht sich der Speicheraufwand von $\mathcal{O}(1)$ auf $\mathcal{O}(q)$ Zahlen aus R_p. Zum Rechenaufwand trägt die Schleife über i mit $\mathcal{O}(q)$ Multiplikationen in R_p bei. Die Berechnung von d mittels rekursivem Quadrieren ist demgegenüber mit einem Aufwand von $\mathcal{O}(\log p)$ vernachlässigbar. In jedem Durchlauf der Wiederhole-Schleife wird im Wesentlichen eine Multiplikation in R_p durchgeführt und der Test, ob $b' = r_k$ ist für ein $k \in \{0, \ldots, q-1\}$. Es ist entscheidend, diesen Test effizient durchzuführen. Dies hängt von der Datenstruktur ab, in welcher die Werte r_k gespeichert werden. Nach einem wichtigen Resultat aus der praktischen Informatik (vgl. z.B. [Ottmann Widmayer 2002]) kann mit einer *Hashtabelle* für die Paare (r_k, k) im statistischen Mittel ein konstanter Aufwand $\mathcal{O}(1)$ beim Einfügen in die Tabelle wie auch beim Test auf das Vorkommen in der Tabelle erreicht werden. Wir nehmen also an, dass mit einer Hashtabelle gearbeitet wird. Weil die Wiederhole-Schleife höchstens q-mal durchlaufen wird, besitzt sie einen Aufwand von $\mathcal{O}(q)$ Multiplikationen in R_p. Für den gesamten Algorithmus ergibt sich damit ebenfalls ein Aufwand von $\mathcal{O}(q)$ Multiplikationen in R_p, weil die Bestimmung von q nur einen vernachlässigbaren Aufwand von $\mathcal{O}(\log p)$ verursacht (vgl. Aufgabe 5). Wegen $q = \mathcal{O}(\sqrt{p})$ können wir den Aufwand des Algorithmus deshalb als $\mathcal{O}(\sqrt{p})$ ausdrücken im Vergleich zu $\mathcal{O}(p)$ beim naiven Verfahren. Weil $\mathcal{O}(\sqrt{p})$ immer noch exponentiell bzgl. des logarithmischen Maßes ist, bleibt die Anwendbarkeit auf relativ kleine p beschränkt.

Beispiel: Wir nehmen $p = 433$ und berechnen den diskreten Logarithmus $e = \log_5 3$ in R_{433}. Wegen $20^2 = 400 < 433 \leq 441 = 21^2$ ist $q = 21$. Dann ist $a^q = 5^{21} \bmod 433 = 299$, und es ergeben sich die folgenden Werte für die Riesenschritte r_i

i	0	1	2	3	4	5	6	7	8	9	10
r_i	1	299	203	77	74	43	300	69	280	151	117

i	11	12	13	14	15	16	17	18	19	20
r_i	343	369	349	431	268	27	279	285	347	266

Weiter ist $5^{-1} \bmod 433 = 260$. Der Algorithmus berechnet dann im ersten Babyschritt die Zahl $3 \cdot 260 \bmod 433 = 347$ und hat damit großes Glück, denn 347 taucht in der Tabelle der Riesenschritte bereits auf, und zwar an Position 19. Wir haben also $k = 19, m = 1$ und damit $e = 19 \cdot 21 + 1 = 400$.

Ein großer Nachteil des Riesenschritte-Babyschritte-Algorithmus ist sein enormer Speicherbedarf von rund $\sqrt{p}$ Zahlen aus R_p. Als Langzahl verbraucht jede Zahl aus R_p eine Speicherkapazität von $\log p$ Bits. Für $p = 2^{64}$ ergibt sich ein Speicherbedarf von $\sqrt{2^{64}} \cdot 64$ Bits, das sind 2^{35} Bytes oder rund 30 Gigabytes. Dies entspricht dem heutzutage (2006) üblichen *Festplattenspeicher* eines gewöhnlichen PCs. Erhöht man auf $p = 2^{256}$, so ergibt die entsprechende Rechnung einen Speicherbedarf von $2^{133} \approx 10^{40}$ Bytes, eine Speicherkapazität, die alle Rechner dieser Welt zusammen nicht zur Verfügung stellen.

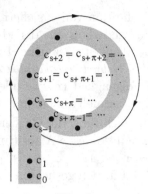

Fig. 1

John Pollard ist es in [Pollard 1978] gelungen, durch Verwendung einer stochastischen Komponente mit seinem ρ-Algorithmus ein Verfahren zu entwerfen, in welchem ein Aufwand der Größenordnung $\mathcal{O}(\sqrt{p})$ bei von p unabhängigem Speicherbedarf $\mathcal{O}(1)$ erreicht wird. Hierzu wird zunächst die Menge $M = \{1, \ldots, p-1\}$ in drei paarweise disjunkte Teilmengen M_1, M_2, M_3 aufgeteilt, indem man M_1 etwa das erste, M_2 das zweite und M_3 das dritte Drittel der Elemente von M zuweist. Wieder geht es um die Berechung von $e = \log_a b$ in R_p. Wir definieren die Funktion

$$f : M \to M, \quad f(c) = \begin{cases} ac \bmod p & \text{falls } c \in M_1 \\ c^2 \bmod p & \text{falls } c \in M_2 \\ bc \bmod p & \text{falls } c \in M_3 \end{cases} \qquad (1)$$

und betrachten die rekursiv definierte Folge (x_0 ist beliebig wählbar)

$$c_{i+1} = f(c_i), \ i = 0, 1, \ldots \text{ mit } c_0 = a^{x_0}, \ x_0 \in \mathbb{N}_0.$$

Für alle i ist $c_i = a^{x_i} b^{y_i} \bmod p$ wobei sich die Exponenten x_i und y_i rekursiv ergeben als $x_{i+1} = g(x_i, c_i), \ y_{i+1} = h(y_i, c_i), \ i = 0, 1, \ldots, \ y_0 = 0$ mit

$$g(x, c) = \begin{cases} x + 1 \bmod p - 1 & \text{falls } c \in M_1 \\ 2x \bmod p - 1 & \text{falls } c \in M_2 \\ x & \text{falls } c \in M_3 \end{cases}, \qquad (2)$$

$$h(y, c) = \begin{cases} y & \text{falls } c \in M_1 \\ 2y \bmod p - 1 & \text{falls } c \in M_2 \\ y + 1 \bmod p - 1 & \text{falls } c \in M_3 \end{cases}. \qquad (3)$$

Die unendliche Folge der c_i besteht aus maximal $p-1$ paarweise verschiedenen Zahlen. Es gibt deshalb einen ersten Index $t < p$, für den $c_t = c_s$ für ein $s < t$ gilt. Nach einer „Einschwingphase" aus den ersten s Folgengliedern wird die Folge der c_i also periodisch mit Periode $\pi = t - s$. Die graphische Veranschaulichung dieses Sachverhaltes in Fig. 1 motiviert die Namensgebung „ρ-Algorithmus".

Die kompliziert anmutende Definition von f sichert, dass die Folge der c_i sich ähnlich verhält wie wenn man wiederholt aus der Menge $\{0, \ldots, p-1\}$ Zahlen mit jeweils gleicher Wahrscheinlichkeit $1/p$ zieht. Für die bei einer derartigen Ziehung erzeugte Folge gilt das *Geburtstagsparadoxon*: Die Wahrscheinlichkeit, dass sich unter k gezogenen Folgengliedern zwei gleiche befinden, ist für $k \approx \sqrt{\frac{\pi}{2}p}$ bereits 0.5 und wächst dann schnell an. Deshalb können wir in der Folge der c_i für die Periodenlänge π wie auch für s die Größenordnung $\mathcal{O}(\sqrt{p})$ erwarten, was für die spätere Aufwandanalyse des ρ-Algorithmus entscheidend ist. Sind nun k und $k + \pi$ zwei Indizes mit $c_{\pi+k} = c_k$, so ist $a^{x_{k+\pi}} b^{y_{k+\pi}} \equiv a^{x_k} b^{x_k} \bmod p$, also $a^{x_{k+\pi} - x_k} \equiv b^{y_k - y_{k+\pi}} \bmod p$. Für den gesuchten diskreten Logarithmus e gilt deshalb

$$x_{k+\pi} - x_k \equiv e \cdot (y_k - y_{k+\pi}) \bmod p - 1,$$

was wir als $v \equiv e \cdot w \bmod p-1$ abkürzen. Sind $x_{k+\pi}, x_k, y_{k+\pi}, y_k$ und damit v und w berechnet, ist die Kongruenz noch nach e aufzulösen. Wie wir in V.1 Satz 2 zeigen werden, sind alle Lösungen der Kongruenz von der Form $e_0 + i\frac{p-1}{d}$, $i = 0, 1, \ldots, d-1$ mit $d = \mathrm{ggT}(w, p-1)$ und $e_0 = \left(\frac{w}{d}\right)^{-1} \frac{v}{d}$ in $R_{\frac{p-1}{d}}$. Wir betrachten deshalb mit v und w auch e als berechnet. Im Fall $d > 1$ muss man die d verschiedenen Lösungen e der Kongruenz allerdings noch daraufhin testen, für welche nun wirklich $a^e \equiv b \bmod p$ gilt. Ist d groß kann es besser sein, den ρ-Algorithmus mit einer neuen Wahl des zufälligen Parameters x_0 nochmals zu starten und darauf zu spekulieren, dass sich nun ein kleineres d ergibt.

Konstanten Speicheraufwand erreicht man dadurch, dass man gerade nicht darauf zielt, mit k und $k + \pi$ das erste Auftreten der Periode zu treffen. Vielmehr bestimmt man k als eine geeignete Zweierpotenz.

Algorithmus 3 (ρ-Algorithmus):

Eingabe: Primzahl p, natürliche Zahlen a, b mit $a, b < p$, so dass der diskrete
     Logarithmus $e = \log_a b$ in R_p existiert.
Ausgabe: Zahlen $v, w \in \mathbb{N}_0$, $v, w < p$ mit $v \equiv ew \bmod p - 1$

   partitioniere $M = \{1, \ldots, p-1\}$ in drei disjunkte Teilmengen M_1, M_2, M_3
   wähle x zufällig aus M, $c \leftarrow a^x$ $\{x$ entspricht $x_0\}$
   $\bar{c} \leftarrow c, \bar{x} \leftarrow x, y \leftarrow 0, \bar{y} \leftarrow y$
   $i \leftarrow 0, k \leftarrow 0$
   solange Stopsignal nicht gesetzt
     $x \leftarrow g(x, c), y \leftarrow h(y, c), c \leftarrow f(c)$ $\{$aus (1) bis (3)$\}$
     $i \leftarrow i + 1$ $\{c = c_{k+i}, x = x_{k+i}, y = y_{k+i}\}$
     falls $c = \bar{c}$ *dann*
       setze Stopsignal
     sonst
       falls $i > k - 1$ *dann* $\{i = 0, \ldots, k-1$ wurden getestet$\}$
         $k \leftarrow k + i$ $\{k$ wird nächste Zweierpotenz (2^0 beim ersten Mal)$\}$
         $i \leftarrow 0, \bar{c} \leftarrow c, \bar{x} \leftarrow x, \bar{y} \leftarrow y$ $\{\bar{c} = c_k, \bar{x} = x_k, \bar{y} = y_k\}$
   $v \leftarrow x - \bar{x}, w \leftarrow \bar{y} - y$

Es ist klar, dass der ρ-Algorithmus nur eine konstante, von p unabhängige Anzahl von Langzahlen aus R_p speichern muss. Für die Aufwandsanalyse gehen wir davon aus, dass, wie vorhin erläutert, $s = \mathcal{O}(\sqrt{p})$ und $\pi = \mathcal{O}(\sqrt{p})$. Wenn im Algorithmus k so oft verdoppelt wurde, dass $k \geq \pi$ und $k \geq s$ gilt, so erstreckt sich $c_k, c_{k+1}, \ldots, c_{2k}$ über mindestens eine Periode. Es existiert also ein i, $1 \leq i \leq k$ mit $c_k = c_{k+i}$. Für dieses i wird das Stopsignal gesetzt und der Algorithmus beendet. Der Wert von k, für welchen der Algorithmus beendet wird, ist von der Größenordnung $\mathcal{O}(\sqrt{p})$. So oft wird auch die solange-Schleife im Algorithmus durchlaufen; jeder Durchlauf hat einen Aufwand von $\mathcal{O}(1)$ Operationen, darunter eine Multiplikation in R_p (Auswertung von f). Damit erhalten wir den Gesamtaufwand von $\mathcal{O}(\sqrt{p})$ Multiplikationen in R_p für den ρ-Algorithmus.

Beispiel: Wir nehmen wieder $p = 433$ und berechnen $\log_5 3$ in R_{433}. Die Mengen seien $M_1 = \{1, \ldots, 144\}, M_2 = \{145, \ldots, 288\}, M_3 = \{289, \ldots, 432\}$ und wir wählen $x_0 = 28$. Dann ist $c_0 = 5^{28} \bmod 433 = 324$. Die nächsten Glieder der Folge $c_i = f(c_{i-1})$ sind $c_1 = 106, c_2 = 97, c_3 = 52, c_4 = 260, c_5 = 52$, so dass hier die Periodenlänge $\pi = 2$ vorliegt. Weil der ρ-Algorithmus die jeweils nächsten Iterierten immer mit dem letzten c_{2k} vergleicht, bricht er für $k = 4$ und $i = 2$ mit $c = c_6$, $\bar{c} = c_4$ ab. Dabei haben die Exponenten die Werte $x = 63$, $\bar{x} = 31$, $y = 2$, $\bar{y} = 1$ und somit $v = x - \bar{x} = 32$, $w = \bar{y} - y = -1 \bmod 432 = 431$. In der Kongruenz $32 \equiv e \cdot (-1) \bmod 432$ ist $\mathrm{ggT}(432, -1) = 1$, so dass wir einfach $e \equiv -32 \bmod 423 = 400$ erhalten.

Nimmt man $x_0 = 8$, so erhält man für $c_0, c_1, \ldots$ die Folge 59, 295, 19, 95, 42, 210, 367, 235, 234, 198, 234, 198, $\ldots$, also wieder $\pi = 2$. In diesem Fall erkennt der ρ-Algorithmus die Periodizität der Folge beim Vergleich $c_{10} = c_8$, also $k = 8$ und $i = 2$, und es ergibt sich $v = 144$ und $w = -18$, was wegen $\mathrm{ggT}(-18, 432) = 18$ zur Folge hat, dass es nun 18 verschiedene Lösungen für die Kongruenz $144 \equiv -18 \cdot e \bmod 432$ gibt. Der ρ-Algorithmus wird also besser nochmals mit einer neuen Wahl für x_0 gestartet. Übrigens ergibt sich in unserem Beispiel für jede Wahl von x_0 die Periode 2.

Die Berechnung des diskreten Logarithmus vereinfacht sich ganz wesentlich, wenn $p - 1$ nur kleine Primfaktoren enthält. Dies beschreiben wir jetzt. Sei dazu p eine Primzahl und $p - 1 = \prod_{i=1}^{k} p_i^{\beta_i}$ die Primfaktorzerlegung von $p - 1$ mit $\beta_i \geq 1$ und p_i Primzahl für $i = 1, \ldots, k$. Die wesentliche Idee des gleich zu formulierenden Algorithmus zur Berechnung des diskreten Algorithmus in R_p ist es, diese auf viele einfach zu berechnende diskrete Logarithmen $e_i = \log_{a_i} b_i$ in R_p zu Basen a_i mit $\mathrm{ord}_p[a_i] = p_i$ zurückzuspielen. Solche Logarithmen sind für kleines p_i dann einfach zu berechnen, weil für sie von vornherein als mögliche Werte nur $0, 1, \ldots, p_i - 1$ in Frage kommen.

Wir setzen voraus, dass e existiert und definieren für $i = 1, \ldots, k$ die Zahlen

$$n_i = \frac{p-1}{p_i^{\beta_i}}, \quad b_i = b^{n_i} \bmod p, \quad a_i = a^{n_i} \bmod p,$$

die wir zur Formulierung des folgenden Hilfsresultats benötigen.

Hilfssatz: Sei $e = \log_a b$ in R_p. Dann erfüllt $e \in \mathbb{N}$ das Kongruenzensystem

$$e \equiv e_i \bmod p_i^{\alpha_i} \quad \text{mit } e_i = \log_{a_i} b_i \text{ in } R_p, \ i = 1, \dots, k. \tag{4}$$

Hierin ist $\operatorname{ord}_p[a_i] = p_i^{\alpha_i}$ mit $0 \le \alpha_i \le \beta_i$.

Beweis: Nach dem Satz von Euler-Fermat ist $a_i^{p_i^{\beta_i}} = a^{p-1} \equiv 1 \bmod p$. Also teilt $\operatorname{ord}_p[a_i]$ die Zahl $p_i^{\beta_i}$. Aus

$$1 \equiv 1^{n_i} \equiv (a^{-e}b)^{n_i} \equiv a^{-en_i}b^{n_i} \equiv a_i^{-e}b_i \equiv a_i^{-e \bmod p_i^{\alpha_i}}b_i \bmod p$$

folgt einerseits, dass die diskreten Logarithmen $e_i = \log_{a_i} b_i$ in R_p tatsächlich alle existieren und dass andererseits $e_i = (e \bmod p_i^{\alpha_i}) \bmod p - 1$, was wegen $p_i^{\alpha_i} | p - 1$ äquivalent zu $e_i \equiv e \bmod p_i^{\alpha_i}$ ist. $\quad\square$

Mit dem chinesischen Restsatz (den wir als Satz 3 erst in V.1 kennenlernen werden) und dessen Beweis haben wir eine Methode an der Hand, wie man umgekehrt über die Werte e_i aus dem Kongruenzensystem (4) die Zahl e bestimmen kann. Der Hilfssatz hat damit die Berechnung des diskreten Logarithmus $\log_a b$ in R_p auf k diskrete Logarithmen $\log_{a_i} b_i$ in R_p zurückgeführt. Dies ist insofern bereits ein großer Fortschritt als dass $\operatorname{ord}_p[a_i] = p_i^{\alpha_i}$ gilt. Berechnet man jedes e_i mit dem Riesenschritte-Babyschritte-Algorithmus, so erfordert dies insgesamt einen Aufwand von $\mathcal{O}\left(\sum\limits_{i=0}^{k} p_i^{\alpha_i/2} \right)$; die Rekonstruktion von e aus den e_i über den chinesischen Restsatz ist demgegenüber vernachlässigbar. Der Aufwand kann aber nochmals weiter deutlich reduziert werden, wenn man die diskreten Logarithmen e_i in ihrer Zifferndarstellung zur Basis p_i ausrechnet, also die Ziffern e_{ij} in

$$e_i = \sum_{j=0}^{\alpha_i - 1} e_{ij} p_i^j$$

bestimmt. Wir erläutern das Vorgehen zunächst für die Ziffer e_{i0}. Wegen $a_i^{p_i^{\alpha_i}} \equiv 1 \bmod p$ ist

$$b_i^{p_i^{\alpha_i - 1}} \equiv a_i^{e_i \cdot p_i^{\alpha_i - 1}} \equiv a_i^{\sum\limits_{j=0}^{\alpha_i - 1} e_{ij} p_i^{\alpha_i + j - 1}} \equiv \left(a_i^{p_i^{\alpha_i - 1}} \right)^{e_{i0}} \cdot \prod_{j=1}^{\alpha_i - 1} \left(a_i^{p_i^{\alpha_i}} \right)^{e_{ij} p_i^{j-1}}$$

$$\equiv \left(a_i^{p_i^{\alpha_i - 1}} \right)^{e_{i0}} \bmod p.$$

Man erhält also e_{i0} als diskreten Logarithmus $\log_{a_i'} b_{i0}$ in R_p von $b_{i0} = b_i^{p_i^{\alpha_i - 1}}$ zur Basis $a_i' = a_i^{p_i^{\alpha_i - 1}}$. Die Ordnung $\operatorname{ord}_p[a_i']$ von a_i' in R_p ist jetzt nur noch p_i, was für kleine Werte von p_i den Riesenschritte-Babyschritte-Algorithmus, den ρ-Algorithmus oder sogar den naiven Ansatz tatsächlich praktikabel macht.

Die Berechnung der anderen Ziffern e_{ij} erfolgt sukzessive nach demselben Muster und aufgrund derselben Argumentation. Bei bereits bekannten Ziffern $e_{i0}, \ldots, e_{i,j-1}$ berechnet man zunächst

$$b_{ij} = \left(b_i \cdot a_i^{\;-\sum_{\ell=0}^{j-1} e_{i\ell} p_i^{\ell}} \right)^{p_i^{\alpha_i - j - 1}} \mod p$$

und dann den diskreten Logarithmus $e_{ij} = \log_{a_i'} b_{ij}$ in R_p.

Zusammenfassend erhalten wir den Algorithmus von [Pohlig, Hellman 1978].

Algorithmus 4 (diskreter Logarithmus nach Pohlig-Hellman):
Eingabe: Primzahl p, Primfaktorzerlegung $p - 1 = \prod_{i=1}^{k} p_i^{\beta_i}$ von $p - 1$, natürliche
   Zahlen a, b mit $a, b < p$, so dass der diskrete Logarithmus $e = \log_a b$ in R_p existiert.
Ausgabe: Zahlen α_i (s. Hilfssatz) und Ziffern e_{ij} der diskreten Logarithmen
$e_i = \sum_{j=0}^{\alpha_i - 1} e_{ij} p_i^j$ $(= \log_{a_i} b_i)$ mit $e \equiv e_i \mod p_i^{\alpha_i}$, $i = 1, \ldots, k$.

  für $i = 1, \ldots, k$
    $\hat{a} \leftarrow a^{(p-1)/p_i^{\beta_i}}$, $\hat{b} \leftarrow b^{(p-1)/p_i^{\beta_i}}$ $\{\hat{a} = a_i,\ \hat{b} = b_i\}$
    berechne α_i in $\mathrm{ord}_p[\hat{a}] = p_i^{\alpha_i}$ $\{$sukzessives Potenzieren mit p_i,
                                           maximal β_i mal$\}$
    $a' \leftarrow \hat{a}^{p_i^{\alpha_i - 1}}$, $b' \leftarrow \hat{b}^{p_i^{\alpha_i - 1}}$ $\{a' = a_i',\ b' = b_{i0}\}$
    für $j = 0, \ldots, \alpha_i - 1$
      $e_{ij} \leftarrow \log_{a'} b'$ in R_p $\{$z.B. mit ρ-Algorithmus$\}$
      $\hat{b} \leftarrow \hat{b} \cdot \hat{a}^{-e_{ij} p_i^j}$, $b' \leftarrow \hat{b}^{p_i^{\alpha_i - j - 1}}$ $\{b' = b_{i,j+1}\}$

In diesem Algorithmus sind für $i = 1, \ldots, k$ jeweils α_i diskrete Logarithmen in R_p zu der Basis a_i' mit Ordnung p_i zu berechnen. Bei Verwendung des Riesenschritte-Babyschritte-Algorithmus oder des ρ-Algorithmus verursacht dies Kosten von insgesamt $\mathcal{O}(\sum_{i=1}^{k} \alpha_i \sqrt{p_i})$ Multiplikationen in R_p. Berechnet man $\hat{a}^{-1}$ für jedes i als $\hat{a}^{p_i^{\alpha_i} - 1}$ mit sukzessivem Quadrieren, so erfordert dies pro i einen Aufwand von $\mathcal{O}(\log p_i^{\alpha_i}) = \mathcal{O}(\alpha_i \log p_i)$ Multiplikationen. Die Potenzen $a^{(p-1)/p_i^{\alpha_i}}$ und $b^{(p-1)/p_i^{\alpha_i}}$ verursachen beim sukzessiven Quadrieren einen Aufwand $\mathcal{O}(\log p) = \mathcal{O}(\sum_{i=1}^{k} \alpha_i \log p_i)$, die Potenzen $\hat{a}^{p_i^{\alpha_i - 1}}$ und $\hat{b}^{p_i^{\alpha_i - 1}}$ jeweils einen von $\mathcal{O}(\alpha_i \log p_i)$. Die Potenzen für das Aufdatieren von $\hat{b}$ und b' in der letzten Zeile schlagen pro i und j zusammen mit $\mathcal{O}((j + \alpha_i - j - 1) \log p_i)$ zu Buche.

Damit ergibt sich ein Gesamtaufwand von $\mathcal{O}(\sum_{i=1}^{k} \alpha_i \cdot (\sqrt{p_i} + \log p_i + \alpha_i \log p_i))$.

Beispiel: a) Die Zahl $p = 2 \cdot 3 \cdot 5^{278} + 1$ ist eine Primzahl mit $2^{648} < p < 2^{649}$. Der dominierende Term aus der $\mathcal{O}$-Größenordnung ist dann derjenige für den

Primfaktor $p_3 = 5$ mit $\alpha_3 \cdot (\sqrt{p_3} + \log p_3 + \alpha_3 \log p_3) \approx 10^5$, was zeigt, dass der Pohlig-Hellman-Algorithmus hier durchaus praktikabel ist. Die Aufwandsgrößenordnung $\mathcal{O}(\sqrt{p})$ aus dem Riesenschritte-Babyschritte-Algorithmus oder dem ρ-Algorithmus beträgt dagegen $\approx 10^{324}$.

b) Für $p = 433$ ist $p - 1 = 2^4 3^3 = p_1^{\beta_1} p_2^{\beta_2}$. Die Berechnung von $e = \log_5 3$ in R_{433} können wir mit den Ideen des Algorithmus von Pohlig-Hellman dann folgendermaßen durchführen: e ist Lösung zweier simultaner Kongruenzen

$$e \equiv e_1 \bmod 16, \quad e \equiv e_2 \bmod 27.$$

Dabei ist $e_1 = \sum_{j=0}^{3} e_{1j} 2^j, e_2 = \sum_{j=0}^{2} e_{2j} 3^j$. Wir berechnen zuerst e_2. Dazu brauchen wir $a_2 = 5^{16} \bmod 433 = 17$ und $b_2 = 3^{16} \bmod 433 = 26$. Die Zahl $a_2' = a_2^9 \bmod$ $433 = 198$ besitzt die Ordnung 3 in R_{433}^* mit $198^2 \bmod 433 = 234$. Nun ist $b_{20} = b_2^9 \bmod 433 = 198$, also $e_{20} = \log_{198} 198 = 1$. Wir bestimmen $a_2^{-1} \bmod p =$ 51, z.B. mit dem erweiterten euklidischen Algorithmus, und berechnen damit $b_{21} = (b_2 \cdot a_2^{-1})^3 \bmod p = (26 \cdot 51)^3 \bmod p = 198$, woraus wird $e_{21} = 1$ ablesen. Schließlich ist $b_{22} = b_2 \cdot a_2^{-4} \bmod 433 = 26 \cdot 51^4 \bmod 433 = 234$, was $e_{22} = 2$ bedeutet. Wir haben also $e_2 = 1 + 1 \cdot 3 + 2 \cdot 9 = 22$. Jetzt berechnen wir noch die Ziffern von e_1. Dazu benötigen wir $a_1 = 5^{27} \bmod 433 = 238$ und $b_1 = b_{10} =$ $3^{27} \bmod 433 = 1$. Der Wert 1 für b_1 ist ein schöner Zufall, denn daraus erkennen wir sofort, dass $b_{10} = b_{11} = b_{12} = b_{13} = 0$ und $e_{10} = e_{11} = e_{12} = e_{13} = 0$, also $e_1 = 0$. Der gesuchte Logarithmus $e = \log_5 3$ in R_{433} erfüllt also $e \equiv 22 \bmod 27$ und $e \equiv 0 \bmod 16$ und ist damit $e = 400$.

Es fällt auf, dass von der Struktur des Restklassenringes im ganzen Abschnitt ausschließlich die zyklische Gruppe R_p^* eine Rolle spielte. Alle Protokolle und Algorithmen lassen sich deshalb direkt auf beliebige zyklische Gruppen übertragen. Wenn in einer solchen Gruppe die Berechnung des diskreten Logarithmus noch schwieriger ist als in R_p^*, erhöht sich die Sicherheit der Protokolle weiter. Ein Beispiel hierfür sind die Gruppen elliptischer Kurven, vgl. z.B. [Buchmann 2003].

IV.6 Faktorisierung, RSA- und Rabin-Chiffre

Das Potenzieren in R_p haben wir im vorangehenden Abschnitt als einfache Aufgabe betrachtet und kryptographische Protokolle auf der Schwierigeit der Berechnung der Umkehrung, dem diskreten Logarithmus, aufgebaut. Die Berechnung des *Produktes* zweier Zahlen in R_p ist natürlich erst recht eine einfache Aufgabe. Bei geeigneter Wahl der Faktoren ist hier die Umkehrung, also das *Faktorisierungsproblem* ebenfalls derzeit nicht behandelbar. Auf dieser Tatsache beruht die Sicherheit der nun zu beschreibenden kryptographischen Protokolle.

Zur Vorbereitung formulieren wir ein nützliche Variante des Satzes von Euler-Fermat (III.3 Satz 6).

Satz 2: Es seien p und q zwei verschiedene Primzahlen, $n = pq$ und a eine natürliche Zahl. Dann gilt für alle Exponenten $z \in \mathbb{N}_0$

$$a^z \equiv a^{z \bmod \varphi(n)} \bmod n.$$

Beweis: Im Fall $\mathrm{ggT}(n, a) = 1$ folgt dies direkt aus dem Satz von Euler-Fermat. Dass die Behauptung sogar für alle a gilt, liegt an der speziellen Struktur von n mit $\varphi(n) = (p-1)(q-1)$. Es sei $z = y + \ell(p-1)(q-1)$ mit $y = z \bmod \varphi(n)$, $\ell \in \mathbb{N}_0$. Es ist $a^z = a^y \cdot (a^{(p-1)(q-1)})^\ell$. Daraus folgt die Kongruenz $a^z \equiv a^y \bmod p$, denn im Falle $p|a$ steht auf beiden Seiten der Kongruenz $0 \bmod p$, andernfalls ist $\mathrm{ggT}(a, p) = 1$ und die Kongruenz folgt aus dem Satz von Euler-Fermat. Auf dieselbe Weise erhalten wir die Kongruenz $a^z \equiv a^y \bmod q$. Weil p und q verschieden sind, ist $\mathrm{ggT}(p, q) = 1$, so dass aus den beiden Kongruenzen die behauptete Kongruenz $a^z \equiv a^y \bmod pq$ folgt. $\square$

Wir kommen nun zur RSA-Chiffre, die von Ronald Rivest, Adi Shamir und Leonard Adleman in [Rivest, Shamir, Adleman 1978] vorgeschlagen wurde. Historisch ist RSA als erste Chiffre mit öffentlichem Schlüssel anzusehen, auch wenn in vertraulichen Papieren des britischen Geheimdiensts (vgl. [Mollin 2003]) das Prinzip bereits früher entdeckt worden war. Die RSA-Chiffre ist heute immer noch die wichtigste Chiffre mit öffentlichem Schlüssel. Wie immer ist eine Nachricht m als natürliche Zahl gegeben. Die RSA-Chiffre benötigt als Parameter zwei (große), von einander verschiedene Primzahlen p und q und einen Schlüsselexponenten e mit $\mathrm{ggT}(e, (p-1)(q-1)) = 1$.

Protokoll 1 (RSA-Chiffre):

Vorgang: Alice sendet Nachricht $m \in \mathbb{N}$ chiffriert als $c \in \mathbb{N}$ an Bob; Bob rekonstruiert m aus c. Die gesamte Kommunikation ist dabei öffentlich.

Vorbereitung: Alice teilt Bob mit, dass sie ihm eine Nachricht senden will.

a) Bob wählt zwei unterschiedliche Primzahlen p und q und $e \in \mathbb{N}$ mit $\mathrm{ggT}(e, (p-1)(q-1)) = 1$. Er berechnet $d = e^{-1} \bmod (p-1)(q-1)$ und $n = pq$. Bob sendet n und e an Alice; die Zahlen p, q und d hält er geheim.

b) Alice berechnet $c = m^e \bmod n$ und sendet c an Bob.

c) Bob berechnet $m = c^d \bmod n$.

Nach Satz 2 berechnet Bob mit $c^d = m^{ed} \bmod n$ tatsächlich $m^{ed \bmod \varphi(n)} = m^1 \bmod n$. Wie bei der ElGamal-Chiffre setzt man deshalb $m < n$ voraus; andernfalls ist das Protokoll durch Blockung zu erweitern.

Beispiel: Bob nimmt $p = 23, q = 29$, also $n = 667, \varphi(n) = 616$ und $e = 15$. Es ist $\mathrm{ggT}(15, 616) = 1$ und $e^{-1} \equiv 575 \bmod 616$. Nachdem Alice n und e empfangen hat, chiffriert sie ihre Nachricht $m = 11$ als $c = 11^{15} \bmod 667 = 424$. Bob dechiffriert c durch Berechnung von $m = 424^{575} \bmod 667 = 11$.

Der öffentliche Schlüssel der RSA-Chiffre ist das Paar (n, e); die zusammengesetzte Zahl $n = pq$ bezeichnet man als RSA-Modul. Um die Sicherheit des

Protokolls zu gewährleisten, muss es einem Angreifer praktisch unmöglich sein, aus (n, e) den eigentlich nur Bob bekannten *privaten Schlüssel d* zum Dechiffrieren zu bestimmen. Interessanterweise kann man in einem mathematisch präzisen Sinne beweisen, dass sich die Schwierigkeit der Berechnung von d nicht wesentlich von der des Faktorisierungsproblems für n unterscheidet. Man tut dies, indem man angibt, mit welchen zusätzlichen Berechnungen man aus der Lösung des einen Problems die des anderen erhält. In der einen Richtung ist dies einfach: Kennt ein Angreifer die Faktoren p und q von n, so kann er wie Bob $d = e^{-1} \bmod (p-1)(q-1)$ berechnen, z.B. mit Hilfe des erweiterten euklidischen Algorithmus.

Zur Vorbereitung eines Algorithmus für die umgekehrte Richtung, also die Berechnung von p und q bei bekannten e, n und d folgen wir [Buchmann 2003]. Es sei zunächst $ed - 1 = 2^\alpha r$ mit r ungerade und $\alpha \geq 1$ (denn $(p-1)(q-1)$ ist gerade). Rechnerisch kann man α und r einfach durch sukzessives Dividieren durch 2 gewinnen. Wir werden gleich mehrfach verwenden, dass für eine zu n teilerfremde Zahl a die Ordnung $\mathrm{ord}_n[a^r]$ der Restklasse $[a^r]$ Teiler von 2^α ist. Dies folgt aus Satz 2, denn $(a^r)^{2^\alpha} = a^{ed-1} \equiv a^{ed-1 \bmod \varphi(n)} \bmod n = a^0 \bmod n = 1$. Der Algorithmus baut auf folgendem Sachverhalt auf:

Hilfssatz: Ist $a \in \mathbb{N}$ teilerfremd zu n und $\mathrm{ord}_p[a] \neq \mathrm{ord}_q[a]$, so existiert $\gamma \in \{0, 1, \ldots, \alpha - 1\}$ mit $\mathrm{ggT}(a^{2^\gamma r} - 1, n) \in \{p, q\}$.
Beweis: Es ist $\mathrm{ord}_n[a^r] = 2^\beta$ mit $0 \leq \beta \leq \alpha$. Weil p und q die Zahl n teilen, folgt $\mathrm{ord}_p[a^r] = 2^{\gamma_1}, \mathrm{ord}_q[a^r] = 2^{\gamma_2}$ mit $0 \leq \gamma_1, \gamma_2 \leq \beta$. Ist $\gamma_1 < \gamma_2$, so gilt also $a^{2^{\gamma_1} r} \equiv 1 \bmod p$ sowie $a^{2^{\gamma_1} r} \not\equiv 1 \bmod q$, also $\mathrm{ggT}(a^{2^{\gamma_1} r} - 1, n) = p$. Ist $\gamma_1 > \gamma_2$ erhält man analog $\mathrm{ggT}(a^{2^{\gamma_1} r} - 1, n) = q$. $\quad\square$

Der folgende Algorithmus versucht nun, durch einfaches „Würfeln" eine Zahl a zu finden mit $\mathrm{ggT}(a, n) > 1$ oder, falls $\mathrm{ggT}(a, n) = 1$ wenigstens $\mathrm{ord}_p[a] \neq \mathrm{ord}_q[a]$. Im ersten Fall ist $\mathrm{ggT}(a, n)$ ein Faktor von n, im zweiten Fall ist nach dem Hilfssatz für ein geeignetes γ die Zahl $\mathrm{ggT}(a^{2^\gamma r} - 1, n) > 1$ ein Faktor, weshalb der Algorithmus systematisch alle in Frage kommenden Werte für γ durchläuft. Dass dies gar keine schlechte Strategie ist, wird im anschließenden Satz gezeigt.

Algorithmus 1 (Faktorisierung bei bekanntem e und d):
Eingabe: Zahl $n \in \mathbb{N}$, die das Produkt zweier verschiedener unbekannter Primzahlen p und q ist, Zahlen $e, d \in \mathbb{N}$ mit $ed \equiv 1 \bmod (p-1)(q-1)$.
Ausgabe: Faktoren p und q von n

> bestimme $\alpha \in \mathbb{N}, r \in \mathbb{N}$ mit $ed - 1 = 2^\alpha r$, r ungerade
> $\qquad\qquad\qquad\qquad\qquad\qquad\qquad$ {sukzessive Division durch 2}
>> *solange* Faktoren nicht gefunden
>> wähle a zufällig und gleichverteilt aus $\{1, \ldots, n-1\}$
>> $g \leftarrow \mathrm{ggT}(a, n)$
>> *falls* $g > 1$ *dann* $\qquad\qquad\qquad\qquad\qquad\qquad\qquad$ {Faktoren gefunden}

$p \leftarrow g, q \leftarrow \frac{n}{p}$

sonst {vielleicht greift der Hilfssatz}

$b \leftarrow a^r \bmod n, \gamma \leftarrow 0$ {$b = a^{2^\gamma r} \bmod n$}

solange $\gamma < \alpha$ und Faktoren nicht gefunden

$g \leftarrow \mathrm{ggT}(\,(b-1) \bmod n\,,\, n\,)$

falls $g > 1$ *dann* {Faktor gefunden}

$p \leftarrow g, q \leftarrow \frac{n}{p}$

sonst

$\gamma \leftarrow \gamma + 1, b \leftarrow b^2 \bmod n$ {$b = a^{2^\gamma r} \bmod n$}

Mit der zufälligen und gleichverteilten Wahl für a enthält dieser Algorithmus eine stochastische Komponente. Die Chance für einen „Treffer" ist jedesmal aber mindestens $w > 0.5$, wie wir jetzt zeigen werden. Lässt man für die äußere Schleife also eine maximale Zahl von k Durchläufen zu, so ist die Wahrscheinlichkeit, die Faktoren nicht zu finden, höchstens $(1-w)^k < 0.5^k$.

Es gibt $n - \varphi(n) = n - (p-1)(q-1)$ verschiedene Zahlen $a \in \{1, \ldots, n-1\}$, die Vielfache der Teiler p und q von n sind. Für diese findet der Algorithmus die Faktoren nach der Berechnung von $\mathrm{ggT}(a, n) > 1$. Im folgenden Satz zeigen wir, dass es noch mindestens $(p-1)(q-1)/2$ weitere Zahlen a gibt, in denen der Algorithmus wegen $\mathrm{ggT}(a^{2^\gamma r} - 1, n) > 1$ die Faktoren findet. Es ist also $w \geq \dfrac{n - (p-1)(q-1)/2}{n} > 0.5$. Zur Vereinfachung der Diskussion schließen wir den sowieso uninteressanten Fall $p = 2$ oder $q = 2$ aus.

Satz 3: Es sei $n = pq$, p, q ungerade, verschiedene Primzahlen. Es sei M die Menge der zu n teilerfremden Zahlen a aus $\{1, \ldots, n-1\}$ mit $\mathrm{ord}_p[a^r] \neq \mathrm{ord}_q[a^r]$. Dann ist die Anzahl der Elemente von M mindestens $\dfrac{(p-1)(q-1)}{2}$.

Beweis: Wir werden mehrfach Lösungen von simultanen Kongruenzen der Form $x \equiv b \bmod p, x \equiv c \bmod q$ benötigen. Diese existieren für jede Wahl von b und c, denn wegen der Darstellbarkeit $\mathrm{ggT}(p, q) = 1 = up + vq$, $u, v \in \mathbb{Z}$ (s. I.6 Satz 11) ist $x = b + (c-b)up = c - (c-b)vq$ eine Lösung. Ist hierin $[b]$ eine primitive Restklasse modulo p und $[c]$ eine modulo q, so repräsentiert die Lösung y der simultanen Kongruenz eine primitive Restklasse $[y]$ modulo p *und* q. Insbesondere ist y teilerfremd zu n, weshalb $\mathrm{ord}_n[y^r]$ eine Zweierpotenz ist. Dasselbe gilt dann auch für die Ordnungen $\mathrm{ord}_p[y^r]$ und $\mathrm{ord}_q[y^r]$. Für zwei Zahlen $\beta \in \{1, \ldots, p-1\}$ und $\gamma \in \{1, \ldots, q-1\}$ sei $a = a(\beta, \gamma)$ die Lösung der simultanen Kongruenz

$$a \equiv y^\beta \bmod p, \quad a \equiv y^\gamma \bmod q.$$

Hierin ist $a(\beta, \gamma) \not\equiv a(\beta', \gamma') \bmod n$ sobald $(\gamma, \beta) \neq (\gamma', \beta')$, denn aus $a(\beta, \gamma) \equiv a(\beta', \gamma') \bmod n$ würde $y^\beta \equiv y^{\beta'} \bmod p$ und $y^\gamma \equiv y^{\gamma'} \bmod q$ folgen und daraus dann, weil $[y]$ primitiv modulo p und q ist, sogar $(\beta, \gamma) = (\beta', \gamma')$.

Für die Ordnungen der an der simultanen Kongruenz beteiligten Größen gelten die Teilbarkeitsbeziehungen

$$\operatorname{ord}_p[a^r] \mid \operatorname{ord}_p[y^r], \quad \operatorname{ord}_p[y^r] \mid \beta\operatorname{ord}_p[a^r], \quad \operatorname{ord}_q[a^r] \mid \operatorname{ord}_q[y^r], \quad \operatorname{ord}_q[y^r] \mid \gamma\operatorname{ord}_q[a^r].$$

Man erkennt dies daran, dass jeweils das Potenzieren mit der rechts stehenden Zahl das Ergebnis 1 im zugehörigen Restklassenring liefert. Alle vorkommenden Ordnungen sind Zweierpotenzen.

1. Fall: $\operatorname{ord}_p[y^r] > \operatorname{ord}_q[y^r]$. Für jedes *ungerade* β folgt aus den angegebenen Teilbarkeitsbeziehungen $\operatorname{ord}_p[a^r] = \operatorname{ord}_p[y^r]$, so dass $\operatorname{ord}_p[a^r]$ größer ist als die Ordnung $\operatorname{ord}_q[a^r]$, die ja $\operatorname{ord}_q[y^r]$ teilt. Also liegt a in M. Die $\frac{p-1}{2}q$ paarweise verschiedenen (β, γ), in welchen β ungerade ist, führen zu modulo n paarweise verschiedenen Zahlen a, welche jeweils die simultane Kongruenz lösen. Die Menge M besitzt also mindestens $\frac{p-1}{2}q$ Elemente, was sogar mehr als die behauptete Mindestzahl ist.

2. Fall: $\operatorname{ord}_p[y^r] < \operatorname{ord}_q[y^r]$. Diesen Fall behandelt man genauso wie den ersten.

3. Fall: $\operatorname{ord}_p[y^r] = \operatorname{ord}_q[y^r]$. Wir betrachten nun alle Paare (β, γ), bei denen die eine Komponente gerade, die andere ungerade ist. Ist etwa β gerade und γ ungerade, so erhalten wir aus den Teilbarkeitsbeziehungen $\operatorname{ord}_p[a^r] \mid \frac{\operatorname{ord}_p[y^r]}{2}$ und $\operatorname{ord}_q[a^r] = \operatorname{ord}_q[y^r]$. Die Ordnungen sind also verschieden, ebenso wie in dem Fall, dass β ungerade und γ gerade ist. Das zugehörige a liegt also in M. Die Anzahl der verschiedenen Paare (γ, β), in denen genau eine Komponente gerade ist, ist $2 \cdot \frac{p-1}{2} \cdot \frac{q-1}{2} = \frac{(p-1)(q-1)}{2}$, so dass wir diesmal genau die behauptete Mindestzahl für die Elemente von M nachgewiesen haben. $\square$

Die Firma RSA Security entwickelt und vertreibt Produkte, die Sicherheitsanforderungen nach dem Prinzip der RSA-Chiffre erfüllen. Seit 1991 hat die Firma Wettbewerbe ausgerufen, bei denen vorgegebene RSA-Moduln von immer größerer Länge in ihre beiden Primfaktoren zerlegt werden sollen. Alle notwendigen Informationen sind auf der Web-Seite der Forschungsabteilung RSA Laboratories hinterlegt. Im aktuellen Wettbewerb (seit 2001) sind acht RSA-Moduln mit einer Bitlänge von 576 bis 2048 zu faktorisieren. Die erste Zahl, RSA-576 wurde Ende 2003 als faktorisiert gemeldet, die Zahl RSA-640 Ende 2005. Die Zahl und ihre Faktorisierung lauten (dezimal): 31074182404900437213507500358885679300373460228427275457201619488232 06440518081504553468296717232867824379162728380334154710731085019195 48529007337724822783525742386454014691736602477652346609 = 16347336 45809253848443133883865090859841783670033092312181110852389333100104 50815121211816751 1579 · 19008712816648221131268515739354139754718967 89968515493666638539088027103802104498957191261465571. An solchen Rekorden sind in der Regel Teams mehrerer Universitäten beteiligt; die verwendete Methode, das Allgemeine Zahlkörpersieb, ist eine Verbesserung des Quadratischen Zahlensiebes, das wir als Algorithmus 4 später noch besprechen werden. Der für die obige Faktorisierung notwendige Rechenaufwand betrug rund „30 PC-Jahre", die durch Parallelverarbeitung innerhalb von 5 Monaten

Kalenderzeit aufgebracht werden konnten. Informationen zum aktuellen Stand des Wettbewerbs findet man auf den Webseiten von RSA Laboratories.

In einigen Fällen gibt es Möglichkeiten, die RSA-Chiffre erfolgreich anzugreifen, ohne den RSA-Modul n zu faktorisieren. Ein solcher Angriff ist der *Angriff auf kleines e*. Hier gehen wir davon aus, dass dieselbe Nachricht m mehrfach mittels verschiedener RSA-Moduln n_i, aber immer demselben Exponenten e chiffriert wurde. Das kann z.B. dann passieren, wenn Alice ein chiffriertes „Rundschreiben" an viele Bobs gesendet hat und die Bobs in Unkenntnis des Angriffs auf kleines e Alice immer einen RSA-Schlüssel mit demselben kleinen Exponenten e, z.B. $e = 3$ vorschlagen. Kleines e führt zu geringem Rechenaufwand für Alice bei der Chiffrierung und ist insofern eigentlich erstrebenswert. Die Chiffre kann dann aber gebrochen werden. Denn ist es möglich, aus den verwendeten RSA-Moduln n_i genau e paarweise teilerfremde, sagen wir $n_1, \ldots, n_e$, auszuwählen, so kann man mit dem chinesischen Restsatz (V.1 Satz 3) aus den chiffrierten Nachrichten c_i auf Grund der Kongruenzen $m^e \equiv c_i \bmod n_i, i = 1, \ldots, e$ die Zahl m^e modulo $n_1 \cdot \ldots \cdot n_e$ eindeutig berechnen. Weil aber $0 \leq m^e < n_1 \cdot \ldots \cdot n_e$ gilt, hat der Angreifer dann m^e sogar eindeutig in $\mathbb{N}$ bestimmt. Er kann m durch Berechnen der e-ten Wurzel in $\mathbb{N}$ gewinnen, wofür es effiziente Algorithmen gibt. Ein üblicher Wert für e ist $2^{16} + 1$. Dies ist groß genug, um den Angriff auf kleines e auszuschließen. Die Potenz m^e kann andererseits von Alice mittels sukzessivem Quadrieren mit nur 17 Multiplikationen durchgeführt werden. Neue Untersuchungen, vgl. [Buchmann 2003] haben gezeigt, dass man auch „kleine" private Schlüssel $d < n^{0.292}$ ausschließen sollte.

Wir hatten gezeigt, dass das Brechen der RSA-Chiffre *durch Berechnung von d* aus n und e gleich schwierig ist wie das Faktorisierungsproblem für n. Ein Angreifer wäre natürlich auch dann erfolgreich, wenn er aus der chiffrierten Nachricht c den Klartext m rekonstruieren kann, ohne d zu berechnen. Es ist bis heute nicht bekannt, ob das Brechen der RSA-Chiffre bei bekannten n und e prinzipiell so schwierig ist wie das Faktorisierungsproblem. Bei der Rabin-Chiffre, die wir jetzt vorstellen, ist dem aber tatsächlich beweisbar so.

Auch die Rabin-Chiffre wählt einen Modul $n = pq$, bei dem p und q zwei verschiedene Primzahlen sind. Außerdem wird $p \equiv q \equiv 3 \bmod 4$ verlangt. Solche Primzahlen p haben die Eigenschaft, dass man für gegebenes $c \in R_p$ im Falle der Lösbarkeit der Kongruenz $x^2 \equiv c \bmod p$ die beiden modulo p verschiedenen Lösungen dieser Kongruenz einfach als $c^{(p+1)/4} \bmod p$ und $-c^{(p+1)/4} \bmod p$ berechnen kann. Denn ist $x^2 \equiv c \bmod p$ lösbar so ergibt sich mit dem Satz von Euler-Fermat

$$\left(c^{(p+1)/4}\right)^2 = c^{(p+1)/2} \equiv x^{p+1} \equiv x^2 \equiv c \bmod p.$$

Und sind x und y zwei Lösungen der Kongruenz, so folgt aus $p|(x^2 - y^2)$ sofort $p|(x + y)$ oder $p|(x - y)$, also $x \equiv -y \bmod p$ oder $x \equiv y \bmod p$. Im Rabin-Verfahren beruht darauf das Dechiffrieren, nachdem die Nachricht durch Quadrieren verschlüsselt wurde.

Protokoll 2 (Rabin-Chiffre):

Vorgang: Alice sendet Nachricht $m \in \mathbb{N}$ chiffriert als $c \in \mathbb{N}$ an Bob; Bob rekonstruiert m aus c. Die gesamte Kommunikation ist dabei öffentlich.

Vorbereitung: Alice teilt Bob mit, dass sie ihm eine Nachricht senden will.

  a) Bob wählt zwei unterschiedliche Primzahlen p und q mit $p \equiv q \equiv 3 \bmod 4$. Er berechnet $n = pq$ und zwei ganze Zahlen u, v mit $1 = up + vq$ und sendet n an Alice. Er hält u, v, p und q geheim.

  b) Alice berechnet $c = m^2 \bmod n$ und sendet c an Bob.

  c) Bob berechnet $c_p = c \bmod p$ und $c_q = c \bmod q$ sowie $m_p = c_p^{(p+1)/4} \bmod p$ und $m_q = c_q^{(q+1)/4} \bmod q$. Sodann bestimmt er

$$m_1 = m_p vq + m_q up \bmod n, \qquad m_2 = m_p vq - m_q up \bmod n,$$
$$m_3 = -m_1 \bmod n, \qquad\qquad m_4 = -m_2 \bmod n.$$

  Es gilt $m \in \{m_1, m_2, m_3, m_4\}$.

Beispiel: Wir nehmen $p = 11$ und $q = 23$, also $n = 253$. Alice versendet die Nachricht $m = 199$ chiffriert als $c = 199^2 \bmod 253 = 133$. Es ist $1 = -2 \cdot 11 + 1 \cdot 23$. Bob berechnet $c_p = 133 \bmod 11 = 1$ und $c_q = 133 \bmod 23 = 18$ sowie $m_p = 1^3 \bmod p = 1$, $m_q = 18^6 \bmod q = 8$. Er erhält $m_1 = 1 \cdot 1 \cdot 23 + 8 \cdot (-2) \cdot 11 \bmod 253 = 23 - 176 \bmod 253 = 100$, $m_2 = 23 + 176 \bmod 253 = 199$, $m_3 = -100 \bmod 253 = 153$, $m_4 = -199 \bmod 253 = 54$.

Die Rabin-Chiffre hat die Besonderheit, dass m nicht eindeutig dechiffrierbar ist. Bob muss unter m_1 bis m_4 die Nachricht aussuchen, die ihm am sinnvollsten erscheint, oder vorher mit Alice vereinbaren, dass deren Nachricht ein bestimmtes Muster aufweist, das die Zuordnung eindeutig macht. Die Einschränkung $0 \le m < (n-1)/2$ schließt z.B. bereits zwei von vier Möglichkeiten aus. Die Dechiffrierung funktioniert auf Grund des folgenden Resultates.

Hilfssatz: Sei $c \equiv a^2 \bmod n$. Dann besitzt die Kongruenz $m^2 \equiv c \bmod n$ in R_n vier Lösungen $m_1, \ldots, m_4$. Sie erfüllen jeweils die simultanen Kongruenzen

$$m_1 \equiv m_p \bmod p, \qquad m_1 \equiv m_q \bmod q,$$
$$m_2 \equiv m_p \bmod q, \qquad m_2 \equiv -m_q \bmod q,$$
$$m_3 \equiv -m_p \bmod p, \qquad m_3 \equiv -m_q \bmod q,$$
$$m_4 \equiv -m_p \bmod q, \qquad m_4 \equiv m_q \bmod q.$$

Beweis: Mit den Bezeichnungen aus dem Protokoll ist $m^2 \equiv c_p \bmod p$ und deshalb $m \equiv \pm m_p \bmod p$; ebenso gilt $m \equiv \pm m_q \bmod q$. Mit den vier möglichen Wahlen für die Vorzeichen sind dies die vier aufgelisteten simultanen Kongruenzen. Weil p teilerfremd zu q ist, ist die Lösung jeder simultanen Kongruenz eindeutig modulo n. Die in Schritt c) des Rabin-Protokolls berechneten Werte für m_1 bis m_4 sind gerade diese Lösungen.   □

Die Rabin-Chiffre ist ein Protokoll mit dem öffentlichen Schlüssel n und dem privaten Schlüssel (p, q, u, v). Weil n die einzige öffentlich zugängliche Information ist, können wir diesmal beweisen, dass das Brechen der Rabin-Chiffre prinzipiell so schwierig ist wie das Faktorisierungsproblem. Hat ein Angreifer bei Kenntnis von n und c die Zahl n faktorisiert, so dechiffriert er c genauso wie Bob. Das Brechen der Rabin-Chiffre ist also höchstens so schwierig wie das Faktorisierungsproblem. Es gilt aber auch die Umkehrung: Mit einem Algorithmus A, der alle Lösungen („Quadratwurzeln") der als lösbar bekannten Kongruenz $m^2 \equiv c \bmod n$ berechnet, kann man die Zahl n ohne wesentlichen Zusatzaufwand faktorisieren. Dazu wählt man $a \in \{1, \ldots, n-1\}$ beliebig. Gilt $\mathrm{ggT}(a,n) > 1$, so ist n faktorisiert. Andernfalls berechnet man $c = a^2 \bmod n$ und dann alle Quadratwurzeln von $m^2 \equiv c \bmod n$. Nach dem Hilfssatz sind dies modulo n vier Stück $m_1, \ldots, m_4$. Eine davon ist a. Wir können deshalb in den Kongruenzen des Hilfssatzes die Werte m_p bzw. m_q eliminieren und durch $a \bmod p$ oder $-a \bmod p$ bzw. $a \bmod q$ oder $-a \bmod q$ ersetzen. Zusätzlich stellen wir fest, dass nun aus einer Kongruenz der Form $m_i \equiv -a \bmod p$ folgt, dass p kein Teiler von $a-m_i$ ist, denn andernfalls würde p auch $a-m_i+(m_i+a) = 2a$ teilen, also a, was wegen $\mathrm{ggT}(a,n) = 1$ aber ausgeschlossen ist. Aus der simultanen Kongruenz „mit gemischten Vorzeichen" $m_i \equiv a \bmod p$, $m_i \equiv -a \bmod q$ folgt so $p|(m_i - a)$ und $q \nmid (m_i - a)$, also $\mathrm{ggT}(m_i - a, n) = p$. Aus der anderen simultanen Kongruenz $m_j \equiv -a \bmod p$, $m_j \equiv a \bmod q$ folgt in gleicher Weise $\mathrm{ggT}(a,n) = q$. Spätestens nach der Berechnung von drei der vier möglichen Werte $\mathrm{ggT}(m_i - a, n)$, $i = 1, \ldots, 4$ haben wir also einen Faktor von n gefunden.

Das Ganze funktioniert auch noch, wenn der Algorithmus A immer nur eine der vier möglichen Wurzeln bestimmt. Ähnlich wie in Algorithmus 1 bei der Diskussion der RSA-Chiffre braucht man dann eine stochastische Komponente.

Algorithmus 2 (Faktorisierung durch Berechnung von Wurzeln):
Eingabe: Zahl $n \in \mathbb{N}$, die das Produkt zweier verschiedener unbekannter Primzahlen p und q ist.
Ausgabe: Faktoren p und q von n

> *solange* Faktoren nicht gefunden
>> wähle a zufällig und gleichverteilt aus $\{1, \ldots, n-1\}$
>> $g \leftarrow \mathrm{ggT}(a,n)$
>> *falls* $g > 1$ *dann*   {Faktoren gefunden}
>>> $p \leftarrow g$, $q \leftarrow \frac{n}{p}$
>> *sonst*   {vielleicht hilft Wurzel ziehen}
>>> $c \leftarrow a^2 \bmod n$
>>> berechne x mit $x^2 \equiv c \bmod n$ {mit Algorithmus A}
>>> $g \leftarrow \mathrm{ggT}(a - x, n)$
>>> *falls* $1 < g < n$ *dann*   {Faktoren gefunden}
>>>> $p \leftarrow g$, $q \leftarrow \frac{n}{p}$

Bei gleichverteilter Wahl der Zahlen a ist die Wahrscheinlichkeit, dass der Algorithmus A eine bestimmte der vier möglichen Quadratwurzeln berechnet jeweils $\frac{1}{4}$. Unter der Voraussetzung $\mathrm{ggT}(a - x, n) = 1$ ist, wie wir vorher bereits dargelegt haben, in zweien der vier Fälle $\mathrm{ggT}(a - x, n) \in \{p, q\}$. Die Wahrscheinlichkeit w, in einem Lauf durch die Solange-Schleife einen Treffer zu landen, ist sogar größer als 0.5, denn es kann ja auch noch $\mathrm{ggT}(a, n) > 1$ auftreten. Führt man eine Oberschranke k für die Zahl der Läufe durch die Solange-Schleife ein, so ist die Wahrscheinlichkeit für ein erfolgloses Abbrechen des Algorithmus kleiner als $(1 - w)^k < 0.5^k$.

Zum Abschluss dieses Abschnittes besprechen wir zwei wichtige Verfahren zur Faktorisierung. Dabei gehen wir davon aus, dass bereits bekannt ist, dass die zu zerlegende Zahl n zusammengesetzt ist, was man beispielsweise mit dem Rabin-Test (IV.3 Algorithmus 6) herausfinden kann. Das erste Verfahren, das auf [Pollard 1974] zurückgeht, versucht, einen Faktor dadurch zu finden, dass er mit einer zufällig gewählten Zahl a auf einen nicht-trivialen größten gemeinsamen Teiler von a^z und n testet für einen geeigneten Exponenten z.

Algorithmus 3 ($p - 1$-Algorithmus):
Eingabe: Zusammengesetzte Zahl $n \in \mathbb{N}$, Schranke $s \in \mathbb{N}$
Ausgabe: Echter Teiler p von n oder Mitteilung, dass kein Teiler gefunden

> wähle $a \in \mathbb{N}$, $1 < a < n$
> $g \leftarrow \mathrm{ggT}(a, n)$
> *falls* $g \neq 1$ *dann*   {Faktor gefunden}
> $\quad p \leftarrow g$
> *sonst*
> $\quad k \leftarrow 1$, $b \leftarrow a$
> $\quad$ *solange* $k \leq s$ *und* $g \in \{1, n\}$ {teste $\mathrm{ggT}(a^{k!} - 1, n)$}
> $\qquad k \leftarrow k + 1$, $b \leftarrow b^k \bmod n$ {mit sukz. Quadrieren, $b = a^{k!} \bmod n$}
> $\qquad g \leftarrow \mathrm{ggT}(b - 1, n)$
> $\qquad$ *falls* $1 < g < n$ *dann*
> $\qquad\quad p \leftarrow g$
> $\quad$ *falls* $g \in \{1, n\}$ *dann*   {nur Misserfolge, p ist nicht zugewiesen!}
> $\qquad$ teile mit, dass Faktor nicht gefunden

Der $p - 1$-Algorithmus testet im Fall $\mathrm{ggT}(a, n) = 1$, ob $\mathrm{ggT}(a^{k!} - 1, n)$ ein echter Teiler von n ist, wobei es natürlich reicht, $a^{k!}$ modulo n zu berechnen. Dabei wird $a^{(k+1)!}$ mit wenig Aufwand als $(a^{k!})^{k+1}$ aus $a^{k!}$ aufdatiert. Wann kann man einen Erfolg erwarten? Ist der erste Test (auf $\mathrm{ggT}(a, n) > 1$) nicht erfolgreich, so ist a kein Vielfaches eines Primfaktors von n. Ist p ein solcher und $p - 1$ ein Teiler von z, so gilt nach dem Satz von Euler-Fermat dann $p | (a^z - 1)$. Also terminiert der $p - 1$-Algorithmus auf alle Fälle dann erfolgreich, wenn $p - 1$ einen der Exponenten $k!$ teilt, also wenn $(p - 1) | s!$, und man nicht das Pech hat, dass $a^{k!} - 1$ ein Vielfaches von n ist. In $s!$ kommen als Primfaktoren alle Primzahlen $\leq s$ vor, und hierunter die kleineren mit sehr großem Exponenten, s. Aufgabe 20. So enthält $100!$ beispielsweise $2^{94}, 3^{48}, 5^{24}$ und 7^{16}. Der $p - 1$-Algorithmus ist also erfolgreich, wenn $p - 1$ nur kleine Primfaktoren enthält. In diesem Fall ist auch der Aufwand akzeptabel, denn jeder Lauf durch die Solange-Schleife erfordert im Wesentlichen nur die Berechnung einer Potenz und eines größten gemeinsamen Teilers, also $\mathcal{O}(\log n)$ Multiplikationen in R_n.

Beispiel: a) $n = 403$. Wir nehmen $a = 2$ und erhalten die Werte $a^2 \bmod 403 = 4$ mit $\mathrm{ggT}(3, 403) = 1$, $(a^2)^3 = a^6 \bmod 403 = 64$ mit $\mathrm{ggT}(63, 403) = 1$, $(a^6)^4 = a^{24} = 326 \bmod 403$ mit $\mathrm{ggT}(325, 403) = 13$. Es resultiert $403 = 13 \cdot 31$.

b) Mit einer Implementierung des $p-1$-Verfahrens erhält man auf einem Rechner für $n = 217327661$ den Faktor $21601 = 2^5 \cdot 3^3 \cdot 5^2 + 1$ bereits in dem Durchlauf mit $k = 7$. Man beachte, dass 21600 die Zahl $k!$ erst für $k = 10$ teilt.

Als Konsequenz aus dem $p-1$-Algorithmus ergibt sich die wichtige Empfehlung, in der RSA-Chiffre und beim Rabin-Verfahren für p und q solche Primzahlen zu vermeiden, bei denen $p - 1$ oder $q - 1$ nur kleine Primfaktoren enthält. Erzeugt man Primzahlen zufällig, so sind die Chancen, dass $p-1$ wenigstens einen großen Primfaktor enthält, sehr groß. Will man aber wirklich sicher gehen, so kann man zunächst eine große Primzahl r erzeugen und dann testen, ob auch $p = 2r + 1$ eine Primzahl ist. Wenn ja, dann sind die Primfaktoren von $p - 1$ durch 2 und r gegeben. Wenn p nicht prim ist, so versucht man es erneut mit einem anderen r. Die Chancen auf Erfolg sind für eine Rechnerimplemetierung ausreichend, auch wenn sie mit größerem r immer kleiner werden. Unter den 1229 Primzahlen r unterhalb 10000 gibt es 190, für die auch $2r + 1$ eine Primzahl ist.

Als zweites besprechen wir mit einer einfachen Version des *Quadratischen Zahlensiebes* eine Methode, die bereits in [Seelhoff 1886] vorgeschlagen wurde und mit diversen Verbesserungen bis Ende der 1980er als bestes Faktorisierungsverfahren galt. Mit der darauf aufbauenden Entwicklung der Zahlkörpersiebe wurden seither weitere Verbesserungen gefunden. Die Faktorisierung von RSA-640 wurde mit dem Allgemeinen Zahlkörpersieb erreicht.

Es sei n ungerade. Wir setzen $m = [\sqrt{n}\,]$ und definieren die Funktion

$$f : \mathbb{Z} \to \mathbb{Z}, \ f(z) = (m + z)^2 - n.$$

Bei der Fermat-Methode aus I.3 wurde $f(z)$ für $z = 0, 1, 2, \ldots$ so lange ausgewertet, bis $f(z)$ ein Quadrat, $f(z) = y^2$, ist. Man hat dann die Teiler $(m + z) - y$ und $(m + z) + y$ von n gefunden. Für sehr großes n kann dies extrem lange dauern; außerdem wird es schwierig zu erkennen, ob $f(z)$ ein Quadrat ist. Eine wesentliche Idee beim Quadratischen Sieb ist es, auf ähnliche Weise wie in der Fermat-Methode Kongruenzen der Form $x^2 \equiv y^2 \bmod n$ mit $x \not\equiv \pm y$ zu finden. Dann ist $\mathrm{ggT}(x - y, n)$ ein echter Teiler von n. Dazu berechnet man die Primfaktorzerlegungen von $f(z)$ für bestimmte Werte von z und bestimmt dann geeignete Produkte. Bevor wir weiter ins Detail gehen, betrachten wir als Beispiel $n = 15229$, also $m = 123$. Für $z = -3, -2, \ldots, 2, 3$ erhalten wir die folgenden Werte $f(z)$ mit den angegebenen Primfaktorzerlegungen:

z	-3	-2	-1	0	1	2	3
$m+z$	120	121	122	123	124	125	126
$f(z)$	-829	-588	-345	-100	147	396	647
$f(z)$	-829	$-2^2 \cdot 3 \cdot 7^2$	$-3 \cdot 5 \cdot 23$	$-2^2 \cdot 5^2$	$3 \cdot 7^2$	$2^2 \cdot 3^2 \cdot 11$	647

Man erkennt aus den Primfaktorzerlegungen, dass $f(-2) \cdot f(0) \cdot f(1)$ das Quadrat x^2 mit $x = 2^2 \cdot 3 \cdot 5 \cdot 7^2 = 2940$ ist. Mit $y = (m-2)m(m+1)$ gilt dann also $y^2 \equiv x^2 \bmod n$, in Zahlen $2940^2 \equiv (121 \cdot 123 \cdot 124)^2 \bmod 15229$. Es ist $121 \cdot 123 \cdot 124 - 2940 \bmod 15229 = 15072$ und $\mathrm{ggT}(15229, 15072) = 157$. Dies ist ein Teiler von $n = 15229 = 157 \cdot 97$.

Das Vorgehen im Beispiel wird nun in zwei Richtungen systematisiert. Der erste Punkt ist die Auswahl der Werte z, zu denen Primfaktorzerlegungen von $f(z)$ bestimmt werden und die effiziente Berechnung der Primfaktoren. Der zweite ist die Suche nach den Produkten, die Quadrate ergeben. Zur Beschreibung des ersten Punktes bezeichnen wir für eine gegebene Schranke $s \in \mathbb{N}$ als *Faktorbasis* die Menge

$$F(s) = \{p \text{ ist Primzahl und } p \le s\} \cup \{-1\}.$$

Eine ganze Zahl heißt *s-glatt*, wenn sie als Produkt aus Zahlen aus $F(s)$ darstellbar ist, wenn also alle Primfaktoren $\le s$ sind. Zum Beispiel sind 18 und 162 3-glatt, die Zahl 49000 ist 7-glatt. Man legt nun einen Glattheitsmodul s fest sowie eine Schranke t für das Siebintervall und schränkt sich für z auf die Werte von $-t$ bis $+t$ ein, für die $f(z)$ s-glatt ist. (Über den Zusammenhang zwischen s und t werden wir uns später noch Gedanken machen.) Dass $f(z)$ s-glatt ist, erkennt man über eine (partielle) Primfaktorzerlegung. Mit der Idee des Siebens wird der Aufwand zu deren Berechnung enorm reduziert, weil fast alle Primzahlen als mögliche Faktoren sehr einfach ausgeschlossen werden können: Für jede Primzahl hat die Kongruenz $x^2 \equiv n \bmod p$ entweder keine Lösung oder aber die zwei „Wurzeln" $\pm w_p$ modulo p, welche für $p = 2$ zusammenfallen. Wir werden diesen Sachverhalt in V.3 beim Thema Quadratische Reste ausführlich diskutieren. Alle z, für die p den Wert $f(z)$ teilt, haben also die Form $\pm w_p + k \cdot p$, $k \in \mathbb{Z}$. Hat man für eine Primzahl p aus der Faktorbasis die Wurzel w_p berechnet, so weiß man sofort, für welche Werte z aus dem Siebintervall p als Faktor in der Zahl $f(z)$ vorkommt und dividiert p dann so oft wie möglich ab. Probedivisionen mit Primzahlen der Faktorbasis, die in der Primfaktorzerlegung gar nicht vorkommen, werden so vollständig vermieden. Wenn die Zahl $f(z)$ mit den Primzahlen aus der Faktorbasis auf diese Weise vollständig faktorisiert wurde, ist sie s-glatt. Die Tabelle auf Seite 217 stellt das Sieben für $n = 15229$ dar. Wir sieben dort die 7-glatten Zahlen aus für $z = -3, -2, \ldots, 3$ und erhalten $f(-2), f(0)$ und $f(1)$.

Wie findet man jetzt systematisch Faktoren so, dass deren Produkt ein Quadrat wird? Wir bezeichnen mit $z_j, j = 1, \ldots, \ell$ die Werte aus dem Siebintervall, für die wir $f(z_j)$ vollständig faktorisiert und als s-glatt erkannt haben. Die Elemente der Faktorbasis seien $p_1 = -1$ und die Primzahlen $p_2, \ldots, p_k$, also $f(z_j) = \prod_{i=1}^{k} p_i^{\alpha_{ij}}$. Gesucht sind Zahlen $q_j \in \{0, 1\}$, so dass $\prod_{j=1}^{k} f(z_j)^{q_j}$ ein Quadrat y^2 ist, denn dann haben wir die angestrebte Kongruenz $y^2 \equiv (\prod_{j=2}^{m} (m + z_j)^{q_j})^2 \bmod n$.

z	-3	-2	-1	0	1	2	3
$m+z$	120	121	122	123	124	125	126
$f(z)$	-829	-588	-345	-100	147	396	647

$p=2$: $w_2^2 \equiv 15229 \equiv 1 \bmod 2$, also $w_2 = 1$, Faktor 2 wenn $m + z \equiv 1 \bmod 2$							
$f(z)$	-829	$-2^2 \cdot 147$	-345	$-2^2 \cdot 25$	147	$2^2 \cdot 99$	647

$p=3$: $w_3^2 \equiv 15229 \equiv 1 \bmod 3$, also $w_3 = \pm 1$, Faktor 3 wenn $m + z \equiv \pm 1 \bmod 3$							
$f(z)$	-829	$-2^2 \cdot 3 \cdot 49$	$-3 \cdot 115$	$-2^2 \cdot 25$	$3 \cdot 49$	$2^2 \cdot 3^2 \cdot 11$	647

$p=5$: $w_5^2 \equiv 15229 \equiv 4 \bmod 5$, also $w_5 = \pm 2$, Faktor 5 wenn $m + z \equiv \pm 2 \bmod 5$							
$f(z)$	-829	$-2^2 \cdot 3 \cdot 49$	$-3 \cdot 5 \cdot 23$	$-2^2 \cdot 5^2$	$3 \cdot 49$	$2^2 \cdot 3^2 \cdot 11$	647

$p=7$: $w_7^2 \equiv 15229 \equiv 4 \bmod 7$, also $w_7 = \pm 2$, Faktor 7 wenn $m + z \equiv \pm 2 \bmod 7$							
$f(z)$	-829	$-\mathbf{2^2 \cdot 3 \cdot 7^2}$	$-3 \cdot 5 \cdot 23$	$-\mathbf{2^2 \cdot 5^2}$	$\mathbf{3 \cdot 7^2}$	$2^2 \cdot 3^2 \cdot 11$	647

Dies ergibt die Bedingungen

$$\sum_{j=1}^{\ell} \alpha_{ij} q_j \equiv 0 \bmod 2, \ i = 1, \dots, k.$$

Wir können diese als lineares Gleichungssystem im Körper R_2 auffassen, notiert als

$$Aq = 0, \ A = (\alpha_{ij} \bmod 2)_{i=1,\dots,k,j=1,\dots,\ell}.$$

Wenn wir erfolgreich sein wollen, muss dieses lineare Gleichungssystem eine von Null verschiedene Lösung besitzen. Dies ist der Fall, wenn der Rang von A kleiner als m ist. Ob dies vorliegt hängt von der Wahl von s und t ab. Wenn dem so ist, berechnet man die Lösung des linearen Gleichungssystems mit einer Variante der Gauß-Elimination. Bei diesere Variante wird versucht, durch zusätzliche Permutationen von Variablen und Gleichungen vor und während der Elimination möglichst gut auszunutzen, dass die meisten der α_{ij} ohnehin schon Null sind.

Im Beispiel hatten wir die drei 7-glatten Zahlen $-2^2 \cdot 3 \cdot 7^2$, $-2^2 \cdot 5^2$ und $3 \cdot 7^2$ ausgesiebt. Als lineares Gleichungssystem in R_2 resultiert

$$
\begin{matrix}
p_1 = -1: \\
p_2 = 2: \\
p_3 = 3: \\
p_4 = 5: \\
p_5 = 6:
\end{matrix}
\begin{pmatrix}
1 & 1 & 0 \\
0 & 0 & 0 \\
1 & 0 & 1 \\
0 & 0 & 0 \\
0 & 0 & 0
\end{pmatrix}
\begin{pmatrix}
q_1 \\
q_2 \\
q_3
\end{pmatrix} = 0.
$$

Die Matrix A hat den Rang 2 und es gibt über R_2 die eine, von uns oben bereits verwendete von Null verschiedene Lösung $q_1 = q_2 = q_3 = 1$.

Zusammenfassend können wir damit das Quadratische Zahlensieb wie folgt algorithmisch beschreiben.

Algorithmus 4 (Quadratisches Zahlensieb):

Eingabe: Zusammengesetzte Zahl natürliche Zahl n, Schranke t für das Siebintervall, Glattheitsmodul s

Ausgabe: Faktor p von n

$m \leftarrow [\sqrt{n}\,]$

für $z = -t, -t+1, \ldots, t-1, t$

    $f_z \leftarrow (m+z)^2 - n$

{jetzt nach s-glatten Zahlen sieben}

für $j = 2, \ldots, k$ {j nummeriert Primzahlen in $F(s)$}

     bestimme Lösung w von $x^2 \equiv n \bmod p_j$ in R_{p_j}

     falls es eine solche Lösung gibt *dann*   {es gibt keine, eine oder zwei}

         für alle j aus Siebintervall, $j \equiv \pm w \bmod p_j$ {Sieben mit p_j}

            berechne Exponenten α_{jz} von p_j in Primfaktorzerlegung von f_z

                                      {wiederholte Division durch p_j}

$G \leftarrow \{z : f_z \text{ ist } s\text{-glatt}\}$ {erkennbar aus partieller Faktorisierung}

bestimme von 0 verschiedene Lösung von $\sum\limits_{z \in G} \alpha_{jz} q_z \equiv 0 \bmod 2$, $i = 1, \ldots, k$

$x \leftarrow \prod\limits_{z \in G, q_z = 1} (m+j) \bmod n$, $y = \prod\limits_{z \in G, q_z = 1} f(z) \bmod n$, $p \leftarrow \text{ggT}(x-y, n)$

Es bleibt zu besprechen, wie man s und t wählt. Hierzu benötigen wir die für $n \in \mathbb{N}$ und $u, v \in \mathbb{R}$ definierten Zahlen

$$L_n[u, v] = e^{v(\ln n)^u (\ln \ln n)^{1-u}}.$$

Die Empfehlung ist $s = L_n[\frac{1}{2}, \frac{1}{2}]$, $t = L_n[\frac{1}{2}, 1]$. Wie z.B. in [Buchmann 2003] erläutert wird, kann man für diese Wahl auf der Basis einer unbewiesenen, aber einleuchtenden und experimentell bisher nicht widerlegten Vermutung über die Verteilung der s-glatten Zahlen unter den Werten $f(z)$ zeigen, dass man, jedenfalls für großes n, mindestens so viele Unbekannte wie Gleichungen für das zu lösende Gleichungssystem hat und deshalb erwarten kann, dass es eine von Null verschiedene Lösung hat. Der Aufwand des Quadratischen Siebes ergibt sich dann als $L_n[\frac{1}{2}, 1 + g_n]$ Operationen mit $\lim_{n \to \infty} g_n = 0$.

Man kann das Argument u in $L_n[u, v]$ für $u \in [0, 1]$ als einen Parameter deuten, der Zwischenstufen zwischen polynomial und exponentiell beschreibt. Wir erinnern daran, dass die Eingabegröße der Zahl n im logarithmischen Maß als $\log n$ gemessen wird. Es ist $L_n[0, v] = (\log n)^v$, polynomial vom Grad v und $L_n[1, v] = e^{v \log n}$, exponentiell in $\log n$ mit Faktor v. Weil $L[u, v]$ in beiden Argumenten monoton wächst, nennt man Aufwände $L_n[u, v]$ für $0 < u < 1$ auch *subexponentiell*. Zur Illustration des Aufwandes beim Quadratischen Sieb geben wir einige gerundete Werte für $L_n[\frac{1}{2}, 1]$ in der folgenden Tabelle an.

n	2^8	2^{16}	2^{32}	2^{64}	2^{128}	2^{256}	2^{512}	2^{1024}
$L_n[\frac{1}{2}, 1]$	$2 \cdot 10^1$	$2 \cdot 10^2$	$4 \cdot 10^3$	$4 \cdot 10^5$	$5 \cdot 10^8$	$1 \cdot 10^{13}$	$7 \cdot 10^{19}$	$4 \cdot 10^{29}$

Im Jahre 1988 konnte Pollard eine Systematik aufzeigen, wie man mit Hilfe der algebraischen Zahlentheorie mit wesentlich kleineren Zahlen zur Erzeugung der Kongruenzen $x^2 \equiv y^2 \bmod n$ kommen kann. Hieraus entwickelten sich die Zahlkörpersiebe, wovon das derzeit schnellste, das Allgemeine Zahlkörpersieb, einen Aufwand von $L_n[\frac{1}{3}, (\frac{64}{9})^{1/3}]$ besitzt, s. [Buchmann 2003, Mollin 2003].

Wir schließen mit einer weniger mathematischen Überlegung zur Sicherheit der kryptographischen Protokolle aus IV.5 und IV.6. Die Sicherheit beruht jeweils darauf, dass ein wichtiges mathematisches Problem derzeit nicht behandelbar ist. Es ist einerseits prinzipiell denkbar, dass bereits heute effiziente Algorithmen zu deren Lösung existieren, diese aber geheim gehalten werden. Wer im Besitz solcher Algorithmen ist, könnte als Angreifer Nachrichten entschlüsseln, die Alice und Bob mit einem aus Unkenntnis noch für sicher gehaltenen Protokoll austauschen. Andererseits: Ein Mathematiker, der einen effizienten Algorithmus zur Berechnung diskreter Logarithmen, zur Lösung des Diffie-Hellman-Problems oder zur Faktorisierung findet, würde größte wissenschaftliche Anerkennung erwerben. Es ist deshalb wenig abwegig davon auszugehen, dass ein wirklich praktikabler Algorithmus, so es denn einen solchen gibt, auch von Wissenschaftlern, die nicht im Verborgenen arbeiten, gefunden und publiziert werden würde. Es ist als ein wichtiges Indiz für die Sicherheit der beschriebenen Protokolle zu werten, dass dies bisher eben nicht geschehen ist.

IV.7 Aufgaben

1. Formuliere die in I.3 beschriebene Methode von Fermat zur Faktorzerlegung einer Zahl n durch Berechnung von x und y mit $n = x^2 - y^2$ als Algorithmus.

2. a) Es ist bekannt, dass für jede natürliche Zahl $n \geq 5$ die Ungleichung $\varphi(n) \geq n/(6 \cdot \ln\ln n)$ gilt. Verwende III.4 Satz 11 um zu zeigen, dass die Erfolgswahrscheinlichkeit für den folgenden probabilistischen Algorithmus für $p \approx 2^{512}$ und $k = 100$ etwa 0.95 beträgt. Welcher Teil des Algorithmus erfordert den größten Aufwand?

Eingabe: Primzahl $n \in \mathbb{N}$, Wiederholparameter $k \in \mathbb{N}$
Ausgabe: Vertreter a einer primitiven Restklasse $[a] \bmod n$ oder Meldung, dass eine solche nicht gefunden wurde
   $i \leftarrow 0$
   wiederhole
      wähle zufällig und gleichverteilt $b \in \{1, \ldots, p-1\}$, $i \leftarrow i+1$
   bis $\mathrm{ord}_p[b] = p-1$ oder $i = k$ {wie bekommt man $\mathrm{ord}_p[b]$?}
   falls $\mathrm{ord}_p[b] = p-1$ *dann* $a \leftarrow b$ *sonst* melde „nicht gefunden"

b) Zeige, dass die in III.4 beschriebene Methode zur Berechnung einer primitiven Restklasse exponentiellen Aufwand bei Speicherbedarf und Laufzeit hat.

c) Sei $n = 2p + 1$, n, p prim. Ändere den Algorithmus aus *a)* so ab, dass er bei Aufwand $\mathcal{O}(k(\log n)^2)$ mit Wahrscheinlichkeit $> 1 - (\frac{p+1}{2p})^k$ zum Erfolg kommt.

3. Beweise folgende Rechenregeln für Größenordnungen ($f_i, g_i : \mathbb{R}_+ \to \mathbb{R}_0^+$):
a) $f_i = \mathcal{O}(g_i), i = 1, 2 \Rightarrow |f_1 \pm f_2| = \mathcal{O}(g_1 + g_2), |f_1 \pm f_2| = \mathcal{O}(\max\{g1, g2\})$.
b) $f_i = \mathcal{O}(g_i), i = 1, 2 \Rightarrow f_1 \cdot f_2 = \mathcal{O}(g_1 \cdot g_2)$.
c) p Polynom vom Grad $m \Rightarrow |p(x)| = \mathcal{O}(x^m)$.

4. Wie groß ist der Aufwand in der Schulbuch-Division für eine „$(k + 1) \times 1$-Division", also in dem Fall, dass der Divisor keine Langzahl ist?

5. Formuliere einen Algorithmus, der den ganzen Anteil der Quadratwurzel einer Zahl $n \in \mathbb{N}$ bestimmt, also $w \in \mathbb{N}_0$ mit $w^2 \leq n < (w + 1)^2$. Der Aufwand sollte die Größenordnung $\mathcal{O}(\log n)$ Langzahl-Multiplikationen besitzen.

6. Berechne $\mathrm{ggT}(1547, 3213)$ mit dem binären euklidischen Algorithmus.

7. Zeige, dass nach jedem Lauf durch die Solange-Schleife im erweiterten euklidischen Algorithmus gilt: $\mathrm{ggT}(u_a, u_b) = \mathrm{ggT}(v_a, v_b) = 1$ sowie $|u_a v_b - u_b v_a| = 1$. Schließe daraus, dass $\mathrm{ggT}(u_a, v_a) = \mathrm{ggT}(u_b, v_b) = 1$ in jedem Durchlauf und dass am Ende des Algorithmus $|v_a/u_a| = A/B$ ($A, B \geq 0$ sind die Eingabewerte) gilt. Folgere daraus, dass in jedem Stadium des Algorithmus $|u_a| \leq B, |v_a| \leq A, |u_b| \leq B, |v_b| \leq A$ gilt.

8. Berechne die Vielfachensummendarstellung von $g = \mathrm{ggT}(1547, 3213)$ mit dem erweiterten euklidischen Algorithmus.

9. Implementiere den euklidischen Algorithmus. Zähle für alle Eingaben a, b mit $1 < a < b \leq 10^4$, wie oft im Algorithmus bei der Division mit Rest der Quotient 1 auftritt.

10. Erweitere den binären euklidischen Algorithmus so, dass er die Vielfachensummendarstellung des größten gemeinsamen Teilers mit berechnet. Formuliere den Algorithmus nicht-rekursiv.

11. Welche der üblichen Rechenregeln für ganzzahlige Potenzen gelten in R_p, wenn man a^{-1} für die Lösung x von $ax \equiv 1 \bmod p$ notiert und a^{-m} für $(a^{-1})^m \bmod p$?

12. In einer Restklassenarithmetik sei p die Basis für die Langzahldarstellung und der Modul $n = p^\ell - 1$. Beschreibe, wie man die Reduktion eines Produktes ohne Divisionen mit linearer Komplexität realisiert.

13. Berechne $5678 \cdot 4321$ mit dem Karatsuba-Algorithmus ($p = 10$, eine Rekursion genügt).

14. Berechne $123456 \cdot 654321$ mit dem Verfahren von Toom und Cook für $r = 3$ (vgl. IV.3 Beispiel 1; $p = 10$, eine Rekursion genügt).

15. Ein Text wurde mit der affinen Chiffre mit $p = 50$ und der Beispielkodierung verschlüsselt. Auf Grund von Häufigkeitsanalysen hat man festgestellt, dass die verschlüsselten Zahlen 12 und 31 im Klartext 4 (entspricht E) und 13 (entspricht N) bedeuten. Breche die Chiffre durch Berechnung von a und b.

16. Verwendet wird die affin-lineare Blockchiffre aus IV.3 Beispiel 2. Bob empfängt ZOPF. Wie lautet Alices Klartext? Als was verschlüsselt Alice die Klartexte FLIP und FLOP?

17. Zeige, dass die folgenden Chiffren als affin-lineare Chiffren aufgefasst werden können.
a) Vigenère-Chiffre: Man bestimmt einen aus k Zahlen z_i bestehenden Schlüssel. Eine Buchstabenfolge wird verschlüsselt, indem man den i-ten Buchstaben um $z_{i \bmod k}$ Positionen im Alphabet verschiebt. So wird mit $k = 3, z_1 = 3, z_2 = 10, z_3 = 4$ etwa KOPFODERZAHL als NYTIYHHCEDRP verschlüsselt.
b) Permutationschiffre: Sei π eine Permutation auf der Menge $\{1, \ldots, n\}$. Ein Block $b_1 b_2, \ldots, b_n$ der Nachricht wird verschlüsselt als $b_{\pi(1)} b_{\pi(2)} \ldots, b_{\pi(n)}$.

18. Formuliere einen Algorithmus, der die Ziffern der Binärdarstellung einer Zahl e bestimmt, wenn diese nicht direkt zugänglich sind. Der Algorithmus soll den Aufwand $\mathcal{O}((\log e)^2)$ besitzen, wenn e Langzahl ist.

19. Was berechnet der folgende Algorithmus, wie groß ist sein Aufwand? Gib den Wert von b nach jedem Lauf durch die Zählschleife an.

Eingabe: natürliche Zahlen a, e, p mit $e = \sum\limits_{i=0}^{r-1} e_i 2^i$, $e_{r-1} = 1$.
Ausgabe: b
  $b \leftarrow a$
  für $i = r - 2, r - 3, \ldots, 0$
    $b \leftarrow b^2 \bmod p$
    falls $e_i = 1$ *dann* $b \leftarrow b \cdot a \bmod p$

20. Zeige mit I.4 Satz 6, dass für den Exponenten $e_p(n!)$ in $n! = \prod\limits_p p^{e_p(n!)}$ gilt:

$$\frac{n}{p-1} - (r+1) \le e_p(n!) \text{ mit } r = [\log_p n].$$ Wie oft enthält 1000! demnach die Faktoren $2, 3, 5$ mindestens?

21. Beim Pohlig-Hellman-Protokoll mit $p = 31$ und $s = 7$ empfängt Bob $c = 10$. Wie lautet Alices Klartext m?

22. Funktioniert der Diffie-Hellman-Schlüsselaustausch auch, wenn a nicht primitiv modulo p ist? Welcher Schlüssel s ergibt sich in diesem Protokoll für $p = 8191 = 2^{13} - 1$ und $a = 2$, wenn Alice $x = 8$ und Bob $y = 4$ wählt?

23. Im ElGamal-Protokoll verwendet Bob $p = 17$, $a = 3$ und den geheimen Schlüssel $x = 4$. Was sendet er öffentlich an Alice? Alice sendet die chiffrierte Nachricht $c = 10$ und $Y = 14$. Berechne den Klartext m. Welchen Wert hat Alices y?

24. In einer wiederholten chiffrierten Kommunikation zwischen Alice und Bob mit der ElGamal-Chiffre werde stets Bobs öffentlicher Schlüssel (a, p, X) verwendet. Alice verwende zur Chiffrierung ihrer Nachrichten m_i stets denselben geheimen Schlüssel y. Zeige: Kennt ein Angreifer *einen* Klartext m_1 zur chiffrierten Nachricht c_1, so kann er die zu den anderen chiffrierten Nachrichten c_i gehörigen Klartexte einfach berechnen. (Konsequenz: Alice sollte ihren geheimen Schlüssel y immer wieder neu zufällig wählen.)

25. Berechne den diskreten Logarithmus $\log_5 16$ in R_{103} mit dem Riesenschritte-Babyschritte-Algorithmus und mit dem ρ-Algorithmus ($x_0 = 6$).

26. a) Zeige: Ist $[a]$ primitiv in R_p, so sind im Riesenschritte-Babyschritte-Algorithmus alle Riesenschritte $a^{qi}, i = 1, \ldots, q-1$, paarweise verschieden.
b) Es sei $\operatorname{ord}_p[a] < p - 1$. Beeinflusst dies den Aufwand des Riesenschritte-Babyschritte-Algorithmus oder des ρ-Algorithmus?

27. Bobs öffentlicher RSA-Schlüssel ist $n = 15229$ und $e = 5$. Alice sendet ihm die chiffrierte Nachricht $c = 100$. Berechne den Klartext m.

28. Die Zahl $u \in \mathbb{N}$ heißt *universaler Exponent* für $n \in \mathbb{N}$, falls $a^u \equiv 1 \bmod n$ für alle $a \in \{0, 1, \ldots, n-1\}$ mit $\operatorname{ggT}(a, n) = 1$.
a) Zeige, dass es zu jeder Zahl $n > 2$ einen universalen Exponenten gibt.
b) Zeige für die Parameter der RSA-Chiffre: $\operatorname{kgV}(p-1, q-1)$ und $de - 1$ sind universale Exponenten für den RSA-Modul n.
c) Formuliere einen auf IV.6, Algorithmus 1 aufbauenden Algorithmus zur Faktorisierung einer zusammengesetzten Zahl n bei bekanntem universalen Exponenten.

29. (Angriff auf RSA durch wiederholtes Potenzieren) Betrachtet wird die RSA-Chiffre mit Modul n und öffentlichem Schlüssel (e, n). Es sei c die bekannte chiffrierte Nachricht und m der Klartext. Zeige, dass es eine natürliche Zahl k gibt mit $m^{e^k} \equiv m \bmod n$ für die dann $c^{e^{k-1}} \equiv m \bmod n$ gilt. Kann man darauf einen erfolgversprechenden Angriff auf die RSA-Chiffre aufbauen?

30. (Angriff auf RSA bei gemeinsamem Modul.) Der Klartext m wird zweimal mit der RSA-Chiffre als c_1 bzw. c_2 verschlüsselt. Dabei ist beidesmal der öffentliche RSA-Modul gleich, also $n = n_1 = n_2$, die verwendeten öffentlichen Exponenten e_1 und e_2 sind aber verschieden. Zeige, wie man aus Kenntnis von $c_i, e_i, i = 1, 2$ und n den Klartext m mit Aufwand $\mathcal{O}(\log n(\log e_1 + \log e_2))$ rekonstruieren kann.

31. Erweitere das quadratische Zahlensieb zur Faktorisierung von $n = 15229$ aus IV.6 so, dass alle 11-glatten Zahlen im Siebintervall $\{-4, -3, \ldots, 3, 4\}$ bestimmt werden. Stelle das zu lösende Gleichungssystem über $\mathbb{F}_2$ auf. Wieviele verschiedene Lösungen besitzt es? Welche Faktorisierungen der Zahl 15229 erhält man?

32. Faktorisiere $n = 1207$ mit dem quadratischen Zahlensieb. Bestimme dazu die 5-glatten Zahlen im Siebintervall $\{-3, -2, \ldots, 2, 3\}$.

33. Bestimme eine Wertetabelle für $L_n[\frac{1}{3}, (\frac{64}{9})^{1/3}]$ (Aufwand des Allgemeinen

Zahlkörpersiebes) für $n = 2^8, 2^{16}, 2^{32}, \ldots, 2^{2048}$ und vergleiche mit dem Aufwand $L_n[\frac{1}{2}, 1]$ des quadratischen Zahlensiebes. Prognostiziere, in welchem Jahr wohl RSA-2048 faktorisiert sein wird auf Grund der folgenden Annahmen und Tatsachen: Es gibt keine algorithmischen Fortschritte; die Leistung der verfügbaren Rechner verdoppelt sich nach dem (empirischen) mooreschen Gesetz alle 18 Monate; die Faktorisierung von RSA-640 gelang 2005. (Für die Faktorisierung von RSA-2048 sind 200 000 Dollar Preisgeld ausgesetzt)

IV.8 Lösungen der Aufgaben

1. *Eingabe*: : Zusammengesetzte Zahl $n \in \mathbb{N}$
   Ausgabe: : Faktoren p und q von n
   $x = \lceil \sqrt{n} \rceil$ {Rundung nach oben zur nächsten ganzen Zahl}
   solange $x^2 - n \neq y^2$ für ein $y \in \mathbb{N}$
       $x \leftarrow x + 1$
   $p = x - y, q = x + y$

2. a) Die Anzahl der primitiven Restklassen ist $\varphi(n-1)$. Die Chance für einen Treffer in einem Durchlauf ist also größer als $w = 1/(6 \ln\ln(2^{512} - 1)) \approx 0,028$. Die Chance, nach 100 Läufen immer noch ohne Erfolg zu sein ist kleiner als $(1 - w)^{100} \approx 0,056$. Der Aufwand steckt in der Berechnung von $\text{ord}_p[b]$. Wenn man nichts besseres weiß, als der Reihe nach alle Potenzen zu berechnen, muss man im Erfolgsfall $n - 1$ Multiplikationen in R_n durchführen, das sind exponentiell viele bzgl. des logarithmischen Maßes.
b) Diese Methode berechnet so lange immer wieder alle Potenzen einer Restklasse, bis eine der Ordnung $n - 1$ erreicht ist. Selbst wenn eine solche sofort zu Anfang gefunden wird, wurden bereits exponentiell viele Potenzen berechnet.
c) In diesem Fall ist $\varphi(n-1) = p - 1$. Der Algorithmus aus a) hat also die geforderte Erfolgswahrscheinlichkeit $1 - (1 - (p-1)/(2p))^k$. Weil für die Restklassen nur die Ordnungen 2, p und $2p$ in Frage kommen, ändern wir das Abbruchkriterium im Algorithmus so, dass wir b^2 und b^p ausrechnen und abbrechen, wenn beide Werte nicht 1 sind. Mit sukzessivem Quadrieren wird der Aufwand pro Durchgang $\mathcal{O}(\log p) = \mathcal{O}(\log n)$ Multiplikationen in R_n, insgesamt also $\mathcal{O}(k \log n)$.

3. Die Teile a) und b) sind trivial. Für c) sei $p(x) = \sum_{i=0}^{m} a_i x^i$. Nehme $x_0 = \max(1, |a_0|, \ldots, |a_m|)$. Dann gilt für $x \geq x_0$ die Beziehung $|p(x)| \leq c \cdot x^m$ mit $c = (m + 1)x_0$.

4. $\mathcal{O}(k)$.

5. $w_u \leftarrow 1, w_o \leftarrow n$ {es gilt stets $w_u^2 \leq n < w_o^2$}
       solange $w_o - w_u > 1$
          $w_m = (w_o + w_u) \div 2$
          falls $w_m^2 \leq n$ *dann* $w_u \leftarrow w_m$ *sonst* $w_o \leftarrow w_m$

Dies ist ein einfaches Bisektionsverfahren. Solange $|w_o - w_u| \geq 2$ ist, gilt $\max(|w_o - w_m|, |w_m - w_u|) \leq (|w_o - w_u| + 1)/2 \leq \frac{3}{4}|w_o - w_u|$. Nach spätestens $\lceil \log(n - 1)/ \log(4/3) \rceil = \mathcal{O}(\log n)$ Durchläufen bricht die Solange-Schleife also ab. Pro Durchlauf wird eine Langzahlmultiplikation für w_m^2 benötigt. Die Vergleiche, Zuweisungen und die Division durch 2 (s. Aufgabe 4) haben Aufwand $\mathcal{O}(\log n)$, also weniger als die Multiplikation. Demnach ist der Gesamtaufwand $\mathcal{O}(\log n)$ Langzahl-Multiplikationen.

6.

a	1547	1547	833	357	119
b	3213	833	357	119	119
$|a - b|$	1666	714	476	238	
durch 2	833	357	238	119	
durch 2		119			

7. Vor Beginn der Solange-Schleife ist $\text{ggT}(u_a, u_b) = \text{ggT}(v_a, v_b) = 1$. In der Solange-Schleife gilt nach den Zuweisungen $u_r \leftarrow u_b - qu_a, v_r \leftarrow v_b - qv_a$ die Beziehung $\text{ggT}(u_r, u_a) = \text{ggT}(u_a, u_b)$, $\text{ggT}(v_r, v_a) = \text{ggT}(v_a, v_b)$. Nach den Zuweisungen am Endes des Schleifenrumpfes bedeutet dies, dass sich $\text{ggT}(u_a, u_b)$ und $\text{ggT}(v_a, v_b)$ nicht ändert und deshalb gleich 1 bleibt. Auf dieselbe Weise erkennt man, dass $|u_b v_a - u_a v_b|$ konstant und gleich 1 bleibt, denn es ist $|u_r v_a - u_a v_r| = |(u_b - qu_a)v_a - u_a(v_b - qv_a)| = |u_b v_a - u_a v_b|$. Ein gemeinsamer Teiler von u_r und v_r teilt auch $|u_r v_a - v_r u_a| = 1$, also ist $\text{ggT}(u_r, v_r) = 1$ und damit $\text{ggT}(u_a, v_a) = \text{ggT}(u_b, v_b) = 1$ in jeder Phase des Algorithmus. Beim Abbruch (wegen $a = 0$) haben wir die Darstellung $0 = u_a A + v_a B$, so dass $|v_a|/|u_a|$ gerade die vollständig gekürzte Darstellung von A/B ist. Insbesondere ist beim Abbruch $|v_a| \leq A$, $|u_a| \leq B$. Jetzt braucht man noch, dass die $|u_a|$ und $|v_a|$ im Algorithmus ständig wachsen, was man aus $u_r \leftarrow u_b - qu_a$ deshalb abliest, weil, wie man per Induktion beweist, stets $u_b u_a \leq 0$ gilt; analog für $|v_a|$.

8.

a	1547	119	0
(u_a, v_a)	(1,0)	(-2,1)	(27,-13)
b	3213	1547	119
(u_b, v_b)	(0,1)	(1,0)	(-2,1)

Also $119 = -2 \cdot 1547 + 1 \cdot 3213$. Wir haben auch berechnet: $3213/1547 = 27/13$.

9. Insgesamt gibt es $366\,401\,605$ Quotienten. Die Tabelle gibt an, wie oft darunter die Zahlen 1 bis 5 vorkommen.

Quotient	1	2	3	4	5	≥ 6
Häufigkeit	39,8%	19,8%	10,3%	6,3%	4,2%	19,7%

10. Wie beim erweiterten eukidischen Algorithmus führen wir Koeffizienten u_a, v_a, u_b, v_b mit, so dass $a = u_a A + v_a B$, $b = u_b A + v_b B$. Wichtig ist die Erkenntnis, dass von u_a und v_a genau eine Zahl gerade ist, denn a, A und B sind ungerade. Dasselbe gilt für u_b, v_b.

Eingabe: $a, b \in \mathbb{N}$, beide ungerade

Ausgabe: $g = \mathrm{ggT}(a, b)$ und $u, v \in \mathbb{Z}$ mit $g = ua + vb$

$\quad A \leftarrow a, B \leftarrow b, u_a \leftarrow 1, v_a \leftarrow 0, u_b \leftarrow 0, v_b \leftarrow 1$

$\quad$ *solange* $a \neq b$

$\qquad t \leftarrow |b - a|, s \leftarrow \mathrm{sign}(b - a), u_t \leftarrow s(u_b - u_a), v_t \leftarrow s(v_b - v_a)$

$\qquad$ *solange* t gerade

$\qquad\quad t \leftarrow t/2$

$\qquad\quad$ *falls* u_t gerade *dann* $\hfill \{v_t$ ist auch gerade$\}$

$\qquad\qquad u_t \leftarrow u_t/2, v_t \leftarrow v_t/2$

$\qquad\quad$ *sonst* $\hfill \{u_t$ und v_t sind beide ungerade$\}$

$\qquad\qquad u_t \leftarrow (u_t + B)/2, v_t \leftarrow (v_t - A)/2$

$\qquad m \leftarrow \min(a, b), a \leftarrow m, b \leftarrow t$

$\qquad u_a \leftarrow u_{\min(a,b)}, v_a \leftarrow v_{\min(a,b)}, u_b \leftarrow u_t, v_b \leftarrow v_t$

$\quad g \leftarrow a, u \leftarrow u_a, v \leftarrow v_a$

11. Es gilt für $m, n \in \mathbb{Z}$: $a^n a^m = a^{n+m}$, $(a^n)^m = a^{nm}$, $a^n \cdot b^n = (ab)^n$.

12. Es sei $c = ab$ mit a, b maximal ℓ-stellig als Vertreter von Restklassen in R_n. Dann ist $c = \sum_{i=0}^{2\ell-1} c_i p^i = \sum_{i=0}^{\ell-1} c_i p^i + p^\ell \sum_{i=0}^{\ell-1} c_{i+\ell} p^i$ mit $p^\ell \equiv 1 \bmod n$, also $c \equiv \sum_{i=0}^{\ell-1} c_i p^i + \sum_{i=0}^{\ell-1} c_{i+\ell} p^i \bmod p$. Die Reduktion lässt sich also realisieren wie bei der *Addition* (n abziehen, falls Summe zu groß). Der Aufwand ist $\mathcal{O}(\ell)$, also linear.

13. Mit $a_o = 56, a_u = 78, b_o = 43, b_u = 21$ ergibt sich

$$
\begin{array}{rclclcl}
c_o = a_o b_o & = & 56 \cdot 43 & = & 2408 & \quad c_o : & 2408 \\
c_u = a_u b_u & = & 78 \cdot 21 & = & 1638 & \quad c_m : & 4530 \\
-(a_o - a_u)(b_o - b_u) & = & -(-22) \cdot 22 & = & 484 & \quad c_u : & 1638 \\
\hline
c_m & & & = & 4530 & \quad a \cdot b = & 24534638
\end{array}
$$

14. Mit $A_0 = 56, A_1 = 34, A_2 = 12, B_0 = 21, B_1 = 43, B_2 = 65$ ergibt sich (Bez. wie in IV.3 Bsp. 1): $Z = (56 \cdot 21, (224 + 68 + 12)(84 + 86 + 65), (56 + 34 + 12)(21 + 43 + 65), (56 + 68 + 48)(21 + 86 + 260), 12 \cdot 65) = (1176, 71440, 13158, 63124, 780)$, und damit $C = M^{-1}Z = (1176, 3122, 5354, 2726, 780)$. Versetzte Addition s. rechts. Es ist $123456 \cdot 654321 = 80779853376$.

$$
\begin{array}{r}
0780 \\
2726 \\
5354 \\
3122 \\
1176 \\
\hline
80779853376
\end{array}
$$

15. Aus $12 \equiv 4a + b \bmod 50$, $31 \equiv 13a + b \bmod 50$ folgt durch Subtraktion $19 \equiv 9a \bmod 50$. Mit $9^{-1} \equiv 39 \bmod 50$ ergibt sich $a \equiv 19 \cdot 39 \equiv 41 \bmod 50$ und $b \equiv 12 - 4 \cdot 41 \equiv 48 \bmod 50$.

16. ZOPF $= (25, 14, 15, 5)$, $A' \cdot$ (ZOPF $- b$) $\bmod 31 = (10, 0, 7, 11) = $ KAHL. FLIP $= (5, 11, 8, 15)$, $A \cdot$ FLIP $+ b \bmod 31 = (5, 11, 14, 15) = $ FLOP, $A \cdot$ FLOP $+ b \bmod 31 = (5, 11, 8, 15) = $ FLIP, was natürlich ein gewollter Zufall ist.

17. a) $p = 26$, $n = k$, A ist Einheitsmatrix, $b = (z_1, \ldots, z_k)$.

b) n ist die Blockgröße aus der Fragestellung, A ist zu π gehörige Permutationsmatrix, $b = 0$.

18. Gesucht sind die e_i in $e = \sum_{i=0}^{r-1} e_i 2^i$.

$i \leftarrow 0$

solange $e \neq 0$

$\quad e_i \leftarrow n \bmod 2, \; e \leftarrow e \div 2, \; i \leftarrow i + 1$

Die Solange-Schleife wird $r = \lceil \log e \rceil$ mal durchlaufen, der Aufwand ist nach Aufgabe 4 jeweils $\mathcal{O}(\log e)$, insgesamt also Aufwand $\mathcal{O}((\log n)^2)$.

19. Nach der Auswahlanweisung (*falls* $\cdots$) besitzt b den Wert $b = a^{\sum_{j=i}^{r-1} e_j 2^{k-i}}$. Im nächsten Lauf durch die Schleife wird der Variablen b dann durch $b \leftarrow b^2$ zunächst der Wert $a^{2\sum_{j=i}^{r-1} e_j 2^{k-i}}$ zugewiesen, anschließend durch die eventuelle Multiplikation mit a der Wert $a^{\sum_{j=i-1}^{r-1} e_j 2^{k-(i-1)}}$. Der Algorithmus berechnet also a^n mit Aufwand $\mathcal{O}(\log n)$ Multiplikationen. Es muss eine Zahl weniger gespeichert werden als in IV.4, Algorithmus 1.

20. Nach I.4 Satz 6 ist $e_p(n!) = \dfrac{n - s_p(n)}{p-1}$. Hierin gilt $s_p(n) \leq (p-1)(r+1)$, woraus die Behauptung folgt. Für $n = 1000$ ist demnach $e_2(1000!) \geq 990$, $e_3(1000!) \geq 493$, $e_5(1000!) \geq 245$.

21. Bob braucht $d \equiv 7^{-1} \bmod 30$; wegen $7 \cdot 13 - 3 \cdot 30 = 1$ ist $d = 13$. Er rekonstruiert $m = 10^{13} \bmod 31 = 9$. (Probe: $9^7 \bmod 31 = 10$).

22. Die Sicherheit des Protokolls wird für kleine $\operatorname{ord}_p[a]$ fragwürdig. Ein Angreifer kann dann z.B. durch Vergleich mit allen Potenzen von $a \bmod p$ aus X und Y die Exponenten x und y bestimmen. Für die angegebenen Werte ergibt sich $s = 2^{32} \bmod 2^{13} - 1 = 2^6 = 64$.

23. Bob berechnet $X = 3^4 \bmod p = 13$ und sendet $p = 17$, $a = 3$ und $X = 13$ an Alice. Er rekonstruiert $m = c \cdot Y^{p-1-x} \bmod p = 10 \cdot 14^{12} \bmod 17 = 6$. Durch Ausprobieren bestätigt man für die hier sehr kleinen Zahlen $y = 9 = \log_3 14$ in R_{17}. (Alice hatte also $c = m \cdot X^y \bmod p = 6 \cdot 13^9 \bmod 17 = 10$ chiffriert.)

24. Es gilt dann $c_i = m_i X^y \bmod p$ für alle i. Der Angreifer berechnet also $z = m_1 \cdot c_1^{-1} \bmod p$ und bricht dann alle anderen chiffrierten Nachrichten durch Berechnung von $m_i = c_i \cdot z \bmod p$.

25. Es ist $a = 5$, $b = 16$, $d = a^{-1} \bmod 103 = 62$ und $q = 11$. Die Tabelle enhält die Riesen- und Babyschritte.

i	0	1	2	3	4	5	6	7	8	9	10
$r_i = a^{11i}$	1	48	38	73	2	96	**76**	43	4	89	49
$b_i = bd^i$	16	65	13	85	17	24	46	71	**76**		

Wir erhalten $\log_5 16 = 6 \cdot 11 + 8 = 74$.

Für den ρ-Algorithmus „dritteln" wir $\{1, \ldots, 102\}$ und erhalten M_1, M_2, M_3. Mit $x_0 = 6$ ergibt sich die Tabelle.

c	72	19	95	78	**12**	60	98	23	**12**
x	6	6	7	7	**7**	8	16	16	**17**
y	0	1	1	2	**3**	3	6	7	**7**

Die zu lösende Kongruenz $(17-7) \equiv (3-7)e \bmod 102$ hat wegen $\operatorname{ggT}(-4, 102) =$

2 die beiden Lösungen e_0 und $e_0 + 51$ mit $5 \equiv (-2) \cdot e_0 \bmod 51$, also $e_0 = 5 \cdot 25 \bmod 51 = 23$. Der gesuchte diskrete Logarithmus ist $e_1 = e_0 + 51 = 74$.

26. a) Nach III.3 Satz 8 ist $\operatorname{ord}_p[a^q] = (p-1)/\operatorname{ggT}(q, p-1)$. Wegen $\operatorname{ggT}(q, p-1) \leq q$ ist die Ordnung also nicht kleiner als $\lceil (p-1)/q \rceil$ und diese Zahl ist nicht kleiner als $q - 1$, denn $(q-1)^2 \leq p - 1$.
b) Im Riesenschritte-Babyschritte-Algorithmus kann es dann vorkommen, dass die Riesenschritte nicht mehr paarweise verschieden sind, was man dann ausnutzen kann. Im ρ-Algorithmus werden jetzt „Zahlen aus einer Menge mit $\operatorname{ord}_p[a]$ Elementen gezogen, d.h. die erwartete Länge für einen Zyklus und der Aufwand des Algorithmus reduzieren sich $\mathcal{O}(\sqrt{\operatorname{ord}_p[a]})$.

27. Wir (und vor allem Bob) wissen $15229 = 97 \cdot 157$ wie auch $d = 5^{-1} \bmod (96 \cdot 156) = 11981$. Also ist $m = 100^{11981} \bmod 15229 = 13434$. (Probe: $13434^5 \bmod 15229 = 100$.)

28. a) Nach dem Satz von Euler-Fermat ist $\varphi(n)$ ein universaler Exponent.
b) Dass $de-1$ universaler Exponent ist, folgt aus a), denn $de-1 = k \cdot (p-1)(q-1)$ mit $k \in \mathbb{N}$ und $\varphi(pq) = (p-1)(q-1)$. Ist $m = \operatorname{kgV}(p-1, q-1)$, so gilt $a^m \equiv 1 \bmod p$ und $a^m \equiv 1 \bmod q$, und weil p und q teilerfremd sind, folgt $a^m \equiv 1 \bmod (pq)$.
c) In der ersten Zeile von IV.6 Algorithmus 1 verwenden wir statt $ed - 1$ den universalen Exponenten. Der Algorithmus ist korrekt, weil der Hilfssatz aus IV.6 auch dann gilt, wenn die Faktoren p und q nicht prim sind. Seine „Trefferwahrscheinlichkeit" wird aber i.A. geringer, denn IV.6 Satz 3 gilt nicht mehr.

29. Wegen $\operatorname{ggT}(e, \varphi(n)) = 1$ gilt für $k = \operatorname{ord}_n[e]$ erstmalig $e^k \equiv 1 \bmod \varphi(n)$ und damit $m^{e^k} \bmod n = m^{e^k \bmod \varphi(n)} = m^1 \bmod n$. Der Angreifer kann also solange $c \leftarrow c^e$ berechnen, bis ein nach Klartext aussehendes Ergebnis erreicht wird. Ist $\operatorname{ord}_n[e]$ groß, z.B. von der Größenordnung $\mathcal{O}(n)$, bedeutet das aber exponentiellen Aufwand.

30. Aus $c_i \equiv m^{e_i} \bmod n$ folgt $c_1^{e_2} \equiv m^{e_1 e_2} \bmod n$. Es ist $z = c_1^{e_2} \bmod n$ direkt berechenbar; die „$e_1 e_2$-te Wurzel" aus z kann man ähnlich wie die Quadratwurzel, vgl. Aufgabe 5, berechnen. Der Aufwand ist dann $\mathcal{O}(\log(e_1 e_2))$ für jede Potenzberechnung und damit insgesamt $\mathcal{O}(\log n \log(e_1 e_2))$.

31. Es ist $f(-4) = -1068 = -2^2 \cdot 3 \cdot 89$, $f(4) = 900 = 2^2 \cdot 3^2 \cdot 5^2$. Die 11-glatten Zahlen sind $f(-2) = -2^2 \cdot 3 \cdot 7^2$, $f(0) = -2^2 \cdot 5^2$, $f(1) = 3 \cdot 7^2$, $f(2) = 2^2 \cdot 3^2 \cdot 11$, $f(4) = 2^2 \cdot 3^2 \cdot 5^2$. Das Gleichungssystem lautet

$$
\begin{pmatrix}
1 & 1 & 0 & 0 & 0 \\
0 & 0 & 0 & 0 & 0 \\
1 & 0 & 1 & 0 & 0 \\
0 & 0 & 0 & 0 & 0 \\
0 & 0 & 0 & 0 & 0 \\
0 & 0 & 0 & 1 & 0
\end{pmatrix}
\begin{pmatrix}
q_1 \\
q_2 \\
q_3 \\
q_4 \\
q_5
\end{pmatrix}
= 0,
$$

mit den beiden von Null verschiedenen Lösungen $(q_1, q_2, q_3, q_4, q_5) = (1, 1, 1, 0, 0)$ oder $(1, 1, 1, 0, 1)$. Die erste Lösung wurde im Text verwendet, die zweite Lösung ergibt $f(-2)f(0)f(1)f(4) = x^2$ mit $x = 2^3 \cdot 3^2 \cdot 5^2 \cdot 7^2 = 88200$, $y = 121 \cdot 123 \cdot 124 \cdot 127 == 234377484$ mit $y + x \bmod 15229 = 0$. Die zweite Lösung führt also nicht zu einer Faktorisierung von 15229.

32. Es ist $m = 34$. Sieben bis $p = 5$:

z	-3	-2	-1	0	1	2	3
$m + z$	31	32	33	34	35	36	37
$f(z)$	-246	-183	-118	-51	18	89	162
$p = 2$: $w_2^2 \equiv 1207 \equiv 1 \bmod 2$, also $w_1 = 1$, Faktor 2 wenn $m + z \equiv 1 \bmod 2$							
$f(z)$	$-2 \cdot 123$	-183	$-2 \cdot 59$	-51	$2 \cdot 9$	89	$2 \cdot 81$
$p = 3$: $w_3^2 \equiv 1207 \equiv 1 \bmod 3$, also $w_3 = \pm 1$, Faktor 3 wenn $m + z \equiv \pm 1 \bmod 3$							
$f(z)$	$-2 \cdot 3 \cdot 41$	$-3 \cdot 61$	$-2 \cdot 59$	$-3 \cdot 17$	$2 \cdot 3^2$	89	$2 \cdot 3^4$
$p = 5$: $w_5^2 \equiv 1207 \equiv 2 \bmod 5$ hat keine Lösung							
$f(z)$	$-2 \cdot 3 \cdot 41$	$-3 \cdot 61$	$-2 \cdot 59$	$-3 \cdot 17$	$\mathbf{2 \cdot 3^2}$	89	$\mathbf{2 \cdot 3^4}$

Das Produkt der beiden 5-glatten Zahlen $f(1)$ und $f(3)$ ist das Quadrat x^2 mit $x = 2 \cdot 3^3 = 54$. Mit $y = (m + 1)(m + 3) \bmod 1207 = 35 \cdot 37 \bmod 1207 = 88$ gilt also $x^2 \equiv y^2 \bmod n$. Es ist $y - x = 34$ und $\mathrm{ggT}(1207, 34) = 17$; $1207 = 17 \cdot 71$.

33. Wir runden auf Zehnerpotenzen.

n	2^8	2^{16}	2^{32}	2^{64}	2^{128}	2^{256}	2^{512}	2^{1024}	2^{2048}
$L_n[\frac{1}{2}, 1]$	10^1	10^2	10^3	10^5	10^8	10^{13}	10^{20}	10^{29}	10^{44}
$L_n[\frac{1}{3}, (\frac{64}{9})^{1/3}]$	10^2	10^3	10^5	10^7	10^{10}	10^{14}	10^{19}	10^{26}	10^{35}

Außerdem ist $L_{640}[\frac{1}{3}, (\frac{64}{9})^{1/3}] \approx 10^{22}$. Für die Faktorisierung von RSA-2048 braucht man also den 10^{13}-fachen Aufwand gegenüber dem für RSA-640. Nach dem mooreschen Gesetz steigt die Rechnerleistung in $1.5 \cdot \log 10^{13} \approx 75$ Jahren um diesen Faktor.

V Kongruenzen und diophantische Gleichungen

V.1 Lineare diophantische Gleichungen und Kongruenzen

In vielen Gebieten der Mathematik stößt man auf Aufgaben, in denen nach *ganzzahligen* Lösungen von Gleichungen oder Gleichungssystemen gesucht wird, wofür wir einige Beispiele nennen wollen.

In einem mittelalterlichen Text (vermutlich von Alcuin von York (735 – 804), dem Lehrer Karls des Großen) findet man folgende Aufgabe: „Hundert Maß Korn werden unter hundert Leute so verteilt, dass jeder Mann drei Maß, jede Frau zwei Maß und jedes Kind ein halbes Maß erhält. Wie viele Männer, Frauen und Kinder sind es?" Man muss also das Gleichungssystem

$$
\begin{aligned}
x + y + z &= 100 \\
3x + 2y + \tfrac{1}{2}z &= 100
\end{aligned}
$$

mit natürlichen Zahlen lösen. (Es gibt 6 verschiedene Lösungen.)

Möchte man in der chemischen Reaktionsgleichung

$$
wC_2H_6O + xO_2 \longrightarrow yC_2H_4O_2 + zH_2O
$$

die Koeffizienten w, x, y, z bestimmen, dann muss man eine Lösung des Gleichungssystems

$$
\begin{aligned}
2w \quad\quad - 2y \quad\quad &= 0 \\
6w \quad\quad - 4y - 2z &= 0 \\
w + 2x - 2y - z &= 0
\end{aligned}
$$

mit *natürlichen* (teilerfremden) Zahlen finden.

Möchte man einen Vektor aus $\mathbb{R}^3$ mit ganzzahligen Koordinaten x, y, z und ganzzahligem Betrag konstruieren, dann sucht man eine ganzzahlige Lösung (x, y, z, w) der Gleichung

$$
x^2 + y^2 + z^2 = w^2.
$$

Um die Einheiten im Ring G_7 der Zahlen $x + y\sqrt{7}$ $(x, y \in \mathbb{Z})$ zu bestimmen, muss man ganzzahlige Lösungen von $|x^2 - 7y^2| = 1$ berechnen (vgl. II.5).

Eine Gleichung über der Grundmenge $\mathbb{Z}$ oder $\mathbb{Z} \times \mathbb{Z}$ oder allgemein $\mathbb{Z}^i$, also eine Gleichung, für welche man ganzzahlige Lösungen sucht, heißt eine *diophantische Gleichung*. Diese sind so benannt nach Diophantos von Alexandria, obwohl dessen Interesse in diesem Zusammenhang nur den rationalen Lösungen quadratischer Gleichungen galt. Allerdings lässt sich die Frage nach ganzzahligen Lösungen einer Gleichung oft sehr einfach auf die Frage nach rationalen Lösungen einer geeigneten anderen Gleichung zurückführen. Im dritten der obigen Beispiele könnte man mit $\xi = \dfrac{x}{w}$, $\eta = \dfrac{y}{w}$, $\zeta = \dfrac{z}{w}$ auch nach den rationalen Punkten auf der Einheitskugel $\xi^2 + \eta^2 + \zeta^2 = 1$ fragen.

Satz 1: Die lineare diophantische Gleichung

$$ax + by = c \qquad (a, b, c \in \mathbb{Z})$$

ist genau dann lösbar, wenn $\mathrm{ggT}(a, b) | c$. Ist in diesem Fall (x_0, y_0) eine spezielle Lösung, dann ist

$$\left\{ \left(x_0 + t \cdot \frac{b}{d}, \ y_0 - t \cdot \frac{a}{d} \right) \ \middle| \ t \in \mathbb{Z} \right\} \quad \text{mit} \quad d = \mathrm{ggT}(a, b)$$

die Menge aller Lösungen.

Beweis: Es sei $d = \mathrm{ggT}(a, b)$. Existiert eine Lösung (x_0, y_0), dann gilt $d|c$, denn $d|(ax_0 + by_0)$. Ist umgekehrt $d|c$ und $d = au + bv$ $(u, v \in \mathbb{Z})$ eine Vielfachensummendarstellung von d, dann ist

$$c = a \cdot \frac{uc}{d} + b \cdot \frac{vc}{d},$$

die diophantische Gleichung hat also eine Lösung. Offensichtlich ist mit (x_0, y_0) auch

$$\left(x_0 + t \cdot \frac{b}{d}, \ y_0 - t \cdot \frac{a}{d} \right)$$

für jedes $t \in \mathbb{Z}$ eine Lösung. *Jede* Lösung hat auch diese Form; denn die homogene Gleichung $ax + by = 0$ ist äquivalent zu $\dfrac{a}{d}x + \dfrac{b}{d}y = 0$, wegen $\mathrm{ggT}\left(\dfrac{a}{d}, \dfrac{b}{d} \right) = 1$ gilt für eine Lösung (x, y) dieser Gleichung also $\dfrac{a}{d} \,\middle|\, y$ bzw. $\dfrac{b}{d} \,\middle|\, x$. $\quad \square$

Beispiel 1: Die diophantische Gleichung $122x + 74y = 112$ ist lösbar, denn $\mathrm{ggT}(122, 74) = 2$ und $2|112$. Kürzen durch 2 ergibt

$$61x + 37y = 56.$$

Zur Bestimmung einer speziellen Lösung beschaffen wir uns zunächst mit Hilfe des euklidischen Algorithmus eine Lösung von $61u + 37v = 1$ und multiplizieren diese dann mit 56:

$$61 = 1 \cdot 37 + 24 \qquad 1 = 11 - 5 \cdot 2$$
$$37 = 1 \cdot 24 + 13 \qquad\quad = (-5) \cdot 13 + 6 \cdot 11$$
$$24 = 1 \cdot 13 + 11 \qquad\quad = 6 \cdot 24 + (-11) \cdot 13$$
$$13 = 1 \cdot 11 + 2 \qquad\quad = (-11) \cdot 37 + 17 \cdot 24$$
$$11 = 5 \cdot 2 + 1 \qquad\quad = 17 \cdot 61 + (-28) \cdot 37$$
$$2 = 2 \cdot 1$$

Es ergibt sich $x_0 = 17 \cdot 56 = 952$, $y_0 = -28 \cdot 56 = -1568$. Die allgemeine Lösung ist dann $x = x_0 - 37t$, $y = y_0 + 61t$ ($t \in \mathbb{Z}$). Für $t = 25$ ergibt sich die Lösung $x_1 = 27$, $y_1 = -43$; für $t = 26$ erhält man $x_2 = -10$, $y_2 = 18$. Der euklidische Algorithmus liefert keineswegs eine Lösung mit möglichst kleinen Beträgen, wie dieses Beispiel zeigt.

Das Lösungsverfahren einer linearen diophantischen Gleichung $ax + by = 1$ lässt sich auch mit Kettenbrüchen (vgl. I.8) beschreiben, wie wir am Beispiel $61x + 37y = 1$ zeigen wollen: Es gilt $\frac{61}{37} = [1, 1, 1, 1, 5, 2]$ und $[1, 1, 1, 1, 5] = \frac{28}{17}$, also ist $61 \cdot 17 - 37 \cdot 28 = (-1)^6 = 1$ (vgl. I.8 Satz 19).

Wir wollen die diophantische Gleichung aus Beispiel 1 nun mit einer anderen Methode lösen, welche auf Euler zurückgeht: Wir lösen die Gleichung nach der Variablen mit dem betragskleinsten Koeffizient auf:

$$y = \frac{-61x + 56}{37} = -x + \frac{-24x + 56}{37}.$$

Wir setzen $t = \frac{-24x + 56}{37}$ und lösen nun $24x + 37t = 56$ nach x auf:

$$x = \frac{-37t + 56}{24} = -t + \frac{-13t + 56}{24}.$$

Wir setzen $u = \frac{-13t + 56}{24}$ und lösen dann $13t + 24u = 56$ nach t auf:

$$t = \frac{-24u + 56}{13} = -2u + \frac{2u + 56}{13}.$$

Mit $v = \frac{2u + 56}{13}$ ergibt sich dann $-2u + 13v = 56$ und daraus

$$u = \frac{13v - 56}{2} = 6v + \frac{v - 56}{2}.$$

Die Gleichung $w = \frac{v - 56}{2}$ bzw. $v - 2w = 56$ hat z.B. die Lösung $v_0 = 0$, $w_0 = -28$. Aus $v_0 = 0$ ergibt sich der Reihe nach $u_0 = -28$, $t_0 = 56$, $x_0 = -84$. Daraus erhält man dann $y_0 = 140$. Auch bei diesem Verfahren ergibt sich in der Regel keine Lösung mit möglichst kleinen Beträgen.

Die allgemeine lineare diophantische Gleichung $a_1 x_1 + a_2 x_2 + \cdots + a_n x_n = a$ ist genau dann lösbar, wenn $\mathrm{ggT}(a_1, a_2, \ldots, a_n) \mid a$; dies beweist man ähnlich wie die speziellere Aussage in Satz 1. Es ist hier jedoch etwas mühsamer, die Lösungsmenge anzugeben, was wir an einem Beispiel zeigen wollen.

Beispiel 2: Die diophantische Gleichung

$$33x_1 + 6x_2 + 12x_3 - 15x_4 = 21$$

ist lösbar, denn 21 ist durch ggT(33,6,12,15) = 3 teilbar. Kürzt man mit 3, dann erhält man die äquivalente Gleichung

$$11x_1 + 2x_2 + 4x_3 - 5x_4 = 7.$$

Wir benutzen das eulersche Verfahren aus Beispiel 1:

$$x_2 = \frac{1}{2}(-11x_1 - 4x_3 + 5x_4 + 7) = -6x_1 - 2x_3 + 2x_4 + \frac{1}{2}(x_1 + x_4 + 7).$$

Wir setzen $y = \frac{1}{2}(x_1 + x_4 + 7)$, also $2y - x_1 - x_4 = 7$ und erhalten

$$x_1 = 2y - x_4 - 7.$$

Daraus folgt

$$x_2 = -6(2y - x_4 - 7) - 2x_3 + 2x_4 + y = -11y - 2x_3 + 8x_4 + 42.$$

Die Lösungsmenge der diophantischen Gleichung ist

$$\{(2r - t - 7, \ -11r - 2s + 8t + 42, \ s, \ t) \mid r, s, t \in \mathbb{Z}\}$$

oder übersichtlicher geschrieben

$$\left\{ \begin{pmatrix} -7 \\ 42 \\ 0 \\ 0 \end{pmatrix} + r \begin{pmatrix} 2 \\ -11 \\ 0 \\ 0 \end{pmatrix} + s \begin{pmatrix} 0 \\ -2 \\ 1 \\ 0 \end{pmatrix} + t \begin{pmatrix} -1 \\ 8 \\ 0 \\ 1 \end{pmatrix} \ \middle| \ r, s, t \in \mathbb{Z} \right\}.$$

Die diophantische Gleichung $ax + by = c$ ist genau dann lösbar, wenn die Kongruenz $ax \equiv c \bmod b$ lösbar ist, und dies ist genau dann der Fall, wenn die Kongruenz $by \equiv c \bmod a$ lösbar ist. Das Problem, eine diophantische Gleichung zu lösen, ist also eng verbunden mit dem Problem, eine Kongruenz (genauer „Bestimmungskongruenz") zu lösen. Eine Lösung einer Kongruenz mit *einer* Variablen ist eine Restklasse zum betrachteten Modul.

Satz 2: Die lineare Kongruenz $ax \equiv b \bmod m$ ist genau dann lösbar, wenn ggT$(a, m)|b$ gilt. Die Anzahl der Lösungen ist ggT(a, m).

Beweis: Das Lösbarkeitskriterium ergibt sich sofort aus dem entsprechenden Kriterium in Satz 1. Ist $d = $ ggT(a, m) und $d|b$, dann gilt für ein $x \in \mathbb{Z}$ genau dann $ax \equiv b \bmod m$, wenn

$$\frac{a}{d} \cdot x \equiv \frac{b}{d} \bmod \frac{m}{d}.$$

Wegen $\mathrm{ggT}\left(\frac{a}{d},\frac{m}{d}\right) = 1$ ist diese Kongruenz *eindeutig* lösbar, d.h., es gibt genau eine Restklasse $x_0 \bmod \frac{m}{d}$, welche diese Kongruenz löst. Diese Restklasse zerfällt in genau d Restklassen $\bmod\, m$, welche die ursprünglich gegebene Kongruenz lösen, nämlich $\left(x_0 + i \cdot \frac{m}{d}\right) \bmod m$ für $i = 0, 1, \cdots, d-1$. $\square$

Gemäß Satz 2 reduziert sich das Problem, die Kongruenz $ax \equiv b \bmod m$ zu lösen, auf den Fall $\mathrm{ggT}(a, m) = 1$. Mit Hilfe des Satzes von Euler-Fermat kann man die Lösung sofort „formal" angeben: Wegen $a^{\varphi(m)} \equiv 1 \bmod m$ erhält man durch Multiplikation der Kongruenz mit $a^{\varphi(m)-1}$

$$x \equiv a^{\varphi(m)-1} b \bmod m.$$

Ist dabei der Modul m sehr groß, dann kann das Berechnen der Potenzen a^i modulo m sehr mühsam werden. In solchen Fällen ist folgendes Verfahren nützlich: Man zerlege m in paarweise teilerfremde Faktoren (etwa in die in m aufgehenden Primzahlpotenzen)

$$m = m_1 \cdot m_2 \cdot \ldots \cdot m_k$$

und betrachte die k Kongruenzen

$$ax \equiv b \bmod m_i \qquad (i = 1, 2, ..., k),$$

welche sich aus der Kongruenz $ax \equiv b \bmod m$ ergeben. Gilt $\mathrm{ggT}(a, m) = 1$, dann gilt auch $\mathrm{ggT}(a, m_i) = 1$ $(i = 1, 2, ..., k)$, diese k Kongruenzen sind also eindeutig lösbar:

$$x \equiv c_i \bmod m_i \qquad (i = 1, 2, ..., k).$$

Nun muss man ein Verfahren finden, aus diesen Lösungen die gesuchte Lösung von $ax \equiv b \bmod m$ zu ermitteln. Dass eine solche existiert, garantiert der folgende Satz, der den Namen *chinesischer Restsatz* trägt. In seinem Beweis wird gleichzeitig ein Verfahren zur Konstruktion der Lösung angegeben, welches aber i. Allg. nicht sehr gut zu handhaben ist. Im anschließenden Beispiel wird ein günstigeres Verfahren benutzt.

Satz 3: Sind $m_1, m_2, ..., m_k$ paarweise teilerfremde natürliche Zahlen und $c_1, c_2, ..., c_k$ ganze Zahlen, dann existiert genau eine Restklasse $[x]$ zum Modul $m = m_1 \cdot m_2 \cdot \ldots \cdot m_k$, für welche gilt:

$$x \equiv c_i \bmod m_i \; (i = 1, 2, ..., k).$$

Beweis: Es sei $M_i = \frac{m}{m_i}$ und $N_i M_i \equiv 1 \bmod m_i$, wobei die Existenz der Restklasse $N_i \bmod m_i$ wegen $\mathrm{ggT}(M_i, m_i) = 1$ gesichert ist. Für die ganze Zahl

$$x = c_1 N_1 M_1 + c_2 N_2 M_2 + \ldots + c_k N_k M_k$$

gilt dann $x \equiv c_i \bmod m_i$, weil $M_j \equiv 0 \bmod m_i$ für $j \neq i$ $(i = 1, 2, ..., k)$. Ist y eine weitere Zahl mit $y \equiv c_i \bmod m_i$ für $i = 1, 2, ..., k$, dann ist $x \equiv y \bmod m_i$ für $i = 1, 2, ..., k$ und damit $x \equiv y \bmod m$. $\square$

Beispiel 3: Es soll die Kongruenz $1193x \equiv 367 \bmod 31500$ gelöst werden; wegen $\mathrm{ggT}(1193,31500) = 1$ ist sie eindeutig lösbar. Wegen $31500 = 4 \cdot 7 \cdot 9 \cdot 125$ betrachten wir das Kongruenzensystem

$$
\begin{aligned}
1193x &\equiv 367 \bmod 4 \\
1193x &\equiv 367 \bmod 7 \\
1193x &\equiv 367 \bmod 9 \\
1193x &\equiv 367 \bmod 125
\end{aligned}
\quad \text{bzw.} \quad
\begin{aligned}
x &\equiv 3 \bmod 4 \\
3x &\equiv 3 \bmod 7 \\
5x &\equiv 7 \bmod 9 \\
68x &\equiv 117 \bmod 125
\end{aligned}
\quad \text{bzw.} \quad
\begin{aligned}
x &\equiv 3 \bmod 4 \\
x &\equiv 1 \bmod 7 \\
x &\equiv 5 \bmod 9 \\
x &\equiv 44 \bmod 125
\end{aligned}
$$

Etwas Mühe bereitet dabei nur die Lösung der vierten Kongruenz, welche man zunächst in $68x \equiv -8 \bmod 125$ und dann in $17x \equiv -2 \bmod 125$ umformt. Aus $25 \mid (17x + 2)$ kann man auf $25 \mid (-8x + 2)$ und daraus auf $25 \mid (4x - 1)$ schließen. Die Kongruenz $4x \equiv 1 \bmod 25$ hat die Lösung $x \equiv 19 \bmod 25$. Für x kommen also die Zahlen $19, 44, 69, 94, 119$ in Frage; mit 44 hat man Glück.

Nun berechnen wir die nach Satz 3 eindeutig bestimmte Lösung des zuletzt hingeschriebenen Kongruenzensystems. Aus der ersten Kongruenz folgt $x = 3 + 4t$ mit $t \in \mathbb{Z}$. Eingesetzt in die zweite Kongruenz ergibt dies $4t \equiv 5 \bmod 7$ bzw. $t \equiv 3 \bmod 7$. Mit $t = 3 + 7u$ ist $x = 15 + 28u$ $(u \in \mathbb{Z})$. Eingesetzt in die dritte Kongruenz ergibt dies $u \equiv 8 \bmod 9$, mit $u = 8 + 9v$ ist also $x = 239 + 252v$ $(v \in \mathbb{Z})$. Damit folgt aus der vierten Kongruenz $2v \equiv 55 \bmod 125$, also $v \equiv 90 \bmod 125$. Mit $v = 90 + 125w$ $(w \in \mathbb{Z})$ ist dann $x = 22919 + 31500w$. Wir erhalten also das Resultat:

$$1193x \equiv 367 \bmod 31500 \quad \text{hat die Lösung} \quad x \equiv 22919 \bmod 31500.$$

Der chinesische Restsatz tritt in vielen Mathematikbüchern vergangener Epochen auf; der Name dieses Satzes rührt daher, dass im *Handbuch der Arithmetik* (Suan-ching) des Chinesen Sun-Tsu (oder Sun-Tse), der vor etwa 2000 Jahren lebte, folgende Aufgabe steht: „Es soll eine Anzahl von Dingen gezählt werden. Zählt man sie zu je drei, dann bleiben zwei übrig. Zählt man sie zu je fünf, dann bleiben drei übrig. Zählt man sie zu je sieben, dann bleiben zwei übrig. Wie viele sind es?" Hier muss also das System

$$
\begin{aligned}
x &\equiv 2 \bmod 3 \\
x &\equiv 3 \bmod 5 \\
x &\equiv 2 \bmod 7
\end{aligned}
$$

gelöst werden; die Lösung ist $23 \bmod 105$, die kleinste positive Lösung ist also 23. Um 100 n. Chr. gab der griechische Neuplatoniker und Mathematiker Nikomachus von Gerasa dasselbe Beispiel an. Auch Brahmagupta behandelte in einem im Jahr 628 n. Chr. verfassten Lehrbuch der Astronomie und Mathematik den chinesischen Restsatz. Auf ihn geht die Aufgabe zurück, eine Zahl zu bestimmen, die bei Division durch $3, 4, 5$ und 6 die Reste $2, 3, 4$ bzw. 5 lässt. Dies bedeutet, das System

$$
\begin{aligned}
x &\equiv -1 \bmod 3 \\
x &\equiv -1 \bmod 4 \\
x &\equiv -1 \bmod 5 \\
x &\equiv -1 \bmod 6
\end{aligned}
$$

zu lösen. Man beachte, dass hier die Moduln nicht teilerfremd sind. Die Lösung ist

$$x \equiv -1 \bmod \mathrm{kgV}(3, 4, 5, 6),$$

die kleinste positive Zahl darin ist 59. Selbstverständlich enthält auch Fibonaccis *Liber abbaci* Beispiele zum chinesischen Restsatz. Dort wird z. B. nach einer Zahl gefragt, die bei Division durch 2,3,4,5,6 jeweils den Rest 1 lässt und durch 7 teilbar ist. Dies gilt für alle x mit $x \equiv 301 \bmod 420$, die kleinste positive Lösung des Problems ist also 301.

Den im Beweis des chinesischen Restsatzes verwendeten Gedankengang kann man zur *Multiplikation großer Zahlen* ausnutzen. Um das Produkt der Zahlen x, y zu berechnen, wähle man $m > xy$, zerlege m in paarweise teilerfremde Faktoren $m_1, m_2, ..., m_k$ und bestimme zu den teilerfremden Zahlen $M_i = \dfrac{m}{m_i}$ ganze Zahlen e_i ($i = 1, 2, ..., k$) mit

$$1 = e_1 M_1 + e_2 M_2 + ... + e_k M_k.$$

Es sei nun $x \equiv x_i \bmod m_i$, $y \equiv y_i \bmod m_i$ mit $0 \le x_i$, $y_i < m$ und $x_i y_i \equiv z_i \bmod m_i$ mit $0 \le z_i < m$ ($i = 1, 2, ..., k$). Dann ist

$$xy \equiv e_1 M_1 z_1 + e_2 M_2 z_2 + ... + e_k M_k z_k \bmod m.$$

Ist dann

$$e_1 M_1 z_1 + e_2 M_2 z_2 + ... + e_k M_k z_k \equiv z \bmod m \quad \text{und} \quad 0 < z < m,$$

dann ist $xy = z$. Dieses Verfahren eignet sich bei Rechnungen mit einem Computer, wenn die Teilmoduln m_i „computergerecht" gewählt werden, etwa wenn m_i um 1 kleiner als eine Zweierpotenz ist.

Beispiel 4: Wir betrachten ein Zahlenbeispiel, welches zwar das Prinzip dieser Multiplikation demonstriert, aber aufgrund der geringen Stellenzahl der Faktoren nicht den Vorteil dieses Verfahrens zeigt. Wir wählen zwei Zahlen, deren Produkt kleiner als $m = 990 = 9 \cdot 10 \cdot 11$ ist. Zunächst bestimmen wir $e_i M_i$ ($i = 1, 2, 3$):

$$1 = (-4) \cdot 110 + 9 \cdot 99 + (-5) \cdot 90 = (-440) + 891 + (-450)$$

Nun wollen wir das Produkt $23 \cdot 41$ (< 990) berechnen. Es ist

$$23 \cdot 41 \equiv 5 \cdot 5 \equiv 7 \bmod 9;$$
$$23 \cdot 41 \equiv 3 \cdot 1 \equiv 3 \bmod 10;$$
$$23 \cdot 41 \equiv 1 \cdot 8 \equiv 8 \bmod 11.$$

Also gilt

$$23 \cdot 41 \equiv (-440) \cdot 7 + 891 \cdot 3 + (-450) \cdot 8 \equiv -4007 \equiv 943 \bmod 990$$

und daher $23 \cdot 41 = 943$. (Vgl. hierzu aber auch IV.2.)

V.2 Quadratische diophantische Gleichungen und Kongruenzen

In V.1 Satz 1 haben wir die Linearform $ax + by$ $(a, b \in \mathbb{Z})$ untersucht, insbesondere haben wir nach ganzzahligen Lösungen (x, y) der Gleichung $ax + by = c$ für ein $c \in \mathbb{Z}$ gefragt. Nun wollen wir *quadratische Formen* in zwei Variablen untersuchen, also etwa $ax^2 + by^2$ $(a, b \in \mathbb{Z})$ oder etwas allgemeiner $ax^2 + bxy + cy^2$ $(a, b, c \in \mathbb{Z})$. Solchen sind wir schon in II.4 begegnet: Sucht man in G_d im Fall $d \equiv 2$ oder $d \equiv 3 \bmod 4$ alle ganzen Zahlen $x + y\sqrt{d}$, welche die Norm n haben, dann muss man die diophantische Gleichung $x^2 - dy^2 = n$ lösen. Sucht man im Fall $d \equiv 1 \bmod 4$ alle ganzen Zahlen $x + y \cdot \dfrac{1 + \sqrt{d}}{2}$ welche die Norm n haben, dann muss man die diophantische Gleichung $x^2 + xy + \dfrac{1 - d}{4} \cdot y^2 = n$ lösen. (Vgl. hierzu auch V.8.)

Ist die Gleichung

$$ax^2 + by^2 = k$$

für ein $k \in \mathbb{Z}$ lösbar, dann sind auch die quadratischen Kongruenzen

$$ax^2 \equiv k \bmod b \quad \text{und} \quad by^2 \equiv k \bmod a$$

lösbar. Dabei kann man $\mathrm{ggT}(a, b) | k$ voraussetzen, da es andernfalls sicher keine Lösungen gibt. Nach Division durch $\mathrm{ggT}(a, b)$ kann man dann $\mathrm{ggT}(a, b) = 1$ annehmen. Beispielsweise ist die diophantische Gleichung $x^2 - 7y^2 = -1$ nicht lösbar, denn die Kongruenz $x^2 \equiv -1 \bmod 7$ ist nicht lösbar; als Rest einer Quadratzahl mod 7 können nämlich nur 0,1,2,4 auftreten.

Die quadratische Kongruenz $ax^2 \equiv k \bmod m$ mit $\mathrm{ggT}(a, m) = 1$ kann man durch Multiplikation mit $\dfrac{1}{a} \bmod m$ auf die Form $x^2 \equiv r \bmod m$ bringen, so dass sich die Frage ergibt, welche m-Restklassen $[r]$ als Quadrat zu schreiben sind. Denn obige Kongruenz entspricht der Gleichung

$$[x]^2 = [r].$$

Mit dieser Frage beschäftigen wir uns im nächsten Abschnitt.

Auch bei einer quadratischen Kongruenz zerlegt man den Modul zunächst in paarweise teilerfremde Faktoren (in der Regel Primzahlpotenzen), bestimmt die Lösungen der entsprechenden Kongruenzen nach diesen Teilern des Moduls und wendet dann wieder den chinesischen Restsatz an (V.1 Satz 3).

Beispiel 1: Es soll die quadratische Kongruenz

$$2x^2 + 25x + 12 \equiv 0 \bmod 35$$

gelöst werden. Man zerlegt diese in eine Kongruenz mod 5 und eine solche mod 7:

$$2x^2 + 2 \equiv 0 \bmod 5 \quad \text{und} \quad 2x^2 + 4x + 5 \equiv 0 \bmod 7.$$

Wegen $3 \cdot 2 \equiv 1 \bmod 5$ und $4 \cdot 2 \equiv 1 \bmod 7$ sind diese Kongruenzen gleichwertig mit

$$x^2 + 1 \equiv 0 \bmod 5 \qquad \text{und} \qquad x^2 + 2x + 6 \equiv 0 \bmod 7$$

bzw.

$$x^2 \equiv 4 \bmod 5 \qquad \text{und} \qquad (x+1)^2 \equiv 2 \bmod 7.$$

Beide Kongruenzen sind lösbar (man beachte $3^2 \equiv 2 \bmod 7$):

$$x \equiv \pm 2 \bmod 5 \qquad \text{und} \qquad x \equiv -1 \pm 3 \bmod 7.$$

$$\begin{cases} x \equiv +2 \bmod 5 \\ x \equiv +2 \bmod 7 \end{cases} \qquad \text{hat die Lösung} \qquad x \equiv 2 \bmod 35;$$

$$\begin{cases} x \equiv -2 \bmod 5 \\ x \equiv +2 \bmod 7 \end{cases} \qquad \text{hat die Lösung} \qquad x \equiv 23 \bmod 35;$$

$$\begin{cases} x \equiv +2 \bmod 5 \\ x \equiv -4 \bmod 7 \end{cases} \qquad \text{hat die Lösung} \qquad x \equiv 17 \bmod 35;$$

$$\begin{cases} x \equiv -2 \bmod 5 \\ x \equiv -4 \bmod 7 \end{cases} \qquad \text{hat die Lösung} \qquad x \equiv 3 \bmod 35.$$

Die gegebene quadratische Kongruenz besitzt also vier Lösungen.

Beispiel 2: Um festzustellen, für welche von $0 \bmod 13$ verschiedenen Restklassen $a \bmod 13$ die Kongruenz

$$x^2 \equiv a \bmod 13$$

lösbar ist, berechnen wir $i^2 \bmod 13$ für $i = 1, 2, \ldots, 12$:

i	1	2	3	4	5	6	7	8	9	10	11	12
$i^2 \bmod 13$	1	4	9	3	12	10	10	12	3	9	4	1

Nur für $a \equiv 1, 3, 4, 9, 10, 12$ ist obige Kongruenz lösbar. Sie besitzt dann jeweils zwei verschiedene Lösungen, denn $x^2 \equiv i^2 \bmod 13$ ist äquivalent mit $x \equiv i \bmod 13$ oder $x \equiv -i \bmod 13$, und es gilt $i \not\equiv -i \bmod 13$ für $i \not\equiv 0 \bmod 13$. Die Restklassen $a \bmod 13$, für welche $x^2 \equiv a \bmod 13$ lösbar ist, findet man auch mit Hilfe einer primitiven Restklasse $\bmod 13$. Eine solche ist $[2]$, also sind

$$[2]^2 = [4], \ [2]^4 = [3], \ [2]^6 = [12], \ [2]^8 = [9], \ [2]^{10} = [10], \ [2]^{12} = [1]$$

die Quadrate in R_{13}^*. Es gilt für eine Primzahl $p \geq 3$ allgemein, dass die Hälfte aller Elemente von R_p^* Quadrate sind, die andere Hälfte nicht. Aber auch für einen Primzahlmodul p ist die Frage nach den Quadraten in R_p^* noch weiterhin von Interesse, zumal das Auffinden einer primitiven Restklasse $\bmod p$ in der Regel große Schwierigkeiten bereitet.

V.3 Quadratische Reste

Ist die m-Restklasse $[r]$ ein Quadrat, ist also die Kongruenz

$$x^2 \equiv r \bmod m$$

lösbar, dann nennt man r einen *quadratischen Rest* modulo m, andernfalls einen *quadratischen Nichtrest* modulo m. Ist

$$m = \prod_{i=1}^{\infty} p_i^{\alpha_i}$$

die kanonische Primfaktorzerlegung von m, dann ist r genau dann quadratischer Rest modulo m, wenn r quadratischer Rest modulo $p_i^{\alpha_i}$ für $i = 1, 2, 3, \ldots$ ist. Daher interessieren wir uns nur noch für den Fall, dass der Modul eine Primzahlpotenz ist. Dabei kann man r als teilerfremd zum Modul voraussetzen, wie folgende Überlegung zeigt: Es sei $r = p^\varrho s$ mit $p \nmid s$. Die Kongruenz $x^2 \equiv r \bmod p^\alpha$ hat für $\varrho \geq \alpha$ die Lösungen $x \equiv p^\xi u \bmod p^\alpha$ mit $2\xi \geq \alpha$ und $u \in \mathbb{Z}$; für $0 \leq \varrho < \alpha$ ist sie genau dann lösbar, wenn ϱ gerade ist und die Kongruenz $y^2 \equiv s \bmod p^{\alpha-\varrho}$ lösbar ist.

Satz 4: a) Es sei $2 \nmid r$. Genau dann ist r ein quadratischer Rest mod 2^α, wenn $r \equiv 1 \bmod 2^\mu$ mit $\mu = \min(\alpha, 3)$.

b) Es sei p eine ungerade Primzahl und $p \nmid r$. Genau dann ist r ein quadratischer Rest mod p^α , wenn r quadratischer Rest mod p ist.

Beweis: a) 1) Existiert ein x mit $x^2 \equiv r \bmod 2^\alpha$, dann ist dieses ungerade, weil r ungerade ist. Also ist $x^2 \equiv 1 \bmod 8$ und daher $r \equiv 1 \bmod 8$.

2) Ist $r \equiv 1 \bmod 2^\alpha$, dann ist r offensichtlich quadratischer Rest mod 2^α. Ist $r \equiv 1 \bmod 8$, dann ist $x^2 \equiv r \bmod 2^\alpha$ für $\alpha = 3$ lösbar. Ist x_0 eine Lösung dieser Kongruenz für ein $\alpha \geq 3$, dann ist t so zu bestimmen, dass $x_0 + 2^{\alpha-1}t$ eine Lösung von $x^2 \equiv r \bmod 2^{\alpha+1}$ ist: Wegen $\alpha \geq 3$ ist $2\alpha - 2 \geq \alpha + 1$, also

$$(x_0 + 2^{\alpha-1}t)^2 \equiv x_0^2 + 2^\alpha x_0 t + 2^{2\alpha-2}t^2 \equiv x_0^2 + 2^\alpha x_0 t \bmod 2^{\alpha+1}.$$

Mit

$$x_0 t \equiv \frac{r - x_0^2}{2^\alpha} \bmod 2$$

(also t = 0 oder t = 1) gilt dann

$$x_0^2 + 2^\alpha x_0 t \equiv r \bmod 2^{\alpha+1}.$$

b) 1) Ist r quadratischer Rest zum Modul p^α mit $\alpha \geq 1$, dann offensichtlich auch zum Modul p.

2) Es sei r quadratischer Rest mod p^α, etwa $x_0^2 \equiv r \bmod p^\alpha$. In der Kongruenz

$$(x_0 + p^\alpha t)^2 \equiv x_0^2 + 2p^\alpha x_0 t \bmod p^{\alpha+1}$$

wählen wir t so, dass

$$2x_0 t \equiv \frac{r - x_0^2}{p^\alpha} \bmod p.$$

Dann ist $(x_0^2 + p^\alpha t)^2 \equiv r \bmod p^{\alpha+1}$. Ist also r ein quadratischer Rest zum Modul p^α, dann auch zum Modul $p^{\alpha+1}$. $\square$

Aufgrund von Satz 4 können wir uns nun auf die Untersuchung quadratischer Reste zu einem Primzahlmodul $p > 2$ beschränken. Die $\frac{p-1}{2}$ Zahlen

$$1^2, 2^2, 3^2, \ldots, \left(\frac{p-1}{2}\right)^2$$

sind inkongruent mod p und offensichtlich quadratische Reste mod p. Dass keine weiteren quadratischen Reste existieren, dass es also genau $\frac{p-1}{2}$ quadratische Reste und $\frac{p-1}{2}$ quadratische Nichtreste mod p gibt, erkennt man mit Hilfe einer primitiven Restklasse $[g]$: Genau dann ist die Kongruenz

$$g^{2\xi} \equiv g^\varrho \bmod p$$

lösbar, wenn die Kongruenz $2\xi \equiv \varrho \bmod p - 1$ lösbar ist, und dies ist genau dann der Fall, wenn ϱ gerade ist. Folglich sind $g^2, g^4, \ldots, g^{p-1}$ quadratische Reste und $g^1, g^3, \ldots, g^{p-2}$ quadratische Nichtreste. Insbesondere ist also eine primitive Restklasse kein Quadrat.

Für $\mathrm{ggT}(r, p) = 1$ definiert man das *Legendre-Symbol* $\left(\frac{r}{p}\right)$ (lies „r nach p") folgendermaßen:

$$\left(\frac{r}{p}\right) = \begin{cases} +1, \text{ wenn } r \text{ quadratischer Rest mod } p \text{ ist,} \\ -1, \text{ wenn } r \text{ quadratischer Nichtrest mod } p \text{ ist.} \end{cases}$$

Die folgenden Eigenschaften des Legendre-Symbols sind unmittelbar klar:

Ist $p \nmid ab$ und $a \equiv b \bmod p$, dann ist $\left(\frac{a}{p}\right) = \left(\frac{b}{p}\right)$.

Ist $p \nmid a$, dann ist $\left(\frac{a^2}{p}\right) = 1$; insbesondere ist $\left(\frac{1}{p}\right) = 1$.

Ist $[g]$ eine primitive Restklasse mod p, dann ist $\left(\frac{g}{p}\right) = -1$.

Der folgende Satz geht auf Euler und Legendre zurück und wird oft *Euler-Kriterium* genannt.

Satz 5: Ist p eine ungerade Primzahl und $p \nmid a$, dann gilt

$$\left(\frac{a}{p}\right) \equiv a^{\frac{p-1}{2}} \bmod p.$$

Beweis: Es sei $[g]$ eine primitive Restklasse mod p und $a \equiv g^\alpha$ mod p. Ist a quadratischer Rest, dann ist α gerade, etwa $\alpha = 2\beta$; in diesem Fall gilt

$$a^{\frac{p-1}{2}} \equiv (g^{p-1})^\beta \equiv 1 \bmod p.$$

Ist a quadratischer Nichtrest, dann ist α ungerade, etwa $\alpha = 2\beta + 1$; in diesem Fall gilt

$$a^{\frac{p-1}{2}} \equiv (g^{p-1})^\beta \cdot g^{\frac{p-1}{2}} \equiv g^{\frac{p-1}{2}} \equiv -1 \bmod p. \quad \square$$

Als Folgerung aus diesem Satz erhalten wir:

$$\left(\frac{a}{p}\right) \cdot \left(\frac{b}{p}\right) = \left(\frac{ab}{p}\right)$$

für alle a, b mit $p \nmid ab$, denn

$$a^{\frac{p-1}{2}} \cdot b^{\frac{p-1}{2}} \equiv (ab)^{\frac{p-1}{2}} \bmod p.$$

Ferner ergibt sich

$$\left(\frac{-1}{p}\right) = (-1)^{\frac{p-1}{2}} = \begin{cases} +1, \text{wenn } p \equiv 1 \bmod 4 \\ -1, \text{wenn } p \equiv 3 \bmod 4 \end{cases}.$$

Der folgende Satz heißt *gaußsches Lemma*.

Satz 6: Ist p eine ungerade Primzahl und $p \nmid a$, ferner μ die Anzahl der Zahlen j mit $1 \le j \le \frac{p-1}{2}$, für welche der betragsmäßig kleinste Rest von aj mod p negativ ist, dann gilt

$$\left(\frac{a}{p}\right) = (-1)^\mu.$$

Beweis: Den betragsmäßig kleinsten Rest von aj mod p bezeichne man mit $r(aj)$; es ist also

$$-\frac{p-1}{2} \le r(aj) \le \frac{p-1}{2}.$$

Ist $|r(ai)| = |r(aj)|$ für i, j mit $1 \le i,\ j \le \frac{p-1}{2}$ und $i \ne j$, dann ist $ai \equiv aj$ mod p, denn $ai \equiv -aj$ mod p bzw. $a(i+j) \equiv 0$ mod p ist wegen $0 < i + j < p$ nicht möglich. Folglich ist

$$\left\{ |r(aj)| \ \Big|\ 1 \le j \le \frac{p-1}{2} \right\} = \left\{ 1, 2, \dots, \frac{p-1}{2} \right\}.$$

Genau dann ist $r(aj) < 0$, wenn $r(aj) = -|r(aj)|$ ist, also gilt

$$\prod_{j=1}^{\frac{p-1}{2}} r(aj) = (-1)^\mu \left(\frac{p-1}{2}\right)!.$$

Andererseits ist

$$\prod_{j=1}^{\frac{p-1}{2}} r(aj) \equiv \prod_{j=1}^{\frac{p-1}{2}} aj \equiv a^{\frac{p-1}{2}} \left(\frac{p-1}{2}\right)! \bmod p,$$

also gilt

$$a^{\frac{p-1}{2}} \equiv (-1)^{\mu} \bmod p.$$

Aus Satz 5 folgt $\left(\frac{a}{p}\right) \equiv (-1)^{\mu} \bmod p$ und daher $\left(\frac{a}{p}\right) = (-1)^{\mu}$. □

Anwendung: Es gilt

$$\left(\frac{2}{p}\right) = (-1)^{\frac{p^2-1}{8}}.$$

Es ist also genau dann 2 quadratischer Rest mod p, wenn $p \equiv 1 \bmod 8$ oder $p \equiv 7 \bmod 8$. Denn für die Zahlen $r(2j)$ mit $1 \leq j \leq \frac{p-1}{2}$ gilt $r(2j) < 0$ genau dann, wenn $\frac{p-1}{2} < 2j \leq p-1$ bzw.

$$\frac{p-1}{4} < j \leq \frac{p-1}{2}.$$

Ist also $p \equiv 1 \bmod 4$, dann ist $\mu = \frac{p-1}{4}$, und ist $p \equiv 3 \bmod 4$, dann ist $\mu = \frac{p+1}{4}$. Also ist μ genau dann gerade, wenn $p-1 \equiv 0 \bmod 8$ oder $p+1 \equiv 0 \bmod 8$. □

Es folgt nun der zentrale Satz der Theorie der quadratischen Reste, nämlich das *quadratische Reziprozitätsgesetz*. Wegen $\left(\frac{ab}{p}\right) = \left(\frac{a}{p}\right)\left(\frac{b}{p}\right)$ genügt die Berechnung des Legendre-Symbols $\left(\frac{a}{p}\right)$ für den Fall, dass a eine Primzahl ist, wobei der Fall $a = 2$ oben schon erledigt worden ist. Sind p und q ungerade Primzahlen mit $p < q$, dann kann man mit Hilfe des Reziprozitätsgesetzes die Berechnung von $\left(\frac{p}{q}\right)$ auf die Berechnung von $\left(\frac{a}{p}\right)$ mit $a \equiv q \bmod p$ zurückführen und so den „Nenner" des Legendre-Symbols sukzessiv verkleinern.

Satz 7 (*Reziprozitätsgesetz*): Sind p und q verschiedene ungerade Primzahlen, dann gilt

$$\left(\frac{p}{q}\right) \cdot \left(\frac{q}{p}\right) = (-1)^{\frac{p-1}{2} \cdot \frac{q-1}{2}}.$$

Es gilt also

$$\left(\frac{p}{q}\right) = +\left(\frac{q}{p}\right), \text{wenn } p \equiv 1 \bmod 4 \text{ } oder \text{ } q \equiv 1 \bmod 4,$$

$$\left(\frac{p}{q}\right) = -\left(\frac{q}{p}\right), \text{wenn } p \equiv 3 \bmod 4 \text{ } und \text{ } q \equiv 3 \bmod 4.$$

Beweis: Es soll das gaußsche Lemma (Satz 6) benutzt werden. Dazu sei

μ die Anzahl der i mit $1 \leq i \leq \frac{q-1}{2}$, für welche der betragskleinste Rest modulo q von pi negativ ist,

λ die Anzahl der j mit $1 \leq j \leq \frac{p-1}{2}$, für welche der betragskleinste Rest modulo p von qj negativ ist.

Es muss gezeigt werden: Genau dann ist $\mu + \lambda$ ungerade, wenn $p \equiv q \equiv 3 \bmod 4$. Nach einer Idee von Ferdinand Gotthold Eisenstein (1823–1852) zählen wir dazu die Gitterpunkte (x, y) mit

$$0 < x < \frac{p+1}{2} \quad \text{und} \quad 0 < y < \frac{q+1}{2},$$

für welche

$$y < \frac{q}{p} \cdot x + \frac{1}{2} \quad \text{und} \quad x < \frac{p}{q} \cdot y + \frac{1}{2}$$

gilt. Diese liegen in einem Streifen um die Gerade g mit der Gleichung

$$qx - py = 0$$

(vgl. die folgende Figur). Die Menge dieser Gitterpunkte bezeichnen wir mit Γ.

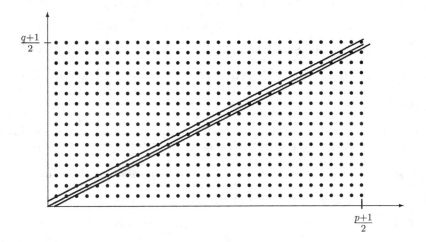

Gilt $(x, y) \in \Gamma$, dann gilt auch $\left(\frac{p+1}{2} - x, \frac{q+1}{2} - y \right) \in \Gamma$, denn

$$\frac{p}{q} \cdot \left(\frac{q+1}{2} - y \right) + \frac{1}{2} = \frac{p+1}{2} - \frac{p}{q} \cdot \left(y - \frac{1}{2} \right) > \frac{p+1}{2} - \frac{p}{q} \cdot \frac{q}{p} \cdot x = \frac{p+1}{2} - x,$$

$$\frac{q}{p} \cdot \left(\frac{p+1}{2} - x \right) + \frac{1}{2} = \frac{q+1}{2} - \frac{q}{p} \cdot \left(x - \frac{1}{2} \right) > \frac{q+1}{2} - \frac{q}{p} \cdot \frac{p}{q} \cdot y = \frac{q+1}{2} - y.$$

Die Gitterpunkte aus Γ treten also paarweise auf, so dass ihre Anzahl genau dann ungerade ist, wenn der Fall

$$(x, y) = \left(\frac{p+1}{2} - x, \; \frac{q+1}{2} - y\right)$$

auftritt, wenn also $\left(\frac{p+1}{4}, \frac{q+1}{4}\right)$ ein Gitterpunkt ist. Dies wiederum ist genau dann der Fall, wenn $p \equiv q \equiv 3 \bmod 4$ gilt. (Man beachte, dass dann dieser Gitterpunkt auch zu Γ gehört.)

Nun wollen wir zeigen, dass Γ genau $\mu + \lambda$ Punkte enthält. Auf der Geraden g mit der Gleichung $qx - py = 0$ liegt kein Gitterpunkt aus Γ, denn dies hätte $p \mid q$ zur Folge. Genau dann liegt (x, y) oberhalb der Geraden g und gehört zu Γ, wenn

$$1 \le x \le \frac{p-1}{2} \quad \text{und} \quad -\frac{p-1}{2} \le qx - py < 0$$

gilt. Oberhalb von g liegen also genau λ Punkte von Γ. Entsprechend zeigt man, dass unterhalb von g genau μ Punkte von Γ liegen. $\quad\square$

Bemerkung: Die schon oben bewiesenen Aussagen

$$\left(\frac{-1}{p}\right) = (-1)^{\frac{p-1}{2}} \quad \text{und} \quad \left(\frac{2}{p}\right) = (-1)^{\frac{p^2-1}{8}}$$

nennt man auch den *ersten* bzw. *zweiten Ergänzungssatz* zum quadratischen Reziprozitätsgesetz.

Beispiel 1: Es sollen die quadratischen Reste und Nichtreste mod 31 bestimmt werden. Dazu schreibt man die Zahlen von 1 bis 30 in zwei Reihen so auf, dass die Summe untereinanderstehender Zahlen 31 ist. Darin kennzeichnen wir die quadratischen Reste mit $+$ und die Nichtreste mit $-$. Zunächst kennzeichnen wir alle Quadratzahlen a^2 mit $+$, denn $\left(\frac{a^2}{31}\right) = 1$. Dann kennzeichnen wir die Zahlen $31 - a^2$ mit $-$, denn

$$\left(\frac{31 - a^2}{31}\right) = \left(\frac{-1}{31}\right) \cdot \left(\frac{a^2}{31}\right) = (-1)^{15} = -1.$$

+	+	−	+	+	−	+	+	+	+	−	−	−	+	−
1	2	3	4	5	6	7	8	9	10	11	12	13	14	15
30	29	28	27	26	25	24	23	22	21	20	19	18	17	16
−	−	+	−	−	+	−	−	−	−	+	+	+	−	+

Wegen $31 \equiv 7 \bmod 8$ ist $\left(\frac{2}{31}\right) = 1$ und damit $\left(\frac{29}{31}\right) = -1$. Wegen $\left(\frac{ab}{31}\right) = \left(\frac{a}{31}\right) \cdot \left(\frac{b}{31}\right)$ ergeben sich dann der Reihe nach die noch fehlenden Werte. Man beachte, dass man hier das quadratische Reziprozitätsgesetz nicht benötigt, dass man vielmehr mit den Ergänzungssätzen auskommt.

Beispiel 2:

a) $\left(\dfrac{67}{139}\right) = -\left(\dfrac{139}{67}\right) = -\left(\dfrac{72}{67}\right) = -\left(\dfrac{36}{67}\right) \cdot \left(\dfrac{2}{67}\right) = -\left(\dfrac{2}{67}\right) = -(-1) = 1.$

b) $\left(\dfrac{701}{997}\right) = \left(\dfrac{997}{701}\right) = \left(\dfrac{296}{701}\right) = \left(\dfrac{8}{701}\right) \cdot \left(\dfrac{37}{701}\right) = \left(\dfrac{2}{701}\right) \cdot \left(\dfrac{37}{701}\right)$

$\qquad = -\left(\dfrac{37}{701}\right) = -\left(\dfrac{701}{37}\right) = -\left(\dfrac{35}{37}\right) = -\left(\dfrac{5}{37}\right) \cdot \left(\dfrac{7}{37}\right)$

$\qquad = -\left(\dfrac{37}{5}\right) \cdot \left(\dfrac{37}{7}\right) = -\left(\dfrac{2}{5}\right) \cdot \left(\dfrac{2}{7}\right) = -(-1) \cdot 1 = 1.$

Anwendung: Euler hat entdeckt, dass der Term

$$x^2 - x + 41$$

für $x = 0, 1, 2, \ldots, 40$ stets eine Primzahl liefert. Wir wollen nun untersuchen, unter welcher Bedingung für die ungerade Primzahl p der Term

$$x^2 - x + p$$

für $x = 0, 1, 2, \ldots, p-1$ stets eine Primzahl ergibt. (Man beachte, dass für $x = p$ keine Primzahl vorliegt, da $p^2 - p + p = p^2$.) Ist für ein x mit $1 \leq x \leq p-1$ die Zahl $x^2 - x + p$ zusammengesetzt und q der kleinste Primteiler von $x^2 - x + p$, dann ist $q > 2$ und $q^2 \leq (p-1)^2 - (p-1) + p < p^2$, also $q < p$. Es gilt dann

$$4x^2 - 4x + 4p \equiv (2x - 1)^2 + (4p - 1) \equiv 0 \bmod q$$

und somit

$$-(4p - 1) \equiv (2x - 1)^2 \bmod q.$$

Dies bedeutet, dass $-(4p - 1)$ quadratischer Rest mod q ist. Gilt aber

$$\left(\frac{-(4p - 1)}{q}\right) = -1 \quad \text{für alle } q < p,$$

dann liefert der Term $x^2 - x + p$ für alle x mit $0 \leq x \leq p - 1$ eine Primzahl. Die genannte Bedingung ist für $p = 41$ erfüllt:

$$\left(\frac{-163}{3}\right) = \left(\frac{-163}{5}\right) = \left(\frac{-163}{7}\right) = \left(\frac{-163}{11}\right) = \left(\frac{-163}{13}\right) = \left(\frac{-163}{17}\right) =$$

$$= \left(\frac{-163}{19}\right) = \left(\frac{-163}{23}\right) = \left(\frac{-163}{29}\right) = \left(\frac{-163}{31}\right) = \left(\frac{-163}{37}\right) = -1.$$

Außer für $p = 41$ liegt dieses Phänomen noch für $p = 3$, $p = 5$, $p = 11$ und $p = 17$ vor (Aufgabe 21). Weitere Fälle gibt es nicht ([Stark 1967]). Wegen

$$x^2 + x + p = (x+1)^2 - (x+1) + p$$

kann man statt

$$x^2 - x + p \quad \text{für} \quad 0 \le x \le p - 1$$

auch

$$x^2 + x + p \quad \text{für} \quad -1 \le x \le p - 2$$

betrachten. Das Polynom $x^2 - x + p$ liefert für $p \in \{3, 5, 11, 17, 41\}$ offensichtlich für alle ganzen Zahlen x mit $-(p-2) \le x \le p - 1$ eine Primzahl, wobei aber jede auftretende Primzahl doppelt vorkommt. Folglich liefert das Polynom

$$(x - (p-2))^2 - (x - (p-2)) + p = x^2 - (2p-3)x + (p^2 - 2p + 2)$$

für $x = 0, 1, 2, \ldots, 2p - 3$ eine Primzahl. Es folgt also aus den obengenannten Ergebnissen für $p = 3,\ 5,\ 11,\ 17,\ 41$:

$x^2 - 3x + 5$ ist für $0 \le x \le 3$ eine Primzahl;
$x^2 - 7x + 17$ ist für $0 \le x \le 7$ eine Primzahl;
$x^2 - 19x + 101$ ist für $0 \le x \le 19$ eine Primzahl;
$x^2 - 31x + 257$ ist für $0 \le x \le 31$ eine Primzahl;
$x^2 - 79x + 1601$ ist für $0 \le x \le 79$ eine Primzahl.

Dabei kommt jeweils jede auftretende Primzahl doppelt vor.

Man beachte, dass es kein Polynom $f(x) = a_0 + a_1 x + a_2 x^2 + \ldots + a_n x^n$ mit $n \ge 1$ und $a_0, a_1, \ldots, a_n \in \mathbb{Z}$, $a_n > 0$ gibt, so dass $|f(x)|$ für alle $x \in \mathbb{Z}$ eine Primzahl ist. Denn es gibt eine Zahl x_0, so dass die Funktion $x \mapsto f(x)$ für $x > x_0$ monoton wachsend ist; ist also $p = f(x_1)$ für $x_1 > x_0$ eine Primzahl, dann ist $f(x_1 + p) > p$ und $p \mid f(x_1 + p)$ wegen $f(x + p) \equiv f(x)$ mod p. Vgl. hierzu auch Aufgabe 54.

Das Legendre-Symbol $\left(\dfrac{n}{p}\right)$ ist nur definiert, wenn der „Nenner" p eine Primzahl ist. Die folgende Verallgemeinerung erweist sich als nützlich (vgl. z.B. V.9): Für $m = p_1^{r_1} p_2^{r_2} p_3^{r_3} \ldots$ mit $2 \nmid m$ und $n \in \mathbb{Z}$ mit $\mathrm{ggT}(m, n) = 1$ sei

$$\left(\frac{n}{m}\right) := \left(\frac{n}{p_1}\right)^{r_1} \left(\frac{n}{p_2}\right)^{r_2} \left(\frac{n}{p_3}\right)^{r_3} \ldots,$$

wobei auf der rechten Seite Legendre-Symbole stehen. Dabei sei $\left(\dfrac{n}{1}\right) = 1$. Dieses Symbol heißt *Jacobi-Symbol* (nach Carl Gustav Jacobi, 1804–1851). Ist n quadratischer Rest mod m, dann ist n quadratischer Rest modulo eines jeden Teilers von m; also ist dann $\left(\dfrac{n}{m}\right) = 1$. Wenn aber $\left(\dfrac{n}{m}\right) = 1$ ist, dann muss n kein quadratischer Rest mod m sein. Bezüglich obiger Primfaktorzerlegung von n gilt:

$$\left(\frac{n}{m}\right) = 1 \quad \Longleftrightarrow \quad \sum_{\substack{n \text{ Nichtrest} \\ \text{mod} p_i}} r_i \equiv 0 \bmod 2.$$

Die wichtigsten Regeln für das Rechnen mit Legendre-Symbolen übertragen sich auf Jacobi-Symbole:

Satz 8: Im Folgenden seien m, m' ungerade natürliche Zahlen, und die ganzen Zahlen n, n' seien teilerfremd zu m bzw. m'. In (6) soll auch n eine ungerade natürliche Zahl sein. Es gilt

(1)   Ist $n \equiv n' \bmod m$, dann ist $\left(\dfrac{n}{m}\right) = \left(\dfrac{n'}{m}\right)$.

(2) $\left(\dfrac{n}{m}\right)\left(\dfrac{n}{m'}\right) = \left(\dfrac{n}{mm'}\right)$.

(3) $\left(\dfrac{n}{m}\right)\left(\dfrac{n'}{m}\right) = \left(\dfrac{nn'}{m}\right)$.

(4) $\left(\dfrac{-1}{m}\right) = (-1)^{\frac{m-1}{2}}$.

(5) $\left(\dfrac{2}{m}\right) = (-1)^{\frac{m^2-1}{8}}$.

(6) $\left(\dfrac{n}{m}\right)\left(\dfrac{m}{n}\right) = (-1)^{\frac{n-1}{2} \cdot \frac{m-1}{2}}$.

Beweis: (1), (2), (3) kann man unmittelbar der Definition des Jacobi-Symbols entnehmen. (4) ist für $m = 1$ richtig; für $m > 1$ folgt (4) aus der leicht induktiv zu beweisenden Beziehung

($*$) $u_1 u_2 \ldots u_t - 1 \equiv (u_1 - 1) + (u_2 - 1) + \ldots + (u_t - 1) \bmod 4$

für ungerade natürliche Zahlen $u_1, u_2, \ldots, u_t$. Die Aussage (5) ist für $m = 1$ offensichtlich richtig, und für $m > 1$ folgt sie aus der ebenfalls leicht induktiv zu beweisenden Beziehung

$$u_1^2 u_2^2 \ldots u_t^2 - 1 \equiv (u_1^2 - 1) + (u_2^2 - 1) + \ldots + (u_t^2 - 1) \bmod 16$$

für ungerade natürliche Zahlen $u_1, u_2, \ldots, u_t$. Die Aussage (6) ergibt sich schließlich mit Hilfe von (1), (2) und ($*$) aus dem Reziprozitätsgesetz für das Legendre-Symbol. $\square$

Eine erste Anwendung des Jacobi-Symbols besteht in der schnellen Berechnung von Legendre-Symbolen.

Beispiel:

$$\left(\frac{383}{443}\right) = -\left(\frac{443}{383}\right) = -\left(\frac{60}{383}\right) = -\left(\frac{2^2}{383}\right)\left(\frac{15}{383}\right) = -\left(\frac{15}{383}\right)$$

$$= \left(\frac{383}{15}\right) = \left(\frac{8}{15}\right) = \left(\frac{2^2}{15}\right)\left(\frac{2}{15}\right) = \left(\frac{2}{15}\right) = 1.$$

V.4 Mersennesche und fermatsche Primzahlen (2)

In III.9 haben wir uns mit den Fermat-Zahlen $F_n = 2^{(2^n)} + 1$ ($n \in \mathbb{N}_0$) befasst, wobei die Frage interessierte, welche dieser Zahlen Primzahlen sind. Für $n = 0,1,2,3,4$ ist F_n eine Primzahl, für $n = 5$ aber nicht; wir haben in III.1 nämlich gezeigt, dass 641 ein Primteiler von F_5 ist.

Satz 9: Ist $n \geq 2$ und p ein Primteiler von F_n, dann gilt

$$p \equiv 1 \bmod 2^{n+2}.$$

Beweis: Gilt $p|F_n$, dann ist $2^{(2^n)} \equiv -1 \bmod p$ und $2^{(2^{n+1})} \equiv 1 \bmod p$, also $\mathrm{ord}_p[2] = 2^{n+1}$. Daraus folgt $2^{n+1}|p-1$, also $p \equiv 1 \bmod 2^{n+1}$. Nun existiert ein x mit $x^2 \equiv 2 \bmod p$, denn wegen $n \geq 2$ gilt $p \equiv 1 \bmod 8$, also $\left(\dfrac{2}{p}\right) = 1$. Es folgt $x^{(2^{n+1})} \equiv 2^{(2^n)} \equiv -1 \bmod p$ und $x^{(2^{n+2})} \equiv 2^{(2^{n+1})} \equiv 1 \bmod p$, also $\mathrm{ord}_p[x] = 2^{n+2}$. Daraus folgt $2^{n+2}|p-1$, also $p \equiv 1 \bmod 2^{n+2}$. $\square$

Beispiel 1: Wir wollen zeigen, dass $F_4 = 2^{16} + 1 = 65537$ eine Primzahl ist. Als Primteiler von F_4 kommen nur Zahlen der Form $2^6 k + 1$ mit $k \geq 1$ in Frage, also Primzahlen aus der Folge 65, 129, 193, 257, 321, 385, 449, ... Ist F_4 zusammengesetzt, so muss der kleinste Primteiler kleiner als $2^8 = 256$ sein. Da 65 und 129 keine Primzahlen sind, kommt nur 193 als kleinster Primteiler in Frage. Wegen $F_3 = 257$ und $\mathrm{ggT}(F_3, F_4) = 1$ (vgl. III.9) ist als weiterer Primteiler zunächst 449 möglich. Aus $193 \cdot 499 > F_4$ ergibt sich nun ein Widerspruch zu der Annahme, F_4 sei zusammengesetzt.

Beispiel 2: Wir haben in III.1 gezeigt, dass F_5 den Primteiler 641 besitzt. Diesen Primteiler p findet man mit Hilfe von Satz 9 folgendermaßen: Es gilt $p \equiv 1 \bmod 2^7$, also $p \in \{129, 257, 385, 513, 641, 769, \ldots\}$. Streichen wir aus dieser Menge die zusammengesetzten Zahlen, so folgt $p \in \{257, 641, 769, \ldots\}$. Wegen $F_3 = 257$ und $\mathrm{ggT}(F_3, F_5) = 1$ folgt daraus $p \in \{641, 769, \ldots\}$. In der Tat gilt $641|F_5$, wie wir früher gesehen haben. Es gilt $F_5 = (2^7 \cdot 5 + 1) \cdot (2^7 \cdot 52347 + 1)$, wobei auch der zweite Faktor eine Primzahl ist.

Beispiel 3: Wir wollen einen Primfaktor p von $F_{12} = 2^{4096} + 1$ suchen. Nach Satz 9 gilt $p \equiv 1 \bmod 2^{14}$. Für $a_k = 2^{14} k + 1$ gilt:

(1) $a_4 = 2^{16} + 1 = F_4$, wegen $\mathrm{ggT}(F_4, F_{12}) = 1$ kommt a_4 nicht als Primteiler von F_{12} in Frage.

(2) Wegen $2^{14} \equiv 1 \bmod 3$ ist $a_k \equiv k+1 \bmod 3$ und daher $3|a_k$ für $k \equiv 2 \bmod 3$; es entfallen also die Zahlen $a_2, a_5, a_8, \ldots$.

(3) Wegen $2^{14} \equiv 4 \bmod 5$ ist $a_k \equiv 4k+1 \bmod 5$ und daher $5|a_k$ für $k \equiv 1 \bmod 5$; es entfallen also die Zahlen $a_1, a_6, a_{11}, \ldots$.

(4) Wegen $2^{14} \equiv 4 \bmod 7$ ist $a_k \equiv 4k+1 \bmod 7$ und daher $7|a_k$ für $k \equiv 5 \bmod 7$; es entfallen also die Zahlen $a_5, a_{12}, a_{19}, \ldots$.

(5) Wegen $2^{14} \equiv 5 \bmod 11$ ist $a_k \equiv 5k + 1 \bmod 11$ und daher $11|a_k$ für $k \equiv 2 \bmod 11$; es entfallen also die Zahlen $a_2, a_{13}, a_{24}, \ldots$.

(6) Wegen $2^{14} \equiv 4 \bmod 13$ ist $a_k \equiv 4k + 1 \bmod 13$ und daher $13|a_k$ für $k \equiv 3 \bmod 13$; es entfallen also die Zahlen $a_3, a_{16}, a_{29}, \ldots$.

Die kleinste bisher verbliebene Zahl ist $a_7 = 2^{14} \cdot 7 + 1 = 114\,689$.
Man kann zeigen, dass tatsächlich a_7 ein Primteiler von F_{12} ist.

Satz 10: Für $n \geq 1$ ist F_n genau dann eine Primzahl, wenn

$$3^{\frac{F_n - 1}{2}} \equiv -1 \bmod F_n.$$

Beweis: 1) Es sei $n \geq 1$ und F_n eine Primzahl. Dann gilt

$$\left(\frac{3}{F_n}\right) = \left(\frac{F_n}{3}\right) = \left(\frac{2}{3}\right) = -1,$$

denn $F_n \equiv 1 \bmod 4$ und $F_n \equiv 2 \bmod 3$. Also ist $3^{\frac{F_n - 1}{2}} \equiv -1 \bmod F_n$ (vgl. V.3 Satz 5 (Euler-Kriterium)).

2) Gilt umgekehrt $3^{\frac{F_n - 1}{2}} \equiv -1 \bmod F_n$, dann sind die Bedingungen aus III.8 Satz 19 erfüllt, denn 2 ist der einzige Primteiler von $F_n - 1$. Also ist F_n eine Primzahl. $\square$

Bemerkung: Für jede fermatsche Primzahl F_n mit $n \geq 1$ ist [3] eine primitive Restklasse modulo F_n. Könnte man zeigen, dass [3] nur für endlich viele Primzahlmoduln primitiv ist, dann wäre bewiesen, dass es nur endlich viele fermatsche Primzahlen gibt. Die Vermutung von Artin (vgl. III.4) besagt aber, dass für jede Zahl g, die keine Quadratzahl und von -1 verschieden ist, die Restklasse $[g]$ für unendlich viele Primzahlmoduln primitiv ist.

In III.9 haben wir uns auch mit den Mersenne-Zahlen $M_p = 2^p - 1$ beschäftigt, wobei p eine Primzahl ist. Dort wurde gezeigt: Ist p eine Primzahl mit $p > 3$ und $p \equiv 3 \bmod 4$ und ist auch $q = 2p + 1$ eine Primzahl, dann ist q ein Teiler von M_p (III.9 Satz 21). Dabei haben wir die Tatsache benutzt, dass $\left(\frac{2}{q}\right) = 1$, falls $q \equiv 7 \bmod 8$. Bei der Suche nach merseneschen Primzahlen benutzt man den folgenden Satz 11, der auf Lucas zurückgeht. Zu seinem Beweis benötigen wir:

Hilfssatz: Für $n \in \mathbb{N}$ seien die ganzen Zahlen u_n, v_n definiert durch

$$u_n = \frac{(1 + \sqrt{3})^n - (1 - \sqrt{3})^n}{2\sqrt{3}}, \quad v_n = (1 + \sqrt{3})^n + (1 - \sqrt{3})^n.$$

a) Ist p eine Primzahl mit $p > 3$, dann gilt

$$u_p \equiv \left(\frac{3}{p}\right) \bmod p \quad \text{und} \quad v_p \equiv 2 \bmod p.$$

b) Für $m, n \in \mathbb{N}$ gelten die folgenden Beziehungen:

(1) $2u_{m+n} = u_m v_n + v_m u_n$

(2) $-(-2)^{n+1} u_{m-n} = u_m v_n - v_m u_n$, falls $n < m$

(3) $2v_{m+n} = v_m v_n + 12 u_m u_n$

(4) $u_{2n} = u_n v_n$

(5) $v_{2n} = v_n^2 + (-2)^{n+1}$

(6) $v_n^2 - 12 u_n^2 = (-2)^{n+2}$

c) Ist p eine Primzahl mit $p > 3$, dann existiert ein Index r mit $p | u_r$. Ist r minimal, dann ist $r \leq p + 1$ und es gilt für alle $n \in \mathbb{N}$

$$p | u_n \Longleftrightarrow r | n.$$

Beweis: a) Nach dem binomischen Lehrsatz gilt

$$u_p \equiv \sum_{k=0}^{\frac{p-1}{2}} \binom{p}{2k+1} 3^k \equiv 3^{\frac{p-1}{2}} \equiv \left(\frac{3}{p}\right) \bmod p$$

und

$$v_p \equiv 2 \sum_{k=0}^{\frac{p-1}{2}} \binom{p}{2k} 3^k \equiv 2 \bmod p.$$

b) Wir setzen $\alpha = 1 + \sqrt{3}$ und $\beta = 1 - \sqrt{3}$.

(1) $(\alpha^m - \beta^m)(\alpha^n + \beta^n) + (\alpha^m + \beta^m)(\alpha^n - \beta^n) = 2(\alpha^{m+n} - \beta^{m+n})$.

(2) $(\alpha^m - \beta^m)(\alpha^n + \beta^n) - (\alpha^m + \beta^m)(\alpha^n - \beta^n) = 2(\alpha^m \beta^n - \beta^m \alpha^n)$
$$= 2((\alpha\beta)^n \alpha^{m-n} - (\alpha\beta)^n \beta^{m-n}) = 2 \cdot (-2)^n (\alpha^{m-n} - \beta^{m-n})$$
$$= -(-2)^{n+1}(\alpha^{m-n} - \beta^{m-n}) \text{ wegen } \alpha\beta = -2.$$

(3) $(\alpha^m + \beta^m)(\alpha^n + \beta^n) + (\alpha^m - \beta^m)(\alpha^n - \beta^n) = 2(\alpha^{m+n} + \beta^{m+n})$.

(4)   folgt aus (1) mit $m = n$.

(5) $2v_{2n} = v_n^2 + 12 u_n^2$ (vgl. (3)) $= v_n^2 + (\alpha^n - \beta^n)^2$
$$= v_n^2 + (\alpha^n + \beta^n)^2 - 4(\alpha\beta)^n = 2v_n^2 - 4 \cdot (-2)^n.$$

(6) $v_n^2 + 12 u_n^2 = 2v_{2n} = 2v_n^2 + 2 \cdot (-2)^{n+1}$ (vgl. (3),(5)).

c) Wegen (1) und (2) enthält die Menge M der $n \in \mathbb{N}$ mit $p | u_n$ mit zwei Elementen k und m auch deren Summe $k + m$ und deren Differenz $k - m$ (falls $m < k$). Daher enthält die Menge M, wenn sie nicht leer ist, ein kleinstes Element r, das alle übrigen Elemente von M teilt. Die Menge M ist nicht leer, denn p teilt u_{p-1} oder u_{p+1}: Aus (1) und (2) folgt wegen $u_1 = 1$ und $v_1 = 2$

$$2u_{p+1} = 2u_p + v_p \quad \text{und} \quad -4u_{p-1} = 2u_p - v_p,$$

also gilt nach a)

$$-8u_{p-1}u_{p+1} = 4u_p^2 - v_p^2 \equiv 4 - 4 \equiv 0 \bmod p.$$

Damit ergibt sich auch $r \leq p + 1$. $\square$

Satz 11 (*Lucas-Test*): Für eine Primzahl $p \geq 3$ ist M_p genau dann eine Primzahl, wenn M_p das $(p-1)$-te Glied der rekursiven Folge $\{s_i\}$ mit $s_1 = 4$ und $s_{i+1} = s_i^2 - 2$ teilt.

Beweis (nach [Lehmer 1935]): 1) Es sei $p \geq 3$ und M_p Primzahl. Es muss

$$s_{p-1} \equiv 0 \bmod M_p$$

gezeigt werden. Gleichwertig damit ist

$$2^{(2^{p-2})} s_{p-1} \equiv 0 \bmod M_p.$$

Definiert man $\sigma_i = 2^{(2^{i-1})} s_i$, also

$$\sigma_1 = 8, \quad \sigma_{i+1} = \sigma_i^2 - 2^{(2^i + 1)},$$

dann muss

$$\sigma_{p-1} \equiv 0 \bmod M_p$$

nachgewiesen werden. Es gilt $\sigma_p = \sigma_{p-1}^2 - 4 \cdot 2^{(2^{p-1} - 1)}$. Wegen $\left(\dfrac{2}{M_p}\right) = 1$ ist nach Satz 5

$$2^{2^{p-1} - 1} \equiv 2^{\frac{1}{2}(M_p - 1)} \equiv \left(\frac{2}{M_p}\right) \equiv 1 \bmod M_p.$$

Es muss also nur noch $\sigma_p \equiv -4 \bmod M_p$ gezeigt werden. Nun beachten wir, dass für die Folgen $\{\sigma_i\}$ und $\{v_{2^i}\}$ dieselbe Rekursion gilt (vgl. insbesondere (5) aus obigem Hilfssatz), dass also $\sigma_i = v_{2^i}$ für $i \in \mathbb{N}$. Nach (3) aus obigem Hilfssatz folgt

$$2\sigma_p = 2v_{M_p+1} = v_{M_p} v_1 + 12 u_{M_p} u_1 = 2v_{M_p} + 12 u_{M_p}.$$

Nun ist nach Teil a) des Hilfssatzes wegen $M_p \equiv 1 \bmod 3$ und $M_p \equiv 3 \bmod 4$

$$u_{M_p} \equiv \left(\frac{3}{M_p}\right) \equiv -\left(\frac{M_p}{3}\right) \equiv -\left(\frac{1}{3}\right) \equiv -1 \bmod M_p \quad \text{und} \quad v_{M_p} \equiv 2 \bmod M_p,$$

so dass sich $\sigma_p \equiv v_{M_p} + 6 u_{M_p} \equiv 2 - 6 \equiv -4 \bmod M_p$ ergibt.

2) Sei nun s_{n-1} teilbar durch $2^n - 1$, also auch σ_{n-1} teilbar durch $2^n - 1$. Ferner sei p ein Primteiler von $2^n - 1$ und r der nach Teil c) des obigen Hilfssatzes bestimmte Index bezüglich dieser Primzahl p. Nach (4) aus obigem Hilfssatz gilt

$$u_{2^n} = u_{2^{n-1}} v_{2^{n-1}} = u_{2^{n-1}} \sigma_{n-1}.$$

Also ist u_{2^n} teilbar durch $2^n - 1$ und damit durch p, weshalb $r | 2^n$ gilt (vgl. Teil c) des Hilfssatzes). Wäre $r | 2^{n-1}$, dann wäre neben $p | v_{2^{n-1}} (= \sigma_{n-1})$ auch $p | u_{2^{n-1}}$ (vgl. Teil c) des Hilfssatzes); dies widerspricht der Formel (6) aus obigem Hilfssatz, denn eine Zweierpotenz ist nicht durch p teilbar. Also ist $r = 2^n$. Wegen $r \leq p + 1 \leq 2^n$ folgt $p = 2^n - 1$. $\square$

Beispiel 4: Wir wollen zeigen, dass $M_7 = 127$ eine Primzahl ist. Dazu betrachten wir gemäß Satz 11 die Folge $s_1, s_2, s_3, \ldots$ modulo 127:

$$s_1 \equiv 4; \quad s_2 \equiv 14; \quad s_3 \equiv 67; \quad s_4 \equiv 42; \quad s_5 \equiv 111; \quad s_6 \equiv 0 \bmod 127.$$

Beispiel 5: Um zu zeigen, dass $M_{11} = 2047$ keine Primzahl ist, untersucht man gemäß Satz 11 die Folge $s_1, s_2, s_3, \ldots$ modulo 2047:

$$s_1 \equiv 4; \quad s_2 \equiv 14; \quad s_3 \equiv 194; \quad s_4 \equiv 788; \quad s_5 \equiv 701;$$

$$s_6 \equiv 119; \quad s_7 \equiv 1877; \quad s_8 \equiv 240; \quad s_9 \equiv 282; \quad s_{10} \equiv 1736 \quad \bmod 2047.$$

Die Rechnungen bei Anwendung von Satz 11 wird man zweckmäßigerweise nicht wie in diesen Beispielen im Zehnersystem, sondern im Zweiersystem durchführen, da hier das Reduzieren mod M_p einfach die Ersetzung von 2^p durch 1 bedeutet.

Beispiel 6: Möchte man zeigen, dass M_{13} eine Primzahl ist und dabei im Zweiersystem rechnen, so beginnt die Rechnung folgendermaßen:

$s_1 = 100$
$s_2 = 100^2 - 10 = 10000 - 10 = 1110$
$s_3 = 1110^2 - 10 = 11000100 - 10 = 11000010$
$s_4 = 11000010^2 - 10 = 1001001100000100 - 10 = 1001001100000010$

Jetzt muss erstmals mod M_{13} reduziert werden:

$$\overbrace{100}\overline{1001100000010} \equiv 1001100000010 + 100 \equiv 1001100000110 \bmod M_{13}$$

$s_4 \equiv 1001100000110 \bmod M_{13}$
$s_5 \equiv 1001100000110^2 - 10 \equiv 1011010011110010000100010$
$\qquad \equiv 10000100010 + 101101001111 \equiv 111101110001 \bmod M_{13}$

usw. Es wird sich dann $s_{12} \equiv 0 \bmod M_{13}$ ergeben (Aufgabe 27).

V.5 Darstellung von Zahlen als Quadratsummen

Die ganze gaußsche Zahl $x + yi$ hat die Norm $N(x + yi) = x^2 + y^2$. In II.3 tauchte bei der Untersuchung ganzer gaußscher Zahlen immer wieder die Frage auf, ob eine solche Zahl mit vorgegebener Norm existiert, ob also die diophantische Gleichung

$$x^2 + y^2 = n$$

für ein gegebenes $n \in \mathbb{N}$ lösbar ist. Wir sagen dann, die Zahl n sei *als Summe zweier Quadrate darstellbar*. Sind zwei Zahlen als Summe zweier Quadrate darstellbar, dann gilt dies auch für ihr Produkt:

$$
\begin{aligned}
(a^2 + b^2) \cdot (c^2 + d^2) &= N(a + bi) \cdot N(c + di) = N((a + bi) \cdot (c + di)) \\
&= N((ac - bd) + (ad + bc)i) = (ac - bd)^2 + (ad + bc)^2
\end{aligned}
$$

Die Beziehung $(a^2 + b^2) \cdot (c^2 + d^2) = (ac - bd)^2 + (ad + bc)^2$ kann man natürlich auch ohne Zuhilfenahme des Begriffs der Norm einer gaußschen Zahl überprüfen, indem man die Klammern ausmultipliziert. Diese Beziehung heißt *Formel von Fibonacci*. Eleganter gestaltet sich der Nachweis dieser Formel, wenn man in der Matrizengleichung

$$\begin{pmatrix} a & -b \\ b & a \end{pmatrix} \begin{pmatrix} c & -d \\ d & c \end{pmatrix} = \begin{pmatrix} ac - bd & -(ad + bc) \\ ad + bc & ac - bd \end{pmatrix}$$

die Determinanten bildet.

Aufgrund der Formel von Fibonacci ist es naheliegend, zunächst die Darstellbarkeit von *Primzahlen* als Summe zweier Quadrate zu untersuchen. Wegen $2 = 1^2 + 1^2$ sind dabei nur die ungeraden Primzahlen von Interesse.

Wegen $u^2 \equiv 0 \bmod 4$ oder $u^2 \equiv 1 \bmod 4$ für jede Quadratzahl u^2 gilt für alle ganzen Zahlen x, y

$$x^2 + y^2 \not\equiv 3 \bmod 4,$$

eine Primzahl p mit $p \equiv 3 \bmod 4$ ist also *nicht* als Summe von zwei Quadraten darstellbar. Gilt für die Primzahl p jedoch $p \equiv 1 \bmod 4$, dann ist p als Summe zweier Quadrate darzustellen, und zwar bis auf die Reihenfolge der Summanden eindeutig. Diese Behauptung wollen wir nun beweisen:

Ist p eine Primzahl mit $p \equiv 1 \bmod 4$, dann ist $\left(\dfrac{-1}{p} \right) = 1$, die quadratische Kongruenz $u^2 \equiv -1 \bmod p$ besitzt also eine Lösung $u_0 \bmod p$. Wegen $p \nmid u_0$ hat die Kongruenz $u_0 x \equiv y \bmod p$ für jedes $y \in \mathbb{N}$ eine Lösung $x_0 \bmod p$. Damit gilt $(u_0 x_0)^2 \equiv -x_0^2 \equiv y_0^2 \bmod p$, also

$$x_0^2 + y_0^2 \equiv 0 \bmod p.$$

Nun zeigen wir, dass man x_0, y_0 so konstruieren kann, dass $0 < x_0^2 + y_0^2 < 2p$ gilt, woraus dann $p = x_0^2 + y_0^2$ folgt. Dazu betrachte man alle Terme

$$u_0 x - y \quad \text{mit} \quad 0 \le x \le [\sqrt{p}],\ 0 \le y \le [\sqrt{p}].$$

Unter diesen $([\sqrt{p}] + 1)^2 > p$ Termen sind zwei $\bmod p$ kongruente:

$$u_0 x_1 - y_1 \equiv u_0 x_2 - y_2 \bmod p \quad \text{bzw.} \quad u_0(x_1 - x_2) \equiv y_1 - y_2 \bmod p.$$

Für $x_0 = x_1 - x_2$ und $y_0 = y_1 - y_2$ gilt $x_0^2 + y_0^2 \equiv 0 \bmod p$ und ferner wegen $(x_1, y_1) \ne (x_2, y_2)$

$$0 < |x_0| < \sqrt{p} \quad \text{und} \quad 0 < |y_0| < \sqrt{p},$$

also $0 < x_0^2 + y_0^2 < 2p$. Damit haben wir folgenden Satz bewiesen:

Satz 12: Eine ungerade Primzahl p ist genau dann als Summe zweier Quadrate darstellbar, wenn $p \equiv 1 \bmod 4$.

Dieser Satz ist im Jahr 1640 von Fermat in einem Brief an Mersenne ausgesprochen worden, er war allerdings schon Albert Girard (1595–1632) bekannt und heißt daher auch manchmal „Satz von Girard". Als erster publizierte Euler im Jahr 1754 einen Beweis; auf ihn geht auch der folgende Nachweis der *Eindeutigkeit* der Darstellung zurück:

Es sei $x^2 + y^2 = u^2 + v^2 = p$, wobei man $0 < x < y < \sqrt{p}$ und $0 < u < v < \sqrt{p}$ annehmen darf, ohne die Allgemeinheit zu beschränken. Ferner ist klar, dass p keine der Zahlen x, y, u, v teilt und dass $\mathrm{ggT}(x, y) = \mathrm{ggT}(u, v) = 1$ gilt. Die zu beweisende Aussage „$x = u$ und $y = v$" ist unter obigen Annahmen gleichwertig mit „$xv - yu = 0$" und dies wiederum mit „$p \mid (xv - yu)$". Nun gilt

$$
\begin{aligned}
(xv - yu) \cdot (xv + yu) &= x^2v^2 - y^2u^2 = (p - y^2)v^2 - y^2u^2 \\
&= pv^2 - y^2(u^2 + v^2) = p(v^2 - y^2).
\end{aligned}
$$

Die Annahme $p \mid (xv + yu)$ führt wegen $0 < xv + yu < 2p$ auf $xv + yu = p$. Wegen $(x^2 + y^2) \cdot (u^2 + v^2) = (xu - yv)^2 + (xv + yu)^2$ folgt daraus $xu - yv = 0$, was aber wegen $xu < yv$ nicht möglich ist. Also gilt $p \mid (xv - yu)$. $\square$

Man kann Satz 12 auch mit Hilfe von Kettenbrüchen beweisen und dabei sogar einen Algorithmus für die Bestimmung der Darstellung $p = a^2 + b^2$ gewinnen (vgl. z. B. [Lüneburg 1987]).

In II.3 Satz 7 haben wir schon gesehen, dass eine natürliche Zahl > 1 aus der Restklasse 1 mod 4 genau dann eine Primzahl ist, wenn sie *genau eine* Darstellung als Summe von zwei Quadraten besitzt und wenn diese teilerfremd sind. Auch der folgende Satz ist schon in II.3 (Satz 6) auf andere Art bewiesen worden.

Satz 13: Eine natürliche Zahl n ist genau dann als Summe von zwei Quadraten darstellbar, wenn für jede Primzahl p mit $p \equiv 3 \bmod 4$ der Exponent in der kanonischen Primfaktorzerlegung von n gerade ist.

Beweis: Es sei $n = a \cdot b$, wobei a aus allen Primfaktoren p von n mit $p \equiv 3$ mod 4 besteht, b also keinen solchen Primfaktor enthält. Da also b aus Faktoren besteht, die als Summe von zwei Quadraten darstellbar sind, ist b selbst als Summe von zwei Quadraten darstellbar: $b = u^2 + v^2$.

1) Ist a eine Quadratzahl, etwa $a = c^2$, sind also die Exponenten der Primzahlen p mit $p \equiv 3$ mod 4 in n gerade, dann ist

$$
n = a \cdot b = c^2(u^2 + v^2) = (cu)^2 + (cv)^2,
$$

die Zahl n ist dann also als Summe zweier Quadrate zu schreiben.

2) Gilt umgekehrt $n = x^2 + y^2$ und ist $d = \mathrm{ggT}(x, y)$, dann ist $d^2 \mid n$ und

$$
n_1 = x_1^2 + y_1^2 \quad \text{mit} \quad n_1 = \frac{n}{d^2} \quad \text{und} \quad x_1 = \frac{x}{d}, \; y_1 = \frac{y}{d}.
$$

Für einen Primteiler p von n_1 gilt $p \nmid x_1 y_1$. Ist $y_1 u \equiv 1 \bmod p$, dann ist $(x_1 u)^2 + 1 \equiv 0 \bmod p$, also -1 quadratischer Rest mod p. Dies ist aber nicht möglich, wenn $p \equiv 3 \bmod 4$. Also stecken alle Primteiler von n dieser Form in der Quadratzahl d^2. $\square$

Ist n eine zusammengesetzte Zahl, die den Bedingungen von Satz 13 genügt und mindestens zwei verschiedene Primteiler p der Form $p \equiv 1 \bmod 4$ enthält, dann besitzt n wesentlich verschiedene Darstellungen als Summe zweier Quadrate. Beispielsweise ist $65 = 1^2 + 8^2 = 4^2 + 7^2$. Bei einer Primzahl dagegen ist die Darstellung eindeutig, wie wir oben gezeigt haben. Es gilt sogar allgemeiner:

Satz 14: Die Darstellung einer Primzahl p in der Form $ax^2 + by^2$ mit $a, b \in \mathbb{N}$ ist eindeutig.

Beweis: Wäre $p = au^2 + bv^2 = ax^2 + by^2$ mit $\mathrm{ggT}(u,v) = \mathrm{ggT}(x,y) = 1$, so wäre

$$
\begin{aligned}
p^2 &= (au^2 + bv^2)(ax^2 + by^2) \\
&= a^2 u^2 x^2 + b^2 v^2 y^2 + ab(u^2 y^2 + v^2 x^2) \\
&= (aux + bvy)^2 + ab(uy - vx)^2 \\
&= (aux - bvy)^2 + ab(uy + vx)^2.
\end{aligned}
$$

Ist $uy = vx$, dann ist $u \mid x$ und $x \mid u$ wegen $\mathrm{ggT}(u,v) = \mathrm{ggT}(x,y) = 1$, also $u = x$ und damit auch $v = y$; obige Darstellungen sind dann also gleich. Ist $uy \neq vx$, dann ist $uy \equiv \pm vx \bmod p$; das folgt aus $p > a$ und

$$
\begin{aligned}
a(v^2 x^2 - u^2 y^2) &= (p - by^2)v^2 - au^2 y^2 \\
&= pv^2 - (au^2 + bv^2)y^2 \\
&= pv^2 - py^2 = p \cdot (v^2 - y^2).
\end{aligned}
$$

Daraus ergibt sich wegen $p^2 \geq ab(uy \pm vx)^2$

$$|uy \pm vx| = p, \quad a = b = 1 \quad \text{und} \quad aux \pm bvy = 0.$$

Insbesondere ergibt sich die Eindeutigkeit der Darstellung für $(a,b) \neq (1,1)$. Für $(a,b) = (1,1)$ folgt $ux \pm vy = 0$, also $x = \pm v$, $y = \pm u$, und damit auch die Eindeutigkeit der Darstellung in diesem Fall. $\square$

Euler hat sich insbesondere für die Darstellung von Primzahlen in der Form $x^2 + dy^2$ mit $d \in \mathbb{N}$ und $\mathrm{ggT}(x, dy) = 1$ interessiert. Nach Satz 14 besitzt eine Primzahl bei gegebenem d *höchstens eine* Darstellung der Form $x^2 + dy^2$. Durch diese Eigenschaft sind aber die Primzahlen keineswegs gekennzeichnet, nur für gewisse Werte von d gilt dies. Die Zahlen d mit der Eigenschaft, dass jede *eindeutig* in der Form $x^2 + dy^2$ mit $\mathrm{ggT}(x, dy) = 1$ darstellbare ungerade Zahl eine Primzahl ist, nannte Euler *numeri idonei* („taugliche Zahlen"). Mit Hilfe dieser Zahlen kann man untersuchen, ob gewisse vorgelegte Zahlen Primzahlen sind; in diesem Sinne sind die *numeri idonei* tauglich für Primzahltests. Euler kannte genau 65 *numeri idonei* (vgl. folgende Tabelle), und es sind bisher auch keine weiteren gefunden worden.

Numeri idonei

$1, 2, 3, 4, 5, 6, 7, 8, 9, 10, 12, 13, 15, 16, 18, 21, 22, 24, 25, 28, 30, 33, 37,$
$40, 42, 45, 48, 57, 58, 60, 70, 72, 78, 85, 88, 93, 102, 105, 112, 120, 130,$
$133, 165, 168, 177, 190, 210, 232, 240, 253, 273, 280, 312, 330, 345,$
$357, 385, 408, 462, 520, 760, 840, 1320, 1365, 1848$

Wir wollen zeigen, dass 7 eine „taugliche" Zahl ist: Es sei n ungerade und $n = x^2 + 7y^2$ mit $\mathrm{ggT}(x, 7y) = 1$, ferner sei p ein Primteiler von n. Dann ist $x^2 + 7y^2 \equiv 0 \bmod p$, mit $z \equiv xy^{p-2} \bmod p$ also $z^2 \equiv -7 \bmod p$. Es muss daher $\left(\dfrac{-7}{p}\right) = +1$ sein. Wegen

$$\left(\frac{-7}{p}\right) = \left(\frac{-1}{p}\right)\left(\frac{7}{p}\right) = (-1)^{\frac{p-1}{2}}(-1)^{\frac{7-1}{2}\cdot\frac{p-1}{2}}\left(\frac{p}{7}\right) = \left(\frac{p}{7}\right)$$

muss $p \equiv 1,2,4 \bmod 7$ gelten; da p ungerade ist, gilt also $p \equiv 1, 9, 11 \bmod 14$. Ist nun $x_1 \pm zy_1 \equiv 0 \bmod p$ mit $0 < x_1, y_1 < \sqrt{p}$ (vgl. Beweis von Satz 12), dann gilt $y_1^2(z^2 + 7) \equiv x_1^2 + 7y_1^2 \equiv 0 \bmod p$, also

$$x_1^2 + 7y_1^2 = mp \quad \text{mit} \quad 1 \leq m \leq 7.$$

Dabei dürfen x_1, y_1 nicht beide ungerade sein, denn dann wäre 8 ein Teiler von $x_1^2 + 7y_1^2$ und damit auch von mp. Daraus folgt sofort $m \neq 2$ und $m \neq 6$. Ist $m = 4$, dann sind x_1, y_1 beide gerade und es ergibt sich durch Kürzen der 4 eine Darstellung $x_2^2 + 7y_2^2 = p$. Ist $m = 3$, dann ist $3 \nmid y_1$, denn $p \neq 3$; es ergibt sich ein Widerspruch zu $\left(\dfrac{-7}{3}\right) = \left(\dfrac{-1}{3}\right) = -1$. Ist $m = 5$, dann ist $5 \nmid y_1$, denn $p \neq 5$; es ergibt sich ein Widerspruch zu $\left(\dfrac{-7}{5}\right) = \left(\dfrac{-2}{5}\right) = -1$. Ist $m = 7$, so setzen wir $x_1 = 7x_2$ und erhalten $y_1^2 + 7x_2^2 = p$. Insgesamt ergibt sich, dass jeder Primfaktor von n in der Form $x^2 + 7y^2$ mit $\mathrm{ggT}(x, 7y) = 1$ darstellbar ist. Enthält nun n die (gleichen oder verschiedenen) Primfaktoren $p_1, p_2, \ldots$, und gilt $p_i = x_i^2 + 7y_i^2$ für $i = 1, 2, \ldots$, dann gewinnt man durch mehrfaches Anwenden der Identität

$$(x_1^2 + 7y_1^2)(x_2^2 + 7y_2^2) = (x_1x_2 \mp 7y_1y_2)^2 + 7(x_1y_2 \pm y_1x_2)^2$$

verschiedene Darstellungen von n. Ist also die Darstellung von n eindeutig, dann ist n eine Primzahl.

Beispiel 1: Wir wollen zeigen, dass 977 eine Primzahl ist. Wegen $977 \equiv 11 \bmod 14$ dürfen wir dazu den Test mit der „tauglichen" Zahl 7 benutzen. Wir suchen ein $y \in \mathbb{N}$ so, dass $977 - 7y^2$ ein Quadrat ist. Dabei muss $1 \leq y \leq 11$ sein, da dieser Ausdruck für $y \geq 12$ negativ wird. Es ergeben sich die Zahlen 970, 949, 914, 865, 802, 725, 634, 529, 410, 277, 130; von diesen ist nur $529 = 23^2$ ein Quadrat, also ist 977 eine Primzahl. Die (eindeutige) Darstellung lautet

$$977 = 23^2 + 7 \cdot 8^2.$$

Beispiel 2: Euler hat mit Hilfe des *numerus idoneus* 1848 gezeigt, dass 18 518 809 eine Primzahl ist: Aus dem Ansatz $18\,518\,809 = x^2 + 1848y^2$ ergibt sich zunächst

$$1 \le y \le \left[\sqrt{\frac{18\,518\,809}{1848}}\right] = 100.$$

Nun betrachtet man obigen Ansatz nach verschiedenen Primzahlmoduln, welche keine Teiler von $1848 = 2^3 \cdot 3 \cdot 7 \cdot 11$ sind:

$x^2 + 3y^2 \equiv 4 \bmod 5$ ist nicht lösbar für $y \equiv \pm\,2 \bmod 5$;

$x^2 + 2y^2 \equiv 10 \bmod 13$ ist nicht lösbar für $y \equiv \pm1, \pm2, \pm3 \bmod 13$;

$x^2 - 5y^2 \equiv 12 \bmod 17$ ist nicht lösbar für $y \equiv 0, \pm3, \pm4, \pm6 \bmod 17$;

$x^2 + 5y^2 \equiv 3 \bmod 19$ ist nicht lösbar für $y \equiv 0, \pm2, \pm3, \pm4, \pm6 \bmod 19$.

Jetzt verbleiben für y nur noch zehn Werte, nämlich 5, 9, 26, 39, 46, 56, 69, 84, 86, 100. Keine der Zahlen

$$
\begin{aligned}
18\,518\,809 - 1848 \cdot 5^2 &= 18\,427\,609, \\
18\,518\,809 - 1848 \cdot 9^2 &= 18\,369\,121, \\
18\,518\,809 - 1848 \cdot 26^2 &= 17\,269\,561, \\
18\,518\,809 - 1848 \cdot 39^2 &= 15\,708\,001, \\
18\,518\,809 - 1848 \cdot 46^2 &= 14\,608\,441, \\
18\,518\,809 - 1848 \cdot 56^2 &= 12\,723\,481, \\
18\,518\,809 - 1848 \cdot 69^2 &= 9\,720\,481, \\
18\,518\,809 - 1848 \cdot 84^2 &= 5\,479\,321, \\
18\,518\,809 - 1848 \cdot 86^2 &= 4\,851\,001
\end{aligned}
$$

ist eine Quadratzahl, dies trifft nur für

$$18\,518\,809 - 1848 \cdot 100^2 = 38\,809 = 197^2$$

zu. Es gilt $18\,518\,809 = 197^2 + 1848 \cdot 100^2$. Da dies die einzige Darstellung von 18 518 809 in der Form $x^2 + 1848y^2$ ist, handelt es sich um eine Primzahl.

Die Zahl 3 lässt sich als Summe von drei Quadraten darstellen (nämlich $3 = 1^2 + 1^2 + 1^2$), zur Darstellung der Zahl 7 benötigt man vier Quadrate: $7 = 1^2 + 1^2 + 1^2 + 2^2$. Der folgende *Satz von Lagrange* besagt, dass man zur Darstellung einer natürlichen Zahl als Quadratsumme mit vier Quadraten auskommt. Bachet (vgl. V.6) glaubte, dass schon Diophant diesen *Vier-Quadrate-Satz* kannte; Fermat scheint einen Beweis für diesen Satz gehabt zu haben, hat ihn aber nie mitgeteilt. Nachdem es Euler nicht gelungen war, einen Beweis zu finden, hatte Lagrange Erfolg, weshalb der Satz nach ihm benannt ist. (In [Nagell 1964] heißt dieser Satz aber *Satz von Bachet*.)

Satz 15: Jede natürliche Zahl lässt sich als Summe von höchstens vier Quadraten darstellen.

Beweis: Sind zwei natürliche Zahlen als Summe von vier Quadraten darstellbar, dann gilt das auch für ihr Produkt. Dies folgt aus der Matrizengleichung

$$\begin{pmatrix} \alpha & -\overline{\beta} \\ \beta & \overline{\alpha} \end{pmatrix} \begin{pmatrix} \gamma & -\overline{\delta} \\ \delta & \overline{\gamma} \end{pmatrix} = \begin{pmatrix} \varrho & -\overline{\sigma} \\ \sigma & \overline{\varrho} \end{pmatrix} \quad \text{mit} \quad \begin{cases} \varrho = \alpha\gamma - \overline{\beta}\delta \\ \sigma = \beta\gamma + \overline{\alpha}\delta \end{cases}$$

für komplexe Zahlen $\alpha, \beta, \gamma, \delta$, wenn man die zugehörigen Determinanten bildet: $(\alpha\overline{\alpha} + \beta\overline{\beta})(\gamma\overline{\gamma} + \delta\overline{\delta}) = \varrho\overline{\varrho} + \sigma\overline{\sigma}$ bzw.

$$(N(\alpha) + N(\beta))(N(\gamma) + N(\delta)) = N(\varrho) + N(\sigma).$$

Denn die Norm einer komplexen Zahl ist die Summe von zwei Quadraten. Daher muss man nur zeigen, dass jede Primzahl als Summe von höchstens vier Quadraten darstellbar ist. Dies ist für die Primzahl 2 klar; für eine Primzahl p mit $p \equiv 1 \bmod 4$ ist dies auch klar, denn diese ist nach Satz 2 sogar schon als Summe von zwei Quadraten darstellbar. Im Folgenden sind daher nur noch Primzahlen p mit $p \equiv 3 \bmod 4$ zu betrachten. Es sei also p eine Primzahl mit $p \equiv 3 \bmod 4$ und c die kleinste natürliche Zahl, die quadratischer Nichtrest mod p ist. Dann gilt

$$2 \leq c \leq p - 1, \quad \left(\frac{c-1}{p}\right) = 1 \quad \text{und} \quad \left(\frac{-c}{p}\right) = \left(\frac{-1}{p}\right)\left(\frac{c}{p}\right) = (-1)^2 = 1.$$

Es existieren also ganze Zahlen x, y mit

$$x^2 \equiv c - 1 \bmod p \quad \text{und} \quad y^2 \equiv -c \bmod p.$$

Es folgt $x^2 + y^2 + 1 \equiv 0 \bmod p$. Die ganzen Zahlen x, y kann man dabei so wählen, dass $0 \leq x, y \leq \frac{p-1}{2}$ gilt. Daraus folgt, dass eine natürliche Zahl $h < p$ so existiert, dass die diophantische Gleichung

$$x_1^2 + x_2^2 + x_3^2 + x_4^2 = hp$$

lösbar ist. Wir nehmen an, h sei die kleinstmögliche solche Zahl und wollen zeigen, dass $h = 1$ ist. Ist h gerade, dann ist die Anzahl der ungeraden unter den Zahlen x_i gerade, bei geeigneter Nummerierung sind also $x_1 \pm x_2$ und $x_3 \pm x_4$ gerade. Dann gilt

$$\left(\frac{x_1 + x_2}{2}\right)^2 + \left(\frac{x_1 - x_2}{2}\right)^2 + \left(\frac{x_3 + x_4}{2}\right)^2 + \left(\frac{x_3 - x_4}{2}\right)^2 = \frac{h}{2} \cdot p,$$

was der Minimalität von h widerspricht. Also ist h ungerade. Es sei $h \geq 3$ und $y_i \equiv x_i \bmod h$ mit $|y_i| \leq \frac{h-1}{2}$ $(i = 1, 2, 3, 4)$. Es gilt $(y_1, y_2, y_3, y_4) \neq (0, 0, 0, 0)$, andernfalls wäre $h|p$. Daher ist

$$0 < y_1^2 + y_2^2 + y_3^2 + y_4^2 < h^2 \quad \text{und} \quad y_1^2 + y_2^2 + y_3^2 + y_4^2 \equiv 0 \bmod h,$$

also $y_1^2+y_2^2+y_3^2+y_4^2 = h'h$ mit $h' < h$. Nun benutzen wir die eingangs hergeleitete Identität mit

$$\alpha = x_1 + x_2 i, \quad \beta = x_3 + x_4 i, \quad \gamma = y_1 - y_2 i, \quad \delta = -y_3 - y_4 i.$$

Dann ist

$$\begin{aligned}
\varrho &= (+x_1 y_1 + x_2 y_2 + x_3 y_3 + x_4 y_4) + (-x_1 y_2 + x_2 y_1 + x_3 y_4 - x_4 y_3)i, \\
\sigma &= (-x_1 y_3 - x_2 y_4 + x_3 y_1 + x_4 y_2) + (-x_1 y_4 + x_2 y_3 - x_3 y_2 + x_4 y_1)i.
\end{aligned}$$

Die Real- und Imaginärteile von ϱ und σ sind alle durch h teilbar, also ist jeder Summand von $N(\varrho) + N(\sigma)$ durch h^2 teilbar. Es ist daher

$$hp \cdot h'h = (x_1^2 + x_2^2 + x_3^2 + x_4^2)(y_1^2 + y_2^2 + y_3^2 + y_4^2) = h^2(u_1^2 + u_2^2 + u_3^2 + u_4^2)$$

also $h'p = u_1^2+u_2^2+u_3^2+u_4^2$ mit $u_1, u_2, u_3, u_4 \in \mathbb{Z}$. Dies liefert einen Widerspruch zur Minimalität von h. Also ist $h = 1$. $\square$

Bemerkungen: 1) Die natürlichen Zahlen, zu deren Darstellung man nicht mit weniger als vier Quadraten auskommt, haben die Form $4^k(8m+7)$; die kleinsten solchen Zahlen sind also 7,15,23,28,31,39. (Dass diese Zahlen nicht als Summe von drei Quadraten zu schreiben sind, liegt im Wesentlichen daran, dass eine Summe von drei Quadratzahlen modulo 8 nur die Werte 0,1,2,3,4,5,6 annehmen kann.) Dieser *Drei-Quadrate-Satz* wird in V.9 bewiesen. Erste Beweise stammen von Legendre und von Gauß, weshalb man diese Aussage auch *Satz von Gauß* nennt; vereinfachte Beweise stammen von Dirichlet und Landau [Landau 1927]. Einer der Gründe, warum dieser Beweis so schwierig ist, liegt darin, dass das Produkt von zwei Summen dreier Quadrate i. Allg. nicht wieder als Summe von drei Quadraten geschrieben werden kann: Ist nämlich

$$a^2 + b^2 + c^2 \equiv 3 \bmod 8 \quad \text{und} \quad d^2 + e^2 + f^2 \equiv 5 \bmod 8,$$

so ist

$$(a^2 + b^2 + c^2)(d^2 + e^2 + f^2) \equiv 7 \bmod 8.$$

Hat man bewiesen, dass jede Zahl, die nicht von der Form $4^k(8m + 7)$ ist, als Summe von drei Quadraten zu schreiben ist, dann ist damit auch erneut der Satz von Lagrange bewiesen. Denn

$$4^k(8m + 7) = 4^k(8m + 6) + 4^k = a^2 + b^2 + c^2 + (2^k)^2.$$

2) Mit Hilfe des Satzes von Gauss kann man einige interessante Aussagen über die Darstellung natürlicher Zahlen als Quadratsummen beweisen; z. B. kann man zeigen, dass jede natürliche Zahl, die nicht Summe von drei Quadraten ist, in der Form $a^2 + b^2 + 2c^2$ geschrieben werden kann (Aufgabe 36).

3) Einen weiteren Beweis des Satzes von Lagrange werden wir in VIII.4 erbringen, indem wir die Anzahl der Darstellungen einer natürlichen Zahl n als Summe von 4 Quadraten berechnen, welche sich als positiv erweisen wird.

Edward Waring hat im Jahr 1770 in seinem Buch *Meditationes Algebraicae* behauptet, dass jede natürliche Zahl als Summe von höchstens neun dritten Potenzen, als Summe von höchstens 19 vierten Potenzen „usw." darstellbar sei. Er hatte für diese Behauptungen aber keinerlei Beweis. Das *waringsche Problem* besteht in der Frage, ob zu jeder natürlichen Zahl k eine Zahl $g(k)$ derart existiert, dass jede natürliche Zahl als Summe von höchstens $g(k)$ k-ten Potenzen dargestellt werden kann, wobei der Fall $k = 1$ nicht sonderlich interessant ist. Die Zahl $g(k)$ soll natürlich möglichst klein sein. Den Satz von Lagrange (Satz 15) kann man dann folgendermaßen aussprechen: $g(2) = 4$. Die Existenz einer solchen Zahl $g(k)$ für jedes $k \in \mathbb{N}$ wurde im Jahr 1909 von David Hilbert (1862–1943) bewiesen. Wir werden einen Beweis dieses Satzes von Waring-Hilbert in VIII.7 vorstellen. Eine Abschätzung der Zahl $g(k)$ nach unten ergibt sich sehr einfach:

Satz 16: Für jede natürliche Zahl $k \geq 2$ gilt

$$g(k) \geq 2^k + \left[\left(\frac{3}{2}\right)^k\right] - 2.$$

Beweis: Wir wollen zeigen, dass man zur Darstellung von $n = 2^k \left[\left(\frac{3}{2}\right)^k\right] - 1$ als Summe von k-ten Potenzen mindestens $2^k + \left[\left(\frac{3}{2}\right)^k\right] - 2$ Summanden benötigt. Wegen $n < 3^k$ kommen als Summanden nur 2^k und 1^k in Frage. Benötigt man dabei a Summanden 2^k und b Summanden 1, wobei $b < 2^k$, ist also $n = a \cdot 2^k + b$, dann ist

$$g(k) \geq a + b = a + (n - a \cdot 2^k) = n - a \cdot (2^k - 1),$$

wegen $a < \left[\left(\frac{3}{2}\right)^k\right]$ also

$$g(k) \geq n - \left(\left[\left(\frac{3}{2}\right)^k\right] - 1\right)(2^k - 1) = 2^k + \left[\left(\frac{3}{2}\right)^k\right] - 2. \quad \square$$

Bezeichnen wir die in Satz 16 angegebene untere Schranke von $g(k)$ mit $s(k)$, dann ergibt sich folgende Tabelle:

k	2	3	4	5	6	7	8	9	10	$\cdots$
$s(k)$	4	9	19	37	73	143	279	548	1079	$\cdots$

Es ist $g(2) = s(2)$. Man hat beweisen können, dass auch $g(k) = s(k)$ für alle $k \in \mathbb{N}$ mit $k \leq 200\,000$ gilt, wobei der Fall $k = 4$ erst in jüngster Zeit erledigt werden konnte. Es ist zu vermuten, dass für *alle* $n \in \mathbb{N}$ die Gleichung $g(k) = s(k)$ gilt. Man hat sogar gezeigt, dass $g(k) > s(k)$ nur für endlich viele k gelten kann (vgl. [Sierpinski 1988]).

V.6 Pythagoräische Zahlentripel; die fermatsche Vermutung

Kennt man eine Lösung (x_0, y_0, z_0) der Gleichung

$$x^2 + y^2 = z^2$$

mit natürlichen Zahlen x_0, y_0, z_0, dann kann man ein rechtwinkliges Dreieck mit den ganzzahligen Seitenlängen x_0, y_0, z_0 konstruieren. Man nennt dann (x_0, y_0, z_0) ein *pythagoräisches Zahlentripel*. Schon Pythagoras hat unendlich viele solche Tripel angegeben, nämlich $(2n + 1, 2n^2 + 2n, 2n^2 + 2n + 1)$ für $n = 1, 2, 3, \ldots$, also die Tripel $(3, 4, 5)$, $(5, 12, 13)$, $(7, 24, 25)$, $\ldots$. Dass auf diese Art pythagoräische Tripel entstehen, ist leicht nachzurechnen:

$$
\begin{aligned}
(2n + 1)^2 + (2n^2 + 2n)^2 &= (2n + 1)^2 + 4n^4 + 8n^3 + 4n^2 \\
&= (2n^2)^2 + 2 \cdot 2n^2 \cdot (2n + 1) + (2n + 1)^2 \\
&= (2n^2 + 2n + 1)^2.
\end{aligned}
$$

Aber nicht jedes pythagoräische Tripel kann man auf diese Art erhalten; beispielsweise ist $8^2 + 15^2 = 17^2$, aber $(8, 15, 17)$ ist nicht durch obige Formel darstellbar. Pythagoräische Zahlentripel ergeben sich auch in der Form $(n^2 - m^2, 2mn, n^2 + m^2)$ mit $m, n \in \mathbb{N}$ und $m < n$, denn

$$(n^2 - m^2)^2 + (2mn)^2 = n^4 + 2n^2m^2 + m^4 = (n^2 + m^2)^2.$$

Für $m = 1$ und $n = 4$ ergibt sich beispielsweise $(15, 8, 17)$, also bis auf die Reihenfolge das oben schon erwähnte Tripel. Für $n = m + 1$ erhält man wieder die von Pythagoras angegebenen Tripel. Diesen Ansatz für pythagoräische Zahlentripel nennt man auch die *indischen Formeln*, da diese von Brahmagupta explizit angegeben worden sind. Man erhält diese Formeln sofort aus der altbabylonischen Multiplikationsformel

$$a \cdot b = \left(\frac{a + b}{2} \right)^2 - \left(\frac{a - b}{2} \right)^2,$$

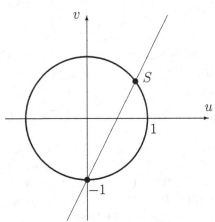

wenn man $a = m^2$ und $b = n^2$ einsetzt. Die indischen Formeln ergeben sich auch folgendermaßen: Man schneide den Einheitskreis $u^2 + v^2 = 1$ mit der Geraden $v = \lambda u - 1$ mit $\lambda > 1$. Der (nichttriviale) Schnittpunkt ist

$$S \left(\frac{2\lambda}{\lambda^2 + 1} \ \middle| \ \frac{\lambda^2 - 1}{\lambda^2 + 1} \right).$$

Dieser Punkt hat genau dann rationale Koordinaten, wenn λ rational ist, also $\lambda = \dfrac{m}{n}$ mit $m, n \in \mathbb{N}$. Dann lautet er $S\left(\dfrac{2mn}{m^2+n^2} \,\middle|\, \dfrac{m^2-n^2}{m^2+n^2}\right)$. Weil dies ein Punkt des Einheitskreises ist, folgt

$$(2mn)^2 + (m^2 - n^2) = (m^2 + n^2)^2.$$

Man erhält so *alle* pythagoräischen Tripel, denn jedes pythagoräische Tripel (x, y, z) bestimmt einen rationalen Punkt $\left(\dfrac{x}{z}, \dfrac{y}{z}\right)$ auf dem Einheitskreis, und dieser gehört zu dem Steigungsfaktor $\lambda = \dfrac{1 + \frac{y}{z}}{\frac{x}{z}} = \dfrac{y+z}{x}$. Ein pythagoräisches Tripel (x, y, z) heißt *primitiv*, wenn $\mathrm{ggT}(x, y, z) = 1$. Dann ist auch $\mathrm{ggT}(x, y)$ $= \mathrm{ggT}(x, z) = \mathrm{ggT}(y, z) = 1$, denn ein gemeinsamer Teiler von zwei der Zahlen x, y, z teilt wegen $x^2 + y^2 = z^2$ auch die dritte Zahl. In einem primitiven pythagoräischen Tripel (x, y, z) ist genau eine der beiden Zahlen x, y gerade, denn wegen $\mathrm{ggT}(x, y, z) = 1$ können x, y nicht beide gerade sein, wegen $z^2 \not\equiv 2 \bmod 4$ können nicht beide ungerade sein.

Damit ist folgender Satz bewiesen, der sich bereits in Euklids *Elementen* befindet:

Satz 17: Alle primitiven pythagoräischen Zahlentripel (x, y, z) mit geradem y sind folgendermaßen darstellbar:

$$x = m^2 - n^2, \quad y = 2mn, \quad z = m^2 + n^2$$

mit $m, n \in \mathbb{N}$, $\mathrm{ggT}(m, n) = 1$, $m > n$ und $m \not\equiv n \bmod 2$.

Bemerkung: Alle primitiven pythagoräischen Tripel und nur solche erhält man, wenn man auf ein gegebenes Tripel dieser Art (etwa $(3, 4, 5)$) die linearen Transformationen der von

$$\begin{pmatrix} 2 & 1 & 2 \\ 1 & 2 & 2 \\ 2 & 2 & 3 \end{pmatrix}, \quad \begin{pmatrix} -1 & 0 & 0 \\ 0 & 1 & 0 \\ 0 & 0 & 1 \end{pmatrix}, \quad \begin{pmatrix} 1 & 0 & 0 \\ 0 & -1 & 0 \\ 0 & 0 & 1 \end{pmatrix}, \quad \begin{pmatrix} 1 & 0 & 0 \\ 0 & 1 & 0 \\ 0 & 0 & -1 \end{pmatrix}$$

erzeugten Gruppe anwendet und jeweils die Beträge der Koordinaten des Tripels betrachtet. Dabei ergeben sich auch die Tripel $(0,1,1)$ und $(1,0,1)$; aus jedem dieser „trivialen" Tripel kann man also alle primitiven pythagoräischen mit Hilfe obiger Gruppe erzeugen (Aufgabe 57). Bezeichnet man die obigen Matrizen der Reihe nach mit A, I_1, I_2, I_3, dann ist z.B.

$$A\begin{pmatrix} 3 \\ 4 \\ 5 \end{pmatrix} = \begin{pmatrix} 20 \\ 21 \\ 29 \end{pmatrix}, \quad AI_1\begin{pmatrix} 3 \\ 4 \\ 5 \end{pmatrix} = \begin{pmatrix} 8 \\ 15 \\ 17 \end{pmatrix}, \quad AI_2\begin{pmatrix} 3 \\ 4 \\ 5 \end{pmatrix} = \begin{pmatrix} 12 \\ 5 \\ 13 \end{pmatrix},$$

$$AI_3\begin{pmatrix} 3 \\ 4 \\ 5 \end{pmatrix} = \begin{pmatrix} 0 \\ 1 \\ 1 \end{pmatrix}, \quad I_1 I_2 I_3 AI_1 AI_2 AI_3 \begin{pmatrix} 0 \\ 1 \\ 1 \end{pmatrix} = \begin{pmatrix} 5 \\ 12 \\ 13 \end{pmatrix}.$$

Die folgende Tabelle enthält einige primitive pythagoräische Tripel.

a	b	(x,y,z)	a	b	(x,y,z)	a	b	(x,y,z)
2	1	$(3,4,5)$	7	2	$(45,28,53)$	9	4	$(65,72,97)$
3	2	$(5,12,13)$	7	4	$(33,56,65)$	9	8	$(17,144,145)$
4	1	$(15,8,17)$	7	6	$(13,84,85)$	10	1	$(99,20,101)$
4	3	$(7,24,25)$	8	1	$(83,16,65)$	10	3	$(91,60,109)$
5	2	$(21,20,29)$	8	3	$(55,48,73)$	10	7	$(51,140,149)$
5	4	$(9,40,41)$	8	5	$(39,80,89)$	10	9	$(19,180,181)$
6	1	$(35,12,37)$	8	7	$(15,112,113)$	11	2	$(117,44,125)$
6	5	$(11,60,61)$	9	2	$(77,36,85)$	11	4	$(105,88,137)$

Die Keilschrifttafel *Plimpton 322*, die um 1600 v. Chr. in Babylon entstanden ist, enthält eine Liste von 15 pythagoräischen Zahlentripeln. Weil man in Babylon im 60er-System rechnete, interessierte man sich besonders für solche Tripel, deren Zahlen nur die Primfaktoren 2, 3 und 5 enthalten. Das einzige primitive Tripel dieser Art ist (3, 4, 5).

Zu gegebenem z^2 können verschiedene Werte x, y gehören, für welche (x, y, z) ein primitives pythagoräisches Tripel ist; Beispiele hierfür sind

$$16^2 + 63^2 = 65^2 = 33^2 + 56^2,$$
$$13^2 + 84^2 = 85^2 = 36^2 + 77^2.$$

Hier existieren jeweils auch noch nicht-primitive Tripel:

$$25^2 + 60^2 = 65^2 = 39^2 + 52^2,$$
$$40^2 + 75^2 = 85^2 = 51^2 + 68^2.$$

Wir wollen nun der Frage nachgehen, wie viele verschiedene pythagoräische Tripel (x, y, z) mit gegebener „Hypotenuse" z existieren, falls z ein Produkt von verschiedenen Primzahlen der Restklasse 1 mod 4 ist. In diesem Fall ist man sicher, dass z als Summe zweier Quadrate darzustellen ist.

Ist z eine Primzahl der Restklasse 1 mod 4, dann besitzt z genau eine Darstellung als Quadratsumme, wenn man von der Reihenfolge der Summanden absieht (vgl. V.5): $z = m^2 + n^2$ mit $m > n$. Dann ist das pythagoräische Tripel (x, y, z) mit $x = m^2 - n^2$ und $y = 2mn$ bis auf Vertauschung von x, y das einzige mit der Hypotenuse z. Die obigen Beispiele $z = 65 = 5 \cdot 13$ und $z = 85 = 5 \cdot 17$ zeigen, dass man bei einem z mit zwei Primfaktoren aber schon vier pythagoräische Tripel finden kann.

Satz 18: Ist z das Produkt von k verschiedenen Primzahlen der Restklasse 1 mod 4, dann existieren genau $\frac{1}{2}(3^k - 1)$ pythagoräische Tripel (x, y, z) mit $x < y < z$; von diesen sind genau 2^{k-1} primitiv.

Beweis: Es sei $z = p_1 p_2 \ldots p_k$, wobei $p_1, p_2, \ldots, p_k$ verschiedene Primzahlen der Restklasse 1 mod 4 sind. Dann sei $p_j = \pi_j \overline{\pi}_j$ die Zerlegung von p_j in gaußsche Primzahlen (vgl. II.3), also $z = \pi_1 \overline{\pi}_1 \pi_2 \overline{\pi}_2 \ldots \pi_k \overline{\pi}_k$ die Primfaktorzerlegung von z im Ring der ganzen gaußschen Zahlen. Diese ist bis auf die Reihenfolge und bis auf Einheitsfaktoren $\pm 1, \pm i$ eindeutig. Genau dann ist $z = m^2 + n^2$, also $z = (m + ni)(m - ni)$, wenn $m + ni$ von jedem der Konjugiertenpaare $\pi_j, \overline{\pi}_j$ genau eine Zahl als Faktor enthält, denn $N(m + ni) = p_1 p_2 \ldots p_k$. Man kann $m + ni$ daher auf genau 2^k Arten bilden. Also existieren genau 2^{k-1} Darstellungen $z = m^2 + n^2$ mit $m > n$. Damit ergeben sich genau 2^{k-1} primitive pythagoräische Tripel (x, y, z) mit $x < y < z$, indem man x gleich der kleineren und y gleich der größeren der beiden Zahlen $m^2 - n^2$ und $2mn$ setzt.

Ein beliebiges (nicht notwendig primitives) Tripel (x, y, z) mit $\mathrm{ggT}(x, y) = d$, wobei d ein Teiler von z sein muss, entsteht aus einem primitiven Tripel $\left(\frac{x}{d}, \frac{y}{d}, \frac{z}{d} \right)$. Besteht $\frac{z}{d}$ aus r Primfaktoren, dann gibt es 2^{r-1} primitive Tripel dieser Art. Für $\frac{z}{d}$ gibt es $\binom{k}{r}$ Möglichkeiten, also ist die Anzahl aller pythagoräischen Tripel mit der Hypotenuse z

$$\sum_{r=1}^{k} \binom{k}{r} \cdot 2^{r-1} = \frac{1}{2} \left(\sum_{r=0}^{k} \binom{k}{r} \cdot 2^r - 1 \right) = \frac{1}{2}(3^k - 1). \quad \square$$

Beispiel: Es sollen alle pythagoräischen Tripel (x, y, z) mit $x < y < z$ und der Hypotenuse $z = 7373 = 73 \cdot 101$ bestimmt werden.

Mit $73 = 8^2 + 3^2$ ergibt sich $(8^2 - 3^2)^2 + (2 \cdot 8 \cdot 3)^2 = (8^2 + 3^2)^2$, also $48^2 + 55^2 = 73^2$, durch Multiplikation mit 101^2 also $4848^2 + 5555^2 = 7373^2$.

Mit $101 = 10^2 + 1^2$ ergibt sich $(10^2 - 1^2) + (2 \cdot 10 \cdot 1)^2 = (10^2 + 1^2)^2$, also $20^2 + 99^2 = 101^2$, durch Multiplikation mit 73^2 also $1460^2 + 7227^2 = 7373^2$.

Aus $73 = 8^2 + 3^2$ und $101 = 10^2 + 1^2$ ergeben sich mit der Formel von Fibonacci die Darstellungen

$$7373 = (3 \cdot 10 - 8 \cdot 1)^2 + (3 \cdot 1 + 8 \cdot 10)^2 = 22^2 + 83^2,$$

$$7373 = (3 \cdot 10 + 8 \cdot 1)^2 + (3 \cdot 1 - 8 \cdot 10)^2 = 38^2 + 77^2.$$

Aus der ersten Darstellung erhält man

$$(83^2 - 22^2)^2 + (2 \cdot 22 \cdot 83)^2 = (22^2 + 83^2)^2,$$

also $3652^2 + 6405^2 = 7373^2$, aus der zweiten Darstellung ergibt sich

$$(77^2 - 38^2)^2 + (2 \cdot 38 \cdot 77)^2 = (38^2 + 77^2)^2,$$

also $4485^2 + 5852^2 = 7373^2$.

Der oben ausgesprochene Satz 17 befindet sich auch in Diophants *Arithmetika*. Im Jahr 1621 besorgte Bachet eine Neuausgabe dieses Buchs, welches den griechischen Originaltext, eine lateinische Übersetzung und eine ausführliche Kommentierung enthielt. Beim Studium dieses Werks kam Fermat zu der Überzeugung, dass die diophantische Gleichung

$$x^n + y^n = z^n$$

für $n \geq 3$ keine nichttriviale Lösung besitzt. Fermat notierte auf dem Rand seiner Diophant-Ausgabe, dass er dies beweisen könne, einen solchen Beweis hat er aber nie publiziert. Die *fermatsche Vermutung*, dass obige Gleichung für $n \geq 3$ keine nichttriviale Lösung besitzt, konnte erst im Jahr 1995 von Andrew Wiles bewiesen werden. Im Jahr 1908 setzte der wohlhabende Darmstädter Mathematiker Paul Wolfskehl einen Preis von 100 000 Goldmark für die Lösung des fermatschen Problems aus; nach Inflation und Währungsreform betrug der Preis noch etwa 7500 DM. Im Jahr 1997 betrug das an Wiles ausgezahlte Preisgeld aber wieder 75 000 DM.

Zum Beweis der fermatschen Vermutung genügt es, diese für Primzahlexponenten und den Exponent 4 zu beweisen, denn

- ist $x^p + y^p = z^p$ nicht lösbar, dann ist auch $x^{kp} + y^{kp} = z^{kp}$ nicht lösbar (p ungerade Primzahl, $k \in \mathbb{N}$);

- ist $x^4 + y^4 = z^4$ nicht lösbar, dann ist auch $x^{2^k} + y^{2^k} = z^{2^k}$ nicht lösbar ($k \in \mathbb{N}$, $k \geq 2$).

Die Unlösbarkeit von $x^4 + y^4 = z^4$ kann man glücklicherweise leicht zeigen. Wir beweisen dies sogar für die allgemeinere Gleichung, bei welcher rechts statt z^4 der Term z^2 steht.

Satz 19: Die diophantische Gleichung $x^4 + y^4 = z^2$ besitzt keine nicht-triviale Lösung.

Beweis: Existiert eine Lösung (x_0, y_0, z_0) mit $x_0, y_0, z_0 \in \mathbb{N}$, dann gibt es auch eine solche mit minimalem z_0. Für diese gilt $\mathrm{ggT}(x_0, y_0, z_0) = 1$; denn wäre p ein Primteiler von $\mathrm{ggT}(x_0, y_0, z_0)$, dann wäre $p^2 | z_0$ und

$$\left(\frac{x_0}{p}, \frac{y_0}{p}, \frac{z_0}{p^2} \right)$$

eine Lösung mit einem kleineren Wert von z. Es gilt dann auch $\mathrm{ggT}(x_0^2, y_0^2, z_0)$ $= 1$, so dass (x_0^2, y_0^2, z_0) ein primitives pythagoräisches Zahlentripel ist. Nach Satz 17 existieren dann $a, b \in \mathbb{N}$ mit $\mathrm{ggT}(a, b) = 1$, $a > b$ und $a \not\equiv b \bmod 2$, so dass

$$x_0^2 = a^2 - b^2, \quad y_0^2 = 2ab, \quad z_0 = a^2 + b^2.$$

Die Zahl a kann nicht gerade sein, weil sonst $x_0^2 \equiv -1 \bmod 4$ wäre; also ist a ungerade und b gerade. Wegen $x_0^2 + b^2 = a^2$ ist dann (x_0, b, a) ein primitives pythagoräisches Tripel, es existieren also $c, d \in \mathbb{N}$ mit $\mathrm{ggT}(c, d) = 1$, $c > d$ und $c \not\equiv d \bmod 2$, so dass

$$x_0 = c^2 - d^2, \quad b = 2cd, \quad a = c^2 + d^2.$$

Es gilt nun

$$\left(\frac{1}{2}y_0\right)^2 = \frac{ab}{2} = cd(c^2 + d^2),$$

wobei die drei Faktoren c, d und $c^2 + d^2$ paarweise teilerfremd sind. Es existieren also paarweise teilerfremde natürliche Zahlen x_1, y_1, z_1 mit

$$c = x_1^2, \quad d = y_1^2, \quad c^2 + d^2 = z_1^2.$$

Es gilt damit $x_1^4 + y_1^4 = z_1^2$ und

$$z_1 \le z_1^2 = c^2 + d^2 = a < a^2 < z_0.$$

Dies widerspricht der Minimalität von z_0. $\square$

Die Beweisidee des Satzes 19 stammt von Fermat. Er sprach dabei von der „Methode des unendlichen Abstiegs" (*descente infinie*), und zwar aus folgendem Grund: Aus der Annahme der Lösbarkeit der Gleichung leitet man die Existenz von unendlich vielen Tripeln (x, y, z) natürlicher Zahlen mit ständig abnehmenden Werten von z her. So etwas ist aber in der Menge der natürlichen Zahlen nicht möglich. Fermat hat diese Methode an einem anderen Beispiel ausführlich erläutert, welches wir nun behandeln wollen:

Satz 20: Der Flächeninhalt eines rechtwinkligen Dreiecks mit ganzzahligen Seitenlängen ist keine Quadratzahl.

Beweis: Es wird behauptet, dass aus $x, y, z \in \mathbb{N}$ und $x^2 + y^2 = z^2$ folgt, dass $\frac{1}{2}xy$ keine Quadratzahl ist. Dabei können wir (x, y, z) als ein primitives pythagoräisches Tripel annehmen, also

$$(x, y, z) = (a^2 - b^2, 2ab, a^2 + b^2)$$

mit $a > b$, $\mathrm{ggT}(a, b) = 1$ und $a \not\equiv b \bmod 2$. Wäre $\frac{1}{2}xy = ab(a^2 - b^2)$ ein Quadrat, so müsste wegen der Teilerfremdheit der Faktoren jeder Faktor ein Quadrat sein, also

$$a = u^2, \quad b = v^2, \quad a^2 - b^2 = w^2.$$

Wegen $a^2 - b^2 = (a + b)(a - b)$ und $\mathrm{ggT}(a + b, a - b) = 1$ müssen auch $a + b$ und $a - b$ Quadrate sein:

$$a + b = u^2 + v^2 = p^2, \quad a - b = u^2 - v^2 = q^2.$$

Es folgt

$$p^2 = q^2 + 2v^2 \quad \text{und} \quad q^2 + v^2 = u^2.$$

Aus der ersten dieser Gleichungen folgt $2v^2 = (p+q)(p-q)$ und $\mathrm{ggT}(p+q, p-q) = 2$. Also ist

$$p + q = 2r^2 \quad \text{und} \quad p - q = 4s^2$$

oder

$$p + q = 4s^2 \quad \text{und} \quad p - q = 2r^2,$$

wobei r ungerade ist. In jedem Falle folgt $p = r^2 + 2s^2$ und $q = \pm(r^2 - 2s^2)$. Insgesamt folgt

$$u^2 = \frac{p^2 + q^2}{2} = (r^2)^2 + (2s^2)^2.$$

Damit haben wir ein pythagoräisches Zahlentripel $(r^2, 2s^2, u)$ bzw. ein ganzzahliges rechtwinkliges Dreieck konstruiert, dessen Flächeninhalt ein Quadrat (nämlich $(rs)^2$) ist, welcher aber *kleiner* als der des ursprünglich gegebenen Dreiecks ist; denn

$$(rs)^2 \leq \frac{u^2}{2} \leq \frac{xy}{4} < \frac{xy}{2}.$$

Damit ist der Satz mit der Methode des unendlichen Abstiegs bewiesen. $\quad\square$

Euler stellt in seinem Buch *Vollständige Anleitung zur Algebra*, welches 1770 erschienen ist, einen Beweis der fermatschen Vermutung für den Exponenten 3 dar, wobei er die Eindeutigkeit der Primfaktorzerlegung im Ring G_{-3} der ganzen Zahlen $c + d\omega$ $\left(c, d \in \mathbb{Z}, \ \omega = \dfrac{1 + i\sqrt{3}}{2}\right)$ benutzt (vgl. II.4). Dabei verwendet Euler die fermatsche Methode des unendlichen Abstiegs. Der Beweis des folgenden Satzes benutzt den eulerschen Gedankengang.

Satz 21: Die diophantische Gleichung $x^3 + y^3 = z^3$ besitzt keine nicht-triviale Lösung.

Beweis: Die Behauptung ist gleichwertig mit der, dass $x^3 - y^3 = z^3$ oder dass $x^2 + y^3 + z^3 = 0$ keine nichttriviale ganzzahlige Lösung besitzt. Wir nehmen nun an, (x, y, z) sei eine nicht-triviale Lösung von $x^3 + y^3 = z^3$ oder von $x^3 - y^3 = z^3$. Dabei kann man sich auf Lösungen (x, y, z) mit $\text{ggT}(x, y, z) = 1$ beschränken, woraus sofort die paarweise Teilerfremdheit von x, y, z folgt. Von den Zahlen x, y, z ist dann genau eine gerade; wir nehmen z als gerade an, andernfalls gehen wir von der einen der beiden Gleichungen $x^3 + y^3 = z^3$ und $x^3 - y^3 = z^3$ zur anderen über. Die Zahlen x, y seien also ungerade. Mit

$$p := \frac{x + y}{2} \quad \text{und} \quad q := \frac{x - y}{2}$$

ist dann

$$x = p + q \quad \text{und} \quad y = p - q.$$

Wegen $\text{ggT}(x, y) = \text{ggT}(p+q, p-q) = \text{ggT}(p+q, 2p) = \text{ggT}(p+q, p) = \text{ggT}(p, q)$ ist $\text{ggT}(p, q) = 1$. Es folgt

$$\begin{aligned} x^3 + y^3 &= 2p^3 + 6pq^2 = 2p(p^2 + 3q^2), \\ x^3 - y^3 &= 6qp^2 + 2q^3 = 2q(q^2 + 3p^2). \end{aligned}$$

Es ergibt sich also die Frage, ob $2p(p^2 + 3q^2)$ eine Kubikzahl sein kann, wenn weder p noch q den Wert 0 hat, wenn also weder $x = -y$ noch $x = y$ gilt.

Da x ungerade ist, gilt $p \not\equiv q \bmod 2$, so dass $p^2 + 3q^2$ ungerade ist. Ist also $2p(p^2 + 3q^2)$ eine Kubikzahl, dann gilt $4|p$, insbesondere ist p gerade und q ungerade. Dann ist auch $\frac{p}{4} \cdot (p^2 + 3q^2)$ eine Kubikzahl. Wegen

$$\operatorname{ggT}\left(\frac{p}{4}, p^2 + 3q^2\right) = \operatorname{ggT}(p, p^2 + 3q^2) = \operatorname{ggT}(p, 3q^2) = \operatorname{ggT}(p, 3)$$

unterscheiden wir nun zwei Fälle, nämlich $3 \nmid p$ oder $3|p$.

1. Fall: $3 \nmid p$. In diesem Fall müssen $\frac{p}{4}$ und $p^2 + 3q^2$ beides Kubikzahlen sein.

2. Fall: $3|p$. Mit $p = 3r$ folgt, dass

$$\frac{3r}{4}(9r^2 + 3q^2) = \frac{9r}{4} \cdot (3r^2 + q^2)$$

eine Kubikzahl sein muss. Wegen $3|p$ und $\operatorname{ggT}(p, q) = 1$ ist $3 \nmid q$, also ist

$$\operatorname{ggT}\left(\frac{9r}{4}, 3r^2 + q^2\right) = \operatorname{ggT}(3r, 3r^2 + q^2) = \operatorname{ggT}(3r, q^2) = \operatorname{ggT}(p, q^2) = 1.$$

Daher müssen in diesem Fall $\frac{9r}{4}$ und $3r^2 + q^2$ beides Kubikzahlen sein.

In jedem der beiden Fälle ist zunächst zu untersuchen, ob $a^2 + 3b^2$ für $a, b \in \mathbb{N}$ mit $\operatorname{ggT}(a, b) = 1$ sowie $2 \nmid a^2 + 3b^2$ und $3 \nmid a$ eine Kubikzahl sein kann. Es gilt

$$a^2 + 3b^2 = (a + b\sqrt{-3})(a - b\sqrt{-3}).$$

Die Faktoren gehören zu dem euklidischen Ring G_{-3} (vgl. II.4 Beispiel 1). Wegen $\operatorname{ggT}(a, b) = 1$ sowie $2 \nmid a^2 + 3b^2$ und $3 \nmid a$ gilt

$$\operatorname{GGT}(a + b\sqrt{-3}, a - b\sqrt{-3}) = \operatorname{GGT}(a + b\sqrt{-3}, 2a)$$
$$= \operatorname{GGT}(a + b\sqrt{-3}, a) = \operatorname{GGT}(b\sqrt{-3}, a) = \operatorname{GGT}(\sqrt{-3}, a) = E,$$

wobei E die Menge der Einheiten in G_{-3} ist. Man beachte dabei, dass 2 und $\sqrt{-3}$ Primzahlen in G_{-3} sind und dass $\sqrt{-3} \nmid a$ wegen $3 \nmid a$.

Ist nun $a^2 + 3b^2$ eine Kubikzahl in $\mathbb{N}$, dann sind auch die teilerfremden Faktoren $a + b\sqrt{-3}$ und $a - b\sqrt{-3}$ Kubikzahlen in G_{-3} (und zwar die dritten Potenzen von zueinander konjugierten Elementen); das folgt daraus, dass G_{-3} ein Ring mit eindeutiger Primfaktorzerlegung ist. Es ist also

$$a + b\sqrt{-3} = \left(\frac{t + u\sqrt{-3}}{2}\right)^3 \quad \text{und} \quad a - b\sqrt{-3} = \left(\frac{t - u\sqrt{-3}}{2}\right)^3$$

mit $t, u \in \mathbb{Z}$ und $t \equiv u \bmod 2$ (vgl. II.4). Daraus erhält man durch Vergleich der Real- und Imaginärteile

$$a = \frac{1}{8}(t^3 - 9tu^2) \quad \text{und} \quad b = \frac{1}{8}(3t^2u - 3u^3).$$

Wegen $\mathrm{ggT}(a,b) = 1$ ist $\mathrm{ggT}(t,u) = 1$ oder $\mathrm{ggT}(t,u) = 2$. Mit $d=\mathrm{ggT}(t,u)$ und $s = \dfrac{t}{d}, v = \dfrac{u}{d}$ ist $\mathrm{ggT}(s,v) = 1$ und

$$a = \frac{d^3}{8}(s^3 - 9sv^2) \quad \text{und} \quad b = \frac{d^3}{8}(3s^2v - 3v^3).$$

Nun beachten wir wieder obige Fallunterscheidung.

1. Fall: $p = \dfrac{1}{8}d^3(s^3 - 9sv^2)$ und $\dfrac{p}{4}$ ist eine Kubikzahl.

Dann ist auch $8 \cdot \dfrac{p}{4} = 2p$ und damit $\dfrac{s^3 - 9sv^2}{4}$ eine Kubikzahl. Man beachte, dass s und v beide ungerade sind, denn aus $t \equiv u \bmod 2$ folgt $s \equiv v \bmod 2$. Also sind die Faktoren in

$$\frac{s^3 - 9sv^2}{4} = s \cdot \frac{s + 3v}{2} \cdot \frac{s - 3v}{2}$$

ganze Zahlen. Diese sind paarweise teilerfremd, denn aus $3 \nmid p$ folgt $3 \nmid s$, ein gemeinsamer Teiler von je zwei dieser Faktoren müsste also auch ein gemeinsamer Teiler von s und v sein. Daher sind die drei Faktoren selbst Kubikzahlen, also etwa

$$s = \zeta^3, \quad s + 3v = 2\xi^3, \quad s - 3v = 2\eta^3.$$

Es folgt $2s = 2\zeta^3 = 2\xi^3 + 2\eta^3$ bzw.

$$\xi^3 + \eta^3 = \zeta^3.$$

Sind nun x, y, z natürliche Zahlen mit $x^3 + y^3 = z^3$, dann findet man also auch natürliche Zahlen ξ, η, ζ mit $\xi^3 + \eta^3 = \zeta^3$, wobei $1 < \zeta < z$ gilt. Dies widerspricht der Tatsache, dass im Fall der nichttrivialen Lösbarkeit von $x^3 + y^3 = z^3$ in natürlichen Zahlen auch eine Lösung mit kleinstmöglichem $z > 1$ existieren müsste. Die Ungleichung $\zeta < z$ erhält man folgendermaßen:

$$\zeta^3 = s \le t \le \frac{t}{8}(t^2 - 9u^2) = p = \frac{x + y}{2} < x^3 + y^3 = z^3.$$

2. Fall: $r = \dfrac{1}{8}d^3(3s^2v - 3v^3)$ und $\dfrac{9r}{4}$ ist eine Kubikzahl.

Dann ist auch $\dfrac{8}{27} \cdot \dfrac{9r}{4} = \dfrac{2r}{3}$ und damit $\dfrac{1}{4}(s^2v - v^3)$ eine Kubikzahl. Wie oben folgt, dass die Faktoren in

$$\frac{1}{4}(s^2v - v^3) = v \cdot \frac{s + v}{2} \cdot \frac{s - v}{2}$$

ganz und paarweise teilerfremd sind. Jeder Faktor muss also selbst Kubikzahl sein. Aus $v = \xi^3$, $s + v = 2\zeta^3$ und $s - v = 2\eta^3$ ergibt sich wieder wie oben $\xi^3 + \eta^3 = \zeta^3$ mit $1 < \zeta < z$ und damit schließlich wieder ein Widerspruch. $\square$

In Eulers Beweis zu Satz 21 ist ein kleiner Fehler enthalten. Euler geht nämlich davon aus, dass die ganzen Zahlen in G_{-3} von der Form $a + b\sqrt{-3}$ mit $a, b \in \mathbb{Z}$ sind, während diese aber doch die Gestalt $\dfrac{1}{2}(a + b\sqrt{-3})$ mit $a, b \in \mathbb{Z}$

und $a \equiv b \bmod 2$ haben. Nur in der Menge der *so* definierten Zahlen ist die Primfaktorzerlegung eindeutig.

Außer für den Exponenten $p = 3$ war die fermatsche Vermutung noch für unendlich viele weitere Exponenten p bewiesen (vgl. z.B. [Grosswald 1966]), ehe sie im Jahr 1995 allgemein bewiesen wurde (s. oben).

In der *Vollständigen Anleitung zur Algebra* zeigte Euler im Zusammenhang mit der Unlösbarkeit der diophantischen Gleichung $x^3 + y^3 = z^3$, dass die diophantische Gleichung $w^3 + x^3 + y^3 = z^3$ lösbar ist und konstruierte die Lösungen (3, 4, 5, 6) und (1, 6, 8, 9). Er vermutete allgemein, dass für jedes $k \in \mathbb{N}$ die diophantische Gleichung

$$x_1^k + x_2^k + \ldots + x_k^k = z^k$$

lösbar ist, dass aber keine k-te Potenz als Summe von *weniger* als k k-ten Potenzen dargestellt werden kann. Für $k = 3$ ist dies richtig, wie wir gesehen haben. Für $k = 4$ zeigt das Beispiel

$$30^4 + 120^4 + 272^4 + 315^4 = 353^4,$$

dass die diophantische Gleichung lösbar ist. Lange blieb die Frage unbeantwortet, ob eine vierte Potenz als Summe von nur drei vierten Potenzen geschrieben werden kann; im Jahr 1988 fand man mit großem Rechenaufwand das Beispiel

$$2\,682\,440^4 + 15\,365\,639^4 + 18\,796\,760^4 = 20\,615\,673^4.$$

Schon früher hatte das Beispiel $27^5 + 84^5 + 110^5 + 133^5 = 144^5$ gezeigt, dass der zweite Teil der Vermutung von Euler falsch ist. (Vgl. hierzu [Sierpinski 1988].)

V.7 Rationale Punkte auf algebraischen Kurven

Die Aufgabe, ganzzahlige Lösungen der Gleichung $x^n + y^n = z^n$ zu finden, entspricht der Aufgabe, rationale Lösungen von $u^n + v^n = 1$ zu finden, wie man anhand der Substitution $u = \dfrac{x}{z}, v = \dfrac{y}{z}$ erkennt. In einem u, v-Koordinatensystem ist $u^n + v^n = 1$ die Gleichung einer (algebraischen) Kurve, auf welcher man also Punkte mit rationalen Koordinaten sucht, welche von den „trivialen" Punkten (1, 0) und (0, 1) verschieden sind. Allgemeiner kann man nach den rationalen Punkten auf der Kurve mit der Gleichung $f(u, v) = 0$ fragen, wo $f(u, v)$ ein Polynom in den beiden Variablen u, v mit ganzzahligen Koeffizienten ist. Den einfachen Fall $f(u, v) = u^2 + v^2 - 1$ haben wir mit der Bestimmung der pythagoräischen Tripel bereits vollständig gelöst. Dabei handelt es sich um die

Bestimmung der rationalen Punkte auf dem Einheitskreis. Etwas allgemeiner kann man nach den rationalen Punkten auf einem Kegelschnitt (also auf einer Ellipse, einer Parabel oder einer Hyperbel) fragen. Sicher gibt es Kegelschnitte, die keinen einzigen rationalen Punkt enthalten, z. B. der Kreis $u^2 + v^2 = 3$. Existiert aber mindestens ein rationaler Punkt, dann findet man auch, abgesehen von gewissen Entartungsfällen, unendlich viele solche auf dem Kegelschnitt. Wir wollen dies an einem sehr einfachen Beispiel vorführen.

Beispiel: Die Gleichung

$$25u^2 + 9v^2 - 225 = 0 \quad \text{bzw.} \quad \frac{u^2}{9} + \frac{v^2}{25} = 1$$

beschreibt eine achsenparallele Ellipse mit dem Mittelpunkt O. Ein rationaler Punkt auf der Ellipse ist $(0, -5)$. Die Gerade durch diesen Punkt mit der Steigung λ hat die Gleichung $v = \lambda u - 5$. Sie schneidet die Ellipse im Punkt

$$\left(\frac{90\lambda}{25 + 9\lambda^2}, \frac{45\lambda^2 - 125}{25 + 9\lambda^2} \right).$$

Wählt man nun λ rational, so ergibt sich ein rationaler Punkt der Ellipse. Auf diese Weise ergibt sich außer $(0, -5)$ auch jeder andere rationale Ellipsenpunkt, denn die Verbindungsgerade eines solchen mit $(0, -5)$ hat die Gleichung $v = \lambda u - 5$ mit einem rationalen λ. Damit haben wir auch die Lösungstripel der diophantischen Gleichung

$$25x^2 + 9y^2 = 225z^2$$

gefunden, indem wir (geschickterweise) $\lambda = \frac{5m}{3n}$ mit $m, n \in \mathbb{N}$ setzen, nämlich

$$(6mn, 5(m^2 - n^2), m^2 + n^2).$$

Dies entspricht den indischen Formeln für die pythagoräischen Zahlentripel (vgl. Satz 17).

Bachet hat im Kommentar zu Diophants *Arithmetica* zwei Methoden zur Bestimmung rationaler Punkte auf der Kurve mit der Gleichung

$$u^3 - v^2 - 2 = 0$$

angegeben, welche implizit schon von Diophant benutzt worden sind, die *Tangentenmethode* und die *Sekantenmethode*.

Bei der *Tangentenmethode* geht man von einem bekannten rationalen Punkt der Kurve aus, bestimmt die Gleichung der Tangente in diesem Punkt und berechnet den Schnittpunkt (also einen zweiten gemeinsamen Punkt) der Tangente und der Kurve. Ein rationaler Punkt auf der Kurve ist $(3,5)$, denn $3^3 - 5^2 - 2 = 27 - 25 - 2 = 0$. Die Tangentensteigung in $(3,5)$ erhält man durch implizites Differenzieren nach u zu $v' = \frac{3u^2}{2v} = \frac{27}{10}$. Die Tangente in $(3,5)$ hat also die Gleichung

$$v = \frac{27}{10}(u - 3) + 5.$$

Nun gilt $v^2 - 5^2 = u^3 - 3^3$ für alle Kurvenpunkte (u, v), also $(v + 5)(v - 5) = (u - 3)(u^2 + 3u + 9)$, woraus sich mit Hilfe der Tangentengleichung für $u \neq 3$

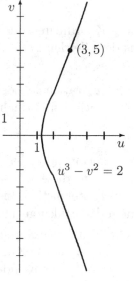

$$\frac{27}{10} \cdot \left(\frac{27}{10}(u - 3) + 10 \right) = u^2 + 3u + 9$$

bzw. $\qquad u^2 - \frac{429}{100}u + \frac{387}{100} = 0$

ergibt. Eine Lösung ist $u = 3$, die andere Lösung ist also nach den vietaschen Formeln $u = \frac{387}{100} : 3 = \frac{129}{100}$. Damit hat man den rationalen Kurvenpunkt $\left(\frac{129}{100}, \frac{383}{1000} \right)$ gefunden. Nennt man diesen (α, β), dann kann man mit dem gleichen Verfahren einen weiteren rationalen Kurvenpunkt (u, v) gewinnen: Aus

$$v - \beta = \frac{3\alpha^2}{2\beta} \cdot (u - \alpha) \quad \text{und} \quad v^2 - \beta^2 = u^3 - \alpha^3$$

ergibt sich für $u \neq \alpha$

$$\frac{3\alpha^2}{2\beta} \cdot \left(\frac{3\alpha^2}{2\beta} \cdot (u - \alpha) + 2\beta \right) = u^2 + \alpha u + \alpha^2$$

und daraus für u die Gleichung

$$u^2 + \left(\alpha - \frac{9\alpha^4}{4\beta^2} \right) \cdot u + \left(\frac{9\alpha^5}{4\beta^2} - 2\alpha^2 \right) = 0.$$

Eine Lösung ist $u = \alpha$, die andere Lösung ist also $u = \frac{9\alpha^4}{4\beta^2} - 2\alpha$, und dies ist eine rationale Zahl. Sie ist verschieden von α, denn wäre sie gleich α, dann wäre $3\alpha^3 = 4\beta^2$ bzw. $3(\beta^2 + 2) = 4\beta^2$ und somit $\beta^2 = 6$, was aber wegen der Irrationalität von $\sqrt{6}$ nicht möglich ist. Man kann auch leicht nachrechnen, dass $u \neq 3$ ist. Auf der Kurve mit der Gleichung $u^3 - v^2 - 2 = 0$ liegen unendlich viele rationale Punkte, was aber nicht einfach zu zeigen ist.

Bei der *Sekantenmethode* geht man von zwei rationalen Kurvenpunkten (u_1, v_1), (u_2, v_2) aus und schneidet die Sekante durch diese Punkte mit der Kurve, wobei man hofft, auf einen weiteren rationalen Punkt zu stoßen. Wir betrachten allgemeiner als oben die Kurve mit der Gleichung

$$u^3 - v^2 + k = 0$$

mit $k \in \mathbb{Z}$. Die Sekante hat die Gleichung

$$v = ru + s \quad \text{mit} \quad r = \frac{v_2 - v_1}{u_2 - u_1} \quad \text{und} \quad s = \frac{u_2 v_1 - u_1 v_2}{u_2 - u_1}.$$

Die u-Koordinaten der Schnittpunkte der Kurve mit der Sekante ergeben sich aus der Gleichung

$$u^3 - (ru + s)^2 + k = 0.$$

Da u_1, u_2 rationale Lösungen sind, existiert eine weitere rationale Lösung u_3, wobei nach den Formeln von Vieta $u_1 + u_2 + u_3 = r^2$ ist.

Um nun für $u^3 - v^2 - 2 = 0$ mit Hilfe der Punkte $(3,\ 5)$ und $\left(\dfrac{129}{100}, \dfrac{383}{1000}\right)$ einen neuen rationalen Punkt zu finden, kann man nicht die Sekantenmethode verwenden, diese würde wieder $(3,\ 5)$ (als „doppelten Schnittpunkt") liefern. Die Sekantenmethode ist nur verwendbar, wenn die Sekante keine Tangente in einem der beiden gegebenen Punkte ist.

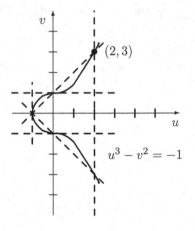

Wir wollen die Sekantenmethode auf den Fall $k = 1$, also auf die Kurve mit der Gleichung $u^3 - v^2 + 1 = 0$ anwenden. Hier erkennt man sofort die rationalen Punkte $(-1,0)$, $(0,1)$ und $(0,-1)$. Die Sekante durch $(-1,0)$ und $(0,1)$ hat die Gleichung $v = u + 1$. Die Gleichung

$$u^3 - (u+1)^2 + 1 = 0$$

hat die Lösungen -1, 0 und 2. Es ergibt sich der Punkt $(2,\ 3)$. Mit der Sekante durch $(-1,0)$ und $(0,-1)$ erhält man entsprechend den Punkt $(2,\ -3)$.

Weder mit der Sekantenmethode noch mit der Tangentenmethode erhält man einen weiteren rationalen Punkt (vgl. obige Figur). Euler hat mit der fermatschen Methode des unendlichen Abstiegs bewiesen, dass in der Tat außer den genannten fünf Punkten kein weiterer rationaler Punkt auf dieser Kurve existiert (vgl. Satz 21).

Die Methoden von Bachet führen bei der Kurve mit der Gleichung

$$u^3 - v^2 + k = 0$$

natürlich nur dann zu weiteren rationalen Punkten, wenn mindestens ein solcher gegeben ist. Für $k = 7$ existiert beispielsweise kein solcher Punkt. Die von Bachet behandelte Kurve ist eine so genannte *elliptische Kurve*. Einen Einstieg in die Theorie dieser Kurven und damit in die *algebraische Geometrie* findet man z.B. in [Rose 1988].

Möchte man die fermatsche Vermutung für den Exponent p (ungerade Primzahl) beweisen, so muss man nachweisen, dass auf der Kurve mit der Gleichung $u^p + v^p = 1$ außer den Punkten $(1, 0)$ und $(0, 1)$ kein weiterer rationaler Punkt liegt. Die folgende Figur zeigt, dass die Methoden von Bachet hier nicht anwendbar sind.

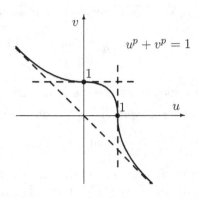

Mit sehr viel tiefliegenderen Methoden der algebraischen Geometrie kann man aber auch über die rationalen Punkte auf diesen Fermat-Kurven Aussagen machen: Aus einem von Gerd Faltings [Faltings 1983] bewiesenen Resultat folgt, dass auf den Fermat-Kurven höchstens endlich viele rationale Punkte liegen, dass also die Gleichung $x^p + y^p = z^p$ für $p > 2$ (im Gegensatz zur Gleichung $x^2 + y^2 = z^2$) auch nur endlich viele ganzzahlige Lösungen mit $\mathrm{ggT}(x, y, z) = 1$ haben kann. (Durch den Beweis der fermatschen Vermutung ist gesichert, dass *kein* nicht-trivialer rationaler Punkt auf den Fermat-Kurven ($p > 2$) liegt.)

V.8 Binäre quadratische Formen

Möchte man im Ring G_d der ganzalgebraischen Zahlen $x + y\sqrt{d}$ (falls $d \not\equiv 1 \bmod 4$) bzw. $x + y\omega$ mit $\omega = \frac{1}{2}(1 + \sqrt{d})$ (falls $d \equiv 1 \bmod 4$) alle Zahlen mit der Norm N bestimmen, dann muss man die diophantische Gleichung $x^2 - dy^2 = N$ bzw. $x^2 + xy + \frac{1-d}{4} \cdot y^2 = N$ lösen. In II.5 haben wir die diophantische Gleichung $x^2 - dy^2 = 1$ untersucht, um den Einheiten des Ringes G_d auf die Spur zu kommen. Für diese so genannte *pellsche Gleichung* hat sich schon Fermat interessiert, weshalb man sie zuweilen auch fermatsche Gleichung nennt. In V.5 stand die Frage im Mittelpunkt, welche Zahlen sich – möglicherweise eindeutig – in der Form $x^2 + y^2$ oder allgemeiner in der Form $ax^2 + by^2$ darstellen lassen. Für $a = 1$ und $b = 1, 2, 3$ geht diese Frage ebenfalls auf Fermat zurück. Wir wollen nun als Anwendung des Satzes von Fermat und der Theorie der quadratischen Reste die Frage der Darstellbarkeit natürlicher Zahlen in der Form

$$ax^2 + 2bxy + cy^2$$

untersuchen, wobei a, b, c ganze Zahlen und x, y Variable für ganze Zahlen sind. Dies war übrigens die Fragestellung, welche Legendre veranlasste, sich mit quadratischen Resten zu beschäftigen. Wir werden uns im Folgenden auf die Anfänge der sehr ausgedehnten Theorie der binären quadratischen Formen beschränken und dabei im Wesentlichen Resultate von Lagrange und Legendre vorstellen. Vgl. hierzu [Scharlau/Opolka 1980].

Für $a, b, c \in \mathbb{Z}$ nennen wir den Term

$$ax^2 + 2bxy + cy^2 = (x \quad y) \begin{pmatrix} a & b \\ b & c \end{pmatrix} \begin{pmatrix} x \\ y \end{pmatrix}$$

eine *binäre quadratische Form*. Die Zahl $\Delta = \det \begin{pmatrix} a & b \\ b & c \end{pmatrix} = ac - b^2$ nennt man die *Determinante* der quadratischen Form. Wegen

$$a(ax^2 + 2bxy + cy^2) = (ax + by)^2 + \Delta y^2$$

hat die quadratische Form für $\Delta > 0$ nur Werte ≥ 0 (falls $a > 0$) bzw. ≤ 0 (falls $a < 0$); die Form heißt dann *definit*, und zwar *positiv* oder *negativ* definit. Ist $\Delta < 0$, dann kann die Form sowohl positive als auch negative Werte annehmen und heißt *indefinit*. Der Fall $\Delta = 0$ ist offensichtlich uninteressant und wird daher künftig ausgeschlossen.

Gilt

$$m = ax_0^2 + 2bx_0y_0 + cy_0^2$$

für $m, x_0, y_0 \in \mathbb{Z}$, so sagt man, die Zahl m werde durch die quadratische Form *dargestellt*. Ist dabei $\mathrm{ggT}(x_0, y_0) = 1$, so sagt man, m werde durch die Form *eigentlich* dargestellt.

Satz 22 (Lagrange): Wird m durch eine binäre quadratische Form mit der Determinante Δ eigentlich dargestellt, dann wird auch jeder Teiler von m durch eine binäre quadratische Form mit der gleichen Determinante Δ eigentlich dargestellt.

Beweis: Es sei

$$m = ax^2 + 2bxy + cy^2$$

mit $x, y \in \mathbb{Z}$, $\mathrm{ggT}(x, y) = 1$ und $m = r \cdot s$. Ist $\mathrm{ggT}(s, y) = t$ und $s = tu, y = t\xi$, also $\mathrm{ggT}(u, \xi) = 1$, so folgt

$$rtu = ax^2 + 2btx\xi + ct^2\xi^2,$$

also $t | ax^2$. Wegen $\mathrm{ggT}(x, y) = 1$ ist auch $\mathrm{ggT}(x, t) = 1$, so dass $t | a$ gilt. Mit $a = et$ ergibt sich

$$ru = ex^2 + 2bx\xi + ct\xi^2.$$

Wegen $\mathrm{ggT}(u, \xi) = 1$ existieren $v, \eta \in \mathbb{Z}$ mit $x = u\eta + v\xi$. Aus der letzten Gleichung erhält man damit

$$\begin{aligned}
ru &= e(u\eta + v\xi)^2 + 2b(u\eta + v\xi)\xi + ct\xi^2 \\
&= (ev^2 + 2bv + ct)\xi^2 + 2(euv + bu)\xi\eta + eu^2\eta^2.
\end{aligned}$$

Wegen $\mathrm{ggT}(u, \xi) = 1$ ist der Koeffizient bei ξ^2 durch u teilbar, und mit

$$A := \frac{ev^2 + 2bv + ct}{u}, \quad B := ev + b, \quad C := eu$$

ergibt sich

$$r = A\xi^2 + 2B\xi\eta + C\eta^2.$$

Dabei ist $\mathrm{ggT}(\xi, \eta) = 1$, denn wegen $x = u\eta + v\xi$ ist ein gemeinsamer Teiler von ξ und η auch ein Teiler von x, aber ξ ist als Teiler von y zu x teilerfremd. Ferner gilt

$$\begin{aligned} AC - B^2 &= e^2v^2 + 2bev + cet - (ev + b)^2 \\ &= cet - b^2 = ac - b^2. \quad \square \end{aligned}$$

Ist $M = \begin{pmatrix} \alpha & \beta \\ \gamma & \delta \end{pmatrix}$ eine ganzzahlige Matrix (also $\alpha, \beta, \gamma, \delta \in \mathbb{Z}$) mit $\det M = \pm 1$, dann ist auch M^{-1} eine solche und die lineare Abbildung

$$\begin{pmatrix} u \\ v \end{pmatrix} = M \begin{pmatrix} x \\ y \end{pmatrix} \text{ bzw. } \begin{pmatrix} x \\ y \end{pmatrix} = M^{-1} \begin{pmatrix} u \\ v \end{pmatrix}$$

bildet $\mathbb{Z}^2$ bijektiv auf sich selbst ab. Eine solche Matrix bzw. lineare Abbildung heißt *unimodular*. Die Menge der unimodularen Matrizen bzw. unimodularen linearen Abbildungen bildet offensichtlich eine Gruppe bezüglich der Multiplikation bzw. Verkettung, die man in der Algebra mit $\mathrm{SL}(2, \mathbb{Z})$ bezeichnet.

Zwei quadratische Formen mit den Matrizen A und A' heißen *äquivalent*, wenn eine unimodulare Matrix M existiert, so dass $A = M^T A' M$; dabei bedeutet M^T die Transponierte von M, also $M^T = \begin{pmatrix} \alpha & \gamma \\ \beta & \delta \end{pmatrix}$.

Satz 23: Äquivalente Formen stellen dieselben Zahlen dar und haben dieselbe Determinante.

Beweis: Mit den oben eingeführten Bezeichnungen sowie $\vec{x} = \begin{pmatrix} x \\ y \end{pmatrix}$ und $\vec{u} = \begin{pmatrix} u \\ v \end{pmatrix}$ gilt

$$\begin{aligned} \vec{x}^T A \vec{x} &= \vec{x}^T (M^T A' M) \vec{x} \\ &= (\vec{x}^T M^T) A' (M\vec{x}) \\ &= (M\vec{x})^T A' (M\vec{x}) = \vec{u}^T A' \vec{u} \end{aligned}$$

und

$$\begin{aligned} \det A' &= \det(M^T A M) \\ &= \det M^T \cdot \det A \cdot \det M \\ &= \det A \cdot (\det M)^2 = \det A. \quad \square \end{aligned}$$

Nach diesem Satz ist eine zu einer (positiv oder negativ) definiten bzw. indefiniten Form äquivalente Form jeweils wieder von derselben Beschaffenheit.

Wir beschäftigen uns zuerst mit definiten Formen $ax^2 + 2bxy + cy^2$ und wollen dabei $a > 0$ und $\Delta > 0$ (und damit $c > 0$) voraussetzen, was keine Beschränkung der Allgemeinheit bedeutet. Eine solche positiv definite Form heißt *reduziert*, wenn

$$a < c \text{ und } -a < 2b \le a \quad \text{oder} \quad a = c \text{ und } 0 \le 2b \le a$$

gilt. Es ist dann

$$\Delta = ac - b^2 \ge a^2 - \left(\frac{a}{2}\right)^2 = \frac{3}{4}a^2, \quad \text{also} \quad a \le 2\sqrt{\frac{\Delta}{3}}.$$

Satz 24 (Lagrange): Jede positiv definite Form ist äquivalent zu genau einer reduzierten Form.

Beweis: Es sei eine positiv definite quadratische Form mit der Matrix

$$A = \begin{pmatrix} a & b \\ b & c \end{pmatrix}$$

gegeben, und es sei m die kleinste von der Form dargestellte positive Zahl, etwa

$$m = ax_0^2 + 2bx_0y_0 + cy_0^2 \quad \text{mit} \quad \text{ggT}(x_0, y_0) = 1.$$

(Es gilt $m \le c$, da c von der Form dargestellt wird, und zwar mit $x = 0$, $y = 1$.) Dann existieren ganze Zahlen α, β mit $\alpha x_0 + \beta y_0 = 1$. Die ganzzahlige Matrix

$$U = \begin{pmatrix} x_0 & -\beta \\ y_0 & \alpha \end{pmatrix}$$

ist unimodular, und es ist

$$U^T A U = \begin{pmatrix} m & b' \\ b' & c' \end{pmatrix}$$

mit $b', c' \in \mathbb{Z}$. In der unimodularen Matrix

$$V = \begin{pmatrix} 1 & k \\ 0 & 1 \end{pmatrix}$$

wählen wir k so, dass $-m < 2(b' + km) \le m$ gilt. Dann ist

$$V^T (U^T A U) V = \begin{pmatrix} m & b'' \\ b'' & c'' \end{pmatrix}$$

mit $b'' = b' + km$ und $c'' \in \mathbb{Z}$. Da mit A auch $V^T(U^T A U)V$ die Matrix einer positiv definiten Form ist, gilt $mc'' > 0$ und damit $c'' > 0$. Da m die kleinste dargestellte positive Zahl ist, gilt $m \le c''$. Ist $m = c''$ und $b'' < 0$, so transformiere man noch mit der Matrix

$$W = \begin{pmatrix} 0 & 1 \\ -1 & 0 \end{pmatrix},$$

was auf

$$W^T(V^T(U^T A U)V)W = \begin{pmatrix} c'' & -b'' \\ -b'' & m \end{pmatrix}$$

führt. Wir haben also eine reduzierte Form erhalten.

Nun muss noch die Eindeutigkeit der reduzierten Form gezeigt werden. Ist $ax^2 + 2bxy + cy^2$ reduziert, dann gilt wegen $0 < a \le c$ und $2b > -a$

$$ax^2 + 2bxy + cy^2 \ge a(x^2 + y^2 - |xy|) \ge \begin{cases} ax^2 \ge a \text{ für } 0 < |x| \le |y| \\ ay^2 \ge a \text{ für } 0 < |y| \le |x| \end{cases}$$

und natürlich $ax^2 + 2bxy + cy^2 \ge a$ für $xy = 0$. Da die Form den Wert a darstellt, ist also a als das Minimum der dargestellten Zahlen eindeutig bestimmt.

Für $a < c$ wird das Minimum a für $x = \pm 1, y = 0$ und keine anderen Werte angenommen: Für $x = 0, y \ne 0$ und für $|x| > 1, y = 0$ wird offensichtlich ein größerer Wert angenommen, und für $xy \ne 0$ ist

$$ax^2 + 2bxy + cy^2 > a(x^2 + y^2 - |xy|) \ge a.$$

Ist nun

$$\begin{pmatrix} a & b \\ b & c \end{pmatrix} \quad \text{äquivalent zur reduzierten Form} \quad \begin{pmatrix} a & b' \\ b' & c' \end{pmatrix},$$

etwa

$$\begin{pmatrix} a & b' \\ b' & c' \end{pmatrix} = \begin{pmatrix} \alpha & \gamma \\ \beta & \delta \end{pmatrix} \begin{pmatrix} a & b \\ b & c \end{pmatrix} \begin{pmatrix} \alpha & \beta \\ \gamma & \delta \end{pmatrix} = \begin{pmatrix} a\alpha^2 + 2b\alpha\gamma + c\gamma^2 & * \\ * & * \end{pmatrix},$$

dann gilt für die Zahlen in der Transformationsmatrix

$$a = a\alpha^2 + 2b\alpha\gamma + c\gamma^2,$$

also $\gamma = 0$, $\alpha = \pm 1$. Damit ergibt sich

$$\begin{pmatrix} a & b' \\ b' & c' \end{pmatrix} = \begin{pmatrix} \pm 1 & 0 \\ \beta & \delta \end{pmatrix} \begin{pmatrix} a & b \\ b & c \end{pmatrix} \begin{pmatrix} \pm 1 & \beta \\ 0 & \delta \end{pmatrix} = \begin{pmatrix} a & b \pm \beta a \\ b \pm \beta a & * \end{pmatrix},$$

also $b' = b \pm \beta a$; wegen $-a < 2b$ und $2b' \le a$ muss daher $\beta = 0$ sein. Es folgt $b' = b$, und schließlich $c' = c$, weil sich die Determinante nicht ändern darf.

Für $a = c$ und $0 \le 2b < a$ wird das Minimum für $x = \pm 1, y = 0$ und für $x = 0, y = \pm 1$ angenommen, aber für keinen weiteren Wert. Daraus ergibt sich wie oben die Eindeutigkeit der reduzierten Form. Auch der noch verbleibende Fall $a = c = 2b$ wird auf diesem Wege behandelt. □

Bemerkung: Es gibt nur endlich viele Äquivalenzklassen positiv definiter binärer quadratischer Formen mit derselben Determinante Δ, weil jede Klasse eine reduzierte Form enthält und für eine reduzierte Form $ax^2 + 2bxy + cy^2$ die folgenden Bedingungen gelten:

$$|2b| \leq a \leq 2\sqrt{\frac{\Delta}{3}} \quad \text{und} \quad c = \frac{1}{a}(\Delta + b^2).$$

Die reduzierten Formen mit gegebener positiver Determinante $\Delta \leq 8$ sind in der unten folgenden Tabelle zusammengestellt. Insbesondere existiert genau eine reduzierte Form zur Determinante 1 und damit auch genau eine Äquivalenzklasse zur Determinante 1.

Eine ungerade Primzahl p ist genau dann als Summe von zwei Quadraten zu schreiben, wenn $p \equiv 1 \bmod 4$ gilt (V.5 Satz 12). Wir beweisen nun als Anwendung der obigen Sätze eine Verallgemeinerung dieser Aussage.

Satz 25: Eine positiv definite binäre quadratische Form mit der Determinante 1 stellt genau dann die ungerade Primzahl p dar, wenn $p \equiv 1 \bmod 4$ gilt.

Beweis: Ist $p \equiv 1 \bmod 4$, dann ist -1 quadratischer Rest mod p. Es existiert also ein $m \in \mathbb{N}$ mit $m^2 \equiv -1 \bmod p$ bzw. $m^2 = -1 + np$ mit $n \in \mathbb{N}$. Dann ist

$$px^2 + 2 \cdot m \cdot xy + ny^2$$

eine Form mit der Determinante 1, welche p darstellt (für $x = 1$, $y = 0$). Da nur eine Äquivalenzklasse von Formen mit der Determinante 1 existiert, stellt *jede* Form mit der Determinante 1 die Primzahl p dar. Wird umgekehrt die ungerade Primzahl p von der Form dargestellt, dann wird p auch von $x^2 + y^2$ dargestellt, woraus $p \equiv 1 \bmod 4$ folgt.   □

Bemerkung: Der zu Satz 24 analoge Satz für indefinite binäre quadratische Formen besagt, dass jede solche Form äquivalent zu einer Form ist, deren Matrix $\begin{pmatrix} a & b \\ b & c \end{pmatrix}$ die Bedingungen $|a| \leq |c|$ und $|2b| \leq |a|$ erfüllt. Die in diesem Sinn definierte *reduzierte* Form zu einer gegebenen Form ist aber i. Allg. nicht eindeutig bestimmt. Wegen $\Delta = ac - b^2 < 0$ ist $ac < 0$, denn $|ac| \geq a^2 \geq 4b^2$. Es ist also $|\Delta| \geq 5b^2$ bzw.

$$|b| \leq \sqrt{\frac{|\Delta|}{5}}.$$

In der folgenden Tabelle sind die reduzierten Formen für $|\Delta| \leq 8$ zusammengestellt; für $\Delta < 0$ sind diese nicht notwendigerweise inäquivalent.

Δ	(a,b,c)			Δ	(a,b,c)	
1	$(1,0,1)$			-1	$(1,0,-1)$	
2	$(1,0,2)$			-2	$(\pm 1, 0, \mp 2)$	
3	$(1,0,3)$	$(2,1,2)$		-3	$(\pm 1, 0, \mp 3)$	
4	$(1,0,4)$	$(2,0,2)$		-4	$(\pm 1, 0, \mp 4)$	
5	$(1,0,5)$	$(2,1,3)$		-5	$(\pm 1, 0, \mp 5)$	$(\pm 2, 1, \mp 2)$
6	$(1,0,6)$	$(2,0,3)$		-6	$(\pm 1, 0, \mp 6)$	$(\pm 2, 0, \mp 3)$
7	$(1,0,7)$	$(2,1,4)$		-7	$(\pm 1, 0, \mp 7)$	$(\pm 2, 1, \mp 3)$
8	$(1,0,8)$	$(2,0,4)$ $\quad (3,1,3)$		-8	$(\pm 1, 0, \mp 8)$	$(\pm 2, 0, \mp 4)$

Wird eine Zahl von einer Form eigentlich dargestellt, dann nennt man jeden Teiler dieser Zahl einen *Teiler der quadratischen Form*.

Satz 26 (Lagrange): Es sei $a \neq 0$. Eine Primzahl p mit $p \equiv 3 \bmod 4$ und $p \nmid a$ ist genau dann ein Teiler von $x^2 - ay^2$, wenn sie kein Teiler von $x^2 + ay^2$ ist.

Beweis: 1) Es sei $p = 4n + 3$ ein Teiler von $x^2 - ay^2$. Dann ist ist die Kongruenz $x^2 - ay^2 \equiv 0 \bmod p$ lösbar, also $\left(\dfrac{a}{p}\right) = 1$. Wäre p auch ein Teiler von $x^2 + ay^2$, dann wäre auch $\left(\dfrac{-a}{p}\right) = 1$ und damit $\left(\dfrac{-1}{p}\right) = 1$. Für $p \equiv 3 \bmod 4$ gilt aber $\left(\dfrac{-1}{p}\right) = -1$.

2) Es sei $p = 4n + 3$ *kein* Teiler von $x^2 - ay^2$. Es gilt

$$a^{p-1} - 1 \equiv \left(a^{\frac{p-1}{2}} - 1\right)\left(a^{\frac{p-1}{2}} + 1\right) \equiv 0 \bmod p.$$

Wäre $a^{\frac{p-1}{2}} - 1 \equiv 0 \bmod p$, dann wäre für alle $r \in \mathbb{Z}$ mit $p \nmid r$

$$0 \equiv r^{p-1} - 1 \equiv (r^2)^{\frac{p-1}{2}} - a^{\frac{p-1}{2}} \equiv (r^2 - a)q(r) \bmod p,$$

wobei $q(x)$ ein Polynom über dem Körper der Restklassen mod p ist. Das Polynom $q(x)$ ist vom Grad $p - 3$, kann also höchstens $p - 3$ Nullstellen haben. Da das Polynom $x^{p-1} - 1$ aber $p - 1$ Nullstellen hat, müsste $x^2 - a$ eine Nullstelle besitzen. Dann wäre $\left(\dfrac{a}{p}\right) = 1$, also $a \equiv x_0^2 \bmod p$ mit einem geeigneten x_0. Es wäre also p ein Teiler von $x_0^2 - a \cdot 1^2$ und somit von $x^2 - ay^2$. Da dies ausgeschlossen war, muss also $a^{\frac{p-1}{2}} + 1 \equiv 0 \bmod p$ gelten. Dies bedeutet

$$p \mid \left(1^2 + a \cdot \left(a^{\frac{p-3}{4}}\right)^2\right),$$

p ist also ein Teiler von $x^2 + ay^2$. $\square$

Beispiel 1: Ist p eine Primzahl mit $p \equiv 3 \bmod 8$, dann wird p von $x^2 + 2y^2$ dargestellt: Wäre p ein Teiler von $x^2 - 2y^2$, so würde p nach Satz 22 von einer Form mit der Determinante -2 dargestellt. Die einzigen Formen (bis auf Äquivalenz) mit der Determinante -2 sind aber $x^2 - 2y^2$ und $-x^2 + 2y^2$. Beide Formen ergeben aber nur Werte $\not\equiv 3 \bmod 8$. Also muss p nach Satz 26 ein Teiler von $x^2 + 2y^2$ sein. Da dies (bis auf Äquivalenz) die einzige Form mit der Determinante 2 ist, wird p, wiederum nach Satz 22, von $x^2 + 2y^2$ dargestellt.

Beispiel 2: Ist p eine Primzahl mit $p \equiv 7 \bmod 12$, dann wird p von $x^2 + 3y^2$ dargestellt: Wäre p ein Teiler von $x^2 - 3y^2$, so würde p nach Satz 22 von einer Form mit der Determinante -3 dargestellt. Die einzigen Formen (bis auf Äquivalenz) mit der Determinante -3 sind aber $x^2 - 3y^2$ und $-x^2 + 3y^2$. Beide

Formen ergeben nur Werte $\not\equiv 7 \bmod 12$. Also muss p nach Satz 26 ein Teiler von $x^2 + 3y^2$ sein. Außer dieser gibt es (bis auf Äquivalenz) nur eine weitere Form mit der Determinante 3, nämlich $2x^2 + 2xy + 2y^2$, welche aber nur gerade Zahlen darstellt. Also wird p von $x^2 + 3y^2$ dargestellt.

Beispiel 3: Ist p eine Primzahl mit $p \equiv 7 \bmod 24$, dann wird p von $x^2 + 6y^2$ dargestellt: Wäre p ein Teiler von $x^2 - 6y^2$, so würde p durch eine Form mit der Determinante -6 dargestellt. Die einzigen Formen (bis auf Äquivalenz) mit der Determinante -6 sind $\pm(x^2 - 6y^2)$ und $\pm(2x^2 - 3y^2)$. Alle vier Formen ergeben aber nur Werte $\not\equiv 7 \bmod 24$. Also muss p ein Teiler von $x^2 + 6y^2$ sein. Außer dieser gibt es (bis auf Äquivalenz) nur eine weitere Form mit der Determinante 6, nämlich $2x^2 + 3y^2$, welche aber nur Werte $\not\equiv 7 \bmod 24$ annimmt. Also wird p von $x^2 + 6y^2$ dargestellt.

Für Primzahlen der Form $p \equiv 1 \bmod 4$ gilt wegen $\left(\dfrac{-1}{p}\right) = 1$ anders als in Satz 26: Genau dann ist p Teiler von $x^2 + ay^2$, wenn p Teiler von $x^2 - ay^2$ ist.

Wir untersuchen nun, ob die Primzahl $p = 4an + 1$ von $x^2 + ay^2$ mit $a > 1$ dargestellt wird. Es sei $[g]$ eine primitive Restklasse mod p; dann ist

$$g^{2an} + 1 \equiv 0 \bmod p \quad \text{und} \quad g^{2n} + 1 \not\equiv 0 \bmod p.$$

Für $a = 2$ gilt
$$0 \equiv g^{4n} + 1 \equiv (g^{2n} + 1)^2 - 2(g^n)^2 \bmod p,$$

also ist $p = 8n + 1$ ein Teiler von $x^2 - 2y^2$ und damit auch von $x^2 + 2y^2$. Da letzteres die einzige reduzierte Form mit der Determinante 2 ist, wird p von ihr dargestellt. (Beachte Satz 22!)

Für $a = 3$ gilt
$$\begin{aligned} 0 \equiv g^{6n} + 1 &\equiv (g^{2n} + 1)^3 - 3(g^{2n} + 1)g^{2n} \\ &\equiv (g^{2n} + 1)((g^{2n} + 1)^2 - 3(g^n)^2) \bmod p, \end{aligned}$$

wegen $g^{2n}+1 \not\equiv 0 \bmod p$ also $(g^{2n}+1)^2 - 3(g^n)^2 \equiv 0 \bmod p$. Daher ist $p = 12n+1$ ein Teiler von $x^2 - 3y^2$ und damit auch von $x^2 + 3y^2$. Außer dieser existiert nur die reduzierte Form $2x^2 + 2xy + 2y^2$ mit der Determinante 3, welche aber nur gerade Werte liefert. Also wird p von $x^2 + 3y^2$ dargestellt.

Für $a = 5$ gilt
$$\begin{aligned} 0 &\equiv g^{10n} + 1 \equiv (g^{2n} + 1)^5 - 5g^{8n} - 10g^{6n} - 10g^{4n} - 5g^{2n} \\ &\equiv (g^{2n} + 1)^5 - 5(g^{2n} + 1)^3 g^{2n} + 5(g^{2n} + 1)g^{4n} \\ &\equiv (g^{2n} + 1)((g^{2n} + 1)^4 - 5(g^{2n} + 1)^2 g^{2n} + 5g^{4n}) \bmod p, \end{aligned}$$

also auch
$$\begin{aligned} 4 \cdot \Big((g^{2n} + 1)^4 &- 5(g^{2n} + 1)^2 g^{2n} + 5g^{4n} \Big) \\ &\equiv \Big(2(g^{2n} + 1)^2 - 5g^{2n} \Big)^2 - 5 \left(g^{2n} \right)^2 \equiv 0 \bmod p. \end{aligned}$$

Daher teilt die Primzahl $p = 20n + 1$ die Form $x^2 - 5y^2$ und damit auch die Forn $x^2 + 5y^2$. Die einzige weitere reduzierte Form mit der Determinante 5 ist $2x^2 + 2xy + 3y^2$, deren Werte sind aber $\not\equiv 1 \bmod 20$. Also wird p von $x^2 + 5y^2$ dargestellt.

Satz 27 (Legendre): Wird die natürliche Zahl m durch die Form

$$q(x, y) = ax^2 + 2bxy + cy^2$$

eigentlich dargestellt, dann ist $-\Delta = b^2 - ac$ ein quadratischer Rest mod m.

Beweis: Es sei $q(x_0, y_0) = m$, $\mathrm{ggT}(x_0, y_0) = 1$ und $uy_0 - vx_0 = 1$ mit $u, v \in \mathbb{Z}$.

Dann ist mit $\vec{x}_0 = \begin{pmatrix} x_0 \\ y_0 \end{pmatrix}$ und $\vec{u} = \begin{pmatrix} u \\ v \end{pmatrix}$

$$
\begin{aligned}
m \cdot q(u, v) &= q(x_0, y_0) \cdot q(u, v) \\
&= \vec{x}_0^T A \vec{x}_0 \cdot \vec{u}^T A \vec{u} \\
&= \vec{x}_0^T A \vec{u} \cdot \vec{x}_0^T A \vec{u} + \vec{x}_0^T A (\vec{x}_0 \vec{u}^T - \vec{u} \vec{x}_0^T) A \vec{u}.
\end{aligned}
$$

Nun ist

$$
\begin{aligned}
A(\vec{x}_0 \vec{u}^T - \vec{u} \vec{x}_0^T) A &= \begin{pmatrix} a & b \\ b & c \end{pmatrix} \begin{pmatrix} 0 & vx_0 - uy_0 \\ uy_0 - vx_0 & 0 \end{pmatrix} \begin{pmatrix} a & b \\ b & c \end{pmatrix} \\
&= \begin{pmatrix} a & b \\ b & c \end{pmatrix} \begin{pmatrix} 0 & -1 \\ 1 & 0 \end{pmatrix} \begin{pmatrix} a & b \\ b & c \end{pmatrix} \\
&= \begin{pmatrix} b & -a \\ c & -b \end{pmatrix} \begin{pmatrix} a & b \\ b & c \end{pmatrix} = \begin{pmatrix} 0 & -\Delta \\ \Delta & 0 \end{pmatrix}.
\end{aligned}
$$

Es folgt

$$
\begin{aligned}
m \cdot q(u, v) &= (\vec{x}_0^T A \vec{u})^2 + \vec{x}_0^T \begin{pmatrix} 0 & -\Delta \\ \Delta & 0 \end{pmatrix} \vec{u} \\
&= (\vec{x}_0^T A \vec{u})^2 + \Delta(uy_0 - vx_0) \\
&= (\vec{x}_0^T A \vec{u})^2 + \Delta,
\end{aligned}
$$

mit $s = \vec{x}_0^T A \vec{u}$ gilt also $s^2 \equiv -\Delta \bmod m$. $\square$

Die Determinante der Form $x^2 + ay^2$ ist a. Satz 27 besagt also in Verbindung mit Satz 26 und Satz 22 für eine Primzahl p der Form $4n + 3$:

$$p \text{ wird von } x^2 + ay^2 \text{ dargestellt} \iff \left(\frac{a}{p}\right) = -1.$$

Man beachte dabei, dass $-\Delta = -a$ und $\left(\dfrac{-a}{p}\right) = -\left(\dfrac{a}{p}\right)$ für $p \equiv 3 \bmod 4$.

Unter den Primzahlen $p = 4n + 3$ betrachten wir in den folgenden Beispielen solche der Gestalt $ka + b$ und prüfen, ob

$$\left(\frac{a}{p}\right) = \left(\frac{a}{ka + b}\right) = -1$$

gilt. Bei dieser Fragestellung wurde Legendre zum quadratischen Reziprozitätsgesetz geführt, da er die Berechnung von $\left(\frac{a}{p}\right)$ auf diejenige von

$$\left(\frac{ka+b}{a}\right) = \left(\frac{b}{a}\right)$$

zurückführen wollte, falls a eine Primzahl ist.

Beispiel 4: Es sei $a = 3$ und $b = 1$, also $p \equiv 1 \bmod 3$, zusammen mit $p \equiv 3 \bmod 4$ somit $p \equiv 7 \bmod 12$. Es ist $\left(\frac{3}{p}\right) = -\left(\frac{p}{3}\right) = -\left(\frac{1}{3}\right) = -1$. Also ist p ein Teiler von $x^2 + 3y^2$. Außer dieser Form hat (bis auf Äquivalenz) nur die Form $2x^2 + 2xy + 2y^2$ die Determinante 3, so dass p von $x^2 + 3y^2$ dargestellt wird. (Dieses Resultat haben wir schon oben erhalten.)

Beispiel 5: Es sei $a = 5$. Wegen $\left(\frac{5}{p}\right) = \left(\frac{p}{5}\right) = \left(\frac{b}{5}\right)$ ergibt sich $\left(\frac{5}{p}\right) = -1$ nur für $b \in \{2, 3\}$. Jede Primzahl p mit $p \equiv 3 \bmod 20$ oder $p \equiv 7 \bmod 20$ ist also ein Teiler von $x^2 + 5y^2$ und wird daher von $x^2 + 5y^2$ oder von $2x^2 + 2xy + 3y^2$ dargestellt. Weil aber die Werte von $x^2 + 5y^2$ nicht $\equiv 3 \bmod 4$ sind, werden die obigen Primzahlen von $2x^2 + 2xy + 3y^2$ dargestellt.

Beispiel 6: Es sei $a = 7$. Wegen $\left(\frac{7}{p}\right) = -\left(\frac{p}{7}\right) = -\left(\frac{b}{7}\right)$ ergibt sich $\left(\frac{7}{p}\right) = -1$ nur für $b \in \{1, 2, 4\}$. Jede Primzahl p mit $p \equiv 11, 15, 23 \bmod 28$ ist also ein Teiler von $x^2 + 7y^2$ und wird daher von einer der Formen $x^2 + 7y^2$ oder $2x^2 + 2xy + 4y^2$ dargestellt. Da die zweite Form nur gerade Zahlen darstellt, wird p von $x^2 + 7y^2$ dargestellt.

Wir fassen die Ergebnisse in den Beispielen in folgendem Satz zusammen:

Satz 28 (Lagrange, Legendre): Eine Primzahl p mit

$p \equiv 1, 3 \bmod 8$	wird von $x^2 + 2y^2$ dargestellt;
$p \equiv 1 \bmod 6$	wird von $x^2 + 3y^2$ dargestellt;
$p \equiv 1 \bmod 20$	wird von $x^2 + 5y^2$ dargestellt;
$p \equiv 7 \bmod 24$	wird von $x^2 + 6y^2$ dargestellt;
$p \equiv 11, 15, 23 \bmod 28$	wird von $x^2 + 7y^2$ dargestellt.

Beispiel 7: Für die Primzahl $p = 241$ gilt

$$p \equiv 1 \bmod 6, \quad p \equiv 1 \bmod 8 \quad \text{und} \quad p \equiv 1 \bmod 20;$$

also wird sie von jeder der folgenden Formen dargestellt:

$$x^2 + 2y^2, \quad x^2 + 3y^2 \quad \text{und} \quad x^2 + 5y^2.$$

$241 - 2x^2$ ergibt für $x = 6$ das Quadrat $169 = 13^2$; also ist $241 = 13^2 + 2 \cdot 6^2$.

$241 - 3x^2$ ergibt für $x = 8$ das Quadrat $49 = 7^2$; also ist $241 = 7^2 + 3 \cdot 8^2$.

$241 - 5x^2$ ergibt für $x = 3$ das Quadrat $196 = 14^2$; also ist $241 = 14^2 + 5 \cdot 3^2$.

Bemerkung: Wie für die Darstellung einer Primzahl als Summe von zwei Quadraten gilt allgemein: Die Darstellung einer Primzahl durch $x^2 + ay^2$ ist eindeutig (Satz 14 in V.5), und lassen sich zwei Zahlen durch $x^2 + ay^2$ darstellen, dann gilt dies auch für ihr Produkt:

$$
\begin{aligned}
(x^2 + ay^2)(u^2 + av^2) &= \det\begin{pmatrix} x & -ay \\ y & x \end{pmatrix} \cdot \det\begin{pmatrix} u & -av \\ v & u \end{pmatrix} \\
&= \det\begin{pmatrix} x & -ay \\ y & x \end{pmatrix}\begin{pmatrix} u & -av \\ v & u \end{pmatrix} \\
&= \det\begin{pmatrix} xu - ayv & -a(xv + yu) \\ xv + yu & xu - ayv \end{pmatrix} \\
&= (xu - ayv)^2 + a(xv + yu)^2.
\end{aligned}
$$

V.9 Ternäre quadratische Formen; der Drei-Quadrate-Satz

Wir behandeln *ternäre quadratische Formen*

$$\vec{x}^T A \vec{x} = a_{11}x_1^2 + a_{22}x_2^2 + a_{33}x_3^2 + 2a_{12}x_1x_2 + 2a_{13}x_1x_3 + 2a_{23}x_2x_3$$

mit

$$\vec{x} = \begin{pmatrix} x_1 \\ x_2 \\ x_3 \end{pmatrix} \quad \text{und} \quad A = \begin{pmatrix} a_{11} & a_{12} & a_{13} \\ a_{12} & a_{22} & a_{23} \\ a_{13} & a_{23} & a_{33} \end{pmatrix},$$

wobei A eine symmetrische Matrix mit ganzzahligen Koeffizienten ist, mit dem Ziel, die Darstellbarkeit natürlicher Zahlen als Summe von drei Quadraten zu untersuchen. Es gilt

$$a_{11}(\vec{x}^T A \vec{x}) = (a_{11}x_1 + a_{12}x_2 + a_{13}x_3)^2 + F(x_2, x_3)$$

wobei $F(x_2, x_3)$ die binäre quadratische Form

$$(a_{11}a_{22} - a_{12}^2)x_2^2 + 2(a_{11}a_{23} - a_{12}a_{13})x_2x_3 + (a_{11}a_{33} - a_{13}^2)x_3^2$$

ist. Die Determinante von $F(x_2, x_3)$ ist

$$
\begin{aligned}
(a_{11}a_{22} &- a_{12}^2)(a_{11}a_{33} - a_{13}^2) - (a_{11}a_{23} - a_{12}a_{13})^2 \\
&= a_{11}(a_{11}a_{22}a_{33} - a_{11}a_{23}^2 + 2a_{12}a_{13}a_{23} - a_{12}^2a_{33} - a_{13}^2a_{22}) \\
&= a_{11} \cdot \det A.
\end{aligned}
$$

Ist $a_{11} \leq 0$, dann ist $\vec{x}^T A \vec{x}$ nicht positiv definit, weil man für $x_1 = 1$ und $x_2 = x_3 = 0$ den Wert a_{11} erhält. Ist $a_{11} > 0$, dann ist $\vec{x}^T A \vec{x}$ genau dann positiv definit, wenn dies für $F(x_2, x_3)$ zutrifft. Denn bei jeder Wahl von x_2, x_3 kann man x_1 so bestimmen, dass $a_{11}x_1 + a_{12}x_2 + a_{13}x_3 = 0$ gilt. Genau dann ist also $\vec{x}^T A \vec{x}$ positiv definit, wenn gilt (vgl. V.8):

$$a_{11} > 0, \quad \det \begin{pmatrix} a_{11} & a_{12} \\ a_{12} & a_{22} \end{pmatrix} > 0, \quad \det \begin{pmatrix} a_{11} & a_{12} & a_{13} \\ a_{12} & a_{22} & a_{23} \\ a_{13} & a_{23} & a_{33} \end{pmatrix} > 0.$$

Die Äquivalenz ternärer quadratischer Formen ist nun wie die binärer quadratischer Formen (vgl. V.8) definiert, wobei äquivalente Formen die gleiche Determinante haben und alle zu einer positiv definiten Form äquivalenten Formen wieder positiv definit sind.

Im Folgenden ist es hilfreich, die Form und ihre Matrix mit demselben Buchstaben zu bezeichnen: $A(x_1, x_2, x_3) = \vec{x}^T A \vec{x}$; dann erübrigen sich lange Erklärungen, welche Matrix zu welcher Form gehört.

Satz 29: Jede Klasse äquivalenter positiv definiter ternärer quadratischer Formen mit der Determinante Δ enthält mindestens eine Form, für deren Matrix $M = (m_{ij})$ gilt:

$$2 \cdot \max(|m_{12}|, |m_{13}|) \leq m_{11} \leq \frac{4}{3} \cdot \sqrt[3]{\Delta}.$$

Beweis: Ist eine Form $A(x_1, x_2, x_3) = \vec{x}^T A \vec{x}$ aus der Klasse gegeben, dann sei m_{11} die kleinste von A dargestellte natürliche Zahl, also

$$m_{11} = A(c_{11}, c_{21}, c_{31}) \quad \text{mit} \quad \text{ggT}(c_{11}, c_{21}, c_{31}) = 1.$$

(Wäre $\text{ggT}(c_{11}, c_{21}, c_{31}) > 1$, so wäre m_{11} nicht minimal.) Nun sei

$$\text{ggT}(c_{11}, c_{21}) = d$$

(und damit $\text{ggT}(d, c_{31}) = 1$). Dann existieren $c_{12}, c_{22}, \alpha, \beta \in \mathbb{Z}$ mit

$$c_{11}c_{22} - c_{12}c_{21} = d \quad \text{und} \quad d\alpha - c_{31}\beta = 1.$$

Die Matrix

$$C = \begin{pmatrix} c_{11} & c_{12} & \frac{c_{11}}{d} \cdot \beta \\ c_{21} & c_{22} & \frac{c_{21}}{d} \cdot \beta \\ c_{31} & 0 & \alpha \end{pmatrix}$$

hat dann die Determinante 1, wie man leicht nachrechnet. Für die zu A äquivalente Form

$$B(x_1, x_2, x_3) = \vec{x}^T B \vec{x} = \vec{x}^T (C^T A C) \vec{x}$$

mit der Matrix $B = (b_{ij})$ gilt dann

$$b_{11} = B(1, 0, 0) = A(c_{11}, c_{21}, c_{31}) = m_{11}.$$

Nun konstruieren wir eine ganzzahlige Matrix

$$D = \begin{pmatrix} 1 & r & s \\ 0 & t & u \\ 0 & v & w \end{pmatrix}$$

so, dass det $D = tw - uv = 1$ gilt und

$$M(y_1, y_2, y_3) = \vec{y}^T M \vec{y} = \vec{y}^T D^T B D \vec{y}$$

die im Satz behauptete Eigenschaft hat. In M steht auf dem Platz $(1, 1)$ das oben eingeführte Element $m_{11} = b_{11}$; ferner ist

$$m_{12} = r m_{11} + t b_{12} + v b_{13}, \quad m_{13} = s m_{11} + u b_{12} + w b_{13}.$$

Wir wählen r, s so, dass $|m_{12}| \leq \frac{1}{2} m_{11}$ und $|m_{13}| \leq \frac{1}{2} m_{11}$ gilt. Setzt man nun $\vec{x} = D\vec{y}$, dann gilt

$$
\begin{aligned}
b_{11}x_1 + b_{12}x_2 + b_{13}x_3 &= \begin{pmatrix} b_{11} & b_{12} & b_{13} \end{pmatrix} \begin{pmatrix} y_1 + r y_2 + s y_3 \\ t y_2 + u y_3 \\ v y_2 + w y_3 \end{pmatrix} \\
&= b_{11}y_1 + (r b_{11} + t b_{12} + v b_{13})y_2 + (s b_{11} + u b_{12} + w b_{13})y_3 \\
&= m_{11}y_1 + m_{12}y_2 + m_{13}y_3.
\end{aligned}
$$

Setzt man $\vec{x} = D\vec{y}$ in

$$b_{11}B(x_1, x_2, x_3) = (b_{11}x_1 + b_{12}x_2 + b_{13}x_3)^2 + B'(x_2, x_3)$$

ein, dann entsteht

$$m_{11}M(y_1, y_2, y_3) = (m_{11}y_1 + m_{12}y_2 + m_{13}y_3)^2 + M'(y_2, y_3).$$

Die positiv definiten binären quadratischen Formen B' und M' werden durch die unimodulare Transformation $\begin{pmatrix} t & u \\ v & w \end{pmatrix}$ ineinander übergeführt, sind also äquivalent. Dann kann man nach V.8 Satz 24 eine weitere unimodulare Transformation so ausführen, dass M' in eine reduzierte quadratische Form übergeht. Wir können daher M' als reduziert annehmen. Es gilt $\det M = \det A = \Delta$ und $\det M' = m_{11}\Delta$, und der Koeffizient von y_2^2 in $M'(y_2, y_3)$ ist $m_{11}m_{22} - m_{12}^2$; also gilt

$$m_{11}m_{22} - m_{12}^2 \leq \frac{2}{\sqrt{3}} \cdot \sqrt{m_{11}\Delta}.$$

Da m_{22} eine durch M und daher auch durch A darstellbare natürliche Zahl ist, gilt $m_{22} \geq m_{11}$; es folgt

$$m_{11}^2 \leq m_{11}m_{22} = (m_{11}m_{22} - m_{12}^2) + m_{12}^2 \leq \frac{2}{\sqrt{3}} \cdot \sqrt{m_{11}\Delta} + \left(\frac{m_{11}}{2}\right)^2$$

und daraus schließlich $m_{11} \leq \frac{4}{3} \cdot \sqrt[3]{\Delta}$. $\square$

Satz 30: Jede positiv definite ternäre quadratische Form mit der Determinante 1 ist äquivalent zu $x_1^2 + x_2^2 + x_3^2$.

Beweis: Die Form ist äquivalent zu einer solchen mit der Matrix $M = (m_{ij})$, wobei aus den Bedingungen in Satz 29 folgt: $m_{11} = 1$ und $m_{12}, m_{13} = 0$. Also erhält man

$$M = \begin{pmatrix} 1 & 0 & 0 \\ 0 & m_{22} & m_{23} \\ 0 & m_{23} & m_{33} \end{pmatrix}.$$

Wegen $\det M = 1$ existiert eine ganzzahlige $(2,2)$-Matrix $U = (u_{ij})$ mit $\det U = 1$ und

$$U \begin{pmatrix} m_{22} & m_{23} \\ m_{23} & m_{33} \end{pmatrix} U^T = \begin{pmatrix} 1 & 0 \\ 0 & 1 \end{pmatrix}.$$

Dann ist auch

$$\begin{pmatrix} 1 & 0 & 0 \\ 0 & u_{11} & u_{12} \\ 0 & u_{21} & u_{22} \end{pmatrix} M \begin{pmatrix} 1 & 0 & 0 \\ 0 & u_{11} & u_{21} \\ 0 & u_{12} & u_{22} \end{pmatrix} = \begin{pmatrix} 1 & 0 & 0 \\ 0 & 1 & 0 \\ 0 & 0 & 1 \end{pmatrix}. \quad \square$$

Nun soll der *Drei-Quadrate-Satz (Satz von Gauß)* bewiesen werden. Der Beweis wird nach [Landau 1927] besonders einfach, wenn wir den Satz von Dirichlet aus VII.5 benutzen, welcher besagt, dass jede prime Restklasse mod m unendlich viele Primzahlen enthält.

Satz 31: Eine natürliche Zahl n ist genau dann als Summe von drei Quadraten zu schreiben, wenn sie nicht von der Form $n = 4^a(8b + 7)$ ist $(a, b \in \mathbb{N}_0)$.

Beweis: 1) Eine Quadratzahl ist $\equiv 0{,}1$ oder $4 \bmod 8$; also ist eine Summe von drei Quadratzahlen $\equiv 0{,}1{,}2{,}3{,}4{,}5$ oder $6 \bmod 8$ und $\not\equiv 7 \bmod 8$. Daher ist $8b+7$ nicht Summe von drei Quadratzahlen. Wäre

$$4^a(8b + 7) = x_1^2 + x_2^2 + x_3^2$$

mit $a > 0$, dann wären die Zahlen x_1, x_2, x_3 alle gerade und es wäre

$$4^{a-1}(8b + 7) = \left(\frac{x_1}{2}\right)^2 + \left(\frac{x_2}{2}\right)^2 + \left(\frac{x_3}{2}\right)^2.$$

Damit folgt induktiv, dass eine Zahl der Form $4^a(8b+7)$ nicht Summe von drei Quadraten ist.

2) Nun muss gezeigt werden, dass jede Zahl n, die nicht von der Form $4^a(8b+7)$ ist, durch die Form $x_1^2 + x_2^2 + x_3^2$ darstellbar ist. Dabei können wir annehmen, dass n nicht durch 4 teilbar ist, denn aus $n = x_1^2 + x_2^2 + x_3^2$ folgt $4n = (2x_1)^2 + (2x_2)^2 + (2x_3)^2$. Es sei also $n \equiv 1, 2, 3, 5$ oder $6 \bmod 8$. Wir konstruieren nun eine positiv definite ternäre quadratische Form mit der Determinante 1, welche

n darstellt; nach Satz 30 ist dann unser Satz bewiesen. Wir werden sehen, dass es gelingt, $a, b, c \in \mathbb{Z}$ so zu konstruieren, dass

$$A = \begin{pmatrix} a & b & 1 \\ b & c & 0 \\ 1 & 0 & n \end{pmatrix}$$

positiv definit ist und die Determinante 1 hat. Diese Form stellt n dar, denn offensichtlich ist $A(0,0,1) = n$. Es muss nun gelten:

$$a > 0 \quad \text{und} \quad ac - b^2 > 0 \quad \text{sowie} \quad \det A = (ac - b^2)n - c = 1.$$

Der Fall $n = 1$ ist trivial und kann ausgeschlossen werden. Dann folgt $a > 0$ aus den übrigen Bedingungen, da dann $c > ac - b^2 - 1 \geq 0$ und $ac = b^2 + (ac - b^2) > 0$. Setzen wir $d = ac - b^2$, so muss also gelten:

$$d > 0 \quad \text{und} \quad c = dn - 1.$$

Aufgrund der Definition von d gilt $-d \equiv b^2 \bmod c$, also muss $-d$ ein quadratischer Rest mod $dn - 1$ sein. Haben wir ein $d > 0$ mit dieser Eigenschaft konstruiert, dann erhält man der Reihe nach c, b, a aus obigen Zusammenhängen.

a) Es sei $n \equiv 2$ oder $\equiv 6 \bmod 8$. Dann ist $\operatorname{ggT}(4n, n - 1) = 1$. Nach dem Satz von Dirichlet existiert eine Primzahl p mit

$$p = 4nv + n - 1 = (4v + 1)n - 1.$$

Setzen wir $d = 4v + 1$, dann ist $d > 0$ und $p = dn - 1$. Wegen $p \equiv 1 \bmod 4$ gilt

$$\left(\frac{-d}{p}\right) = \left(\frac{d}{p}\right) = \left(\frac{p}{d}\right) = \left(\frac{dn - 1}{d}\right) = \left(\frac{-1}{d}\right) = 1.$$

(Man beachte, dass hier Jacobi-Symbole stehen, vgl. V.3 Satz 8.) Man setze also $c = p$, bestimme b aus $b^2 \equiv -d \bmod p$ und a aus $ap - b^2 = d$.

b) Es sei $n \equiv 1, 3$ oder $5 \bmod 8$. Man setze

$$e = \begin{cases} 1, & \text{falls } n \equiv 3 \bmod 8, \\ 3, & \text{falls } n \equiv 1 \text{ oder } \equiv 5 \bmod 8. \end{cases}$$

Dann ist $\dfrac{en - 1}{2}$ ungerade, also $\operatorname{ggT}\left(4n, \dfrac{en - 1}{2}\right) = 1$.

Nach dem Satz von Dirichlet existiert also eine Primzahl p mit

$$p = 4nv + \frac{en - 1}{2} = \frac{1}{2}((8v + e)n - 1).$$

Mit $d = 8v + e$ gilt $d > 0$ und $2p = dn - 1$. Nun ist

$$\begin{array}{lll}
\text{für } n \equiv 1 \bmod 8: & d \equiv 3 \bmod 8 \text{ und } p \equiv 1 \bmod 4; \\
\text{für } n \equiv 3 \bmod 8: & d \equiv 1 \bmod 8 \text{ und } p \equiv 1 \bmod 4; \\
\text{für } n \equiv 5 \bmod 8: & d \equiv 3 \bmod 8 \text{ und } p \equiv 3 \bmod 4.
\end{array}$$

In jedem dieser Fälle hat das Jacobi-Symbol $\left(\dfrac{-2}{d}\right)$ den Wert 1. Daher gilt

$$
\begin{aligned}
\left(\frac{-d}{p}\right) &= \left(\frac{-1}{p}\right)(-1)^{\frac{d-1}{2}\cdot\frac{p-1}{2}}\left(\frac{p}{d}\right) = \left(\frac{p}{d}\right) \\
&= \left(\frac{p}{d}\right)\left(\frac{-2}{d}\right) = \left(\frac{-2p}{d}\right) \\
&= \left(\frac{1-dn}{d}\right) = \left(\frac{1}{d}\right) = 1.
\end{aligned}
$$

Also ist $-d$ quadratischer Rest mod p. Wegen $-d \equiv 1^2 \bmod 2p$ ist dann $-b$ auch quadratischer Rest mod $2p$. Man setze also $c = 2p$, bestimme b aus $b^2 \equiv -d \bmod 2p$ und a aus $a\cdot 2p - b^2 = d$. $\quad\square$

Aus Satz 31 ergibt sich ein weiterer Beweis für den Vier-Quadrate-Satz von Lagrange (V.5 Satz 15): Ist $n = 4^a(8b+7)$, ferner $8b+7 = 1+8b+6 = 1^2 + x^2 + y^2 + z^2$, dann ist $n = (2^a)^2 + (2^a x)^2 + (2^a y)^2 + (2^a z)^2$.

Die Frage der Darstellbarkeit natürlicher Zahlen als Summe von *zwei* oder von *vier* Quadraten ließ sich auf die Frage nach der Darstellbarkeit von Primzahlen zurückführen, denn das Produkt von Summen von zwei Quadraten natürlicher Zahlen lässt sich wieder als Summe von zwei Quadraten natürlicher Zahlen schreiben (Formel von Fibonacci), und das Produkt von Summen von vier Quadraten natürlicher Zahlen lässt sich wieder als Summe von vier Quadraten natürlicher Zahlen schreiben (V.5). Es gibt aber keine entsprechende Aussage für die Summe von *drei* Quadraten. Daher war die Frage nach der Darstellbarkeit natürlicher Zahlen als Summe von *drei* Quadraten sehr viel schwerer zu beantworten als die Frage der Darstellbarkeit durch zwei oder vier Quadrate.

V.10 Figurierte Zahlen

Schon in der Antike interessierte man sich für Zahlen, die sich durch besonders symmetrische Punktmuster darstellen lassen. Dieses Interesse ist sicher verständlich, wenn man Zahlen mit Hilfe von Steinchen auf einem Rechenbrett angibt. Über die im Folgenden beschriebenen Polygonalzahlen hat Diophant eine Schrift verfasst, welche ebenfalls von Bachet ins Lateinische übersetzt und kommentiert worden ist.

Die Zahlen 1, 3, 6, 10, … heißen *Dreieckszahlen*:

usw.

Die n-te Dreieckszahl ist $\quad D_n = \displaystyle\sum_{i=1}^{n} i = \frac{n(n+1)}{2}$.

Die Zahlen 1, 4, 9, 16, ... heißen *Viereckszahlen* bzw. *Quadratzahlen*:

usw.

Die n-te Viereckszahl ist $Q_n = \sum\limits_{i=1}^{n} (2i - 1) = n^2$.

Die Zahlen 1, 5, 12, 22, ... heißen *Fünfeckszahlen*:

usw.

Die n-te Fünfeckszahl ist $F_n = \sum\limits_{i=1}^{n} (3i - 2) = \dfrac{n(3n-1)}{2}$.

Man definiert die n-te k-Ecks-Zahl durch $P_n^{(k)} = \sum\limits_{i=1}^{n} ((k-2)i - (k-3))$.

Diese Zahlen lassen sich auch folgendermaßen durch Punktmuster darstellen:

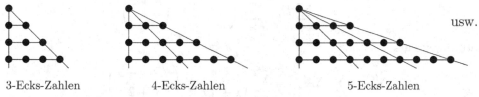

usw.

3-Ecks-Zahlen   4-Ecks-Zahlen   5-Ecks-Zahlen

Für diese *Polygonalzahlen* kann man einfache Berechnungsformeln angeben:

$$P_n^{(k)} = (k-2)D_n - (k-3)n = \frac{n}{2} \cdot ((k-2)n - k + 4) = \frac{k-2}{2}(n^2 - n) + n.$$

Die k-Ecks-Zahlen bilden eine arithmetische Folge zweiter Ordnung, d. h., ihre zweite Differenzfolge ist konstant:

$$d_n^{(k)} := P_n^{(k)} - P_{n-1}^{(k)} = (k-2)n - (k-3) \quad \text{und} \quad d_n^{(k)} - d_{n-1}^{(k)} = k - 2.$$

Bemerkung: Möchte man feststellen, welche Dreieckszahlen auch Viereckszahlen (Quadratzahlen) sind, dann muss man die Gleichung $n(n+1) = 2m^2$ bzw. $(2n+1)^2 - 2(2m)^2 = 1$ untersuchen. Man wird also auf die pellsche Gleichung $x^2 - 2y^2 = 1$ geführt (vgl. II.5). Diese hat die Grundlösung $(3, 2)$, aus welcher sich die weiteren Lösungen $(17, 12), \ldots$ ergeben. Also ist

$$D_1 = 1^2, \ D_8 = 6^2, \ldots .$$

Die Summenfolge der Folge $\{P_n^{(k)}\}$ ist die Folge der k-ten *Pyramidalzahlen*. Ihre Glieder veranschaulicht man durch räumliche Punktmuster. Von den römischen

Geometern Epaphroditus und Vitrius Rufus (etwa um 150 n. Chr.), die Schüler von Heron von Alexandria waren, stammt die Pyramidalzahlenformel

$$\sum_{i=1}^{n} P_i^{(k)} = \frac{n+1}{6} \cdot (2P_n^{(k)} + n).$$

Dies ist eine Verallgemeinerung der bekannten Formel

$$\sum_{i=1}^{n} i^2 = \frac{n(n+1)(2n+1)}{6}.$$

Die Pyramidalzahlen bilden arithmetische Folgen dritter Ordnung, d.h., ihre Differenzenfolge ist eine arithmetische Folge zweiter Ordnung. Allgemein nennt man die Glieder einer arithmetischen Folge r-ter Ordnung *figurierte Zahlen* der Dimension r.

Zuweilen bezeichnet man als figurierte Zahlen auch nur die Zahlen der Folgen, die aus der Folge der Dreieckszahlen durch fortgesetzte Bildung der Summenfolge entstehen. Diese Zahlen $\Delta_n^{(r)}$ lassen sich als Binomialkoeffizienten ausdrücken: Es gilt

$$\Delta_n^{(0)} \;=\; D_n = \binom{n+1}{2},$$

$$\Delta_n^{(1)} \;=\; \sum_{i=1}^{n} D_i = \sum_{i=1}^{n} \binom{i+1}{2} = \binom{n+2}{3}$$

und allgemein

$$\Delta_n^{(r)} = \sum_{i=1}^{n} \Delta_i^{(r-1)} = \sum_{i=1}^{n} \binom{i+r}{r+1} = \binom{n+r+1}{r+2}.$$

Das Interesse der Zahlentheoretiker an Polygonalzahlen begründet sich durch folgende Verallgemeinerung des Satzes von Lagrange (IV.5 Satz 15):

Satz 32: Für $k \geq 3$ ist jedes $n \in \mathbb{N}$ als Summe von höchstens k k-Ecks-Zahlen darstellbar.

Fermat behauptete, einen Beweis für diesen Satz zu haben, wie er in Briefen an Mersenne und Pascal schrieb. Beweise dieses Satzes wurden aber erst im 19. Jahrhundert publiziert, und zwar von Legendre und von Cauchy. Einen Beweis findet man u. a. in [Dickson 1939], ein sehr kurzer Beweis findet sich bei [Nathanson 1978].

Für $k = 3$ ist zu zeigen, dass die Gleichung

$$x(x+1) + y(y+1) + z(z+1) = 2n$$

für jedes $n \in \mathbb{N}$ eine Lösung mit nichtnegativen ganzen Zahlen besitzt. Diese Gleichung lässt sich umformen zu

$$(2x+1)^2 + (2y+1)^2 + (2z+1)^2 = 8n + 3.$$

Dass $8n + 3$ als Summe von drei (notwendigerweise ungeraden) Quadraten zu schreiben ist, folgt aus dem Drei-Quadrate-Satz (V.9 Satz 31).

Beispiel 1: Aus $17^2 + 25^2 + 39^2 = 2435 = 8 \cdot 304 + 3$ folgt $304 = D_8 + D_{12} + D_{19}$.

Für $k = 5$ wird die Lösbarkeit von

$$\frac{v(3v-1)}{2} + \frac{w(3w-1)}{2} + \frac{x(3x-1)}{2} + \frac{y(3y-1)}{2} + \frac{z(3z-1)}{2} = n$$

in nichtnegativen ganzen Zahlen für jedes $n \in \mathbb{N}$ behauptet. Diese Gleichung lässt sich umformen zu

$$(6v-1)^2 + (6w-1)^2 + (6x-1)^2 + (6y-1)^2 + (6z-1)^2 = 24n + 5.$$

Beispiel 2: Aus $1^2 + 5^2 + 11^2 + 11^2 + 17^2 = 24 \cdot 23 + 5$ folgt

$$23 = F_1 + F_2 + F_2 + F_3 = 1 + 5 + 5 + 12.$$

V.11 Der Gitterpunktsatz von Minkowski

Im Vektorraum $\mathbb{R}^n$ seien

$$\vec{z_1}, \ \vec{z_2}, \ \ldots, \ \vec{z_n}$$

linear unabhängige Vektoren mit ganzzahligen Koordinaten. Die Menge aller Punkte des Punktraumes $\mathbb{R}^n$, deren Ortsvektoren ganzzahlige Linearkombinationen von $\vec{z_1}, \vec{z_2}, \ldots, \vec{z_n}$ sind, nennt man *das von $\vec{z_1}, \vec{z_2}, \ldots, \vec{z_n}$ aufgespannte Gitter* und bezeichnet dieses mit $L(\vec{z_1}, \vec{z_2}, \ldots, \vec{z_n})$ oder kurz mit L. Das Parallelotop mit den Kantenvektoren $\vec{z_1}, \vec{z_2}, \ldots, \vec{z_n}$ nennt man die *Fundamentalzelle* des Gitters. Unter dem *Volumen $V(L)$* der Fundamentalzelle versteht man den Betrag der Determinante der Matrix aus den Vektoren $\vec{z_1}, \vec{z_2}, \ldots, \vec{z_n}$, also

$$V(L) = |\det(\vec{z_1}, \vec{z_2}, \ldots, \vec{z_n})|.$$

Für $n = 2$ und $n = 3$ ist dies die aus der analytischen Geometrie bekannte Formel zur Berechnung des Flächeninhalts eines Parallelogramms bzw. des Volumens eines Parallelepipeds.

Wir betrachten nun eine beschränkte Teilmenge K des Punktraumes $\mathbb{R}^n$, die folgende Eigenschaften hat:

(1) K ist *punktsymmetrisch zum Ursprung*, d.h., gehört der Punkt mit dem Ortsvektor $\vec{x}$ zu K, dann auch der Punkt mit dem Ortsvektor $-\vec{x}$.

(2) K ist *konvex*, d.h., gehören zwei Punkte X, Y (mit den Ortsvektoren $\vec{x}, \vec{y}$) zu K, dann gehört auch der Mittelpunkt der Strecke XY (mit dem Ortsvektor $\frac{1}{2}(\vec{x} + \vec{y})$) zu K.

Die Menge K besitzt aufgrund dieser Eigenschaften ein Volumen $V(K)$, das man in einfachen Fällen elementar berechnen kann (nur solche Fälle werden uns später interessieren) oder durch ein mehrfaches Integral ausdrücken kann. Wir interessieren uns nun dafür, wie groß $V(K)$ sein kann, ohne dass K außer dem Ursprung O noch einen weiteren Gitterpunkt enthält, bzw. dafür, aus welchen Werten von $V(K)$ man darauf schließen kann, dass K mindestens einen von O verschiedenen Gitterpunkt enthält.

Das Parallelotop, dessen Ecken die Ortsvektoren

$$\varepsilon_1 \vec{z_1} + \varepsilon_2 \vec{z_2} + \ldots + \varepsilon_n \vec{z_n} \quad \text{mit} \quad \varepsilon_i \in \{-1, 1\} \text{ für } i = 1, 2, \ldots, n$$

haben, hat das Volumen $2^n V(L)$; betrachtet man dieses Parallelotop als offen, d.h., nimmt man seine „Begrenzungsflächen" nicht hinzu, dann enthält es außer O keinen weiteren Gitterpunkt. In Fig. 1 ist dies für $n = 2$ verdeutlicht. Setzen wir dagegen obiges Parallelotop als abgeschlossen voraus, dann enthält es von O verschiedene Gitterpunkte.

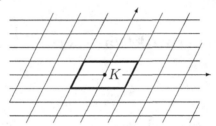

Fig. 1

Der folgende Satz geht auf Hermann Minkowski (1864–1909) zurück und heißt *Gitterpunktsatz von Minkowski*.

Satz 33: Es sei L ein Gitter im Punktraum $\mathbb{R}^n$ und K eine beschränkte und offene, zum Ursprung punktsymmetrische und konvexe Teilmenge von $\mathbb{R}^n$. Ist $V(K) > 2^n V(L)$, dann enthält K einen von O verschiedenen Gitterpunkt.

Beweis: Für einen Gitterpunkt X mit dem Ortsvektor $\vec{x}$ sei K_X die Punktmenge, die aus K durch Verschiebung mit dem Vektor $\vec{x}$ entsteht. Ist K_X für alle $X \in L$ mit $X \neq O$ zu K disjunkt, dann ist $V(K) \leq V(L)$, wie man sich anhand von Fig. 2 überlegen kann. Ist nun $V(K) > 2^n V(L)$, also $V\left(\frac{1}{2}K\right) > V(L)$, wobei die Ortsvektoren der Punkte von $\frac{1}{2}K$ aus denen von K durch Halbieren hervorgehen, dann können die Mengen $\left(\frac{1}{2}K\right)_X$ mit $X \neq O$ nicht alle zu $\frac{1}{2}K$ disjunkt sein. Es existieren also Punkte in $\frac{1}{2}K$ mit Ortsvektoren $\frac{1}{2}\vec{a}, \frac{1}{2}\vec{b}$ sowie ein Gitterpunkt $X \neq O$ mit dem Ortsvektor $\vec{x}$, so dass $\frac{1}{2}\vec{a} = \frac{1}{2}\vec{b} + \vec{x}$ (Fig. 3). Dann ist $\vec{x} = \frac{1}{2}(\vec{a} - \vec{b})$, aufgrund der Eigenschaften (1) und (2) gehört also X zu K. $\square$

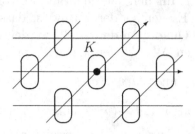

Fig. 2

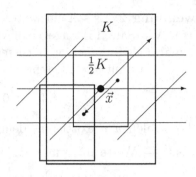

Fig. 3

Bemerkung: Die anschauliche Argumentation anhand von Fig. 2 und Fig. 3 kann durch eine „strenge" ersetzt werden, wenn man sich zuvor ausführlich mit den Eigenschaften messbarer Mengen in $\mathbb{R}^n$ beschäftigt. Ersetzt man in Satz 33 „offen" durch „abgeschlossen" und „$V(K) > 2^n V(L)$" durch „$V(K) \geq 2^n V(L)$", dann gilt dieselbe Behauptung.

Anwendung 1: Wir wollen einen weiteren Beweis für die Darstellbarkeit einer Primzahl p mit $p \equiv 1 \bmod 4$ durch $x^2 + y^2$ angeben (V.5 Satz 12). Wegen $\left(\dfrac{-1}{p}\right) = 1$ existiert ein $u \in \mathbb{N}$ mit $u^2 \equiv -1 \bmod p$ und $u < p$. Im Punktraum $\mathbb{R}^2$ ist

$$L = \{(x, y) \mid x \in \mathbb{Z},\ y \equiv ux \bmod p\}$$

ein Gitter, das von den Vektoren $\begin{pmatrix} 1 \\ u \end{pmatrix}$ und $\begin{pmatrix} 0 \\ p \end{pmatrix}$ aufgespannt wird (Fig. 4). Der Flächeninhalt der Fundamentalzelle ist

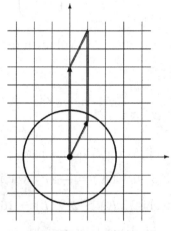

Fig. 4

$$V(L) = \det \begin{pmatrix} 1 & 0 \\ u & p \end{pmatrix} = p.$$

Es sei K der Kreis um O mit dem Radius $2\sqrt{\dfrac{p}{3}}$. Sein Flächeninhalt ist $V(K) = \pi \cdot 4 \cdot \dfrac{p}{3} > 4p$, so dass damit $V(K) > 2^2 V(L)$. Also enthält K einen von O verschiedenen Gitterpunkt (x, y), d.h., es existieren ganze Zahlen x, y mit

$$0 < x^2 + y^2 \leq \frac{4p}{3} < 2p.$$

Aus $y \equiv ux \bmod p$ folgt $y^2 \equiv u^2 x^2 \equiv -x^2 \bmod p$, also $x^2 + y^2 \equiv 0 \bmod p$. Damit ergibt sich $x^2 + y^2 = p$.

Anwendung 2: Es soll ein weiterer Beweis für den Vierquadratesatz von Lagrange (V.5 Satz 15) angegeben werden. Es genügt der Nachweis, dass jede Primzahl p als Summe von höchstens vier Quadraten dargestellt werden kann, wobei wir uns auf $p > 2$ beschränken können. Wir wählen $u, v \in \mathbb{N}_0$ mit

$$u^2 + v^2 + 1 \equiv 0 \bmod p \quad \text{und} \quad u, v < p.$$

Solche Zahlen u, v existieren, denn $u^2 \bmod p$ und $-(v^2 + 1) \bmod p$ nehmen jeweils $\dfrac{p+1}{2}$ Werte an, wenn u und v die Restklassen $\bmod\ p$ durchlaufen; wegen $2 \cdot \dfrac{p+1}{2} > p$ wird also mindestens einmal von $u^2 \bmod p$ und $-(v^2 + 1) \bmod p$ derselbe Wert angenommen. Nun betrachten wir im Punktraum $\mathbb{R}^4$ das Gitter

$$L = \{(a, b, c, d) \mid a, b \in \mathbb{Z}, \ c \equiv ua + vb \bmod p, \ d \equiv ub - va \bmod p\}.$$

Dieses wird von den Vektoren

$$\begin{pmatrix} 1 \\ 0 \\ u \\ -v \end{pmatrix}, \quad \begin{pmatrix} 0 \\ 1 \\ v \\ u \end{pmatrix}, \quad \begin{pmatrix} 0 \\ 0 \\ p \\ 0 \end{pmatrix}, \quad \begin{pmatrix} 0 \\ 0 \\ 0 \\ p \end{pmatrix}$$

aufgespannt. Das Volumen der Fundamentalzelle ist

$$V(L) = \det \begin{pmatrix} 1 & 0 & 0 & 0 \\ 0 & 1 & 0 & 0 \\ u & v & p & 0 \\ -v & u & 0 & p \end{pmatrix} = p^2.$$

Es sei K die vierdimensionale Kugel um O mit dem Radius r; sie hat das Volumen $V(K) = \dfrac{\pi^2}{2} \cdot r^4$, wie man in der Analysis lernt; vgl. Aufgabe 55. Man erreicht $V(K) > 2^4 V(L) = 16p^2$ mit $r = \sqrt[4]{32} \cdot \sqrt{\dfrac{p}{3}}$. Dann existiert ein von O verschiedener Gitterpunkt in K, es gibt also ganze Zahlen a, b, c, d mit

$$0 < a^2 + b^2 + c^2 + d^2 \leq r^2 = \frac{4}{3}\sqrt{2} \cdot p < 2p.$$

Wegen

$$\begin{aligned} a^2 + b^2 + c^2 + d^2 &\equiv a^2 + b^2 + (ua + vb)^2 + (ub - va)^2 \\ &\equiv (a^2 + b^2)(u^2 + v^2 + 1) \equiv 0 \bmod p \end{aligned}$$

folgt daraus $a^2 + b^2 + c^2 + d^2 = p$.

Anwendung 3: Legendre hat folgenden Satz bewiesen: Sind a, b, c paarweise teilerfremde und quadratfreie ganze Zahlen, die nicht alle dasselbe Vorzeichen haben, dann ist die diophantische Gleichung $ax^2 + by^2 + cz^2 = 0$ genau dann lösbar, wenn gilt:

$(-bc)$ ist quadratischer Rest mod a,
$(-ac)$ ist quadratischer Rest mod b,
$(-ab)$ ist quadratischer Rest mod c.

Da eine quadratfreie Zahl eine solche ist, die außer durch 1 durch keine Quadratzahl teilbar ist, gilt $abc \neq 0$. Es ist keine Beschränkung der Allgemeinheit, $a, b > 0$ und $c < 0$ anzunehmen. (Statt „mod a" usw. müssten wir eigentlich „mod $|a|$" schreiben, da die Moduln in Kongruenzen stets als positiv sein sollten.) Diesen Satz von Legendre wollen wir mit Hilfe des Gitterpunktsatzes von Minkowski beweisen.

Zunächst zeigen wir die *Notwendigkeit* der Bedingungen: Aus $ax^2 + by^2 + cz^2 = 0$ folgt $by^2 + cz^2 \equiv 0$ mod a, also $(cz)^2 \equiv -bcy^2$ mod a. Man darf ggT$(x, y, z) = 1$ voraussetzen, da man andernfalls ein Quadrat aus der Gleichung kürzen könnte. Dann ist auch ggT$(y, z) = 1$, da für einen gemeinsamen Teiler d von y, z mit $d^2|ax^2$ auch $d^2|a$ gilt, a aber quadratfrei sein soll. Ferner ist ggT$(y, a)=1$, denn ein gemeinsamer Teiler von y und a teilt auch cz^2. Folglich existiert ein η mit $y\eta \equiv 1$ mod a, so dass aus der letzten Kongruenz $(\eta cz)^2 \equiv -bc$ mod a folgt. Dies bedeutet, dass $-bc$ quadratischer Rest mod a ist. Ebenso folgt, dass $-ac$ bzw. $-ab$ quadratischer Rest mod b bzw. mod c ist.

Nun wird gezeigt, dass die Bedingungen auch *hinreichend* für die Lösbarkeit von $ax^2 + by^2 + cz^2 = 0$ sind. Es sei also

$$u^2 \equiv -bc \text{ mod } a, \quad v^2 \equiv -ac \text{ mod } b, \quad w^2 \equiv -ab \text{ mod } c$$

mit $|u| < |a|$, $|v| < |b|$, $|w| < |c|$, wobei ggT$(u, a) =$ ggT$(v, b) =$ ggT$(w, c) = 1$ gilt. Dann betrachten wir in $\mathbb{R}^3$ das Gitter

$$L = \{(x, y, z) \mid x \in \mathbb{Z}, \ by \equiv wx \text{ mod } c, \ \left\{ \begin{array}{l} cz \equiv uy \text{ mod } a \\ vz \equiv ax \text{ mod } b \end{array} \right\} \}.$$

Das Gitter wird von drei Vektoren der Form

$$\begin{pmatrix} 1 \\ * \\ * \end{pmatrix}, \begin{pmatrix} 0 \\ c \\ * \end{pmatrix}, \begin{pmatrix} 0 \\ 0 \\ ab \end{pmatrix}$$

aufgespannt, denn y ist durch x modulo c eindeutig bestimmt, und z ist nach dem Chinesischen Restsatz durch x, y modulo a, b eindeutig bestimmt. Die Fundamentalzelle hat das Volumen $V(L) = |abc|$. Für die Gitterpunkte (x, y, z) gelten die Kongruenzen

$$\begin{aligned} uy &\equiv cz \text{ mod } a \\ vz &\equiv ax \text{ mod } b \\ wx &\equiv by \text{ mod } c \end{aligned}$$

Aus diesen folgt

$$ax^2 + by^2 + cz^2 \equiv 0 \text{ mod } abc.$$

Denn es gilt $ax^2 \equiv 0 \bmod a$ und

$$c(by^2 + cz^2) \equiv cby^2 + (cz)^2 \equiv (cb + u^2)y^2 \equiv 0 \bmod a,$$

also $ax^2 + by^2 + cz^2 \equiv 0 \bmod a$, und Entsprechendes gilt für b und c. Das Ellipsoid

$$K = \{(x, y, z) \mid |a|x^2 + |b|y^2 + |c|z^2 \le r^2\}$$

hat das Volumen $V(K) = \dfrac{4}{3}\pi \cdot \dfrac{r}{\sqrt{|a|}} \cdot \dfrac{r}{\sqrt{|b|}} \cdot \dfrac{r}{\sqrt{|c|}} = \dfrac{4\pi r^3}{3\sqrt{V(L)}}$.

Für $r > k \cdot \sqrt{V(L)}$ mit $k = \sqrt[3]{\dfrac{6}{\pi}}$ ist $V(K) > 2^3 V(L)$, so dass K einen von O verschiedenen Gitterpunkt (x, y, z) enthält; wegen $\sqrt[3]{\dfrac{6}{\pi}} < \sqrt{2}$ kann dabei

$$|ax^2 + by^2 + cz^2| \le |a|x^2 + |b|y^2 + |c|z^2 \le r^2 < 2|abc|$$

angenommen werden. Wegen $ax^2 + by^2 + cz^2 \equiv 0 \bmod abc$ ist also entweder $ax^2 + by^2 + cz^2 = 0$ oder $ax^2 + by^2 + cz^2 = \pm abc$. Ist $ax^2 + by^2 + cz^2 = -abc$, dann ist

$$a(xz + by)^2 + b(yz - ax)^2 + c(z^2 + ab)^2 =$$
$$(ax^2 + by^2 + cz^2 + abc)(z^2 + ab) = 0$$

und somit die betrachtete Gleichung ebenfalls nicht-trivial lösbar. (Man beachte, dass $z^2 + ab > 0$, weil $ab > 0$.) Ist $ax^2 + by^2 + cz^2 = abc$, dann setzen wir $d = -c$ und erhalten dann mit $a, b, d > 0$

$$ax^2 + by^2 - dz^2 = -abd.$$

Dieser Fall kann vermieden werden, wie in Aufgabe 52 gezeigt werden soll; diese Aufgabe zeigt auch einen Weg, auf dem der Satz von Legendre ohne den Gitterpunktsatz von Minkowski bewiesen werden kann.

Zum Gitterpunktsatz vgl. auch [Chandrasekharan 1966], [Flath 1989], [Gioia 1970], [Hua 1982], [Narkiewicz 1983], [Scharlau/Opolka 1980].

V.12 Aufgaben

1. Bestimme für $p = 13, 17, 19, 23, 29, 31$ jeweils eine ganze Zahl x mit möglichst kleinem Betrag, so dass für alle $a, b \in \mathbb{Z}$ gilt:

$$p \mid 10a + b \iff p \mid a + xb.$$

2. Aus einem chinesischen Rechenbuch: Eine Bande von 17 Räubern stahl einen Sack mit Goldstücken. Als sie ihre Beute in gleiche Teile teilen wollten, blieben 3 Goldstücke übrig. Beim Streit darüber, wer ein Goldstück mehr erhalten sollte, wurde ein Räuber erschlagen. Jetzt blieben bei der Verteilung 10 Goldstücke übrig. Erneut kam es zum Streit, und wieder verlor ein Räuber sein Leben. Jetzt ließ sich endlich die Beute gleichmäßig verteilen. Wie viele Goldstücke waren mindestens im Sack?

3. a) Bestimme eine ganze Zahl, die bei Division durch 2, 3, 6 und 12 die Reste 1, 2, 5 bzw. 5 lässt. (Yih-Hing, um 700 n. Chr.)

b) Bestimme eine ganze Zahl, die bei Division durch 10, 13 und 17 die Reste 3, 11 bzw. 15 lässt. (Regiomontanus, 1436–1473.)

c) Sinngemäß aus einem indischen Rechenbuch (Mahaviracarya, um 850 n. Chr.): Aus Früchten werden 63 gleich große Haufen gelegt, 7 Stück bleiben übrig. Es kommen 23 Reisende, unter denen die Früchte gleichmäßig verteilt werden, so dass keine übrigbleibt. Wie viele waren es?

4. a) Bestimme die kleinste natürliche Zahl $n > 3$ mit

$$3|n, \quad 5|n+2 \text{ und } 7|n+4.$$

b) Bestimme die kleinste natürliche Zahl $n > 2$ mit

$$2|n, \quad 3|n+1, \quad 4|n+2, \quad 5|n+3 \text{ und } 6|n+4.$$

5. Bestimme drei aufeinanderfolgende positive Zahlen in der Restklasse 7 mod 11, die durch 2 bzw. durch 3 bzw. durch 5 teilbar sind.

6. a) Bestimme die Lösung des Systems $\left\{ \begin{array}{l} 5x \equiv 2 \bmod 3 \\ 4x \equiv 7 \bmod 9 \\ 2x \equiv 4 \bmod 10 \end{array} \right\}$.

b) Für welche Werte von c existiert eine Lösung von $\left\{ \begin{array}{l} 5x \equiv 2 \bmod 12 \\ 7x \equiv c \bmod 15 \end{array} \right\}$?

7. a) Es sei $f(x)$ ein Polynom mit ganzzahligen Koeffizienten, ferner $d \in \mathbb{N}$. Zeige: Gilt $f(x) \equiv 0 \bmod d$ für d aufeinanderfolgende Werte von x, dann gilt $f(x) \equiv 0 \bmod d$ für *alle* $x \in \mathbb{Z}$.

b) Das ganzzahlige Polynom $f(x)$ sei vom Grad n und es gelte $f(x) \equiv 0 \bmod p$ für $n+1$ aufeinanderfolgende Zahlen, wobei p eine Primzahl sein soll. Zeige, dass dann $f(x) \equiv 0 \bmod p$ für alle $x \in \mathbb{Z}$ gilt. (Verwende Hilfssatz aus III.4.)

8. Beweise: Für alle $a, b, k \in \mathbb{N}$ existiert ein $m \in \mathbb{N}$, so dass $am+b$ mindestens k verschiedene Primteiler besitzt.

9. Beweise: Sind k verschiedene Primzahlen $p_1, p_2, \ldots, p_k$ gegeben, dann existiert ein $m \in \mathbb{N}$, so dass $p_i | m+i$ $(i = 1, 2, \ldots, k)$.

10. Es seien $m_1, m_2, \ldots, m_n$ natürliche Zahlen und $b_1, b_2, \ldots, b_n$ ganze Zahlen mit $b_i \equiv b_j \bmod \mathrm{ggT}(m_i, m_j)$ für $1 \leq i, j \leq n$. Zeige, dass das System

$$x \equiv b_i \bmod m_i \quad (i = 1, 2, \ldots, n)$$

eine Lösung $x \equiv a \bmod \mathrm{kgV}(m_1, m_2, \ldots, m_n)$ besitzt.

11. a) Beweise: Ist $\dfrac{a}{m}$ eine rationale Zahl und $m = m_1 m_2 \cdot \ldots \cdot m_n$ eine Zerlegung von m in paarweise teilerfremde Faktoren, dann lässt sich $\dfrac{a}{m}$ auf genau eine

Weise in der Form

$$\frac{a}{m} = z + \frac{a_1}{m_1} + \frac{a_2}{m_2} + \ldots + \frac{a_n}{m_n}$$

mit $z, a_1, a_2, \ldots, a_n \in \mathbb{Z}$ und $0 \le a_i < m_i$ $(i = 1, 2, \ldots, n)$ darstellen.
(Man nennt diese Darstellung die *Partialbruchzerlegung* von $\frac{a}{m}$.)

b) Bestimme die Partialbruchzerlegung von $\frac{151}{60}$ für die Zerlegung $60 = 5 \cdot 12$
und für die Zerlegung $60 = 3 \cdot 4 \cdot 5$.

12. Löse das folgende System linearer Kongruenzen:

$$
\begin{aligned}
3x + 7y &\equiv 10 \bmod 14 \\
11x - 8y &\equiv 6 \bmod 14
\end{aligned}
$$

13. Bestimme alle Lösungen der folgenden Kongruenz:

a) $x^2 \equiv 2 \bmod 77$ b) $x^2 \equiv 2 \bmod 391$ c) $x^2 \equiv 2 \bmod 2737$
d) $x^2 \equiv 3 \bmod 143$ e) $x^2 \equiv 3 \bmod 385$ f) $x^2 \equiv 5 \bmod 23$

14. Konstruiere a so, dass $x^2 \equiv a \bmod 385$ genau 8 Lösungen besitzt.

15. Es seien p, q zwei verschiedene Primzahlen. Bestimme r, s so, dass für alle
$x, y \in \mathbb{Z}$ gilt:

$$
\begin{aligned}
rx + sy &\equiv r \bmod p \\
rx + sy &\equiv s \bmod q
\end{aligned}
$$

16. Beweise: Ist p eine Primzahl mit $p \equiv 3 \bmod 4$, dann besitzt die diophantische Gleichung $x^2 - py^2 = -1$ keine Lösung.

17. Bestimme alle natürlichen Zahlen x, y, z mit $x + y + z = x \cdot y \cdot z$.

18. a) Bestimme alle Lösungen (x, y, z) der diophantischen Gleichung

$$(x + y + z)^3 = x^3 + y^3 + z^3.$$

b) Bestimme alle Lösungen (x, y, z, t) des folgenden Systems diophantischer
Gleichungen:

$$
\begin{aligned}
x \ + \ y \ + \ z \ &= \ t \\
x^2 \ + \ y^2 \ + \ z^2 \ &= \ t^2 \\
x^3 \ + \ y^3 \ + \ z^3 \ &= \ t^3
\end{aligned}
$$

19. Bestimme alle $x, y, z \in \mathbb{N}$ mit $\frac{1}{x} + \frac{1}{y} = \frac{1}{z}$.

20. Eine Lösung (x, y, z, r) der diophantischen Gleichung $x^2 + y^2 + z^2 = r^2$
kann als Punkt mit ganzzahligen Koordinaten auf einer Kugel mit ganzzahligem
Radius interpretiert werden.

a) Zeige, dass in einer Lösung mindestens zwei der Zahlen x, y, z gerade sind.

b) Zeige, dass $(2ac, \ 2bc, \ c^2 - a^2 - b^2, \ a^2 + b^2 + c^2)$ für alle $a, b, c \in \mathbb{N}$ eine
Lösung der diophantischen Gleichung ist.

c) Schneide die Einheitskugel ($u^2 + v^2 + w^2 = 1$) mit der Geraden durch den Punkt $(0, 0, -1)$ und einem Richtungsvektor mit natürlichzahligen Koordinaten. Leite damit die Darstellung der Lösungen in b) her.

21. Beweise: Ist $p \in \{3, 5, 11, 17\}$, dann ist $x^2 + x + p$ für $0 \leq x \leq p - 2$ eine Primzahl.

22. Bestimme ohne Zuhilfenahme des Reziprozitätsgesetzes oder einer primitiven Restklasse die quadratischen Reste mod 67.

23. Es sei p eine Primzahl > 2. Zeige: Ist q die kleinste natürliche Zahl mit $\left(\dfrac{q}{p}\right) = -1$, dann ist q eine Primzahl, und es gilt $q < \sqrt{p} + 1$.

24. a) Zeige, dass 3 quadratischer Rest mod p ist, wenn p eine Primzahl mit $p \equiv 1 \bmod 12$ ist.

b) Zeige, dass $\left(\dfrac{a}{p}\right) = \left(\dfrac{a}{q}\right)$ für alle $a \neq 0$, für welche $p \equiv q \bmod 4|a|$ gilt.

c) Zeige: Ist p ein Primteiler von $a^2 + 3$ und $p > 3$, dann ist $p \equiv 1 \bmod 3$.

25. Es sei p eine ungerade Primzahl und f eine Funktion auf der Menge der nicht durch p teilbaren ganzen Zahlen mit Werten in $\{-1, 1\}$ mit den Eigenschaften $f(ab) = f(a)f(b)$ für alle $a, b \in \mathbb{Z}$ und $f(a) = f(b)$ für $a \equiv b \bmod p$.

Zeige, dass entweder $f(a) = 1$ für alle a oder $f(a) = \left(\dfrac{a}{p}\right)$ für alle a gilt.

26. a) Es gilt $6119 = 82^2 - 5 \cdot 11^2$; eine Primzahl p teilt also 6119 höchstens dann, wenn $\left(\dfrac{5}{p}\right) = 1$ gilt. Bestimme damit die Primfaktorzerlegung von 6119.

b) Zeige, dass 4751 eine Primzahl ist. ($4751 = 69^2 - 10$)

c) Bestimme die Primfaktorzerlegung von $43993 = 211^2 - 16 \cdot 33$.

27. Zeige mit Hilfe des Lucas-Tests, dass die Mersenne-Zahl M_{13} eine Primzahl ist. Rechne dabei im Zweiersystem.

28. a) Schreibe die Zahlen 2425, 4437 und 8840 jeweils als Summe von zwei Quadratzahlen.

b) Zeige, dass n und $2n$ ($n \in \mathbb{N}$) gleich viele Darstellungen als Summe von zwei Quadratzahlen besitzen.

29. a) Begründe, dass das Quadrat einer Primzahl auf höchstens eine Weise (abgesehen von der Reihenfolge) als Summe zweier positiver Quadrate geschrieben werden kann.

b) In Fibonaccis *Liber quadratorum* werden 13^2 und 17^2 auf wesentlich verschiedene Weisen als Summen zweier Quadrate geschrieben. Dabei sind dann aber rationale, nicht nowendig ganzzahlige Quadrate gemeint. Zeige, dass es unendlich viele solche Darstellungen gibt.

30. Aus $a^2 + b^2 = c^2$ folgt $(a \mp b)^2 \pm 2ab = c^2$.

a) Bestimme eine ganzzahlige Lösung des Gleichungssystems

$$x^2 + 720 = y^2 = z^2 - 720.$$

b) Die Anregung, den *Liber quadratorum* zu schreiben, erhielt Fibonacci durch folgende Aufgabe, welche ihm von einem Gelehrten am Hofe Friedrichs II vorgelegt wurde: Bestimme eine Quadratzahl, aus welcher durch Addition und Subtraktion von 5 jeweils wieder eine Quadratzahl wird. Das Gleichungssystem

$$x^2 + 5 = y^2 = z^2 - 5$$

ist nicht ganzzahlig lösbar, denn die einzigen ganzen Quadrate mit dem Abstand 5 sind 2^2 und 3^2. Es kann sich also bei obiger Aufgabe nur um eine rationale Lösung handeln. Bestimme eine solche.

31. a) Zeige, dass 1, 2, 3, 4 zu den *numeri idonei* gehören.

b) Zeige mit Hilfe des *numerus idoneus* 7, dass 991 eine Primzahl ist.

c) Zeige mit Hilfe geeigneter *numeri idonei*: 401, 409, 1021 sind Primzahlen.

32. Bestimme die Lösungsmenge von $ax^2 + y^2 = z^2$, $(a \in \mathbb{N})$ ähnlich wie im Fall $a = 1$ (pythagoräische Tripel).

33. Zeige, dass das Produkt zweier Zahlen der Form $x^2 + dy^2$ $(x, y, d \in \mathbb{N}_0)$ wieder von dieser Form ist. (Verallgemeinerung der Formel von Fibonacci.)

34. Bestimme eine Darstellung von 3003 als Summe von vier Quadraten.

35. Zeige, dass 130 die kleinste natürliche Zahl der Form $2 \cdot (8n + 1)$ ist, die nicht als Summe von genau drei Quadraten > 0 geschrieben werden kann.

36. Beweise mit Hilfe des Drei-Quadrate-Satzes:

a) Jede ungerade natürliche Zahl lässt sich in der Form $a^2 + b^2 + 2c^2$ schreiben.

b) Jede natürliche Zahl lässt sich in der Form $a^2 + b^2 + c^2$ oder in der Form $a^2 + b^2 + 2c^2$ schreiben.

c) Jede ungerade natürliche Zahl ist die Summe von vier Quadraten, von denen zwei *aufeinanderfolgende* Quadrate sind.

d) Es gibt unendlich viele Primzahlen der Form $a^2 + b^2 + c^2 + 1$. (Benutze die Tatsache, dass unendlich viele Primzahlen in 7 mod 8 existieren.)

e) Jede natürliche Zahl ist als Summe von höchstens zehn *ungeraden* Quadraten zu schreiben.

37. a) Zeige: Ist (a, b, c) ein primitives pythagoräisches Tripel, dann ist

$$c \equiv 1 \bmod 12 \quad \text{oder} \quad c \equiv 5 \bmod 12.$$

b) Bestimme die drei kleinsten natürlichen Zahlen c mit $c \equiv 1$ oder $c \equiv 5 \bmod 12$, die nicht als „Hypotenuse" in einem pythagoräischen Tripel (a, b, c) vorkommen können.

c) Nicht-primitive pythagoräische Tripel sind i. Allg. nicht in der Form

$$(a, b, c) = (2uv, u^2 - v^2, u^2 + v^2) \quad \text{oder} \quad = (u^2 - v^2, 2uv, u^2 + v^2)$$

darstellbar. Zeige, dass genau dann eine solche *babylonische Darstellung* existiert, wenn ggT(a, b, c) ein Quadrat oder das Doppelte eines Quadrats ist.

38. Fibonacci konstruiert im *Liber quadratorum* pythagoräische Tripel, indem er für ungerade u die Formel

$$u^2 + \left(\frac{u^2 - 1}{2}\right)^2 = \left(\frac{u^2 + 1}{2}\right)^2$$

verwendet, für gerade g dagegen die Formel

$$g^2 + \left(\frac{g^2}{4} - 1\right)^2 = \left(\frac{g^2}{4} + 1\right)^2.$$

(Fibonacci argumentiert dabei stets mit der Formel $1+3+5+\ldots+(2n-1) = n^2$.) Erhält Fibonacci auf diese Art alle pythagoräischen Tripel ?

39. Es gibt genau 13 (nicht notwendig primitive) pythagoräische Tripel (a, b, c) mit $a < b < c = 1105$. Bestimme diese. (Bestimme zuerst für die von 1 verschiedenen Teiler von 1105 die Darstellungen als Quadratsumme; benutze dabei die Formel von Fibonacci.)

40. Beweise: Ist $a^3 + b^3 = c^3$ mit $a, b, c \in \mathbb{N}$, dann ist $21|abc$. (Es gibt natürlich kein Tripel (a, b, c) mit $a^3 + b^3 = c^3$, das soll hier aber außer Betracht bleiben.)

41. a) Zeige, dass auf der Kurve mit der Gleichung $u^3 - 2u^2 - v^2 + u = 0$ unendlich viele rationale Punkte liegen.

b) Zeige, dass auf der Kurve mit der Gleichung $u^2 - v^2 - u = 0$ unendlich viele rationale Punkte liegen.

42. a) Beweise, dass die diophantische Gleichung $x^4 - y^4 = z^2$ keine nichttriviale Lösung besitzt.

b) Zeige, dass auf der Kurve mit der Gleichung

$$v = \frac{u}{\sqrt[4]{|1 - a^2 u^4|}}$$

außer $(0,0)$ kein weiterer rationaler Punkt liegt.

43. a) Berechne mit der Tangentenmethode von Bachet mit Hilfe des Punktes $(5,11)$ der Kurve mit der Gleichung $u^3 - v^2 - 4 = 0$ einen weiteren rationalen Kurvenpunkt.

b) Berechne mit der Sekantenmethode von Bachet mit Hilfe der Punkte $(0,3)$ und $(3,6)$ der Kurve mit der Gleichung $u^3 - v^2 + 9 = 0$ einen weiteren rationalen Kurvenpunkt.

44. a) Zeige, dass 21, 2211, 222111, 22221111, ... Dreieckszahlen sind.

b) Zeige, dass keine Dreieckszahl > 1 eine vierte Potenz ist.

45. Zeige, dass unendlich viele Dreieckszahlen existieren, welche zugleich Fünfeckszahlen sind.

46. Bachet de Méziriac schrieb eine Ergänzung zu Diophants Buch über die Polygonalzahlen. Beweise die folgenden Aussagen aus diesem Buch:

(1) $\quad P_{k+r}^{(m)} = P_k^{(m)} + P_r^{(m)} + kr(m-2)$

(2) $\quad P_r^{(m)} = D_r + (m-3)D_{r-1}$

(3) $\quad P_r^{(m)} + P_{2r}^{(m)} + \ldots + P_{nr}^{(m)} = P_r^{(m)}D_n + r^2(m-2)(D_1 + D_2 + \ldots + D_{n-1})$

(4) $\quad 1^3 + 2^3 + \ldots + n^3 = D_n^2$

(5) $\quad n^3 + 6D_n + 1 = (n+1)^3$

(6) $\quad k^3 + (2k)^3 + \ldots + (nk)^3 = k^3 D_n^2 = k(k + 2k + \ldots + nk)^2$

47. Zwei Spieler A,B vereinbaren folgendes Spiel:

(1) A wählt zwei sehr große Primzahlen p, q, berechnet $m = pq$ und teilt dem Spieler B die Zahl m mit. Das Ziel des Spiels für B besteht darin, die Primzahlen p und q herauszubekommen.

(2) B wählt eine natürliche Zahl b mit $b < m$, $2b + 1 \neq m$ und $\mathrm{ggT}(b, m) = 1$. (Man beachte, dass man zur Berechnung von $\mathrm{ggT}(b, m)$ nicht die Primteiler von m kennen muss.) Dann bestimmt er a mit $a \equiv b \bmod m$ und $1 \leq a < m$ und nennt dem Spieler A die Zahl a.

(3) A löst das Kongruenzensystem $\quad \left\{ \begin{array}{l} x^2 \equiv a \bmod p \\ x^2 \equiv a \bmod q \end{array} \right\} \quad$ und erhält alle vier

Lösungen $x \equiv \pm b \bmod m$ und $x \equiv \pm c \bmod m$ mit $1 \leq b, c < m$. Er wählt nun willkürlich (z.B. per Münzwurf) eine der beiden Zahlen b, c aus (in der Hoffnung, dabei nicht die von B gewählte Zahl „b" zu erwischen). Die ausgewählte Zahl z nennt er dem Spieler B.

(4) Ist $z = b$, dann hat B keine weitere Information und muss sich geschlagen geben. Ist aber $z = c$, dann kann B die Primzahlen p, q berechnen und gewinnt somit das Spiel.

a) Zeige, dass $\{p, q\} = \{\mathrm{ggT}(m, c - b), \mathrm{ggT}(m, c + b)\}$.

b) A wähle $m = 667$, B wähle $b = 120$ und erhalte $z \neq b$. Wie lauten die Primfaktoren von m?

(Mit derart kleinen Primfaktoren ist das Spiel natürlich nicht reizvoll.)

48. Drei aufeinanderfolgende natürliche Zahlen, die ein Dreieck mit ganzzahligem Flächeninhalt bilden, heißen *heronsches Zahlentripel* (nach Heron von Alexandria (1. Jahrhundert n. Chr.)); $(a - 1, a, a + 1)$ ist also ein heronsches Zahlentripel, wenn

$$A = \sqrt{\frac{3a}{2} \cdot \frac{a+2}{2} \cdot \frac{a}{2} \cdot \frac{a-2}{2}} = \frac{a}{4} \cdot \sqrt{3(a^2 - 4)}$$

ganz ist. Offensichtlich muss dann a gerade sein, etwa $a = 2x$ und damit $A = x \cdot \sqrt{3(x^2 - 1)}$. Mit $y^2 = \dfrac{x^2 - 1}{3}$ ist $A = xy$. Man muss also $x, y \in \mathbb{N}$ mit $x^2 - 3y^2 = 1$ bestimmen. Berechne Lösungen x (und damit a) mit Hilfe der Näherungsbrüche der Kettenbruchentwicklung von $\sqrt{3}$.

49. Löse die diophantische Gleichung $10x^2 + 14xy + 5y^2 = 97$.

50. Bestimme alle $a \in \mathbb{N}$, für welche 61 durch $x^2 + ay^2$ dargestellt wird. Gib jeweils die Darstellung an.

51. a) Bestimme alle reduzierten positiv definiten binären quadratischen Formen mit der Determinante 11.

b) Bestimme alle primen Restklassen $r \bmod 44$ derart, dass jede Primzahl p mit $p \equiv 3 \bmod 4$ und $p \equiv r \bmod 44$ ein Teiler von $x^2 + 11y^2$ ist.

c) Zeige, dass jede Primzahl aus den in b) gefundenen Restklassen $r \bmod 44$ durch $3x^2 + 2xy + 4y^2$ darstellbar ist.

52. a) Es seien u, v, w positive reelle Zahlen mit $uvw = m$ mit $m \in \mathbb{N}$. Zeige, dass jede Kongruenz $ax + by + cz \equiv 0 \bmod m$ eine Lösung $(x, y, z) \neq (0, 0, 0)$ besitzt, für welche $|x| \leq u$, $|y| \leq v$, $|z| \leq w$ gilt.

b) Es seien a, b, c paarweise teilerfremde quadratfreie ganze Zahlen (insbesondere also $abc \neq 0$), und $-bc, -ac, -ab$ seien quadratische Reste mod a, mod b bzw. mod c. Zeige, dass die quadratische Form $ax^2 + by^2 + cz^2 \bmod a, \bmod b$ und mod c jeweils in Linearfaktoren zerfällt.

c) Beweise, dass die quadratische Form aus b) auch mod abc in Linearfaktoren zerfällt.

d) In der Form $ax^2 + by^2 + cz^2$ aus b) sei $a > 0$ und $b, c < 0$, ferner sei $(b, c) \neq (-1, -1)$. Zeige, dass ein Tripel $(x, y, z) \neq (0, 0, 0)$ mit $ax^2 + by^2 + cz^2 < abc$ existiert.

e) Bestimme eine von $(0, 0, 0)$ verschiedene Lösung von $ax^2 - y^2 - z^2 = 0$, wenn -1 quadratischer Rest mod a ist.

53. Beweise mit Hilfe des Gitterpunktsatzes von Minkowski folgende Behauptungen, die wir schon in V.9 auf anderem Wege gewonnen haben:

a) Jede Primzahl p mit $p \equiv 1 \bmod 6$ ist durch $x^2 + 3y^2$ darstellbar.

b) Jede Primzahl p mit $p \equiv 1 \bmod 8$ ist durch $x^2 + 2y^2$ darstellbar.

54. Zeige, dass für alle $n \in \mathbb{N}$ gilt:

(1) $(n + 1)^2 - (n + 2)^2 - (n + 3)^2 + (n + 4)^2 = 4$;

(2) $(n + 1)^2 - (n + 2)^2 - (n + 3)^2 + (n + 4)^2$
$$- (n + 5)^2 + (n + 6)^2 + (n + 7)^2 - (n + 8)^2 = 0.$$

Beweise damit, dass jede ganze Zahl k in der Form $\pm 1^2 \pm 2^2 \pm \ldots \pm m^2$ mit geeignetem $m \in \mathbb{N}$ und geeigneten Vorzeichen geschrieben werden kann.

55. Das Volumen der n-dimensionalen Kugel mit dem Radius r ist definiert als das Integral

$$V_n(r) = \int_{x_1^2 + x_2^2 + \ldots + x_n^2 \leq r^2} 1 \; \mathrm{d}x_1 \mathrm{d}x_2 \ldots \mathrm{d}x_n,$$

ihr Oberflächeninhalt durch $O_n(r) = \frac{\mathrm{d}}{\mathrm{d}r} V_n(r)$.

a) Beweise für $n > 1$:

$$V_n(r) = \int_{-r}^{r} V_{n-1}(\sqrt{r^2 - t^2}) \; \mathrm{d}t = 2r \cdot \int_0^{\frac{\pi}{2}} V_{n-1}(r \cos \varphi) \cdot \cos \varphi \; \mathrm{d}\varphi.$$

b) Berechne $V_n(r)$ und $O_n(r)$ für $n = 1, 2, 3$.   c) Berechne $V_4(r)$ und $O_4(r)$.

d) Gib für $V_n(r)$ eine Rekursionsformel an.

56. Mit Hilfe *aller* Primzahlen kann man einen Term angeben, der *alle* Primzahlen der Reihe nach liefert. Es ist klar, dass ein solcher Term nicht von praktischem Nutzen ist. Beweise: Ist $p_1, p_2, \ldots$ die Folge der Primzahlen und

$$a = \sum_{i=1}^{\infty} p_i 10^{-2^i},$$

dann ist

$$p_n = \left[10^{2^n} a \right] - 10^{2^{n-1}} \left[10^{2^{n-1}} a \right]$$

für $n \in \mathbb{N}$. Dabei ist die Abschätzung $p_n \leq 2^{2^{n-1}}$ nützlich, welche man leicht induktiv beweisen kann.

57. Beweise die Behauptung über die Erzeugung der primitiven pythagoräischen Tripel in der Bemerkung in V.6.

V.13 Lösungen der Aufgaben

1. Aus $10a + b \equiv 0 \bmod p$ folgt $a + xb \equiv -a(10x - 1) \bmod p$ für alle x. Man bestimme x aus $10x \equiv 1 \bmod p$. Aus $a + xb \equiv 0 \bmod p$ folgt dann $10a + b \equiv 0 \bmod p$ und umgekehrt. Für $p = 13, 17, 19, 23, 29, 31$ ergibt sich der Reihe nach $x = 4, -5, 2, 7, -3, 3$.

2. $x \equiv 3930 \bmod 4080$

3. a) $x \equiv 5 \bmod 12$ b) $x \equiv 1103 \bmod 2210$

c) $63x + 7 \equiv 0 \bmod 23$ hat die Lösung $x \equiv 5 \bmod 23$. Da mehr als 7 Früchte in einem Haufen liegen, und da kein Reisender mehr als 100 Früchte verträgt, liegen 28 Früchte in einem Haufen; insgesamt sind es also $63 \cdot 28 + 7 = 1771$.

4. a) $n = 108$ b) $n = 62$

5. 238, 249, 260

6. a) $x \equiv 22 \bmod 45$ b) $c \equiv 1 \bmod 3$

7. a) Es sei $f(u) \equiv 0 \bmod d$ für alle $u \in \{a, a+1, \ldots, a+(d-1)\}$. Für jedes $x \in \mathbb{Z}$ existiert ein $u \in \{a, a+1, \ldots, a+(d-1)\}$ mit $x \equiv u \bmod d$; wegen $f(x) \equiv f(u) \bmod d$ gilt dann $f(x) \equiv 0 \bmod d$.

b) Ist $f(x)$ vom Grad n und gilt $f(u) \equiv 0 \bmod p$ für $u \in \{a, a+1, \ldots, a+n\}$, dann existieren i, j mit $0 \le i < j \le n$ und $a+i \equiv a+j \bmod p$, da nach dem Hilfssatz aus III.4 die Kongruenz $f(x) \equiv 0 \bmod p$ höchstens n Lösungen mod p besitzt. Aus $p \mid j-i$ folgt $p \le n$, so dass Teil a) anwendbar ist.

8. Man wähle k verschiedene Primzahlen $p_1, p_2, \ldots, p_k$ mit $p_i \nmid a$, bestimme a_i aus $aa_i + b \equiv 0 \bmod p_i$ und löse das System $m \equiv a_i \bmod p_i$ $(i = 1, 2, \ldots, k)$.

9. Man löse das System $m \equiv -i \bmod p_i$ $(i = 1, 2, \ldots, k)$.

10. Beweis durch vollständige Induktion: Das System $x \equiv b_i \bmod m_i$ $(i = 1, 2, \ldots, k)$ habe die Lösung $x \equiv a_k \bmod \mathrm{kgV}(m_1, m_2, \ldots, m_k)$. Dann ist $b_{k+1} \equiv a_k \bmod \mathrm{ggT}(m_{k+1}, \mathrm{kgV}(m_1, m_2, \ldots, m_k))$, denn $b_{k+1} \equiv b_i \equiv a_k \bmod \mathrm{ggT}(m_{k+1}, m_i)$ $(i = 1, 2, \ldots, k)$. Es genügt also, die Behauptung für $n = 2$ zu beweisen. Ist $d = \mathrm{ggT}(m_1, m_2)$, dann ist das System $\left\{ \begin{array}{l} x \equiv b_1 \bmod m_1, \\ x \equiv b_2 \bmod m_2 \end{array} \right\}$ lösbar, falls $b_1 \equiv b_2 \bmod d$, denn genau dann ist $b_1 + m_1 y \equiv b_2 \bmod m_2$ lösbar.

11. a) Die Zahlen $\dfrac{m}{m_i}$ $(i = 1, 2, \ldots, n)$ sind teilerfremd, also existieren $c_i \in \mathbb{Z}$ mit $1 = c_1 \cdot \dfrac{m}{m_1} + c_2 \cdot \dfrac{m}{m_2} + \ldots + c_n \cdot \dfrac{m}{m_n}$. Mit $ac_i = d_i$ ist

$$\frac{a}{m} = \frac{d_1}{m_1} + \frac{d_2}{m_2} + \ldots + \frac{d_n}{m_n}.$$

Ist nun $d_i = v_i m_i + a_i$ mit $0 \le a_i < m_i$ $(i = 1, 2, \ldots, n)$ und $z = v_1 + v_2 + \ldots + v_n$, so ergibt sich die Partialbruchzerlegung in der angegebenen Form. Gäbe es noch eine weitere Darstellung mit dem Ganzteil z' und den Nennern a_i', dann wäre

$$m(z - z') + (a_1 - a_1')\frac{m}{m_1} + (a_2 - a_2')\frac{m}{m_2} + \ldots + (a_n - a_m')\frac{m}{m_n} = 0,$$

woraus $a_i \equiv a_i' \bmod m_i$ und damit $a_i = a_i'$ $(i = 1, 2, \ldots, n)$ folgt.

b) $\dfrac{151}{60} = 1 + \dfrac{3}{5} + \dfrac{11}{12}$ (beachte $a_1 \equiv 3 \bmod 5$, $a_2 \equiv 11 \bmod 12$);

$\dfrac{151}{60} = 1 + \dfrac{2}{3} + \dfrac{1}{4} + \dfrac{3}{5}$ $(a_1 \equiv 2 \bmod 3, \ a_2 \equiv 1 \bmod 4, \ a_3 \equiv 3 \bmod 5)$

12. Das System ist äquivalent mit $x \equiv 7y + 8 \bmod 14$ und $x \equiv 2y - 2 \bmod 14$ und hat die Lösung $x \equiv 8 \bmod 14$ und $y \equiv 12 \bmod 14$.

13. a) Keine Lösung, weil $x^2 \equiv 2 \bmod 11$ keine Lösung hat.

b) $x \equiv \pm 28, \pm 74 \bmod 391$.

c) $x \equiv \pm 74, \pm 465, \pm 1145, \pm 1201 \bmod 2737$. (Beachte b).)

d) $x \equiv \pm 17, \pm 61 \bmod 143$. \quad e) Keine Lösung.

f) [5] mod 23 ist primitiv, also hat $x^2 \equiv 5 \bmod 23$ keine Lösung.

14. $385 = 5 \cdot 7 \cdot 11$; Quadrate mod 5 sind 0,1,4; Quadrate mod 7 sind 0,1,2,4; Quadrate mod 11 sind 0,1,3,4,5,9. Man wähle z. B. ein a mit $a \equiv 1 \bmod 5$, $a \equiv 2 \bmod 7$, $a \equiv 3 \bmod 11$, also $a \equiv 91 \bmod 395$.

15. $r \equiv s \equiv 0 \bmod pq$; denn für $x = 1$, $y = 0$ folgt $r \equiv s \bmod q$, für $x = 0$, $y = 1$ folgt $r \equiv s \bmod p$, für $x = y = 1$ folgt $s \equiv 0 \bmod p$ und $r \equiv 0 \bmod q$.

16. Gäbe es eine Lösung, dann wäre p quadratischer Rest mod p.

17. Es sei $x \leq y \leq z$. Aus $\dfrac{1}{xy} + \dfrac{1}{xz} + \dfrac{1}{yz} = 1$ folgt dann $\dfrac{1}{xy} \geq \dfrac{1}{3}$, also $xy \leq 3$.

Also ist $x = 1$. Mit $y = 1$ ergibt sich $2 + z = z$, also keine Lösung. Mit $y = 2$ ergibt sich $z = 3$, mit $y = 3$ ergibt sich $z = 2$. Die einzige Lösung mit $x \leq y \leq z$ ist $(1, 2, 3)$. Alle Lösungen ergeben sich dann durch Vertauschung der Reihenfolge.

18. a) Wegen $(x + y + z)^3 - (x^3 + y^3 + z^3) = 3(x + y)(y + z)(z + x)$ ist die gegebene Gleichung äquivalent mit $(x + y)(y + z)(z + x) = 0$. Hier kann man zu zwei vorgegebenen der Zahlen x, y, z die dritte stets so bestimmen, dass eine Lösung der Gleichung vorliegt.

b) Aus $(x + y + z)^2 = x^2 + y^2 + z^2$ folgt $xy + yz + zx = 0$; aus $(x + y + z)^3 = x^3 + y^3 + z^3$ folgt $(x + y)(y + z)(z + x) = 0$ (vgl. a)). Ist $x + y = 0$, dann folgt aus der ersten Gleichung $xy = 0$, also $x = y = 0$. Das Gleichungssystem hat also nur die trivialen Lösungen $(t, 0, 0)$, $(0, t, 0)$, $(0, 0, t)$.

19. Die gegebene Gleichung ist äquivalent mit $(x + y)z = xy$. Man muss also Zahlen x, y mit $x + y \mid xy$ suchen. Ist $\mathrm{ggT}(x, y) = d$ und $x = dx'$, $y = dy'$, dann muss $x' + y' \mid dx'y'$ gelten, also $d = t(x' + y')$. Daher ist $x = t(x' + y')x'$ und $y = t(x' + y')y'$ mit $x', y', t \in \mathbb{N}$ und $\mathrm{ggT}(x', y') = 1$. Mit $x' = 2, y' = 3, t = 3$ ergibt sich $x = 30, y = 45$ und damit $z = 18$.

20. a) Quadrate sind $\equiv 0 \bmod 4$ oder $\equiv 1 \bmod 4$.   b) Einsetzen.

c) Aus $(\lambda u)^2 + (\lambda v)^2 + (\lambda w - 1)^2 = 1$ folgt $\lambda = \dfrac{2w}{u^2 + v^2 + w^2}$. Es ergibt sich also auf der Einheitskugel der rationale Schnittpunkt

$$\left(\frac{2uw}{u^2 + v^2 + w^2}, \frac{2vw}{u^2 + v^2 + w^2}, \frac{-u^2 - v^2 + w^2}{u^2 + v^2 + w^2} \right).$$

21. Für $p = 3$ und $p = 5$ ist die Behauptung sofort einzusehen, für $p = 11$ und $p = 17$ zeige man durch Berechnen des Legendresymbols, dass $1 - 4p$ quadratischer Nichtrest mod 3,5,7 bzw. mod 3,5,7,11,13 ist.

22. Es ist $\left(\dfrac{-1}{67} \right) = -1$ und $\left(\dfrac{2}{67} \right) = -1$. Mit $\left(\dfrac{a^2}{67} \right) = 1$ und $\left(\dfrac{2a^2}{67} \right) = -1$ sowie $\left(\dfrac{67 - a^2}{67} \right) = -1$ erhält man alle Reste und Nichtreste aus $\left(\dfrac{ab}{67} \right) = \left(\dfrac{a}{67} \right) \left(\dfrac{b}{67} \right)$.

Reste sind 1, 4, 6, 9, 10, 14, 15, 16, 17, 19, 21, 22, 23, 24, 25, 26, 29, 33, 35, 36, 37, 39, 40, 47, 49, 54, 55, 56, 59, 60, 62, 64, 65.

23. Ist $\left(\frac{q}{p}\right) = -1$ und $q = ab$, dann kann nicht $\left(\frac{a}{p}\right) = \left(\frac{b}{p}\right) = 1$ gelten. Es gilt $\left(\frac{kq}{p}\right) = -1$ für $k = 1, 2, \ldots, q-1$. Ist $(k-1)q < p < kq$, also $kq < q+p$, dann ist kq quadratischer Rest mod p; dieser Widerspruch liefert $(q-1)q < p$ und damit $q < \sqrt{p}+1$.

24. a) Für $p \equiv 1 \bmod 12$ ist $\left(\frac{3}{p}\right) = \left(\frac{p}{3}\right)(-1)^{\frac{p-1}{2}} = 1$.

b) Die Zahl a kann als quadratfrei angenommen werden. Es gilt $\left(\frac{-1}{p}\right) = \left(\frac{-1}{q}\right)$ wegen $\frac{p-1}{2} \equiv \frac{q-1}{2} \bmod 2$; ferner ist $\left(\frac{2}{p}\right) = \left(\frac{2}{q}\right)$ wegen $\frac{p^2-1}{8} \equiv \frac{q^2-1}{8} \bmod 2$. Für einen ungeraden Primteiler u von a gilt

$$\left(\frac{u}{p}\right) = \left(\frac{p}{u}\right)(-1)^{\frac{p-1}{2} \cdot \frac{u-1}{2}} = \left(\frac{q}{u}\right)(-1)^{\frac{q-1}{2} \cdot \frac{u-1}{2}} = \left(\frac{u}{q}\right)$$

wegen $p \equiv q \bmod u$ und $\frac{p-1}{2} \equiv \frac{q-1}{2} \bmod 2$.

c) Genau im Fall $p \equiv 1 \bmod 3$ gilt

$$\left(\frac{-3}{p}\right) = (-1)^{\frac{p-1}{2}}(-1)^{\frac{p-1}{2} \cdot \frac{3-1}{2}}\left(\frac{p}{3}\right) = \left(\frac{p}{3}\right) = 1.$$

25. Ist g eine Primitivwurzel mod p, so ist $f(g) = 1$ oder $f(g) = -1$. Es sei $a \equiv g^r \bmod p$. Im ersten Fall ist $f(a) = f(g^r) = f(g)^r = 1$, im zweiten Fall ist $f(a) = (-1)^r = +1$ oder -1, je nachdem, ob r gerade (also a quadratischer Rest) oder r ungerade (also a quadratischer Nichtrest) ist.

26. a) Aus $82^2 \equiv 5 \cdot 11^2 \bmod p$ sowie $p \nmid 11$ folgt $\left(\frac{5}{p}\right) = 1$, also $\left(\frac{p}{5}\right) = 1$. Es kommen nur Primzahlen p mit $p \equiv \pm 1 \bmod 5$ in Frage, wegen $p \nmid 11$ und $p \nmid 82$ sowie $[\sqrt{6119}] = 78$ untersuche man also $p = 19, 29, 31, 59, 61, 71$. Es ergibt sich $6119 = 29 \cdot 211$.

b) Aus $69^2 \equiv 10 \bmod p$ folgt $\left(\frac{10}{p}\right) = 1$. Man untersuche die Primzahlen $p \neq 2, 3, 5, 23$ mit $p \leq 67$ (15 Fälle). Es ergibt sich stets $\left(\frac{10}{p}\right) = -1$ oder $p \nmid 4751$.

c) Für $p|43993$ muss $\left(\frac{33}{p}\right) = 1$ und $p \neq 2, 3, 11$ gelten. Es ist $\left(\frac{33}{p}\right) = \left(\frac{p}{3}\right)\left(\frac{p}{11}\right) = 1$ für $p \equiv 1 \bmod 3$ und $p \equiv 1, 3, 4, 5, 9 \bmod 11$ sowie $p \equiv \pm 2 \bmod 3$ und $p \equiv 2, 6, 7, 8, 10 \bmod 11$. Man findet $43993 = 29 \cdot 37 \cdot 41$.

27. Im letzten Beispiel in V.4 haben wir $s_5 \equiv 111101110001 \bmod M_{13}$ gefunden. Damit bestimme man $s_6, s_7, \ldots, s_{11}$. Es ergibt sich $s_{11} \equiv 2^7 \bmod M_{13}$ und damit $s_{12} \equiv 0 \bmod M_{13}$.

28. a) 1) $2425 = 5^2 \cdot 97$ und $97 = 4^2 + 9^2$, also $2425 = 20^2 + 45^2$. Weitere Darstellungen: $2425 = 11^2 + 48^2 = 24^2 + 43^2$.

2) $4437 = 3^2 \cdot 17 \cdot 29$ und $17 = 1^2 + 4^2$, $29 = 2^2 + 5^2$; wegen $(1 + 4i)(2 + 5i) = -18 + 13i$ ist $17 \cdot 29 = 13^2 + 18^2$, also $4437 = 39^2 + 54^2$.
Weitere Darstellung: $4437 = 9^2 + 66^2$.

3) $8840 = 2^2 \cdot 2 \cdot 5 \cdot 13 \cdot 17$ und $2 = 1^2 + 1^2$, $5 = 1^2 + 2^2$, $13 = 2^2 + 3^2$, $17 = 1^2 + 4^2$; $(1 + i)(1 + 2i)(2 + 3i)(1 + 4i) = -23 - 41i$; $8840 = 46^2 + 82^2$.
Weitere Darstellungen: $8840 = 2^2 + 94^2 = 38^2 + 86^2 = 58^2 + 74^2$.

b) Ist $n = x^2 + y^2$, so ist $2n = (x - y)^2 + (x + y)^2$; ist $2n = u^2 + v^2$, so ist $n = \left(\dfrac{u - v}{2}\right)^2 + \left(\dfrac{u + v}{2}\right)^2$. Dabei liefern verschiedene Darstellungen von n auch verschiedene Darstellungen von $2n$ und umgekehrt.

29. a) Ist $p \equiv 3 \bmod 4$, dann ist p^2 nur in der Form $0^2 + p^2$ als Summe zweier Quadrate zu schreiben, da p nicht als Summe von Quadraten zu schreiben ist (vgl. indische Formeln). Ist $p \equiv 1 \bmod 4$, dann ist $p = u^2 + v^2$ ($u, v \in \mathbb{N}$), also $p^2 = (u^2 + v^2)^2 = (u^2 - v^2)^2 + (2uv)^2$. Dies ist bis auf die Reihenfolge der Summanden die einzige Darstellung von p^2 als Summe zweier ganzer Quadrate: Es gibt eine gaußsche Primzahl π mit $p = \pi\bar{\pi}$, also $p^2 = \pi^2\bar{\pi}^2$, und diese Primfaktorzerlegung ist im wesentlichen eindeutig.

b) $n^2 = \left(\dfrac{na}{c}\right)^2 + \left(\dfrac{nb}{c}\right)^2$, wenn $a^2 + b^2 = c^2$.

30. a) Es muss $2ab = 720$ bzw. $ab = 360$ gelten, wobei (a, b, c) ein pythagoräisches Tripel ist. Eine Lösung ist $a = 9$, $b = 40$.
Es ergibt sich $31^2 + 720 = 41^2 = 49^2 - 720$.

b) Aus der Lösung in a) folgt $\left(\dfrac{31}{12}\right)^2 + 5 = \left(\dfrac{41}{12}\right)^2 = \left(\dfrac{49}{12}\right)^2 - 5$.

31. a) Man vergleiche den Beweis im Text dafür, dass 7 ein *numerus idoneus* ist. Die Darstellung $x^2 + dy^2 = n$ der Zahl n sei eindeutig, ferner sei p ein Primteiler von n, also $x^2 + dy^2 \equiv 0 \bmod p$. (Es muss dann $\left(\dfrac{-d}{p}\right) = 1$ gelten.) Dann gibt es Zahlen x_1, y_1 mit $x_1^2 + dy_1^2 = mp$ und $1 \le m \le d$.
$\underline{d = 2:}$ Ist $m = 2$, so ist x_1 gerade, also $x_1 = 2x_2$ und damit $y_1^2 + 2x_2^2 = p$.
$\underline{d = 3:}$ $m = 2$ ist nicht möglich, da dann x_1, y_1 wegen $p \ne 2$ ungerade sein müssen, in diesem Fall aber $x_1^2 + 3y_1^2 \equiv 0 \bmod 4$ gelten müsste, was ebenfalls wegen $p \ne$ nicht möglich ist. Ist $m = 3$, dann ist $3|x_1$, mit $x_1 = 3x_2$ ergibt sich also $y_1^2 + 3x_2^2 = p$.
$\underline{d = 4:}$ Beachte $x^2 + 4y^2 = x^2 + (2y)^2$ und den Fall $d = 1$.

b) $991 - 7y^2$ ergibt für $0 \le y \le 11$ nur für $y = 11$ ein Quadrat: $991 = 12^2 + 7 \cdot 11^2$.

c) Es bietet sich für alle drei Zahlen der *numerus idoneus* 25 an: $401 = 1^2 + 25 \cdot 4^2$, $901 = 1^2 + 25 \cdot 6^2$, $1021 = 11^2 + 25 \cdot 6^2$ sind die einzigen Darstellungen mit $d = 25$. Man hätte auch $d = 1$ wählen können, hätte dann aber mehr Quadratproben durchführen müssen.

32. In $a\xi^2 + \eta^2 = 1$ setze man $\eta = \lambda\xi - 1$ ein und verfahre wie bei der Berechnung der pythagoräischen Tripel. Man erhält $(2uv, au^2 - v^2, au^2 + v^2)$ mit $u, v \in \mathbb{Z}$.

33. Aus $\begin{pmatrix} x & -dy \\ y & x \end{pmatrix} \begin{pmatrix} u & -dv \\ v & u \end{pmatrix} = \begin{pmatrix} xu - dyv & -d(xv + yu) \\ xv + yu & xu - dyv \end{pmatrix}$ folgt $(x^2 + dy^2)(u^2 + dv^2) = (xu - dyv)^2 + d(xv + yu)^2$.

34. $3003 = 3 \cdot 7 \cdot 11 \cdot 13 = 39 \cdot 77$;
$39 = 6^2 + 1^2 + 1^2 + 1^2$; $77 = 6^2 + 6^2 + 2^2 + 1^2$;
$\alpha = 6 + i$; $\beta = 1 + i$; $\gamma = 6 + 6i$; $\delta = 2 + i$;
$\varrho = \alpha\gamma - \beta\delta = 27 + 43i$; $\sigma = \alpha\delta + \beta\gamma = 13 + 16i$;
$3003 = N(\varrho) + N(\sigma) = 43^2 + 27^2 + 16^2 + 11^2$.
(Die Darstellung ist nicht eindeutig.)

35. $18 = 1^2 + 1^2 + 4^2$; $34 = 3^2 + 3^2 + 4^2$; $50 = 3^2 + 4^2 + 5^2$;
$66 = 1^2 + 4^2 + 7^2$; $82 = 3^2 + 3^2 + 8^2$; $98 = 1^2 + 4^2 + 9^2$;
$114 = 5^2 + 5^2 + 8^2$.
Sei $130 = a^2 + b^2 + c^2$ mit $1 \leq a \leq b \leq c$. Dann ist $1 + 1 + c^2 \leq 130 \leq 3c^2$, also $43 < c^2 \leq 128$ und somit $7 \leq c \leq 11$. Nun ist $130 - 7^2 = 81$, $130 - 8^2 = 66$, $130 - 9^2 = 49$, $130 - 10^2 = 30$, $130 - 11^2 = 9$, und keine der Zahlen 9, 30, 49, 66, 81 ist als Summe von genau zwei positiven Quadraten zu schreiben.

36. a) Es soll $2t + 1$ dargestellt werden. Es gibt eine Darstellung $4t + 2 = x^2 + y^2 + z^2$, wobei x, y ungerade sind und z gerade ist. Mit $x + y = 2a$, $x - y = 2b$, $z = 2c$ erhält man $4t + 2 = (a + b)^2 + (a - b)^2 + 4c^2 = 2(a^2 + b^2 + 2c^2)$.

b) $4^k(8m + 7) = 4^k(a^2 + b^2 + 2c^2) = (2^k a)^2 + (2^k b)^2 + 2(2^k c)^2$ (vgl. a)).

c) Die ungerade Zahl $2t + 1$ soll dargestellt werden. Es gilt $4t + 1 = x^2 + y^2 + z^2$ mit $x = 2a$, $y = 2b$, $z = 2c + 1$, also $4t + 2 = 4a^2 + 4b^2 + 4c^2 + 4c + 2 = 2((a + b)^2 + (a - b)^2 + c^2 + (c + 1)^2)$.

d) Ist $p \equiv 7 \bmod 8$, dann ist $p - 1 = a^2 + b^2 + c^2$, also $p = a^2 + b^2 + c^2 + 1$.

e) Es sei $n \geq 3$ und $n = 8k + 3 + r$ mit $r \in \{0, 1, 2, 3, 4, 5, 6, 7\}$. Dann ist $n = a^2 + b^2 + c^2 + r$ mit ungeraden Zahlen a, b, c.

37. a) Es ist $c = u^2 + v^2$ mit $\text{ggT}(u, v) = 1$ und $u \not\equiv v \bmod 2$. Also ist $c = (2r)^2 + (2s + 1)^2$ und daher $c \equiv 1 \bmod 4$, also $c \equiv 1, 5$ oder $9 \bmod 12$. Der Fall $c \equiv 9 \bmod 12$ ist nicht möglich, da sonst $c \equiv 0 \bmod 3$ wäre, was aber einen Widerspruch zu $u^2 + v^2 \equiv \pm 1 \bmod 3$ ergibt.

b) 49, 77, 121; allgemein Zahlen, die nicht als Summe von zwei von 0 verschiedenen Quadraten darstellbar sind und den Restklassen 1 mod 12 bzw. 5 mod 12 angehören.

c) 1) Ist (a, b, c) babylonisch darstellbar, dann auch $(2a, 2b, 2c)$:
$$2 \cdot 2uv = (u + v)^2 - (u - v)^2$$
$$2 \cdot (u^2 - v^2) = 2 \cdot (u + v)(u - v)$$
$$2 \cdot (u^2 + v^2) = (u + v)^2 + (u - v)^2$$

2) Aus $(a, b, c) = (2uv, u^2 - v^2, u^2 + v^2)$ und $(ra, rb, rc) = (2xy, x^2 - y^2, x^2 + y^2)$ (bzw. mit vertauschten Darstellungen von ra und rb folgt

$$\begin{array}{ll} r(u^2 - v^2) = x^2 - y^2 & r(u^2 - v^2) = 2xy \\ r(u^2 + v^2) = x^2 + y^2 & \text{oder} \qquad r(u^2 + v^2) = x^2 + y^2 \end{array}$$

Aus dem ersten Gleichungssystem folgt $ru^2 = x^2$, also ist r ein Quadrat; aus dem zweiten Gleichungssystem folgt $2ru^2 = (x + y)^2$, also ist $2r$ ein Quadrat.

38. Fibonacci erhält nur Tripel (a, b, c) mit $c - b = 1$ und $c - b = 2$. Er erhält z.B. nicht (20,21,29), (28,45,53), (33,56,65), ...

39. $1105 = 5 \cdot 13 \cdot 17$. Stelle 5, 13, 17, 65, 85, 221, 1105 als Summe von zwei Quadraten dar, bestimme dann pythagoräische Tripel mit diesen Zahlen als Hypotenusen und damit die gesuchten Tripel. Deren Kathetenpaare lauten: (663,884), (425,1020), (520,975), (272,1071), (561,952), (468,1001), (169,1092), (700,855), (105,1100), (264,1075), (576,943), (744,817), (47,1104).

40. Aus $7 \nmid abc$ folgt $a^6 \equiv b^6 \equiv c^6 \equiv 1 \bmod 7$, also $a^3, b^3, c^3 \equiv \pm 1 \bmod 7$ und damit $a^3 + b^3 \not\equiv c^3 \bmod 7$. Aus $3 \nmid abc$ folgt $a^6 \equiv b^6 \equiv c^6 \equiv 1 \bmod 9$, also $a^3 \equiv \pm 1 \bmod 9$, $b^3 \equiv \pm 1 \bmod 9$, $c^3 \equiv \pm 1 \bmod 9$ und damit $a^3 + b^3 \not\equiv c^3 \bmod 9$.

41. a) $v^2 = u(u - 1)^2$; ist $u = q^2$ ($q \in \mathbb{Q}$), dann sind $(q^2, \pm q(q^2 - 1))$ rational.

b) $v^2 = u(u - 1)$. Für $u = \left(\frac{a}{b}\right)^2$ ist $v^2 = \dfrac{a^2(a^2 - b^2)}{b^2}$ ($a, b \in \mathbb{N}$). Wählt man a, b so, dass $a^2 - b^2 = c^2$ mit $c \in \mathbb{N}$, dann ist v^2 ein rationales Quadrat.

42. a) Existiert eine nichttriviale Lösung von $x^4 - y^4 = z^2$, dann können wir $\mathrm{ggT}(x, y) = 1$ annehmen, x, y sind also nicht beide gerade. Wäre x gerade und y ungerade, dann wäre $x^4 - y^4 \equiv -1 \bmod 4$, während doch $z^2 \equiv 1 \bmod 4$. Also ist x ungerade. Aus $\mathrm{ggT}(x, y) = 1$ folgt $\mathrm{ggT}(x^2 + y^2, x^2 - y^2) = 1$, aus $(x^2 + y^2)(x^2 - y^2) = z^2$ folgt also, dass $x^2 + y^2 = u^2$ und $x^2 - y^2 = v^2$ ($u, v \in \mathbb{N}$). Wäre y ungerade, so wäre u gerade und es ergäbe sich der Widerspruch $2 \equiv x^2 + y^2 \equiv u^2 \equiv 0 \bmod 4$. Also ist y gerade. Aus $(x^2)^2 = (y^2)^2 + z^2$ folgt dann $x^2 = p^2 + q^2$ und $y^2 = 2pq$ mit ungeradem p und geradem q. Wir finden also ein rechtwinkliges Dreieck mit den Katheten p und q, dessen Inhalt $\frac{pq}{2}$ ein Quadrat ist. Ein solches Dreieck existiert aber nicht (Satz 20).

b) Aus der Funktionsgleichung folgt $u^{-4} \pm v^{-4} = a^2$, falls $uv \neq 0$; hätte diese Gleichung eine rationale Lösung, dann hätte $x^4 \pm y^4 = z^2$ eine ganze Lösung.

43. a) Tangente: $v - 11 = \dfrac{75}{22} \cdot (u - 5)$. Zu lösen ist die Gleichung

$$22^2(u^2 + 5u + 25) = 75^2(u - 5) + 484 \cdot 75.$$

Neben 5 ist $\dfrac{785}{484}$ eine Lösung, ein weiterer rationaler Punkt ist $\left(\dfrac{785}{484}, -\dfrac{5497}{10648}\right)$.

b) Sekante: $v = u + 3$. Es ergibt sich der Punkt $(-2, 1)$.

44. a) $n(n + 1) = 2 \cdot (222\ldots111\ldots) = 2 \cdot (2 \cdot 10^k + 1) \cdot \dfrac{10^k - 1}{9}$

$$= \frac{2}{3}(10^k - 1) \cdot (\frac{2}{3}(10^k - 1) + 1) = 66\ldots66 \cdot 66\ldots67.$$

b) Wir nehmen an, er wäre $\dfrac{n(n+1)}{2} = m^4$, also $n(n+1) = 2m^4$. Ist n gerade,
also $n = 2k$, dann folgt $k(2k+1) = m^4$, wegen $\mathrm{ggT}(k, 2k+1) = 1$ also $k = x^4$
und $2k+1 = y^4$ mit $x, y \in \mathrm{I\!N}$. Damit gilt $2x^4 - y^4 = -1$. Ist n ungerade, also
$n = 2k-1$, dann folgt $k(2k-1) = m^2$ und wieder $k = x^4$ und $2k-1 = y^4$, also
$2x^4 - y^4 = 1$. Die diophantische Gleichung $2x^4 - y^4 = \pm 1$ besitzt aber keine
nichttriviale Lösung: Ist $2x^4 - y^4 = -1$, dann ist $(x^4+1)^2 = (x^2)^4 + 2x^4 + 1 = (x^2)^4 + y^4$. Die diophantische Gleichung $u^4 + v^4 = w^2$ ist aber nicht lösbar. Ist
$2x^4 - y^4 = 1$, dann ist $(x^4-1)^2 = (x^2)^4 - 2x^4 + 1 = (x^2)^4 - y^4$. Die diophantische
Gleichung $u^4 - v^4 = w^2$ ist aber ebenfalls nicht lösbar (Aufgabe 40).

45. $D_1 = F_1$. Man kann $a, b, c, d, e, f \in \mathrm{I\!N}$ so bestimmen, dass

$$(ax+by+c)(ax+by+c+1) - (dx+ey+f)(3dx+3ey+3f-1) = x(x+1) - y(3y-1)$$

gilt: Mit $c = f = 1$ ist $c(c+1) - f(3f-1) = 0$; mit $a = 7$, $d = 4$ ist
$a^2 - 3d^2 = 1$; mit $b = 12$, $e = 7$ ist $b^2 - 3e^2 = -3$. Dann ist auch $2ab - 6de = 0$, $2ac + a - 6df - d = 1$, $2bc + b - 6ef - e = 1$. Ist also (x, y) eine Lösung von
$D_x = F_y$, dann gilt dies auch für $(7x+12y+1,\ 4x+7y+1)$.

46. (1) $P_{k+r}^{(m)} = (m-2)D_{k+r} - (m-3)(k+r)$
$= (m-2)(D_k + D_r + kr) - (m-3)(k+r)$
$= ((m-2)D_k - (m-3)k) + ((m-2)D_r - (m-3)r) + (m-2)kr$
$= P_k^{(m)} + P_r^{(m)} + kr(m-2)$

(2) $P_r^{(m)} = (m-2)D_r - (m-3)r = D_r + (m-3)(D_r - r) = D_r + (m-3)D_{r-1}$

(3) $P_r^{(m)} + P_{3r}^{(m)} + \ldots + P_{nr}^{(m)} = P_r^{(m)} + (2P_r^{(m)} + r^2(m-2)D_1) +$
$(3P_r^{(m)} + r^2(m-2)D_2) + \ldots + (nP_r^{(m)} + r^2(m-2)D_{n-1})$
$= P_r^{(m)}D_n + r^2(m-2)(D_1 + D_2 + \ldots + D_{n-1}),$
denn $P_{kr}^{(m)} = kP_r^{(m)} + r^2(m-2)(1 + 2 + \ldots + (k-1)).$

(4) $1^4 + 2^4 + \ldots + (n+1)^4 = 1^4 + (1+1)^4 + (2+1)^4 + \ldots + (n+1)^4$
$= 1^4 + 2^4 + \ldots + n^4 + 4 \cdot (1^3 + 2^3 + \ldots + n^3)$
$+ 6(1^2 + 2^2 + \ldots + n^2) + 4(1 + 2 + \ldots + n) + n + 1,$

(5) $n^3 + 3n(n+1) + 1 = (n+1)^3$ \qquad (6) vgl. (4)

47. a) Es sei $c > b$. Aus $b^2 \equiv c^2 \bmod m$ folgt $m \mid (c-b)(c+b)$. Der Fall $c - b = 1$
ist wegen $2b + 1 \neq m$ ausgeschlossen. Wegen $1 < c - b < c + b < 2pq$ verteilen
sich die Primfaktoren p, q auf die beiden Faktoren $c - b$ und $c + b$.

b) Wegen $120^2 \equiv 393 \bmod 667$ löst Spieler A das System
$$\begin{array}{ccc} x^2 \equiv 393 \bmod 23 & & x \equiv \pm 5 \bmod 23 \\ x^2 \equiv 393 \bmod 29 & \text{zu} & x \equiv \pm 4 \bmod 29 \end{array}$$

und erhält $x \equiv \pm 120 \bmod 667$ und $x \equiv \pm 373 \bmod 667$. Es ist $\mathrm{ggT}(667, 253) = 23$ und $\mathrm{ggT}(667, 493) = 29$, also $667 = 23 \cdot 29$.

48. $\sqrt{3} = [1, \overline{1, 2}]$; Näherungsbrüche $\dfrac{2}{1}, \dfrac{5}{3}, \dfrac{7}{4}, \dfrac{19}{11}, \dfrac{26}{15}, \ldots$ (vgl. I.8),
also $a = 4,\ 14,\ 52,\ \ldots$; Tripel $(3,4,5)$, $(13,14,15)$, $(51,52,53)$, $\ldots$.

49. $\begin{pmatrix} \alpha & \gamma \\ \beta & \delta \end{pmatrix} \begin{pmatrix} 1 & 0 \\ 0 & 1 \end{pmatrix} \begin{pmatrix} \alpha & \beta \\ \gamma & \delta \end{pmatrix} = \begin{pmatrix} \alpha^2 + \gamma^2 & \alpha\beta + \gamma\delta \\ \alpha\beta + \gamma\delta & \beta^2 + \delta^2 \end{pmatrix} = \begin{pmatrix} 10 & 7 \\ 7 & 5 \end{pmatrix}$

Da $5 = 1^2 + 2^2$ und $10 = 1^2 + 3^2$ die einzigen Darstellungen dieser Zahlen als Quadratsummen sind, muss man nur endlich viele Fälle durchprobieren, wobei auf $\alpha\delta - \beta\gamma = 1$ zu achten ist. Man findet z.B. $\begin{pmatrix} \alpha & \beta \\ \gamma & \delta \end{pmatrix} = \begin{pmatrix} 1 & 1 \\ -3 & -2 \end{pmatrix}$.

Die Gleichung $x^2 + y^2 = 97$ hat die Lösungen $(\pm 4, \pm 9)$, $(\pm 4, \mp 9)$, $(\pm 9, \pm 4)$, $(\pm 9, \mp 4)$. Die Lösungen von $10x^2 + 14xy + 5y^2 = 97$ ergeben sich durch Anwenden der Matrix $\begin{pmatrix} \alpha & \beta \\ \gamma & \delta \end{pmatrix}^{-1} = \begin{pmatrix} -2 & -1 \\ 3 & 1 \end{pmatrix}$ zu $(\pm 1, \pm 3)$, $(\pm 14, \mp 23)$, $(\pm 17, \mp 21)$, $(\pm 22, \mp 31)$.

50. $a \in \left\{ \dfrac{61 - x^2}{d^2} \;\middle|\; x = 1, 2, 3, 4, 5, 6, 7; \; d^2 | 61 - x^2 \right\}$

$\qquad = \{1, 3, 4, 5, 9, 12, 13, 25, 36, 45, 52, 57, 60\}; \quad 61 = x^2 + \left(\dfrac{61 - x^2}{d^2} \right) \cdot d^2.$

51. a) $(1,0,11)$, $(2,1,6)$, $(3,1,4)$, $(3,-1,4)$

b) $p \equiv 3 \bmod 4$ und $p \equiv b \bmod 11$ mit $\left(\dfrac{11}{p} \right) = -1$ für $b \in \{1, 3, 4, 5, 9\}$;

aus dem Chinesischen Restsatz folgt $p \equiv 3, 15, 23, 27, 31 \bmod 44$.

c) Die Form $2x^2 + 2xy + 6y^2$ stellt keine der Primzahlen mit $p \equiv r \bmod 44$ dar, da sie nur gerade Werte hat. Die Form $x^2 + 11y^2$ kommt ebenfalls nicht in Frage, da sie die jeweils kleinsten Primzahlen $3, 37, 23, 71, 31$ der obigen Restklassen nicht darstellt. Die Formen $3x^2 + 2xy + 4y^2$ und $3x^2 - 2xy + 4y^2$ stellen dieselben Zahlen dar, wenn x, y die Menge $\mathbb{Z}$ durchlaufen (man ersetze x durch $-x$). Also stellt $3x^2 + 2xy + 4y^2$ alle Primzahlen mit $p \equiv 3, 15, 23, 27, 31 \bmod 44$ dar. Es ist $3x^2 + 2xy + 4y^2 = 3, 37, 23, 71, 31$ für $(x,y) = (1,0)$, $(3,1)$, $(1,2)$, $(5,-2)$, $(3,-2)$.

52. a) Für $x \in \{0, 1, .., [u]\}$, $y \in \{0, 1, \ldots [v]\}$, $z \in \{0, 1, \ldots, [w]\}$ erhält man $(1 + [u])(1 + [v])(1 + [w]) > uvw = m$ Tripel, für zwei davon muss gelten $ax_1 + by_1 + cz_1 \equiv ax_2 + by_2 + cz_2 \bmod m$, also $a(x_1 - x_2) + b(y_1 - y_2) + c(z_1 - z_2) \equiv 0 \bmod m$. Dabei ist $|x_1 - x_2| \leq u$, $|y_1 - y_2| \leq v$, $|z_1 - z_2| \leq w$.

b) $ax^2 + by^2 + cz^2 \equiv ax^2 + by^2 \equiv a^{-1}(a^2x^2 + aby^2) \equiv a^{-1}(a^2x^2 - r^2y^2)$

$\qquad \equiv a^{-1}(ax + ry)(ax - ry) \equiv (x + a^{-1}ry)(ax - ry) \bmod c$;

dabei haben wir $-ab \equiv r^2 \bmod c$ verwendet. Entsprechend verfährt man bezüglich der Moduln a und b.

c) Sind m, n teilerfremd und gilt

$\qquad ax^2 + by^2 + cz^2 \equiv (r_1 x + s_1 y + t_1 z)(r_2 x + s_2 y + t_2 z) \bmod m,$

$\qquad ax^2 + by^2 + cz^2 \equiv (r_3 x + s_3 y + t_3 z)(r_4 x + s_4 y + t_4 z) \bmod n,$

dann bestimme man r, s, t und r', s', t' aus

$$\left\{ \begin{array}{l} r \equiv r_1 \bmod m \\ r \equiv r_3 \bmod n \end{array} \right., \quad \left\{ \begin{array}{l} s \equiv s_1 \bmod m \\ s \equiv s_3 \bmod n \end{array} \right. \cdots, \quad \left\{ \begin{array}{l} t' \equiv t_2 \bmod m \\ t' \equiv t_4 \bmod n \end{array} \right..$$

Dann gilt $ax^2 + by^2 + cz^2 \equiv (rx + sy + tz)(r'x + s'y + t'z) \bmod mn$.

Aus b) folgt nun die Behauptung.

d) Ist $ax^2 + by^2 + cz^2 \equiv (rx + sy + tz)(r'x + s'y + t'z) \bmod abc$, und (x, y, z) eine Lösung von $rx + sy + tz \equiv 0 \bmod abc$ mit $|x| \leq \sqrt{|bc|}$, $|y| \leq \sqrt{|ac|}$, $|z| \leq \sqrt{|ab|}$, dann ist $x^2 < bc$, $y^2 < -ac$ und $z^2 < -ab$, also $ax^2 + by^2 + cz^2 < ax^2 < abc$.

e) $y^2 + z^2 = a$ hat eine Lösung, weil a quadratfrei ist und -1 quadratischer Rest mod a ist, also nur Primteiler der Form $4n + 1$ enthält. Ist (y, z) eine Lösung dieser Gleichung, dann ist $(1, y, z)$ eine Lösung von $ax^2 - y^2 - z^2 = 0$.

53. a) Aus $p \equiv 1 \bmod 6$ folgt $\left(\dfrac{-3}{p}\right) = 1$. Es sei $v^2 \equiv -3 \bmod p$ und

$u \equiv v^{-1} \bmod p$. Für das von den Vektoren $\binom{1}{u}, \binom{0}{p}$ aufgespannte Gitter gilt

$V(L) = p$. Die Ellipse $K : x^2 + 3y^2 \leq r^2$ hat den Inhalt $V(K) = \pi \cdot r \cdot \dfrac{r}{\sqrt{3}}$; es

gilt $V(K) > 4V(L)$ für $r > \dfrac{3}{2}\sqrt{p}$. Daher existiert ein Gitterpunkt $(x, y) \neq (0, 0)$

mit $0 < x^2 + 3y^2 < 3p$. Wegen $y \equiv ux \bmod p$ bzw. $x \equiv vy \bmod p$ gilt $x^2 + 3y^2 \equiv (vy)^2 + 3y^2 \equiv 0 \bmod p$. Der Fall $x^2 + 3y^2 = 2p$ entfällt, da $x^2 + 3y^2 \not\equiv 2 \bmod 4$.

b) Aus $p \equiv 1 \bmod 8$ folgt $\left(\dfrac{-2}{p}\right) = 1$; es sei $v^2 \equiv -2 \bmod p$ und $u \equiv v^{-1} \bmod p$.

Für das von $\binom{1}{u}, \binom{0}{p}$ aufgespannte Gitter gilt $V(L) = p$. Die Ellipse $K : x^2 +$

$2y^2 \leq r^2$ hat den Inhalt $V(K) = \pi \cdot r \cdot \dfrac{r}{\sqrt{2}}$; es gilt $V(K) > 4V(L)$ für $r > 1,4 \cdot \sqrt{p}$.

Daher existiert ein Gitterpunkt $(x, y) \neq (0, 0)$ mit $0 < x^2 + 2y^2 < 2p$. Es gilt $x^2 + 2y^2 \equiv 0 \bmod p$, also $x^2 + 2y^2 = p$.

54. (1) klar.   (2) Benutze (1) mit n und $n + 4$.

Zunächst zeigen wir die Existenz einer Darstellung:

$1 = 1^2$, $2 = -1^2 - 2^2 - 3^2 + 4^2$, $3 = -1^2 + 2^2$, $4 = -1^2 - 2^2 + 3^2$.

Ist $k = \pm 1^2 \pm 2^2 \pm \ldots \pm m^2$, dann ist

$k + 4 = \pm 1^2 \pm 2^2 \pm \ldots \pm m^2 + ((m + 1)^2 - (m + 2)^2 - (m + 3)^2 + (m + 4)^2)$.

Die Unendlichkeit der Anzahl der Darstellungen folgt aus (2): Man kann m durch $m + 8$ ersetzen, wenn man die Vorzeichen geeignet wählt.

55. a) Einmal integrieren und geeignet substituieren.

b) Bekannte Formeln   c) $V_4(r) = \dfrac{1}{2}\pi^2 r^4$; $O_4(r) = 2\pi^2 r^3$

d) Es sei $n \geq 3$, und $K_n = V_n(1)$, also $V_n(r) = K_n r^n$.

Es gilt $K_n = 2K_{n-1}I_n$ mit $I_n = \int_0^{\frac{\pi}{2}} \cos^n \varphi \, d\varphi$.

Mit zweimaliger Produktintegration findet man die Rekursion $I_n = \dfrac{n-1}{n}I_{n-2}$

und damit $K_n = 4K_{n-2} \cdot \dfrac{n-2}{n}I_{n-2}I_{n-3}$. Für $n = 2m$ ergibt sich

$$K_{2m} = K_{2m-2} \cdot \left(4 \cdot \frac{2m-2}{2m} \cdot \frac{2m-4}{2m-2} \cdot \ldots \cdot \frac{2}{4} \cdot I_2 \cdot I_1\right) = \frac{\pi}{m} \cdot K_{2m-2},$$

für $n = 2m + 1$ ergibt sich

$$K_{2m+1} = K_{2m-1} \cdot \left(4 \cdot \frac{2m-1}{2m+1} \cdot \frac{2m-3}{2m-1} \cdot \ldots \cdot \frac{1}{3} \cdot I_1 \cdot I_0\right) = \frac{2\pi}{2m+1} \cdot K_{2m-1}.$$

Wegen $K_1 = 2$ und $K_2 = \pi$ erhält man die Formeln

$$K_{2m} = \frac{\pi^m}{m!} \quad \text{und} \quad K_{2m+1} = \frac{2^{m+1}\pi^m}{1 \cdot 3 \cdot \ldots \cdot (2m+1)}.$$

Entsprechende Formeln für $V_n(r)$ ergeben sich durch Multiplikation mit r^n.

56. Wegen $p_i \leq 2^{2^{i-1}}$ ist

$$10^{2^n} \sum_{i=n+1}^{\infty} p_i 10^{-2^i} \leq 10^{2^n} \sum_{i=n+1}^{\infty} 2^{2^{i-1}} 10^{-2^{i-1}} 10^{-2^{i-1}} \leq \sum_{i=n+1}^{\infty} \left(\frac{1}{5}\right)^{2^{i-1}} < 1.$$

Also ist

$$\left[10^{2^n} a\right] = \sum_{i=1}^{n} p_i 10^{2^n - 2^i}.$$

Ferner ist

$$10^{2^{n-1}} \left[10^{2^{n-1}} a\right] = 10^{2^{n-1}} \sum_{i=1}^{n-1} p_i 10^{2^{n-1} - 2^i} = \sum_{i=1}^{n-1} p_i 10^{2^n - 2^i},$$

also

$$\left[10^{2^n} a\right] - 10^{2^{n-1}} \left[10^{2^{n-1}} a\right] = p_n.$$

57. Wir bezeichnen die angegebenen Transformationen der Reihe nach mit mit A, B, C, D. Jedes pythagoräische Tripel *ganzer* Zahlen wird bei jeder der Transformationen und ihren Inversen (beachte $A^{-1} = DAD$) wieder auf ein pythagoräisches Tripel abgebildet, denn aus $a^2 + b^2 = c^2$ folgt

$$(2a + b + 2c)^2 + (a + 2b + 2c)^2 = (2a + 2b + 3c)^2.$$

Wegen der Unimodularität der Matrizen vererbt sich dabei die Teilerfremdheit der Tripel. Ist (u, v, w) ein primitives pythagoräisches Tripel, dann liefert Anwenden von A^{-1} das Tripel

$$(2u + v - 2w, \ u + 2v - 2w, \ -2u - 2v + 3w).$$

Dabei gilt $0 < -2u - 2v + 3w$ bzw. $w < u + v < \frac{3}{2}w$, denn dies ist wegen $u^2 + v^2 = w^2$ äquivalent mit

$$0 < 2uv < \frac{5}{4}(u^2 + v^2),$$

was wegen $u^2 + v^2 - 2uv = (u - v)^2 \geq 0$ offensichtlich richtig ist. Ist die erste oder die zweite Koordinate des neuen Tripels negativ, so wenden wir noch eine der Transformationen B oder C an. Wir erhalten also ein Tripel mit nichtnegativen Koordinaten und kleinerer dritter Koordinate. Daher können wir bis zum kleinsten Wert 1 der dritten Koordinate absteigen und gelangen so zu $(0, 1, 1)$ oder $(1, 0, 1)$. Wendet man CA^{-1} auf $(1, 0, 1)$ an, so erhält man $(0, 1, 1)$.

VI Zahlentheoretische Funktionen

VI.1 Das Dirichlet-Produkt

Eine *zahlentheoretische Funktion* oder *arithmetische Funktion* ist eine Funktion mit der Definitionsmenge $\mathbb{N}$ und Werten in $\mathbb{C}$. Es handelt sich also einfach um eine *Folge komplexer Zahlen*. Bei vielen dieser Funktionen, die in der Zahlentheorie von Interesse sind, liegen die Werte der zahlentheoretischen Funktion in $\mathbb{Z}$ oder sogar in $\mathbb{N}$. Beispiele dafür sind die folgenden Funktionen τ, σ und φ :

$$\tau(n) \;=\; \text{Anzahl der Teiler von } n, \text{ also } \;\; \tau(n) = \sum_{d|n} 1;$$

$$\sigma(n) \;=\; \text{Summe der Teiler von } n, \text{ also } \;\; \sigma(n) = \sum_{d|n} d;$$

$$\varphi(n) \;=\; \text{Anzahl der primen Restklassen mod } n;$$

$$\text{es gilt } \;\; \sum_{d|n} \varphi(d) = n \quad \text{(III.3 Satz 5).}$$

Zur Darstellung von Rechnungen mit zahlentheoretischen Funktionen $\alpha, \beta, \ldots$ erweist sich die folgende Verknüpfung immer wieder als nützlich:

$$(\alpha \star \beta)(n) := \sum_{d|n} \alpha(d)\beta\left(\frac{n}{d}\right).$$

Die Summation erfolgt dabei über alle Teiler von n. Dies kann man auch folgendermaßen schreiben:

$$(\alpha \star \beta)(n) = \sum_{xy=n} \alpha(x)\beta(y);$$

die Summation erfolgt dabei über alle Paare (x, y) natürlicher Zahlen, deren Produkt n ergibt. Wir nennen $\alpha \star \beta$ das *Dirichlet-Produkt* von α und β; diese Bezeichnung wird in VI.3 gerechtfertigt. Das Dirichlet-Produkt ist offensichtlich kommutativ; es ist auch assoziativ, denn für zahlentheoretische Funktionen α, β, γ gilt für alle $n \in \mathbb{N}$

$$((\alpha \star \beta) \star \gamma)(n) = \sum_{uz=n} (\alpha \star \beta)(u)\gamma(z) = \sum_{uz=n} \left(\sum_{xy=u} \alpha(x)\beta(y) \right) \gamma(z)$$

$$= \sum_{xyz=n} \alpha(x)\beta(y)\gamma(z) = \sum_{xv=n} \alpha(x) \left(\sum_{yz=v} \beta(y)\gamma(z) \right)$$

$$= \sum_{xv=n} \alpha(x)(\beta \star \gamma)(v) = (\alpha \star (\beta \star \gamma))(n).$$

Die Funktion ε mit

$$\varepsilon(n) = \begin{cases} 1 \text{ für } n = 1 \\ 0 \text{ für } n > 1 \end{cases}$$

ist neutral bezüglich des Dirichlet-Produktes, es gilt also $\alpha \star \varepsilon = \alpha$ für jede zahlentheoretische Funktion α.

Betrachtet man nun noch die (übliche) Addition „+" von Funktionen in der Menge der zahlentheoretischen Funktionen, dann bildet diese Menge einen Ring bezüglich + und $\star$, den *Ring der zahlentheoretischen Funktionen*. Dieser ist kommutativ und besitzt ein Einselement (nämlich ε); das Nullelement ist die Funktion o mit

$$o(n) = 0 \text{ für alle } n \in \mathbb{N}.$$

Der Ring Φ der zahlentheoretischen Funktionen ist sogar ein Integritätsbereich, was sich aus Teil a) des folgenden Satzes ergibt.

Satz 1: a) Der Ring Φ der zahlentheoretischen Funktionen ist nullteilerfrei, aus $\alpha \star \beta = o$ folgt also $\alpha = o$ oder $\beta = o$.

b) In Φ ist α genau dann eine Einheit, wenn $\alpha(1) \neq 0$ ist.

Beweis: a) Es sei $\alpha \neq o$ und $\beta \neq o$, und es sei r die kleinste Zahl mit $\alpha(r) \neq 0$, ferner s die kleinste Zahl mit $\beta(s) \neq 0$. Dann ist

$$(\alpha \star \beta)(rs) = \sum_{xy=rs} \alpha(x)\beta(y) = \alpha(r)\beta(s) \neq 0, \quad \text{also} \quad \alpha \star \beta \neq o.$$

b) Genau dann existiert zu $\alpha \in \Phi$ ein $\beta \in \Phi$ mit $\alpha \star \beta = \varepsilon$, wenn die Gleichungen

$$\begin{aligned} \alpha(1)\beta(1) &= 1 \\ \alpha(1)\beta(2) + \alpha(2)\beta(1) &= 0 \\ \alpha(1)\beta(3) + \alpha(3)\beta(1) &= 0 \\ \alpha(1)\beta(4) + \alpha(2)\beta(2) + \alpha(4)\beta(1) &= 0 \end{aligned}$$

usw., also allgemein $\alpha(1)\beta(n) + \sum_{\substack{xy=n \\ x>1}} \alpha(x)\beta(y) = 0$ für $n > 1$ eindeutig nach $\beta(1)$, $\beta(2)$, $\beta(3)$, ... auflösbar sind. Dafür ist aber offensichtlich die Bedingung $\alpha(1) \neq 0$ notwendig und hinreichend. $\square$

Ist $\alpha(1) \neq 0$, dann bezeichnen wir die zu α inverse Funktion mit α^{-1}. Die invertierbaren Funktionen, also die Einheiten des Rings Φ, bilden eine Gruppe bezüglich der Dirichlet-Multiplikation $\star$.

Mit den Funktionen ι und ν, definiert durch

$$\iota(n) = 1 \text{ für alle } n \in \mathbb{N} \quad \text{bzw.} \quad \nu(n) = n \text{ für alle } n \in \mathbb{N},$$

lassen sich die oben angegeben Summenformeln folgendermaßen ausdrücken:

$$\tau = \iota \star \iota, \quad \sigma = \nu \star \iota, \quad \nu = \varphi \star \iota.$$

Die bisher betrachteten Funktionen $\varepsilon, \iota, \nu, \tau, \sigma, \varphi$ sind alle invertierbar. Die Inverse von ι, also die Funktion $\mu := \iota^{-1}$, spielt eine besondere Rolle in der Zahlentheorie und heißt *Möbius-Funktion* (nach August Ferdinand Möbius, 1790–1868). Ist $\omega(n)$ die Anzahl der verschiedenen Primfaktoren von n, dann gilt

$$\mu(n) = \begin{cases} 1, & \text{falls } n = 1, \\ (-1)^{\omega(n)}, & \text{falls } n \text{ quadratfrei ist}, \\ 0, & \text{falls } n \text{ nicht quadratfrei ist}. \end{cases}$$

Denn für $n = p_1^{r_1} \cdot p_2^{r_2} \cdot \ldots \cdot p_k^{r_k}$ mit $r_i > 0$ $(i = 1, 2, \ldots, k)$ gilt

$$\begin{aligned} (\iota \star \mu)(n) &= \sum_{d \mid n} \mu(d) \\ &= 1 - \binom{k}{1} + \binom{k}{2} - \binom{k}{3} + \ldots + (-1)^k \binom{k}{k} \\ &= (1 - 1)^k = 0. \end{aligned}$$

(Man beachte dabei, dass in einer Gruppe das Inverse eines Elementes eindeutig bestimmt ist.) Mit Hilfe der Möbius-Funktion erhält man aus obigen Summenformeln wieder derartige Formeln:

(1) Aus $\tau = \iota \star \iota$ folgt $\tau \star \mu = \iota$, also $\displaystyle\sum_{d \mid n} \tau(d) \mu\left(\frac{n}{d}\right) = 1$.

(2) Aus $\sigma = \nu \star \iota$ folgt $\sigma \star \mu = \nu$, also $\displaystyle\sum_{d \mid n} \sigma(d) \mu\left(\frac{n}{d}\right) = n$.

(3) Aus $\nu = \varphi \star \iota$ folgt $\nu \star \mu = \varphi$, also $\displaystyle\sum_{d \mid n} d\mu\left(\frac{n}{d}\right) = \varphi(n)$.

Die Summenformel in (3) kann man wegen $\nu \star \mu = \mu \star \nu$ umformen zu

$$\frac{\varphi(n)}{n} = \sum_{d \mid n} \frac{\mu(d)}{d}.$$

Ist $n = \displaystyle\prod_{i=1}^{k} p_i^{r_i}$ mit $r_i > 0$ $(i = 1, \ldots, k)$, dann ergibt sich

$$\sum_{d \mid n} \frac{\mu(d)}{d} = \prod_{i=1}^{k} \left(1 - \frac{1}{p_i}\right);$$

man erhält also die schon aus III.3 bekannte Berechnungformel für die Werte der Euler-Funktion.

Die Äquivalenz $\alpha \star \iota = \beta \iff \alpha = \beta \star \mu$ bzw.

$$\sum_{d|n} \alpha(d) = \beta(n) \iff \alpha(n) = \sum_{d|n} \beta(d)\mu\left(\frac{n}{d}\right) \qquad (n \in \mathbb{N})$$

bezeichnet man als die *möbiusschen Umkehrformeln*.

Schreibt man für $\alpha, \beta \in \Phi$, falls β invertierbar ist, $\alpha \star \beta^{-1} = \frac{\alpha}{\beta}$ und definiert die *Ableitung* α' von $\alpha \in \Phi$ durch $\alpha'(n) = \alpha(n) \cdot \log n$, dann kann man leicht die folgenden „Ableitungsregeln" nachrechnen:

$$(\alpha \star \beta)' = \alpha' \star \beta + \alpha \star \beta' \quad \text{(Produktregel)},$$

$$\left(\frac{\alpha}{\beta}\right)' = \frac{\alpha' \star \beta - \alpha \star \beta'}{\beta \star \beta} \quad \text{(Quotientenregel)}.$$

Die Funktion $\Lambda = \frac{\iota'}{\iota} = \mu \star \iota'$ heißt *mangoldtsche Funktion* (nach Hans von Mangoldt, 1854–1925). Sie spielt eine wichtige Rolle beim Beweis des Primzahlsatzes in Kapitel VII. Es ist

$$\Lambda(n) = \begin{cases} \log p, & \text{falls } n \text{ Potenz einer Primzahl } p \text{ ist,} \\ 0 \text{ sonst;} \end{cases}$$

denn mit dieser Definition von Λ gilt für $n = \prod_{i=1}^{\infty} p_i^{r_i}$

$$\sum_{d|n} \Lambda(d) = \sum_{i=1}^{\infty} r_i \log p_i = \log \prod_{i=1}^{\infty} p_i^{r_i} = \log n = \iota'(n).$$

Die Formeln in folgendem Satz werden wir beim Beweis des Primzahlsatzes benötigen, hier dienen sie nur als Beispiele für das Rechnen mit zahlentheoretischen Funktionen.

Satz 2: Es gilt

$$(1) \quad \mu' \star \iota = -\Lambda \qquad\qquad (2) \quad \mu'' \star \iota = -\Lambda' + \Lambda \star \Lambda$$

Beweis: (1) Es gilt wegen $\varepsilon' = o$ aufgrund der Quotientenregel

$$\mu' \star \iota = \left(\frac{\varepsilon}{\iota}\right)' \star \iota = -\frac{\iota'}{\iota \star \iota} \star \iota = -\frac{\iota'}{\iota} = -\Lambda.$$

(2) Aus (1) folgt $\mu' = -\Lambda \star \mu$; also ist aufgrund der Produktregel

$$\begin{aligned} \mu'' \star \iota &= (-\Lambda \star \mu)' \star \iota = (-\Lambda' \star \mu - \Lambda \star \mu') \star \iota \\ &= -\Lambda' \star \mu \star \iota - \Lambda \star (-\Lambda) = -\Lambda' + \Lambda \star \Lambda. \quad \square \end{aligned}$$

Bemerkung: Unsere Definition von Λ lautet

$$\Lambda(n) := \sum_{d|n} \mu(d) \log \frac{n}{d} \quad (= (\mu \star \iota')(n)).$$

Obige Formel (1) besagt

$$\Lambda(n) = - \sum_{d|n} \mu(d) \log d \quad (= -(\mu' \star \iota)(n)).$$

Die eine Formel folgt natürlich aus der anderen, denn

$$\mu \star \iota' + \mu' \star \iota = (\nu \star \iota)' = \varepsilon' = o.$$

Zuweilen benötigt man in Φ auch die Multiplikation mit komplexen Zahlen, definiert also für $c \in \mathbb{C}$ und $\alpha \in \Phi$

$$(c\alpha)(n) = c \cdot \alpha(n).$$

Aus dem Ring Φ wird damit eine (kommutative) $\mathbb{C}$-Algebra. Ferner kann man neben der Dirichlet-Multiplikation noch eine „gewöhnliche" Multiplikation durch

$$(\alpha\beta)(n) = \alpha(n)\beta(n)$$

erklären. Definiert man λ durch $\lambda = \iota'$, also

$$\lambda(n) = \log n,$$

dann ist also $\alpha' = \alpha\lambda$. Die Regeln in Satz 2 für $\Lambda = \mu \star \lambda$ kann man dann folgendermaßen ausdrücken:

(1) $\quad \mu\lambda \star \iota = -\Lambda$

(2) $\quad \mu\lambda^2 \star \iota = -\Lambda\lambda + \Lambda \star \Lambda$

Dies sind Sonderfälle der folgenden Regeln für $\alpha \in \Phi$:

(3) $\quad \alpha\lambda \star \iota = (\alpha \star \iota)\lambda - \alpha \star \lambda$

(4) $\quad \alpha\lambda^2 \star \iota = (\alpha\lambda \star \iota)\lambda - (\alpha\lambda \star \lambda)$

Diese beweist man z.B. mit obigem Ableitungskalkül:

Zu (3): $\quad (\alpha \star \iota)' = \alpha' \star \iota + \alpha \star \iota'$ und $\iota' = \lambda$.

Zu (4): $\quad (\alpha' \star \iota)' = \alpha'' \star \iota + \alpha' \star \iota'$ und $\iota' = \lambda$.

Um (2) aus (4) zu gewinnen, beachte man, dass

$$\mu\lambda \star \lambda = \mu\lambda \star \iota \star \mu \star \lambda = (\mu' \star \iota) \star (\mu \star \iota')$$

und

$$(\mu' \star \iota) + (\mu \star \iota') = (\mu \star \iota)' = \varepsilon' = o,$$

wegen $\mu \star \iota' = \Lambda$ also

$$\mu\lambda \star \lambda = (-\Lambda) \star \Lambda = -\Lambda \star \Lambda.$$

Bemerkung: Der Ring $(\Phi, +, \star)$ wird in [Cashwell/Everett 1959] ausführlich untersucht; insbesondere wird dort gezeigt, dass es sich um einen ZPE-Ring handelt.

VI.2 Multiplikative Funktionen

Eine von der Nullfunktion o verschiedene zahlentheoretische Funktion α heißt *multiplikativ*, wenn

$$\alpha(mn) = \alpha(m)\alpha(n) \text{ für alle } m, n \in \mathbb{N} \text{ mit } \mathrm{ggT}(m, n) = 1$$

gilt. Ist dies auch ohne die Bedingung $\mathrm{ggT}(m, n) = 1$ stets erfüllt, dann heißt α *vollständig multiplikativ*. Ist α multiplikativ und $\alpha(m) \neq 0$ für ein $m \in \mathbb{N}$, dann gilt $\alpha(m) = \alpha(m)\alpha(1)$, also $\alpha(1) = 1$. Für jede multiplikative Funktion α gilt also $\alpha(1) = 1$. Insbesondere ist eine multiplikative Funktion eine Einheit im Ring Φ der zahlentheoretischen Funktionen.

Die Werte einer multiplikativen Funktion α sind vollständig durch ihre Werte für Primzahlpotenzen bestimmt: Ist

$$n = \prod_{i=1}^{\infty} p_i^{r_i}$$

die kanonische Primfaktorzerlegung von n, dann gilt

$$\alpha(n) = \prod_{i=1}^{\infty} \alpha(p_i^{r_i}).$$

Satz 3: Die multiplikativen zahlentheoretischen Funktionen bilden bezüglich der Dirichlet-Multiplikation eine kommutative Gruppe.

Beweis: Nach den vorangegangenen Überlegungen ist nur zu zeigen, dass das Dirichlet-Produkt zweier multiplikativer Funktionen wieder multiplikativ ist, und dass die zu einer multiplikativen Funktion inverse Funktion wieder multiplikativ ist. Es seien α, β multiplikativ und $m, n \in \mathbb{N}$ mit $\mathrm{ggT}(m, n) = 1$. Dann ist

$$(\alpha \star \beta)(mn) = \sum_{xy=mn} \alpha(x)\beta(y) = \sum_{\substack{x_1 y_1 = m \\ x_2 y_2 = n}} \alpha(x_1 x_2)\beta(y_1 y_2).$$

Denn jeder Teiler x von mn lässt sich eindeutig in ein Produkt $x_1 x_2$ mit $x_1 | m$ und $x_2 | n$ zerlegen, weil m und n teilerfremd sind:

$$x_1 = \mathrm{ggT}(x, m), \quad x_2 = \mathrm{ggT}(x, n).$$

Entsprechend ist

$$y_1 = \mathrm{ggT}(y, m), \quad y_2 = \mathrm{ggT}(y, n).$$

Aufgrund der Multiplikativität von α und β folgt

$$
\begin{aligned}
(\alpha \star \beta)(mn) &= \sum_{\substack{x_1 y_1 = m \\ x_2 y_2 = n}} \alpha(x_1)\beta(y_1)\alpha(x_2)\beta(y_2) \\
&= \left(\sum_{x_1 y_1 = m} \alpha(x_1)\beta(y_1) \right) \cdot \left(\sum_{x_2 y_2 = n} \alpha(x_2)\beta(y_2) \right) \\
&= (\alpha \star \beta)(m)(\alpha \star \beta)(n).
\end{aligned}
$$

Ist α multiplikativ, dann ist $\alpha(1) = 1 \neq 0$, also ist α invertierbar bezüglich der Dirichlet-Multiplikation. Es sei nun β definiert durch folgende Eigenschaften:

(1) β ist multiplikativ;

(2) $(\beta \star \alpha)(p^r) = 0$ für jede Primzahlpotenz p^r $(r > 0)$.

Weil $\beta \star \alpha$ multiplikativ ist, gilt dann $\beta \star \alpha = \varepsilon$. Da in einer assoziativen algebraischen Struktur ein Element höchstens *ein* inverses Element besitzt, ist β *das* zu α inverse Element. Damit ist die zu α inverse Funktion $\alpha^{-1} = \beta$ multiplikativ. $\square$

Beispiel 1: Die Funktion ι mit $\iota(n) = 1$ für alle $n \in \mathbb{N}$ ist offensichtlich multiplikativ. Also ist auch die Funktion $\tau = \iota \star \iota$ multiplikativ. Wegen $\tau(p^r) = r + 1$ ergibt sich also die schon früher hergeleitete Formel für die Teileranzahl:

$$\tau \left(\prod_{i=1}^{\infty} p_i^{r_i} \right) = \prod_{i=1}^{\infty} \tau \left(p_i^{r_i} \right) = \prod_{i=1}^{\infty} (r_i + 1).$$

Beispiel 2: Die Funktion ν mit $\nu(n) = n$ für alle $n \in \mathbb{N}$ ist multiplikativ, also gilt dies auch für $\sigma = \nu \star \iota$. Wegen

$$\sigma(p^r) = 1 + p + \ldots + p^r = \frac{p^{r+1} - 1}{p - 1}$$

ergibt sich also die Formel für die Teilersumme:

$$\sigma \left(\prod_{i=1}^{\infty} p_i^{r_i} \right) = \prod_{i=1}^{\infty} \sigma(p_i^{r_i}) = \prod_{i=1}^{\infty} \frac{p_i^{r_i+1} - 1}{p_i - 1}.$$

Beispiel 3: Aus $\nu = \varphi \star \iota$ folgt $\varphi = \nu \star \mu$, wobei μ die Möbius-Funktion ist; da ν und $\iota^{-1} = \mu$ multiplikativ sind, gilt dies auch für φ. Wegen

$$\varphi(p^r) = p^r \left(1 - \frac{1}{p} \right)$$

ergibt sich wieder die schon früher hergeleitete Formel für die Euler-Funktion:

$$\varphi \left(\prod_{i=1}^{\infty} p_i^{r_i} \right) = \prod_{i=1}^{\infty} \varphi \left(p_i^{r_i} \right) = \prod_{i=1}^{\infty} p_i^{r_i} \cdot \prod_{\substack{i=1 \\ r_i > 0}}^{\infty} \left(1 - \frac{1}{p_i} \right).$$

Beispiel 4: Die Mangoldt-Funktion Λ ist *nicht* multiplikativ, denn die Funktion ι' mit $\iota'(n) = \log n$ ist nicht multiplikativ und es gilt $\iota' = \Lambda \star \iota$.

Allgemein gilt: Die Ableitung einer multiplikativen Funktion ist nicht multiplikativ, denn ihr Wert an der Stelle 1 ist 0.

Beispiel 5: Ist $f(x)$ ein Polynom mit ganzzahligen Koeffizienten, und ist $\varrho(n)$ die Anzahl der Lösungen der Kongruenz $f(x) \equiv 0 \bmod n$, dann ist ϱ multiplikativ. Denn ist $\mathrm{ggT}(m_1, m_2) = 1$ und

$$f(x_1) \equiv 0 \bmod m_1, \quad f(x_2) \equiv 0 \bmod m_2,$$

dann ist die nach dem chinesischen Restsatz eindeutig bestimmte Lösung $x_0 \bmod m_1 m_2$ von

$$x \equiv x_1 \bmod m_1, \quad x \equiv x_2 \bmod m_2$$

eine Lösung von $f(x) \equiv 0 \bmod m_1 m_2$. Und ist $x_0 \bmod m_1 m_2$ eine Lösung von $f(x) \equiv 0 \bmod m_1 m_2$ und ist

$$x_1 \equiv x_0 \bmod m_1, \quad x_2 \equiv x_0 \bmod m_2,$$

dann ist

$$f(x_1) \equiv 0 \bmod m_1, \quad f(x_2) \equiv 0 \bmod m_2.$$

Beispiel 6: Wir wollen die Anzahl $\varrho(n)$ der Lösungen von

$$x^2 + 1 \equiv 0 \bmod n$$

berechnen. Offensichtlich gilt $\varrho(1) = 1$ und $\varrho(2) = 1$.

Für $r > 1$ ist $\varrho(2^r) = 0$, denn für gerade x ist $x^2 + 1 \equiv 1 \bmod 4$, für ungerade x gilt $x^2 + 1 \equiv 2 \bmod 4$.

Ist p eine Primzahl mit $p \equiv 3 \bmod 4$, dann ist $\varrho(p^r) = 0$ für alle $r \in \mathbb{N}$, denn dann ist $\left(\dfrac{-1}{p} \right) = -1$.

Ist p eine Primzahl mit $p \equiv 1 \bmod 4$, dann ist $\varrho(p) = 2$, wie wir in V.3 gesehen haben. Induktiv zeigt man, dass dann auch $\varrho(p^r) = 2$ für $r > 1$ gilt: Ist

$$x_0^2 + 1 \equiv 0 \bmod p^r,$$

so hat eine Lösung von $x^2 + 1 \equiv 0 \bmod p^{r+1}$ die Form $x = x_0 + tp^r$. Die Kongruenz

$$(x_0 + tp^r)^2 + 1 \equiv x_0^2 + 2tx_0 p^r + 1 \bmod p^{r+1}$$

ist äquivalent mit

$$\frac{x_0^2 + 1}{p^r} + 2tx_0 \equiv 0 \bmod p,$$

ist also eindeutig lösbar. Somit führt jede Lösung von $x^2 + 1 \equiv 0 \bmod p$ zu genau einer Lösung von $x^2 + 1 \bmod p^r$ für jedes $r \in \mathbb{N}$.

Aufgrund der Multiplikativität von ϱ (vgl. Beispiel 5) ergibt sich also:

Ist n durch 4 oder durch eine Primzahl p mit $p \equiv 3 \bmod 4$ teilbar, dann ist $\varrho(n) = 0$. Andernfalls ist $\varrho(n) = 2^s$, wenn s die Anzahl der verschiedenen Primteiler p von n mit $p \equiv 1 \bmod 4$ ist.

Beispielsweise erhölt man die vier Lösungen der quadratischen Kongruenz

$$x^2 + 1 \equiv 0 \bmod 65$$

aus den Lösungen $x \equiv \pm 2 \bmod 5$ und $x \equiv \pm 5 \bmod 13$ von $x^2 + 1 \equiv 0 \bmod 5$ bzw. $x^2 + 1 \equiv 0 \bmod 13$ mit Hilfe des chinesischen Restsatzes zu

$$x \equiv \pm 8, \ \pm 18 \bmod 65.$$

Die Funktionen ι und ν sind vollständig multiplikativ. Allgemeiner ist für $r \in \mathbb{R}$ die Funktion ν_r mit $\nu_r(n) = n^r$ vollständig multiplikativ. An den Beispielen $\tau = \iota \star \iota$ und $\mu = \iota^{-1}$ erkennt man, dass das Dirichlet-Produkt zweier vollständig multiplikativer Funktionen und die Dirichlet-Inverse einer vollständig multiplikativen Funktion i. Allg. nicht wieder vollständig multiplikativ sind.

Ist α vollständig multiplikativ, dann gilt für alle $\beta, \gamma \in \Phi$

$$\alpha(\beta \star \gamma) = \alpha\beta \star \alpha\gamma,$$

wie man leicht nachrechnet; insbesondere gilt dann (vgl. Aufgabe 2)

$$\alpha^{-1} = \alpha\mu.$$

VI.3 Dirichlet-Reihen

Von Euler stammt ein Beweis für die Unendlichkeit der Menge der Primzahlen, der zunächst sehr umständlich aussieht und sogar von der Eindeutigkeit der Primfaktorzerlegung Gebrauch macht. Man erhält dabei aber einen Hinweis darauf, wie man genauere Aussagen über die Primzahlverteilung, also über die Anzahl $\pi(x)$ der Primzahlen unterhalb der Schranke x erhalten könnte. Der eulersche Beweis verläuft folgendermaßen: Angenommen, es gäbe nur die endlich vielen Primzahlen $p_1, p_2, p_3, \ldots, p_k$. Man bilde das Produkt

$$\prod_{i=1}^{k} \frac{1}{1 - \frac{1}{p_i}} = \prod_{i=1}^{k} \left(1 + \frac{1}{p_i} + \left(\frac{1}{p_i}\right)^2 + \left(\frac{1}{p_i}\right)^3 + \ldots \right)$$

und multipliziere die Klammern aus. Aufgrund der Eindeutigkeit der Primfaktorzerlegung der natürlichen Zahlen ergibt sich dann für jedes $n \in \mathbb{N}$ der

Summand $\frac{1}{n}$ genau einmal. Es ist also

$$\prod_{i=1}^{k} \frac{1}{1 - \frac{1}{p_i}} = \sum_{n=1}^{\infty} \frac{1}{n}.$$

Dies ist aber nicht möglich, da die harmonische Reihe divergiert. Die Annahme, es gäbe nur endlich viele Primzahlen, führt also zu einem Widerspruch.

Mit obiger Argumentation erhält man für $s > 1$ aufgrund der absoluten Konvergenz des auftretenden Produktes bzw. der auftretenden Reihe (vgl. Exkurs über unendliche Produkte am Ende dieses Abschnitts) die Beziehung

$$\prod_{i=1}^{\infty} \frac{1}{1 - \frac{1}{p_i^s}} = \prod_{i=1}^{\infty} \left(1 + \frac{1}{p_i^s} + \left(\frac{1}{p_i^s} \right)^2 + \left(\frac{1}{p_i^s} \right)^3 + \dots \right) = \sum_{n=1}^{\infty} \frac{1}{n^s}.$$

Also ist es nicht erstaunlich, dass die für $s > 1$ definierte Funktion ζ mit

$$\zeta(s) = \sum_{n=1}^{\infty} \frac{1}{n^s}$$

eine wichtige Rolle in der Zahlentheorie spielt. Sie heißt (reelle) *riemannsche Zetafunktion* (nach Bernhard Riemann, 1826–1866). Den Wert von ζ an der Stelle 2 benötigt man sehr häufig: Es gilt

$$\zeta(2) = \sum_{n=1}^{\infty} \frac{1}{n^2} = \frac{\pi^2}{6},$$

wie man in der Analysis z.B. mit Hilfe von Fourier-Reihen zeigt; vgl. auch Aufgabe 20.

Beispiel 1: Wählt man willkürlich zwei natürliche Zahlen a, b, dann ist die Wahrscheinlichkeit, dass $\mathrm{ggT}(a, b) = 1$ gilt, gleich $\zeta(2)^{-1}$. Denn die Wahrscheinlichkeit, dass mindestens eine der beiden Zahlen a, b *nicht* durch die Primzahl p teilbar ist, beträgt $1 - \frac{1}{p^2}$; die Wahrscheinlichkeit dafür, dass a und b keinen gemeinsamen Primfaktor besitzen, ist also

$$\prod_{p} \left(1 - \frac{1}{p^2} \right) = \left(\sum_{n=1}^{\infty} \frac{1}{n^2} \right)^{-1} = \zeta(2)^{-1}.$$

Wegen der Divergenz der harmonischen Reihe wächst $\zeta(s)$ für den rechtsseitigen Grenzübergang $s \to 1^+$ unbeschränkt. Für $s > 1$ gilt

$$\zeta(s) = \frac{1}{s - 1} + r(s),$$

wobei der rechtsseitige Grenzwert $\lim_{s \to 1^+} r(s)$ existiert. Für $s > 1$ gilt nämlich

$$\zeta(s) = \int_1^\infty \frac{dx}{x^s} + \sum_{n=1}^\infty \int_n^{n+1} \left(\frac{1}{n^s} - \frac{1}{x^s} \right) \, dx$$

und

$$0 < \int_n^{n+1} \left(\frac{1}{n^s} - \frac{1}{x^s} \right) \, dx < \frac{s}{n^2}.$$

Mit Hilfe der ζ-Reihe kann man zeigen, dass $\sum_p \frac{1}{p}$ divergiert: Für $s > 1$ gilt

$$\log \zeta(s) - \sum_p \frac{1}{p^s} = \log \prod_p \frac{1}{1 - \frac{1}{p^s}} - \sum_p \frac{1}{p^s} = \sum_p \sum_{i=2}^\infty \frac{1}{i} \left(\frac{1}{p^s} \right)^i,$$

wobei wir von der Taylor-Entwicklung

$$\log \left(\frac{1}{1-x} \right) = \sum_{i=1}^\infty \frac{1}{i} x^i \quad \text{für } |x| < 1$$

Gebrauch gemacht haben. Es ergibt sich weiter

$$\log \zeta(s) - \sum_p \frac{1}{p^s} \; < \; \sum_p \frac{1}{2} \left(\frac{1}{p^s} \right)^2 \cdot \frac{1}{1 - \frac{1}{p^s}}$$

$$= \; \frac{1}{2} \sum_p \frac{1}{p^s(p^s - 1)} < \frac{1}{2} \sum_{n=2}^\infty \frac{1}{n(n-1)} = \frac{1}{2}.$$

Weil $\zeta(s)$ für $s \to 1^+$ unbeschränkt wächst, gilt dasselbe für $\sum_p \frac{1}{p^s}$, die Reihe $\sum_p \frac{1}{p}$ ist also divergent.

In Verallgemeinerung der Reihe, welche die Zetafunktion definiert, betrachten wir Reihen der Form

$$\sum_{n=1}^\infty \frac{\alpha(n)}{n^s}$$

mit einer zahlentheoretischen Funktion α. Reihen dieser Art heißen *Dirichlet-Reihen*. Falls diese Reihe überhaupt für einen Wert von s konvergiert, dann existiert auch eine Zahl s_0 derart, dass die Reihe für $s > s_0$ konvergiert und für $s < s_0$ divergiert. Diese Zahl s_0 heißt dann die *Konvergenzabszisse* der Reihe. Es existiert dann auch eine Zahl s_1, so dass die Reihe für $s > s_1$ absolut konvergiert, für $s < s_1$ aber nicht. Man nennt s_1 die *Abszisse der absoluten Konvergenz*. Es gilt $0 \le s_1 - s_0 \le 1$. Diese Aussagen kann man mit den Mitteln der Analysis alle leicht beweisen, worauf wir hier nicht eingehen wollen.

Das Produkt zweier absolut konvergenter Dirichlet-Reihen lässt sich wieder als Dirichlet-Reihe schreiben:

$$\sum_{k=1}^\infty \frac{\alpha(k)}{k^s} \cdot \sum_{m=1}^\infty \frac{\beta(m)}{m^s} = \sum_{n=1}^\infty \left(\sum_{km=n} \alpha(k)\beta(m) \right) \cdot \frac{1}{n^s} = \sum_{n=1}^\infty \frac{(\alpha \star \beta)(n)}{n^s}.$$

Diese Formel für das Produkt von Dirichlet-Reihen erklärt den Namen „Dirichlet-Produkt" für die Verknüpfung $\star$ zahlentheoretischer Funktionen.

Beispiel 2: Wegen $\mu \star \iota = \varepsilon$ gilt für $s > 1$

$$\sum_{n=1}^{\infty} \frac{\mu(n)}{n^s} \cdot \sum_{n=1}^{\infty} \frac{1}{n^s} = \sum_{n=1}^{\infty} \frac{\varepsilon(n)}{n^s} = 1, \quad \text{also} \quad \sum_{n=1}^{\infty} \frac{\mu(n)}{n^s} = \frac{1}{\zeta(s)}.$$

Beispiel 3: Wegen $\tau = \iota \star \iota$ gilt für $s > 1$: $\displaystyle\sum_{n=1}^{\infty} \frac{\tau(n)}{n^s} = \zeta^2(s)$.

Beispiel 4: Wegen $\sigma = \iota \star \nu$ gilt für $s > 2$: $\displaystyle\sum_{n=1}^{\infty} \frac{\sigma(n)}{n^s} = \zeta(s) \cdot \zeta(s-1)$.

Beispiel 5: Wegen $\varphi = \mu \star \nu$ gilt für $s > 2$: $\displaystyle\sum_{n=1}^{\infty} \frac{\varphi(n)}{n^s} = \frac{\zeta(s-1)}{\zeta(s)}$.

Allgemein gilt für eine invertierbare zahlentheoretische Funktion α

$$\sum_{n=1}^{\infty} \frac{\alpha^{-1}(n)}{n^s} = \left(\sum_{n=1}^{\infty} \frac{\alpha(n)}{n^s}\right)^{-1}$$

für $s > s_1$, wenn s_1 die Abszisse der absoluten Konvergenz von $\displaystyle\sum_{n=1}^{\infty} \frac{\alpha(n)}{n^s}$ ist.

Die Funktion

$$f : s \mapsto \sum_{n=1}^{\infty} \frac{\alpha(n)}{n^s}$$

ist für $s > s_1$ differenzierbar und es gilt

$$f'(s) = -\sum_{n=1}^{\infty} \frac{\alpha(n) \, \log n}{n^s}.$$

Dies erklärt, warum wir $\alpha\lambda$ als Ableitung von α bezeichnet haben.

Beispiel 6: Es gilt wegen $\Lambda = \frac{\iota'}{\iota} = \iota' \star \mu$ für $s > 1$

$$\frac{\zeta'(s)}{\zeta(s)} = -\sum_{n=1}^{\infty} \frac{\iota'(n)}{n^s} \cdot \sum_{n=1}^{\infty} \frac{\mu(n)}{n^s} = -\sum_{n=1}^{\infty} \frac{\Lambda(n)}{n^s}.$$

Wir haben oben ein *unendliches Produkt* betrachtet und werden in Kapitel VI diesen Begriff noch häufiger verwenden müssen. Da unendliche Produkte in Analysis-Vorlesungen meist nicht oder nur sehr stiefmütterlich behandelt werden, soll hier ein *Exkurs über unendliche Produkte* eingeschoben werden: Ist $u_1, u_2, u_3, \ldots$ eine Folge von reellen Zahlen, dann nennt man die Folge

u_1, u_1u_2, $u_1u_2u_3$, ... die zugehörige *Produktfolge* und bezeichnet ihr n-tes Glied mit

$$\prod_{k=1}^{n} u_k.$$

Hat einer der Faktoren u_k den Wert 0, dann haben alle Glieder der Produktfolge ab einer gewissen Stelle den Wert 0. Existiert ein $\delta \in \mathbb{R}$ mit $0 < \delta < 1$ und $|u_k| \leq \delta$ für alle k ab einer gewissen Stelle k_0, dann konvergiert die Produktfolge offensichtlich gegen 0. Die genannten Fälle schließen wir aus, da sie für die Frage der Konvergenz der Produktfolge nicht interessant sind. Wir nennen die Produktfolge nun *konvergent*, wenn der Grenzwert der Produktfolge existiert *und von 0 verschieden ist*. Den Grenzwert bezeichnen wir dann mit

$$\prod_{k=1}^{\infty} u_k.$$

Diese Bezeichnung wählt man aber zuweilen auch für die Produktfolge selbst. (Beachte, dass man mit $\sum_{k=1}^{\infty} a_k$ ebenfalls sowohl die Folge der Summen $\sum_{k=1}^{n} a_k$ als auch deren eventuell vorhandenen Grenzwert bezeichnet.)

Ist $\prod_{k=1}^{\infty} u_k$ konvergent zum Grenzwert u, dann ist $\prod_{k=1}^{\infty} \frac{1}{u_k}$ konvergent zum Grenzwert $\frac{1}{u}$. (Beachte, dass für u und u_k der Wert 0 nicht auftreten kann.)

Ist das unendliche Produkt $\prod_{k=1}^{\infty} u_k$ konvergent, dann konvergiert der Quotient zweier aufeinanderfolgender Glieder der Produktfolge gegen 1, es gilt also $\lim_{k\to\infty} u_k = 1$. Daher ist es zweckmäßig, die Faktoren in der Form $u_k = 1 + a_k$ zu schreiben, wobei im Falle der Konvergenz die a_k eine Nullfolge bilden müssen. Ist $a_k \geq 0$ für alle k, dann gilt:

$$\prod_{k=1}^{\infty} (1 + a_k) \text{ konvergent} \quad \Longleftrightarrow \quad \sum_{k=1}^{\infty} a_k \text{ konvergent}$$

Denn mit $s_n := \sum_{k=1}^{n} a_k$ ist

$$1 \leq 1 + s_n \leq \prod_{k=1}^{n} (1 + a_k) \leq \prod_{k=1}^{n} e^{a_k} = e^{s_n}.$$

Genau in diesem Falle ist dann auch $\prod_{k=1}^{\infty} (1 - a_k)$ konvergent, denn für $0 \leq a_k \leq \frac{1}{2}$ ist

$$1 \geq 1 - a_k \geq \frac{1}{1 + 2a_k} \geq e^{-2a_k}.$$

Im allgemeinen Fall, dass die Werte von a_k komplexe Zahlen vom Betrag < 1 sein dürfen, heißt das Produkt $\prod_{k=1}^{\infty}(1+a_k)$ *absolut* konvergent, wenn $\prod_{k=1}^{\infty}(1+|a_k|)$ konvergiert. Dies ist genau dann der Fall, wenn die Reihe $\sum_{k=1}^{\infty} a_k$ absolut konvergent ist. Wie bei Reihen folgt aus der absoluten Konvergenz stets die Konvergenz.

Beispiel 7: Das unendliche Produkt

$$\prod_{k=1}^{\infty} \frac{(k+1)^2}{k(k+2)} = \prod_{k=1}^{\infty}\left(1+\frac{1}{k(k+2)}\right)$$

ist (absolut) konvergent. Sein Grenzwert ist 2, denn es gilt

$$\prod_{k=1}^{n} \frac{(k+1)^2}{k(k+2)} = \frac{2(n+1)}{n+2},$$

wie man mit vollstöndiger Induktion zeigt.

Beispiel 8: Mit der Methode der partiellen Integration findet man

$$\int_0^{\frac{\pi}{2}} \sin^n x \, dx = \frac{n-1}{n}\int_0^{\frac{\pi}{2}} \sin^{n-2} x \, dx \qquad \text{für } n \geq 2.$$

Es gilt daher für alle $m \in \mathbb{N}$

$$\int_0^{\frac{\pi}{2}} \sin^{2m} x \, dx = \frac{\pi}{2}\prod_{k=1}^{m}\frac{2k-1}{2k} \qquad \text{und} \qquad \int_0^{\frac{\pi}{2}} \sin^{2m+1} x \, dx = \prod_{k=1}^{m}\frac{2k}{2k+1}.$$

Wegen $\lim_{m \to \infty} \left(\int_0^{\frac{\pi}{2}} \sin^{2m} x \, dx \Big/ \int_0^{\frac{\pi}{2}} \sin^{2m+1} x \, dx \right) = 1$ liefert der Quotient dieser Terme eine Darstellung von $\frac{\pi}{2}$ als unendliches Produkt (*wallissches Produkt*, nach John Wallis):

$$\frac{\pi}{2} = \prod_{k=1}^{\infty}\frac{4k^2}{4k^2-1}.$$

Weitere Informationen über unendliche Produkte findet man in [Knopp 1947] und in vielen Lehrbüchern der Analysis.

VI.4 Mittelwerte zahlentheoretischer Funktionen

Um das asymptotische Verhalten gewisser Funktionen für $x \to \infty$ zu beschreiben, benutzen wir im Folgenden eine von Edmund Landau (1877–1938) eingeführte Symbolik: Ist g eine auf der Menge $\mathbb{R}^+$ der positiven reellen Zahlen definierte Funktion mit positiven Werten und f eine weitere auf $\mathbb{R}^+$ definierte Funktion, dann schreibt man

$$f(x) = O(g(x)), \quad \text{wenn} \quad \left| \frac{f(x)}{g(x)} \right| \text{ für } x \to \infty \text{ beschränkt ist,}$$

$$f(x) = o(g(x)), \quad \text{wenn} \quad \lim_{x \to \infty} \left| \frac{f(x)}{g(x)} \right| = 0 \text{ gilt.}$$

Man spricht von „Groß-O von $g(x)$" bzw. „Klein-o von $g(x)$". Natürlich ist ein $o(g(x))$ auch stets ein $O(g(x))$, nicht aber umgekehrt. Das Gleichheitszeichen zwischen O-Gliedern kann zu Verwirrung führen: „Ein $O(x^2)$ ist ein $O(x^3)$, ein $O(x^3)$ ist aber in der Regel kein $O(x^2)$."

O-Glieder und o-Glieder treten in der Regel in Aussagen der Form $f(x) = h(x) + O(g(x))$ auf, wo $O(g(x))$ die Bedeutung einer Abweichung oder eines Fehler- bzw. Restgliedes hat. Mit Hilfe dieser Notation wollen wir uns nun mit der mittleren Ordnung zahlentheoretischer Funktionen beschäftigen: Für $\alpha \in \Phi$ suchen wir eine „einfachere" Funktion $\varrho \in \Phi$ mit

$$\lim_{x \to \infty} \frac{\sum\limits_{n \le x} \alpha(n)}{\sum\limits_{n \le x} \varrho(n)} = 1 \qquad \text{bzw.} \qquad \lim_{x \to \infty} \frac{\sum\limits_{n \le x} \alpha(n)}{R(x)} = 1$$

mit $R(x) = \sum\limits_{n \le x} \varrho(n)$. Man nennt dann $\varrho(n)$ den *Mittelwert* oder die *mittlere Ordnung* von $\alpha(n)$. Zunächst betrachten wir zwei Beispiele.

Beispiel 1: Wir zeigen, dass

$$\sum_{n \le x} \frac{1}{n} = \log x + C + O\left(\frac{1}{x}\right),$$

wobei C eine positive Konstante ist: Für $n \ge 2$ gilt

$$\frac{1}{n} = \int_{n-1}^{n} \frac{n-1}{t^2} \, dt = \int_{n-1}^{n} \frac{[t]}{t^2} \, dt,$$

also ist

$$\sum_{n \le x} \frac{1}{n} = 1 + \int_{1}^{x} \frac{[t]}{t^2} \, dt - \int_{[x]}^{x} \frac{[t]}{t^2} \, dt$$

$$= 1 + \int_1^x \frac{1}{t} \, dt - \int_1^x \frac{t - [t]}{t^2} \, dt - \frac{x - [x]}{x}$$

$$= \log x + 1 - \int_1^\infty \frac{t - [t]}{t^2} \, dt + \int_x^\infty \frac{t - [t]}{t^2} \, dt + O\left(\frac{1}{x}\right).$$

Wegen

$$\int_x^\infty \frac{t - [t]}{t^2} \, dt = O\left(\frac{1}{x}\right)$$

ergibt sich die behauptete Formel mit

$$C = 1 - \int_1^\infty \frac{t - [t]}{t^2} \, dt.$$

Offensichtlich ist $0 < C < 1$. Diese Konstante, die man in der Regel durch

$$C = \lim_{n \to \infty} \left(\left(1 + \frac{1}{2} + \frac{1}{3} + \ldots + \frac{1}{n} \right) - \log n \right)$$

definiert, heißt *eulersche Konstante* oder auch *Euler-Mascheroni-Konstante* (nach Euler und Lorenzo Mascheroni, 1750–1800). Es ist

$$C = 0,577215664901532\ldots.$$

Bis heute ist nicht geklärt, ob C rational oder irrational ist. Die Konstante C wird in den Kapiteln VII und VIII eine wichtige Rolle spielen.

Beispiel 2: Durch Vergleich der Reihe mit einem Integral erhält man ähnlich wie in Beispiel 1 die Aussagen

$$\sum_{n \le x} n^r = \frac{x^{r+1}}{r+1} + O(x^r) \quad \text{für} \quad r \ge 0$$

und

$$\sum_{n \le x} \frac{1}{n^s} = O(1) \quad \text{für} \quad s > 1.$$

Für $0 < s < 1$ konvergiert die Reihe $\sum_{n \le x} \frac{1}{n^s}$ nicht, aber der Grenzwert von

$$\sum_{n \le x} \frac{1}{n^s} - \frac{x^{1-s}}{1-s}$$

für $x \to \infty$ existiert. Da sich für $s > 1$ als Grenzwert $\zeta(s)$ ergeben würde (vgl. VI.3), definiert man die ζ-Funktion für $0 < s < 1$ durch

$$\zeta(s) = \lim_{x \to \infty} \left(\sum_{n \le x} \frac{1}{n^s} - \frac{x^{1-s}}{1-s} \right).$$

Es gilt dann

$$\sum_{n \leq x} \frac{1}{n^s} = \frac{x^{1-s}}{1-s} + \zeta(s) + O(x^{-s}) \quad \text{für} \quad s > 0, \ s \neq 1.$$

Wir verallgemeinern nun die Summen $\sum_{n \leq x} \alpha(n)$ in folgender Weise (vgl. [Amitsur 1961/1969]): Es sei $\mathcal{F}$ die Menge aller für $x \geq 1$ definierten Funktionen mit komplexen Werten. Für $\alpha \in \Phi$ und $f \in \mathcal{F}$ definieren wir $T_\alpha f \in \mathcal{F}$ durch

$$(T_\alpha f)(x) = \sum_{n \leq x} \alpha(n) f\left(\frac{x}{n}\right)$$

und nennen $T_\alpha f$ die α-*Transformierte von f*. Dann ist T_α eine lineare Abbildung von $\mathcal{F}$ in sich, wenn man $\mathcal{F}$ in üblicher Weise als Vektorraum auffasst. Die Menge $\mathcal{T} = \{T_\alpha \mid \alpha \in \Phi\}$ bildet bezüglich der Addition, Verkettung ($\circ$) und Vervielfachung eine $\mathbb{C}$-Algebra, welche isomorph zur $\mathbb{C}$-Algebra der zahlentheoretischen Funktionen ist. Insbesondere gilt für $\alpha, \beta \in \Phi$ und $c \in \mathbb{C}$

$$T_\alpha + T_\beta = T_{\alpha+\beta}, \qquad T_\alpha \circ T_\beta = T_{\alpha*\beta}, \qquad cT_\alpha = T_{c\alpha}.$$

Statt $(T_\alpha f)(x)$ schreiben wir auch einfacher $T_\alpha f(x)$, wenn keine Missverständnisse zu befürchten sind. Ist die Funktion $\underline{1} \in \mathcal{F}$ durch $\underline{1}(x) = 1$ für $x \geq 1$ definiert, dann ist für $\alpha \in \Phi$

$$T_\alpha \underline{1}(x) = \sum_{n \leq x} \alpha(n).$$

Zur Untersuchung der mittleren Ordnung der zahlentheoretischen Funktion α betrachtet man also die Funktion $T_\alpha \underline{1}$.

Satz 4 (Dirichlet): Für die Teilerfunktion τ gilt für $x \geq 1$

$$\sum_{n \leq x} \tau(n) = x \log x + (2C - 1)x + O(\sqrt{x}),$$

wobei C die eulersche Konstante ist.

Beweis: Wegen $\tau = \iota * \iota$ und $T_\iota \underline{1}(x) = [x] = x + O(1)$ gilt

$$T_\tau \underline{1}(x) = T_\iota(T_\iota \underline{1}(x)) = T_\iota(x + O(1)) = x \log x + O(x),$$

wobei das Ergebnis aus Beispiel 1 verwendet worden ist. Um die genauere Aussage des Satzes zu erhalten, zählen wir die Paare (a, b) natürlicher Zahlen mit $ab \leq x$ folgendermaßen: Die Anzahl der Paare (a, b) mit $a < b$ und $ab \leq x$ ist

$$\sum_{a \leq \sqrt{x}} \left(\left[\frac{x}{a}\right] - a \right),$$

denn die Anzahl der $b \in \mathbb{N}$ mit $a < b \leq \frac{x}{a}$ ist $\left[\frac{x}{a}\right] - a$. Die Anzahl der Paare (a, b) mit $a \neq b$ und $ab \leq x$ ist dann doppelt so groß. Die Anzahl der Paare (a, b) mit $a = b$ und $ab \leq x$ ist genau $[\sqrt{x}]$. Es ergibt sich

$$\sum_{n\leq x}\tau(n) \;=\; 2\sum_{a\leq\sqrt{x}}\left(\left[\frac{x}{a}\right]-a\right)+[\sqrt{x}]$$

$$=\; 2\sum_{a\leq\sqrt{x}}\left(\frac{x}{a}-a+O(1)\right)+O(\sqrt{x})$$

$$=\; 2x\sum_{a\leq\sqrt{x}}\frac{1}{a}-2\sum_{a\leq\sqrt{x}}a+O(\sqrt{x})$$

$$=\; 2x\cdot\left(\log\sqrt{x}+C+O\left(\frac{1}{\sqrt{x}}\right)\right)-2\cdot\left(\frac{x}{2}+O(\sqrt{x})\right)+O(\sqrt{x})$$

$$=\; x\log x+(2C-1)x+O(\sqrt{x}).\quad\square$$

Die mittlere Ordnung der Teileranzahl $\tau(n)$ ist also asymptotisch $\log n$, denn $\sum_{n\leq x}\log n = x\log x+O(x)$ (vgl. Beispiel 3, s.u.).

Satz 5: Für die Teilersummenfunktion σ gilt

$$\sum_{n\leq x}\sigma(n) = \frac{\zeta(2)}{2}\cdot x^2+O(x\log x).$$

Beweis: Mit Hilfe der Resultate in obigem Beispiel 2 ergibt sich

$$T_\sigma\underline{1}(x) \;=\; T_{\iota*\nu}\underline{1}(x)=T_\iota(T_\nu\underline{1}(x))=T_\iota\left(\frac{1}{2}x^2+O(x)\right)$$

$$=\; \frac{1}{2}x^2\cdot\sum_{n\leq x}\frac{1}{n^2}+O\left(x\sum_{n\leq x}\frac{1}{n}\right)$$

$$=\; \frac{1}{2}x^2\left(\zeta(2)+O\left(\frac{1}{x}\right)\right)+O(x\log x)$$

$$=\; \frac{\zeta(2)}{2}\cdot x^2+O(x\log x).\quad\square$$

Die mittlere Ordnung der Teilersumme $\sigma(n)$ ist also $\zeta(2)\cdot n$, denn

$$\sum_{n\leq x}\zeta(2)\cdot n = \zeta(2)\cdot\frac{x^2}{2}+O(x).$$

Daraus darf man nicht auf $\sigma(n)=O(n)$ schließen; beispielsweise ergibt sich für $n=p_1p_2\ldots p_r$ (Produkt der ersten r Primzahlen)

$$\frac{\sigma(n)}{n}=\prod_{i=1}^{r}\left(1+\frac{1}{p_i}\right),$$

und $\prod_{p}\left(1+\dfrac{1}{p}\right)$ ist divergent, weil $\sum_{p}\dfrac{1}{p}$ divergent ist (vgl. VI.3).

Satz 6: Für die eulersche Funktion φ gilt

$$\sum_{n \le x} \varphi(n) = \frac{1}{2\zeta(2)} \cdot x^2 + O(x \log x).$$

Beweis: Es gilt (vgl. Beispiel 2 aus VI.3)

$$
\begin{aligned}
T_\varphi \underline{1}(x) &= T_{\mu * \nu} \underline{1}(x) = T_\mu(T_\nu \underline{1}(x)) = T_\mu\left(\frac{1}{2}x^2 + O(x)\right) \\
&= \frac{1}{2}x^2 \cdot \sum_{n \le x} \frac{\mu(n)}{n^2} + O\left(x \sum_{n \le x} \frac{1}{n}\right) \\
&= \frac{1}{2}x^2 \left(\frac{1}{\zeta(2)} + O\left(\frac{1}{x}\right)\right) + O(x \log x). \quad \Box
\end{aligned}
$$

Die mittlere Ordnung der eulerschen Funktion $\varphi(n)$ ist also $\frac{n}{\zeta(2)}$, denn

$$\sum_{n \le x} \frac{n}{\zeta(2)} = \frac{1}{\zeta(2)} \cdot \frac{x^2}{2} + O(x).$$

Die mittlere Ordnung sagt nichts über das asymptotische Verhalten der zahlentheoretischen Funktion aus. Man kann z.B. beweisen:

$$\liminf_{n \to \infty} \frac{\varphi(n+1)}{\varphi(n)} = 0 \quad \text{und} \quad \limsup_{n \to \infty} \frac{\varphi(n+1)}{\varphi(n)} = \infty.$$

Bemerkung: Die mittlere Ordnung der Möbius-Funktion μ ist nicht leicht zu berechnen. Es gilt $\sum_{n \le x} \mu(n) = o(x)$. Auch die mittlere Ordnung der mangoldtschen Funktion Λ ist nur schwer zu bestimmen. Es gilt $\sum_{n \le x} \Lambda(n) = x + o(x)$.
Beide Aussagen sind äquivalent zum Primzahlsatz, mit dem wir uns in Kapitel VII beschäftigen werden.

In Kapitel VII werden wir neben Satz 4 auch den folgenden Satz benötigen:

Satz 7: Für $x \ge 2$ gilt

$$\left|\sum_{n \le x} \frac{\mu(n)}{n}\right| < 1.$$

Beweis: Aus

$$1 = T_\varepsilon \underline{1}(x) = T_\mu(T_\iota \underline{1}(x)) = T_\mu[x] = T_\mu x - T_\mu(x - [x])$$

folgt $|T_\mu x| \le 1 + T_\iota(x - [x])$, also für $x \ge 2$

$$
\begin{aligned}
x \cdot \left|\sum_{n \le x} \frac{\mu(n)}{n}\right| &\le 1 + T_\iota(x - [x]) \\
&= 1 + x - [x] + \sum_{2 \le n \le x}\left(\frac{x}{n} - [\frac{x}{n}]\right) \\
&< 1 + x - [x] + [x] - 1 = x. \quad \Box
\end{aligned}
$$

Aus Satz 7 erhält man insbesondere $\sum_{n \leq x} \frac{\mu(n)}{n} = O(1)$. Der in Kapitel VI

zu beweisende Primzahlsatz ist äquivalent zu der stärkeren Aussage

$$\sum_{n \leq x} \frac{\mu(n)}{n} = o(1) \qquad \text{bzw.} \qquad \sum_{n=1}^{\infty} \frac{\mu(n)}{n} = 0.$$

Die Formel in folgendem Satz heißt *abelsche Identität* (nach Niels Henrik Abel, 1802–1829). Sie dient zur Untersuchung von Summen der Form $\sum_{n \leq x} \alpha(n) f(n)$, wenn f eine stetig differenzierbare Funktion ist.

Satz 8: Für $\alpha \in \Phi$ sei $A(x) = T_\alpha 1(x)$. Ferner sei $0 < x < y$ und f eine stetig differenzierbare Funktion auf dem Intervall $[x, y]$. Dann gilt

$$\sum_{x < n \leq y} \alpha(n) f(n) = A(y) f(y) - A(x) f(x) - \int_x^y A(t) f'(t) \, \mathrm{d}t.$$

Beweis: Mit $u = [x]$ und $v = [y]$ gilt

$$
\begin{aligned}
\sum_{x < n \leq y} \alpha(n) f(n) &= \sum_{n=u+1}^{v} \alpha(n) f(n) \\
&= \sum_{n=u+1}^{v} (A(n) - A(n-1)) f(n) \\
&= \sum_{n=u+1}^{v} A(n) f(n) - \sum_{n=u}^{v-1} A(n) f(n+1) \\
&= \sum_{n=u+1}^{v-1} A(n)(f(n) - f(n+1)) + A(v) f(v) - A(u) f(u+1) \\
&= -\sum_{n=u+1}^{v-1} A(n) \int_n^{n+1} f'(t) \, \mathrm{d}t + A(v) f(v) - A(u) f(u+1) \\
&= -\sum_{n=u+1}^{v-1} \int_n^{n+1} A(t) f'(t) \, \mathrm{d}t + A(v) f(v) - A(u) f(u+1) \\
&= -\int_{u+1}^{v} A(t) f'(t) \, \mathrm{d}t + A(y) f(y) - \int_v^y A(t) f'(t) \, \mathrm{d}t \\
&\qquad - A(x) f(x) - \int_x^{u+1} A(t) f'(t) \, \mathrm{d}t \\
&= A(y) f(y) - A(x) f(x) - \int_x^y A(t) f'(t) \, \mathrm{d}t. \quad \square
\end{aligned}
$$

In den folgenden Beispielen zu Satz 8 betrachten wir statt $[x, y]$ stets das Intervall $[1, x]$.

Beispiel 3: Mit $\alpha(n) = \iota(n)$ und $f(n) = \log n$ erhält man

$$\sum_{n \leq x} \log n = [x] \log x - \int_2^x \frac{[t]}{t} \, \mathrm{d}t = x \log x - x + O(\log x).$$

Beispiel 4: Mit $\alpha(n) = \nu(n)$ und $f(n) = \log n$ erhält man

$$\sum_{n \leq x} n \cdot \log n = \frac{[x]([x]+1)}{2} \log x - \int_2^x \frac{[t]([t]+1)}{2t}\, dt$$

$$= \frac{x^2}{2} \log x - x^2 + O(x \log x).$$

Beispiel 5: Mit $\alpha(n) = \frac{1}{n}$ und $f(n) = \log n$ erhält man unter Beachtung von Beispiel 1

$$\sum_{n \leq x} \frac{\log n}{n} = \left(\log x + C + O\left(\frac{1}{x}\right) \right) \log x - \int_2^x \frac{\log t + C + O\left(\frac{1}{t}\right)}{t}\, dt$$

$$= \log^2 x + C \log x + O\left(\frac{\log x}{x}\right) - \frac{1}{2} \log^2 x + \frac{1}{2} \log 2$$

$$-C \log x + C \log 2 + O(1)$$

$$= \frac{1}{2} \log^2 x + O(1).$$

Beispiel 6: Mit $\alpha = \iota$ und $f(n) = \log n$ ergibt sich

$$\sum_{n \leq x} \log^2 n = [x] \log^2 x - 2 \int_2^x \frac{[t] \log t}{t}\, dt$$

$$= x \log^2 x + O(\log^2 x) - 2 \int_2^x \log t\, dt + O\left(\int_2^x \frac{\log t}{t}\, dt \right)$$

$$= x \log^2 x + O(\log^2 x) - 2(x \log x - x + O(1)) + O(\log^2 x)$$

$$= x \log^2 x - 2x \log x + 2x + O(\log^2 x).$$

Beispiel 7: Mit $\alpha = \tau$ und $f(n) = \frac{1}{n}$ folgt unter Beachtung von Satz 4

$$\sum_{n \leq x} \frac{\tau(n)}{n} = (x \log x + (2C - 1)x + O(\sqrt{x})) \cdot \frac{1}{x} - 1$$

$$+ \int_1^x \left(\frac{\log t + (2C - 1) + O(\sqrt{t^{-1}})}{t} \right) dt$$

$$= \log x + 2C - 2 + O(\sqrt{x^{-1}})$$

$$+ \frac{1}{2} \log^2 x + (2C - 1) \log x + O(1)$$

$$= \frac{1}{2} \log^2 x + 2C \log x + O(1).$$

Weitere Beispiele enthält Aufgabe 17. Die abelsche Identität werden wir in Kapitel VII noch mehrfach benötigen, insbesondere zur Untersuchung der Summen

$$\sum_{n \leq x} \frac{\Lambda(n)}{n} \quad \text{und} \quad \sum_{n \leq x} \Lambda(n) \log n.$$

VI.5 Weitere Produkte
zahlentheoretischer Funktionen

Es soll hier zunächst das Dirichlet-Produkt für zahlentheoretische Funktionen verallgemeinert werden, was natürlich auf verschiedene Arten möglich und sinnvoll ist. Wir fragen, unter welchen Bedingungen für $D \subseteq \mathbb{N} \times \mathbb{N}$ und $f : D \longrightarrow \mathbb{N}$ durch

$$(\alpha \odot \beta)(n) := \sum_{f(x,y)=n} \alpha(x)\beta(y)$$

eine Verknüpfung in Φ definiert ist, bezüglich welcher Φ zusammen mit der üblichen Addition einen kommutativen Ring mit Einselement bildet. Die Kommutativität der Verknüpfung $\odot$ wird durch folgende Forderung gewährleistet: Mit $(x, y) \in D$ gilt auch $(y, x) \in D$ und

$$f(x, y) = f(y, x).$$

Die Assoziativität von $\odot$ erreicht man durch die folgende Forderung: Mit (x, y), $(f(x, y), z) \in D$ gilt auch (y, z), $(x, f(y, z)) \in D$ und

$$f(f(x, y), z) = f(x, f(y, z)).$$

Statt $f(f(x, y), z)$ oder $f(x, f(y, z))$ schreiben wir dann einfach $f(x, y, z)$, womit nur formal die Bedeutung von f erweitert wird. Für $\alpha_1, \alpha_2, \ldots, \alpha_r \in \Phi$ ist dann

$$(\alpha_1 \odot \alpha_2 \odot \ldots \odot \alpha_r)(n) = \sum_{f(x_1,x_2,\ldots,x_r)=n} \alpha_1(x_1)\alpha_2(x_2)\ldots\alpha_r(x_r).$$

Die Existenz eines Einselements ist gesichert, wenn für alle $x \in \mathbb{N}$ gilt: $(x, 1)$, $(1, x) \in D$ und

$$f(x, 1) = f(1, x) = x.$$

Das Einselement ε ist dabei die schon früher unter dieser Bezeichnung aufgetretene Funktion, die an der Stelle 1 den Wert 1 und sonst den Wert 0 hat. Bisher haben wir noch nicht die Möglichkeit ausgeschlossen, dass $f(x, y) = n$ für ein $n \in \mathbb{N}$ unendlich viele Lösungen hat; in diesem Fall wäre die Summe, welche $(\alpha \odot \beta)(n)$ definiert, nicht endlich. Durch folgende Forderung wird dieser Mangel behoben: Für alle $(x, y) \in D$ gilt

$$x|f(x, y) \quad \text{und} \quad y|f(x, y).$$

Mit diesen vier Forderungen an D und f ist nun $(\Phi, +, \odot)$ ein kommutativer Ring mit dem Einselement ε. Mit $D = \mathbb{N} \times \mathbb{N}$ und $f(x, y) = xy$ ergibt sich der Integritätsbereich $(\Phi, +, \star)$, wobei $\star$ das Dirichlet-Produkt ist. Zwei weitere Beispiele sind von Interesse:

Beispiel 1: Es sei $D = \{(x,y) \in \mathbb{N} \times \mathbb{N} \mid \text{ggT}(x,y) = 1\}$ und $f(x,y) = xy$. Dann ist für $\alpha, \beta \in \Phi$ und $n \in \mathbb{N}$

$$(\alpha \odot \beta)(n) = \sum_{\substack{xy=n \\ \text{ggT}(x,y)=1}} \alpha(x)\beta(y).$$

Hier wird also nur über Paare von *teilerfremden* Komplementärteilern von n summiert. Diese Verknüpfung zahlentheoretischer Funktionen nennt man das *unitäre Dirichlet-Produkt*. Der vorliegende Ring ist nicht nullteilerfrei; eine Funktion α ist genau dann invertierbar, wenn $\alpha(1) \neq 0$ gilt (Aufgabe 22).

Beispiel 2: Es sei $D = \mathbb{N} \times \mathbb{N}$ und $f(x,y) = \text{kgV}(x,y)$; für $\alpha, \beta \in \Phi$ und $n \in \mathbb{N}$ gilt also

$$(\alpha \odot \beta)(n) = \sum_{\text{kgV}(x,y)=n} \alpha(x)\beta(y).$$

Dies ist das *kgV-Produkt* zahlentheoretischer Funktionen. Der vorliegende Ring ist nicht nullteilerfrei; eine Funktion α ist genau dann invertierbar, wenn $\alpha \star \iota$ bezüglich des Dirichlet-Produktes $\star$ invertierbar ist (Aufgabe 23). Für $\alpha_1, \alpha_2, \ldots, \alpha_k \in \Phi$ und

$$\alpha = \alpha_1 \odot \alpha_2 \odot \ldots \odot \alpha_k$$

gilt

$$\alpha \star \iota = (\alpha_1 \star \iota)(\alpha_2 \star \iota) \ldots (\alpha_k \star \iota),$$

wenn $\star$ wieder das Dirichlet-Produkt bedeutet und $\iota(n) = 1$ für alle $n \in \mathbb{N}$ ist. Dies ist der *Satz von Sterneck* (nach R. Daublebsky von Sterneck (1871–1928); vgl. Aufgabe 24). Eine schöne Anwendung dieser Formel erhält man für $\alpha_1 = \alpha_2 = \ldots = \alpha_k = \iota$: Es ist $(\iota \star \iota)(n) = \tau(n)$ die Anzahl der Teiler von n und $\alpha(n) = (\iota \odot \iota \odot \ldots \odot \iota)(n)$ die Anzahl der Darstellungen von n als kgV von k Zahlen unter Beachtung der Reihenfolge. Man erhält $\alpha \star \iota = \tau^k$ bzw. $\alpha = \mu \star \tau^k$, also ausgeschrieben

$$\sum_{\text{kgV}(x_1,x_2,\ldots,x_k)=n} 1 = \sum_{d|n} \mu(d) \left(\tau\left(\frac{n}{d}\right) \right)^k.$$

Beispielsweise kann man die Zahl 20 auf 133 verschiedene Arten als kgV von 3 Zahlen schreiben, denn

$$\mu(1)\tau(20)^3 + \mu(2)\tau(10)^3 + \mu(4)\tau(5)^3 + \mu(5)\tau(4)^3$$
$$+\mu(10)\tau(2)^3 + \mu(20)\tau(1)^3 = 6^3 - 4^3 - 3^3 + 2^3 = 133.$$

Nun wollen wir Funktionen betrachten, welche auf $\mathbb{N}_0$ definiert sind. Die Menge dieser Funktionen bezeichnen wir mit Φ_0. Es sei $D \subseteq \mathbb{N}_0 \times \mathbb{N}_0$ und $f : D \longrightarrow \mathbb{N}_0$ gegeben, wobei wieder die obigen vier Forderungen erfüllt sind, allerdings die dritte Forderung mit 0 statt 1, die vierte mit $\leq$ statt $|$. Ist dann für $\alpha, \beta \in \Phi_0$ und $n \in \mathbb{N}_0$

$$(\alpha \odot \beta)(n) = \sum_{f(x,y)=n} \alpha(x)\beta(y),$$

dann ist $(\Phi_0, +, \odot)$ wieder ein kommutativer Ring mit dem Einselement ε_0, wobei $\varepsilon_0(0) = 1$ und $\varepsilon_0(n) = 0$ für $n > 0$.

Beispiel 3: Für $D = \mathbb{N}_0 \times \mathbb{N}_0$ und $f(x, y) = x + y$ ergibt sich das *Cauchy-Produkt*:

$$(\alpha \odot \beta)(n) = \sum_{x+y=n} \alpha(x)\beta(y).$$

Es liegt ein Integritätsbereich vor; eine Funktion α ist genau dann invertierbar, wenn $\alpha(0) \neq 0$ gilt (Aufgabe 25).

Beispiel 4: Es sei p eine fest gewählte Primzahl und

$$D = \left\{ (x, y) \in \mathbb{N}_0 \times \mathbb{N}_0 \mid p \nmid \binom{x+y}{x} \right\}, \quad f(x, y) = x + y.$$

Aus den Eigenschaften des Binomialkoeffizienten folgt leicht, dass D und f den oben gestellten Forderungen genügen (Aufgabe 27). Es ist für $\alpha, \beta \in \Phi_0$ und $n \in \mathbb{N}_0$

$$(\alpha \odot \beta)(n) = \sum_{\substack{x+y=n \\ (x,y) \in D}} \alpha(x)\beta(y).$$

Dieses Produkt heißt *Lucas-Produkt*. Auch hier liegt ein Integritätsbereich vor, und eine Funktion α ist genau dann invertierbar, wenn sie an der Stelle 0 nicht den Wert 0 hat (Aufgabe 27). Hierzu beachte man auch Aufgabe 54 in III.11, welche u.a. besagt, dass

$$(\iota \odot \iota)(n) = \prod_{i=1}^{\infty} (1 + a_i),$$

wenn $n = a_0 + a_1 p + a_2 p^2 + \ldots$ die p-adische Zifferndarstellung von n ist.

Die hier definierten Multiplikationen von Funktionen nennt man auch *Faltungen* oder *Konvolutionen*. Sie erinnern an das Falten von Wahrscheinlichkeitsverteilungen. Eine weitere Verallgemeinerung des Faltens von Funktionen aus Φ oder aus Φ_0 erreicht man mit Hilfe einer *Kernfunktion* $k : D \longrightarrow \mathbb{C}$, welche gewissen Forderungen genügen muss, damit wieder Ringe entstehen:

$$(\alpha \odot \beta)(n) = \sum_{f(x,y)=n} k(x, y)\alpha(x)\beta(y).$$

Beispielsweise erhält man in Φ das unitäre Dirichlet-Produkt mit

$$D = \mathbb{N} \times \mathbb{N}, \ f(x, y) = xy \text{ und } k(x, y) = \varepsilon(\mathrm{ggT}(x, y)).$$

Das folgende Beispiel erweist sich in der Zahlentheorie und auch in der Kombinatorik als nützlich.

Beispiel 5: Für $\alpha, \beta \in \Phi_0$ und $n \in \mathbb{N}_0$ sei

$$(\alpha \odot \beta)(n) := \sum_{x+y=n} \binom{n}{x} \alpha(x)\beta(y).$$

Wir nennen dieses Produkt *Binomialprodukt*. Es ergibt sich ein Integritätsbereich, in dem α genau dann eine Einheit ist, wenn $\alpha(0) \neq 1$ gilt (Aufgabe 33). Das Binomialprodukt von r Funktionen $\alpha_1, \ldots, \alpha_r \in \Phi_0$ berechnet man nach der Formel

$$(\alpha_1 \odot \ldots \odot \alpha_r)(n) = \sum_{x_1 + \ldots + x_r = n} \binom{n}{x_1 \quad \ldots \quad x_r} \alpha_1(x_1) \ldots \alpha_r(x_r),$$

wobei

$$\binom{n}{x_1 \quad \ldots \quad x_r} = \binom{n}{x_1}\binom{n - x_1}{x_2} \cdots \binom{n - x_1 - \ldots - x_{r-1}}{x_r} = \frac{n!}{x_1! x_2! \ldots x_r!}$$

mit $n = x_1 + \ldots + x_r$ ein Multinomialkoeffizient ist.

Das Dirichlet-Produkt tritt bei der Multiplikation von Dirichlet-Reihen auf (vgl. VI.3):

$$\sum_{n=1}^{\infty} \frac{\alpha(n)}{n^s} \cdot \sum_{n=1}^{\infty} \frac{\beta(n)}{n^s} = \sum_{n=1}^{\infty} \frac{(\alpha \star \beta)(n)}{n^s}.$$

Entsprechend tritt das Cauchy-Produkt bei der Multiplikation von Potenzreihen auf:

$$\sum_{n=0}^{\infty} \alpha(n) x^n \cdot \sum_{n=0}^{\infty} \beta(n) x^n = \sum_{n=0}^{\infty} (\alpha \odot \beta)(n) x^n$$

mit $(\alpha \odot \beta)(n) = \sum_{x+y=n} \alpha(x)\beta(y)$. Das Binomialprodukt ergibt sich bei der Multiplikation von Reihen, welche sich von den Potenzreihen dadurch unterscheiden, dass man statt der Basis $\{1, x, x^2, x^3, \ldots\}$ die Basis $\left\{1, \frac{x}{1!}, \frac{x^2}{2!}, \frac{x^3}{3!}, \ldots\right\}$ wählt:

$$\sum_{n=0}^{\infty} \alpha(n) \frac{x^n}{n!} \cdot \sum_{n=0}^{\infty} \beta(n) \frac{x^n}{n!} = \sum_{n=0}^{\infty} (\alpha \odot \beta)(n) \frac{x^n}{n!}$$

mit $(\alpha \odot \beta)(n) = \sum_{x+y=n} \binom{n}{x} \alpha(x)\beta(y)$. Die Nützlichkeit des Binomialproduktes wollen wir nun demonstrieren, indem wir mit seiner Hilfe eine Formel für Potenzsummen herleiten. Im Folgenden soll also $\odot$ stets das Binomialprodukt bedeuten.

Die *Bernoulli-Zahlen* $B_0, B_1, B_2, \ldots$ (nach Jakob Bernoulli, 1654–1705), die z.B. in den Taylor-Entwicklungen von tan und cot auftreten, kann man durch

$$\frac{x}{e^x - 1} = \sum_{n=0}^{\infty} B_n \cdot \frac{x^n}{n!}$$

definieren. Aus

$$x = \sum_{n=0}^{\infty} B_n \cdot \frac{x^n}{n!} \cdot \sum_{n=1}^{\infty} \frac{x^n}{n!} = \sum_{n=0}^{\infty} (\beta \odot (\iota - \varepsilon))(n) \cdot \frac{x^n}{n!}$$

mit $\beta(n) = B_n$ und $\iota(n) = 1$ für $n \in \mathbb{N}_0$ sowie $\varepsilon(0) = 1$, $\varepsilon(n) = 0$ für $n > 0$ folgt

(1)
$$\beta \odot (\iota - \varepsilon) = \alpha$$

mit $\alpha(1) = 1$, $\alpha(n) = 0$ für $n \neq 1$. Es sei nun für $k \in \mathbb{N}$, $n \in \mathbb{N}_0$

$$\sigma_k(n) = 1^n + 2^n + 3^n + \ldots + k^n.$$

Dann ist $\sigma_k = \iota + \iota^2 + \iota^3 + \ldots + \iota^k$, wobei sich die Potenzen auf das Binomial-produkt beziehen; denn für $m, n \in \mathbb{N}$ gilt nach dem Multinomialsatz bzw. aus kombinatorischen Gründen

$$\iota^m(n) = \sum_{x_1+x_2+\ldots+x_m=n} \begin{pmatrix} & & n & & \\ x_1 & x_2 & \ldots & x_m \end{pmatrix} = m^n.$$

Es folgt

(2)
$$\sigma_k \odot (\iota - \varepsilon) = \iota^{k+1} - \iota.$$

Aus (1) und (2) ergibt sich

$$\begin{aligned} \sigma_k \odot \alpha &= \sigma_k \odot \beta \odot (\iota - \varepsilon) \\ &= \beta \odot \sigma_k \odot (\iota - \varepsilon) \\ &= \beta \odot (\iota^{k+1} - \iota). \end{aligned}$$

Wegen $\beta \odot \iota = \alpha + \beta$ kann man dies weiter umformen zu

$$\sigma_k \odot \alpha = \beta \odot (\iota^{k+1} - \varepsilon) - \alpha.$$

Für $n > 1$ bedeutet dies ausgeschrieben

$$\binom{n}{1} \sigma_k(n-1) = \sum_{i=0}^{n-1} \binom{n}{i} B_i (k+1)^{n-i}$$

bzw. nach Ersetzung von n durch $n + 1$

$$\begin{aligned} \sigma_k(n) &= \frac{1}{n+1} \left(\binom{n+1}{0} B_0 (k+1)^{n+1} + \binom{n+1}{1} B_1 (k+1)^n \right. \\ &\quad \left. + \binom{n+1}{2} B_2 (k+1)^{n-1} + \ldots + \binom{n+1}{n} B_n (k+1) \right). \end{aligned}$$

Die Folge der Bernoulli-Zahlen, welche man aus (1), also aus

$$\sum_{i=0}^{n-1} \binom{n}{i} B_i = \begin{cases} 1, & \text{falls } n = 1 \\ 0, & \text{falls } n \neq 1 \end{cases}$$

rekursiv berechnet, beginnt mit

$$B_0 = 1, \quad B_1 = -\frac{1}{2}, \quad B_2 = \frac{1}{6}, \quad B_3 = 0,$$

$$B_4 = -\frac{1}{30}, \quad B_5 = 0, \quad B_6 = \frac{1}{42}, \quad B_7 = 0;$$

allgemein ergibt sich induktiv $B_{2n+1} = 0$ für $n \in \mathbb{N}$. Für $n = 1, 2, 3$ findet man der Reihe nach

$$1 + 2 + \ldots + k = \frac{1}{2}((k+1)^2 - (k+1)) = \frac{k(k+1)}{2},$$

$$1^2 + 2^2 + \ldots + k^2 = \frac{1}{3} \cdot ((k+1)^3 - \frac{3}{2}(k+1)^2 + \frac{1}{2}(k+1)) = \frac{k(k+1)(2k+1)}{6},$$

$$1^3 + 2^3 + \ldots + k^3 = \frac{1}{4} \cdot ((k+1)^4 - 2(k+1)^3 + (k+1)^2) = \frac{k^2(k+1)^2}{4}.$$

Die Werte der Zetafunktion für gerade natürliche Zahlen lassen sich mit Hilfe der Bernoulli-Zahlen ausdrücken (Aufgabe 21). Über die Bedeutung der Bernoulli-Zahlen für die Zahlentheorie informiert [Hasse 1962/1963]. Zuweilen nennt man auch die Zahlen $(-1)^{k-1}B_{2k}$ Bernoulli-Zahlen; vgl. z.B. [Heaslet/Uspensky 1939].

Weitere Anwendungen des Binomialproduktes in zahlentheoretischen oder kombinatorischen Zusammenhängen findet man in Aufgabe 29.

Eine Darstellung der Theorie der zahlentheoretischen Funktionen gibt [McCarthy 1986]. Die hier behandelten und noch weitere Konvolutionen zahlentheoretischer Funktionen lassen sich durch die Betrachtung von Funktionen auf lokal endlichen Halbordnungen zusammenfassen und verallgemeinern; vgl. hierzu [Scheid 1968,1969,1970/71], [Doubilet et al. 1970], [Smith 1972], [McCarthy 1986]. Eine lokal endliche Halbordnung ist eine Menge H mit einer nicht notwendig linearen Ordnungsrelation $\ll$ mit der Eigenschaft, dass alle „Intervalle"

$$[a, b] := \{x \in H \mid a \ll x \ll b\}$$

endlich sind. Auf der Menge $[H]$ aller Intervalle betrachte man komplexwertige Funktionen $f, g, \ldots$, welche man in üblicher Weise addiert und mit komplexen Zahlen vervielfacht und folgendermaßen „faltet":

$$(f \star g)([a, b]) := \sum_{x \in [a,b]} f([a, x])g([x, b]).$$

Ist H die Menge $\mathbb{N}$ mit der Teilbarkeitsrelation, dann erhält man durch geeignete Spezialisierung die Dirichlet-Algebra aus VI.1 und die Algebren in den Beispielen 2 und 3. Ist H die Menge $\mathbb{N}_0$ mit der $\leq$-Relation, dann erhält man durch geeignete Spezialisierung die Algebren in den Beispielen 3, 4 und 5.

Betrachtung von Faltalgebren von Funktionen auf gewissen „arithmetischen" Halbgruppen erlaubt eine weitgehende Verallgemeinerung von Aussagen der Analytischen Zahlentheorie (vgl. [Knopfmacher 1975]).

VI.6 Die Teilersummenfunktion

Mit $\sigma^*(n)$ bezeichnen wir die Summe aller *echten* Teiler von n, es ist also $\sigma^*(n) = \sigma(n) - n$. Schon in der Antike interessierte man sich für Zusammenhänge zwischen n und $\sigma^*(n)$. Dies hängt möglicherweise mit der Bedeutung von Stammbruchsummen in der altägyptischen Arithmetik zusammen, wie den weiter unten folgenden Ausführungen zu entnehmen ist.

Die natürliche Zahl n heißt

$$\begin{aligned}
&\textit{defizient,} &&\text{wenn} \quad \sigma^*(n) < n \quad (\text{also } \sigma(n) < 2n), \\
&\textit{vollkommen,} &&\text{wenn} \quad \sigma^*(n) = n \quad (\text{also } \sigma(n) = 2n), \\
&\textit{abundant,} &&\text{wenn} \quad \sigma^*(n) > n \quad (\text{also } \sigma(n) > 2n).
\end{aligned}$$

Beispiele für defiziente Zahlen sind

- alle Primzahlpotenzen p^r, denn $1 + p + \ldots + p^{r-1} = \dfrac{p^r - 1}{p - 1} < p^r$;

- alle Produkte von zwei verschiedenen Primzahlen p, q außer der Zahl 6, denn $\sigma^*(pq) = 1 + p + q < pq$ außer im Fall $pq = 6$

- alle Zahlen der Form $p^r q^s$ mit ungeraden Primzahlen p, q und $r, s \in \mathbb{N}_0$ (Aufgabe 36);

- alle Zahlen der Form $p_1^{r_1} p_2^{r_2} p_3^{r_3} p_4^{r_4} p_5^{r_5} p_6^{r_6}$ mit Primzahlen $p_i > 3$ und $r_i \in \mathbb{N}_0$ (Aufgabe 37).

Beispiele für abundante Zahlen sind 12, 18, 20, 24, 30. Jedes Vielfache einer abundanten Zahl ist wieder abundant, denn ist $\sigma(n) > 2n$, dann ist

$$\sigma(kn) \geq \sum_{d \mid n} kd = k \cdot \sigma(n) > k \cdot 2n = 2 \cdot kn.$$

Auch jedes *echte* Vielfache einer vollkommenen Zahl ist abundant, denn ist $\sigma(n) = 2n$, dann ist für $k \geq 2$

$$\sigma(kn) \geq 1 + \sum_{d \mid n} kd = 1 + k \cdot \sigma(n) = 1 + k \cdot 2n > 2 \cdot kn.$$

Man trifft sehr selten auf eine *ungerade* abundante Zahl. Die kleinste solche Zahl ist $945 = 3^3 \cdot 5 \cdot 7$ (vgl. Aufgabe 38); es ist

$$\sigma(945) = 1920 > 1890 = 2 \cdot 945.$$

Die kleinsten schon in der Antike bekannten vollkommenen Zahlen sind

$$\begin{aligned}
6 &= 2 \cdot 3 &&= 1 + 2 + 3, \\
28 &= 2^2 \cdot 7 &&= 1 + 2 + 4 + 7 \cdot (1 + 2), \\
496 &= 2^4 \cdot 31 &&= 1 + 2 + 4 + 8 + 16 + 31 \cdot (1 + 2 + 4 + 8), \\
8128 &= 2^6 \cdot 127 &&= 1 + 2 + 4 + 8 + 16 + 32 + 64 \\
& && \quad + 127 \cdot (1 + 2 + 4 + 8 + 16 + 32).
\end{aligned}$$

Am Hofe Karls des Großen lebte der Mönch Alcuin von York, der ein Buch mit dem Titel *Aufgaben zur Übung der Jugendlichen* verfasste. Er schreibt, dass die zweite Schöpfung der Menschheit durch Noah (8 Seelen waren in der Arche) weniger vollkommen als die erste Schöpfung (6 Schöpfungstage) war, da 8 defizient, 6 aber vollkommen sei. Ferner spiegele sich die Vollkommenheit der Zahl 28 in der Tatsache wieder, dass der Mond die Erde in 28 Tagen einmal umkreise. (Die letzte Aussage ist natürlich nicht ganz richtig.)

Die oben angegebenen vier vollkommenen Zahlen sind von der Form

$$2^{p-1}(2^p - 1),$$

wobei p eine Primzahl ist ($p = 2,3,5,7$) und auch $2^p - 1$ eine Primzahl ist (3,7,31,127); beachte dabei, dass $2^n - 1$ höchstens dann eine Primzahl sein kann, wenn n eine Primzahl ist. Im 9.Buch von Euklid *Elementen* ist bewiesen, dass jede Zahl dieser Form vollkommen ist. Euler hat gezeigt, dass jede *gerade* vollkommen Zahl auch von dieser Form sein muss.

Satz 9 (Euler/Euklid)**:** Eine gerade Zahl ist genau dann vollkommen, wenn sie die Form

$$2^{p-1}(2^p - 1)$$

hat, wobei p eine Primzahl und $2^p - 1$ ebenfalls eine Primzahl ist.

Beweis: 1) (Euklid) Es sei p eine Primzahl und $2^p - 1$ eine Primzahl. Dann gilt für $n = 2^{p-1} \cdot (2^p - 1)$ wegen der Multiplikativität von σ

$$\begin{aligned} \sigma(n) &= \sigma(2^{p-1}) \cdot \sigma(2^p - 1) \\ &= (2^p - 1) \cdot (1 + (2^p - 1)) \\ &= 2^p \cdot (2^p - 1) = 2n. \end{aligned}$$

Bei der Berechnung von $\sigma(2^p - 1)$ haben wir ausgenutzt, dass $2^p - 1$ eine Primzahl sein soll.

2) (Euler) Es sei n gerade, also $n = 2^r \cdot u$ mit $r \geq 1$ und ungeradem u. Dann ist wegen der Multiplikativität von σ

$$\sigma(n) = \sigma(2^r) \cdot \sigma(u) = (2^{r+1} - 1) \cdot \sigma(u).$$

Ist n vollkommen, ist also $\sigma(n) = 2n$, dann gilt

$$(2^{r+1} - 1) \cdot \sigma(u) = 2^{r+1} \cdot u.$$

Aus $2^{r+1} | \sigma(u)$ folgt $\sigma(u) = 2^{r+1} t$ und damit $u = (2^{r+1} - 1)t$. Ist $t \neq 1$, dann ist aufgrund der letzten Gleichung

$$\sigma(u) \geq 1 + t + 2^{r+1} - 1 + (2^{r+1} - 1)t = 2^{r+1}(t + 1),$$

was aber der Tatsache $\sigma(u) = 2^{r+1}t$ widerspricht. Also ist $t = 1$ und damit $\sigma(u) = u + 1$. Dies bedeutet, dass $u = 2^{r+1} - 1$ eine Primzahl sein muss. Dies ist nur der Fall, wenn $p = r + 1$ eine Primzahl ist (vgl.III.9 Satz 20). $\quad\square$

Ob auch *ungerade* vollkommene Zahlen existieren, ist eine bis heute unbeantwortete Frage; man weiß aber, dass unterhalb von 10^{300} keine solche existiert. Der folgende Satz über ungerade vollkommene Zahlen geht auf Euler zurück.

Satz 10: Ist n eine *ungerade* vollkommene Zahl, dann ist $n = p^e k^2$, wobei p eine Primzahl mit $p \nmid k$ und $p \equiv 1 \bmod 4$ ist und $e \equiv 1 \bmod 4$ gilt.

Beweis: Es sei $n = \prod_{i=1}^{t} p_i^{r_i}$ mit $2 \nmid n$. Aus der Forderung $\sigma(n) = 2n$ folgt

$$\prod_{i=1}^{t} \left(1 + p_i + p_i^2 + \ldots + p_i^{r_i}\right) = 2 \cdot \prod_{i=1}^{t} p_i^{r_i}.$$

Nur einer der Faktoren auf der linken Seite darf gerade sein, also darf nur einer der Exponenten r_i ungerade sein. Dieser Faktor sei

$$1 + p + p^2 + \ldots + p^e \quad \text{mit ungeradem } e.$$

Diese Zahl und damit die Anzahl der Summanden darf nicht durch 4 teilbar sein, es muss also $e + 1 \equiv 2 \bmod 4$ bzw. $e \equiv 1 \bmod 4$ gelten, also $e = 4f + 1$ mit $f \in \mathbb{N}_0$. Wegen $1 + p + p^2 + \ldots + p^{4f+1} = (1 + p)(1 + p^2 + \ldots + p^{4f})$ muss $1 + p \equiv 2 \bmod 4$, also $p \equiv 1 \bmod 4$ gelten. □

Bemerkungen: 1) Für jede gerade vollkommene Zahl, deren Gestalt durch Satz 9 gegeben ist, gilt offensichtlich $\sigma(n) \mid n \cdot \tau(n)$, und der Quotient $\frac{n\tau(n)}{\sigma(n)}$ ist eine Primzahl. Nach Satz 10 gilt aber auch für eine ungerade vollkommene Zahl n die Beziehung $\sigma(n) \mid n \cdot \tau(n)$, denn n ist keine Quadratzahl.

2) Jede gerade vollkommene Zahl ist offensichtlich eine Dreieckszahl: $6 = D_3$, $28 = D_7$, $496 = D_{31}$ usw. (vgl. V.10).

Die Zahlen $M_p = 2^p - 1$ (p Primzahl) sind die mersenneschen Zahlen (vgl. III.9). Bis heute kennt man 43 mersennesche Primzahlen, also kennt man auch 43 vollkommene Zahlen. Die fünfte vollkommene Zahl ergibt sich für $p = 13$ zu

$$2^{12} \cdot (2^{13} - 1) = 4096 \cdot 8191 = 33\,550\,336.$$

Die größte bekannte mersennesche Primzahl ist $2^{30402457} - 1$. Die sich daraus ergebende vollkommene Zahl hat im 10er-System fast 100 Billionen Stellen und kann leider nicht ziffernmäßig hingeschrieben werden.

Ist n vollkommen, dann ist

$$\sum_{\substack{d \mid n \\ d > 1}} \frac{1}{d} = 1.$$

Es ergibt sich dann also eine sehr einfache Darstellung von 1 als Summe von verschiedenen Stammbrüchen:

$$1 = \frac{1}{2} + \frac{1}{3} + \frac{1}{6}$$

$$1 = \frac{1}{2} + \frac{1}{4} + \frac{1}{7} + \frac{1}{14} + \frac{1}{28}$$

usw. Da das Rechnen mit Stammbrüchen im Altertum, z.B. im alten Ägypten, eine ähnliche Bedeutung hatte wie heute das Rechnen mit Dezimalzahlen, könnte die Darstellung von 1 als Summe von verschiedenen Stammbrüchen ein Grund für die Beschäftigung mit vollkommenen Zahlen gewesen sein. Auch Fibonacci drückt im *Liber abbaci* die Vollkommenheit einer Zahl in obiger Form durch Stammbrüche aus.

Es ergibt sich nun die allgemeinere Fragestellung, für welche abundanten Zahlen n eine (echte) Teilmenge M der Menge der echten Teiler von n existiert, so dass

$$\sum_{d \in M} d = n \quad \text{bzw.} \quad \sum_{d \in M} \frac{1}{d} = 1$$

gilt. Beispielsweise ist

$$20 = 10 + 5 + 4 + 1, \quad \text{also} \quad \frac{1}{2} + \frac{1}{4} + \frac{1}{5} + \frac{1}{20} = 1.$$

Dies geht nicht bei jeder abundanten Zahl, beispielsweise kann man 70 nicht als Summe von echten Teilern von 70 schreiben. Wir wollen eine abundante Zahl *sonderbar* nennen, wenn sie *nicht* als Summe von echten Teilern zu schreiben ist. Man kann leicht zeigen, dass es unendlich viele sonderbare Zahlen gibt; ist nämlich n sonderbar und p eine Primzahl $> \sigma(n)$, dann ist auch pn sonderbar (Aufgabe 46). Also sind mit 70 wegen $\sigma(70) = 144$ auch die Zahlen

$$70 \cdot 149, \ 70 \cdot 151, \ 70 \cdot 157, \ 70 \cdot 163, \ 70 \cdot 167, \ 70 \cdot 173, \ \dots$$

sonderbar. Die kleinste sonderbare Zahl ist 70 (Aufgabe 47), die nächste ist 836. Sonderbarerweise findet man kaum *ungerade* sonderbare Zahlen. Die kleinste solche ist

$$2\,628\,675 = 3^2 \cdot 5^2 \cdot 7 \cdot 1669,$$

und unterhalb von 10^8 findet man noch 454 weitere ungerade sonderbare Zahlen.

Man hat auch die Frage untersucht, für welche natürlichen Zahlen n die Stammbruchsumme

$$\sum_{\substack{d \mid n \\ d > 1}} \frac{1}{d}$$

eine ganze Zahl k ergibt. Für $k = 1$ ist dies die Frage nach vollkommenen Zahlen. Gilt $\sigma^*(n) = kn$, also $\sigma(n) = (k+1)n$, dann nennt man n *k-fach vollkommen*. Eine vollkommene Zahl müsste man dann 1-fach vollkommen nennen. Schon Fermat kannte die beiden 2-fach vollkommenen Zahlen $120 = 2^3 \cdot 3 \cdot 5$ und $672 = 2^5 \cdot 3 \cdot 7$.

Die letztgenannte Zahl spielt eine gewisse Rolle im literarischen Werk von Hugo von Hofmannsthal. Er schrieb nämlich eine Erzählung mit dem Titel *Das Märchen der 672. Nacht*. In keiner Zeile dieser Erzählung ist aber zu erkennen, ob der Dichter die doppelte Vollkommenheit dieser Zahl ansprechen will, ob er das magische Quadrat mit der Zeile 6 7 2 zu Ehren kommen lassen möchte (vgl.

III.7), oder ob er vielleicht nur an das Datum seines Abiturzeugnisses (**6.7**.1892) erinnern will. Dass in der Geschichte die Zahlen 2,3 und 7 (also die Primteiler von 672) vorkommen, ist nicht bemerkenswert; es dürfte eher schwerfallen, eine Räubergeschichte zu schreiben, in der diese Zahlen *nicht* vorkommen.

André Jumeau, der Abt des Klosters Sainte-Croix, fand im Jahr 1638 die dritte 2-fach vollkommene Zahl $523\,776 = 2^9 \cdot 3 \cdot 11 \cdot 31$; dies teilte er René Descartes (1596–1650) mit und forderte ihn auf, die nächste solche Zahl zu suchen. Descartes fand die vierte 2-fach vollkommene Zahl $1\,476\,304\,896 = 2^{13} \cdot 3 \cdot 11 \cdot 43 \cdot 127$. Descartes entdeckte dann auch die ersten sechs 3-fach vollkommenen Zahlen, deren kleinste $30\,240 = 2^5 \cdot 3^3 \cdot 5 \cdot 7$ ist, und die erste 4-fach vollkommene Zahl $14\,182\,439\,040 = 2^7 \cdot 3^4 \cdot 5 \cdot 7 \cdot 11^2 \cdot 17 \cdot 19$. Mittlerweile kennt man auch 5-fach, 6-fach und 7-fach vollkommene Zahlen, und es gibt keinen Grund zu der Annahme, es gäbe nicht für jedes $k \geq 1$ eine k-fach vollkommene Zahl.

Bei der Untersuchung von Teilersummen stieß man auf Zahlenpaare (a, b) mit $\sigma^*(a) = b$ und $\sigma^*(b) = a$, also

$$\sigma(a) = a + b = \sigma(b).$$

In diesem Fall nennt man die Zahlen a und b *befreundet*. Jede der beiden Zahlen a und b ist „aus den Teilen der anderen zusammengesetzt". In der Philosophie der neuplatonischen Schule um 300 n.Chr. symbolisierten Zahlenpaare mit dieser Eigenschaft Harmonie, Freundschaft und Liebe. In der arabischen Mathematik des ausgehenden Mittelalters spielten sie eine große Rolle in Magie und Astrologie.

Sind a und b befreundet, dann gilt die merkwürdige Beziehung

$$\Big(\sum_{\substack{d|a \\ d>1}} \frac{1}{d} \Big) \cdot \Big(\sum_{\substack{d|b \\ d>1}} \frac{1}{d} \Big) = 1;$$

denn die beiden Faktoren sind offensichtlich gleich $\dfrac{\sigma^*(a)}{a}$ und $\dfrac{\sigma^*(b)}{b}$.

Das kleinste Paar befreundeter Zahlen ist $(220, 284)$; dieses wurde schon von Pythagoras und später von Aristoteles erwähnt. Laut Iamblichus (3. Jahrhundert n. Chr.) soll Pythagoras auf die Frage, was ein Freund sei, geantwortet haben: „Einer, der ein anderes Ich ist, wie 220 und 284." Jakob versucht, die Freundschaft Esaus zu erringen, indem er ihm 220 Ziegen und 220 Schafe schickt (Genesis 32,14). Um 1000 n. Chr. beschreibt Al Madschriti die aphrodisierende Wirkung der Zahlen 220 und 284, sofern diese von zwei befreundeten Menschen aufgeschrieben und verspeist würden.

Im 9. Jahrhundert n. Chr. gab der arabische Gelehrte Abu'l Hasan Thabit ibn Kurrah ibn Marwan al Harrani eine Regel an, mit der man Paare befreundeter Zahlen finden kann:

Satz 11 (Thabit): Sind für $n > 1$ die Zahlen

$$u = 3 \cdot 2^{n-1} - 1, \quad v = 3 \cdot 2^n - 1 \quad \text{und} \quad w = 9 \cdot 2^{2n-1} - 1$$

Primzahlen, dann sind die Zahlen

$$a = 2^n \cdot u \cdot v \quad \text{und} \quad b = 2^n \cdot w$$

befreundet.

Beweis: Im Folgenden beachte man, dass zwischen u, v, w die Beziehung

$$(1 + u)(1 + v) = 1 + w$$

besteht. Sind nun u, v, w Primzahlen, dann ist

$$\begin{aligned}
\sigma(a) &= \sigma(2^n) \cdot \sigma(u) \cdot \sigma(v) \\
&= (2^{n+1} - 1) \cdot (1 + u) \cdot (1 + v) \\
&= 9 \cdot 2^{2n-1} \cdot (2^{n+1} - 1), \\
\sigma(b) &= \sigma(2^n) \cdot \sigma(w) \\
&= (2^{n+1} - 1) \cdot (1 + w) \\
&= 9 \cdot 2^{2n-1} \cdot (2^{n+1} - 1), \\
a + b &= 2^n \cdot (uv + w) \\
&= 2^n \cdot (9 \cdot 2^{2n-1} - 3 \cdot 2^{n-1} - 3 \cdot 2^n + 1 + 9 \cdot 2^{2n-1} - 1) \\
&= 2^n \cdot (9 \cdot 2^{2n} - 9 \cdot 2^{n-1}) = 9 \cdot 2^{2n-1} \cdot (2^{n+1} - 1).
\end{aligned}$$

Es ist also $\sigma(a) = \sigma(b) = a + b$. $\square$

Die *Thabit-Regel* liefert für $n = 2, 4, 7$ befreundete Zahlenpaare:

n	u	v	w	a	b
2	5	11	71	$2^2 \cdot 5 \cdot 11 = 220$	$2^2 \cdot 71 = 284$
3	11	23	287	w ist keine Primzahl	
4	23	47	1151	$2^4 \cdot 23 \cdot 47 = 17\,296$	$2^4 \cdot 1151 = 18\,416$
5	47	95		v ist keine Primzahl	
6	95			u ist keine Primzahl	
7	191	383	73\,727	$2^7 \cdot 191 \cdot 383 = 9\,363\,584$	$2^7 \cdot 73\,727 = 9\,437\,056$

Das Freundespaar 17296, 18416 wurde nicht, wie oft behauptet wird, erstmals von Euler angegeben, auch noch nicht von Thabit, sondern im 13. Jahrhundert von Ibn al Banna; er schrieb: „Die Zahlen 17296 und 18416 sind befreundet, die eine reich, die andere arm. Allah ist allwissend." Dabei bedeuten „reich" und „arm" abundant bzw. defizient. Das Paar, das man aus der Thabit-Regel für $n = 7$ erhält, wurde um 1600 von Muhammed Baqir Yazdi angegeben.

Die Thabit-Regel aus Satz 11 liefert kein weiteres der bisher bekannten Paare befreundeter Zahlen; es ist gezeigt worden [Borho et al. 1983], dass für $n \leq 20000$

tatsächlich nur die Fälle $n = 2, 4, 7$ zum Erfolg führen. Dabei muss man u.a. untersuchen, für welche $n \in \mathbb{N}$ die Zahlen

$$3 \cdot 2^n - 1 \quad \text{und} \quad 9 \cdot 2^n - 1$$

Primzahlen sind (*Thabit-Primzahlen*).

Euler hat mit dem Ansatz

$$a = e \cdot u \cdot v, \quad b = e \cdot w$$

(u, v, w Primzahlen; u, v, w, e paarweise teilerfremd) befreundete Paare konstruiert. Es müssen in diesem Fall also die Gleichungen

$$
\begin{aligned}
\sigma(a) &= \sigma(e) \cdot (1 + u) \cdot (1 + v) &= e \cdot u \cdot v + e \cdot w &= a + b \\
\sigma(b) &= \sigma(e) \cdot (1 + w) &= e \cdot u \cdot v + e \cdot w &= a + b
\end{aligned}
$$

gelten. Daraus folgt u.a.

$$(1 + u) \cdot (1 + v) = 1 + w.$$

Dies gilt z.B. für $u = 5$, $v = 11$, $w = 71$, so dass sich für e die Gleichung $\sigma(e) \cdot 72 = e \cdot 126$ bzw. nach Kürzen $\sigma(e) \cdot 4 = e \cdot 7$ ergibt. Es gilt $4 | e$, so dass es naheliegt, e als Zweierpotenz anzunehmen. Dies führt auf $e = 4$ und damit wieder auf das schon bekannte Paar (220, 284).

Satz 12 (Euler): Sind u, v, w verschiedene ungerade Primzahlen, dann sind die Zahlen

$$a = 2^n \cdot u \cdot v \quad \text{und} \quad b = 2^n \cdot w$$

genau dann befreundet, wenn es ein $m \in \mathbb{N}$ mit $m < n$ gibt, so dass mit $f = 2^{n-m} + 1$ gilt:

$$
\begin{aligned}
u &= f \cdot 2^m - 1, \\
v &= f \cdot 2^n - 1, \\
w &= f^2 \cdot 2^{m+n} - 1 = (1 + u)(1 + v) - 1.
\end{aligned}
$$

Beweis: 1) Die verschiedenen ungeraden Primzahlen u, v, w seien von der angegebenen Form. Dann ist

$$
\begin{aligned}
\sigma(a) &= (2^{n+1} - 1) \cdot (1 + u) \cdot (1 + v), \\
\sigma(b) &= (2^{n+1} - 1) \cdot (1 + w),
\end{aligned}
$$

also $\sigma(a) = \sigma(b)$. Ferner ist dann

$$
\begin{aligned}
a + b &= 2^n \cdot (u \cdot v + w) \\
&= 2^n \cdot (f^2 \cdot 2^{m+n} - f \cdot 2^m - f \cdot 2^n + 1 + f^2 \cdot 2^{m+n} - 1) \\
&= f \cdot 2^{m+n} \cdot (f \cdot 2^{n+1} - (2^{n-m} + 1)) \\
&= f^2 \cdot 2^{m+n} \cdot (2^{n+1} - 1) \\
&= (2^{n+1} - 1) \cdot (1 + w),
\end{aligned}
$$

also $a + b = \sigma(a) \; (= \sigma(b))$.

2) Es seien u, v, w verschiedene ungerade Primzahlen, und für $a = 2^n \cdot u \cdot v$ und $b = 2^n \cdot w$ gelte $\sigma(a) = \sigma(b) = a + b$, also

$$(2^{n+1} - 1) \cdot (1 + u) \cdot (1 + v) = (2^{n+1} - 1) \cdot (1 + w) = 2^n \cdot (u \cdot v + w).$$

Daraus erhält man zunächst

$$w = (1 + u) \cdot (1 + v) - 1.$$

Damit eliminiert man w und erhält

$$(2^{n+1} - 1) \cdot (1 + u) \cdot (1 + v) = 2^n \cdot (u \cdot v + (1 + u) \cdot (1 + v) - 1)$$

und daraus

$$u \cdot v - (2^n - 1)(u + v) = 2^{n+1} - 1.$$

Dies kann man umformen zu

$$(u - (2^n - 1)) \cdot (v - (2^n - 1)) = 2^{2n}.$$

Ist nun $u < v$, dann ist

$$u = 2^n - 1 + 2^m \quad \text{mit} \quad m < n \quad \text{und} \quad v = 2^n - 1 + 2^{2n-m},$$

also

$$u = 2^m \cdot (2^{n-m} + 1) - 1 = f \cdot 2^m - 1,$$
$$v = 2^n \cdot (2^{n-m} + 1) - 1 = f \cdot 2^n - 1.$$

Die Primzahlen u, v, w müssen also von der angegebenen Gestalt sein. $\quad\square$

Für $m = n - 1$ ist $f = 3$; in diesem Fall liefert Satz 12 also die Thabit-Regel in Satz 11. Darüberhinaus hat man bisher nur zwei Paare gemäß Satz 12 entdecken können, und zwar für $(m, n) = (1, 8)$ das Paar

$$\begin{aligned} a &= 2^8 \cdot (129 \cdot 2 - 1) \cdot (129 \cdot 2^8 - 1) &= 2^8 \cdot 257 \cdot 33\,023 \\ b &= 2^8 \cdot (129^2 \cdot 2^9 - 1) &= 2^8 \cdot 8\,520\,191 \end{aligned}$$

und für $(m, n) = (29, 40)$ ein weiteres Paar (aus 40ziffrigen Zahlen).

Von Euler stammt auch die Idee, anstelle des Faktors 2^n in Satz 12 mit einem allgemeineren Faktor e zu arbeiten. Sollen

$$a = e \cdot u \cdot v \quad \text{und} \quad b = e \cdot w$$

(u, v, w verschiedene Primzahlen und e teilerfremd zu u, v und w) befreundet sein, soll also

$$\sigma(e) \cdot (1 + u) \cdot (1 + v) = \sigma(e) \cdot (1 + w) = e \cdot (u \cdot v + w)$$

gelten, dann folgt nach Elimination von $w = (1 + u) \cdot (1 + v) - 1$

$$D \cdot u \cdot v - F \cdot (u + v) = \sigma(e)$$

mit $D = 2e - \sigma(e)$ und $F = \sigma(e) - e$. Dies kann man umformen zu

$$D^2 \cdot u \cdot v - D \cdot F \cdot (u + v) + F^2 = D \cdot \sigma(e) + F^2 = e^2$$

bzw.

$$(Du - F) \cdot (Dv - F) = e^2.$$

Es gilt also $Du - F = d_1$ und $Dv - F = d_2$ mit $d_1 d_2 = e^2$.

Damit erhalten wir folgenden Satz:

Satz 13 (Euler)**:** Jedes Paar (a, b) befreundeter Zahlen der Form

$$a = e \cdot u \cdot v, \quad b = e \cdot w$$

mit verschiedenen ungeraden Primzahlen u, v, w, die nicht in e aufgehen, ergibt sich folgendermaßen:

(1) Man wähle eine Zahl e und berechne $D = 2e - \sigma(e)$ und $F = \sigma(e) - e$.

(2) Man wähle einen Teiler d_1 von e mit $d_1 < e$ und setze $d_2 = \dfrac{e^2}{d_1}$.

(3) Ist $D | d_1 + F$ und $D | d_2 + F$, dann setze man $u = \dfrac{1}{D}(d_1 + F)$, $v = \dfrac{1}{D}(d_2 + F)$ und $w = (1 + u) \cdot (1 + v) - 1$.

(4) Man prüfe, ob u, v, w Primzahlen sind, und ob diese nicht e teilen.

Sind (3) und (4) erfüllt, dann ist (a, b) ein Paar befreundeter Zahlen.

Man hat bisher einige Dutzend Paare befreundeter Zahlen von dem in Satz 13 angegebenen Typ gefunden [Borho et al. 1983]. Schon Euler hat aber auch viele Paare von anderem Typ entdeckt.

Das zweitkleinste Paar befreundeter Zahlen

$$1184 = 2^5 \cdot 37, \quad 1210 = 2 \cdot 5 \cdot 11^2$$

wurde lange übersehen und erst 1866 von dem damals 16jährigen Schüler Nicolo Paganini angegeben. (Man verwechsele diesen nicht mit dem gleichnamigen Geigenvirtuosen.)

Heute kennt man einige Millionen Paare befreundeter Zahlen, und bis 10^{13} kennt man sie lückenlos.

Alle bekannten Paare bestehen aus zwei geraden oder zwei ungeraden Zahlen, ein „gemischtes" Paar ist noch nicht gefunden worden. Ist u, g ein solches Paar, wobei u für eine ungerade und g für eine gerade Zahl steht, so muss u eine (ungerade) Quadratzahl sein. Denn ist u keine Quadratzahl, dann ist die Anzahl der Teiler von u gerade, die Anzahl der *echten* Teiler von u also ungerade. Da eine Summe von ungerade vielen ungeraden Zahlen ungerade ist, muss $\sigma^*(u)$ ungerade sein, es ist dann also $\sigma^*(u) \neq g$.

Wendet man die Funktion σ^* mehrfach an, dann ergibt sich eine Verallgemeinerung unserer bisherigen Fragestellungen: Es sei

$$\sigma_i^*(n) = \sigma^*(\sigma^*(\ldots(\sigma^*(n))))$$

die i-fache Anwendung von σ^*. Dann kann man nach Zahlen n fragen, für welche $\sigma_i^*(n) = n$ gilt, wobei i kleinstmöglich ist. Für $i = 1$ ist dies die Frage nach vollkommenen Zahlen; für $i = 2$ ergibt sich die Frage nach befreundeten Zahlen, denn ist $\sigma_2^*(n) = n$, dann sind n und $\sigma^*(n)$ befreundet. Gilt $\sigma_i^*(n) = n$ für ein $n \in \mathbb{N}$ mit einem kleinstmöglichen i, dann nennt man die Zahlen

$$\sigma_1^*(n), \ \sigma_2^*(n), \ \ldots, \sigma_i^*(n) = n$$

gesellig und spricht von einem *i-Zyklus geselliger Zahlen* oder von Zahlen, die *in i-ter Ordnung befreundet* sind. Walter Borho hat Verfahren zur Konstruktion von 3-Zyklen und 4-Zyklen angegeben und damit auch erstmals einen 4-Zyklus gefunden [Borho 1969]. Ein 3-Zyklus konnte aber bis heute noch nicht gefunden werden; die bei Borhos Verfahren notwendigen Primzahltests sind in den bisher untersuchten Fällen stets negativ ausgefallen. Man kennt heute einige Dutzend 4-Zyklen; derjenige mit den kleinsten Zahlen enthält die Zahl 1 264 460. Paul Poulet entdeckte im Jahr 1918 (ohne die Hilfe eines Computers) den 5-Zyklus mit der Zahl $12496 = 2^4 \cdot 11 \cdot 71$ und den 28-Zyklus mit der Zahl $14316 = 2^3 \cdot 3 \cdot 1193$. Ein 10-Zyklus beginnt mit $14264 = 2^3 \cdot 1783$. Man kennt auch Zyklen der Länge 6, 8 und 9.

Im Jahr 1888 äußerte Eugène Charles Catalan (1814–1894) die Vermutung, dass die Iterationskette $\sigma_i^*(n)$ ($i = 1, 2, 3, \ldots$) entweder in einer Primzahl und damit in 1 oder in einem Zyklus endet (wobei eine vollkommene Zahl einen Zyklus der Länge 1 bildet). Man ist weit entfernt von einem Beweis dieser Vermutung.

Beispiele: Beginnt man mit 446 580, so erreicht man nach 4 736 Schritten die Primzahl 601. Beginnt man mit 276, so stößt man bei der Iteration aufgrund der notwendigen Faktorisierungen an die Grenzen der heutigen rechnerischen Möglichkeiten.

VI.7 Aufgaben

1. Zeige die Äquivalenz folgender Aussagen für eine multiplikative Funktion α:
(1) α ist vollständig multiplikativ.   (2) $\alpha^{-1} = \mu\alpha$.
(3) $\alpha^{-1}(p^r) = 0$ für alle Primzahlen p und alle $r \geq 2$.
Dabei bezieht sich die Inversenbildung auf das Dirichlet-Produkt.

2. Ist α multiplikativ, dann ist α genau dann das Dirichlet-Produkt von zwei vollständig multiplikativen Funktionen, wenn $\alpha^{-1}(p^r) = 0$ für alle Primzahlen p und alle $r \geq 3$. Beweise dies.

3. Zeige, dass $\alpha \in \Phi$ mit $\alpha(1) = 1$ genau dann multiplikativ ist, wenn

$$\alpha(m)\alpha(n) = \alpha(\mathrm{ggT}(m,n))\alpha(\mathrm{kgV}(m,n)) \quad \text{für alle } m,n \in \mathbb{N}.$$

4. Die Funktion $\alpha \in \Phi$ sei multiplikativ. Zeige, dass

$$\sum_{d|n} \mu(d)\alpha(d) = \prod_{p|n}(1 - \alpha(p)) \quad \text{für alle } n \in \mathbb{N},$$

wobei das Produkt über alle verschiedenen Primteiler von n läuft.

5. Im Folgenden seien $\alpha, \beta \in \Phi$, ferner sei φ die eulersche Funktion, und ι, ν seien die Funktionen mit $\iota(n) = 1$ bzw. $\nu(n) = n$ für alle $n \in \mathbb{N}$.

a) Zeige: Sind α, β multiplikativ, dann ist $\alpha\beta \star \iota$ multiplikativ.

b) Zeige: Sind $\alpha\beta \star \iota$ und α multiplikativ, und nimmt α nicht den Wert 0 an, dann ist β multiplikativ.

c) Berechne $\sum\limits_{d|n} d\varphi(d)$ für $n = p_1^{r_1} p_2 r^2 p_3 r^3 \cdots$.

6. Die Funktion $\alpha \in \Phi$ sei vollständig multiplikativ und $\sum\limits_{n=1}^{\infty} \alpha(n)$ sei absolut konvergent. Zeige, dass $\sum\limits_{n=1}^{\infty} \alpha(n) = \prod\limits_{p} \dfrac{1}{1 - \alpha(p)}$ (Produkt über alle Primzahlen).

7. a) Beweise die Identität $\sum\limits_{i=1}^{n} \sigma(i) = \sum\limits_{i=1}^{n} i \left[\dfrac{n}{i}\right]$.

b) Zeige, dass aus $\alpha(n) = \sum\limits_{d|n} \beta(d)$ für alle $n \in \mathbb{N}$ ($\alpha, \beta \in \Phi$) folgt:

$$\sum_{i=1}^{n} \beta(i) \left[\frac{n}{i}\right] = \sum_{i=1}^{n} \alpha(i) \quad \text{für alle } n \in \mathbb{N}.$$

c) Beweise: $\sum\limits_{i=1}^{n} \varphi(i) \left[\dfrac{n}{i}\right] = \dfrac{n(n+1)}{2}$, $\quad \sum\limits_{i=1}^{n} \left[\dfrac{n}{i}\right] = \sum\limits_{i=1}^{n} \tau(i)$.

8. Es sei $\Omega(n)$ die Anzahl der (nicht notwendig verschiedenen) Primteiler von n und $\Omega(1) = 0$. Zeige, dass

$$\sum_{n \leq x} (-1)^{\Omega(n)} \left[\frac{x}{n}\right] = [\sqrt{x}].$$

9. Es seien $\alpha, \beta \in \Phi$. Gilt $\beta(n) = \sum\limits_{i=1}^{n} \alpha(\mathrm{ggT}(n,i))$ für alle $n \in \mathbb{N}$, dann gilt

$\sum\limits_{d|n} \beta(d) = \sum\limits_{d|n} d \cdot \alpha\left(\frac{n}{d}\right)$ für alle $n \in \mathbb{N}$.

10. Ist u der größte ungerade Teiler von n, dann gibt es genau $\tau(u)$ Darstellungen von n als Summe aufeinanderfolgender Zahlen (wobei eine Summe auch nur aus einem einzigen Summand bestehen darf). Beweise dies.

11. Beweise die Identität $\sum\limits_{d|n} \tau^3(d) = \left(\sum\limits_{d|n} \tau(d)\right)^2$ (τ Teilerfunktion).

12. Beweise die Identität $\dfrac{n}{\varphi(n)} = \sum\limits_{d|n} \dfrac{\mu^2(d)}{\varphi(d)}$.

13. Beweise folgende Eigenschaft der Teilersummenfunktion σ: Ist $\sigma(n)$ ungerade, dann ist n ein Quadrat oder das Doppelte eines Quadrats.

14 Es seien $p_1, p_2, \ldots, p_r$ die verschiedenen Primteiler von n. Zeige, dass

$$\sum\limits_{\substack{k \leq n \\ \mathrm{ggT}(k,n)=1}} k^2 = \frac{1}{3}\varphi(n)n^2 + (-1)^r \frac{1}{6}\varphi(n)p_1 p_2 \ldots p_r.$$

15. Es sei α eine zahlentheoretische Funktion mit positiven Werten und γ eine solche mit reellen Werten und $\gamma(1) \neq 0$. Beweise folgende *Produktform der möbiusschen Umkehrformeln:*

$$\beta(n) = \prod\limits_{d|n} \alpha(d)^{\gamma\left(\frac{n}{d}\right)} \iff \alpha(n) = \prod\limits_{d|n} \beta(d)^{\gamma^{-1}\left(\frac{n}{d}\right)}$$

16. Es sei $F_n(x) \in \mathbb{Z}[x]$ das n-te Kreisteilungspolynom, also

$$F_n(x) = \prod\limits_{\substack{k=1 \\ \mathrm{ggT}(k,n)=1}}^{n} (x - \varepsilon^k) \quad \text{mit} \quad \varepsilon = e^{\frac{2\pi i}{n}}.$$

a) Zeige, dass für alle $n \in \mathbb{N}$

$$\prod\limits_{d|n} F_d(x) = x^n - 1 \quad \text{und} \quad F_n(x) = \prod\limits_{d|n}(x^d - 1)^{\mu\left(\frac{n}{d}\right)}.$$

b) Berechne $F_n(x)$ für $n \in \{10, 11, 12, 16, 21, 24\}$.

17. Zeige, dass für $x \geq 2$ gilt:

(1) $\quad \sum\limits_{n \leq x} \dfrac{\log n}{n} = \dfrac{1}{2} \log^2 x + A + O\left(\dfrac{\log x}{x}\right)$

(2) $\quad \sum\limits_{n \leq x} \dfrac{1}{n \log n} = \log \log x + B + O\left(\dfrac{1}{x \log x}\right)$

(3) $\quad \sum\limits_{n \leq x} \dfrac{\tau(n)}{n} = \dfrac{1}{2} \log^2 x + 2C \log x + (A + C^2) + O\left(\dfrac{\log x}{x}\right)$

Dabei sind A, B, C Konstanten; C ist die eulersche Konstante.

18. Zeige, dass für $x \geq 2$ gilt:

(1) $\quad \displaystyle\sum_{n \leq x} \varphi(n) = \frac{1}{2} \sum_{n \leq x} \mu(n) \left[\frac{x}{n}\right]^2 + \frac{1}{2} = \frac{x^2}{2\zeta(2)} + O(x \log x)$

(2) $\quad \displaystyle\sum_{n \leq x} \frac{\varphi(n)}{n} = \sum_{n \leq x} \frac{\mu(n)}{n} \left[\frac{x}{n}\right] = \frac{x}{\zeta(2)} + O(\log x)$

(3) $\quad \displaystyle\sum_{n \leq x} \frac{\varphi(n)}{n^2} = \frac{\log x}{\zeta(2)} + A + O\left(\frac{\log x}{x}\right)$

Dabei ist in (3) $A = \dfrac{C}{\zeta(2)} \displaystyle\sum_{n=1}^{\infty} \frac{\mu(n) \log n}{n^2}$ (C eulersche Konstante).

19. Beweise: $\quad \displaystyle\sum_{n=1}^{\infty} \frac{|\mu(n)|}{n^s} = \prod_{p} \left(1 + \frac{1}{p^s}\right) = \frac{\zeta(s)}{\zeta(2s)}$ für $s > 1$.

20. Zeige mit Hilfe der Entwicklung des Integranden in eine geometrische Reihe, dass das Doppelintegral
$$I = \int_0^1 \int_0^1 \frac{1}{1 - xy} \, dx \, dy$$
den Wert $\zeta(2)$ hat. Berechne dann I mit Hilfe der Substitution
$$\begin{pmatrix} x \\ y \end{pmatrix} = \frac{1}{\sqrt{2}} \begin{pmatrix} 1 & -1 \\ 1 & 1 \end{pmatrix} \begin{pmatrix} u \\ v \end{pmatrix}.$$
Beweise damit, dass $\zeta(2) = \dfrac{\pi^2}{6}$.

21. Für $n \in \mathbb{N}$ gilt $\zeta(2n) = \dfrac{(-1)^{n+1}(2\pi)^{2n} B_{2n}}{2 \cdot (2n)!}$, wobei $B_2, B_4, B_6, \ldots$ die Bernoulli-Zahlen sind (vgl. VI.5). Beweise diese Beziehung mit Hilfe der aus der Analysis bekannten Gleichungen
$$1 - 2\sum_{n=1}^{\infty} \frac{x^2}{(n\pi)^2 - x^2} = x \cot x = ix \cdot \frac{e^{ix} + e^{-ix}}{e^{ix} - e^{-ix}}.$$

22. Zeige, dass der Ring der zahlentheoretischen Funktionen bezüglich des unitären Dirichlet-Produktes (Beispiel 1 in V.5) Nullteiler besitzt, und dass die Einheiten dadurch gekennzeichnet sind, dass ihr Wert an der Stelle 0 nicht verschwindet. Berechne die Werte der Möbiusfunktion μ, also der Inversen von ι mit $\iota(n) = 1$ für $n \in \mathbb{N}$. Berechne die Werte von $(\iota \odot \iota)(n)$, wenn die Primfaktorzerlegung von n gegeben ist.

23. Zeige, dass der Ring der zahlentheoretischen Funktionen bezüglich des kgV-Produktes (Beispiel 2 in VI.5) Nullteiler besitzt, und dass eine Funktion α genau dann invertierbar ist, wenn $\sum_{d|n} \alpha(d) \neq 0$ für alle $n \in \mathbb{N}$ gilt. Beweise den in Beispiel 2 in VI.5 zitierten Satz von Sterneck. Zeige damit, dass das kgV-Produkt multiplikativer Funktionen wieder multiplikativ ist. Berechne schließlich die Werte der Möbiusfunktion μ, also der Inversen von ι mit $\iota(n) = 1$ für $n \in \mathbb{N}$.

24. Beweise mit Hilfe des Satzes von Sterneck (vgl. Beispiel 2 in VI.5 und Aufgabe 23): Die Anzahl der Darstellungen der natürlichen Zahl $n = \prod_{i=1}^{\infty} p_i^{r_i}$ (kanonische Primfaktordarstellung) als kgV von k nicht notwendig verschiedenen Zahlen unter Beachtung der Reihenfolge ist $\prod_{i=1}^{\infty}((r_i + 1)^k - r_i^k)$.

25. Zeige, dass der Ring der zahlentheoretischen Funktionen bezüglich des Cauchy-Produktes (Beispiel 3 in VI.5) nullteilerfrei ist und bestimme die Einheiten. Berechne die Werte der Möbiusfunktion μ, wobei μ die Inverse von ι mit $\iota(n) = 1$ für $n \in \mathbb{N}_0$ ist.

26. Es sei $\iota(n) = 1$ für alle $n \in \mathbb{N}_0$. Zeige, dass $\iota^k(n) = \binom{n+k-1}{k-1}$, wobei ι^k das k-fache Cauchy-Produkt von ι bedeutet.

27. Es bedeute $\odot$ das Lucas-Produkt (Beispiel 4 in VI.5). Zeige, dass $(\Phi_0, +, \odot)$ ein kommutativer Ring mit Einselement, aber nicht nullteilerfrei ist, und bestimme die Einheiten. Berechne ferner die Werte der Möbiusfunktion μ, also der Inversen von ι mit $\iota(n) = 1$ für $n \in \mathbb{N}_0$.

28. Im Folgenden bedeute $\odot$ das Binomialprodukt (Beispiel 5 in VI.5). Zeige, dass $(\Phi_0, +, \odot)$ ein Integritätsbereich ist und bestimme die Einheiten. Berechne ferner die Werte der Möbiusfunktion μ, also der Inversen von ι mit $\iota(n) = 1$ für $n \in \mathbb{N}_0$.

29. Beweise mit Hilfe des Binomialproduktes (Beispiel 5 in VI.5):

a) Für die Anzahl $z_n(r)$ der Surjektionen einer n-elementigen Menge auf eine r-elementige Menge gilt

$$z_n(r) = \sum_{i=0}^{r}(-1)^i \binom{r}{i}(r - i)^n.$$

b) Für die Anzahl $d(r)$ der fixpunktfreien Permutationen einer r-elementigen Menge gilt

$$d(r) = \sum_{i=0}^{r}(-1)^i \binom{r}{i}(r - i)!.$$

Hinweis: Die Möbiusfunktion μ bezüglich des Binomialproduktes hat die Werte $\mu(r) = (-1)^r$ für $r \in \mathbb{N}_0$; vgl. Aufgabe 28.

30. Eine Reihe der Form $\sum_{n=1}^{\infty} \alpha(n) \cdot \dfrac{x^n}{1 - x^n}$ heißt *Lambert-Reihe* (nach Johann Heinrich Lambert, 1728–1777). Ist $\sum_{n=1}^{\infty} \alpha(n)$ konvergent, dann konvergiert die Lambert-Reihe für alle x mit $|x| \neq 1$. Ist $\sum_{n=1}^{\infty} \alpha(n)$ nicht konvergent, dann konvergiert die Lambert-Reihe in genau den Punkten, in denen die Potenzreihe $\sum_{n=1}^{\infty} \alpha(n)x^n$ konvergiert, nicht aber für $|x| = 1$. In jedem abgeschlossenen Intervall aus dem Konvergenzbereich ist die Konvergenz gleichmäßig. Im Folgenden interessieren wir uns nicht für die Konvergenzbereiche der auftretenden Lambert-Reihen.

a) Zeige, dass $\sum_{n=1}^{\infty} \alpha(n) \cdot \dfrac{x^n}{1 - x^n} = \sum_{n=1}^{\infty} (\alpha \star \iota)(n) \cdot x^n$.

b) Stelle $\sum_{n=1}^{\infty} \tau(n) \cdot x^n$ und $\sum_{n=1}^{\infty} \sigma(n) \cdot x^n$ als Lambert-Reihen dar.

(Die Formel für die zweite Reihe geht auf Euler zurück.)

c) Beweise die Identitäten

$$\sum_{n=1}^{\infty} \mu(n) \cdot \frac{x^n}{1 - x^n} = x \quad \text{und} \quad \sum_{n=1}^{\infty} \varphi(n) \cdot \frac{x^n}{1 - x^n} = \frac{x}{(1 - x)^2}.$$

(Die zweite Identität wurde erstmals von Liouville benutzt.)

31. Es sei $L(x) = \sum_{n=1}^{\infty} \dfrac{x^n}{1 - x^n}$ (vgl. Aufgabe 30). Zeige, dass

$$\sum_{k=1}^{\infty} \frac{1}{F_{2k}} = \sqrt{5} \cdot \left(L \left(\frac{3 - \sqrt{5}}{2} \right) - L \left(\frac{7 - 3\sqrt{5}}{2} \right) \right),$$

wobei F_{2k} die Fibonacci-Zahlen mit geradem Index sind.

32. Zeige: Ist n eine gerade vollkommene Zahl > 6, dann ist $n \equiv 1 \bmod 9$.

33. Bestimme alle Darstellungen von 1 als Summe von drei und als Summe von vier verschiedenen Stammbrüchen.

34. Zeige, dass man für jedes $n \geq 3$ die Zahl 1 als Summe von n verschiedenen Stammbrüchen schreiben kann.

35. Es seien p, q zwei verschiedene Primzahlen und n eine natürliche Zahl. Zeige, dass dann gilt:

$$q | \sigma(p^n) \iff \begin{cases} q \mid n + 1, & \text{falls } q \mid p - 1 \\ \operatorname{ord}_q[p] \mid n + 1, & \text{falls } q \nmid p - 1 \end{cases}$$

(Man kann vermuten, dass Fermat bei der Suche nach vollkommenen Zahlen oder befreundeten Zahlenpaaren Teilersummen in Primfaktoren zu zerlegen versuchte und dabei auf den „Satz von Fermat" stieß.)

36. Zeige, dass $p^r q^s$ $(r, s \in \mathbb{N}_0)$ defizient ist, wenn p, q Primzahlen > 2 sind.

37. Zeige, dass eine nicht durch 2 und nicht durch 3 teilbare Zahl defizient ist, wenn sie höchstens sechs verschiedene Primteiler (mit beliebigen Vielfachheiten) enthält.

38. Bestimme alle Zahlen der Form $3^r \cdot p \cdot q$ (p, q verschiedene Primzahlen > 3), welche abundant sind.

39. Die Zahl n sei sonderbar und die Primzahl p sei größer als $\sigma(n)$. Zeige, dass dann auch np sonderbar ist.

40. Zeige, dass 70 die kleinste sonderbare Zahl ist.

41. a) Eine Zahl $n \in \mathbb{N}$ heiße *unberührbar*, wenn kein $x \in \mathbb{N}$ mit $\sigma^*(x) = n$ existiert. Zeige, dass die Zahlen 2, 5, 52, 88, 96 unberührbar sind.

b) Bestimme alle unberührbaren Zahlen zwischen 100 und 200.

c) Die goldbachsche Vermutung (vgl. I.12 Aufgabe 26) besagt, dass sich jede gerade Zahl außer 2 als Summe von zwei Primzahlen darstellen lässt. Ebenso berechtigt ist die Vermutung, dass jede gerade Zahl ≥ 8 als Summe von zwei *verschiedenen* Primzahlen zu schreiben ist. Wäre diese Vermutung bewiesen, dann wäre auch bewiesen, dass 5 die einzige *ungerade* unberührbare Zahl ist. Man begründe diesen Zusammenhang.

VI.8 Lösungen der Aufgaben

1. Es sei α multiplikativ und p eine Primzahl. Ist α vollständig multiplikativ, dann ist $(\alpha \star \alpha\mu)(p^r) = \alpha\varepsilon(p^r) = 1$ für $r = 0$ bzw. $= 0$ für $r \geq 1$. Also ist $\alpha^{-1} = \alpha\mu$. Gilt $\alpha^{-1} = \alpha\mu$, so ist offensichtlich $\alpha^{-1}(p^r) = 0$ für $r \geq 2$. Gilt schließlich $\alpha^{-1}(p^r) = 0$ für $r \geq 2$, dann gilt für $s \geq 1$

$$0 = (\alpha \star \alpha^{-1})(p^s) = \alpha(p^s) + \alpha(p^{s-1})\alpha^{-1}(p),$$

woraus wegen $\alpha^{-1}(p) = -\alpha(p)$ die Beziehung $\alpha(p^s) = \alpha(p)\alpha(p^{s-1})$ folgt; also ist α vollständig multiplikativ.

2. Es sei α multiplikativ und p eine Primzahl.

1) Ist $\alpha = \beta \star \gamma$ und sind β, γ vollständig multiplikativ, dann ist nach Aufg.1 für $r \geq 3$: $\alpha^{-1}(p^r) = (\beta^{-1} \star \gamma^{-1})(p^r) = \sum_{i=0}^{r} \beta^{-1}(p^i)\gamma^{-1}(p^{r-i}) = 0$.

2) Es sei $\alpha^{-1}(p^r) = 0$ für $r \geq 3$ und β eine vollständig multiplikative Funktion, deren Wert $\beta(p)$ der Gleichung $x^2 + \alpha^{-1}(p)x + \alpha^{-1}(p^2) = 0$ genügt. Ferner sei $\gamma = \beta^{-1} \star \alpha$. Dann ist γ multiplikativ und für $r \geq 2$ gilt

$$\gamma^{-1}(p^r) = (\beta \star \alpha^{-1})(p^r) = \beta(p^{r-2})((\beta(p))^2 + \alpha^{-1}(p)\beta(p) + \alpha^{-1}(p^2)) = 0;$$

also ist γ vollständig multiplikativ, und es gilt $\alpha = \beta \star \gamma$.

3. 1) Ist α multiplikativ, dann folgt die angegebene Gleichung aus

$$\alpha(p^r)\alpha(p^s) = \alpha(p^{\min(r,s)})\alpha(p^{\max(r,s)}).$$

2) Gilt die angegebene Gleichung, dann erhält man für $\mathrm{ggT}(m,n) = 1$

$$\alpha(m)\alpha(n) = \alpha(1)\alpha(mn) = \alpha(mn).$$

4. Sind $p_1, p_2, \ldots, p_r$ die verschiedenen Primteiler von n, dann ergibt sich auf beiden Seiten der behaupteten Gleichung

$$1 - \sum_{1 \leq i \leq r} \alpha(p_i) + \sum_{1 \leq i < j \leq r} \alpha(p_i p_j) - + \ldots + (-1)^r \alpha(p_1 p_2 \ldots p_r).$$

5. a) $\alpha\beta$ und damit $\alpha\beta \star \iota$ ist multiplikativ.

b) Mit $\alpha\beta \star \iota$ ist $\alpha\beta$ multiplikativ; für $\mathrm{ggT}(m,n) = 1$ ist also

$$\alpha(m)\alpha(n)\beta(m)\beta(n) = (\alpha\beta)(m)(\alpha\beta)(n) = (\alpha\beta)(mn) = \alpha(mn)\beta(mn);$$

wegen $\alpha(m)\alpha(n) = \alpha(mn)$ folgt $\beta(m)\beta(n) = \beta(mn)$, da α nicht den Wert 0 annimmt.

c) $\nu\varphi \star \iota$ ist multiplikativ nach a) und es gilt

$$(\nu\varphi \star \iota)(p^r) = 1 + p(p-1) + \ldots + p^r(p^r - p^{r-1}) = \frac{p^{2r+1} + 1}{p + 1}.$$

Also ist $\quad (\nu\varphi \star \iota)\left(\prod_{i=1}^{\infty} p_i^{r_i}\right) = \prod_{i=1}^{\infty} \frac{p_i^{2r_i+1} + 1}{p_i + 1}.$

6. $\displaystyle\prod_{p} \frac{1}{1 - \alpha(p)} = \prod_{p} \sum_{i=0}^{\infty} \alpha(p)^i = \prod_{p} \sum_{i=0}^{\infty} \alpha(p^i) = \sum_{j=0}^{\infty} \alpha(n).$

7. a) $T_\sigma \underline{1}(x) = T_\nu(T_\iota \underline{1}(x)) = T_\nu[x].$

b) Aus $\alpha = \beta \star \iota$ folgt $T_\alpha \underline{1}(x) = T_\beta(T_\iota \underline{1}(x)) = T_\beta[x]$; mit $x = n$ ergibt sich die Behauptung.

c) Setze in b) $\beta = \varphi$ und beachte: $\varphi \star \iota = \nu$, $T_\nu \underline{1}(x) = \dfrac{[x]([x] + 1)}{2}$; setze ferner in b) $\beta = \iota$ und beachte $\iota \star \iota = \tau$.

8. Die Funktion α mit $\alpha(n) = (-1)^{\Omega(n)}$ ist vollständig multiplikativ. Es gilt $(\alpha \star \iota)(p^r) = 1$, wenn r gerade, $=0$, wenn r ungerade ist. Also ist $(\alpha \star \iota)(n) = 1$, wenn n ein Quadrat ist, $=0$ sonst, d.h. $T_{\alpha \star \iota} \underline{1}(x) = $ Anzahl der Quadrate $\leq x$.

9. $\beta = \varphi \star \alpha$, also $\beta \star \iota = \varphi \star \alpha \star \iota = \nu \star \mu \star \alpha \star \iota = \nu \star \alpha$.

10. Ist $n = (r+1) + (r+2) + \ldots + (r+s) = \dfrac{1}{2}s(s + 2r + 1)$, dann ist von den Zahlen s und $s + 2r + 1$ genau eine ungerade, also genau eine ein Teiler von u.

11. Aufgrund der Multiplikativität von τ und τ^3 muss die Behauptung nur für eine Primzahlpotenz $n = p^r$ bewiesen werden. Es gilt

$$\tau^3(1) + \tau^3(p) + \ldots + \tau^3(p^r) = 1^3 + 2^3 + \ldots + (r+1)^3$$

$$(\tau(1) + \tau(p) + \ldots + \tau(p^r))^2 = (1 + 2 + \ldots + (r+1))^2.$$

Bekanntlich haben diese beiden Ausdrücke denselben Wert.

12. Aufgrund der Multiplikativität der auftretenden Funktionen ist die Identität nur für eine Primzahlpotenz $n = p^r$ zu beweisen. Es ist

$$\sum_{i=1}^{r} \frac{\mu^2(p^i)}{\varphi(p^i)} = \frac{\mu^2(1)}{\varphi(1)} + \frac{\mu^2(p)}{\varphi(p)} = 1 + \frac{1}{p-1} = \frac{p}{p-1} = \frac{p^r}{\varphi(p^r)}.$$

13. Ist $\sigma(n)$ ungerade und ist $p^r | n$, $p^{r+1} \nmid n$, dann muss $1 + p + \ldots + p^r$ ungerade sein. Für $p > 2$ muss also r gerade sein.

14. Aus $\displaystyle\sum_{\substack{d|n}}\sum_{\substack{k\leq\frac{n}{d}\\ \mathrm{ggT}(k,\frac{n}{d})=1}} k^2 = \sum_{i=1}^{n} i^2 = \frac{n(n+1)(2n+1)}{6}$ folgt durch

MÖBIUS–Umkehrung

$$\sum_{\substack{k\leq n\\ \mathrm{ggT}(k,n)=1}} k^2 = \sum_{d|n} \frac{d(d+1)(2d+1)}{6}\left(\frac{n}{d}\right)^2 \mu\left(\frac{n}{d}\right)$$

$$= \frac{n^2}{6}\sum_{d|n}(2d+3+\frac{1}{d})\mu\left(\frac{n}{d}\right) = \frac{1}{3}n^2\sum_{d|n}d\mu\left(\frac{n}{d}\right) + \frac{n}{6}\sum_{d|n}d\mu(d)$$

Die Behauptung folgt nun aus $\nu \star \mu = \varphi$ und

$$\sum_{d|n}d\mu(d) = (1-p_1)(1-p_2)\dots(1-p_r) = (-1)^r\frac{\varphi(n)}{n}p_1p_2\dots p_r.$$

15. $\log\beta = \gamma\star\log\alpha \iff \log\alpha = \gamma^{-1}\star\log\beta.$

(Beachte, dass β nur positive Werte hat, wenn dies für α zutrifft.)

16. a) $\prod\limits_{d|n} F_d(x)$ ist das Polynom, dessen Nullstellen *sämtliche* n-te Einheitswurzeln sind. Wende die Formel aus Aufgabe 15 an.

b) $F_{10}(x) = (x-1)(x^2-1)^{-1}(x^5-1)^{-1}(x^{10}-1) = \dfrac{x^5+1}{x+1}$

$$= x^4 - x^3 + x^2 - x + 1$$

Ebenso ergibt sich:

$F_{11}(x) = x^{10} + x^9 + x^8 + \dots + x^2 + x + 1;\quad F_{12}(x) = x^4 - x^2 + 1;$

$F_{16}(x) = x^8 + 1;\quad F_{21}(x) = x^{12} - x^{11} + x^9 - x^8 + x^6 - x^5 + x^3 - x^2 + 1;$

$F_{24}(x) = x^8 + x^4 + 1$

17. Man benutze bei (1) und (2) die abelsche Identität (V.4) und

$\displaystyle\sum_{r\leq x}\frac{1}{n} = \log x + C + r(x)$ mit $r(x) = O\left(\frac{1}{x}\right)$ (C eulersche Konstante).

(3) ergibt sich folgendermaßen:

$$\sum_{n\leq x}\frac{\tau(n)}{n} = \frac{1}{x}T_\tau x = \frac{1}{x}T_\tau(x\log x + Cx + xr(x))$$

$$= \sum_{n\leq x}\frac{\log x - \log n}{n} + C\sum_{n\leq x}\frac{1}{n} + \sum_{n\leq x}\frac{1}{n}r\left(\frac{x}{n}\right)$$

$$= \log x\cdot(\log x + C + r(x)) - \frac{1}{2}\log x + A + O\left(\frac{\log x}{x}\right)$$

$$+ C\log x + C^2 + Cr(x) + O\left(\frac{1}{x}\right)$$

$$= \frac{1}{2}\log^2 x + 2C\log x + (A + C^2) + O\left(\frac{\log x}{x}\right)$$

18. (1) Es ist $\;T_\varphi 1(x) = T_\mu(T_\nu 1(x)) = T_\mu \frac{[x]([x]+1)}{2} = \frac{1}{2}T_\mu[x]^2 + \frac{1}{2}T_\mu[x]$ und
$T_\mu[x] = T_\mu(T_\iota 1(x)) = T_\varepsilon 1(x) = 1$. Ferner gilt

$$
T_\mu([x]^2) = x^2 \sum_{n \le x} \frac{\mu(n)}{n^2} + O\left(\sum_{n \le x} \left(\frac{x}{n}\right)^2 - \left[\frac{x}{n}\right]^2 \right)
$$

$$
= \frac{x^2}{\zeta(2)} + O\left(\sum_{n \le x} 2 \cdot \frac{x}{n} \right) = \frac{x^2}{\zeta(2)} + O(x \log x).
$$

(2) $\quad \dfrac{1}{x} T_\varphi x = \dfrac{1}{x} T_\mu(T_\nu x) = \dfrac{1}{x} T_\mu(x \cdot [x]) = x \cdot \sum_{n \le x} \dfrac{\mu(n)}{n^2} + O\left(\sum_{n \le x} \dfrac{1}{x} \right)$

$$
= \frac{x}{\zeta(2)} + O\left(x \cdot \sum_{n > x} \frac{1}{n^2} \right) + O\left(\sum_{n \le x} \frac{1}{x} \right) = \frac{x}{\zeta(2)} + O(\log x).
$$

(3) $\quad \dfrac{1}{x^2} T_\varphi x^2 = \dfrac{1}{x^2} T_\mu(T_\nu x^2) = \dfrac{1}{x^2} T_\mu(x T_\iota x)$

$$
= \frac{1}{x^2} T_\mu(x^2(\log x + C + r(x))) \quad (\text{mit } r(x) = O\left(\tfrac{1}{x}\right))
$$

$$
= \sum_{n \le x} \frac{\mu(n)}{n^2} \cdot (\log x - \log n) + C \sum_{n \le x} \frac{\mu(n)}{n^2} + \sum_{n \le x} \frac{\mu(n)}{n^2} r\left(\frac{x}{n}\right)
$$

$$
= \frac{\log x}{\zeta(2)} - \sum_{n=1}^{\infty} \frac{\mu(n) \log n}{n^2} + \frac{C}{\zeta(2)} + O\left(\frac{\log x}{x} \right)
$$

19. Es gilt $|\mu(n)| = 1$, wenn n quadratfrei ist, 0 sonst; also ist die Summe gleich dem Produkt. Ferner gilt

$$
\prod_p \left(1 + \frac{1}{p^s} \right) = \prod_p \frac{1 - \dfrac{1}{p^{2s}}}{1 - \dfrac{1}{p^s}} = \frac{\zeta(s)}{\zeta(2s)}.
$$

20. $I = \displaystyle\int_0^1 \int_0^1 \sum_{n=0}^{\infty} (xy)^n \, dx\, dy = \int_0^1 \sum_{n=0}^{\infty} \frac{y^n}{n+1} \, dy = \sum_{n=0}^{\infty} \frac{1}{(n+1)^2} = \sum_{n=1}^{\infty} \frac{1}{n^2}.$

Andererseits ist $I = 4 \cdot \iint \dfrac{1}{2 - u^2 + v^2} \, du\, dv$, wobei über das Dreieck

$$
0 \le u \le \sqrt{2}, \ 0 \le v \le \min(u, \sqrt{2} - u)
$$

zu integrieren ist. Es gilt also $I = 4J$ mit

$$
J = \int_0^{\frac{1}{2}\sqrt{2}} \left(\int_0^u \frac{dv}{2 - u^2 + v^2} \right) du + \int_{\frac{1}{2}\sqrt{2}}^{\sqrt{2}} \left(\int_0^{\sqrt{2}-u} \frac{dv}{2 - u^2 + v^2} \right) du
$$

$$
= \int_0^{\frac{1}{2}\sqrt{2}} \frac{1}{\sqrt{2 - u^2}} \cdot \arctan \frac{u}{\sqrt{2 - u^2}} \, du + \int_{\frac{1}{2}\sqrt{2}}^{\sqrt{2}} \frac{1}{\sqrt{2 - u^2}} \cdot \arctan \frac{u}{\sqrt{2 - u^2}} \, du
$$

$$= \int_{\frac{\pi}{3}}^{\frac{\pi}{2}} \arctan \cot \varphi \, d\varphi + \int_0^{\frac{\pi}{3}} \arctan \frac{1 - \cos \varphi}{\sin \varphi} \, d\varphi$$

$$= \int_{\frac{\pi}{3}}^{\frac{\pi}{2}} \left(\frac{\pi}{2} - \varphi \right) d\varphi + \int_0^{\frac{\pi}{3}} \frac{1}{2} \varphi \, d\varphi = \frac{\pi^2}{72} + \frac{\pi^2}{36} = \frac{\pi^2}{24}.$$

21. Aus $x \cot x = 1 - 2 \sum_{k=1}^{\infty} \sum_{n=1}^{\infty} \left(\frac{x}{k\pi} \right)^{2n} = 1 - 2 \sum_{n=1}^{\infty} \zeta(2n) \left(\frac{x}{\pi} \right)^{2n}$ und

$$x \cot x = ix \cdot \frac{e^{2ix} + 1}{e^{2ix} - 1} = ix + \frac{2ix}{e^{2ix} - 1}$$

$$= ix + \sum_{m=0}^{\infty} B_m \frac{(2ix)^m}{m!} = 1 + \sum_{n=1}^{\infty} B_{2n} \frac{(2ix)^{2n}}{(2n)!}$$

ergibt sich die Behauptung durch Koeffizientenvergleich.

22. Nullteiler: Für $\alpha(2) = 1$, $\alpha(n) = 0$ für $n \neq 2$ gilt $\alpha \odot \alpha = o$.

Einheiten: Die Gleichungen $\alpha(1)\xi(1) = 1$ und $\displaystyle\sum_{\substack{xy=n \\ \mathrm{ggT}(x,y)=1}} \alpha(x)\xi(y) = 0$

($n = 2, 3, 4, \ldots$) sind genau dann eindeutig nach $\xi(1), \xi(2), \xi(3), \ldots$ auflösbar, wenn $\alpha(1) \neq 0$ gilt. Möbiusfunktion: Ist $\omega(n)$ die Anzahl der verschiedenen Primteiler von n und $\omega(1) = 0$, dann ist $\mu(n) = (-1)^{\omega(n)}$; denn ist $n > 1$ und besitzt n genau k verschiedene Primteiler, dann ist

$$\sum_{\substack{d|n \\ \mathrm{ggT}(d,\frac{n}{d})=1}} (-1)^{\omega(d)} = \sum_{i=0}^{k} (-1)^i \binom{k}{i} = (1 - 1)^k = 0.$$

Ferner ist

$$(\iota \odot \iota) \left(\prod_{i=1}^{k} p_i^{\alpha_i} \right) = \sum_{j=0}^{k} \binom{k}{j} = 2^k.$$

23. Nullteiler: Für $\alpha(2) = 1$, $\alpha(n) = 0$ für $n \neq 2$ sowie $\beta(1) = 1$, $\beta(2) = -1$ und $\beta(n) = 0$ für $n > 2$ ist $\alpha \odot \beta = o$.

Die Gleichungen $(\alpha \odot \beta)(1) = 1$ und

$$(\alpha \odot \xi)(n) = \sum_{\substack{\mathrm{kgV}(x,y)=n \\ y<n}} \alpha(x)\xi(y) + \left(\sum_{d|n} \alpha(d) \right) \cdot \xi(n) = 0$$

sind genau dann nach $\xi(1), \xi(2), \xi(3), \ldots$ auflösbar, wenn $\sum_{d|n} \alpha(d) \neq 0$ für alle $n \in \mathbb{N}$. Satz von Sterneck: Die Menge aller Paare (x, y) mit $x|n$ und $y|n$ teile man in Klassen mit gleichem kgV ein; es ist also

$$\sum_{x|n} \alpha(x) \cdot \sum_{y|n} \beta(y) = \sum_{\substack{x|n \\ y|n}} \alpha(x)\beta(y) = \sum_{d|n} \left(\sum_{\mathrm{kgV}(x, y) = d} \alpha(x)\beta(y) \right),$$

womit der Satz für zwei Funktionen bewiesen ist. Entsprechend verfährt man bei mehr als zwei Funktionen. Multiplikativität: Sind α, β multiplikativ, dann ist auch $\alpha \odot \beta = (\alpha \star \iota)(\beta \star \iota) \star \mu$ multiplikativ, wobei μ die Möbiusfunktion bzgl. $\star$ bedeutet. Möbiusfunktion: Offensichtlich ist $\mu(1) = 1$. Ist p^r eine Primzahlpotenz, so ist $(\mu \odot \iota)(p^r) = 0$ gleichbedeutend mit

$$\mu(1) + \mu(p) + \mu(p^2) + \ldots + \mu(p^{r-1}) + (r+1)\mu(p^r) = 0.$$

Daraus ergibt sich induktiv $\mu(p^r) = \dfrac{1}{r+1} - \dfrac{1}{r}$. Aufgrund der Multiplikativität sind damit die Werte von μ bestimmt.

24. Die gesuchte Anzahl ist $(\iota \odot \iota \odot \ldots \odot \iota)(n)$ (k Faktoren). Da dieses Produkt multiplikativ ist (vgl. Aufgabe 23), genügt die Berechnung für eine Primzahlpotenz p^r. Die Gleichung $\mathrm{kgV}(x_1, x_2, \ldots, x_k) = p^r$ hat $(r+1)^k - r^k$ Lösungen, denn es gibt $(r+1)^k$ k-Tupel $(x_1, x_2, \ldots, x_k)$, deren kgV ein Teiler von p^r ist, und r^k unter diesen teilen bereits p^{r-1}.

25. Nullteilerfreiheit: Sind a, b minimal mit $\alpha(a) \neq 0$ und $\beta(b) \neq 0$, dann ist $(\alpha \odot \beta)(a+b) = \alpha(a)\beta(b) \neq 0$.   Einheiten: $\alpha(0) \neq 1$.
Möbiusfunktion: $\mu(0) = 1$, $\mu(1) = -1$, $\mu(n) = 0$ für $n \geq 2$.

26. Beweis z.B. induktiv: $\iota(n) = \binom{n}{0}$ und

$$\iota^{k+1}(n) = \sum_{i=0}^{n} \iota^k(i) = \sum_{i=0}^{n} \binom{i+k-1}{k-1} = \binom{n+k}{k}.$$

(Man kann auch kombinatorisch argumentieren.)

27. Die Assoziativitätsbedingung für D folgt aus

$$\binom{x+y+z}{x+y}\binom{x+y}{x} = \binom{x+y+z}{x \quad y \quad z} = \binom{x+y+z}{y+z}\binom{y+z}{y}.$$

Einselement ist ε mit $\varepsilon(0) = 1$, $\varepsilon(n) = 0$ für $n > 0$. Nullteiler: Für α mit $\alpha(n) \neq 0 \iff p|n$ gilt $\alpha \odot \alpha = o$, denn $p | \binom{kp}{lp}$, falls $0 < l < k$. Einheiten: $\alpha(0) \neq 1$. Möbiusfunktion: $\mu(1) = 1$, $\mu(n) = -1$, falls $p|n$, $\mu(n) = 0$ sonst.

28. Die Ringeigenschaften folgen aus den Eigenschaften des Binomialkoeffizienten. Das Einselement ist dasselbe wie bei der Cauchy-Multiplikation. Einheiten sind alle α mit $\alpha(0) \neq 0$. Die Möbius-Funktion μ hat die Werte $\mu(n) = (-1)^n$, denn $\sum_{i=0}^{n} (-1)^i \binom{n}{i} = 0$ für $n > 0$.

29. a) Die Anzahl *aller* Abbildungen einer n-Menge in eine r-Menge ist $\sum_{i=0}^{r} \binom{r}{i} z_n(i) = r^n$. Auf diese Gleichung wende man μ an.

b) Die Anzahl der Permutationen einer r-Menge ist $\sum_{i=0}^{r} \binom{r}{i} d(i) = r!$; hierauf wende man μ an.

30. a) $\displaystyle\sum_{n=1}^{\infty} \alpha(n) \cdot \frac{x^n}{1-x^n} = \sum_{n=1}^{\infty} \alpha(n)x^n(1 + x^n + x^{2n} + x^{3n} + \ldots)$

b) $\displaystyle\sum_{n=1}^{\infty} \tau(n)x^n = \sum_{n=1}^{\infty} \frac{x^n}{1-x^n}; \quad \sum_{n=1}^{\infty} \sigma(n)x^n = \sum_{n=1}^{\infty} \frac{nx^n}{1-x^n}$

c) Beachte $\mu \star \iota = \varepsilon$ und $\varphi \star \iota = \nu$ sowie $\displaystyle\sum_{n=1}^{\infty} nx^n = \frac{x}{(1-x)^2}$.

31. In I.11 haben wir die Binet-Formel

$$F_n = \frac{a^n - b^n}{a - b} \quad \text{mit} \quad a = \frac{1 + \sqrt{5}}{2} \text{ und } b = \frac{1 - \sqrt{5}}{2}$$

bewiesen. Es gilt $a - b = \sqrt{5}$ und $ab = -1$. Also ist

$$\frac{1}{\sqrt{5}} \cdot \frac{1}{F_{2n}} = \frac{1}{a^{2n} - b^{2n}} = \frac{b^{2n}}{1 - b^{4n}} = \frac{b^{2n}}{1 - b^{2n}} - \frac{b^{4n}}{1 - b^{4n}}$$

und somit

$$\frac{1}{\sqrt{5}} \sum_{n=1}^{\infty} \frac{1}{F_{2n}} = \sum_{n=1}^{\infty} \left(\frac{b^{2n}}{1 - b^{2n}} - \frac{b^{4n}}{1 - b^{4n}} \right) = L(b^2) - L(b^4).$$

Mit $b^2 = \dfrac{3 - \sqrt{5}}{2}$ und $b^4 = \dfrac{7 - 3\sqrt{5}}{2}$ ergibt sich die Behauptung.

32. Für eine ungerade Primzahl p ist $2^{p-1} \equiv 1 \bmod 3$, also $2^{p-1} = 1 + 3k$ und somit $2^p - 1 = 1 + 6k$. Also ist $2^{p-1}(2^p - 1) = (1 + 3k)(1 + 6k) = 1 + 9k + 18k^2$.

33. Ist $\dfrac{1}{x} + \dfrac{1}{z} + \dfrac{1}{y} = 1$ mit $x, y, z \in \mathbb{N}$ und $2 \leq x < y < z$, so muss $x = 2$ sein, da andernfalls $\dfrac{1}{z} + \dfrac{1}{y} \leq \dfrac{1}{4} + \dfrac{1}{5} < \dfrac{2}{3} \leq 1 - \dfrac{1}{z}$ wäre. Ebenso folgt $y = 3$ und damit $z = 6$. Ist $\dfrac{1}{x} + \dfrac{1}{z} + \dfrac{1}{y} + \dfrac{1}{t} = 1$ mit $x, y, z, t \in \mathbb{N}$ und $2 \leq x < y < z < t$, so muss $x = 2$ sein, da anderenfalls $\dfrac{1}{z} + \dfrac{1}{y} + \dfrac{1}{t} \leq \dfrac{1}{4} + \dfrac{1}{5} + \dfrac{1}{6} < \dfrac{2}{3} \leq 1 - \dfrac{1}{z}$ wäre. Weiter folgt $3 \leq y \leq 5$, da anderenfalls $\dfrac{1}{y} + \dfrac{1}{t} \leq \dfrac{1}{7} + \dfrac{1}{8} < \dfrac{1}{3} \leq \dfrac{1}{2} - \dfrac{1}{z}$ wäre. Für $y = 3$ erhält man $\dfrac{1}{t} = \dfrac{z - 6}{6z}$ und daraus $(z, t) = (7, 42)$, $(8, 24)$, $(9, 18)$, $(10, 15)$. Für $y = 4$ erhält man $\dfrac{1}{t} = \dfrac{z - 4}{4z}$ und daraus $(z, t) = (5, 20)$, $(6, 12)$. Für $y = 5$ ergeben sich keine Lösungen. Die Lösungen sind also $(x, y, z, t) = (2, 3, 7, 42)$, $(2, 3, 8, 24)$, $(2, 3, 9, 18)$, $(2, 3, 10, 15)$, $(2, 4, 5, 20)$, $(2, 4, 6, 12)$. Sie gehören zu den abundanten Zahlen 42, 24, 18, 30, 20, 12.

34. $\quad 1 = \displaystyle\sum_{i=1}^{n-2} \left(\frac{1}{2}\right)^i + \left(\frac{1}{2}\right)^{n-3} \left(\frac{1}{3} + \frac{1}{6}\right).$

35. 1) Ist $q | p - 1$, also $p \equiv 1 \bmod q$, dann ist $\sigma(p^n) \equiv n + 1 \bmod q$.

2) Ist $q \nmid p - 1$, ist genau dann $\sigma(p^n) \equiv 0 \bmod q$, wenn $(q-1)(1 + p + \ldots + p^n) \equiv p^{n+1} - 1 \equiv 0 \bmod q$, also wenn $p^{n+1} \equiv 1 \bmod q$ und damit $\mathrm{ord}_q[p] | n + 1$.

36. $$\frac{\sigma(p^r q^s)}{p^r q^s} = \left(1 + \frac{1}{p} + \ldots + \frac{1}{p^r}\right)\left(1 + \frac{1}{q} + \ldots + \frac{1}{q^s}\right)$$

$$< \frac{p}{p-1} \cdot \frac{q}{q-1} \le \frac{3}{2} \cdot \frac{5}{4} = \frac{15}{8} < 2.$$

37. $\dfrac{\sigma\left(p_1^{r_1} p_2^{r_2} p_3^{r_3} p_4^{r_4} p_5^{r_5} p_6^{r_6}\right)}{p_1^{r_1} p_2^{r_2} p_3^{r_3} p_4^{r_4} p_5^{r_5} p_6^{r_6}} < \dfrac{5}{4} \cdot \dfrac{7}{6} \cdot \dfrac{11}{10} \cdot \dfrac{13}{12} \cdot \dfrac{17}{16} \cdot \dfrac{19}{18} = \dfrac{1616615}{829440} < 2.$

38. $\sigma(3^r \cdot p \cdot q) > 2 \cdot 3^r \cdot p \cdot q \iff \left(1 + \frac{1}{3} + \ldots + \frac{1}{3^r}\right)\left(1 + \frac{1}{p}\right)\left(1 + \frac{1}{q}\right) > 2.$

Wegen $r \ge 1$ muss also $\left(1 + \frac{1}{p}\right)\left(1 + \frac{1}{q}\right) > \frac{4}{3}$ gelten, was nur mit $p = 5$, $q = 7$

möglich ist. Es folgt $\left(1 + \frac{1}{3} + \ldots + \frac{1}{3^r}\right) > 2 \cdot \frac{5}{6} \cdot \frac{7}{8} = \frac{35}{24}$ und daraus $r \ge 3$.

Es ergeben sich die abundanten Zahlen $3^3 \cdot 5 \cdot 7 = 945$, $3^4 \cdot 5 \cdot 7 = 2835$ usw.

39. Es sei n sonderbar und $p > \sigma(n)$. Die Teiler von np sind dann die Zahlen d und dp mit $d|n$, die wegen $p > n$ alle voneinander verschieden sind. Wäre nun $np = d_1 + d_2 + \ldots + d_r + pt_1 + pt_2 + \ldots + pt_s$ eine Darstellung von np als Summe von verschiedenen Teilern von np, dann wäre $p \mid (d_1 + d_2 + \ldots + d_r)$, wegen $d_1 + d_2 + \ldots + d_r \le \sigma(n) < p$ also $d_1 + d_2 + \ldots + d_r = 0$ und daher $n = t_1 + t_2 + \ldots + t_s$. Dies widerspricht der Tatsache, dass n sonderbar ist.

40. Die einzigen abundanten Zahlen zwischen 1 und 70 sind die echten Vielfachen von 6 (also 12, 18, 24, 36, 48, 60, 66), die echten Vielfachen von 28 (also 56), die Vielfachen von 20 (also 20, 40, 60) und 70. Ein echtes Vielfaches einer vollkommenen Zahl oder einer nicht-sonderbaren Zahl ist nicht sonderbar, denn aus $n = \sum d$ folgt $kn = \sum kd$. Da 20 nicht sonderbar ist ($20 = 10 + 5 + 4 + 1$), verbleibt 70 als erste Möglichkeit, und diese Zahl ist in der Tat sonderbar.

41. a) Die Unberührbarkeit von 2 und 5 sieht man sofort. Ist $x = p$ eine Primzahl, so ist $\sigma^*(x) = 1$. Ist $x = p^2$ ein Primzahlquadrat, so ist $\sigma^*(x) = 1 + p$, keine der Zahlen 52, 88, 96 ist aber von dieser Form. Ist $x = p^r$ eine Primzahlpotenz mit $r \ge 3$, so erhält man für $p = 2$ keine der Zahlen 52,88,96 als σ^*-Wert (dieser ist $2^r - 1$), für $p \ge 3$ muss r gerade sein, weil 52, 88, 96 gerade sind. In den verbleibenden Fällen liefert aber nur 3^4 einen σ^*-Wert unterhalb von 100. Ist $x = p^r q^s$ und $2 < p < q$ (p, q Primzahlen; $r, s \in \mathbb{N}$), so müssen r und s gerade sein, weil anderenfalls $\sigma^*(x)$ ungerade wäre. Dann ist $\sigma^*(x) \ge \sigma^*(3^2 \cdot 5^2) = 178$, es wird also keine der Zahlen 52, 88, 96 geliefert. Ist $x = 2^r q^s$ (q Primzahl > 2; $r, s \in \mathbb{N}$), so muss s ungerade sein. Auch diese Möglichkeiten entfallen. Besitzt x drei verschiedene Primfaktoren, so ergeben sich nur für $x = 30, 42, 66, 70, 78, 105$ σ^*-Werte unterhalb von 100, darunter aber nicht die Zahlen 52, 88, 96.

b) 120, 124, 146, 162, 188

c) Ist $2n = p + q$, wobei p, q zwei verschiedene Primzahlen sind, dann ist
$$2n + 1 = p + q + 1 = \sigma^*(pq).$$

VII Der Primzahlsatz

VII.1 Der Primzahlsatz und
der dirichletsche Primzahlsatz

Der Primzahlsatz besagt, dass die Anzahl $\pi(x)$ der Primzahlen unterhalb der Schranke x asymptotisch gleich $\frac{x}{\log x}$ ist , dass also

$$\lim_{x \to \infty} \frac{\pi(x)}{\frac{x}{\log x}} = 1$$

gilt. Unabhängig voneinander haben Gauß und Legendre diesen Zusammenhang anhand der ihnen zur Verfügung stehenden Primzahltabellen (für $x \leq 10^6$) vermutet, sie konnten aber keinen Beweis finden. Einen ersten Schritt zu einem Beweis stellte der Satz von Tschebyscheff (vgl. I.4 Satz 7) dar, welcher besagt, dass positive Konstanten a und A existieren, so dass für alle $x \geq 2$ gilt:

$$a < \frac{\pi(x)}{\frac{x}{\log x}} < A.$$

Bernhard Riemann beschäftige sich im Jahr 1859 mit dem Zusammenhang zwischen dem Primzahlsatz sowie anderen zahlentheoretischen Problemen und der *komplexen* Zetafunktion ζ, welche als analytische Fortsetzung der für Realteil$(z) > 1$ definierten Funktion

$$z \longmapsto \sum_{n=1}^{\infty} \frac{1}{n^z}$$

erklärt ist. Diese Funktion ζ ist holomorph auf $\mathbb{C} \backslash \{1\}$ und hat an der Stelle 1 einen Pol erster Ordnung mit dem Residuum 1, d.h. es gilt

$$\lim_{z \to 1}(z - 1)\zeta(z) = 1.$$

Von größtem Interesse für die Zahlentheorie ist dabei die Frage, wo die Nullstellen von ζ liegen. Die bis heute unbewiesene *riemannsche Vermutung* besagt, dass alle nichttrivialen Nullstellen von ζ den Realteil $\frac{1}{2}$ haben.

Im Jahr 1896 konnten Jacques Hadamard (1865–1963) und Charles de la Vallée Poussin (1866–1962) unabhängig voneinander den Primzahlsatz beweisen, wobei sie wesentlich die Tatsache benutzten, dass ζ für Realteil$(z) \geq 1$ keine Nullstelle besitzt.

Danach glaubte man lange Zeit nicht, dass man den Primzahlsatz auch „elementar", d.h. ohne funktionentheoretische Mittel beweisen könnte. Jedoch im Jahr 1948 fanden Atle Selberg (geb. 1917) und Paul Erdös (1913–1996) unabhängig voneinander einen solchen „elementaren" Beweis. In VII.3 werden wir eine Variante dieser Beweise vorstellen, die sich an [Hardy/Wright 1960] anlehnt.

Einen funktionentheoretischen Beweis des Primzahlsatzes findet man z.B. in [Apostol 1976], [Bundschuh 1988], [Chandrasekharan 1968], [Grosswald 1966], [LeVeque 1956], [Narkiewicz 1983]. Elementare Beweise werden z.B. in [Gioia 1970], [Hardy/Wright 1960], [Hua 1982], [Rose 1988], [Trost 1968] dargestellt. Vgl. auch [Prachar 1957] und [Schwarz 1968, 1969, 1987].

In Kapitel I haben wir schon gesehen, dass die primen Restklassen $-1 \bmod m$ für $m = 3, 4, 6$ jeweils unendlich viele Primzahlen enthalten. In [Nagell 1964] wird dasselbe für viele weitere Restklassen mit Hilfe der Theorie der quadratischen Reste gezeigt. Mit Hilfe von Kreisteilungspolynomen lässt sich zeigen, dass die Restklassen $\pm 1 \bmod m$ für jedes $m \in \mathbb{N}$ unendlich viele Primzahlen enthalten; vgl. hierzu etwa [Hasse 1950], [Nagell 1964], [Lüneburg 1979]. Für die Restklassen $1 \bmod m$ hat dies schon Euler nachgewiesen. Legendre glaubte, einen Beweis für alle primen Restklassen $a \bmod m$ zu besitzen, wenn m gerade ist, sein Beweis war aber fehlerhaft. Erst Dirichlet konnte im Jahr 1837 zeigen, dass unendlich viele Primzahlen in der „arithmetischen Progression"

$$a + km \ (k \in \mathbb{N})$$

sind, falls $\mathrm{ggT}(a, m) = 1$. Der schwierigste Teil des Beweises besteht darin,

$$\sum_{k=1}^{\infty} \frac{\chi(k)}{k} \neq 0$$

nachzuweisen, wobei χ eine Funktion ist, deren Werte $\varphi(m)$-te Einheitswurzeln sind. Einen Beweis des *dirichletschen Primzahlsatzes* werden wir in VII.5 darstellen. Dieser Beweis ist „elementar" in dem Sinne, dass die komplexe Logarithmusfunktion vermieden wird.

Beim Beweis des Primzahlsatzes und verwandter Sätze werden ganz entscheidend Methoden der (reellen oder komplexen) Analysis eingesetzt. Man spricht daher hier von der *Analytischen Zahlentheorie*. Natürlich ist wie bei den Bezeichnungen „elementar", „algebraisch", „multiplikativ" und „additiv" (vgl. VIII) eine strenge Abgrenzung nicht möglich.

VII.2 Die selbergsche Formel

Zum Beweis des Primzahlsatzes werden wir statt der Funktion π die Funktion ψ betrachten, welche durch

$$\psi = T_\Lambda \underline{1}$$

definiert ist; dabei ist Λ die mangoldtsche Funktion (vgl. VI.1). Aufgrund des folgenden Satzes ist der Primzahlsatz nämlich äquivalent mit der Aussage

$$\lim_{x\to\infty} \frac{\psi(x)}{x} = 1.$$

Satz 1: Es sei $\psi(x) = T_\Lambda \underline{1}(x) = \sum_{n\leq x} \Lambda(n)$. Dann gilt:

$$\lim_{x\to\infty} \frac{\psi(x)}{x} = 1 \iff \lim_{x\to\infty} \frac{\pi(x)}{\frac{x}{\log x}} = 1.$$

Beweis: Es gilt einerseits

$$\psi(x) = \sum_{p^\alpha \leq x} \log p = \sum_{p\leq x} \left[\frac{\log x}{\log p}\right] \cdot \log p \leq \sum_{p\leq x} \log x = \pi(x) \cdot \log x.$$

Andererseits gilt für $0 < r < 1$

$$
\begin{aligned}
\psi(x) &= \sum_{p^\alpha \leq x} \log p \geq \sum_{x^r < p \leq x} \log p = \log x^r \sum_{x^r < p \leq x} \frac{\log p}{\log x^r}\\
&\geq \log x^r \sum_{x^r < p \leq x} 1 = \log x^r \cdot (\pi(x) - \pi(x^r))\\
&\geq \log x^r \cdot (\pi(x) - x^r).
\end{aligned}
$$

Es folgt

$$\pi(x) \leq \frac{\psi(x)}{r \log x} + x^r,$$

insgesamt also

$$\frac{\psi(x)}{x} \leq \frac{\pi(x)}{\frac{x}{\log x}} \leq \frac{1}{r} \cdot \frac{\psi(x)}{x} + \frac{\log x}{x^{1-r}} \leq \frac{1}{r} \cdot \frac{\pi(x)}{\frac{x}{\log x}} + \frac{\log x}{x^{1-r}}.$$

Nun denken wir uns $r = r(x)$ in Abhängigkeit von x so gewählt, dass

$$\lim_{x\to\infty} r(x) = 1 \quad \text{und} \quad \lim_{x\to\infty} \frac{\log x}{x^{1-r(x)}} = 0,$$

etwa

$$r(x) = 1 - \frac{1}{\log\log x}.$$

Dann ergibt sich die Behauptung des Satzes. $\quad\square$

Die Aussage $\lim\limits_{x \to \infty} \frac{\psi(x)}{x} = 1$ lässt sich mit Hilfe von

$$\delta(x) = \psi(x) - x$$

auch folgendermaßen formulieren:

$$\delta(x) = o(x) \quad \text{bzw.} \quad \lim_{x \to \infty} \frac{\delta(x)}{x} = 0.$$

Es ist leicht zu sehen, dass $\delta(x) = O(x)$, dass also $\frac{\delta(x)}{x}$ beschränkt ist. Gleichwertig damit ist nämlich $\psi(x) = O(x)$ bzw. nach dem Beweis des obigen Satzes $\pi(x) = O\left(\frac{x}{\log x}\right)$, und dies haben wir schon früher bewiesen (I.4 Satz 7, Satz von Tschebyscheff). Wir wollen hier aber einen weiteren Beweis für diese Tatsache angeben, wobei sich die Nützlichkeit des in VI.4 eingeführten Transformationskalküls erweist.

Satz 2: Es gilt $\delta(x) = O(x)$.

Beweis: Wegen $T_\iota \underline{1}(x) = x + O(1)$ ist

$$x - \psi(x) = (T_\iota - T_\Lambda)\underline{1}(x) + O(1).$$

Mit $\lambda(n) = \log n$ gilt nach VI.4 Satz 4 bzw. Beispiel 3

$$T_\tau \underline{1}(x) = T_\lambda \underline{1}(x) + 2Cx + O(\sqrt{x}).$$

Außerdem gilt $T_\mu x = O(x)$ nach VI.4 Satz 7. Daraus erhält man wegen $\Lambda = \mu \star \lambda$ und $\tau = \iota \star \iota$ insgesamt

$$
\begin{aligned}
(T_\iota - T_\Lambda)\underline{1}(x) &= T_\mu(T_\tau - T_\lambda)\underline{1}(x) \\
&= T_\mu(2Cx + O(\sqrt{x})) \\
&= 2C\,T_\mu x + O(T_\iota \sqrt{x}) \\
&= O(x) + O(x) = O(x). \quad \square
\end{aligned}
$$

Satz 3: Es gilt

(1) $\qquad T_\Lambda x = x \log x + O(x);$

(2) $\qquad T_\Lambda x = \psi(x) + x \int\limits_1^x \frac{\psi(t)}{t^2}\, dt.$

Beweis: (1) Wegen $\Lambda \star \iota = \lambda$ und $T_\lambda \underline{1}(x) = x \log x + O(x)$ sowie $\psi(x) = O(x)$ gilt

$$T_\Lambda x = T_\Lambda(T_\iota \underline{1}(x) + O(1)) = T_\lambda \underline{1}(x) + O(\psi(x)) = x \log x + O(x).$$

(2) Aus der abelschen Identität (VI.4 Satz 8) folgt

$$\frac{1}{x} T_\Lambda x = \sum_{n \le x} \frac{\Lambda(n)}{n} = \psi(x) \cdot \frac{1}{x} + \int\limits_1^x \frac{\psi(t)}{t^2}\, dt. \quad \square$$

Der Ausgangspunkt zur Untersuchung des asymptotischen Verhaltens von $\psi(x)$ ist die folgende *selbergsche Formel*, für welche wir drei äquivalente Formen angeben.

Satz 4: Es gilt:

(1) $\qquad \log x \cdot T_\Lambda \underline{1}(x) + T_{\Lambda \star \Lambda} \underline{1}(x) = 2x \log x + O(x)$

(2) $\qquad \psi(x) \log x + T_\Lambda \psi(x) = 2x \log x + O(x)$

(3) $\qquad T_{\lambda \Lambda + \Lambda \star \Lambda} \underline{1}(x) = 2x \log x + O(x)$

Beweis: Die Äquivalenz von (1) und (2) folgt aus $T_\Lambda \underline{1}(x) = \psi(x)$; die Äquivalenz von (1) und (3) folgt aus der abelschen Identität (VI.4 Satz 8):

$$
\begin{aligned}
T_{\lambda \Lambda} \underline{1}(x) &= \sum_{n \le x} \Lambda(n) \cdot \log n = \psi(x) \cdot \log x - \int_1^x \frac{\psi(t)}{t}\, \mathrm{d}t \\
&= \psi(x) \cdot \log x + O(x) = \log x \cdot T_\Lambda \underline{1}(x) + O(x).
\end{aligned}
$$

Dabei haben wir die Beziehung $\psi(x) = O(x)$ (Satz 2) ausgenutzt.

Nun soll (3) bewiesen werden. Wegen $\lambda = \Lambda \star \iota$ bzw. $\Lambda = \mu \star \lambda$ gilt

$$
\begin{aligned}
\lambda \Lambda + \Lambda \star \Lambda &= \lambda \Lambda + \Lambda \star (\mu \star \lambda) \\
&= \mu \star ((\lambda \Lambda \star \iota) + (\Lambda \star \lambda)) \\
&= \mu \star \lambda (\Lambda \star \iota) \\
&= \mu \star \lambda^2.
\end{aligned}
$$

Dabei haben wir von der Produktregel der Differenziation zahlentheoretischer Funktionen Gebrauch gemacht: $(\Lambda \star \iota)' = \Lambda' \star \iota + \Lambda \star \iota'$. Bezeichnen wir die linke Seite in (3) mit $S(x)$, dann gilt also

$$
S(x) = T_{\mu \star \lambda^2} \underline{1}(x) = \sum_{n \le x} \left(\sum_{d \mid n} \mu(d) \log^2 \frac{n}{d} \right).
$$

Ersetzen wir in dieser Gleichung $\log^2 \frac{n}{d}$ durch $\log^2 \frac{x}{d}$, dann ist der Fehler von der Ordnung $O(x)$, denn

$$
\begin{aligned}
&\sum_{n \le x} \left(\sum_{d \mid n} \mu(d) \left(\log^2 \frac{x}{d} - \log^2 \frac{n}{d} \right) \right) \\
&= \sum_{n \le x} \left(\sum_{d \mid n} \mu(d) (\log^2 x - \log^2 n - 2(\log x - \log n) \log d) \right) \\
&= \log^2 x - 2 \log x \cdot T_{\lambda \mu \star \iota} \underline{1}(x) + 2 \cdot T_{\lambda(\lambda \mu \star \iota)} \underline{1}(x) \\
&= \log^2 x + 2 \log x \cdot T_\Lambda \underline{1}(x) - 2 \cdot T_{\lambda \Lambda} \underline{1}(x) \\
&= \log^2 x + 2\psi(x) \log x - 2(\psi(x) \log x + O(x)) = O(x),
\end{aligned}
$$

wobei wir neben $\lambda\mu \star \iota = -\Lambda$ (vgl. VI.1 Satz 2) die oben hergeleitete Beziehung $T_{\lambda\Lambda}\mathbb{1}(x) = \psi(x)\log x + O(x)$ benutzt haben. Es ist also

$$S(x) = T_{\varrho\star\iota}\mathbb{1}(x) + O(x) \quad \text{mit} \quad \varrho(n) = \mu(n)\log^2 \frac{x}{n}.$$

Daher gilt

$$
\begin{aligned}
S(x) &= T_\varrho(T_\iota\mathbb{1}(x)) + O(x) \\
&= T_\varrho[x] + O(x) \\
&= \sum_{n \le x} \mu(n)\left[\frac{x}{n}\right]\log^2\frac{x}{n} + O(x).
\end{aligned}
$$

Wegen $\sum_{n \le x}\log^2\frac{x}{n} = O(x)$ (vgl. VI.4 Beispiele 3 und 6) folgt daraus

$$S(x) = T_\mu x\log^2 x + O(x).$$

Wegen $T_\mu x = O(x)$ kann man hier $\log^2 x$ durch $\log^2 x - C^2$ ersetzen, wobei C die eulersche Konstante sein soll. Damit folgt

$$
\begin{aligned}
S(x) &= T_\mu x(\log^2 x - C^2) + O(x) \\
&= T_\mu x(\log x - C)(\log x + C) + O(x) \\
&= T_\mu x(\log x - C)\left(h(x) + O\left(\frac{1}{x}\right)\right) + O(x),
\end{aligned}
$$

wobei $h(x) = \sum_{k \le x}\frac{1}{k}$. Nun ist

$$T_\mu x(\log x - C)O\left(\frac{1}{x}\right) = O(T_\iota \log x) = O(x),$$

so dass sich

$$S(x) = T_\mu x(\log x - C)h(x) + O(x)$$

ergibt. Mit der Umformung

$$
\begin{aligned}
T_\mu x(\log x - C)h(x) &= \sum_{n \le x}\mu(n)\frac{x}{n}\left(\log\frac{x}{n} - C\right)h\left(\frac{x}{n}\right) \\
&= \sum_{n \le x}\left(\mu(n)\frac{x}{n}\left(\log\frac{x}{n} - C\right)\sum_{kn \le x}\frac{1}{k}\right) \\
&= \sum_{kn \le x}\mu(n)\frac{x}{kn}\left(\log\frac{x}{n} - C\right) \\
&= \sum_{m \le x}\left(\frac{x}{m}\sum_{n|m}\mu(n)\left(\log\frac{x}{n} - C\right)\right)
\end{aligned}
$$

erhält man

$$S(x) = \sum_{m \le x}\left(\frac{x}{m}\sum_{n|m}\mu(n)\left(\log\frac{x}{n} - C\right)\right) + O(x).$$

Für $m = 1$ ergibt sich der Summand $x \log x - Cx$.

Für ein $m \geq 2$ ergibt sich wegen $\sum_{n|m} \mu(n) = 0$ der Summand

$$\frac{x}{m} \cdot \sum_{n|m} \mu(n) \log \frac{x}{n} = -\frac{x}{m} \sum_{n|m} \mu(n) \log n = \frac{x}{m} \Lambda(m).$$

Wegen $T_\Lambda x = x \log x + O(x)$ erhält man schließlich

$$S(x) = x \log x - Cx + x \log x + O(x) = 2x \log x + O(x). \quad \square$$

Aus Satz 3 (1) ergibt sich eine bemerkenswerte Eigenschaft der Primzahlen:

Satz 5 (Euler): Mit einer Konstanten c gilt

$$\sum_{p \leq x} \frac{1}{p} = \log \log x + c + O\left(\frac{1}{\log x}\right).$$

Beweis: Wegen

$$\sum_{n \leq x} \frac{\Lambda(n)}{n} = \sum_{p^r \leq x} \frac{\log p}{p^r} = \sum_{p \leq x} \frac{\log p}{p} + \sum_{\substack{p^r \leq x \\ r \geq 2}} \frac{\log p}{p^r} = \sum_{p \leq x} \frac{\log p}{p} + O(1)$$

folgt aus Satz 3 (1)

$$\sum_{p \leq x} \frac{\log p}{p} = \log x + O(1).$$

Nun sei $\alpha(n) = 1$, wenn n eine Primzahl ist, und 0 sonst. Mit

$$A(x) = \sum_{p \leq x} \frac{\log p}{p} = \sum_{n \leq x} \frac{\alpha(n) \cdot \log n}{n}$$

folgt aus der abelschen Identität (VI.4 Satz 8)

$$\sum_{p \leq x} \frac{1}{p} = \sum_{n \leq x} \frac{\alpha(n) \cdot \log n}{n} \cdot \frac{1}{\log n} = \frac{A(x)}{\log x} + \int_2^x \frac{A(t)}{t \log^2 t} \, dt.$$

Es ist $A(x) = \log x + r(x)$ mit $r(x) = O(1)$, also

$$\sum_{p \leq x} \frac{1}{p} = 1 + O\left(\frac{1}{\log x}\right) + \int_2^x \frac{1}{t \log t} \, dt + \int_2^x \frac{r(t)}{t \log^2 t} \, dt$$

$$= 1 + \log \log x - \log \log 2 + \int_2^\infty \frac{r(t)}{t \log^2 t} \, dt - \int_x^\infty \frac{r(t)}{t \log^2 t} \, dt + O\left(\frac{1}{\log x}\right)$$

$$= \log \log x + c + O\left(\frac{1}{\log x}\right)$$

mit

$$c = 1 - \log \log 2 + \int_2^\infty \frac{r(t)}{t \log^2 t} \, dt. \quad \square$$

VII.3 Der Beweis des Primzahlsatzes

In der selbergschen Formel (Satz 4)

$$\psi(x)\log x + T_\Lambda\psi(x) = 2x\log x + O(x)$$

setzen wir $\psi(x) = x + \delta(x)$ ein. Wegen $T_\Lambda x = x\log x + O(x)$ (Satz 3) folgt

$$\delta(x)\log x + T_\Lambda\delta(x) = O(x).$$

Daraus folgt durch Multiplikation mit $\log x$ bzw. Anwenden von T_Λ

$$\log x \cdot T_\Lambda\delta(x) = -\delta(x)\log^2 x + O(x\log x)$$

und

$$
\begin{aligned}
T_\Lambda(\delta(x)\log x) &= T_\Lambda(-T_\Lambda\delta(x) + O(x)) \\
&= -T_{\Lambda\star\Lambda}\delta(x) + O(T_\Lambda x) \\
&= -T_{\Lambda\star\Lambda}\delta(x) + O(x\log x),
\end{aligned}
$$

wobei wieder $T_\Lambda x = O(x\log x)$ benutzt worden ist. Wegen

$$\log x \cdot T_\Lambda\delta(x) - T_\Lambda(\delta(x)\log x) = T_{\lambda\Lambda}\delta(x)$$

ergibt sich aus den beiden letzten Gleichungen

$$\delta(x)\log^2 x = -T_{\lambda\Lambda}\delta(x) + T_{\Lambda\star\Lambda}\delta(x) + O(x\log x).$$

Daraus folgt die Abschätzung

(1) $$|\delta(x)|\log^2 x \le T_\alpha|\delta(x)| + O(x\log x)$$

mit $\alpha = \lambda\Lambda + \Lambda\star\Lambda$. Es ist nun unser Ziel, aus (1) auf $\delta(x) = o(x)$ zu schließen.

Aufgrund der selbergschen Formel gilt $T_\alpha 1(x) = 2x\log x + O(x)$. Wegen

$$\int_1^x \log t\,\mathrm{d}t = x\log x + O(x)$$

ist es ein naheliegender Gedanke, $\alpha(n)$ für $n \ge 2$ durch

$$\beta(n) = 2\cdot\int_{n-1}^n \log t\,\mathrm{d}t$$

zu ersetzen (beachte $\alpha(1) = 0$) und damit die Summe $T_\alpha|\delta(x)|$ in (1) durch ein Integral zu ersetzen. Es gilt mit $\gamma = \alpha - \beta$ und $c(x) = T_\gamma 1(x)$

$$
\begin{aligned}
T_\gamma|\delta(x)| &= \sum_{n\le x}(c(n) - c(n-1))\left|\delta\left(\frac{x}{n}\right)\right| \\
&= \sum_{n\le x-1} c(n)\left(\left|\delta\left(\frac{x}{n}\right)\right| - \left|\delta\left(\frac{x}{n+1}\right)\right|\right) + c(x)\left|\delta\left(\frac{x}{[x]}\right)\right|.
\end{aligned}
$$

Wegen

$$c(x) = T_\alpha \underline{1}(x) - 2 \int\limits_{1}^{[x]} \log t \, dt = 2x \log x - 2x \log x + O(x) = O(x)$$

und

$$\left| \left| \delta\left(\frac{x}{n}\right) \right| - \left| \delta\left(\frac{x}{n+1}\right) \right| \right| \leq \left| \delta\left(\frac{x}{n}\right) - \delta\left(\frac{x}{n+1}\right) \right|$$

$$= \left| \psi\left(\frac{x}{n}\right) - \frac{x}{n} - \psi\left(\frac{x}{n+1}\right) + \frac{x}{n+1} \right|$$

$$\leq \left| \psi\left(\frac{x}{n}\right) - \psi\left(\frac{x}{n+1}\right) \right| + \left| \frac{x}{n} - \frac{x}{n+1} \right|$$

$$= \left(\psi\left(\frac{x}{n}\right) - \psi\left(\frac{x}{n+1}\right) \right) + \left(\frac{x}{n} - \frac{x}{n+1} \right)$$

$$= \left(\psi\left(\frac{x}{n}\right) + \frac{x}{n} \right) - \left(\psi\left(\frac{x}{n+1}\right) + \frac{x}{n+1} \right)$$

gilt mit $F(t) = \psi(t) + t \ (= O(t))$

$$T_\gamma |\delta(x)| = O\left(\sum_{n \leq x-1} n \left(F\left(\frac{x}{n}\right) - F\left(\frac{x}{n+1}\right) \right) \right)$$

$$= O\left(\sum_{n \leq x} F\left(\frac{x}{n}\right) + [x] \cdot F\left(\frac{x}{[x]}\right) \right)$$

$$= O(x \log x + x) = O(x \log x).$$

Also ist der Fehler bei Ersetzung von α durch β ein $O(x \log x)$, so dass sich

$$|\delta(x)| \log^2 x \leq T_\beta |\delta(x)| + O(x \log x)$$

bzw.

(2) $$|\delta(x)| \log^2 x \leq 2 \int\limits_{1}^{x} \left| \delta\left(\frac{x}{t}\right) \right| \log t \, dt + O(x \log x)$$

ergibt. Man beachte dabei, dass die Ersetzung von $\left| \delta\left(\frac{x}{n}\right) \right|$ durch $\left| \delta\left(\frac{x}{t}\right) \right|$ für $n - 1 \leq t \leq n$ nur zu einem Fehler der Ordnung $O(x \log x)$ führt. Es gilt nämlich

$$0 \leq \left| \delta\left(\frac{x}{t}\right) - \delta\left(\frac{x}{n}\right) \right| \leq \psi\left(\frac{x}{t}\right) - \psi\left(\frac{x}{n}\right) + \frac{x}{t} - \frac{x}{n}$$

$$\leq \sum_{\frac{x}{n} \leq k \leq \frac{x}{t}} \log k + \frac{x}{t^2} \leq \left(\frac{x}{t} - \frac{x}{n} + 1 \right) \log \frac{x}{t} + \frac{x}{t^2}$$

$$= O\left(\frac{x}{t^2} \log x \right) + O\left(\log \frac{x}{t} \right) + \frac{x}{t^2}$$

und

$$\int\limits_1^x \frac{\log t}{t^2}\, dt = O(1), \qquad \int\limits_1^x \log\frac{x}{t}\log t\, dt = O(x\log x).$$

Würden wir nun in (2) $\left|\delta\left(\frac{x}{t}\right)\right|$ einfach durch $O\left(\frac{x}{t}\right)$ ersetzen, so ergäbe sich

wegen $\int\limits_1^x \frac{\log t}{t}\, dt = O(\log^2 x)$ nur wieder $\delta(x) = O(x)$. Wir müssen also obiges

Integral etwas genauer untersuchen. Wegen des Logarithmus im Integral ersetzen wir die Variable t durch u mit $t = xe^{-u}$. Dann ist

$$\int\limits_1^x \left|\delta\left(\frac{x}{t}\right)\right| \log t\, dt = x \int\limits_0^{\log x} |\delta(e^u)| \cdot e^{-u} \cdot (\log x - u)\, du.$$

Mit $v = \log x$ und $f(u) = |\delta(e^u)| \cdot e^{-u}$ ergibt sich

$$\int\limits_1^x \left|\delta\left(\frac{x}{t}\right)\right| \log t\, dt = e^v \int\limits_0^v f(u) \cdot (v - u)\, du.$$

Damit erhält man aus (2)

(3) $$v^2 f(v) \le 2 \int\limits_0^v f(u) \cdot (v - u)\, du + O(v)$$

$$= 2 \int\limits_0^v f(u) \left(\int\limits_u^v dw \right) du + O(v)$$

$$= 2 \int\limits_0^v \left(\int\limits_0^w f(u)\, du \right) dw + O(v).$$

Es gilt $f(u) = e^{-u}|\delta(e^u)| = e^{-u} \cdot O(e^u) = O(1)$, die Funktion f ist also beschränkt für $u \longrightarrow \infty$. Daher existieren

$$a = \limsup_{u\to\infty} f(u) \quad \text{und} \quad b = \limsup_{v\to\infty} \frac{1}{v} \int\limits_0^v f(u)\, du.$$

Es ist unser Ziel, $a = 0$ zu beweisen, denn dies bedeutet

$$\lim_{u\to\infty} f(u) = 0 \quad \text{bzw.} \quad \lim_{x\to\infty} \frac{\delta(x)}{x} = 0.$$

Wir zeigen dies mit einem Widerspruchsbeweis, nehmen also $a > 0$ an. Wegen

$$\int\limits_0^w f(u)\, du \le bw + o(w)$$

folgt aus (3)

$$v^2 f(v) \le 2 \int\limits_0^v (bw + o(w))\, dw + O(v) = bv^2 + o(v^2),$$

also $f(v) \le b + o(1)$. Daraus ergibt sich aufgrund der Definition von a die Beziehung

$$a \le b.$$

Wir beweisen nun unter der Annahme $a > 0$ die gegenteilige Ungleichung

$$b < a$$

und erhalten so einen Widerspruch zur Annahme $a > 0$. Dazu beschäftigen wir uns ausführlich mit dem Integral von f. Zunächst zeigen wir, dass für (ein als groß gedachtes) $y > 0$ im Falle $f(y) = 0$ gilt:

$$(4) \qquad \int_0^a f(y + u)\,du \leq \frac{1}{2}a^2 + O(y^{-1}).$$

(Ohne die Bedingung $f(y) = 0$ erhält man nur $\limsup\limits_{y\to\infty} \int_0^a f(y + u)\,du \leq a^2$.)

Für $x > x_0 \geq 1$ folgt aus der selbergschen Formel

$$\psi(x)\log x + T_\Lambda \psi(x) = 2x\log x + O(x)$$

(Satz 4 (2)) wegen

$$T_\Lambda \psi(x) - T_\Lambda \psi(x_0) \geq \sum_{x_0 < n \leq x} \Lambda(n)\psi\left(\frac{x}{n}\right) \geq 0$$

die Beziehung

$$\psi(x)\log x - \psi(x_0)\log x_0 \leq 2(x\log x - x_0\log x_0) + O(x)$$

und damit

$$|\delta(x)\log x - \delta(x_0)\log x_0| \leq x\log x - x_0\log x_0 + O(x).$$

Es sei $x_0 = e^y$, also $\delta(x_0) = 0$, ferner $x = e^{y+u}$. Für $0 \leq u \leq a$ ist dann

$$
\begin{aligned}
f(y + u) = \frac{1}{x}|\delta(x)| \; &\leq \; 1 - \frac{x_0\log x_0}{x\log x} + O(\log^{-1} x)\\
&= \; 1 - e^{-u}\cdot\frac{y}{y + u} + O(y^{-1})\\
&= \; 1 - e^{-u} + O(y^{-1}) \leq u + O(y^{-1}),
\end{aligned}
$$

woraus sich (4) ergibt.

Wir untersuchen nun

$$\int_v^{v+c} f(u)\,du \quad \text{für } v, c > 0,$$

wobei sich die O-Glieder auf $v \to \infty$ beziehen und c zunächst eine beliebige positive Konstante ist, über welche wir erst später geeignet verfügen.

Existiert ein y mit $v \leq y \leq v+c-a$ und $f(y) = 0$, dann ist wegen $f(v) \leq a+o(1)$

$$\int\limits_{v}^{v+c} f(u)\, du = \int\limits_{v}^{y} f(u)\, du + \int\limits_{y}^{y+a} f(u)\, du + \int\limits_{y+a}^{v+c} f(u)\, du$$

$$\leq a(y-v) + \frac{1}{2}a^2 + a(v+c-y-a) + o(1)$$

$$= a\left(c - \frac{a}{2}\right) + o(1),$$

wobei wir (4) auf das Integral von y bis $y+a$ angewendet haben.

Besitzt f keine Nullstelle zwischen v und $v+c-a$, dann wechselt die Funktion g mit

$$g(u) = e^{-u}\delta(e^u) = e^{-u}\psi(e^u) - 1$$

in diesem Intervall höchstens einmal das Vorzeichen. Denn die Funktion g ist monoton fallend außer an den Unstetigkeitstellen, wo sie wächst. Die Funktion g kann also wegen des Fehlens einer Nullstelle nicht von positiven zu negativen Werten wechseln, und wechselt sie (an einer Unstetigkeitsstelle) von negativen zu positiven Werten, dann kann sie nicht wieder zu negativen Werten wechseln. Ändert nun g das Vorzeichen an der Stelle z zwischen v und $v+c-a$, dann ist

$$\int\limits_{v}^{v+c-a} f(u)\, du = \left|\int\limits_{v}^{z} g(u)\, du\right| + \left|\int\limits_{z}^{v+c-a} g(u)\, du\right|.$$

Nun existiert ein $A > 0$, so dass für beliebige $r, s > 0$

$$(5) \qquad\qquad \left|\int\limits_{r}^{s} g(u)\, du\right| < A$$

gilt. Denn mit $t = e^u$, $x = e^s$ ist wegen

$$T_\Lambda x = \psi(x) + x\int\limits_{1}^{x} \frac{\psi(t)}{t^2}\, dt \quad \text{und} \quad T_\Lambda x = x\log x + O(x)$$

(Satz 3) sowie $\psi(x) = O(x)$

$$\int\limits_{0}^{s} g(u)\, du = \int\limits_{1}^{x} \left(\frac{\psi(t)}{t^2} - \frac{1}{t}\right) dt = \frac{1}{x}T_\Lambda x - \frac{\psi(x)}{x} - \log x = O(1).$$

Also ist

$$\int\limits_{v}^{v+c-a} f(u)\, du < 2A,$$

falls g zwischen v und $v+c-a$ das Vorzeichen wechselt.

Wenn g zwischen v und $v+c-a$ das Vorzeichen aber nicht wechselt, dann folgt aus (5) wegen $f = |g|$ sofort

$$\int_{v}^{v+c-a} f(u)\, du < A.$$

Insgesamt ergibt sich wegen

$$\int_{v+c-a}^{v+c} f(u)\, du \leq \int_{v+c-a}^{v+c} (a + o(1))\, du \leq a^2 + o(1)$$

die Beziehung

$$\int_{v}^{v+c} f(u)\, du = \int_{v}^{v+c-a} f(u)\, du + \int_{v+c-a}^{v+c} f(u)\, du$$

$$\leq \max\left(a\left(c - \frac{a}{2}\right),\quad 2A + a^2\right) + o(1).$$

Das noch frei verfügbare c wählen wir nun so, dass

$$2A + a^2 = a\left(c - \frac{a}{2}\right), \quad \text{also} \quad c = \frac{3a^2 + 4A}{2a},$$

was wegen $a > 0$ möglich ist. Dann ergibt sich

$$\int_{v}^{v+c} f(u)\, du \leq a\left(c - \frac{a}{2}\right) + o(1).$$

Mit $N = \left[\frac{v}{c}\right]$ erhält man daraus

$$\int_{0}^{v} f(u)\, du = \sum_{n=0}^{N-1} \int_{nc}^{(n+1)c} f(u)\, du + \int_{Nc}^{v} f(u)\, du$$

$$\leq a\left(c - \frac{a}{2}\right) N + o(N) + O(1)$$

$$= \frac{a}{c}\left(c - \frac{a}{2}\right) v + o(v).$$

Daraus folgt

$$b = \limsup_{v \to \infty} \frac{1}{v} \int_{0}^{v} f(u)\, du \leq \frac{a}{c}\left(c - \frac{a}{2}\right) = a - \frac{a^2}{2c} < a,$$

womit der erwünschte Widerspruch ensteht.

Damit ist der Primzahlsatz bewiesen. □

VII.4 Anmerkungen, Folgerungen

Für Funktionen $f, g \in \mathcal{F}$ schreiben wir $f(x) \sim g(x)$ („f und g verhalten sich für $x \to \infty$ asymptotisch gleich"), wenn

$$\lim_{x \to \infty} \frac{f(x)}{g(x)} = 1.$$

In diesem Sinn besagt also der Primzahlsatz:

$$\pi(x) \sim \frac{x}{\log x}.$$

An Primzahltabellen kann man sehen, dass die Approximation

$$\pi(x) \sim \frac{x}{\log x - 1}$$

etwas besser ist. Legendre hat eine noch bessere Approximation aus den ihm zugänglichen Primzahltabellen abgelesen, nämlich

$$\pi(x) \sim \frac{x}{\log x - 1,08366}.$$

Eine ebenfalls sehr gute Näherung ist für $x > e^4$

$$\pi(x) \sim P(x) = \frac{x}{2}\left(1 - \sqrt{1 - \frac{4}{\log x}}\right)$$

(Aufgabe 1). Für $x \geq 55$ gilt die Abschätzung

$$\frac{x}{\log x + 2} < \pi(x) < \frac{x}{\log x - 4}.$$

Auf Gauß geht folgender Gedanke zurück: Wenn der Primzahlsatz gilt, dann ist die „Wachstumsrate" der Primzahlen ziemlich genau $\frac{1}{\log x}$, denn

$$\left(\frac{x}{\log x}\right)' = \frac{\log x - 1}{\log^2 x} \sim \frac{1}{\log x};$$

folglich ist dann

$$\pi(x) \sim \mathrm{Li}(x) := \int_2^x \frac{dt}{\log t};$$

dabei steht „Li" für *Logarithmus integralis*. Diese Approximation ist für $x \leq 10^7$ fast so gut wie die von Legendre, für größere x ist sie besser. Mit partieller Integration ergibt sich

$$\mathrm{Li}(x) = \frac{x}{\log x} - \frac{2}{\log 2} + \int_2^x \frac{dt}{\log^2 t},$$

also

$$\mathrm{Li}(x) \sim \frac{x}{\log x},$$

wie nicht anders zu vermuten war. Eine noch bessere Approximation ist

$$\pi(x) \sim \mathrm{R}(x) = \mathrm{Li}(x) - \sum_{k=2}^{\infty} \frac{1}{k} \cdot \mathrm{Li}\left(\sqrt[k]{x}\right),$$

wobei der Buchstabe „R" zu Ehren von Riemann gewählt worden ist. Riemann hat nachgewiesen, dass

$$\mathrm{R}(x) = 1 + \sum_{n=1}^{\infty} \frac{1}{n\zeta(n+1)} \cdot \frac{(\log x)^n}{n!}$$

gilt, wobei ζ die riemannsche Zetafunktion bedeutet (vgl. V.3). Man beachte aber, dass weder Gauß noch Legendre noch Riemann einen *Beweis* des Primzahlsatzes hatten, dass ein solcher erst Hadamard und de la Vallée Poussin gelungen ist (vgl. VII.1). Sie zeigten, dass

$$\pi(x) = \mathrm{Li}(x) + r(x)$$

mit

$$r(x) = O(x \cdot e^{-c\sqrt{\log x}}),$$

wobei c eine positive Konstante ist. Dieses O-Glied ist inzwischen stark verbessert worden; man vermutet

$$r(x) = O(\sqrt{x} \cdot \log x),$$

kann dies aber noch nicht beweisen. In nebenstehender Tabelle sind die oben angegebenen Näherungswerte von $\pi(x)$ für $x = 10^9$ zusammengestellt.

$\left[\dfrac{10^9}{\log 10^9}\right]$	$= 48\,254\,942$
$\left[\dfrac{10^9}{\log 10^9 - 1}\right]$	$= 50\,701\,542$
$[P(10^9)]$	$= 50\,839\,608$
$[\mathrm{R}(10^9)]$	$= 50\,847\,455$
$\pi(10^9)$	$= 50\,847\,534$
$[\mathrm{Li}(10^9)]$	$= 50\,849\,236$
$\left[\dfrac{10^9}{\log 10^9 - 1,08366}\right]$	$= 50\,917\,518$

Das Fehlerglied $r(x)$ ist im bisher untersuchten Bereich ($x \leq 10^{12}$) stets negativ, d.h. dort gilt $\pi(x) < \mathrm{Li}(x)$. John E. Littlewood (1885–1977) hat aber bewiesen, dass $r(x)$ unendlich oft das Vorzeichen wechselt, und Stanley Skewes hat 1933 gezeigt, dass dies mindestens einmal für

$$x < S = e^{e^{e^{79}}}$$

geschieht. Die Zahl S ist wohl eine der größten Zahlen, die je in der Mathematik eine Rolle gespielt haben. Sie hat im 10er-System etwa $10^{10^{34}}$ Stellen, so dass die vorhandene Materie nicht ausreichen würde, sie als Dezimalzahl aufzuschreiben. (Man beachte dabei, dass man allgemein unter a^{b^c} nicht $(a^b)^c$, sondern $a^{(b^c)}$ versteht.)

Bezeichnet man mit p_n die n-te Primzahl, dann folgt aus dem Primzahlsatz

$$p_n \sim n \log n.$$

Denn ist $x = p_n$, also $\pi(x) = n$, dann ist

$$\lim_{n \to \infty} \frac{p_n}{n \log n} = \lim_{x \to \infty} \frac{x}{\pi(x) \log \pi(x)} = \lim_{x \to \infty} \frac{x}{\pi(x) \log x} \cdot \lim_{x \to \infty} \frac{\log x}{\log \pi(x)},$$

und es gilt

$$\lim_{x \to \infty} \frac{\log x}{\log \pi(x)} = \lim_{x \to \infty} \frac{\log x}{\log x - \log \log x} = 1.$$

Insbesondere folgt die Divergenz der Reihe $\sum_p \frac{1}{p}$ jetzt aus der Divergenz der Reihe $\sum_{n=2}^{\infty} \frac{1}{n \log n}$.

Äquivalent zum Primzahlsatz ist die Aussage

$$\sum_{n \leq x} \mu(n) = o(x).$$

Dass dies aus dem Primzahlsatz folgt, soll in Aufgabe 7 gezeigt werden. Dass sich umgekehrt aus dieser Beziehung der Primzahlsatz ergibt, sieht man folgendermaßen ein: Wegen

$$\mu \star (\lambda - \tau + 2C\iota) = \Lambda - \iota + 2C\varepsilon$$

gilt

$$\psi(x) - [x] + 2C = \sum_{n \leq x} (\Lambda(n) - \iota(n) + 2C\varepsilon(n)) = \sum_{n \leq x} (\mu \star \alpha)(n)$$

mit $\alpha = \lambda - \tau + 2C\iota$, wobei C die eulersche Konstante ist. Es gilt also

$$\psi(x) - x = \sum_{n \leq x} (\mu \star \alpha)(n) + O(1).$$

Nun ist für ein y mit $0 < y \leq x$, welches später geeignet gewählt wird,

$$\sum_{n \leq x} (\mu \star \alpha)(n) = \sum_{ab \leq x} \mu(a)\alpha(b)$$

$$= \sum_{\substack{ab \leq x \\ a \leq \frac{x}{y}}} \mu(a)\alpha(b) + \sum_{\substack{ab \leq x \\ b \leq y}} \mu(a)\alpha(b) - \sum_{\substack{a \leq \frac{x}{y} \\ b \leq y}} \mu(a)\alpha(b).$$

Denn in den beiden ersten Summen kommen alle Paare (a, b) mit $ab \leq x$ vor, da $a > \frac{x}{y}$ und $b > y$ nicht möglich ist; die Paare mit $a \leq \frac{x}{y}$ und $b \leq y$ werden dabei aber doppelt gezählt. Es ist also

$$\sum_{n \leq x} (\mu \star \alpha)(n) = \sum_{a \leq \frac{x}{y}} \left(\mu(a) \sum_{b \leq \frac{x}{a}} \alpha(b) \right) + \sum_{b \leq y} \left(\alpha(b) \sum_{a \leq \frac{x}{b}} \mu(a) \right)$$
$$- \left(\sum_{a \leq \frac{x}{y}} \mu(a) \right) \left(\sum_{b \leq y} \alpha(b) \right).$$

Aus VI.4 Beispiel 3 und VI.4 Satz 4 entnimmt man

$$\sum_{n \leq x} \alpha(n) = (x \log x - x + O(\log x))$$

$$- \left(x \log x + (2C - 1)x + O(\sqrt{x}) \right) + (2Cx + O(1)) = O(\sqrt{x}).$$

Unter der Annahme $\sum\limits_{n \leq x} \mu(n) = o(x)$ ergibt sich also

$$\sum_{n \leq x} (\mu \star \alpha)(n) = O \left(\sum_{a \leq \frac{x}{y}} \sqrt{\frac{x}{a}} \right) + o \left(x \sum_{b \leq y} \left| \frac{\alpha(b)}{b} \right| \right) - o \left(\frac{x}{y} \right) O(\sqrt{y})$$

$$= O \left(\frac{x}{\sqrt{y}} \right) + o(x \log^2 y);$$

dabei haben wir die Beziehung

$$\sum_{n \leq x} \frac{\log n + \tau(n) + 2C}{n} = O \left(\sum_{n \leq x} \frac{\log n}{n} + \sum_{n \leq x} \frac{\tau(n)}{n} \right) = O(\log^2 x)$$

benutzt (vgl. VI.7 Aufgabe 17). Zu jedem $\varepsilon > 0$ existiert also ein x_0, so dass für $x \geq x_0$

$$|\psi(x) - x| \leq K \left(\frac{x}{\sqrt{y}} + \varepsilon x \log^2 y \right)$$

gilt, wobei K eine Konstante ist. Für $x \geq y = \left[\left(\frac{1}{\varepsilon} \right)^2 \right] + 1$ gilt

$$\frac{x}{\sqrt{y}} < \varepsilon x \quad \text{und} \quad x \log^2 y = A_\varepsilon x \quad \text{mit} \quad A_\varepsilon = \log^2 \left(\left[\left(\frac{1}{\varepsilon} \right)^2 \right] + 1 \right).$$

Also ist

$$|\psi(x) - x| \leq K \left(\varepsilon + \varepsilon A_\varepsilon \right) x.$$

Wegen $\lim\limits_{\varepsilon \to 0} \sqrt{\varepsilon} \cdot A_\varepsilon = 0$ existiert daher eine Konstante L mit

$$|\psi(x) - x| \leq L\sqrt{\varepsilon} \cdot x$$

für $x \geq \max(x_0, y)$, woraus sich $\psi(x) - x = o(x)$ ergibt.

VII.5 Primzahlen
in arithmetischen Progressionen (1)

Auf Dirichlet geht folgender Satz zurück:

Satz 6: Sind a, m teilerfremde natürliche Zahlen, dann enthält die Restklasse $a \bmod m$ unendlich viele Primzahlen.

Dieser *dirichletsche Primzahlsatz* ist in einigen Spezialfällen leicht zu beweisen (vgl. I.3 und III.10 Aufgabe 29, VII.7 Aufgabe 10), der allgemeine Beweis erfordert aber einige algebraische und analytische Vorbereitungen. Wir werden diesen Satz dadurch beweisen, dass wir zeigen, dass die Reihe $\sum_p \frac{\log p}{p}$ divergiert, wenn man über alle Primzahlen der primen Restklasse $a \bmod m$ summiert. Mit Hilfe des Primzahlsatzes könnte man sogar zeigen, dass für die Anzahl $\pi_m(x)$ der Primzahlen $\leq x$ in der Restklasse $a \bmod m$ unabhängig von a die asymptotische Beziehung

$$\pi_m(x) \sim \frac{1}{\varphi(m)} \cdot \frac{x}{\log x}$$

gilt, wobei φ die eulersche Funktion ist, dass sich also die Primzahlen gleichmäßig auf die $\varphi(m)$ primen Restklassen $\bmod m$ verteilen. Dies wurde erstmals von de la Vallée Poussin bewiesen. Vgl. hierzu auch IX.3.

Bevor wir den Satz 6 beweisen, wollen wir den Beweisgedanken an zwei einfachen Beispielen darstellen.

Beispiel 1: Die uns schon bekannte Tatsache, dass die Restklasse $1 \bmod 4$ unendlich viele Primzahlen enthält, kann man folgendermaßen beweisen: Wir definieren zwei *vollständig multiplikative* zahlentheoretische Funktionen χ_1, χ_2 durch

$$\chi_1(2) = \chi_2(2) = 0,$$
$$\chi_1(p) = 1 \text{ für alle Primzahlen } p \neq 2,$$
$$\chi_2(p) = \left\{ \begin{array}{l} 1, \text{ wenn } p \equiv 1 \bmod 4 \\ -1, \text{ wenn } p \equiv 3 \bmod 4 \end{array} \right\} \ (p \text{ Primzahl.})$$

Dann ist für $x > 0$

$$\sum_{\substack{p \leq x \\ p \neq 2}} \frac{1}{p} + \sum_{\substack{p \leq x \\ p \neq 2}} \frac{(-1)^{\frac{p-1}{2}}}{p} = \sum_{p \leq x} \frac{\chi_1(p) + \chi_2(p)}{p} = 2 \cdot \sum_{\substack{p \leq x \\ p \equiv 1 \bmod 4}} \frac{1}{p} \ .$$

Die Reihe

$$\sum_{p \neq 2} \frac{(-1)^{\frac{p-1}{2}}}{p}$$

ist eine Teilreihe der konvergenten Reihe $1 - \frac{1}{3} + \frac{1}{5} - \frac{1}{7} + \frac{1}{9} - \ldots$; da diese aber nicht absolut konvergiert, kann man nicht ohne Weiteres auf die Konvergenz der Teilreihe schließen. Wir nehmen nun an, die Beziehung

$$\sum_{p \leq x} \frac{(-1)^{\frac{p-1}{2}}}{p} = O(1)$$

sei bewiesen (Aufgabe 11). Wegen

$$\sum_{\substack{p \leq x \\ p \neq 2}} \frac{1}{p} = \log \log x + O(1)$$

(vgl. VII.2 Satz 5) ist dann

$$\sum_{\substack{p \leq x \\ p \equiv 1 \bmod 4}} \frac{1}{p} = \frac{1}{2} \log \log x + O(1).$$

Daher enthält die Restklasse 1 mod 4 unendlich viele Primzahlen. Hätten wir mit $-\chi_2$ statt mit χ_2 argumentiert, dann hätte sich dasselbe Resultat für die Restklasse 3 mod 4 ergeben. Die Funktionen χ_1, χ_2 dienen also in gewisser Weise dazu, die Restklassen zu trennen.

Ist $\varphi(m) = 2$ (also $m \in \{3, 4, 6\}$), dann kann man analog die Unendlichkeit der Menge der Primzahlen in den Restklassen 1 mod m und $m - 1$ mod m beweisen, wenn man die Werte von χ_1, χ_2 für Primzahlen p folgendermaßen definiert: $\chi_1(p) = \chi_2(p) = 0$ für $p|m$, $\chi_1(p) = 1$ für alle p mit $p \nmid m$, $\chi_2(p) = \pm 1$ für $p \equiv \pm 1 \bmod m$.

Beispiel 2: Um die 4 primen Restklassen mod 8 zu trennen, definieren wir vier vollständig multiplikative Funktionen χ_1, χ_2, χ_3, χ_4 durch $\chi_k(2) = 0$ ($k = 1, 2, 3, 4$) und

$$\chi_1(p) = 1, \qquad \chi_2(p) = (-1)^{\frac{p-1}{2}},$$
$$\chi_3(p) = i^{\frac{p-1}{2}}, \qquad \chi_4(p) = (-i)^{\frac{p-1}{2}}$$

für alle Primzahlen $p \neq 2$, wobei i die imaginäre Einheit ist. Die Werte dieser Funktionen sind in der folgenden Tafel zusammengestellt:

	χ_1	χ_2	χ_3	χ_4
$p \equiv 1 \bmod 8$	1	1	1	1
$p \equiv 3 \bmod 8$	1	-1	i	$-i$
$p \equiv 5 \bmod 8$	1	1	-1	-1
$p \equiv 7 \bmod 8$	1	-1	$-i$	i

Es gilt offensichtlich

$$\chi_1(p) + \chi_2(p) + \chi_3(p) + \chi_4(p) = \begin{cases} 4 \text{ für } p \equiv 1 \bmod 8, \\ 0 \text{ für } p \not\equiv 1 \bmod 8. \end{cases}$$

Daraus folgt

$$\sum_{p \leq x} \frac{\chi_1(p)}{p} + \sum_{p \leq x} \frac{\chi_2(p)}{p} + \sum_{p \leq x} \frac{\chi_3(p)}{p} + \sum_{p \leq x} \frac{\chi_4(p)}{p}$$

$$= \sum_{p \leq x} \frac{\chi_1(p) + \chi_2(p) + \chi_3(p) + \chi_4(p)}{p} = 4 \cdot \sum_{\substack{p \leq x \\ p \equiv 1 \bmod 8}} \frac{1}{p} \, .$$

Gilt nun

$$\sum_{p \leq x} \frac{\chi_k(p)}{p} = O(1) \text{ für } k = 2, 3, 4,$$

dann erhält man wegen

$$\sum_{p \leq x} \frac{\chi_1(p)}{p} = \log \log x + O(1)$$

die Beziehung

$$\sum_{\substack{p \leq x \\ p \equiv 1 \bmod 8}} \frac{1}{p} = \frac{1}{4} \log \log x + O(1).$$

Argumentiert man statt mit $\chi_1(p) + \chi_2(p) + \chi_3(p) + \chi_4(p)$ mit der Summe

$$\chi_1(bp) + \chi_2(bp) + \chi_3(bp) + \chi_4(bp)$$

für $\mathrm{ggT}(b, 8) = 1$, dann ergibt sich völlig analog, dass die zu $b \bmod 8$ inverse Restklasse $a \bmod 8$ unendlich viele Primzahlen enthält. (Im vorliegenden Fall der Restklassen mod 8 ist aber stets $a \equiv b \bmod 8$, denn es gilt $a^2 \equiv 1 \bmod 8$ für jede prime Restklasse $a \bmod 8$.)

Mit derselben Argumentation kann man den Fall der primen Restklassen mod m behandeln, wenn $\varphi(m) = 4$ gilt, wenn also $m \in \{5, 8, 10, 12\}$.

Bemerkung: Man hätte in diesen Beispielen statt der Summe $\sum_{p \leq x} \frac{1}{p}$ auch die Summe $\sum_{p \leq x} \frac{\log p}{p}$ benutzen können oder allgemein eine Summe $\sum_{p \leq x} \alpha(p)$ mit

$$\sum_{p \leq x} \chi(p) \alpha(p) \begin{cases} \neq O(1), & \text{wenn } \chi = \chi_1, \\ = O(1), & \text{wenn } \chi \neq \chi_1. \end{cases}$$

Wir werden im Folgenden mit der Summe $\sum_{p \leq x} \frac{\log p}{p}$ argumentieren; man könnte mit der einfacheren Summe $\sum_{p \leq x} \frac{1}{p}$ arbeiten, wenn man die komplexe Logarithmusfunktion benutzen würde. Dann wäre der Beweis aber nicht mehr „elementar", d.h., es würden funktionentheoretische Methoden verwendet. Vgl. hierzu [LeVeque 1976], [Apostol 1976].

Wir beginnen nun mit der Vorbereitung des Beweises von Satz 6. Zunächst definieren wir Funktionen χ_1, χ_2, ..., mit deren Hilfe man die primen Restklassen „trennen" kann, wie wir es in den Beispielen gesehen haben.

Definition: Eine zahlentheoretische Funktion χ mit komplexen Werten heißt ein *Charakter modulo m*, wenn gilt:

$\chi(a) = \chi(b)$, falls $a \equiv b \bmod m$;

$\chi(ab) = \chi(a)\chi(b)$ für alle $a, b \in \mathbb{N}$;

$\chi(a) = 0$, falls $\mathrm{ggT}(a, m) \neq 1$;

$\chi(a) \neq 0$, falls $\mathrm{ggT}(a, m) = 1$.

Der Charakter χ_1 mit $\chi_1(a) = 1$ für alle $a \in \mathbb{N}$ mit $\mathrm{ggT}(a, m) = 1$ heißt der *Hauptcharakter modulo m*.

Die zweite der Eigenschaften eines Charakters χ besagt, dass χ vollständig multiplikativ ist. Da χ nicht die Nullfunktion ist, folgt insbesondere $\chi(1) = 1$. Wegen

$$\chi(a)^{\varphi(m)} = \chi(a^{\varphi(m)}) = \chi(1) = 1 \text{ für } \mathrm{ggT}(a, m) = 1$$

(Satz von Euler-Fermat) ist $\chi(a)$ für $\mathrm{ggT}(a, m) = 1$ eine $\varphi(m)$-te Einheitswurzel, also

$$\chi(a) = e^{\frac{2\pi i t}{\varphi(m)}} = \cos \frac{2\pi t}{\varphi(m)} + i \sin \frac{2\pi t}{\varphi(m)}$$

mit einem geeigneten $t \in \{1, 2, \ldots, \varphi(m)\}$. In Beispiel 1 waren die Werte von χ zweite Einheitswurzeln (1 oder -1), in Beispiel 2 waren sie vierte Einheitswurzeln ($1, i, -1$ oder $-i$).

Wir beweisen nun vier Hilfssätze, aus denen sich dann schließlich der Beweis von Satz 6 ergibt.

Hilfssatz 1: Es gibt genau $\varphi(m)$ verschiedene Charaktere mod m.

Beweis: Es sei

$$m = \prod_{r=1}^{k} p_r^{\alpha_r}$$

die Primfaktorzerlegung von m. Für jedes $x \in \mathbb{N}$ und jedes $r \in \{1, 2, \ldots, k\}$ ist dann die Restklasse $x_r \bmod m$ mit

$$x_r \equiv x \bmod p_r^{\alpha_r} \quad \text{und} \quad x_r \equiv 1 \bmod p_i^{\alpha_i} \text{ für } i \neq r$$

nach dem Chinesischen Restsatz eindeutig bestimmt. Ist ein Charakter χ mod m gegeben und setzen wir $\chi^{(r)}(x) = \chi(x_r)$, so ist $\chi^{(r)}$ ein Charakter mod $p_r^{\alpha_r}$. Es ist dann

$$x_1 x_2 \ldots x_k \equiv x \bmod p_r^{\alpha_r} \quad (r = 1, 2, \ldots, k),$$

also

$$x_1 x_2 \ldots x_k \equiv x \bmod m$$

und

$$\chi(x) = \chi(x_1 x_2 \ldots x_k) = \chi(x_1)\chi(x_2) \ldots \chi(x_k) = \chi^{(1)}(x)\chi^{(2)}(x) \ldots \chi^{(k)}(x).$$

Der Charakter χ ist also durch die Charaktere $\chi^{(r)}$ $(r = 1, 2, \ldots, k)$ eindeutig bestimmt. Auf diese Art entsteht jeder Charakter χ mod m höchstens einmal, denn ist

$$\prod_{i=1}^{k} \chi^{(i)}(x) = \prod_{i=1}^{k} \chi_0^{(i)}(x) \quad \text{für alle } x \in \mathbb{N},$$

dann ergibt sich für ein x mit $x \equiv a \bmod p_r^{\alpha_r}$ und $x \equiv 1 \bmod p_i^{\alpha_i}$ für $i \neq r$ die Gleichung $\chi^{(r)}(a) = \chi_0^{(r)}(a)$; da a jede beliebige Zahl sein darf, folgt $\chi^{(r)} = \chi_0^{(r)}$. Die Anzahl der Charaktere mod p^α ist nun $\mu = \varphi(p^\alpha)$. Denn ist g eine Primitivwurzel mod p^α, dann ist ein Charakter χ mod p^α durch den Wert $\chi(g)$ festgelegt, und für diesen Wert stehen genau die μ μ-ten Einheitswurzeln zur Verfügung, also die komplexen Zahlen

$$e^{\frac{t}{\mu} \cdot 2\pi i} \quad (t = 0, 1, \ldots, \mu - 1).$$

Insgesamt ergibt sich, dass mod m genau

$$\prod_{r=1}^{k} \varphi(p_r^{\alpha_r}) = \varphi(m)$$

Charaktere existieren.   □

Hilfssatz 2: Es sei χ_1 der Hauptcharakter mod m. Dann gilt:

(1) $\displaystyle\sum_{a \bmod m} \chi(a) = \begin{cases} \varphi(m), & \text{falls } \chi = \chi_1, \\ 0, & \text{falls } \chi \neq \chi_1. \end{cases}$

(2) $\displaystyle\sum_{\chi} \chi(a) = \begin{cases} \varphi(m), & \text{falls } a \equiv 1 \bmod m, \\ 0, & \text{falls } a \not\equiv 1 \bmod m. \end{cases}$

In (1) wird über Vertreter a der $\varphi(m)$ primen Restklassen summiert, in (2) über die $\varphi(m)$ Charaktere mod m.

Beweis: (1) Für $\operatorname{ggT}(b, m) = 1$ und einen beliebigen Charakter χ modulo m gilt

$$\chi(b) \sum_{a \bmod m} \chi(a) = \sum_{a \bmod m} \chi(ab) = \sum_{c \bmod m} \chi(c),$$

denn mit a durchläuft auch $c = ab$ alle primen Restklassen mod m. Ist $\chi \neq \chi_1$, dann kann man b so wählen, dass $\chi(b) \neq 1$. Also hat in diesem Fall die Summe der $\chi(a)$ über alle a mod m den Wert 0.

(2) Für einen beliebigen Charakter χ' gilt

$$\chi'(a) \sum_{\chi} \chi(a) = \sum_{\chi} \chi'(a)\chi(a) = \sum_{\chi''} \chi''(a),$$

und mit χ durchläuft auch $\chi'' = \chi'\chi$ alle Charaktere modulo m. Ist $a \not\equiv 1$ mod m, so kann man χ' so wählen, dass $\chi'(a) \neq 1$. Also hat in diesem Fall die Summe der $\chi(a)$ über alle χ den Wert 0.   □

Nun gehen wir wie in obigen Beispielen vor, wobei wir aber statt der Summen $\sum_{p \leq x} \frac{1}{p}$ solche der Form $\sum_{p \leq x} \frac{\log p}{p}$ betrachten. Für $\text{ggT}(a, m) = 1$ sei $ab \equiv 1 \bmod m$, und es sei χ_1 der Hauptcharaker mod m. Dann ist für $x > 0$

$$\varphi(m) \cdot \sum_{\substack{p \leq x \\ p \equiv a \bmod m}} \frac{\log p}{p} = \sum_{p \leq x} \left(\sum_{k=1}^{\varphi(m)} \chi_k(bp) \right) \cdot \frac{\log p}{p}$$

$$= \chi_1(b) \sum_{p \leq x} \frac{\chi_1(p) \cdot \log p}{p} + \sum_{k=2}^{\varphi(m)} \left(\chi_k(b) \sum_{p \leq x} \frac{\chi_k(p) \cdot \log p}{p} \right).$$

Es gilt

$$\sum_{p \leq x} \frac{\chi_1(p) \cdot \log p}{p} = \sum_{p \leq x} \frac{\log p}{p} - \sum_{\substack{p \leq x \\ p | m}} \frac{\log p}{p} = \sum_{p \leq x} \frac{\log p}{p} + O(1).$$

Die Reihe $\sum_p \frac{\log p}{p}$ divergiert (I.4 Korollar zu Satz 6). Wenn nun

$$\sum_{p \leq x} \frac{\chi_k(p) \cdot \log p}{p} = O(1) \quad \text{für} \quad k = 2, 3, \ldots, \varphi(m)$$

gilt, dann folgt wie in den Beispielen die Divergenz der Reihe

$$\sum_{p \equiv a \bmod m} \frac{\log p}{p}$$

und damit die Unendlichkeit der Menge der Primzahlen in der primen Restklasse $a \bmod m$.

Wir müssen nun also die Reihen

$$\sum_p \frac{\chi_k(p) \cdot \log p}{p} \quad \text{für} \quad k = 2, 3, \ldots, \varphi(m)$$

untersuchen. Statt des Grenzwerts

$$\lim_{x \to \infty} \sum_{p \leq x} \frac{\chi_k(p) \cdot \log p}{p}$$

betrachten wir den rechtsseitigen Grenzwert

$$\lim_{s \to 1+} \sum_p \frac{\chi_k(p) \cdot \log p}{p^s}.$$

Dazu führen wir die für $s > 1$ absolut konvergenten Dirichlet-Reihen

$$L(s, \chi) := \sum_{n=1}^{\infty} \frac{\chi(n)}{n^s}$$

ein, welche man *dirichletsche L-Reihen* nennt. Dabei soll χ ein Charakter mod m sein.

Ein Angelpunkt des elementaren Beweises des Primzahlsatzes ist die mangoldtsche Funktion Λ, welche durch die Beziehung

$$-\frac{\zeta'(s)}{\zeta(s)} = \sum_{n=1}^{\infty} \frac{\Lambda(n)}{n^s} \qquad (s > 1)$$

bzw. $\Lambda = -\lambda \star \mu$ definiert wird. Der folgende Hilfssatz enthält ein Analogon
dieser Beziehung.

Hilfssatz 3: Ist χ ein Charakter mod m und $s > 1$, dann ist $L(s, \chi) \neq 0$ und

$$-\frac{L'(s, \chi)}{L(s, \chi)} = \sum_{n=1}^{\infty} \frac{\chi(n)\Lambda(n)}{n^s}.$$

Beweis: Für $N \in \mathbb{N}$ ist

$$\prod_{p \leq N} \left(1 - \frac{\chi(p)}{p^s}\right)^{-1} = \prod_{p \leq N} \left(\sum_{k=0}^{\infty} \left(\frac{\chi(p)}{p^s}\right)^k\right) = \prod_{p \leq N} \left(\sum_{k=0}^{\infty} \left(\frac{\chi(p^k)}{(p^k)^s}\right)\right) = \sum \frac{\chi(n)}{n^s},$$

wobei in der letzten Summe über alle n summiert wird, deren Primfaktoren
nicht größer als N sind. Für $N \to \infty$ ergibt sich

$$\sum_{n=1}^{\infty} \frac{\chi(n)}{n^s} = \prod_p \left(1 - \frac{\chi(p)}{p^s}\right)^{-1}.$$

Dieses Produkt hat nicht den Wert 0, denn aus der (absoluten) Konvergenz der
Reihe $\sum_p \frac{\chi(p)}{p^s}$ folgt die (absolute) Konvergenz des Produktes $\prod_p \left(1 - \frac{\chi(p)}{p^s}\right)$. Also
ist $L(s, \chi) \neq 0$ für $s > 1$. Daher ist die Funktion

$$s \longmapsto \frac{L'(s, \chi)}{L(s, \chi)}$$

für $s > 1$ definiert, wobei die Differenzierbarkeit aus der absoluten Konvergenz
von

$$L(s, \chi) = \sum_{n=1}^{\infty} \frac{\chi(n)}{n^s} \quad \text{und} \quad L'(s, \chi) = -\sum_{n=1}^{\infty} \frac{\chi(n) \cdot \log n}{n^s}$$

für $s > 1$ folgt. Die Dirichlet-Reihe $\frac{L'(s, \chi)}{L(s, \chi)}$ hat die Koeffizientenfunktion

$$-\chi\lambda \star \chi^{-1} = -(\chi\lambda \star \chi\mu) = -\chi(\lambda \star \mu) = -\chi\Lambda$$

(vgl. VI.2 und VI.3). $\quad\square$

Ist χ nicht der Hauptcharakter, dann konvergieren $L(s, \chi)$ und $L'(s, \chi)$ sogar
für $s > 0$, aber nicht absolut. Dies ergibt sich aus dem folgenden Hilfssatz:

Hilfssatz 4: Ist $\chi \neq \chi_1$ und f eine für $t \geq 1$ stetig differenzierbare Funktion mit $\lim\limits_{t \to \infty} f(t) = 0$, für welche das uneigentliche Integral $\int\limits_1^\infty |f'(t)|\,dt$ existiert, dann konvergiert die Reihe $\sum\limits_{n=1}^\infty \chi(n)f(n)$.

Beweis: Es sei $C(x) = \sum\limits_{n \leq x} \chi(n)$. Dann ist $|C(x)| < \varphi(m)$ nach Hilfssatz 2. Nun gilt für $M, N \in \mathbb{N}$ mit $M < N$ gemäß der abelschen Identität

$$\sum_{n=M+1}^N \chi(n)f(n) = C(N)f(N) - C(M)f(M) - \int_M^N C(t) \cdot f'(t)\,dt.$$

Wegen $\lim\limits_{N \to \infty} C(N)f(N) = 0$ und

$$\left| \int_M^N C(t) \cdot f'(t)\,dt \right| \leq \varphi(m) \int_M^N |f'(t)|\,dt$$

ergibt sich die Behauptung aus dem cauchyschen Konvergenzkriterium. $\qquad\square$

Mit

$$f(x) = \frac{1}{x^s} \qquad \text{und} \qquad f'(x) = -\frac{s}{x^{s+1}}$$

bzw.

$$f(x) = \frac{\log x}{x^s} \qquad \text{und} \qquad f'(x) = -\frac{s \log x + 1}{x^{s+1}}$$

ergibt sich für $s > 0$ und $\chi \neq \chi_1$ die Konvergenz der Reihen

$$L(s, \chi) = \sum_{n=1}^\infty \frac{\chi(n)}{n^s} \qquad \text{und} \qquad L'(s, \chi) = -\sum_{n=1}^\infty \frac{\chi(n) \log n}{n^s}.$$

Insbesondere handelt es sich bei $L(s, \chi)$ und $L'(s, \chi)$ mit $\chi \neq \chi_1$ um Funktionen, die für $s > 0$ stetig sind. Weiterhin ergeben sich für $\chi \neq \chi_1$ und $s > 0$ mit $M = [x]$ und $N \to \infty$ die Abschätzungen

$$\sum_{n > x} \frac{\chi(n)}{n^s} = O\left(\frac{1}{x^s}\right) \qquad \text{und} \qquad \sum_{n > x} \frac{\chi(n) \log n}{n^s} = O\left(\frac{\log x}{x^s}\right),$$

welche wir im Folgenden mehrfach verwenden werden. Nun sind wir in der Lage, den Beweis von Satz 6 zu führen.

Beweis von Satz 6: Für $s > 1$ gilt nach Hilfssatz 3

$$-\frac{L'(s, \chi)}{L(s, \chi)} = \sum_p \frac{\chi(p) \log p}{p^s} + R(s, \chi)$$

mit

$$R(s, \chi) = \sum_p \left(\sum_{k=2}^\infty \frac{\chi(p^k) \cdot \log p}{p^{ks}} \right).$$

$R(s, \chi)$ ist für $s > \frac{1}{2}$ beschränkt, denn für $s > \frac{1}{2}$ ist

$$|R(s,\chi)| \leq \sum_p \left(\sum_{k=2}^{\infty} \frac{\log p}{p^{ks}} \right) \leq \sum_p \left(\frac{\log p}{p^{2s}} \sum_{k=0}^{\infty} \frac{1}{p^{ks}} \right) < 4 \cdot \sum_p \frac{\log p}{p^{2s}}$$

(wegen $\sum\limits_{k=0}^{\infty} \frac{1}{p^{ks}} < \sum\limits_{k=0}^{\infty} \left(\frac{1}{\sqrt{2}} \right)^k < 4$), und die Reihe $\sum\limits_p \frac{\log p}{p^{2s}}$ ist konvergent.

Nun sei $\mathrm{ggT}(a,m) = 1$ und $ab \equiv 1 \bmod m$. Es gilt für $s > 1$

$$
\begin{aligned}
-\sum_\chi \chi(b) \cdot \frac{L'(x,\chi)}{L(s,\chi)} &= \sum_\chi \chi(b) \left(\sum_p \frac{\chi(p) \cdot \log p}{p^s} + R(s,\chi) \right) \\
&= \sum_\chi \left(\sum_p \frac{\chi(bp) \cdot \log p}{p^s} \right) + \sum_\chi \chi(b) R(s,\chi) \\
&= \sum_p \left(\sum_\chi \frac{\chi(bp) \cdot \log p}{p^s} \right) + \sum_\chi \chi(b) R(s,\chi) \\
&= \sum_p \left(\frac{\log p}{p^s} \cdot \sum_\chi \chi(bp) \right) + \sum_\chi \chi(b) R(s,\chi) \\
&= \varphi(m) \cdot \sum_{p \equiv a \bmod m} \frac{\log p}{p^s} + \sum_\chi \chi(b) R(s,\chi).
\end{aligned}
$$

Jetzt betrachten wir den rechtsseitigen Grenzübergang $s \to 1^+$. Der Term $\sum\limits_\chi \chi(b) R(s,\chi)$ ist beschränkt. Der Term $-\frac{L'(s,\chi)}{L(s,\chi)}$ ist für $\chi = \chi_1$ nicht beschränkt, denn in diesem Fall hat er für $s > 1$ den Wert

$$\sum_{n=1}^{\infty} \frac{\chi_1(n)\Lambda(n)}{n^s} = \sum_{\mathrm{ggT}(m,n)=1} \frac{\Lambda(n)}{n^s} \geq \sum_{p \nmid m} \frac{\log p}{p^s} = \sum_p \frac{\log p}{p^s} + O(1).$$

Weil $L(s,\chi)$ und $L'(s,\chi)$ für $\chi \neq \chi_1$ an der Stelle 1 stetig sind, ist $\frac{L'(s,\chi)}{L(s,\chi)}$ an der Stelle 1 beschränkt, *wenn* $L(1,\chi) \neq 0$ *gilt*. Dann folgt, dass

$$\sum_{p \equiv a \bmod m} \frac{\log p}{p^s}$$

für $s \to 1$ unbeschränkt wächst, dass also unendlich viele Primzahlen in der Restklasse $a \bmod m$ existieren.

Um den Beweis von Satz 6 zu vervollständigen, müssen wir also das *Nichtverschwinden der L-Reihen* an der Stelle 1 für die vom Hauptcharakter verschiedenen Charaktere beweisen. Dies ist der schwierigste Teil des Beweises von Satz 6.

Zuerst beweisen wir die Behauptung

$$L(1,\chi) \neq 0 \quad \text{für} \quad \chi \neq \chi_1$$

für einen *reellen* Charakter χ, also für den Fall, dass χ nur die Werte ± 1 annehmen kann. Wir betrachten dazu den Ausdruck

$$A(x) = \sum_{n \leq x} \left(\frac{1}{\sqrt{n}} \cdot \sum_{d|n} \chi(d) \right).$$

Die Funktion β mit $\beta(n) = \sum_{d|n} \chi(d)$ ist multiplikativ und es gilt für eine Primzahlpotenz p^k

$$\beta(p^k) = \begin{cases} k+1, & \text{falls } \chi(p) = 1, \\ 1, & \text{falls } \chi(p) = -1 \text{ und } k \text{ gerade}, \\ 0, & \text{falls } \chi(p) = -1 \text{ und } k \text{ ungerade}. \end{cases}$$

Also ist stets $\beta(n) \geq 0$ und insbesondere $\beta(n) \geq 1$, falls n ein Quadrat ist. Daher gilt

$$A(x) \geq \sum_{m \leq \sqrt{x}} \frac{1}{m},$$

$A(x)$ ist also nicht beschränkt. Nun wollen wir die Beziehung

$$A(x) = 2\sqrt{x} \cdot L(1, \chi) + O(1)$$

beweisen, welche zeigt, dass $L(1, \chi)$ nicht den Wert 0 haben kann. Dazu benötigen wir die Abschätzungen

$$\sum_{n \leq x} \frac{1}{\sqrt{n}} = 2\sqrt{[x]} - 1 - \frac{1}{2} \int_1^{[x]} \frac{t - [t]}{t\sqrt{t}} \, dt$$

$$= 2\sqrt{x} - 1 - \frac{1}{2} \int_1^\infty \frac{t - [t]}{t\sqrt{t}} \, dt + O\left(\frac{1}{\sqrt{x}}\right) = 2\sqrt{x} - c + O\left(\frac{1}{\sqrt{x}}\right)$$

und

$$\sum_{n > \sqrt{x}} \frac{\chi(n)}{\sqrt{n}} = O\left(\frac{1}{\sqrt[4]{x}}\right), \qquad \sum_{n > \sqrt{x}} \frac{\chi(n)}{\sqrt{n}} = O\left(\frac{1}{\sqrt{x}}\right).$$

Es gilt

$$A(x) = \sum_{kn \leq x} \frac{\chi(n)}{\sqrt{kn}} = \sum_{\substack{kn \leq x \\ n > \sqrt{x}}} \frac{\chi(n)}{\sqrt{kn}} + \sum_{\substack{kn \leq x \\ n \leq \sqrt{x}}} \frac{\chi(n)}{\sqrt{kn}}$$

$$= \sum_{k \leq \sqrt{x}} \left(\frac{1}{\sqrt{k}} \sum_{\sqrt{x} < n \leq \frac{x}{k}} \frac{\chi(n)}{\sqrt{n}} \right) + \sum_{n \leq \sqrt{x}} \left(\frac{\chi(n)}{\sqrt{n}} \sum_{k \leq \frac{x}{n}} \frac{1}{\sqrt{k}} \right)$$

$$= O\left(\frac{1}{\sqrt[4]{x}} \sum_{k \leq \sqrt{x}} \frac{1}{\sqrt{k}} \right) + \sum_{n \leq \sqrt{x}} \frac{\chi(n)}{\sqrt{n}} \left(2\sqrt{\frac{x}{n}} - c + O\left(\sqrt{\frac{n}{x}}\right) \right)$$

$$= 2\sqrt{x} \cdot \sum_{n \leq \sqrt{x}} \frac{\chi(n)}{n} - c \cdot \sum_{n \leq \sqrt{x}} \frac{\chi(n)}{\sqrt{n}} + O(1) = 2\sqrt{x} \cdot L(1, \chi) + O(1).$$

Nun betrachten wir beliebige komplexe Charaktere. In VII.2 Satz 3 haben wir gezeigt, dass $T_\Lambda x = x \log x + O(x)$. Jetzt zeigen wir, dass

$$T_{\lambda\Lambda}x = \begin{cases} O(x), & \text{falls } L(1,\chi) \neq 0, \\ -x\log x + O(x), & \text{falls } L(1,\chi) = 0 : \end{cases}$$

Es gilt

$$\begin{aligned}
T_{\chi\Lambda}x &= T_{\chi(\mu\star\lambda)}x = T_{\chi\mu\star\chi\lambda}x = T_{\chi\mu}(T_{\chi\lambda}x) \\
&= T_{\chi\mu}\left(\sum_{n\leq x}(\chi(n)\log n)\frac{x}{n}\right) \\
&= T_{\chi\mu}\left(x\cdot(-L'(1,\chi)) + O(\log x)\right) = -L'(1,\chi)\cdot T_{\chi\mu}x + O(x),
\end{aligned}$$

denn $\displaystyle\sum_{n\geq x}\frac{\chi(n)\log n}{n} = O\left(\frac{\log x}{x}\right)$ und

$$T_{\chi\mu}O(\log x) = O(T_\iota(\log x)) = O\left(\sum_{n\leq x}\log\frac{x}{n}\right) = O(x).$$

Wegen $\displaystyle\sum_{n\leq x}\frac{\chi(n)}{n} = L(1,\chi) + O\left(\frac{1}{x}\right)$ gilt

$$\begin{aligned}
x = T_\varepsilon x &= T_{\chi\mu\star\chi}x = T_{\chi\mu}(T_\chi x) \\
&= T_{\chi\mu}(x\cdot L(1,\chi) + O(1)) = L(1,\chi)\cdot T_{\chi\mu}x + O(x).
\end{aligned}$$

Ist $L(1,\chi) \neq 0$, dann erhält man daraus $T_{\chi\mu}x = O(x)$ und damit auch $T_{\chi\Lambda}x = O(x)$. Für $L(1,\chi) = 0$ schließen wir folgendermaßen: Es ist

$$\begin{aligned}
T_{\chi\Lambda}x &= T_{\chi(\mu\star\lambda)}x = T_{\chi\mu\star\chi\lambda}x = T_{\chi\mu}(T_{\chi\lambda}x) \\
&= T_{\chi\mu}(T_{\chi\lambda}x - x\log x\, L(1,\chi)) \qquad \text{(weil } L(1,\chi) = 0) \\
&= T_{\chi\mu}(T_{\chi\lambda}x - \log x\, T_\chi x + O(\log x)) \qquad \left(\text{weil } \sum_{n\geq x}\frac{\chi(n)}{n} = O\left(\frac{1}{x}\right)\right) \\
&= T_{\chi\mu}(-T_\chi(x\log x) + O(\log x)) \\
&= -T_{\chi\mu\star\chi}(x\log x) + O(T_\iota(\log x)) \\
&= -T_\varepsilon(x\log x) + O(x) = -x\log x + O(x).
\end{aligned}$$

Nun sei a die Anzahl der Charaktere mit $L(1,\chi) = 0$. Dann ist einerseits

$$\begin{aligned}
\sum_\chi T_{\chi\Lambda}x &= x\sum_\chi\sum_{n\leq x}\frac{\chi(n)\Lambda(n)}{n} \\
&= x\sum_{n\leq x}\left(\frac{\Lambda(n)}{n}\sum_\chi\chi(n)\right) = \varphi(m)\cdot x\cdot\sum_{n\leq x}\frac{\Lambda(n)}{n} \geq 0
\end{aligned}$$

und andererseits

$$\begin{aligned}
\sum_\chi T_{\chi\Lambda}x &= T_{\chi_1\Lambda}x + \sum_{\chi\neq\chi_1}T_{\chi\Lambda}x \\
&= x\log x + O(x) + a(-x\log x) + O(x) = (1-a)(x\log x) + O(x).
\end{aligned}$$

Es muss also $a \leq 1$ gelten. Die Zahl a muss aber gerade sein, da für reelle Charaktere χ oben $L(1, \chi) \neq 0$ gezeigt wurde und für nicht-reelle Charaktere χ mit $L(1, \chi) = 0$ auch $L(1, \overline{\chi}) = 0$ gelten müsste. Also ist $a = 0$. □

Bemerkung: Aus der Ausgangsgleichung

$$\varphi(m) \cdot \sum_{\substack{p \leq x \\ p \equiv a \bmod m}} \frac{\log p}{p} = \sum_{k=1}^{\varphi(m)} \left(\sum_{p \leq x} \frac{\chi_k(p) \cdot \log p}{p} \right)$$

ergibt sich aufgrund der Konvergenz der Reihen $\sum_p \frac{\chi_k(p) \cdot \log p}{p}$ für $k \geq 2$ die Beziehung

$$\sum_{\substack{p \leq x \\ p \equiv a \bmod m}} \frac{\log p}{p} = \frac{1}{\varphi(m)} \cdot \sum_{p \leq x} \frac{\log p}{p} + O(1),$$

wegen $\sum_{p \leq x} \frac{\log p}{p} = \log x + O(1)$ also

(1) $$\sum_{\substack{p \leq x \\ p \equiv a \bmod m}} \frac{\log p}{p} = \frac{1}{\varphi(m)} \cdot \log x + O(1).$$

Entsprechend gilt wegen $\sum_{p \leq x} \frac{1}{p} = \log \log x + O(1)$ die Formel

(2) $$\sum_{\substack{p \leq x \\ p \equiv a \bmod m}} \frac{1}{p} = \frac{1}{\varphi(m)} \cdot \log \log x + O(1).$$

Man kann (2) aus (1) mit Hilfe der abelschen Identität gewinnen: Mit

$$a(n) = \begin{cases} 1, \text{ wenn } n \text{ Primzahl } \equiv a \bmod m \\ 0 \text{ sonst} \end{cases}$$

und

$$A(x) = \sum_{p \leq x} \frac{\log p}{p} = \sum_{n \leq x} \frac{a(n) \log n}{n}$$

ist

$$\sum_{\substack{p \leq x \\ p \equiv a \bmod m}} \frac{1}{p} = \sum_{n \leq x} \frac{a(n)}{n} = \sum_{n \leq x} \frac{a(n) \log n}{n} \cdot \frac{1}{\log n} = \frac{A(x)}{\log x} + \int_2^x \frac{A(t)}{t \log^2 t} \, dt,$$

aus (1) folgt also

$$\sum_{\substack{p \leq x \\ p \equiv a \bmod m}} \frac{1}{p} = \frac{1}{\varphi(m)} \int_2^x \frac{dt}{t \log t} + O(1) = \frac{1}{\varphi(m)} \cdot \log \log x + O(1).$$

VII.6 Zufallsprimzahlen

Wir wollen des Sieb des Eratosthenes *stochastisch* auffassen, d.h. wir betrachten den folgenden stochastischen Prozess:

(1) Man schreibe alle natürlichen Zahlen von 2 bis N auf.
(2) Man markiere die Zahl 2 und streiche jede Zahl > 2 mit der Wahrscheinlichkeit $\frac{1}{2}$.
(3) Ist n die erste nicht-markierte und nicht-gestrichene Zahl, so markiere man n und streiche jede folgende Zahl mit der Wahrscheinlichkeit $\frac{1}{n}$.
(4) Man führe Schritt 3 so lange aus, bis jede Zahl $\leq N$ markiert oder gestrichen ist.
(5) Die markierten Zahlen heißen *Zufallsprimzahlen* in der Menge $\{2, \ldots, N\}$.

Für $N = 100$ haben sich bei drei Computersimulationen die folgenden Zufallsprimzahlen ergeben:

1. Lauf: 2 3 6 12 14 21 24 26 31 33 40 50 59 62 63 64 69 73 77 85 93
2. Lauf: 2 4 6 7 12 13 14 17 19 20 34 35 55 60 61 67 72 79 82 90
3. Lauf: 2 3 16 28 29 32 36 37 39 41 49 52 53 66 68 71 73 74 81 87

Es werden in der Regel weniger als $\pi(100) = 25$ Zufallsprimzahlen geliefert, weil wir die Siebung nicht bei $\sqrt{N}$ abgebrochen haben. Dieser Unterschied ist aber asymptotisch zu vernachlässigen.

Es sei nun w_k die Wahrscheinlichkeit, dass die Zahl k im Laufe der Zufallssiebung markiert wird. Die Zufallsgröße

$$X_N := \text{Anzahl der ausgesiebten Zufallsprimzahlen}$$

hat den Erwartungswert

$$E(X_N) = \sum_{k=2}^{N} w_k.$$

Es gilt für $2 < n \leq N$

$$w_n = \prod_{k=2}^{n-1} \left(1 - \frac{w_k}{k}\right),$$

denn mit der Wahrscheinlichkeit w_k wird k markiert, und mit der Wahrscheinlichkeit $\frac{1}{k}$ wird n aufgrund der Markierung von k gestrichen. Daraus folgt für $2 < n < N$

$$w_{n+1} = w_n \left(1 - \frac{w_n}{n}\right),$$

woraus man zusammen mit $w_2 = 1$ die Wahrscheinlichkeiten w_n berechnen kann. Es ergibt sich nun

$$\frac{1}{w_{n+1}} = \frac{n}{w_n(n - w_n)} = \frac{1}{w_n} + \frac{1}{n - w_n},$$

wegen $0 < w_n < 1$ für $n > 2$ also

$$\frac{1}{w_n} + \frac{1}{n} < \frac{1}{w_{n+1}} < \frac{1}{w_n} + \frac{1}{n-1}.$$

Summation dieser Ungleichungen von $n = 3$ bis $N - 1$ ergibt

$$\sum_{n=3}^{N-1} \frac{1}{n} < \frac{1}{w_N} - \frac{1}{w_3} < \sum_{n=2}^{N-2} \frac{1}{n},$$

wegen $w_3 = \frac{1}{2}$ also

$$\sum_{n=1}^{N} \frac{1}{n} < \frac{1}{w_N} < \sum_{n=1}^{N} \frac{1}{n} + 1.$$

Also ist $\frac{1}{w_N} = \log N + O(1)$ bzw. für $n \in \mathbb{N}$

$$w_n = \frac{1}{\log n} + O\left(\frac{1}{\log^2 n}\right).$$

Es folgt

$$E(X_N) = \sum_{n \leq N} \frac{1}{\log n} + O\left(\sum_{n \leq N} \frac{1}{\log^2 n}\right) = \frac{N}{\log N} + O\left(\frac{N}{\log^2 N}\right),$$

also der *Primzahlsatz für Zufallsprimzahlen.*

Die Zufallsprimzahlen haben also dieselbe Dichte wie die „richtigen" Primzahlen. Es ist daher verlockend, die „richtigen" Primzahlen unter wahrscheinlichkeitstheoretischem Aspekt zu betrachten, um Belege (leider keine Beweise) für einige berühmte Vermutungen zu gewinnen. Den Primzahlsatz wollen wir dabei folgendermaßen interpretieren: Für eine hinreichend große natürliche Zahl n ist die Wahrscheinlichkeit, dass sie eine Primzahl ist, etwa $\frac{1}{\log n}$. Dass man damit zu „vernünftigen" Resultaten kommt, zeigt folgendes Beispiel:

$$\sum_{\substack{p \leq x \\ p \text{ prim}}} \frac{1}{p} \sim \sum_{2 \leq n \leq x} \frac{1}{n} \cdot \frac{1}{\log n} \sim \int_{2}^{x} \frac{dt}{t \log t} \sim \log \log x.$$

In der Tat gilt $\displaystyle\sum_{\substack{p \leq x \\ p \text{ prim}}} \frac{1}{p} = \log \log x + c + O\left(\frac{1}{\log x}\right)$ (vgl. VI.2 Satz 5).

Primzahlzwillingsproblem (vgl. I.2): Zunächst ist die Wahrscheinlichkeit dafür, dass zwei Zahlen m und n in der Nähe von x beides Primzahlen sind, etwa $\frac{1}{\log^2 x}$. Nun ist die Wahrscheinlichkeit für ein Paar $(n, n + 2)$, aus Primzahlen zu bestehen, etwas größer als diese Wahrscheinlichkeit für ein beliebiges Paar (m, n): Eine Primzahl p teilt weder m noch n mit der Wahrscheinlichkeit

$\left(1 - \frac{1}{p}\right)^2$. Sie teilt weder n noch $n+2$ mit der Wahrscheinlichkeit $\frac{1}{2}$, falls $p = 2$,

mit der Wahrscheinlichkeit $\left(1 - \frac{2}{p}\right)$ für $p \geq 3$; denn für $p \geq 3$ teilt sie eine der

beiden Zahlen n und $n+2$ mit der Wahrscheinlichkeit $\frac{1}{p} + \frac{1}{p}$, weil sie nicht beide

Zahlen teilen kann. Daher ist der Faktor, mit dem man die spezielle Form der Paare berücksichtigen muss, die Zahl $2A$ mit

$$A = \prod_{p \geq 3} \frac{\left(1 - \frac{2}{p}\right)}{\left(1 - \frac{1}{p}\right)^2} = \prod_{p \geq 3} \left(1 - \frac{1}{(p-1)^2}\right) \approx 0,66016\dots.$$

Diese Konstante nennt man die *Primzahlzwillingskonstante*. Die Wahrscheinlichkeit dafür, dass ein Paar $(n, n+2)$ ein Primzahlzwilling ist, beträgt also

$$\frac{2A}{\log^2 n} \approx \frac{1,32}{\log^2 n}.$$

Daraus erhält man für die Anzahl $\pi_2(x)$ der Primzahlzwillinge unterhalb x die Beziehung

$$\pi_2(x) \sim 2A \int_2^x \frac{dt}{\log^2 t} \sim 2A \cdot \frac{x}{\log^2 x}.$$

Es ist

$$\pi_2(10^9) = 3\,424\,506 \quad \text{und} \quad 2A \cdot \frac{10^9}{\log^2 10^9} \approx 3\,074\,000.$$

Für $x = 10^{11}$ ist die Näherung schon etwas besser, aber auch hier ist der Quotient der beiden Werte noch etwa 1,09:

$$\pi_2(10^{11}) = 224\,376\,048 \quad \text{und} \quad 2A \cdot \frac{10^{11}}{\log^2 10^{11}} \approx 205\,760\,000.$$

Auch wenn $\pi_2(x)$ mit wachsendem x fast so stark wie $\pi(x)$ zu wachsen scheint, so ist die Anzahl der Primzahlzwillinge andererseits doch so klein, dass die Reihe

$$\sum_{\substack{p \text{ prim} \\ p+2 \text{ prim}}} \left(\frac{1}{p} + \frac{1}{p+2}\right)$$

konvergiert, obwohl die Reihe $\sum\limits_{p \text{ prim}} \frac{1}{p}$ divergiert; dies wurde im Jahr 1919 von

Viggo Brun (1885–1978) bewiesen [Brun 1919]. Wir werden einen Beweis dieses Satzes in IX.4 darstellen. Der Wert dieser Reihe beträgt etwa 1,9. Mit unserem probabilistischen Verfahren können wir für den Satz von Brun eine „Begründung" geben:

$$\sum_{\substack{p \leq x \\ p, p+2 \text{ prim}}} \left(\frac{1}{p} + \frac{1}{p+2}\right) \sim \sum_{2 \leq n \leq x} \frac{2}{n} \cdot \frac{2A}{\log^2 n} \sim 4A \int_2^x \frac{dt}{t \log^2 t} < \frac{4A}{\log 2} \approx 3,8.$$

Goldbachsche Vermutung (vgl. I.12 Aufgabe 26): Die goldbachsche Vermutung besagt, dass jede gerade Zahl ≥ 6 als Summe von zwei ungeraden Primzahlen geschrieben werden kann. Man vermutet sogar, dass die Anzahl $r(n)$ dieser Goldbach-Darstellungen einer geraden Zahl n mit wachsendem n unbeschränkt wächst. Dies lässt sich mit einer „stochastischen" Argumentation belegen: Es gibt

$$\pi\left(\frac{n}{2}\right) - 1 \approx \frac{n}{2\log n}$$

Primzahlen q mit $3 \leq q \leq \frac{n}{2}$. Die Zahl $n - q$ ist ungerade, ist also mit der Wahrscheinlichkeit

$$\frac{2}{\log(n-q)} \approx \frac{2}{\log n}$$

eine Primzahl, so dass man zunächst mit etwa $\dfrac{n}{\log^2 n}$ Goldbach-Darstellungen rechnen kann. Diese Anzahl muss noch multipliziert werden mit dem Verhältnis der Wahrscheinlichkeiten, dass ein beliebiges Paar (r, s) bzw. das spezielle Paar $(r, n-r)$ aus Primzahlen besteht. Die Primzahl $p \geq 2$ teilt weder r noch s mit der Wahrscheinlichkeit $\left(1 - \frac{1}{p}\right)^2$; sie teilt im Falle $p|n$ weder r noch $n-r$ mit der Wahrscheinlichkeit $1 - \frac{1}{p}$, im Falle $p \nmid n$ für $p = 2$ mit der Wahrscheinlichkeit $\frac{1}{2}$ (weil n gerade ist), für $p > 2$ mit der Wahrscheinlichkeit $1 - \frac{2}{p}$ (weil sie dann nicht r *und* $n - r$ teilen kann). Der gesuchte Faktor ist also

$$\frac{1}{2} \cdot \prod_{\substack{p>2 \\ p \nmid n}} \frac{\left(1 - \frac{2}{p}\right)}{\left(1 - \frac{1}{p}\right)^2} \cdot \prod_{p|n} \frac{\left(1 - \frac{1}{p}\right)}{\left(1 - \frac{1}{p}\right)^2} = \prod_{p>2} \frac{\left(1 - \frac{2}{p}\right)}{\left(1 - \frac{1}{p}\right)^2} \cdot \prod_{\substack{p>2 \\ p|n}} \frac{\left(1 - \frac{1}{p}\right)}{\left(1 - \frac{2}{p}\right)}$$

$$= \prod_{p \geq 3} \left(1 - \frac{1}{(p-1)^2}\right) \cdot \prod_{\substack{p>2 \\ p|n}} \left(\frac{p-1}{p-2}\right) = A \cdot \prod_{\substack{p>2 \\ p|n}} \left(\frac{p-1}{p-2}\right),$$

wobei A die Primzahlzwillingskonstante ist. Man erhält also

$$r(n) \sim A \prod_{\substack{p>2 \\ p|n}} \left(\frac{p-1}{p-2}\right) \cdot \frac{n}{\log^2 n}.$$

Man beachte, dass es dabei auf die Reihenfolge der Summanden nicht ankommt, die Darstellungen $11 + 89$ und $89 + 11$ von 100 werden also *nur einmal* gezählt. Die folgende Tabelle gibt einen Eindruck von der Qualität dieser Näherungsformel:

n	100	256	514	1000	2398	10000
$r(n)$	6	8	14	28	37	127
Näherung	4,1	5,5	8,7	18,4	29,3	103,8

Aufgrund einer genaueren Analyse werden in [Hardy/Littlewood 1923] die oben angegebenen Vermutungen über die Anzahl der Goldbach-Darstellungen einer geraden Zahl und über die Anzahl der Primzahlzwillinge erhärtet. In IX.5 werden wir eine obere Abschätzung für $r(n)$ herleiten, welche obige Vermutung stützt.

Primzahlen der Form $n^2 + 1$: Zunächst ergibt sich für die Anzahl der Primzahlen der Form $n^2 + 1$ unterhalb von x

$$\sum_{n^2+1\leq x} \frac{1}{\log(n^2+1)} \sim \sum_{n\leq\sqrt{x}} \frac{1}{2\log n} \sim \frac{1}{2} \cdot \frac{\sqrt{x}}{\log\sqrt{x}} = \frac{\sqrt{x}}{\log x}.$$

Die Wahrscheinlichkeit, dass n^2+1 durch die Primzahl $p > 2$ teilbar ist, beträgt

$$\begin{cases} 0, \text{ falls } \left(\dfrac{-1}{p}\right) = -1, \\ \dfrac{2}{p}, \text{ falls } \left(\dfrac{-1}{p}\right) = +1. \end{cases}$$

Also ist obiger Ausdruck noch mit der Konstanten

$$D = \prod_{p\geq 3} \frac{1 - \dfrac{\left(\frac{-1}{p}\right)+1}{p}}{1 - \dfrac{1}{p}} = \prod_{p\geq 3} \left(1 - \frac{\left(\frac{-1}{p}\right)}{p-1}\right) \approx 1,37281346\dots$$

zu multiplizieren. Folgende Tabelle zeigt die genauen Werte und die Näherungswerte für die Anzahl der Primzahlen der Form $n^2 + 1$ unterhalb von x (vgl. [Ribenboim 1988]):

x	10^6	10^8	10^{10}	10^{12}	10^{14}
Genaue Anzahl	112	841	6656	54110	456362
Näherungswert	99	745	5962	49683	425860

Bis heute ist aber nicht bewiesen, ob unendlich viele Primzahlen der Form n^2+1 existieren.

Mersennesche Primzahlen (vgl. III.9, V.4): Die Wahrscheinlichkeit, dass die Mersenne-Zahl $M_p = 2^p - 1$ eine Primzahl ist, beträgt

$$\frac{1}{\log M_p} \approx \frac{1}{p\cdot\log 2}.$$

Der Erwartungswert der Anzahl aller mersenneschen Primzahlen ist dann

$$\frac{1}{\log 2} \sum_p \frac{1}{p},$$

wegen der Divergenz der Reihe also unendlich. Unterhalb von x erwartet man wegen $\sum\limits_{p \leq x} \frac{1}{p} \approx \log\log x$ etwa $\frac{1}{\log 2}\log\log x$ mersennesche Primzahlen. Eine etwas subtilere Analyse führt zu der Vermutung, dass die Anzahl der mersenneschen Primzahlen $\leq x$ besser mit

$$\frac{e^C}{\log 2}\log\log x$$

abzuschätzen ist, wobei C die eulersche Konstante bedeutet. Es ist $e^C \approx 1,78$; damit ergibt sich für die Anzahl der mersenneschen Primzahlen bis zur 32. solchen (M_{756838}) der Näherungswert 33,8, eine erstaunlich gute Übereinstimmung! (Vgl. [Ribenboim 1988].)

Fermatsche Primzahlen (vgl. III.9, V.4): Die Wahrscheinlichkeit, dass die Fermat-Zahl $F_k = 2^{2^k} + 1$ eine Primzahl ist, beträgt etwa

$$\frac{1}{\log F_k} \approx \frac{1}{2^k \cdot \log 2}.$$

Der Erwartungswert der Anzahl aller fermatschen Primzahlen ist dann

$$\frac{1}{\log 2}\sum_{k=0}^{\infty}\frac{1}{2^k} = \frac{2}{\log 2} \approx 3.$$

So windig diese Überlegung auch sein mag, so stimmt sie doch gut mit der Tatsache überein, dass man bis heute nur 5 fermatsche Primzahlen kennt und auch nicht glaubt, dass eine weitere existiert.

Primzahlen zwischen Quadraten: Es ist eine bis heute unbewiesene Vermutung, dass zwischen zwei Quadratzahlen stets eine Primzahl liegt. Man beachte, dass diese Aussage viel schärfer ist als die des Satzes von Bertrand-Tschebyscheff (vgl. I.4). Die Abschätzung

$$\pi((n+1)^2) - \pi(n^2) \approx \sum_{n^2 < k \leq (n+1)^2} \frac{1}{\log k} \approx \frac{n}{\log n}$$

ist nur ein sehr schwaches Indiz für die Richtigkeit der Vermutung. Sie liefert aber recht vernünftige Werte; beispielsweise liegen zwischen 100^2 und 101^2 genau 23 Primzahlen, wofür die Abschätzung den Wert 21,7 ergibt.

VII.7 Aufgaben

1. Begründe mit Hilfe des Primzahlsatzes die asymptotischen Formeln

$$\pi(x) \sim \frac{x}{2}\left(1 - \sqrt{1 - \frac{4}{\log x}}\right) \quad \text{und} \quad \pi(x) \sim \frac{x}{3}\left(1 - \sqrt[3]{1 - \frac{9}{\log x}}\right).$$

2. a) Zeige mit Hilfe des Primzahlsatzes, dass für jedes $\varepsilon > 0$ ein $x_0 > 0$ derart existiert, dass für alle $x \geq x_0$ zwischen x und $(1+\varepsilon)x$ mindestens eine Primzahl liegt. (Dies ist eine Verschärfung des bertrandschen Postulats; vgl. I.4.)

b) Beweise, dass jedes Intervall aus $\mathbb{R}$ eine Bruchzahl enthält, deren Zähler und Nenner Primzahlen sind.

3. Zeige mit Hilfe des Primzahlsatzes: Sind m Ziffern $z_1, z_2, \ldots, z_m$ gegeben, dann existiert eine Primzahl, deren Dezimaldarstellung mit $z_1 z_2 \ldots z_m \ldots$ beginnt.

4. Es ist eine unbewiesene Vermutung, dass es unendlich viele Primzahlen der Form $4n^2 + 1$ gibt. Man zeige:

a) $5 | 4n^2 + 1$ für $n \equiv \pm 1 \bmod 5$;   b) $13 | 4n^2 + 1$ für $n \equiv \pm 1 \bmod 13$;

c) $4n^2 + 1$ ist für kein $n \in \mathbb{N}$ durch 3, 7 oder 11 teilbar.

5. Zeige: $\displaystyle\sum_p \frac{1}{p \cdot (\log \log p)^r}$ konvergiert genau dann, wenn $r > 1$.

6. Zeige, dass $\displaystyle\prod_{p \leq x} \left(1 - \frac{1}{p}\right) = \frac{a}{\log x} + O\left(\frac{1}{\log^2 x}\right)$ $(a \in \mathbb{R})$.

7. a) Es sei $f(x) = \psi(x) - [x]$. Man beweise für $x \geq 1$:

$$\sum_{n \leq x} \mu(n) \log n = -1 - \sum_{n \leq x} \mu(n) f\left(\frac{x}{n}\right)$$

b) Man leite aus dem Primzahlsatz her: $\displaystyle\sum_{n \leq x} \mu(n) = o(x)$

8. Zeige, dass der Primzahlsatz äquivalent ist mit $\displaystyle\sum_{p \leq x} \log p \sim x$.

9. Leite aus der abelschen Identität her: $\displaystyle\int_2^x \frac{\pi(t)}{t^2} \, dt = \sum_{p \leq x} \frac{1}{p} + o(1)$.

Beweise dann mit Hilfe von VII.2 Satz 5 den folgenden Satz von Tschebyscheff: Existiert $\displaystyle\lim_{x \to \infty} \frac{\pi(x)}{\frac{x}{\log x}}$, dann ist dieser Grenzwert 1 (vgl. I.4).

10. In der Reihe $\displaystyle\sum_{p \neq 2} \frac{(-1)^{\frac{p-1}{2}}}{p}$, wird über alle Primzahlen $\neq 2$ summiert.

a) Zeige: Ist die Reihe konvergent, dann existieren in jeder der beiden Restklassen 1 mod 4 und 3 mod 4 unendlich viele Primzahlen.

b) Zeige, dass aus der Unendlichkeit der Menge der Primzahlen in jeder der Restklassen 1 mod 4 und 3 mod 4 nicht die Konvergenz der Reihe folgt.

11. Es sei α eine vollständig multiplikative Funktion mit reellen Werten und $|\alpha(p)| < 1$ für alle Primzahlen p, ferner sei $\displaystyle\sum_p \alpha(p)$ absolut konvergent.

a) Beweise, dass $\sum\limits_{n=1}^{\infty} \alpha(n)$ absolut konvergiert und dass $\sum\limits_{n=1}^{\infty} \alpha(n) = \prod\limits_{p} \dfrac{1}{1-\alpha(p)}$.

b) Zeige: $\log \sum\limits_{n=1}^{\infty} \alpha(n) = \sum\limits_{p} \alpha(p) + R$ mit $|R| \leq \dfrac{1}{2} \sum\limits_{p} \dfrac{|\alpha(p)|^2}{1-|\alpha(p)|}$

c) Es sei $|\alpha(n)| \leq n^{-s}$ mit $s > 1$. Zeige $|R| < 1$ für den Term R aus b).

d) Beweise die Konvergenz der Reihe $\sum\limits_{p} \dfrac{(-1)^{\frac{p-1}{2}}}{p}$.

12. a) Zeige, dass unendlich viele Primzahlen p existieren, für welche 10 quadratischer Rest mod p ist.

b) Zeige, dass es unendlich viele Primzahlen p gibt, für welche die Periodenlänge der Dezimalbruchentwicklung von $\dfrac{1}{p}$ kleiner als $p-1$ ist.

13. Zeige: Ist p eine Primzahl > 2 und ist die Kongruenz $x^{2^r} + 1 \equiv 0 \bmod p$, lösbar, dann ist $p \equiv 1 \bmod 2^{r+1}$. Beweise dann, dass die Restklasse 1 mod 2^{r+1} unendlich viele Primzahlen enthält.

14. Beweise, dass der dirichletsche Primzahlsatz (Satz 6) äquivalent mit folgender Aussage ist: Für alle $a, m \in \mathbb{N}$ mit $\mathrm{ggT}(a, m) = 1$ existiert ein $n \in \mathbb{N}$, so dass $a + mn$ eine Primzahl ist.

15. Beweise mit Hilfe des Satzes von Dirichlet (Satz 6), dass es für jedes $s \in \mathbb{N}$ in jeder primen Restklasse $a \bmod m$ unendlich viele natürliche Zahlen gibt, welche das Produkt von s verschiedenen Primzahlen sind.

VII.8 Lösungen der Aufgaben

1. Die Terme auf der rechten Seite sind nur für $x \geq e^{n^2}$ $(n = 2, 3)$ definiert. Der Quotient aus dem angegebenen Term und $\dfrac{x}{\log x}$ strebt für $x \to \infty$ gegen 1:

$$\lim_{x\to\infty} \frac{\frac{x}{3}\left(1 - \sqrt[3]{1 - \dfrac{9}{\log x}}\right)}{\dfrac{x}{\log x}} = \lim_{u\to 0^+} \frac{1 - \sqrt[3]{1-u}}{\dfrac{1}{3}u} \qquad \left(\text{mit } u = \frac{9}{\log x}\right)$$

$$= \lim_{u\to 0^+} (1-u)^{-\frac{2}{3}} = 1 \qquad \text{(nach der Regel von de l'Hospital)}$$

2. a) Man kann sich auf $0 < \varepsilon < 1$ beschränken. Es existiert $x_1 > 0$ mit

$$\pi((1+\varepsilon)x) - \pi(x) \geq \left(1 - \frac{\varepsilon}{3}\right) \cdot \frac{(1+\varepsilon)x}{\log(1+\varepsilon)x} - \left(1 + \frac{\varepsilon}{3}\right) \cdot \frac{x}{\log x}$$

$$\geq \frac{x}{\log x \log(1+\varepsilon)x} \cdot \left(\frac{\varepsilon(1-\varepsilon)}{3}\log x - \frac{4}{3}\log 2\right)$$

für $x \geq x_1$. Es existiert ein $x_2 > 0$, so dass der Ausdruck in der Klammer für $x \geq x_2$ positiv ist. Für $x \geq x_0 = \max(x_1, x_2)$ ist also $\pi((1 + \varepsilon)x) - \pi(x) > 0$.

b) Es sei $a < b$ $(a, b \in \mathbb{R}^+)$. Man wende Teil a) auf $1 + \varepsilon = \dfrac{b}{a}$ und $x = aq$ an, wobei q eine Primzahl mit $aq > x_0$ ist: Für eine Primzahl p mit $aq < p < (1 + \varepsilon)aq$ gilt dann $a < \dfrac{p}{q} < (1 + \varepsilon)a = b$.

3. Es sei $n = (z_1 z_2 \ldots z_m)_{10}$. Man wende die Aussage von Aufgabe 2 a) auf $x = 10^k n$ mit $k \in \mathbb{N}$ und $\varepsilon = \dfrac{1}{n}$ an. Es existiert also für genügend großes k eine Primzahl p zwischen $10^k n$ und $10^k(n + 1)$, also

$$(z_1 z_2 \ldots z_m 00 \ldots 0)_{10} < p \leq (z_1 z_2 \ldots z_m 99 \ldots 9)_{10}.$$

4. a) $4n^2 + 1 \equiv 0 \bmod 5$ hat die Lösungen $n \equiv \pm 1 \bmod 5$.

b) $4n^2 + 1 \equiv 0 \bmod 13$ hat die Lösungen $n \equiv \pm 4 \bmod 13$.

c) $4n^2 + 1 \equiv 0 \bmod 3$ (bzw. 7 bzw. 11) führt auf $n^2 \equiv 2 \bmod 3$ bzw. $n^2 \equiv 5 \bmod 7$ bzw. $n^2 \equiv 8 \bmod 11$. Diese Kongruenzen sind nicht lösbar, denn die Legendre-Symbole $\left(\dfrac{2}{3}\right), \left(\dfrac{5}{7}\right), \left(\dfrac{8}{11}\right)$ haben alle den Wert -1.

5. Mit $a(n) = 1$, wenn n Primzahl, 0 sonst, und $A(x) = \sum\limits_{n \leq x} \dfrac{a(n)}{n} = \sum\limits_{p \leq x} \dfrac{1}{p}$ wenden wir die abelsche Identität (VI.4 Satz 8) an, wobei wir $A(x) = \log \log x + O(1)$ (VII.2 Satz 5) benutzen. Es ist dann

$$\sum_{p \leq x} \frac{1}{p \log \log p^r} = (\log \log x)^{1-r} + O((\log \log x)^{-r})$$

$$+ r \int_2^x \frac{dt}{t \log t (\log \log t)^r} + O\left(\int_2^x \frac{dt}{t \log t (\log \log t)^{r+1}}\right),$$

und die Terme auf der rechten Seite konvergieren genau dann, wenn $r > 1$.

Beachte dabei, dass $\displaystyle\int_2^x \frac{dt}{t \log t (\log \log t)^r} = \int_{\log \log 2}^{\log \log x} \frac{du}{u^r}$.

6. Wegen $\log(1 - x) = -x - \dfrac{x^2}{2} - \dfrac{x^3}{3} - \ldots$ (Taylor-Reihe) und $\sum\limits_{p \leq x} \dfrac{1}{p} = \log \log x + A + O((\log x)^{-1})$ gilt

$$\log \prod_{p \leq x} \left(1 - \frac{1}{p}\right) = -\sum_{p \leq x} \frac{1}{p} - \sum_{p \leq x} \sum_{k=2}^{\infty} \frac{1}{kp^k} = -\log \log x - A - B + O((\log x)^{-1})$$

mit $B = \sum\limits_{p} \sum\limits_{k=2}^{\infty} \dfrac{1}{kp^k}$. Mit $a = e^{-A-B}$ und $e^{O((\log x)^{-1})} = 1 + O((\log x)^{-1})$ ergibt sich die Behauptung.

7. a) $\displaystyle\sum_{n \leq x} \mu(n) f\left(\frac{x}{n}\right) = T_{\mu * \Lambda} 1(x) - T_{\mu * \iota} 1(x) = -T_{\mu \lambda * \iota} 1(x) - T_\varepsilon 1(x).$

b) Es sei $\varepsilon > 0$; aufgrund des Primzahlsatzes existiert dann ein $x_0 > 0$ mit $|f(x)| \leq \varepsilon x$ für $x > x_0$. Man setze $K = \max\limits_{x \leq x_0} |f(x)|$. Für $x > x_0$ gilt dann

$$\left| \sum_{n \leq x} \mu(n) f\left(\frac{x}{n}\right) \right| \leq \left| \sum_{n \leq x} f\left(\frac{x}{n}\right) \right| \leq \varepsilon x \sum_{n \leq x} \frac{1}{n} + Kx.$$

Wegen $\varepsilon > 0$ ist also $\limsup\limits_{x \to \infty} \dfrac{1}{x \log x} \left| \sum\limits_{n \leq x} \mu(n) f\left(\frac{x}{n}\right) \right| = 0$. Aus a) folgt daher $\sum\limits_{n \leq x} \mu(n) \log n = o(x \log x)$. Die Behauptung folgt nun aus

$$\sum_{n \leq x} \mu(n) \log n = \log x \sum_{n \leq x} \mu(n) + O(x).$$

8. Die Funktion $\theta(x) = \sum\limits_{p \leq x} \log p$ heißt *Tschebyscheff-Funktion*. Es gilt

$$0 \leq \psi(x) - \theta(x) = \sum_{\substack{p^r \leq x \\ r \geq 2}} \log p \leq \frac{\log x}{\log 2} \cdot \sum_{p \leq \sqrt{x}} \log p,$$

weil für alle r mit $2^r > x$ keine Summanden mehr auftreten. Es folgt wegen $\sum\limits_{n \leq x} \log n = x \log x + O(x)$

$$0 \leq \psi(x) - \theta(x) \leq \frac{\log x}{\log 2} \cdot O(\sqrt{x} \log \sqrt{x}) = O\left(\sqrt{x} \cdot \log^2 x\right)$$

und damit $0 \leq \dfrac{\psi(x)}{x} - \dfrac{\theta(x)}{x} = O\left(\dfrac{\log^2 x}{\sqrt{x}}\right)$.

Mit $\lim\limits_{x \to \infty} \dfrac{\psi(x)}{x} = 1$ gilt also auch $\lim\limits_{x \to \infty} \dfrac{\theta(x)}{x} = 1$ und umgekehrt.

9. Aus VI.4 Satz 8 und VII.2 Satz 5 folgt für $P(x) := \int\limits_{2}^{x} \dfrac{\pi(t)}{t^2} \, dt$ die Beziehung

$P(x) \sim \log \log x + O(1)$. Wegen $\int\limits_{2}^{x} \dfrac{dt}{t \log t} = \log \log x + O(1)$ gilt aber:

(1) Gäbe es ein δ mit $0 < \delta < 1$ und ein $X_\delta > 0$ mit $\pi(x) \leq (1-\delta) \cdot \dfrac{x}{\log x}$ für $x > X_\delta$, dann wäre $P(x) \leq (1-\delta) \log \log x + O(1)$.

(2) Gäbe es ein δ mit $0 < \delta < 1$ und ein $X_\delta > 0$, so dass $\pi(x) \geq (1+\delta) \cdot \dfrac{x}{\log x}$ für $x > X_\delta$, dann wäre $P(x) \geq (1+\delta) \log \log x + O(1)$.

10. a) Enthielte eine der Restklassen $1 \bmod 4$ oder $3 \bmod 4$ nur endlich viele Primzahlen, so hätte die betrachtete Reihe nur endlich viele positive oder nur endliche viele negative Summanden, könnte wegen der Divergenz von $\sum_p \frac{1}{p}$ also nicht konvergent sein.

b) Ist z.B. $\sum\limits_{p \equiv 3 \bmod 4} \dfrac{1}{p}$ konvergent, dann ist

$$\sum_{\substack{p \neq 2 \\ p \leq x}} (-1)^{\frac{p-1}{2}} \cdot \frac{1}{p} + 2 \cdot \sum_{\substack{p \equiv 3 \bmod 4 \\ p \leq x}} \frac{1}{p} + \frac{1}{2} = \sum_{p \leq x} \frac{1}{p}.$$

Aus der Divergenz der letzten Reihe ergibt sich der Beweis der Behauptung.

11. a) Vgl. Exkurs über unendliche Produkte in VI.3; insbesondere ergibt sich $\sum \alpha(n) > 0$, so dass man den (reellen) Logarithmus bilden kann.

b) $\quad \sum_p \log \dfrac{1}{1 - \alpha(p)} = \sum_p \sum_k \dfrac{1}{k} (\alpha(p))^k = \sum_p \alpha(p) + R \quad$ mit

$$|R| = \left| \sum_p \sum_{k \geq 2} \frac{1}{k} (\alpha(p))^k \right| \leq \frac{1}{2} \sum_p \sum_{k \geq 2} |\alpha(p)|^k = \frac{1}{2} \sum_p \frac{|\alpha(p)|^2}{1 - |\alpha(p)|}.$$

c) $\quad |R| \leq \sum_{n=2}^{\infty} \dfrac{1}{n^2} < 1$; dies gilt auch für $s = 1$.

d) Mit $\alpha(n) = 0$ für $2|n$ und $\alpha(n) = (-1)^{\frac{n-1}{2}} \cdot n^{-s}$ für $2 \nmid n$ ($s > 1$) folgt

$$\log \sum_{n=1}^{\infty} \alpha(n) = \sum_p \alpha(p) + R \text{ mit } |R| < 1. \text{ Da die Reihe } 1 - \frac{1}{3} + \frac{1}{5} - + \ldots$$

gegen einen positiven Wert konvergiert, existiert auch $\lim\limits_{s \to 1} \sum_p \alpha(p)$.

12. a) Es gilt $\left(\dfrac{10}{p}\right) = \left(\dfrac{2}{p}\right)\left(\dfrac{5}{p}\right) = (-1)^{\frac{p^2-1}{8}} \cdot \left(\dfrac{p}{5}\right) = +1$, falls

(1) $p \equiv \pm 1 \bmod 8$ und $p \equiv \pm 1 \bmod 5$, also $p \equiv 1, 9, 31, 39 \bmod 40$;

(2) $p \equiv \pm 3 \bmod 8$ und $p \equiv \pm 2 \bmod 5$, also $p \equiv 3, 13, 27, 37 \bmod 40$.

Nach dem Satz von Dirichlet enthält jede der acht Restklassen mod 40 unendlich viele Primzahlen.

b) Ist $10 \equiv a^2 \bmod p$, so ist $10^{\frac{p-1}{2}} \equiv a^{p-1} \equiv 1 \bmod p$, also $\operatorname{ord}_p[10] < p - 1$. Aus Teil a) folgt nun die Behauptung.

13. Aus $x^{2^r} \equiv -1 \bmod p$ folgt $x^{2^{r+1}} \equiv 1 \bmod p$ und daraus $\varphi(p)|2^{r+1}$ bzw. $p \equiv 1 \bmod 2^{r+1}$. Es sei nun p_1 ein Primteiler von $2^{2^r} + 1$, p_2 ein Primteiler von $(2p_1)^{2^r} + 1$, p_3 ein Primteiler von $(2p_1 p_2)^{2^r} + 1$ usw., allgemein p_{i+1} ein Primteiler von $(2p_1 \cdot \ldots \cdot p_i)^{2^r} + 1$, dann sind die Primzahlen $p_1, p_2, \ldots, p_i, \ldots$ paarweise verschieden und gehören alle zur Restklasse $1 \bmod 2^{r+1}$.

14. Es existiere für alle $a, m \in \mathbb{N}$ mit $\operatorname{ggT}(a, m) = 1$ ein n, so dass $a + nm$ eine Primzahl ist. Ist nun $\operatorname{ggT}(a, m) = 1$ und $a + nm$ eine Primzahl, dann ist auch $\operatorname{ggT}(a, mn) = 1$. Es existiert also ein n' so, dass $a + n'(nm) = a + (n'n)m$ eine Primzahl ist. So fortfahrend erhält man unendlich viele Primzahlen in der Restklasse $a \bmod m$.

15. Man gehe induktiv vor. Für $s = 1$ folgt die Behauptung direkt aus dem Satz von Dirichlet. Schluss von s auf $s + 1$: Es sei $a + km = p_1 p_2 \ldots p_s$ mit $p_1 < p_2 < \ldots < p_s$. Aufgrund des Satzes von Dirichlet existieren unendlich viele $n \in \mathbb{N}$, für welche $1 + nm = p_{s+1}$ eine Primzahl $> p_s$ ist. Dann folgt

$$
\begin{aligned}
a + (p_1 p_2 \ldots p_s n + k)m &= (p_1 p_2 \ldots p_s)nm + (a + km) \\
&= (p_1 p_2 \ldots p_s)(1 + nm) = p_1 p_2 \ldots p_s p_{s+1}.
\end{aligned}
$$

VIII Elemente der Additiven Zahlentheorie

VIII.1 Problemstellungen der Additiven Zahlentheorie

Viele Fragestellungen der Zahlentheorie beschäftigen sich mit der Darstellung oder Darstellbarkeit natürlicher Zahlen als Summe von Zahlen spezieller Art. In V.5 und V.9 haben wir untersucht, welche Zahlen als Summe von zwei bzw. drei Quadratzahlen zu schreiben sind. Der Satz von Lagrange (V.5 Satz 15) besagt, dass jede Zahl als Summe von höchstens vier Quadraten zu schreiben ist. Waring vermutete, dass allgemeiner jede Zahl als Summe von höchstens $g(k)$ k-ten Potenzen zu schreiben ist; diese Vermutung ist in der Zwischenzeit bewiesen worden (Satz von Waring-Hilbert, VIII.7 Satz 17). Jede Zahl lässt sich als Summe von höchstens n n-Eckszahlen darstellen, wie Cauchy bewiesen hat (vgl. V.8). Die von Christian Goldbach, einem Kollegen Eulers an der Petersburger Akademie der Wissenschaften, aufgeworfene Frage, ob jede gerade Zahl ≥ 6 Summe von zwei ungeraden Primzahlen sei, ist bis heute unbeantwortet. Man kann aber zeigen, dass eine Konstante c existiert, so dass jede Zahl als Summe von höchstens c Primzahlen zu schreiben ist (Satz von Goldbach-Schnirelmann, VIII.6 Satz 16). Mit $c = 3$ wäre die goldbachsche Vermutung im Wesentlichen bewiesen.

Bei diesen Fragen interessiert man sich natürlich auch für die *Anzahl der Darstellungen* einer Zahl als Summe von Zahlen der jeweils betrachteten Art, und zwar insbesondere dann, wenn die *Möglichkeit* der Darstellung bekannt oder gar trivial ist. Der „trivialste" Fall ist dann die Darstellung einer Zahl als Summe von Zahlen ohne weitere Einschränkungen. Eine solche Darstellung nennt man eine *Partition* der Zahl. Mit Partitionen werden wir uns in VIII.2 und VIII.3 auseinandersetzen.

Zur Behandlung der Probleme der Additiven Zahlentheorie hat Euler erzeugende Funktionen von Folgen natürlicher Zahlen betrachtet: Ist

$$f(x) = \sum_{n=0}^{\infty} a_n x^n$$

für $|x| < r$ konvergent, dann heißt f die (gewöhnliche) *erzeugende Funktion* der Folge $\{a_n\}$ bzw. der zahlentheoretischen Funktion $n \mapsto a_n$ (vgl. VI.5). Ist nun $A \subseteq \mathbb{N}_0$ und

$$a_n = \begin{cases} 1, & \text{wenn } n \in A \\ 0, & \text{wenn } n \notin A, \end{cases}$$

dann ist

$$(f(x))^k = \sum_{n=0}^{\infty} r(n)x^n,$$

wobei $r(n)$ die Anzahl der Darstellungen von n als Summe von k Zahlen aus A ist (mit Berücksichtigung der Reihenfolge, Wiederholungen erlaubt). Gelingt es nun, die Funktion f bzw. f^k noch anders als durch die Potenzreihe zu beschreiben, dann kann man hoffen, Aufschluss über die Zahlen $r(n)$ zu erhalten.

In den Dreißigerjahren entwickelte sich eine andere Methode zur Untersuchung von Problemen der Additiven Zahlentheorie. Man definierte verschiedene *Dichtebegriffe* für Teilmengen von $\mathbb{N}$ sowie eine *Addition* solcher Mengen und versuchte, die Dichte einer Summe von Mengen mit Hilfe der Dichte der einzelnen Mengen abzuschätzen. Dieser moderne Zweig der Additiven Zahlentheorie ist mittlerweile sehr umfangreich, so dass wir in VIII.5 und VIII.8 nur einen kleinen Ausschnitt behandeln können.

In VIII.9 sprechen wir die Frage an, welche Zahlen als Summe von Zahlen aus einer gegebenen *endlichen* Menge zu schreiben sind.

Zur Unterscheidung von der Additiven Zahlentheorie nennt man die Teile der Zahlentheorie, in denen man sich mit den Teilbarkeitseigenschaften und z.B. mit der Primfaktorzerlegung der ganzen Zahlen beschäftigt, *Multiplikative* Zahlentheorie. Natürlich ist diese Unterscheidung nicht sehr streng, wie z.B. die Frage der Darstellung von Zahlen als Summe von zwei Quadraten zeigt.

Monographien zur Additiven Zahlentheorie sind [Ostmann 1956], [Halberstam/Roth 1966]. Themen der Additiven Zahlentheorie enthalten u.a. die Bücher [Niven/Zuckerman 1980], [Hua 1982], [Narkiewicz 1983]. In [Guy 1981] ist der Abschnitt C den ungelösten Problemen der Additiven Zahlentheorie gewidmet.

VIII.2 Partitionen

Es sei A eine Teilmenge von $\mathbb{N}$. Eine Darstellung einer natürlichen Zahl n als Summe von Zahlen aus A, wobei es nicht auf die Reihenfolge ankommt und Zahlen aus A mehrfach als Summand auftreten dürfen, nennt man eine *Partition* oder *Zerlegung von n in Summanden aus A*. Ist $A = \mathbb{N}$, so spricht man einfach von einer *Partition* von n. Tritt der Summand $a_i \in A$ genau k_i-mal auf, dann nennt man k_i die *Vielfachheit* von a_i in der Partition

$$n = k_1 a_1 + k_2 a_2 + k_3 a_3 + \ldots.$$

Die Anzahl der Partitionen von n bezeichnet man mit $p_A(n)$ bzw. im Fall $A = \mathbb{N}$ einfach mit $p(n)$. Man betrachtet auch Partitionen mit gewissen Einschränkungen, z. B. Partionen mit lauter verschiedenen Summanden, mit einer gewissen Höchstzahl von Summanden, mit einem gewissen höchsten Wert der Summanden und allen möglichen Kombinationen dieser Einschränkungen. Mit $\overline{p}_A(n)$ bezeichnen wir die Anzahl der Partitionen in lauter *verschiedene* Summanden aus A. Obwohl 0 nicht als Summe von natürlichen Zahlen zu schreiben ist, vereinbaren wir $p_A(0) = \overline{p}_A(0) = 1$; die Nützlichkeit dieser Vereinbarung sieht man schon im folgenden Satz.

Satz 1: Für $x \in \mathbb{R}$ mit $|x| < 1$ und $A \subseteq \mathbb{N}$ gilt

$$\sum_{n=0}^{\infty} p_A(n)x^n = \prod_{a \in A}(1 - x^a)^{-1} \quad \text{und} \quad \sum_{n=0}^{\infty} \overline{p}_A(n)x^n = \prod_{a \in A}(1 + x^a).$$

Beweis: Für $|x| < 1$ gilt

$$\prod_{a \in A}(1 - x^a)^{-1} = \prod_{a \in A}(1 + x^a + x^{2a} + x^{3a} + \ldots).$$

Beim Ausmultiplizieren, was wegen der absoluten Konvergenz erlaubt ist, ergibt sich als Koeffizient von x^n die Anzahl der Darstellungen von n in der Form $k_1 a_1 + k_2 a_2 + k_3 a_3 + \ldots$ ($k_i \in \mathbb{N}_0$, $a_i \in A$), also $p_A(n)$. Die zweite Behauptung ergibt sich daraus, dass sich beim Ausmultiplizieren von $\prod_{a \in A}(1 + x^a)$ als Koeffizient von x^n gerade $\overline{p}_A(n)$ ergibt. $\square$

Wir verzichten hier und im Folgenden auf ausführlichere Konvergenzbetrachtungen, da dies in der Regel einfache Übungen zur Analysis sind.

Man nennt allgemein die Funktion $x \longmapsto \sum_{n=0}^{\infty} \alpha(n)x^n$ die *erzeugende Funktion* (genauer *gewöhnliche* erzeugende Funktion) der Folge $\alpha(n)$ bzw. der zahlentheoretischen Funktion α (vgl. V.5). Satz 1 besagt also, dass

$$F_A : x \mapsto \prod_{a \in A}(1 - x^a)^{-1}$$

die erzeugende Funktion von p_A und

$$\overline{F}_A : x \mapsto \prod_{a \in A}(1 + x^a)$$

die erzeugende Funktion von $\overline{p}_A$ ist.

Satz 2: Ist U die Menge der ungeraden natürlichen Zahlen, dann gilt

$$\overline{p}(n) = p_U(n)$$

für alle $n \in \mathbb{N}$; die Anzahl der Partitionen von n in *verschiedene* Summanden ist also gleich der Anzahl der Partitionen von n in *ungerade* Summanden.

Beweis: Für die erzeugenden Funktionen $\overline{F}$ und F_U von $\overline{p}$ und p_U gilt

$$\overline{F}(x) = \prod_{i=1}^{\infty}(1 + x^i) \quad \text{bzw.} \quad F_U(x) = \prod_{i=1}^{\infty}(1 - x^{2i-1})^{-1}$$

(Satz 1). Es ist nun

$$\prod_{i=1}^{\infty}(1 + x^i) = \prod_{i=1}^{\infty}\frac{1 - x^{2i}}{1 - x^i} = \prod_{k=1}^{\infty}\frac{1}{1 - x^{2k-1}},$$

denn im Nenner des mittleren Produktes kommen *alle* Faktoren $1 - x^i$ vor, im Zähler nur die mit *geradem* Exponent, es verbleiben also die mit *ungeradem* Exponent. Aus $\overline{F} = F_U$ folgt $\overline{p}(n) = p_U(n)$ für alle $n \in \mathbb{N}$. $\square$

Die Aussage $\overline{p} = p_U$ aus Satz 2 kann man auch mit kombinatorischen Argumenten belegen, die Benutzung erzeugender Funktionen ist aber hier und bei ähnlichen Problemen der schnellere Weg. Diese Methode ist von Euler erdacht worden; er versuchte u.a., in der Beziehung

$$\left(\sum_{i=0}^{\infty} x^{i^2}\right)^4 = \sum_{n=0}^{\infty} \varrho(n)x^n$$

$\varrho(n) > 0$ für alle $n \in \mathbb{N}$ nachzuweisen, um so den Vierquadratesatz zu erhalten. Dieser Beweis des Satzes von Lagrange ist aber erst Jacobi im Rahmen der Theorie der elliptischen Funktionen gelungen. Eulers Verdienst besteht in diesem Zusammenhang darin, das zahlentheoretische Problem der Bestimmung von Partitionsanzahlen funktionentheoretischen Methoden zugänglich gemacht zu haben.

Weil das Produkt $\prod_{i=1}^{\infty}(1 - x^i)^{-1}$ und damit die Reihe $\sum_{n=0}^{\infty} p(n)x^n$ für $|x| < 1$ konvergiert, gilt dies für jede erzeugende Funktion einer Partitionsfunktion, da die Partitionsanzahlen durch Einschränkungen nicht vergrößert werden. Für $|x| > 1$ herrscht Divergenz. Wegen $p(n + 1) \geq p(n) + 1$ folgt aus dem Quotientenkriterium für Reihen, dass

$$\lim_{n \to \infty} \frac{p(n + 1)}{p(n)} = 1.$$

Ist $A = \{1, 2, .., m\}$, so schreiben wir p_m statt p_A; es ist also $p_m(n)$ die Anzahl der Partitionen von n in Summanden $\leq m$. Die erzeugende Funktion von p_m ist

$$F_m : x \mapsto \prod_{i=1}^{m}(1 - x^i)^{-1}.$$

Weiterhin bezeichnen wir mit $p^{(m)}(n)$ die Anzahl der Partitionen von n in höchstens m Summanden. Wir zeigen im folgenden Satz, dass $p^{(m)}(n) = p_m(n)$ für alle

$m, n \in \mathbb{N}$ gilt, wobei wir von der Darstellung einer Partition als *Graph* (Punktmuster) Gebrauch machen. Der folgende Graph bedeutet zeilenweise gelesen die Partition

$$27 = 8 + 6 + 6 + 3 + 2 + 1 + 1,$$

spaltenweise gelesen die Partition

$$27 = 7 + 5 + 4 + 3 + 3 + 3 + 1 + 1.$$

Um Eindeutigkeit herzustellen, sei dabei die Anordnung der Zahlen (Zeilen/Spalten) nach abnehmender Größe verlangt. James Joseph Sylvester (1814–1897) benutzte erstmals solche Graphen in einer Publikation, schrieb diese Methode aber Norman MacLeod Ferrers (1829–1903) zu, weshalb man von *Ferrers-Graphen* spricht.

Satz 3: Für alle $m, n \in \mathbb{N}$ gilt

$$p^{(m)}(n) = p_m(n).$$

Die Anzahl der Partitionen von n in höchstens m Summanden ist also gleich der Anzahl der Partitionen von n in Summanden $\leq m$.

Beweis: Man lese den Graph einer Partition einmal zeilenweise und einmal spaltenweise. □

Ist F die erzeugende Funktion von p, dann bezeichnen wir ihre Kehrfunktion $\frac{1}{F}$ mit $\mathcal{E}$. Es ist also

$$\mathcal{E}(x) = \prod_{i=1}^{\infty} (1 - x^i).$$

Diese von Euler eingeführte Funktion wird im folgenden Satz als eine Potenzreihe dargestellt.

Satz 4: Es gilt

$$\mathcal{E}(x) = 1 + \sum_{n=1}^{\infty} (-1)^n \left(x^{\frac{n(3n+1)}{2}} + x^{\frac{n(3n-1)}{2}} \right).$$

Beweis: Beim Ausmultiplizieren des Produktes

$$\prod_{i=1}^{\infty} (1 - x^i)$$

erhält der Summand x^n den Koeffizient

$$\overline{p}^g(n) - \overline{p}^u(n),$$

wobei $\overline{p}^g(n)$ die Anzahl der Partitionen von n in eine *gerade* Anzahl verschiedener Summanden und $\overline{p}^u(n)$ die Anzahl der Partitionen von n in eine *ungerade* Anzahl verschiedener Summanden bedeutet. Denn der Summand x^n entsteht aus $(-x^a)(-x^b)(-x^c)\ldots$ mit $n = a + b + c + \ldots$ und einer *geraden* Anzahl von verschiedenen Summanden, der Summand $-x^n$ ensteht aus $(-x^a)(-x^b)(-x^c)\ldots$ mit $n = a + b + c + \ldots$ und einer *ungeraden* Anzahl von verschiedenen Summanden.

Ist nun $n = a_1 + a_2 + \ldots a_k$ mit $a_1 > a_2 > \ldots > a_k$ eine Partition von n in k verschiedene Summanden, und gilt $a_1 - a_2 = a_2 - a_3 = \ldots = a_{r-1} - a_r = 1$ und $a_r - a_{r+1} > 1$ sowie $r < k$ und $r < a_k$, dann ist

$$n = (a_1 - 1) + (a_2 - 1) + \ldots + (a_r - 1) + a_{r+1} + \ldots + a_k + r$$

eine Partition von n in $k + 1$ Summanden, welche ebenfalls streng monoton abnehmen (Fig. 1).

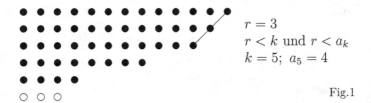

$r = 3$
$r < k$ und $r < a_k$
$k = 5$; $a_5 = 4$

Fig.1

Man kann also einer Partition in eine gerade Anzahl von verschiedenen Summanden im vorliegenden Fall ($r < k$ und $r < a_k$) stets eine solche in eine ungerade Anzahl von verschiedenen Summanden und umgekehrt zuordnen. Ist $r < k$ und $r > a_k$, dann verfährt man analog (Fig. 2):

$$n = (a_1 + 1) + (a_2 + 1) + \ldots + (a_{a_k} + 1) + a_{a_k+1} + \ldots + a_{k-1}$$

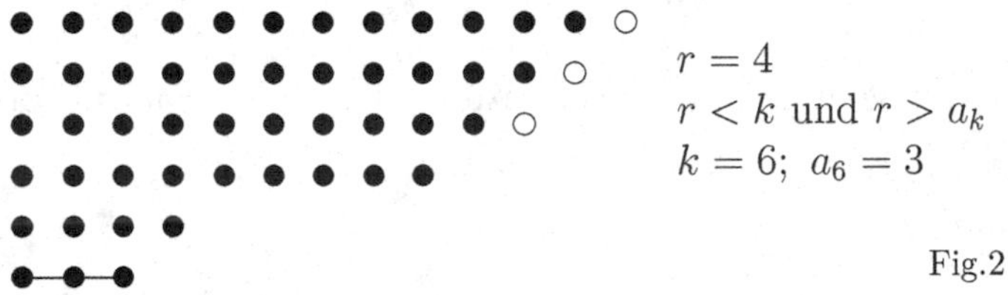

$r = 4$
$r < k$ und $r > a_k$
$k = 6$; $a_6 = 3$

Fig.2

Unter den Partitionen von n mit $r < k$ und $r \neq a_k$ existieren also ebenso viele mit gerader wie mit ungerader Anzahl verschiedener Summanden. Aus $r = a_k$ folgt $r = k$, es bleibt also nur noch der Fall $r = k$ zu untersuchen. Ist hier $r < a_k - 1$ oder $r > a_k$, so kann man wie oben verfahren (Fig. 3).

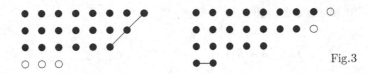

Fig.3

Es bleiben nur die Fälle $r = k = a_k$ und $r = k = a_k - 1$ übrig. Ist $r = k = a_k$, dann ist

$$n = r + (r + 1) + \ldots + (2r - 1) = r \cdot \frac{r + 2r - 1}{2} = \frac{r(3r - 1)}{2};$$

Ist $r = k = a_k - 1$, dann ist

$$n = (r + 1) + (r + 2) + \ldots + 2r = r \cdot \frac{r + 1 + 2r}{2} = \frac{r(3r + 1)}{2}.$$

Es ergibt sich also

$$\overline{p}^g(n) - \overline{p}^u(n) = \begin{cases} (-1)^r, \text{ falls } n = \frac{r(3r \pm 1)}{2}, \\ 0 \text{ sonst}, \end{cases}$$

womit Satz 4 bewiesen ist. $\quad\square$

Die Zahlen $\frac{i(3i - 1)}{2}$ haben wir in V.8 als die *Fünfeckszahlen* kennengelernt. Die Reihe in Satz 4 (und damit auch $\mathcal{E}(x)$) nennt man die *eulersche Reihe*. Diese ermöglicht eine rekursive Berechnung der Partitionszahlen $p(n)$: Für

$$\mathcal{E}(x) = \sum_{n=0}^{\infty} \alpha(n)x^n \quad \text{mit} \quad \alpha(n) = \begin{cases} 1, \text{ falls } n = 0, \\ (-1)^r, \text{ falls } n = \frac{r(3r \pm 1)}{2}, \\ 0 \text{ sonst} \end{cases}$$

gilt wegen $\mathcal{E}(x) \cdot F(x) = 1$

$$\sum_{i=0}^{n} \alpha(i)p(n - i) = \begin{cases} 1 \text{ für } n = 0, \\ 0 \text{ für } n > 0. \end{cases}$$

Daher ist p die bezüglich des Cauchy-Produkts zu α inverse Funktion (vgl. VI.5). Es ist also

$$p(n) = p(n - 1) + p(n - 2) - p(n - 5) - p(n - 7)$$
$$+ p(n - 12) + p(n - 15) - + \ldots$$

Der folgende Satz enthält zwei weitere Rekursionsformeln für $p(n)$.

Satz 5: Für alle $n \in \mathbb{N}$ gilt

a) $\quad np(n) = \sum_{i=1}^{n} \left(\sum_{k=1}^{[\frac{n}{i}]} ip(n-ki) \right);$

b) $\quad np(n) = \sum_{i=0}^{n-1} p(i)\sigma(n-i)$, wobei σ die Teilersummenfunktion ist.

Beweis: a) Man denke sich alle Partitionen von n aufgeschrieben und dann addiert. Man erhält $np(n)$. In dieser Summe kommt der Summand i genau $(p(n-i) + p(n-2i) + p(n-3i) + \ldots)$–mal vor.

b) $\quad \sum_{i=1}^{n} \left(\sum_{k=1}^{[\frac{n}{i}]} ip(n-ki) \right) = \sum_{r=1}^{n} \left(p(n-r) \sum_{i|r} i \right) = \sum_{r=1}^{n} p(n-r)\sigma(r). \quad \square$

Wir haben oben die Rekursion

$$\sum_{i=0}^{n} \alpha(i)p(n-i) = \begin{cases} 1 \text{ für } n = 0, \\ 0 \text{ für } n > 0 \end{cases}$$

für die Partitionsfunktion hergeleitet. Interessanterweise gilt eine ähnliche Rekursion für die Teilersummenfunktion σ:

Satz 6: Ist $\alpha(n)$ wie oben definiert, dann gilt

$$\sum_{i=0}^{n-1} \alpha(i)\sigma(n-i) = -n\alpha(n);$$

also hat $\sigma(n) - \sigma(n-1) - \sigma(n-2) + \sigma(n-5) + \sigma(n-7) - \sigma(n-12) - + \ldots$ den Wert $(-1)^{r+1}n$, falls $n = \frac{3r^2 \pm r}{2}$, und andernfalls den Wert 0.

Beweis: Die Vertauschbarkeit der Grenzprozesse in den folgenden Ausführungen ist durch die absolute Konvergenz der betrachteten Reihen für $|x| < 1$ gewährleistet. Es ist einerseits

$$\mathcal{E}'(x) = \left(\sum_{n=0}^{\infty} \alpha(n)x^n \right)' = \sum_{n=1}^{\infty} n\alpha(n)x^{n-1}$$

und andererseits

$$\begin{aligned}
\frac{\mathcal{E}'(x)}{\mathcal{E}(x)} &= \left(\log \mathcal{E}(x) \right)' = \left(\log \prod_{n=1}^{\infty}(1-x^n) \right)' \\
&= \left(\sum_{n=1}^{\infty} \log(1-x^n) \right)' = \sum_{n=1}^{\infty} \frac{-nx^{n-1}}{1-x^n} \\
&= \sum_{n=1}^{\infty} \left(-nx^{n-1} \sum_{i=0}^{\infty} x^{ni} \right) = \sum_{n=1}^{\infty} \left(\sum_{j=1}^{\infty} -nx^{nj-1} \right) \\
&= \sum_{k=1}^{\infty} \left(-\sum_{n|k} n \right) x^{k-1} = \sum_{k=1}^{\infty} -\sigma(k)x^{k-1},
\end{aligned}$$

also

$$\mathcal{E}'(x) = \mathcal{E}(x) \cdot \sum_{k=1}^{\infty} -\sigma(k)x^{k-1} = \sum_{n=0}^{\infty} \alpha(n)x^n \cdot \sum_{n=0}^{\infty} -\sigma(n+1)x^n.$$

Es folgt

$$-\sum_{i=0}^{\infty} \alpha(i)\sigma(n+1-i) = (n+1)\alpha(n+1)$$

bzw. bei Ersetzung von n durch $n-1$ die behauptete Beziehung   □

Die eulersche Reihe $\mathcal{E}(x)$ ist der Ausgangspunkt für viele Betrachtungen der Additiven Zahlentheorie. Dabei ist die *jacobische Formel*

$$(\mathcal{E}(x))^3 = \sum_{n=0}^{\infty} (-1)^n (2n+1) \cdot x^{\frac{n(n+1)}{2}},$$

von Bedeutung, in welcher die Dreieckszahlen $\dfrac{n(n+1)}{2}$ als Exponenten auftreten. (Vgl. z.B. [Grosswald 1966], [Apostol 1976], [Rose 1988].) Eine entsprechende Reihe mit den Koeffizienten 1 ist die *gaußsche Reihe*

$$\frac{\mathcal{E}^2(x^2)}{\mathcal{E}(x)} = \sum_{n=0}^{\infty} x^{\frac{n(n+1)}{2}}.$$

Die Quadratzahlen treten als Exponenten in folgender Reihe auf:

$$\frac{\mathcal{E}^5(x^2)}{\mathcal{E}^2(x^4)} = 1 + \sum_{n=1}^{\infty} 2x^{n^2}.$$

Mit Hilfe solcher Funktionen kann man versuchen, Aussagen über die Anzahl der Darstellungen einer natürlichen Zahl als Summe von Zahlen aus vorgegebenen Mengen zu gewinnen. Beweist man z. B., dass in der Potenzreihenentwicklung von $\left(\dfrac{\mathcal{E}^2(x^2)}{\mathcal{E}(x)}\right)^3$ kein Koeffizient verschwindet, dann hat man bewiesen, dass jede natürliche Zahl eine Summe von höchstens drei Dreieckszahlen ist.

Mit Hilfe der eulerschen Reihe kann man, gestützt auf den folgenden Satz, gewisse Teilbarkeitseigenschaften der Partitionszahlen $p(n)$ beweisen.

Satz 7: Ist p eine Primzahl, dann gilt

$$\frac{\mathcal{E}(x^p)}{\mathcal{E}^p(x)} = 1 + p \cdot \sum_{n=1}^{\infty} a_n x^n \qquad \text{mit } a_1, a_2, a_3, \ldots \in \mathbb{Z}.$$

Beweis: Für $0 \leq y < 1$ gilt

$$\frac{1}{(1-y)^p} = \left(\sum_{n=0}^{\infty} y^n\right)^p = \sum_{n=0}^{\infty} \beta(n)y^n$$

mit $\beta = \iota \odot \iota \odot \ldots \odot \iota$ (p-faches Cauchy-Produkt von ι mit $\iota(n) = 1$ für alle $n \in \mathbb{N}_0$). Es gilt

$$\beta(n) = \sum_{x_1+x_2+\ldots+x_p=n} 1 = \binom{n+p-1}{p-1},$$

denn man kann n Einsen auf genau $\binom{n+p-1}{p-1}$ Arten auf p Plätze verteilen, wenn es nicht auf die Reihenfolge ankommt und die Plätze mehrfach besetzt werden dürfen (vgl. z.B. [Lüneburg 1971]; vgl. auch VIII.3). Dann ist

$$\frac{1-y^p}{(1-y)^p} = \sum_{n=0}^{\infty} \beta(n)y^n - \sum_{n=0}^{\infty} \beta(n)y^{n+p}$$

$$= \sum_{n=0}^{p-1} \beta(n)y^n + \sum_{n=p}^{\infty} (\beta(n) - \beta(n-p))y^n = \sum_{n=0}^{\infty} \gamma(n)y^n$$

mit $\gamma(n) = \beta(n)$ für $n \leq p-1$ und $\gamma(n) = \beta(n) - \beta(n-p)$ für $n \geq p$. Es gilt

$$\beta(n) = \frac{(n+p-1)(n+p-2)\cdot\ldots\cdot(n+1)}{(p-1)!} \equiv \begin{cases} 1 \bmod p, & \text{falls } n \equiv 0 \bmod p \\ 0 \bmod p, & \text{falls } n \not\equiv 0 \bmod p \end{cases}$$

und daher $\gamma(n) \equiv 0 \bmod p$ für alle $n > 0$. Ferner ist $\gamma(0) = \beta(0) = 1$, $\beta(0) < \beta(1) < \beta(2) < \ldots$, also $\gamma(n) > 0$ für alle n. Für $0 \leq x < 1$ und $m \in \mathbb{N}$ betrachten wir jetzt

$$F_m(x) := \prod_{n=1}^{m} \frac{1-x^{np}}{(1-x^n)^p}$$

$$= \left(\sum_{n=0}^{\infty} \gamma(n)x^n\right) \cdot \left(\sum_{n=0}^{\infty} \gamma(n)x^{2n}\right) \cdot \ldots \cdot \left(\sum_{n=0}^{\infty} \gamma(n)x^{mn}\right).$$

Es gilt

$$\lim_{m\to\infty} F_m(x) = \frac{\mathcal{E}(x^p)}{\mathcal{E}^p(x)}.$$

Nun ist

$$F_m(x) = \sum_{n=0}^{\infty} \delta_m(n)x^n$$

mit

$$\delta_m(n) = \sum_{a_1+2a_2+\ldots+ma_m=n} \gamma(a_1)\gamma(a_2)\ldots\gamma(a_m).$$

In der Summe, welche $\delta_m(n)$ darstellt, ist für $n > 0$ in jedem Summand mindestens ein Faktor durch p teilbar, weil $\gamma(a) \equiv 0 \bmod p$ für $a > 0$. Also ist $\delta_m(n) \equiv 0 \bmod p$ für $n > 0$. Ferner ist $\delta_m(n) \geq \gamma(n)$, weil in der genannten

Summe der Summand $\gamma(n)$ auftritt und alle Summanden positiv sind. Schließlich ist $\delta_m(n) = \delta_{m-1}(n)$, falls $n \leq m - 1$, weil in diesem Fall die Gleichung $a_1 + 2a_2 + \ldots + ma_m = n$ nur mit $m = 0$ zu lösen ist. Also ist

$$\sum_{n=0}^{m} \delta_n(n)x^n = \sum_{n=0}^{m} \delta_m(n)x^n \leq \sum_{n=0}^{\infty} \delta_m(n)x^n = F_m(x).$$

Da $\sum_{n=0}^{m} \delta_n(n)x^n$ monoton wächst, ergibt sich die Konvergenz und damit

$$\sum_{n=0}^{\infty} \delta_n(n)x^n \leq \frac{\mathcal{E}(x^p)}{\mathcal{E}^p(x)}.$$

Andererseits ist

$$\sum_{n=0}^{\infty} \delta_n(n)x^n = \sum_{n=0}^{m} \delta_m(n)x^n + \sum_{n=m+1}^{\infty} \delta_n(n)x^n$$

$$\geq \sum_{n=0}^{\infty} \delta_m(n)x^n + \sum_{n=m+1}^{\infty} \delta_m(n)x^n = F_m(x)$$

und daher

$$\sum_{n=0}^{\infty} \delta_n(n)x^n \geq \frac{\mathcal{E}(x^p)}{\mathcal{E}^p(x)}.$$

Es ergibt sich also

$$\sum_{n=0}^{\infty} \delta_n(n)x^n = \frac{\mathcal{E}(x^p)}{\mathcal{E}^p(x)}.$$

Dabei gilt $\delta_0(0) = \gamma(0) = \beta(0) = 1$ und $\delta_n(n) \equiv 0 \bmod p$ für $n > 0$. □

Anwendung: Mit Hilfe der (hier nicht bewiesenen) jacobischen Formel (s. o.) kann man zeigen, dass für $0 \leq x < 1$ gilt:

$$x \cdot \mathcal{E}^4(x) = \sum_{n=1}^{\infty} b_n x^n \qquad \text{mit} \quad b_n \equiv 0 \bmod 5 \text{ für } n \equiv 0 \bmod 5$$

(Aufgabe 2). Also gilt für $0 \leq x < 1$

$$\sum_{n=0}^{\infty} p(n)x^{n+1} = \frac{x}{\mathcal{E}(x)} = x \cdot \mathcal{E}^4(x) \cdot \frac{\mathcal{E}(x^5)}{\mathcal{E}^5(x)} \cdot \frac{1}{\mathcal{E}(x^5)}$$

$$= \left(\sum_{n=1}^{\infty} b_n x^n \right) \cdot \left(1 + 5 \cdot \sum_{n=1}^{\infty} a_n x^n \right) \cdot \left(\sum_{n=0}^{\infty} p(n)x^{5n} \right),$$

wobei a_n, b_n die oben eingeführten Koeffizienten sind. Betrachtet man die Koeffizienten mod 5, dann kann man dabei den mittleren Faktor weglassen. Das verbleibende Produkt hat bei x^n den Koeffizient

$$\sum_{i+5j=n} b_i p(j).$$

Also ist

$$p(n-1) \equiv \sum_{i+5j=n} b_i p(j) \mod 5.$$

Für $n = 5(m+1)$ ist in der Summe stets $i \equiv 0 \mod 5$, also $b_i \equiv 0 \mod 5$; es ergibt sich also

$$p(5m+4) \equiv 0 \mod 5.$$

Auf ähnliche Weise kann man zeigen, dass

$$p(7m+5) \equiv 0 \mod 7 \quad \text{und} \quad p(11m+6) \equiv 0 \mod 11$$

gilt. Diese Teilbarkeitsbeziehungen für Partitionszahlen sind von Srinivasa Aaiyangar Ramanujan (1887–1920) gefunden worden.

Die Partitionsfunktion wächst sehr stark. Im folgenden Satz ist eine (sehr grobe) Abschätzung für die Werte $p(n)$ angegeben.

Satz 8: Für $n > 1$ gilt

$$2^{[\sqrt{n}]} < p(n) < c^{\sqrt{n}} \quad \text{mit} \quad c = e^{\pi \cdot \sqrt{\frac{2}{3}}} \approx 13.$$

Beweis: 1) Aus der Menge $\{1, 2, 3, \ldots, [\sqrt{n}]\}$ wählen wir r verschiedene Zahlen $a_1, a_2, \ldots, a_r$ aus und bilden damit die Partition

$$n = a_1 + a_2 + \ldots + a_r + (n - a_1 - a_2 - \ldots - a_r).$$

Wegen

$$a_1 + a_2 + \ldots + a_r \leq 1 + 2 + \ldots + [\sqrt{n}]$$
$$\leq \frac{1}{2}\sqrt{n}(\sqrt{n}+1) < n$$

liegt tatsächlich eine Partition von n vor. Auf diese Art kann man insgesamt

$$\sum_{i=0}^{[\sqrt{n}]} \binom{[\sqrt{n}]}{i} = 2^{[\sqrt{n}]}$$

verschiedene Partitionen erzeugen.

2) Nun betrachten wir für $0 < x < 1$ die erzeugende Funktion von p:

$$F(x) = \prod_{i=1}^{\infty}(1 - x^i)^{-1} = \sum_{n=0}^{\infty} p(n)x^n.$$

Aus $p(n)x^n < F(x)$ folgt $\log p(n) + n \log x < \log F(x)$ oder

$$\log p(n) < \log F(x) + n \log \frac{1}{x}.$$

Zunächst wird $\log F(x)$ abgeschätzt. Es gilt

$$\log F(x) = -\log \prod_{i=1}^{\infty}(1-x^i) = -\sum_{i=1}^{\infty}\log(1-x^i)$$

$$= \sum_{i=1}^{\infty}\sum_{k=1}^{\infty}\frac{1}{k}(x^i)^k = \sum_{k=1}^{\infty}\frac{1}{k}\sum_{i=1}^{\infty}(x^k)^i$$

$$= \sum_{k=1}^{\infty}\frac{1}{k}\cdot\frac{x^k}{1-x^k}.$$

Wegen $0 < x < 1$ ist

$$\frac{1}{k}\cdot\frac{x^k}{1-x^k} = \frac{1}{k}\cdot\frac{x^k}{(1-x)(1+x+\ldots+x^{k-1})}$$

$$< \frac{1}{k}\cdot\frac{x^k}{(1-x)\cdot kx^{k-1}} = \frac{1}{k^2}\cdot\frac{x}{1-x}.$$

Dies liefert die Abschätzung

$$\log F(x) < \frac{x}{1-x}\sum_{k=1}^{\infty}\frac{1}{k^2} = \zeta(2)\cdot\frac{x}{1-x}.$$

Nun wird $\log\frac{1}{x}$ mit Hilfe des Terms $\frac{x}{1-x}$ abgeschätzt:

$$\log\frac{1}{x} = \log(1+\frac{1-x}{x}) < \frac{1-x}{x}.$$

Setzen wir $y = \frac{1-x}{x}$, so erhalten wir insgesamt

$$\log p(n) < \frac{\zeta(2)}{y} + ny.$$

Die Funktion

$$y \longmapsto \frac{\zeta(2)}{y} + ny$$

hat den kleinsten Wert an der Stelle $\sqrt{\frac{1}{n}\zeta(2)}$, also ist wegen $\zeta(2) = \frac{1}{6}\pi^2$

$$\log p(n) < \sqrt{n\zeta(2)} + \sqrt{n\zeta(2)} = 2\sqrt{n\zeta(2)} = \pi\cdot\sqrt{\frac{2}{3}}\cdot\sqrt{n}. \quad \square$$

Bemerkung: Mit Hilfe der Theorie der elliptischen modularen Funktionen kann man das asymptotische Wachstum von $p(n)$ genau beschreiben. Es ist

$$p(n) \sim \frac{c^{\sqrt{n}}}{4n\sqrt{3}},$$

wobei c die Konstante aus Satz 8 ist.

VIII.3 Ein spezielles Partitionsproblem

Bei dem im Folgenden behandelten Problem erweist es sich als zweckmäßig, Potenzreihen mit einer *komplexen* Variablen z zu betrachten.

Satz 9: Es sei $A = \{a_1, a_2, \ldots, a_k\}$ eine Menge von k paarweise teilerfremden natürlichen Zahlen und $p_A(n)$ die Anzahl der Darstellungen von $n \in \mathbb{N}$ als Vielfachensumme der a_j mit nichtnegativen Koeffizienten. Dann ist

$$p_A(n) = \sum_{j=0}^{k-1} \frac{(-1)^j}{j!} \cdot G^{(j)}(1) \cdot \binom{n+k-j-1}{k-j-1} \;+\; \Delta(n)$$

mit

$$G(z) = \prod_{j=1}^{k} \frac{1}{f_j(z)}$$

(wobei $G^{(j)}$ die j^{te} Ableitung von G ist) und

$$f_j(z) = 1 + z + z^2 + \ldots + z^{a_j - 1} \quad (j = 1, \ldots, k)$$

sowie

$$|\Delta(n)| \leq \frac{\pi^2}{12} \sum_{j=1}^{k} \left(\frac{a_j}{4}\right)^{k-2}.$$

Beweis: Zunächst beachte man, dass die Funktion G in einer Umgebung von 1 holomorph ist, wenn diese für kein j eine a_j-te von 1 verschiedene Einheitswurzel enthält. Für $|z| < 1$ gilt

$$\sum_{n=0}^{\infty} p_A(n) z^n = (-1)^k g(z)$$

mit

$$g(z) = \prod_{j=1}^{k} (z^{a_j} - 1)^{-1} = (z-1)^{-k} G(z).$$

Die Funktion g hat einen Pol der Ordnung k an der Stelle 1 und Pole der Ordnung 1 an den von 1 verschiedenen Nullstellen $\varepsilon_1, \ldots, \varepsilon_R$ von $\prod_{j=1}^{k} (z^{a_j} - 1)$.

Wegen der paarweisen Teilerfremdheit von $a_1, \ldots, a_k$ kann nämlich keine der Einheitswurzeln ε mehrfach auftreten.

Die Partialbruchzerlegung von $g(z)$ sei

$$g(z) = \frac{\gamma_k}{(z-1)^k} + \frac{\gamma_{k-1}}{(z-1)^{k-1}} + \ldots + \frac{\gamma_1}{z-1} \;+\; \sum_{r=1}^{R} \frac{c_r}{z - \varepsilon_r}$$

mit $\gamma_j \in \mathbb{C}$ $(j = 1, \ldots, k)$ und $c_r \in \mathbb{C}$ $(r = 1, \ldots, R)$. Für $j \in \mathbb{N}$ und $z \in \mathbb{C}$ mit $|z| < 1$ gilt

$$\frac{1}{(1-z)^j} = \left(\sum_{n=0}^{\infty} z^n\right)^j = \sum_{n=0}^{\infty} \iota^j(n) \cdot z^n,$$

wobei $\iota^j = \iota \odot \iota \odot \ldots \odot \iota$ das j-fache Cauchy-Produkt der Funktion ι mit $\iota(n)$ $= 1$ für alle $n \in \mathbb{N}_0$ ist (vgl. VI.5). Dabei ist

$$\iota^j(n) = \binom{n+j-1}{j-1},$$

denn $\iota(n) = 1 = \binom{n}{0}$,

$$(\iota \odot \iota)(n) = \sum_{x+y=n} 1 = n+1 = \binom{n+1}{1}$$

und per Induktion

$$\iota^{j+1}(n) = (\iota^j \odot \iota)(n) = \sum_{x+y=n} \binom{x+j-1}{j-1} = \binom{n+j-1+1}{j+1+1} = \binom{n+j}{j}.$$

(Vgl. auch VI.7 Aufgabe 26.) Für $|z| < 1$ gilt also

$$g(z) = \sum_{j=1}^{k} \left(\gamma_j (-1)^j \sum_{n=0}^{\infty} \binom{n+j-1}{j-1} z^n \right) - \sum_{r=1}^{R} \left(\frac{c_r}{\varepsilon_r} \sum_{n=0}^{\infty} \left(\frac{z}{\varepsilon_r} \right)^n \right)$$

und daher

$$p_A(n) = (-1)^k \left(\sum_{j=1}^{k} (-1)^j \gamma_j \binom{n+j-1}{j-1} - \sum_{r=1}^{R} \frac{c_r}{\varepsilon_r^{n+1}} \right).$$

Zur Berechnung von γ_j $(j = k, k-1, \ldots, 1)$ betrachte man die an der Stelle 1 holomorphe Funktion G mit $G(z) = (z-1)^k g(z)$, also

$$G(z) = \gamma_k + \gamma_{k-1}(z-1) + \ldots + \gamma_1(z-1)^{k-1} + (z-1)^k \sum_{r=1}^{R} \frac{c_r}{z - \varepsilon_r},$$

für welche

$$\gamma_{k-j} = \frac{G^{(j)}(1)}{j!} \quad (j = 0, 1, \ldots, k-1)$$

gilt. Summiert man über $k - j$ anstatt über j, so ergibt sich die im Satz angegebene Formel.

Nun muss noch die Abschätzung für $|\Delta(n)|$ nachgewiesen werden, welche insbesondere besagt, dass $\Delta(n) = O(1)$. Die letzte Aussage ist trivial, denn die Zahlen

$$\Delta(n) = (-1)^{k+1} \sum_{r=1}^{R} \frac{c_r}{\varepsilon_r^{n+1}}$$

bilden eine periodische Folge mit der Periodenlänge $a_1 a_2 \ldots a_k$. Für $n + 1 \equiv 0 \bmod p$ ist

$$\Delta(n) = \pm \sum_{r=1}^{R} c_r,$$

so dass die Abschätzung

$$|\Delta(n)| \leq \sum_{r=1}^{R} |c_r|$$

naheliegt. Es sei nun $a \in A$, und zwar sei zwecks Vereinfachung der Schreibweise $a = a_k$. Ferner seien $c_1, c_2, \ldots, c_{a-1}$ die zu den von 1 verschiedenen a-ten Einheitswurzeln gehörenden Koeffizienten in obiger Summe, d.h. genauer, es sei

$$\varepsilon = e^{\frac{2\pi i}{a}}$$

und c_r das Residuum von $g(z)$ an der Stelle ε^r ($r = 1, 2, \ldots, a-1$). Weil ε^r eine einfache Polstelle von $g(z)$ ist, gilt

$$c_r = \lim_{z \to \varepsilon^r} \frac{z - \varepsilon^r}{z^a - 1} \cdot \prod_{j=1}^{k-1} (z^{a_j} - 1)^{-1} = \frac{1}{a\varepsilon^{r(a-1)}} \cdot \prod_{j=1}^{k-1} (\varepsilon^{ra_j} - 1)^{-1}$$

($r = 1, \ldots, a-1$). Es muss nun

$$S_a := \frac{1}{a} \sum_{r=1}^{a-1} \prod_{j=1}^{k-1} |\varepsilon^{ra_j} - 1|^{-1}$$

abgeschätzt werden. Wegen $\mathrm{ggT}(a, a_j) = 1$ für $j = 1, \ldots, k-1$ durchlaufen die Zahlen ra_j für $r = 1, \ldots, a-1$ ein Restsystem $\mathrm{mod}\, a$ ohne 0, die $k-1$ Faktoren

$$A_{rj} := |\varepsilon^{ra_j} - 1|^{-1}$$

durchlaufen also die gleichen Zahlen, nur in unterschiedlicher Reihenfolge. Mit

$$B_r := |\varepsilon^r - 1|^{-1}$$

ist also

$$\{A_{rj} \mid r = 1, \ldots, a-1\} = \{B_r \mid r = 1, \ldots, a-1\}$$

für $j = 1, \ldots, k-1$. Aus der Cauchy-Schwarz-Ungleichung folgt also

$$\sum_{r=1}^{a-1} \prod_{j=1}^{k-1} A_{rj} \leq \sqrt{\sum_{r=1}^{a-1} B_r^2} \cdot \sqrt{\sum_{r=1}^{a-1} \prod_{j=2}^{k-1} A_{rj}^2}$$

$$\leq \sqrt{\sum_{r=1}^{a-1} B_r^2} \cdot \sqrt[4]{\sum_{r=1}^{a-1} B_r^4} \cdot \sqrt[4]{\sum_{r=1}^{a-1} \prod_{j=3}^{k-1} A_{rj}^4}$$

$$\leq \sqrt{\sum_{r=1}^{a-1} B_r^2} \cdot \sqrt[4]{\sum_{r=1}^{a-1} B_r^4} \cdot \sqrt[8]{\sum_{r=1}^{a-1} B_r^8} \cdot \sqrt[8]{\sum_{r=1}^{a-1} \prod_{j=4}^{k-1} A_{rj}^8}$$

$$\leq \sqrt{\sum_{r=1}^{a-1} B_r^2} \cdot \sqrt[4]{\sum_{r=1}^{a-1} B_r^4} \cdot \sqrt[8]{\sum_{r=1}^{a-1} B_r^8} \cdots$$

$$\cdots \cdot \sqrt[2^{k-3}]{\sum_{r=1}^{a-1} B_r^{2^{k-3}}} \cdot \left(\sqrt[2^{k-2}]{\sum_{r=1}^{a-1} \prod_{j=4}^{k-1} B_r^{2^{k-2}}} \right)^2 .$$

Es ist

$$B_r = \frac{1}{2 \sin \dfrac{r\pi}{a}} \quad \text{für} \quad r = 1, \ldots, a-1,$$

wegen

$$\sin x \geq \frac{2}{\pi} x \quad \text{für} \quad 0 \leq x \leq \frac{\pi}{2}$$

gilt also

$$\sum_{r=1}^{a-1} B_r^{2^j} \leq 2 \cdot \sum_{r=1}^{\left[\frac{a}{2}\right]} \left(2 \cdot \frac{2}{\pi} \cdot \frac{r\pi}{a}\right)^{-2^j} = 2 \cdot \left(\frac{a}{4}\right)^{2^j} \cdot \sum_{r=1}^{\left[\frac{a}{2}\right]} r^{-2^j} \leq 2 \cdot \left(\frac{a}{4}\right)^{2^j} \cdot \zeta(2^j),$$

wobei ζ die riemannsche Zetafunktion ist. Es folgt

$$\sum_{r=1}^{a-1} \prod_{j=1}^{k-1} A_{rj} \leq C \cdot \left(\frac{a}{4}\right)^{k-1}$$

mit

$$\begin{aligned}
C &= \sqrt{2\zeta(2)} \cdot \sqrt[4]{2\zeta(4)} \cdot \sqrt[8]{2\zeta(8)} \cdots \\
&\qquad\qquad \cdots \cdot \sqrt[2^{k-3}]{2\zeta(2^{k-3})} \cdot \left(\sqrt[2^{k-2}]{2\zeta(2^{k-2})}\right)^2 \\
&= 2 \cdot \sqrt{\zeta(2)} \cdot \sqrt[4]{\zeta(4)} \cdot \sqrt[8]{\zeta(8)} \cdots \\
&\qquad\qquad \cdots \cdot \sqrt[2^{k-3}]{\zeta(2^{k-3})} \cdot \left(\sqrt[2^{k-2}]{\zeta(2^{k-2})}\right)^2 \\
&\leq \cdots \\
&\leq 2 \cdot \sqrt{\zeta(2)} \cdot \sqrt[4]{\zeta(4)} \cdot (\sqrt[8]{\zeta(8)})^2 \\
&\leq 2 \cdot \sqrt{\zeta(2)} \cdot (\sqrt[4]{\zeta(4)})^2 \\
&\leq 2 \cdot (\sqrt{\zeta(2)})^2 \\
&\leq \frac{1}{3}\pi^2.
\end{aligned}$$

Damit ergibt sich

$$S_a \leq \frac{1}{a} \cdot \frac{\pi^2}{3} \cdot \left(\frac{a}{4}\right)^{k-1} = \frac{\pi^2}{12} \cdot \left(\frac{a}{4}\right)^{k-2}.$$

Daraus folgt schließlich die behauptete Abschätzung. $\quad\square$

Wir wollen nun zeigen, wie man $G^{(j)}(1)$ berechnet. Es ist

$$G(z) = \prod_{j=1}^{k} \frac{1}{f_j(z)} \quad \text{mit} \quad f_j(z) = 1 + z + \ldots + z^{a_j-1},$$

also

$$\gamma_k = G(1) = \prod_{j=1}^{k} \frac{1}{a_j} \quad \text{und} \quad \frac{G'(z)}{G(z)} = -\sum_{j=1}^{k} \frac{f_j'(z)}{f_j(z)}.$$

Mit den Abkürzungen

$$F_j(z) = \frac{f'_j(z)}{f_j(z)} \quad \text{und} \quad \Sigma(z) = -\sum_{j=1}^{k} F_j(z)$$

ist also $G' = G\Sigma$, $G'' = G'\Sigma + G\Sigma'$ usw., allgemein also

$$G^{(j)} = (G \cdot \Sigma)^{(j-1)} = \sum_{i=0}^{j-1} \binom{j-1}{i} G^{(i)} \Sigma^{(j-1-i)}.$$

Daraus kann man rekursiv die Zahlen $G^{(j)}(1)$ berechnen, wenn man zuvor $\Sigma(1), \Sigma'(1), \Sigma''(1), \ldots$ bestimmt hat. Um diese Zahlen zu berechnen, betrachten wir zunächst nur einen Summanden von $-\Sigma$, also

$$F(z) = \frac{f'(z)}{f(z)} \quad \text{mit} \quad f(z) = 1 + z + \ldots + z^{a-1} \quad (a \in \mathbb{N}).$$

Aus

$$(fF)^{(j)} = \sum_{m=0}^{j} \binom{j}{m} f^{(m)} F^{(j-m)}$$

folgt wegen $(fF)^{(j)} = f^{(j+1)}$

$$F^{(j)} = \frac{1}{f} \left(f^{(j+1)} - \sum_{m=1}^{j} \binom{j}{m} f^{(m)} F^{(j-m)} \right).$$

Es gilt $f(1) = a$, $f'(1) = 1 + 2 + \ldots + (a-1) = \binom{a}{2}$ und allgemein für $m = 0, 1, \ldots, a-1$

$$f^{(m)}(1) = m! \binom{a}{m+1};$$

denn

$$f^{(m)}(1) = \sum_{r=m}^{a-1} r(r-1)\ldots(r-m+1) = m! \sum_{r=m}^{a-1} \binom{r}{m} = m! \binom{a}{m+1}.$$

Damit ergibt sich

$$F^{(j)}(1) = \frac{1}{a} \left((j+1)! \binom{a}{j+2} - \sum_{m=1}^{j} \binom{j}{m} m! \binom{a}{m+1} F^{(j-m)}(1) \right).$$

Offensichtlich ist $F^{(j)}(1)$ für $j \in \mathbb{N}_0$ ein Polynom in a vom Grad $j+1$, welches für $a = 1$ den Wert 0 hat. Wir setzen $F^{(j)}(1) = (a-1)p_j(a)$, wobei p_j ein Polynom vom Grad j ist, und betrachten dann die Rekursion

$$p_j(a) = \frac{1}{a} \left(\frac{(j+1)!}{a-1} \binom{a}{j+2} - \sum_{m=1}^{j} \binom{j}{m} m! \binom{a}{m+1} p_{j-m}(a) \right).$$

Daraus bestimmen wir rekursiv $p_j(a)$ für $j = 0, 1, 2, \ldots$:

$$p_0(a) = \frac{1}{2},$$

$$p_1(a) = \frac{1}{12}(a - 5),$$

$$p_2(a) = \frac{1}{4}(-a + 3),$$

$$p_3(a) = \frac{1}{120}(-a^3 - a^2 + 109a - 251)$$

usw. Daraus wiederum gewinnt man $F^{(m)}(1) = (a - 1)p_m(a)$. Es ist nun nahe-liegend, zur Vereinfachung die Variable $b := \frac{a - 1}{2}$ einzuführen; dann ist

$$F(1) = b,$$

$$F'(1) = \frac{1}{3}(b^2 - 2b),$$

$$F''(1) = -b^2 + b,$$

$$F^{(3)}(1) = \frac{1}{15}(-2b^4 - 4b^3 + 52b^2 - 36b)$$

usw. Mit $b_j = \frac{1}{2}(a_j - 1)$ $(j = 1, \ldots, k)$ und $s_i := \sum_{j=1}^{k} b_j^i$ $(i = 1, 2, \ldots)$ erhält man

$$\Sigma(1) = -s_1,$$

$$\Sigma'(1) = -\frac{1}{3}(s_2 - 2s_1),$$

$$\Sigma''(1) = -(-s_2 + s_1),$$

$$\Sigma^{(3)}(1) = -\frac{1}{15}(-2s_4 - 4s_3 + 52s_2 - 36s_1)$$

usw. Mit $G(1) = \gamma_k$ und den Abkürzungen $\Sigma^{(i)}$, $G^{(i)}$ für $\Sigma^{(i)}(1)$ und $G^{(i)}(1)$ ist

$$\gamma_{k-1} = G' = \gamma_k \Sigma,$$

$$2!\gamma_{k-2} = G'' = \gamma_k(\Sigma^2 + \Sigma'),$$

$$3!\gamma_{k-3} = G^{(3)} = \gamma_k(\Sigma^3 + 3\Sigma\Sigma' + \Sigma''),$$

$$4!\gamma_{k-4} = G^{(4)} = \gamma_k(\Sigma^4 + 6\Sigma^2\Sigma' + 3\Sigma'^2 + 4\Sigma\Sigma'' + \Sigma^{(3)})$$

usw. Es ergibt sich also

$$\gamma_{k-1} = -\gamma_k s_1,$$

$$\gamma_{k-2} = \gamma_k \cdot \frac{1}{6}(3s_1^2 - s_2 + 2s_1),$$

$$\gamma_{k-3} = -\gamma_k \cdot \frac{1}{6}(s_1^3 - s_1 s_2 + 2s_1^2 - s_2 + s_1),$$

$$\gamma_{k-4} = \gamma_k \cdot \frac{1}{360}(15s_1^4 + 5s_2^2 - 30s_1^2 s_2 + 2s_4$$

$$+ 60s_1^3 - 80s_1 s_2 + 4s_3 + 80s_1^2 - 52s_2 + 36s_1)$$

usw. Allgemein ergibt sich

$$\gamma_{k-j} = \frac{(-1)^j}{j!} \cdot \gamma_k \cdot A(s_1, \ldots, s_j),$$

wobei $A(s_1, \ldots, s_j)$ ein Polynom in $s_1, \ldots, s_j$ vom Grad j ist.

Für $k = 3$ und $A = \{a, b, c\}$ erhält man

$$p_A(n) = \frac{1}{abc}\left(\binom{n+2}{2} + s_1\binom{n+1}{1} + \frac{3s_1^2 + 2s_1 - s_2}{6}\binom{n}{0}\right) + \Delta(n)$$

mit

$$s_1 = \frac{a-1}{2} + \frac{b-1}{2} + \frac{c-1}{2} \quad \text{und} \quad s_2 = \left(\frac{a-1}{2}\right)^2 + \left(\frac{b-1}{2}\right)^2 + \left(\frac{c-1}{2}\right)^2.$$

Dies lässt sich umformen zu

$$p_A(n) = \frac{1}{2abc}\left((n + \frac{a+b+c}{2})^2 - \frac{a^2+b^2+c^2}{12}\right) + \Delta(n).$$

Dabei ist

$$|\Delta(n)| \leq \frac{\pi^2}{48}(a+b+c).$$

Wir wollen hierzu zwei Beispiele betrachten und in diesen eine schärfere Abschätzung für $|\Delta(n)|$ herleiten.
Dazu beachten wir, dass $|\Delta(n)| \leq S_a + S_b + S_c$ mit

$$S_a = \frac{1}{a}\sum_{j=1}^{a-1}\frac{1}{|\varepsilon^{bj}-1||\varepsilon^{cj}-1|}, \quad S_b = \frac{1}{b}\sum_{j=1}^{b-1}\frac{1}{|\eta^{aj}-1||\eta^{cj}-1|},$$

$$S_c = \frac{1}{c}\sum_{j=1}^{c-1}\frac{1}{|\zeta^{aj}-1||\zeta^{bj}-1|}, \quad \text{wobei } \varepsilon = e^{\frac{2\pi i}{a}}, \ \eta = e^{\frac{2\pi i}{b}}, \ \zeta = e^{\frac{2\pi i}{c}}.$$

Beispiel 1: Es sei $a = 2$, $b = 3$, $c = 5$, also $A = \{2, 3, 5\}$. Dann ist

$$p_A(n) = \frac{1}{60}n^2 + \frac{1}{6}n + \frac{131}{360} + \Delta(n).$$

Mit den oben eingeführten Bezeichnungen ist

$$\varepsilon = -1, \ \eta = e^{\frac{2\pi i}{3}}, \ \zeta = e^{\frac{2\pi i}{5}}$$

und

$$g(z) = \frac{1}{(z^2-1)(z^3-1)(z^5-1)}.$$

Es sind insgesamt 7 Einheitswurzeln zu betrachten, und zwar

$$\varepsilon_1 = -1, \ \varepsilon_2 = \eta, \ \varepsilon_3 = \eta^2, \ \varepsilon_4 = \zeta, \ \varepsilon_5 = \zeta^2, \ \varepsilon_6 = \zeta^3, \ \varepsilon_7 = \zeta^4.$$

Für die zugehörigen Koeffizienten $c_1, \ldots, c_7$ gilt

$$|c_1| = |\lim_{z \to -1}(z+1)g(z)| = \frac{1}{8},$$

$$|c_2| + |c_3| = |\lim_{z \to \eta}(z-\eta)g(z)| + |\lim_{z \to \eta^2}(z-\eta^2)g(z)| = \frac{1}{9} + \frac{1}{9} = \frac{2}{9},$$

$$|c_4| + |c_5| + |c_6| + |c_7|$$

$$= \frac{1}{5} \cdot \left(\frac{1}{|\zeta^2 - 1||\zeta^3 - 1|} + \frac{1}{|\zeta^4 - 1||\zeta^6 - 1|} + \frac{1}{|\zeta^6 - 1||\zeta^9 - 1|} + \frac{1}{|\zeta^8 - 1||\zeta^{12} - 1|} \right)$$

$$= \frac{2}{5} \cdot \left(\frac{1}{|\zeta^2 - 1||\zeta^3 - 1|} + \frac{1}{|\zeta^4 - 1||\zeta - 1|} \right)$$

$$= \frac{2}{5} \cdot \left(\frac{1}{|\zeta - 1|^2} + \frac{1}{|\zeta^2 - 1|^2} \right) = \frac{2}{5}.$$

Man beachte dabei, dass $s = |\zeta - 1|$ die Länge der Seite und $d = |\zeta^2 - 1|$ die Länge der Diagonale eines dem Einheitskreis einbeschriebenen regelmäßigen Fünfecks ist, dass also $\left(\frac{1}{s}\right)^2 + \left(\frac{1}{d}\right)^2 = 1$ gilt (vgl. z.B. [Beutelspacher/Petri 1989]). Es folgt nun

$$|\Delta(n)| \leq \sum_{r=1}^{7} |c_r| = \frac{1}{8} + \frac{2}{9} + \frac{2}{5} = \frac{269}{360}.$$

Es gilt $\Delta(1) = -\frac{197}{360} \leq \Delta(n) \leq \frac{229}{360} = \Delta(30)$, so dass die gewonnene Abschätzung nicht schlecht ist. Für $n = 100$ erhält man z.B. das Resultat $182 \leq p_A(100) \leq 184$. (Es ist $p_A(100) = 184$.)

Beispiel 2: $A = \{5, 7, 13\}$. Es ist $p = 455, s_1 = 11, s_2 = 49$ und

$$p_A(n) = \frac{1}{455} \left(\binom{n+2}{2} + 11 \binom{n+1}{1} + 56 \binom{n}{0} \right) + \Delta(n)$$

$$= \frac{1}{910}(n^2 + 25n + 136) + \Delta(n).$$

Es gilt $S_5 = \frac{2}{5}$ (vgl. Beispiel 1), man findet ferner $S_7 < 0,48$ und $S_{13} < 0,72$, also $|\Delta(n)| < 1,6$. (Eine Rechnung zeigt, dass der größte Fehler bei $n = 215$ vorliegt und etwa 1,15 beträgt.)

Wir können nun feststellen, für welche Zahl N alle $n \geq N$ mit Sicherheit als Vielfachensumme von 5, 7 und 13 darzustellen sind. Dazu betrachten wir die Ungleichung

$$n^2 + 25n + 136 > 1,6 \cdot 910 = 1456,$$

welche auf $\left(n + \dfrac{25}{2}\right)^2 > \dfrac{1}{2}\sqrt{5905}$ und schließlich $n \geq 26$ führt. Diese Schranke ist nicht scharf, denn schon alle Zahlen ab 17 sind in der gewünschten Form darstellbar. (Vgl. hierzu VIII.9.)

Bemerkung: Aus Satz 9 folgt

$$p_A(n) = \frac{n^{k-1}}{(k-1)!a_1 a_2 \dots a_k} + O(n^{k-2}).$$

Für hinreichend großes n ist $p_A(n)$ streng monoton wachsend. Ist also r hinreichend groß und $g_r(A)$ die größte Zahl n mit $p_A(n) \leq r$, dann ist

$$g_r(A) \sim \sqrt[k-1]{(k-1)!a_1 a_2 \dots a_k \cdot r}.$$

Auf diesen Zusammenhang werden wir in VIII.9 erneut eingehen.

VIII.4 Anzahl der Darstellungen als Quadratsummen

Die Darstellung von Zahlen als Summe von Quadraten haben wir schon in II.3, V.5 und V.9 untersucht. Nun möchten wir die *Anzahl* der Darstellungen einer Zahl n als Summe von 2,3 oder 4 Quadraten betrachten. Für $k = 2, 3, 4$ und $n \in \mathbb{N}$ bezeichnen wir mit $R_k(n)$ bzw. $r_k(n)$ die Anzahl der Darstellungen von n als Summe von k *teilerfremden* bzw. *nicht notwendig teilerfremden* Quadraten ganzer Zahlen, wobei es auf die Reihenfolge der Summanden ankommen soll. Es sei also

$R_2(n)$ die Anzahl der $(x,y) \in \mathbb{Z}^2$ mit $x^2 + y^2 = n$ und $\mathrm{ggT}(x,y) = 1$,

$r_2(n)$ die Anzahl der $(x,y) \in \mathbb{Z}^2$ mit $x^2 + y^2 = n$.

Es gilt dann offensichtlich

$$r_k(n) = \sum_{d^2|n} R_k\left(\frac{n}{d^2}\right).$$

Im Folgenden werden wir $r_2(n)$ und $r_4(n)$ bestimmen. Die Bestimmung von $r_3(n)$ ist sehr schwierig und kann hier nicht durchgeführt werden; vgl. hierzu [Grosswald 1985].

Wir bestimmen zunächst $R_2(n)$, also die Anzahl der Darstellungen von n als Summe von zwei Quadraten teilerfremder ganzer Zahlen. Es ist $R_2(1) = 4$, denn 1 hat genau die vier Darstellungen

$$1 = (\pm 1)^2 + 0^2 = 0^2 + (\pm 1)^2.$$

Ist $4|n$, dann ist $R_2(n) = 0$, denn zwei teilerfremde Quadrate sind nicht beide gerade, ihre Summe ist also $\equiv 1$ oder $\equiv 2 \bmod 4$. Ist p eine Primzahl mit $p \equiv 3 \bmod 4$ und $p|n$, dann ist ebenfalls $R_2(n) = 0$, denn aus $x^2 + y^2 \equiv 0 \bmod p$ und $\mathrm{ggT}(x,y) = 1$ folgt $\left(\dfrac{-1}{p}\right) = 1$, also $p \equiv 1 \bmod 4$ (vgl. V.3). Den einzig interessanten Fall behandelt der folgende Satz 10. Zu seinem Beweis benötigen wir einen Hilfssatz:

Hilfssatz: a) Es sei $n > 1$ und $4 \nmid n$. Ferner sei n durch keine Primzahl p mit $p \equiv 3 \bmod 4$ teilbar, und es sei s die Anzahl der *verschiedenen* Primteiler p von n mit $p \equiv 1 \bmod 4$. Dann hat die Kongruenz $t^2 \equiv -1 \bmod n$ genau 2^s verschiedene Lösungen.

b) Es sei $n > 1$ und $t^2 \equiv -1 \bmod n$. Dann existiert genau ein Paar $(x,y) \in \mathbb{N}^2$ mit $x^2 + y^2 = n$, $\mathrm{ggT}(x,y) = 1$ und $y \equiv tx \bmod n$.

Beweis: a) Der Fall $n = 2$ ist trivial. Es sei $p^r|n$ und $p \equiv 1 \bmod 4$. Dann hat $t^2 \equiv -1 \bmod p^r$ genau zwei Lösungen. Die Behauptung folgt nun daraus, dass die Anzahl $\varrho(n)$ der Lösungen von $t^2 \equiv -1 \bmod n$ eine multiplikative Funktion ist (vgl. VI.2 Beispiel 5).

b) Nach I.10 Satz 27 existieren $a, b \in \mathbb{N}$ mit $\mathrm{ggT}(a,b) = 1$ und

$$\left|\frac{t}{n} - \frac{a}{b}\right| = \left|\frac{tb - na}{nb}\right| \leq \frac{1}{b(k+1)} \quad \text{mit } b \leq k,$$

wobei $k \in \mathbb{N}$ vorgegeben ist. Mit $k = [\sqrt{n}\,]$ ist dann

$$|tb - na| < \sqrt{n} \quad \text{mit } b \leq \sqrt{n}.$$

Mit $c = tb - na$ gilt dann $c \equiv tb \bmod n$ und $|c| < \sqrt{n}$ und daher $0 < b^2 + c^2 < 2n$. Wegen

$$b^2 + c^2 \equiv b^2 + t^2 b^2 \equiv (1 + t^2)b^2 \equiv 0 \bmod n$$

ist also $b^2 + c^2 = n$. Dabei ist $\mathrm{ggT}(b,c) = 1$, denn

$$
\begin{aligned}
1 = \frac{b^2 + c^2}{n} &= \frac{b^2 + (tb + na)^2}{n} \\
&= \frac{(1 + t^2)b^2}{n} + 2tab + na^2 \\
&= \left(\frac{(1 + t^2)b}{n} + ta\right) \cdot b + a \cdot c.
\end{aligned}
$$

Wegen $n > 1$ und $\mathrm{ggT}(b,c) = 1$ ist $c \neq 0$. Ist $c > 0$, so setze man $x = b$, $y = c$. Ist $c < 0$, so setze man $x = -c$, $y = b$; dann ist nämlich

$$y \equiv b \equiv -t^2 b \equiv -tc \equiv t(-c) \equiv tx \bmod n.$$

Nun muss noch die Eindeutigkeit bewiesen werden. Sind $(x_1, y_1), (x_2, y_2)$ Lösungen, dann ist

$$n^2 = (x_1^2 + y_1^2)(x_2^2 + y_2^2) = (x_1 x_2 + y_1 y_2)^2 + (x_1 y_2 - y_1 x_2)^2$$

und

$$x_1 x_2 + y_1 y_2 \equiv (1 + t^2) x_1 x_2 \equiv 0 \bmod n,$$

also $x_1 x_2 + y_1 y_2 = n$ und $x_1 y_2 - y_1 x_2 = 0$. Daher gilt

$$x_1 n = x_1(x_1 x_2 + y_1 y_2) - y_1(x_1 y_2 - y_1 x_2) = x_2(x_1^2 + y_1^2) = x_2 n$$

und damit $x_1 = x_2$ und auch $y_1 = y_2$. $\square$

Satz 10: Es sei $n > 1$ und $4 \nmid n$. Weiterhin sei n durch keine Primzahl p mit $p \equiv 3 \bmod 4$ teilbar, und es sei s die Anzahl der *verschiedenen* Primteiler p von n mit $p \equiv 1 \bmod 4$. Dann ist $R_2(n) = 2^{s+2}$.

Beweis: Ist $1 < n = x^2 + y^2$ und $\mathrm{ggT}(x, y) = 1$, dann ist $x, y \neq 0$. Es gilt dann $R_2(n) = 4 \cdot \varrho_1(n)$, wobei $\varrho_1(n)$ die Anzahl der $(x, y) \in \mathbb{N}^2$ mit $x^2 + y^2 = n$ und $\mathrm{ggT}(x, y) = 1$ ist. Ein solches Paar (x, y) bestimmt eindeutig ein $t \bmod n$ mit $y \equiv tx \bmod n$, weil mit $\mathrm{ggT}(x, y) = 1$ auch $\mathrm{ggT}(x, n) = 1$ gilt. Es ist dann

$$x^2 + y^2 \equiv x^2 + t^2 x^2 \equiv x^2(1 + t^2) \equiv 0 \bmod n,$$

also $t^2 \equiv -1 \bmod n$. Gilt umgekehrt $t^2 \equiv -1 \bmod n$, dann existiert nach Teil b) des Hilfssatzes genau ein Paar $(x, y) \in \mathbb{N}^2$ mit $\mathrm{ggT}(x, y) = 1$ und $x^2 + y^2 = n$. Also ist $\varrho_1(n) = \varrho(n) = $ Anzahl der Lösungen von $t^2 \equiv -1 \bmod n$. Daher folgt aus Teil a) des Hilfssatzes die Behauptung des Satzes. $\square$

Satz 11: Ist $n = 2^a m$ mit $2 \nmid m$ und gilt $p \equiv 1 \bmod 4$ für jeden Primteiler p von m, dann ist $r_2(n) = 4\tau(m)$, wobei $\tau(m)$ die Anzahl der Teiler von m ist.

Beweis: Es gilt $R_2(n) = 4 \cdot \varrho(n)$, wobei $\varrho(n)$ die Anzahl der Lösungen der Kongruenz $t^2 + 1 \equiv 0 \bmod n$ ist. Die zahlentheoretische Funktion α sei definiert durch

$$\alpha(n) = \begin{cases} 1, & \text{wenn } n \text{ eine Quadratzahl ist,} \\ 0 & \text{sonst.} \end{cases}$$

Dann ist

$$r_2(n) = \sum_{d^2 \mid n} R_2\left(\frac{n}{d^2}\right) = 4 \cdot \sum_{x \mid n} \alpha(x) \varrho\left(\frac{n}{x}\right).$$

Die Funktionen α und ϱ sind multiplikativ, also ist auch ihr Dirichlet-Produkt $\alpha \star \varrho$ multiplikativ. Für eine Primzahl p mit $p \equiv 1 \bmod 4$ gilt

$$\begin{aligned}
(\alpha \star \varrho)(p^{2r}) &= \alpha(1)\varrho(p^{2r}) + \alpha(p)\varrho(p^{2r-1}) + \ldots + \alpha(p^{2r})\varrho(1) \\
&= \varrho(p^{2r}) + \varrho(p^{2r-2}) + \ldots + \varrho(p^2) + \varrho(1) \\
&= 2r + 1, \\
(\alpha \star \varrho)(p^{2r+1}) &= \alpha(1)\varrho(p^{2r+1}) + \alpha(p)\varrho(p^{2r}) + \ldots + \alpha(p^{2r+1})\varrho(1) \\
&= \varrho(p^{2r+1}) + \varrho(p^{2r-1}) + \ldots + \varrho(p^3) + \varrho(p) \\
&= (r+1) \cdot 2 = (2r+1) + 1.
\end{aligned}$$

Es ergibt sich in jedem Fall

$$(\alpha \star \varrho)(p^v) = v + 1 = \tau(p^v).$$

Weiterhin ist $\varrho(2^w) = 0$ für $w > 1$ und $\varrho(1) = \varrho(2) = 1$, also für $a > 0$

$$(\alpha \star \varrho)(2^a) = \alpha(2^{a-1}) + \alpha(2^a) = 1. \quad \square$$

Satz 12: Es sei χ der vom Hauptcharakter verschiedene Charakter mod 4, also $\chi(n) = 0$ für $2|n$, $\chi(n) = 1$ für $n \equiv 1 \bmod 4$ und $\chi(n) = -1$ für $n \equiv -1 \bmod 4$. Dann ist

$$r_2(n) = 4 \cdot \sum_{d|n} \chi(d).$$

Beweis: Es ist die Beziehung

$$\chi \star \iota = \alpha \star \varrho$$

zu beweisen. Da alle auftretenden Funktionen multiplikativ sind, genügt der Nachweis von

$$(\chi \star \iota)(p^r) = (\alpha \star \varrho)(p^r)$$

für eine Primzahlpotenz p^r mit $r \geq 1$.

Es ist $(\chi \star \iota)(2^r) = \chi(1) = 1$, weil $\chi(d) = 0$ für gerades d. Andererseits ist auch $(\alpha \star \varrho)(2^r) = 1$, wie wir im Beweis von Satz 11 gesehen haben.

Für $p \equiv 1 \bmod 4$ ist $\chi(p^i) = \left(\dfrac{-1}{p}\right)^i = 1$ für alle $i \in \mathbb{N}$, also $(\chi \star \iota)(p^r) = r + 1$. Andererseits ist dann auch $(\alpha \star \varrho)(p^r) = r + 1$, wie wir oben gesehen haben.

Ist $p \equiv 3 \bmod 4$, dann ist $\chi(p^i) = \left(\dfrac{-1}{p}\right)^i = (-1)^i$ für alle $i \in \mathbb{N}$, also hat $(\chi \star \iota)(p^r) = 1 - 1 + 1 - + \ldots + (-1)^r$ für gerades r den Wert 1, für ungerades r den Wert 0. Andererseits ergibt sich dieser Wert auch für $(\alpha \star \varrho)(p^r)$, denn in diesem Fall ist $\varrho(p^i) = 0$ für alle $i \in \mathbb{N}$. $\quad \square$

Nun wollen wir $r_4(n)$ berechnen und dabei obigen Satz 12 verwenden. Insbesondere ergibt sich $r_4(n) > 0$ für alle $n \in \mathbb{N}$ und damit erneut ein Beweis des Vier-Quadrate-Satzes von Lagrange. Wir benutzen dabei die Abkürzung $\xi(n)$ für $\frac{1}{4} \cdot r_2(n)$, es ist also

$$\xi = \alpha \star \varrho = \chi \star \iota.$$

Satz 13: Es sei σ die Teilersummenfunktion und $n = 2^\alpha u$ mit ungeradem u. Dann gilt

$$r_4(n) = \begin{cases} 8 \cdot \sigma(u), & \text{wenn } \alpha = 0, \\ 24 \cdot \sigma(u), & \text{wenn } \alpha > 0. \end{cases}$$

Beweis: 1) Es sei $n = 4u$ und $2 \nmid u$. Wir bestimmen zunächst die Anzahl $A(u)$ der Darstellungen

$$4u = u_1^2 + u_2^2 + u_3^2 + u_4^2$$

mit ungeraden $u_1, u_2, u_3, u_4 \in \mathbb{N}$. Je zwei dieser Quadrate ergeben zusammen eine gerade Zahl. Für die Zerlegung $4u = 2v + 2w$ gibt es $\xi(2v) \cdot \xi(2w)$ Quadrupel $(u_1, u_2, u_3, u_4) \in \mathbb{N}^4$ mit

$$2v = u_1^2 + u_2^2 \quad \text{und} \quad 2w = u_3^2 + u_4^2.$$

Also ist wegen $\chi(x) = 0$ für $2 | x$

$$A(u) = \sum_{v+w=2u} (\xi(2v) \cdot \xi(2w)) = \sum_{v+w=2u} \left(\sum_{a|v} \chi(a) \sum_{b|w} \chi(b) \right)$$

$$= \sum_{v+w=2u} \left(\sum_{\substack{a|v \\ b|w}} \chi(ab) \right) = \sum_{ac+bd=2u} \chi(ab).$$

Da v, w ungerade sind, müssen auch die Teiler a, c von v und b, d von w ungerade sein. Zunächst summieren wir über die Quadrupel (a, b, c, d) mit $a = b$. Wegen $\chi(a^2) = 1$ für $2 \nmid a$ ergibt sich

$$\sum_{a(c+d)=2u} 1 = \sum_{a|u} \frac{u}{a} = \sigma(u).$$

Nun zeigen wir, dass die verbleibende Summe den Wert 0 hat, wobei wir uns aus Symmetriegründen auf $a > b$ beschränken können. Die Menge aller Quadrupel (a, b, c, d) mit $ac + bd = 2u$ und $a > b$ bilden wir folgendermaßen bijektiv auf sich selbst ab:

$$\Gamma : \begin{pmatrix} a \\ b \\ c \\ d \end{pmatrix} \longmapsto \begin{pmatrix} 0 & 0 & k+2 & k+1 \\ 0 & 0 & k+1 & k \\ -k & k+1 & 0 & 0 \\ k+1 & -(k+2) & 0 & 0 \end{pmatrix} \begin{pmatrix} a \\ b \\ c \\ d \end{pmatrix},$$

wobei k zunächst eine beliebige Zahl aus $\mathbb{N}_0$ ist. Das Quadrat der Abbildungsmatrix ergibt die Einheitsmatrix, die Abbildung Γ ist also involutorisch, insbesondere ist Γ nicht singulär. Gilt

$$\begin{pmatrix} a \\ b \end{pmatrix}^T \begin{pmatrix} c \\ d \end{pmatrix} = ac + bd = 2u,$$

dann gilt dies auch für das Bild von (a, b, c, d):

$$\left(\begin{pmatrix} k+2 & k+1 \\ k+1 & k \end{pmatrix} \begin{pmatrix} c \\ d \end{pmatrix} \right)^T \begin{pmatrix} -k & k+1 \\ k+1 & -(k+2) \end{pmatrix} \begin{pmatrix} a \\ b \end{pmatrix}$$

$$= \begin{pmatrix} c \\ d \end{pmatrix}^T \begin{pmatrix} k+2 & k+1 \\ k+1 & k \end{pmatrix} \begin{pmatrix} -k & k+1 \\ k+1 & -(k+2) \end{pmatrix} \begin{pmatrix} a \\ b \end{pmatrix}$$

$$= \begin{pmatrix} c \\ d \end{pmatrix}^T \begin{pmatrix} 1 & 0 \\ 0 & 1 \end{pmatrix} \begin{pmatrix} a \\ b \end{pmatrix} = \begin{pmatrix} c \\ d \end{pmatrix}^T \begin{pmatrix} a \\ b \end{pmatrix} = \begin{pmatrix} a \\ b \end{pmatrix}^T \begin{pmatrix} c \\ d \end{pmatrix}.$$

Die Bedingung $a > b$ ist auch für das Bild erfüllt, denn wegen $c + d > 0$ ist $(k + 2)c + (k + 1)d > (k + 1)c + kd$. Die Bilder von a, b, c, d sind offensichtlich wieder ungerade Zahlen. Die Bilder von a und b sind positiv. Damit auch die Bilder von c und d positiv sind, müssen wir aber k geeignet wählen: Es muss

$$-ka + (k + 1)b = b - k(a - b) > 0$$

und

$$(k + 1)a - (k + 2)b = (k + 1)(a - b) - b > 0$$

gelten, also

$$\frac{b}{a - b} - 1 < k < \frac{b}{a - b}.$$

Wir wählen daher

$$k = \left[\frac{b}{a - b}\right].$$

(Beachte, dass $a - b \nmid b$, weil $a - b$ gerade und b ungerade ist.) Es gilt nun

$$\chi(ab) + \chi(a'b') = 0.$$

Denn für ungerade Zahlen x, y ist $xy \equiv x + y - 1 \bmod 4$, also

$$
\begin{aligned}
ab + a'b' &\equiv a + b - 1 + a' + b' - 1 \\
&\equiv a + b + (k + 2)c + (k + 1)d + (k + 1)c + kd - 2 \\
&\equiv 2k(c + d) + a + b + c + d + 2(c - 1) \\
&\equiv 0 \bmod 4,
\end{aligned}
$$

denn $c + d$ und $c - 1$ sind gerade, und $a + b + c + d \equiv 0 \bmod 4$. Daraus folgt $\chi(ab) = -\chi(a'b')$. Daher heben sich die Summanden der verbliebenen Summe paarweise weg.

2) Wir zeigen nun, dass $r_4(2u) = 3r_4(u)$ für jedes ungerade $u \in \mathbb{N}$ gilt. In der Gleichung

$$2u = x_1^2 + x_2^2 + x_3^2 + x_4^2$$

müssen zwei der Quadrate gerade und zwei ungerade sein, da ihre Summe $\equiv 2 \bmod 4$ ist. Da es 6 Möglichkeiten gibt, zwei der Summanden als gerade vorzuschreiben, gibt es $\frac{1}{6} \cdot r_4(2u)$ Lösungen obiger Gleichung mit geraden x_1, x_2 und ungeraden x_3, x_4. Setzen wir

$$y_1 = \frac{1}{2}(x_1 + x_2), \quad y_2 = \frac{1}{2}(x_1 - x_2), \quad y_3 = \frac{1}{2}(x_3 + x_4), \quad y_4 = \frac{1}{2}(x_3 - x_4),$$

dann entsprechen sich die Lösungen von $2u = x_1^2 + x_2^2 + x_3^2 + x_4^2$ mit geraden x_1, x_2 und ungeraden x_3, x_4 und die Lösungen von

$$u = y_1^2 + y_2^2 + y_3^2 + y_4^2 \quad \text{mit } y_1 + y_2 \equiv 0 \bmod 2, \ y_3 + y_4 \equiv 1 \bmod 2$$

umkehrbar eindeutig. Die letzte Gleichung hat $\frac{1}{2} \cdot r_4(u)$ Lösungen; denn genau eine der Zahlen y_1, y_2, y_3, y_4 ist von anderer Parität als die drei anderen (weil u ungerade ist), und wegen der Zusatzbedingung darf dies nur eine der beiden Zahlen y_3 oder y_4 sein. Also ist

$$\frac{1}{6} \cdot r_4(2u) = \frac{1}{2} \cdot r_4(u),$$

woraus sich die Behauptung ergibt.

3) Für $n > 0$ gilt

$$r_4(2n) = r_4(4n),$$

denn aus

$$4n = x_1^2 + x_2^2 + x_3^2 + x_4^2$$

folgt, dass x_1, x_2, x_3, x_4 alle gerade oder alle ungerade sind, dass also mit den in 2) definierten Zahlen y_1, y_2, y_3, y_4 gilt:

$$2n = y_1^2 + y_2^2 + y_3^2 + y_4^2.$$

Ferner gilt für ungerades u

$$r_4(4u) = 16 \cdot \sigma(u) + r_4(u),$$

denn sind in der Gleichung $4n = x_1^2 + x_2^2 + x_3^2 + x_4^2$ alle Quadrate ungerade, dann ergeben sich (wegen der Vorzeichen) $2^4 A(u) = 16 \cdot \sigma(u)$ Möglichkeiten, sind aber alle Quadrate gerade, dann kann man den Faktor 4 herauskürzen. Es folgt nun

$$3 \cdot r_4(u) = r_4(2u) = r_4(4u) = 16 \cdot \sigma(u) + r_4(u)$$

und daraus $r_4(u) = 8 \cdot \sigma(u)$. Daraus folgt weiter $r_4(2u) = 24 \cdot \sigma(u)$, wegen $r_4(4n) = r_4(2n)$ also auch $r_4(2^r u) = 24 \cdot \sigma(u)$ für $r > 0$. $\quad\square$

Beispiel: Wir wollen die Darstellungen von $n = 34$ als Summen von vier Quadraten angeben:

$34 = 5^2 + 3^2 + 0^2 + 0^2$
     mit 12 Permutationen und 4 Vorzeichenkombinationen: 48

$34 = 5^2 + 2^2 + 2^2 + 1^2$
     mit 12 Permutationen und 16 Vorzeichenkombinationen: 192

$34 = 4^2 + 4^2 + 1^2 + 1^2$
     mit 6 Permutationen und 16 Vorzeichenkombinationen: 96

$34 = 4^2 + 3^2 + 3^2 + 0^2$
     mit 12 Permutationen und 8 Vorzeichenkombinationen: 96

Es ergeben sich 432 Darstellungen. In der Tat ist

$$24 \cdot \sigma(17) = 24 \cdot 18 = 432.$$

VIII.5 Die Dichte einer Menge natürlicher Zahlen

Für eine Teilmenge A von $\mathbb{N}$ und $n \in \mathbb{N}$ bezeichnen wir mit $N_A(n)$ die Anzahl der Elemente aus A, die $\leq n$ sind. Ist beispielsweise A die Menge der Primzahlen, dann ist $N_A(n) = \pi(n)$. Man nennt

$$\delta_A := \inf_{n \geq 1} \frac{N_A(n)}{n} \text{ die } \textit{finite Dichte} \text{ von } A;$$

$$\delta_A^* := \liminf_{n \to \infty} \frac{N_A(n)}{n} \text{ die } \textit{asymptotische Dichte} \text{ von } A;$$

$$\delta_A^0 := \lim_{n \to \infty} \frac{N_A(n)}{n} \text{ die } \textit{natürliche Dichte} \text{ von } A.$$

Bei der natürlichen Dichte muss selbstverständlich die Existenz des Grenzwerts vorausgesetzt sein, es muss also gelten:

$$\delta_A^* = \liminf_{n \to \infty} \frac{N_A(n)}{n} = \limsup_{n \to \infty} \frac{N_A(n)}{n} = \delta_A^0.$$

Trivialerweise gilt $0 \leq \delta_A \leq \delta_A^* \leq \delta_A^0 \leq 1$. Ist $\delta_A = 1$, so ist $A = \mathbb{N}$. Ist $1 \notin A$, so ist $\delta_A = 0$. Genau dann ist $\delta_A > 0$, wenn $1 \in A$ und $\delta_A^* > 0$.

Ist $\bar{A} := \mathbb{N} \setminus A$ die Komplementärmenge von A, dann ist $N_A(n) + N_{\bar{A}}(n) = n$. Existiert die natürliche Dichte von A, dann existiert auch die von $\bar{A}$ und es gilt $\delta_A^0 + \delta_{\bar{A}}^0 = 1$. In diesem Fall gilt auch $\delta_A^* + \delta_{\bar{A}}^* = 1$, im Allgemeinen ist aber $\delta_A^* + \delta_{\bar{A}}^* < 1$ (Beispiel 3).

Man sagt, A enthalte *fast alle* natürlichen Zahlen, wenn $\delta_A^* = 1$ gilt.

Beispiel 1: Die Menge der Primzahlen hat die natürliche Dichte 0, denn

$$\lim_{n \to \infty} \frac{\pi(n)}{n} = 0.$$

„Fast alle" natürlichen Zahlen sind also zusammengesetzt.

Beispiel 2: Die Menge der Quadratzahlen hat die natürliche Dichte 0, denn

$$\lim_{n \to \infty} \frac{[\sqrt{n}]}{n} = 0.$$

Also sind „fast alle" natürlichen Zahlen Nichtquadrate.

Beispiel 3: Es sei A_i die Menge der $x \in \mathbb{N}$ mit

$$10^{2i-1} \leq x < 10^{2i} \quad (i = 1, 2, \ldots).$$

Man setze

$$A = \bigcup_{i=1}^{\infty} A_i = \{10, 11, \ldots 99, 1000, 1001, \ldots\}.$$

Dies ist also die Menge aller Zahlen, die im Zehnersystem eine gerade Stellenzahl haben. Dann ist $\delta_A = 0$ (wegen $1 \notin A$) und

$$
\delta_A^* = \liminf_{n \to \infty} \frac{N_A(n)}{n} = \lim_{k \to \infty} \frac{9 \cdot \sum\limits_{i=1}^{k} 10^{2i-1}}{10^{2k+1} - 1}
$$

$$
= \lim_{k \to \infty} 9 \cdot \frac{1 + 10^2 + \ldots + 10^{2k-2}}{10^{2k}} = 9 \cdot \frac{1}{99} = \frac{1}{11}.
$$

Ebenso findet man

$$
\limsup_{n \to \infty} \frac{N_A(n)}{n} = \frac{10}{11}.
$$

Die natürliche Dichte existiert nicht. $\bar{A}$ ist die Menge aller natürlichen Zahlen, die im Zehnersystem eine *ungerade* Stellenzahl haben. Man findet ebenfalls $\delta_{\bar{A}}^* = \frac{1}{11}$. Es ist also $\delta_A^* + \delta_{\bar{A}}^* < 1$.

Beispiel 4: Die Menge der quadratfreien natürlichen Zahlen hat die natürliche Dichte

$$
\frac{1}{\zeta(2)} = \frac{6}{\pi^2}.
$$

Beim Beweis dieser Tatsache wollen wir den in VI.4 dargestellten Transformationskalkül benutzen. Ist $A = \{1, 2, 3, 5, 6, 7, 10, 11, 13, 14, 15, 17, \ldots\}$ die Menge der quadratfreien Zahlen, dann ist

$$
N_A(n) = \sum_{i \leq n} \mu^2(i) = T_{\mu^2} \underline{1}(n),
$$

wobei μ die Möbiusfunktion ist. Mit

$$
\alpha(n) = \begin{cases} \mu(\sqrt{n}), & \text{falls } n \text{ ein Quadrat ist,} \\ 0 \text{ sonst} \end{cases}
$$

gilt $\mu^2 = \alpha \star \iota$; denn ist $n = m^2 k$ mit quadratfreiem k, dann gilt

$$
(\alpha \star \iota)(n) = \sum_{d|n} \alpha(d) = \sum_{t^2|n} \mu(t) = \sum_{t|m} \mu(t) = \varepsilon(m) = \mu^2(n).
$$

Es folgt

$$
N_A(n) = T_{\alpha \star \iota} \underline{1}(n) = T_\alpha [n] = \sum_{k \leq n} \alpha(k) \left[\frac{n}{k}\right] = \sum_{i^2 \leq n} \mu(i) \left[\frac{n}{i^2}\right]
$$

$$
= n \sum_{i \leq \sqrt{n}} \frac{\mu(i)}{i^2} + O\left(\sum_{i \leq \sqrt{n}} 1\right)
$$

$$
= n \sum_{i=1}^{\infty} \frac{\mu(i)}{i^2} + O\left(\sum_{i \geq \sqrt{n}} \frac{1}{i^2}\right) + O\left(\sum_{i \leq \sqrt{n}} 1\right) = \frac{n}{\zeta(2)} + O(\sqrt{n}),
$$

also

$$
\lim_{n \to \infty} \frac{N_A(n)}{n} = \frac{1}{\zeta(2)}.
$$

Der folgende Satz liefert interessante Mengen mit der natürlichen Dichte 0, wie die anschließenden Anwendungen zeigen werden.

Satz 14: Es sei $\{p_i \mid i = 1, 2, 3, \ldots\}$ eine Menge von Primzahlen mit der Eigenschaft, dass $\sum_{i=1}^{\infty} \frac{1}{p_i}$ divergiert, ferner sei $A \subseteq \mathbb{N}$. Haben dann die Mengen

$$A_{p_i} := \{a \in A \mid p_i | a,\ p_i^2 \nmid a\} \quad (i = 1, 2, 3, \ldots)$$

alle die natürliche Dichte 0, dann hat A die natürliche Dichte 0.

Beweis: Es sei $r \in \mathbb{N}$. Mit B_r bezeichnen wir die Menge aller natürlichen Zahlen, die für alle $i \in \{1, 2, \ldots, r\}$ *entweder* nicht durch p_i *oder* durch p_i^2 teilbar sind, also

$$B_r = \mathbb{N} \setminus \bigcup_{i=1}^{r} B^{(i)} \quad \text{mit} \quad B^{(i)} = \{n \in \mathbb{N} \mid p_i | n, p_i^2 \nmid n\}.$$

Dann ist

$$A \subseteq B_r \cup A_{p_1} \cup A_{p_2} \cup \ldots \cup A_{p_r}.$$

Wir müssen nun die Anzahlfunktionen $\beta_r(n)$ von B_r und $\alpha_i(n)$ von A_{p_i} nach oben abschätzen. Dazu sei ein $\varepsilon > 0$ gegeben. Da die Mengen A_{p_i} die natürliche Dichte 0 haben sollen, existiert ein $n_0 \in \mathbb{N}$ mit

$$\alpha_i(n) < \frac{\varepsilon n}{2r} \quad \text{für } n \geq n_0 \text{ und } i = 1, 2, \ldots, r,$$

also

$$N_A(n) < \beta_r(n) + \frac{\varepsilon}{2} n$$

für $n \geq n_0$. Nun gilt

$$
\begin{aligned}
\beta_r(n) = {} & n - \sum_{1 \leq i \leq r} \left(\left[\frac{n}{p_i}\right] - \left[\frac{n}{p_i^2}\right] \right) \\
& + \sum_{1 \leq i < j \leq r} \left(\left[\frac{n}{p_i p_j}\right] - \left[\frac{n}{p_i^2 p_j}\right] - \left[\frac{n}{p_i p_j^2}\right] + \left[\frac{n}{p_i^2 p_j^2}\right] \right) \\
& - \sum_{1 \leq i < j < k \leq r} \left(\left[\frac{n}{p_i p_j p_k}\right] - \left[\frac{n}{p_i^2 p_j p_k}\right] - \left[\frac{n}{p_i p_j^2 p_k}\right] - \left[\frac{n}{p_i p_j p_k^2}\right] \right. \\
& \qquad\qquad \left. + \left[\frac{n}{p_i^2 p_j^2 p_k}\right] + \left[\frac{n}{p_i^2 p_j p_k^2}\right] + \left[\frac{n}{p_i p_j^2 p_k^2}\right] - \left[\frac{n}{p_i^2 p_j^2 p_k^2}\right] \right) \\
& + \quad - \quad \ldots \\
& + (-1)^r \left(\left[\frac{n}{p_1 p_2 \ldots p_r}\right] - \ldots + (-1)^r \left[\frac{n}{p_1^2 p_2^2 \ldots p_r^2}\right] \right) \\
= {} & \sum_{\substack{0 \leq s_i \leq 2 \\ 1 \leq i \leq r}} (-1)^{s_1 + s_2 + \ldots + s_i} \left[\frac{n}{p_1^{s_1} p_2^{s_2} \ldots p_i^{s_i}}\right].
\end{aligned}
$$

Diese Summe besteht aus 3^r Summanden; also gilt

$$\beta_r(n) \leq \sum_{\substack{0 \leq s_i \leq 2 \\ 1 \leq i \leq r}} (-1)^{s_1 + s_2 + \ldots + s_i} \cdot \frac{n}{p_1^{s_1} p_2^{s_2} \ldots p_i^{s_i}} + 3^r.$$

Die letztgenannte Summe ist gleich dem Produkt

$$n \cdot \prod_{n=1}^{r} \left(1 - \frac{1}{p_i} + \frac{1}{p_i^2} \right).$$

Da die Reihe $\sum\limits_{i=1}^{\infty} \frac{1}{p_i}$ und damit auch die Reihe

$$\sum_{i=1}^{\infty} \left(\frac{1}{p_i} - \frac{1}{p_i^2} \right)$$

divergiert, existiert ein $r_0 \in \mathbb{N}$, so dass für alle $r \geq r_0$ gilt:

$$\prod_{i=1}^{r} \left(1 - \frac{1}{p_i} + \frac{1}{p_i^2} \right) < \frac{\varepsilon}{4}$$

Für $r \geq r_0$ und $n \geq n_0$ sowie $n \geq 3^r \cdot \frac{4}{\varepsilon}$ gilt also

$$N_A(n) < \left(\frac{\varepsilon}{4} + \frac{\varepsilon}{4} + \frac{\varepsilon}{2} \right) \cdot n$$

und damit $\delta_A^0 \leq \varepsilon$. Da ε beliebig klein gewählt werden kann, folgt $\delta_A^0 = 0$. $\quad\square$

Folgerung aus Satz 14: Ist $k \in \mathbb{N}$ und besitzt jede Zahl aus A höchstens k verschiedene Primteiler, dann hat A die natürliche Dichte 0.

Beweis: Statt A betrachten wir die Menge $C^{(k)}$, welche aus *allen* natürlichen Zahlen mit höchstens k verschiedenen Primteilern besteht. Hat dann $C^{(k)}$ die natürliche Dichte 0, dann gilt dies auch für A. Wir führen den Beweis induktiv. $C^{(1)}$ ist die Menge aller Primzahlpotenzen. Für jede Primzahl p besteht die Menge $C_p^{(1)}$, welche analog zu den Mengen A_{p_i} in Satz 14 zu bilden ist, nur aus der Primzahl p und hat daher die Dichte 0. Weil $\sum\limits_{p} \frac{1}{p}$ divergiert, hat $C^{(1)}$ nach Satz 14 die natürliche Dichte 0. Es sei nun bewiesen, dass $C^{(k-1)}$ die natürliche Dichte 0 hat. Ferner sei $C_p^{(k)}$ die Menge aller Zahlen aus $C^{(k)}$, die durch die Primzahl p, aber nicht durch p^2 teilbar sind. Ist $a \in C_p^{(k)}$, dann ist $\frac{a}{p} \in C^{(k-1)}$, also gilt

$$N_{C_p^{(k)}}(n) \leq N_{C^{(k-1)}} \left(\frac{n}{p} \right).$$

Daher hat $C_p^{(k)}$ aufgrund der Induktionsvoraussetzung für jede Primzahl p die natürliche Dichte 0. Aus Satz 14 folgt nun, dass dann $C^{(k)}$ die natürliche Dichte 0 hat. $\quad\square$

Anwendung 1: Es sei φ die eulersche Funktion. Für fast alle $k \in \mathbb{N}$ ist die Gleichung $\varphi(x) = k$ unlösbar, denn die Menge

$$A = \{\varphi(m) \mid m \in \mathbb{N}\}$$

hat die natürliche Dichte 0. Dies sieht man folgendermaßen ein: Es sei $\varepsilon > 0$ und $k \in \mathbb{N}$ so gewählt, dass $2^{-k} < \frac{\varepsilon}{2}$. Ferner sei B die Menge der durch 2^k teilbaren Zahlen aus A und $C = A \setminus B$. Dann ist $N_B(n) \leq n \cdot \frac{\varepsilon}{2}$. Sind $p_1, p_2, \ldots, p_r$ die verschiedenen Primfaktoren von m, dann ist

$$\varphi(m) = \frac{m}{p_1 p_2 \ldots p_r} \cdot (p_1 - 1)(p_2 - 1) \ldots (p_r - 1);$$

also gilt $2^{r-1} \mid \varphi(m)$. Ist $\varphi(m) \in C$, dann muss daher $r \leq k$ gelten und somit

$$\varphi(m) = m \prod_{i=1}^{r} \left(1 - \frac{1}{p_i}\right) \geq m \cdot \left(1 - \frac{1}{2}\right)\left(1 - \frac{1}{3}\right) \cdot \ldots \cdot \left(1 - \frac{1}{p_k}\right) = c_k m,$$

wobei p_k die k-te Primzahl und c_k eine positive Konstante ist. Ist nun $\varphi(m) \in C$ und $\varphi(m) \leq n$, dann gilt $m \leq \frac{n}{c_k}$. Ist D die Menge aller $m \in \mathbb{N}$ mit $\varphi(m) \in C$, dann folgt

$$N_C(n) \leq N_D\left(\frac{n}{c_k}\right).$$

Die Zahlen aus D haben höchstens k verschiedene Primfaktoren, also hat nach der Folgerung aus Satz 14 die Menge D die natürliche Dichte 0. Daher existiert ein $n_0 \in \mathbb{N}$, so dass

$$N_D\left(\frac{n}{c_k}\right) < \frac{\varepsilon}{2}n$$

für $n \geq n_0$. Es ergibt sich dann

$$N_A(n) = N_B(n) + N_C(n) < \varepsilon n$$

und daher $\delta_A^0 = 0$. $\square$

Anwendung 2: Wir wollen zeigen: Die Menge aller natürlichen Zahlen, die sich als Summe von zwei Quadraten schreiben lassen, hat die natürliche Dichte 0. Eine Zahl ist genau dann als Summe von zwei Quadraten zu schreiben, wenn sie keine Primzahl p mit $p \equiv 3 \bmod 4$ mit einem ungeraden Exponent enthält (vgl. Satz 6 in II.3). Da wir wissen, dass

$$\sum_{p \equiv 3 \bmod 4} \frac{1}{p}$$

divergiert (vgl. Beweis von Satz 5 in VII.5), können wir Satz 14 anwenden. Es sei A die Menge der als Summe zweier Quadrate darstellbaren Zahlen und B die Menge der quadratfreien Zahlen aus A. Dann ist

$$N_A(n) = \sum_{k \leq \sqrt{n}} N_B\left(\frac{n}{k^2}\right).$$

(Man denke sich die Zahlen aus A an Hand ihres größten quadratischen Teilers in Klassen eingeteilt.) Für jede Primzahl p mit $p \equiv 3 \bmod 4$ ist die Menge B_p der Zahlen aus B, die durch p und nicht durch p^2 teilbar sind, leer, denn keine Zahl aus B ist durch p teilbar. Nach Satz 14 hat also B die natürliche Dichte 0. Für jedes $\varepsilon > 0$ existiert also ein $n_0 \in \mathbb{N}$ mit $N_B(n) < \varepsilon n$ für $n \geq n_0$. Für $n \geq k^2 n_0$ ist daher

$$N_B\left(\frac{n}{k^2}\right) < \varepsilon \cdot \frac{n}{k^2}$$

und somit

$$N_A(n) \quad < \quad \sum_{k \leq \sqrt{\frac{n}{n_0}}} \varepsilon \cdot \frac{n}{k^2} + \sum_{\sqrt{\frac{n}{n_0}} \leq k \leq \sqrt{n}} N_B\left(\frac{n}{k^2}\right)$$

$$< \quad \varepsilon n \cdot \zeta(2) + \sqrt{n} \cdot N_B(n_0).$$

Für $n > \left(\dfrac{N_B(n_0)}{\varepsilon}\right)^2$ ist $\sqrt{n} \cdot N_B(n_0) < \varepsilon n$; für diese Werte von n gilt also

$$\frac{N_A(n)}{n} < \varepsilon \cdot (\zeta(2) + 1);$$

daher hat A die natürliche Dichte 0. $\square$

Unter der *Summe* $A+B$ zweier Teilmengen A, B von $\mathbb{N}$ verstehen wir die Menge aller Zahlen, die als Summe einer Zahl aus A und einer Zahl aus B zu schreiben sind. Entsprechend ist die Summe von h Teilmengen $A_1, \ldots, A_h$ von $\mathbb{N}$ definiert:

$$\sum_{i=1}^{h} A_i = \left\{ \sum_{i=1}^{h} a_i \ \mid \ a_i \in A_i, \ i = 1, 2, \ldots, h \right\}.$$

Statt $A + A + \ldots + A$ (h Summanden) schreiben wir kurz hA. Wir wollen dabei künftig stets die Zahl 0 zu jeder einzelnen Menge hinzunehmen, um zu erreichen, dass $\sum\limits_{i=1}^{h} A_i$ alle Mengen A_i enthält. In der Anzahlfunktion einer Menge zählt die 0 aber auch weiterhin nicht mit.

Man nennt B eine *Basis h-ter Ordnung* (von $\mathbb{N}$), wenn $hB = \mathbb{N}$. Ist dabei h minimal, dann heißt B eine Basis der *genauen* Ordnung h. Allgemeiner spricht man von einer Basis (der Ordnung h bzw. der genauen Ordnung h) der Menge A, wenn $hB \supseteq A$. Man nennt B eine *asymptotische Basis* der Ordnung h (bzw. der genauen Ordnung h) von A, wenn hB *alle bis auf endlich viele* Zahlen aus A enthält.

Beispiel 5: 1) Der Satz von Lagrange besagt, dass die Menge Q der Quadratzahlen (vereinbarungsgemäß einschließlich der Zahl 0) eine Basis der Ordnung 4 ist, also $4Q = \mathbb{N}_0$. Da es Zahlen gibt, die sich nicht mit weniger als 4 Quadraten darstellen lassen, ist 4 die genaue Ordnung der Basis Q. Da es sogar *unendlich viele* Zahlen in $\mathbb{N} \setminus 3Q$ gibt, hat Q auch als asymptotische Basis die genaue Ordnung 4.

Beispiel 6: Die goldbachsche Vermutung besagt, dass die Menge der ungeraden Primzahlen eine Basis der Ordnung 2 für die Menge der geraden Zahlen ≥ 6 ist. L. G. Schnirelmann (1905–1938) hat bewiesen, dass die Menge der Primzahlen eine Basis endlicher Ordnung für $\mathbb{N}$ ist (VIII.4). I. M. Winogradow (1891–1983) hat gezeigt, dass die Menge der Primzahlen eine Basis der asymptotischen Ordnung 3 für die Menge der ungeraden Zahlen ist.

In obigen Beispielen handelt es sich um Basen, welche die Dichte 0 haben. Im folgenden Satz zeigen wir, dass eine Menge mit *positiver* finiter bzw. asymptotischer Dichte eine Basis bzw. asymptotische Basis endlicher Ordnung von $\mathbb{N}$ ist. Im letzten Fall muss man aber voraussetzen, dass die Elemente der Menge teilerfremd sind; sind nämlich alle Zahlen einer Menge B durch $d > 1$ teilbar, so gilt dies auch für hB $(h \in \mathbb{N})$, also kann dann B keine asymptotische Basis von $\mathbb{N}$ sein.

Satz 15 (Schnirelmann): a) Jede Teilmenge B von $\mathbb{N}_0$ mit $0 \in B$ und positiver finiter Dichte ist eine Basis endlicher Ordnung von $\mathbb{N}$.

b) Jede Teilmenge B von $\mathbb{N}_0$ mit $0 \in B$ und positiver asymptotischer Dichte ist eine asymptotische Basis endlicher Ordnung von $\mathbb{N}$, falls die Elemente von B teilerfremd sind.

Beweis: a) Zunächst wollen wir allgemein untersuchen, wie die (finite) Dichte von $A + B$ durch diejenige von A und B abzuschätzen ist. Dabei sei $0 \in A \cap B$. Ist $A + B \neq \mathbb{N}_0$ und $n \notin A + B$, dann ist $N_A(n) + N_B(n) \leq n - 1$. Denn ist $\{a_1, a_2, \ldots, a_k\}$ die Menge der positiven Elemente aus A, die kleiner als n sind, dann gehören die $k + 1$ Zahlen n, $n - a_1$, $\ldots$, $n - a_k$ nicht zu B; beachte dabei, dass $n \notin A$ wegen $0 \in B$ und $n \notin B$ wegen $0 \in A$. Daher ist

$$N_A(n) + N_B(n) \leq k + (n - (k + 1)) = n - 1.$$

Es folgt $\delta_A + \delta_B < 1$. Daraus können wir schließen:

(1)   Ist $\delta_A + \delta_B \geq 1$, dann ist $A + B = \mathbb{N}_0$, also $\delta_{A+B} = 1$.

Es sei nun $\delta_{A+B} < 1$, also $A + B \neq \mathbb{N}_0$. Wir denken uns die Elemente von A, die $\leq n$ sind, als monoton wachsende Folge geschrieben, also

$$0 < a_1 < a_2 < \ldots < a_k \leq n,$$

und setzen

$$d_i = a_{i+1} - a_i - 1 \quad \text{mit} \quad d_k = n - a_k.$$

Zwischen a_i und a_{i+1} liegen mindestens $N_B(d_i)$ Elemente von $A + B$, nämlich alle Elemente $a_i + b$ mit $b \in B$ und $0 < b \leq d_i$. Es ist also

$$N_{A+B}(n) \geq N_A(n) + \sum_{i=0}^{k} N_B(d_i),$$

wobei man beachte, dass $N_B(0) = 0$ ist. Wegen

$$N_B(d_i) \geq \delta_B d_i \quad \text{und} \quad \sum_{i=0}^{k} d_i = n - N_A(n) \quad \text{sowie} \quad N_A(n) \geq \delta_A n$$

ergibt sich

$$\begin{aligned} N_{A+B}(n) &\geq N_A(n) + \delta_B(n - N_A(n)) \\ &= N_A(n)(1 - \delta_B) + \delta_B n \\ &\geq \delta_A(1 - \delta_B)n + \delta_B n \\ &= (\delta_A + \delta_B - \delta_A \delta_B)n. \end{aligned}$$

Da dies für beliebiges $n \in \mathbb{N}$ gilt, folgt

$$\delta_{A+B} \geq \delta_A + \delta_B - \delta_A \delta_B.$$

Diese Ungleichung ist natürlich trivial für $\delta_A = 0$ oder $\delta_B = 0$, da wegen $0 \in A \cap B$ stets $A, B \subseteq A + B$ gilt. Man kann diese Ungleichung nun in der Form

$$1 - \delta_{A+B} \leq (1 - \delta_A)(1 - \delta_B)$$

schreiben und iterieren: Mit einer dritten Menge C gilt

$$1 - \delta_{A+B+C} \leq (1 - \delta_{A+B})(1 - \delta_C) \leq (1 - \delta_A)(1 - \delta_B)(1 - \delta_C)$$

und schließlich für t Mengen $A_1, A_2, \ldots, A_t$ mit $S = \sum_{i=1}^{t} A_i$

$$1 - \delta_S \leq \prod_{i=1}^{t}(1 - \delta_{A_i}).$$

Im Sonderfall $A_1 = A_2 = \ldots = A_t = A$ ergibt sich $1 - \delta_{tA} \leq (1 - \delta_A)^t$ bzw.

(2) $$\delta_{tA} \geq 1 - (1 - \delta_A)^t.$$

Nun können wir Teil a) von Satz 15 leicht beweisen: Ist $\delta_B \geq \frac{1}{2}$, also $2\delta_B \geq 1$, dann ist nach (1) $2B = \mathbb{N}_0$, also B eine Basis der Ordnung 2. Ist $0 < \delta_B < \frac{1}{2}$ und r die kleinste Zahl mit $1 - (1 - \delta_B)^r \geq \frac{1}{2}$, dann ist nach (2) $\delta_{rB} \geq \frac{1}{2}$ und damit $2rB = \mathbb{N}_0$, also B eine Basis der Ordnung $2r$.

b) Für $1 \in B$ folgt aus $\delta_B^* > 0$ auch $\delta_B > 0$, so dass B nach Teil a) des Satzes eine Basis und daher erst recht eine asymptotische Basis endlicher Ordnung ist. Ist $1 \notin B$, dann ist $C = B \cup \{1\}$ aus dem eben angeführten Grund eine Basis endlicher Ordnung. Es muss in diesem Fall gezeigt werden, dass eine Zahl h existiert, so dass jede hinreichend große natürliche Zahl n als Summe von h Zahlen aus B dargestellt werden kann.

Es seien $b_1, b_2, \ldots, b_s \in B$ mit $\mathrm{ggT}(b_1, b_2, \ldots, b_s) = 1$. *Jede* natürliche Zahl lässt sich als Vielfachensumme von $b_1, b_2, \ldots, b_s$ mit *ganzzahligen* Koeffizienten darstellen. Für *jede hinreichend große* natürliche Zahl ist dies sogar mit nichtnegativen Koeffizienten möglich (vgl. I.12 Aufgabe 41). Dies sei für alle Zahlen $\geq n_0$ der Fall, und es sei $n \geq n_0$. Dann ist

$$n = u_1 b_1 + u_2 b_2 + \ldots + u_s b_s \quad \text{mit} \quad u_1, u_2, \ldots, u_s \geq 0.$$

Ist $C = B \cup \{1\}$ eine Basis der Ordnung r, dann ist für $j = 1, 2, \ldots, s$

$$u_j = m_j \cdot 1 + b_{1j} + b_{2j} + \ldots + b_{rj} \quad \text{mit} \quad b_{1j}, b_{2j}, \ldots, b_{rj} \in B,$$

also

$$u_j b_j = m_j \cdot b_j + b_{1j} b_j + b_{2j} b_j + \ldots + b_{rj} b_j.$$

Dies ist eine Summe mit $m_j + r b_j$ Summanden aus B. Folglich lässt sich n darstellen als eine Summe von

$$\sum_{j=1}^{s} (m_j + r b_j)$$

Summanden aus B. Wegen $m_j \leq r$ ist also B eine asymptotische Basis der Ordnung

$$r \sum_{j=1}^{s} (1 + b_j). \quad \square$$

Interessanter als Basen mit positiver Dichte sind solche mit der Dichte 0 (z.B. Menge der Quadratzahlen, Menge der Primzahlen). Ist B eine Menge mit $\delta_B = 0$, von der gezeigt werden soll, dass sie eine Basis ist, so versucht man zunächst, ein $k \in \mathbb{N}$ mit $\delta_{kB} > 0$ zu finden und kann dann mit Satz 15 argumentieren. Das folgende Beispiel zeigt aber, dass man mit diesem Vorgehen nicht immer Glück hat.

Beispiel 7: Die Menge aller natürlichen Zahlen, die im Zehnersystem geschrieben eine bestimmte Ziffer (z.B. die 4) nicht enthalten, hat die natürliche (und damit auch asymptotische und finite) Dichte 0, denn zwischen 1 und 10^n existieren 9^n solche Zahlen, und es gilt

$$\lim_{n \to \infty} \frac{9^n}{10^n} = 0.$$

Erst recht hat dann die Menge aller natürlichen Zahlen, die mit einer echten Teilmenge der Ziffernmenge auskommen, die Dichte 0. Wir betrachten

$$B = \left\{ \sum_{i=0}^{r} \varepsilon_i 10^i \mid r \in \mathbb{N}, \ \varepsilon_i \in \{0,1\} \right\},$$

also die Menge aller natürlichen Zahlen einschließlich der 0 mit den Ziffern 0 und 1. Dann ist kB für $1 \leq k \leq 9$ die Menge aller natürlichen Zahlen, die mit den Ziffern $0, 1, \ldots, k$ darzustellen sind. Es ist $\delta_{kB} = 0$ (sogar $\delta_{kB}^0 = 0$) für $1 \leq k \leq 8$ und offensichtlich $\delta_{9B} = 1$.

Ist B eine Basis der Ordnung h, dann ist $(N_B(n) + 1)^h \geq n + 1$, denn aus $r \, (= N_B(n) + 1)$ Zahlen kann man höchstens r^h Summen mit h Summanden bilden, wenn man auf die Reihenfolge achtet und Wiederholungen zulässt. (Achtet man nicht auf die Reihenfolge, wie es beim Addieren von Zahlenmengen der Fall ist, so ergeben sich nur $\binom{r + h - 1}{h}$ Summen; die angegebene Ungleichung ist aber jedenfalls gültig.) Es folgt $N_B(n) \geq \beta \cdot \sqrt[h]{n}$ mit einer positiven Konstanten β. Aus der Gültigkeit einer solchen Ungleichung darf man aber nicht umgekehrt schließen, dass B eine Basis ist, wie man z.B. für $h = 2$ und $B = Q$ (Menge der Quadratzahlen) erkennt. Andererseits existiert eine Basis B der Ordnung h mit $N_B(n) < 2h\sqrt[h]{n}$, wie das folgende Beispiel zeigt [Rohrbach 1939].

Beispiel 8: Für $i = 1, 2, 3, \ldots, h$ sei B_i die Menge aller Zahlen aus $\mathbb{N}_0$, die in ihrer Zifferndarstellung zur Basis 2^h nur die Ziffern 0 und 2^{i-1} besitzen. Weiterhin sei $B = B_1 \cup B_2 \cup \ldots \cup B_h$. Wir betrachten eine beliebige natürliche Zahl a mit der Zifferndarstellung

$$a = c_0 + c_1 \cdot 2^h + c_2 \cdot 2^{2h} + \ldots + +c_r \cdot 2^{rh} \quad (0 \leq c_j < 2^h)$$

im 2^h-System. Es gilt $c_j \in B_1 + B_2 + \ldots + B_h$, also

$$c_j = \sum_{i=1}^{h} b_i^{(j)} \quad \text{mit} \quad b_i^{(j)} \in B_i \ (i = 1, 2, \ldots h)$$

für $j = 1, 2, \ldots r$, also

$$a = \sum_{j=0}^{r} \sum_{i=1}^{h} b_i^{(j)} 2^{jh} = \sum_{i=0}^{h} \sum_{j=0}^{r} b_i^{(j)} 2^{jh}.$$

Wegen $\sum_{j=0}^{r} b_i^{(j)} 2^{jh} \in B_i \ (i = 1, 2, \ldots, h)$ gilt $a \in B$. Also ist B eine Basis der Ordnung h. Weil je zwei der Mengen B_i nur die Zahl 0 gemeinsam haben, gilt

$$N_B(n) = \sum_{i=1}^{h} N_{B_i}(n).$$

Ist nun $2^{sh} \leq n < 2^{(s+1)h}$, so folgt

$$N_{B_i}(n) < 2^{s+1} \leq 2\sqrt[h]{n},$$

denn mit den zwei Ziffern 0 und 2^{i-1} kann man genau $2^{s+1} - 1$ höchstens $(s+1)$-stellige positive Zahlen bilden. Insgesamt folgt

$$N_B(n) < h \cdot 2\sqrt[h]{n}.$$

Besonders faszinierend sind Basen B der Ordnung 2 mit der natürlichen Dichte 0, also $\delta_B^0 = 0$ und $\delta_{2B} = 1$. Ein Beispiel dafür ist die Menge

$$B = \{a^2 + b^2 \mid a, b \in \mathbb{N}_0\},$$

für welche wir in Anwendung 2 zu Satz 14 gezeigt haben, dass sie die natürliche Dichte 0 hat. Der Satz von Lagrange besagt, dass $\delta_{2B} = 1$.

Schon Schnirelmann vermutete, dass man die im Beweis von Satz aufgetretene Abschätzung $\delta_{A+B} \geq \delta_A + \delta_B - \delta_A \delta_B$ zu $\delta_{A+B} \geq \min(1, \delta_A + \delta_B)$ verbessern könnte. Dies wurde dann 1942 von Henry B. Mann (1905–2000) bewiesen. Eine ähnlich gute Abschätzung darf man für die asymptotische Dichte nicht erwarten, wie folgendes Beispiel zeigt.

Beispiel 9: Es sei A die Menge der $a \in \mathbb{N}$ mit $a \equiv 0 \bmod 6$ oder $a \equiv 1 \bmod 6$, ferner B die Menge der $b \in \mathbb{N}$ mit $b \equiv 0 \bmod 6$ oder $b \equiv 5 \bmod 6$. Dann ist $A + B$ die Menge der $c \in \mathbb{N}$ mit $c \equiv 0, 1$ oder $5 \bmod 6$. Es ist $\delta_A^* = \delta_B^* = \frac{1}{3}$ und $\delta_{A+B}^* = \frac{1}{2}$, also ist $\delta_{A+B}^* = \frac{1}{2} < \frac{2}{3} = \delta_A^* + \delta_B^*$. Es gilt hier also nur

$$\delta_{A+B}^* \geq \frac{3}{4} \cdot (\delta_A^* + \delta_B^*).$$

Hans-Heinrich Ostmann (1913–1959) hat gezeigt, dass die Abschätzung in Beispiel 9 allgemein gilt (falls nicht schon $\delta_{A+B}^* = 1$ gilt). In manchen Fällen kann dabei die Konstante $\frac{3}{4}$ durch 1 ersetzt werden, in der Regel aber durch $\frac{k}{k+1}$ mit einer von A und B abhängigen natürlichen Zahl $k \geq 3$. (vgl. [Ostmann 1956], [Halberstam/Roth, 1966].)

VIII.6 Der Satz von Goldbach-Schnirelmann

Die goldbachsche Vermutung lässt sich mit Hilfe der Menge P der Primzahlen (einschließlich 0 und 1) folgendermaßen ausdrücken: $2P$ enthält die Menge aller geraden Zahlen. Ist dies der Fall, dann ist $3P = \mathbb{N}_0$, dann ist also P eine Basis der genauen Ordnung 3 für $\mathbb{N}$. Goldbach drückte seine Vermutung in einem Brief an Euler auch entsprechend aus: „Jede Zahl größer als 5 ist eine Summe von drei Primzahlen." Einen ersten Erfolg in dieser Frage erzielte Schnirelmann im Jahr 1930, indem er zeigte, dass P eine Basis endlicher Ordnung ist, wozu es nach Satz 15 genügt, $\delta_{2P} > 0$ nachzuweisen. Damit war auch die Nützlichkeit von Dichteuntersuchungen belegt. Schnirelmann konnte 1930 allerdings nur zeigen, dass jede genügend große Zahl Summe von höchstens 300 000 Primzahlen ist. Heute weiß man, dass jede genügend große Zahl Summe von höchstens vier Primzahlen ist; im Jahr 1937 hat nämlich Winogradow bewiesen, dass jede ungerade Zahl $> 3^{3^{15}}$ Summe von drei Primzahlen ist. (Die genannte Schranke ist ein Zahl mit 6 846 165 Stellen !) Man hat auch gezeigt, dass jede genügend große *gerade* Zahl Summe einer Primzahl und einer aus höchstens zwei Primzahlen zusammengesetzten Zahl ist [Chen 1973,1978], womit man der goldbachschen Vermutung schon sehr nahe kommt. Numerisch hat man die goldbachsche Vermutung für alle Zahlen bis $4 \cdot 10^{14}$ verifiziert. Der folgende Satz stammt von Schnirelmann. Zu seinem Beweis benötigen wir ein Resultat, welches aufgrund der heuristischen Betrachtungen in VII.6 plausibel ist, welches wir hier aber noch nicht beweisen wollen. Zum Beweis dieses Resultats benötigt man die von Selberg entwickelte Siebmethode (vgl. IX.4):

Ist $r(n)$ die Anzahl der Darstellungen von n als Summe von zwei Primzahlen (mit Berücksichtigung der Reihenfolge), dann gibt es eine positive Konstante c, so dass für alle $n \geq 2$ gilt:

$$(1) \qquad r(n) \leq c \prod_{p|n} \left(1 + \frac{1}{p}\right) \cdot \frac{n}{\log^2 n}.$$

(Nichtberücksichtigung der Reihenfolge der Summanden verkleinert lediglich die Konstante c um den Faktor 2.) Beim Vergleich dieser Beziehung mit der heuristisch gefundenen asymptotischen Beziehung in VII.6 beachte man, dass der Term

$$\prod_{p|n} \left(1 + \frac{1}{p}\right) \ : \ \prod_{\substack{p|n \\ p>2}} \frac{p-1}{p-2} = \frac{3}{2} \prod_{\substack{p|n \\ p>2}} \left(1 - \frac{1}{p(p-1)}\right)$$

wegen der Konvergenz der Reihe $\sum_p \dfrac{1}{p(p-1)}$ durch positive Konstanten nach oben und nach unten abgeschätzt werden kann.

Satz 16 (Goldbach/Schnirelmann): Die finite Dichte von $2P$ ist positiv.

Beweis: Es sei $r(n)$ die Anzahl der Darstellungen von $n \in \mathbb{N}$ als Summe von zwei Zahlen aus P (mit Berücksichtigung der Reihenfolge). Aus der Cauchy-Schwarz-Ungleichung ergibt sich

$$\left(\sum_{i=1}^{n} r(i)\right)^2 \leq \left(\sum_{i=1}^{n} r(i)^2\right) \left(\sum_{\substack{i=1 \\ r(i)\geq 1}}^{n} 1\right) = N_{2P}(n) \left(\sum_{i=1}^{n} r(i)^2\right),$$

also

$$N_{2P}(n) \geq \left(\sum_{i=1}^{n} r(i) \right)^2 : \left(\sum_{i=1}^{n} r(i)^2 \right).$$

Nun ist aufgrund des Primzahlsatzes für $n \geq 4$

$$\sum_{i=1}^{n} r(i) \geq \sum_{\substack{p,q \text{ Primzahlen} \\ p,q \leq \frac{n}{2}}} 1 = \left(\pi \left(\frac{n}{2} \right) \right)^2 > c_1 \cdot \frac{n^2}{\log^2 n}$$

mit einer Konstanten $c_1 > 0$, also

(2)
$$\left(\sum_{i=1}^{n} r(i) \right)^2 > c_1^2 \cdot \frac{n^4}{\log^4 n}.$$

Diese Ungleichung gilt mit geeignetem c_1 selbstverständlich auch für $n = 2$ und $n = 3$. Aus (1) folgt für $n \geq 2$

$$\sum_{i=2}^{n} r(i)^2 \leq c^2 \sum_{i=2}^{n} \left(\frac{i^2}{\log^4 i} \cdot \prod_{p|i} \left(1 + \frac{1}{p} \right)^2 \right)$$

$$\leq c^2 \cdot \frac{n^2}{\log^4 n} \cdot \sum_{i=2}^{n} \left(\prod_{p|i} \left(1 + \frac{1}{p} \right)^2 \right).$$

Nun ist

$$\sum_{i=2}^{n} \left(\prod_{p|i} \left(1 + \frac{1}{p} \right)^2 \right) \leq \sum_{i=2}^{n} \left(\sum_{d|i} \frac{1}{d} \right)^2 = \sum_{i=1}^{n} \left(\frac{\sigma(i)}{i} \right)^2$$

$$= \sum_{i=1}^{n} \left(\sum_{d|n} \frac{1}{d} \right) \left(\sum_{t|n} \frac{1}{t} \right) = \sum_{d,t \leq n} \frac{1}{dt} \sum_{\text{kgV}(d,t)|i \leq n} 1 = \sum_{d,t \leq n} \frac{1}{dt} \left[\frac{n}{\text{kgV}(dt)} \right]$$

$$\leq \sum_{d,t \leq n} \frac{1}{dt} \cdot \frac{n}{\sqrt{dt}} = n \sum_{d \leq n} \frac{1}{d\sqrt{d}} \cdot \sum_{t \leq n} \frac{1}{t\sqrt{t}} \leq c_2 n$$

mit $c_2 = \zeta^2 \left(\frac{3}{2} \right)$. Daher gilt

(3)
$$\sum_{i=1}^{n} r(i)^2 \leq r(1)^2 + c^2 c_2 \cdot \frac{n^3}{\log^4 n} \leq c_3 \frac{n^3}{\log^4 n}$$

mit einer geeigneten positiven Konstanten c_3. Aus (2) und (3) folgt

$$N_{2P}(n) \geq c_1^2 \cdot \frac{n^4}{\log^4 n} : c_3 \frac{n^3}{\log^4 n} = \frac{c_1^2}{c_3} \cdot n.$$

Also existiert eine positive Konstante a mit

$$\frac{N_{2P}(n)}{n} \geq a$$

für alle $n \in \mathbb{N}$ und damit $\delta_{2P} \geq a > 0$. $\square$

VIII.7 Der Satz von Waring-Hilbert

Die Vermutung von Edward Waring aus dem Jahr 1770 besagt, dass für jedes $k \in \mathbb{N}$ ein $c_k \in \mathbb{N}$ existiert, so dass sich jede natürliche Zahl als Summe von höchstens c_k k-ten Potenzen schreiben lässt (vgl. V.5). Für $k = 1$ ist dies trivial, für $k = 2$ gilt diese Aussage mit $c_2 = 4$ (Satz von Lagrange). Im Jahr 1909 wurde die waringsche Vermutung von David Hilbert bewiesen. Seitdem spricht man vom *Satz von Waring-Hilbert*. Zum Beweis dieses Satzes stützen wir uns auf VIII.5 Satz 15 (Satz von Schnirelmann), indem wir lediglich zeigen, dass für einen gewissen von k abhängigen Wert c die Menge aller Summen von c k-ten Potenzen eine positive finite Dichte hat. Im Beweis dieses Satzes werden wir den folgenden Hilfssatz benötigen.

Hilfssatz: Es sei $n \in \mathbb{N}$ und

$$f(x) = a_2 x^2 + a_1 x + a_0$$

ein ganzzahliges Polynom vom Grad 2, dessen Koeffizienten von n abhängen. Dabei soll

$$a_0 = O(n), \ a_1 = O(\sqrt{n}), \ a_2 = O(1)$$

gelten. Dann ist die Anzahl der 8-Tupel

$$(x_1, x_2, x_3, x_4, y_1, y_2, y_3, y_4) \in \mathbb{N}_0^8 \quad \text{mit} \quad x_j, y_j \le n \ (j = 1, 2, 3, 4),$$

für welche

(1) $\qquad f(x_1) + f(x_2) + f(x_3) + f(x_4) = f(y_1) + f(y_2) + f(y_3) + f(y_4)$

gilt, von der Ordnung $O(n^6)$.

Beweis: Setzen wir für $j = 1, 2, 3, 4$

$$z_j = (-1)^{j-1}(x_j - y_j) \quad \text{und} \quad w_j = a_2(x_j + y_j) + a_1,$$

dann ist für $j = 1, 2, 3, 4$

$$f(x_j) - f(y_j) = a_2(x_j - y_j)(x_j + y_j) + a_1(x_j - y_j) = (-1)^{j-1} z_j w_j.$$

Aus Gleichung (1) ergibt sich damit

(2) $\qquad\qquad z_1 w_1 + z_3 w_3 = z_2 w_2 + z_4 w_4.$

Jede Lösung von (1) liefert eine Lösung von (2) mit

(3) $\qquad\qquad |z_j| \le n \quad \text{und} \quad |w_j| \le bn \ (j = 1, 2, 3, 4),$

wobei b eine Konstante mit $b > 1$ ist. Ist $q(t)$ die Anzahl der Lösungen von $z_1 w_1 + z_3 w_3 = t$ mit den Bedingungen (3), dann ist

$$\sum_{|t| \le 2bn^2} q^2(t)$$

eine obere Schranke für die Anzahl der Lösungen von (2) mit den Bedingungen (3) und damit für die Anzahl der Lösungen von (1) mit $x_j, y_j \leq n$ $(j = 1, 2, 3, 4)$. Wir müssen nun $q(t)$ nach oben abschätzen. Es gilt

$$q(0) \leq (2n + 1)^2 (2bn + 1) \leq (3n)^2 \cdot 3bn = 27bn^3,$$

denn z_1, z_3 können jeweils höchstens $2n + 1$ Werte annehmen, w_1 kann höchstens $2bn + 1$ Werte annehmen, und w_3 ist durch z_1, z_3, w_1 und t festgelegt. Ist $t \neq 0$, so betrachten wir für jeden Teiler d von t die Anzahl der Lösungen von

$$z_1 w_1 + z_3 w_3 = t \quad \text{mit (3) und} \quad \text{ggT}(z_1, z_3) = d.$$

Mit

$$u_1 = \frac{z_1}{d}, \ u_3 = \frac{z_3}{d}$$

betrachten wir also die Anzahl der Lösungen von

$$u_1 w_1 + u_3 w_3 = \frac{t}{d} \quad \text{mit} \quad \text{ggT}(u_1, u_3) = 1 \quad \text{und} \quad |u_j| \leq \frac{n}{d}, \ |w_j| \leq bn \ (j = 1, 3);$$

ferner setzen wir zunächst $|u_3| \leq |u_1|$ voraus, woraus wegen $t \neq 0$ insbesondere $u_1 \neq 0$ folgt. Für vorgegebene Werte von u_1, u_3 existiert eine Lösung w_1^0, w_3^0, und man erhält alle Lösungen in der Form

$$w_1 = w_1^0 + s u_3, \ w_3 = w_3^0 - s u_1 \quad \text{mit} \quad s \in \mathbb{Z}$$

und

$$|s| = \left| \frac{w_3^0 - w_3}{u_1} \right| \leq \frac{2bn}{|u_1|};$$

Die Anzahl der möglichen Werte von s ist also höchstens

$$2 \cdot \frac{2bn}{|u_1|} + 1 \leq \frac{4bn + n}{|u_1|} \leq \frac{5bn}{|u_1|}.$$

Für alle Werte von u_1, u_3 mit $\text{ggT}(u_1, u_3) = 1$ und $|u_1|, |u_3| \leq \frac{n}{d}$ ergeben sich insgesamt höchstens

$$\sum_{1 \leq |u_1| \leq \frac{n}{d}} \sum_{|u_3| \leq |u_1|} \frac{5bn}{|u_1|} \leq 5bn \sum_{1 \leq |u_1| \leq \frac{n}{d}} \frac{2|u_1| + 1}{|u_1|}$$

$$\leq 5bn \cdot 2\frac{n}{d} \cdot 3 = 30bn^2 \cdot \frac{1}{d}$$

Lösungen w_1, w_3. Lassen wir die Beschränkung $|u_3| \leq |u_1|$ fallen, so muss man diesen Wert verdoppeln. Damit ergibt sich also für $t \neq 0$

$$q(t) \leq 60bn^2 \sum_{d|t} \frac{1}{d} = 60bn^2 \cdot \frac{\sigma(t)}{t}.$$

Wir erhalten

$$\sum_{|t|\leq 2bn^2} q^2(t) \leq (27bn^3)^2 + (60bn^2)^2 \sum_{1\leq |t|\leq 2bn^2} \left(\frac{\sigma(t)}{t}\right)^2.$$

In Beweis von Satz 16 haben wir gezeigt, dass

$$\sum_{n\leq x} \left(\frac{\sigma(n)}{n}\right)^2 \leq \zeta^2(\tfrac{3}{2})\cdot x$$

gilt. Also ist

$$\sum_{1\leq |t|\leq 2bn^2} \left(\frac{\sigma(t)}{t}\right)^2 = 2\cdot \sum_{1\leq t\leq 2bn^2} \left(\frac{\sigma(t)}{t}\right)^2 \leq 4b\cdot \zeta^2(\tfrac{3}{2})\cdot n^2.$$

Insgesamt ergibt sich also

$$\sum_{|t|\leq 2bn^2} q^2(t) \leq (27bn^3)^2 + (60bn^2)^2\cdot 4b\cdot \zeta^2(\tfrac{3}{2})\cdot n^2 = O(n^6). \quad \square$$

Satz 17: Es sei $k \geq 2$ und $c = 4\cdot 8^{k-2}$. Dann besitzt die Menge

$$A = \{x_1^k + x_2^k + \ldots + x_c^k \mid x_1, x_2, \ldots, x_c \in \mathbb{N}_0\}$$

eine positive finite Dichte.

Beweis: Es sei $r(a)$ die Anzahl der Darstellungen von a als Summe von höchstens c k-ten Potenzen, wobei auf die Reihenfolge der Summanden zu achten ist. Aus der Cauchy-Schwarz-Ungleichung ergibt sich

$$\left(\sum_{a=1}^n r(a)\right)^2 \leq \left(\sum_{\substack{a=1 \\ r(a)\geq 1}}^n 1\right)\left(\sum_{a=1}^n r(a)^2\right) = N_A(n)\left(\sum_{a=1}^n r(a)^2\right),$$

also

$$N_A(n) \geq \left(\sum_{a=1}^n r(a)\right)^2 : \left(\sum_{a=1}^n r(a)^2\right).$$

Wir müssen nun $\sum_{a=1}^n r(a)$ nach unten und $\sum_{a=1}^n r(a)^2$ nach oben abschätzen. Zunächst gilt für $n \geq 1$

$$\sum_{a=1}^n r(a) = -1 + \sum_{a=0}^n \left(\sum_{x_1^k+\ldots+x_c^k=a} 1\right)$$

$$\geq \left(\sum_{x_1\leq \sqrt[k]{\frac{n}{c}}} 1\right)\cdot\left(\sum_{x_2\leq \sqrt[k]{\frac{n}{c}}} 1\right)\cdot \ldots \cdot \left(\sum_{x_c\leq \sqrt[k]{\frac{n}{c}}} 1\right) - 1$$

$$\geq \left(\sqrt[k]{\frac{n}{c}}+1\right)^c - 1 \geq \gamma\cdot (\sqrt[k]{n})^c$$

mit einer von k abhängigen positiven Konstanten γ.

Soll nun eine Abschätzung der Form $N_A(n) \geq \alpha n$ mit einer positiven Konstanten α erreicht werden, so muss man zeigen, dass

$$\sum_{a=1}^{n} r(a)^2 \leq \delta \cdot (\sqrt[k]{n})^{2c} \cdot \frac{1}{n} = \delta \cdot n^{\frac{2c}{k}-1}$$

mit einer (von k abhängigen) positiven Konstanten δ gilt. Mit dem Nachweis einer solchen Ungleichung ist der Satz dann bewiesen.

Wir benötigen nun die Exponentialfunktionen

$$e(nt) = e^{2\pi i n t} = \cos 2\pi n t + i \sin 2\pi n t$$

($n \in \mathbb{N}_0$, $t \in \mathbb{R}$) und insbesondere deren Orthogonalitätsrelation

$$\int_0^1 e(mt)\overline{e(nt)}\,\mathrm{d}t = \int_0^1 e((m-n)t)\,\mathrm{d}t = \begin{cases} 1 \text{ für } m = n, \\ 0 \text{ für } m \neq n. \end{cases}$$

(Man beachte, dass $e(mt)e(nt) = e((m+n)t)$ und $\overline{e(t)} = e(-t)$ gilt.) Im Folgenden setzen wir ferner zur Abkürzung

$$L := [\sqrt[k]{n}].$$

Es sei nun n so groß, dass

$$N := c \cdot L^k > n.$$

Ferner sei $s(a)$ die Anzahl der Darstellungen

$$a = x_1^k + \ldots + x_c^k \quad \text{mit} \quad x_j \leq L \ (j = 1, \ldots, c).$$

Für $a \leq n$ ist $r(a) = s(a)$, denn aus $x_i^k \leq a \leq n$ folgt $x_i \leq \sqrt[k]{n}$. Also ist

$$\sum_{a=1}^{n} r^2(a) \leq \sum_{a=1}^{N} s^2(a) = \int_0^1 \left(\sum_{a=1}^{N} s(a)e(at)\right)\overline{\left(\sum_{a=1}^{N} s(a)e(at)\right)}\,\mathrm{d}t$$

$$= \int_0^1 \left|\sum_{a=1}^{N} s(a)e(at)\right|^2 \mathrm{d}t = \int_0^1 \left|\sum_{x_1 \leq L} \cdots \sum_{x_c \leq L} e((x_1^k + \ldots + x_c^k)t)\right|^2 \mathrm{d}t$$

$$= \int_0^1 \left|\sum_{x \leq L} e(x^k t)\right|^{2c} \mathrm{d}t = \int_0^1 \left|\sum_{x \leq L} e(x^k t)\right|^{8^{k-1}} \mathrm{d}t.$$

Dieses Integral muss nun für $k \geq 2$ nach oben abgeschätzt werden. Wir gehen induktiv vor, beginnen also mit $k = 2$. In diesem Fall ist

$$\int_0^1 \left|\sum_{x \leq \sqrt{n}} e(x^2 t)\right|^8 \mathrm{d}t = \int_0^1 \left(\sum_{x \leq \sqrt{n}} e(x^2 t)\right)^4 \cdot \left(\sum_{y \leq \sqrt{n}} e(-y^2 t)\right)^4 \mathrm{d}t$$

$$= \int_0^1 \sum_{\substack{0 \leq x_j, y_j \leq \sqrt{n} \\ (j=1,2,3,4)}} e(x_1^2 + x_2^2 + x_3^2 + x_4^2 - y_1^2 - y_2^2 - y_3^2 - y_4^2)\,t)\,\mathrm{d}t,$$

und dies ist die Anzahl der Lösungen von

$$x_1^2 + x_2^2 + x_3^2 + x_4^2 = y_1^2 + y_2^2 + y_3^2 + y_4^2$$

mit $0 \leq x_j, y_j \leq \sqrt{n}$. Wenden wir den Hilfssatz mit $\sqrt{n}$ statt n an, so erhalten wir

$$\int_0^1 \left| \sum_{x \leq \sqrt{n}} e(x^2 t) \right|^8 \, \mathrm{d}t = O(n^3) = O\left(n^{\frac{2 \cdot 4}{2} - 1} \right).$$

Gemäß obigem Hilfssatz hätte an der Stelle von x^2 auch ein ganzzahliges Polynom vom Grad 2 stehen können, dessen Koeffizienten a_0, a_1, a_2 von der Ordnung $O(n)$, $O(\sqrt{n})$ bzw. $O(1)$ sind. Der Induktionsbeweis wird nun für Polynome

$$f(x) = a_k x^k + a_{k-1} x^{k-1} + \ldots + a_1 x + a_0$$

statt nur für Monome x^k geführt. Dabei sollen die Koeffizienten bezüglich n nicht allzu groß sein; wir fordern wie im Fall $k = 2$ allgemein

$$a_j = O(L^{k-j})$$

für $j = 0, 1, \ldots, k$. Es gilt nun

$$
\begin{aligned}
\left| \sum_{x \leq L} e(f(x)t) \right|^2 &= \sum_{x \leq L} e(f(x)t) \cdot \sum_{y \leq L} e(-f(y)t) \\
&= \sum_{y \leq L} \left(\sum_{x \leq L} e((f(x) - f(y)) \cdot t) \right) \\
&= \sum_{y \leq L} \left(\sum_{-y \leq z \leq L - y} e((f(y + z) - f(y)) \cdot t) \right) \\
&= \sum_{-L \leq z \leq L} \left(\sum_{\substack{0 \leq y \leq L \\ 0 \leq y + z \leq L}} e((f(y + z) - f(y)) \cdot t) \right) \\
&= \sum_{0 < |z| \leq L} \left(\sum_{\substack{0 \leq y \leq L \\ 0 \leq y + z \leq L}} e((f(y + z) - f(y)) \cdot t) \right) + L + 1
\end{aligned}
$$

Der Term

$$g(y, z) = \frac{1}{z}(f(y + z) - f(y))$$

ist für $z \neq 0$ ein Polynom in y vom Grad $k-1$, dessen Koeffizienten die geforderte Ordnung bezüglich n haben; für den Koeffizient bei y^{k-m} gilt nämlich wegen $z = O(L)$ und $a_{k-j} = O(L^j)$

$$\sum_{j=0}^{m-1} \binom{k - j}{m - j} a_{k-j} z^{m-1-j} = O(L^{m-1}).$$

Wir setzen zur Abkürzung für $u \in \mathbb{R}$

$$\alpha(u) = \sum_{\substack{0 \leq y \leq L \\ 0 \leq y+z \leq L}} e(g(y,z)u).$$

Um nun das Integral

$$\int_0^1 \left| \sum_{x \leq L} e(f(x)\,t) \right|^{8^{k-1}} dt$$

abzuschätzen, potenzieren wir zunächst die soeben gefundene Gleichung

$$\left| \sum_{x \leq L} e(f(x)\,t) \right|^2 \leq \sum_{0 < |z| \leq L} \alpha(zt) + L + 1$$

mit dem Exponent 8^{k-2}. Allgemein gilt für $a, b > 0$ und $m \in \mathbb{N}$ die Ungleichung $(a+b)^m \leq 2^m \cdot \max(a^m, b^m)$. Also ist

$$\left| \sum_{x \leq L} e(f(x)\,t) \right|^{2 \cdot 8^{k-2}} \leq 2^{8^{k-2}} \max\left(B^{8^{k-2}}, (L+1)^{8^{k-2}} \right)$$

mit

$$B = \sum_{0 < |z| \leq L} \alpha(zt).$$

Ist $B \leq L + 1$, dann ergibt sich sofort die noch schärfere als die behauptete Abschätzung

$$\int_0^1 \left| \sum_{x \leq L} e(f(x)t) \right|^{8^{k-1}} dt \leq \left(2^{8^{k-2}}(L+1)^{8^{k-2}} \right)^4 = O(L^c) = O\left(n^{\frac{c}{k}} \right).$$

Ist aber $B > L + 1$, dann schätzen wir $B^{8^{k-2}}$ mehrfach mit Hilfe der Cauchy-Schwarz-Ungleichung ab:

$$B^{8^{k-2}} = B^{2^{3k-6}} \leq \left(\left(\sum_{0 < |z| \leq L} 1 \right) \cdot \left(\sum_{0 < |z| \leq L} |\alpha(zt)|^2 \right) \right)^{2^{3k-7}}$$

$$\leq \left(\left(\sum_{0 < |z| \leq L} 1 \right)^3 \cdot \left(\sum_{0 < |z| \leq L} |\alpha(zt)|^4 \right) \right)^{2^{3k-8}}$$

$$\leq \left(\left(\sum_{0 < |z| \leq L} 1 \right)^7 \cdot \left(\sum_{0 < |z| \leq L} |\alpha(zt)|^8 \right) \right)^{2^{3k-9}}$$

$$\cdots\cdots\cdots\cdots\cdots$$

$$\leq \left(\left(\sum_{0<|z|\leq L} 1 \right)^{2^{3k-7}-1} \cdot \left(\sum_{0<|z|\leq L} |\alpha(zt)|^{2^{3k-7}} \right) \right)^2$$

$$\leq \left(\sum_{0<|z|\leq L} 1 \right)^{2^{3k-6}-1} \cdot \left(\sum_{0<|z|\leq L} |\alpha(zt)|^{2^{3k-6}} \right)$$

$$\leq (2L)^{8^{k-2}-1} \sum_{0<|z|\leq L} |\alpha(zt)|^{8^{k-2}}.$$

Nun ist für $u \in \mathbb{R}$

$$|\alpha(u)|^{8^{k-2}} = \sum_{j\in\mathbb{Z}} A(j)e(ju),$$

wobei die Indizes j von der Ordnung

$$O\left(\max_{\substack{0\leq y\leq L \\ 0\leq y+z\leq L}} |g(y,z)| \right) = O(L^{k-1})$$

sind und die Koeffizienten $A(j)$ sich aufgrund der Orthogonalität der Funktionen $e(t)$ folgendermaßen bestimmen:

$$A(j) = \int_0^1 |\alpha(u)|^{8^{k-2}} e(-ju) \, du.$$

Jetzt kommt die Induktionsvoraussetzung in der Gestalt

$$\int_0^1 \left| \sum_{y\leq L_1} e(g(y,z)u) \right|^{8^{k-2}} du = O\left(n^{\frac{8^{k-2}}{k-1}-1} \right) = O\left(L_1^{8^{k-2}-(k-1)} \right)$$

mit $L_1 = [\sqrt[k-1]{n}]$ ins Spiel. Dabei ist $L_1 \geq L$ und $L_1 = O\left(L^{\frac{k}{k-1}} \right)$ bzw. $L = O\left(L_1^{\frac{k-1}{k}} \right)$, so dass

$$\int_0^1 \left| \sum_{y\leq L} e(g(y,z)u) \right|^{8^{k-2}} du = O\left(\left(L^{\frac{k-1}{k}} \right)^{8^{k-2}-(k-1)} \right)$$

$$= O\left(L^{\frac{(k-1)\cdot 8^{k-2}}{k} - \frac{(k-1)^2}{k}} \right).$$

Es gilt also für $j \in \mathbb{Z}$

$$|A(j)| \leq \int_0^1 |\alpha(u)|^{8^{k-2}} du \leq \int_0^1 \left| \sum_{y\leq L} e(g(y,z)u) \right|^{8^{k-2}} dt$$

$$= O\left(L^{\frac{(k-1)\cdot 8^{k-2}}{k} - \frac{(k-1)^2}{k}} \right).$$

Nun folgt

$$\int_0^1 \left| \sum_{x \le L} e(f(x)t) \right|^{8^{k-1}} dt = \int_0^1 \left(\left| \sum_{x \le L} e(f(x)t) \right|^{2 \cdot 8^{k-2}} \right)^4 dt$$

$$\le \int_0^1 \left(2^{8^{k-2}} B^{8^{k-2}} \right)^4 dt$$

$$= O \left(\left(L^{8^{k-2}} - 1 \right)^4 \int_0^1 \left(\sum_{0 < |z| \le L} |\alpha(zt)|^{8^{k-2}} \right)^4 dt \right)$$

$$= O \left(L^{4 \cdot 8^{k-2} - 4} \int_0^1 \left(\sum_{0 < |z| \le L} \left(\sum_{j \in \mathbb{Z}} A(j) e(jzt) \right) \right)^4 dt \right)$$

$$= O \left(L^{4 \cdot 8^{k-2} - 4} \sum A(j_1) A(j_2) A(j_3) A(j_4) \right),$$

wobei die Summe im letzten Term über alle $(z_1, z_2, z_3, z_4, j_1, j_2, j_3, j_4) \in \mathbb{Z}^8$ zu erstrecken ist, welche einer Gleichung

$$z_1 j_1 + z_2 j_2 + z_3 j_3 + z_4 j_4 = 0$$

mit

$$0 < |z_m| \le L \quad \text{und} \quad 0 \le |j_m| \le bL^{k-1}$$

mit einer positiven Konstanten b $(m = 1, 2, 3, 4)$ genügen. Die Summanden sind von der Ordnung

$$O \left(\left(L^{\frac{(k-1) \cdot 8^{k-2}}{k} - \frac{(k-1)^2}{k}} \right)^4 \right) = O \left(L^{4 \cdot 8^{k-2} - 4 \cdot \frac{(k-1)^2}{k}} \right).$$

Die Anzahl der Summanden ist von der Ordnung $O(L^{3k})$. Denn ersetzt man im Beweis des Hilfssatzes die Bedingungen $|z_j| \le n$ und $|w_j| \le bn$ durch $|z_j| \le L$ und $|w_j| \le bL^{k-1}$, dann ergibt sich für die Anzahl der Lösungen von $z_1 w_1 + z_3 w_3 = z_2 w_2 + z_4 w_4$ die Ordnung $O(L^{3k})$. Die Summe $\sum A(j_1) A(j_2) A(j_3) A(j_4)$ ist also von der Ordnung

$$O \left(L^{4 \cdot 8^{k-2} - 4 \cdot \frac{(k-1)^2}{k} + 3k} \right) = O \left(L^{4 \cdot 8^{k-2} - k + 4} \right).$$

Damit ergibt sich schließlich

$$\int_0^1 \left| \sum_{x \le L} e(f(x)t) \right|^{8^{k-1}} dt = O \left(L^{4 \cdot 8^{k-2} - 4} \cdot L^{4 \cdot 8^{k-2} - k + 4} \right)$$

$$= O \left(L^{8^{k-1} - k} \right) = O \left(n^{\frac{2c}{k} - 1} \right). \quad \square$$

VIII.8 Wesentliche Komponenten

Ist W eine Menge natürlicher Zahlen mit $\delta_W > 0$, dann ist $\delta_{A+W} > \delta_A$ für jedes $A \subseteq \mathbb{N}_0$ mit $\delta_A < 1$; das folgt aus

$$\delta_{A+W} \geq \delta_A + \delta_W - \delta_A \delta_W$$

(vgl. Beweis von Satz 15 in VIII.7). Interessant ist aber die Frage, ob eine Menge $W \subseteq \mathbb{N}_0$ mit $\delta_W = 0$ und $\delta_{A+W} > \delta_A$ für jedes $A \subseteq \mathbb{N}_0$ existiert, wobei man die Fälle $\delta_A = 0$ und $\delta_A = 1$ ausschließt. Allgemein nennt man eine Menge $W \subseteq \mathbb{N}_0$ mit $\delta_{A+W} > \delta_A$ für jedes $A \subseteq \mathbb{N}$ mit $0 < \delta_A < 1$ eine *wesentliche Komponente*. Paul Erdös hat bewiesen, dass jede Basis endlicher Ordnung eine wesentliche Komponente ist; genauer hat er gezeigt: Ist W eine Basis der Ordnung h, dann gilt

$$\delta_{A+W} > \delta_A + \frac{1}{2h} \cdot \delta_A \cdot (1 - \delta_A).$$

(Mit „$\geq$" statt „$>$" gilt dies natürlich auch für $\delta_A = 0$ und $\delta_A = 1$.) Dieses Resultat wurde von Landau verschärft, indem er die Ordnung h durch eine in der Regel kleinere Zahl λ ersetzte, die folgendermaßen definiert wird: Für $i \in \mathbb{N}$ sei $l(i)$ die kleinste Anzahl von Summanden, die man zur Darstellung von i als Summe von Zahlen aus W benötigt; es ist also $l(i) \leq h$. Dann sei

$$\lambda := \sup_{n \in \mathbb{N}} \frac{1}{n} \sum_{i=1}^{n} l(i).$$

Es ist $\lambda \leq h$. Man nennt λ die *mittlere Ordnung* der Basis W.

Satz 18 (Erdös/Landau): Ist W eine Basis der mittleren Ordnung λ, dann gilt für jedes $A \subseteq \mathbb{N}_0$ mit $0 < \delta_A < 1$

$$\delta_{A+W} > \delta_A + \frac{1}{2\lambda} \cdot \delta_A \cdot (1 - \delta_A).$$

Beweis: Für $m, n \in \mathbb{N}$ mit $m < n$ sei

$a_m(n) = $ Anzahl der $a \in A$ mit $m < a + m \leq n$ und $a + m \in A$,

$\bar{a}_m(n) = $ Anzahl der $a \in A$ mit $m < a + m \leq n$ und $a + m \notin A$,

ferner sei $a_n(n) = \bar{a}_n(n) = 0$. Dann ist

$$a_m(n) + \bar{a}_m(n) = N_A(n - m) \geq \delta_A \cdot (n - m).$$

Nun gilt

$$\sum_{m=1}^{n} a_m(n) = \sum_{\substack{a \in A \\ 1 \leq a \leq n}} \left(\sum_{\substack{1 \leq m \leq n \\ a + m \leq n \\ a + m \in A}} 1 \right) = \sum_{\substack{a \in A \\ 1 \leq a \leq n}} \left(\sum_{\substack{a < x \leq n \\ x \in A}} 1 \right)$$

$$= \sum_{\substack{a \in A \\ 1 \leq a \leq n}} (N_A(n) - N_A(a)) \leq \sum_{a=1}^{n} (N_A(n) - N_A(a))$$

$$\leq 1 + 2 + 3 + \ldots + (N_A(n) - 1) = \frac{1}{2} \cdot N_A(n) \cdot (N_A(n) - 1).$$

Also ist

$$\sum_{m=1}^{n} \overline{a}_m(n) \geq \sum_{m=1}^{n} (\delta_A \cdot (n-m) - a_m(n))$$

$$= \delta_A \cdot \frac{n(n-1)}{2} - \sum_{m=1}^{n} a_m(n)$$

$$\geq \frac{1}{2} \cdot \delta_A \cdot n^2 - \frac{1}{2} \cdot N_A(n)^2 + \frac{1}{2}(N_A(n) - \delta_A n)$$

$$\geq \frac{1}{2} \cdot \delta_A \cdot n^2 - \frac{1}{2} \cdot N_A(n)^2.$$

Als nächstes beweisen wir die Ungleichung

$$\sum_{m=1}^{n} \overline{a}_m(n) \leq \lambda n(N_{A+W}(n) - N_A(n)).$$

Dazu betrachten wir für $m_1, m_2 \in \mathbb{N}$ die Ungleichung

$$\overline{a}_{m_1+m_2}(n) \leq \overline{a}_{m_1}(n) + \overline{a}_{m_2}(n).$$

Diese ergibt sich folgendermaßen: Ist

$$a + m_1 + m_2 \leq n \quad \text{und} \quad a + m_1 + m_2 \notin A,$$

dann ist $a + m_1 \leq n$ und $a + m_1 \notin A$ (a wird also in $\overline{a}_{m_1}(n)$ gezählt) oder $a' + m_2 \leq n$ und $a' + m_2 \notin A$ mit $a' = a + m_1 \in A$ (a wird also in $\overline{a}_{m_2}$ gezählt.)
Obige Ungleichung wenden wir für

$$m = w_1 + w_2 + \ldots + w_{l(m)}$$

an und beachten dabei die Beziehung

$$\overline{a}_w(n) \leq N_{A+W}(n) - N_A(n) \quad \text{für} \quad w \in W :$$

$$\overline{a}_m(n) \leq \sum_{i=1}^{l(m)} \overline{a}_{w_i}(n) \leq \sum_{i=1}^{l(m)} (N_{A+W}(n) - N_A(n)) = l(m)(N_{A+W}(n) - N_A(n)).$$

Summation über m liefert die behauptete Ungleichung:

$$\sum_{m=1}^{n} \overline{a}_m(n) \leq (N_{A+W}(n) - N_A(n)) \sum_{m=1}^{n} l(m) \leq \lambda n(N_{A+W}(n) - N_A(n)).$$

Daraus folgt

$$\lambda n(N_{A+W}(n) - N_A(n)) \geq \frac{1}{2} \cdot \delta_A \cdot n^2 - \frac{1}{2} \cdot N_A(n)^2,$$

also gilt für jedes $n \in \mathbb{N}$

$$\frac{N_{A+W}(n)}{n} \geq \frac{1}{2\lambda} \cdot \delta_A - \frac{1}{2\lambda} \cdot \left(\frac{N_A(n)}{n}\right)^2 + \frac{N_A(n)}{n}.$$

Die Funktion

$$x \longmapsto -\frac{1}{2\lambda} \cdot x^2 - x$$

ist für $\delta_A \leq x \leq 1$ ($\leq \lambda$) monoton wachsend; daher folgt für alle $n \in \mathbb{N}$

$$\frac{N_{A+W}(n)}{n} \geq \frac{1}{2\lambda} \cdot \delta_A - \frac{1}{2\lambda} \cdot \delta_A^2 + \delta_A = \delta_A + \frac{1}{2\lambda} \cdot \delta_A \cdot (1 - \delta_A).$$

Wegen

$$\delta_{A+W} = \inf_{n \geq 1} \frac{N_{A+W}(n)}{n}$$

ergibt sich die Behauptung des Satzes. $\square$

Beispiel 1: Die Menge $Q = \{0, 1, 4, 9, 16, 25, \ldots\}$ der Quadratzahlen ist eine Basis der Ordnung 4 (Satz von Lagrange). Wir wollen zeigen, dass Q die mittlere Ordnung $\frac{19}{6}$ hat. Es gilt

$$\sum_{m=1}^{n} l(m) = 4n - \sum_{\substack{m=1 \\ l(m)=3}}^{n} 1 - \sum_{\substack{m=1 \\ l(m)=2}}^{n} 2 - \sum_{\substack{m=1 \\ l(m)=1}}^{n} 3$$

$$= 4n - \sum_{\substack{m=1 \\ l(m)\leq 3}}^{n} 1 - \sum_{\substack{m=1 \\ l(m)=2}}^{n} 1 - \sum_{\substack{m=1 \\ l(m)=1}}^{n} 2.$$

Nun gilt $l(m) = 1$ genau dann, wenn m eine Quadratzahl ist; also ist

$$\sum_{\substack{m=1 \\ l(m)=1}}^{n} 2 = 2[\sqrt{n}] = o(n).$$

In VIII.3 haben wir gesehen, dass die Menge der als Summe von zwei Quadraten darstellbaren Zahlen die natürliche Dichte 0 hat; also ist auch

$$\sum_{\substack{m=1 \\ l(m)=2}}^{n} 1 = o(n).$$

Genau für die Zahlen $m = 4^r(8k - 1)$ mit $r \in \mathbb{N}_0$ und $k \in \mathbb{N}$ gilt $l(m) = 4$, für alle anderen Zahlen gilt $l(m) \leq 3$. Diesen *Dreiquadratesatz* haben wir in V.9 bewiesen. Es gilt $4^r(8k - 1) \leq n$, wenn

$$0 \leq r \leq \frac{\log n - \log 7}{\log 4} \quad \text{und} \quad 1 \leq k \leq \frac{1}{8} + \frac{n}{8 \cdot 4^r}.$$

Die Anzahl der Zahlen $4^r(8k-1)$ unterhalb von n ist dann bis auf ein $o(n)$-Glied

$$\sum_{r \leq \frac{\log n - \log 7}{\log 4}} \left(\frac{1}{8} + \frac{n}{8 \cdot 4^r}\right) + o(n) = \frac{n}{8} \cdot \sum_{r=0}^{\infty} \left(\frac{1}{4}\right)^r + o(n)$$

$$= \frac{n}{8} \cdot \frac{4}{3} + o(n) = \frac{n}{6} + o(n).$$

Man beachte dabei, dass $\log n = o(n)$ und $\sum_{r \geq \log n} \left(\frac{1}{4}\right)^r = O\left(\left(\frac{1}{4}\right)^{\log n}\right) = o(n)$.

Es folgt $\sum_{\substack{m=1 \\ l(m) \leq 3}}^{n} 1 = \frac{5}{6}n + o(n)$. Also ist

$$\sum_{m=1}^{n} l(m) = 4n - \frac{5}{6}n + o(n) = \frac{19}{6}n + o(n).$$

Für jede Menge A mit $0 < \delta_A < 1$ gilt also nach Satz 14

$$\delta_{A+Q} > \delta_A + \frac{3}{19} \cdot \delta_A \cdot (1 - \delta_A).$$

Beispiel 2: Wäre die goldbachsche Vermutung bewiesen, dann wüsste man, dass die (durch 0 und 1 ergänzte) Menge $P = \{0, 1, 3, 5, 7, 11, \ldots\}$ der ungeraden Primzahlen eine Basis der mittleren Ordnung $\frac{5}{2}$ wäre. (Für jede gerade Zahl m ist $l(m) = 2$, für jede ungerade zusammengesetzte Zahl m ist $l(m) = 3$, und die Primzahlen fallen nicht ins Gewicht.) Dann wäre also für jede Menge A mit $0 < \delta_A < 1$

$$\delta_{A+P} > \delta_A + \frac{1}{5} \cdot \delta_A \cdot (1 - \delta_A).$$

Bemerkungen: Die Abschätzung in Satz 18 kann man in der Form

$$\delta_{A+W} > \delta_A \cdot \left(1 + c_A \cdot \frac{1 - \delta_A}{\lambda}\right)$$

mit $c_A = \frac{1}{2}$ schreiben. Die Konstante c_A ist nicht wesentlich zu verbessern. Die bisher beste Abschätzung ist

$$\frac{3}{4} < \max_{0 \leq x \leq 1} \left(\frac{1 + \sqrt{x} + x}{(1 + \sqrt{x})^2}, \frac{1 + \sqrt{1-x} + (1-x)}{(1 + \sqrt{1-x})^2}\right) \leq c_A < 1$$

mit $x = \delta_A$.

Es gibt wesentliche Komponenten, die keine Basen sind; dies ist von J. V. Linnik (1915–1972) bewiesen worden. Offen ist die Frage, ob eine Menge V mit $\delta_V = 0$ und $\delta_{B+V} > 0$ für jede Basis B existiert; selbst für Basen B der Ordnung 2 ist diese Frage noch nicht beantwortet.

Ist W eine *asymptotische* Basis der Ordnung h^*, dann nennt man

$$\lambda^* := \limsup_{n \to \infty} \frac{1}{n} \sum_{m=1}^{n} l(m)$$

die *mittlere asymptotische Ordnung* dieser Basis. Rohrbach (1903–1993) hat gezeigt, dass das asymptotische Analogon zu Satz 18 gilt, also

$$\delta^*_{A+M} > \delta^*_A + \frac{1}{2\lambda^*} \cdot \delta^*_A \cdot (1 - \delta^*_A)$$

für alle $A \subseteq \mathbb{N}_0$ mit $0 < \delta^*_A < 1$ gilt [Rohrbach 1939].

Bezüglich der hier genannten Resultate vgl. auch [Ostmann 1956] und [Halberstam/Roth 1966].

VIII.9 Das Münzenproblem und das Briefmarkenproblem

Mit den Münzwerten 1, 2, 5, 10, 20, 50 (Cent) kann man jeden Geldbetrag zusammenstellen, weil man dies schon mit 1 kann. Möchte man ohne die 1 auskommen, so gelingt dies nicht mehr mit den Beträgen 1 und 3, ab 4 ist aber wieder jeder Betrag darstellbar. Dies ist ein Beispiel für das *Münzenproblem*.

Möchte man höchstens vier Münzen verwenden, so kann man alle Beträge bis 37 zusammenstellen, aber 38 lässt sich nicht erreichen. Dies ist ein Beispiel für das *Briefmarkenproblem*, bei welchem es darum geht, mit einer beschränkten Anzahl von Briefmarkenwerten einen Brief zu frankieren.

Es sei $A = \{a_1, a_2, \ldots, a_k\}$ eine k-elementige Teilmenge von $\mathbb{N}$. Dann erhebt sich die Frage, welche natürlichen Zahlen als Summe von Elementen aus A darstellbar sind, für welche $n \in \mathbb{N}$ also gilt:

$$n = \sum_{i=1}^{k} r_i a_i \quad \text{mit} \quad r_i \in \mathbb{N}_0.$$

Sicher gilt dies nur für solche n, die durch $\mathrm{ggT}(a_1, a_2, \ldots, a_k)$ teilbar sind, wir wollen uns daher auf $\mathrm{ggT}(a_1, a_2, \ldots, a_k) = 1$ beschränken. Weil man den größten gemeinsamen Teiler von k Zahlen als Vielfachensumme dieser Zahlen schreiben kann (vgl. I.6 Satz 11), gilt

$$n = \sum_{i=1}^{k} x_i a_i \quad \text{mit} \quad x_i \in \mathbb{Z}.$$

Daraus wollen wir eine Darstellung von n als Vielfachensumme mit nichtnegativen Koeffizienten gewinnen, falls n hinreichend groß ist. Dazu sei

$$x_i = q_i a_k + r_i \quad \text{mit} \quad q_i \in \mathbb{Z} \text{ und } 0 \le r_i < a_k$$

$(i = 1, 2, \ldots, k-1)$ und $r_k := x_k + \sum_{i=1}^{k-1} q_i a_i$. Damit folgt

$$n = \sum_{i=1}^{k} x_i a_i = \sum_{i=1}^{k-1} (q_i a_k + r_i) a_i + x_k a_k$$

$$= \sum_{i=1}^{k-1} r_i a_i + \left(x_k + \sum_{i=1}^{k-1} q_i a_i \right) a_k = \sum_{i=1}^{k} r_i a_i.$$

Es ist zu prüfen, unter welcher Voraussetzung $r_k \ge 0$ gilt. Es ist

$$r_k a_k = n - \sum_{i=1}^{k-1} r_i a_i \ge n - (a_k - 1) \sum_{i=1}^{k-1} a_i.$$

Für $n > (a_k - 1) \sum_{i=1}^{k-1} a_i - a_k$ ist daher $r_k > -1$, also $r_k \ge 0$. Bezeichnet man mit $g(A)$ die größte Zahl, die *nicht* als Summe von Zahlen aus A zu schreiben ist, so gilt daher

$$g(A) \le (a_k - 1) \sum_{i=1}^{k-1} a_i - a_k.$$

Da die Zahlen in A nicht der Größe nach angeordnet sein müssen, wird man in der Abschätzung a_k als die kleinste Zahl aus A wählen. Man sollte daher vielleicht besser

$$g(A) \le (a_1 - 1) \sum_{i=2}^{k} a_i - a_1$$

schreiben, wobei a_1 die kleinste Zahl in A sein soll.

Das *Münzenproblem* oder *Problem von Frobenius* (nach Ferdinand Georg Frobenius, 1849–1917) besteht in der Bestimmung der *Frobeniuszahl* $g(A)$ für eine vorgelegte Menge A. Ist $1 \in A$, dann ist dieses Problem offensichtlich trivial und man setzt $g(A) = -1$, damit obige Formel mit $a_1 = 1$ gültig bleibt.

Für die Anzahl $n(A)$ der nicht darstellbaren Zahlen gilt

$$n(A) \ge \frac{g(A) + 1}{2};$$

denn von zwei Zahlen m, n mit $0 \le m, n \le g(A)$ und $m + n = g(A)$ ist mindestens eine nicht darstellbar, da andernfalls $g(A)$ darstellbar wäre.

Ist $k = 2$, also $A = \{a_1, a_2\}$ mit $\mathrm{ggT}(a_1, a_2) = 1$, so ist

$$g(A) = a_1 a_2 - a_1 - a_2 \quad \text{und} \quad n(A) = \frac{g(A) + 1}{2}$$

(Aufgabe 14). Im folgenden Beispiel ist $k = 3$.

Beispiel 1: Es sei $A = \{6, 10, 15\}$. Aus obiger allgemeiner Abschätzung folgt $g(A) \leq 5 \cdot (10 + 15) - 6 = 119$. Es gilt aber $g(A) = 29$, wie man folgendermaßen findet: Die kleinste Zahl

$$r_1 \cdot 6 + r_2 \cdot 10 + r_3 \cdot 15$$

mit $r_1, r_2, r_3 \in \mathbb{N}_0$ in der Restklasse

$$
\left.\begin{array}{l}
0 \bmod 6 \\
1 \bmod 6 \\
2 \bmod 6 \\
3 \bmod 6 \\
4 \bmod 6 \\
5 \bmod 6
\end{array}\right\} \text{ ergibt sich für }
\left\{\begin{array}{l}
r_1 = 0, \ r_2 = 0, \ r_3 = 0 : \quad 0 \\
r_1 = 0, \ r_2 = 1, \ r_3 = 1 : \quad 25 \\
r_1 = 0, \ r_2 = 2, \ r_3 = 0 : \quad 20 \\
r_1 = 0, \ r_2 = 0, \ r_3 = 1 : \quad 15 \\
r_1 = 0, \ r_2 = 1, \ r_3 = 0 : \quad 10 \\
r_1 = 0, \ r_2 = 2, \ r_3 = 1 : \quad 35
\end{array}\right.
$$

Die jeweils folgenden Zahlen der Restklasse sind dann natürlich auch darstellbar, da man nur eine 6 addieren muss. Die größte nicht darstellbare Zahl liegt in 5 mod 6 und lautet 29. Es folgt $n(A) \geq 15$. Nachzählen ergibt $n(A) = 15$.

Das in Beispiel 1 benutzte Verfahren kann man allgemein zur Berechnung von $g(A)$ und $n(A)$ verwenden, wie folgender Satz besagt.

Satz 19: Es sei $A = \{a_1, \ldots, a_k\}$ eine Menge von k natürlichen Zahlen mit $a_1 < a_2 < \ldots < a_k$ und $\text{ggT}(a_1, \ldots, a_k) = 1$. Für $0 < j < a_1$ sei m_j die kleinste natürliche Zahl mit $m_j \equiv j \bmod a_1$, die als Summe von Zahlen aus $A \setminus \{a_1\}$ dargestellt werden kann. Dann gilt

$$g(A) = \max_{0 < j < a_1} m_j - a_1$$

und

$$n(A) = \frac{1}{a_1} \sum_{0 < j < a_1} m_j - \frac{a_1 - 1}{2}.$$

Beweis: Ist $n \equiv 0 \bmod a_1$, dann ist n (als Vielfaches von a_1) in A darstellbar. Ist $n \not\equiv 0 \bmod a_1$ und $n \equiv j \equiv m_j \bmod a_1$, dann ist n genau dann in A darstellbar, wenn $n \geq m_j$; die größte nicht-darstellbare Zahl dieser Restklasse ist $m_j - a_1$. Es folgt

$$g(A) = \max_{0 < j < a_1} (m_j - a_1) = \max_{0 < j < a_1} m_j - a_1.$$

Für $j \not\equiv 0 \bmod a_1$ gibt es genau $\left[\dfrac{m_j}{a_1}\right]$ Zahlen n mit $n \equiv j \bmod a_1$ und $0 < n < m_j$. Wegen $0 < j < a_1$ ist

$$\left[\frac{m_j}{a_1}\right] = \frac{m_j - j}{a_1}$$

und damit

$$n(A) = \sum_{0 < j < a_1} \left[\frac{m_j}{a_1}\right] = \frac{1}{a_1} \sum_{0 < j < a_1} m_j - \frac{1}{a_1} \cdot \frac{(a_1 - 1)a_1}{2}. \quad \square$$

Beispiel 2: Wir betrachten $A = \{5, 7, 13\}$ mit $a_1 = 5$.

$$
\begin{array}{llll}
1 \bmod 5 : & 1, \; 6, \; 11, \; 16, \; \underline{21} & m_1 &= 21 \\
2 \bmod 5 : & 2, \; \underline{7} & m_2 &= 7 \\
3 \bmod 5 : & 3, \; 8, \; \underline{13} & m_3 &= 13 \\
4 \bmod 5 : & 4, \; 9, \; \underline{14} & m_4 &= 14
\end{array}
$$

Es ergibt sich $g(A) = 21 - 5 = 16$ und $n(A) = \dfrac{1}{5} \cdot 55 - 2 = 9$.

Man kann das Problem der Bestimmung von $g(A)$ und $n(A)$ auf den Fall zurückführen, dass je $k - 1$ der Zahlen aus A teilerfremd sind. Es gilt nämlich:

Satz 20: Es sei $A = \{a_1, \ldots, a_k\}$ eine Menge von k natürlichen Zahlen mit

$$
\operatorname{ggT}(a_1, \ldots, a_k) = 1 \quad \text{und} \quad \operatorname{ggT}(a_2, \ldots, a_k) = d.
$$

Dann gilt für die Menge $A' = \left\{ a_1, \dfrac{a_2}{d}, \ldots, \dfrac{a_k}{d} \right\}$

$$
g(A) = d \cdot g(A') + (d - 1)a_1
$$

und

$$
n(A) = d \cdot n(A') + \frac{d - 1}{2} \cdot (a_1 - 1).
$$

Beweis: Es seien m_j die in Satz 19 eingeführten Zahlen und m_j' die analog definierten Zahlen für die Menge A'. Die Zahl n ist genau dann in der Menge $\left\{ \dfrac{a_2}{d}, \ldots, \dfrac{a_k}{d} \right\}$ darstellbar, wenn dn in $\{a_2, \ldots, a_k\}$ darstellbar ist. Wegen

$$
\operatorname{ggT}(a_1, d) = \operatorname{ggT}(a_1, a_2, \ldots, a_k) = 1
$$

durchläuft dn mit n ebenfalls ein vollständiges Restsystem mod a_1. Ist

$$
n \equiv i \bmod a_1 \quad \text{und} \quad dn \equiv j \bmod a_1
$$

$(0 < i, j < a_1)$, dann ist
$$
m_j = dm_i'.
$$

Es folgt aus Satz 19

$$
g(A') = \max_{0 < i < a_1} m_i' - a_1 = \max_{0 < j < a_1} \frac{m_j}{d} - a_1 = \frac{1}{d}(g(A) + a_1) - a_1,
$$

woraus sich die erste Behauptung ergibt. Ferner ist nach Satz 19

$$
\begin{aligned}
n(A') &= \frac{1}{a_1} \sum_{0 < i < a_1} m_i' - \frac{a_1 - 1}{2} \\
&= \frac{1}{a_1} \sum_{0 < j < a_1} \frac{m_j}{d} - \frac{a_1 - 1}{2} = \frac{1}{d}\left(n(A) + \frac{a_1 - 1}{2} \right) - \frac{a_1 - 1}{2}.
\end{aligned}
$$

Daraus ergibt sich die zweite Behauptung. $\qquad \square$

Beispiel 3: Wir betrachten nochmals die Menge $A = \{6, 10, 15\}$ aus obigem Beispiel 1. Mit $a_1 = 6$ folgt

$$g(A) = 5 \cdot g(\{6, 2, 3\}) + 24.$$

Offensichtlich ist $g(\{6, 2, 3\}) = g(\{2, 3\}) = 1$, was sich auch mit Hilfe von Satz 20 ergibt:

$$g(\{2, 3, 6\}) = 3 \cdot g(\{2, 1\}) + 4 = 3 \cdot (-1) + 4 = 1.$$

Es folgt $g(A) = 5 \cdot 1 + 24 = 29$. Satz 20 liefert ferner $n(A) = 5n(\{2, 3\}) + 10 = 15$.

In VIII.3 haben wir im Fall, dass die Elemente von A *paarweise* teilerfremd sind, eine Formel für die Anzahl $p_A(n)$ der Darstellungen von n als Linearkombination von Elementen aus A mit nicht-negativen Koeffizienten hergeleitet. Im Fall $k = 3$ mit $A = \{a, b, c\}$ ergab sich

$$p_A(n) = \frac{1}{2abc} \left(\left(n + \frac{a+b+c}{2} \right)^2 - \frac{a^2+b^2+c^2}{12} \right) + \Delta(n).$$

Es gilt $p_A(n) > 0$, falls

$$n > \sqrt{\frac{1}{12}(a^2 + b^2 + c^2) + 2abc \cdot |\Delta(n)|} - \frac{a+b+c}{2}.$$

Also gilt wegen $|\Delta(n)| \leq \frac{\pi^2}{48} \cdot (a + b + c)$ (vgl. VIII.3) für die Frobeniuszahl

$$g(A) \leq \sqrt{\frac{1}{12}(a^2 + b^2 + c^2) + \frac{1}{24}abc\pi^2(a + b + c)} - \frac{a+b+c}{2}.$$

Diese Abschätzung ist nicht sonderlich scharf; z.B. für $A = \{5, 7, 13\}$ liefert sie $g(A) \leq 56$, während $g(A) = 16$ gilt (Beispiel 2).

Bezeichnet man für $r \in \mathbb{N}_0$ mit $g_r(A)$ die größte natürliche Zahl, die höchstens r Partitionen in A besitzt, also

$$g_r(A) = \max\{n \in \mathbb{N} \mid p_A(n) \leq r\}$$

(und insbesondere $g_0(A) = g(A)$), dann erhält man folgendes Resultat:

Satz 21: Es sei $A = \{a, b, c\}$, wobei die natürlichen Zahlen a, b, c paarweise teilerfremd sind. Dann gilt

$$g_r(A) \leq \sqrt{\frac{1}{12}(a^2 + b^2 + c^2) + 2abc \left(\frac{\pi^2}{48}(a + b + c) + r \right)} - \frac{a+b+c}{2}.$$

Beispiel 4: Wir betrachten nochmals die Menge $A = \{5, 7, 13\}$ aus Beispiel 2 und geben für $0 \leq r \leq 12$ die Werte von $g_r(A)$ und die Schranke gemäß Satz 21 an:

r	0	1	2	3	4	5	6	7	8	9	10	11	12
$g_r(A)$	16	29	37	44	51	58	64	71	76	81	86	89	94
$\leq$		56	62	68	73	78	83	88	92	96	101	104	108	112
$[\sqrt{2abcr}]$	0	30	42	52	60	67	73	79	85	90	95	100	104

Wegen $g_r(A) \sim \sqrt{2abcr}$ $(r \to \infty)$ haben wir in der letzten Zeile der Tabelle noch $[\sqrt{910r}]$ angegeben.

Satz 22: Es sei $A = \{a_1, \ldots, a_k\}$, wobei die natürlichen Zahlen $a_1, \ldots, a_k$ paarweise teilerfremd sind. Dann gilt für $r \to \infty$

$$g_r(A) \sim \sqrt[k-1]{(k-1)!a_1 \cdot \ldots \cdot a_k \cdot r}.$$

Beweis: Aus VIII.3 Satz 9 folgt

$$p_A(n) = \frac{n^{k-1}}{(k-1)!a_1 \cdot \ldots \cdot a_k}(1 + u_n),$$

wobei (u_n) eine Nullfolge ist. Da $p_A(n)$ bis auf ein $O(1)$-Glied ein Polynom ist, gibt es ein $n_0 \in \mathbb{N}$, so dass die Folge $(p_A(n))$ für $n \geq n_0$ monoton wachsend ist. Für $g_r(A) \geq n_0$ ist dann

$$p_A(g_r(A)) \geq r - p'_A(g_r(A) + 1) \geq r - c \cdot r^{\frac{k-2}{k-1}},$$

wobei p'_A die Ableitung von p_A bedeutet und c eine Konstante ist. Also gilt wegen $p_A(g_r(A)) \leq r$

$$r\left(1 - \frac{c}{k-\sqrt[k-1]{r}}\right) \leq \frac{g_r(A)^{k-1}}{(k-1)!a_1 \cdot \ldots \cdot a_k}\left(1 + u_{g_r(A)}\right) \leq r,$$

woraus sich die Behauptung ergibt. $\square$

In gewisser Weise komplementär zum Münzproblem ist das *Briefmarkenproblem* (vgl. etwa [Selmer 1986]). Möchte man mit 10-, 50- und 60-Pfennig–Briefmarken einen Brief frankieren und dabei höchstens 4 Marken verwenden, so kann man jedes Vielfache von 10 Pf zwischen 0 und 240 Pf zusammenstellen. Rechnet man in Vielfachen von 10, so gilt also $\{0, 1, 2, \ldots, 24\} \subseteq 4\{0, 1, 5, 6\}$. Beim Briefmarkenproblem geht es um die Bestimmung der größten Zahl n, so dass

$$\{0, 1, 2, \ldots, n\} \subseteq hA$$

für ein gegebenes $h \in \mathbb{N}$ gilt. Diese Zahl $n(h, A)$ nennt man die *h-Reichweite* von A. Außer (wie stets) $0 \in A$ setzen wir nun auch $1 \in A$ voraus, da anderenfalls $n(h, A) = 0$ wäre. Ist k die Anzahl der positiven Elemente von A, dann gilt

$$n(h, A) < \binom{h + k}{k}.$$

Denn eine Summe $\sum\limits_{i=0}^{k} x_i a_i$ mit $a_0 = 0$, $a_1 = 1$, $x_i \in \mathbb{N}_0$ und $\sum\limits_{i=0}^{k} x_i = h$ entsteht als h-Auswahl aus einer $(k+1)$-Menge ohne Berücksichtigung der Reihen-
folge, wobei Wiederholungen erlaubt sind, und die Anzahl solcher Auswahlen
beträgt $\binom{h+k}{k}$. Jeder solchen Auswahl entspricht nämlich ein $(h+k)$-Tupel
aus h Elementen 0 und k Elementen 1:

$$
\begin{array}{cccccccc}
x_0\text{-mal} & x_1\text{-mal} & x_2\text{-mal} & x_3\text{-mal} & & & x_k\text{-mal} \\
(\; 0\ldots0\;1 & 0\ldots0\;1 & 0\ldots0\;1 & 0\ldots0\;1 & 0\ldots & \ldots0\;1 & 0\ldots0\;) \\
a_0\ldots a_0 & a_1\ldots a_1 & a_2\ldots a_2 & a_3\ldots a_3 & a_4\ldots & \ldots a_{k-1} & a_k\ldots a_k
\end{array}
$$

Da man also eine solche Auswahl durch Festlegung der k Stellen für die 1
bestimmt, gibt es genau $\binom{h+k}{k}$ solche Auswahlen.

Interessant sind k-Mengen A mit möglichst großer Reichweite. (Dabei soll zwar
1, nicht aber 0 als Element von A mitgezählt werden.) Man setzt

$$
n(h,k) := \max_{|A|=k} n(h,A)
$$

und nennt eine Menge A mit $n(h,A) = n(h,k)$ eine (h,k)-*optimale* Menge
oder (h,k)-*Extremalbasis*. Trivialerweise gilt $n(h,1) = h$, denn $\{0,1\}$ ist eine
$n(h,1)$-optimale Menge. Der folgende Satz behandelt den Fall $k = 2$:

Satz 23 ([Stöhr 1955]): Es gilt $n(h,2) = \left[\dfrac{h^2 + 6h + 1}{4}\right]$.

Beweis: Es sei $A = \{0,1,a\}$ mit $a > 1$. Dabei können wir $a \leq h+2$ annehmen,
da andernfalls schon $h + 1 \notin hA$ gilt. Ist $n \in \mathbb{N}$ und $n = x_1 \cdot a + x_2 \cdot 1$ mit
$x_1, x_2 \in \mathbb{N}_0$ und $x_2 < a$ (Division mit Rest), dann gilt für jede Darstellung
$n = y_1 \cdot a + y_2 \cdot 1$ mit $y_1, y_2 \in \mathbb{N}_0$ die Beziehung $y_1 + y_2 \geq x_1 + x_2$. Die Zahl n
besitzt *keine* Darstellung als Summe von h Zahlen aus A, wenn $x_1 + x_2 \geq h+1$.
Die kleinste solche Zahl ergibt sich mit $x_2 = a - 1$ und $x_1 = h + 1 - (a - 1)$.
Also ist

$$
n(h,A) = (h - a + 2) \cdot a + (a - 1) \cdot 1 - 1 = -a^2 + (h+3) \cdot a - 2.
$$

Betrachten wir a als reelle Variable, so nimmt dieser Term seinen größten Wert
an der Stelle $\dfrac{h+3}{2}$ an. Es gilt nämlich

$$
n(h,A) = \frac{h^2 + 6h + 1}{4} - \left(a - \frac{h+3}{2}\right)^2.
$$

Man erhält

$$n(h,2) = \begin{cases} \dfrac{h^2 + 6h + 1}{4}, & \text{falls } h \text{ ungerade,} \\[3ex] \dfrac{h^2 + 6h + 1}{4} - \dfrac{1}{4}, & \text{falls } h \text{ gerade.} \end{cases}$$

Insgesamt ergibt sich also obige Behauptung. $\square$

Aus Satz 23 folgt

$$n(h,2) = \left(\frac{h}{2}\right)^2 + O(h).$$

Beispiel 5: Nach Satz 23 gilt $n(3,2) = 7$, und $A = \{0,1,3\}$ ist (3,2)-optimal. Die kleinste Zahl, die man nicht als Summe von drei Summanden aus A schreiben kann, ist die Zahl 8.

Beispiel 6: Es gilt $n(10,2) = 40$, und $A = \{0,1,6\}$ ist (10,2)-optimal. Alle Zahlen von 1 bis 40 sind also als Summe von 10 Summanden aus A darstellbar; beispielsweise gilt $34 = 6+6+6+6+6+1+1+1+1+0$. Die Zahl 41 kann man nicht so darstellen. Denn dazu benötigt man mindestens sechs Summanden 6 und kommt dann auf 11 Summanden, mit sieben Summanden 6 erhält man aber schon 42.

Für den Fall $k = 3$ hat Hofmeister folgendes Resultat erzielt: Ist

$$s = \left[\frac{4h+4}{9}\right] + 2 \quad \text{und} \quad t = \left[\frac{2h}{9}\right] + 2$$

sowie $a = 2s - t + 1$ und $b = ta - s$, dann ist für $h > 22$ die Menge $A = \{1, a, b\}$ (h,3)-optimal, und es gilt

$$n(h,3) = (h+4-s-t) \cdot b + (t-2) \cdot a + (s-2) \cdot 1$$

Daraus folgt ([Hofmeister 1968,1983])

$$n(h,3) = \frac{4}{3} \cdot \left(\frac{h}{3}\right)^3 + O(h^2).$$

Eine Tabelle für $n(h,k)$ und zugehörige optimale Mengen mit der Einschränkung $(h-1)(k^2-9) \le 190$ findet man in [Hofmeister 1985]. Vgl. [Selmer 1986].

Satz 24 ([Rohrbach 1939], [Stöhr 1955]): Es gilt

$$\max\left(\left(\frac{h}{k}\right)^k, \left(\frac{k}{h}\right)^h\right) \le n(h,k) < \binom{h+k}{h}.$$

Beweis: Die Abschätzung nach oben ergibt sich aus $n(h,A) < \binom{h+k}{h}$ für $|A| = k$. Es sind zwei verschiedene Abschätzungen nach unten zu beweisen, wobei die eine für $h < k$ und die andere für $k < h$ trivial ist. Zunächst zeigen wir für $k \le h$ die Abschätzung $n(h, k) \ge \left(\dfrac{h}{k}\right)^k$. Dazu setzen wir $g = \left[\dfrac{h}{k}\right] + 1$. Wegen $k \le h$ ist $g \ge 2$. Für die Menge $A = \{0,\ 1,\ g,\ g^2,\ \ldots,\ g^{k-1}\}$ gilt dann $n(h, A) \ge g^k$, denn in der g-adischen Zifferndarstellung einer Zahl zwischen 1 und $g^k - 1$ beträgt die Quersumme höchstens $k(g-1) = k\left[\dfrac{h}{k}\right] \le h$, und g^k ist die Summe von g $(\le h)$ Summanden g^{k-1}. Es folgt

$$n(h, k) \ge n(h, A) \ge \left(\left[\frac{h}{k}\right] + 1\right)^k \ge \left(\frac{h}{k}\right)^k.$$

Nun beweisen wir für $h \le k$ die Abschätzung $n(h, k) \ge \left(\dfrac{k}{h}\right)^h$. Wir betrachten dazu die $h + 1$ Zahlen

$$
\begin{aligned}
d_1 &= 1 \\
d_2 &= (u+1)d_1 \\
d_3 &= ud_1 + (u+1)d_2 \\
d_4 &= ud_1 + ud_2 + (u+1)d_3 \\
&\ \ \vdots \\
d_{h+1} &= ud_1 + ud_2 + \ldots + ud_{h-1} + (u+1)d_h
\end{aligned}
$$

mit $u \in \mathbb{N}$ und bilden damit die Menge B_h mit $0 \in B_h$ und den positiven Elementen

$$
\begin{array}{cccc}
d_1, & 2d_1, & \ldots, & ud_1, \\
ud_1 + d_2, & ud_1 + 2d_2, & \ldots, & ud_1 + ud_2, \\
ud_1 + ud_2 + d_3, & ud_1 + ud_2 + 2d_3, & \ldots, & ud_1 + ud_2 + ud_3, \\
& \vdots & & \\
u\sum_{i=1}^{h-1} d_i + d_h, & u\sum_{i=1}^{h-1} d_i + 2d_h, & \ldots, & u\sum_{i=1}^{h} d_i.
\end{array}
$$

Die Anzahl der positiven Elemente in B_h ist $u \cdot h$. Für die h-Reichweite von B_h gilt

$$n(h, B_h) \ge d_{h+1} - 1.$$

Dies kann man induktiv beweisen: Für $h = 1$ ist $B_1 = \{0, 1, 2, \ldots, u\}$, wegen $d_1 = 1$ ist daher $n(1, B_1) = u = d_2 - 1$. Ist schon $n(h-1, B_{h-1}) \ge d_h - 1$ bewiesen, so muss man wegen $B_{h-1} \subseteq B_h$ nur noch zeigen, dass die Zahlen von d_h bis $d_{h+1} - 1$ als Summe von h Zahlen aus B_h darzustellen sind. Jede dieser Zahlen ist nun von der Form

$$s = ud_1 + ud_2 + \ldots + ud_{h-1} + qd_h + r$$

mit $0 \leq q \leq u$ und $0 \leq r \leq d_h - 1$. Es gilt

$$u \sum_{i=1}^{h-1} d_i + q d_h \in B_h,$$

und r ist nach Induktionsvoraussetzung eine Summe von $h-1$ Summanden aus B_{h-1} und damit auch aus B_h. Also ist s eine Summe von h Summanden aus B_h. Es folgt

$$\begin{aligned}
n(h, B_h) \geq d_{h+1} - 1 \;\geq&\; (u+1)d_h \\
\geq&\; (u+1)(u+1)d_{h-1} \\
&\vdots \\
\geq&\; (u+1)^h d_1 = (u+1)^h.
\end{aligned}$$

Setzen wir nun $u = \left[\dfrac{k}{h}\right]$, dann besitzt B_h wegen $h\left[\dfrac{k}{h}\right] \leq k$ höchstens k positive Elemente. Es ist also

$$n(h,k) \geq n(h, B_h) \geq \left(\left[\frac{k}{h}\right]+1\right)^h \geq \left(\frac{k}{h}\right)^h. \quad \square$$

Die Abschätzungen in Satz 24 sind symmetrisch bezüglich h und k, denn

$$\binom{h+k}{h} = \binom{k+h}{k}.$$

Es gilt allerdings im allgemeinen *nicht* $n(h,k) = n(k,h)$; beispielsweise ist

$$n(3,4) = 24 \qquad (\text{optimale Menge } \{0,1,4,7,8\})$$

und

$$n(4,3) = 26 \qquad (\text{optimale Menge } \{0,1,5,8\}).$$

Für $k \leq h$ ergibt sich aus Satz 24 die gröbere Abschätzung

$$n(h,k) \leq \frac{(2k)^k}{k!} \cdot \left(\frac{h}{k}\right)^k.$$

Diese kann man für festes k und $h \to \infty$ verbessern zu

$$n(h,k) \leq \frac{(k-1)^{k-1}}{(k-1)!} \cdot \left(\frac{h}{k}\right)^k + O(h^{k-1})$$

[Rödseth 1990]. Aus Satz 24 folgt, dass positive Konstanten c_k und C_k existieren, mit welchen

$$c_k \cdot \left(\frac{h}{k}\right)^k + O(h^{k-1}) \leq n(h,k) \leq C_k \cdot \left(\frac{h}{k}\right)^k + O(h^{k-1})$$

gilt. Dabei ist $c_k \geq 1$ nach Satz 24. Man kann sogar zeigen, dass der Grenzwert $\gamma_k := \lim\limits_{h \to \infty} \dfrac{n(h,k)}{(\frac{h}{k})^k}$ existiert ([Kirfel 1993]). Es gilt $\gamma_1 = \gamma_2 = 1$, $\gamma_3 = \dfrac{4}{3}$. Ferner weiß man, dass $\ 2,008 \leq \gamma_4 \leq 2,43 \quad$ ([Mossige 1987], [Kirfel 1989]).

VIII.10 Aufgaben

1. Es sei $p^{((m))}(n)$ bzw. $\overline{p}^{((m))}(n)$ die Anzahl der Partitionen von n in *genau m* Summanden bzw. *genau m verschiedene* Summanden. Mit $p_m(n)$ haben wir die Anzahl der Partitionen von n in Summanden $\leq m$ bezeichnet. Zeige mit Hilfe von Ferrersgraphen, dass

(1) $p^{((m))}(n) = p_m(n - m)$ für $m < n$;

(2) $\overline{p}^{((m))}(n) = p_m\left(n - \dfrac{m(m+1)}{2}\right)$ für $\dfrac{m(m+1)}{2} < n$.

2. Berechne unter Benutzung der jacobischen Formel die Koeffizienten von $x^0, x^5, x^{10}, x^{15}, x^{20}, x^{25}$ und x^{30} in der Reihe $x\mathcal{E}^4(x)$.

3. Es sei $A = \{a_1, a_2, a_3, \ldots\} \subseteq \mathbb{N}$ mit $a_1 < a_2 < a_3 < \ldots$.

a) Zeige, dass $\delta_A^* = \liminf\limits_{n\to\infty} \dfrac{n}{a_n}$.

b) Nenne eine Menge A mit $\delta_A \neq \inf\limits_{n\geq 1} \dfrac{n}{a_n}$.

4. a) Zeige, dass die natürliche Dichte einer Menge $A \subseteq \mathbb{N}$ genau dann existiert, wenn $\delta_A^* + \delta_{\overline{A}}^* = 1$ gilt.

b) Zeige, dass für jede Menge $A \subseteq \mathbb{N}$ gilt: $\delta_A^* + \delta_{\overline{A}}^* \leq 1$.

5. Die Menge $A \subseteq \mathbb{N}$ habe folgende Eigenschaft: Jedes $a \in A$ kann abgesehen von der Reihenfolge auf höchstens eine Weise als Summe von zwei Elementen aus A geschrieben werden. Zeige, dass $N_A(n) \leq 2\sqrt{n}$.

6. A sei die Folge der k-Ecks-Zahlen (V.10). Zeige: $\lim\limits_{n\to\infty} \dfrac{N_A(n)}{\sqrt{n}} = \sqrt{\dfrac{2}{k-2}}$.

7. Es sei $A_n = \{a \in \mathbb{N} \mid (2n)! \leq a < (2n+1)!\}$ und $A = \bigcup\limits_{n=1}^{\infty} A_n$.

Zeige, dass $\delta_A^* = \delta_{\overline{A}}^* = 0$.

8. Es sei A_i die Menge der $x \in \mathbb{N}_0$ mit $7^{(7^i)} \leq x < 7^{(7^{i+1})}$ und $A = \bigcup\limits_{i=1}^{\infty} A_i$.

Zeige, dass $\liminf\limits_{n\to\infty} \dfrac{N_A(n)}{n} = 0$ und $\limsup\limits_{n\to\infty} \dfrac{N_A(n)}{n} = 1$.

9. Es sei A die Menge aller Potenzen a^n mit $a, n \in \mathbb{N}$ und $n \geq 2$. Zeige, dass A die natürliche Dichte 0 hat.

10. Es seien $d_1, d_2, \ldots, d_k$ endlich viele natürliche Zahlen. Berechne die natürliche Dichte der Menge der Zahlen, die durch keine der Zahlen $d_1, d_2, \ldots, d_k$ teilbar sind.

11. Berechne die natürliche Dichte der Menge der Zahlen, die außer
a) durch 1 oder 4   b) durch 1,4 oder 9   durch kein Quadrat teilbar sind.

12. Es sei $A \subseteq \mathbb{N}$. Zeige: Ist $\sum\limits_{a\in A} \dfrac{1}{a}$ konvergent, dann ist $\delta_A^0 = 0$.

Zeige, dass die Umkehrung dieser Behauptung nicht gilt.

13. Es sei A die Menge aller natürlichen Zahlen n, für deren Primteiler p gilt: $p \leq \sqrt{n}$. Es ist also $A = \{1, 4, 8, 9, 12, 16, 18, 24, 25, 27, 30, 32, \ldots\}$. Ferner sei $B_p = \{p, 2p, 3p, \ldots, (p-1)p\}$ (p Primzahl).
Zeige, dass $N_A(x) = [x] - \sum\limits_p N_{B_p}(x)$ und bestimme die natürliche Dichte von A.
(Hinweis: Man benötigt VII.2 Satz 5 und den Primzahlsatz bzw. I.4 Satz 7.)

14. Es sei $A = \{0, a_1, a_2\}$ mit $0 < a_1 < a_2$ und $\mathrm{ggT}(a_1, a_2) = 1$. Bestimme die größte Zahl $g(A)$, die nicht als Summe von Elementen aus A zu schreiben ist, sowie die Anzahl $n(A)$ der nicht als Summe von Elementen aus A darzustellenden Zahlen.

15. Es sei $h > 1$ und B_i die Menge aller Zahlen, die im Ziffernsystem zur Basis 2^h nur die Ziffern 0 und 2^{i-1} haben ($i = 1, 2, \ldots, h$). Ferner sei $B = \bigcup\limits_{i=1}^{h} B_i$. Beweise:

a) $B_i \cap B_j = \{0\}$ für $1 \leq i < j \leq h$.

b) $N_B(x) \leq \sum\limits_{i=1}^{h} N_{B_i}(2^{h(s+1)} - 1) = h \cdot 2^{s+1} - h$, falls $2^{hs} \leq x \leq 2^{h(s+1)} - 1$.

c) $N_B(x) < 2h \cdot \sqrt[h]{x}$.

d) B ist eine Basis h-ter Ordnung.

16. a) Es gibt genau eine $(3,3)$-optimale Menge. Man bestimme diese.

b) Die Menge $A = \{0, 1, 11, 37\}$ ist die einzige $(12,3)$-optimale Menge. Zeige, dass $213 \notin 12A$. Bestimme $n(12, 3)$.

17. Bestimme $n(h, A)$ für $A = \{0, 1, 5, 12, 28\}$ und $h = 4, 5, 6$.

18. Es sei $A = \{0, a_1, a_2, \ldots, a_k\}$ mit $1 = a_1 < a_2 < \ldots < a_k$. Für $n \in \mathbb{N}$ nennt man die Darstellung

$$n = \sum_{i=1}^{k} e_i a_i \quad \text{mit} \quad e_i \in \mathbb{N}_0 \ (i = 1, 2, \ldots, k)$$

die *euklidische* oder *reguläre* Darstellung, wenn

$$0 \leq n - \sum_{i=k-j}^{k} e_i a_i < a_{k-j} \quad \text{für } j = 0, 1, \ldots, k - 2.$$

Die euklidische Darstellung ist i. Allg. nicht diejenige Darstellung von n mit der kleinstmöglichen Anzahl von Summanden. Zeige dies für $A = \{0, 1, 5, 12, 28\}$ und $h = 5$. (Vgl. Aufgabe 16.)

19. Bestimme $p_A(n)$ für $A = \{5, 6, 7\}$ (vgl. Satz 9) und schätze den Fehler $\Delta(n)$ ab. Gib mit Hilfe dieser Abschätzung eine Schranke für die Frobeniuszahl $g(A)$ an und bestimme dann $g(A)$ selbst.

VIII.11 Lösungen der Aufgaben

1.

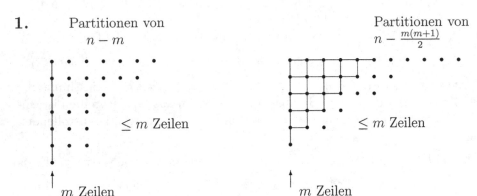

Partitionen von

$n - m$

$\leq m$ Zeilen

m Zeilen

Partitionen von

$n - \frac{m(m+1)}{2}$

$\leq m$ Zeilen

m Zeilen

2. Multiplikation der beiden Potenzreihen

$$1 - x - x^2 + x^5 + x^7 - x^{12} - x^{15} + x^{22} + x^{26} - \ldots$$

und $\quad 1 - 3x + 5x^3 - 7x^6 + 9x^{10} - 11x^{15} + 13x^{21} - 15x^{28} + \ldots$

liefert für x^4 den Koeffizient -5, für $x^9, x^{14}, x^{19}, x^{24}$ jeweils den Koeffizient 0; für x^{29} ergibt sich der Koeffizient -10.

3. $\delta_A^* \leq \liminf\limits_{n\to\infty} \dfrac{n}{a_n}$, weil $\dfrac{n}{a_n} = \dfrac{N_A(a_n)}{a_n}$ eine Teilfolge von $\dfrac{N_A(n)}{n}$ bildet.

$\delta_A^* \geq \liminf\limits_{n\to\infty} \dfrac{n}{a_n}$, weil $\dfrac{k}{a_k} < \dfrac{N_A(n) + 1}{n}$ für $a_{k-1} \leq n < a_k$.

Für $A = \mathbb{N} \setminus \{1\}$ gilt $\delta_A = 0$ und $\inf\limits_{n \geq 1} \dfrac{n}{a_n} = \dfrac{1}{2}$.

4. a) Existiert δ_A^0, dann ist $\delta_A^* = \delta_A^0$ und

$$\delta_{\overline{A}}^* = \liminf\limits_{n\to\infty} \frac{n - N_A(n)}{n} = \lim\limits_{n\to\infty} \frac{n - N_A(n)}{n} = 1 - \delta_A^*.$$

b) Ist $\delta_A^* + \delta_{\overline{A}}^* = 1$, dann existiert δ_A^0, denn

$$\limsup\limits_{n\to\infty} \frac{N_A(n)}{n} = 1 - \liminf\limits_{n\to\infty} \frac{n - N_A(n)}{n} = 1 - \delta_{\overline{A}}^* = \delta_A^*.$$

5. Es sei $N_A(n) = k$. Dann gibt es $\dfrac{k(k+1)}{2}$ Summen $a + a'$ mit $a, a' \in A$ und $a, a' \leq n$, wenn man nicht auf die Reihenfolge der Summanden achtet.

Der Wert einer solchen Summe darf höchstens einmal in A vorkommen.

Es muss also gelten: $\quad \dfrac{k(k+1)}{2} \leq 2n \quad$ bzw. $\quad k \leq \sqrt{k(k+1)} \leq 2\sqrt{n}$

6. $\dfrac{k-2}{2}(r^2 - r) + r \leq n \iff r \leq \sqrt{\dfrac{2n}{k-2}} + O(1)$, also $N_A(n) = \sqrt{\dfrac{2n}{k-2}} + O(1)$.

7. $N_A((2n)! - 1) = (3! - 2!) + (5! - 4!) + \ldots + ((2n-1)! - (2n-2)!)$

$\qquad \leq 3! + 5! + \ldots + (2n-3)! + (2n-1)!$

$\qquad \leq \left(\dfrac{1}{4 \cdot 5 \cdot 2n} + \dfrac{1}{6 \cdot 7 \cdot 2n} + \ldots + \dfrac{1}{(2n-2) \cdot (2n-1) \cdot 2n} + \dfrac{1}{2n} \right) \cdot (2n)!$

$\qquad \leq \dfrac{c}{2n} \cdot (2n)!$ mit einer Konstanten c.

$$N_{\overline{A}}((2n+1)! - 1) = (2! - 1!) + (4! - 3!) + \ldots + ((2n)! - (2n-1)!)$$
$$\leq 2! + 4! + \ldots + (2n-2)! + (2n)!$$
$$\leq \left(\frac{1}{3 \cdot 4 \cdot 2n} + \frac{1}{5 \cdot 6 \cdot 2n} + \ldots + \frac{1}{(2n-1) \cdot 2n \cdot 2n} + \frac{1}{2n} \right) \cdot (2n+1)!$$
$$\leq \frac{c}{2n} \cdot (2n+1)! \text{ mit einer Konstanten } c.$$

8. $\displaystyle \liminf_{n \to \infty} \frac{N_A(n)}{n} \leq \lim_{k \to \infty} \frac{k \cdot 7^{(7^{2k})}}{7^{7^{2k+1}}} = \lim_{k \to \infty} \frac{k}{7^{(6 \cdot 7^{2k})}} = 0;$

$$\limsup_{n \to \infty} \frac{N_A(n)}{n} \geq \lim_{k \to \infty} \frac{7^{(7^{2k})} - 7^{(7^{2k-1})}}{7^{(7^{2k})}} = \lim_{k \to \infty} \left(1 - \frac{1}{7^{(6 \cdot 7^{2k-1})}} \right) = 1.$$

9. $\displaystyle N_A(n) = 1 + \sum_{\substack{p \text{ prim} \\ 2^p \leq n}} \left(\sum_{\substack{i^p \leq n \\ i \geq 2}} 1 \right) - \sum_{\substack{p,q \text{ prim} \\ p \neq q, \, 2^{pq} \leq n}} \left(\sum_{\substack{i^{pq} \leq n \\ i \geq 2}} 1 \right) + \sum_{p,q,r} - + \ldots$

$$= 1 - \sum_{d \leq \frac{\log n}{\log 2}} \mu(d) \left[n^{\frac{1}{d}} - 1 \right] \leq O\left(\sum_{d \leq \frac{\log n}{\log 2}} n^{\frac{1}{d}} \right) = O\left(\int_1^{\frac{\log n}{\log 2}} e^{\frac{\log n}{t}} \, dt \right)$$

$$= O\left(\int_{\log 2}^{\log n} \frac{e^u}{u^2} \, du \right) \leq O\left(\log n \cdot \frac{n}{\log^2 n} \right) = O\left(\frac{n}{\log n} \right).$$

10. $\displaystyle 1 - \sum_{1 \leq i \leq k} \frac{1}{d_i} + \sum_{1 \leq i < j \leq k} \frac{1}{\text{kgV}(d_i, d_j)} - + \ldots \pm \frac{1}{\text{kgV}(d_1, \ldots, d_k)}$

11. a) $\displaystyle \left(1 + \frac{1}{4} \right) \cdot \frac{1}{\zeta(2)} = \frac{15}{2\pi^2}$ b) $\displaystyle \left(1 + \frac{1}{4} + \frac{1}{9} \right) \cdot \frac{1}{\zeta(2)} = \frac{49}{6\pi^2}$

12. Ist $\displaystyle \limsup_{n \to \infty} \frac{N_A(n)}{n} = \delta > 0$, dann existiert für jedes ε mit $0 < \varepsilon < \delta$ eine

Folge $\{a_i\}$ in A mit $\displaystyle \frac{N_A(a_i)}{a_i} \geq \delta - \varepsilon$. Dann ist mit $N_A(a_0) = 0$

$$\sum_{a \in A} \frac{1}{a} \geq \sum_{i=1}^{\infty} \frac{N_A(a_i) - N_A(a_{i-1})}{a_i} \geq \sum_{j=1}^{\infty} \frac{N_A(a_{2j})}{a_{2j}} \geq (\delta - \varepsilon) \sum_{j=1}^{\infty} 1.$$

Die Umkehrung gilt nicht, wie man am Beispiel der Menge der Primzahlen sieht.

13. Für $p \neq q$ ist $B_p \cap B_q = \emptyset$, denn eine Zahl aus $B_p \cap B_q$ müsste durch pq teilbar sein. Ferner ist $A = \text{IN} \setminus \bigcup_p B_p$, denn genau dann ist $n \notin A$, wenn eine Primzahl p mit $p | n$ und $\frac{n}{p} < p$ existiert, also $n = ap$ mit $1 \leq a \leq p - 1$

und damit $n \in B_p$. Es folgt $N_A(x) = [x] - \sum_{p \leq \sqrt{x}} (p-1) - \sum_{\sqrt{x} < p \leq x} \left[\frac{x}{p} \right]$.

Aus VII.2 Satz 5 und dem Primzahlsatz folgt dann

$$\frac{N_A(x)}{x} = 1 + O\left(\frac{\pi(\sqrt{x})}{\sqrt{x}} \right) - \left(\log \log x - \log \log \sqrt{x} + O\left(\frac{1}{\log x} \right) \right)$$
$$= 1 - \log 2 + O\left(\frac{1}{\log x} \right).$$

14. Ist $n = x_1 a_1 + x_2 a_2$ mit $x_1, x_2 \in \mathbb{Z}$ und $x_2 = q_2 a_1 + r_2$ mit $q_2 \in \mathbb{Z}$ und $0 \le r_2 < a_1$, also $n = (x_1 + q_2 a_2)a_1 + r_2 a_2$, so bestimme man die größte Zahl n mit $x_1 + q_2 a_2 < 0$. Diese ist $g(A) = (-1) \cdot a_1 + (a_1 - 1)a_2 = a_1 a_2 - a_1 - a_2$. Für $n < g(A)$ besitzt genau eine der beiden Zahlen n oder $g(A) - n$ eine Darstellung; also besitzt genau die Hälfte der Zahlen $0, 1, \ldots, g(A)$ *keine* Darstellung.

15. a) $2^{i-1} = 2^{j-1} \iff i = j$.   b) Wegen a) gilt $N_B(x) = \sum\limits_{i=1}^{h} N_{B_i}(x)$.

Ferner ist $N_{B_i}(x) \le N_{B_i}(2^{h(s+1)} - 1) = 2^{s+1} - 1$, denn es gibt genau 2^{s+1} Zahlen $< (2^h)^{s+1}$, die im 2^h-System höchstens zwei verschiedene Ziffern haben.

c) Aus b) folgt $\dfrac{N_B(x)}{\sqrt[k]{x}} \le \dfrac{h(2^{s+1} - h)}{\sqrt[h]{2^{hs}}} < \dfrac{h \cdot 2^{s+1}}{2^s} = 2h$.

d) Für $0 \le c < 2^h$ ist $c = \sum\limits_{i=1}^{h} b_i$ mit $b_i \in \{0, 2^{i-1}\} \subseteq B_i$, wobei die Zahlen b_i eindeutig bestimmt sind. Ist $n = \sum\limits_{j=0}^{m} c_j 2^{hj}$ mit $0 \le c^j < 2^h$, so bestimmt man b_{ij} gemäß $c_j = \sum\limits_{i=1}^{h} b_{ij}$ mit $b_{ij} \in \{0, 2^{i-1}\} \subseteq B_i$ $(j = 0, \ldots, m; \; i = 1, \ldots, h)$ und

erhält $\quad n = \sum\limits_{j=0}^{m}\left(\sum\limits_{i=1}^{h} b_{ij} 2^{hj}\right) = \sum\limits_{i=1}^{h}\left(\sum\limits_{j=0}^{m} b_{ij} 2^{hj}\right) \quad$ mit $\quad \sum\limits_{j=0}^{m} b_{ij} 2^{hj} \in B_i \subseteq B$.

16. a) $3\{0, 1, a, b\}$ liefert für $a = 2, 3, 4$ die Reichweite 12 (für $b = 5$) bzw. 12 (für $b = 4, 8$) bzw. 15 (für $b = 5$). Also ist $n(3, 3) = 15$ und $\{0, 1, 4, 5\}$ (3,3)-optimal.

b) Zur Darstellung von 213 würde man mindestens 3 und höchstens 5 Summanden 37 benötigen; es gilt aber

$$213 - 3 \cdot 37 = 102 \notin 9\{0, 1, 11\}$$
$$213 - 4 \cdot 37 = 65 \notin 8\{0, 1, 11\};$$
$$213 - 5 \cdot 37 = 28 \notin 7\{0, 1, 11\}.$$

Es gilt $\{1, 2, \ldots, 212\} \subseteq 12A$, also $n(12, A) = 212 \; (= n(12, 3))$; zum Beweis zeige man, dass die Vereinigung der Mengen $\{i \cdot 37\} + (12 - i)\{0, 1, 11\}$ $(i = 0, 1, 2, 3, 4, 5)$ alle Zahlen ≤ 212 enthält.

17. $n(4, A) = 8$; $\quad n(5, A) = 71$; $\quad n(6, A) = 100$. Bestimmung von $n(6, A)$: $6A \supseteq [0, 99]$ (beachte $71 + 28 = 99$); $100 \notin 6\{0, 1, 5, 12\}$: $100 = 28 + 72$ und $72 \notin 5A$; $100 = 56 + 44$ und $44 \notin 4A$; $100 = 84 + 16$ und $16 \notin 3A$.

18. Es gilt $n(5, A) = 71$ (Aufgabe 17). Lässt man nur euklidische Darstellungen zu, dann kommt man nur bis 20; denn die euklidische Darstellung von 21 benötigt 6 Summanden: $21 = 4 \cdot 1 + 1 \cdot 5 + 1 \cdot 12 + 0 \cdot 28$. (Die nichteuklidische Darstellung mit 5 Summanden ist $21 = 1 + 4 \cdot 5$.)

19. Es gilt $p_A(n) = \dfrac{1}{420}\left((n + 9)^2 - \dfrac{55}{6}\right) + \Delta(n)$ mit $|\Delta(n)| < 1,54$. Es ist $p_A(n) > 0$ für $n \ge 17$. Also ist $g(A) \le 16$. Es gilt $g(A) = 9$.

IX Siebmethoden

IX.1 Allgemeine Bemerkungen über Siebverfahren

In I.2 haben wir das Sieb des Eratosthenes zur Bestimmung aller Primzahlen unterhalb einer Schranke n behandelt. Für die Anzahl $\pi(n)$ der Primzahlen $\leq n$ ergab sich

$$\pi(n) - \pi(\sqrt{n}) + 1 = \sum_{\substack{i=1 \\ \mathrm{ggT}(i,P)=1}}^{n} 1 = \sum_{d|P} (-1)^{\omega(d)} \left[\frac{n}{d}\right]$$

(I.2 Satz 3). Dabei bedeutet P das Produkt aller Primzahlen $\leq \sqrt{n}$ und $\omega(d)$ die Anzahl der verschiedenen Primteiler von d. Weil P quadratfrei ist, gilt in dieser Formel $(-1)^{\omega(d)} = \mu(d)$, wobei μ die Möbiusfunktion bedeutet. Es ist also auch

$$\sum_{\substack{i=1 \\ \mathrm{ggT}(i,P)=1}}^{n} 1 = \sum_{d|P} \mu(d) \left[\frac{n}{d}\right].$$

Um hieraus z. B. den Primzahlsatz zu gewinnen, darf man nicht etwa auf der rechten Seite die eckigen Klammern weglassen. Denn der dabei entstehende Fehler ist zunächst nur durch $O\left(2^{\pi(\sqrt{n})}\right)$ abzuschätzen, weil P genau $2^{\pi(\sqrt{n})}$ Teiler besitzt, das Fehlerglied wäre also von größerer Ordnung als das Hauptglied! Setzt man

$$\sum_{\substack{i=1 \\ d|i}}^{n} 1 = \left[\frac{n}{d}\right] = \frac{n}{d} + R(d),$$

so ergibt sich

$$\sum_{d|P} \mu(d) \left[\frac{n}{d}\right] = n \sum_{d|P} \frac{\mu(d)}{d} + \sum_{d|P} \mu(d) R(d).$$

Nun verallgemeinern wir das Siebverfahren des Eratosthenes, indem wir aus einer beliebigen endlichen Folge $\mathcal{A} = (a_1, a_2, \ldots, a_n)$ statt aus der speziellen Folge $(1, 2, 3, \ldots, n)$ die Vielfachen der r verschiedenen Primzahlen der Menge $\mathcal{P} = \{p_1, p_2, \ldots, p_r\}$ streichen. Dabei sei P wieder das Produkt dieser Primzahlen. Möchte man z. B. aus einer „arithmetischen Progression" a mod m Vielfache der Primzahlen aus $\mathcal{P}$ streichen, so betrachtet man

$$\mathcal{A} = (a,\ a+m,\ a+2m,\ \ldots,\ a+(n-1)m);$$

möchte man Primzahlzwillinge untersuchen, so betrachtet man

$$\mathcal{A} = (1\cdot 3,\ 2\cdot 4,\ 3\cdot 5,\ \ldots,\ n\cdot(n+2)).$$

Es sei ferner α eine multiplikative zahlentheoretische Funktion mit $\alpha(p) > 1$ für alle $p \in \mathcal{P}$, und es sei

$$\sum_{\substack{i=1 \\ d|a_i}}^{n} 1 = \frac{n}{\alpha(d)} + R(d).$$

(Beim Sieb des Eratosthenes ist $\alpha(d) = d$ und $|R(d)| \leq 1$.) Dann gilt für die Anzahl $S(\mathcal{A},\mathcal{P})$ der Zahlen aus $\mathcal{A}$, die durch keine Primzahl aus $\mathcal{P}$ teilbar sind, also für

$$S(\mathcal{A},\mathcal{P}) = \sum_{\substack{i=1 \\ \mathrm{ggT}(a_i,P)=1}}^{n} 1 \;=\; \sum_{d|P} \mu(d)\Big(\sum_{\substack{i=1 \\ d|a_i}}^{n} 1\Big),$$

die Gleichung

$$S(\mathcal{A},\mathcal{P}) = n\sum_{d|P}\frac{\mu(d)}{\alpha(d)} + \sum_{d|P}\mu(d)R(d).$$

Aufgrund der Multiplikativität von α ist dabei $\sum_{d|P}\frac{\mu(d)}{\alpha(d)} = \prod_{p|P}\Big(1-\frac{1}{\alpha(p)}\Big)$.

Beispiel: Es sei f ein ganzzahliges Polynom, für welches die Kongruenz

$$f(x) \equiv 0 \bmod p$$

für alle $p \in \mathcal{P}$ eine Lösung besitzt; ferner sei

$$a_i = |f(i)| \quad \text{für} \quad 1 \leq i \leq n$$

und $\varrho(d)$ die Anzahl der Lösungen von $f(x) \equiv 0 \bmod d$. Dann ist ϱ eine multiplikative Funktion (vgl. VI.2 Beispiel 5) mit $\varrho(p) \geq 1$ für $p \in \mathcal{P}$. Wegen $f(i) \equiv f(j) \bmod d$ für $i \equiv j \bmod d$ sind in der Folge der a_i für $i \leq \left[\frac{n}{d}\right]d$ genau $\left[\frac{n}{d}\right]\varrho(d)$ Glieder durch d teilbar, für $\left[\frac{n}{d}\right]d < i \leq n$ sind höchstens $\varrho(d)$ Glieder durch d teilbar. Also ist

$$\sum_{\substack{i=1 \\ d|a_i}}^{n} 1 = \frac{n}{d}\cdot\varrho(d) + R(d) \quad \text{mit} \quad |R(d)| \leq \varrho(d).$$

Die Anzahl der durch keine der Primzahlen aus $\mathcal{P}$ teilbaren Glieder der Folge $a_1, a_2, \ldots, a_n$ ist daher im vorliegenden Fall

$$\sum_{\substack{i=1 \\ \mathrm{ggT}(a_i,P)=1}}^{n} 1 = n\sum_{d|P}\frac{\mu(d)\varrho(d)}{d} + \sum_{d|P}\mu(d)R(d).$$

Möchte man diese Anzahl abschätzen, so muss man also den oben genannten Term $S(\mathcal{A}, \mathcal{P})$ mit $\alpha(d) = \dfrac{d}{\varrho(d)}$ und $|R(d)| \leq \varrho(d)$ untersuchen.

Wir wollen uns hier nur mit der Frage beschäftigen, wie man den Term $S(\mathcal{A}, \mathcal{P})$ *nach oben* abschätzen kann. Brauchbare Abschätzungen *nach unten* sind sehr viel schwerer zu erhalten (vgl. z.B. [Halberstam/Richert 1974]).

1915 und in den folgenden Jahren hat Viggo Brun ein Verfahren zur Abschätzung des Terms $S(\mathcal{A}, \mathcal{P})$ nach oben entwickelt: In

$$\sum_{\substack{i=1 \\ \mathrm{ggT}(a_i, P)=1}}^{n} 1 = \sum_{i=1}^{n} s(i) \quad \text{mit} \quad s(i) = \sum_{d \mid \mathrm{ggT}(a_i, P)} \mu(d)$$

ersetzt er den Wert $\mu(d)$ durch 0, wenn d nicht in einer bestimmten echten Teilmenge D der Menge aller Teiler von P liegt. Dabei muss man darauf achten, dass sich der Wert von $s(i)$ nicht verkleinert. Die Schwierigkeit liegt dann in der geschickten Wahl der Menge D; es muss einerseits erreicht werden, dass der ursprüngliche Fehlerterm $\sum_{d \mid P} \mu(d) R(d)$ bedeutend weniger Summanden bekommt, und dass der Hauptterm $n \sum_{d \mid P} \dfrac{\mu(d)}{\alpha(d)}$ in einen gut abzuschätzenden Term übergeht. Brun hat mit seiner Siebmethode zwei interessante Ergebnisse erzielt, nämlich:

(1) Die Reihe aus den Kehrwerten der Primzahlzwillinge konvergiert (wenn sie nicht sogar endlich ist!); diese Behauptung wird — allerdings mit der Siebmethode von Selberg aus IX.2 — in IX.4 bewiesen.

(2) Jede gerade Zahl ≥ 6 ist Summe von zwei Zahlen, welche jeweils höchstens 9 Primfaktoren enthalten. Mit „1" statt „9" wäre die goldbachsche Vermutung bewiesen; mittlerweile ist diese Aussage mit „2" statt „9" gesichert. Es ist sogar bewiesen [Chen 1973/1978], dass jede gerade Zahl ≥ 6 Summe einer Primzahl und einer Zahl mit höchstens 2 Primfaktoren ist [Halberstam/Richert 1974].

Atle Selberg ersetzt in $s(i) = \sum_{d \mid \mathrm{ggT}(a_i, P)} \mu(d)$ die Funktion μ durch eine Funktion λ derart, dass sich $s(i)$ nicht verkleinert, wobei $\lambda(d) = 0$ für $d > \eta$ und η eine geeignet gewählte positive Zahl ist. Die Anzahl der Summanden in $\sum_{d \mid P} \mu(d) R(d)$ kann man damit drastisch reduzieren, da die Summationsbedingung $d \leq \eta$ hinzukommt. Auch hier muss man natürlich darauf achten, dass das Hauptglied $n \sum_{\substack{d \mid P \\ d \leq \eta}} \dfrac{\lambda(d)}{\alpha(d)}$ vernünftig abzuschätzen ist.

Wir werden uns im Folgenden mit Abschätzungen nach oben mit Hilfe des Siebverfahrens von Selberg begnügen und einige interessante Anwendungen besprechen. Weitere Anwendungen findet man z.B. in [Prachar 1957].

IX.2 Die Siebmethode von Selberg

Wir schließen an die in IX.1 eingeführten Bezeichnungen an. Um

$$S(\mathcal{A}, \mathcal{P}) := \sum_{\substack{i=1 \\ \mathrm{ggT}(a_i, P)=1}}^{n} 1$$

nach oben abzuschätzen, führen wir eine zahlentheoretische Funktion λ ein, die folgende Eigenschaft mit der Möbiusfunktion μ gemeinsam hat:

(∗) $$\sum_{d | \mathrm{ggT}(m,P)} \lambda(d) \geq \left\{ \begin{array}{l} 1 \text{ für } \mathrm{ggT}(m, P) = 1 \\ 0 \text{ für } \mathrm{ggT}(m, P) > 1 \end{array} \right\} \quad \text{für alle } m \in \mathbb{N}.$$

Dann ist

$$\sum_{\substack{i=1 \\ \mathrm{ggT}(a_i,P)=1}}^{n} 1 \;\leq\; \sum_{i=1}^{n} \Big(\sum_{d | \mathrm{ggT}(a_i,P)} \lambda(d) \Big) = \sum_{d|P} \lambda(d) \Big(\sum_{\substack{i=1 \\ d|a_i}}^{n} 1 \Big).$$

Es soll ferner eine multiplikative Funktion α mit $\alpha(p) > 1$ für $p \in \mathcal{P}$ und

$$\sum_{\substack{i=1 \\ d|a_i}}^{n} 1 = \frac{n}{\alpha(d)} + R(d)$$

existieren. Dann gilt

$$S(\mathcal{A}, \mathcal{P}) \leq n \sum_{d|P} \frac{\lambda(d)}{\alpha(d)} + \sum_{d|P} |\lambda(d) R(d)|.$$

Es wird zunächst darauf ankommen, den Term $\sum_{d|P} \frac{\lambda(d)}{\alpha(d)}$ durch geeignete Wahl der Funktion λ möglichst klein zu machen, wobei (hoffentlich) auch der Restterm hinreichend klein wird.

Es sei nun weiterhin

- ξ eine positive reelle Zahl, welche wir erst in den Anwendungen (IX.3 bis 6) geeignet festlegen,

- β eine zahlentheoretische Funktion mit

    (∗∗) $\beta(1) = 1$ und $\beta(d) = 0$ für $d > \xi$,

    über welche wir im Folgenden zwecks Minimierung des Hauptgliedes verfügen werden.

Wir setzen dann

$$\lambda(d) := \sum_{\mathrm{kgV}(x,y)=d} \beta(x)\beta(y).$$

Es ist also $\lambda = \beta \odot \beta$, wobei $\odot$ das kgV-Produkt bedeutet (vgl. VI.5). Mit dem Dirichlet-Produkt $\star$ (vgl. VI.1) gilt

$$\lambda \star \iota = (\beta \odot \beta) \star \iota = (\beta \star \iota)^2$$

(vgl. VI.2 Beispiel 2); daher folgt

$$\sum_{d|\mathrm{ggT}(m,P)} \lambda(d) = \left(\sum_{x|\mathrm{ggT}(m,P)} \beta(x) \right)^2 \geq \begin{cases} 1 \text{ für } \mathrm{ggT}(m,P) = 1, \\ 0 \text{ für } \mathrm{ggT}(m,P) > 1. \end{cases}$$

Die Funktion λ erfüllt also die Bedingung $(*)$. Damit ergibt sich

$$S(\mathcal{A},\mathcal{P}) \leq n \sum_{x,y|P} \frac{\beta(x)\beta(y)}{\alpha(\mathrm{kgV}(x,y))} + \sum_{x,y|P} |\beta(x)\beta(y)R(\mathrm{kgV}(x,y))|.$$

Man beachte, dass dabei wegen $\beta(x) = 0$ für $x > \xi$ nur über $x,y \leq \xi$ zu summieren ist. Über die Funktion β kann man noch frei verfügen, es muss nur $(**)$ gelten. Wir wollen das Infimum der Summe

$$\sum_{x,y|P} \frac{\beta(x)\beta(y)}{\alpha(\mathrm{kgV}(x,y))}$$

über alle möglichen β berechnen. Zu diesem Zweck verwenden wir zunächst die aufgrund der Multiplikativität von α geltende Beziehung

$$\alpha(x) \cdot \alpha(y) = \alpha(\mathrm{kgV}(x,y)) \cdot \alpha(\mathrm{ggT}(x,y))$$

und erhalten für obige Summe

$$\sum_{x,y|P} \frac{\beta(x)\beta(y)}{\alpha(x)\alpha(y)} \cdot \alpha(\mathrm{ggT}(x,y)),$$

was sich noch zu

$$\sum_{d|P} \alpha(d) \sum_{\substack{x,y|P \\ \mathrm{ggT}(x,y)=d}} \frac{\beta(x)\beta(y)}{\alpha(x)\alpha(y)}$$

umformen lässt. Nun ersetzen wir α durch $\alpha \star \varepsilon = \alpha \star \mu \star \iota$, bezeichnen $\alpha \star \mu$ mit γ und erhalten für diese Summe

$$\sum_{d|P} \sum_{t|d} \gamma(t) \sum_{\substack{x,y|P \\ \mathrm{ggT}(x,y)=d}} \frac{\beta(x)\beta(y)}{\alpha(x)\alpha(y)} = \sum_{t|P} \gamma(t) \sum_{\substack{x,y|P \\ t|\mathrm{ggT}(x,y)}} \frac{\beta(x)\beta(y)}{\alpha(x)\alpha(y)}$$

$$= \sum_{t|P} \gamma(t) \sum_{\substack{x,y|P \\ t|x,y}} \frac{\beta(x)\beta(y)}{\alpha(x)\alpha(y)} = \sum_{t|P} \gamma(t) \left(\sum_{t|x|P} \frac{\beta(x)}{\alpha(x)} \right)^2.$$

Wir setzen zur Abkürzung $\delta(t) = \sum_{\substack{x \\ t|x|P}} \frac{\beta(x)}{\alpha(x)}$. Es ist $\delta(t) = 0$ für $t > \xi$ und

$$\sum_{\substack{u \\ t|u|P}} \mu\left(\frac{u}{t}\right) \delta(u) = \sum_{\substack{u \\ t|u|P}} \mu\left(\frac{u}{t}\right) \left(\sum_{u|x|P} \frac{\beta(x)}{\alpha(x)} \right)$$

$$= \sum_{t|x|P} \frac{\beta(x)}{\alpha(x)} \left(\sum_{\frac{u}{t} | \frac{x}{t}} \mu\left(\frac{u}{t}\right) \right) = \frac{\beta(t)}{\alpha(t)}.$$

Wegen $\alpha(1) = \beta(1) = 1$ ist also insbesondere $\sum_{u|P} \mu(u)\delta(u) = 1$.

Zur Abkürzung setzen wir nun $\quad Q = \sum\limits_{\substack{d|P \\ d\leq\xi}} \dfrac{1}{\gamma(d)}.$

Man beachte dabei, dass $\gamma(d) > 0$ für alle Teiler d von P, denn

$$\gamma(p) = (\alpha \star \mu)(p) = \alpha(p) - 1 \quad \text{für alle } p \in \mathcal{P}.$$

Wegen $\mu^2(t) = 1$ für alle Teiler t von P gilt dann

$$\sum_{t|P} \gamma(t) \left(\sum_{t|x|P} \frac{\beta(x)}{\alpha(x)} \right)^2 = \sum_{t|P} \gamma(t)\delta^2(t) = \sum_{\substack{t|P \\ t\leq\xi}} \frac{1}{\gamma(t)} \left(\gamma(t)\delta(t) - \frac{\mu(t)}{Q} \right)^2 + \frac{1}{Q}.$$

Wegen $\gamma(t) > 0$ hat diese Summe also das Minimum $\dfrac{1}{Q}$. Dieses wird für

$$\delta(t) = \frac{\mu(t)}{Q \cdot \gamma(t)} \quad \text{(für alle } t \leq \xi)$$

angenommen. In diesem Fall ist auch die Bedingung $(**)$ erfüllt, denn wegen $\mu\left(\dfrac{u}{t}\right) = \mu(u)\mu(t)$ und $\mu^2(u) = 1$ für $t|u|P$ ist

$$\beta(t) = \alpha(t) \sum_{t|u|P} \mu\left(\frac{u}{t}\right) \delta(u) = \mu(t)\alpha(t) \sum_{\substack{t|u|P \\ u\leq\xi}} \frac{1}{Q \cdot \gamma(u)} = \frac{\mu(t)\alpha(t)}{Q} \sum_{\substack{t|u|P \\ u\leq\xi}} \frac{1}{\gamma(u)}.$$

Damit haben wir folgenden Satz bewiesen:

Satz 1: Es sei $\mathcal{A} = (a_1, a_2, \ldots, a_n)$ eine endliche Folge natürlicher Zahlen und $\mathcal{P} = \{p_1, p_2, \ldots, p_r\}$ eine Menge von Primzahlen, und es sei P das Produkt dieser Primzahlen. Weiterhin sei α eine multiplikative zahlentheoretische Funktion mit $\alpha(p) > 1$ für alle $p \in \mathcal{P}$ und $\gamma = \alpha \star \mu$. Es sei ξ eine positive reelle Zahl und

$$Q = \sum_{\substack{d|P \\ d\leq\xi}} \frac{1}{\gamma(d)}.$$

Schließlich sei $\quad \beta(t) = \dfrac{\mu(t)\alpha(t)}{Q} \sum\limits_{\substack{t|u|P \\ u\leq\xi}} \dfrac{1}{\gamma(u)} \quad$ und $\quad R(t) = \sum\limits_{\substack{i=1 \\ t|a_i}}^{n} 1 - \dfrac{n}{\alpha(t)}.$

Dann gilt für

$$S(\mathcal{A}, \mathcal{P}) := \sum_{\substack{i=1 \\ \mathrm{ggT}(a_i,P)=1}}^{n} 1$$

die obere Abschätzung

$$S(\mathcal{A}, \mathcal{P}) \leq \frac{n}{Q} + \sum_{x,y|P} |\,\beta(x)\beta(y)R(\mathrm{kgV}(x,y))\,|.$$

Eine weitere Abschätzung des Restgliedes $\sum\limits_{x,y|P} |\,\beta(x)\beta(y)R(\mathrm{kgV}(x,y))\,|$ ist natürlich erst möglich, wenn man Eigenschaften der Folge $\mathcal{A}$ und damit der Funktionen α und R kennt. Wir wollen den Fall

$$(***) \qquad \alpha(d) \le c_1 \cdot d \quad \text{und} \quad |R(d)| \le c_2 \cdot \frac{d}{\alpha(d)}$$

mit positiven Konstanten c_1, c_2 näher betrachten, da er für die Anwendungen in den folgenden Abschnitten von Interesse ist. Es gilt dann

$$|\beta(t)| = \frac{\alpha(t)}{Q} \sum_{\substack{t|u|P \\ u \le \xi}} \frac{1}{\gamma(u)} = \frac{\alpha(t)}{Q \cdot \gamma(t)} \sum_{\substack{tv|P \\ tv \le \xi}} \frac{1}{\gamma(v)} \le \frac{\alpha(t)}{Q \cdot \gamma(t)} \sum_{\substack{v|P \\ v \le \xi}} \frac{1}{\gamma(v)} = \frac{\alpha(t)}{\gamma(t)},$$

also

$$\sum_{x,y|P} |\,\beta(x)\beta(y)R(\mathrm{kgV}(x,y))\,|$$

$$\le c_2 \cdot \sum_{\substack{x,y|P \\ x,y \le \xi}} \frac{\alpha(x)\alpha(y) \cdot \mathrm{kgV}(x,y)}{\gamma(x)\gamma(y) \cdot \alpha(\mathrm{kgV}(x,y))}$$

$$= c_2 \cdot \sum_{\substack{x,y|P \\ x,y \le \xi}} \frac{xy \cdot \alpha(\mathrm{ggT}(x,y))}{\mathrm{ggT}(x,y)} \cdot \frac{1}{\gamma(x)\gamma(y)}$$

$$\le c_1 c_2 \xi^2 \sum_{\substack{x,y|P \\ x,y \le \xi}} \frac{1}{\gamma(x)\gamma(y)}$$

$$= c_1 c_2 \xi^2 \Big(\sum_{\substack{x|P \\ x \le \xi}} \frac{1}{\gamma(x)} \Big)^2 = c_1 c_2 \xi^2 Q^2.$$

Nun ist wegen $\gamma(1) = 1$ und $\gamma(p) = \alpha(p) - 1$ für $p|P$

$$Q = \sum_{\substack{x|P \\ x \le \xi}} \frac{1}{\gamma(x)} \le \prod_{p|P} \Big(1 + \frac{1}{\gamma(p)}\Big) = \prod_{p|P} \Big(1 - \frac{1}{\alpha(p)}\Big)^{-1}.$$

Es ergibt sich also:

Satz 2: Unter den Voraussetzungen $(***)$ ist

$$\sum_{x,y|P} |\,\beta(x)\beta(y)R(\mathrm{kgV}(x,y))\,| \le c_1 c_2 \xi^2 Q^2$$

mit

$$Q = \sum_{\substack{x|P \\ x \le \xi}} \frac{1}{\gamma(x)} \le \prod_{p|P} \Big(1 - \frac{1}{\alpha(p)}\Big)^{-1}.$$

Aus den Sätzen 1 und 2 folgt nun bei Vorliegen der Bedingung $(***)$

$$S(\mathcal{A}, \mathcal{P}) \leq \frac{n}{Q} + c_1 c_2 \xi^2 Q^2.$$

Der Term Q soll noch etwas umgeformt werden: Für jeden Teiler d von P ist $\gamma(d) = \prod_{p|d} (\alpha(p) - 1)$, also

$$
\begin{aligned}
Q &= \sum_{\substack{x|P \\ x \leq \xi}} \prod_{p|x} (\alpha(p) - 1)^{-1} = \sum_{\substack{x|P \\ x \leq \xi}} \prod_{p|x} \alpha(p)^{-1} \left(1 - \frac{1}{\alpha(p)}\right)^{-1} \\
&= \sum_{\substack{x|P \\ x \leq \xi}} \prod_{p|x} \alpha(p)^{-1} \left(\sum_{j=0}^{\infty} \left(\frac{1}{\alpha(p)}\right)^j\right) = \sum_{\substack{x|P \\ x \leq \xi}} \prod_{p|x} \left(\sum_{j=1}^{\infty} \left(\frac{1}{\alpha(p)}\right)^j\right).
\end{aligned}
$$

Von der zahlentheoretischen Funktion α sind bisher nur die Werte $\alpha(d)$ mit $d|P$ verwendet worden. Wir verlangen nun:

$(****)$ α sei *vollständig* multiplikativ und es sei $\alpha(p) = 1$ für $p \notin \mathcal{P}$.

Bezeichnet man mit $q(m)$ den *quadratfreien Kern* der natürlichen Zahl m, also das Produkt der verschiedenen Primteiler von m, dann ist

$$\prod_{p|x} \left(\sum_{j=1}^{\infty} \left(\frac{1}{\alpha(p)}\right)^j\right) = \sum_{\substack{m=1 \\ q(m)=x}}^{\infty} \frac{1}{\alpha(m)}.$$

Damit ergibt sich der folgende Satz:

Satz 3: Unter der Voraussetzung $(****)$ gilt

$$Q = \sum_{\substack{m=1 \\ q(m)|P \\ q(m) \leq \xi}}^{\infty} \frac{1}{\alpha(m)}.$$

In den Anwendungen von Satz 1 in Verbindung mit Satz 2 und Satz 3 muss man nun versuchen, Q nach unten und nach oben abzuschätzen, indem man weitere spezielle Eigenschaften der Funktion α und der Menge $\mathcal{P}$ ausnutzt.

Ein wesentlicher Rolle in den obigen Überlegungen spielte die Funktion β, die man zunächst (fast) beliebig wählen konnte und dann zwecks Minimierung der Summe $\sum_{d|P} \frac{\lambda(d)}{\alpha(d)}$ geeignet festlegte; sie wird in den folgenden Anwendungen also nicht mehr auftauchen. Ein wesentlicher Punkt wird nun in diesen Anwendungen sein, über die noch nicht näher festgelegt Zahl ξ in geeigneter Weise zu verfügen.

IX.3 Primzahlen in arithmetischen Progressionen (2)

In einer primen Restklasse $a \bmod m$ gibt es unendlich viele Primzahlen. Das haben wir in VII.5 gezeigt (Satz von Dirichlet). Ist $\pi_m(x)$ die Anzahl der Primzahlen $\leq x$ in der primen Restklasse $a \bmod m$, dann gilt die asymptotische Beziehung

$$\pi_m(x) \sim \frac{1}{\varphi(m)} \cdot \frac{x}{\log x},$$

die Primzahlen sind also „gleichmäßig" auf die $\varphi(m)$ primen Restklassen $\bmod m$ verteilt. Das haben wir in VII.5 aber nicht bewiesen. Wir wollen hier mit Hilfe des selbergschen Siebverfahrens eine obere Abschätzung für $\pi_m(x)$ gewinnen. Der folgende Satz heißt *Satz von Titchmarsh* (nach Edward Charles Titchmarsh, 1899–1963)) oder auch *Satz von Brun-Titchmarsh*.

Satz 4: Für $1 \leq m < x$ gilt

$$\pi_m(x) < \frac{10}{\varphi(m)} \cdot \frac{x}{\log \frac{x}{m}}.$$

Beweis: Es sei $\xi > 1$ und $\mathcal{P}$ die Menge aller Primzahlen $p \leq \xi$ mit $p \nmid m$ sowie P das Produkt dieser Primzahlen. Ferner sei $\mathcal{A}$ die Folge der natürlichen Zahlen aus der Restklasse $a \bmod m$ mit $0 < a < m$ und $\mathrm{ggT}(a,m) = 1$, die $> a$ und $\leq x$ sind, also

$$\mathcal{A} = (a+m, \ a+2m, \ \ldots, \ a+nm) \quad \text{mit} \quad n = \left[\frac{x-a}{m}\right].$$

Dann gilt mit $a_i = a + im$ $(i = 1, 2, \ldots, n)$ und

$$S(\mathcal{A}, \mathcal{P}) := \sum_{\substack{i=1 \\ \mathrm{ggT}(a_i,P)=1}}^{n} 1$$

die Ungleichung

$$\pi_m(x) \leq 1 + \pi_m(\xi) + S(\mathcal{A}, \mathcal{P}) \leq 1 + \xi + S(\mathcal{A}, \mathcal{P});$$

denn in $S(\mathcal{A}, \mathcal{P})$ werden die nur durch Primzahlen p mit $p > \xi$ teilbaren Zahlen aus $\mathcal{A}$ mitgezählt, auch wenn sie keine Primzahlen sind, und eine Primzahl aus $\mathcal{P} \cap \mathcal{A}$ wird *nicht* mitgezählt. Der Summand 1 berücksichtigt den Fall, dass a eine Primzahl ist. Nun gilt für $d|P$

$$\sum_{\substack{i=1 \\ d|a_i}}^{n} 1 = \left[\frac{n}{d}\right] \varrho(d) = n \cdot \frac{\varrho(d)}{d} + R(d),$$

wobei $\varrho(d)$ die Anzahl der Lösungen von $a + xm \equiv 0 \bmod d$ ist und $|R(d)| < \varrho(d)$ gilt. In V.1 haben wir gesehen, dass

$$\varrho(d) = \begin{cases} 0, & \text{falls } \ggT(d,m) \nmid a, \\ \ggT(d,m), & \text{falls } \ggT(d,m) \mid a. \end{cases}$$

Für $d \mid P$ ist $\ggT(d,m) = 1$, weil die Primteiler von m nicht zu $\mathcal{P}$ gehören. Also ist $\varrho(d) = 1$ und damit in den Bezeichnungen aus IX.1

$$\alpha(d) = d \text{ für } d \mid P.$$

Mit $c_1 = c_2 = 1$ gilt also Satz 2, so dass sich aus Satz 1

$$S(\mathcal{A}, \mathcal{P}) \leq \frac{n}{Q} + \xi^2 Q^2$$

ergibt. Dabei ist $n = \left[\dfrac{x-a}{m}\right] < \dfrac{x}{m}$.

Nun muss Q nach oben und nach unten abgeschätzt werden.

(1) Für $d \mid P$ ist

$$\gamma(d) = \prod_{p \mid d} (\alpha(p) - 1) = \prod_{p \mid d} (p - 1) \geq 1$$

und daher

$$Q = \sum_{\substack{d \mid P \\ d \leq \xi}} \frac{1}{\gamma(d)} \leq \xi.$$

(2) Zur Abschätzung von Q nach unten gehen wir von Satz 3 aus, beachten also im Folgenden, dass α vollständig multiplikativ mit $\alpha(p) = 1$ für $p \notin \mathcal{P}$ ist. Es gilt

$$Q = \sum_{\substack{i=1 \\ q(i) \leq \xi \\ q(i) \mid P}}^{\infty} \frac{1}{\alpha(i)} \geq \sum_{\substack{i=1 \\ q(i) \leq \xi \\ \ggT(i,m)=1}}^{\infty} \frac{1}{i},$$

weil P keinen der Primteiler von m enthält und weil $\alpha(i) = i$ oder $\alpha(i) = 1$ gilt. Multipliziert man diese Ungleichung mit

$$\frac{m}{\varphi(m)} = \prod_{p \mid m} \left(1 - \frac{1}{p}\right)^{-1} = \prod_{p \mid m} \left(\sum_{j=0}^{\infty} \frac{1}{p^j}\right),$$

dann entsteht rechts eine Summe, die größer als die Summe aller $\frac{1}{i}$ mit $q(i) \leq \xi$ ist. Daher gilt

$$\frac{m}{\varphi(m)} \cdot Q \geq \sum_{\substack{i=1 \\ q(i) \leq \xi}}^{\infty} \frac{1}{i} \geq \sum_{i \leq \xi} \frac{1}{i} \geq \log \xi$$

und somit

$$Q \geq \frac{\varphi(m)}{m} \cdot \log \xi.$$

Es ergibt sich also wegen $n < \dfrac{x}{m}$

$$\pi_m(x) \leq 1 + \xi + \frac{n}{Q} + \xi^2 Q^2 \quad < \quad 1 + \xi + \frac{\frac{m}{\varphi(m)} \cdot \frac{\frac{x}{m}}{\log \xi}}{} + \xi^4$$

$$< \quad \frac{x}{\varphi(m) \log \xi} + (1 + \xi + \xi^4).$$

Nun macht man sich die Tatsache zunutze, dass man über ξ noch frei verfügen kann, so lange man $\xi > 1$ beachtet. Man wird ξ in Abhängigkeit von x so wählen, dass $\xi^4 = O\left(\dfrac{x}{\log x}\right)$ gilt. Für $x \geq 4m$ wählen wir

$$\xi = \left(\frac{\frac{x}{m}}{\log \frac{x}{m}}\right)^{\frac{1}{4}}.$$

Es ist $\xi \geq \left(\dfrac{4}{\log 4}\right)^{\frac{1}{4}} > 1,3$ und damit $1 + \xi < \xi^4$, so dass man $1 + \xi + \xi^4$ durch $2\xi^4$ abschätzen kann. Wegen

$$\frac{t}{\log t} \geq \sqrt{t} \quad \text{für} \quad t \geq 4$$

ist

$$\log \xi = \frac{1}{4} \log \left(\frac{\frac{x}{m}}{\log \frac{x}{m}}\right) \geq \frac{1}{4} \log \sqrt{\frac{x}{m}} = \frac{1}{8} \log \frac{x}{m}$$

und damit

$$\pi_m(x) < \frac{8x}{\varphi(m) \log \frac{x}{m}} + 2 \cdot \left(\frac{\frac{x}{m}}{\log \frac{x}{m}}\right) \leq \frac{10}{\varphi(m)} \cdot \frac{x}{\log \frac{x}{m}}.$$

Für $m < x < 4m$ kann man $\pi_m(x)$ direkt abschätzen:

$$\pi_m(x) \quad \leq \quad 1 + \frac{x}{m} < 2 \cdot \frac{x}{m} \leq 2 \cdot \frac{x}{\varphi(m) \log \frac{x}{m}} \cdot \log \frac{x}{m}$$

$$\leq \quad 2 \cdot \frac{x}{\varphi(m) \log \frac{x}{m}} \cdot \log 4 < 10 \cdot \frac{x}{\varphi(m) \log \frac{x}{m}}. \quad \square$$

Bemerkung: Für die Anzahl $\pi(x)$ der Primzahlen $\leq x$ ergibt sich als Sonderfall von Satz 4 für $x > 1$ die Abschätzung

$$\pi(x) < A \cdot \frac{x}{\log x}$$

mit $A = 10$. Schon in I.4 haben wir aber für $x \geq 2$ die bessere Abschätzung mit $A = 6 \log 2 < 4,2$ erhalten.

IX.4 Primzahlzwillinge

Wir bezeichnen hier mit $\pi^{(2)}(x)$ die Anzahl der Primzahlzwillinge $(p, p+2)$ mit $p \leq x$. Die bis heute unbewiesene *Primzahlzwillingsvermutung* besagt, dass es unendlich viel Primzahlzwillinge gibt, dass also mit $x \to \infty$ auch $\pi^{(2)}(x) \to \infty$ gilt. In I.2 ist dargelegt worden, wie man Primzahlzwillinge mit Hilfe einer einfachen Modifikation des Siebes von Eratosthenes gewinnen kann. Daher ist es naheliegend, nach einer oberen Abschätzung für $\pi^{(2)}(x)$ mit Hilfe des Siebverfahrens von Selberg zu suchen. Als Folgerung der Abschätzung in Satz 5 wird sich die erstmals von Brun [Brun 1919] bewiesene Tatsache ergeben, dass die Reihe der Kehrwerte der zu Zwillingspaaren gehörenden Primzahlen konvergiert (Satz 6), dass es in diesem Sinne also „nicht sehr viel" Zwillinge gibt. Man beachte, dass die Reihe der Kehrwerte *aller* Primzahlen divergiert; vgl. z.B. I.12 Aufgabe 30 oder VII.1 Satz 5.)

Satz 5: Es existiert eine positive Konstante c mit

$$\pi^{(2)}(x) < c \cdot \frac{x}{\log^2 x}.$$

Beweis: Es sei $\xi \geq 4$ und $\mathcal{P}$ die Menge aller Primzahlen p mit $p \leq \xi$ sowie P das Produkt dieser Primzahlen. Ferner sei

$$\mathcal{A} = (1 \cdot 3, \ 2 \cdot 4, \ 3 \cdot 5, \ \dots \ n \cdot (n+2)) \quad \text{mit } n \leq [x].$$

Ist $\varrho(d)$ die Anzahl der Lösungen von $i(i+2) \equiv 0 \bmod d$, dann ist ϱ multiplikativ und es gilt $\varrho(2) = 1$ und $\varrho(p) = 2$ für eine Primzahl $p > 2$. Für die Funktionen α und R aus Satz 1 gilt für $d|P$

$$\alpha(d) = \frac{d}{\varrho(d)},$$

also

$$\alpha(2) = 2 \quad \text{und} \quad \alpha(p) = \frac{p}{2} \ \text{für } p \in \mathcal{P} \text{ mit } p > 2$$

sowie $|R(d)| \leq \varrho(d)$. Nun ist

$$\pi^{(2)}(x) \leq \pi^{(2)}(\xi) + S(\mathcal{A}, \mathcal{P}) \leq \xi + S(\mathcal{A}, \mathcal{P})$$

mit

$$S(\mathcal{A}, \mathcal{P}) = \sum_{\substack{i=1 \\ \mathrm{ggT}(i(i+2),P)=1}}^{n} 1 \ \leq \ \frac{x}{Q} + \xi^2 Q^2,$$

denn die Bedingung $(***)$ aus IX.2 ist mit $c_1 = c_2 = 1$ erfüllt. Dabei ist

$$Q = \sum_{\substack{d|P \\ d \leq \xi}} \frac{1}{\gamma(d)} \quad \text{und} \quad \gamma(d) = \prod_{p|d} (\alpha(p) - 1) \ \text{für } d|P.$$

Dieser Term Q muss nun nach oben und nach unten abgeschätzt werden.

(1) Wegen $\alpha(p) = \dfrac{p}{\varrho(p)} \geq 2$ für $p \neq 3$ ist $\gamma(d) \geq 1$, falls $3 \nmid d$, und $\gamma(d) \geq \dfrac{1}{2}$, falls $3 \mid d$. Daher ist

$$Q \leq \sum_{\substack{d \mid P \\ d \leq \xi}} 2 \leq 2\xi.$$

(2) Es sei $\nu(m)$ die Anzahl der von 2 verschiedenen Primteiler von m (mit ihrer jeweiligen Vielfachheit gezählt). Die Werte von α haben wir bisher nur für die (quadratfreien) Teiler von P benötigt. Nehmen wir jetzt α als vollständig multiplikativ an, dann ist

$$\alpha(m) = \frac{m}{2^{\nu(m)}}, \quad \text{falls } q(m) \mid P.$$

Nach Satz 3 gilt also

$$Q = \sum_{\substack{m=1 \\ q(m) \mid P \\ q(m) \leq \xi}}^{\infty} \frac{1}{\alpha(m)} = \sum_{\substack{m=1 \\ q(m) \leq \xi}}^{\infty} \frac{1}{\alpha(m)} \geq \sum_{m \leq \xi} \frac{2^{\nu(m)}}{m}.$$

(Man beachte, dass die Bedingung $q(m) \mid P$ aus $q(m) \leq \xi$ folgt, weil $\mathcal{P}$ alle Primzahlen $\leq \xi$ enthält, und dass $q(m) \leq m$ gilt.) Ist $m = \prod_{p} p^{\mu_p}$ die kanonische Primfaktorzerlegung von m, dann ist

$$2^{\nu(m)} = \prod_{p \neq 2} 2^{\mu_p} \geq \prod_{p \neq 2} (1 + \mu_p) = \prod_{p \neq 2} \tau(p^{\mu_p}) = \sum_{\substack{d \mid m \\ 2 \nmid d}} 1,$$

wobei τ die Teileranzahlfunktion ist. Daher gilt

$$Q \geq \sum_{m \leq \xi} \left(\frac{1}{m} \sum_{\substack{d \mid m \\ 2 \nmid d}} 1 \right)$$

$$= \sum_{\substack{dt \leq \xi \\ 2 \nmid d}} \frac{1}{dt} \geq \left(\sum_{\substack{d \leq \sqrt{\xi} \\ 2 \nmid d}} \frac{1}{d} \right) \cdot \left(\sum_{t \leq \sqrt{\xi}} \frac{1}{t} \right)$$

$$= \frac{1}{2} \cdot \left(\sum_{\substack{d \leq \sqrt{\xi} \\ 2 \nmid d}} \frac{1}{d} \cdot \left(1 + \frac{1}{2} + \frac{1}{4} + \dots \right) \right) \cdot \left(\sum_{t \leq \sqrt{\xi}} \frac{1}{t} \right)$$

$$\geq \frac{1}{2} \cdot \left(\sum_{t \leq \sqrt{\xi}} \frac{1}{t} \right)^2 > \frac{1}{8} \log^2 \xi.$$

Man erhält nun

$$\pi^{(2)}(x) \leq \xi + S(\mathcal{A}, \mathcal{P}) \leq \xi + \frac{x}{Q} + \xi^2 Q^2$$

$$\leq \xi + \frac{8x}{\log^2 \xi} + \xi^2 \cdot 4\xi^2 < \frac{8x}{\log^2 \xi} + 5\xi^4.$$

Wählt man $\xi = \sqrt[8]{x}$, dann ergibt sich

$$\pi^{(2)}(x) < 512 \cdot \frac{x}{\log^2 x} + 5 \cdot \sqrt{x}.$$

Wegen $\xi \geq 4$ muss dabei $x \geq 4^8$ gelten. Wegen $\sqrt{x} < \dfrac{x}{\log^2 x}$ ergibt sich schließlich für $x \geq 4^8$

$$\pi^{(2)}(x) < 517 \cdot \frac{x}{\log^2 x}. \quad \square$$

Satz 6: Die Reihe $\displaystyle\sum_{\substack{p \text{ prim} \\ p+2 \text{ prim}}} \frac{1}{p}$ konvergiert.

Beweis: Ist $(p_n, p_n + 2)$ der n-te Primzahlzwilling, dann ist nach Satz 5

$$n < c \cdot \frac{p_n}{\log^2 p_n},$$

also

$$\frac{1}{p_n} < \frac{c}{n \log^2 p_n} < \frac{c}{n \log^2 n},$$

und die Behauptung folgt aus der Konvergenz der Reihe $\displaystyle\sum_{n=1}^{\infty} \frac{1}{n \log^2 n}. \quad \square$

Bemerkung: Es ist $\displaystyle\sum_{\substack{p \text{ prim} \\ p+2 \text{ prim}}} \left(\frac{1}{p} + \frac{1}{p+2} \right) = 1,90216057783278\ldots.$

IX.5 Zur goldbachschen Vermutung

In VIII.4 haben wir zum Beweis des Satzes von Goldbach-Schnirelmann die in folgendem Satz angegebene Abschätzung für die Anzahl der Darstellungen einer Zahl als Summe von zwei Primzahlen benutzt.

Satz 7: Für die Anzahl $r(n)$ der Darstellungen von n als Summe von zwei Primzahlen gilt mit einer positiven Konstanten c

$$r(n) \leq c \prod_{p|n} \left(1 + \frac{1}{p} \right) \cdot \frac{n}{\log^2 n}.$$

Beweis: Wir beschränken uns auf eine gerade Zahl $n \geq 6$, da die Aussage des Satzes sonst trivial ist. Zunächst gilt

$$r(n) = \sum_{p_1+p_2=n} 1 \leq \sum_{\substack{p_1+p_2=n \\ p_1 \leq \sqrt{n}}} 1 + \sum_{\substack{p_1+p_2=n \\ p_2 \leq \sqrt{n}}} 1 + \sum_{\substack{p_1+p_2=n \\ p_1,p_2 > \sqrt{n}}} 1 \leq 2\sqrt{n} + s(n)$$

mit

$$s(n) = \sum_{\substack{p_1+p_2=n \\ p_1,p_2 > \sqrt{n}}} 1,$$

wobei die Summationsvariablen p_1, p_2 für Primzahlen stehen. Es sei ξ eine reelle Zahl mit $1 < \xi < \sqrt{n}$; wegen $\sqrt{n} < \frac{n}{2}$ für $n \geq 6$ ist also insbesondere $\xi < \frac{n}{2}$. Ferner sei $\mathcal{A} = (1 \cdot (n-1), \ 3 \cdot (n-3), \ 5 \cdot (n-5), \ \ldots, \ (n-1) \cdot 1)$ und $\mathcal{P}$ die Menge aller Primzahlen p mit $p \nmid n$ und $p \leq \xi$, weiterhin sei P das Produkt dieser Primzahlen. Dann ist

$$s(n) \ \leq \ S(\mathcal{A}, \mathcal{P}) \ = \ \sum_{\substack{i=1 \\ \mathrm{ggT}(a_i, P)=1}}^{\frac{n}{2}} 1$$

mit $a_i = (2i-1)(n-2i+1) \quad \left(i = 1, 2, \ldots, \frac{n}{2} \right)$.

Ist $\varrho(k)$ für $k \in \mathbb{N}$ die Anzahl der Lösungen von $t(n-t) \equiv 0 \bmod k$, dann ist ϱ multiplikativ und es gilt für eine Primzahl p

$$\varrho(p) = 1, \text{ falls } p | n, \quad \varrho(p) = 2, \text{ falls } p \nmid n.$$

Für $p \in \mathcal{P}$ gilt also stets $\varrho(p) = 2$, für $d | P$ also $\varrho(d) = 2^{\omega(d)}$, wobei $\omega(d)$ die Anzahl der Primteiler von d bedeutet. Für die Funktionen α und R aus Satz 1 gilt für $p \in \mathcal{P}$ bzw. $d | P$

$$\alpha(p) = \frac{p}{2} \quad \text{bzw.} \quad \alpha(d) = \frac{d}{2^{\omega(d)}} \quad \text{und} \quad |R(d)| \leq \frac{d}{\alpha(d)} = 2^{\omega(d)}.$$

Nun ist

$$S(\mathcal{A}, \mathcal{P}) \leq \frac{n}{2Q} + \xi^2 Q^2$$

mit

$$Q = \sum_{\substack{d | P \\ d \leq \xi}} \left(\prod_{p | d} (\alpha(p) - 1) \right)^{-1}.$$

Dieser Term muss nach oben und nach unten abgeschätzt werden.

(1) Wegen $2 \notin \mathcal{P}$ ist $\alpha(p) - 1 \geq \frac{1}{2}$ für alle $p \in \mathcal{P}$ und daher

$$Q \leq \sum_{\substack{d | P \\ d \leq \xi}} 2 \leq 2\xi.$$

(2) Nach Satz 3 ist

$$Q = \sum_{\substack{m=1 \\ q(m) | P \\ q(m) \leq \xi}}^{\infty} \frac{1}{\alpha(m)} = \sum_{\substack{m=1 \\ q(m) | P \\ q(m) \leq \xi}}^{\infty} \frac{2^{\Omega(m)}}{m} \geq \sum_{\substack{m \leq \xi \\ \mathrm{ggT}(m,n)=1}} \frac{2^{\Omega(m)}}{m},$$

wobei $\Omega(m)$ die Anzahl aller (nicht notwendig verschiedenen) Primfaktoren von m und $q(m)$ der quadratfreie Kern von m ist. Dann gilt $2^{\Omega(m)} \geq \tau(m)$, wobei

$\tau(m)$ die Anzahl der Teiler von m bedeutet. Es ist also

$$Q \geq \sum_{\substack{m \leq \xi \\ \mathrm{ggT}(m,n)=1}} \frac{\tau(m)}{m}.$$

Multipliziert man mit $\prod_{p|n} \left(1 - \frac{1}{p}\right)^{-1} = \prod_{p|n} \left(\sum_{j=0}^{\infty} \frac{1}{p^j}\right)$, dann ergibt sich

$$\prod_{p|n} \left(1 - \frac{1}{p}\right)^{-1} \cdot Q \geq \sum_{k \leq \xi} \left(\frac{1}{k} \sum_{\substack{st=k \\ q(t)|n}} \tau(s')\right),$$

wobei s' der größte zu n teilerfremde Teiler von s ist.

Nun gilt $\sum_{\substack{st=k \\ q(t)|n}} \tau(s') = \tau(k)$, wie man folgendermaßen erkennt:

Es sei $k = k_1 k_2$, wobei k_1 nur Primteiler von n und k_2 keine Primteiler von n enthält. Dann gilt in obiger Summe $s' = k_1$ und $t|k_2$. Also ist

$$\sum_{\substack{st=k \\ q(t)|n}} \tau(s') = \tau(k_1) \sum_{t|k_2} 1 = \tau(k_1)\tau(k_2) = \tau(k).$$

Es ergibt sich nach Beispiel 3 (5) aus V.4

$$\prod_{p|n} \left(1 - \frac{1}{p}\right)^{-1} \cdot Q \geq \sum_{k \leq \xi} \frac{\tau(k)}{k} \geq A \log^2 \xi$$

mit einer positiven Konstanten A. Es folgt

$$r(n) \leq 2\sqrt{n} + \prod_{p|n} \left(1 - \frac{1}{p}\right)^{-1} \cdot \frac{n}{2A \log^2 \xi} + \xi^2 \cdot 4\xi^2.$$

Nun ist

$$\prod_{p|n} \left(1 - \frac{1}{p}\right)^{-1} \leq C \cdot \prod_{p|n} \left(1 + \frac{1}{p}\right)$$

mit $C = \prod_{p} \left(1 - \frac{1}{p^2}\right)^{-1}$. Es gilt daher

$$r(n) \leq \prod_{p|n} \left(1 + \frac{1}{p}\right) \cdot \frac{Cn}{2A \log^2 \xi} + 2\sqrt{n} + 4\xi^4.$$

Nun wählen wir $\xi = \sqrt[8]{n}$ und erhalten

$$r(n) \leq \frac{4C}{A} \cdot \prod_{p|n} \left(1 + \frac{1}{p}\right) \cdot \frac{n}{\log^2 n} + 6\sqrt{n}.$$

Wegen $\sqrt{n} < \dfrac{n}{\log^2 n}$ für $n \geq 2$ ergibt sich schließlich mit $c = \dfrac{2C}{A} + 6$ die Behauptung des Satzes. $\square$

IX.6 Quadratsummen

In VIII.5 (Anwendung 2 zu Satz 14) haben wir gezeigt, dass die Menge aller als Summe von zwei Quadraten darstellbaren Zahlen die natürliche Dichte 0 hat. Jetzt wollen wir dies nochmals beweisen, indem wir eine obere Abschätzung für die als Summe zweier Quadrate zu schreibenden Zahlen $\leq x$ herleiten. Wir benötigen dabei die Abschätzung

$$(*) \qquad \prod_{\substack{p \leq x \\ p \equiv 3 \bmod 4}} \left(1 - \frac{1}{p}\right)^{-1} \geq A \cdot \sqrt{\log x}$$

mit einer positiven Konstanten A, welche wir zunächst beweisen wollen: Für $a \in \{1, 3\}$ gilt

$$2 \cdot \sum_{\substack{p \leq x \\ p \equiv a \bmod 4}} \frac{1}{p} = \sum_{p \leq x} \frac{1}{p} + (-1)^{\frac{a-1}{2}} \sum_{p \leq x} \frac{(-1)^{\frac{p-1}{2}}}{p}.$$

Wegen der Konvergenz der Reihe $\sum_p \dfrac{(-1)^{\frac{p-1}{4}}}{p}$ (vgl. VI.7 Aufgabe 11) ist also

$$\sum_{\substack{p \leq x \\ p \equiv a \bmod 4}} \frac{1}{p} = \frac{1}{2} \sum_{p \leq x} \frac{1}{p} + O(1) = \frac{1}{2} \log \log x + O(1) = \log(\sqrt{\log x}) + O(1)$$

(vgl. VII.2 Satz 5). Es folgt wegen

$$\log\left(\prod_{\substack{p \leq x \\ p \equiv a \bmod 4}} \left(1 - \frac{1}{p}\right)^{-1} \right) = \sum_{\substack{p \leq x \\ p \equiv a \bmod 4}} \frac{1}{p} + O(1)$$

die Beziehung

$$\prod_{\substack{p \leq x \\ p \equiv a \bmod 4}} \left(1 - \frac{1}{p}\right)^{-1} = e^{O(1)} e^{\log(\sqrt{\log x})} = e^{O(1)} \cdot \sqrt{\log x}$$

und damit $(*)$.

Nun formulieren wir den Satz über die Anzahl der Quadratsummen.

Satz 8: Es sei $q(x)$ die Anzahl der natürlichen Zahlen $\leq x$, die als Summe von zwei Quadraten darzustellen sind. Dann gibt es eine positive Konstante c, so dass

$$q(x) \leq c \cdot \frac{x}{\sqrt{\log x}}.$$

Beweis: Wir benutzen die Tatsache, dass eine Zahl genau dann Summe von zwei Quadraten ist, wenn sie in ihrer kanonischen Primfaktorzerlegung Primzahlen der Restklasse 3 mod 4 nur mit geraden Exponenten enthält. Eine solche Zahl ist dann in der Form a^2k zu schreiben, wo k durch keine Primzahl p mit $p \equiv 3 \bmod 4$ teilbar ist. Wenn $T(x)$ die Anzahl der nur aus 2 und Primzahlen der Restklasse 1 mod 4 zusammengesetzten Zahlen $\leq x$ bedeutet, dann gilt

$$q(x) \leq \sum_{a \leq \sqrt{x}} T\left(\frac{x}{a^2}\right),$$

denn aus $a^2k \leq x$ folgt $a \leq \sqrt{x}$ und $k \leq \frac{x}{a^2}$. Nun wollen wir $T(x)$ nach oben abschätzen. Dazu sei ξ eine reelle Zahl mit $\xi \geq 2$, ferner $\mathcal{A} = (1,\, 2,\, 3 \ldots,\, n)$ mit $n = [x]$ und $\mathcal{P}$ die Menge aller Primzahlen p mit

$$p \leq \xi \quad \text{und} \quad p \equiv 3 \bmod 4$$

sowie P das Produkt dieser Primzahlen. Dann ist

$$T(x) \ \leq \ S(\mathcal{A}, \mathcal{P}) \ = \ \sum_{\substack{i=1 \\ \mathrm{ggT}(i,P)=1}}^{n} 1.$$

Wegen $\sum_{\substack{i=1 \\ d|i}}^{n} 1 = \frac{n}{d} + R(d)$ mit $|R(d)| \leq 1$ ist in Satz 1 $\quad \alpha(d) = d$ für $d|P$ zu wählen. Es ergibt sich

$$S(\mathcal{A}, \mathcal{P}) \leq \frac{x}{Q} + \xi^2 Q^2 \quad \text{mit} \quad Q = \sum_{\substack{q(m)|P \\ q(m) \leq \xi}} \frac{1}{m}.$$

Wir müssen Q nach oben und nach unten abschätzen.

Es gilt einerseits $\quad Q \leq \prod_{p \leq \xi} \left(1 - \frac{1}{p}\right)^{-1} = O(\log \xi)$.

Andererseits ist

$$Q = \prod_{p|P} \left(1 - \frac{1}{p}\right)^{-1} - \sum_{\substack{q(k)|P \\ q(k) > \xi}} \frac{1}{k} \quad \text{und} \quad \sum_{\substack{q(k)|P \\ q(k) > \xi}} \frac{1}{k} < \sum_{i=2}^{r} \binom{r}{i} \sum_{j=0}^{\infty} \frac{1}{\xi^{i+j}},$$

wobei r die Anzahl der Primzahlen in P ist, also

$$\sum_{\substack{q(k)|P \\ q(k) > \xi}} \frac{1}{k} < \frac{1}{1 - \frac{1}{\xi}} \left(1 + \frac{1}{\xi}\right)^r < 2 \left(1 + \frac{1}{\xi}\right)^\xi < 2 \cdot 3 = 6$$

und damit nach (*) $\quad Q \geq A \cdot \sqrt{\log \xi} - 6 \geq B\sqrt{\log \xi}$ mit einer positiven Konstanten B für hinreichend großes ξ. Es folgt

$$T(x) \leq \frac{x}{B \cdot \sqrt{\log \xi}} + O(\xi^2 \log^2 \xi),$$

also

$$q(x) \le \sum_{a \le \sqrt{x}} T\left(\frac{x}{a^2}\right) \le \frac{x}{B \cdot \sqrt{\log \xi}} \cdot \sum_{a \le \sqrt{x}} \frac{1}{a^2} + O(\sqrt{x} \cdot \xi^2 \log^2 \xi)$$

$$\le C \cdot \frac{x}{\sqrt{\log \xi}} + O(\sqrt{x} \cdot \xi^2 \log^2 \xi)$$

mit $C = \frac{1}{B} \cdot \sum_{a=1}^{\infty} \frac{1}{a^2}$. Beim O-Glied beachte man, dass eine (bisher noch offen gelassene) monotone Abhängigkeit zwischen ξ und x gelten soll. Dies nutzen wir aus, indem wir

$$\xi = x^{\alpha} \quad \text{mit} \quad \frac{1}{2} + 2\alpha < 1$$

setzen, so dass das O-Glied von kleinerer Größenordnung ist als das Hauptglied. Setzen wir etwa $\xi = \sqrt[5]{x}$, dann folgt mit $c = 5C$

$$q(x) \le 5C \cdot \frac{x}{\sqrt{\log x}} + O(x^{0,9} \cdot \log^2 x)$$

$$= c \cdot \frac{x}{\sqrt{\log x}} + o\left(\frac{x}{\sqrt{\log x}}\right). \quad \square$$

IX.7 Stammbruchsummen

Zum Schluss wollen wir die selbergsche Siebmethode auf die Darstellung von Brüchen der Form $\frac{4}{n}$ als Summe von verschiedenen Stammbrüchen anwenden. Da in der altägyptischen Arithmetik mit Stammbrüchen (statt wie heute mit Dezimalzahlen) gerechnet wurde, nennen wir eine solche Darstellung eines Bruchs eine *ägyptische Darstellung*. Zunächst ist klar, dass jeder Bruch $\frac{z}{n}$ mit $1 < z < n$ als eine endliche Summe von verschiedenen Stammbrüchen zu schreiben ist. Eine solche ägyptische Darstellung kann man z. B. mit einem von Fibonacci angegebenen Algorithmus gewinnen: Man spalte von $\frac{z}{n}$ den größtmöglichen Stammbruch ab, so dass der Rest nicht negativ ist, und verfahre mit dem Rest in gleicher Weise. So ergibt sich z. B.

$$\frac{4}{17} = \frac{1}{5} + \frac{1}{29} + \frac{1}{1233} + \frac{1}{3039345}.$$

Oft existieren aber ägyptische Darstellungen mit weniger Summanden und kleineren Nennern, als sie dieser Algorithmus liefert (vgl. Aufgaben 6 und 7); im vorliegenden Fall ist z.B.

$$\frac{4}{17} = \frac{1}{6} + \frac{1}{15} + \frac{1}{510}$$

eine sehr viel schönere Darstellung.

Man kann zeigen, dass für jede natürliche Zahl a ein Bruch existiert, zu dessen ägyptischer Darstellung mindestens a Stammbrüche benötigt werden. Andererseits ist folgende Vermutung geäußert worden:

Für alle Brüche $\frac{z}{n}$ mit einem festen Zähler z existiert ein (von z abhängiges) $n_0 > z$ derart, dass für $n \geq n_0$ der Bruch eine ägyptische Darstellung mit höchstens drei Summanden besitzt.

Natürlich interessiert man sich dabei nur für reduzierte Brüche, es sei also im folgenden stets $\text{ggT}(z, n) = 1$ vorausgesetzt.

Für $z = 2$ und $z = 3$ ist die Vermutung offensichtlich richtig:

$$\frac{2}{n} = \frac{1}{k} + \frac{1}{kn} \text{ mit } k = \frac{n+1}{2} \text{ für } n > 2 \text{ und } 2 \nmid n;$$

$$\frac{3}{n} = \frac{1}{k} + \frac{1}{kn} \text{ mit } k = \frac{n+1}{3} \text{ für } n > 3 \text{ und } n \equiv -1 \bmod 3;$$

$$\frac{3}{n} = \frac{1}{k} + \frac{2}{kn} \text{ mit } k = \frac{n+2}{3} \text{ für } n > 3 \text{ und } n \equiv +1 \bmod 3.$$

Dabei muss in der letzten Darstellung $\frac{2}{kn}$ gemäß der erstgenannten Darstellung ersetzt werden, falls kn ungerade ist, so dass sich eine ägyptische Darstellung mit drei Summanden ergibt. (Der bekannte fast 4000 Jahre alte *Papyrus Rhind* enthält eine $\frac{2}{n}$-Tabelle, aus welcher ägyptische Darstellungen von Brüchen der Form $\frac{2}{n}$ mit ungeradem $n \leq 101$ abzulesen sind. Die Darstellungen entsprechen aber nicht alle unserer obigen Formel.) Bezeichnen wir mit $a(z, n)$ die Mindestzahl der Summanden in einer ägyptischen Darstellung von $\frac{z}{n}$, so ist also $a(2, n) \leq 2$ und $a(3, n) \leq 3$ für alle $n \in \mathbb{N}$ mit $n > 2$ bzw. $n > 3$.

Der erste nichttriviale Fall der obigen Vermutung ergibt sich für $n = 4$. In diesem Fall stammt die Vermutung von Erdös (1950). Der folgende Satz besagt, dass *fast alle* Brüche $\frac{4}{n}$ eine ägyptische Darstellung mit höchstens *zwei* Summanden besitzen.

Satz 9: Die Menge $\{n \geq 5 \mid a(4, n) > 2\}$ hat die natürliche Dichte 0.

Beweis: Ist p eine Primzahl mit $p \equiv 3 \bmod 4$, dann ist

$$\frac{4}{p} = \frac{1}{k} + \frac{1}{kp} \quad \text{mit} \quad k = \frac{p+1}{4},$$

also

$$\frac{4}{pm} = \frac{1}{km} + \frac{1}{kpm} \quad \text{für alle} \quad m \in \mathbb{N}.$$

Folglich gilt $a(4, n) > 2$ höchstens dann, wenn alle Primteiler von n der Restklasse 1 mod 4 angehören. Dann ist n aber eine Summe von zwei Quadraten, so dass sich Satz 9 aus Satz 8 ergibt. $\square$

In Aufgabe 5 soll gezeigt werden, dass *genau dann* $a(4, n) > 2$ gilt, wenn alle Primteiler von n der Restklasse 1 mod 4 angehören, wenn also n keinen Teiler d mit $d \equiv 3$ mod 4 besitzt.

Satz 9 gilt allgemeiner auch für $a(z, n)$; *fast alle* Brüche besitzen also eine ägyptische Darstellung mit höchstens *zwei* Summanden. Dies ist die Aussage des folgenden Satzes.

Satz 10 ([Hofmeister/Stoll 1985]): Es sei z eine feste natürliche Zahl und $a(z, n)$ die kleinstmögliche Anzahl von Summanden in einer ägyptischen Darstellung von $\frac{z}{n}$. Dann gilt

$$|\{n \le x \mid \mathrm{ggT}(z, n) = 1, \ a(z, n) > 2\}| = O\left(x \cdot (\log x)^{-\frac{1}{\varphi(z)}}\right).$$

Beweis: Aus der Menge der natürlichen Zahlen mit $n \le x$ sollen solche Zahlen gestrichen werden, für welche $a(z, n) \le 2$ gilt. Dies gilt jedenfalls für diejenigen n, die einen Primteiler p mit

$$p \equiv -1 \bmod z \quad \text{oder} \quad p \equiv -n \bmod z$$

besitzen. Denn ist $pq = n$ und $p = -1 + rz$ bzw. $p = -n + rz$ $(q, r \in \mathbb{N})$, dann ist

$$\frac{z}{n} = \frac{1}{rq} + \frac{1}{rn} \quad \text{bzw.} \quad \frac{z}{n} = \frac{1}{r} + \frac{1}{rq}.$$

Zweckmäßigerweise führen wir die Streichungen zunächst in einer primen Restklasse mod z durch, wir betrachten also für $0 < s < z$ und $\mathrm{ggT}(s, z) = 1$ zunächst nur die Menge der $n \in \mathbb{N}$ mit $n \le x$ und $n \equiv s \bmod z$. Aus dieser streichen wir die n, die durch eine Primzahl $p \le \xi$ mit $p \equiv -1 \bmod z$ oder $p \equiv -s \bmod z$ ($\equiv -n \bmod z$) teilbar sind, also lauter Zahlen n mit $a(z, n) \le 2$. Dabei ist $\xi = \xi(x)$ eine reelle Zahl, über die wir später so verfügen, dass sie in Abhängigkeit von x monoton unbeschränkt wächst. Ist $\mathcal{P}$ die Menge dieser Primzahlen, dann ist

$$
\begin{aligned}
A(s) \ :=\ & |\{n \le x \mid n \equiv s \bmod z \text{ und } a(z, n) > 2\}| \\
\le\ & \left|\left\{u \le \frac{x}{z} \mid a(z, zu + s) > 2\right\}\right| \\
\le\ & |\{u \le y \mid p \nmid zu + s \text{ für } p \in \mathcal{P}\}| =: B(s)
\end{aligned}
$$

mit $y = \frac{x}{z}$. Setzen wir noch

$$\mathcal{A} := \{zu + s \mid u \le y\} \quad \text{und} \quad P = \prod_{p \in \mathcal{P}} p,$$

dann ist in den Bezeichnungen von Satz 1

$$B(s) \ =\ S(\mathcal{A}, \mathcal{P}) \ =\ \sum_{\substack{u \le y \\ \mathrm{ggT}(zu+s, P)=1}} 1 \, .$$

Wegen $\mathrm{ggT}(z,s) = 1$ ist auch $\mathrm{ggT}(z,d) = 1$ für $d|P$, die Kongruenz $zu + s \equiv 0 \bmod d$ hat für $d|P$ also genau eine Lösung $\bmod z$. Daher gilt

$$\sum_{\substack{u \le y \\ d|uz+s}} 1 = \frac{y}{d} + R(d) \quad \text{mit} \quad |R(d)| \le 1.$$

Somit können wir VIII.2 Satz 1 mit $\alpha(d) = d$ und daher $\gamma(d) = \varphi(d)$ benutzen; die Konstanten c_1, c_2 in Satz 1 haben hier beide den Wert 1. Es gilt also

$$B(s) \le \frac{y}{Q} + \xi^2 Q^2$$

mit

$$Q = \sum_{\substack{d|P \\ d \le \xi}} \frac{1}{\varphi(d)}.$$

Nun muss Q nach oben und nach unten abgeschätzt werden. Zunächst ist

$$Q \le \sum_{d|P} \frac{1}{\varphi(d)} \;=\; \prod_{p \in \mathcal{P}} \left(1 + \frac{1}{\varphi(p)}\right)$$

$$= \prod_{p \in \mathcal{P}} \left(1 - \frac{1}{p}\right)^{-1} \le \prod_{p \le \xi} \left(1 - \frac{1}{p}\right)^{-1} \le c_3 \log \xi$$

mit einer Konstanten c_3. Ferner gilt

$$\prod_{p \in \mathcal{P}} \left(1 - \frac{1}{p}\right)^{-1} \;=\; \prod_{p \in \mathcal{P}} \left(1 + \frac{1}{\varphi(p)}\right) = \sum_{\substack{d|P \\ d \le \xi}} \frac{1}{\varphi(d)} + \sum_{\substack{d|P \\ d > \xi}} \frac{1}{\varphi(d)}$$

$$\le \; Q + \frac{1}{\varphi(p)} \cdot \sum_{t|P} \frac{1}{\varphi(t)} = Q + \frac{1}{\varphi(p)} \cdot \prod_{p \in \mathcal{P}} \left(1 - \frac{1}{p}\right)^{-1},$$

wenn p die kleinste Primzahl > 2 aus $\mathcal{P}$ ist. (Dass $\mathcal{P}$ eine solche Primzahl enthält, ist aufgrund des Primzahlsatzes von Dirichlet gewährleistet, da ξ mit x unbeschränkt wachsen soll.) Also ergibt sich mit $c_4 = 1 - \frac{1}{\varphi(p)} > 0$

$$Q \ge c_4 \cdot \prod_{p \in \mathcal{P}} \left(1 - \frac{1}{p}\right)^{-1}.$$

Nun gilt

$$\log \prod_{p \in \mathcal{P}} \left(1 - \frac{1}{p}\right)^{-1} \ge \sum_{p \in \mathcal{P}} \frac{1}{p} = \frac{\delta}{\varphi(z)} \cdot \log \log \xi + O(1)$$

mit

$$\delta = \begin{cases} 1, & \text{falls } s \equiv 1 \bmod z \\ 2, & \text{falls } s \not\equiv 1 \bmod z \end{cases}$$

(vgl. (2) aus VII.5 Bemerkung), also existiert eine Konstante $c > 0$ mit

$$Q \geq c \cdot (\log \xi)^{\frac{\delta}{\varphi(z)}}.$$

Wir setzen nun

$$\xi = y^{\frac{1}{2}} (\log y)^{-\varrho}$$

mit $y = \frac{x}{z}$ und einem noch nicht näher bestimmten $\varrho > 0$. Dann ist

$$B(s) = O\left(y \cdot (\log y)^{-\frac{\delta}{\varphi(z)}}\right) + O\left(y \cdot (\log y)^{-2\varrho+2}\right).$$

Setzen wir

$$\varrho = 1 + \frac{\delta}{2\varphi(y)},$$

dann folgt

$$B(s) = O\left(y \cdot (\log y)^{-\frac{\delta}{\varphi(z)}}\right).$$

Mit $y = \frac{x}{z}$ liefert dies auch

$$B(s) = O\left(x \cdot (\log x)^{-\frac{\delta}{\varphi(z)}}\right),$$

weil z eine fest gewählte Zahl ist. Daraus folgt

$$|\{n \leq x \mid \mathrm{ggT}(z, n) = 1, \ a(z, n) > 2\}|$$

$$= \sum_{\substack{0 < s < z \\ \mathrm{ggT}(s,z)=1}} A(s) \leq \sum_{\substack{0 < s < z \\ \mathrm{ggT}(s,z)=1}} B(s)$$

$$\leq \varphi(z) \cdot \max_{\substack{0 < s < z \\ \mathrm{ggT}(s,z)=1}} B(s) = O\left(x \cdot (\log x)^{-\frac{1}{\varphi(z)}}\right). \quad \square$$

Für $z = 4$ erhält man aus Satz 10 die Aussage

$$|\{n \leq x \mid \mathrm{ggT}(4, n) = 1, \ a(4, n) > 2\}| = O\left(\frac{x}{\sqrt{\log x}}\right).$$

Betrachtet man die Restklassen $n \equiv -1 \bmod 4$ und $n \equiv 1 \bmod 4$ getrennt, so ergibt sich im ersten Fall wegen $a(2, n) = 2$ für $n \equiv -1 \bmod 4$ eine Trivialität, im zweiten Fall

$$|\{n \leq x \mid n \equiv 1 \bmod 4, \ a(4, n) > 2\}| = O\left(\frac{x}{\sqrt{\log x}}\right).$$

Dies gibt die richtige Größenordnung an. Denn genau dann ist $a(4, n) > 2$, wenn alle Primfaktoren von n zur Restklasse $1 \bmod 4$ gehören, wenn also n ungerade und Summe von zwei teilerfremden Quadratzahlen ist (vgl. V.5 Satz 13), und die Anzahl dieser n mit $n \leq x$ lässt sich nach unten durch $c \cdot \dfrac{x}{\sqrt{\log x}}$ mit $c > 0$ abschätzen [Kano 1969].

IX.8 Aufgaben

1. Bestimme beim Sieb des Eratosthenes für $\mathcal{A} = (1, 2, 3, \ldots, 100)$ und $\mathcal{P} = \{2, 3, 5, 7\}$ den Fehler bei Ersetzung von $\sum\limits_{d|210} \mu(d) \left[\dfrac{100}{d}\right]$ durch $\sum\limits_{d|210} \mu(d) \cdot \dfrac{100}{d}$.

2. Wie groß ist der Fehler, mit dem sich $\pi(500)$ beim Sieb des Eratosthenes ergibt, wenn man statt mit 2, 3, 5, 7, 11, 13, 17, 19 nur mit 2, 3, 5 siebt?

3. Zeige, dass eine positive Konstante c existiert mit

$$\log x < \prod_{p \leq x} \left(1 - \frac{1}{p}\right)^{-1} < c \log x.$$

4. Schätze den Term Q aus IX.2 für das Sieb des Eratosthenes nach unten und nach oben ab.

5. Beweise mit Hilfe der Siebmethode von Selberg: $\limsup\limits_{x \to \infty} \dfrac{\pi(x)}{\frac{x}{\log x}} \leq 2$

6. Zeige mit Hilfe der Überlegungen zu Satz 4: $\limsup\limits_{x \to \infty} \dfrac{\pi_m(x)}{\frac{x}{\varphi(m) \log x}} \leq 4$.

7. Es sei n eine ungerade Zahl ≥ 5 und $a(4, n)$ die Mindestzahl der Stammbrüche in einer ägyptischen Darstellung von $\dfrac{4}{n}$. Beweise:

a) Genau dann ist $a(4, n) = 2$, wenn es Teiler x, y von n mit $4 | x + y$ gibt.

b) Genau dann ist $a(4, n) > 2$, wenn jeder Primteiler von n zur Restklasse $1 \bmod 4$ gehört.

8. Es seien z, n natürliche teilerfremde Zahlen mit $z < n$, und $a(z, n)$ sei die Mindestzahl der Stammbrüche in einer ägyptischen Darstellung des Bruchs $\dfrac{z}{n}$. Beweise:

a) Genau dann ist $a(z, n) = 2$, wenn es Teiler x, y von n mit $z | x + y$ gibt.

b) Ist $z \geq 3$ und n eine Primzahl mit $n \equiv 1 \bmod z$, dann ist $a(z, n) > 2$. Ist dagegen n eine Primzahl mit $n \equiv -1 \bmod z$, dann ist $a(z, n) = 2$. Die letzte Behauptung gilt auch, wenn n keine Primzahl ist.

9. Es sei $\frac{z}{n}$ ein echter Bruch, und es sei

$$n = rs \quad \text{mit} \quad r < z \quad \text{und} \quad n \equiv -1 \bmod (z - r).$$

Zeige, dass $\frac{z}{n}$ dann eine ägyptische Darstellung mit drei Summanden besitzt. (Die Fälle $r = 1, 2, 3$ werden in Fibonaccis *Liber abbaci* behandelt.)

10. a) Zeige, dass der Algorithmus von Fibonacci zur Bestimmung einer ägyptischen Darstellung von $\frac{z}{n}$ höchstens z Summanden liefert.

b) Zeige, dass sich für $n \equiv 1 \bmod (z!)$ genau z Summanden ergeben; bestimme für $z = 5$ und $n = 5! + 1$ eine ägyptische Darstellung mit weniger als fünf Summanden.

IX.9 Lösungen der Aufgaben

1. $\sum\limits_{d|210} \mu(d) \left(\frac{100}{d} - \left[\frac{100}{d} \right] \right) = \frac{6}{7}$

2. Es ist $\pi(500) = 95$; bei Siebung nur mit 2, 3, 5 ergibt sich 146.

3. $\prod\limits_{p \leq x} \left(1 - \frac{1}{p} \right)^{-1} = \prod\limits_{p \leq x} \sum\limits_{i=1}^{\infty} \frac{1}{p^i} > \sum\limits_{n \leq x} \frac{1}{n} > \log x$

$\log \left(\prod\limits_{p \leq x} \left(1 - \frac{1}{p} \right)^{-1} \right) = \sum\limits_{p \leq x} \sum\limits_{i=1}^{\infty} \frac{1}{ip^i} = \sum\limits_{p \leq x} \frac{1}{p} + O(1) = \log \log x + O(1)$

4 Es sei $P = p_1 p_2 \cdot \ldots \cdot p_r$ (Produkt aller Primzahlen $\leq \xi$). Dann ist

$$Q = \sum\limits_{\substack{q(m)|P \\ q(m) \leq \xi}} \frac{1}{m} = \sum\limits_{q(m)|P} \frac{1}{m} - \sum\limits_{\substack{q(m)|P \\ q(m) > \xi}} \frac{1}{m} = \prod\limits_{p \leq \xi} \left(1 - \frac{1}{p} \right)^{-1} - K \geq \log \xi - K$$

mit $K = \sum\limits_{\substack{q(m)|P \\ q(m) > \xi}} \frac{1}{m} < \sum\limits_{i=2}^{r} \binom{r}{i} \sum\limits_{j=1}^{\infty} \frac{1}{\xi^{i+j}} \leq \frac{1}{1 - \frac{1}{\xi}} \left(1 + \frac{1}{\xi} \right)^r < 2 \cdot \left(1 + \frac{1}{\xi} \right)^{\xi} < 2 \cdot 3 = 6.$

Also ist $Q \geq \log \xi - 6$. Aus Aufgabe 3 entnimmt man ferner $Q < c \log \xi$.

5 In $\pi(x) \leq 1 + \pi(\xi) + \frac{x}{Q} + \xi^2 Q^2$ verwenden wir die Aussage aus Aufgabe 4.

Es ergibt sich $\pi(x) \leq \xi + \frac{x}{\log \xi} + O(\xi^2 \log^2 \xi)$. Mit $\xi = x^{\frac{1}{2+\varepsilon}}$ $(\varepsilon > 0)$ folgt

$$\frac{\pi(x)}{\frac{x}{\log x}} \leq x^{-\frac{1+\varepsilon}{2+\varepsilon}} \cdot \log x + (2 + \varepsilon) + O\left(x^{-\frac{\varepsilon}{2+\varepsilon}} \cdot \log x \right),$$

und dies strebt für $x \to \infty$ gegen $2 + \varepsilon$.

6. Im Beweis von Satz 4 ergibt sich $\pi_m(x) \leq \dfrac{x}{\varphi(m) \log \xi} + O(\xi^4)$.

Mit $\xi = x^{\frac{1}{4} - \varepsilon}$ und $0 < \varepsilon < \dfrac{1}{4}$ erhält man

$$\pi_m(x) \leq \frac{4}{1 - 4\varepsilon} \cdot \frac{x}{\varphi(m) \log x} + O(x^{1-4\varepsilon}).$$

7. a) Ist $\dfrac{4}{n} = \dfrac{1}{x} + \dfrac{1}{y}$ mit $d = \mathrm{ggT}(x, y)$ und $x = du$, $y = dv$, dann ist $4duv = n(u + v)$ und somit $u|n$, $v|n$ und $4|u + v$. Ist umgekehrt $a|n$, $b|n$ und $4|a + b$, ferner $d = \mathrm{ggT}(a, b)$, $a = du$, $b = dv$, dann ist $uv|n$ und $4|u + v$ wegen $2 \nmid d$; mit $n = tuv$ ist dann $n(u + v) = uvt(u + v) = 4ruv$ mit $r = t \cdot \dfrac{u + v}{4}$. Es folgt $4 \cdot ru \cdot rv = n(ru + rv)$, also $\dfrac{4}{n} = \dfrac{1}{ru} + \dfrac{1}{rv}$. Dabei ist $u \neq v$, da andernfalls $a = b$ wäre, wegen $4|2a$ also $2|a$ und somit $2|n$.

b) Es ist schon in IX.6 gezeigt, dass $a(4, n) = 2$, wenn n einen Teiler d mit $d \equiv 3 \bmod 4$ besitzt. Ist umgekehrt $a(4, n) = 2$, dann existieren nach a) Teiler u, v von n mit $\mathrm{ggT}(u, v) = 1$ und $4|u + v$. Folglich liegt eine der Zahlen u, v in $1 \bmod 4$, die andere in $3 \bmod 4$, so dass n einen Teiler $\equiv 3 \bmod 4$ besitzt.

8. a) Ist $\dfrac{z}{n} = \dfrac{1}{x} + \dfrac{1}{y}$ mit $d = \mathrm{ggT}(x, y)$ und $x = du$, $y = dv$, dann ist $zduv = n(u + v)$ und somit $u|n$, $v|n$ und $z|u + v$. Ist umgekehrt $a|n$, $b|n$ und $z|a + b$, ferner $d = \mathrm{ggT}(a, b)$, $a = du$, $b = dv$, dann ist $uv|n$ und $z|u+v$, weil d als Teiler von n zu z teilerfremd ist. Mit $n = tuv$ ist dann $n(u + v) = uvt(u + v) = zruv$ mit $r = t \cdot \dfrac{u + v}{z}$. Es folgt $z \cdot ru \cdot rv = n(ru + rv)$, also $\dfrac{z}{n} = \dfrac{1}{ru} + \dfrac{1}{rv}$. Dabei ist $u \neq v$, da andernfalls $a = b$ wäre, wegen $z|2a$ also $\mathrm{ggT}(z, n) > 1$, wenn wir den trivialen Fall $z = 2$ ausschließen.

b) Es sei $n = p$ (Primzahl). Die Bedingung aus a) führt auf $z|1 + p$, also $p \equiv -1 \bmod z$, wegen $z \geq 3$ also $p \not\equiv 1 \bmod z$. Ist aber $p \equiv -1 \bmod z$, dann liefert die Konstruktion in a) $\dfrac{z}{p} = \dfrac{1}{k} + \dfrac{1}{kp}$ mit $k = \dfrac{1+p}{z}$. Man verifiziert sofort, dass dabei p nicht unbedingt eine Primzahl sein muss. Es handelt sich hier um die ägyptische Darstellung, welche der Algorithmus von Fibonacci liefert.

9. Ist $n = q(z - r) - 1$, dann ist $\dfrac{z}{n} = \dfrac{1}{s} + \dfrac{1}{q} + \dfrac{1}{qn}$.

10. a) Ist $n = qz + r$ mit $0 < r < z$, dann ist $\dfrac{z}{n} = \dfrac{1}{q + 1} + \dfrac{z - r}{(q + 1)n}$ der erste Schritt im Fibonacci-Algorithmus.

b) Ist $n \equiv 1 \bmod (z!)$, dann ist $q \equiv 0 \bmod ((z - 1)!)$ (vgl. a)), also $(q + 1)n \equiv 1 \bmod ((z - 1)!)$, so dass die Behauptung per Induktion folgt.

Um $\dfrac{5}{121}$ ägyptisch darzustellen, beachte man $a(4, 121) = 2$; es ist

$$\frac{5}{121} = \frac{1}{33} + \frac{1}{121} + \frac{1}{363}.$$

Literatur

AGRAWAL, M., KAYAL, N., SAXENA, N., „PRIMES in P“,
Ann. of Math. 160 (2004), 781–793.

AIGNER, A., Zahlentheorie, de Gruyter Berlin 1975

AMITSUR, S.A., Arithmetic linear transformations and abstract prime number
theorems, Canad. J. Math. 13 (1961), 83–109; 21(1969), 1–5

APOSTOL, T.M., Introduction to analytic number theory, Springer New York 1976

BACHMANN, P., Grundlehren der Neueren Zahlentheorie, Göschen Leipzig 1907

BEUTELSPACHER, A., PETRI, B., Der Goldene Schnitt, BI Wissenschaftsverlag
Mannheim 1988 (2. Aufl. Spektrum Akademischer Verlag 1996)

BOREWICZ, S.I., SAFAREVIC, I.R., Zahlentheorie, Birkhäuser Basel 1966

BORHO, W., Über die Fixpunkte der k-fach iterierten Teilersummenfunktion,
Mitt. d. Math. Ges. Hamburg IX/5 (1969), 34–48

BORHO, W., BUHL, J., HOFFMANN, H., MERTENS, S., NEBGEN, E., RECKOW, R.,
Große Primzahlen und befreundete Zahlen: Über den Lucas-Test und Thabit-Regeln,
Mitt. d. Math. Ges. Hamburg XI/2 (1983), 232–256

BRILLHART, J., LEHMER, D. H., SELFRIDGE, J. L., New primality criteria and
factorisation of $2^m \pm 1$, Math. Comp. 29 (1975), 620–647

BRILLHART, J., LEHMER, D. H., SELFRIDGE, J. L., TUCKERMAN, B.,
WAGSTAFF, S. S., Factorizations of $b^n \pm 1$, $b = 2, 3, 5, 6, 7, 10, 11, 12$ up to high powers,
Contemp. Math. AMS 22 Providence 1983

BRUN, V., La série $\frac{1}{3} + \frac{1}{5} + \frac{1}{11} + \frac{1}{13} + \frac{1}{17} + \frac{1}{19} + \frac{1}{29} + \frac{1}{31} + \frac{1}{41} + \frac{1}{43} + \frac{1}{59} + \frac{1}{61} + \cdots$,
où les dénominateurs sont „nombres premiers jumeaux“ est convergente ou finie,
Bull. Sci. Math. (2) 43 (1919), 100–104, 124–128

BUCHMANN, J., Einführung in die Kryptographie, Springer Berlin 2003[3].

BUNDSCHUH, P., Einführung in die Zahlentheorie, Springer Berlin 1988

BURTON, D.M., Elementary number theory, Allyn and Bacon Boston 1976

CASHWELL, E.D., EVERETT, C.J., The ring of number-theoretic functions,
Pac. J. Math. 9 (1959), 975–985

CHANDRASEKHARAN, K., Introduction to analytic number theory, Springer Berlin 1968

CHEN, J.R., On the representation of a large even integer as the sum of a prime and
the product of at most two primes, Sci. Sinica 16 (1973), 157–176, 21 (1978), 421–430

DICKSON, L.E., History of the theory of numbers I, II, III, Chelsea Publ. Comp.
New York 1971 (Nachdruck der Erstausgabe von 1919)

DICKSON, L.E., Modern elementary theory of numbers, Univ. Press Chicago 1939

DIFFIE, W., HELLMAN, M.E., New directions in cryptography,
IEEE Trans. Inf. Theory 22 (1976), 644–654.

DOUBILET, P., ROTA, G.-C., STANLEY, R., On the foundations of combinatorial
theory (VI): The idea of generating functions,
Proc. 6th Berkeley Symp. Math. Stat. Prob. 2 (1970), 267–318

ELGAMAL, T., A public key cryptosystem and a signature scheme based on discrete
logarithms, IEEE Trans. Inf. Theory 31 (1985), 469–472

ERDÖS, P., GRAHAM, R.L., On a linear diophantine problem of Frobenius,
Acta Arith. 21 (1972), 399–408

FALTINGS, G., Endlichkeitssätze für abelsche Varietäten über Zahlkörpern, Invent. Math. 73 (1983), 349–366

FLATH, D.E., Introduction to number theory, John Wiley & Sons New York 1989

GIOIA, A.A., The theory of numbers, Markham Chicago 1970

GRANVILLE, A., Primality testing and Carmichael numbers, Notices AMS 39 (1992), 696–700

GROSSWALD, E., Topics from the theory of numbers, Macmillan New York 1966

GROSSWALD, E., Representations of integers as sums of squares, Springer New York 1985

GUNDLACH, K.-B., Einführung in die Zahlentheorie, BI Mannheim 1972

GUY, R.K., Unsolved problems in number theory, Springer New York 1981

HALBERSTAM, H., RICHERT, H.-E., Sieve Methods, Academic Press London 1974

HALBERSTAM, H., ROTH, K.F., Sequences I, Oxford Univ. Press Oxford 1966

HARDY, G.H., LITTLEWOOD, J.E., Some problems of „partitio numerorum" III, Acta Math. 44 (1923), 1–70

HARDY, G.H., WRIGHT, E.M., An introduction to the theory of numbers, Clarendon Oxford 1960[4]

HASSE. H., Vorlesungen über Zahlentheorie, Springer Berlin 1950

HASSE, H., Über die Bernoullischen Zahlen, Leopoldina 8/9 (1962/1963), 159–167

HEASLET, M.A., USPENSKY, J.V., Elementary number theory, McGraw-Hill New York 1939

HOFMEISTER, G., Asymptotische Abschätzungen für dreielementige Extremalbasen in natürlichen Zahlen, J. reine angew. Math. 232 (1968), 77–101

HOFMEISTER, G., Die dreielementigen Abschnittsbasen, J. reine angew. Math. 339 (1983), 207–214

HOFMEISTER, G., Einige gelöste und ungelöste Probleme aus der Zahlentheorie, in: Zahlen, Codes und Computer; Arbeitsgruppe für Lehrerfortbildung am FB Mathematik U Mainz 1985

HOFMEISTER, G., STOLL, P., Note on Egyptian fractions, J. reine angew. Math. 362 (1985), 141–145

HUA LOO KENG, Introduction to number theory, Springer Berlin 1982

KANO, T., On the number of integers representable as the sum of two squares, J. Fac. Shinshu Univ. 4 (1969), 57–69

KARATSUBA, A., Multiplication of multidigit numbers on automata, Doklady Akad. Nauk SSSR 145 (1962), 293–294.

KIRFEL, C., On extremal bases for the h-range problem I, Univ. of Bergen 1989

KIRFEL, C., Extremale asymptotische Reichweitenbasen, Univ. Bergen 1992

KNOPFMACHER, J., Introduction to abstract analytic number theory and its applications, North Holland Amsterdam/Oxford 1975

KNOPP, K., Theorie und Anwendung der unendlichen Reihen, Springer Berlin 1947[4]

KNUTH, D.E., The art of computer programming. Vol. 2: Seminumerical algorithms, Addison-Wesley 1998[3].

KNUTH, D.E., The art of computer programming. Vol. 3: sorting and searching, Addison-Wesley 1997[2].

KRANAKIS, E., Primality and cryptography,
John Wiley & Sons New York / Teubner Stuttgart 1986

LANDAU, E., Vorlesungen über Zahlentheorie, Hirzel Leipzig 1927

LEHMER, D.N., On the congruences connected with certain magic squares,
Trans. AMS 31 (1929), 529–551

LEHMER, D.H., On Lucas's test for the primality of Mersenne's numbers,
J. London math. Soc. 10 (1935), 162–165

LEVEQUE, W.J., Topics in number theory, Addison-Wesley Reading 1956

LÜNEBURG, H., Vorlesungen über Zahlentheorie, Birkhäuser Basel 1978

LÜNEBURG, H., Galoisfelder, Kreisteilungskörper und Schieberegisterfolgen,
BI Wissenschaftsverlag Mannheim 1979

LÜNEBURG, H., Kleine Fibel der Arithmetik, BI Wissenschaftsverlag Mannheim 1987

LÜNEBURG, H., Leonardi Pisani liber abbaci oder Lesevergnügen eines
Mathematikers, BI Wissenschaftsverlag Mannheim 1992

MCCARTHY, P.J., Introduction to arithmetical functions, Springer New York 1986

MOLLIN, R.A., RSA and public-key cryptography,
Chapman and Hall/CRC Boca Raton 2003.

MOSSIGE, S., On the extremal h-range of the postage stamp problem with four stamp
denominations, Inst. Rep. No. 41 (1986), Math. Inst. Univ. Bergen

NAGELL, T., Introduction to number theory, Chelsea Publ. Comp. New York 1964

NARKIEWICZ, W., Number theory, World Scientific Singapore 1983

NATHANSON, M.B., A short proof of Cauchy's polygonial number theorem,
Proc. A. Math. Soc. 99 (1978), 22–24

NIVEN, I., ZUCKERMAN, H.S., The theory of numbers, John Wiley 1980[4]

ORE, O., Number theory and its history, McGraw Hill New York 1948

OSTMANN, H., Additive Zahlentheorie I, II, Springer Berlin 1956

OTTMANN, TH., WIDMAYER, P, Algorithmen und Datenstrukturen,
Spektrum Akademischer Verlag Heidelberg 2002[4]

PERRON, O., Die Lehre von den Kettenbrüchen, Teubner Leipzig 1913

POHLIG, S.C., HELLMAN, M.E., An improved algorithm for computing logarithms
over GF(p) and its cryptographic significance,
IEEE Trans. Inf. Theory 24 (1978) 106–110.

POLLARD, J.M., Theorems on factorization and primality testing,
Proc. Camb. Philos. Soc. 76 (1974) 521–528.

POLLARD, J.M., Monte Carlo methods for index computation (mod p),
Math. Comput. 32 (1978) 918–924.

PRACHAR, K., Primzahlverteilung, Springer Berlin 1957

RABIN, M.O., Probabilistic algorithm for primality testing,
J. Numb. Theory 12 (1980), 128–138

RIBENBOIM, P., The book of prime number records, Springer New York 1988

RIEGER, G.J., Zahlentheorie, Vandenhoeck & Ruprecht, Göttingen 1976

RIESEL, H., Prime numbers and computer methods for factorization,
Birkhäuser Boston 1987[2]

RIVEST, R.L., SHAMIR, A., ADLEMAN, L., A method for obtaining digital signatures and public key cryptosystems, Comm. ACM 21 (1978), 120–126

RÖDSETH, Ö., An upper bound for the h-range of the postage stamp problem, Acta Arith. 54 (1989), 301–306

ROHRBACH, H., Ein Beitrag zur additiven Zahlentheorie, Math. Z. 42 (1936), 1–30

ROHRBACH, H., Einige neuere Untersuchungen über die Dichte in der additiven Zahlentheorie, DMV 48 (1939), 199–236

ROSE, H.E., A Course in number theory, Oxford Science Publ. Oxford 1988

SCHARLAU, W., OPOLKA, H., Von Fermat bis Minkowski, Springer Berlin 1980

SCHEID, H., Arithmetische Funktionen über Halbordnungen I, II, J. reine angew. Math. 231 (1968), 192–214 und 232 (1968), 207–220

SCHEID, H., Einige Ringe zahlentheoretischer Funktionen, J. reine angew. Math. 237 (1969), 1–11.

SCHEID, H., Funktionen über lokal endlichen Halbordnungen I, II, Monatsh. f. Math. 74 (1970), 336–347 und 75 (1971), 44–56

SCHÖNHAGE, A., STRASSEN, V., Schnelle Multiplikation großer Zahlen, Computing 7 (1971), 281–292.

SCHROEDER, M.R., Number theory in science and communication, Springer Berlin 1986[2]

SCHWARZ, W., Der Primzahlsatz, in: Überblicke Mathematik Band 1, BI Wissenschaftsverlag Mannheim 1968, 35-61

SCHWARZ, W., Einführung in Methoden und Ergebnisse der Primzahltheorie, BI Wissenschaftsverlag Mannheim 1969

SCHWARZ, W., Einführung in die Zahlentheorie, Wissenschaftliche Buchgesellschaft Darmstadt 1987[2]

SEELHOFF, P., Die Auflösung großer Zahlen in ihre Factoren, Z. Math. Phys. 31 (1886), 166–172.

SELMER, E.S., The local postage stamp problem 1,2, Univ. of Bergen 1986

SIERPINSKI, W., Elementary Theory of Numbers, North-Holland Amsterdam/New York/Oxford 1988[2]

SMITH, D.A., Generalized arithmetic function algebras, Lecture Notes 251 (1972), 205-245

STARK, H.M., A complete determination of the complex quadratic fields of class-number one, Michigan Math. J. 14 (1967), 1–27

STARK, H.M., An introduction to number theory, Markham Chicago 1970

STEIN, J., Computational problems associated with Racah algebra, J. Comput. Phys. 1 (1967), 397–405.

STÖHR, A., Gelöste und ungelöste Fragen über Basen der natürlichen Zahlenreihe I, J. reine angew. Math. 194 (1955), 40–65

TROST, E., Primzahlen, Birkhäuser Basel 1968[2]

WAGNER, K.-W., Theoretische Informatik, Springer Berlin 2003[2].

WEIL, A., Number Theory: An approach through history. From Hamurapi to Legendre, Birkhäuser Boston 1983

WOLFART, J., Primzahltests und Primfaktorzerlegung, in: Jahrbuch Überblicke Mathematik 1981, BI Wissenschaftsverlag Mannheim 1981, 161–188

Symbolverzeichnis

Es lässt sich nicht vermeiden, dass einige Symbole (wie etwa $[x]$, F, λ) in mehrfacher Bedeutung auftreten. Aus dem Zusammenhang ergibt sich dann aber die jeweilige Bedeutung. Die Liste ist nicht vollständig, es fehlen allgemein gebräuchliche Symbole sowie solche, die nur von „lokaler" Bedeutung sind.

$\mathbb{N}$, $\mathbb{Z}$, $\mathbb{Q}$, $\mathbb{R}$, $\mathbb{C}$ Menge der natürlichen, ganzen, rationalen, reellen bzw. komplexen Zahlen; $\mathbb{N}_0$ Menge der natürlichen Zahlen einschließlich 0

$a|b$ a teilt b; $a \nmid b$ a teilt nicht b

T_a, P_a, V_a Menge der Teiler, Primärteiler bzw. Vielfachen von a

$\mathrm{ggT}(a_1,\ldots,a_n)$ größter gemeinsamer Teiler der Zahlen $a_1,\ldots,a_n$

$\mathrm{kgV}(a_1,\ldots,a_n)$ kleinstes gemeinsames Vielfaches der Zahlen $a_1,\ldots,a_n$

$\binom{a}{b}$ Binomialkoeffizient oder Vektor aus $\mathbb{R}_2$

$\left(\frac{a}{b}\right)$ Legendre-Symbol, Jacobi-Symbol

$\sum\limits_{d|n} f(d)$ Summe der $f(d)$ über alle Teiler d von n

$\sum\limits_{p} f(p)$, $\prod\limits_{p} f(p)$ Summe bzw. Produkt der $f(p)$ über alle Primzahlen p

$a = \prod\limits_{i=1}^{\infty} p_i^{\alpha_i}$ kanonische Primfaktorzerlegung von a

$[x]$ größte ganze Zahl $\leq x$; in IV auch $\lceil x \rceil$ kleinste ganze Zahl $\geq x$

$a \div b = \left[\frac{a}{b}\right]$ (in IV ganzzahlige Division)

$[a_0,\ldots,a_n]$ Kettenbruch; $[a_0,\ldots,a_n,\overline{b_1,\ldots,b_m}]$ period. Kettenbruch

P_k, Q_k k-ter Näherungszähler bzw. -nenner eines Kettenbruchs

$a \equiv b \bmod m$ Kongruenz: $m|a - b$

$a = b \bmod m$ Divisionsrest: a hat bei Division durch m den Rest b $(0 \leq b < m)$

$[a]$ bzw. $[a]_m$ Restklasse $a \bmod m$

R_m (R_m^*) Menge der (primen) Restklassen $\bmod m$

$\approx$ ungefähr gleich; $\sim$ asymptotisch gleich

$o(\ldots)$, $O(\ldots)$ Landau-Symbole

$\mathcal{O}(\ldots)$ Abschätzung des Rechenaufwands

$T(k)$ Rechenaufwand bei Eingabe der Größe k

$\mathcal{F}_n$ n-te Farey-Folge

F_n n-te Fibonacci-Zahl oder n-te Fermat-Zahl

M_n n-te Mersenne-Zahl

$\log x$ natürlicher Logarithmus von x, in IV auch Logarithmus zur Basis 2

$\ln x$ in IV natürlicher Logarithmus

$\tau(n) = $ Anzahl der Teiler von n (Teileranzahlfunktion)

$\sigma(n) = $ Summe der Teiler von n (Teilersummenfunktion)

$\varphi(n) = $ Anzahl der primen Restklassen $\bmod n$ (Euler-Funktion)

$\varepsilon(n) = 1$ für $n = 1$, $= 0$ für $n > 1$

$\iota(n) = 1$ für alle $n \in \mathbb{N}$

$o(n) = 0$ für alle $n \in \mathbb{N}$

$\mu(n)$ Umkehrfunktion von $\iota(n)$ (Möbius-Funktion)

$\nu(n) = n$ für alle $n \in \mathbb{N}$

$\lambda(n) = \log n$ für alle $n \in \mathbb{N}$; $\Lambda(n) = \begin{cases} \log p, & \text{wenn } n \text{ Potenz der Primzahl } p \\ 0 \text{ sonst} & \text{(Mangoldt-Funktion)} \end{cases}$

$\omega(n)$ bzw. $\Omega(n) = $ Anzahl der verschiedenen bzw. aller Primteiler von n

$q(n) = $ quadratfreier Kern von n

$e_p(n) = $ Exponent der Primzahl p in der Primfaktorzerlegung von n

$s_p(n) = $ Quersumme von n in der p-adischen Zifferndarstellung

$\chi(n)$, $\chi_k(n)$ Restklassencharakter; $\chi_1(n)$ Hauptcharakter

$r_k(n)$ bzw. $R_k(n)$ Anzahl der geordneten Darstellungen von n als Summe von
        k teilerfremden bzw. nicht notwendig teilerfremden Quadraten

$p(n)$, $p_A(n)$ Anzahl der Partitionen von n mit Summanden aus $\mathbb{N}$ bzw. A

$\overline{p}(n)$, $\overline{p}_A(n)$ Anzahl dieser Partitionen mit verschiedenen Summanden

$\mathcal{E}(x) = \prod\limits_{i=1}^{\infty} (1 - x^i)$

$\alpha \star \beta$ Dirichlet-Produkt der Funktionen α, β

$\alpha \odot \beta$ Cauchy-Produkt oder ein anderes Faltprodukt der Funktionen α, β

$\pi(x) = $ Anzahl der Primzahlen $\leq x$

$\pi_m(x) = $ Anzahl der Primzahlen $\leq x$ in einer primen Restklasse $\bmod m$

$\pi^{(2)}(x) = $ Anzahl der Primzahlzwillinge $\leq x$

$\psi(x) = $ Summe der $\Lambda(n)$ für $n \leq x$ (Λ siehe oben); $\delta(x) = \psi(x) - x$

C Euler-Mascheroni-Konstante

$L(x, \chi)$ dirichletsche L-Reihe

$\zeta(s)$ riemannsche Zetafunktion

$N_A(x)$ Anzahl der Elemente aus $A \subseteq \mathbb{N}$, die $\leq x$ sind

δ_A, δ_A^*, δ_A^0 finite, asymptotische bzw. natürliche Dichte von A

$A + B = $ Menge aller $a + b$ mit $a \in A$, $b \in B$ für $A, B \subseteq \mathbb{N}_0$

$hA = $ Menge aller Summen von h Elementen aus A ($A \subseteq \mathbb{N}_0$)

$g(A)$ Frobenius-Zahl von $A \subseteq \mathbb{N}$

$n(h, A), n(h, k)$ h-Reichweite von $A \subseteq \mathbb{N}_0$, max. h-Reichweite einer k-Menge

Namensverzeichnis

Sachverzeichnis